国家科学技术学术著作出版基金资助出版

氢与氢能

（第二版）

Hydrogen and Hydrogen Energy

(Second Edition)

李星国 等 编著

科学出版社

北京

内 容 简 介

《氢与氢能》第二版在第一版的基础上，删除了一些陈旧的内容，也对一些章节进行了简化，增加了近 10 年来氢能研究和产业的新发展。本书分 21 章，围绕着氢能的基础知识，氢气的制备、纯化、储存、输运、应用、安全等关键环节，从 5 个部分进行了介绍，并从经济的角度进行了分析。第一部分是氢和氢能源的重要性以及氢的基本性质，包括第 1、2 章；第二部分是氢气的制备和储存，包括灰氢和绿氢的制备、氢气分离和提纯、气液固不同状态的储氢（分子储氢和原子或离子态储氢），由第 3 ~ 11 章组成；第三部分是氢气输运和供给，包括气体钢瓶、液态氢气以及管道的氢气输送，加氢站的建设、种类和主要设施，由第 14，16，17 章组成；第四部分是氢能的应用，包括最受关注的镍氢电池、燃料电池、储氢装置、氢内燃机动力车、氢燃料电池动力车、氢冶金等材料领域的应用，电网移峰填谷等，由第 12，13，15，18 ~ 20 章组成；第五部分是氢气的安全问题，在第 21 章介绍。

本书可作为读者较全面和深入地认识氢和氢能的参考书。读者对象为化工、电子、冶金、能源、宇航、交通等领域以及与氢能源使用和研究相关的学生、研究者、工程技术人员、科研管理人员等。

图书在版编目(CIP)数据

氢与氢能/李星国等编著. —2 版. —北京：科学出版社，2022.3

ISBN 978-7-03-071815-0

Ⅰ.①氢…　Ⅱ.①李…　Ⅲ.①氢–基本知识②氢能–基本知识　Ⅳ.①O613.2 ②TK91

中国版本图书馆 CIP 数据核字(2022)第 040206 号

责任编辑：陈艳峰　郭学雯／责任校对：彭珍珍
责任印制：吴兆东／封面设计：无极书装

科学出版社 出版
北京东黄城根北街 16 号
邮政编码：100717
http://www.sciencep.com
北京虎彩文化传播有限公司 印刷
科学出版社发行　各地新华书店经销
*
2012 年 10 月机械工业出版社第一版
2022 年 3 月第　二　版　开本：787 × 1092 1/16
2023 年 6 月第三次印刷　印张：52
字数：1 230 000

定价：348.00 元

第二版前言

氢气具有工业原料和能源载体的双重身份，以前更多地体现在工业原料上面，如石油化工、氨气合成等，目前人们更多的是关心它的能源载体特性。因为氢能零碳排放、能量密度高、清洁无污染和可再生的优点，所以受到越来越多的关注。

人们对于氢能的认识经过了多次反复。早期作为美国思想家、环境活动家而为人熟知的莱斯特 · R. 布朗曾经建议在美国亚利桑那州的沙漠地带设置风力、太阳能发电设备，向电力需求地供电，当电力需求下降的时候，将多余的电力用电解水方法转换成氢气储存起来。很遗憾，当时这个想法的实现在成本上很难，因为风力和太阳能不能连续发电，电解设备的利用率低，高额电解设备折旧费高，导致制氢的成本很高。除了军事领域外，氢能的研究甚少。直到 2000 年，美国前总统布什把氢能源视为同时解决能源资源危机和环境危机的最佳途径，大幅度增加了开发投入，氢能源研究出现了一个小的高潮。但奥巴马上台后就迅速削减了氢能源开发投入，一方面是出于技术上的考虑，另一方面也是经济状况所迫。2021 年拜登总统上台，开始关注碳排放和气候变化，氢能又受到重视，计划 4 年内将投入 2 万亿美元在基础设施和能源领域，降低制造成本政策中也包含了降低价格昂贵的电解设备价格。如果电解设备的投资成本能大幅下降的话，莱斯特 · R. 布朗的想法就能实现。

目前氢能产业还处于产业化的前期，发展面临着成本高、技术不成熟、基础设施薄弱等诸多问题，广泛使用仍需时间。但是有三个重要的因素势必推动氢能的进一步发展。第一个是化石能源的枯竭。石油和天然气只能用 40 余年，煤炭也仅能用 130 余年，急需探索新的能源资源。第二个是环境污染和温室效应问题严重，CO_2 减排刻不容缓，包括中国在内的很多国家宣布的 2050 年温室效应气体净排放量为零，零碳排放大潮中氢能利用是关键技术之一。第三是风力和太阳能等可再生能源发电技术水平有了很大的提高，大规模的能源储存和输运成为了瓶颈，氢是最佳的与电相互转换的燃料，氢能和电能的并行是最佳的匹配方案。

氢气和氢能是一个很大的产业，涉及化工、电子、冶金、能源、宇航、交通等很多领域，而且其规模在不断扩大，会带来更大的经济效益和社会效益。我们希望编著一本关于氢与氢能的综合性参考书，涵盖氢能利用过程中涉及的诸多科学技术问题，包括氢气的制备、存储、运输、安全以及氢能的利用方式等；并对相关的科学背景，包括氢的物理化学性质、氢与物质的相互作用等进行深入的讨论。在编著过程中，我们努力做到：(1) 内容丰富，从氢的能源特征和研究动态、氢气基本特性、制氢、氢气分离、储氢、运输、使用、安全、氢冶金、氢医学等方面进行了介绍，基本上包括了氢能源相关的所有领域，通过本书能够整体理解氢气和氢能；(2) 内容新颖，提供最新的研究成果以及研究动态，反映最新的氢能源相关知识和信息；(3) 便于理解和查阅，尽量利用图表等形式整理数据，给出了相关的参考文献和索引。如果本书能够达到此目的，为广大的读者提供有益的信息的话，我们将感到十分欣慰。

10 年前我们编写了第一版《氢与氢能》。近 10 年来，氢能的基础研究以及产业开发都有很大的提高，在氢气制备、储运、应用等方面都有很多重大突破，所以我们需要对第一版进行修订与再版。在第二版中我们删除了一些陈旧的内容，也对一些章节进行了简化，与此同时增加了近 10 年来氢能研究和产业的新发展。其中，第 1 章、第 14 章、第 16 章、第 17 章、第 21 章由李星国 (北京大学) 撰写，第 2 章和第 13 章由郑捷 (北京大学) 撰写，第 3 章由郭妍如 (北京大学) 撰写，第 4 章由罗伟明 (中科院广州能源所) 撰写，第 5 章由谢镭 (北京大学分子工程苏南研究院) 撰写，第 6 章和第 7 章由吴勇 (北京大学) 撰写，第 8 章由宋萍 (加拿大 Hydrogen In Motion Inc.) 撰写，9.1～9.4 节由邵怀宇 (澳门大学) 撰写，9.5～9.9 节由郭方芹 (日本广岛大学) 撰写，第 10 章由李海文 (合肥通用机械研究院) 撰写，第 11 章由吴勇和邓霁峰 (北京大学) 撰写，第 12 章由杨容 (有研科技集团有限公司) 和李媛 (燕山大学) 撰写，第 15 章由刘彤 (北京航空航天大学) 撰写，第 18 章由李星国 (北京大学) 和徐丽 (全球能源互联网研究院有限公司) 撰写，第 19 章由徐桂芝、徐丽、宋洁 (全球能源互联网研究院有限公司) 撰写，第 20 章由李关乔 (北京大学) 撰写。

本书编写需要感谢北京大学化学与分子工程学院新能源与纳米材料实验室的靳汝湄、余洪蒽、谢泽威、吴怡曼、彭泽清、李松、武晓娟、李栓等同学的帮助。感谢杨裕生院士、严纯华院士和陈军院士的推荐，同时感谢科学出版社的陈艳峰编辑和王维编辑的帮助，感谢家人的支持。

由于作者水平有限，书中难免有不妥之处，希望读者予以批评指正。

李星国

2021 年 6 月 1 日于北京

第一版前言

氢是世界上最简单的原子，除了氦原子以外，氢是所有原子和分子之母。尽管它最小，却一向充满神秘和非凡的传奇，一向具有王者风范。从氢这个最简单的元素可以洞察浩瀚的宇宙，围绕氢的话题有无数，它们可以让人惊奇或心旷神怡，可以让人兴奋不已，也可以让人联想翩翩或突发奇想。氢在人类科学史的伟大诗篇中扮演着主角，是宇宙中最重要的成分。

在早期的科学理论和实验研究中，氢始终是被科学家关注的重点，如宇宙大爆炸、化学元素光谱、玻尔模型、量子力学、质子磁矩、核聚变、核磁共振、氢脉泽、玻色理论、DNA 和 RNA 的解析等的认识都和氢紧密相连。这段时期人类更多的是在好奇心的驱使下通过氢来积极主动认识自然。然而，今天人类对氢重新展现的热情更多则是被动的，是被能源资源枯竭和环境恶化所逼迫的。当今化石燃料已经开始衰退，这直接威胁到工业文明所取得的所有成就，人类期待一种新的清洁可再生能源的诞生，它能令人类辛辛苦苦创建的文明得以延续。这时人类又想到了氢，期待当一滴石油也没有，当化石燃料枯竭的时候，氢能源能够拯救人类。

21 世纪初，美国经济强盛，美国前总统布什把氢能源视为同时解决能源资源危机和环境危机的最佳途径，大幅度增加了对氢能源研究开发的投入。此举是要使氢能源成为美国经济的又一个助推器，并以此领导下一次工业革命，以确保美国在能源领域的主导权。然而研究进展并没有期待的那么顺利，奥巴马上台后就削减了氢能源的开发投入，一方面是出于技术上的考虑，另一方面也是经济状况所迫。其实氢能源时代既不像布什所期待的那样很快就能够来临，也不像奥巴马所想象的那样令人绝望，凭当今人类的智慧是可以利用它，让它服务于人类的。为了确保氢经济有望实现，并给后代留下一份有价值的遗产，今天我们有必要做出正确的选择。

虽然氢经济时代没有想象的那样迅速到来，但是氢气和氢能源已经是一个很大的产业，涉及化工、电子、冶金、能源、宇航、交通等很多领域，而且其规模在不断发展，会带来更大的经济效益和社会效益。

氢与氢能相关的研究竞争十分激烈。目前国内已经有了一些关于氢和氢能方面的书籍，但往往仅涉及某一特定的领域，或需要增补最新内容。我们希望编著一本关于氢与氢能的综合性参考书，涵盖氢能利用过程中涉及的诸多科学技术问题，包括氢气的制备、存储、运输、安全以及氢能的利用方式等；并对相关的科学背景，包括氢的物理化学性质、氢与物质的相互作用等进行深入的讨论。在编著过程中，我们努力做到：内容新颖，去除了比较陈旧的资料，补充了最新的研究成果以及研究动态，反映最新的氢能源相关知识和信息；内容丰富，从氢的能源特征和研究背景、氢气的基本特性、制氢、氢气分离、储氢、运输、使用、安全等方面进行了介绍，基本上包括了氢能源相关的所有领域，通过本书能够整体理解氢气和氢能源；利用图表等形式整理大量的数据，便于读者理解和参考；写作简练易懂，便于阅读理解，同时给出了相关的索引，便于查阅。如果本书能够达到此目的，为广大的读者提供有益的信息，我们将感到十分欣慰。

本书分 18 章，第 1 章、第 16 章、第 18 章、第 19 章由李星国 (北京大学) 撰写，第 2 和第 13 章由郑捷 (北京大学) 撰写，第 3 章由刘洋 (北京联合大学) 撰写，第 4 章由罗伟明 (中国科学院广州能源研究所) 撰写，第 5 章由谢镭 (北京大学) 撰写，第 6 章和第 10 章由杨鋆智 (北京大学) 撰写，7.1 节和 7.2 节由宋萍 (北京大学) 撰写，7.3 节和 7.4 节由李瑶琦 (北京大学) 撰写，8.1～8.5 节由邵怀宇 (日本九州大学) 撰写，8.6～8.8 节由张旋洲 (北京科技大学) 撰写，8.9 节和 8.10 节由曲江兰 (北京大学) 撰写，9.1～9.5 节由李海文 (日本九州大学) 和严义刚 (瑞士联邦材料科学与技术研究所) 撰写，9.6 节由李瑶琦 (北京大学) 撰写，第 11 章由张国庆 (北京大学) 撰写，第 12 章由杨容 (北京大学) 撰写，第 14 章由余学斌 (复旦大学) 撰写，第 15 章由刘彤 (北京航空航天大学) 撰写，第 17 章由杨君友 (华中科技大学) 撰写。

本书的编写需要感谢北京大学化学与分子工程学院新能源与纳米材料研究组的付赫、贺蓓、危苏昊、楼宇、何鹏、苗晓斐、宋尔东、梅洁、李关乔、李涤尘等同学的帮助。同时感谢机械出版社牛新国、朱林编辑的帮助，感谢家人的支持。

由于作者水平有限，书中难免有不妥之处，希望读者予以批评指正。

编著者

2011 年 8 月

目　录

第 1 章　氢能特征与氢经济

1.1　氢与氢能

1.1.1　氢的基本特性

氢是宇宙中分布最广的元素，原子序数为 1，元素记号是 H，有同位素氘 (D) 和氚 (T)。氢通常采用 2 个原子结合在一起称为氢分子，化学式为 H_2，分子量为 2.01588，常温常压下，无色、无味、无臭、极易燃烧、是地球上最轻的气体。氢在地球上几乎不会以氢分子的状态存在，主要以化合态存在于化合物中，如水、石油、煤、天然气以及各种生物的组成中。自然界中，水含有约 11% 重量的氢，泥土中含有约 1.5%，100 公里高空的主要成分也是氢气，但是大气层的含量却很低，仅有约 1 ppm(体积比)[1,2]。氢气的基本物理特征如下所示 (图 1.1)。

(1) 宇宙中最丰富的元素。在质量方面，约占整个宇宙的 70% (与太阳类似，宇宙中的星星大部分都因氢的核聚变反应而发光)。

(2) 氢单体在自然界几乎不存在，在地球上作为化合物存在 (水、化石燃料、有机化合物等)。

(3) 无色、无味、无臭的气体。

(4) 最轻的气体 (相对于空气的比重为 0.0695)，扩散速度快。

(5) 即使燃烧也很难看到火焰。

(6) 燃烧后会和氧气反应生成水。

(7) 在 −253 ℃ 液化。

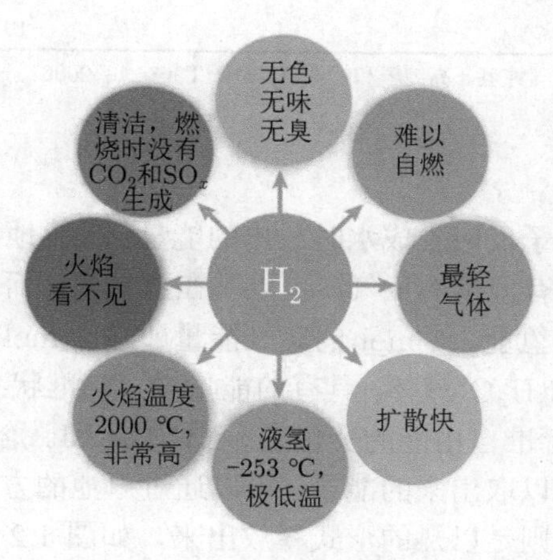

图 1.1　氢气的基本物理特征

我国现行《氢气》国家标准经国家市场监督管理总局批准发布并于 1996 年 8 月 1 日开始实施，定义纯度 99.99% 以下的氢气为工业氢，大于或等于 99.99% 的纯氢，大于或等于 99.999% 的为高纯氢，大于或等于 99.9999% 的为超纯氢，工业氢标准见表 1.1，纯氢、高纯氢和超纯氢质量技术指标见表 1.2[3]。

表 1.1　工业氢标准

项目名称			指标		
			优等品	一级品	合格品
氢纯度/10^{-2}		⩾	99.90	99.50	99.00
氧含量/10^{-2}		⩽	0.01	0.20	0.40
氮含量/10^{-2}		⩽	0.04	0.30	0.60
氯			符合检验	符合检验	符合检验
碱			符合检验	符合检验	符合检验
水分	露点/℃	⩽	−43	—	—
	游离水/(mL/瓶)	⩽	—	无	100

注：① 中华人民共和国国家标准《工业氢》GB/T3634.1—2006；② 表中纯度和含量均为体积分数表示；③ 水电解氢不规定氯含量。

表 1.2　纯氢、高纯氢和超纯氢质量技术指标

项目名称		指标		
		超纯氢	高纯氢	纯氢
氢纯度/10^{-2}	⩾	99.9999	99.999	99.99
氧含量/10^{-6}	⩽	0.2	1	5
氮含量/10^{-6}	⩽	0.4	5	60
氩含量/10^{-6}	⩽	0.2	供需商定	供需商定
一氧化碳含量/10^{-6}	⩽	0.1	1	5
二氧化碳含量/10^{-6}	⩽	0.1	1	5
甲烷含量/10^{-6}	⩽	0.2	1	10
水分/10^{-6}	⩽	0.5	3	30
杂质总含量/10^{-6}	⩽	1	10	—

注：中华人民共和国国家标准《纯氢、高纯氢和超纯氢》GB/T3634.1—2006。

1.1.2　氢气的能量

氢能是氢分子和氧分子反应生成水时放出的能量，准确地说应该是水相对于氢气和氧气的能量。因为大气中有大量的氧气，可以不在意氧气，而只关注氢气，并把氢气和氧气反应释放的能量称为氢能。1 mol 的氢气能量即是 1 mol 的 H_2 与 1/2 mol 的 O_2 所具有的能量与 1 mol 的 H_2O(液体) 具有的能量差。标准状态下 (1 atm①, 25 ℃)，标准焓变是 −285.830 kJ，标准自由能的变化是 −237.183 kJ。焓变是全部能量的变化，自由能的变化是从焓变中可以取出来的能量，可以通过电池的方式作为电能取出来。没能以电能的形式取出的部分则是以热的形式释放出来，如图 1.2 所示。

① 1 atm=1.01325×10^5 Pa。

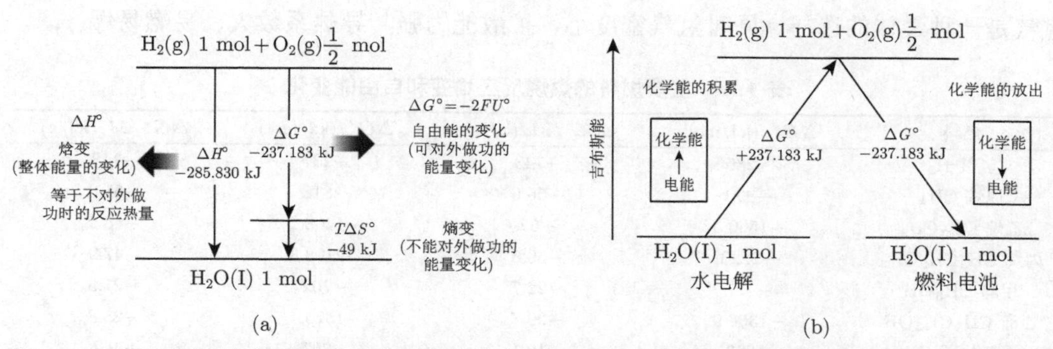

图 1.2 (a) 摩尔氢分子的氢 (伴随水形成的焓变、吉布斯能变化、熵变的关系), (b) 化学能和电能的转换 [4]

气体的燃烧发热值分为两种：一种是高热值 (high heating value, HHV)，即单位燃烧气体完全燃烧后，其燃气被冷却到初始温度，其中水蒸气以凝结水的状态排出时，所释放的全部热量，即燃料完全燃烧，且燃烧产物的水蒸气凝结为水时的反应热；另一种是低热值 (lower heating value, LHV)，即单位燃料气体完全燃烧后，其燃气被冷却到初始温度，其中的水蒸气以蒸汽的状态排出时，所释放的全部热量，即燃料完全燃烧，燃烧产物中的水蒸气仍以气态存在时的反应热。低位发热量等于高位发热量 (高热值) 减去水蒸发和燃料燃烧时加热物质所需要的热量，即由总热量减去冷凝热的差数。HHV(氢气)= 285.8 kJ/mol H_2，LHV(氢气)= 242.8 kJ/mol H_2。

图 1.3 是氢气与几种主要燃料的热值比较，氢气的重量能量密度要比其他燃料高很多，体积能量密度相对比较小。

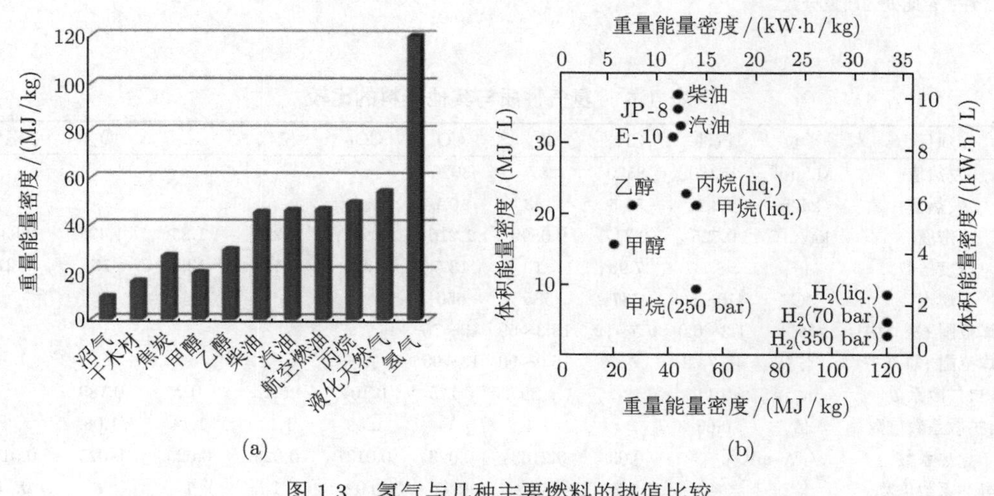

图 1.3 氢气与几种主要燃料的热值比较

1 bar=10^5 Pa

表 1.3∼ 表 1.5 是氢气与其他一些主要燃料的性质比较。氢能是一种高密度能源储存载体，具有很大的储能容量。能源的储存非常重要，可以有多种储存的方式。一次能源以及可再生能源可以转变成化学能，以一种物质的形式储存。经过比较分析，转变成

氢气是一种最佳的选择。同时氢气密度小、扩散能力强、导热系数大、易燃易爆。

表 1.3　主要燃料的燃烧反应焓变和自由能变化

燃料	ΔH°/(kJ/mol)	$\Delta H^\circ/M$/(kJ/g)	ΔG°/(kJ/mol)	$\Delta G^\circ/M$/(kJ/g)
氢气 H_2	−286	−143	−237	−118
甲烷 CH_4	−890	−55.6	−818	−51.0
乙烷 CH_3CH_3	−1560.5	−52	−1468.2	−48.9
丙烷 $CH_3CH_2CH_3$	−2220	−50.5	−2108.3	−47.9
甲醇 CH_3OH	−727	−22.7	−702	−21.9
乙醇 CH_3CH_2OH	−1366.9	−29.7	−1325.4	−28.8
一氧化碳 CO	−283	−10.1	−257	−9.2
碳 C	−394	−32.8	−394	−32.8
肼 N_2H_4	−622	−23.9	−624	−19.5
二甲醚 CH_3OCH_3	−1460	−31.7	−1390	−30.2
氨 NH_3	−383	−22.5	−339	−19.9

表 1.4　各种燃料携带氢的特性 (0.1 MPa, 240 K)

物性	NH_3	甲基环己烷 (C_7H_{14})	CH_3OH/H_2O	$(CH_3)_2O/3H_2$	液体氢气 (H_2)
分子量	17.03	98.19	32.04/18.02	46.07/(54.05)	2.016
沸点/K	240	374	338	249	20.3
密度/(g/cm^3)	0.682	0.769	0.792/1.00	0.67(0.5MPa, 293K)/1.00	0.0706
氢气质量密度/%[a]	17.8	6.16	12.1	12.1	100
氢气体积密度/(kg/100L)	12.1	4.73	10.3	9.86	7.06
能量密度/(kJ/g)	21	7	14	16	118
世界需求量/亿吨	230	790	230	170	37

注：a 此处为质量分数。

表 1.5　氢气性质与其他燃料的比较

项目	单位	汽油	CH_4	H_2	CO	CO_2	空气	N_2	O_2	水蒸气
发热值	MJ/m^3	15380	8550	2570	3020					
发热值	kJ/g	43.1	55.6	143	10.1					
密度	kg/m^3	0.725	0.717	0.0899	1.216	1.977	1.293	1.25	1.429	0.833
密度倍数	倍	8.1	7.98	1	13.5	22	14.5	13.9	16	9.27
燃点	℃	410～530	537	585	650					
爆炸范围 (空气中)	%[a]	1.3～6.0	6.5～12	18.3～59	12～75					
爆炸范围 (氧气中)	%[a]	4～74.2		15.0～90	13～96					
自扩散系数	cm^2/s	0.11		1.29	0.175	0.104	0.2	0.2	0.189	
自扩散系数倍数	倍	0.63		7.4	1	0.59	1.14	1.14	1.08	
导热系数	λ/(W·mK)		0.03	0.2163	0.023	0.0137	0.025	0.025	0.025	0.016
导热系数倍数	倍		1.2	13.52	0.92	0.92	1	1	1	0.64
900 ℃ 定压比热	kcal/(m^3·℃)			0.314	0.334	0.521	0.333	0.339	0.348	0.402

注：a 此处为体积分数。

氢是多用途的。如今已有的技术使氢能够以不同的方式生产、储存、移动和使用能源。各种各样的燃料能够产生氢气，包括可再生能源、核能、天然气、煤炭和石油。它可以通过管道以气体的形式运输，也可以通过船舶以液体的形式运输，就像液化天然气(LNG) 一样。它可以转化为电力和甲烷，为家庭和实体工业提供动力，也可以转化为汽车、卡车、轮船和飞机的燃料。

氢能够为可再生能源实现能源转换，成为可再生能源的一种能源载体。太阳能光伏(PV) 和风能的发电量并不是总与负载很好地匹配，氢能是储存这些可再生能源的主要选择之一，而且储存的时间可以是数天、数周甚至数月，其成本也是最低的。通过氢或含氢燃料可以实现可再生能源的远距离输运，如可从澳大利亚或拉丁美洲等太阳能和风能资源丰富的地区将能源输送到数千公里以外的能源匮乏城市。

氢能可以节省能源、降低环境负荷。燃料电池是从作为燃料的氢和空气中的氧的电化学反应中直接取出电能，所以发电效率很高。另外，通过有效利用电和热两方面，能够进一步提高总能源效率 (图 1.4)。因此，扩大燃料电池的活用，可以大幅度地节省能源。

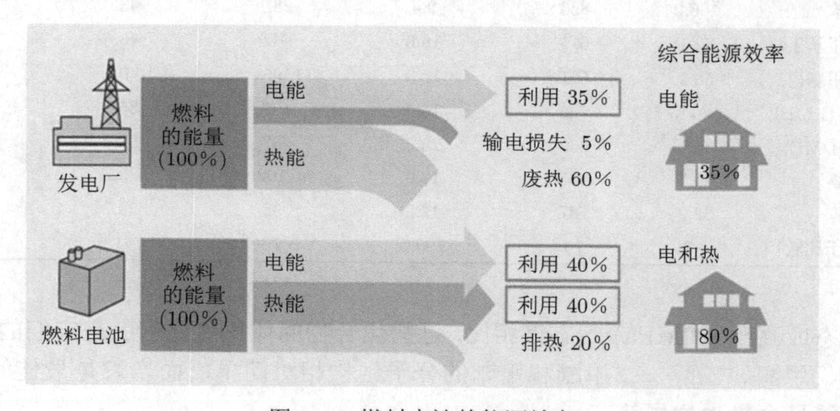

图 1.4 燃料电池的能源效率

此外，如图 1.5 所示，氢气制备方法多，应用面广，与其他能源相比，具有很强的灵活性。

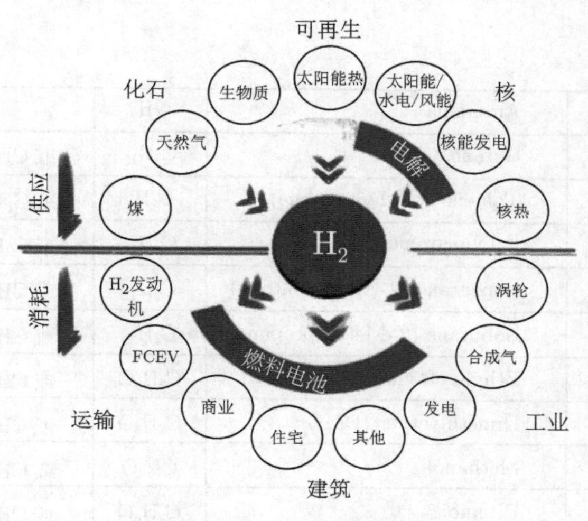

图 1.5 氢气的灵活性

1.1.3 与液态燃料的比较

许多碳氢化合物可以由氢和碳合成，满足流动性标准的一些碳氢化合物如表 1.6 所示。但是，考虑到制造、安全、燃烧等因素，则会从列表中删除一些或添加新的选项。表中物质的主要性质如图 1.6 所示 [5,6]。

表 1.6 几种液态燃料的物理和能量性质

燃料	分子量	密度 (25℃)/(kg/m^3)	氢气质量分数/%	氢气体积密度/(kgH$_2$/m^3)	HHV/(MJ/kg)	体积能量密度/(GJ/m^3)
氨	17.0	603	17.6	106	22.5	17.35
辛烷	114.2	698	15.8	110	47.9	33.43
甲苯	92.2	862	8.7	75	42.5	36.60
乙苯	106.2	863	9.4	81	43.0	37.10
异戊烷 (2-甲基丁烷)	72.1	615	16.6	102	48.6	29.89
异丁烷 (2-甲基丙烷)	58.1	551	13.3	95	49.4	27.20
乙基甲醚 (EME)	60.1	725	16.6	97	35.1	25.43
二甲醚 (DME)	46.1	669	13.0	87	31.7	21.19
甲醇	46.1	785	13.0	102	29.7	23.28
乙醇	32.0	787	12.5	98	22.7	17.86
液氢 (用于比较)	2.0	70	100.0	70	141.9	9.93

与液态或高压 (80MPa) 气态氢相比，这些化合物的体积能量密度是它们的 2~4 倍。其中，氨、甲醇、乙醇、二甲醚和甲苯的分子结构相对简单，而辛烷是最佳的氢载体，单位体积能量含量也位居第三。

尽管氨每立方米含有 106 kg 的氢，但是它有毒性。无论是输送能源还是氢气，最好的方法是将氢与碳结合，制成液体燃料。与甲醇和乙醇相比，辛烷更难合成 (例如通过费托法合成)，也难以转化成氢气用于燃料电池。二甲醚 (DME) 具有良好的特性，但比醇类通用性差。

氨	Ammonia	NH_3	
辛烷	Octane	C_8H_{18}	或 $CH_3(CH_2)_6CH_3$
甲苯(甲苯)	Toluene (Methylbenzene)	C_7H_8	或 $C_6H_5CH_3$
乙苯	Ethylbenzene C_7H_8	C_8H_{10}	或 $C_6H_5CH_2CH_3$
异戊烷(2-甲基丁烷)	lsopentane (2-Methylbutane)	C_5H_{12}	或 $CH_3CH(CH_3)CH_2CH_3$
异丁烷(2-甲基丙烷)	lsobutane (2-Methylpropane)	C_4H_{10}	或 $CH_3CH(CH_3)CH_3$
乙基甲谜 (EME)	Ethylmethylether (EME)	C_3H_8O	或 $CH_3OC_2H_5$
二甲醚 (DME)	Dimethlyether (DME)	C_2H_6O	或 CH_3OCH_3
甲醇	Methanol	CH_4O	或 CH_3OH
乙醇	Ethanol	C_2H_6O	或 CH_3CH_2OH
液氢 (用于比较)	Hydrogen (for comparison)	H_2	

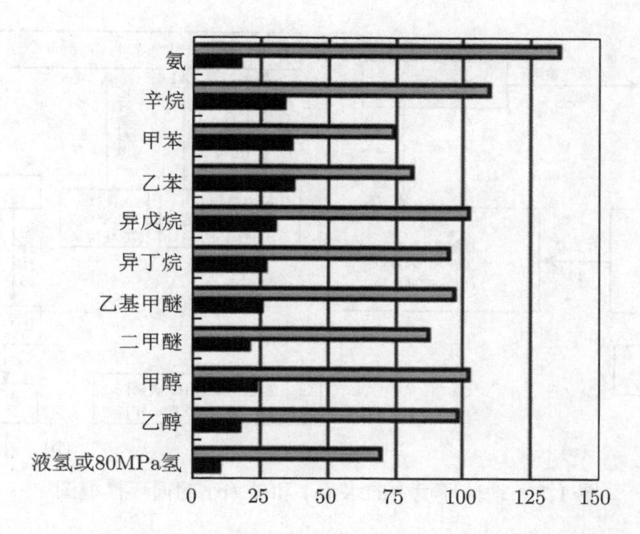

图 1.6 液态燃料的氢密度 (灰柱) 和体积能量密度 (黑柱)

甲醇可以通过热机或直接甲醇燃料电池 (DMFC)、熔融碳酸盐燃料电池 (MCFC) 和固体氧化物燃料电池 (SOFC) 直接转化为电能。它还可以很容易地转化为氢气，用于聚合物电解质燃料电池 (PEFC 或 PEM) 和碱性燃料电池 (AFC)。甲醇可以成为燃料电池和许多其他应用的通用燃料。

乙醇无毒，可以直接从生物质中提取，例如通过发酵，也可以从生物碳和水中合成。具有相对较高的体积能量密度，特别适合在车辆中使用。它可用于 85% 混合汽油 (E85) 的专用或灵活燃料车辆的火花点火 (SI) 发动机，或作为 95% 混合柴油 (E95) 的压燃 (CI) 发动机。原则上，它也可以用于燃料电池汽车。因此，乙醇可能是基于可再生能源和二氧化碳循环利用的能源经济的一个极好的解决方案。

1.1.4 氢能与环境

能源可呈多种形式，且可以相互转换，是自然界中能为人类提供某种形式能量的资源。在现阶段，人类的生产和生活利用的主要能源是化石能源。随着人口的增多以及生活水平的提高，能源消费问题越来越突出。据官方资料估计，地壳中剩下的石油还可开采约 40 年、天然气约 60 年、煤炭约 220 年，人类正面临着巨大的能源资源耗尽的压力。另一方面，石油、煤和天然气等化石能源的消费带来的环境污染问题日益严重，对全球的生态环境造成了巨大的破坏，严重制约着社会的可持续发展。

图 1.7 是地球环境中的水 (a) 和碳 (b) 的循环模型图。尽管国际气候目标早已签署，但是，与人类活动相关的 CO_2 排放量却累创历史新高，大气中的 CO_2 含量依然年增 3.2 Tt，如图 1.8 所示。地球的温暖化和空气污染仍然是一个紧迫的问题，每年约有 300 万人由于环境问题过早死亡。

人的活动是大气中 CO_2 浓度增加的主要原因。图 1.9 是世界规模的 CO_2 排放量和各领域的比例，主要分布在能源生产、运输、制造及建筑业、居住用、商业及其他等领域，2019 年全年 CO_2 排放量 368 亿 t。

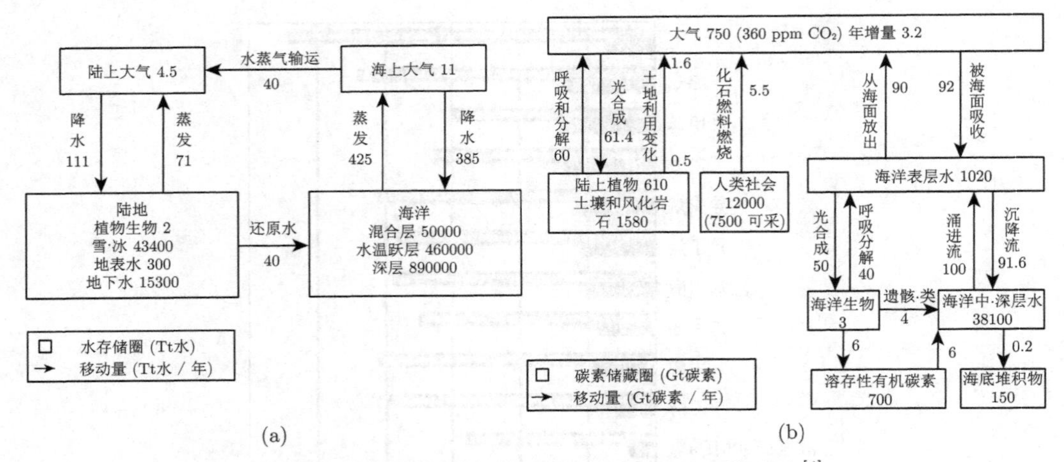

图 1.7　地球环境中的水 (a) 和碳 (b) 的循环模型图 [4]

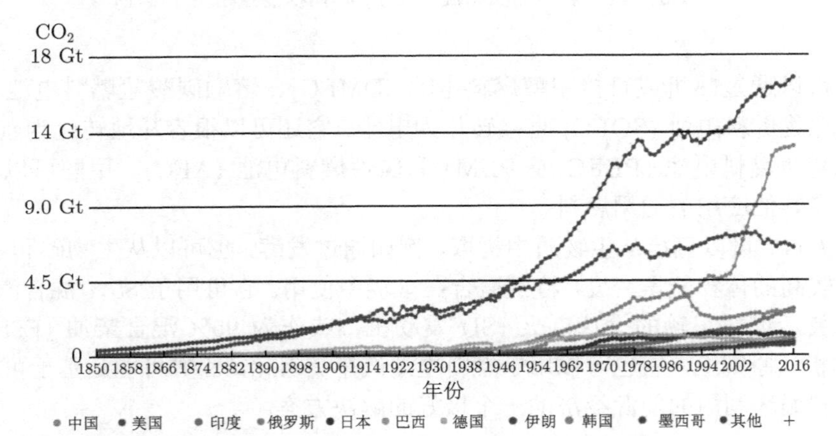

图 1.8　1850~2016 年全球温室气体排放情况 [7,8](扫描封底二维码可看彩图)

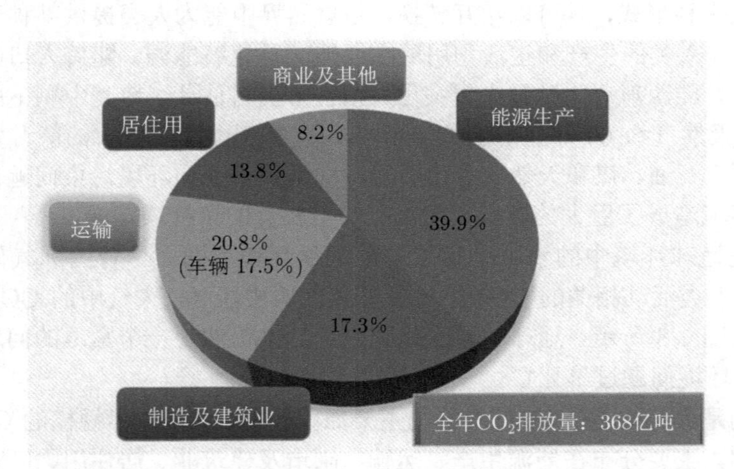

图 1.9　世界规模的 CO_2 排放量和各领域的比例 [9](扫描封底二维码可看彩图)

为了解决这一问题，除了提高现有能源体系的使用效率之外，更需要摆脱对不可再生的传统能源的过分依赖，用可再生的清洁能源替代化石原料，才能从根本上解决人类所面临的困境。氢能是近四十年前提出的一种永久性解决的办法，它可以解决化石燃料消耗和利用所造成的环境问题。1974 年 3 月 18 日至 20 日，在美国佛罗里达州迈阿密海滩举行的能源国际会议上，氢经济作为大会主题报告正式亮相，并立即引起了能源和环境领域的科学家和工程师的想象力和关注。随后世界各地开展了相关研究，以此开发氢能系统所需的各种技术。通过 25 年的研究，开发出了几种燃料电池，有效地将氢转化为电和热。21 世纪初开始，氢能系统在能源领域取得很大进展。

氢可以帮助各种关键能源应对所面临的挑战。它为很多行业 (包括长途运输、化工、钢铁) 提供了脱碳途径，而在这些行业，以往很难有效地减少碳排放。它还可以帮助改善空气质量和加强能源安全。氢气可以从石油、天然气等优质燃料中获得，可以从生物质中产生的甲醇和沼气改性获得，也可以从风力发展光伏发电各种清洁可再生能源的水电解获得；从能量保存的观点来看是非常有用的。另外，由于氢在利用阶段不排出 CO_2，如果在化石燃料制氢过程中进一步结合二氧化碳捕捉–封存技术，就可以使化石原料以及非化石能源制氢都实现零碳排放，从而实现氢能从制造到利用阶段都不排出 CO_2。能实现既给家庭供电供热或驱动汽车，同时又不产生 CO_2 排放的燃料就只有氢能，这种能源的变迁也将形成一个氢利用的新社会，也可以说是我们理想的未来。

燃料电池汽车的 CO_2 排放量根据制氢源而不同，与以往的汽油车相比，利用具有高能源效率的燃料电池技术，可以期待与电动汽车一样，对能源消耗量和环境负荷的降低做出巨大贡献。从可再生清洁能源制氢或制氢时结合 CO_2 捕捉 · 封存技术，都能大幅度削减 CO_2 排放量，并且作为 CO_2 零排放的氢源获得使用。

作为一种二次能源，氢能来源广泛、能量密度高、零污染排放，与现有的能源系统易兼容，可以通过燃料电池和电解水实现氢–电相互转化。不同能源转变成电力时生成 CO_2 的量不同 (图 1.10)，但是氢气与电的转化是零排放。氢能被公认为人类未来的理想能源，世界各国把氢能作为战略能源来进行研究，美国把氢能称为 “氢文化” 或 “氢经济”、日本把氢能称为 “氢社会” 来发展。氢能的开发和应用涵盖了一系列庞大的产业技术系统工程，包括制氢技术、储氢技术、氢能的应用及安全检测等。

1.1.5 灰氢、青氢、蓝氢和绿氢

根据制氢时的 CO_2 排放多少也把氢气分成灰氢、青氢、蓝氢和绿氢，如图 1.11 所示。“灰氢” 基于化石碳氢化合物的使用。对 “灰氢” 的生产起决定作用的是天然气的蒸汽重整。无论使用哪种化石原材料，“灰氢” 的制备都会产生大量的二氧化碳。“青氢” 是指通过甲烷热解产生的氢气。在此过程中不生产二氧化碳，而是生成固体碳。该过程中达到碳中和的前提条件是，高温反应器的热量来自于可再生能源或者碳中和的能源，以及碳牢固的键合。“蓝氢” 是指用碳捕捉–封存法 (carbon capture and storage,CCS) 制备的氢气。利用这种方法，在氢能的生产中产生的二氧化碳不会进入大气中，氢能的生产从平衡关系上来说可以被视为碳中性。“绿氢” 是通过电解方式从水中制备而成，其中进行电解所采用的电能完全来自可再生能源。无论选用哪种电解技术，氢能的生产均为零碳生产，因为所采用的电能百分之百来自可再生能源，所以为零碳。从减少 CO_2 排放

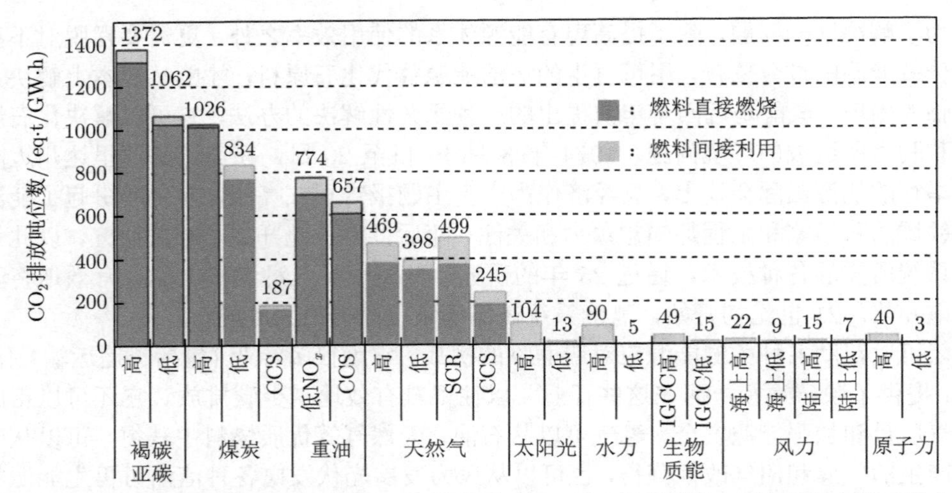

图 1.10　各种能源发电整个系统综合 CO_2 排放量 (高、低：同类型发电厂中的最大值或最小值；CCS: 采用二氧化碳捕捉–封存技术的工厂)[10,11]

的角度来说需要限制灰氢、增加蓝氢、发展绿氢。

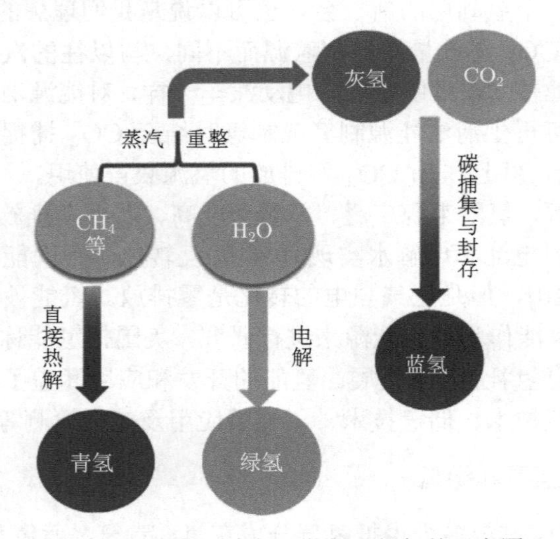

图 1.11　灰氢、青氢、蓝氢和绿氢的示意图

1.1.6　氢能源市场

氢和能源有着悠久的共同历史。19 世纪，水电解和燃料电池的首次演示吸引了工程师的注意力。200 多年前，氢也被用来为第一台内燃机提供燃料。在 18 世纪和 19 世纪，氢为气球和飞艇提供了浮力，并在 20 世纪 60 年代推动人类登上月球。化肥中的氢 (来自化石燃料，早些时候来自电力和水) 帮助全球人口不断增长。自 20 世纪中叶以来，氢一直是能源工业的一个组成部分，当时氢在炼油中的使用变得很普遍。与传统用氢不同，现在氢能源产业涉及制氢、储氢、运氢、注氢以及应用等五个领域，有着庞大

的应用领域，如图 1.12 所示。

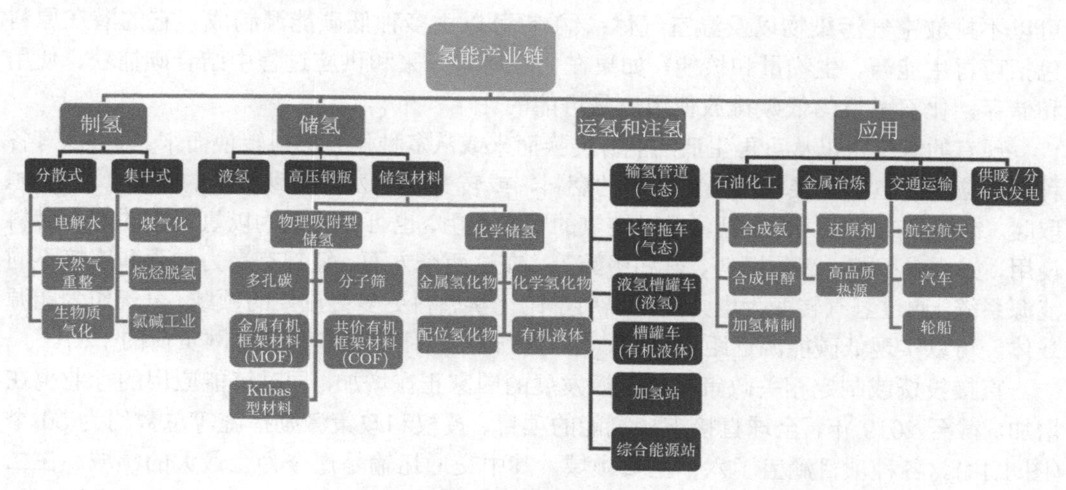

图 1.12 氢能源产业链图

为工业用户提供氢气是现在全球氢气产业的一项主要业务。自 1975 年以来，氢的需求增长了三倍多，目前仍在继续增长。氢气分成两种类型，一类是用在炼油、氨合成以及其他产业的纯氢 (左)，这类氢气需要经过分离提纯。另一类是用在甲醇、直接还原钢铁以及其他产业的混合气体 (右)。如图 1.13 所示，2018 年纯氢的需求量约为 7000 万 t/年 (70 MtH_2/年)。这些氢气几乎完全由化石燃料提供，全球 6% 的天然气和 2% 的煤炭用于制氢。因此，这些氢气的生产每年会导致约 8.3 亿 t CO_2(830 $MtCO_2$/年) 的排放，相当于印度尼西亚和英国 CO_2 排放量的总和。就能源而言，全球每年的氢需求总量约为 3.3 亿吨油当量 (330 Mtoe)，大于德国的一次能源供应量。另有 4500 万吨无须事先与其他气体分离的混合氢气，用于甲醇合成、直接还原冶炼 (DRI) 以其他产业。

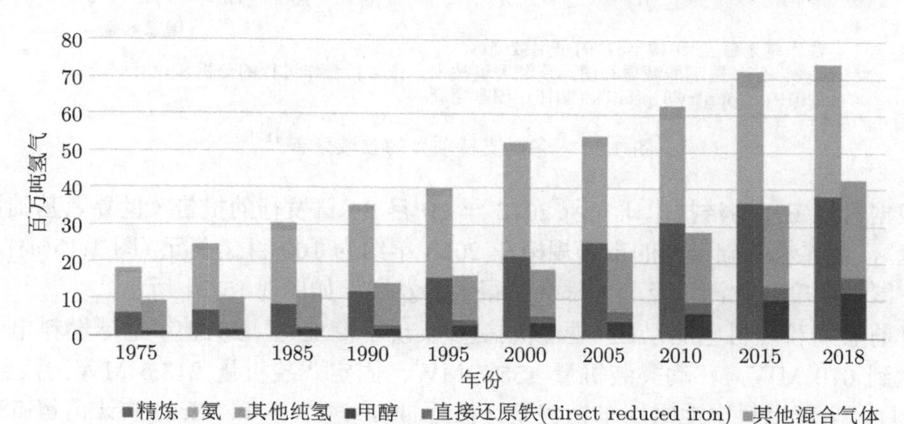

图 1.13 全球氢气的年增长及不同领域的用氢量 [12](扫描封底二维码可看彩图)

氢气市场是建立在它的一些特殊特性上的，包括轻量、可储存、反应性强、单位质量的能量高，并且可以很容易地工业化生产等方面。如今，人们对氢在清洁能源系统中的广泛使用越来越感兴趣，这在很大程度上取决于它的两个附属特性：① 氢气的使用可以不排放空气污染物以及温室气体；② 它可以由多种低碳能源制成。它的潜在原料包括可再生能源、生物量和核能。如果在化石燃料开采和供应过程中结合碳捕获、使用和储存，化石燃料的低碳排放使用也是可能的。

现有的氢气可以从可再生清洁能源转换而来或从多种化石燃料转换而来。氢可以有各种新的应用，包括直接取代当前使用的燃料，或转变成电力应用到更多的领域。在运输、取暖、钢铁生产和电力中，氢可以以纯氢的状态使用，也可以转化为以氢为主的混合燃料使用，如合成甲烷、液体燃料、氨和甲醇等。在这两个方面，氢都有潜力加强和连接不同能源系统。通过氢气转变为电力则可以用于比化学燃料更多更重要的领域。氢气作为能源载体，可以实现低碳能源远距离供应，电力的储存，移峰填谷实现电网负荷的平衡。

直接投资或制定相关政策支持氢源发展的国家正在增加，同时氢能应用的行业也在增加。截至 2019 年，全球直接支持氢能的项目、授权和政策激励措施等总数约为 50 个 (图 1.14)。各种项目涵盖了六个主要领域，其中交通运输是迄今为止最大的领域。在二十国集团 (G20) 和欧盟 (EU) 中，有 11 个国家制定了此类政策，9 个国家制定了氢能路线图。仅在 2020 年，许多国家的政府就发布了引人注目的与氢有关的政策。尽管仍低于 2008 年的峰值，在 2015~2020 年中，各国政府在氢能研究、开发和示范 (RD&D) 方面的全球支出有所增加。

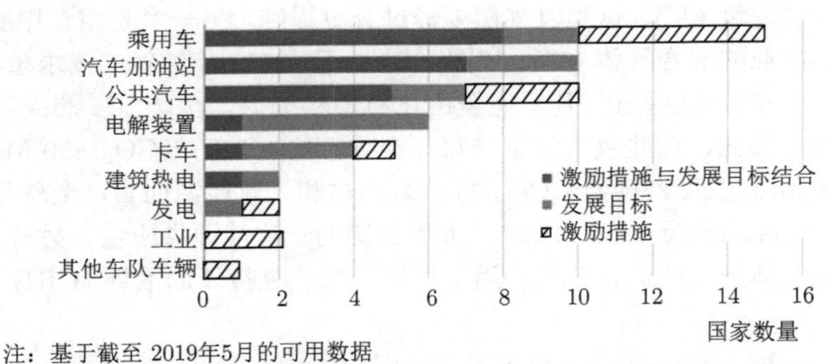

图 1.14 各国支持项目的领域分布 [12]

根据日经 BP 清洁技术研究所 2013 年 10 月 24 日发行的报告《世界氢基础设施项目总览》，世界氢基础设施的市场规模在 2050 年约为 160 百亿美元 (图 1.15(a))。在日本、中国、印度、欧洲以及北美都会有很大的发展，如图 1.15(b) 所示。

目前氢能和燃料电池已在一些领域初步实现了商业化。2017 年全球燃料电池的装机量达到 670 MW，移动类装机量 455.7 MW，固定式装机量 213.5 MW。截至 2017 年 12 月，全球燃料电池乘用车销售累计接近 6000 辆。丰田 Mirai 共计销售 5300 辆，其中美国 2900 辆，日本 2100 辆，欧洲 200 辆，占全球燃料电池乘用车总销量的九成以上。

随着全球政策和项目数量的迅速增加，清洁氢能目前正享受着前所未有的政策和商业发展待遇，是扩大技术规模、降低成本、让氢能得到广泛应用的时候了 [14]。

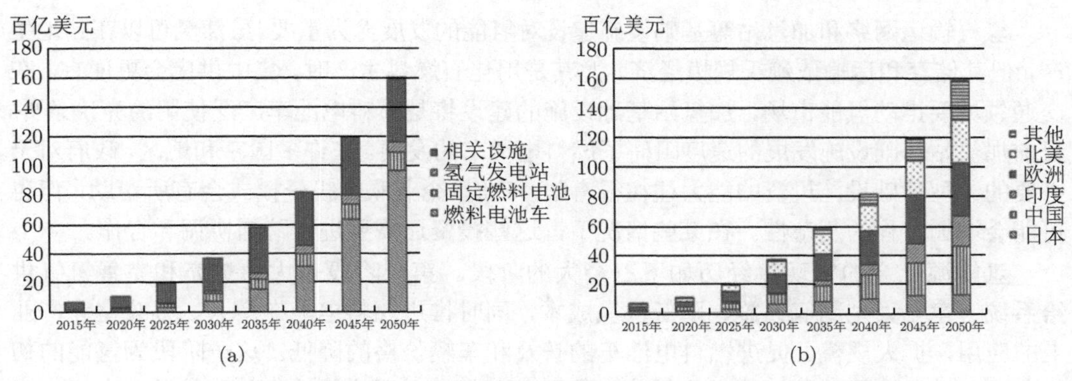

图 1.15 氢基础设施市场发展 (a) 及主要国家和地区的增长 (b)[13]

1.1.7 氢能源路线图

图 1.16 是氢能利用的流程图，包括利用各种能源资源制造氢气、应对各种条件进行氢气的输运和储存、通过各种方法进行氢气的供给、在不同场合和不同用途的氢能利用等环节。为了实现氢能广泛利用的氢社会，需要对氢气制造、输运、储存和供给的设备进行技术开发和导入，也需要对加氢站等配套设施以及氢能源使用管理体系进行完善。

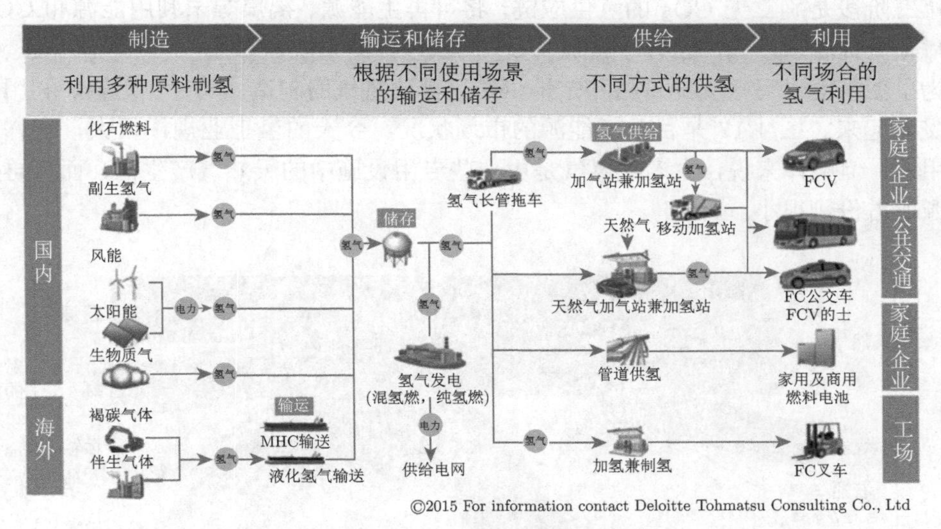

图 1.16 氢气供应和使用链 [15]

对氢产业的低碳要求可能来自不同的部门，制氢、储运和应用的各种方式都要满足低碳需求。市场收益在不同的地区和不同的应用领域也会有所不同。从生产氢气到用户的最终使用，对于每一个可能的市场，投资和政策需要在规模和时间上同步。在整个市场培育过程中要建立信任关系以便协调投资需要时间，并且可能需要签署新的合同关系。在某些情况下，政府和企业将需要跨部门思考和采取新的行动，以充分利用氢能的灵活性。

氢气输运网络和加氢站等基础设施建设对氢能的发展尤为重要。虽然氢可以在当地生产，但其储存和运输依赖于规模经济。尤其是用化石燃料生产时，集中供应会更便宜。在交通领域要推动氢能市场，加氢站基础设施的建设将是燃料电池车广泛使用的先决条件，目前加氢站基础设施发展的速度阻碍了燃料电池车的发展。在许多国家和地区，政府对于必要的大型基础设施投资的能力往往很有限，政府–企业联合投资模式会有所帮助，但也可能会增加过程的复杂性。在某些情况下，这些投资还需要进行跨国协调和合作。

氢能源社会的实现将经历如下三个大的阶段。第一阶段是大力扩充和完善氢气供给系统、建立大型制氢设施、降低供氢成本，同时推进燃料电池在个人、办公室和产业上的应用，扩大规模、促进燃料电池车的普及和车辆价格的降低。这一阶段为氢能的初期市场，优先发展的是氢能供给系统，需要建立起一个不依赖政府补贴的独立市场，降低氢气价格非常重要，需要达到与混合动力车燃料相同的价格。在燃料电池及其利用方面，需要迅速增加燃料电池的生产量和降低成本，要进行燃料电池车市场投入和对加氢站设备和设施的建设以及对相关安全法规的修改和放开，要达到与混合动力车具有同等竞争力的车辆价格。

第二阶段是确立大规模的氢气供应链、正式引进氢气发电、推进氢气涡轮的开发，实现家庭氢气涡轮机发电的实用化，建立起国内和国际的氢气供应链，逐步实现企业内氢气涡轮机发电。

第三阶段是确立无 CO_2 的氢供应链，将可再生能源、褐煤等未利用能源和 CO_2 捕捉 · 封存组合起来，确立整体不排放 CO_2 的氢气供给系统。

为了使氢能以可接受的价格稳定地供给，需要氢气的制造、储存、运输、利用等各环节贯通起来。图 1.17 是目前氢能源的市场状况，今天的氢工业规模很大，有许多来源和用途。但整体来说，大多数氢气是由一些专用设施中的天然气产生的，而可再生清洁能源所占份额很小。

图 1.17 目前氢能源的市场情况 [12]

其他形式的纯氢需求包括化工、金属、电子和玻璃制造业。氢气与其他气体 (如 CO) 混合的其他形式的需求包括钢铁厂产生的热量，以及蒸汽裂解炉产生的气体和副产品气体。可再生能源制氢份额是通过全球可再生电力计算的。假设现有电力装置的利用率为 85%，来估算 CCUS 制氢量。对副产品和专用发电设施在各种终端使用所占份额进行了若干估算，同时假设副产品生产的输入能量等于生产出来的氢气能量，不用考虑转换中的能量损失。所有显示的数字都是 2018 年的估计数。此图中的线的粗度是根据相应的能量多少来确定的 (扫描封底二维码可看彩图)

1.2 各国能源消耗及特点

1.2.1 能源需求增长

能源的消耗反映着人类技术和生活的发展，如表 1.7 所示。通过考察人的能源消耗就可以对全球能源消耗做一个展望 [16]。

表 1.7 历史上人类能源的消耗

时期	每人每天的消耗/kJ					特点
	食物	家庭和商业	工业和农业	运输	总计	
原始	2				2	只有食物
狩猎	3	2			5	木材取火烹煮食物
原始农业	4	4	4		12	动物耕作
先进农业	6	12	7	1	26	利用煤炭
工业	7	32	24	14	77	蒸汽机
技术	10	66	91	63	230	内燃机、电力

古代人类使用木材为原料，受到森林生长的制约，世界人口长期停留在 2 亿～5 亿，公元 1600 年达到了 5 亿。18 世纪中叶进入产业革命时期，改为以煤炭为主能源资源，生产力水平迅速提高，人们生活和医疗卫生水平也有显著改善，到 1800 年，经过 200 年人口增长 1 倍，达到 10 亿。19 世纪开始使用石油，1900 年人口达到 15 亿，20 世纪石油取代煤炭成为主要燃料，出现了人口爆炸的局面，世界人口增长达到了历史高峰，1999 年人口达到了 60 亿，这 100 年来人口增加了约 3 倍，人口增长与能源消耗显示了密切的相关性。据联合国人口基金会公布的报告显示，2011 年世界人口已达到 70 亿。

人类和能源的关系体现在能源消耗规模取决于人类的生活以及经济活动水平，同时生活和活动也是由能源的供给方法来决定和制约的一种相互关系。正如 Rosutou 在 "经济发展阶段学说" 中指出的一样，经济发展到了某种程度后，能源的消耗将随着经济发展而增加，如图 1.18 所示。

从工业革命至今，人类社会的能源消耗几乎完全建立在化石燃料的基础之上。200 年以来，全球能源消耗中煤炭 + 石油的比例很大，占 75% ~80%，20 世纪 80 年代末，天然气的比例有一定的上升，水电 + 核电的比例上升较快。从 20 世纪 80 年代末至今的 30 多年能源结构比较稳定。一般为：煤炭占 26% ~26.5%，石油占 36.5%，天然气 23.5%，水电 6.0%，核电 6.0%。化石燃料仍占主要地位。

1.2.2 能源消耗结构

表 1.8 是 2008 年世界主要国家能源消费结构 [18]。发达国家人均能源消耗分为 3 个范围，美国、加拿大、挪威、澳大利亚、冰岛、荷兰、芬兰等国大于 5 toe/人，新西兰、法国、日本、德国、韩国、奥地利、英国、瑞士等国在 3.5~5 toe /人之间，意大利、葡萄牙、西班牙、希腊等国在 3.5 toe /人以下。20 世纪 90 年代中期，这些国家人均能

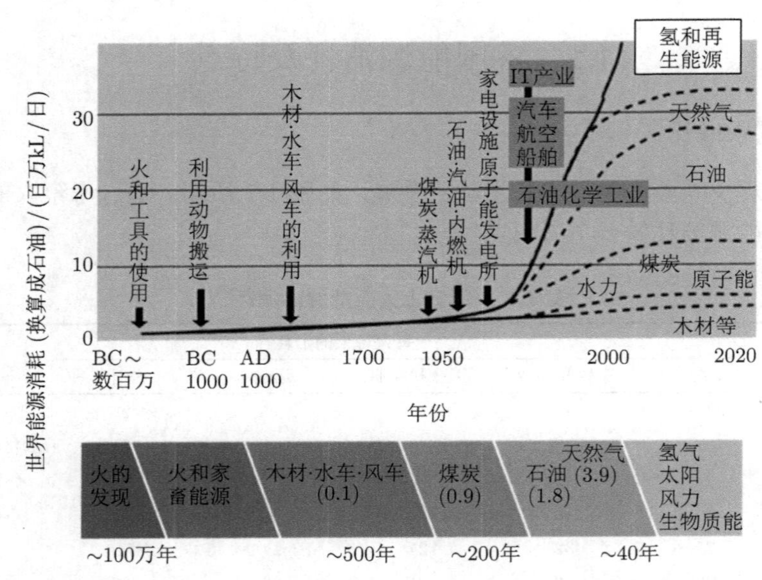

图 1.18　能源消费增长历史以及燃料和资源利用的变迁 (括号内的数据是 H/C 原子比)[17]

源消耗开始出现零增长或下降的趋势。尽管发达国家人均能源消耗呈现“零增长”态势，但是 2007 年 25 个发达国家能源消耗总量占全球的 56%，人均能源消耗水平是发展中国家的 5 倍以上，随着人口的不断增多，发达国家能源消耗总量在今后相当长的时期内仍将占全球较大份额。

表 1.8　2008 年世界主要国家或地区能源消费结构

国家或地区	石油	天然气	煤炭	核电	水利等	人均消耗/(toe/人)
中国	18.8%	3.6%	70.2%	0.8%	6.6%	1.31
美国	38.5%	26.1%	24.6%	8.4%	2.5%	7.8
德国	38.0%	23.7%	26.0%	10.8%	1.4%	3.92
俄罗斯	19.0%	55.2%	14.8%	5.4%	5.5%	4.75
日本	43.7%	16.6%	25.4%	11.2%	3.1%	4.20
印度	31.2%	8.6%	53.4%	0.8%	6.0%	0.39
非洲平均						0.36
世界	34.8%	24.1%	29.2%	5.5%	6.4%	1.78

图 1.19 是世界各种一次能源的增长和预测以及 20 年间各国家或地区增长预测 [19]。根据 IEA World Energy Outlook 2008 的预测，到 2030 年的 20 年间，世界能源需求还会从 2005 年的 114 亿吨增长到 177 亿吨，是原来的 1.55 倍，75% 的增加来自发展中国家，其中中国和印度的能源消耗增长的量占整体的 32.7%和 11.9%。

图 1.20 是世界未来能源消耗预测，能源消耗会进一步增加，太阳能和核能将显著增加，而化石能源，尤其是天然气和石油则会显著下降 [20]。

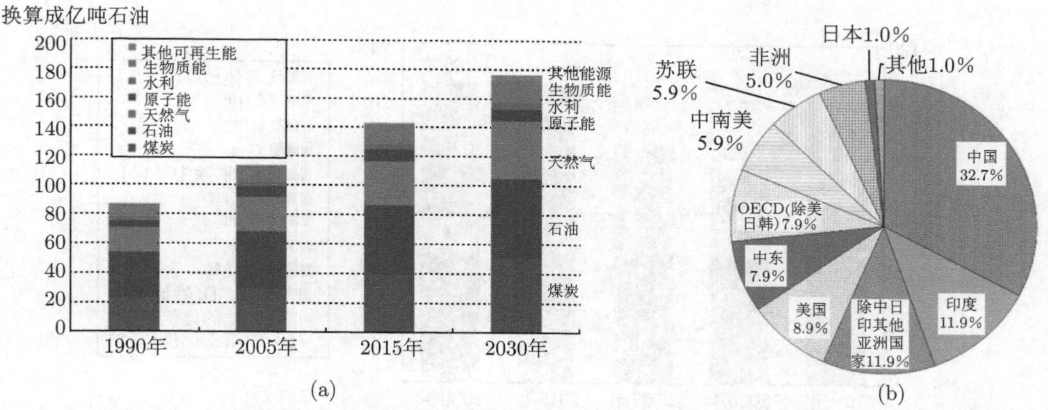

图 1.19 世界各种一次能源的增长和预测 (a) 以及 20 年间各国家或地区增长预测 (b)(扫描封底二维码可看彩图)

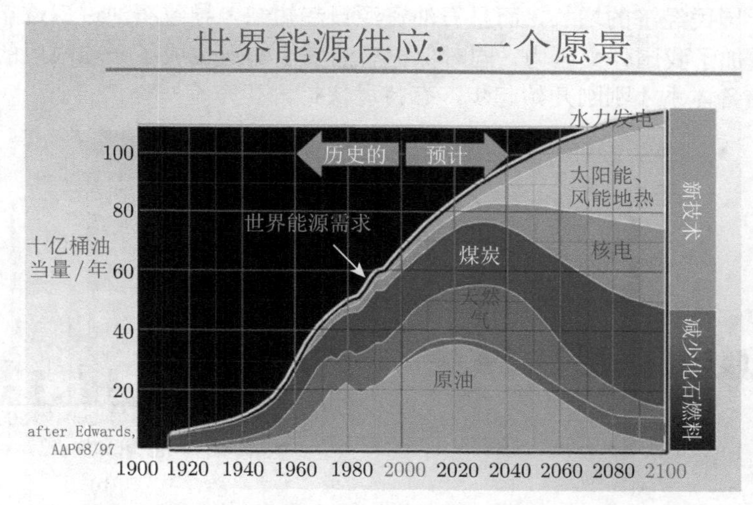

图 1.20 世界未来能源消耗预测 (扫描封底二维码可看彩图)

1.2.3 我国的能源消耗特点和问题

我国能源消耗有如下一些特点：第一是我国目前正处在经济发展时期，要维持这种经济的发展，能源的需求也会不断增长，能源供需矛盾日益突出。图 1.21 是到 2030 年的世界各地对石油的需求预测 [19]。今后的特点是我国和印度等迅速发展中的国家对石油需求的增长尤为显著，将成为今后石油消耗增长的主要地区。如何确保稳定的能源供给成为我国经济发展的一个重要因素。

第二是我国人口众多，人均能源资源不高。如图 1.22 和表 1.8 所示目前人均能源资源消耗还很少 [21]，将来还会进一步增加，由此带来的总量增加很大。

第三是能源进口依赖大，2000 年前我国的煤炭、石油、天然气生产量和消耗量基本相当，进口不大，2000 年以后石油和天然气的进口迅速增加，尤其是石油的需求逐年增加。2019 年, 中国进口石油和煤炭分别高达 5.06 亿吨和 3.00 亿吨。我国国产的石油

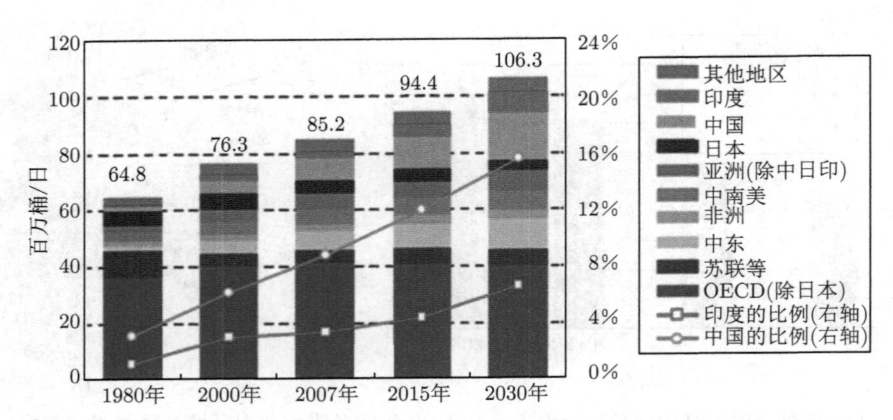

图 1.21　到 2030 年各国或地区对石油需求的预测 (扫描封底二维码可看彩图)

增长远远低于国民经济的增长，而且石油资源日趋短缺，导致石油进口逐年增加，对国际冲击大，增加了我国外交压力，同时保护石油安全输运也成了一项艰巨的任务。此外我国的石油储备体系才刚刚开始起步，有待尽快扩大和完善。

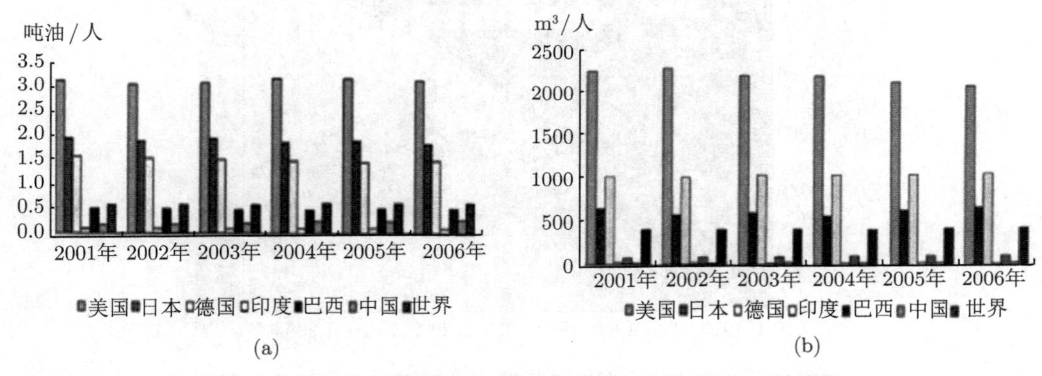

图 1.22　世界主要国家人均石油 (a) 和天然气 (b) 消耗量

亚洲的能源消耗和 GDP 可以分成中国、日本和其他地区三大块。我国在加入 WTO 之前 80%是煤炭，20 世纪 90 年代，中国的石油用量开始增加，1993 年成为纯石油输入国。进入 WTO 后，我国削减了对含煤炭能源领域的补助，同时允许外资的参入，从 1996 年以后煤炭生产大幅度减少，对石油的需求迅速增加，1999 年石油输入量达到 100 万桶/天。预计 2021 年达到 800 万桶/天。我国的石油输入最初在亚洲从印度尼西亚最多，中东主要是从也门、阿曼，非洲主要是从安哥拉，大部分都是进口轻质石油。随着石油的输入迅速增加，沙特阿拉伯、科威特、阿联酋、伊朗等成为主要输入国。煤气则从俄罗斯、哈萨克斯坦等国利用管道输入。我国也加大了海外石油开发，同时随着石油的需求增大，也开始了石油战略储备，同时引进海外资金和技术进行石油探矿和开发。

第四个问题如表 1.8 和图 1.23 所示，我国能源结构不合理，煤炭消耗过大，很长一段时间以煤为能源消耗主体的格局今后还将持续很长一段时间。

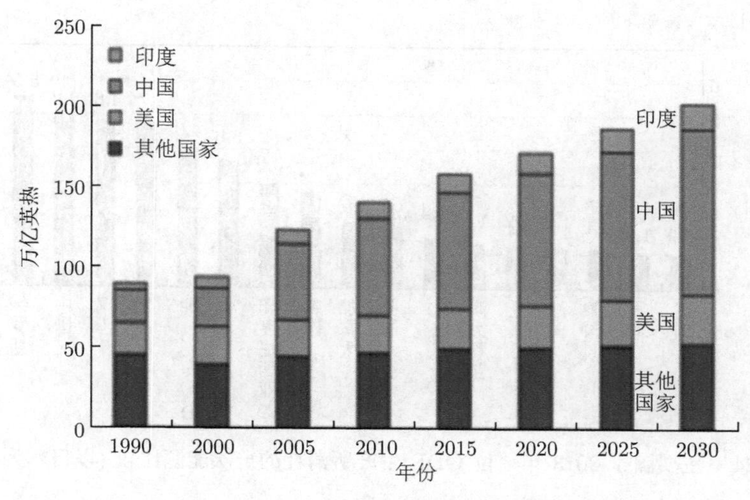

图 1.23 中国煤炭消耗年增长 [22]

同世界能源结构相比，中国煤消耗所占比例相对较大，比世界平均水平高出 41.0%，石油和天然气分别比世界平均水平低 15.3% 和 20.7%。与世界能源消耗结构的差别迫使我国的能源政策不能照搬国外的经验，只能在实践中不断探索。

以煤为主的能源消耗结构有以下几个缺点：① 能源消耗结构失衡，不利于能源消耗结构的调整；② 能源消耗受煤供应的控制太严重，一旦煤产量受到影响，对能源供应的影响比较大；③ 难以快速提高能源的供应，我国目前大部分大、中型煤矿产量均达到其产能的极限，有些甚至超负荷生产，因此煤的产量很难保持较快增长的势头；④ 产生的污染物多，煤消耗后释放出的污染物远比石油、天然气多。

第五个问题我国能源利用效率低。图 1.24 和图 1.25 分别是单位 GDP 生产所消耗的能源和生产每吨钢以及水泥消耗的能源，图中纵坐标是以日本为基准。日本是能源利用效率最高的国家，其他发达国家也都很高，我国的能源利用效率很低，仅是日本的 1/5。例如，钢铁生产由于我国高炉的大容量化，能耗得到降低，但是在水泥的生产上能耗很大，仅次于俄罗斯。此外我国建筑能耗巨大，浪费也大。我国是世界上每年新建建筑量最大的国家，每年新建面积达 20 亿 m^2，使用了世界上 40% 的水泥、钢筋，建筑的平均寿命却只能维持 25~30 年，导致能源的巨大浪费。而根据我国《民用建筑设计通则》，重要建筑和高层建筑主体结构的耐久年限为 100 年，一般性建筑为 50~100 年。提高建筑质量是节能的一个重要途径。

我国的能源消耗很大一部分是维持生活的能源消耗，所以单位 GDP 生产所消耗的能量会显得比较低，即便是纯用于 GDP 生产的能源也是利用效率很低，有很大的提升空间。

为了我国能源长期安全，需要采取的措施是：转变经济增长模式，提高能源利用效率；大力发展替代技术，降低石油进口依赖；坚持开发和节约并举，确立节能首要地位；大力发展包括氢能源在内的可再生能源，调整优化能源结构。

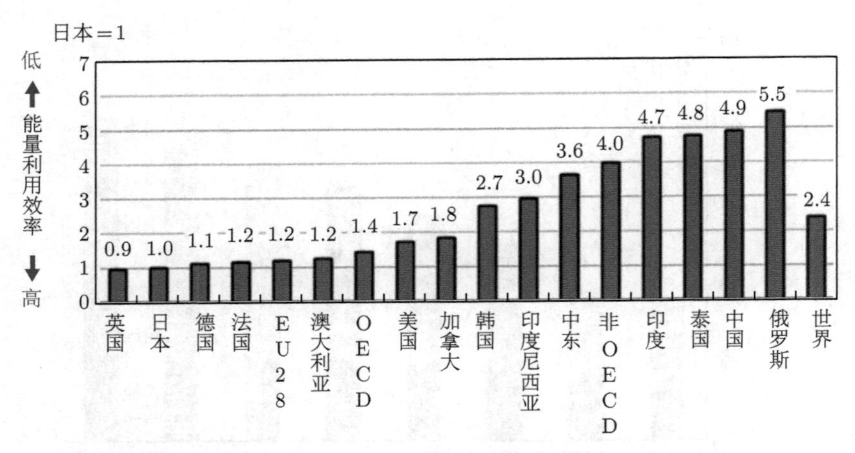

图 1.24　主要国家 2013 年单位 GDP 生产所消耗的一次能源比较 (以日本为 1)[23]

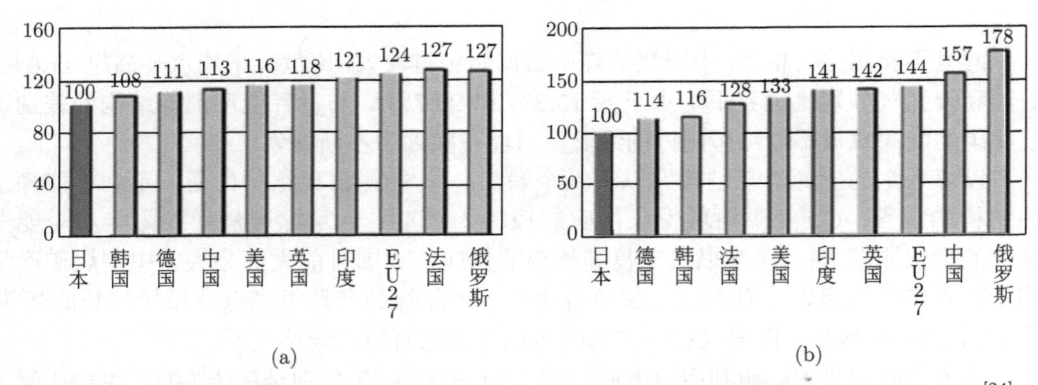

图 1.25　世界主要国家生产 1t 钢铁 (a) 以及 1t 水泥 (b) 所消耗的能源比较 (以日本为 100)[24]

1.3　氢能的特点和利用形式

1.3.1　能源发展趋势

人类最早使用的能源资源是木材，木材的单位重量和体积能量密度都小，能源运输效率差，人的活动圈停留在森林附近。煤炭的能量密度比木材的大，能源运输效率提高，摆脱了对森林的依赖，但是使用后的灰多，处理麻烦。石油的能量密度比煤炭的还要大，常温下液体便于输运和使用，而且没有废物产生。石油分布不均匀，资源枯竭问题严重。天然气本身能源密度不大，可以流动，便于输送，可以液化提高能源密度，没有废物，和石油一样分布不均匀，资源枯竭问题严重。表 1.9 是几种能源的特征比较。

图 1.26 显示化石原料使用的变迁，其规律是从重油、轻油、汽油、柴油到天然气、醇醚方向发展，即从碳氢化合物 C_nH_m 的 m/n 朝着增大的方向发展，碳的使用渐渐变少，其过程就是逐步脱碳的过程，氢是最佳的方向，称得上是未来最为洁净、能量密度最大的能源。

表 1.9 氢能源和木材、煤炭、石油、天然气、原子能、可再生能源、电力等的比较

	木材	煤炭	石油	天然气	原子能	可再生能源	电力	氢气
能源密度	能源密度小	能源密度大	能源密度大	能源密度小	能量密度大固定能源	重量和体积密度都小	小 (电池储存)	气态小、液态和固态大
用途	热源	发电、热源	发电、热源	发电、热源	发电	主要发电		电、热等
输运和操作	可以流动、但运输效率差	容易输送，但没有流动性	可以流动能量输运效率高	可流动，可液化，能量运输效率高	电力输送		便于传输，使用方便	
废弃物排放	灰 CO_2	灰 CO_2 排出最大	无灰 CO_2 大量排出	无灰 CO_2 排出相对比较小		无	无	无
碳排放系数 (t-C/TJ)		24.71	18.66	13.47	0	0		0
资源分布	均匀	与石油、天然气相比地区分布偏差较小	OPEC 6 国约占总量的 2/3	苏联、中东、其他国家各占约 1/3	很不均匀全世界范围分布	极受环境条件影响		可再生
存储	难	容易	容易	容易	难	难	困难	容易
可使用年限		164	41	67	82		二次能源	二次能源
经济性 (发电成本, 元/(kW·h))	木质生物:0.48～15.12	0.40～0.42	0.80～1.15	0.46～0.50	0.38～0.43	水力:0.66 光伏:1.44 风力:0.80～1.92		比石油的高 30%
主要问题	资源有限，能源效率低	环境破坏，资源有限	资源枯竭	资源枯竭	安全性差，选址难，资源枯竭	成本高，技术要求高		成本高，爆炸性，对大气的影响未知

注：t-C/TJ 是燃料的单位热值所含有的碳量，反应燃料热量全部燃烧利用，排放的碳的数量。

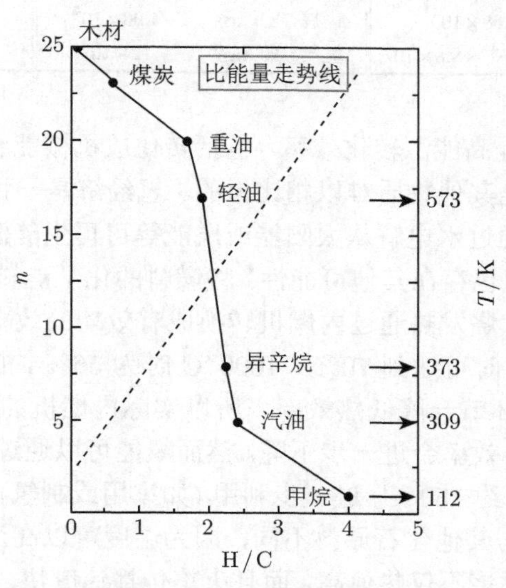

图 1.26 人类使用能源资源变迁规律 (碳氢化合物 C_nH_m 的 m/n)

氢气资源可以来源于无穷的海水、可再生植物、煤炭、天然气等，在地球上可谓无处不在，是一种取之不尽、用之不竭的能源，而且氢氧结合的燃烧产物是最干净的物质——水，是最理想的 CO_2 零排放燃料，可以用于交通、工业、建筑、电力等各种设施上，因此，开发氢能源对人类社会可持续发展具有重要意义。氢能未来将扮演的新角色是为了实现能源系统的多元化、清洁化和低碳化转型，氢能的发展可以从“二次能源、能源载体、低碳原料”这 3 个角度切入，助推能源转型进程。

1.3.2　氢能的四大特点

地球上的氢都是以化合物的形式存在的，氢气的含量非常少，我们使用的氢气都是从其他能源转化而来，所以氢气和电力一样是一种二次能源。相比之下，氢气能源特点则是：不像石油那样分布不均匀，可以利用各种能源资源来制造氢气；利用燃料电池可以高效地将化学能转变成电能，将化石燃料制备成氢气，再转变成电，可以节省能量；没有灰尘、没有废气，环境友好；可以用多种形态的方式进行存储和输运。

氢气作为能源使用的一个重要特点就是含能密度高。表 1.10 是一些常用的燃料与其燃烧值的数值表格，氢气是一种热值很高的燃料，除核燃料外，氢气的燃烧值在所有的矿物燃料、生物燃料、化工燃料中名居榜首，燃烧 1 kg 氢气可放出 120 MJ(28.6 Mcal) 的热量，为汽油的 2.6 倍、酒精的 4.0 倍、焦炭的 4.0 倍。一般的可燃物质中，含氢越多，热值越高；各种混合物或化合物分子很复杂，尽管使用条件各个不同，所产生的平均热值都会降低。

表 1.10　几种燃料的燃烧值比较

甘蔗渣/(kJ/kg)	0.96×10^4	干木材/(kJ/kg)	1.62×10^4	甲醇/(kJ/kg)	1.97×10^4
烟煤/(kJ/kg)	2.86×10^4	乙醇/(kJ/kg)	2.96×10^4	焦炭/(kJ/kg)	3.0×10^4
无烟煤/(kJ/kg)	3.4×10^4	碳木/(kJ/kg)	3.4×10^4	煤气/(kJ/kg)	3.9×10^4
柴油/(kJ/kg)	4.56×10^4	煤油/(kJ/kg)	4.61×10^4	普通汽油/(kJ/kg)	4.64×10^4
航空汽油/(kJ/kg)	4.68×10^4	丙烷/(kJ/kg)	4.96×10^4	LNG/(kJ/kg)	5.44×10^4
天然气 (甲烷)/(kJ/m^3)	7.1×10^4 ~8.8×10^4	氢气/(kJ/kg)	12×10^4	铀/(kJ/kg)	1.52×10^{11}

第二个特点是可以提高能源转化效率，包括转化成机械能和电能，而且氢和电之间的相互转换很方便，这是其他物质难以相比拟的。氢经济是一种氢和电一起作为主要能源载体的经济。氢气可通过水电解从太阳能或风能等可再生能源中产生。虽然这被认为是氢经济的理想方案，但也存在其他可能性。将燃料的化学能转变成电能的效率排列中，氢是最高的。石化原料燃烧发热通过内燃机转换成有效功的效率由卡诺循环理论可以计算，燃烧温度为 2000 ℃ 时可达到 70%，1000 ℃ 时为 56%，100 ℃ 时则下降为 11%。实际上内燃机由于多个环节会降低热效率，所以实际内燃机的热转换效率会更低一些。如果把机械功转变成电，效率会进一步下降。然而氢能可以通过燃料电池直接转变成电，如果把燃料电池的废热 (约 150 ℃) 进一步利用 (如家用或制氢)，其效率可以达到 83%。即便是通过燃烧氢气，与其他化石原料不同，因为温度可以高达 2000 ℃ 以上，其热机效率也会高很多。氢气燃烧不仅热值高，而且火焰传播速度快，点火能量低 (容易点着)，所以氢能汽车比汽油汽车总的燃料利用效率可高 20%。

第三大特点是碳的零排放。与化石能源的利用相比，氢在燃烧或在燃料电池产生电能的反应后不会排放导致全球变暖的 CO_2 气体，而只有无污染的水，可以实现良性的循环。氢能源的无污染和地球上的巨大蕴藏量让人们对其充满了期望，氢能源被誉为化石燃料的最佳替代品之一。

图 1.27 是以汽油内燃机综合热效率以及 CO_2 的排放量为单位，比较各种燃料车的能量综合利用效率和综合 CO_2 排放量。虽然氢气制备的能耗比汽油的高，但是汽油内燃机的效率只有 35%，而氢燃料电池的效率为 47%，能量综合利用效率高，同时 CO_2 排放量少 (CO_2 的排放量是按照整体的电量计算出来的对应排放值)。与汽油、柴油、天然气、酒精为燃料的汽车以及复合电动车、电动汽车等相比，氢能源的燃料电池汽车的综合热效率最高，氢能源作为车辆动力，是替代石油的最佳燃料。

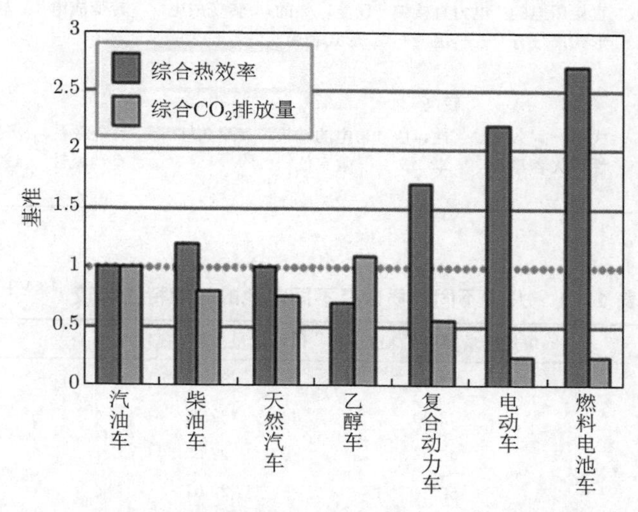

图 1.27　各种车辆综合热效率以及综合 CO_2 排放量 [25]

第四大特点是可以作为一种高密度能源存储的载体，可以以多种形式存储，这是其他方式做不到的。氢气可以通过气相、液相和固相的形式存储，可以提供一种大规模高密度存储能量的途径。表 1.11 和表 1.12 分别是各种储能方式特点以及不同物质和电池储能性质的比较。电力通过电网可以在任何地方获得，容易传送、非常方便使用，但是不能存储、价格高。电可以通过电池作为短时间的能源储备，但是不能像石油一样作为能源资源长久储备。比较了多种能源储存的方式，氢能源储存在能量密度、稳定性、安全性等多方面具有明显优势。

水库蓄水是目前最大规模的储能方式，但是水库储能时间也有限，而且受天气影响大。像在新西兰、巴西、加拿大等国家，水力发电系统存储时间太短 (新西兰为 12 周) 而不能预防干旱，同时季节性的雪融水或雨季时的水都容纳不下，不能作为能源存储。把季节性提供的廉价过剩水电转变成氢气，就可以利用氢气存储过剩水电，甚至将氢存储在废弃油田中。

氢能源是一种很好的能源载体和一种很好的储能方式，随着今后风、太阳能、废热等能源的利用开发，氢的能量存储特性可以获得重要应用。

表 1.11　几种储能方式的特点比较

	氢气	电池	电容器	蓄热	机械（飞轮）	水库	超导 (SMES)	压缩空气 (CAES)
储能形式	电解制氢	离子间的作用	电场	物质的显热或潜热	将电转变为动能	峰谷电抽水到高位水库	电磁能	压缩能量
输运性质	方便移动	方便移动	方便移动	方便移动	难以移动	不能移动	难以移动	难以移动
存储时间	长久	10～100 天	短时间	数小时～数天	数小时	随天气变化大	瞬低对策（毫秒级别）	连续（小时级别）
储能规模	大	中	小	很小	小	很大	小	中
储能密度	大	小	很小	很小	很小	小	小	很小
使用范围	无限制	无限制	瞬间、大电流	无限制	有一定限制	只能在有水库的地方	短时应急	负荷均匀化
再利用的形式	直接利用或转变成电	直接用电的形式，很方便	电力直接使用	仅能以热的形式利用	转变成电	转变成电	转变成电	机械能
能源效率	高	高	较高	低	很低	低	较高	低
问题	氢气的输运・储存・高效率化	成本、耐久性、大容量化	耐久性、成本	与电的转换效率低	耐久性	系统联系，有地域性	需要制冷机，线材的高温化	地域性，火力发电并用

表 1.12　几种不同物质以及不同电池的储能特性比较 [16,17]

	重量能量密度 /(MJ/kg)	体积能量密度 /(MJ/L)	循环特性
轻油	42.64	35.39	一次性
汽油	43.90	32.05	一次性
LPG(液化煤气)	45.93	27.65	一次性
LNG(甲烷)	50.24	22.61	一次性
铅酸电池	0.14	0.36	可循环
镍氢电池	0.40	1.55	可循环
锂离子电池	0.54～0.90	0.90～1.90	可循环
高压氢气 (700 bar)	120	6.87	一次性
液体氢气	120	8.71	一次性
固态储氢 MgH_2	10.63	14.68	可循环
$LiAlH_4$	11.04	12.58	不可循环
NH_3BH_3	18.87	19.57	不可循环

1.4　氢气的供给

1.4.1　氢气的生产

图 1.28 是氢气制备方法和发展趋势。氢气的制备可以是集中式也可以是分散式，近期是以煤和天然气为主，也没有碳的收集和储存 (灰氢)；中期除了化石原料外，生物衍生液体重整、生物质气化制氢会增加，同时也会引入碳的收集和储存技术 (蓝氢)；将来可再生能源制氢会迅速增加并成为主体 (绿氢)。

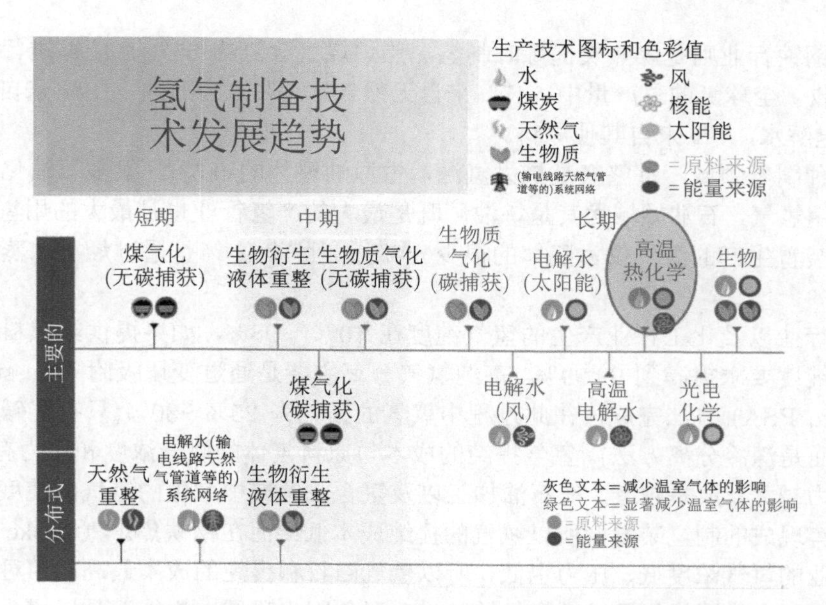

图 1.28 氢气制备方法和发展趋势 (扫描封底二维码可看彩图)

国际氢能委员会 (The Hydrogen Council) 认为：全球将从 2030 年开始大规模利用氢能，2040 年氢能将承担全球终端能源消费量的 18%，2050 年氢能利用可以贡献全球二氧化碳减排量的 20% [26]。另据壳牌、法国液化空气集团、梅塞尔等公司预测，全球氢气需求量年均增长率 2018~2021 年为 3.5% ~6%，2020~2050 年为 23% ~35% [27,28]。

近年来，全球每年制氢总量约为 7000 万 t，其中美国生产 1500 万 t，中国生产 2500 万 t。氢气的生产主要由天然气 (48%)、石油 (30%) 和煤炭 (18%) 生产，如图 1.29(a) 所示。氢的主要用途是氨合成 (54%)、化工 (35%)、电子行业 (6%)、冶金 (3%)、食品行业 (2%) 等，仅有 1% ~2% 用作交通燃料，如图 1.29(b) 所示。用量最大的是合成氨，我国的比例更高，约占总消费量的 80% 以上。

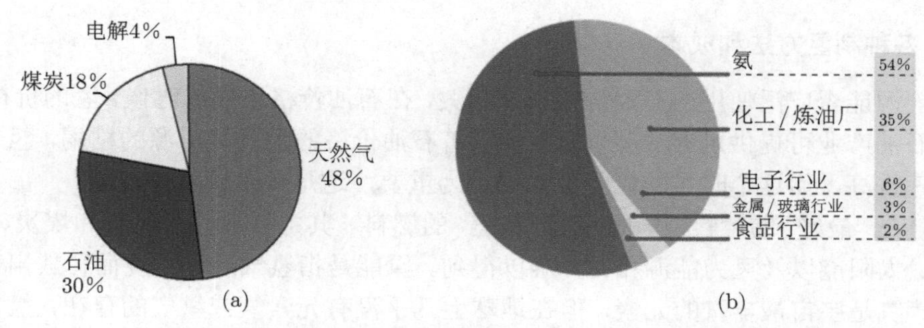

图 1.29 世界不同领域的氢气生产 (a) 和使用 (b) 比较

在大型生产中从化石燃料中提取氢气的成本仍然比电解氢的成本低很多。至今氢气主要是从石油、石化、氨合成、烧碱以及钢铁行业的副产品回收中而获得的，石油和石化中以原油 (烃) 和天然气 (CH_4) 为原料制氢，氨合成中则是碳水反应制备氨合成的原料氢，钢铁行业则是煤焦炭提炼时制氢。焦炉煤气含氢约 55%，能够进行有效的氢分离、回收。全球氢的总产量中，47%来自天然气，30%来自石油，18% 来自煤，仅有 4% 来自电解水，1% 来自其他原料。

在各种制氢领域，重整氢是最大氢源，占原油整体的 0.5%。很多石油化工企业在经营和利用氢气，石油领域尤其是炼油厂既是最大的产氢行业也是最大的用氢行业。独立的制氢装置生产的氢气仅占整体的很少一部分，目前 90%是通过烃类水蒸气转换方法制备的。

石油行业以及化工行业产生的氢气纯度在 70% ~98%，如果提供给燃料电池汽车使用，其纯度要求提高到 99.99%。高纯氢气分离主要是通过变压吸附 (pressure swing adsorption, PSA) 方法完成，在此过程中氢气的损耗为 25%~30%(只有烧碱领域不是 PSA 法，而是深冷分离方法)。氢气提纯的成本与原料气体的氢气浓度和压力有关，氢气浓度和压力越大，成本越低。在石油加工以及氨合成领域中产生的氢气的纯度高、浓度大，而且有现成的制氢装置，所以氢气的提纯成本低；而在钢铁焦炉气 (coke oven gas, COG) 产业的氢气浓度低、压力也低，所以氢气回收和提纯的成本最高。相对于其他国家来说，当前在我国氢气是较贵和较缺的，主要是因为我国一次能源是以煤为主，煤比石油、天然气含氢量少，制氢过程就需要用更多的蒸汽，要消耗更多的能量。

目前石油、石化、有机和塑料、氨气行业的各个工厂的氢气系统都限于各自的行业内，将来利用管道将彼此相互连接，各行业联合起来协同对外提供氢气的方式更合理有效。此外石油行业现在已经有管道传输和供给系统，充分地利用这些系统会有效地支持氢能源社会。在有石油资源的前提下，氢气资源的供给可以得到保证。

虽然目前氢能源流通市场还仅限于很少一些领域，但是随着燃料电池发展和普及，会极大地推动氢能源的普及使用。氢气作为一种能源的原料，其潜在的需求越来越大，所以关于燃料电池以及氢能源的技术开发就变得越来越普遍，受到越来越多的重视。

烧碱是通过电解食盐水来生产的，每生产 40 t 烧碱就会副产 1 t 氢气。对于大中型烧碱装置和企业，这部分副产氢气量也很可观，我国是烧碱生产大国，多数烧碱厂均配套建设盐酸、聚氯乙烯装置，以平衡氯气并回收利用副产氢气。

1.4.2　各种制氢方法和成本

氢能源能否广泛使用与石油价格密切相关，在石油价格不高的时候，氢的价格便宜，目前的石油产业可提供足够的廉价氢气。随着石油价格的上升和资源的枯竭，氢气的价格将迅速提高，而这个时候的氢能也显得更为重要，这是一个矛盾的问题。

氢气是 “最好” 的燃料，同时也是 “最差” 的燃料。其主要原因是氢气和煤炭、石油、天然气、太阳能以及风力能源相比，难以得到。氢能是指氢气通过燃烧而释放出来的能量，尽管氢是宇宙最丰富的元素，但在地球上几乎没有元素氢或氢气的存在，氢都是以化合物的形式存在的。氢只能从化石原料、水等物质中分离得到。在化石燃料制氢中，高纯度分离氢需要消耗很多能量。水虽然含有大量的氢，却不含氢能。水必须通过电解获得氢气和氧气，而且，消耗的电能比得到的氢能多。通过化学或生物的方法被置换出的氢气，其氢能来源于化学能或生物能，得到的氢能也比原来的化学能和生物能少。如果是通过可再生能源获得氢气，成本会更高。这就使开发氢的成本成倍上升，令开发氢能源面临较尴尬的局面。氢的生产制备，尤其是低成本制备氢气对氢能源发展至关重要。

表 1.13 是不同的氢气制备方法、特点和相应的成本 [28]。在钢铁冶炼、石油精制、石油化学中的副产品氢气的制造成本最低，价格在 0.74~1.10 元/m^3；其次是天然气、石油或煤炭等化石燃料改性制造氢气，价格在 0.80~1.70 元/m^3；网电或者风电、光伏电等的电解水制氢成本是最高的，价格在 1.10~2.20 元/m^3。挪威、澳大利亚、美国、卡塔尔等国家电力便宜，电解水制氢成本比重中国低。

表 1.13 不同制氢方法的成本差别与氢气价格的关系 [27-31]

制氢技术分类	制氢技术名称	氢气成本
中国化石燃料制氢及工业副产氢①	煤制氢	0.69~1.18 元/m^3(煤炭价格范围 400~800 元/吨) [29-31]
	煤制氢 + 碳捕捉–封存	0.98~1.43 元/m^3(煤炭价格范围 400~800 元/吨) [29-31]
	天然气制氢	0.8~1.7 元/m^3(天然气价格范围 2~4 元/m^3) [29-31]
	石脑油制氢	0.92 元/m^3 [30,31]
	重质油制氢	1.42 元/m^3 [30,31]
	炼厂干气制氢	1.10 元/m^3 [30,31]
	煤焦制氢	0.74 元/m^3 [30,31]
	焦炉气制氢	0.96~1.40 元/m^3 [30,31]
各国可再生能源发电、电解水制氢	中国 “四弃” 发电制氢②	1.1~2.2 元/m^3 [29]
	挪威水电制氢③	0.23 澳元/m^3(约 1.10 元/m^3) [28]
	澳大利亚光伏发电和风电制氢③	0.22 澳元/m^3(约 1.05 元/m^3) [27]
	美国光伏发电和风电制氢③	0.24 澳元/m^3(约 1.15 元/m^3) [27]
	卡塔尔光伏发电制氢③	0.19 澳元/m^3(约 0.91 元/m^3) [27]

注：① 根据中国石化九江、茂名、南京、镇海等炼厂实际生产运行数据测算；

② 根据中国 2017 年弃水、弃光、弃风、弃核发电成本估算；

③ 以 2025 年澳大利亚、挪威、美国、卡塔尔 4 国的可再生能源发电成本计算。

在传统的制氢方面，气体重整、碱性水电解等已经实用化了，今后主要是面向普及使用时如何进一步降低成本。利用夜间便宜的电力、工厂的废热的电力都可以在可移动的水电解装置上制氢，降低成本。此外从化石原料获得氢气也会有 CO_2 排放问题。虽然氢本身没有 CO_2 排放问题，但是氢气主要是由化石能源天然气 (CH_4)、原油 (烃) 或煤等原料，与水蒸气在高温下经蒸汽转化法、部分氧化法、煤气化法等工艺生成。在转化过程中，化石能源中的碳首先变为 CO(或 CO_2)。为了得到更多氢，又通过水汽变换反应 $CO+H_2O=\!=H_2+CO_2$，把 CO 进一步转化为 CO_2 。所以，由化石能制氢就会排放 CO_2。其 CO_2 排放量：煤 > 油 > 天然气，这是由原料的碳氢比所决定的。采用电解水的方式获得氢气，仍需要消耗大量化石燃料发出的电力，温室效应气体的排放并没有减少。现在的氢能源不是免费的午餐，它仍然不是完全清洁和绿色的燃料。

把以化石燃料、氯碱尾气为代表的工业副产气制取的氢气称为灰氢；由化石燃料制得，并将二氧化碳副产品捕获、利用和封存 (CCUS) 而制得的氢气称为蓝氢；由可再生电力或核能生产的氢气称为绿氢。灰氢不可取，蓝氢可以用，废氢应回收，绿氢是方向。这就迫使人们寻求新能源和可再生能源制备氢气，包括利用生化或生物的方法来自然地制造氢气，或者利用原子能电力、地热电力、光伏电或风电从水中分离氢气等，技术上的挑战是提高制氢效率并降低成本。

图 1.30 是世界不同国家和地区的 2018 年的氢气生产成本。燃料成本是所有地区最大的成本组成部分，占生产成本的 45%～75%。天然气制氢的生产成本受到各种技术和经济因素的影响，其中天然气价格和资本支出 (CAPEX) 是最重要的两个因素。中东、俄罗斯联邦和北美的低天然气价格导致了一些最低的制氢成本。日本、韩国、中国和印度等天然气进口国不得不与更高的天然气进口价格抗衡，这使得制氢成本更高。

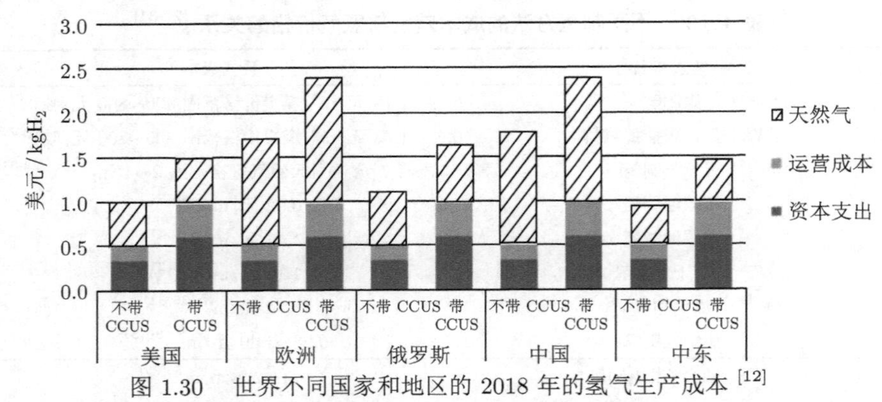

图 1.30　世界不同国家和地区的 2018 年的氢气生产成本 [12]

kg H_2= 千克氢；OPEX= 运营支出。2018 年资本支出：不带 CCUS 的 SMR=500～900 美元/千瓦氢 (kW H_2)，带 CCUS 的 SMR=900～1600 美元/千瓦氢，范围因地区差异而不同。天然气价格 =3～11 美元/百万英国热单位 (MBtu)，取决于地区。有关更多信息，请访问 www.iea.org/hydrogen2019

1.4.3　氢源选择的 “四要素”

为了满足未来全社会对于氢能的需求，需要从能源转型的视角出发，从 “资源供应、成本效益、能源效率、环境效益” 这 4 个要素入手，综合评价、统筹考虑后，对氢源进行合理选择。具体而言，资源供应可理解为适用性，包括制氢原料的可获得性，以及氢气供应与需求在数量、质量上的匹配程度，发展氢能不应以牺牲能源安全为代价，同时在选择氢源时也要考虑氢气的供应量和纯度等因素，因此适用性是氢源选择的第一考虑因素；经济性是指氢气的生产成本，成本低廉是需求侧使用氢能替代传统能源时最现实的考虑因素，一般情况下成本高的氢源将被排除在市场之外；能源效率是指能源投入和产出效率，这里需要使用全生命周期评价方法，如果氢气生产环节使用了二次能源，则需要将二次能源生产过程的能源效率考虑在内，例如焦炉煤气副产氢的能效评估，就需要考虑由煤炭到炼焦和焦炉煤气环节的能源损失；环境效益是指氢气生产所造成的环境污染物和二氧化碳排放，同样需要使用全生命周期评价方法，例如电解水制氢虽然可以实现无污染无排放，但如果电力来自于煤电，则需要将燃煤发电环节的污染和排放算在内。

图 1.31 是基于四要素对不同氢源的综合评价结果。从当前情况来看，煤制氢在资源供应方面比较有保障 (我国煤炭资源相对丰富)，具有明显的成本优势 (10～15 元/kg H_2，或 0.83～1.25 元/Nm^3 H_2)，能源效率一般 (58%～66%)，但碳排放问题比较大 (20～25 kgCO_2/kg H_2)。天然气制氢在资源供应上存在明显短板 (天然气对外依存度高、

采暖季天然气供应短缺等)，成本效益一般 (20～30 元/kg H_2，或 1.67～2.50 元/Nm^3 H_2)，能源效率一般 (70%～75%)、存在碳排放问题 (7～10kgCO_2/kg H_2)。可再生能源制氢的资源供应一般 (可再生能源生产主要集中在东北、西北、西南等地区，与 H_2 需求端存在空间分离)，成本效益较差 (电价为 0.5 元/(kW·h) 时，制氢成本高达 40 元/kg H_2 以上，或 3.33 元/Nm^3 H_2)，能源效率较高 (可达 75%～80%)，无碳排放 (采用先进技术工艺)。

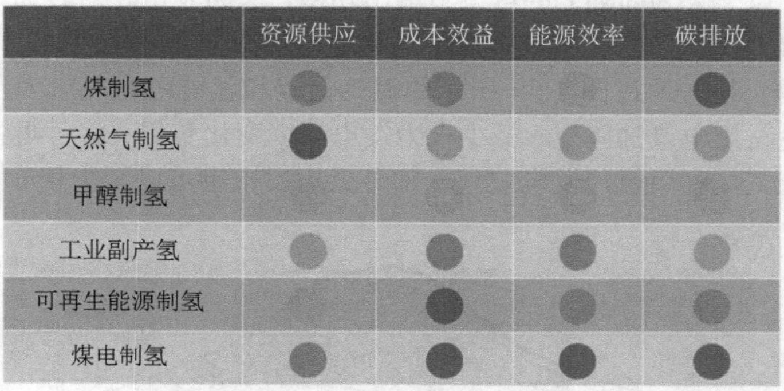

	资源供应	成本效益	能源效率	碳排放
煤制氢	●	●	●	●
天然气制氢	●	●	●	●
甲醇制氢	●	●	●	●
工业副产氢	●	●	●	●
可再生能源制氢	●	●	●	●
煤电制氢	●	●	●	●

图 1.31 基于四要素对不同氢源的综合评价 (扫描封底二维码可看彩图)
绿色为较好，黄色为一般，红色为较差，评价结果因能源、原料价格和样本选取等原因存在差异

1.4.4 氢与电的相关性

如图 1.32 所示，氢气可以通过各种能源来获得，可以长期存储，在需要的时候可以随时转变成电能，而且和电力可以可逆高效率转化，这是其他能源难以相比的。氢能和电能结合，可以弥补相互的不足，是能源发展的一个趋势。当化石原料枯竭的时候，最佳的存储和运输能源的物质就是氢气，那个时候的能源体系将是电力和氢气相互辅助的一个系统。人类现在和将来会开发太阳能等各种可再生能源的发电技术和提高发电效率，电力和氢气将逐步成为能源系统的两个核心。

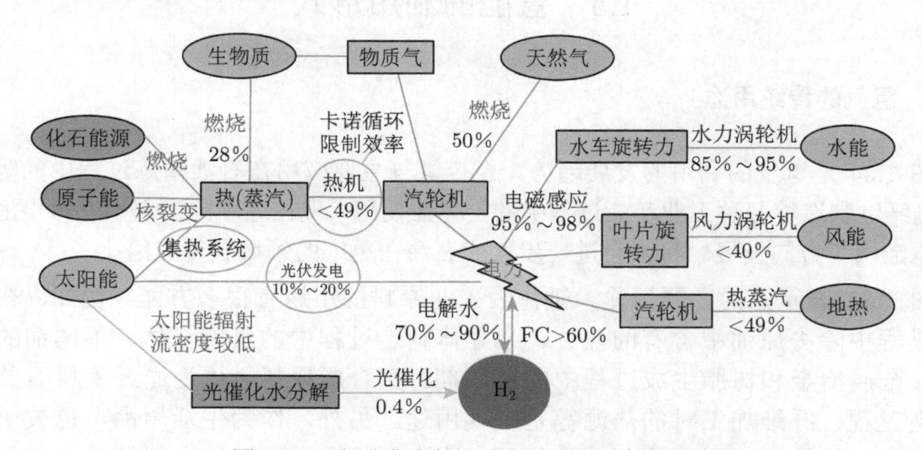

图 1.32 各种发电的方式和效率以及氢转换

今后的世界将会朝着一个多种能源利用的方向发展。各种可再生能源和新能源往往

都是通过转变成电力而使用和输送。有一些可以输送走，有一些输送不走，有一些是分散型的电源，这些能量需要储存。

图 1.33 是传统发电与氢能发电结合的电网供电示意图。由于人的生活规律的影响，从早上 9 点到晚上 8 点是用电高峰，晚上的用电则很少。此外由于光伏电和风电等可再生能源的利用增加，也导致了总发电量的大幅涨落。如何平衡发电量与实际用电量对于可再生能源的有效利用以及电网的稳定供电都很重要。原子能发电和水力发电很难实现短周期性（如以一天为周期）的可调节输出功率，火力发电相对容易一些，所以目前往往都是通过火力发电量的调节来实现供电和用电功率平衡。即便如此，对于火力发电也是一个很大的负担。通过图 1.33 所示的氢气储能和氢能发电与火力发电组合供电则可以实现供电量与用电量的匹配，减少火力发电功率变化负担。将可再生能源白天的剩余电力变换为氢气，利用氢能发电取代一部分火力发电也可以减少相应的 CO2 排放。

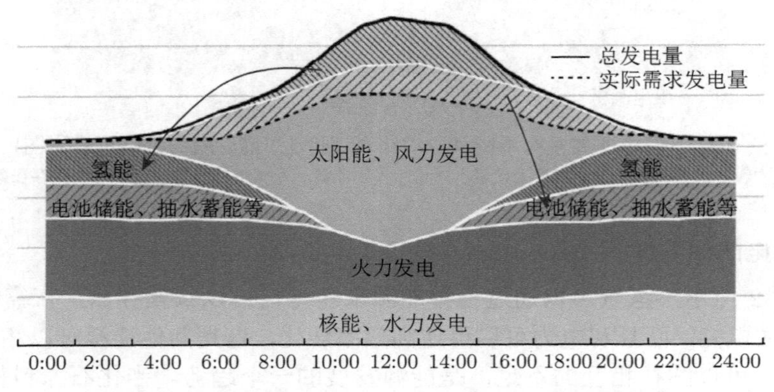

图 1.33 传统发电与氢能发电结合的电网供电示意图

1.5 氢能的利用形式

1.5.1 氢气的传统用途

图 1.34 是氢气的利用的发展趋势。至今氢气主要应用在石油精炼过程中的氢气脱硫、光纤维制造等各种工业产业过程中的气体在使用，现在逐步向固定型燃料电池以及燃料电池汽车方向发展。将来会进一步取代石油在更广的领域获得应用。

图 1.35 表示氢的主要用途。氢作为工业原料的用途有很多方面。例如，在石油提炼过程中除去原油中含有的硫分、半导体制造过程中的气氛气体、不锈钢的光辉烧纯、金属冶金和树脂生成过程中的还原剂、氨合成原料、成为光纤素材石英玻璃的制造过程、纤维加工时的热源等是主要用途。另外，作为生活用品，也被用作人造黄油、色拉油等油脂硬化剂，化妆品，洗涤剂，香料，维生素剂等的原料的一部分。在能源方面，液化氢气可以作为火箭的燃料，利用氢离子的特性可以做成镍氢电池。

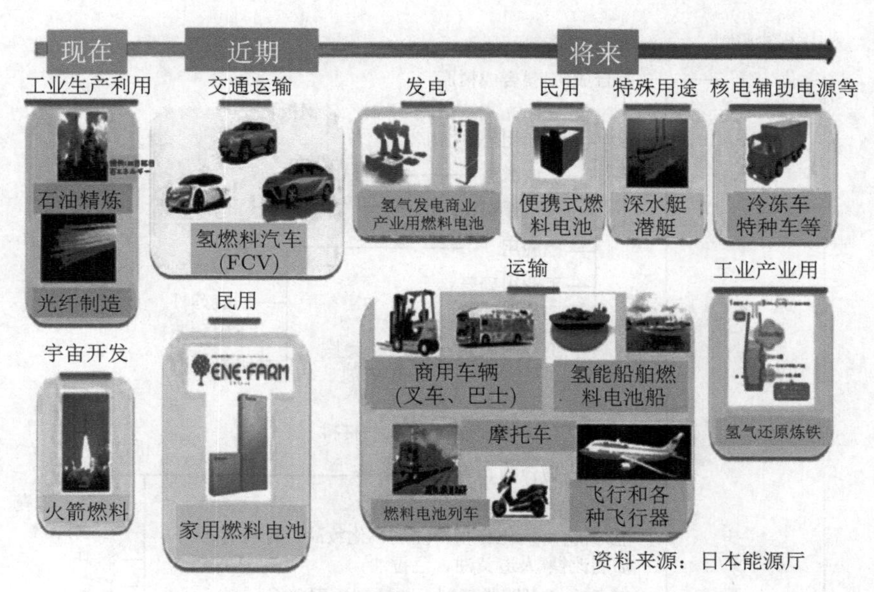

图 1.34 氢气的利用的发展趋势

1.5.2 氢能源利用形式和体系

氢气是一种很好的二次能源，和其他物质以及其他能源相比具有很多特性，根据这些特性可以去有效应用氢能源。表 1.14 给出了氢气作为能源资源时的各种特性。

表 1.14 氢气作为能源资源的特性

特性	
含能特性	能量高、能量密度可调范围大
环保特性	环保特性好，不产生 CO_2，可以实现氢气–能源–水的循环
运输特性	可以通过容器或管道运输
存储特性	可以通过气态、液态和固体储氢材料的形式存储，形式多样
能源利用效率	高温、高转换率，能源效率比其他任何物质的高
与其他能源的互换性	可以通过各种一次能源获得氢气，可以和电力相互转换
应用方式	可以利用氢气转换成光、电、热、力
应用领域	化学、化工、冶金、电子、电力、航天、发动机等
成本	从石化原料中获取成本低，以可再生能源制备成本高
安全性	无毒、易爆炸

氢能源应用领域和体系由动力及原料、生产和存储、运输以及终端用户组成。到达用户。表 1.15 给出了氢能在化工、冶金、电子、浮法玻璃、精细有机合成、航空航天、交通运输、家庭民用、供热、供电等方面的一些应用。

氢能源机动车辆是当前氢能源开发的重点，如在小汽车、卡车、公共汽车、出租车、摩托车和商业船上的应用已经成为焦点。在这些领域，氢气主要有两种形式的应用，既可以以燃烧的形式在发动机中使用，也可以以化学作用的形式在燃料电池 (fuel cell) 中使用。表 1.16 列出了一些氢的转化与应用情况。

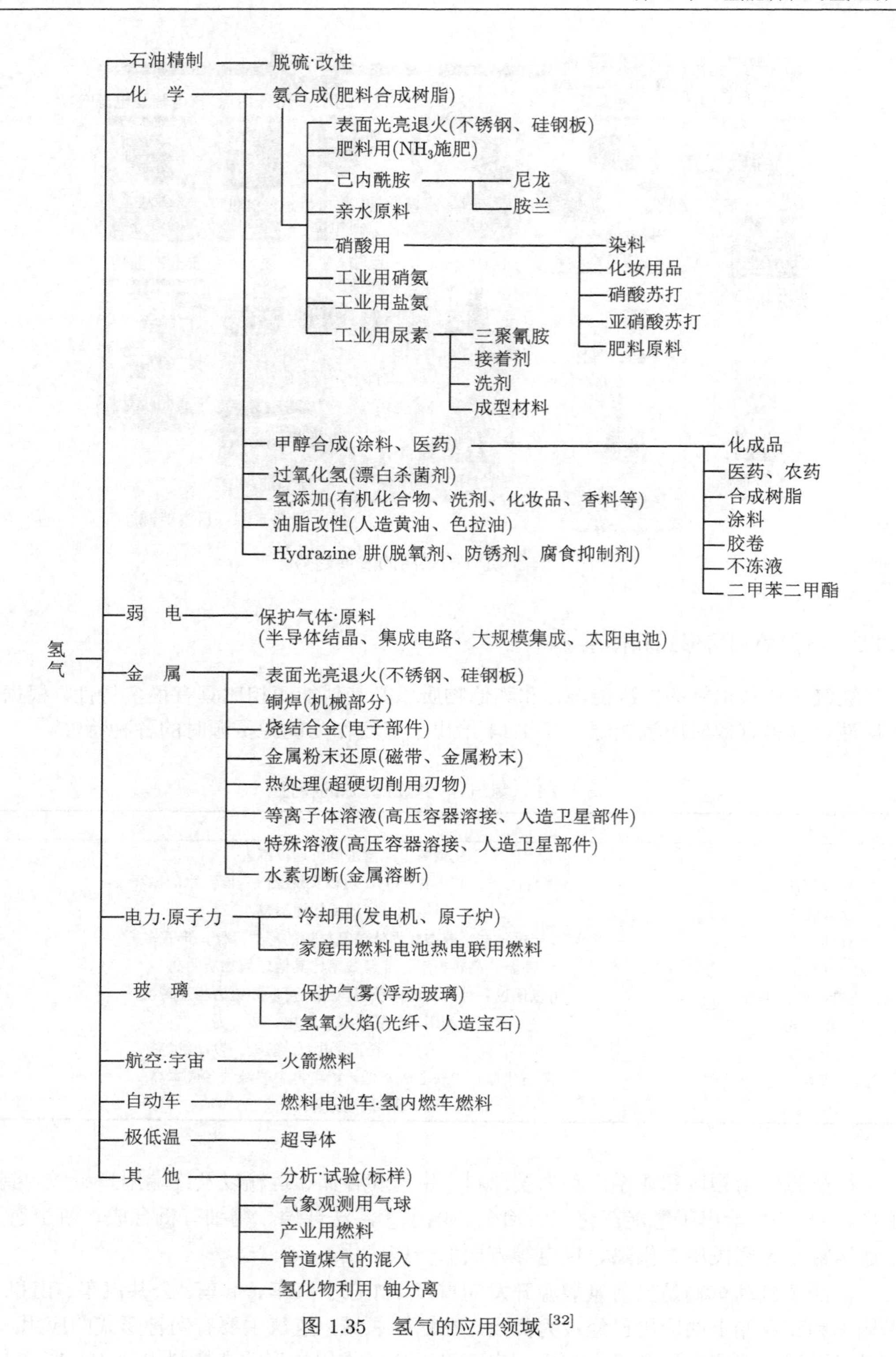

图 1.35　氢气的应用领域 [32]

表 1.15 氢在一些领域中的应用

动力源	用途	设备、机器
燃料电池	移动电源	移动电源、移动电子机器电源 (直接甲醇型、甲醇改质型、纯氢型)、紧急用电源
燃料电池	热电联产	家庭用燃料电池 (燃料改质型、纯氢型) 商业用燃料电池 (燃料改质型、纯氢型)
燃料电池	交通工具	普通汽车、货物运输汽车、小型公共汽车、大型公共汽车、特殊汽车 (垃圾收集车、铲车、电动汽车等) 车用辅助电源 火车、机车、磁悬浮式超高速列车 小型内航船、渡船、快艇、游览船、潜水艇、渔船、海底勘探船、船舶用辅助电源 飞机用辅助电源、宇宙用电源
燃料电池	小型民用机器 (移动体)	轮椅、小型摩托车、摩托车、自行车、三轮车、高尔夫球车、微型汽车
热装置	发动机	骑车、公共汽车、铲车、特殊汽车、热电联产系统、紧急用电源、船舶、机车
热装置	大容量发电	氢涡轮发动机
燃烧器	宇宙航空	火箭
原料	化工	合成氨、乙炔、甲烷、肼反应器
燃烧和还原	电子工业	光导纤维、半导体、大规模集成电路生产线
燃烧和还原	冶金	炼铁、化工还原、特种钢材冶炼炉
热装置	其他	取暖、烹饪、黄金焊接、气象气球探测、食品工业、发电、航行器等

表 1.16 氢的转化与应用情况

	转化技术	应用
燃烧	气体涡轮机	分布式电站 组合式取暖和电力 中央电站
燃烧	往复式发动机	车辆 分布式电站 组合式取暖和电力 便携式电源
燃料电池	质子交换膜 (PEM)	车辆 分布式电站 组合式取暖和电力 便携式电源
燃料电池	碱性电解质 (AFC)	车辆 分布式电站
燃料电池	磷酸 (PAFC)	分布式电站 组合式取暖和电力
燃料电池	熔融碳酸盐 (MCFC)	分布式电站 组合式取暖和电力
燃料电池	固体氧化物 (SOFC)	多用途车 分布式电站 组合式取暖和电力

氢能的终端消费有交通利用和固定式应用两种方式，均通过燃料电池系统实现。① 氢能的交通利用：氢能的交通利用即以氢燃料电池驱动汽车、船舶、火车、城市轻轨

及飞机等交通工具，包括大型工业 (如石化、钢铁) 和中型至重型运输 (中型至大型客车和商用车辆、大型客车、卡车、火车、海运、航空等)；② 氢能的固定式应用：氢能的固定式应用主要是以氢燃料电池系统作为建筑、社区等的供能载体和备用能源。

目前氢能源社会转移的驱动力最主要的是 PEM 型 (固体高分子) 的燃料电池汽车以及固定型的家用或业务用的燃料电池。燃料电池小的可以是家庭用固体高分子型燃料电池 (PEFC)，大的可以是用于大型发电站的固体氧化物燃料电池，为了打开市场，现在各公司也开始大量投资开发各种相关技术。氢燃料电池技术，一直被认为是利用氢能，解决未来人类能源危机的终极方案。图 1.36 给出了一个未来氢能源社会的概念图。

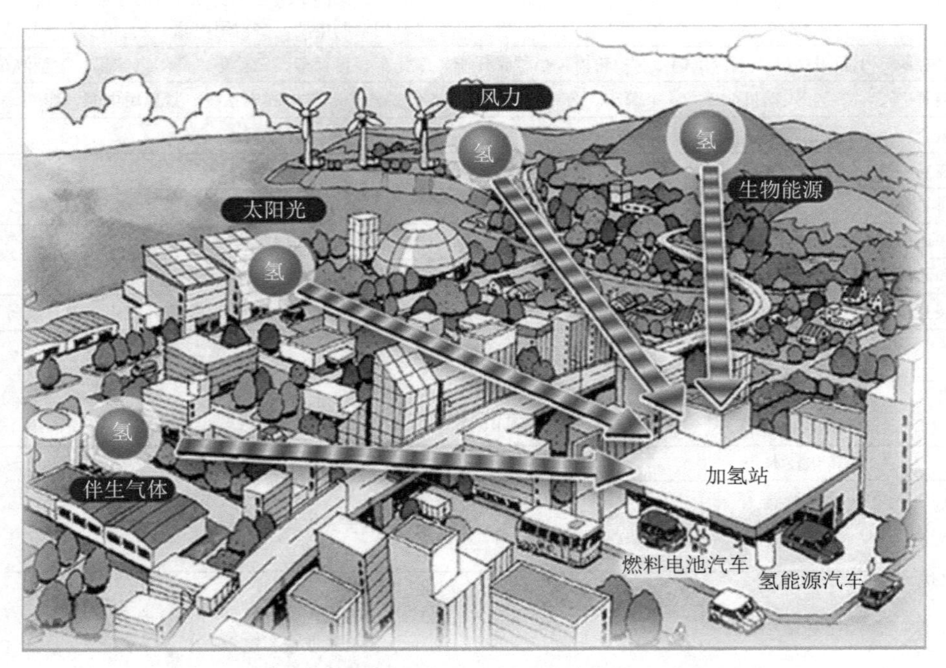

图 1.36　设想的氢能源社会 (扫描封底二维码可看彩图)

1.5.3　现在氢能应用开发动态和主要的问题

1) 氢能源汽车

燃料电池汽车能源利用效率高，没有 CO_2 排放，被视为将来的发展方向。对于汽车行业来说，燃料电池汽车的开发可以提高企业的形象，同时也是为了企业今后的生存需要开发的能确保下一代技术领先的新产品。也有不少企业考虑到氢能源开发的巨大经费开支以及氢能源系统配套基础设施的不确定性，而在徘徊犹豫。

氢能源汽车的困难之一是如何能与现有的汽油和柴油内燃机汽车竞争。石油燃料内燃机汽车技术经过了 100 多年的积累，已经十分完善，性能好、成本低，氢能源汽车目前在成本和综合性能上很难与其竞争。另外，复合电动车技术发展很快，能源利用效率已经达到了燃料电池的水平，而成本低很多。此外，汽车用燃料电池遇到了瓶颈，难以通过扩大生产数量来竞争。为了和目前的内燃机汽车以及复合电动车竞争，燃料电池的成本需要降到目前的 1/10 乃至 1/100，需要挑战一些极限，要求汽车某些部位的开发理念需要回归原点，即要回归到基础研究 (Back to the basic) 来挑战一些物理极限。

氢能源汽车现在的主要问题是：燃料电池电极、催化剂和隔膜材料的选择；装载能行驶和现有汽车相当距离的氢气；耐久性、成本和性能稳定性。

复合电动车这些年虽然发展很快，但也存在致命的问题。目前的电力都是通过化石能源转变而得，CO_2 的排放问题仍然存在，同时将化学能转变成热能，然后把热能转变成机械能，把机械能转变成电能，电能通过电网输送到充电器，充电器将电能变成化学能，最后通过电池再将化学能变成电能，其能源损耗很大，能源利用效率不高。从这些角度来看，氢能源汽车有它的长处。

2) 家庭用氢能源

为氢动力汽车开发的燃料电池也可以家用。和汽车用不同的是其耐用性提高了一个数量级，可以达到 40000~90000h，即可以使用 10 年。利用氢能源燃料电池可以提供给家庭或办公室 1kW 的小型电力，也可以供给 5kW 的中型电力。虽然家庭使用氢能源有一些苛刻的限制，但是与车用相比，工作环境安定、体积和重量方面灵活性大，更重要的是成本可以降低至目前的 1/20。另外，因为 PEFC 的出口水温可达 80℃，正好可以提供给家庭或办公室使用，氢燃料电池除了提供电力外，也可以提供热能，使能量的利用效率进一步提高。

3) 便携式

随着信息产业市场的快速发展和性能的大幅提高，为了满足电子元器件的耗电增加，大容量的电池开发越来越重要。因为氢能的存储密度比镍氢电池、锂离子电池、电容电池等可移动电源的大很多，通过氢能源燃料电池可以提供更长时间和更大功率的电力。这种技术作为示范现在已经在个人计算机 (PC)、手机、数码相机、信息终端等上面应用 (图 1.37)。和车用以及家庭用燃料电池相比，其耐久性、价格方面的要求会宽松一些。

4) 小型移动设备或装置

小型移动设备包括电动摩托、老人电瓶车、车轮椅等。虽然这些设备市场有一定局限性，但是随着生活质量的提高和人口的老龄化，市场会有较大的增长，在国外已经成为一个重要市场。我国人口老龄化问题也越来越严重，其潜在市场很大。目前这类设备都是通过电池提供能量，电池越来越不能满足这些设备能源消耗的要求，对于新的能源提供需求很强。从能源系统的体积密度、重量密度、持续行走时间和距离、耐久性、成本等多个方面考虑，利用氢能源系统能够比较好解决。这样设备的氢能源系统开发可以得到国家医疗和国民福利政策的支持。

5) 铁道、飞机

目前的列车通过电网提供电力，送电距离远，利用氢能源燃料电池则可以像内燃机车组一样使列车运行，包括没有电力的偏远地区。对于列车来说，在重量和体积方面的要求比氢能源汽车宽松很多，耐久性方面和公共汽车上的相当即可。除了列车外，对于飞机、船舶、潜艇等需要高能源密度提供的运输装置来说，氢能源燃料电池都将有相当的市场，满足这些移动和分散性装置的能源供给。

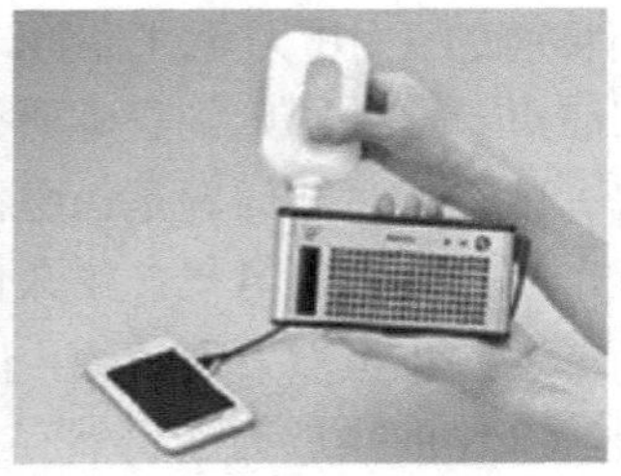

直接甲醇型燃料电池DynarioTM(东芝公司home page)

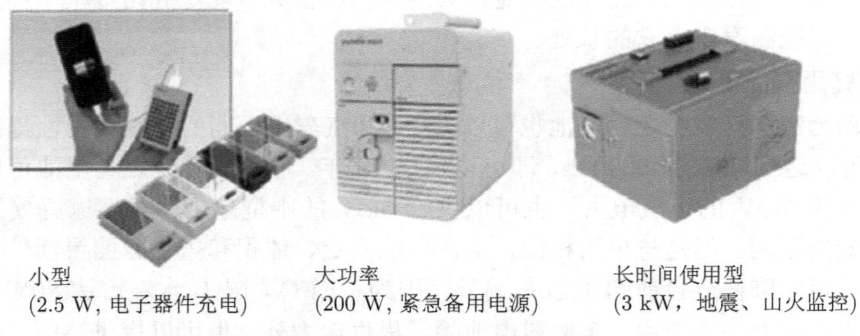

小型
(2.5 W, 电子器件充电)

大功率
(200 W, 紧急备用电源)

长时间使用型
(3 kW，地震、山火监控)

固体氢源燃料电池电源系统(复合高功率型)

图 1.37　各种便携式燃料电池的利用 [33]

6) 应急电源

燃料电池大巴或轿车发出的电力可以作为应急电源使用，通过 DC/AC 转换器可以进行直流和交流供电。一台 MIRAI 燃料电池车可以提供电力 60 kW·h，最大功率 9 kW，如图 1.38 所示。

图 1.38　丰田 MIRAI 燃料电池车作为电源供电

比方一个医院平时用电量为 9628 kW·h/天，应急状况时的用电是平常用电的 90%，如图 1.39 所示，用两台 455 kW·h/台的大巴或 8 台 120 kW·h/台的轿车就可以解决；若平时用电为 500 kW·h/天的 24 小时商店，紧急事态时用 0.5 台大巴或 2 台轿车即可；平时用电为 82 kW·h/天的加油站，紧急事态时用 0.03 台大巴或 0.15 台轿车即可；紧急时候用电为 500 kW·h/天的避难所则需要 0.22 台大巴或 0.83 台轿车。

如上所述，氢能可以在广阔的领域获得应用。表 1.17 是为了实现氢能源社会需要重点开发的一些相关技术，其中一部分是已实用的技术、一部分是有待进一步开发的技术。

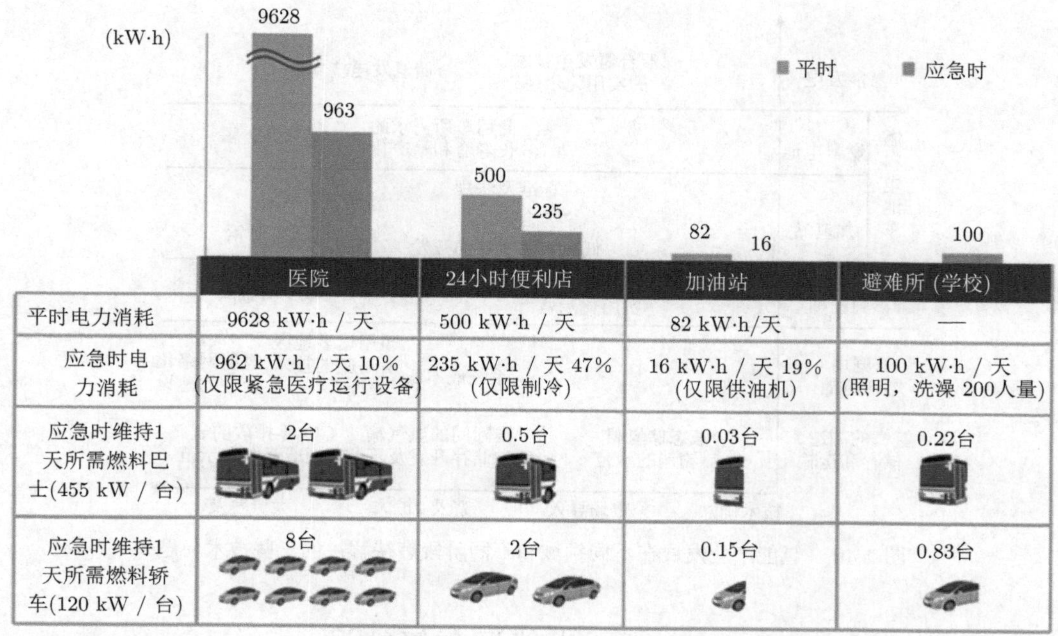

图 1.39 燃料电池车作为备用电源 (紧急时候维持 1 天所需要的电量估算及对应的 FCV 和 FC 巴士数量)[15]

表 1.17 氢能源系统相关技术

制造	精炼
• 燃料重整	变压吸附 (PSA) 法
轻烃水蒸气转化	膜分离法
水煤气法	深冷分离法
渣油或重油部分氧化法	CO 选择氧化法
• 电解水	**存储**
碱性水电解	压缩氢气
固体电介质水电解	液态氢气
∘ 直接改性重整	固体储氢
接触分解	有机氢化物
甲烷直接分解	**输运**
∘ 原子能电解水	高压罐
∘ 等离子体气体重整	氢气管道
∘ 生物质提出	
∘ 光催化制氢	
∘ 微生物制氢	

• 代表已实用技术； ∘ 代表研究开发技术。

图 1.40 是氢能产业发展在不同领域和不同阶段有待解决的一些技术问题，低成本化、耐久性、氢能网络建设和安全性将尤为重要。

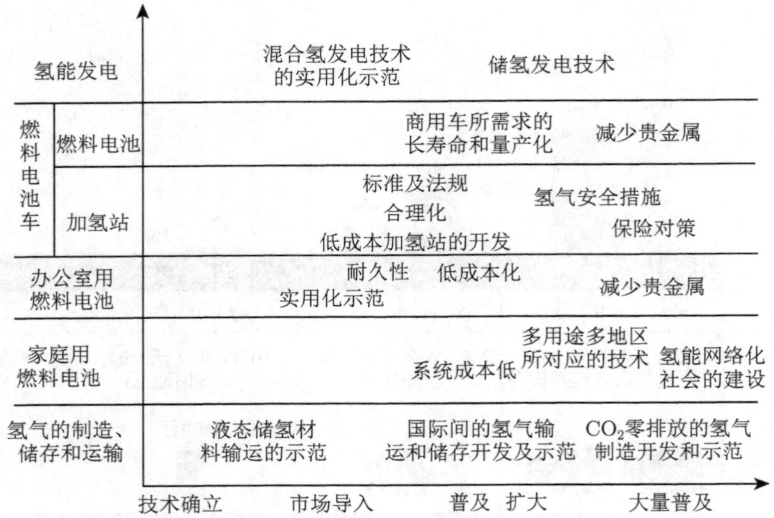

领域	有待解决的技术问题
氢能发电	混合氢发电技术的实用化示范；储氢发电技术
燃料电池车 燃料电池	商用车所需求的长寿命和量产化；减少贵金属
燃料电池车 加氢站	标准及法规合理化；低成本加氢站的开发；氢气安全措施；保险对策
办公室用燃料电池	耐久性；低成本化；实用化示范；减少贵金属
家庭用燃料电池	系统成本低；多用途多地区所对应的技术；氢能网络化社会的建设
氢气的制造、储存和运输	液态储氢材料输运的示范；国际间的氢气输运和储存开发及示范；CO_2零排放的氢气制造开发和示范

技术确立　市场导入　普及 扩大　大量普及

图 1.40　氢能产业发展在不同领域和不同阶段有待解决的一些技术问题

1.6　可再生能源与氢能源

1.6.1　可再生能源及其制氢

如前所述，可以预测今后世界能源需求增加、化石燃料价格上涨、能源资源枯竭和环境污染问题将进一步加剧。不依赖化石原料、可长期持续使用的清洁可再生能源的开发极为重要，受到世界各国的关注，这方面技术开发的竞争日趋激烈。可再生能源各国或组织定义略有不同，见表 1.18。

表 1.18　各国或组织可再生能源的定义

IEA	EU	英国	德国	美国	日本	中国
水力 地热 太阳光 太阳热 潮汐 波力 海洋力 风力 生物质能 固体 液体 生物质气体 可再生物质 废弃物	水力 地热 太阳光 太阳热 潮汐 波力 风力 生物质能 沼泽地气体 填地处气体 生物质气体 热泵	水力 地热 太阳光 太阳热 潮汐 波力 风力 生物质能 废弃物生物质 填地处气体 废水处理气体 农业废弃物 森林废弃物 含能稻壳等	水力 地热 太阳光 太阳热 风力 生物质能 固体 液体 生物气体 废水处理气体 废物生物质 填地处气体	水力 地热 太阳光 太阳热 风力 生物质能 生物柴油 酒精 填地处气体 木材 木材类燃料 其他生物质	水力 地热 太阳光 太阳热 风力 生物质能 生物燃料 生物质类废物 生物质加 工燃料 雪冰热利用 热电利用	水力 地热 太阳光 太阳热 海洋能 风力 生物质能 热利用 天然气水合物 氢能

电燃料 (electrofuel，可再生能源生产的液体燃料) 可以取代化石燃料，而无须改变最终使用技术。这可能是对生物燃料的补充，对特定部门 (如航空) 可能很重要。

可再生能源是在地球范围内存在的资源，例如，如果是风力发电的话，在靠近极地的地区进行能源开发是有希望的。另外，在国内，东北和西北地区有很多适合风力发电的风势地区。为了将这些能源长距离输送到能源消费地，或者能够长期储存，需要转换成能量载体。从电力向氢能源的转换是由电化学反应产生的，所以能源运营商需要开发世界最先进的电解水制氢技术。在利用现有的石油设施的同时，各种清洁能源转变成电力进而利用电解水制氢的技术也将普及到市民的生活中。如果石油、天然气枯竭，价格持续高涨的话，相比之下可再生能源的运营商提供的氢气将会变得既便宜又有前途。从可再生能源中生产能源载体，进行长距离运输和长时间储存，在必要的时候在必要的地方，高效利用的能源系统在世界范围内率先确立，对于促进我国经济进一步发展非常重要。

可再生能源可以分成水力、风力、光伏、海洋能等自然能源，以及太阳能通过生物质转换的固液气能源或人类生活废物和垃圾等。前者大都是由太阳能的热或电转换而形成的能源，地球上可以利用的这些能源是人类现在使用的能源的 50 倍多，如图 1.41 所示。后者更多的是光合作用形成的草木、秸秆等生物质能源。这两类能源综合与地球接收的太阳能相比，要小很多，说明太阳能的开发还有很大潜力。

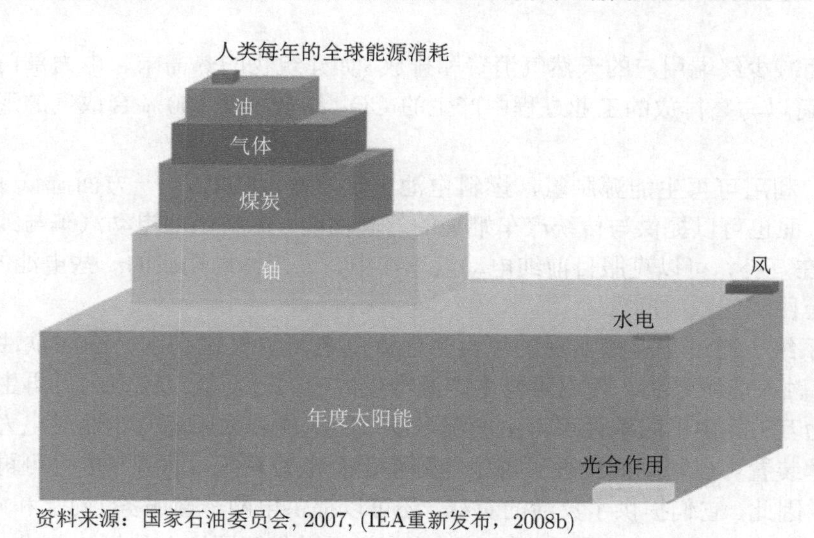

图 1.41 地球上各种能源的比较 [34]

利用可再生能源可以进行大规模的电解水制氢。表 1.19 是各国导入的风电以及光伏电制氢的一些例子，电解水制氢功率高达 2.12 MW，产氢速率达到 3.5 Nm^3/h。

可再生能源可以用来生产氢气，这反过来又能为那些难以通过电气化实现低碳的部门提供能源。其中包括：

工业 氢气广泛应用于一些工业部门 (炼油厂、合成氨、大宗化学品等)，这些领域绝大部分氢气是由化石燃料生产的。可再生能源制氢可以取代温室气体高排放化石燃料。

建筑物和电力 可再生能源产生的氢气可以注入现有的天然气管网中，达到一定的

表 1.19 各国导入的风电以及光伏电制氢例子

国家地区	时间	主要设备
德国 Gut Dauerthal (Gas to power)	2011 年开始运行	风力发电 2 MW×3 台、电解水 120 Nm^3/h、生物质气化车间 1540 kW
挪威 Utsira 岛	2004～2008 年	风力发电 600 kW×2 台、电解水 10 Nm^3/h、氢内燃机 55 kW、燃料电池 10 kW
丹麦 lolland 岛	2007 年 ～	风力发电、电解水制氢、燃料电池相关设施 1.5kW
法国 Corsica 岛 (MYRTE)	2012 年 1 月 ～	光伏电 560 kW、水电解设施 200 kW、燃烧电池 200 kW
美国 Colorado 州 (Wind2H2)	2007～2010 年	风电 100 kW 和 10 kW、光伏电 10 kW、电解水装置 2.25 kg/天 ×2 台和 12 kg/天 ×1 台
加拿大 Columbia 州 (hydrogen assisted renewable power)	2010 年 9 月 ～	水力发电 2.12 MW、水电解装置 320 kW、燃料电池 100 kW
日本北海道稚内公园 New Energy satellite	2005 年 ～	风力发电 225 kW、电解水装置 3.5 Nm^3/h、燃料电池 4.8 kW、储氢合金
日本秋田县仁合保高原 (风力发电和氢能系统示范)	2011 年 11 月 ～2012 年 3 月	风力发电 20 kW、电解水装置、加氢装置、氢气分离装置、有机液体 (甲基环己烷) 罐 90 L、氢气混合燃烧柴油机 3 kW

比例，从而减少终端用户的天然气消费和排放 (如建筑物的热需求、电力部门的燃气轮机)。氢气可以与高排放的工业过程中产生的 CO_2 结合，以 100% 合成气的形式进入天然气管网。

运输 利用可再生能源制氢，燃料电池电动汽车 (FCEV) 一方面降低了 CO_2 排放，另一方面也可以提供与传统汽车媲美的驾驶性能。燃料电池电动汽车与纯电动汽车 (BEV) 存在互补，可以克服目前纯电动汽车在中、高工作周期段的一些电池的限制 (重量、驾驶范围和充电时间)。

电力系统 通过电解槽实现的可再生能源制氢可以促进高水平的间歇性可再生能源 (VRE) 融入能源系统。使用可再生能源产生的电力时，氢气就成为可再生能源的载体，与电力互补。由于间歇性可再生能源可以跟随风能和太阳能发电而对电力消费进行调节，电解装置可以帮助间歇性可再生能源整合至电力系统，而氢气成为可再生能源的储存载体。因此，它们提供了灵活的负载，还可以提供电网平衡服务 (向上和向下调频)，同时以最佳的容量运行，以满足工业和运输部门或燃气管网注入的氢气需求。

可再生电力产生的氢气可以为可再生能源创造一个新的下游市场。下游部门 (如天然气基础设施、氢供应链) 的内置存储容量可以作为缓冲，以长期吸纳间歇性可再生能源，并允许季节性储存。它有可能减少可再生能源发电商暴露在电力价格波动风险之中。在这种情况下，通过长期合同，可以将部分或所有的发电量出售给电解槽的运营商。

1.6.2 生物质能

生物质能是指直接或间接地通过绿色植物的光合作用，把太阳能转化为化学能后固定和储藏在生物体内的能量，是人类由来已久的能源资源。图 1.42 世界生物质能源近 30 年的增长，2005 年以后增长尤为迅猛，作为一次能源供给已经占了世界整体的一次能源的 10%。有很多国家在积极推进生物质能的利用。如何通过一定的途径将生物质能高效转化为人类直接利用或者可存储的能量成为生物质能利用的关键问题。

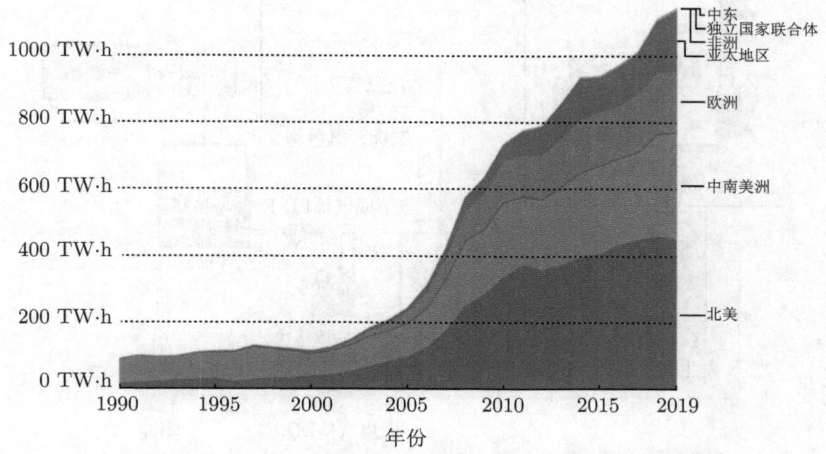

图 1.42 1990~2019 年的世界不同地区生物质能的增长 [35]

生物燃料产量以每年的 TW·h(太瓦时) 计量，包括生物乙醇和生物柴油; CIS(Commonwealth of Independengt State) 独联体

1) 生物酒精

2000 年以后，世界生物酒精生产量剧增，2007 年达到 5000 万 kL，在巴西和美国的增长尤为迅速。在巴西，法律规定必须在汽油中混入 20% ~25% 的酒精。美国 2005 年的能源政策法规定运输用燃料要使用可再生能源，生物酒精的使用会逐步普及。不过由于原油价格的暴跌和金融危机的出现，生物酒精和汽油的混合生产制造计划受到很大影响，出现了不少停工、停产、倒产现象。

2) 生物柴油

德国、法国、意大利等欧洲国家在积极推进生物柴油计划。2003 年欧洲为了促进生物燃料的使用颁发了《促进车用生物燃料法令》，2008 年颁发了《促进可再生能源利用法令》，并计划到 2020 年生物燃料占运输用燃料总量的 10% 。现改为生物质燃料与包括氢能在内的非生物质能的可再生能源的和占运输燃料总量的 10% 以上。美国利用大豆油制备生物柴油混入轻油中使用，其比例为 20% 。亚洲的马来西亚、印度尼西亚等东南亚国家也在发展利用棕榈油和椰子油制备生物质柴油的产业。不过这些产业也都受到了金融危机的影响，目前这些国家都在通过国家补贴维持这些产业。

3) 生物质能制氢

生物质中含有大量的氢，利用生物质制氢的研究，受到国内外的广泛关注。图 1.43 是日本鸟栖加氢站木屑制氢示意图。加氢站是通过站内木屑的气化以及气体反应获得氢气。通过生物质制氢的原料又可分为含有单糖、二糖、多糖等的有机废水为原料以及固体废弃物 (包括城市垃圾、粪便、林业废弃生物质、农业废弃生物等) 两类生物质原料。利用生物质制氢可分为热化工转化和微生物制氢两类。从节能环保和降低制氢成本来看，获取氢能最理想的途径是用可再生能源如生物质能、风能等来生产。用垃圾、粪便和各种农作物秸秆，通过发酵等生物工艺技术，产生沼气和氢气，甚至城市污水等也可生产氢气，这是典型的真正意义上的良性循环 [36]。

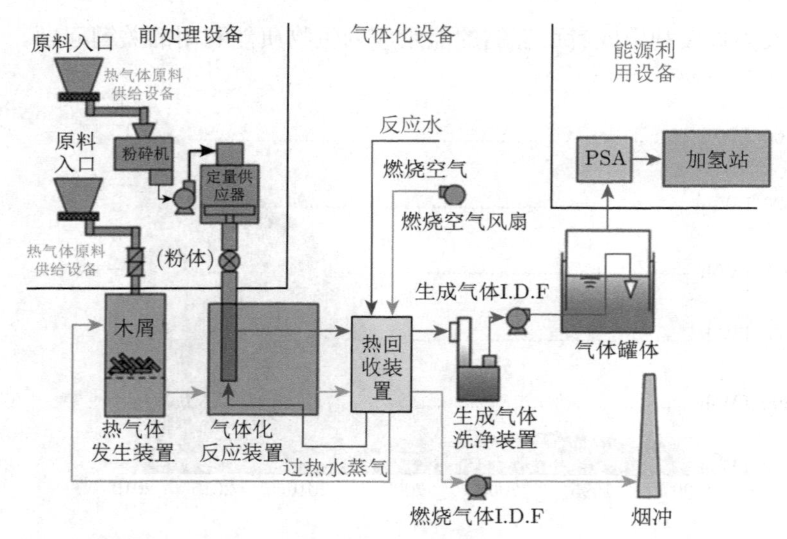

图 1.43　日本鸟栖加氢站木屑制氢过程 [37]

1.7　氢能源社会的发展与各国的动态

1766 年英国科学家卡文迪什发现氢气至今已有近 260 年了，发生了如表 1.20 所示的一些有代表性的突破和事件。

表 1.20　氢能研究发展

1766 年	英国科学家卡文迪什发现氢气
1784 年	法国罗伯特兄弟制造了一艘人力飞艇
1839 年	英国的 W. R. Grove 制造了最早的氢气–氧气燃料电池
1929 年	德国“格拉夫 · 齐柏林”号飞艇开始了一次伟大的环球飞行
20 世纪 50 年代初	美国利用液氢作超声速和亚声速飞机的燃料，把 B57 双引擎轰炸机改装了氢发动机，实现了氢能驱动飞机上天
1957 年	苏联宇航员加加林乘坐人造地球卫星遨游太空
1963 年	美国的宇宙飞船上天，紧接着 1968 年“阿波罗”号飞船实现了人类首次登上月球的创举
1967 年	1967 年美国发现 Mg_2Cu, 1968 年美国发现 Mg_2Ni, 1969 年荷兰发现 $LaNi_5$
1970 年	美国通用汽车公司的技术研究中心提出了“氢经济”的概念
1976 年	美国斯坦福研究院开展了氢经济的可行性研究
1984 年 5 日	日本的氢汽车在富士高速公路上以 100km/h 的速度试车成功
1988 年 4 月	苏联成功试飞了第一架液氢飞机。通用汽车公司使用燃料电池的“氢能概念车”，可持续行驶 800km，最高速度可达 190km/h
2003 年 11 月 20 日	由美国、澳大利亚、巴西、加拿大、中国、意大利、英国、冰岛、挪威、德国、法国、俄罗斯、日本、韩国、印度、欧盟委员会参加的《氢经济国际伙伴计划》在华盛顿宣告成立，这标志着国际社会在发展氢经济上已初步达成共识

1995 年以来，逐年严重的环境恶化、对污染物排放量的要求、降低对进口石油的依赖性、对可再生电能储存及供应的需求等都直接或间接地促进了氢经济的发展。在积极应对气候变化的背景下，到 21 世纪末确保实现 2 ℃ 甚至 1.5 ℃ 温升控制目标，正推动全球能源供需体系向低碳化、无碳化加快转型。主要发达国家把绿色低碳作为保障能

源安全、引领技术创新的重要方面，积极谋求新的国际竞争优势。随着氢能应用技术发展的逐渐成熟，以及全球应对气候变化压力的持续增大，氢能产业的发展在世界各国备受关注，氢能及燃料电池技术作为促进经济社会实现低碳环保发展的重要创新技术，已经在全球范围内达成了共识。

氢能发展也是一个巨大的产业，多国政府都已出台氢能及燃料电池发展战略路线图，并投入大量经费进行开发，如图 1.44 所示。日本、德国、美国等发达国家更是将氢能规划上升到国家能源战略高度，都已认识到氢能在未来能源系统乃至社会系统中的地位和作用，竞相开始抢占产业链各个环节的技术制高点，力争使本国在此轮氢能变革中占得先机。国际氢能委员会、国际能源署、麦肯锡等研究机构，对于氢能发展的前景都普遍看好。其中，据国际氢能委员会预计，到 2050 年氢能可以满足全球一次能源总需求的 12%，氢能及氢能技术相关市场规模将超过 2.5 万亿美元。

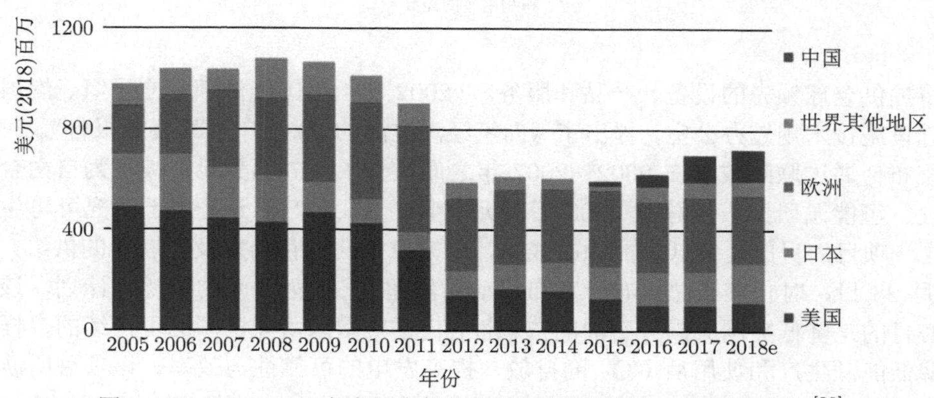

图 1.44 2005~2018 年各国在氢能与燃料电池领域投入的研究经费 [38]
政府支出包括欧洲委员会的资金，但不包括各国国家级的资金。2018e= 估计值；RoW= 世界其他地区 (扫描封底二维码可看彩图)

图 1.45 是全球加氢站的分布。截至 2017 年年底，全球共有 328 座加氢站，欧洲拥有 139 座正在运行的加氢站，亚洲拥有 118 座，北美拥有 68 座。目前氢燃料电池及氢燃料电池汽车的研发与商业化应用在日本、美国、欧洲迅速发展，在制氢、储氢、加氢等环节持续创新。

1.7.1 美国和加拿大氢能源经济的发展动态

美国是推动氢能源发展的重要国家，美国 GM 公司于 1970 年就提出了氢经济的概念。美国视能源安全为国家的核心问题，要确保区域内的能源自立和稳定供给。尤其是 2001 年 9 月的恐怖事件让美国加快推出了能源的种类多元化、存储分散化政策，氢能源不但是环境友好的能源，同时也很适合能源的分散化，可以作为非移动的固定能源系统。

2001 年 11 月，美国召开了国家氢能发展展望研讨会，勾画了氢经济蓝图：“在未来的氢经济中，美国将拥有安全、清洁以及繁荣的氢能产业；美国消费者将像现在获取汽油、天然气或电力那样方便地获取氢能；氢能的制备将是洁净的，没有温室气体排放；氢能将以安全的方式输送；美国的商业和消费者将氢作为能源的选择之一；美国的氢能

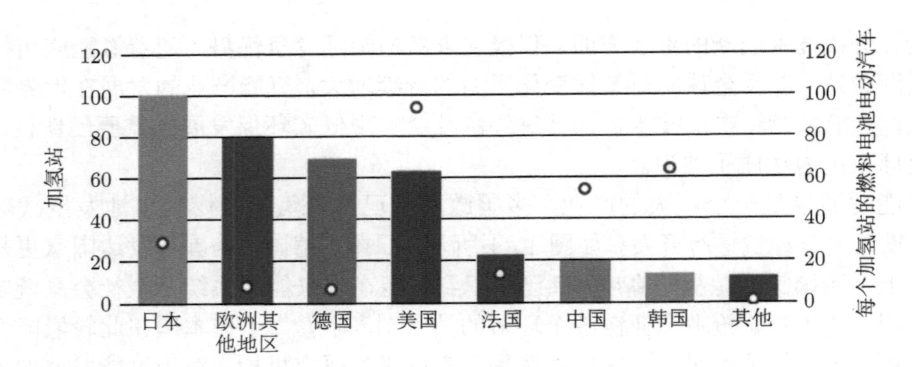

图 1.45　2018 年全球加氢站的分布 [39]

氢站编号包括公共和私人加油装置。用于估计比率的 FCEV 数量仅包括轻型车辆，因此不反映其他类别道路车辆对车站的利用率。不同国家的氢燃料加油站与轻型燃料电池电动汽车的比率差异很大，反映了部署方法、加油站规模、储存压力和利用率的差异

产业将提供全球领先的设备、产品和服务。”2002 年，美国能源部建立了氢、燃料电池和基础设施技术规划办公室，提出了《向氢经济过渡的 2030 年远景展望报告》。时任美国总统布什通过联邦政府在 2002～2007 年之间投资了 1.7 亿美元，被称为自由合作汽车研究。氢能源研究投资总额 3200 万美元，其中 1700 万美元是用于研究可再生氢能源。这一项目的目的是降低氢能源的成本，研究有效的氢存储以及氢燃料的供给。2003 年 1 月 28 日，时任美国总统布什宣布启动总额超过 12 亿美元的氢燃料计划，该计划的核心目的是降低美国对国外石油的依赖性，促进美国国内能资源的可持续的多样化应用，降低能源生产和使用后 CO_2 的排放，提高发电的可靠性与效率。该项目所涉及的研究领域包括氢气的制造、运输、存储、燃料电池、技术认证、教育、标准法规、安全、系统与分析等，并且针对这些研究领域分别提出了研究的具体目标，主要的研究目的在于降低制氢储氢和运输成本，降低车载质子交换膜燃料电池成本，完善制氢系统的技术认证，完成氢燃料电池的技术标准制定，出版有关安全规程的手册，确立有关氢经济与燃料电池技术的教育普及运动。

图 1.46 是 DOE 氢能源开发计划。2005 年 8 月，美国国会通过了新的能源法案，2009 年 1 月 20 日奥巴马就任总统，为了强化防止地球温暖化，大力推行节能和利用可再生能源的政策，减少或废止对石油领域的优惠政策，阻止汽车行业的不景气和失业增加，把氢能源在内的可再生能源作为恢复和提升美国制造业活力的支柱，提出了 10 年内投资 1500 亿美元的计划。

DOE 在 2008~2011 三年间，拿出约 9 亿美元的资金用于氢能和燃料电池发展计划。2012 年美国提出未来向 DOE 在氢能及燃料电池等清洁能源研发领域投入 63 亿美元后，DOE 联合美国高校与企业共同攻关氢能及燃料电池关键技术，并成立美国燃料电池和氢能联盟，2013 年 5 月基础设备制造商和汽车制造商共同参与，设立了氢气基础设施检测组织 (H2USA)，启动了 H2USA 计划，共同对加氢站网络规划、融资方案、市场拓展制定详细方案，为美国在氢能基础设施方面的集成技术与装备制造奠定了世界领先地位。

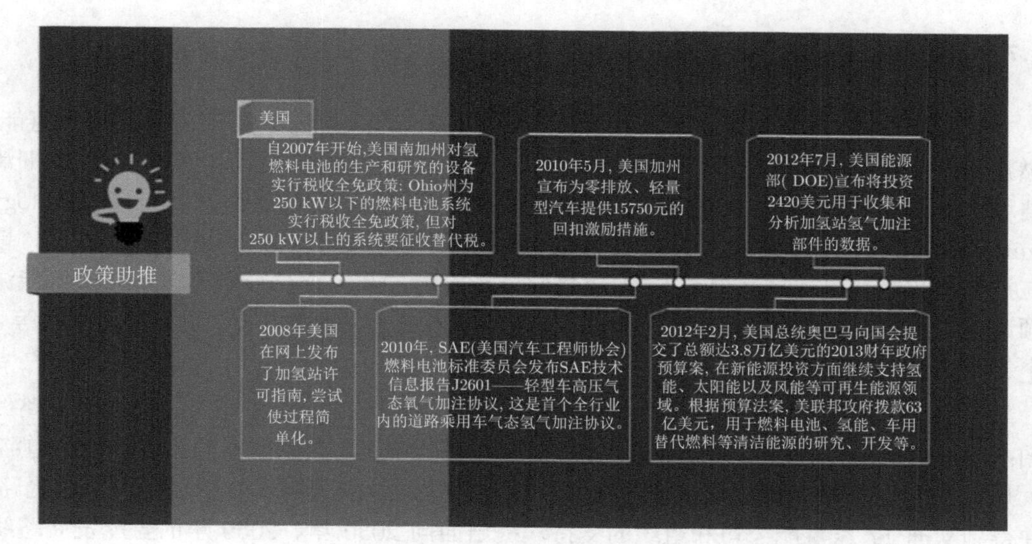

图 1.46 DOE 氢能源开发计划

美国对加氢站的投运始于 2002 年，2009 年时加氢站共有 63 座，自 2010 年以来，随着相比之下性能更好的电池、电动汽车和其他可再生能源在全球范围内的推广，倡导氢能的力量也日渐微弱。加氢站建设方面，目前北美分布的 68 座加氢站仅 1 座位于加拿大，其余全部分布在美国，其中加州地区集中度最高。美国氢能输送管道约有 1500 mi①，但与纵横交错的石油和天然气管道相比，氢能输送管道的里程却只有其千分之一。美国国家可再生能源实验室 2013 年计算了 10 种不同制氢方式生产成本，结果显示“分布式天然气重整”是现有的技术条件下最便宜的制氢方式，而“分布式乙醇重整”则是最昂贵的方式。由于一直以来氢能的大规模商业化应用未曾实现，其产量在过去 30 多年的时间里面并没有明显的增长。

美国氢能的生产和储运有 Air Products、Praxair 等世界先进的气体公司，并且有技术领先的质子膜纯水电解制氢公司，同时还掌握着液氢储气罐、储氢罐等核心技术。液氢方面，美国在液氢生产规模、液氢产量、价格方面都具有绝对优势。美国燃料电池乘用车和叉车保有量领先全球：丰田 Mirai 在美国销售了超过 2900 辆燃料电池汽车。美国拥有世界最大的燃料电池叉车企业 PlugPower，目前已有超过 2 万辆燃料电池叉车，进行了超过 600 万次加氢操作。美国燃料电池汽车液氢使用量非常高，全年液氢市场需求量的 14% 都被用于燃料电池车 [40]。

加拿大也已成为发展氢能和燃料电池技术最活跃的国家之一，并在这一领域众多主导行业中占有独特地位，加拿大工业部是两个政府领导机构之一，它与加拿大自然资源部联合设立了一个技术合作企业计划，以加速氢能技术的发展、商业化和及早采用。2010 年也同样大力推动过氢能，还专门为温哥华冬奥会启用了一批氢能公交车，但由于运营成本过高，这些公交车最终淡出了人们的视线。

① 1 mi=1.609344 km。

1.7.2　欧洲氢能源经济的发展动态

欧盟在 2003 年制定发布了《欧盟氢能路线图》，5 年内投入 20 亿欧元，用于氢能、燃料电池及燃料电池汽车的研发，并创立了欧洲氢燃料电池合作组织，开始实施“欧洲清洁城市交通项目计划”。2009 年，欧盟氢能和燃料电池联合技术计划 (Joint Technology Initiative，JTI) 公布了总共 1.4 亿欧元的研究项目招标公告，总计 29 个项目主题，旨在把氢能和燃料电池技术提前 2~5 年推向市场应用。欧洲委员会研究总局在氢气能源领域制定了对于氢气–燃料电池、新型的医疗、纳米电子、航空航天、组织管理系统等 5 个领域的重点研发计划。

2019 年 2 月下旬欧洲燃料电池和氢能联合组织 (FCH-JU) 发布了《欧洲氢能路线图：欧洲能源转型的可持续发展路径》，指出欧洲已经踏上向脱碳能源系统转型的道路，大规模发展氢能将带来巨大的经济社会和环境效益，是欧盟实现脱碳目标的必由之路，并得到欧洲 17 家氢能公司和组织的支持。提出面向 2030 年、2050 年的氢能发展路线图，指出欧洲氢能产业链日渐成熟，预测到 2050 年，欧洲 10% ~18% 建筑的供暖和供电可以由氢能实现，工业中 23% 的高级热能可由氢能提供；并阐明发展氢能的社会经济效益：到 2050 年氢能产业将占最终能源需求的 24% ，达到 5.6 亿吨温室气体减排，为欧盟创造约 8200 亿欧元产值，降低当地道路交通排放的 15% ，并在氢能产业链提供 540 万个工作岗位 (2030 年预计为 100 万个)。氢能将为欧盟工业创造一个本地市场，作为在全球氢能经济中竞争的跳板。2030 年的出口潜力估计将达到 700 亿欧元，净出口额将达到 500 亿欧元。报告明确了欧洲在氢燃料电池汽车、氢能发电、家庭和建筑物用氢、工业制氢方面的具体目标，并为实现所设目标提供了 8 项战略性建议。

具体指标包括，① 在交通运输领域中: 到 2030 年，氢燃料电池乘用车将达到 370 万辆，占乘用车总量的 1/22；氢燃料电池轻型商业运输车将达到 50 万辆，占轻型商业运输车总量的 1/12；氢燃料电池卡车和公共汽车将达到 4.5 万辆；使用氢燃料电池火车可替代约 570 列柴油火车。② 在建筑物中: 到 2030 年，氢气可替代 7% 的天然气，相当于提供 30TW·h 氢电；到 2040 年，氢气可替代 32% 的天然气，相当于提供 120TW·h 氢电；到 2040 年，部署 250 万台氢燃料电池热电联产装置，可节省电网电量 15TW·h。届时，除供电外，氢能还能满足所有商用建筑以及 1100 万个家庭的供暖需求。③ 在工业部门中，到 2030 年，1/3 的氢气生产都可以实现超低碳，但仍需经过大规模可行性验证。④ 在电力系统中，到 2030 年，将种类繁多的可再生能源发电转型为主要依靠氢能发电，并进行大规模氢能发电示范。图 1.47 是欧洲氢能源未来期待的市场需求。

1.7.3　日本氢能源经济的发展动态

日本能源资源少，对能源开发一直非常重视，在发展氢经济方面，在国际上日本是最具影响力的国家之一，不仅表现在研发上，而且体现在产品计划上。日本从 1973 年开展氢能生产、储运和利用相关技术研究，并为其提供财政支持。1981 年日本启动了“月光计划”，即“节能技术开发规划”，作为节能的样板，燃料电池是重点开发的对象，包括磷酸型 (第一代)、熔岩碳酸盐型 (第二代)、固体电介质型 (第三代) 燃料电池。

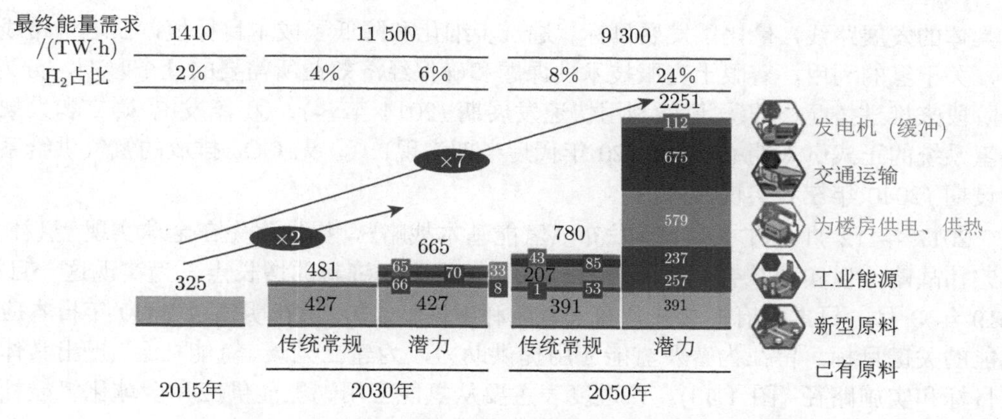

图 1.47 欧洲氢能源未来期待的市场需求 [41,42]

1992 年世界气候变动框架条约会议 (COP) 以后，日本对环境和清洁能源开始重视。1993 年在以前的阳光工程和月光工程的规划基础上添加了环保开发技术，实施了新阳光工程，重点开发太阳能、地热、煤炭和氢能源技术。这里面的重要一环是提出了燃料电池技术和氢能利用国际清洁能源系统构想，推进氢能源技术开发和利用，期待在全球范围内利用可再生氢能源，减少对化石原料的依赖。具体设想是利用地球上的丰富水力、太阳光、风力等可再生能源建立氢气制备、运输和利用的世界能源网络 (world energy network, WE-NET)。从 1993 年开始发布了一个“世界能源网络”WE-NET 项目，计划到 2020 年逐步推广氢能。这个项目是关于诸多可更新能源的世界性发展网络介绍、传输和利用。

2004 年，日本在《新产业创新战略》中将燃料电池列为国家重点推进的七大新兴战略产业之首，日本经济产业省平均每年投入约 2.7 亿美元用于氢能及燃料电池相关项目研究。日本政府将来也把氢能源作为长期和战略性产业进行开发，计划作为国家项目通过政府、科研机构、公司的结合大力开发氢气制造、储备、供给和利用中的核心技术，同时完善服务业。

2010 年日本氢能源在燃料电池汽车上的需求为 4.3 亿 m^3/年，固定用燃料电池上的需求为 56.0 亿 m^3/年，但是到 2030 年，可持续氢能的消耗仅占氢能源的 15%，2030 年日本总体的氢能消耗预计为 456.0 亿 m^3/年，这仅是总能源消耗的 4%。作为一个示范工程，日本经济产业省、国土交通省、环境省联合在北海道实施了一个氢气 · 燃料电池项目，利用北海道丰富的天然气和生物质燃料资源的优势制备氢气，推进氢气 · 燃料电池系统的产业化。

2011 年的福岛核事故加速了日本氢能的发展进程。日本是世界上液化天然气进口大国，单位进口价格较高。福岛核事故之前，日本的贸易顺差是稳定的，但核事故发生以后，化石燃料进口的激增几乎每年都使日本的贸易收支出现赤字。2013 年 5 月，《日本再复兴战略》把发展氢能提升为国策。2014 年，日本第四期《能源基本计划》将氢能定位为与电力和热能并列的核心二次能源，提出建设“氢能社会”。2014 年 6 月发布的《氢能和燃料电池发展战略路线图》，制定了“三步走”发展计划，并于 2016 年明确了具体的发展路线，量化了发展目标，进一步细化和降低了成本目标值，在这个路线图中，关于氢的利用，着眼于克服技术性课题和确保经济效益所需要的几个时期，分为 3 个阶段来推进搭配，即① 氢能利用快速发展期 (2014 年 ~)、② 氢发电/确立和大规模供氢系统的正式引入期 (20 世纪 20 年代后半期实现)、③ 无 CO_2 排放的氢气供给系统建设期 (2040 年左右实现)。

2017 年 12 月，日本进一步发布《氢能基本战略》，提出率先在全球实现“氢社会”的宏伟战略，以实现社会低碳发展目标和寻求日本经济新的增长点。为实现这一目标，2019 年 3 月，日本政府汇总并公布《氢能利用进度表》，旨在明确至 2030 年日本应用氢能的关键目标，旨在为普及氢能应用提供助力，为建立无碳“氢能社会”提出具体发展目标和实施路径 (图 1.48)。该进度表主要从氢能应用、氢能供应和全球化氢能社会三大维度展开，主要包括：到 2025 年，使氢燃料电池汽车价格降至与混合动力汽车持平；到 2030 年，建成 900 座加氢站，实现氢能发电商业化，并持续降低氢气供应成本，使其不高于传统能源，见表 1.21 和表 1.22。自使用化石能源以来，能源资源几乎为零的日本始终处于极其被动的境地，氢能产业的美好前景使日本看到了根本摆脱这一困境的曙光，甚至期待未来能占据该产业链顶端，成为能源出口国。

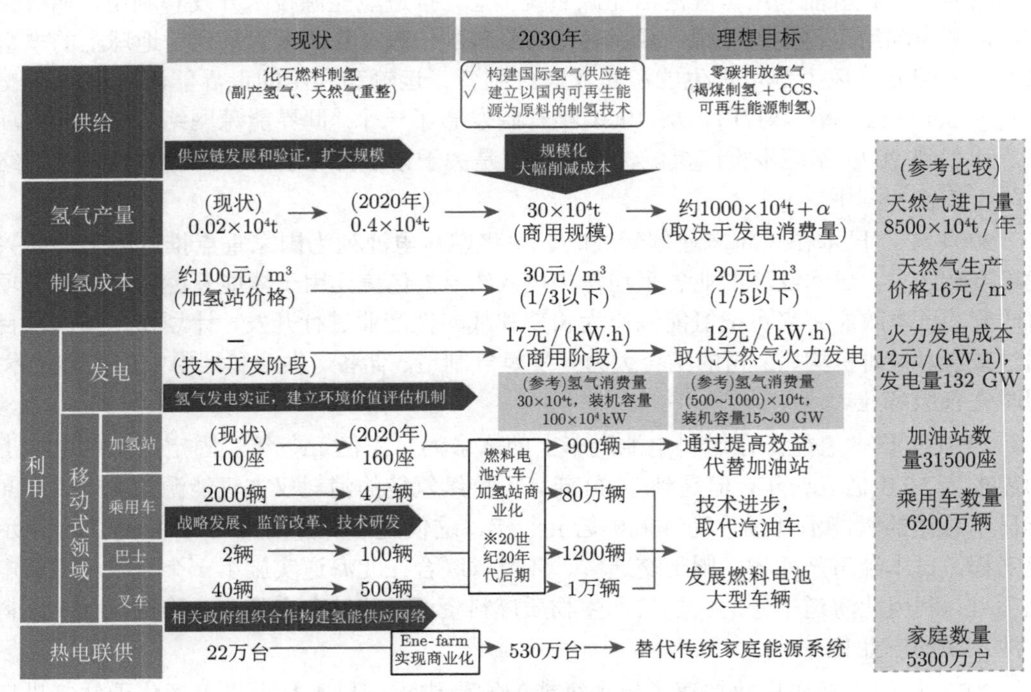

图 1.48　日本氢能基本战略路线图 [43,44]

日本提出了各阶段制氢与加氢站建设目标，到 2030 年日本加氢站数量要达到 1000 座且成本降至 2 亿日元，海外制氢运输回日本的价格将控制在 30 日元/m^3 以内。截至 2018 年年末，日本已经建成 106 座加氢站，其中 80 座以上对公众开放，其余则是专门为公交车或车队客户提供服务，这些加氢站成本大多在 4 亿 ~5 亿日元，按照政府制定氢能基础设施项目的补贴政策，补贴金额可达到目前加氢站投资水平的一半左右。日本众企业也看好氢能源的发展前景并陆续投入发展。丰田、日产等车企在燃料汽车上投入颇多, 迄今为止，丰田已经投入 400 亿日元用于推广氢气作为替代燃料；日本国土交通省 2014 年开始牵头开展生物气制氢的试验，计划利用福冈市中部水处理中心产生的污泥来制氢。

表 1.21 日本基本氢能战略情景简表

	2020 年状况	2030 年目标	2050 年及以后目标
供给	目前的氢能主要来自于化石能源的副产品和天然气整合，正在进行氢能供应链的开发及量产示范	开拓国际氢能供应链，开发国内电制气，提供可再生的氢能供应	无二氧化碳排放的氢能 (褐煤生产氢能同时结合碳捕捉和封存技术、利用可再生能源制氢)
产量	4000 t/年	形成 30 万 t/年的商业化供应能力	500 万 t/年至 1000 万 t/年以上，主要用于氢能发电
成本	10 美元/kg	减少 1/3，达到 3 美元/kg	减少 1/5，达到 2 美元/kg
	2020 年状况	2030 年目标	2050 年及以后目标
发电	研发阶段：氢能发电示范，建立环境价值评估系统	17 日元/(kW·h)	12 日元/(kW·h)，取代天然气发电
汽车	160 座燃料电池汽车 40000 辆 燃料电池公共汽车 100 辆 燃料电池叉车 500 辆	加氢站 900 座 燃料电池汽车 800000 辆 燃料电池公共汽车 1200 辆 燃料电池叉车 1000 辆	加氢站取代加气站 燃料电池汽车取代传统汽油燃料车 引入大型燃料电池车
燃料电池应用	家用热电联供分布式燃料电池 23 万家庭	家用热电联供分布式燃料电池 530 万家庭 (占全部家庭的 10%)	家用热电联供分布式燃料电池取代传统居民的能源系统

表 1.22 2050 年日本氢能技术展望 [45]

	居民	商业	汽车	产业	发电	总计
技术可行的氢供应 (10 亿 m^3)	34	43	15	65	284	441
目前氢能所占比例/%	8	10	4	14	64	100
在全部一次能源供应中的比例/%	—	—	—	—	—	28

1.7.4 澳大利亚氢能开发

在澳大利亚国内市场，有许多机会使用氢气作为天然气的替代品。随着时间的推移，氢能技术的进步将使这些机会变得越来越有吸引力。澳大利亚作为世界第三大煤炭探明储量国，第五大世界煤炭生产国，第七大天然气生产国，具备强大的资源优势，国内认为在未来氢能行业和市场的增长中，澳大利亚或将处于非常有利的地位。图 1.49 是澳大利亚 2009~2018 年间的液化天然气 (LNG) 出口量，作为世界上最大的煤炭出口国和第二大液化天然气 (LNG) 出口国，对于澳大利亚而言，最直接的经济机遇是将自己打造成日本和韩国等国家的氢能源首选供应商。一方面这些国家能源较为贫乏，需要从澳大利亚进口，澳大利亚本身就是日本和韩国的主要煤炭和液化天然气 (LNG) 贸易国，而且澳大利亚到东亚消费国运距较近，运输成本低，澳大利亚具备“先天优势”；另一方面这些国家制定了国家层面的氢能发展战略，急需利用氢气作为一种低成本的减排途径。

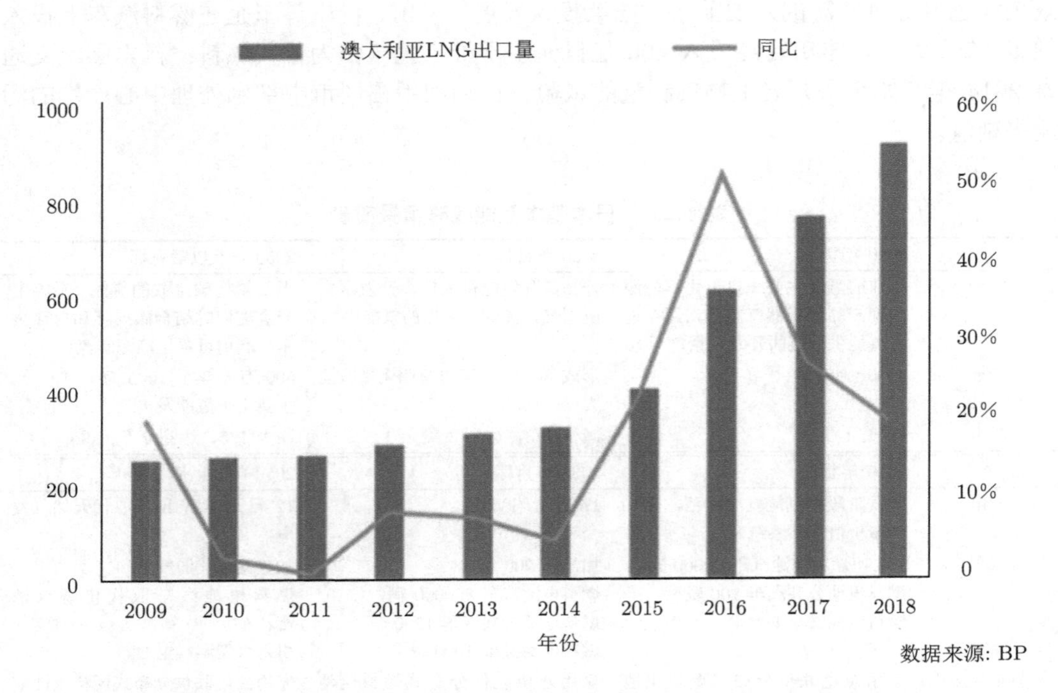

图 1.49　2009~2018 年澳大利亚液化天然气 (LNG) 出口量 (单位: 亿立方米)

澳大利亚拥有广阔的土地面积和丰富的可再生能源资源，可用于工业规模的电解制氢。碳捕捉–封存氢 (CCS 氢) 可以从澳大利亚丰富的煤炭和天然气储备中生产，特别是露天开采的褐煤。从化石燃料中提取氢的过程都产生了不需要的二氧化碳，但其影响可以通过在地下储存地点捕获和隔离碳来减轻。

氢气一旦被生产出来，就可以像液化天然气 (LNG) 一样以液态氢 (LH_2) 的形式出口，或者以化学方式转化成另一种形式，如氨。澳大利亚的优势在于，它拥有已投运的海上设施，适用于大规模 CCS 制氢工业所需的封存。一家由日本牵头的财团正在测试这种方法的可行性。该财团于 2018 年 4 月启动了一个耗资 5 亿美元的示范项目，在维多利亚的拉筹伯谷 (Latrobe Valley) 利用褐煤制取氢气。澳大利亚已经成为日本值得信赖的能源供应国，日本购买了澳大利亚近一半出口的液化天然气，2017 年总价值为 230 亿澳元。现有的贸易关系和在液化天然气方面的技术，使澳大利亚拥有良好的条件以追求氢燃料工业的串联出口。如果政策正确，到 2030 年，澳大利亚的氢气出口将贡献 17 亿澳元，并提供 2800 个工作岗位。

澳大利亚也开始计划以太阳能、风能制氢并向东亚地区出口液氢，打造下一个能源出口产业，目标是到 2030 年在中、日、韩、新加坡 4 国开发 70 亿美元市场。此外，澳大利亚已经在探索移动应用，包括氢动力汽车、垃圾车和叉车，预测未来国内对氢动力长途重型运输的需求，包括如公共汽车、卡车、火车和轮船。

1.7.5 韩国氢能源开发

韩国政府认为，发展氢能经济能够减少温室气体和细颗粒物排放，帮助实现能源多元化，降低海外能源依存度；能够在交通运输领域 (汽车和船舶制造) 和能源领域 (氢能发电) 创造新市场和新产业；氢气生产、存储、运输、加氢站等基础设施建设能够带动其他相关产业，培育一批中小企业和骨干企业，成为国家未来增长引擎。

2009 年制定了氢气燃料电池路线图，2020 年氢能源汽车 5 万辆，加氢站 500 个。2018 年 8 月韩国政府将 "氢能产业" 确定为三大创新增长战略投资领域之一。同年 9 月，韩国产业通商资源部成立氢能经济推进委员会，并着手制定《氢能经济发展路线图》。2019 年 1 月，经过跨部门协商，文在寅总统正式发布该路线图，宣布韩国将大力发展氢能产业，引领全球氢能市场发展。

《氢能经济发展路线图》的愿景是以氢燃料电池汽车和燃料电池为核心，将韩国打造成世界最高水平的氢能经济领先国家。具体来说：到 2040 年，使韩国氢燃料电池汽车和燃料电池的国际市场占有率达到世界第一；使韩国从化石燃料资源匮乏国家转型为清洁氢能源产出国。韩国政府提出，如果该路线图顺利落实，到 2040 年可创造出 43 万亿韩元的年附加值和 42 万个就业岗位，氢能产业有望成为创新增长的重要动力。为实现上述目标，韩国政府将重点在氢燃料电池汽车，加氢站，氢能发电，氢气生产、存储和运输，安全监管等方面采取措施。

路线图主要涉及氢能产业发展五大领域。① 氢燃料电池移动出行：到 2040 年，累计生产 620 万辆氢燃料电池汽车，建成 1200 座加氢站；② 氢能发电：到 2040 年，普及发电用、家庭用和建筑用氢燃料电池装置；③ 氢气生产：到 2040 年，使氢气年供应量达到 526 万吨，每千克价格降至 3000 韩元 (约合人民币 17.7 元)；④ 氢气存储和运输：构建稳定且经济可行的氢气流通体系；⑤ 安全保障：构建全流程安全管理体系，营造氢能产业发展生态系统。

1.7.6 我国氢能源开发和利用

我国对氢能的研究与发展可以追溯到 20 世纪 60 年代初，我国科学家为发展本国的航天事业，对作为火箭燃料的液氢的生产、H_2/O_2 燃料电池的研制与开发进行了大量有效的工作。将氢作为能源载体和新的能源系统进行开发，则是从 20 世纪 70 年代开始的。为进一步开发氢能，推动氢能利用的发展，氢能技术被列入《科技发展 "十五" 计划和 2015 年远景规划 (能源领域)》。近几年来，我国已成为最大的潜在氢能燃料电池消费市场之一。

近几年来，我国非常重视氢能产业的发展，2016 年 3 月，国家发展改革委和国家能源局联合发布《能源技术革命创新行动计划 (2016—2030 年)》，明确提出把可再生能源制氢、氢能与燃料电池技术创新作为重点发展内容，如表 1.23 所示。2016 年 8 月，国务院印发《"十三五" 国家科技创新规划》，规划中有关发展清洁高效能源技术、可再生能源与氢能技术等均入选。图 1.50 是中国氢能产业基础设施发展路线图，预计产值目标将从 2020 年的 3000 亿元增长到 2050 年的 40000 亿元。

表 1.24 是我国氢能与氢燃料电池产业链主要企业统计表，我国规划了氢能产业核心的七大氢燃料电池产业聚集区，包括京津冀产业聚集区、华东产业聚集区、华南产业

聚集区、华中产业聚集区、华北产业聚集区、东北产业聚集区和西北产业聚集区等。

表 1.23　《中国氢能产业基础设施发展蓝皮书 (2016)》提出的氢能产业发展路线图

时间	总体目标	功能目标	发展重点
2020 年	加氢站数量达到 100 座；燃料电池车辆达到万辆	冷启动温度达到 −30 ℃，优化动力系统结构，降低车型成本	燃料电池堆、基础材料、控制技术、储氢技术等共性关键技术；关键零部件；制氢、氢气运输、加氢等基础设施建设
2025 年	燃料电池车辆达到十万辆级规模	冷启动温度达到 −40 ℃，批量化降低车成本，与同级别混合动力车相当	
2030 年	加氢站数量达到 1000 座；燃料电池车辆保有量达到 100 万辆	整体性能与传统汽车相当，具有产品竞争优势	

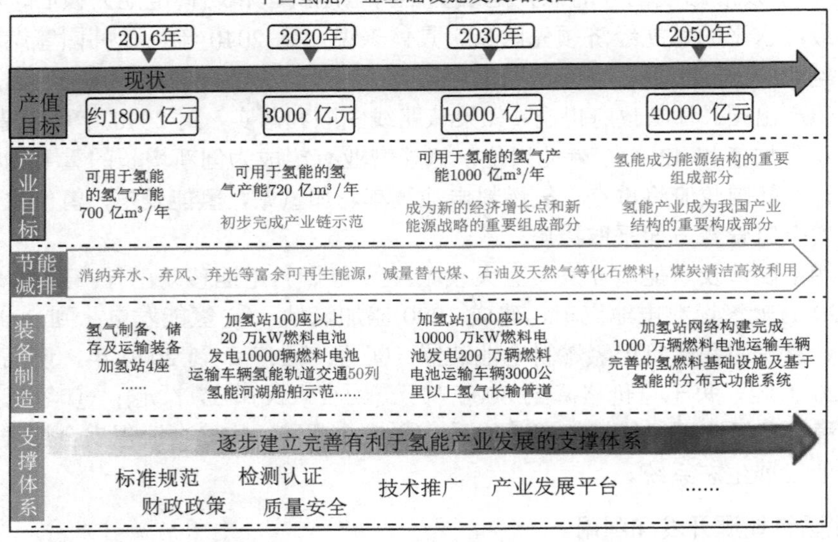

图 1.50　中国氢能产业基础设施发展路线图

中国制氢工业基础良好，氢气作为原料气体及工业气体的生产和使用规模都很庞大。规模最大的制氢方式是化石燃料制氢，主要为煤气化制氢以及烃类蒸气转化制氢 (原料包括天然气、炼厂焦化干气、液化石油气、石脑油等)，约占全国制氢产能的 96%。每年，焦炭、氯碱、甲醇和合成氨生产过程中副产大量氢气，成为中国制氢的显著特色。另外，利用大量的弃水、弃风、弃光、弃核发电制氢，可能成为中国制氢工业的又一特色，近年来，中国每年“四弃”发电制氢的潜在产能为 340 万吨左右，与全国炼厂制氢规模相当。

目前我国制氢、储氢、加氢等环节的关键核心设备，还不能全部“国产化”，成本难降。氢能燃料电池存在的问题：① 关键材料与核心部件缺少批量生产技术；② 电堆和系统可靠性与耐久性有待提高；③ 加氢站建设成本高、加氢费用高；④ 技术标准、检测体系不健全、不完善。在氢能源汽车方面，与国外丰田、现代等燃料电池生产企业发展路线不同，中国氢燃料电池汽车企业主要分布在商用车领域。

表 1.24　我国氢能与氢燃料电池产业链主要企业统计表[46]

制氢	储运	加氢	燃料电池系统		应用	
制氢	气态储氢	加氢站建设	系统	电堆	乘用车	物流车
神华集团	科泰克	富瑞特装	亿华通	上海神力	上汽集团	东风汽车
首钢氧气	天海	上海舜华	新源动力	北京氢璞	北汽新能源	福田汽车
香河华瑞	中氢	华南集团	上海攀业	新源动力	长城汽车	中国重汽
华能集团	EKC	上海驿蓝	大连光阳机电	上海攀业	长安汽车	
中节能风电	安瑞科	神华集团	潍柴 (弗尔赛)	江苏华源	广汽汽车	叉车
华昌化工	新兴重工	久安通	氢璞创能	江苏清能		安徽合力
		安徽明天	北京碧空	潍柴 (弗尔赛)	客车	
制氢设备	液态储氢	普渡氢能	武汉众宇	浙江南都	福田汽车	有轨电车
林德集团	富瑞氢能	国达新能源	南通泽禾		宇通客车	中车唐山
中船重工	航天 101 所	海珀尔	广东国鸿	双极板	中通客车	中车四方
七一八研究所		加氢设备	上燃动力	上海神力	南京金龙	
大陆制氢	固态储氢	雪人股份		鑫能石墨	中植新能源	无人机
北京氢璞	浩运金能	汉钟精机	质子交换膜	联强碳素	五州龙	同济大学
派瑞华	厦门钨业	厚普股份	东岳集团	江阴沪江	上海申龙	众宇动力
淳华氢能	申江科技	海德利森	三爱富	喜丽碳素	安徽安凯	上海清能
苏州竞立	科力远	涡卷精密机械	武汉理工新能源	上海弘枫	青年汽车	
	安泰科技	储氢罐 (瓶)			金龙汽车	
	申建氢能	中材科技	催化剂	膜电极	佛山飞驰	
		京城股份	贵研铂业	世纪富源	扬子江	
	有机物液态体储氢	安瑞科	北方稀土	武汉理工		
	武汉氢能	压缩机	苏州擎动动力	新源动力		
	聚力氢能	北京天高	宇辰新能源	上海河森		
				苏州擎动		

(李星国)

参考文献

[1] Sherif S A, Goswami D Y, Stefanakos E K, et al. Handbook of Hydrogen Energy. New York : CRC Press, Taylor & Francis Group, 2014.

[2] Dean J A. Lang's Handbook of Chemistry 15th. America: McGraw-Hill , 1999.

[3] 中华人民共和国国家标准《储氢、高储氢和超纯氢》GB/T3634-1995.

[4] 水素・燃料電池ハンドブック編集委員会. 水素・燃料電池ハンドブック. 東京: 株式会社オーム社, 2006.

[5] Bossel Ph D, Gordor T, Baldur E, et al. The Future of the hydrogen economy: Bright or bleak?, Oct 28, 2003, 18(3): 29-70. http://www.oilcrash.com/articles/h2_eco.htm.

[6] Aylward G H, Findlay T J V. Datensammlung Chemie in SI-Einheiten, 3. Auflage (German Edition). Germany : WILEY-VCH, 1999.

[7] Dudley B. BP Statistical Review of World Energy, 2019, 37(1): 67.

[8] https://www.climatewatchdata.org/ghg-emissions?source=35 ed., PIK, World Resources Institute, 2019.

[9] IEA CO_2 Emissions from fuel combustion (2004).

[10] World E C. Comparison of Energy Systems Using Life Cycle Assessment WEC, 2004.

[11] 2020 Statistics report: CO_2 Emissions from Fuel Combustion, IEA, 16 and 19.

[12] The Future of Hydrogen, Report prepared by the IEA for the G20, Japan, Typeset in France by IEA - June 2019, https://www.iea.org/reports/the-future-of-hydrogen.

[13] 出典:《世界氢基础设施项目总览》、日经 BP 清洁科技研究所.

[14] 中国氢能联盟, 中国氢能源及燃料电池产业白皮书 www.china-nengyuan.com/news/141562.html

[15] For information contact Deloitte Tohmatsu Consulting Co., Ltd, 2005.
[16] 凡奇. 能源——21 世纪的展望. 王乃粒, 译. 上海: 上海交通大学出版社, 2008.
[17] 市川勝. 水素エネルギーがわかる本. 日本: オーム株式会社, 2007.
[18] 美国统计局 U.S. Census Bureau 2007.
[19] IEA World Energy Outlook, 2008, 9(7): 17.
[20] European commission research centre 2011.
[21] 中国统计年鉴 2007；Statistical Review of World Energy, 2007; World Population Data Sheet, 2001～2006.
[22] Energyinsight.net 2007; EIA, IEQ 2008.
[23] 独立行政法人新エネルギー・産業技術総合開発機構編.NEDO 水素エネルギー白書. 東京: 日刊工業新聞社, 2015.
[24] 2009 年日本地球环境产业技术研究机构报告，以 2005 年数据计算.
[25] 武石哲夫, 小林紀. 自動車交通, 1998: 10-11.
[26] McKinsey Center for Future Mobility. Hydrogen: the next wave for vehicles? 2017.
[27] Australian Renewable Energy Agency. Opportunities for Australia from Hydrogen Exports. 2018.
[28] 高慧，杨艳，赵旭，等. 国内外氢能产业发展现状与思考. 国际石油经济, 2019,27(4):9-17.
[29] 中国氢能源及燃料电池产业创新战略联盟. 中国氢能源与燃料电池产业发展研究报告. 2018.
[30] 马文杰, 尹晓晖. 炼油厂制氢技术路线选择. 洁净煤技术, 2016, 22(5): 64-69.
[31] 李庆勋, 刘晓彤, 刘克峰, 等. 大规模工业制氢工艺技术及其经济性比较. 天然气化工, 2015, 40(1): 78–82.
[32] 岩谷産業ホームページ. http://ww.iwatani.co.jp/jpn/.
[33] 日本エネルギー庁燃料電推進室「燃料電池の新たな用途について」第 4 回水素燃料電池戦略協議会 (2014 年 3 月 26 日). http://ww.iwatani.co.jp/jpn/.
[34] National Petroleum Council, 2007 after Craig, Cunningham and Saigo
[35] BP Statistical Review of Global Energy (2020).
[36] 沈建权, 马占芳, 袁柱良, 等. 生物质生物制氢现状与未来氢能利用情景. http://www.shac.gov.cn/fwzx/nykj/kjdt/xcl/201006/t20100608_1267530.htm,2009,10(12): 28-29.
[37] 出典：鳥栖環境開発総合センター資料より NEDO 作成.
[38] IEA(2018), RD&D Statistics.
[39] AFC TCP (2019), AFC TCP Survey on the Number of Fuel Cell Electric Vehicles, Hydrogen Refuelling Stations and Targets.
[40] 邵志刚, 衣宝廉. 氢能与燃料电池发展现状及展望. 中国科学院院刊, 2019, 34(4): 469-477.
[41] FCH-JU. Hydrogen Roadmap Europe_Report: A Sustainable Pathway for the European Energy Transition. Brussels: FCHJU, 2019(3): 13.
[42] https://mp.weixin.qq.com/s/WL4SM_qCZzjrzOjAsW9iKA.
[43] 日本经济产业省. 氢基本战略. https://www.meti.go.jp/press/2017/12/20171226002/20171226002.html.
[44] Japan's Ministry of Economy, Ttrade and Industry. Basic hydrogen strategy. https://www.meti.go.jp/press/2017/12/20171226002/20171226002.html.
[45] Monica NagasHima, Japan's Hydrogen strategy and its economic and geopolitical implications. IFRI. Working paper. October 2018.
[46] https://www.docin.com/p-2372222683.html.

第 2 章 氢的基本性质

2.1 氢的形成、存在和发现

氢 (hydrogen，元素符号 H) 是序号最小的元素。氢在物理、化学以及生命现象中都有着特殊的重要性，例如，氢原子 (^1H) 代表了最基本的原子结构，氢气 (H_2) 是最简单的双原子分子，H^+ 是最简单的离子，氢是形成水的重要元素，太阳和宇宙中众多恒星的能量都来自于氢同位素的聚变反应。

氢 (包含所有的同位素) 是宇宙空间丰度最大的元素，大约占宇宙中普通物质①总质量的 75%，总原子数的 90%。在太阳系中各元素的含量如图 2.1 所示。宇宙诞生和演化的大爆炸理论认为，爆炸之初，物质只能以中子、质子、电子、光子和中微子等基本粒子形态存在。宇宙爆炸之后不断膨胀，导致温度和密度很快下降，逐步形成原子核、原子、分子。H 和 He 这两种轻元素在大爆炸之初就产生了 (在大爆炸之后的数百秒内)，约 2h 基本上就结束了原子核的形成，因此，宇宙中的主要元素是氢 (89%) 和氦 (11%)，而更重的元素则是在宇宙进一步演化过程中逐渐生成的。宇宙空间中氢主要以原子或等离子状态存在，在诸多天文现象中扮演重要角色，如恒星的能量大多数由质子之间的核聚变反应维持，H 的等离子体与日冕、太阳风、极光等自然现象密切相关，H_2 分子云被认为与恒星的诞生有关。氢是地球表面质量丰度第三的元素，大多数氢都以水的形式存在，在地壳的 1 km 范围内 (包括海洋和大气)，化合态氢的重量组成约占 1%，原子组成约占 15.4%。但大气中 H_2 的含量很低，仅为 1 ppm。

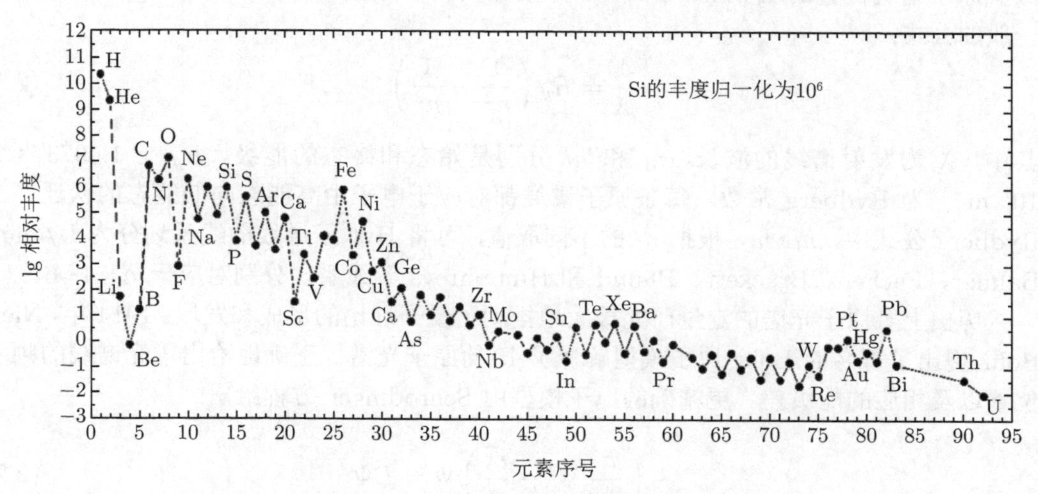

图 2.1 太阳系中各元素的含量

① 普通物质 (baryonic matter) 指由质子和中子构成的物质。在宇宙中普通物质仅占总质量的 4% 左右，其余 70% 为暗能量，25% 为暗物质。

在许多语言中，氢都是“形成水的元素”的意思。早在 16 世纪，马拉塞尔斯 (Paracelous) 就发现硫酸与铁反应时，有一种能燃烧的气体产生，但在当时并未认识到这种可燃性的气体是一种新的元素单质。H_2 于 18 世纪由英国著名的科学家 Henry Cavendish 首先分离得到，并验证了其燃烧产物为水，他曾称之为“易燃空气”，甚至误认为这种气体就是燃素。法国化学家 Antoine Lavosier 就以希腊语中“成水的元素”之意为这种新的气体命名，在许多语言中氢也取这个含义。氘于 1931 年由 Harold Urey 发现，次年 Urey 的研究组又制备得到了氘的氧化物重水。氚于 1934 年由 Ernest Rutherford、Mark Oliphant 和 Paul Harteck 发现。

2.2 氢 原 子

氢原子 ^1H 代表了最基本的原子结构：一个仅由一个质子构成的原子核和原子核外的一个电子，因此是原子结构研究的模型体系。氢原子的一些基本性质见表 2.1。

表 2.1 氢原子的基本性质

氧化态	+1，−1
原子质量	1.00794 g/mol
电子构型	$1s^1$
电负性 (Pauling)	2.20
第一电离能	1312.0 kJ/mol
电子亲和能	73 kJ/mol
共价半径	(31±5)pm
范德瓦耳斯半径	120 pm

氢原子结构的研究始于氢原子光谱。1885 年 Johan Balmer 首次提出了描述可见区域氢原子谱线位置的 Balmer 公式，5 年后瑞典科学家 Johannes Rydberg 总结出了更一般的公式：

$$\frac{1}{\lambda} = R_y\left(\frac{1}{n_{\mathrm{f}}^2} - \frac{1}{n_{\mathrm{i}}^2}\right) \tag{2.1}$$

其中，λ 为发射谱线的波长，n_{i} 和 n_{f} 分别是始态和终态的能级，$R_y = 1.097373 \times 10^7\ \mathrm{m}^{-1}$ 为 Rydberg 常数。每条原子谱线都对应于电子由高能态向低能态的跃迁，在 Rydberg 公式中，$n_{\mathrm{f}}>n_{\mathrm{i}}$，根据 n_{f} 的不同取值，可将 H 原子谱线的线系划分为 Lyman、Balmer、Pachen、Brackett、Phund 和 Humphreys 等线系，分别对应于 n_{f}=1~6。

历史上氢原子光谱的定量研究极大地推动了量子理论的形成和发展。1914 年，Niels Bohr 提出了著名的 Bohr 原子模型解释了 H 的原子光谱，正确地给出了光谱线的频率位置以及相应的能级差。更精确的原子模型由 Schrodinger 方程给出：

$$-\left(\frac{\hbar^2}{2m}\nabla^2 - \frac{e^2}{r}\right)\Psi = E\Psi \tag{2.2}$$

其中，Ψ 为电子波函数；$h = h/2\pi$，h 为 Planck 常量；m 和 e 分别为电子的质量和电荷；E 为电子能量；∇^2 为 Laplace 算符。H 原子核外仅有一个电子，不存在电子间的相互作用，其 Schrödinger 方程可以获得解析解。具体的求解过程可以参见量子力学的专著，此处不再赘述。结果表明：氢原子的电子波函数是量子化的，由一组量子数表示，其中主量子数 n 对应于波函数的径向分布，取值范围为正整数；角量子数 l 取值范围是 $0, 1, 2, \cdots, n-1$，代表了电子波函数的空间分布，共 n 个不同的数值；磁量子数 m 取值范围是 $-l, -(l-1), -(l-2), \cdots, -1, 0, 1, \cdots, l-2, l-1, l$，共 $2l+1$ 个不同的数值。

2.3 氢的同位素

迄今已发现的 H 的同位素有 7 种，分别用 ^{1}H 到 ^{7}H 来表示。其中原子核中质子数均为 1，中子数为 1~6 不等。各种氢同位素的基本性质总结于表 2.2 中。

表 2.2 氢同位素的基本性质

核素	质子 + 中子	质量/u	半衰期	核自旋	RIC	RNV
^{1}H	1 + 0	1.00782503207(10)	稳定	$1/2^+$	0.999885(70)	0.999816~0.999974
^{2}H	1 + 1	2.0141017778(4)	稳定	1^+	0.000115(70)	0.000026~0.000184
^{3}H	1 + 2	3.0160492777(25)	12.32(2) 年	$1/2^+$		
^{4}H	1 + 3	4.02781(11)	$1.39(10)\times10^{-22}$ s	2^-		
^{5}H	1 + 4	5.03531(11)	$>9.1\times10^{-22}$ s	$1/2^+$		
^{6}H	1 + 5	6.04494(28)	$2.90(70)\times10^{-22}$ s	2^-		
^{7}H	1 + 6	7.05275(108)	$2.3(6)\times10^{-23}$ s	$1/2^+$		

注：u，原子单位；

RIC，representative isotope composition，水中的组分，以摩尔分数计；

RNV，range of nature variation，自然丰度变化范围，以摩尔分数计。

最常见的 H 元素是 ^{1}H，即原子核中仅有一个质子。这种核素称为 protium，即通常所说的氢。

除氢之外最常见的同位素为氘 (deuterium，D)，或称重氢，原子核中含一个质子和一个中子。D 是一种稳定的同位素。氘于 1931 年由哥伦比亚大学的 Harold Urey 通过光谱学发现，但在当时中子还未被发现，因此 D 的发现给理论物理界带来了很大的震动。Gilbert Newton Lewis 于 1933 年首次获得了纯的重水样品。1934 年 Urey 因发现氘而获得了诺贝尔物理学奖。在海洋中，D 的摩尔分数约为 H 的 1/6400。在宇宙空间中 D 通常与 H 形成双原子分子 HD。在整个宇宙空间中，有 H 的地方通常也会有 D 的存在，与 H 相比，D 的含量很低，但摩尔分数变化不大，这为宇宙大爆炸理论间接提供了证据。

氘的氧化物称为重水，比普通水重 11.6%，工业上通过富集海水中的重水来得到纯的重水。重水的化学性质与普通水非常类似，但对生物体有轻微毒性，摄入少量重水对人体几乎无害，重水是一种临床常用的同位素示踪剂，据估计一个 70 kg 的成年人可以摄入 4.8 L 重水而不产生明显的危害。

氘在核聚变反应中有重要应用，例如，氘和氚与氘和 ^{3}He 的聚变反应都是速率快且释放能量很高的聚变反应。重水在核反应中也作为中子的减速剂，以提高核裂变反应引发的概率。在第二次世界大战时重水也成为同盟国和德国争夺的战略物资。

氘的化学性质与普通氢类似，但是由于其质量以及核自旋的性质不同，用氘取代氢在光谱学方面有独特的应用。例如，在液体的质子核磁共振中以氘代试剂为溶剂，可以有效避免溶剂中的质子信号的干扰；通过氘对氢的取代，可改变相应的化学键红外光谱中的峰位置，便于与背底氢原子的区分；氘对氢的取代在中子散射和质谱研究中也非常有用。

原子核中含有 2 个中子的 H 的同位素称为氚 (tritium，T)。氚是一种不稳定的同位素，可通过 β 衰变成为 $^3_2$He，半衰期约 12.32 年。氚于 1934 年由 Ernst Rutherford、Mark Oliphant 和 Paul Harteck 从重水制得。氚可以通过锂的同位素与中子的核反应得到，也可以利用重水和中子的反应得到。在冷战期间美国用于核武器的氚是 Savannah River Site 利用一个特殊的重水反应器得到的，在 2003 年重启氚制造之后，主要通过利用中子照射 Li 同位素制备得到。

氚的主要用途是在核聚变中。氚有一定的放射性危害，但由于其半衰期较短，在人体内仅为 14 天左右，因此危害性较小。在一些分析化学研究中，氚经常作为放射性的标记物，在全面禁止核试验条约签署之前，大量的核武器试验产生的氚为海洋学家研究海洋环境和生物的演化提供了一个很好的示踪元素。

^{4}H(亦有命名为 quadrium) 是一个很不稳定的放射性同位素，原子核中包含 1 个质子和 3 个中子。实验室中通过用高速运动的氘核轰击氚原子获得，^{4}H 的获得通过探测辐射的中子间接得到。^{4}H 通过辐射中子的方式衰减，半衰期仅为 $(1.39\pm0.10)\times 10^{-22}$ s。

^{5}H、^{6}H 和 ^{7}H 均为在实验室中合成的不稳定的放射性同位素。

2.4　氢　　气

2.4.1　H_2 的分子结构

H_2 是最简单的双原子分子，其成键模型可以简单描述为两个氢原子各提供一个电子，形成一个共价键，两个电子自旋相反，因此 H_2 呈抗磁性。从核间距–势能图 (图 2.2) 上可以看出，在两个电子自旋相反的条件下，两个氢原子构成的体系能量在某一特定的核间距下达到最小值。H_2 分子中两个氢原子平衡距离为 0.74611 Å，键能为 4.52 eV。

分子轨道的观点认为，在形成 H_2 分子时，两个 H 原子的 1s 轨道的波函数通过线性组合，得到了两个分子轨道。成键轨道由两个原子的波函数同相位叠加获得，为反演对称结构，其能量低于未成键的原子轨道；反键轨道由两个原子的波函数反相位叠加获得，为反演反对称结构，其能量高于未成键的原子轨道。两个电子同时占据成键轨道，因此获得了净的能量，即为 H—H 键的键能。分子轨道理论将分子作为一个整体来处理，能较好地解释一些传统化学键理论不能很好解释的结构和现象，例如，H_2 分子与过渡金属的配位作用以及过渡金属对 H_2 分解的催化机理等，在后面讨论氢的化学反应和成键时会看到分子轨道理论更多的应用。

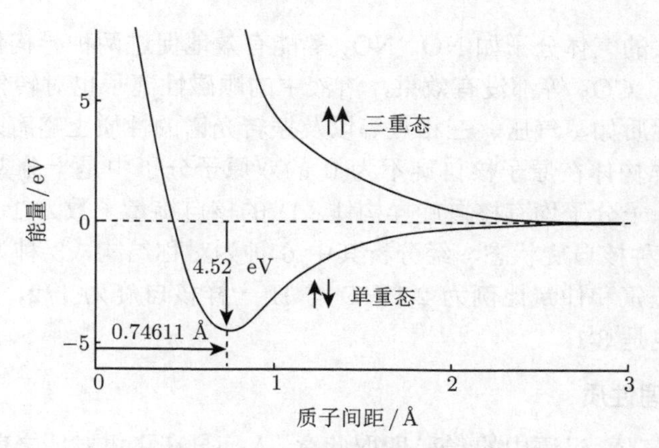

图 2.2　H_2 分子的核间距–势能图

2.4.2　氢气的核自旋异构体 [1]

与电子自旋类似，原子核同样具有自旋。^{1}H 原子核中仅有一个质子，因此核自旋量子数 $S = 1/2$。当构成双原子分子时，核自旋有两种可能的组合：两原子核自旋相同，此时整个 H_2 分子的自旋量子数为 $1/2 + 1/2 = 1$，分子为三重态，称为正氢 (orthohydrogen)；或两原子核自旋相反，此时整个 H_2 分子的自旋量子数为 $1/2 - 1/2 = 0$，分子为单重态，称为仲氢 (parahydrogen)。

这两种氢分子在能量上略有差别，通常的氢气是这两种核自旋异构体的混合物，常温常压下正氢能量较低，在 273 K 下正氢约占 75%；而在低温下仲氢更为稳定，接近 0 K 时几乎所有的 H_2 均为仲氢。极限高温下两种核自旋异构体的比例可以从它们的统计权重得出：每个 ^{1}H 原子有两种核自旋状态，组成 H_2 分子后分子的核自旋状态数为 4，在这四种状态中，通过原子间波函数组合可以得到其中三种具有反演对称结构，属于正氢，一种为反演反对称结构，属于仲氢。因此在高温极限下正氢的比例应为 75%，在 0 ℃ 时的分布已经十分接近这一极限值 (图 2.3)，表明两种异构体之间的能级差很低，但是在近室温下的转化比较缓慢。

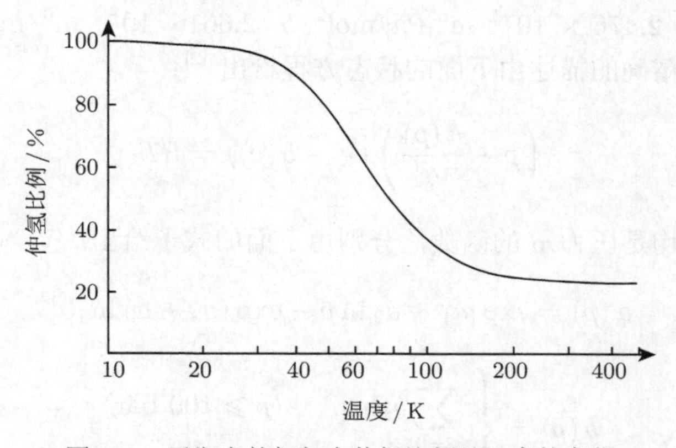

图 2.3　平衡态的氢气中仲氢比例随温度的变化

已发现顺磁性的气体分子如 NO、NO_2 等能有效地促进两种异构体之间的转化，而抗磁性气体如 N_2、CO_2 等都没有效果，溶液中的顺磁性离子也对转化有催化作用。这两种氢气在物理性质如蒸气压、三相点等以及振转光谱的性质上略有差别。

这种核自旋异构体在原子核自旋不为 0 的双原子分子中是十分普遍的，氢的三种同位素构成的双原子分子均有核自旋异构体。D 的核自旋量子数为 1，因此有三种核自旋状态，D_2 有 9 种核自旋状态，经分析其中 6 种为对称结构，3 种为反对称结构，因此在高温极限下正氘和仲氘比例为 2:1。T 与 H 一样核自旋为 1/2，因此正 T 和仲 T 的高温极限比例也是 3:1。

2.4.3　氢气的物理性质

H_2 是最轻的气体，汉语中的"氢"即取此意。人们早在飞机发明之前就用氢气球实现了飞翔的梦想，1783 年 Jacques Charles 首先发明了氢气球，1852 年 Henri Giffard 发明了由氢气球作浮力的飞行器，后由德国人 Ferdinand von Zeppelin 改进得到了 Zeppelin 飞艇，于 1900 年首次试飞，从 1910 年到 1914 年间安全运送了 35000 多位乘客。氢气飞艇在第一次世界大战时用于空中的观察和投弹。直到 1937 年氢气飞艇发生空中燃烧爆炸的事故，人们才逐渐停止使用氢气飞艇而转为更安全的 He 气。

由于氢气的分子量是所有气体中最低的，因此具有所有气体中最高的热导率和扩散系数。氢气的主要物理性质见表 2.3。

在低压状态下，H_2 可以认为是理想气体，遵守理想气体定律：

$$pV_{\mathrm{m}} = RT \tag{2.3}$$

其中，p 为气体压力，V_{m} 为 1 mol H_2 的体积，R=8.314 J/(mol·K) 为气体常数，T 是以 K 为单位的温度。

在压力较高时，H_2 的状态通常用范德瓦耳斯方程描述：

$$\left(p + \frac{a}{V_{\mathrm{m}}^2}\right)(V_{\mathrm{m}} - b) = RT \tag{2.4}$$

其中参数 a 反映的是气体分子之间的相互作用，b 反映的是气体分子本身所占的体积。对于 H_2，参数 $a = 2.476 \times 10^{-2}\ \mathrm{m^6 \cdot Pa/mol^2}$, $b = 2.661 \times 10^{-5}\ \mathrm{m^3/mol}$。

对 H_2 状态更精确的描述由下面的状态方程给出 [2]：

$$\left(p + \frac{a(p)}{V_{\mathrm{m}}^{\beta}}\right)(V - b(p)) = RT \tag{2.5}$$

此处 $a(p)$ 和 $b(p)$ 均是压力 p 的函数，分别由下面的式子给出：

$$a(p) = \exp\left[a_1 + a_2 \ln p - \exp\left(a_3 + a_4 \ln p\right)\right] \tag{2.6}$$

$$b(p) = \begin{cases} \sum\limits_{i=0}^{8} b_i \ln p^i & (p \geqslant 100\ \mathrm{bar}) \\ b(100\ \mathrm{bar}) & (p < 100\ \mathrm{bar}) \end{cases} \tag{2.7}$$

表 2.3　氢气的主要物理性质

性质	数值
分子量	2.016
沸点 (1 atm 下)	20.28 K
气体密度 (标准状态)	89.9 g/m^3
液体密度 (标准沸点)	0.0708 g/cm^3
临界压力	12.8 atm
临界温度	33.19 K
临界点密度	0.0314 g/cm^3
蒸发热	445.59 J/g
熔化热	58.23 J/g
升华热	507.39 J/g
恒压比热 (标准状态)	14.30 J/(g·K)
比热比 (C_p/C_v)	1.383
恒压比热 (标准沸点，液体)	9.69 J/(g·K)
三相点温度	0.071 atm
三相点压力	13.95 K
声速 (标准状态)	1294 m·s
压缩系数 (标准状态)	1.0006
自动点火温度 (标准状态)	858 K
空中燃烧速度	2.7 m/s
火焰温度	2323 K
HHV(高热值)	141.86 kJ/g
LHV(低热值)	119.93 kJ/g
爆炸极限 (空气中)	18.3 vol% ~65 vol%
爆炸极限 (氧气中)	15 vol% ~90 vol%
燃烧极限 (空气中)	4 vol% ~75 vol%
爆炸极限 (氧气中)	4 vol% ~96 vol%
最小点火能量 (空气中)	0.02 mJ

注：vol%为体积分数。

指数参数 β 对温度存在着微弱的依赖性，由下面的式子给出：

$$\beta(T)=\begin{cases}\beta_0+\beta_1 T+\beta_2 T^2 & (T<300\ \mathrm{K})\\ \beta(300) & (T\geqslant 300\ \mathrm{K})\end{cases} \tag{2.8}$$

对于 H_2，上述参数的取值列于表 2.4 表中。

考虑到气体的非理性行为，在计算气体的热力学性质时应用逸度 (fugacity) 代替压力，逸度系数 $\phi=f/p$ 由下式定义：

$$\ln(f/p)=\frac{1}{RT}\int_0^p\left(V_\mathrm{m}-\frac{RT}{p}\right)\mathrm{d}p=\sum_{i=1}\left(\frac{C_i p^i}{i}\right) \tag{2.9}$$

逸度系数表征了在一定压力下实际气体体积与理想体积的偏离，可以通过位力 (Virial) 系数 C_i 计算得到，相应的位力系数列于表 2.5 中 [3]。

表 2.4　氢气气体状态方程的参数 [2]

β_0	2.9315	b_0	20.285
β_1	$-1.531\cdot10^{-3}$	b_1	-7.44171
β_2	$4.154\cdot10^{-6}$	b_2	7.318565
		b_3	-3.463717
		b_4	0.87372903
a_1	19.599	b_5	-0.12385414
a_2	-0.8946	b_6	9.8570583×10^{-3}
a_3	-18.608	b_7	-4.1153723×10^{-4}
a_4	2.6013	b_8	7.02499×10^{-6}

表 2.5　不同温度下氢气的位力系数 [3]

T/K	C_1	C_2	C_3	C_4	C_5
60	-3.54561×10^{-4}	1.66337×10^{-7}	-2.99498×10^{-11}	2.42574×10^{-15}	
77	-1.38130×10^{-4}	4.67096×10^{-8}	5.93690×10^{-12}	-3.24527×10^{-15}	3.54211×10^{-19}
93.15	-3.86094×10^{-5}	1.23153×10^{-8}	9.00347×10^{-12}	-2.63262×10^{-15}	2.40671×10^{-19}
113.15	1.32755×10^{-5}	1.01021×10^{-8}	4.43987×10^{-13}		
133.15	3.59307×10^{-5}	5.40741×10^{-9}	4.34407×10^{-13}		
153.15	4.24489×10^{-5}	5.03665×10^{-9}	8.93238×10^{-14}		
173.15	4.29174×10^{-5}	5.56911×10^{-9}	-2.11366×10^{-13}		
193.15	4.47329×10^{-5}	3.91672×10^{-9}	-4.92797×10^{-14}		
213.15	4.34505×10^{-5}	3.91417×10^{-9}	-1.50817×10^{-13}		
233.15	4.45773×10^{-5}	2.18237×10^{-9}	5.85180×10^{-14}		
253.15	4.48069×10^{-5}	8.98684×10^{-10}	2.03650×10^{-13}		
273.15	4.25722×10^{-5}	9.50702×10^{-10}	1.44169×10^{-13}		
293.15	3.69294×10^{-5}	2.83279×10^{-9}	-1.93482×10^{-13}		
298.15	3.49641×10^{-5}	3.60045×10^{-9}	-3.22724×10^{-13}		
313.15	4.16186×10^{-5}	-5.28484×10^{-10}	2.73571×10^{-13}		
333.15	4.05294×10^{-5}	-7.21562×10^{-10}	2.52962×10^{-13}		

此时气体的化学势可以由下面的式子给出

$$\mu_{\mathrm{H}}=\mu_{\mathrm{H}}\left(p_0,T\right)-RT\ln\left(f/p_0\right) \tag{2.10}$$

对理想气体的偏离程度可以用压缩因子 Z 表示，其定义为

$$Z=-\frac{1}{V}\frac{\partial V}{\partial p}=\frac{pV_{\mathrm{m}}}{RT} \tag{2.11}$$

压缩因子与逸度系数之间的关系为

$$\ln\left(f/p\right)=\int_0^p\frac{(Z-1)}{p}\mathrm{d}p \tag{2.12}$$

氢气的热力学性质与温度和压力有关，可以通过下面的方法计算：

$$\Delta G\left(p,T\right)=\Delta G\left(p_0,T\right)+\int_{p_0}^{p}V_{\mathrm{m}}\mathrm{d}p \tag{2.13}$$

$$\Delta S\left(p,T\right)=\Delta S\left(p_{0},T\right)+\int_{p_{0}}^{p}\frac{\partial V_{\mathrm{m}}}{\partial T}\mathrm{d}p \tag{2.14}$$

$$\Delta H=\Delta G+T\Delta S \tag{2.15}$$

氢气的热力学函数随温度和压力变化的情况列于表 2.6 和表 2.7 中。对氢气的热力学性质更详细的描述可以参见综述 [4]。

表 2.6　氢气热力学函数随温度的变化 (1 bar)[2]

T/K	$V_{\mathrm{m}}/(\mathrm{cm}^3/\mathrm{mol})$	ΔH/(J/mol)	ΔG/(J/mol)	ΔS/(J/(mol·K))
100	8314.34	2999	−7072	100.71
200	16628.68	5687	−18184	119.36
300	24943.02	8506	−30724	130.77
400	33257.36	11402	−44237	139.10
500	41571.70	14311	−58474	145.57
600	49886.04	17221	−73305	150.88
700	58200.38	20131	−88622	155.36
800	66514.72	23039	−104357	159.25
900	74829.05	25947	−120456	162.67
1000	83143.39	28852	−136879	165.73

表 2.7　氢气热力学函数随压力的变化 (300 K)[5]

p/bar	$V_{\mathrm{m}}/(\mathrm{cm}^3/\mathrm{mol})$	ΔH/(J/mol)	ΔG/(J/mol)	ΔS/(J/(mol·K))
1	24943.02	8506	−30724	130.77
2	12485.87	8507	−28994	125
5	5003.08	8510	−26704	117.38
10	2508.87	8515	−24968	111.61
20	1261.83	8526	−23224	105.84
50	513.73	8560	−20895	98.18
100	264.51	8620	−19091	92.37
200	140.09	8747	−17210	86.52
500	65.78	9176	−14454	78.77
1000	40.98	9954	−11924	72.93
2000	27.96	11529	−8615	67.15
5000	18.75	15896	−1962	59.53
10000	14.58	22319	6189	53.77
20000	11.56	33414	19013	48
50000	8.64	60517	48402	40.39
100000	6.84	94585	86094	28.31
200000	5.52	154070	146981	23.63
500000	4.1	293183	287378	19.35
1000000	3.23	472676	467424	17.51

2.4.4 液态和固态氢

H_2 的相图如图 2.4 所示，其临界点和三相点总结于表 2.8 中。

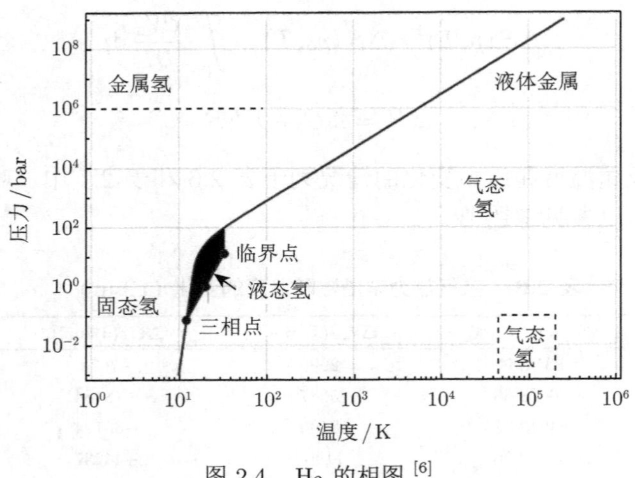

图 2.4　H_2 的相图 [6]

表 2.8　几种氢同位素双原子分子的三相点和临界点

	n-H_2	n-D_2	n-T_2	HD	HT	DT
三相点						
温度/K	13.96	18.73	20.62	16.60	17.63	19.71
压力/kPa	7.3	17.1	21.6	12.8	17.7	19.4
临界点						
温度/K	32.98	38.35	40.44	35.91	37.13	39.42
压力/kPa	1.31	1.67	1.85	1.48	1.57	1.77
正常沸点/K	20.39	23.67	25.04	22.13	22.92	24.38

液态氢于 1898 年首次由 James Dewar 通过膨胀冷却法和他自己发明的 Dewar 瓶制备得到，次年他又获得了固态的氢。若需要使 H_2 保持液态不沸腾，需在 20 K 以下通过加压获得。在液态氢中核自旋为 0 的仲氢占了绝大多数 (99.79%)。氢的固液平衡曲线可以用下面的方程表示 [7]

$$p_{\mathrm{m}} = -51.49 + 0.1702 \cdot (T_{\mathrm{m}} + 9.689)^{1.8077} \tag{2.16}$$

液态氢常用作高密度氢气存储介质，主要用于火箭推进器燃料，虽然其质量能量密度很高，但是其体积能量密度却低于绝大多数燃料。液态氢需要在低温下储藏，低温系统的故障将导致 H_2 的泄漏，因此在液态氢的存储和运输过程中需十分小心。

氢气固化时形成六方晶格，此时绝大多数分子是仲氢，固态仲氢的晶格参数为：a = 376 pm，c/a=1.623。六方结构的固态氢随着压力不同呈现出三种不同的物相，在更低的温度下 (<3 K)，分子的旋转自由度被抑制而发生相变，形成面心立方结构 [8]。

2.4.5　金属氢

无论是气态、液态还是固态，氢都是绝缘体。但在元素周期表中氢与碱金属位于同一族，因此很早就有关于是否存在金属态的氢的疑问。1935 年，Wigner 和 Huntington

预测在约 25 GPa 的超高压下，氢有可能体现出金属性 [9]。天文物理学家也认为在一些质量很大的行星 (如木星、土星) 核内由于其很高的压力也可能存在金属态的氢。理论预计金属态的氢将呈现出许多独特的物理学行为，包括在室温附近的超导特性 [10] 以及可能存在的一种全新的量子有序结构。

实验上获得金属态的氢的主要途径是通过在低温下对固态氢加上高压，在形成金属态氢之前会经历一系列的固态相转变。最开始预测的 25 GPa 压力明显偏低，Narayana 等利用金刚石对顶砧产生了 342 GPa 的高压，但是固体氢仍然表现出光学透明的绝缘体态 [11]。因此实验上获得金属氢被认为是高压物理最具挑战性的课题之一。

近年来，对金属氢的超高压实验研究取得了比较大的进展，当前技术上已经能实现约 500 GPa 的超高压，已超过地心的压力。2017 年哈佛大学的研究者声称在 5.5 K 温度下，施加 465 GPa 以上压力时观察到了金属态的氢 [12]，但是这一结论并未得到学界的广泛承认。最近法国科学家利用一种新型高压装置采集了 H_2 随着压力变化的红外光谱，观察到 400 GPa 以上可能有向金属态的转变 (图 2.5)[13]。实验上验证金属氢存在的主要难点在于在超高压下对样品的物性测量非常困难，因此仍然没有被公认的金属氢存在的实验证据。

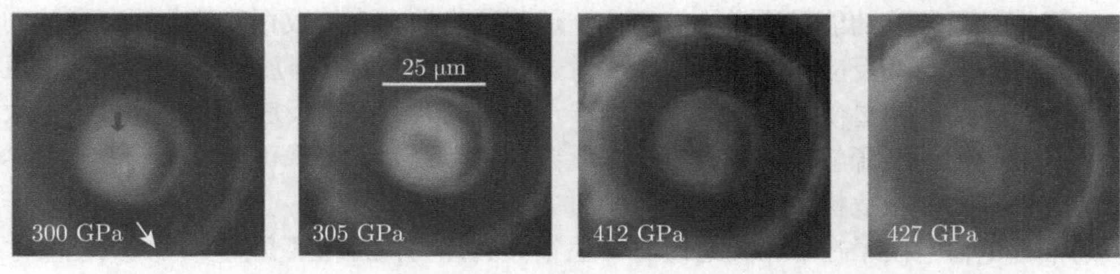

图 2.5 固体氢在不同压力下的光学照片，400 GPa 以上呈现出金属态 [13]

2.5 氢的核聚变反应

2.5.1 核聚变反应的原理

核子形成原子核时，每个核子都会受到相邻核子的短程吸引力，由于核子数较小的原子核中位于表面的核子数目较多，受到的吸引力较小，因此每个核子的结合力随原子序数增加而增加，当原子核直径约为 4 个核子时达到饱和；与此同时带正电的质子会由于库伦力而相互排斥，该作用力随原子序数上升而单调下降，这两个效果相反的作用力的综合作用使得原子核的稳定性首先随原子序数上升而升高，当达到最大值后又随原子序数升高而下降 (图 2.6)。对于轻原子核，获得原子核结合能的方式是核聚变 (fusion)，而对于重原子核，获得原子核结合能的方式是核裂变 (fission)。

最常见的聚变反应是氢的两种同位素之间的聚变，在恒星中主要的聚变反应是质子聚变 (^{1}H-^{1}H 聚变) 形成氦核 (α 粒子) 的反应，其净效果是四个质子发生聚变，形成 α 粒子，同时释放两个正电子 (positron)、两个中微子 (neutrino) 和能量。但上述反应所需的能量阈值极高，即使在恒星中心的高温高压条件下，进行的也十分缓慢，在地面的

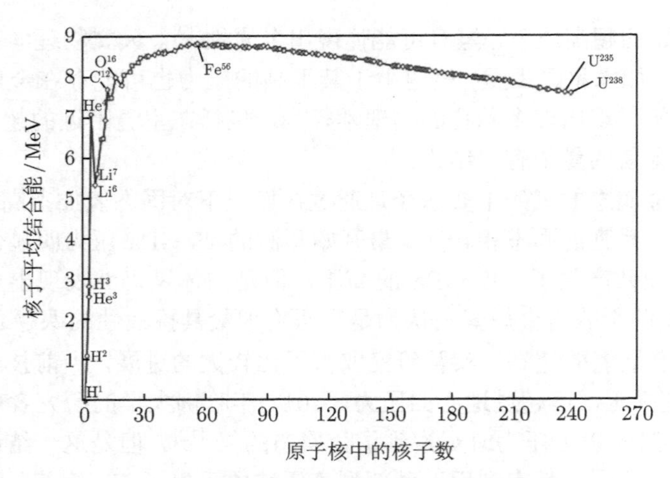

图 2.6　原子核结合能与原子序数的关系

人工聚变设施中实现上述反应几乎是不可能的。人工核聚变中使用的是 D-T 聚变，即氘和氚经聚变后形成 ^{4}He 核和一个中子。

核聚变过程释放的能量通常十分巨大，是普通化学反应的数百万倍。聚变释放的巨大能量足以维持聚变反应自发进行。如果对聚变不加控制，其释放的能量将会造成巨大的破坏力，氢弹仍是迄今人类在地球表面唯一实现的人工聚变反应。聚变释放的巨大能量是极具吸引力的能源解决方案，多年来世界各国都致力于实现可控核聚变，从根本上解决全球面临的能源危机。

同带正电荷的质子在非常接近时将产生很大的斥力，因此聚变需要巨大的能量才能引发。例如，在氢弹爆炸的核聚变反应中，需要利用原子弹爆炸产生的高温高压引发聚变反应。从这个角度讲，H 的同位素在聚合反应中是最为有利的，因为其原子核中仅含有一个质子，所受斥力会较小。但即使如此，将 D 和 T 核聚合也需要约 0.01 MeV 的能量，而将电子从 H 原子中移除仅需 13.6 eV 的能量，两者差约 1000 倍。通常核聚变提供能量的方式有三种，如果使其中一种原子核加速，轰击另一种静止的原子核，称之为束–靶聚变；如果使两种原子核都加速互相撞击，称之为束–束聚变；如果两种原子核都是处于热平衡的等离子体的一部分，称之为热核聚变。尽管存在很高的能量壁垒，但是核聚变释放的能量仍然远远高于使聚变发生所需的能量，例如，D-T 的聚变将放出 17.6 MeV 的能量，远高于其反应能量阈值 0.01 MeV。

2.5.2　人工核聚变反应

具有实用价值的核聚变反应通常需要具有以下一些特点。

(1) 必须有净能量释放，因此聚变产物必须比聚变反应物稳定。因此核燃料被限制在结合能曲线的低质量侧。由于 ^{4}He 比其相邻的原子核都更为稳定，因此成为最常见的人工核聚变产物。

(2) 以轻原子核为反应物。这是由于轻原子核的聚变所需克服的势垒较低。

(3) 通常是两体碰撞反应。除非有在恒星核心处的物质数量密度，否则三体和三体以上反应的概率是极低的。

(4) 两种或以上的产物，这样可以不借助电磁波即可实现能量和动量的守恒。

(5) 光子和中子数守恒，否则会涉及反应截面很低的弱相互作用。

符合上述要求的聚变反应非常有限，其中最为重要的一些反应列在下面。其中反应截面 σ 较大的大多是涉及氢的同位素的聚变反应，其特点总结于表 2.9 中。

$$
\begin{aligned}
{}_1^2\text{D} + {}_1^3\text{T} &\longrightarrow {}_2^4\text{He}(3.5\text{MeV}) + \text{n}^0(14.1\text{MeV}) \\
{}_1^2\text{D} + {}_1^2\text{D} &\longrightarrow {}_1^3\text{T}\ (1.01\ \text{MeV}) + \text{p}^+\ (3.02\ \text{MeV}) \quad 50\% \\
&\longrightarrow {}_2^3\text{He}\ (0.82\ \text{MeV}) + \text{n}^0(2.45\ \text{MeV}) \quad 50\% \\
{}_1^2\text{D} + {}_2^3\text{He} &\longrightarrow {}_2^4\text{He}\ (3.6\ \text{MeV}) + \text{p}^+(14.7\ \text{MeV}) \\
\text{P}^+ + {}_3^6\text{Li} &\longrightarrow {}_2^4\text{He}\ (1.7\ \text{MeV}) + {}_2^3\text{He}\ (2.3\ \text{MeV}) \\
\text{P}^+ + {}_5^{11}\text{B} &\longrightarrow 3\ {}_2^4\text{He} + 8.7\ \text{MeV}
\end{aligned}
$$

对一个特定的聚变反应，存在一个使其等离子体稳定存在的最高压力，为获得高的能量密度，聚变装置通常在这一最大值附近运行。当给定压力之后，聚变的最大输出能量在 $\langle\sigma_v\rangle/T^2$ 取最大值时给出 ($\langle\rangle$ 表示对内部的函数取平均)，该量为温度 T 的函数，表 2.9 给出了一些聚变反应 $\langle\sigma_v\rangle/T^2$ 取最大值时的温度，可见 D-T 的聚变反应是最容易发生的，其反应活性也是最高的。表中奖惩因数反映了因非氢 (或其同位素) 原子参与反应或由于同种反应物造成的反应速率改变的倍数。

表 2.9 几种最重要的核聚变反应的主要特点

反应类型	${}_1^2\text{D} + {}_1^3\text{T}$	${}_1^2\text{D} + {}_1^2\text{D}$	${}_1^2\text{D} + {}_2^3\text{He}$	$\text{P}^+ + {}_3^6\text{Li}$	$\text{P}^+ + {}_5^{11}\text{B}$
总能量/MeV	17.6	12.5	18.3	4.0	8.7
温度/keV	13.6	15	58	66	123
$\langle\sigma_v\rangle/T^2$ 最大值 /(m^3/(s·keV^2))	1.24×10^{-24}	1.28×10^{-26}	2.24×10^{-24}	1.46×10^{-27}	3.01×10^{-27}
奖惩因子	1	2	2/3	1/2	1/3
Lawson 数	1	30	16		500
功率密度 /(W/(m^3·kPa^2))	34	0.5	0.43	0.005	0.014
功率密度关系	1	68	80	6800	2500
中子率	0.80	0.66	~ 0.05		0.001
聚变功率与 X 射线 吸收功率比	140	2.9	5.3	0.21	0.57

聚变反应的产物包括带正电的原子核和正电子以及电中性的中子。聚变反应释放的能量会分配到每一种产物上。荷电产物所带的能量可以对等离子体进行加热，Lawson 数就是通过荷电产物所带的能量计算得到的 [14]，数值越大表明反应越难引发。如果产生大量高能的中子，由于中子对现有材料的穿透率都很高，将会对环境产生很强的辐射副作用；另一方面，中子也是产生氚等核燃料的必要反应物，如 T 的必要反应物。衡量一个核聚变反应产生中子能力的物理量是中子率 (neutronicity)，通过产物中子携带的

能量占总能量的比例计算得到。对于某些聚变反应，如 D + $^3_2$He 的反应，没有中子产生，其中子率是通过平衡时等离子体中其他产生中子的副反应估算的。D-T 有大量高辐射中子的产生，据估计该反应产生的中子流强度约为核裂变反应的 100 倍，因此对于反应器材料的防辐射性能提出了很高的要求，同时放射性同位素 T 也存在着较高的泄漏风险。

由于实际的核燃料是整体呈电中性的等离子体，因此除原子核外还存在着大量的电子，其热运动温度与原子核相同或者高于原子核。这样的高能电子与离子碰撞将产生 10~30 keV 范围内的 X 射线，这一波段的 X 射线会被反应器的不锈钢外壳吸收并使之发热，造成聚变体系能量的损失。因此聚变释放能量与由于产生 X 射线而损耗的能量比例也是衡量聚变体系的重要参数，相应的参数也列于表中。实际过程中可以调整粒子温度来将这一比例最大化，该温度值通常略高于将所需的三重积最小化的温度值，但是差距不大。

根据劳森准则，D-T 聚变是最容易发生的，因此该反应是人工核聚变装置中的首选。其中之一的原料 D 是氢的稳定同位素，可以通过富集重水获得；而另一种原料 T 则是氢的不稳定同位素，无法通过分离自然界的物质得到。因此必须有一个 T 的培植反应，这可以通过中子与 Li 原子核反应实现：

$$^1_0\mathrm{n} + {}^6_3\mathrm{Li} \longrightarrow {}^3_1\mathrm{T} + {}^4_2\mathrm{He}$$

$$^1_0\mathrm{n} + {}^7_3\mathrm{Li} \longrightarrow {}^3_1\mathrm{T} + {}^4_2\mathrm{He} + {}^1_0\mathrm{n}$$

与 $^6_3$Li 的反应为弱的放热反应，而与 $^7_3$Li 的反应为弱的吸热反应，但是不会对整个聚变体系能量造成很大的影响。事实上与 $^7_3$Li 的反应是必须的，因为该反应不消耗中子，因此可以对聚变体系的中子进行补充。在实际的聚变反应器中使用的是自然界中存在的 Li 同位素混合物。

虽然聚变的能量释放远大于裂变，但聚变远比裂变安全，对环境的影响也小得多。聚变反应发生的条件非常苛刻，对等离子体状态要求很高，因此一旦聚变反应器损坏，出现等离子体的泄漏，聚变反应将迅速停止；然而核裂变的核燃料在反应器停止运行后仍然能通过 β 衰减继续裂变，时间能长达数小时甚至数天。聚变的辐射危害也远小于裂变，其燃料和产物的半衰期都较短，例如，主要辐射物质氚的半衰期为 12 年，即使反应器遭到例如爆炸一类的重大破坏，造成的辐射大约在 50 年之内即可降低到很低的水平。相比而言，核裂变的核燃料的半衰期要长得多，铀同位素的半衰期为数亿年，一旦泄漏对环境的影响几乎是永久性的。据估算，核聚变电站正常运行时的排放物中氚的辐射影响几乎是可以忽略的。

2.5.3　人工核聚变装置

第一个关于可控核聚变反应器设计的专利在 1946 年在英国由 George Paget Thomson 和 Moses Blackman 注册。实现可控核聚变的关键之一是实现对核燃料等离子体的有效约束，实现聚变燃料的点燃。在核聚变研究过程中，人们开发出了一系列等离子体约束技术。在 20 世纪 50 年代，科学界基于理论分析，对可控核聚变的实现是相当乐观的，然而事实上当等离子密度和温度升高到此前极少涉及的极端条件时，等离子体的泄漏总是大大超过理论的预期。

1) 箍缩式 (Pinch) 反应器

早期对核聚变反应器的研究大多基于箍缩式反应器，其原理是利用等离子体的导电性，使强电流通过等离子体，该电流在等离子体周围产生向内压缩带电粒子的磁场。如果条件合适，将会使等离子体密度和温度满足劳森准则，超过聚变阈值。迄今实验中都面临高密度高能量等离子体的不稳定性问题，在达到聚变阈值之前等离子体就会发生断裂。箍缩式反应器自 1947 年在英国开始开发，迄今为止最大的经典箍缩式反应器为 ZETA，自 1957 年在英国开始运行，1968 年 ZETA 停止运行，此后绝大多数经典箍缩式聚变反应器也陆续停止。尽管作为核聚变反应器 Z-pinch 已非主流设计，但利用 Z-Pinch 方法可以产生高能的 X 射线，例如，美国 Scandia 国家实验室的 Z-machine，运行时使强电流通过一组平行的钨丝阵列，将钨丝熔化后产生等离子体，在磁场洛伦兹力作用下等离子体被箍缩。

2) 磁约束式反应器

一个重要的磁约束式反应器为仿星器 (stellarator)，取"捕捉恒星能源"之意，最先于 1950 年由美国科学家 Lyman Spitzer 发明并开始建设 (Matterhorn 工程)，研究团队后发展成为普林斯顿等离子体物理实验室。仿星器采用闭合环路的设计，在环路上缠绕一系列线圈，通过线圈电流产生沿闭合环路的磁力线。聚变等离子体在闭合环路内运动，受到向内的磁力而得到约束。事实上带电粒子除了沿磁力线的定向运动之外，还会在磁力线之间漂移，因此要达到有效的约束，磁场必须有一定程度的扭曲 (图 2.7)。在仿星器的设计中，磁场的扭曲是通过反应器的外形设计来实现的。

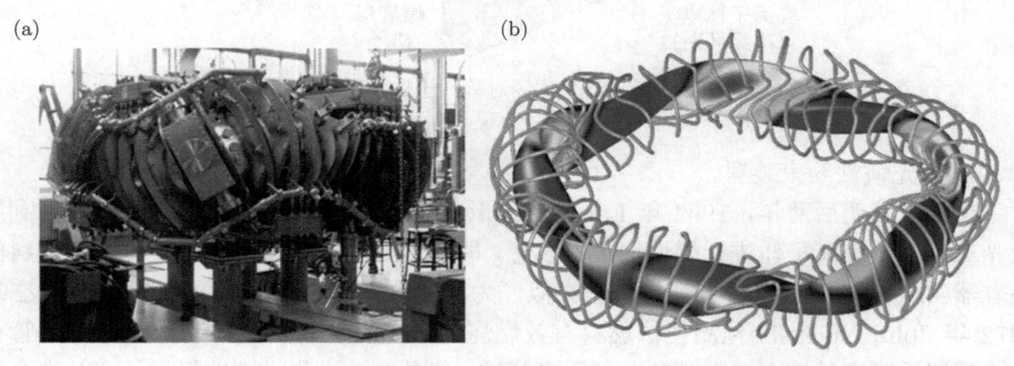

图 2.7 (a) Wisconsin-Madison 大学的 HSX 仿星器实物照片，(b) 仿星器中对称扭曲的磁场对等离子约束的计算机模拟图片

Matterhorn 工程共规划了规模依次扩大的四个反应器。实验室规模的 A 反应器获得了良好的效果，但规模扩大之后同样存在等离子体不稳定和泄漏问题。后来由于托卡马克的成功，C 反应器改成了托卡马克的设计。

3) 托卡马克

托卡马克 (Tokamak) 是苏联科学家创造的一种新型的核聚变反应器，来源于俄文

токамак 意为“带有磁场的环形腔室”。其原理大致可以描述为箍缩式反应器和仿星器的结合。托卡马克采用类似于仿星器的闭合环路设计，但是磁场的扭曲是通过施加一个垂直于环路平面的磁场分量实现的。由该垂直分量与通过环形线圈产生的环路磁场的叠加产生一个沿闭合环路的螺旋形磁场 (图 2.8)。托卡马克极大地提高了等离子体的限制时间和稳定性。自 1956 年起，Lev Artsimovich 领导的小组建造了一系列规模不等的托卡马克模型，其中最成功的是 T-3 和 T-4 模型。1968 年 T-4 托卡马克在新西伯利亚开始运行，首次形成了准稳定态的热核反应。托卡马克的重大进展起先令西方学者怀疑，但英国科学家受邀参观 T-4 后证实了苏联人的结果，自此托卡马克称为当前主流的核聚变反应器形式，建设中的规模更大的 ITER 反应器均采用托卡马克式的设计。我国的全超导托卡马克核聚变实验装置东方超环 (EAST) 实现了稳定的 101.2s 稳态长脉冲高约束等离子体运行，是世界上第一个实现稳态高约束模式、运行持续时间达到百秒量级的托卡马克核聚变实验装置。

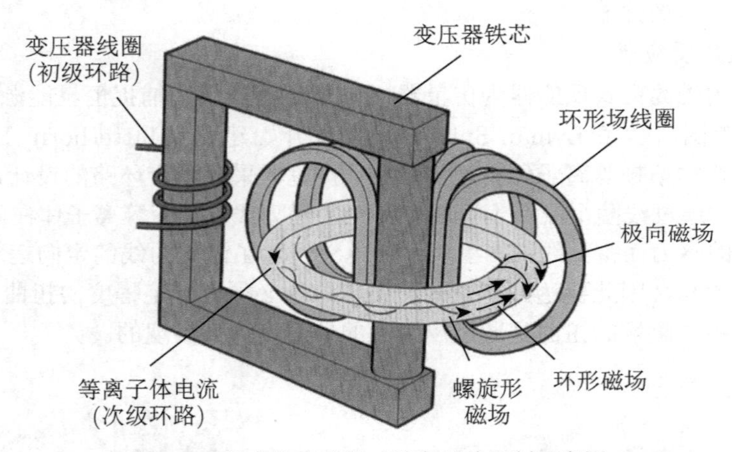

图 2.8　托卡马克磁场对等离子体限制示意图

4) 激光惯性约束装置

在激光发明后两年，1962 年 Lawrence-Livermore 国家实验室的科学家就提出利用激光对核聚变等离子体进行惯性约束的设想，即通过高能量的激光照射装有聚变燃料的小容器实现内爆，其原理与氢弹爆炸类似。为实现这一目的所需的激光能量非常之高，1972 年 John Nuckolls 预测使核燃料有效燃烧的激光能量需要在 MJ 数量级。尽管在这一领域的研究后来大多数都转向了军事领域，但是这一设想极大地促进了高功率激光的发展。

最近研究表明利用快速点燃技术可以极大地降低引爆核燃料所需激光的能量。该技术利用高能激光照射一个金的尖头产生高密度等离子体来点燃核燃料。欧洲计划新建的 HiPER(High Power Laser for Energy Research) 项目将首次从实验上尝试利用激光惯性约束实现人工核聚变，预计将利用 200 kJ 的长脉冲激光和 70 kJ 的短脉冲激光。

世界各国对可控核聚变技术进行了广泛的研究，一些主要的聚变反应器总结于表 2.10。

表 2.10 人工核聚变实验反应器

磁约束	托卡马克	国际：ITER, DEMO 亚洲：EAST, HT-7(中国)，ADITYA, SST-1(印度)，JT-60(日本)，KSTAR(韩国) 美洲：DIII-D, TFTR, NSTX, Alcator, C-Mod, Pegasus, UCLA ET (美国)，Tokamak de Varennes(加拿大) 欧洲：JET(欧盟)，Tore Supra, TFR(法国)，ASDEX Upgrade, TEXTOR(德国)，FTU, IGNITOR(意大利)，T-15(俄罗斯)，TCV(瑞士)，MAST, START(英国)，COMPASS-D(捷克)
	仿星器	H-1NF(澳大利亚)，Wendelstein 7-X(德国)，Large Helical Device(日本)，NCSX, HSX(美国)，TJ-II(西班牙)
	RFP	MST(美国)，RFX(意大利)，TPE-RX(日本)，EXTRAP T2R(瑞典)
	其他	LDX，SSPX，MFTF(美国)
惯性约束	激光式	NIF, OMEGA, Nova, Nike, Shiva, Argus, Cyclops, Janus, Long Path(美国)，GEKKO XII(日本)，HiPER(欧盟)，Asterix IV(捷克)，LMJ, LULI2000(法国)，ISKRA(俄罗斯)，Vulcan(英国)
	非激光式	Z-machine，PACER(美国)

2.5.4 人工核聚变工程

1) JET 工程

JET(Joint European Torus) 由欧洲原子能机构于 1977 年在英国 Culham 动工兴建，1983 年建成，1984 年正式启动实验。JET 采用托卡马克式的设计，内径和外径分别为 0.9 m 和 3 m，等离子体体积约 80 m^3。磁场强度 4 T，等离子体电流 5 MA，每次 JET 实验的时间为几十秒，运行时总输入功率约 500 MW，其中一半以上用于给环路磁场线圈的供电，约 100 MW 用于垂直磁场线圈的供电，余下的 150 MW 用于等离子体加热设施。JET 采用 D-T 为核燃料，针对该体系的强辐射中子，自 1998 年其 JET 对腔室内操作全部采用远程控制完成。

1991 年 11 月 9 日，JET 实验首次获得了人工核聚变能量。1997 年 JET 首次获得了 16 MW 的聚变能，但是输入能量为 24 MW，能量因子 Q 仅为 0.65，并未得到净能量产出。JET 的一个重要任务是对聚变等离子体进行研究，为更大规模的聚变装置积累经验，因此配备了超过 100 种测量工具。图 2.9 是 JET 托卡马克反应器内部以及运行过程中的等离子体照片。

2) ITER 工程

ITER(国际热核聚变实验反应器，international thermonuclear experimental reactor) 是一个由多个国家共同参与研发的利用可控核聚变提供能源的大型研究项目。ITER 在拉丁文中意为“解决方案”，表明其宗旨是为人类可持续能源利用方面提供解决方案。ITER 项目的雏形始于 1985 年 11 月的瑞士日内瓦的峰会，开始时的参与国家包括：苏联、美国、欧盟和日本，2003 年中国和韩国也加入该项目，2005 年印度加入该项目，2005 年在莫斯科正式确定了 ITER 项目的地址：法国南部 Aix-en-Provence 附近的 Cadarache，2006 年在法国七个国家正式签署了 ITER 项目的合作协议。根据 2010 年的估算，整个项目将耗资 150 亿欧元，项目的计划时间是 30 年，前十年时间建设反应装置及其辅助设施，20 年时间进行聚变反应。

ITER 的反应器将远大于当前最大的 JET 反应器，其 Tokamak 反应器高 30 m，

图 2.9　JET 托卡马克反应器内部照片，右侧插图为运行过程中的等离子体

重 23000 t。ITER 的真空腔室内径 6 m，外径 19 m，高 11 m，体积为 840 m^3。在托卡马克反应器中对材料要求最高的是直接面对高温高辐射等离子体的内壁，由于磁场的约束，内壁并不直接与等离子体接触，但是需要有效吸收 D-T 聚变过程中释放的高能中子。由于对中子的吸收特性，金属铍被选为直接面对等离子体的材料。ITER 托卡马克的环形磁场由 18 个 Nb_3Sn 超导线圈构成，总重量 6540 t，单根电线的累积长度超过 150000 公里，轴向磁场的线圈由 Nb_3Ti 超导体制成，整个磁约束系统在液氦温度下工作。除了核心的托卡马克，ITER 工程还包括规模庞大的辅助系统，包括动力、真空、低温、诊断和检测、远程控制、冷却、排放处理等系统，在 ITER 网站上有对反应器各部分功能的详细介绍 [20]。

ITER 反应器的计划是通过输入能量 50 MW，使 0.5 g D 和 T 的混合物发生聚变，产生 500 MW 的能量，维持 1000 s。产生的热量为使等离子体加热所需能量的 10 倍，但这些能量不会被用以发电。ITER 在其 20 年运行过程中的 T 将从全球采购，但规划中规模更大的 DEMO 项目预计的日均 T 需求量约 300 g，满足这一产量依靠现有的聚变装置是远远不够的。因此 ITER 的另一个重要任务是考察在聚变过程中获得足以满足聚变需要的核燃料 T 的可行性，通过含有 Li 的内壁实验模块进行探索。

2.6　氢的化学性质

2.6.1　氢原子的电子结构和成键特征

氢的电子构型是 $1s^1$，从电子构型上看，可以失去一个价电子，形成氢正离子 H^+；也可以得到一个价电子，形成氢负离子 H^-；也可以通过共享电子对形成共价键。从化合价上看，氢的化合价是 +1 或 −1。元素周期表中，氢与碱金属同属 IA 族，因此虽然没有碱金属的强金属性，但在成键方面和碱金属有很多类似之处；同时氢原子的电子构型与该周期的饱和电子结构只差一个电子，从这个角度讲，氢与卤素也有类似之处。

氢在形成化合物时的行为主要分为以下几种。

1) 失去价电子

氢原子失去它的 1s 电子形成 H^+，H^+ 主要存在于强酸中，由于质子的半径很小，因此具有很强的正电场，能使同它相邻的原子或分子强烈的变形，除了在等离子体状态之外的其他状态下，质子总是以与其他原子或分子的结合态存在的，例如，在酸性水溶液中的 H^+ 的实际存在状态是水合离子 H_3O^+。

2) 结合一个电子

氢原子可以结合一个电子形成负氢离子 H^-，其电子构型为类似于氦原子的 $1s^2$ 结构，通常在氢与活泼金属相结合形成离子型氢化物时的成键特点。与 H^+ 相反，H^- 半径较大，容易变形。H^- 容易与 H^+ 结合产生 H_2。

3) 形成共价键

氢与大多数非金属元素化合时通过共用电子对而形成共价型化合物，通常命名为某化氢。除了在 H_2 中，其余情况下这种共价键都是极性的。氢的电负性为 2.20，高于多数元素，因此除卤素、氧、氮等少数几种元素外，氢与其他元素所成共价键中氢都带负电性。

4) 形成配体

氢负离子 H^- 可以作为配位体同过渡金属离子结合形成种类众多的络合物，例如 $HMn(CO)_5$ 和 $H_2Fe(CO)_4$ 等。在这种化合物中，M—H 键大多是共价型的，但一般计算氧化数时将 H 记为 −1。

5) 形成氢键

氢与电负性强、原子半径小的非金属元素如 F、O 和 N 成键时，虽然键的类型为共价型，但电子云被强烈吸引向这些原子上，从而使氢原子上带有较高密度的正电荷。这种氢原子会吸引邻近的高电负性原子上的孤电子对，形成分子间或分子内的额外相互吸引，称之为氢键，强度处于共价键和分子间作用力之间。

6) 形成桥键

通常情况下氢原子的配位数为 1，即只能形成单键。但在形成某些缺电子化合物如硼烷中，氢会形成多中心的桥键。

2.6.2 氢与非金属的反应

氢气能与卤素单质、氧气、硫等非金属单质直接化合。虽然很多氢与非金属的化合物从热力学上看是非常有利于形成的，但由于氢气分子键能较高，因此在常温下 H_2 体现出一定的化学惰性，仅能与很活泼的非金属单质 F_2 反应。在光照条件下，H_2 能与 Cl_2 剧烈反应，这是由于光照导致自由基的生成从而引发链式反应。

合成氨是当前氢气最主要的用途。氨通过 Haber-Bosch 方法在高压和催化剂作用下使氮气和氢气直接反应合成。1909 年德国化学家 Fritz Haber 解决了合成氨过程中的一系列技术难题，之后 BASF 公司购买了该专利，并由 Carl Bosch 成功实现工业化，Haber 和 Bosch 均因此获得诺贝尔化学奖。合成氨的反应通常在较高压力下进行(15~25 MPa)，反应温度一般在 300~550 ℃。该反应需要催化剂。在最初的 Haber-Bosch

法中采用的催化剂是 Ru 和 Os，1909 年 Bosch 的助手 Alwin Mittasch 发现了廉价的铁催化剂，可以由氧化铁在氢气气氛中还原得到，这一催化剂一直使用至今。

2.6.3　氢与金属的反应

许多金属如碱金属、碱土金属、稀土金属以及 Pd、Nb、U 和 Pu 等可与氢气作用形成金属氢化物。许多金属氢化物非常容易形成，之所以通常状况下混合时反应速率较慢是由于表面吸附物种的存在，如果采用表面清洁、比表面积大的微细粉末反应将很容易进行，例如，将氢化钒分解得到的金属钒粉末能在常温常压下很快与氢气化合。事实上很多过渡金属不仅有与氢化合的能力，对 H_2 中共价键的离解也有催化作用，在储氢材料中通常用作催化剂添加以提高吸放氢的速率。利用某些金属如 Pd、U 等与氢可逆的化合、分解过程，可以制得纯度很高的氢气。金属氢化物在本书会有专门章节进行详细介绍。

2.6.4　氢在冶金中的应用

H_2 是工业上常用的还原剂，在高温下能还原许多类型的氧化物和氯化物用以制备金属，在冶金中有非常重要的应用。如：

$$H_2 + Fe_2O_3 \longrightarrow Fe + H_2O$$

H_2 的还原能力与温度以及氢气的流量有关，一般来说 H_2 能够还原 MnO 以及金属活性在 Mn 之后的元素形成的氧化物，但对于比 Mn 活泼的金属形成的氧化物或生成焓高于 MnO 的氧化物则不能还原。一般来说还原反应发生的温度均会比热力学预测值高得多。在 1800 K 以下对金属氧化物的还原能力中，H_2 介于 C 和 CO 之间，具体的顺序为

$$Ca > Mg > Al > Al > CaC_2 > Si > C > H_2 > CO$$

H_2 也能在高温下跟某些氯化物反应，生成相应的单质，如利用 H_2 与 $SiCl_4$ 的反应可以制取高纯多晶硅：

$$H_2 + SiCl_4 \longrightarrow Si + HCl$$

2.6.5　氢与过渡金属的配位反应

20 世纪以来配位化合物的合成以及表征技术获得了很大的发展，获得了很多超越经典化学键理论的配位化合物，其中非常具有代表性的一类就是过渡金属元素和氢的配位化合物。在这些配合物中，氢可以以原子形式与金属形成 M—H 键，也可以以双原子分子的形式作为配体。

1931 年，Hieber 首先制备得到了铁的羰基化合物 $H_2Fe(CO)_4$，此后数十年中过渡金属羰基化合物的研究获得了很大发展，1955 年，Wilkinson 制备得到了 Cp_2ReH (Cp=Cyclopentadienyl，环戊二烯基)，并通过 ^{1}H NMR 和红外光谱确定了 M—H 键的存在。近年来的研究发现了更多不同类型的 H 与过渡金属的配合物。一些典型的例子包括：$(PPh_3)phenCu(\eta^2\text{-}BH_4)$，以 BH_4 作为双齿配体与金属中心结合；$[(CO)_5W\text{-}H\text{-}W(CO)_5]^-$，其中 H 作为桥键连接两个 W 原子；$[Co_6H(CO)_{15}]^-$，其中的 H 原子位于

6 个 Co 原子构成的团簇的中心；具有多个氢配体的 $P(Ph^iPr_2)_3WH_6$，其中的 W 原子具有极高的配位数。这几类特殊的过渡金属与氢形成的配合物的结构式如图 2.10 所示。

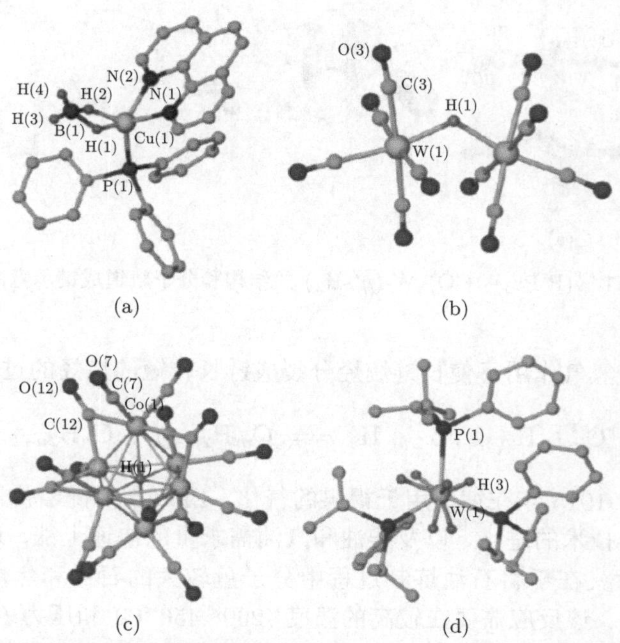

图 2.10 几种具有特殊结构的过渡金属与氢的配合物。(a) $(PPh_3)phenCu(\eta^2\text{-}BH_4)$，Ph= 苯基，Phen= 邻二氮菲；(b) $[(CO)_5W\text{-}H\text{-}W(CO)_5]^-$；(c) $[Co_6H(CO)_{15}]^-$；(d)$P(Ph^iPr_2)_3WH_6$，P^ir= 异丙基 [16]

1984 年，Kubas 首次报道了存在完整的 H_2 分子的过渡金属与氢的配合物 $(P^iPr_3)_2(CO)_3W\text{-}(\eta^2\text{-}H_2)$，其分子结构和成键方式见图 2.11。在 H_2 分子构成配位过程中，存在一个经典的 σ 型单键，由 H_2 的 HOMO(最高占据轨道) 向金属中心提供电子；同时金属中心的 d 轨道与 H_2 分子的反键 σ 轨道也有一定程度的重叠，形成反馈键。向 H_2 的反键轨道提供电子将削弱 H_2 的共价键，使 H_2 更容易离解成原子, 因此许多过渡金属都是涉及 H_2 反应的高效催化剂，通过控制金属中心的电子密度，可以有效地调控这种催化的活性。这种金属与 H_2 分子的直接配位作用也被用于提高物理吸附储氢材料的性能。

2.6.6 氢在石油化工中的应用

氢的另一大应用领域是在石油化工中，主要包括不饱和化合物催化加氢、加氢裂化和加氢脱硫、脱氮。

催化加氢是指催化剂存在下氢气对有机物中 C═C、C═O、C≡C、C≡N 等不饱和键进行加成反应，生成烷烃、醇、胺等。很多加氢反应是重要的工业有机合成反应，如对不饱和油脂的加氢生成氢化油，通过对 C═O 双键加氢制备醇等。这类反应通常需要使用催化剂，多为具有催化 H_2 共价键断裂的金属如 Pd、Ni 等，通过催化剂的设计和反应条件的控制实现对加氢产物的控制是化学工业中非常重要的课题。

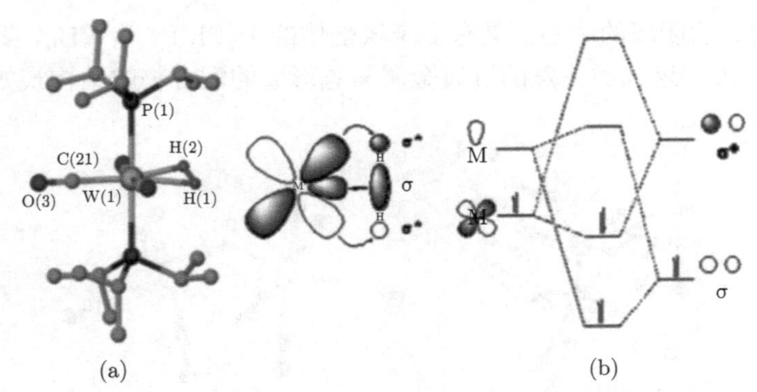

图 2.11　$(P^iPr_3)_2(CO)_3W$-$(\eta^2$-$H_2)$ 的结构和分子轨道成键示意图 [16]

加氢裂化是在氢气作用下使长链烷烃分裂成链长较短的烷烃的过程：

$$C_{m+n}H_{2(m+n)+2} + H_2 \longrightarrow C_mH_{2m+2} + C_nH_{2n+2}$$

该过程首先于 1915 年在德国用于褐煤的气化，1960 年后随着沸石催化剂研究的进展和流化床反应器技术的进步，以及柴油和汽油需求量的快速上涨，这一过程被快速推广。这一方法的意义在于将石油炼制过程中分子量较大的石蜡和焦油转化为可用的汽油、柴油和液化气。该反应需要在较高的温度 (260~450 ℃) 和压力 (35~200 bar) 下进行，并且需要催化剂。加氢裂化的催化剂是双功能催化剂，即包括加氢和裂化两部分，通常是酸性载体附着金属的形式。酸性载体为沸石型的催化剂，有较大的比表面积，同时提供酸性位点使大分子裂化；金属通常为过渡金属，包括贵金属如 Pd、Pt 以及 Mo、W、Ni 等。由于反应气氛中富含氢气，硫、氮等油品中对环境有害的杂质含量会被自动脱除。

加氢脱硫、脱氮是在氢气作用下使石油产品中的 S、N 杂原子形成 H_2S 和 NH_3 而脱除：

$$C_2H_5SH + H_2 \longrightarrow C_2H_6 + H_2S$$

含硫和氮的油品在燃烧过程中会产生 SO_2、NO_x 等会导致酸雨的气体，因此当前各国对油品中硫和氮的含量都做了严格的规定。工业上的加氢脱硫在 300~400 ℃、30~130 bar 下进行，催化剂主要成分为 CoMo。生成的 H_2S 用胺溶液吸收，最后转化为单质硫。

2.7　氢　化　物

2.7.1　概述

氢可以形成多种不同类型的化学键。氢与金属结合时，氢原子可以进入金属或合金的晶格形成填隙型的金属氢化物；或是以阴离子 H^- 形式存在形成离子型金属氢化物，后者常见于碱金属、碱土金属 (除 Be 之外) 和部分稀土金属氢化物。氢与非金属元素形成的化合物中，通常是通过共用电子对形成共价键；与卤族、氧、氮等高电负性元素形成的化合物中，共价键的电子对偏向电负性较大的原子，因此氢原子显明显的质子特性；

而氢与电负性相近的其他主族元素形成的共价键极性较弱，称为共价型氢化物。氢可以与缺电子的 B、Al 等元素以及过渡金属形成配合物阴离子，称为配位氢化物。利用电负性可以对氢形成的化学键类型进行初步判断，图 2.12 给出了元素周期表中各元素的电负性及其与氢形成的二元化合物的类型。本节讨论的氢化物不包括水、氨、卤化氢等质子型的化合物以及碳氢化合物。代表性的氢化物及其主要性质和应用总结于表 2.11 中。

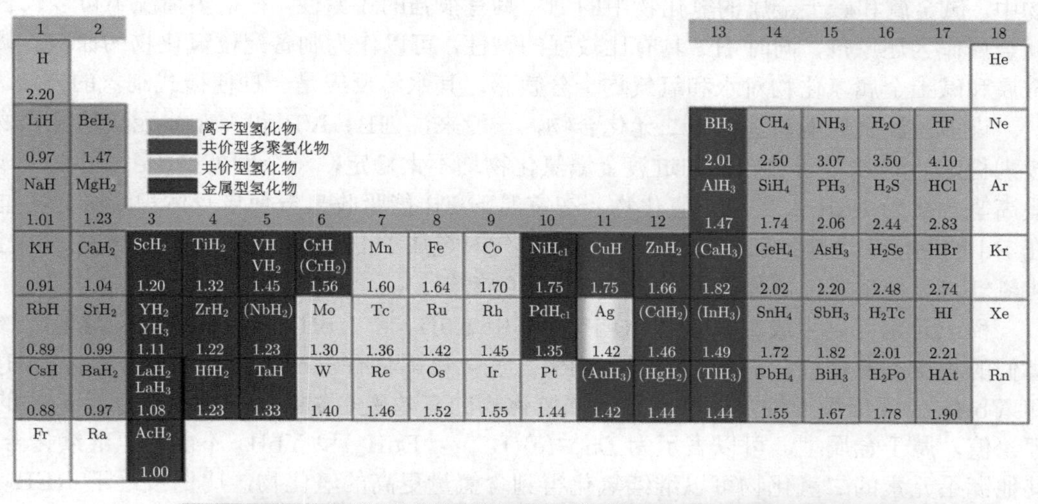

图 2.12 周期表中元素的电负性和与氢形成的化合物以及二元含氢化合物的分类

表 2.11 不同类型氢化物的主要性质

氢化物类型	填隙型金属氢化物	离子型金属氢化物	共价氢化物	配位氢化物
代表物质	$PdH_{0.8}$	LiH	SiH_4	$LiAlH_4$
氢的成键性质	原子态，位于金属晶格中	阴离子	形成共价键	H^- 作为配体形成配位键
合成方法	金属与氢直接反应	金属与氢直接反应	碱土金属硼化物、硅化物、磷化物的水解	离子型氢化物与金属氯化物的离子交换
主要应用	储氢合金、氢气分离和纯化	化学反应中的还原剂、储氢材料	半导体原料	化学反应中的还原剂、储氢材料

2.7.2 金属氢化物

氢与碱金属、碱土金属、过渡金属以及稀土金属均可以形成氢化物。对于金属氢化物的成键理论有三种不同的理论模型：① 原子态 H 理论，即 H 以原子形态存在于晶格的空隙中；② 质子氢理论，即氢将其价电子提供给氢化物的导带中，以 H^+ 的形式存在；③ 氢负离子模型，即氢从导带获得一个电子，以 H^- 的形式存在。模型 1 比较适合描述金属和氢固溶体相，而具有确定化学计量比的金属氢化物其晶格结构通常会与相应的金属有很大的不同，此时质子模型和氢负离子模型均有不同程度的应用。

除 BeH_2 外的碱金属和碱土金属的氢化物均为离子型氢化物。1920 年，Moers 首次观察到 LiH 熔融后电导率迅速上升，而其他碱金属氢化物甚至在熔融之前就体现出了离子导电性。这种离子型氢化物行为与卤化物类似，氢化物也能溶于相应的熔融卤化物中。碱金属和碱土金属的氢化物中的 H^- 具有很强的还原性，在很多情况下可以代替碱金属作为还原剂，同时 H^- 具有比较强的碱性，可以作为制备配位氢化物的原料。碱金属和碱土金属氢化物对水和氧气均十分敏感，其水解反应是一种便捷式制氢的方法。

许多过渡金属能与氢形成二元化合物，一般来说 ⅢB、ⅣB 和 VB 族元素的氢化物较为稳定，而 d 电子数较多的过渡金属氢化物均不太稳定，一个例外是 Pd，可以形成最高氢含量为 $PdH_{0.8}$ 的稳定氢化物，在室温下 Pd 能吸收氢气使自身体积膨胀，H 能在 Pd 的晶格中迅速扩散，在 200 ℃ 以上氢气对金属 Pd 有穿透性，可以利用这一特性将氢气与其他杂质气体分离，得到纯度很高的氢气。

稀土元素可以生成二氢化物 REH_2，其中 EuH_2 和 YbH_2 具有和碱土金属氢化物类似的正交晶系结构，而其他的镧系稀土二氢化物都具有萤石的面心立方结构。EuH_2 和 YbH_2 体现出离子性，而其他稀土二氢化物的有效磁矩都接近于相应的三价离子的理论值，属于金属型，可以表示为 $Ln^{3+}(e)(H^-)_2$。EuH_2 和 YbH_2 不能与氢继续化合，其他镧系元素的二氢化物可以继续氢化得到含氢量更高的氢化物，比例接近于 REH_3。La-Nd 之间元素形成三氢化物时仍然保持萤石结构，而 Nd 之后的三氢化物则呈六方晶系。并且随着 LnH_2 向 LnH_3 的转变，电阻率明显升高，逐渐变为半导体，可以认为 $Ln^{3+}(e)(H^-)_2$ 中的电子与 H 原子结合了。

2.7.3　主族元素与氢的共价型化合物

Ⅲ-V 主族的元素电负性与氢接近，可以与氢形成共价型的化合物，其中种类最多的是共价型的碳氢化合物。碳氢化合物的性质在有机化学中有专门的论述，本节只介绍除碳以外的共价型主族元素与氢形成的化合物。

硼能与氢形成多种共价型的氢化物，称为硼烷。对硼烷的研究始于 1912 年前后，20 世纪 50 年代以来高能燃料的研究使硼烷化学有了新的发展，目前确认的硼烷中性分子已超过 20 种。最简单的硼烷分子是乙硼烷 B_2H_6，是一种无色气体，化学性质非常活泼，能发生自燃，同时有剧毒。通过乙硼烷加热分解可以得到分子量更高、结构更为复杂的硼烷。硼烷具有非常特殊的成键结构，其中氢不仅能形成经典的 B—H 单键，也可以形成 B—H—B 氢桥键，这主要来源于 B 的缺电子结构。分子轨道理论能很好地解释这种非经典化学键的形成原因，其基本思想是参与多中心键的几个原子轨道通过线性组合形成分子轨道，其中包含若干成键、非键和反键轨道，电子按照能级高低依次填入相应的分子轨道中。

铝的氢化物为固体，具有多种不同的相结构，其中最稳定的为 α-AlH_3，具有菱面体型的六方结构，每个 Al 周围有六个 H 原子。AlH_3 对空气和水不稳定，但溶于四氢呋喃等醚类溶剂。分子形态的 Al-H 化合物不稳定，仅能在气相中形成。利用低温惰性气体基质，可以捕捉到铝与氢形成的 AlH_3 型分子，具有平面三角结构；在固体 H_2 基质中观察到了类似于乙硼烷的 Al_2H_6 结构。

镓的氢化物与相应的硼和铝的氢化物有类似之处，分子型的 GaH_3 是一种黏胶状液体，高于 −15 ℃ 时发生分解，加入乙醚可以增强其稳定性。$GaCl_3$ 与 $LiAlH_4$ 反应可制备得到二聚体 Ga_2H_6，其结构与乙硼烷类似，形成 Ga—H—Ga 氢桥键，其稳定性高于 GaH_3。固体氢化镓相对较稳定，其结构与 AlH_3 类似，Ga 的配位数为 6，较分子态的 GaH_3 稳定，在真空加热至 140 ℃ 才开始释放 H_2。铟的氢化物也不稳定，单铟烷 InH_3 仅在气态中通过质谱捕捉到，InH_3 能溶于乙醚中，形成相对较稳定的乙醚合物，但乙醚合物会慢慢分解，产生 $(InH)_n$ 沉淀。

硅与氢能形成多种共价型氢化物，其中大多数氢化物在形式上与烷烃类似，因此命名为硅烷。1902 年，Moissen 用硅化锂与酸反应发现了组成为硅氢化合物的气体，主要是 SiH_4 以及少量的 Si_2H_6。硅烷可以用碱金属或碱土金属的硅化物 (最常见的是硅化镁) 在酸性水溶液中水解生成，但用这种方法得到的通常是一系列不同分子量的硅烷的混合物。硅烷还可以在无水乙醚溶液中用 $LiAlH_4$ 还原 $SiCl_4$ 或硅氧醚得到。硅烷中最重要的是甲硅烷 SiH_4，为性质活泼的气体，在空气中会发生自燃，在高温下硅烷会发生分解，得到硅单质，工业上用这种方法来制备非晶或多晶硅，这是硅烷十分重要的一个用途。

与硅类似，锗也能与氢形成锗烷 GeH_4、Ge_2H_6、Ge_3H_8 等。锗烷稳定性不如相应的硅烷，在较低温度下 (280 ℃) 就分解为单质锗和 H_2。但是锗烷在空气中不会自燃，同时水解也较硅烷慢。锗烷热分解也是制备半导体锗薄膜的有效方法之一。锡的氢化物包括 SnH_4 和 Sn_2H_6，其稳定性更低，SnH_4 在 100 ℃ 以上即迅速分解。SnH_4 是很好的还原剂，但是有剧毒。Pb 的氢化物 PbH_4 非常不稳定，在室温下即分解成单质。

磷的氢化物 PH_3 也称膦，可以通过金属磷化物水解获得，常温下膦为无色有鱼腥味恶臭的气体，有剧毒，受热分解成单质磷和氢气。常见的磷的氢化物还包括双膦 P_2H_4，是肼的类似物。此外还存在着聚合度不同的氢化物如 P_3H_5、P_4H_6、P_5H_5 等，均为磷化钙水解的产物。砷的氢化物 (胂)AsH_3 可以通过在酸性溶液中以 Zn 还原亚砷酸，或是通过砷化物水解制备。AsH_3 在热力学上不稳定，但在室温下分解很缓慢。许多砷的检验方法 (如 Gutzeit 试砷法) 都是基于对 AsH_3 的检验。锑的氢化物 SbH_3 比 AsH_3 稳定性更差，通过氢气还原 $SbCl_5$ 或是金属与 Sb 的合金水解制备得到。这些元素的氢化物均不稳定，稳定性随 $PH_3 > AsH_3 > SbH_3$ 的顺序下降。由于受热会分解产生纯度很高的单质，这些氢化物常用作利用化学气相沉积法制备相应的 Ⅲ-V 半导体 (如 GaAs、InP 等) 时的原料。

2.7.4 配位氢化物

B 和 Al 具有缺电子的结构，能形成铝氢化物和硼氢化物等配位氢化物，结构中含有 AlH_4^- 和 BH_4^- 基团，可以看成 AlH_3 和 BH_3 接受一个 H^- 配位后的产物。铝还可以形成 AlH_6^{3-} 型的配位氢化物，可以通过 AlH_4^- 配位氢化物加热部分脱氢得到。

所有的碱金属和碱土金属都能形成硼氢化物，碱金属的硼氢化物都具有较高的稳定性，能溶于醚类、胺类以及液氨中，在质子溶剂如水和醇中也有一定的溶解性，但会水解放出氢气。$NaBH_4$ 是一种较温和的还原剂，在有机合成中用于将醛、酮、酯和酰卤还原成相应的醇，反应可以定量发生，但不能还原较稳定的羧酸、酰胺、亚胺、腈等物质。$NaBH_4$ 与其他金属卤化物的反应是制备许多金属的硼氢化物的常用方法。$NaBH_4$ 的碱性水溶液具有很强的稳定性，在 Co 等过渡金属催化下可以快速放出氢气，是一种具有竞争力的供氢技术，$NaBH_4$ 还可以作为直接硼氢化物燃料电池的燃料。

铝氢化物不如相应的硼氢化物稳定，其分解温度较低，水解反应更为剧烈，还原性也更强。氢化锂铝 $LiAlH_4$ 是最常见的铝氢化物，能作为商品获得，具有很强的还原性，在许多有机合成反应中有重要应用，能有效地还原不饱和的碳氧和碳氮键，得到相应的醇或胺。在无机化学中 $LiAlH_4$ 是制备氢化物、铝氢化物、硼氢化物的重要原料。

Schlessinger、Brown 和 Finholt 等在 1930～1950 年间陆续报道了常见的硼氢化物和铝氢化物的合成。碱金属硼氢化物可以通过硼酸酯与碱金属氢化物反应得到，其他硼氢化物可以通过碱金属硼氢化物与相应金属的氯化物通过离子交换反应得到。铝氢化物可以通过在乙醚、四氢呋喃、乙二醇二甲醚等溶剂中以金属氢化物和无水 $AlCl_3$ 进行离子交换获得，由于 $LiAlH_4$ 在醚类溶剂中具有一定的溶解度，因而可以滤去 LiCl 得到 $LiAlH_4$ 的醚溶液，而后通过蒸馏除去部分醚溶剂使 $LiAlH_4$ 析出。

过渡金属 TM 也可以形成具有 TMH_n^{m-} 配位阴离子的配位氢化物，如具有 9 配位侧面戴帽三棱柱型阴离子的 $BaReH_9$，具有 7 配位五角双锥型阴离子的 Mg_3MnH_7，具有 6 配位八面体型阴离子的 Mg_2FeH_6，具有 5 配位四方锥型阴离子的 Mg_2CoH_5、具有 4 配位四面体型阴离子的 Mg_2NiH_4、具有 4 配位平面正方形阴离子的 Mg_2PdH_4 等 [17]。上述过渡金属配位氢化物可以用相应的金属为原料直接高压加氢得到。此外氢也可以部分取代过渡金属氧化物中的氧，形成氧和氢与过渡金属共同配位的氧氢化物 (oxyhydrides)，例如 $BaTiO_3$ 与少量 CaH_2 在 450～550 ℃ 下密闭加热 4～7 天可以生成深蓝色的 $BaTiO_{3-x}H_x$，H 取代部分 O 与 Ti 配位 [18]。

2.7.5　高压氢化物相

在金属与氢气的反应中，将压力提高到 GPa 以上将会显著提高氢化物中氢的含量，得到常规条件下无法得到的更富氢的氢化物。例如，常压下 H 仅能少量进入 Fe 的晶格，而在 20 GPa 以上可以得到组成为 FeH 的氢化物，当压力提高到 136 GPa 时，Fe/H 比可以达到 3[19,20]。高压同样可以获得富氢的过渡金属配位氢化物，例如，在 5 GPa 氢压下，可以制备得到含有 CrH_7^{5-} 和 H^- 两种阴离子的 Mg_3CrH_8 相、含有 MoH_9^{3-} 和 H^- 两种阴离子的 Li_5MoH_{11} 相以及含有 NbH_9^{4-} 和 H^- 两种阴离子的 Li_6NbH_{11} 相 [21,22]。

很多利用高压反应得到的超氢化物具有高温超导性质。2019 年报道了在近 200 GPa 压力下合成了 LaH_{10}，超导温度在 250 K[23]；2020 年报道了在 267 GPa 下，H_2S-H_2-CH_4 混合体系在室温 (15 ℃) 下出现超导特性，首次实现室温超导 [24]。

2.8　氢化物的研究方法

2.8.1　压力–成分等温线

压力–成分等温线 (PCT 曲线) 是在固定温度下测量不同氢气压力下被样品吸收的氢的量。样品的吸氢量一般用体积法测量，即向一个体积已经标定的密闭容器中充入一定量的氢气，得到样品吸氢之前的压力 p_1，待样品吸氢达到平衡后得到压力 p_2，利用气体状态方程可以通过压力变化计算样品吸收的氢的量。通常 PCT 测量时样品温度和压力传感器处的温度不同，需要通过工作曲线校正温度的影响。每次测量时样品量不同会导致体系空余体积的微小变化，可以通过 He 等惰性气体对体系的空体积进行标定。

PCT 曲线可以反映材料与氢作用的许多信息。如图 2.13 所示是 $LaNi_5$ 在三个不同温度下的 PCT 曲线，在吸氢量较小时，即使压力增加很多，但材料吸氢量变化不大，此时对应的是氢在合金相中的溶解，形成固溶体；当压力达到某一值后材料吸氢量迅速增加，但压力基本不变，PCT 曲线上出现一个平台，此时对应的是合金相向氢化物相的转变过程；平台结束后又出现了氢含量几乎不依赖于氢压的区域，此时对应的是氢在氢化物相中的溶解。

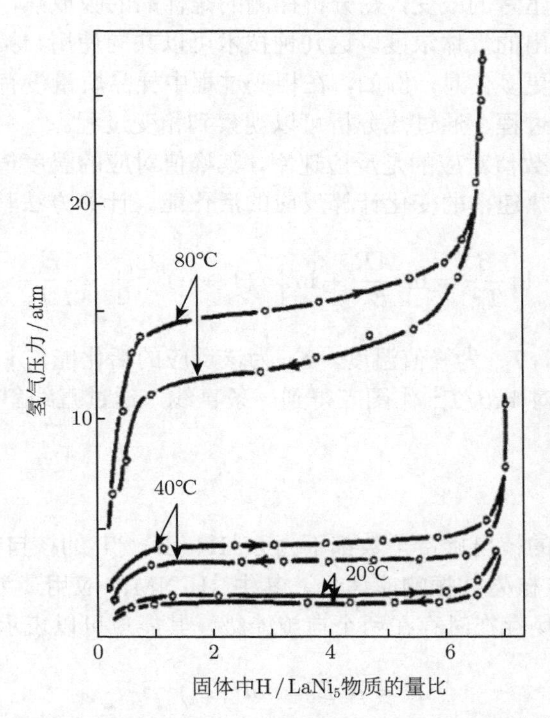

图 2.13 $LaNi_5$ 合金在不同温度下的 PCT 曲线 [25]

PCT 曲线上的平台具有特别重要的意义，平台对应的压力 p 表明了在相应温度 T 下吸氢发生相变的压力，可以通过 van't Hoff 等温式与氢化物的热力学函数相关联：

$$\ln p = -\frac{\Delta H}{RT} + \frac{\Delta S}{R} \tag{2.17}$$

其中，ΔH 和 ΔS 分别为氢化物相的生成焓与生成熵。因此通过测量不同温度下的平台压可以求得氢化物的生成焓和生成熵，根据 van't Hoff 等温式，以 $\ln p$ 对 $1/T$ 作图应得到一条直线，直线斜率即为 $-\Delta H/R$，直线截距为 $\Delta S/R$。

通常情况下吸放氢时的 PCT 曲线会有一个滞回，吸氢平台压会略高于放氢平台压，这是由于测量时的动力学因素引起的，即需要略高于平衡压的 H_2 分压使氢气进入材料，而需要略低于平衡压的 H_2 分压使氢气从材料中放出。对于 $LaNi_5$ 这样仅有一步吸氢过程的材料来说，PCT 曲线上只有一个平台，对于吸放氢过程更复杂的材料体系，其 PCT 曲线上可能会出现对应于相应吸放氢步骤的多个平台。

2.8.2　热分析

这类表征技术包括热重 (thermal gravity, TG)、热分析 (包括差热分析 (differential thermal analysis, DTA) 以及差热扫描量热 (differential scanning calorimetry, DSC) 以及程序升温脱附 (temperature programmed desorption, TPD) 等。其基本原理是通过预先设定的程序改变样品的温度 (通常是保持恒定的加热速率)，同时探测样品的变化，如热重探测的是样品重量的改变，热分析探测的是样品的吸放热，而程序升温脱附则是考察样品受热分解放出的气体浓度。这几种技术可以共同使用，相互补充，从而获得样品性质随温度变化的更多信息，例如，在相变过程中样品质量没有变化，也没有气体产物生成，但是有吸热过程，通过热分析可以观察到相变过程。

DSC 或 TPD 的数值对应的是反应速率，其峰值对应的温度值与加热速率有关，可以通过峰值温度随加热速率的变化计算反应的活化能。计算方法基于 Kissinger 方程：

$$\ln\frac{\beta}{T_{\mathrm{m}}^2}=\ln\frac{AR}{E_{\mathrm{a}}}+\ln\left[n\left(1-\alpha\right)^{n-1}\right]-\frac{E_{\mathrm{a}}}{RT_{\mathrm{m}}} \tag{2.18}$$

其中，β 为升温速率，T_{m} 为峰值温度，E_{a} 为该反应的活化能，α 为转化率，n 为反应级数。因此以 $1/T_{\mathrm{m}}$ 对 $\ln\beta/T_{\mathrm{m}}^2$ 作图应得到一条直线，通过直线斜率即可求得反应的活化能。

2.8.3　核磁共振

氢的三种同位素的核自旋量子数都不为 0(^{1}H、^{2}D、^{3}T 的核自旋量子数分别为 1/2、1、1/2)，因此都具有核磁共振响应信号，其中 ^{1}H NMR 应用最为广泛。^{1}H 的自旋量子数 $S=1/2$，在磁场存在时存在两个自旋能级，其能量可以表示为

$$E=\mu_z B_0=mh/(2\pi)\gamma B_0 \tag{2.19}$$

其中，$m=\pm1/2$ 为自旋量子数，μ_z 为磁矩的 z 分量，B_0 为磁场强度，γ 为旋磁比，h 为普朗克常量。当吸收的电磁辐射能量与能级差匹配时，将发生能级跃迁，可以求得共振频率正比于磁场：

$$\nu_0=\gamma B_0/(2\pi) \tag{2.20}$$

对于同种材料中的不同 ^{1}H 原子核，由于其不同的化学环境，其共振频率会有微小的差别，核磁共振频率的改变是反映原子核周围化学环境非常灵敏的一个指标。这种频率改变一般用化学位移表示，定义为相对于标准参照物中同种原子共振频率的改变值与仪器磁场对应的频率的比值，例如，对 ^{1}H 核磁共振常用四甲基硅烷 (tetramethylsilane, TMS) 中的氢作为参照标准，若某 ^{1}H 核共振频率相对 TMS 中的 H 原子改变了 100 Hz，而仪器磁场对应的频率为 100 MHz，则相应的化学位移为 10^{-6}，即 1 ppm。化学

位移不依赖于仪器的磁场，但是磁场越强，共振频率的改变越明显，仪器分辨率越高，^{1}H 核 900 MHz 的共振频率对应的是 21 T 的磁场强度。

化学位移与氢原子上的电子云密度有关，电子云密度越低，对原子核的屏蔽越小，原子核感受到的磁场强度越高，共振频率也越高，化学位移就越大。因此化学位移反映了氢原子周围的化学环境：当氢与吸电子的基团相连时会出现较高的化学位移，反之化学位移则较低，这一原则在有机化合物的官能团识别中得到了成功的应用。具有核磁共振活性的原子核之间的相互耦合也能反映在核磁共振谱上，例如，在一维谱图上的体现就是谱峰的分裂，通过二维的相关谱可以更好地看出这种耦合关系，据此能够判断某一原子核周边其他原子核的空间位置关系。

核磁共振技术自 20 世纪 40 年代出现以来得到了长足的发展，目前已成为十分重要的结构研究手段，特别是魔角旋转 (magic angle spinning，MAS) 技术的出现大大提高了固体样品核磁共振谱的分辨率，拓展了核磁共振技术在固体材料的结构研究中的应用。在氢化物研究中的应用包括氢在非晶固体中的结构、氢在一些金属氢化物中的扩散行为、硼氢化物放氢中间体的结果表征等。

2.8.4 红外光谱

红外光谱探测的是化学键的振动频率。常见的中红外光谱仪的波数范围是 400~4000 cm^{-1}(2.5~25 mm)，C—H、N—H、B—H、Si—H、O—H 等键的伸缩和弯曲振动的频率都在此范围内，因此红外光谱是研究共价型氢化物结构的有效方法，在有机化合物以及氨基化合物、硼氢化物、氢化非晶硅等材料的结构研究中都有广泛的应用。采集粉末状固体的红外光谱的传统方法是与溴化钾粉末混合研磨压片，显微红外技术可以直接对粉末的微区采集光谱信号，对于固体薄膜可以采用全反射的方式增强信号强度。红外光谱是一种光学方法，可以对材料进行无损原位的检测。一些常见的共价型 X—H 键的粗略伸缩振动频率见表 2.12。

表 2.12 常见元素与氢形成的化学键的伸缩振动频率粗略位置

化学键	伸缩振动频率/cm^{-1}
B—H	2400
C—H	3000
N—H	3400
O—H	3600
F—H	4000
Al—H	1750
Si—H	2150
P—H	2350

利用红外光谱对氢进行研究的过程中同位素取代是一种常用的方法。根据简单的振子模型，化学键的振动频率可以描述为

$$\nu = \frac{1}{2\pi c}\sqrt{\frac{k}{\mu}} \tag{2.21}$$

其中 k 为键的力常数，与键的强度有关，$\mu = m_1m_2/(m_1+m_2)$ 为约化质量。当 H 被 D 取代后，化学键的强度变化极小，但约化质量增加约 2 倍，振动频率相应变为 $2^{-1/2}$。在各种同位素取代中，D 对 H 的取代对共振频率的影响是最大的，因此应用也最为广泛。

2.8.5 中子衍射

衍射方法是确定物质结构最直接有效的方法，最常用的衍射光源是 X 射线。X 射线的散射主要来自于原子核外的电子，因而原子序数较低的原子，特别是氢原子对 X 射线的散射截面很小。而中子是与原子核发生作用，散射截面随原子序数变化不规律，氢原子对中子散射截面较大，因此中子衍射能精确地测量氢原子在固体中的位置，对于得到精确的氢化物结构信息，中子衍射几乎是必须的。

中子衍射并非是一种常规的表征手段，具有一定强度的中子流通常由核反应或高能粒子轰击提供。目前全球的中子源大多集中于美国、日本和欧洲，我国东莞的散裂中子源也已投入应用。随着中子源的逐渐普及，中子衍射在氢的研究中的作用将发挥更为重要的作用。

(郑捷)

参 考 文 献

[1] 郭正谊等. 稳定同位素化学. 北京: 科学出版社，1984.

[2] Hemmes H, Driessen A, Griessen R. Thermodynamic properties of hydrogen at pressures up to 1 Mbar and temperatures between 100 and 1000 K. Journal of Physics C-Solid State Physics, 1986, 19(19): 3571-3585.

[3] Zhou L, Zhou Y. Determination of compressibility factor and fugacity coefficient of hydrogen in studies of adsorptive storage. International Journal of Hydrogen Energy, 2001, 26(16): 597-601.

[4] Sakoda N, Shindo K, Shinzato K, et al. Review of the thermodynamic properties of hydrogen based on existing equations of state. International Journal of Thermophysics, 2010, 31: 276-296.

[5] Hemmes H, Driessen A, Griessen R. Thermodynamic properties of hydrogen between 100 and 1000 K at pressures up to 1 Mbar. Physica B & C, 1986, 139-140: 116-118.

[6] Leung W B, March N H, Motz H. Primitive phase diagram for hydrogen. Physics Letters A, 1976, 56(6): 425-426.

[7] Diatschenko V, Chu C W, Liebenberg DH, D. H. et al. Melting curves of molecular hydrogen and molecular deuterium under high pressures between 20 and 373 K. Physical Review B, 1985, 32(1): 381-389.

[8] Toledano P, Katzke H, Goncharov A F, et al. Symmetry breaking in dense solid hydrogen: mechanisms for the transitions to phase II and phase III. Physical Review Letters, 2009, 103(10): 105301.

[9] Wigner E, Huntington H B. On the possibility of a metallic modification of hydrogen. The Journal of Chemical Physics, 1935, 3(12): 764-770.

[10] Ashcroft N W. Metallic hydrogen: a high-temperature superconductor? Physical Review Letters, 1968, 21(26): 1748.

[11] Narayana C, Luo H, Orloff J, et al. Solid hydrogen at 342 GPa: no evidence for an alkali metal. Nature, 1998, 393(6680): 46-49.

[12] Dias R P, Silvera I F. Observation of the Wigner-Huntington transition to metallic hydrogen. Science, 2017, 355(6326): 715-718.

[13] Loubeyre P, Occelli F, Dumas P. Synchrotron infrared spectroscopic evidence of the probable transition to metal hydrogen. Nature, 2020, 577(7792): 631-635.

[14] Lawson J D. Some criteria for a power producing thermonuclear reactor//Proceedings of the Physical Society. Section B, 1957, 70(1): 6-10.

[15] 冯光熙等. 稀有气体、氢、碱金属. 北京: 科学出版社, 1990.

[16] McGrady G S, Guilera G. The multifarious world of transition metal hydrides. Chemical Society Reviews, 2003, 32(6): 383-392.

[17] Matar S F. Transition metal hydrido-complexes: Electronic structure and bonding properties. Progress in Solid State Chemistry, 2012, 40(3): 31-40.

[18] Kobayashi Y, Hernandez O J, Sakaguchi T, et al. Nature Materials, 2012, 11: 507-512.

[19] Antonov V E, Baier M, Dorner B, et al. High-pressure hydrides of iron and its alloys. Journal of Physics, Condensed Matter, 2002, 14(25): 6427-6445.

[20] Pépin C M, Dewaele A, Geneste G, et al. New iron hydrides under high pressure. Physical Review Letters, 2014, 113: 265504.

[21] Takagi S, Iijima Y, Sato T, et al. Formation of novel transition metal hydride complexes with ninefold hydrogen coordination. Scientific Reports, 2017, 7: 44253.

[22] Takagi S, Iijima Y, Sato T, et al. True boundary for the formation of homoleptic transition-metal hydride complexes. Angewandt Chemie International Edition, 2015, 54(19): 5650-5653.

[23] Drozdov A P, Kong P P, Minkov V S, et al. Superconductivity at 250 K in lanthanum hydride under high pressures. Nature, 2019, 569(7757): 528-531.

[24] Snider E, Dasenbrock-Gammon N, McBride R, et al. Room-temperature superconductivity in a carbonaceous sulfur hydride. Nature, 2020, 586(7829): 373-377.

[25] Buschow K H J, Bouten P C P, Miedema A R. Hydrides formed from intermetallic compounds of two transition metals: A special class of ternary alloys. Reports on Progress in Physics, 1982, 45(9): 937-1039.

第 3 章 氢气制备

氢气与传统的化石燃料不同，它不能经过长时间的聚集而天然地存在，因此氢气作为二次能源，必须通过一定方法才能将它制备出来。氢气的制备是未来人类步入氢能社会首先要解决的问题。制备氢气的方法很多，如图 3.1 所示，包括传统制氢方法如化石燃料的煤气化制氢，醇类重整制氢和氯碱工业、丙烷脱氢等工业副产品制氢等；现阶段正在蓬勃发展的制氢方法有电解水制氢、生物质制氢等及处于实验研发阶段的光催化制氢、氨分解制氢等。

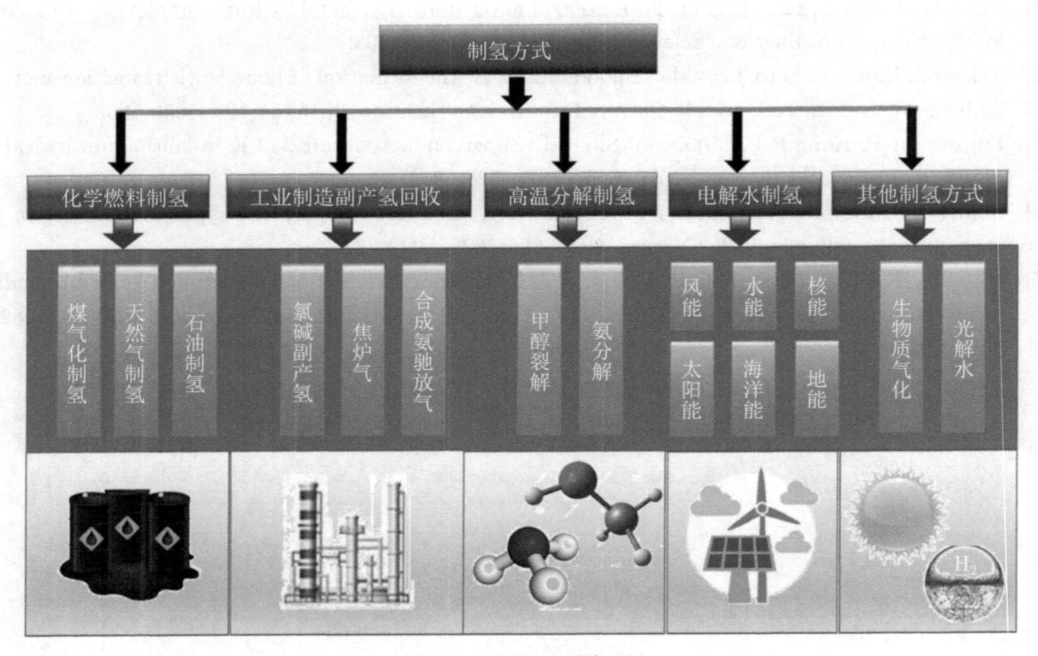

图 3.1　制氢方式概述

多样的氢气制备方式一般可以从技术性、安全和稳定性、环保性以及经济性等维度来进行评价，表 3.1 中列出了目前几种常见制氢方式的特点。从表中不难看出，不同的制氢技术具有不同的优势和劣势，目前很难有一种技术可以同时满足多维度的要求。例如，利用化石燃料改质可以进行大规模的氢气生产，但该过程仍使用不可再生的化石燃料，且 CO_2 排放量较高，对环境污染较为严重，不能满足可持续制氢的要求；相应地，电解水、生物质转化及光解水等手段制备氢气环保性较高，可直接或间接利用太阳能为能量来源，但目前尚存在着一定的技术瓶颈，制氢成本也较高，仍需提升该技术的实用性与经济性。

表 3.1 常用制氢技术以及制氢成本

方法	产业化阶段	安全和稳定性	环保	经济性
化石燃料改质	进入产业化阶段	可以大规模安全生产	有二氧化碳排放	技术的成熟和规模化有利于成本的下降
副产物制氢	方法种类多样，技术成熟	技术成熟，氢气只是某些工业产品的副产物	氢气作为副产物，所以没有额外增加环境负担	充分利用副产物，有效提高经济性
电解水 (火电)	进入产业化阶段	可以大规模安全生产	火电的污染	会造成一定的能源浪费
电解水 (可再生能源)	技术研发完毕，需研究降低利用可再生能源电解水制氢的成本	生产效率受可再生能源发电的功率限制，不稳定	环保性高	利用可再生能源制氢有效提高经济性
高温热分解	研究开发阶段 (部分已经开始实证研究)	可以做到稳定供给	高温裂解消耗较多能源	现阶段成本较高
生物质转化	研究开发阶段	供给地较为分散	环保性高	现阶段成本较高
光解水	仍处于基础研究阶段 (现在的转化效率只有 0.5%)	受天气影响	环境友好	现阶段成本较高

现阶段世界产氢量为 8000 亿 m^3，每年以 10% 增长，美国 1100 万吨/年，日本为 200 亿 m^3，德国 2030 年的绿氢产能目标是 5 GW/年。我国已具备一定氢能工业基础，全国氢气产能超过 2000 万吨/年，但生产主要依赖化石能源，消费主要是将氢气作为工业原料，清洁能源制氢和氢能的能源化利用规模较小。国内由煤、天然气、石油等化石燃料生产的氢气占了将近 67%，工业副产气体制得的氢气约占 30%，电解水制氢占不到 3%，见图 3.2。国内能源企业结合其各自优势选择不同技术路线，纷纷布局氢能源生产与供给，煤制氢、天然气制氢、碱性电解水制氢技术和设备已具备商业化推广条件。根据《中国氢能源与燃料电池产业白皮书 (2019 版)》对氢能供给侧结构的预测，我国氢能发展的中远期目标是逐步扩大可再生能源 (风力、光伏、地热) 发电进行水电解制氢的比重，发展生物质及太阳能制氢等新兴技术，实现氢能源的清洁制备。

氢能制备和使用的市场化过程中，成本是其中的一个重要考量指标，表 3.2 统计了常用制氢技术的制氢成本，其中化石燃料制氢在成本上占据优势，这也是现阶段氢能供给侧以化石燃料为主的主要原因。

表 3.2 常用制氢技术以及制氢成本

制氢技术	能源效率/%	氢气出售价格/($/MMBtu)	氢气出售价格/($/kg)
甲烷蒸汽重整	83	5.54	0.75
甲烷部分氧化	70~80	7.32	0.98
自热重整	71~74	16.88	1.93
煤气化	63	6.83	0.92
直接生物质气化	40~50	9~18	1.21~2.42
电解水	45~55	14.5	1.95
光催化分解水	10~14	37	4.98

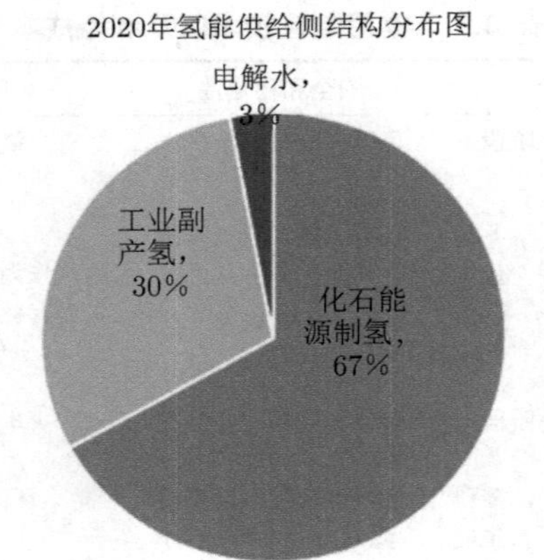

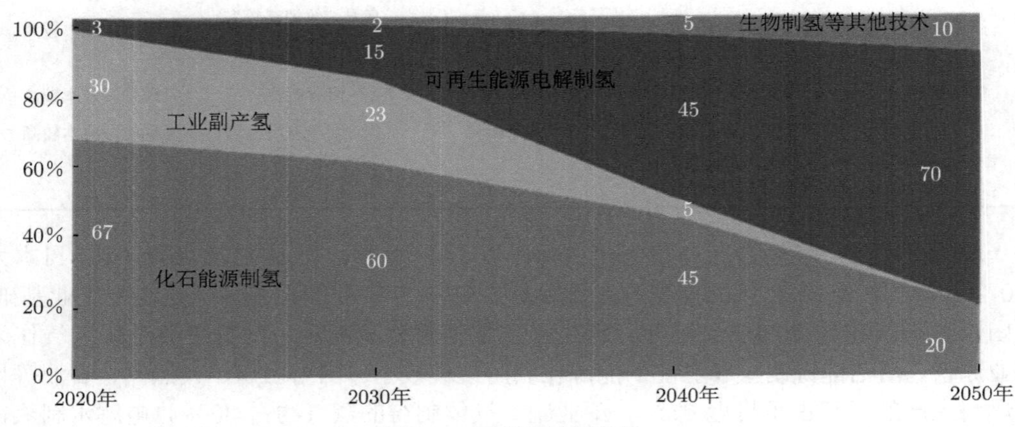

图 3.2 氢能供给侧结构

本章结合目前氢能的理论研究和产业化发展方向，从原理和发展现状两个角度重点介绍化石燃料制氢、高温分解制氢、电解水制氢、生物质制氢和光催化制氢等制氢手段，便于读者认识制氢产业的现状和发展趋势。

3.1 化石燃料制氢

化石燃料 (煤炭、石油、天然气等) 是世界上丰富的一次能源，如果利用化石燃料制氢，其原料丰富且成本低廉，但是化石燃料在制氢过程中排放出的大量 CO_2 却是“温室气体”的主要成分。虽然化石燃料制氢消耗有限的化石燃料储量，但在先进、成熟的制氢方法出现之前，该种制氢方式仍会在未来几十年内扮演重要角色。如果可以解决化石燃料清洁、高效利用等问题，化石燃料制氢是一次能源储量丰富国家实现“氢经济”战略的首选。我国常规能源探明总资源量约 9000 亿吨标准煤，约占世界已探明储量的 10%，煤炭资源相对丰富和价格低廉，使得以煤炭为代表的化石能源制氢也将在一段时间内成为我国氢气的主要来源方式。

本节将对煤炭制氢和天然气制氢这两种化石燃料制氢方式的基本原理和发展现状进行介绍。

3.1.1　煤炭制氢

3.1.1.1　原理

煤炭制氢历史悠久，工艺流程已非常成熟。它是以煤炭为还原剂，水蒸气为氧化剂，在高温下将炭转化为 CO 和 H_2 为主的合成气，然后经过煤气净化、CO 转化以及 H_2 提纯等主要生产环节生产氢气，工艺流程如图 3.3 所示。煤炭可以经过各种不同的气化处理，如流化床、喷流床、固定床等实现煤炭制氢。煤制氢的基本化学反应过程为

$$\mathrm{C(s)} + \mathrm{H_2O} + \text{热} \longrightarrow \mathrm{CO} + \mathrm{H_2} \tag{3.1}$$

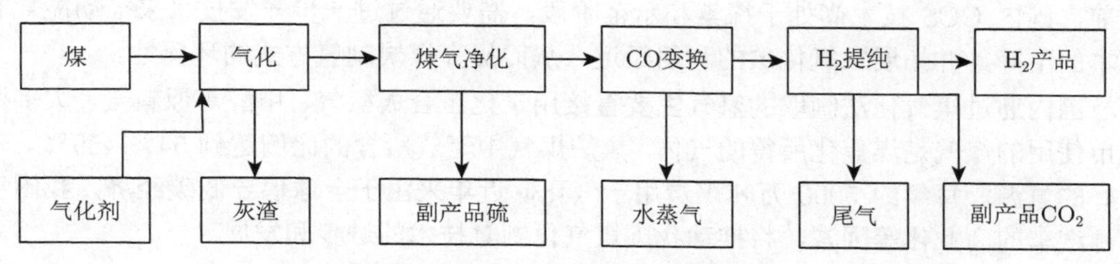

图 3.3　传统煤气化制氢工艺流程 [1]

此反应过程为吸热过程，重整过程需要额外的热量，煤炭与空气燃烧放出的热量提供了反应所需要的热量。产物中 CO 再通过水气转移反应被进一步转化为二氧化碳和氢气。化学反应过程为

$$\mathrm{CO} + \mathrm{H_2O} \longrightarrow \mathrm{CO_2} + \mathrm{H_2} + \text{热} \tag{3.2}$$

3.1.1.2　现状

全球利用煤制取氢气的工艺研究比较早，发展比较成熟，已经有 200 年历史，在中国也有近 100 年历史。德国于 20 世纪 30 年代至 50 年代，研究开发出了第一代气化工艺，有固定床的碎煤加压气化 Lurgi 炉、流化床的常压 Winkler 炉、气流床的常压 KT 炉。70 年代又研究出了第二代气化炉，如 BGL、HTW、Texaco、Shell、KRW 等。第一代炉型以纯氧为气化剂，可以实现连续操作，大大提高了气化的强度和效率；第二代炉型增加了加压操作。第三代炉型还在研究当中，由于使用的外部能源不同，第三代煤气化技术包括煤的催化气化、煤的等离子体气化、煤的太阳能气化、煤的核能余热气化等 [2]。美国能源部推荐了三种典型煤制氢技术。第一种采用 Texaco 公司的水煤浆加压气化工艺，急冷气化，常规气体净化，CO 转化变压吸附工艺流程，回收大部分 CO_2 气体。第二种采用先进的气化工艺和用于脱除 CO_2 和分离 H_2 的先进膜分离技术，同时回收 CO_2 气体。第三种采用先进的气化工艺和膜分离技术，联产发电，回收 CO_2 气体。比较三种煤制氢技术单位氢气的成本，分别为 1.10 US/kg，0.79 US/kg，0.54 US/kg，第三种技术可以实现联产发电，制氢成本最低。据全球氢气市场的分布情况统计，氢气总量的 51% 用于生产合成氨气，45% 用于炼油，3% 用于化学品的生产，1% 为其他用途 [3]。

我国是一个以煤炭为主要一次能源的煤炭生产国和消费国，煤炭的清洁高效利用关系到我国能源战略全局。我国的煤炭资源相对丰富，石油和天然气的储量相对贫乏，因此，煤气化制氢成为中国的主要制氢途径。煤制氢工艺过程二氧化碳排放水平高，需要引入二氧化碳捕捉技术，以降低碳排放。目前 CCS 主要应用于火电和化工生产中，其工艺过程涉及三个步骤：二氧化碳的捕捉和分离，二氧化碳的输送以及二氧化碳的封存。美国环境保护局的统计数据报道 CCS 的应用可以减少火电厂 80% ~90% 的二氧化碳排放量。根据《中国碳捕集利用与封存技术发展路线图》规划，当前国内 CCS 成本在 350~400 元/吨，2030 年和 2050 年分别控制在 210 元/t 和 150 元/t。结合煤制氢路线单位氢气生成二氧化碳的平均比例，增加 CCS 后煤制氢成本约增加至 15.85 元/kg。当前，国内 CCS 技术尚处于探索和示范阶段，需要通过进一步开发技术来推动能耗和成本的下降，并拓展二氧化碳的利用渠道，从而提高煤炭制氢方式的环保性。

国内通过煤气化法制取的氢气主要直接用于化工合成氨气、甲醇等原料气，大多数城市使用的煤气是煤焦化所得的气体，焦炉煤气中氢气所含的比例达到 54%~59%，是很好的氢源。每年约 5000 万吨煤炭用于气化，近年来由于全球倡导低碳经济，我国氢能源汽车的商业化等因素，将推动我国煤气化制氢技术的进步和发展。

3.1.2 天然气制氢

3.1.2.1 *原理*

天然气制氢主要采用如下三种不同的化学处理过程。

1) 甲烷水蒸气重整 (steam methane reforming，SMR)

水蒸气重整是甲烷和水蒸气吸热转化为氢气和一氧化碳。化学反应过程为

$$CH_4 + H_2O + 热 \longrightarrow CO + 3H_2 \tag{3.3}$$

反应所需热量由甲烷燃烧产生的热量来供应。发生这个过程所需温度为 700~850℃，反应产物为 CO 和 H_2 气体，其中 CO 气体占总产物的 12% 左右；一氧化碳再通过水气转移反应进一步转化为二氧化碳和氢气，如图 3.4 所示。

2) 部分氧化 (partial oxidation，POX)

天然气部分氧化制氢过程就是通过甲烷与氧气的部分燃烧释放出一氧化碳和氢气。化学反应过程为

$$CH_4 + 1/2O_2 \longrightarrow CO + 2H_2 + 热 \tag{3.4}$$

这个过程为放热反应，需要经过严密的设计，反应器不需要额外的供热源，反应产生的 CO 会进一步转化为 H_2，如化学反应过程 3.2。

3) 自热重整 (autothermal reforming，ATR)

自热重整是结合水蒸气重整过程和部分氧化过程，总的反应是放热反应。反应器出口温度可以达到 950~1100 ℃。反应产生的一氧化碳再通过水气转移反应转化为氢气。自热重整过程产生的氢气需要经过净化处理，这大大增加了制氢的成本。

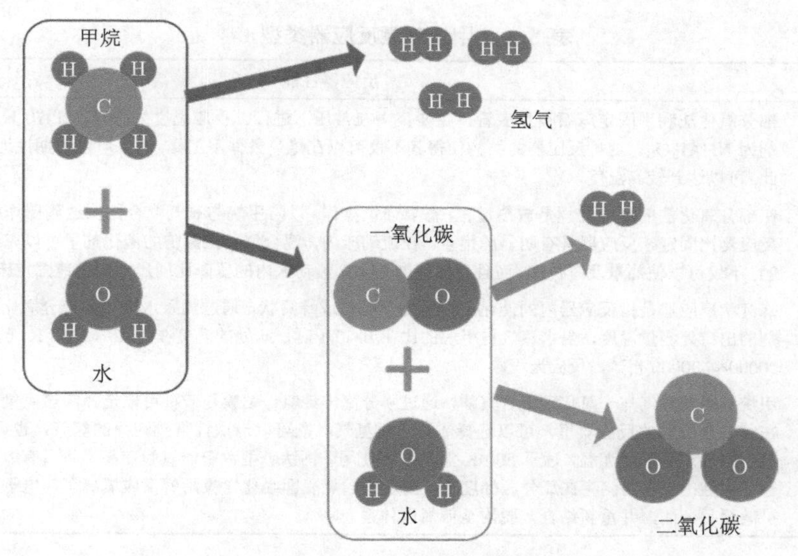

图 3.4 水蒸气重整过程示意图

表 3.3 比较了上述三种天然气制氢方法的优缺点。

表 3.3 三种制氢方法的比较

制氢技术	优点	缺点
甲烷水蒸气重整	应用最为广泛；无需氧气；最低的过程温度；对产氢而言，具有最佳的 H_2/CO 比例	通常需要过多的蒸气；大的设备投资；能量需求高
自热重整	需要低能量；比部分氧化的过程温度低；H_2/CO 比例可通过 CH_4/O_2 比例的调整实现	商业应用有限；通常需要氧气
部分氧化	给料直接脱硫不需要蒸气；低的 H_2/CO 自然比例，对于比例小于 20 的应用很有利	低的 H_2/CO 自然比例对于需求比例大于 20 的应用不利；非常高的过程操作温度；通常需要氧气

3.1.2.2 现状

天然气是一种石油化工燃料资源，目前已经探明的世界天然气储量有 140 多万亿立方米，没有被探明的天然气储量也相当可观。利用天然气资源进行优化制氢得到了高度的重视，可以减少甲烷、二氧化碳等温室气体的排放，对于节约能源和保护环境具有双重意义。

利用甲烷为原料进行制氢的方法有：① 通过制备 H_2 和 CO 的混合气后，得到氢气；② 通过甲烷的直接分解得到氢气。传统的方法 (SMR，POX，ATR 等) 在生成氢气的同时也产生了大量 CO，为了得到纯氢气，需要将合成气中的 CO 去除，这对于整个过程而言不够经济。甲烷裂解反应可以直接得到氢气，这个反应的主产物是氢气，副产物是碳。

甲烷制氢反应器类型有固定床反应器、流动床反应器、蜂窝状反应器和膜反应器。表 3.4 列出了各种反应器的性能。

表 3.4　甲烷制氢反应器类型 [4]

反应器类型	反应器性能
固定床反应器	部分氧化法利用固定床石英反应管，主要集中在常压下进行。反应温度为 1070～1270 K,1 atm，催化剂为 Ni/Al_2O_3。这种反应器的结构使得其不仅可以在绝热条件下工作, 而且可以周期性地逆流工作, 因此, 可以达到较高温度
流动床反应器	在部分氧化法的反应过程是放热过程, 需要谨慎操作, 以防甲烷与氧气混合比例达到爆炸极限。流动床反应器比固定床反应器具有明显的优点。在流动床内，混合气体在翻腾的催化剂里可以充分与催化剂接触, 不仅可以使热量及时传递, 而且反应更加完全。流动床内的压降比同尺寸同空速固定床内的压降低
蜂窝状反应器	蜂窝状反应器是指反应器内的催化剂结构为多孔状或蜂窝状。通过加入水来缓和部分氧化反应。在催化剂的出口处测量温度，当水蒸气与甲烷的比在 0～0.4 时，此处的温度在 1143～1313 K 范围内，空速在 20000～500000 h^{-1}，反应无积碳
膜反应器	甲烷制得的氢气与一氧化碳混合气体，通过膜分离出纯氢。钯膜是一种可以选择渗透氢气的膜，把它用在制备合成气的反应器里，可以选择渗透生成氢气，既可以一次性得到纯净的氢气，也可以提高产率。钯膜的缺点是不耐高温，适于 800 K 温度以下使用。钙钛矿型致密透氧膜在高温下具有氧离子、电子混合导电性；当膜两侧存在氧分压梯度时，高压侧的氧表面经化学吸附解离成氧离子、电子，在膜主体内扩散至另一侧，并重新结合，脱附至低氧压体系。

甲烷制氢过程中，催化剂的作用是非常重要的，催化剂同时具有解离活化甲烷分子和活化 O—O 健或 H—O 键的能力。目前研究最多的是多种过渡金属和贵金属负载型催化剂，这些催化剂在高空速下使反应达到热力学平衡，使甲烷的转化率和 CO/H_2 的选择性都得到了提高。表 3.5 总结了甲烷制氢催化剂的种类及其性能。

表 3.5　甲烷制氢催化剂种类及其性能

催化剂种类	催化剂性能
Ⅷ B 族复合金属氧化物或担载在 MgO、Al_2O_3、SiO_2、Yb_2O_3 和独石上的负载型催化剂	Fe、Co、Ni 具有良好的催化活性，稳定性好，价格低，现大规模应用于工业生产。NiO 的担载量范围为 7%～79 wt%，一般在 15 wt%。如果 Ni 的含量高，在反应时，容易有结炭形成。Ni-稀土氧化物催化剂在反应温度为 573～1073 K 之间具有活性
担载在 MgO、Al_2O_3、SiO_2、ZrO_2 和独石上的贵金属，及其与稀土金属氧化物形成的复合氧化物	贵金属催化剂比 Ni 基催化剂具有更高的活性，但是其价格比较贵；贵金属中 Rh 比 Pt 好，Ru 和 Rh 最稳定，Ru 在贵金属中价格比较便宜，比 Ni 稳定，在高蒸汽压下不会形成羰基

注：wt%为质量分数。

天然气甲烷制氢已经实现了工业化，国际上具有影响力的制氢公司有美国空气化工产品公司 (Air Production)、法国的德希尼布 (Tcchnip)、德国的鲁奇 (Lurgi)、林德 (Linde) 等。国内天然气制氢公司主要是北京正拓气体科技有限公司，其与河北化工职业学院及上海华西化工科技有限公司联合开发的中小规模制氢工艺技术、装置流程、运营管理模式，整体水平达到了国外技术水平。

从制氢手段上来看，甲烷制氢方法有甲烷二氧化碳干重整制氢、甲烷水蒸气重整制氢和甲烷自热重整制氢。对于 CO_2 干重整制氢法，研究最多的是重整过程中催化剂的使用，合适的催化剂可以加速重整制氢过程，提高气体转化率，减少副产物的生成等。在甲烷/二氧化碳干重整过程中钌、铱、铂、铑等贵金属催化剂都可高效促进天然气转化，生成 H_2 和 CO，其产物中只有极少量 CO_2 存在；整个重整过程催化剂没有明显失活症状，催化剂表面的积炭量也极少 [5]。$Ni/La_2O_3/\gamma Al_2O_3$ 催化剂作为甲烷/二氧化碳干重整过程的催化剂，其中适量 La_2O_3 的加入可以增强 Ni 与载体 Al_2O_3 的相互作用，提高催化剂的还原温度，增强催化剂的还原性，提高催化剂的抗积炭性，从而使催化剂的活性和稳定性有所提高 [6]。

甲烷水蒸气重整制氢是相对成熟的工业技术，自 1926 年第一次应用至今，与煤、石油等其他化石资源制氢过程相比能耗更低，更为经济合理。人们对重整制氢的热力学进行了分析，研究了反应温度、甲烷和氧气摩尔比以及水蒸气加入量等因素对重整性能的影响。研究发现，甲烷的转化率均随着甲烷和氧气的摩尔比、水蒸气的加入量、反应温度的升高而增加。当体系中有 NiO/MgO 固溶体催化剂时，将具有较好的催化重整性能 [7]。

甲烷的自热重整制氢过程是根据甲烷催化氧化的放热过程与甲烷水蒸气重整的吸热过程可以耦合作用的原理，实现整个过程的自供热。整个过程在高温下进行，燃烧区的温度远大于催化区的温度，燃烧区的积炭问题将破坏整个反应平衡，影响传热过程等。为了解决在重整制氢过程中存在的问题，人们对重整工艺进行了研究，例如将重整过程与深冷分离技术结合，分阶段分别去除水蒸气、CO_2，最后将高纯的 H_2 从混合气体中分离出来 [8]。

表 3.6 总结了天然气制氢的不同种类与特点。

表 3.6　天然气制氢的种类及特点总结

制氢方法	特点
天然气水蒸气重整制氢	1. 需吸收大量的热，制氢过程能耗高，燃料成本占生产成本的 52%～68% 2. 反应需要昂贵的耐高温不锈钢管作反应器 3. 水蒸气重整是慢速反应，因此该过程制氢能力低，装置规模大和投资高
天然气部分氧化制氢	1. 优点： (1) 廉价氧的来源；(2) 催化剂床层的热点问题； (3) 催化材料的反应稳定性；(4) 操作体系的安全性问题 2. 缺点：因大量纯氧增加了昂贵的空分装置投资和制氧成本
天然气自热重整制氢	1. 同重整工艺相比，变外供热为自供热，反应热量利用较为合理 2. 其控速步骤依然是反应过程中的慢速蒸汽重整反应 3. 由于自热重整反应器中强放热反应和强吸热反应分步进行，因此反应器仍需耐高温的不修锈钢管做反应器，这就使得天然气自热重整反应过程具有装置投资高，生产能力低的特点
天然气绝热转化制氢	大部分原料反应本质为部分氧化反应，控速步骤已成为快速部分氧化反应，较大幅度地提高了天然气制氢装置的生产能力
天然气高温裂解制氢	该新工艺具有流程短和操作单元简单的优点，可明显降低小规模现场制氢装置投资和制氢成本。天然气经高温催化分解为氢和碳。其关键问题是，所产生的碳能够具有特定的重要用途和广阔的市场前景。否则，若大量氢所副产的碳不能得到很好应用，必将限制其规模的扩大

3.2　高温分解制氢

3.2.1　甲醇裂解制氢

与传统化石燃料相比，甲醇容易储备和运输，能量转化率高，所以甲醇裂解制氢工艺在近几年得到迅速推广，随着对工艺的不断改进，甲醇裂解制氢规模也在不断扩大，制氢成本不断减小。

3.2.1.1 原理

甲醇裂解制氢用甲醇和水在一定温度、压力和催化剂作用下裂解转化生成氢气、二氧化碳及少量一氧化碳和甲烷的混合气体，作为制取纯氢的原料气，原料气经变压吸附 (简称 PSA) 法提纯氢气，改变操作条件可以生产不同纯度的氢气，纯度最高可达 99.9% 以上。甲醇裂解制氢的基本反应过程为

$$CH_3OH = CO + 2H_2 \quad -90.7\ kJ/mol \tag{3.5}$$

$$CO + H_2O = CO_2 + H_2 \quad +41.2\ kJ/mol \tag{3.6}$$

$$总反应: CH_3OH + H_2O = CO_2 + 3H_2 \quad -49.5\ kJ/mol \tag{3.7}$$

$$副反应: 2CH_3OH = CH_3OCH_3 + H_2O \quad +24.90\ kJ/mol \tag{3.8}$$

$$CO + 3H_2 = CH_4 + H_2O \quad +206.3\ kJ/mol \tag{3.9}$$

3.2.1.2 现状

在甲醇裂解催化剂发展方面，主要有铜系催化剂、镍系催化剂和贵金属催化剂，铜系催化剂具有很好的低温活性，且选择性高，廉价易得，已经被广泛应用于工业化生产。虽然对铜基催化剂的使用已经很成熟且已广为使用，但气体收率相对较低。此外，液相产物中油状物会对原料造成一定的浪费，催化剂容易中毒。因此，对铜基催化剂的研究主要是对其进行改性 (添加助剂)，提高其气体收率、减少液相副产物的产生。目前应用较为广泛且研究较多的是 Cu-Zn 催化剂。普遍认为，Cu^0 /Cu^+ 是主要的活性中心，Zn 也是催化剂中不可或缺的组分，甲醇分解过程中，Zn 虽然可以帮助 Cu 的分散，但也会加快催化剂失活，失活与 CuZn 合金的生成有关。反应过程中 ZnO 被还原成 Zn，这些 Zn 会渗透到 Cu 晶格中形成 CuZn 合金，这是导致催化剂失活的主要原因 [9]。

与 3.1 节中化石燃料制氢相比，甲醇裂解制氢投资较低，能耗较低。例如，水蒸气转化制氢需在 800 ℃ 高温下进行，炉子等设备需要特殊材质，同时要考虑转化用的蒸汽的预热 (水碳比一般为 3~3.5)。而甲醇裂解制氢反应温度低 (260~300 ℃)，与同等规模的天然气制氢相比甲醇裂解制氢的能耗仅是前者的 50%。通过该种方法制得氢气的成本主要为甲醇原料成本，约占氢气成本的 70% [10]。甲醇制氢的成本估算如表 3.7 所示。甲醇制氢设备、安装、土建及其他总投资 1058 万元，以华南某区域甲醇价格为 2200 元/t 为例，每年甲醇花费等费用为 1267 万元，每年成本合计 1531 万元，对应氢气成本 1.91 元/Nm^3。氢气成本与甲醇的价格呈正比关系，如果要求氢气成本低于 2 元/Nm^3，则甲醇价格要低于 2319 元/t[11]。

表 3.7 甲醇制氢的成本情况表

项目	成本
甲醇等费用/万元	1267
设备及土建折旧/万元	100
维修费/万元	19
人工及管理费/万元	120
财务费用/万元	25
对应氢气成本/(元 ·Nm^{-3})	1.91

3.2.2 工业副产氢

氢气在很多行业以一种副产品的形式存在，这些行业主要集中在制碱和冶炼等高温工业领域。冶铁制氢是工业副产氢的典型案例，如图 3.5 所示。它由还原过程及制氢过程组成。还原过程中铁矿石被通入的还原性气体还原，制氢过程中还原态的载氧体与水蒸气反应并制取氢气。早在在 20 世纪初，人们采用水蒸气作为制氢原料，利用 Fe_3O_4 和 FeO 之间的转化反应来制取氢气，开启了化学链制氢的大门。随后在前人研究的基础上，对化学链制氢过程进行了改进，增加了把 Fe_3O_4 氧化至 Fe_2O_3 的步骤。化学链制氢一般是由还原过程、制氨过程、空气氧化过程三部分组成，其原理示意图如图 3.5 所示。在燃料反应器中主要发生载氧体的还原过程，通入的还原性气体燃料如 CO、CH_4 等使得载氧体被还原并同时生成 CO_2 和 H_2O。随后在水蒸气氧化反应器中，还原态的载氧体被通入的 H_2O 氧化并同时生成 H_2。

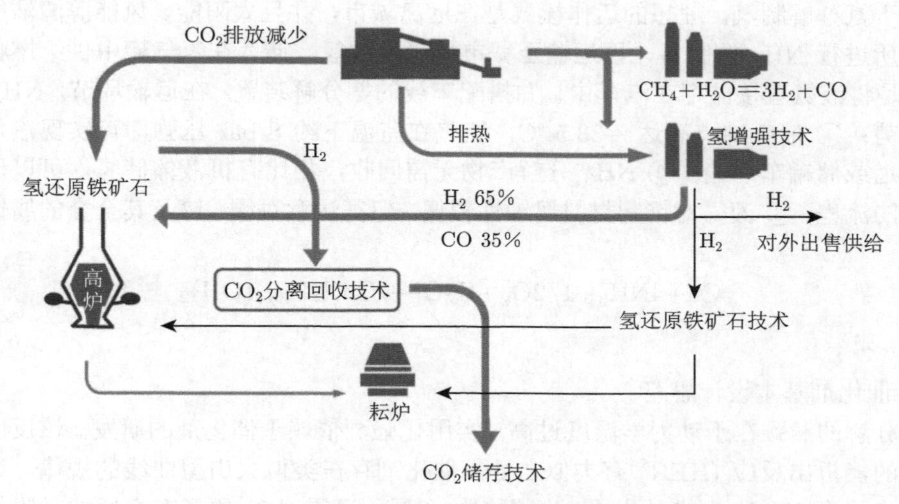

图 3.5 工业副产氢的利用

3.2.3 氨分解制氢

氨分解制氢是一种面向现场制氢的技术，制氢原料液氨来自传统的合成氨工艺，而合成氨的初始能量来源可视其他工业资源而定，包括天然气、重油、煤炭等。这些工业化方法都将包含使用 H_2、N_2 进行合成的步骤，因此可以将氨作为一种储运氢气的手段。合成氨的工艺已经发展得相对完善，并且在许多著作中有了详尽的讨论，因此本节仅讨论其中的氨分解制氢部分。

浮法玻璃工业中已较为成熟地使用氨分解制氢技术，用于生成纯度大于 99% 的氢氮混合气作为保护气氛，拥有成熟的商业化设备。尽管氨分解制氢尚未使用于加氢站，但由于其独有的优势，已经在实验室层面上引起关注。

3.2.3.1 原理

氨分解制氢以液氨为原料，目前的装置以金属 Ni 为催化剂，在高温 (800~900 ℃) 下热分解得到 3:1 的 H_2 与 N_2。对于面向燃料电池的应用，还需对其进行提纯。以反应方程式表达：

$$2NH_3 \longrightarrow N_2 + 3H_2 \quad \Delta H= +11\ \mathrm{kcal/mol} \tag{3.10}$$

反应过程需要吸热，对于热力学而言分解温度在 463 K，但在动力学温度中被建议为 773 K [12]，实际操作更是高达 1073 K 以上。在美国能源部提出的 2020 年储氢材料目标中，放氢温度希望降至 333 K，氨分解制氢仍与之有相当的距离。这段距离主要源自动力学放氢温度与热力学的巨大差距，需要通过新型高效催化剂的研发来填补。

NH_3 自身的特性，是该领域引起关注的主要原因。NH_3 具有高达 17.6 wt% 的质量储氢密度，120 g/L 的体积储氢密度，仅次于 H_2、CH_4 和部分含硼材料。更为重要的，在化石燃料、生物质制氢、甲醇重整、有机液体放氢等手段中，H_2 中混有微量的 CO 便会使燃料电池的催化剂中毒，而氨分解制氢完全不存在这种风险，这对于面向加氢站的供氢手段至关重要。

对于氨分解制氢，理想的运作模式是在远离城市，并且太阳能、风能等清洁能源充足的场所进行 NH_3 的制备，再运输至城市加氢站放氢，储存在氢气罐中供给燃料电汽车，或是将液氨直接储存在汽车中，并搭配车载的氨分解装置。在运输环节，NH_3 同样拥有优势：① 液氨沸点高达 −33.5 ℃，氨气在室温下约 8 bar 压强即可实现液化，有利于管道或储罐车运输；② NH_3 分解产物无需回收，相比有机液体储氢，可以避免反向输送的流程；③ 液氨对钢制材料腐蚀性较低，但需注意对铜、锌及其合金的腐蚀性很高 [13]：

$$Cu+4NH_3+1/2O_2+H_2O \longrightarrow Cu(NH_3)_4(OH)_2 \tag{3.11}$$

3.2.3.2　现状

1) 催化剂基本设计思路

氨分解的瓶颈在于动力学温度过高，实用化强烈依赖于催化剂的研发。该反应和电解水中的氢析出反应 (HER) 有类似之处，催化剂存在类似火山型曲线的规律。该反应的决速步骤为 N—N 叁键的生成，催化剂的金属元素需对 N 原子有合适的吸附能，过正的吸附能导致脱附困难，不易生成 N_2，过负的吸附能导致 NH_3 不易吸附，不发生分解反应，因而呈现火山型曲线 [14] (图 3.6)。

综合许多研究成果，研究者普遍认为在氨分解反应中 Ru 金属具有最好的活性，Rh、Ni、Co 等其次，随后是 Pt、Pd、Cu 等元素 [15-18]，但需要注意的是催化剂的活性还与许多实际因素相关 [19]，例如，图 3.6 计算得到的在不同气氛下的曲线位置有所偏差，这对应着实际过程中流动床反应器入口和出口处的差距。在实际应用中，不得不考虑的还有催化剂的成本问题，例如，金属 Ru 的价格在 2020 年约 80 元/g，而现有装置中使用的 Ni 金属仅约 0.1 元/g。在结合能的规律指导下，若能通过组分调节，使得合金 [20-21] 或者金属氮化物 [22]、碳化物 [23] 的 N-结合能在 Ru 的附近，则应当也获得较好的催化活性，基于这种考虑，多组分的催化剂也在广泛研究中。

除了金属核心，催化剂载体和助催化剂也是主要研究内容。催化剂载体常用分子筛 [16]、氧化铝 [15]、碳纳米管 (CNT)[24] 等，总体而言，该反应的催化剂载体需要具有高比表面积、高稳定性和较好的导电性。具有良好导电性的 CNT 是最好的载体选

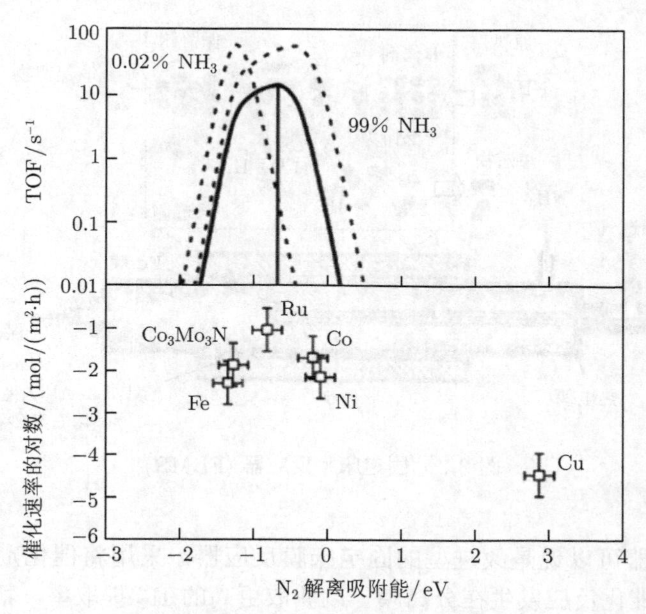

图 3.6 上：773 K、1 bar 下计算得到的转化频率与结合能的关系，其中实线为 N_2:H_2=1:3，虚线分别为相应比例的气氛；下：773 K、1 bar、N_2:H_2=1:3 条件下的实测催化速率

择 [25]，但高昂的价格 (~USD$100000 kg^{-1}) 使之难以大规模应用。载体的选择还应当综合考虑成本安全性等问题，并非最高效的催化剂就是最适合规模化反应器的。

助催化剂在氨分解反应中起到提升金属核心电子密度的作用，常用的包括碱金属化合物、碱土金属氧化物等，例如，在 Ru/CNT 体系中，有研究者得出了 K >Na >Li > Ce> Ba> La >Ca 的助剂效果排序，并且针对 K 化合物得出了 KNO_3 >KOH >K_2CO_3 >KF >KCl >KBr >K_2SO_4 >K_3PO_4 的结果 [26]。遗憾的是助催化剂的促进效果并不能像火山型曲线一样被预测，目前没有发现足够明确的规律 [25]。

2) 氨分解制氢设备

面向不同的应用，氨分解制氢的反应器也有所不同，按结构可简单地分为固定床反应器、催化膜反应器、柱形反应器 [26] 等，按规模也可分为常规型反应器和微型反应器。其中常规型反应器面向氨分解加氢站的大规模制氢使用，微型反应器则面向车载制氢系统。

现有的氨分解制保护气装置属于固定床反应器，对于面向制氢的固定床反应器还需要氢气提纯设备，单论氨分解制氢目前已经实现较高的转化率 (> 99%)，提供较高的给气压力，但存在反应器内的温度梯度大、总体反应温度高 (600 ℃~900 ℃) 等问题 [27]。

对固定床反应器的研究目前更侧重于将分离系统与催化制氢合并，例如，Zhang 等 [28] 较早报道的集成膜分离 H_2 的反应器 (图 3.7)，催化剂选取 Ni 为催化中心，La 为助催化剂以及 Al_2O_3 作为载体，分散在石英砂上作为催化填料，并在填料中埋入 Pd 管进行 H_2 的渗透分离。最终该反应器在 500 ℃ 下，得到 54 $m^3\cdot mol^{-1}\cdot h^{-1}$，纯度为 99.96% 的 H_2，H_2 回收率为 77% ，主要损失在于本身的转化率以及尾气残有未回收的 H_2。

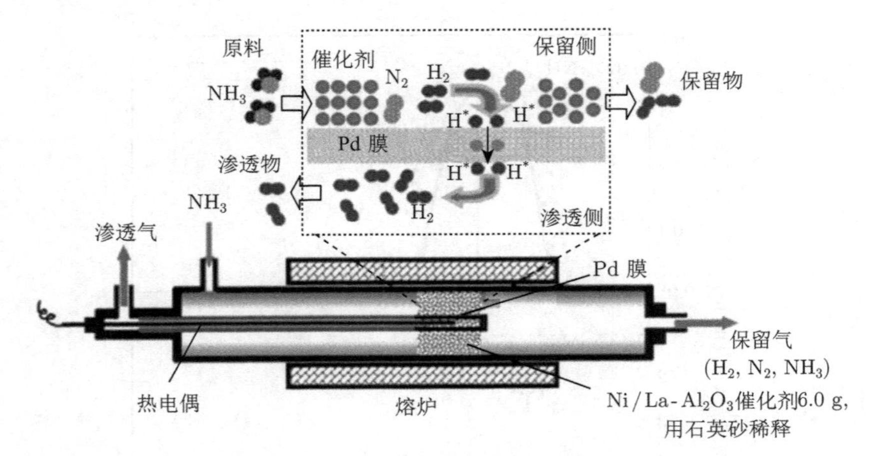

图 3.7 固定床膜反应器 (FBMR)

催化膜反应器可以说是改进型的固定床膜反应器，采用将催化剂直接负载在分离膜的方式，使得催化反应发生在分离膜上以获取更高的 H_2 提取率，牺牲则是催化剂与 NH_3 流的接触概率将下降，这导致设备难以放大化，因此是面向车载制氢的反应器。例如，Li 等 [29] 设计的反应装置 (图 3.8)，利用 Ru 作为催化剂，负载在氧化铝载体上，利用氧化铝不同的晶相实现提升表面积和与其他组件的结合。经过中间层 SiO_2/ZrO_2 后利用价格远低于 Pd 的氧化硅膜作为 H_2 分离层。该反应器在 500 ℃ 下获得了 6.2×10^{-7} mol/(m^2· s· Pa)99.6% 纯度的 H_2，NH_3 转化率达到 95% 。

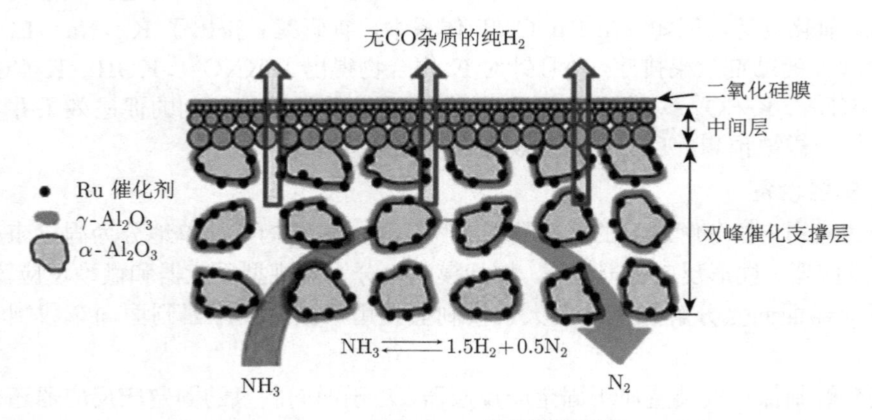

图 3.8 催化膜反应器

更偏向应用的微型反应器的研究还需要考虑到加热装置的集成，可选用的包括电加热和反应加热 (燃烧)。Kim 等 [30] 设计发展了一套相对完整的氨分解装置，示意图如图 3.9 所示。该装置将微型丙烷燃烧系统和氨分解系统集成，通过分层的同心圆式设计实现较高的热利用率，并且装置长度仅 55 mm，直径仅为 16 mm。利用该微型反应器获得了 98% 的 NH_3 转化率，输出功率为 5.4 W，总能量效率为 13.7% 。尽管该装置总输出功率较低，并且未集成 H_2 分离系统，但在小型化上的设计仍然具有参考价值。

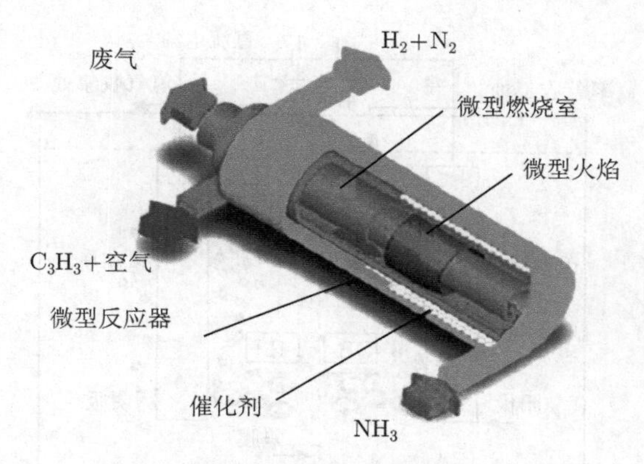

图 3.9 集成燃烧系统的微型反应器

3.3 电解水制氢

电解水制氢也是传统的制氢方法之一，技术基础相对比较成熟。电解水制氢就是利用电能来分解水，获取氢气。该种方式具有显著的优点，如制备得到的氢气纯度较高，可以达到 99.99%；使用电力作为能量来源，清洁无污染。但是电解制氢技术也存在着明显的缺点，那就是经济性，限制了电解水制氢的大规模应用。电解过程所耗费的电量很高，据计算，每生产 1000 g 的氢气，需要消耗 60 kW·h 左右的电量，对应价格在 30~40 元/kg，较化石燃料制氢价格昂贵。目前工业电解水制氢的电解效率为 60%~80%，操作压力在 0.8~3.5 MPa。

3.3.1 电解水制氢原理

在电解水时，由于纯水的电离度很小，导电能力低，属于弱电解质，所以需要加入电解质，以增加溶液的导电能力，使水能够顺利地电解成为氢气和氧气。在电解质水溶液中通入直流电时，分解出的物质与原来的电解质完全没有关系，被分解的物质是溶剂水，而电解质仍然留在水中。例如硫酸、氢氧化钠、氢氧化钾等均属于这类电解质。

电解水制氢的原理如图 3.10 所示，以氢氧化钾溶液作为电解液为例。在电解氢氧化钾溶液，在电解槽中通入直流电时，氢氧化钾等电解质不会被电解，水分子在电极上发生电化学反应，阳极上放出氧气，阴极上放出氢气。

阴极：$2H_2O + 2e \longrightarrow H_2\uparrow + 2OH^-$(氢析出反应，HER)

阳极：$2OH^- - 2e \longrightarrow \frac{1}{2}O_2\uparrow + H_2O$ (氧析出反应，OER)

总反应式： $H_2O \longrightarrow H_2\uparrow + \frac{1}{2}O_2\uparrow$

3.3.2 电解水制氢现状

电解水制氢已经工业化，并且可能成为未来制氢方式的主流。水电解制氢设备的核心部分是电解槽；目前常用的电解槽有碱性电解槽、质子交换膜电解槽 (proton exchange membrane, PEM) 和固体氧化物电解槽 (solid oxide electrolysis cell, SOEC)。

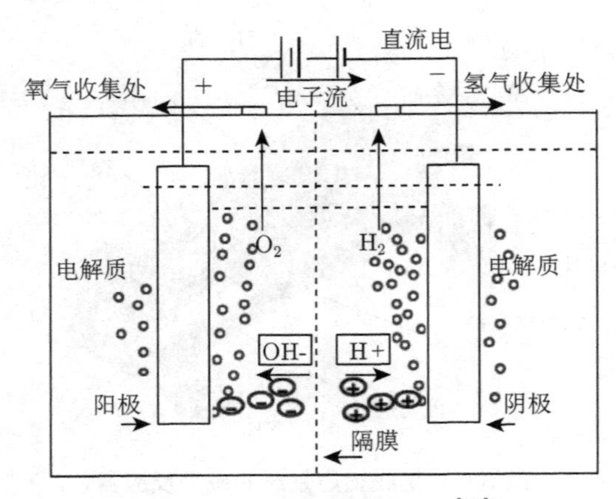

图 3.10　电解水制氢原理 [31]

3.3.2.1　碱性电解水制氢

碱性电解水制氢是最简单的制氢方法之一，其得到广泛应用的挑战在于减少能源消耗成本，提高其持久性和安全性，对应的碱性电解槽也是目前常用的商用电解槽。加拿大 Stuart 公司是目前世界上利用电解水制氢和开发氢能汽车最为有名的公司，该公司开发的碱性电解槽可以日产氢气 25 kg，用于汽车的氢能系统可以提供 3 kg/h 的氢气。Hamilton 电解槽开发制造商生产的碱性电解槽，可以提供 6~30 Nm^3/h 的氢气，氢气的纯度可达 99.999%。在日本的新能源计划中，氢的制取也是通过碱性电解槽来实现的，其在 80 ℃ 和 1 A/cm^2 的工作条件下, 可以实现 90% 的效率，且连续工作超过 4000 h。

目前大规模电解水的设备具有双极性压滤式结构，采用非贵金属 Ni 作为析氢催化剂，而常用的强电解质溶液为高浓度 (1 mol/L，6 mol/L) 的 KOH 或 NaOH 溶液。非贵金属 Ni 的最大优势在于碱性条件下可以使用非贵金属的 Ni 或 Ni-Fe 作为阴极材料，同时在高浓度的碱溶液中 Ni 或 Ni-Fe 合金具有良好的抗腐蚀性能，能够兼容非贵金属电极的这一优势可以极大降低电解池的使用成本。但是传统的碱性电解池尽管可以实现电极的稳定，以及相对于煤转化的氢气更高的能量转化效率与氢气纯度，但是 50%~60% 的能量转化效率仍然不能满足氢气替代化石能源的成本要求，同时 100~300 mA/cm^2 的极限电流密度也制约了氢气的生产规模。而且传统碱性电解池中的隔膜材料一般为石棉布，其并不具有离子的选择透过性且不能完全阻止阴阳极上氢氧之间的互扩散，造成了两方面的不良影响：一是会为后期产品氢气的提纯造成困难与成本的提升，二是会导致阴阳极上分别发生氧还原反应 (ORR) 与氢气氧化反应 (HOR)，降低电解水的能量利用效率。尽管目前已有了一些针对碱性电解质中氢氧根的离子交换膜的报道，但是和酸性电解质中已商品化成熟的 Nafion 膜材料相比，碱性离子交换膜投入大规模生产应用中的技术还不够成熟。

3.3.2.2　质子交换膜电解水制氢

质子交换膜电解水技术是 20 世纪 70 年代由美国通用公司研究发展起来的电解水制氢技术。质子交换膜电解槽，也称固体高分子聚合物电解槽，将以往的电解质由一般的强碱性电解液改为强酸性电解液，同时采用固体高分子离子交换膜 (如杜邦公司生产 Nafion 全氟磺酸膜) 作为隔膜，起到对电解池阴阳极的隔膜作用。

同碱性电解池相比，质子交换膜电解水技术具备效率高、机械强度好、质子传导快、气体分离性好、移动方便等优点，该装置阴极析出的氢气和阳极析出的氧气之间可以实现有效的相互隔绝以避免能量效率的降低和爆炸的风险，使质子交换膜电解槽在较高的电流下工作。同时，质子交换膜电解装置在运行中的灵活性和反应性更高，可提供更宽广的工作范围并且响应时间更短。这种显著提高的运营灵活性可能会提高电解制氢的整体经济效益，尤其是可以很好地结合可再生能源发电，从而可以从多个电力市场获得收益。碱性和酸性电解池的一些主要参数对比如表 3.8 所示。质子交换膜电解采用纯水电解避免了电解液对槽体的腐蚀，其安全性比碱性电解水制氢要高。电极采用具有催化活性的贵金属 (如 Pt) 或者贵金属氧化物 (IrO_2、RuO_2)；将这些贵金属或者贵金属的氧化物制成具有较大比表面积的粉体，利用 Teflon 黏合并压在 Nafion 膜的两面，形成了一种稳定的膜与电极的结合体。

质子交换膜电解池主要由高分子聚合物电解质膜和两个电极构成，质子交换膜与电极为一体化结构，如图 3.11 所示。当质子交换膜电解槽工作时，水通过阳极室循环，在阳极上发生氧化反应，生成氧气；水中的氢离子在电场作用下透过质子交换膜，在阴极上与电子结合，发生还原反应，生成氢气。质子交换膜中的氢离子通过水合氢离子形式从一个磺酸基转移到相邻的磺酸基，从而实现离子导电。

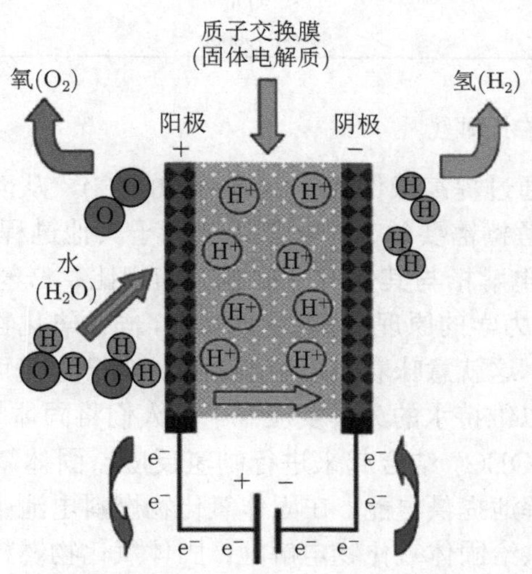

图 3.11 质子交换膜电解水制氢示意图 [32]

对于质子交换膜电解水技术而言，质子交换膜的研发仍在进行中，目前比较成功的质子交换膜为全氟磺酸高分子膜，商品名有：Nafion 膜、Flemion 膜、Aciple 膜和 Dow 膜，其中杜邦公司生产的 Nafion 膜效果最好，但是价格昂贵，增加了制氢的成本。为了降低质子交换膜电解水制氢的成本，试图尝试价格比较便宜的聚合物，如聚苯并咪唑 (PBI)、聚醚醚酮 (PEEK)、聚砜 (PS) 等，这些聚合物的共同点是不具备质子传导能力或者质子传导能力很低，但是都具有良好的机械性能、化学稳定性和热稳定性。通过对这些聚合物进行质子酸掺杂，使其具有良好的质子传导能力，最终能作为质子交换膜应用到电解水制氢工艺中 [33]。对这些高分子聚合物膜的研究还仍处于实验室阶段。

质子交换膜电解槽在实际工作中，虽然不会发生腐蚀性液体的泄漏，但是其工作温度较高 (150 °C) 时，高分子离子交换膜就会发生分解，产生有毒气体。同时制约质子交换膜型电解池大规模应用的最大限制因素还是成本，贵金属材料电极的成本目前约占整个电解设备成本的 25%～30%，其矿产储量也很低，在大规模生产应用中也会受到严重的限制，这与将电解制氢作为大规模低成本能源的应用需求相悖。而目前除了贵金属材料之外，其他材料，特别是金属材料在强酸性下耐腐蚀性要弱得多，因而目前暂时没有能够大规模替换质子交换膜型电解池的材料能够有效降低其成本，这也是未来质子交换膜型电解池的研究方向之一。

表 3.8　碱性电解池与酸性电解池的性能及工作参数对比 [34]

工作参数	碱性电解池	酸性电解池
电流密度/$(A{\cdot}cm^2)$	0.2～0.4	0.6～2.0
能量密度/$(mW{\cdot}cm^2)$	< 1	< 4.4
电池效率/%	62～82	67～82
工作电压/V	1.8～2.4	1.8～2.2
工作压力/bar	< 30	< 200
产氢速率/(m^3/h)	< 760	< 40
气体纯度/%	< 99.5	99.99
寿命/h	60000～90000	2000～60000

3.3.2.3　固体氧化物电解水制氢

固体氧化物电解槽通过提高操作温度 (600～1000 °C)，从而减少了在电解槽内的总损失，将固体氧化物电解槽需要的部分电能用来源于其他过程的热能所取代。据报道，中等温度的固体氧化物电解槽与其他类型的电解槽相比，产氢所消耗的电能较低，为 3 $kW{\cdot}h/Nm^3$[35]。根据热力学的原理，当温度增加时，固体氧化物电解槽发生的分解水反应的吉布斯自由能降低，这就意味着当温度增加时，部分电能可以用热能来代替，即除了电能之外，高温也可以维持水的分解反应；于是人们将固体氧化物燃料电池 (SOFC) 与固体氧化物电解池 (SOEC) 结合起来进行制氢反应，固体氧化物燃料电池中注入天然气，为固体氧化物电解池提供电能，在固体氧化物燃料电池中发生不可逆过程产生的热量也是有用的，将提供给固体氧化物电解池；固体氧化物燃料电池产生的电能和热能增加了能源的转化效率。在实际中，固体氧化物燃料电池和固体氧化物电解池之间是分开的，分别是两个独立的反应槽，通过中间介质的热循环途径，将固体氧化物燃料电池中产生的热量传输给固体氧化物电解池，钠热管技术对于 600～900 °C 温度区间是有效的；或者将固体氧化物燃料电池与固体氧化物电解池合并为一个槽体，二者之间就像三明治一样，使热和电在两种池体之间的传输更加有利。图 3.12 为固体氧化物电解池–固体氧化物燃料电池联合制氢示意图。

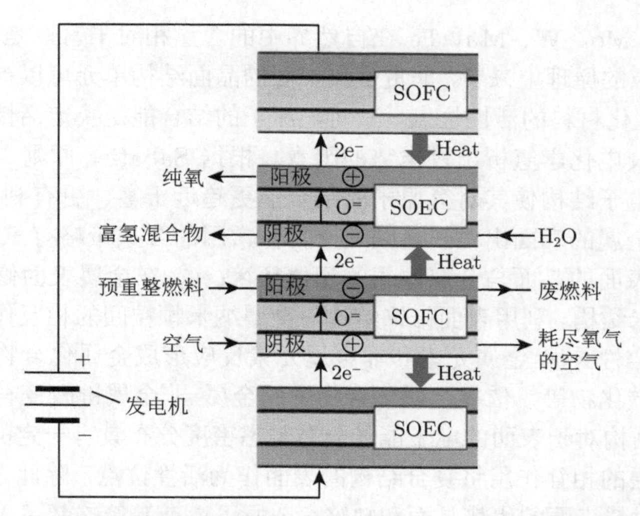

图 3.12 固体氧化物电解池-固体氧化物燃料电池联合制氢图 [36]

与其他电解水制氢方法相比，固体氧化物电解法制氢所用的固体氧化物电解槽的工作温度较高，存在高温下生成氧气的可能，会与氢气接触，发生爆炸；同时如此高的操作温度需要昂贵的材料来解决高温的问题，带来了较高的投资成本。

表 3.9 总结了现阶段三类电解水制槽的特点，通过上述三种方法进行电解水制氢的成本相当高，有数据统计显示，碱性电解槽制氢成本为 400~600 美元/kW；PEM 电解槽制氢成本为 2000 美元/kW；固体氧化物电解槽制氢成本为 1000~1500 美元/kW。除了利用传统的电能之外，由可再生能源转化的电能来进行电解水制氢的成本相对较低，越来越得到人们的关注。目前弃光、弃风和弃水发电的成本价格为 0.15 元/(kW·h)，据此计算出的电解水制氢成本为 1.5 元/m^3，这已经远低于利用上网电电解水制氢的成本，且与化石燃料 (煤、焦炭和天然气) 制氢的成本上限接近。通过这种可再生的新能源作为电解水的能源供应，会大大降低电解水制氢的成本，这将成为电解水制氢发展的新动力，利用可再生电力结合电解水技术有望实现一条清洁的可持续制氢路径，使电解水制氢在未来制氢工业中的比例大幅提高。

3.3.2.4 非贵金属电解析氢催化剂

除几种电解槽装置的设计外，催化剂的选择也至关重要。这主要是由于在实际电解水制氢过程中，要实现电解液的顺利电解，需施加超出理论电压 (1.23 V) 的外加电压，超出的部分叫作过电势 η，过电势的存在严重影响了其能量转化效率。过电势的产生主要是由浓差极化和电化学极化两个原因造成的。电极的浓差极化因界面层溶液的扩散速度小于电解速度而产生，随着电流密度增大而增大。电化学极化则与在特定催化剂表面发生的反应机制有关，为尽量降低电极反应的过电势，需开发高效、高稳定性的电解水催化剂进而降低氢气利用成本。

近些年来，科研领域关于电解水催化剂的设计和制备的工作层出不穷，研究者们尝试找到可以取代传统贵金属的非贵金属电化学析氢催化剂。在寻找和筛选新型析氢催化剂方面，首要保证的是材料的导电性，它是实现在通电条件下能够工作的前提。过渡金属 Co、Ni、Cu、Mo、W、Mn、Fe 在自然界中的含量相对丰富，是良好的替代元素。从电解水析氢反应的原理上来看，非贵金属表面的晶面结构单元可以被视作是单一的对于单个的 HER 催化材料的活性位点，其对氢原子的结合能是决定活性位点对催化氢原子吸脱附速率以及电化学氢析出过电势的因素。根据 Sabatier 原则，在微观层面改变非贵金属表面的电子结构使其对氢原子的结合能更趋近于零，更有利于降低反应势垒。从典型的单组分金属的表面出发，达到这一目标常用的合成策略有三种：① 通过合金化重构新的金属表面的晶面与金属原子的配位环境；② 在金属表面修饰的碳材料或其他非金属材料纳米结构。利用表面修饰结构与金属纳米颗粒间的相互作用及其耐酸特性提高其活性和稳定性。③ 金属元素和非金属元素反应形成金属化合物，如硫化物、氮化物、磷化物、碳化物等，依靠金属化合物中的金属–非金属键改变材料表面的化学环境。此时金属的结构对于表面的电子能量分布与态密度分布具有一定的影响，利用这种金属与表面修饰层的相互作用将复合结构的表面作为活性位点。除此之外，调节合成产物的形貌、控制材料表面的优势晶面和缺陷、杂原子掺杂等策略都可以用来进一步优化目标催化剂对氢析出反应的反应活性。关于催化剂的开发及电解水过程机制的研究近些年来发展非常迅速，并在持续进展中。

表 3.9　三种电解水制氢槽对比

特性	碱性电解水	质子交换膜电解水	固体氧化物电解水
能源效率	60% ~75%	70% ~90%	85% ~100%
能耗 (kW·h/ Nm^3)	4.5~5.5	3.8~5.0	2.6~3.6
运行温度/℃	70~90	70~80	700~1000
启停速度	启停较快	启停快	起停慢
动态响应能力	较强	强	—
电能质量需求	稳定电源	稳定或波动	稳定电源
电解质	20%~30% KOH	PEM(如 Nafion)	Y_2O_3/ZrO_2
系统运维	有腐蚀液体,后期运维复杂,成本高	无腐蚀液体，运维简单，成本低	目前以技术研究为主，尚无运维需求
电解槽成本/(美元/kW)	400~600 较差	约 2000	1000~1500
安全性	较差	较好	较差
占地面积	较大	占地面积小	未知
特点	技术成熟,已实现大规模应用,成本低	较好的可再生能源适应性，无污染，成本高	部分电能被热能取代，转化效率高；高温限制材料选择，尚未实现产业化
国外代表企业	法国 Mcphy，美国 Teledyne，挪威 Nel	美国 Proton，加拿大 Hydrogenic	—
国内代表企业	苏州竞立,天津大陆制氢,中国船舶集团第七一八研究所 (简称七一八所)	七一八所，中电丰业，中国科学院大连化学物理研究所，安思卓，中国航天科技 507 所	—

3.3.2.5　电解水产业化项目进展

20 世纪 20 年代，碱性电解水技术已经实现工业规模的产氢，应用于氨生产和石油精炼等工业需求。70 年代后，能源短缺、环境污染以及太空探索方面的需求带动了电解水技术的发展，同时特殊领域发展所需的高压紧凑型碱性电解水技术也得到了相应的发展。近几年来，许多国家在电解水技术的开发中取得长足的进步。欧盟、北美、日本涌现了很多质子交换膜电解水设备企业，推动了电解水的发展。如加拿大 Hydrogenics 公司于 2011 年在瑞士实施 HySTATtm60 电解池的项目，为加氢站提供电解槽产品，每天可电解产生 130 kg 纯氢。美国 Proton Onsite 公司在全球 72 个国家有约 2000 多套 PEM 电解水制氢装置，占据了世界上质子交换膜电解水制氢 70% 的市场。

目前，碱性电解制氢在国内已经工业化，电解水装置的安装总量在 1500~2000 套，代表企业有苏州竞立制氢设备有限公司、天津市大陆制氢设备有限公司等。而国内的质子交换膜电解制氢技术还处在工业化的前期阶段，中国科学院大连化学物理研究所从 20 世纪 90 年代开始研发 PEM 电解水制氢，在 2008 年开发出产氢气量为 8 Nm^3/h 的电解池堆及系统，输出压力为 4 MPa，纯度为 99.99%。2020 年 4 月，全球最大规模的太阳能电解水制氢储能及综合应用示范项目在宁夏宁东能源化工基地开工建设。该项目由宁夏宝丰能源集团股份有限公司投资建设。项目总投资 14 亿元，主要包括新建 20000 Nm^3/h 电解水制氢装置 (合计年产氢气 1.6 亿 Nm^3/年，副产氧气 0.8 亿 Nm^3/年) 及配套公辅设施。

日本东芝公司利用电解水技术制备氢气并集成设计和推广了一种自给型能源供应系统——H_2One(图 3.13)。H_2One 是一个由太阳能发电设备、蓄电池、电解水制氢装置、储氢罐、燃料电池等组合而成的自给型能源供应系统，利用太阳能发电设备产生的电能将水电解，制成氢气储存于储氢罐中作为燃料电池的燃料，并通过燃料电池提供电力和热水。因 H_2One 系统只需要阳光和水即能运转，在发生灾害甚至是生命线被切断的时刻，该系统也可独立提供电力和热水。川崎 MARIEN 作为指定的周边居民灾害临时避难所，一旦发生灾害，其所储存的氢气可为 300 人提供约 1 周左右的电力和热水。另外，由于 H_2One 系统采用了集装箱式外形，必要时可以用拖车将该系统运往受灾地区。

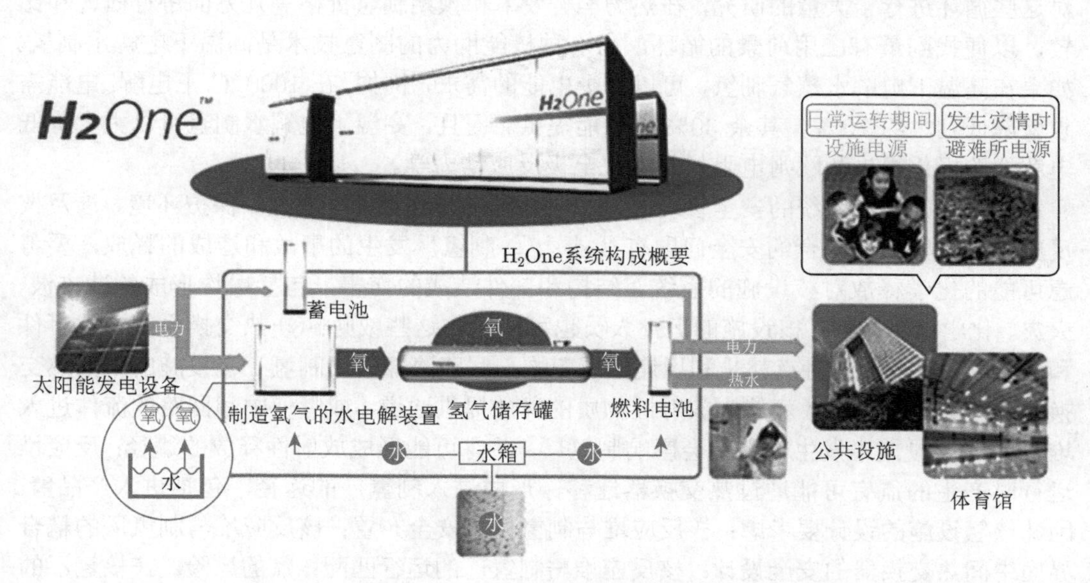

图 3.13 东芝 H_2One 系统示意图

3.4 核电制氢

氢是二次能源，要利用一次能源来生产。清洁的核能是可以用于大规模制氢的一次能源。核能制氢技术就是将核反应堆与采用先进制氢工艺的制氢厂耦合, 进行氢的大规模生产。半个多世纪以来, 核裂变能的利用已经有了长足的发展, 世界的核电装机已经达到 356 MWe，占世界电力生产的 17% 。正在发展中的第四代核能系统不仅可在未来为世界提供更安全、更清洁的核电生产，而且将为实现大规模制氢创造条件。与其他制氢方式相比，核能制氢具有不产生温室气体、以水为原料、高效率、大规模等优点。高温气冷堆是我国自主研发的具有固有安全性的第四代先进核能技术，其高温高压的特点与适合大规模制氢的热化学循环制氢技术十分匹配，被公认为最适合核能制氢的堆型。经初步计算，一台 60 万 kW 高温气冷堆机组可满足 180 万吨钢对氢气、电力及部分氧气的能量需求，每年可减排约 300 万吨二氧化碳，减少能源消费约 100 万吨标准煤，将有效缓解我国碳排放压力，助力解决能源消费引起的环境问题。

能够与制氢工艺耦合的反应堆可有多种选择，但从制氢的角度来看，制氢效率与工作温度密切相关。在理论上，水的热解离是利用水制氢的最简单的反应，但是不能用于大规模制氢的原因至少有两点：第一需要 4000 ℃ 以上的高温；第二要求发展能在高温下分离产物氢和氧的技术，以避免气体混合物发生爆炸。这是在材料和工程上都极难解决的问题。为了避免上述问题，人们提出采用若干化学反应将水的分解分成几步完成的办法，这就是所谓热化学循环。热化学循环既可以降低反应温度，又可以避免氢-氧分离问题，而循环中所用的其他试剂都可以循环使用。对热化学循环的研究始于 20 世纪 60 年代，目的是利用核反应堆提供的高温热能制氢。研究者提出了很多个可能的循环，对这些循环进行了大量的研究，在热力学、效率和预期制氢价格等几方面进行研究和比较，以便找到最有应用前景的循环。另一种核能助力的制氢技术是高温下电解水制氢。如果在高温下电解水蒸气制氢，可以减少电能的需求，例如, 在 1000 ℃ 下电解, 电能需求就降低到大约 70% ，其余 30% 由热能提供。而且，高温下电解水制氢可以大大降低电解池的极化损失和欧姆电阻，并加快电极反应动力学。

对未来的核氢系统的安全管理的目标是：确保公众健康与安全、保护环境。涉及核反应堆和制氢设施耦合的安全问题有 3 类：① 制氢厂发生的事故和造成的释放，要考虑可能的化学释放对核设施的系统、结构和部件造成的伤害，包括爆炸形成的冲击波、火灾、化学品腐蚀等，核设施的运行人员也可能面临这些威胁；② 热交换系统中的事件和失效；核氢耦合的特点就是利用连接反应堆一回路冷却剂和制氢工艺设施的中间热交换器，热交换器的失效可能为放射性物质的释放提供通道，或者使中间回路的流体进入堆芯；③ 核设施中发生的事件会影响制氢厂，并有可能形成放射性释放的途径；反应堆运行时产生的氚有可能通过热交换器迁移，形成进入制氢厂的途径，包括进入产品氢。因此核氢设施的设计要考虑：核反应堆与制氢厂的安全布置；核反应堆与制氢厂的耦合界面中间热交换器的安全设计；核反应堆与制氢厂的运行匹配；氚的风险。在核氢厂的概念设计中，对这两座设施的实体采取了充分隔离的措施，以消除制氢厂可能发生的爆炸和化学泄漏对反应堆造成的伤害，同时也保证制氢厂的放射性水平足够低，使制氢归于非核系统。在设计上使二回路压力高于一回路，从而可有效实现核系统与制氢系统的隔离。氢的同位素氢 (H)、氘 (D) 和氚 (T) 能够通过金属渗透，为防止氢进入一回路及防止堆芯中的氚进入二回路，正在对渗透的可能进行考察，并在开发防止渗透的技术。

3.5 生物质制氢

早在 19 世纪，人们就已经认识到细菌和藻类具有产生分子氢气的特性，在微生物的作用下，蚁酸钙的发酵可以从水中制取氢气；1942 年，科学家观察一些藻类的生长，发现减少二氧化碳的供应，绿藻在光合作用下停止释放氧气，转而生成了氢气。1958 年科学家发现藻类可以直接通过光解过程产氢，而不需要借助二氧化碳的固定作用。1966 年 Lewis 最早提出生物制氢课题，其研究主要集中在绿藻、蓝细菌、光合细菌的光解产氢和发酵产氢两个方面。20 世纪 70 年代能源危机的发生引起了人们对生物质制氢的广泛关注，并开始进行研究。美国 Pacific Northwest Laboratory (PNL) 最初对生物质制氢的研究主要集中在生物质的高温气化、从生物质中提取液体燃料及合成气，并对其动力学特性和催化剂进行初步研究；随后又对临界水中生物质气化系统进行了研究，主要分析高温受压缩流体和超临界流体中生物质反应的化学特性，包括催化剂的选用、连续流动反应器试验及碳的气化过程等 [37-39]。20 世纪 90 年代初，美国夏威夷大学开始采用超临界技术进行生物质气化制氢，以活性炭为催化剂，研究多种生物质在超临界水中的气化的影响，并利用高压水作为二氧化碳吸收剂。目前正致力于研究如何延长催化剂的活性，并完成生物质重整流动反应器的设计和安装制造，为进一步完成新反应器系统的中试做准备 [40,41]。

科学家已经研制出了利用叶绿体制氢的装置，用 1g 叶绿素在 1h 内可以生成 1L 的氢气。通常经过生物法制备的氢气需要进一步纯化处理，生物法制得的氢气含量通常为 60%~90%(体积分数)，气体中可能混有 CO_2、O_2 和水蒸气等，可以采用传统的化工方法除去混在其中的杂质，如 50%(质量分数) 的 KOH 溶液、苯三酚的碱溶液、干燥器或冷却器等。

生物质制氢就是以碳水化合物为供氢体，利用光合细菌或厌氧细菌来制备氢气，并用微生物载体、包埋剂等细菌固定化手段将细菌固定下来，实现产氢。根据生物在制氢过程中是否需要阳光，将生物质制氢的方法分为两类：光合生物制氢和生物发酵制氢。

3.5.1 光合生物制氢

光合细菌是能在厌氧光照或好氧黑暗条件下利用有机物作供氢体兼碳源，进行光合作用的细菌，而且具有随环境条件变化而改变代谢类型的特性。能够实现光生物制氢的微生物有三类：好氧型绿藻、蓝绿藻和厌氧型光合作用细菌。这些所谓的光养生物将光作为能源，充分利用太阳能，进行只放氢不产氧活动。其中光合作用细菌比蓝藻和绿藻的产氢纯度和产氢效率要高。同时，光合细菌产氢条件温和，能利用多种有机废弃物作底物进行产氢，实现能源生产和废弃物利用双重效果，故光合细菌制氢被认为是未来能源供给的重要形式和途径。

Gaffron、Rubin 和 Spruit 同时报道了利用光生物过程进行产氢和产氧，就是利用太阳能和光合微生物进行有效产氢的过程 [42,43]。光合细菌产氢过程可以通过两种途径实现：① 去除全球温室气体 CO_2，生成非污染的可再生的能源 (通过绿藻和蓝细菌的生物光合作用)；② 利用对环境生态有害的废弃物作为底物 (通过光合细菌的光发酵)。自从 Gest 首次证明光合细菌可利用有机物作为供氢体，实现光合作用放氢以来，光合放氢机制的研究始终是研究的热点和难点。日本、美国、欧洲等国家和地区的科研人员对此做了大量的研究，但光合放氢过程非常复杂而且精密性较高，目前的研究还主要集中在高活性产氢菌株的筛选、优化以及环境条件的选择上，目的是提高产氢量，研究水平和规模还基本处于实验室阶段。

与热化学和电化学制氢相比，光合生物制氢有很多局限性，产氢率很低。理论上，在直接生物光合作用的过程中，2 mol 水可以生成 2 mol 氢气；在非直接的生物光合作用中，1 mol 葡萄糖中可以产生 12 mol 氢气；在光发酵过程中，1 mol 乙酸中可以产生 4 mol 氢气。但是实际的产氢率比最大的理论产氢率低得多，其原因是在藻类和蓝细菌中涉及产氢酶，如氢化酶和固氮酶，体系产生的氧气使其活性迅速降低。利用紫色光合细菌进行产氢的优势在于没有氧气的干预，但是氢化酶的吸收使整个过程的产氢率降低。

3.5.1.1　原理

光合微生物的生理功能和新陈代谢作用是多样化的，因此其具有不同的产氢路径。光合生物制氢路径如图 3.14 所示。蓝藻和绿藻通过直接和间接光合作用都可以产生氢气。

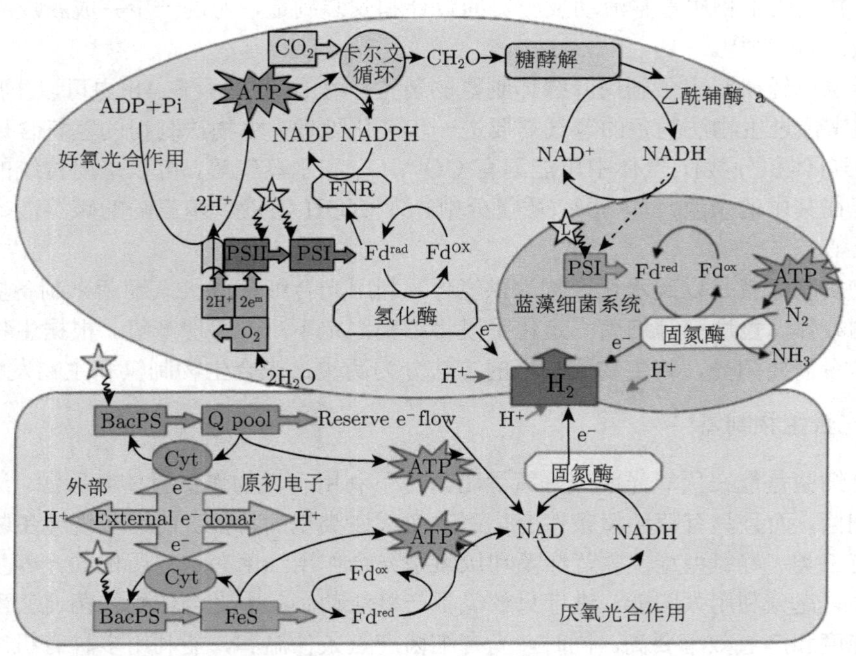

图 3.14　光合生物制氢路径 (包括好氧光合作用和厌氧光合作用两部分)[44]

蓝藻和绿藻的直接光合作用产氢过程是利用太阳能直接将水分解生成氢气和氧气。

在捕获太阳能方面显示出类似高等植物一样的好氧光合作用，其中包含两个光合系统 (PS I 和 PS II)。当氧气不足时，氢化酶也可以利用来自铁氧化还原蛋白中的电子，将质子还原，产生氢气。在光反应器中，细胞的光合系统 PS II 受到部分抑制会产生厌氧条件，因为只有少量水被氧化生成氧气，而且残余的氧气通过呼吸作用被消耗了。

化学反应式为

$$2H_2O+h\nu \longrightarrow O_2\uparrow+4H^++Fd(red)(4e^-) \longrightarrow Fd(red)(4e^-)+4H^+ \longrightarrow Fd(ox)+2H_2 \tag{3.12}$$

间接的生物光合作用是有效地将氧气与氢气分开的过程，尤其在蓝藻中最常见。储存的碳水化合物被氧化，而产生氢气。

化学反应式为

$$12H_2O+6CO_2 \longrightarrow C_6H_{12}O_6+6O_2 \tag{3.13}$$

$$C_6H_{12}O_6+12H_2O \longrightarrow 12H_2+6CO_2 \tag{3.14}$$

在厌氧的黑暗条件下，丙酮酸盐铁氧化还原蛋白的氧化还原酶使丙酮酸盐失去碳酸基，乙酰辅酶 A 通过铁氧化还原蛋白的还原作用生成氢气。丙酮酸脱氢酶 (PDH) 会在丙酮酸盐的代谢过程中产生 NADH，在阳光较少的地方，铁氧化还原蛋白被 NADH 所还原。固氮的蓝细菌主要通过固氮酶产生氢气 (将 N_2 固定为 NH_3)，而不是通过有双向作用的氢化酶。然而在很多没有固氮的蓝细菌中，通过具有双向作用的氢化酶，也能观察到氢气的生成。

两类主要的光合作用细菌有紫色细菌和绿色细菌，只利用一个光系统进行光合作用。绿细菌具有 PSI 型反应中心。无机/有机的底物被氧化，给出电子，通过 FeS 蛋白将铁氧化还原蛋白还原。对于暗反应以及产氢反应而言，被还原的铁氧化还原蛋白直接作为电子给体。相比较而言，紫色细菌含有类似反应中心的 PSII 体系，它不能还原铁氧化还原蛋白，但是可以通过循环电子流产生 ATP。固氮酶促成的氢气释放过程所需要的电子来自于无机/有机的底物。通过反应中心细菌叶绿素进入“苯醌池”。苯醌的能垒不足够负去直接还原 NAD^+。因此，来自苯醌池的电子会被迫反过来还原 NAD^+ 为 NADH。这个过程所需要的电子杯称为逆电子流。在整个过程中并没有氧气的生成，所产生的氢气净总量受氢化酶活性的影响。有研究表明，在生物光合作用产氢方面，紫色细菌的光合作用被认为是最好的，因为紫色细菌可以利用工业废物和发酵过程的副产物 (比如有机酸等)。

3.5.1.2 光生物反应器

为了提高生物制氢的产氢率，人们设计了各种光生物反应器。在光生物反应器中，光能被转化为生物化学能。光生物反应器区别于其他普通反应器的最基本因素为：① 反应器是透明的，使光最大限度地透过；② 能源是瞬时的，不能储存于反应器中；③ 细胞发生自身遮蔽。自身遮蔽导致额外吸收的能量发生损失，荧光和热会使温度升高，生物反应器需要附加冷却系统。反应器的厚度通常较小，从而增加反应器面积与体积比，避免细胞自我遮蔽的影响。

影响生物光反应器制氢效率的因素很多，为了提高光合生物的制氢量以及生物量，人们设计了多种生物反应器，在众多的反应器中，目前应用最多的是管状平板立柱式生物光反应器。各种生物光反应器都有各自的优缺点，比如在管式光反应器中，可以得到较大的光辐照面积，但是由于光合作用产生的溶解氧浓度较高以及泵输入的能量也较多，所以这种反应器的规模化受到了限制。在立柱式的生物光反应器中，光的辐照面积较小，但是由于其形状小巧、价格低廉、容易操作以及可以用鼓泡的方法进行搅拌等因素，在微藻类和光合作用细菌进行制氢时，立柱式生物光反应器仍然得到了广泛应用。在平板式光反应器中，光合作用效率高、气压可控，与其他反应器相比成本低，但是其在制氢过程中，却很难保持培养温度的恒定以及适当的搅动 [45-49]。

除了生物光反应器的形状对制氢效率的影响之外，生物光反应器的物理化学参数也影响着氢气的产生，如溶液的 pH、温度、光强、光穿透的深度、溶解氧、溶解 CO_2、搅动、气体交换、碳源和氮源以及二者的比例等。生物光反应器是敞开的还是封闭的，将影响这些物理化学参数的设定。

限制生物法大规模制氢的重要因素是只有有限的光能透射进入反应器深处；外部光源通过光纤光缆放入反应器的较深区域，并且使光源均匀分布。这种分散的光源对制氢起到关键的作用 [50-54]。

3.5.1.3　生物产氢酶

在生物制氢过程中，有两种主要的酶，即氢化酶和固氮酶，它们在生物产氢中起到催化的作用，将质子 H^+ 还原，生成分子 H_2。这两种酶都属于金属蛋白。

(1) 氢化酶：生物所发生的一系列分解水产氢行为，都基于连续排列的具有催化功能的氢化酶亚单元；据研究，存在三种不同类型的氢化酶，即 [NiFe] 氢化酶、[FeFe] 氢化酶和 Fe-S 氢化酶，其中 Fe-S 氢化酶后来被命名为 [Fe] 氢化酶；每种酶中都存在着具有特定功能的核。[FeFe] 氢化酶的产氢量较高，而 [NiFe] 氢化酶的耐氧能力较强，[Fe] 氢化酶不参与产氢行为。[Fe] 氢化酶通过 H_2 将 CO_2 催化还原为甲烷，依赖这种酶的细菌大部分都是产烷生物。

(2) 固氮酶：固氮酶对于农业生产是非常重要的，因为通过固氮作用，可以将大气中的 N_2 转化为 NH_3，为土壤进行了自然施肥。固氮酶主要进行固氮的同时，也能产生氢气。研究发现，在氮气有限的条件下，固氮酶能产生较多的氢气。

生物产氢酶在生物制氢过程中起到了重要的作用，但是研究发现大部分的生物产氢酶都会对氧气非常敏感。在分解水产氢的过程中，氧气的产生是不可避免的，于是生成氢气的连续性就会受到影响。目前为止只有少数的氢化酶表现出对氧气耐性，人们也尝试了很多办法去培育能对氧耐受的变异体。据观察，海藻氢化酶是最小最简单的氢化酶，其对氧失活最敏感，由于只有活性位点所在的 H 组编码，所以海藻氢化酶对氧失活更敏感一些。而 F 组编码可以保护活性位点，避免其发生氧气失活。H 组的氨基酸顺序或者活性位点区域的氨基酸成分是非常关键的，直接关系到其对活性位点的保护，避免受到氧气的影响。

固氮酶对氧气也敏感，但是与氢化酶相比，其对氧气的敏感性要相对小一些。固氮酶主要存在于厌氧的原核生物中，也存在于蓝细菌中。通过异核细胞，厌氧氢的产生与好氧光合作用隔离开来。在氮气有限的条件下，有利于氢的产生，同时氢的产生是一个高耗能的过程。

3.5.2 生物发酵制氢

20 世纪 90 年代后期，人们以碳水化合物为供氢体，直接以厌氧活性污泥为天然产氢微生物，通过厌氧发酵成功制备出了氢气。目前，生物发酵制氢主要分三种类型：① 纯菌种与固定化技术相结合，其发酵制氢的条件相对比较苛刻，现处于实验阶段；② 利用厌氧活性污泥对有机废水进行发酵制氢；③ 利用高效产氢菌对碳水化合物、蛋白质等物质进行生物发酵制氢。

生物发酵制氢所需要的反应器和技术都相对比较简单，使生物制氢成本大大降低。经过多年研究发现，产氢的菌种主要包括肠杆菌属 (Enterobacter)、梭菌属 (Clostridium)、埃希氏肠杆菌属 (Escherichia) 和杆菌属 (Bacillus)。除了对传统菌种的研究和应用之外，人们试图能寻找到具有更高产氢效率和更宽底物利用范围的菌种，但是在过去的十年间，鲜有报道新的产氢生物，生物发酵制氢量也没有明显的提高 [55-57]。

3.5.2.1 原理

生物发酵制氢过程，不依赖光源，底物范围较宽，可以是葡萄糖、麦芽糖等碳水化合物，也可以用垃圾和废水等。其中葡萄糖是发酵制氢过程中首选的碳源，发酵产氢后生成乙酸、丁酸和氢气，具体化学反应如下：

$$C_6H_{12}O_6+2H_2O\longrightarrow 2CH_3COOH+2CO_2+4H_2 \tag{3.15}$$

$$C_6H_{12}O_6+2H_2O\longrightarrow CH_3CH_2COOH+2CO_2+2H_2 \tag{3.16}$$

根据发酵制氢的代谢特征，将发酵制氢的机理归纳为两种主要途径：① 丙酮酸脱羧产氢，产氢细菌直接使葡萄糖发生丙酮酸脱羧，将电子转移给铁氧化还原蛋白，被还原的铁氧化还原蛋白再通过氢化酶的催化，将质子还原产生 H_2 分子。或者丙酮酸脱羧后形成甲酸，再经过甲酸氢化酶的作用，将甲酸全部或部分分裂转化为 H_2 和 CO_2。② $NADH+H^+/NAD^+$ 平衡调节产氢，将经过 EMP 途径产生的 $NADH+H^+$ 与发酵过程相偶联，其被氧化为 NAD^+ 的同时，释放出 H_2 分子。它的主要作用是维持生物制氢的稳定性。

发酵细菌在产氢代谢过程中，由于所处的环境、生物类群不同，最终的代谢产物不同。根据代谢产物的种类，将生物发酵制氢分为丁酸型和丙酸型发酵制氢。

3.5.2.2 生物发酵制氢方法分类

传统的生物发酵制氢工艺有活性污泥生物制氢法、发酵细菌固定化制氢法，目前又研究出了生物发酵与微生物电解电池相结合的生物制氢法。

1) 活性污泥生物制氢法

活性污泥生物制氢法是利用驯化的厌氧污泥发酵有机废水来制取氢气。经过发酵后末端的产物主要为乙醇和乙酸。利用活性污泥生物制氢的设备工艺相对比较简单，成本较低，但是产生的氢气比较容易被活性污泥中混有的耗氢菌消耗掉，从而影响产氢效率。

我国在活性污泥生物制氢方面取得了一定的进展，2005 年任南琪教授完成了世界上首例 "废水发酵生物制氢示范工程"，采用的生物制氢装置 (CSTR 型) 有效容积为 65 m^3，日产氢能力为 350 m^3, 成功完成了与氢燃料电池耦合发电工程示范，日产氢量可以满足 60~80 户居民使用 [58]。

2) 发酵细菌固定化制氢法

在发酵制氢的研究中，人们为了增加细菌在反应器中的生物持有量，使发酵细菌有效地聚集起来，较高的细菌浓度可以使细菌的产氢能力充分发挥出来，通常利用细胞固定化技术。发酵细菌固定化制氢法是将发酵产氢菌固定在木质纤维素、琼脂、海藻盐等载体上，再将其进行培养，最后用于发酵制氢。研究表明，固定化细胞与非固定化细胞相比，能耐较低的 pH，持续产氢时间长，能抑制氧气扩散速率等。虽然固定化技术使单位体积反应器的产氢速率以及运行稳定性得到了很大提高，但是所用的载体对发酵细菌具有不同程度的毒性，载体占据的较大空间限制了产氢细菌浓度的提高，同时存在机械强度和耐用性差的缺点。

3) 生物发酵与微生物电解电池组合法

生物发酵与微生物电解电池可以结合起来提高总体系统的产氢量。首先通过生物发酵作用，细菌将木质纤维素等生物质转化为甲酸、乙酸、乳酸、乙醇、二氧化碳、氢气。然后通过微生物电解电池，再将酸类和醇类转化为氢气。这样的组合可以大大提高发酵制氢的产氢率 [59-61]。

3.5.2.3 生物发酵制氢工艺参数

影响生物发酵制氢反应器工艺运行的因素很多，如温度、溶液的 pH、底物、水力停留时间等。

1) 温度

温度影响生物发酵细菌产氢代谢的速度，不同发酵产氢细菌的产氢温度存在较大差异。研究结果表明，大部分发酵产氢菌属于嗜温菌，目前还没有常温发酵产氢菌的报道；而高温发酵产氢菌的报道也很少，最高的温度为 55 ℃ 时，就可以达到较好的产氢效果 [62-65]。

2) pH

溶液的 pH 是影响生物发酵制氢工艺的重要参数之一，原因是 pH 对细菌微生物的代谢会造成影响，直接影响到产氢微生物细胞内部氢化酶的活性、细胞的氧化还原电位、代谢产物的种类和形态、基质的利用性。大部分的研究报道表明，生物发酵微生物通常在弱酸性的条件下，可以发挥较高的产氢效率。pH 的高低直接影响到代谢的产物，当 pH 较高时，发酵代谢产物以酸类为主，当 pH 较低时，发酵代谢产物主要是酮类和醇类。乙醇型发酵最佳的产氢 pH 为 4.2~4.5，丁酸型发酵最佳的产氢 pH 为 6.0~6.5[66,67]。

3) 底物

底物对生物发酵制氢效率的影响是很明显的，理论研究时所采用的底物通常有葡萄糖、蔗糖、淀粉、纤维素等，这些碳水化合物分子结构比较简单。而以有机废弃物作为底物的生物发酵制氢就变得非常复杂，废水的来源不同，底物的成分就会千差万别。对于利用有机废弃物进行生物发酵制氢时，首先对这些成分复杂的废弃物进行预处理；使废弃物中的有机物可以或者易被产氢微生物所利用，通常的预处理方法有五种，即超声波震荡处理、酸处理、灭菌处理、冻融处理和添加甲烷菌抑制剂。研究结果表明，冻融和酸处理的产氢效果做好，其次是灭菌处理。底物中无机营养元素对发酵制氢菌细胞的生长是必需的，无机营养元素的添加可以直接影响生物发酵制氢的进程，例如，Fe 作为细胞内酶活性中心的重要组成部分，可以维持生物大分子和细胞结构的稳定性，氢化酶的活性随着铁的消耗而下降；铁也是铁氧化还原蛋白的重要组分 [68]。

4) 水力停留时间

如果采用连续型发酵产氢装置，水力停留时间就成为很重要的影响因素。由于发酵制氢反应器的类型不同，水力停留时间会存在差异，通常情况下，水力停留时间为 2~24 h。

3.5.2.4 生物发酵制氢反应器

限制生物制氢工业化规模的主要因素是发酵制氢过程中较低的产氢率，按照目前的产氢能力，如果工业化的话，就需要一个超大体积的反应器。有研究表明，当利用生物发酵法，在嗜温条件件下，氢气的产生速率为 2.7 L/h 时，为小型质子交换膜燃料电池提供 1 kW 电量的生物反应池的最小体积为 198 L[69,70]。而处于实验规模的反应器，通常采用分批处理反应器，它具有容易操作和灵活等优点，而到目前为止，还没有建立起工业化规模的反应器。在德国，大部分的生物制氢反应装置通常为立式连续搅拌的反应槽，并附带各种类型的搅拌器。这种类型的反应器有一半多被单层或双层的膜所覆盖，用来保存生物质。厌氧发酵制氢反应器如图 3.15 所示。

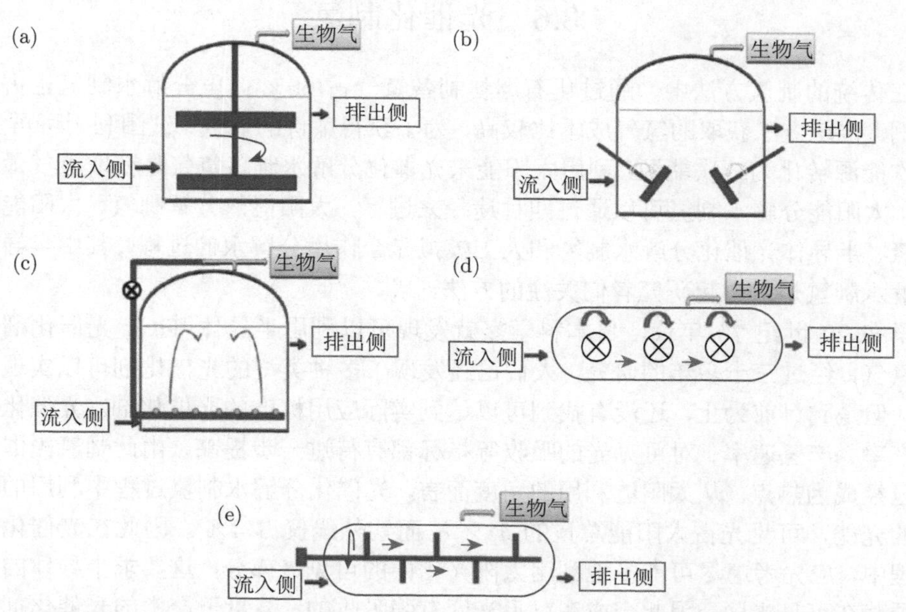

图 3.15 厌氧发酵制氢反应器 ((a), (b), (c) 为垂直式全搅拌槽式反应器，其中 (a) 和 (b) 为机械搅拌，(c) 为生物质混合；(d), (e) 为水平插流反应器，机械搅拌)[71]

生物制氢技术尚不成熟，对微生物制氢的代谢机制的研究还不够深入，尽管在生物制氢菌种的筛选分离，以及反应器装置的研发上做了大量工作，但是生物制氢技术的应用还任重道远。

研究发现，光合细菌产氢的能量利用率比发酵细菌高，可以将产氢、光能利用、有机物的去除有机地结合在一起，使其成为最具潜在应用前景的方法之一。生物发酵细菌的产氢速率较高，其对外界条件要求较低，使其具备较好的应用前景。至目前为止，对藻类及光合细菌的研究要远多于对发酵产氢细菌的研究。传统的观点认为，微生物体内的产氢系统 (主要是氢化酶) 很不稳定，只有进行细胞固定化才可能实现持续产氢。

从国内外研究结果来看，生物质制氢研究的困境主要体现在如下几个方面。

(1) 菌种的选择：天然厌氧微生物的菌种来源有限，大多来自于活性污泥；光合作用产生氢气的菌类的种类有限，筛选困难。

(2) 供氢体：生物质制氢的供氢体仍只局限于简单的碳水化合物。

(3) 菌种的固定化技术：尚无优良的包埋剂，菌种的包埋技术复杂，固定化细胞活性衰减快，更换周期变短，增加了运行成本。菌种细胞固定化之后形成的颗粒内部传质阻力较大，主要是产物在颗粒内积累，会对生物产生反馈抑制作用，从而降低了生物的产氢能力。同时固定剂会占据大量的空间，从而减少了生物的保有量，将直接影响产氢率的提高。

如果实现生物制氢工业，人们要在生物制氢机理的研究上、生物制氢菌种的筛选上以及生物制氢反应器的研究上都有所突破。

3.6　光催化制氢

在传统的制氢方法中，通过化石燃料制备氢气占 90%；电分解水制氢也占了一定的比例。传统方法获取的氢气成本比较高，为了获得廉价的氢气，试图利用可再生能源，将一次能源转化为二次能源，利用太阳能来光催化分解水制备氢气是获取氢气最廉价的方法。太阳能分解水制氢可以通过四种途径来进行，太阳能热分解制氢、太阳能光电解水制氢、半导体光催化分解水制氢和人工模拟光合作用分解水的过程，其中半导体光催化分解水制氢是最引起研究者们关注的方法。

早在 20 世纪 70 年代，日本科学家就发现可以利用半导体 TiO_2 光催化剂分解水得到氢气，经过三十多年的研究，人们已经发现了多种类型的光催化剂可以实现光催化制氢，但是到目前为止，还没有找到可以达到实际应用标准的光催化剂。光催化剂的光量子产率、产氢速率、对可见光的吸收等指标都有待进一步提高，由此制氢光催化剂的研究已经成为热点。从太阳能利用的角度而言，光催化分解水制氢过程中利用的是太阳能中的光能，可见光占太阳能总量的 43%；而紫外线仅占 4%。因此在光催化分解水的过程中，应先考虑尽可能多地利用太阳光谱中的可见光部分，这要求半导体的吸收波长必须落在可见光区，因此合成在可见光区有强吸收的、高量子产率的光催化剂依然是光催化分解水的主要研究热点和难点。

本节将先介绍太阳能热化学制氢和太阳能光电解水制氢的基本原理，而后主要介绍半导体光催化剂分解水制氢的机理、光催化分解水制氢的评价装置，以及具有 d^0 和 d^{10}

电子构型且具有光催化制氢活性的光催化剂。

3.6.1 太阳能热化学制氢

太阳能热分解水制氢技术是直接利用太阳能聚光器收集太阳能将水加热到 2500 K 高温下分解为 H_2 和 O_2。太阳能热分解水制氢技术的主要问题在于：高温太阳能反应器的材料问题和高温下 H_2 和 O_2 的有效分离。随着聚光科技和膜科学技术的发展，太阳能热分解制氢技术得到了快速发展。以色列的 Abranham Kogan 教授从理论和实验上对太阳能热分解水制氢技术可行性进行了论证 [72]，并对多孔陶瓷膜反应器进行了研究。研究发现在 H_2O 中加入催化剂后，H_2O 的分解可以分多步进行，可大大降低加热的温度，在温度为 1000 K 时的制氢效率能达到 50% 左右 [73]。极高的温度对工程材料提出很多要求，此项技术仍在理论和实验室阶段。

3.6.2 太阳能光电化学制氢

太阳光电解水制氢技术主要是由光阳极和阴极共同组成光化学电池，在电解质环境下依托光阳极来吸收周围的阳光，在半导体上产生电子，之后借助外路电流将电子传输到阴极上。H_2O 中的质子能从阴极接收到电子产生的 H_2。在太阳光电解水制氢的过程中，光电解水的效率深受光激励下自由电子空穴对数量、自由电子空穴对分离和寿命、逆反应抑制等因素的影响。但受限于电极材料和催化剂，早前研究得到的光电解水效率普遍不高，均在 10% 左右，性质优异的半导体材料如双界面 GaAs 电极也仅能达到 13% 左右。

来自德国 TU Ilmenau、Fraunhofer ISE 和加州理工学院的研究人员组成的国际团队在 2015 年研制出的技术，其制氢效率达到了 14%。而美国能源部国家可再生能源实验室 (NREL) 的研究团队在 2017 年研制成功太阳能制氢效率达 16.2% 的技术。

3.6.3 光解水制氢

3.6.3.1 原理

半导体的电子结构是决定半导体光催化剂性能的重要因素之一。半导体是由价带和导带构成的；半导体的价带和导带之间的能量差为带隙能量 (E_g)。当没有受到光的激发时，半导体的电子和空穴都位于半导体的价带中；当半导体受到光的激发，且光的能量大于或等于半导体的带隙能量时，价带中的电子吸收来自光子的能量，被激发到半导体的导带上，而在半导体的价带上留下带正电荷的空穴。

$$\text{半导体} \longrightarrow e^- + h^+$$

在很短的时间内，光生电子和光生空穴会在半导体体相内或表面上迅速复合，同时释放出热能或光能。迁移到催化剂表面，而没有发生复合的光生电子和光生空穴分别还原或氧化吸附在催化剂表面的反应物。在催化剂表面发生的还原反应就是光催化制氢的机理，而在催化剂表面发生的氧化反应就是光催化净化空气的机理。

半导体光催化分解水的过程分为三个部分：① 光催化剂吸收能量大于带隙能的光子，产生光生电子和光生空穴对；② 光生载流子分离，并迁移到催化剂的表面，没有复合；③ 被吸附在催化剂表面的组分被光生电子和光生空穴还原或氧化，分别产生氢气和氧气。前两个步骤取决于催化剂的结构和电子性质。通常情况下，较高的结晶度对光催化的性能起到正面的作用，当结晶度增加时，作为光生载流子复合中心的缺陷密度降低。第三步可以由固态的共催化剂的存在使催化剂的活性得到提高。共催化剂可以是贵金属 (Pt，Rh 等) 或者过渡金属氧化物 (NiO，RuO_2)，它们的纳米颗粒分散在催化剂的表面上，生成活性点，降低气体产生的活化能。所以说，设计材料本身的性质和材料表面的性质，对于提高光催化反应的活性是非常重要的。

对于光催化制氢反应，半导体的能带结构必须满足如下条件，才能实现半导体光催化分解水制氢。半导体的导带 (CB) 电位应该比水的还原电位更负 (pH=0 时，E_{H_2/H_2O}=0.0 V/NHE；pH=7 时，E_{H_2/H_2O}=−0.41 V/NHE)，才能将水还原成氢气；而半导体的价带 (VB) 电位应该比水的氧化电位更正 (pH=0 时，E_{H_2/H_2O}=1.23 V/NHE；pH=7 时，E_{H_2/H_2O}=0.82 V/NHE)，才能将水氧化生成氧气，实现光催化分解水。

光催化分解水制氢的机理如图 3.16 所示。

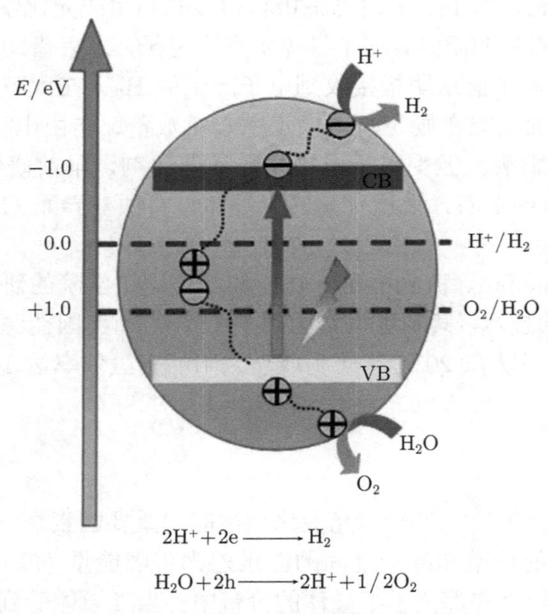

图 3.16　光催化分解水制氢的机理图

水分解生成氢气和氧气的反应是吉布斯自由能升高的反应，为非自发的过程。

$$H_2O \longrightarrow 1/2O_2 + H_2,\quad \Delta G = +237\ \text{kJ/mol} \tag{3.17}$$

根据上述的数据，可以推测理想的半导体带隙宽度应该约为 1.23 eV，可以实现水的分解。

虽然满足光催化分解水制氢条件的催化剂已经有 130 多种，但是光催化制氢的效率并不高。光催化分解水制氢效率主要和以下因素有关：① 半导体材料禁带宽度的大小决定了其能够吸收太阳光的范围；② 催化剂的晶相、晶化程度以及表面积；③ 光生电子–空穴对的存活寿命以及催化剂表面进行氧化还原反应的速率；④ H_2 和 O_2 生成水逆反应的大小。

目前光催化制氢的产率离实际工业化还有很大的距离。太阳能光催化分解水制氢工业化的标准为：催化剂能够利用 600 nm 以下波长的太阳光，量子效率大于 30%，催化剂的寿命在 1 年以上，而达到实际应用的标准是催化剂的量子效率至少为 10%。实现此目标的关键是半导体材料的研究和开发。

目前，在可见光催化制氢的研究中，很多半导体光催化剂不具备合适的禁带宽度，或光量子产率不高，或半导体的导带和价带的能带位置与水的还原电位和氧化电位不匹配；光生电子和空穴的寿命、催化剂表面进行还原反应的速率以及 H_2 和 O_2 生成水逆反应的大小等问题都急待解决。到目前为止，还没有发现一种可见光催化剂的量子效率达到 10%。

3.6.3.2 光催化制氢反应器

1) 实验室制氢反应器

对合成的光催化剂的制氢性能的评价通常采用密闭循环系统、内置光源反应器、上置光源反应器装置，如图 3.17 所示。首先将催化剂和反应溶液放置到容器中，反复抽真空以去除体系中的氧气，然后用高压汞灯或氙灯作为光源，通过冷却水系统，来控制整个体系的温度始终保持在室温，每隔一定的时间，将反应的气体注入气相色谱 (TCD 检测器、5A 分子筛柱) 中，进行 H_2 的定量分析。或者采用外置光源密闭间歇反应装置，首先将催化剂和反应溶液放置到硬质玻璃容器中，检查容器的气密性，然后，体系通氩气以去除氧气，再将体系密闭，用外置光源照射体系，定期取样注入气相色谱，对产生的氢气进行定量分析。

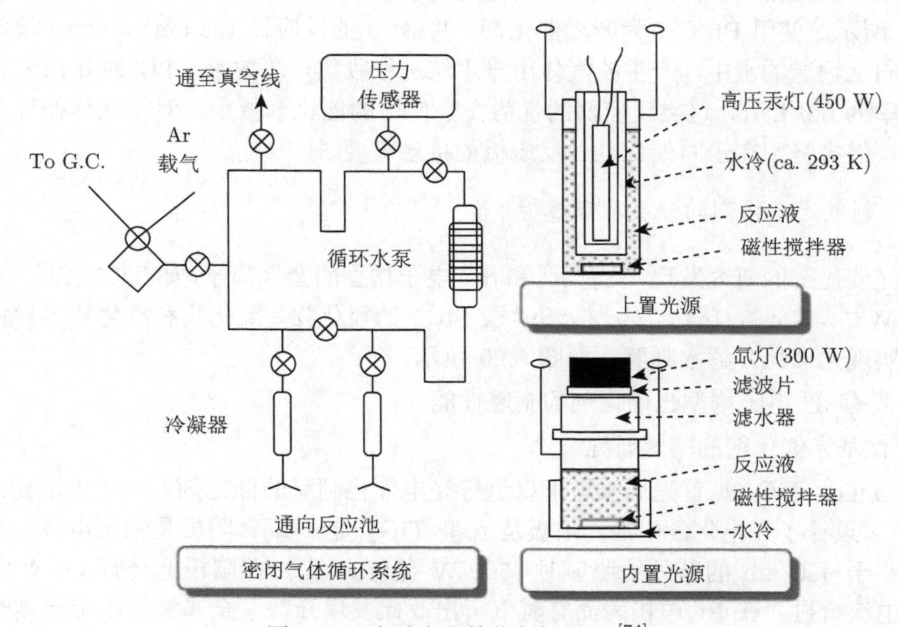

图 3.17 实验室光催化制氢装置 [74]

2) 悬浮颗粒式光催化反应器

近些年来，研究者们也对光催化装置放大使用进行了摸索。由于催化剂的制备颗粒最为方便，所以目前所用的反应器大部分都是颗粒型的反应器，把反应器做成管状，再用泵进行循环，可使液体处于活动状态。西安交通大学敬登伟等将该种反应器进行放大研究，如图 3.18 所示，全套装置大概 720 L 容积，总光照面积 103.7 m^2，使用催化剂为 NiS-$Cd_xZn_{1-x}S$，浓度为 0.25 g/L，加入牺牲剂 Na_2S-Na_2SO_3，按照每天测试 10:00~16:00 的标准进行，日产氢量 160.34 NL，但总体效率太阳能-氢能转化效率仅为 0.087%，相比实验室规模的 2.98% 下降许多。

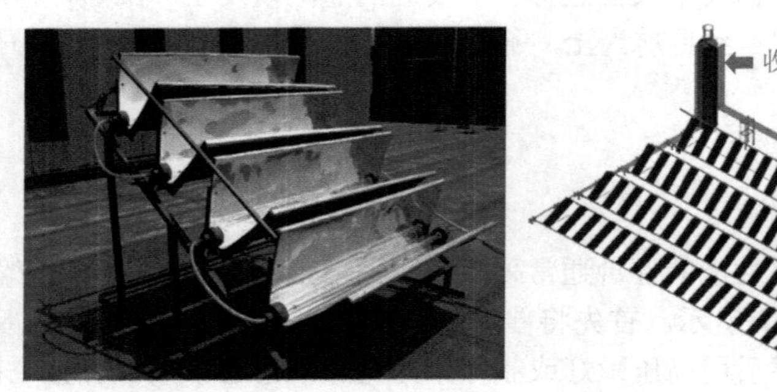

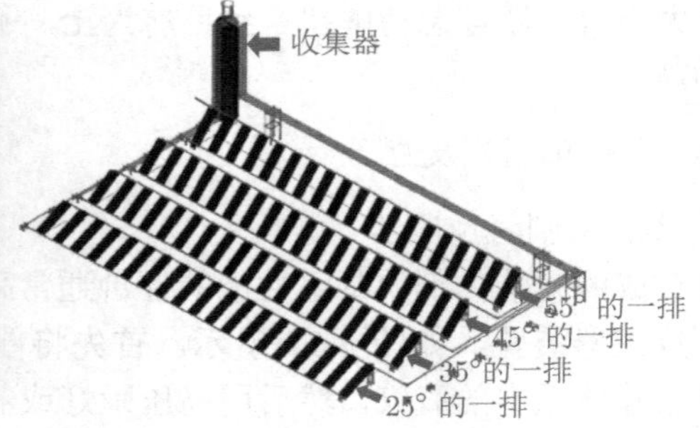

图 3.18　悬浮颗粒式光催化制氢装置 [75]

3) 膜反应器

相对于颗粒悬浮，膜反应器就是将催化剂固定在板子上，利用流经水的方式产氢，类似固定床反应器，在实验室不加入牺牲剂的条件下目前最高能量转化效率为 1%。如图 3.19 所示，使用 Pt/CN 为产氢催化剂，将 3×3 的反应板 (28 cm×30 cm) 浸没在用蠕动泵向上输送的水中，产生的气体用排水法进行收集，总效率 STH 为 0.12%，平均产氢速率为 0.6 L/d。这类反应器的优势在于使用的催化剂量少，对于液体循环的强度要求低，但劣势则在于对催化剂与反应板的接触有要求。

3.6.3.3　制氢光催化剂的分类以及性能

对光催化剂的研究发现，具有 d^0 和 d^{10} 电子构型的金属离子，如 Ti^{4+}、Zr^{4+}、Ta^{5+}、Nb^{5+}、W^{6+}、Ga^{3+}、In^{3+}、Ge^{4+}、Sn^{4+}、Sb^{5+} 的氧化物、硫化物和氮化物半导体催化剂可以实现光催化分解水制氢，如图 3.20 所示。

1) 具有 d^0 电子构型光催化剂的制氢性能

A. 钛基光催化剂的制氢研究

(1) TiO_2。TiO_2 是首先被报道可以进行光电催化制氢的催化剂，1972 年，Fujishima 和 Honda 设计了光电化学电池，阳极是 n 型 TiO_2(金红石)，阴极是铂黑电极，当电极被波长小于 450 nm 的紫外线照射时 (500 W 氙灯光源)，在阳极上会有 O_2 产生，Pt 电极有电流流过，在 Pt 电极表面有氢气析出。此发现开辟了金属氧化物半导体光催化制氢的研究领域。

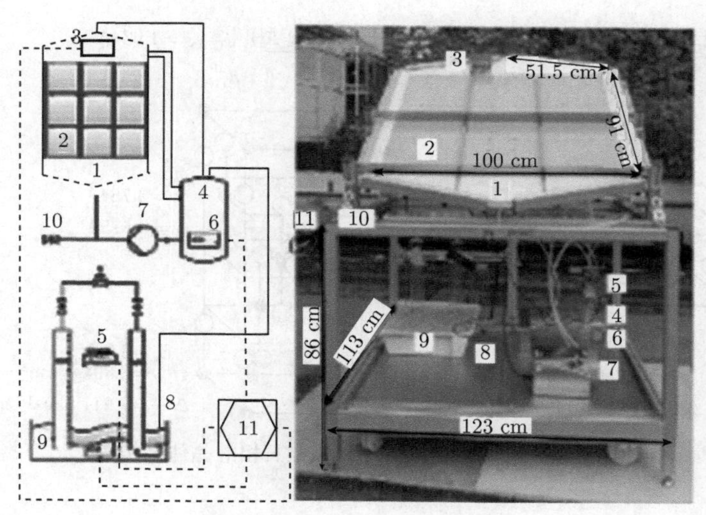

图 3.19 膜反应器 [76]

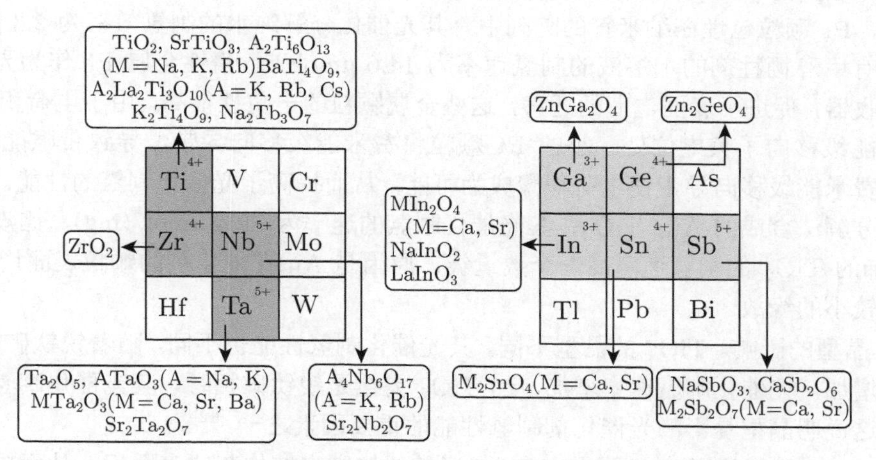

图 3.20 具有 d^0 和 d^{10} 电子构型的光催化剂 [77]

TiO_2 化学性质稳定，无毒无害，而且比较廉价。它有 3 种晶型：板钛矿、锐钛矿、金红石。所有晶型的 TiO_2 都含有 TiO_2 八面体，是通过共边或共点而相互连接的；板钛矿共 3 条边，锐钛矿共 4 条边，金红石共 2 条边；每种晶型的带隙宽度稍有不同，金红石带隙宽度是 3.0 eV，锐钛矿带隙宽度是 3.15 eV。TiO_2 锐钛矿相和金红石相的晶体结构如图 3.21 所示。

TiO_2 光催化剂分解水产生氢气通常在紫外线下进行，且制氢的效率不高，通常要在 TiO_2 催化剂的表面上担载共催化剂，降低 H_2 的析出过电位，从而提高光催化制氢的效率。影响 TiO_2 光催化分解水制氢的因素有催化剂的晶型结构、粒径、形貌、表面状态、结晶程度以及共催化剂的种类、表面状态等。

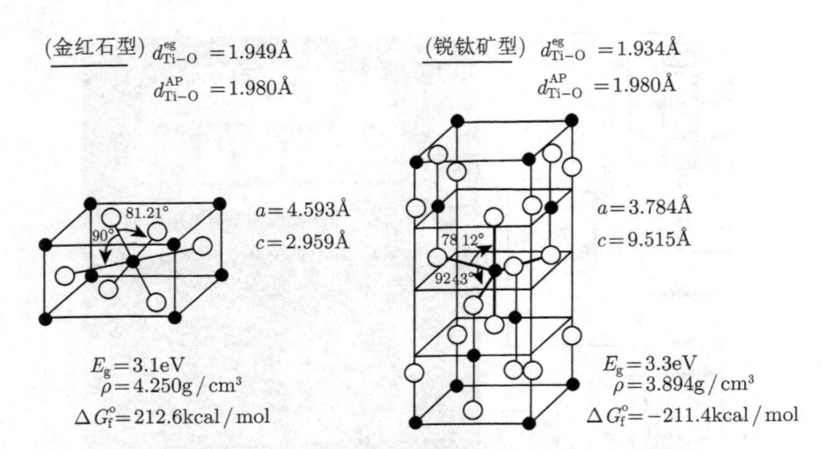

图 3.21 TiO_2 锐钛矿相和金红石相的晶体结构图

① 共催化剂的作用。一些贵金属如 Pt、Pd、Au 颗粒作为共催化剂担载在 TiO_2 的表面，可以提高 TiO_2 的光催化制氢的性能 [78-81]。利用水热法合成的铂离子交换 TiO_2 纳米管，Pt 颗粒包埋在纳米管的阵列中，其光催化分解纯水的制氢效率为 2.3 μmol/h，分解含有甲醇牺牲剂的水溶液的制氢速率为 14.6 μmol/h。惰性金属 Pt 作为光生载流子的接收器，促进了表面电荷的迁移，这些金属颗粒的电负性很高，由于电荷积聚效应，其费米能级移向了负电位处。小的 Pt 颗粒将费米能级移向导带，导致带隙能的降低。半导体费米能级移向导带使电荷积聚成为可能，从而提高了光催化制氢的性能。利用火焰喷射分解法合成的 Au/ TiO_2，其光催化制氢的速率为 52.4 μmol/(h·g)，比没有进行 Au 修饰的 TiO_2 的制氢速率高一个数量级，原因是 Au 在催化剂的颗粒表面均匀分布，且粒径较小的缘故。

② 晶型的影响。TiO_2 的晶型不同，其光催化制氢性能也不同，随着锐钛矿相 TiO_2 成分的增加，光催化制氢速率增加，当 TiO_2 完全是锐钛矿相时，其光催化制氢的性能最好，这说明晶型是影响光催化剂制氢性能的重要因素之一 [82]。

③ TiO_2 形貌的影响。通过对 TiO_2 形貌的控制来增加其比表面积，从而提高其光催化制氢的性能。利用水热法合成像花一样形貌的 TiO_2，尺寸在 250~450 nm，比表面积为 350.7 m^2/g，500 ℃ 热处理后，得到了锐钛矿相 TiO_2，其光催化制氢的速率优于商用 TiO_2(ST-01)。无定形 TiO_2 的光催化制氢速率为 72 μmol/g，花形 TiO_2 的光催化制氢速率为 342 μmol/g，而经过 500 ℃ 热处理之后的 TiO_2 的制氢速率为 588 μmol/g，说明结晶程度也是影响光催化制氢性能的重要因素。利用溶胶凝胶的方法以碳纳米管为模板剂，合成了纯锐钛矿相、纯金红石相以及铁掺杂的锐钛矿相 TiO_2 纳米管。锐钛矿和金红石相 TiO_2 纳米管的表面上均匀沉积 Pt 颗粒，平均粒径为 2 nm。与具有相似比表面积的商品 TiO_2 相比，铁掺杂的锐钛矿相 TiO_2 纳米管的光催化分解水制氢的速率提高了 614 倍。主要原因是光照的面积提高，吸收区域扩展，减少了电子空穴对的复合速率，同时，均匀分布的 Pt 颗粒也使催化剂的制氢性能得到进一步提高。

④ HF 的刻蚀作用。用 HF 溶液化学刻蚀 TiO_2 后，其光催化制氢的性能比未处理的 TiO_2 的性能得到了明显提高。在可见光下光电转换效率达到 9.4%，在紫外线下，

光电转换效率达到了 66%。经过 HF 处理之后，TiO_2 的比表面积明显增加，给体密度明显增加，意味着光生空穴向固液界面扩散的距离变短 [83]。

根据 TiO_2 半导体的能带结构的特点，TiO_2 只能吸收紫外线，激发出光生载流子，还原水产生氢气。为了使 TiO_2 能吸收可见光，人们通过阴离子掺杂或阳离子掺杂来调整 TiO_2 的能带位置，实现了在可见光下的制氢，但是，目前光催化制氢的速率较低，光量子产率也有待进一步提高。

(2) 具有钙钛矿相结构钛酸盐。钙钛矿 (perovskite) 是以俄罗斯地质学家 Perovski 命名。通常情况下，具有与天然矿物钙钛石 ($CaTiO_3$) 晶体结构相似的氧化物，被称为钙钛矿型氧化物，其通式可以用 ABO_3 来表示，理想的钙钛矿型物质具有 Pm3m 空间群，其晶体结构如图 3.22 所示。

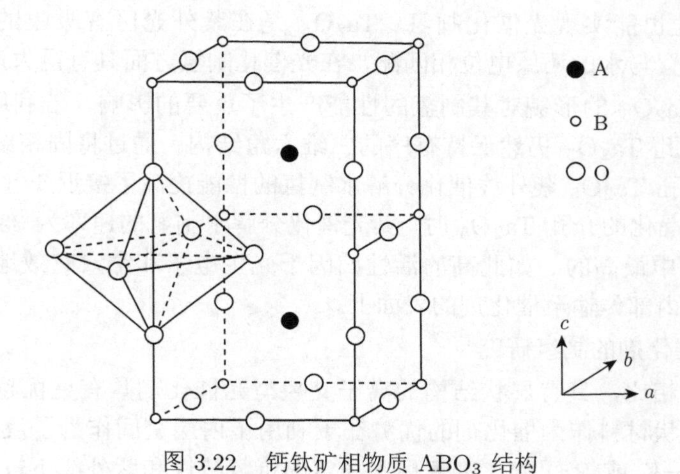

图 3.22 钙钛矿相物质 ABO_3 结构

A 位离子主要被稀土和碱土金属离子占据，B 位离子主要被过渡金属离子所占据。A 离子被最近邻的 O 离子包围，形成 12 配位，B 离子与 O 离子形成 6 配位，共点的 BO_6 八面体形成了骨架结构，中心位置被 A 离子所占据。由于 A 位置和 B 位置很容易发生部分取代，会使多种离子容纳入晶体结构中。

各八面体通过共有的氧离子连接，A 离子占据八面体之间的空隙，B 离子位于八面体的内部，氧八面体在空间有规则地排列，组成整个晶体。A 可以是一价、二价、三价离子，如 Li^+、K^+、Ca^{2+}、Sr^{2+}、Ba^{2+}、Pb^{2+}、La^{3+}；B 可以是三价、四价、五价离子，如 Ni^{3+}、Ti^{4+}、Ta^{5+} 等。

钙钛矿结构具有很大的包容性和可变性，通常 A 位离子是半径较大的阳离子，B 位离子为体积较小的高价阳离子，A 位和 B 位阳离子的价态可以按 Ⅲ-Ⅲ，Ⅱ-ⅡV 和 I-V 匹配，也可以由几种不同的离子共同占据一种位置。只有当参与晶体结构的各个离子半径满足一定的关系时，如 B 离子的半径要符合 AO_{12} 和 BO_6 配位多面体的条件，才能形成理想的钙钛矿结构。

具有钙钛矿相结构的钛酸盐，其 A 位离子为碱金属阳离子时，催化剂表现出较好的光催化制氢性能。具有六角隧道结构的层状钛酸盐 $M_2Ti_6O_{13}$(M=Na、K、Rb) 担载

RuO_2 后，$M_2Ti_6O_{13}$ 光催化剂分解水的性能与光生载流子的产生有关，隧道结构中变形的 TiO_6 八面体对其制氢的性能起到很大的作用 [84]。

1976 年，首先将具有钙钛矿结构的 $SrTiO_3$ 应用在光电催化分解水制氢上，其带隙宽度为 3.2 eV，比 TiO^+ 的略大。研究发现，担载共催化剂之后，$SrTiO_3$ 表现出较高的光催化制氢的性能 [85-87]。如果以 $SrTiO_3$ 为母体，经过离子掺杂或其他氧化物复合，都可以适当提高催化剂的光催化性能。具有 (100) 取向的层状钙钛矿 $Sr_3Ti_2O_7$，带隙宽度为 3.2 eV，可以在紫外线下，直接分解水产生氢气。如果掺杂 Pb^{2+}，则产生了 $PbTiO_3$，带隙宽度明显减小，为 2.98 eV，Pt 作为共催化剂时，可以实现可见光催化制氢。

B. 钽基光催化剂的制氢研究

除了 TiO_2 及钛酸盐等钛基的光催化剂可以实现光催化制氢之外，研究还发现 Ta_2O_5 和钽酸盐也能实现光催化制氢。Ta_2O_5 是在紫外光区有吸收的光催化剂，由于其导带能级位置与水的还原电位相匹配，在光催化制氢方面具有巨大潜力。

研究发现 Ta_2O_5 的形貌对其制氢的性能产生了重要的影响。若利用 SiO_2 的增强作用，则可使介孔 Ta_2O_5 仍然保持有序的二维六角结构。通过将固相结构从无定形转向晶态结构，介孔 Ta_2O_5 紫外线催化分解水制氢的性能提高了接近 1 个数量级。NiO_x (3.0 wt%) 担载晶化的介孔 Ta_2O_5 时，其光催化分解水制氢的速率为 3360 μmol/h，是所有报道的数据中最高的。如此高的活性归因于光生电子和空穴有效地通过晶相的薄壁，从催化剂的内部传输至催化剂的表面上。

C. 铌基光催化剂的制氢研究

与体相材料相比，具有层状结构的离子交换型光催化剂具有更优越的分解水制氢的性能。利用层状材料作为催化剂的优势在于利用了内层空间作为了反应点。Ni 担载的 $A_4Nb_6O_{17}$(A=K 或 Rb) 催化剂表现出稳定的析氢特性和紫外线下较高的量子产率。$A_4Nb_6O_{17}$ 由 NbO_6 八面体单元构成，通过氧原子形成了二维层状结构。这些层带有负电荷，带有正电荷的 K^+ 存在于层与层之间，来保持与带负电荷层之间的电荷平衡。$A_4Nb_6O_{17}$ 最突出的特点是两种类型的层状空间交替出现，这两种类型的层间表现出不同的离子交换特性。位于第一种类型层间的 K^+ 能够取代 Li^+、Na^+ 和其他多价态的阳离子；位于第二种类型层间的 K^+ 只能取代一价态的阳离子 (如 Li^+ 和 Na^+)。另外，$A_4Nb_6O_{17}$ 很容易发生水合作用，尤其在空气潮湿的环境中和水溶液中，这表明反应物和水分子在光催化反应过程中，很容易插入到层间空隙中。铌酸盐的结构如图 3.23 所示。

铌酸盐具有独特的层状结构，有利于光生电子和光生空穴的分离，使氢气和氧气在不同的位点析出，从而提高了其光催化制氢性能。除了其具有独特的片层结构，铌酸盐的形貌也影响着其光催化制氢的性能 [88]。利用水热法合成 $KNbO_3$ 纳米线，属于正交晶系，其光催化分解水制氢的速率为 5.17 mmol/(h·g)，是所有 $KNbO_3$ 材料中性能最好的。

2) 具有 d^{10} 电子构型的光催化剂的制氢性能

具有 d^{10} 电子构型的 IIIA、VA、VA 金属离子的氧化物、硫化物和氮化物都可以实现光催化分解水制氢。通常情况下，这些金属的氧化物可以实现紫外线催化制氢，原因

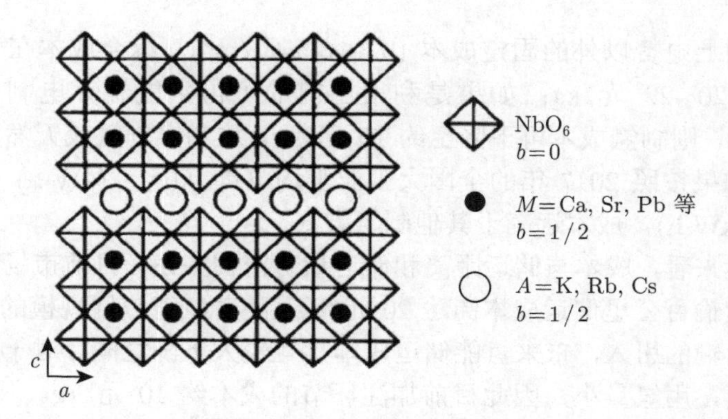

图 3.23　铌酸盐的结构

是这些金属的 s 轨道和 p 轨道构成的半导体的导带与 O2p 轨道构成的价带之间的能量差较大，价带上的电子只能被紫外线的能量所激发。为了调整能带的结构，通过氮掺杂或硫掺杂，形成氮化物或硫化物，使价带的组成由 O2p 轨道，变成了 N2p 轨道或 S3p 轨道与 O2p 轨道共同组成半导体的价带，由于 N2p 轨道的位置和 S3p 轨道的位置比 O2p 轨道的位置要高，所以，经过硫掺杂或氮掺杂的氧化物半导体，通常其带隙宽度变窄，从而实现其可见光下的制氢。

3.7　小　结

氢能作为高效的多用途的能源介质在中国能源市场的社会和经济应用场景中优势突出，它的发展可以充分利用中国现有的世界级的能源供应基础设施 (发电、输配电、石油和天然气管网)，以交通运输和能源储存为核心市场，推动中国能源市场向以分布式供给和新能源为主导的可持续能源模式转换。作为能源载体可在新能源制氢补充发电、燃料电池汽车、分布式发电等领域发挥重要作用。氢能应用场景的多样性将促使电力、供热和燃料能源系统之间形成相互交叉的应用网络，从而大幅度降低氢能的使用成本。

从氢气终端用氢成本来看，主要包括制氢、氢的储运、加氢 3 部分。从制氢成本来看，采用不同方式制氢的成本差异较大。以煤制氢和天然气制氢为主的化石能源制氢技术具有产量大以及价格相对较低的优点，以当前国内煤炭和天然气主流价格计算，氢气成本在 10~15 元/kg，缺点是在生产过程中碳排放较大和产生一定的污染，而且成本受原材料价格波动的影响，尤其是天然气制氢更容易受此方面的影响。

工业副产气制氢主要是从氯碱工业副产气、煤化工焦炉煤气、合成氨产生的尾气、炼油厂副产尾气中进行提纯制氢，最常用的是变压吸附技术 (PSA) 进行提纯。目前采用 PSA 技术的焦炉煤气制氢、氯碱尾气制氢等装置已经得到推广应用，规模化的提纯成本为 3~5 元/kg，计入气体成本后氢气价格也只有 8~14 元/kg，具有较高的成本优势。

水电解制氢则是一种清洁、无污染、高纯度制氢的方式，但是其成本较高。目前每生产 1 m^3 常温常压氢气需要消耗电能 5~5.5 kW·h，采用最便宜的谷电制氢 (如 0.3

元/(kW·h))，加上电费以外的固定成本 (0.3~0.5 元/m^3)，综合成本在 1.8~2.0 元/m^3，即制氢成本为 20~22 元/kg；如果是利用当前的可再生能源弃电制氢，弃电按 0.1 元/(kW·h) 计算，则制氢成本可下降至约 10 元/kg，这和煤制氢或天然气制氢的价格相当；但是电价如果按照 2017 年的全国大工业平均电价 0.6 元/(kW·h) 计算，则制氢成本约为 38 元/(kW·h)，成本远高于其他制氢方式。

从氢气储运来看，成本与储运距离和储运量有密切关系，目前市场需求量较小，高压储氢罐拖车运输百公里储运成本高达 20 元/kg。随着氢能应用规模的扩大、储氢密度提升以及管道运输的引入，未来氢能储运成本具有较大下降空间。对于加氢站环节，由于当前设备较贵，用氢量小，因此目前加注环节的成本约 10 元/kg。

综合考虑各环节，当前终端用氢价格在 35~50 元/kg。随着用氢规模扩大以及技术进步，用氢成本将明显下降，预计未来终端用氢价格将降至 25~40 元/kg。因此按照百公里用氢 1kg 计算，燃料电池乘用车百公里用能成本略低于燃油车。但是要比动力电池乘用车百公里用电价格 (居民用电约百公里 10 元，工商业用电百公里 20~30 元) 高。

对于燃料电池汽车，目前国内车用燃料电池成本还高达 5000 元/kW，因此整车成本远高于动力电池汽车和燃油车。目前制约燃料电池车应用的最大因素也是车的成本太高，主要是由于燃料电池组产量低，所以单价居高不下。根据美国能源部由学习曲线做的燃料电池成本和产量关系的测算，随着生产规模的扩大化，燃料电池的成本将大幅下降。基于 2020 年的技术水平，在年产 50 万套 80 kW 电堆的规模下，质子交换膜燃料电池系统成本可降低到 40 美元/kW(约合 260 元/kW)，即 80 kW 燃料电池汽车的电池系统总价约 2 万元。而按照国际能源署预测，2030 年锂离子电池系统成本有望降低至 100 美元，同等水平的 60kW·h 动力电池车电池系统总价约为 4 万元。

因此长期来看，未来燃料电池汽车成本有望比动力电池汽车更低，和燃油车的成本相当。燃料电池成本下降速率将明显高于锂离子电池，其原因主要在于：① 目前锂离子电池产业已具备较大规模，成本下降速率已逐渐趋于稳定，而燃料电池产业仍处在发展初期，其成本具有巨大下降潜力；② 电堆是燃料电池成本的主要组成部分，电堆中除铂催化剂外，其他材料包括石墨、聚合物膜、钢等，几乎不存在类似于锂、钴、镍等稀缺材料对锂电池成本的刚性限制。而且近 10 年来在技术进步的推动下，单位功率铂用量大幅下降，丰田 Mirai 燃料电池铂含量仅约 0.2 g/kW，未来有望降低至 0.1 g/kW 以下，且铂可以回收利用，可以有效降低电堆成本。

虽然中国氢能是否成为电力一样广泛适用的能源载体尚有一定的不确定性，但作为融合分布式能源供应转换、无污染和高效灵活的能源媒介，其市场潜力和未来贡献却是毋庸置疑的。中国化工制氢基础条件良好，工业副产氢气将为中国氢能经济的初期启动提供充足的氢气供应。由于中国煤炭资源丰富且相对廉价，煤制氢加碳捕捉技术的制氢路线将成为中国氢能经济发展中期的主要制氢路线。中国氢能经济发展后期，低成本的可再生能源制氢路线有望成为中国氢能制备的重要路线。

(郭妍如)

参 考 文 献

[1] 徐振刚, 王东飞, 宇黎亮. 煤, 2001, 010(4):3-6.

[2] 谢继东, 李文华, 陈亚飞. 洁净煤技术, 2007, 13: 77.
[3] 刘书朋. 炼油技术与工程, 2010, 40: 56.
[4] 许珊, 王晓来，赵睿. 化学进展, 2003, 15: 141.
[5] Muradov N, Smith F. Energy Fuels, 2008, 22: 2053.
[6] Xu J K, Ren K W, Wang X L, et al. Acta. Phys. Chim. Sin., 2008, 24: 1568.
[7] Yang Z B, et al. Acta. Phys. Chim. Sin., 2010, 26: 350.
[8] Huang C P, Raissi A T, J. Power Sources., 2007, 173: 950.
[9] 石林, 任小荣, 张洪波. 山东化工, 2018, (1): 37-38.
[10] 何守洋. 名城绘, 2018, (8): 61-61.
[11] 王周. 天然气技术与经济, 2016, 10(6): 3.
[12] Teng H, Pradip P, Hui W, et al. Nat. Rev. Mater, 2016: 16067.
[13] Valera-Medina A , Xiao H , Owen-Jones M, et al. Progress in Energy and Combustion Science, 2018, 69: 63-102.
[14] Boisen A. Catal J., 2005, 230: 309-312.
[15] Ganley J C, Thomas F S, Seebauer E G, et al. Lett., 2004, 96: 117-122.
[16] Choudhary T V, Sivadinarayana C, Goodman D W. Catal. Lett., 2001, 72: 197-201.
[17] Yin S-F, Zhang Q-H, Xu B-Q, et al. Catal., 2004, 224: 384-396.
[18] Boisen A, Dahl S, Nørskov J K, et al. J. Catal., 2005, 230: 309-312.
[19] Enrique García-Bordejé, Sabino Armenise, Laura Roldán. Catalysis Reviews: Science and Engineering, 2014, 56: 220-237.
[20] Zhang J, Müller J-O, Zheng W, et al. Nano. Lett., 2008, 8: 2738-2743.
[21] Simonsen S B, Chakraborty D, Chorkendorff I, et al. Appl. Catal. A Gen., 2012, 447-448: 22-31.
[22] Liang C, Li W, Wei Z, et al. Ind Eng. Chem. Res., 2000, 39: 3694-3697.
[23] Choi J-G. J. Catal., 1999, 182: 104-116.
[24] Wang S J, Yin S F, Li L, et al. Appl. Catal. B Environ., 2004, 52: 287-299.
[25] Lamb K E, Dolan M D, Danielle F. Kennedy, Int. J. Hydro. Energy, 2019, 44: 3580-3593.
[26] Wang S J, Yin S F, Li L, et al. Appl. Catal. B Environ., 2004, 52: 287-299.
[27] Shreya Mukherjee, Surya V. Devaguptapu, Anna Sviripa, Carl R.F. Lund, Gang Wu. Appl. Catal. B Environ., 2018, 226: 162-181.
[28] Zhang J, Xu H Y, Li W Z. Membr J. Sci., 2006, 277: 85-93.
[29] Li G, Kanezashi M, Tsuru T. Catal. Commun., 2011, 15: 60-63.
[30] Son Y S , Kim K H , Ki-Joon Kim. Plasma Chemistry & Plasma Processing, 2013, 33(3): 617-629.
[31] Zeng K, Zhang D K. Prog Energy Comb Sci., 2010, 36: 307.
[32] 俞红梅, 衣宝廉. 中国工程科学, 2018, 20(3): 1-140.
[33] 陈晓勇. 化学推进剂与高分子材料, 2009, 7: 16.
[34] Carmo M, Fritz D L, Mergel J, et al. International Journal of Hydrogen Energy, 2013, 38(12): 4901-4934.
[35] Dagawa J U, Aguiar P, Brandon N P. J. Power Sources, 2007, 166: 127.
[36] Iora P, Taher M A A, Chiesa P, et al. Int. J. Hydrogen Energy, 2010, 35: 12680.
[37] Sealck L J, et al. Ind. Eng. Chem. Res., 1993, 32: 1535.
[38] Douglas C, Elliot L, et al. Ind. Eng. Chem. Res., 1993, 32: 1542.
[39] Elliot D C, Phelps M R, et al. Ind. Eng. Chem. Res., 1994, 33: 566.
[40] Xu X D, Matsumura Y, Stenberg J, et al. Ind. Eng. Chem. Res., 1996, 35: 2522.
[41] Antal M J, Allen S G, Schulman D, et al. Ind. Eng. Chem. Res., 2000, 39: 4040.
[42] Gaffron H, Rubin J. Gen J. Physiol., 1942, 26: 219.

[43] Kawasugi T, Pedroni P, et al. Biohydrogen. London: Plenum Press, 1998: 501.
[44] Dasgupta C N, Gilbert J J, Lindblad P, et al. Inter. J. Hydro. Energy, 2010, 35: 10218.
[45] Molina G E, Fernandez J, Acien F G, et al. J. Biotechnol., 2001, 92: 113.
[46] Asada Y, Miyake J. J. Biosci Bioeng., 1999, 88: 1.
[47] Arik T, Gunduz U, Yucel M, et al. Proceedings of the 11th World Hydrogen Energy Conference, Stuttgart, Germany, 1996, 3: 2417.
[48] Miron A S, Gomez A C, Camacho F G, et al. J. Biotechnol., 1999, 70: 249.
[49] Lehr F, Posten C. Curr. Opin. Biotechnol, 2009, 20: 280.
[50] Iqbal M, Grey D, et al. Aquacult. Eng., 1993, 12: 183.
[51] Pottier L, Pruvost J, Deremetz J, et al. Biotechnol. Bioeng., 2005, 91: 569.
[52] Basak N, Das D. Biomass Bioenergy, 2009, 33: 911.
[53] Javanmardian M, Palsson B O. Biotechnol Bioeng., 1991, 38: 1182.
[54] Hirata S, Hayashitani M, Taya M, et al. J. Ferment Bioeng., 1996, 81: 470.
[55] Wang J, Wan W. Int. J. Hydrogen Energy, 2009, 34: 799.
[56] Kalia V C, Lal S, Ghai R, et al. Trends Biotechnol, 2003, 21: 152.
[57] Kalia V C, Purohit H J. J. Ind. Microbiol. Biotechnol., 2008, 35: 403.
[58] Ren N Q, Guo W Q, Liu B F. J. Harbin Institute Tech., 2010, 42:855.
[59] Kyazze G, Dinsdaler R, et al. Int. J. Hydrogen Energy, 2010, 35: 7716.
[60] Lu L, Ren N Q, Xing D F, et al. Biosensors and Bioelectronics, 2009, 24: 3055.
[61] Lalaurette E, Thammannagowda S, Mohagheghi A, et al. Int. Hydrogen Energy, 2009, 34: 6201.
[62] Kumar N, Das D. Process Biochem., 2000, 35: 589.
[63] Jung G Y, Kim J R, Park J Y, et al. Int. J. Hydrogen Energy, 2002, 27: 601.
[64] Lin C Y, Chang R C. Int. J. Hydrogen Energy, 2004, 29: 715.
[65] Yu H Q, Zhu Z H, Hu W R, et al. Int. J. Hydrogen Energy, 2002, 27: 1359.
[66] Evvyernie D, Amazaki A Y, Morimoto K, et al. J. Biosci Bioeng, 2000, 89: 596.
[67] Guo W Q, Ren N Q, Wang X J, et al. Bioresource Technology, 2009, 100: 1192.
[68] 肖本益, 魏源送, 刘俊新. 微生物学通报, 2004, 31: 130.
[69] Levin D B, Pitt L, Love M. Int. J. Hydrogen Energy, 2004, 29: 173.
[70] Guo X M, Trably E, Latrille E, et al. Int. J. Hydrogen Energy, 2010, 35: 10660.
[71] Weiland P. Eng. Life Sci., 2006, 6: 302.
[72] Kogan A, Linke M J, Spiehler E, et al. International Journal of Hydrogen Energy, 2000, 25(8): 739-745.
[73] 鲍君香. 能源与节能, 2018, 158(11): 67-69.
[74] Maeda K, Teramura K, Domen K. Catal. Surveys from Asia, 2007, 11: 145.
[75] Dengwei J, et al. Solar Energy, 2017, 153: 215-223.
[76] SchroDer M, Kailasam K, Borgmeyer J, et al. Energy Technology, 2015, 3(10): 1014-1017.
[77] Sato J, Kobayashi H, Ikarashi K, et al. J Phys. Chem. B., 2004, 108: 4369, 1958.
[78] Khan M A, Akhtar M S, Woo S I, et al. Catal. Commun, 2008, 10: 1.
[79] Chiarello G L, Selli E, Fomi L. Applied Catal. B., 2008, 84: 332.
[80] Graciani J, Nambu A, Evans J, et al. J. Am. Chem. Society., 2008, 130: 12056.
[81] LiQ Y, Lu G X. Catal. Letters., 2008, 125: 376.
[82] Graciani J, Nambu A, Evans J, et al. J. Am. Chem. Society., 2008, 130: 12056.
[83] Kitano M, Matsuoka M, Hosoda T, et al. Res. Chem. Intermediat., 2008, 34: 577.
[84] Ogura S, Kohno M, Sato K, et al. Applied Surface Science., 1997, 121: 521.
[85] Liu J W, Chen G, Li Z H, et al. J Solid State Chem., 2006, 179: 3704.

[86] Kudo A. Int. J. Hydrogen Energy., 2006, 31: 197.
[87] Kudo A. Pure Applied Chem., 2007, 79: 1917.
[88] Ebina Y, Sakai N, Sasaki T, et al. J. Phys. Chem. B., 2005, 109: 17212.

第 4 章 氢分离和提纯

随着半导体工业、精细化工和光电纤维工业的发展，产生了对高纯氢的需求。例如，半导体生产工艺需要使用 99.999%以上的高纯氢。氢能在国内的生产利用非常广泛，主要是作为工业原料，但不是作为能源。目前中国是世界第一产氢大国，2019 年全国氢气产量约 2000 万吨。中国在合成氨、合成甲醇、炼焦、炼油、氯碱、轻烃利用等传统石油化工行业中具有较为成熟的经验。国内氢气主要来源于化石燃料制氢和工业副产氢，约占全国氢气产量 96%。工业副产氢主要包括焦炉煤气、氯碱化工、丙烷脱氢和乙烷裂解等轻烃利用、合成氨、合成甲醇等行业。

氢气的纯化方法可分为物理法和化学法，物理法主要包括深冷分离法、变压吸附法、膜分离法、吸收法、金属氢化物法等，化学法主要催化纯化。上述氢纯化方法的主要特性详见表 4.1。深冷分离法又称低温精馏法，是林德教授于 1902 年发明的，实质就是气体液化技术，通常采用机械方法，如节流膨胀或绝热膨胀等方法，把气体压缩、冷却后，利用不同气体沸点上的差异进行蒸馏，使不同气体得到分离。其特点是产品气体纯度高，但压缩、冷却的能耗很高。变压吸附 (PSA) 法是吸附分离技术的一项用于分离气体混合物的新型技术，具有投资少、能耗低、产品纯度较高、操作简单，预处理要求低等优点，这项技术被广泛应用于石油、化工、冶金、轻工等行业。膜分离法是利用不同气体通过某一特定膜的透过速率不同而实现物质分离，其传质推动力为膜两端的分压差，经过“溶解—扩散—脱附”等几个步骤来实现氢气和其他杂质的分离。分离过程中无相变，因此能耗较低，分离过程容易实现。氢提纯系统就是利用了氢气透过膜速度较快的特点实现了氢气和其他有机小分子的分离。本菲尔 (Benfield) 法是 Benson 和 Field 开发的一种热钾碱法的改进工艺，该方法在碳酸钾溶液中加入二乙醇胺作为活化

表 4.1 常用氢气纯化方法的主要特性比较

纯化方法	深冷分离法	变压吸附法	钯透氢膜法	金属氢化物法
原料气的氢体积浓度要求	⩾ 95%	40%～90%	50%～90%	50%～98%
预处理要求	要求高，需精脱 CO_2、H_2S、H_2O	要求很低	要求较高，需精脱硫化物	要求高，需精脱 O_2、CO_2
投资	高	较低	较低	较高
能耗	较高	低	高	低
操作	较复杂	简单	较简单	简单
回收率	⩾ 90%	70%～96%	⩾ 95%	70%～95%
产品体积分数	99.999%～99.9999%	99%～99.999%	99.99%～99.9999%	99.99%～99.9999%
使用规模	大规模	各种规模	小规模	中小规模
其他特点	占地面积大，消耗液氮	适用原料气及操作压力范围广	钯膜易中毒，开裂	生产能力小，工业化程度低

剂，加入五氧化二钒作为腐蚀防护剂。由于活化剂二乙醇胺的加入，所以反应速率大大加快，溶液循环量相应大幅度减少，投资和操作费用大大降低，同时还提高了气体的净化度。制氢装置中采用本菲尔法脱除工艺气中的二氧化碳。金属氢化物法是利用储氢合金在低温下吸收氢气、高温下释放氢气的特性来实现氢气分离提纯，但原料气中的氢体积浓度需要达到 50%~98%，预处理要求高，需精脱 O_2、CO_2。储氢合金在多次循环使用后会产生脆裂粉化现象，储氢合金的造价相对较高，因此整个工艺的产氢成本较高。

4.1 变压吸附提纯氢气

变压吸附技术是以吸附剂内部表面对气体分子的物理吸附为基础，利用吸附剂在相同压力下易吸附高沸点组分、低沸点组分吸附量很低，以及吸附剂对相同气体分子高压下吸附量增加、减压下吸附量减小的特性，将原料气在高压力下通过吸附剂床层，相对于氢的高沸点杂质组分被选择性吸附，氢不易吸附而通过吸附剂床层，实现氢和杂质组分的分离，然后在减压下解吸被吸附的杂质组分使吸附剂获得再生，以利于再次进行杂质的吸附分离。这种高压力下吸附剂吸附杂质提纯氢气、减压下解吸杂质使吸附剂再生的循环过程称为变压吸附过程。

变压吸附法是氢气提纯最重要的方法之一，特别是对于高纯氢的纯化。吸附剂对不同的气体分子在吸附量、吸附速度、吸附力等方面均存在差异。吸附剂对常见气体的吸附力强弱如图 4.1 所示，吸附剂对 H_2、He、O_2、Ar、N_2 等气体的吸附力较弱，而对硫醇、苯、甲苯、水蒸气的吸附力很强。

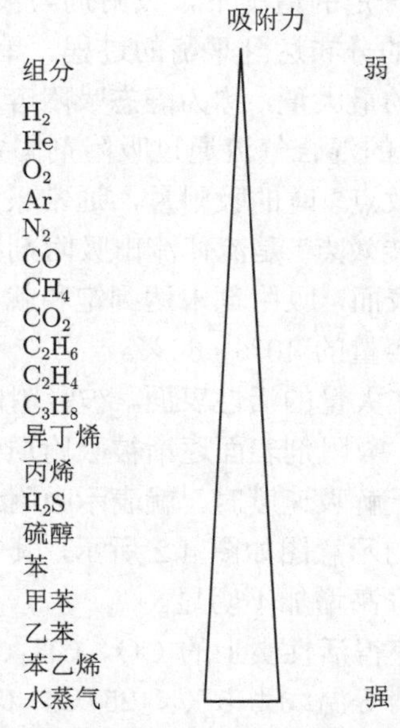

图 4.1 吸附剂与各种气体组分之间的吸附力强弱关系 [1]

变压吸附法可用于分离纯化氢气，也用于分离纯化氧气、氮气、二氧化碳等。根据产品气体、杂质与吸附剂的吸附力强弱关系，变压吸附分成两大类：低吸附性气体纯化、高吸附性气体纯化。氢气纯化属于低吸附性气体纯化，此外还包括空气分离制取富氧空气、空气除湿等；利用沸石分子筛进行空气分离生产氮气、变压吸附生产二氧化碳均属于高吸附性气体纯化。在变压吸附过程中，吸附剂解吸杂质气体是依靠降低杂质气体分压来实现的，常用的方法包括降低吸附床压力、用产品气冲洗、用真空泵抽吸。

工业上常用的吸附剂有：硅胶类、氧化铝类、活性炭类、分子筛类等。吸附剂对于各种气体的吸附性能主要通过实验测定的吸附等温线和动态下的穿透曲线来评价。优良的吸附性能和较大的吸附容量是实现吸附分离的基本条件。

4.1.1 变压吸附技术的基本原理

吸附按其性质的不同可分为四大类：化学吸附、活性吸附、毛细管凝缩和物理吸附。变压吸附技术利用的吸附主要为物理吸附。变压吸附技术可以实现气体提纯，是由于吸附剂在物理吸附中所具有的两个基本性质：一是吸附剂对不同组分 (吸附质) 的吸附能力不同，二是吸附剂对某一吸附质的吸附量随其分压力上升而增加，随吸附温度上升而减少。利用吸附剂对不同组分的选择吸附特性，可实现对某些组分的优先吸附而使其他组分得以提纯。利用吸附剂的第二个性质，可实现吸附剂在高压 (或低温) 下吸附，而在低压 (或高温) 下解吸再生，从而构成吸附剂的吸附与再生循环，达到连续分离提纯气体的目的。变压吸附的基本原理就是利用各种气体组分在吸附剂 (固态多孔物质) 上吸附特性的差异，以及吸附量随压力升高而增大的特性，通过周期性的压力变换过程，实现产品气体的分离和提纯。

吸附剂的吸附能力一般以静态吸附容量和动态吸附容量表示。静态吸附平衡是指在一定温度和被吸附气体分压一定的情况下，吸附剂与被吸附的气体分子 (吸附质) 充分接触，最后吸附质在两相中的分布达到平衡的过程。单位质量 (或单位体积) 吸附剂达到吸附平衡时所能吸附物质的最大量，称为静态吸附容量。动态吸附容量是在一定温度下，含有多种气体 (吸附质) 的混合气流通过吸附剂固定床，吸附质在流动状态下被吸附剂吸附，吸附剂到达“转效点”时的吸附量，通常采用吸附床内单位质量 (或单位体积) 的平均吸附量来表示。“转效点”是流体流出吸附剂床时被吸组分浓度明显增加的点。由于气体连续流过吸附剂表面，吸附剂未达到饱和就已流走，所以吸附容量小于静态吸附容量，一般取静态吸附容量的 40%～60%。

吸附刚开始时，吸附剂存在大量的活性表面，被吸附的气体分子数大大超过离开表面的分子数。随着吸附的进行，吸附剂表面逐渐被吸附质分子遮盖，吸附剂表面再吸附的能力下降，直到吸附速度等于解吸速度时，就表示吸附达到了平衡。分子筛等吸附剂对多种气体的静态吸附等温线的示意图如图 4.2 所示，其中氢气相对于其他气体吸附量非常低，而且吸附量随分压力升高增加不明显。

通过静态吸附实验研究，获得活性炭上的 CO、CH_4、CO_2、N_2、H_2 等气体的静态吸附等温线如图 4.3 所示，吸附等温线为 5 ℃、25 ℃、45 ℃[2]。

活性炭对于 CO、CH_4、CO_2、N_2、H_2 等气体的吸附均呈现 I 型吸附曲线，表明上述气体在活性炭表面发生单层吸附和多层吸附，未发生毛细孔凝聚。相同压力下，各气体的吸附量随吸附温度升高而减小；相同温度下，各气体的吸附量随压力升高而增大；相同温度和压力下，CO_2 的吸附量最大，H_2 的吸附量最小。

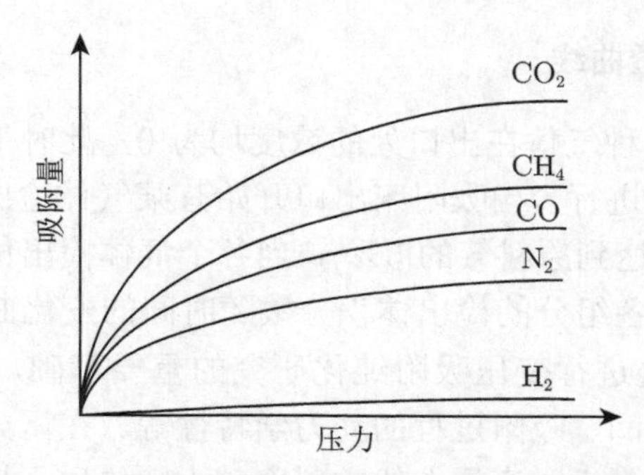

图 4.2 吸附剂对各种气体的静态吸附等温线示意图

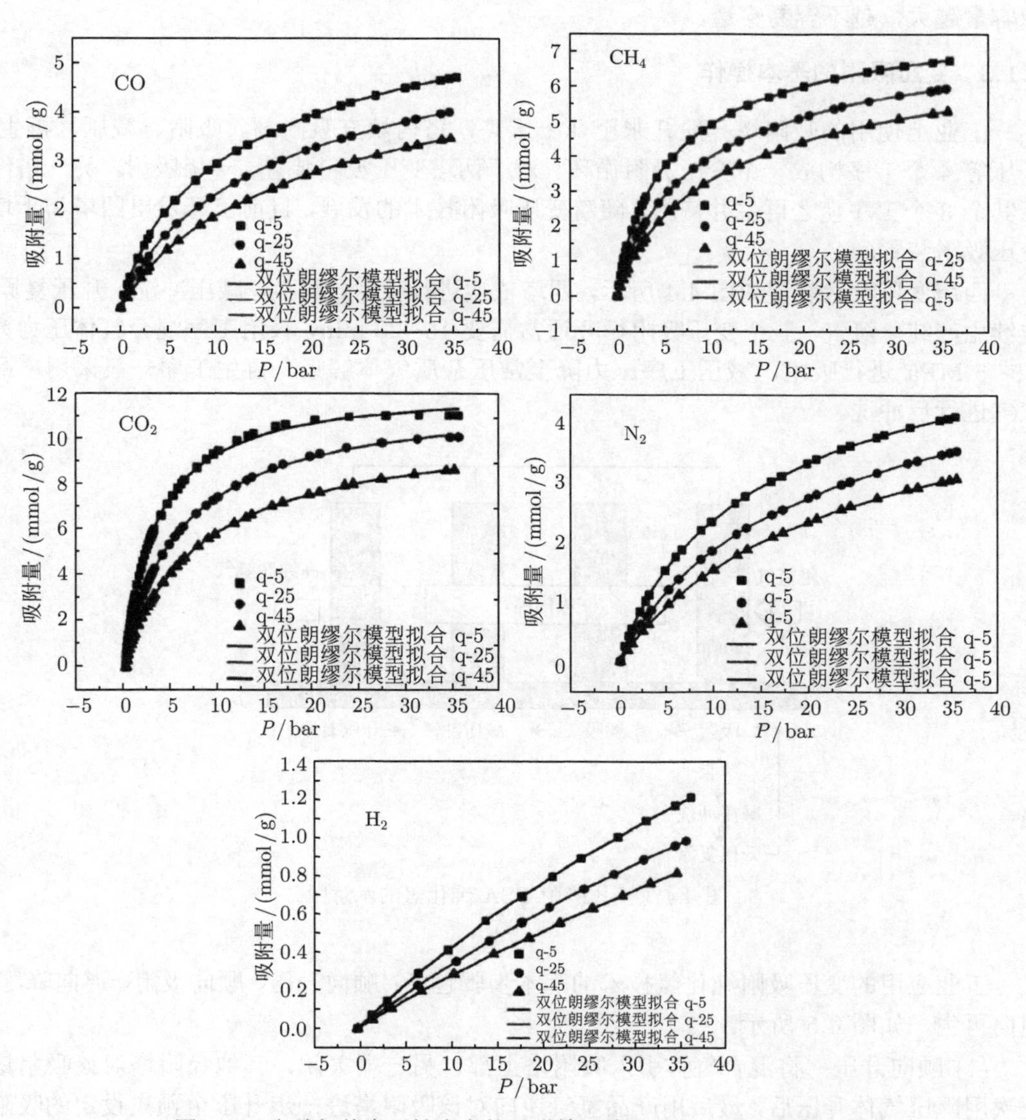

图 4.3 多种气体在活性炭上的吸附等温线 (5 ℃、25 ℃、45 ℃)

4.1.2　吸附床的吸附穿透曲线

在吸附刚开始时，各种气体在出口处的浓度均为 0，此时气体进入吸附床还在被吸附，随着吸附过程的不断进行，当吸附床出口开始有某气体检出时，表明该气体开始穿透 (气体检测的体积分数达到原料气的 5%)，当各个气体检出体积分数等于初始体积分数时称为完全穿透。绘制各组分的检出体积分数随时间的变化曲线，即得吸附穿透曲线。

动态吸附性能实验是进行变压吸附纯化研究的重要基础，可以获得重要的操作参数，如：吸附床的穿透时间、吸附过程的动力学特性等。在压力一定的条件下，气体流量越大，穿透所需的时间越短，穿透曲线的斜率越大，传质区长度越短。在气体流量一定的时候，压力越大穿透吸附床需要的时间越长，穿透点越延迟到达，说明压力越大吸附容量越大，越不容易穿透。

4.1.3　变压吸附的基本操作

工业上使用的吸附塔一般几米至几十米高，塔内填充吸附剂。吸附、减压、再生、升压等 4 个工序构成一个变压吸附循环。对于两塔变压吸附装置，一塔吸附，另一塔经历其余 3 个工序使之再生并待用。随着变压吸附技术的发展，目前已开发出四塔和十塔变压吸附装置。

四塔变压吸附装置如图 4.4 所示，四塔依次进行吸附、解吸、减压冲洗、升压复原，连续生产纯化氢气。一个变压吸附循环通常需要 15~20 min，吸附工序混合气体压力为 0.5~5 MPa 进行吸附，减压工序压力降至常压杂质气体解吸，再生工序一般采用产品氢气进行反冲洗。

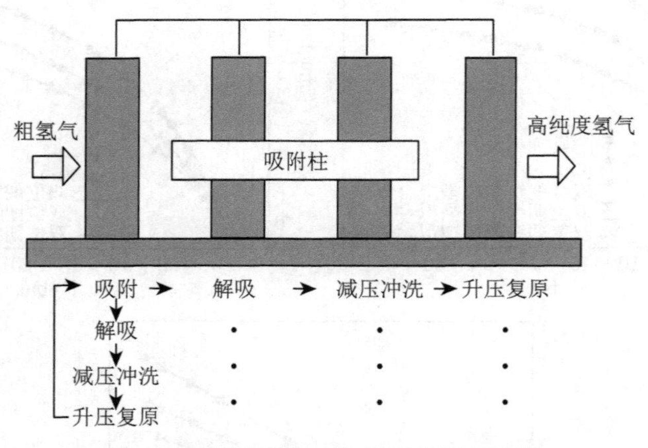

图 4.4　变压吸附 PSA 纯化氢的示意图

工业应用的变压吸附纯化氢技术的基本步骤包括：顺向升压、顺向吸附、逆向降压、逆向再生，如图 4.5 所示。

(1) 顺向升压：将混合气体引入吸附塔上部，另一端关闭，其他吸附塔对该吸附塔几次用降压气体升压后，最后用产品氢气逆向对该吸附塔进一步升压至预先设定的吸附压力。

(2) 顺向吸附：含氢混合气由上部进入已经冲压完毕的吸附塔，进行一定时间的吸附操作。由于易吸附组分在吸附塔的进口处开始被吸附剂吸附，因此不易被吸附的气体由吸附塔出口处流出成为需要的合格产品气体。当吸附进行到预先设定的操作时间，即床层中某种关键组分的浓度分布前沿到达吸附剂床层中的某一预定位置时，该吸附塔完成吸附过程。

(3) 逆向降压: 在吸附阶段，部分吸附剂因吸附易吸附组分而接近达到饱和。通过降低吸附床的压力，从而降低了易吸附组分在吸附塔内的分压，最终使其从吸附剂上部分脱附下来。

(4) 逆向再生：为了使吸附剂尽可能地得以彻底再生，通常都是使用其他吸附塔顶部较低压力的产品气对吸附塔内的吸附剂进行逆向冲洗，使杂质的分压进一步降低。

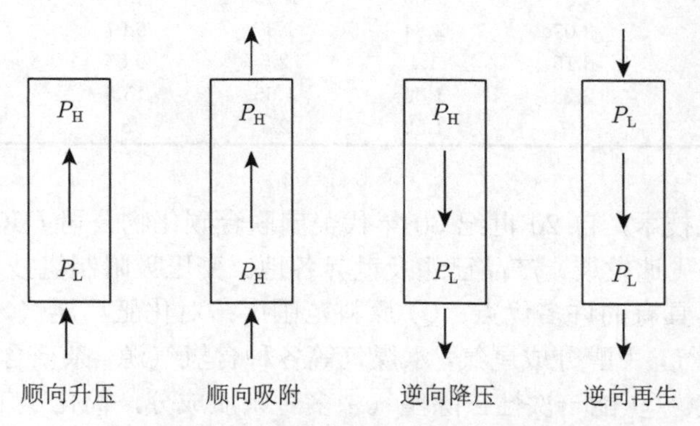

图 4.5 变压吸附纯化氢技术的基本操作步骤

林德公司开发了一种新型的变压吸附装置，可以仅使用变压吸附法生产出高纯度氢气，纯度可以达到 99.999%。该方法在进行均压操作时，将低压吸附塔的上端与高压吸附塔的下端连接，进行均压，这样可以避免对低压吸附塔的下端出口造成污染，可以提高产品纯度 [3]。

4.1.4 变压吸附的吸附剂

变压吸附技术所用的吸附剂都是具有较大比表面积的固体颗粒，主要有：活性氧化铝、活性炭、硅胶类和分子筛类，研究发现在一个吸附床中采用多种吸附剂可以显著提高系统吸附性能。吸附剂最重要的物理性质包括比表面积、孔容积、孔径分布和表面性质等。在吸附过程中，由于吸附压力是不断变化的，因而吸附剂还应有足够的强度和抗磨性。

采用动态吸附性能测试，获得吸附穿透曲线来评价吸附剂的吸附分离性能。吸附分离系数是考察吸附剂对混合气体分离能力的一个重要指标。某组分吸附平衡时在吸附床内的总量有两部分，一部分被吸附剂所吸附，另一部分是在气相中。强吸附组分和弱吸附组分各自在吸附剂内吸附量与气相含有量的商之比称为分离系数。即混合气体吸附分离系数 (α) 为

$$\alpha_{ij} = \frac{(x_A/x_B)_i}{(x_A/x_B)_j}$$

式中，x_A 和 x_B 分别为某组分吸附相与气相摩尔分数；i 和 j 分别为强吸附组分和弱吸附组分。

变压吸附的吸附剂对常见组分的分离系数 (20 ℃、常压) 详见表 4.2。分离系数越大分离越容易。在变压吸附中被分离的两种组分的分离系数不宜小于 2。

表 4.2　各种吸附剂对常见组分的分离系数 (20 ℃、常压)

吸附剂	组分						
	CH_4/CO_2	CO/CH_4	N_2/CH_4	N_2/CO	H_2/CH_4	H_2/CO	H_2/N_2
硅胶	6.4	1.31	1.86	1.42	2.9	2.05	3.8
活性炭	2	2.07	2.84	1.37	6.97	5.1	14.1
5A 分子筛	1.79	3.15	1.4	2.5	9.65	17.2	6.9
丝光沸石	1.18	2.23	1.39	1.65	15.5	18.5	11.2
13X 分子筛	1.58	4.7	1.52	2.4	8	12.6	5.25

变压吸附制氢技术，自 20 世纪 60 年代美国联合碳化物公司 (UCC) 第一套装置的问世，至今已取得飞速发展，产品已遍及世界各地。变压吸附制氢技术之所以能取得长足的发展，源于其具有的许多优点：① 原料范围广：对化肥厂尾气，炼油厂石油干气，乙烯尾气，氨裂解气，甲醇分成尾气，水煤气等各种含氢气源，杂质含量从 0.5%到 40%都能获得高纯氢气。② 能一次性去除氢气中多种杂质成分，简化了工艺流程。③ 处理范围大，能从 0~100%调节装置处理影响装置工作及产品纯度。它启动方便，除首次开车需要调整、建立各操作步骤和工况外，平时随时可以开停机。④ 能耗小、操作费用低。由于它能在 0.8~3 MPa 下操作运行，这对于许多氢气源如弛放气、变换气、石化精炼气等，其本身压力满足这一要求，省去加压设备及能耗。特别是对一些尾气的回收综合利用大大降低了产品成本。⑤ 装置运行中几乎无转动设备，并采用全自动阀门切换，因此设备稳定性好、自动化程度高、安全可靠。⑥ 吸附剂寿命长，并且对周围环境无污染，可露天放置。基于上述之优点，特别是当今能源紧张，能从工业废气中回收并提取氢气将会受到人们欢迎，其用途也会日趋广泛。

4.2　膜　分　离

气体膜分离技术是膜分离科学与技术的重要组成部分，以其“经济、便捷、高效、洁净”的技术特点，成为膜分离技术中应用发展速度最快的独立技术分支，是继深冷分离和变压吸附分离之后的第三代新型气体分离技术。利用膜分离技术进行气体分离提纯主要用于氢气，一方面适用的膜材料较多，另一方面市场需求较强。

气体分离膜依据材质可以分为有机高分子膜、无机膜、透氢金属膜，前者主要是聚酰亚胺、聚氨酯等高分子材料制成的膜或中空纤维，已经应用于化工行业的废气回收氢气；而无机膜是氧化铝、硅石等陶瓷类材料，以及金属钯等金属材料。气体分离膜按照形态分为多孔膜和致密膜两大类，其透过性和分离选择性差异显著，一般情况下：多孔膜的透过流量高、而分离选择性差；致密膜的分离选择性优良，而透过流量很小。

4.2.1 膜分离的机理

一般情况下，多孔膜利用孔隙大小进行气体分离，有机高分子膜利用溶解度和扩散速度的差异实现气体分离；而钯膜利用其特有的氢分子解离、溶解和扩散特性实现氢选择性透过。多孔膜和致密膜中氢气的扩散机理如图 4.6 所示。

介孔 (Meso-porous) 膜中的气体扩散

介孔膜主要由介孔级的通孔组成，各种气体分子 (原子) 的渗透速度不同，可以实现气体分子的分离和纯化。严格意义上，气体通过孔径小于其平均自由程的多孔膜时，主要是气体分子与孔壁的碰撞，气体分子之间的碰撞减少。由于气体分子与孔壁的碰撞为完全弹性碰撞，气体分子以其固有速度穿过介孔膜。

常见气体的平均自由程 (0 ℃、101.3 kPa) 详见表 4.3，多数为数十纳米，氦气和氢气的平均自由程较高，超过 100 nm。气体的平均自由程取决于温度和压力等参数，温度升高或是压力降低则平均自由程增大。

表 4.3 常见气体的平均自由程 (0 ℃、101.3 kPa)

气体	平均自由程/nm
氦气 He	179.8
氢气 H_2	112.3
氧气 O_2	64.7
氩气 Ar	63.5
氮气 N_2	60.0
一氧化碳 CO	58.4
氨气 NH_3	44.1
二氧化碳 CO_2	39.7
乙烯 C_2H_4	34.5
氯气 Cl_2	28.7

分子量 M(kg/mol) 的气体在介孔膜内扩散，根据气体分子运动理论，其透过速度 Q (mol/s) 如公式 (4.1) 所示

$$Q = \frac{KA}{\sqrt{MT}}\frac{\Delta P}{t_m} \tag{4.1}$$

其中，$K((\text{mol·K/kg})^{1/2}\text{s})$ 为膜固有值，$A(\text{m}^2)$ 为膜面积、T(K) 为绝对温度、ΔP(Pa) 为膜两侧的压力差，t_m(m) 为膜的厚度。

上述公式 (4.1) 成立，则透过系数用公式 (4.2) 表示

$$\bar{P} = \frac{K}{\sqrt{MT}} \tag{4.2}$$

$$K = 4\varepsilon d_p/\sqrt{18\pi R} \tag{4.3}$$

其中，ε 为空隙率，d_p 为平均孔径，R 为气体常数 (8.314 J/ (mol·K))。

根据公式 (4.3)，气体在扩散膜中的透过速度与气体的分子量的平方根成反比。呈现透过流速与气体分子量的平方根成反比特征的气体透过，就是努森扩散。多种气体穿过多孔膜 (平均孔径 22.5 nm) 透过系数与气体分子量关系的试验结果详见图 4.7。

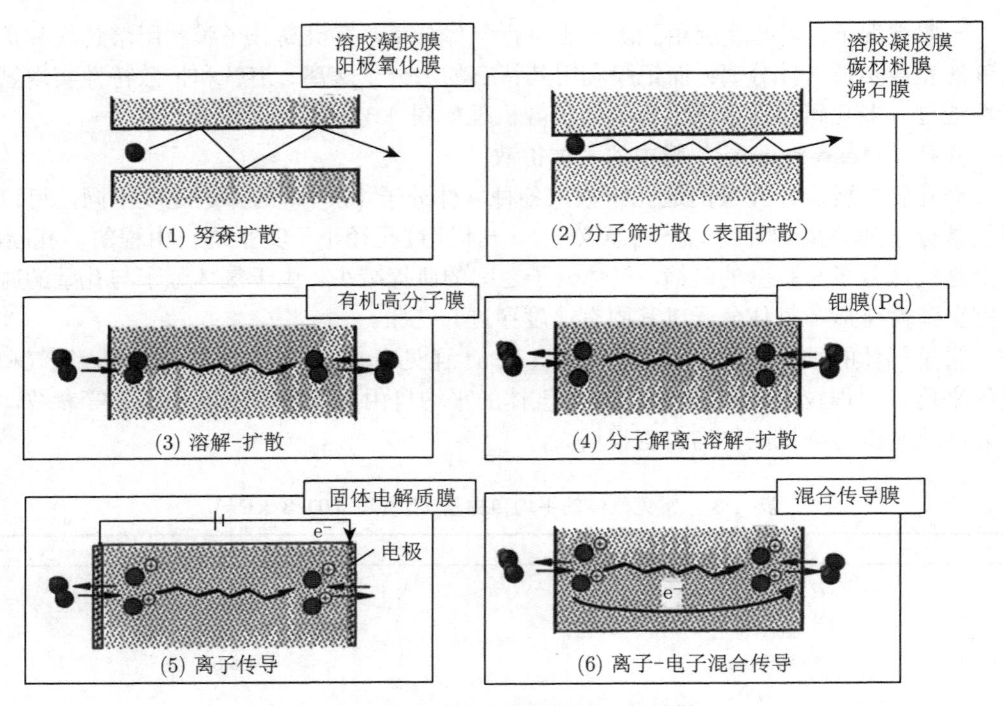

图 4.6　多孔膜和致密膜中氢气的扩散

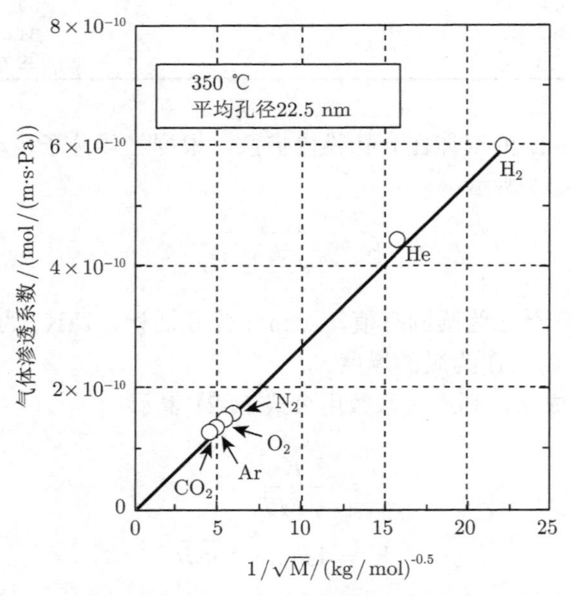

图 4.7　努森扩散的气体渗透系数与分子量的关系

4.2.2 多孔膜材料

多孔膜利用细小孔隙实现混合气体成分的分离，包括微孔 (micro-porous) 和介孔 (meso-porous) 的陶瓷类多孔膜材料，例如多孔玻璃、碳素膜、阳极氧化铝、沸石等，如图 4.8 所示。

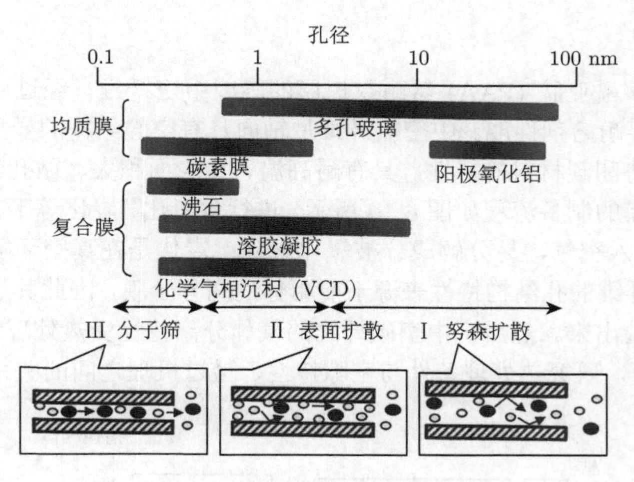

图 4.8 各种多孔膜及透过机理

4.2.2.1 多孔玻璃

多孔玻璃是指某些钠硼硅酸盐玻璃经过分相热处理和酸处理后的玻璃。多孔玻璃为均质膜，最初是由美国康宁公司 (Corning Inc.) 于 1940 年开发，俗称“维克玻璃”(Vycor glass)。

多孔玻璃的制备流程详见图 4.9，主要工艺过程为①分相处理。Na_2O-B_2O_3-SiO_2

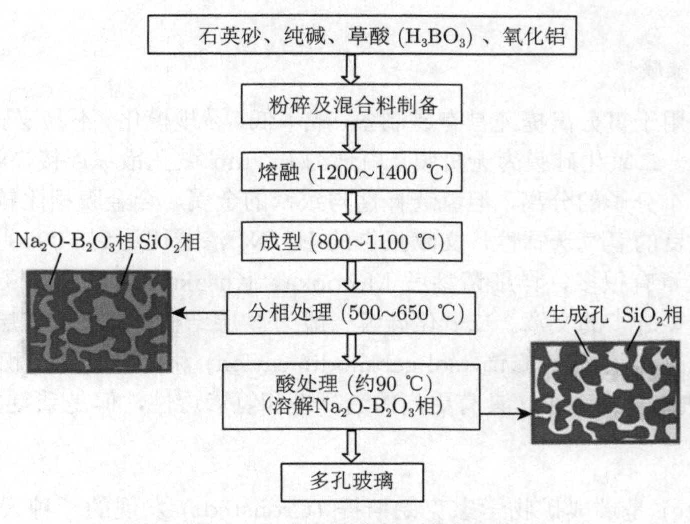

图 4.9 多孔玻璃的制备流程图

硼硅酸钠玻璃在 500~650 ℃ 进行热处理，发生“亚温相分解 (spinodal decomposition)”，分解为氧化硅相和三维网状 Na_2O-B_2O_3 相；② 酸处理。利用酸溶液溶解 Na_2O-B_2O_3 相，形成三维网状孔隙。通过热处理而分离成两相的玻璃，通常一相 (如 Na_2O-B_2O_3 相) 易溶于酸，而另一相 (如 SiO_2) 难溶于酸，所以将分相玻璃浸渍在酸性溶液中，易溶于酸的一相被溶解，而另一相被作为骨料保存下来，就形成了多孔玻璃。

4.2.2.2 碳材料膜

碳材料膜是聚酰亚胺 (PAA) 等耐热树脂的膜或中空纤维，经过碳化等工艺制备而成，具有耐高温、耐溶剂性能。中空碳纤维是轴向具有空腔结构的异型碳纤维，它结合了中空纤维的优势和碳材料的特性，具有耐高温、比表面积大、微孔结构丰富等优点。

中空碳纤维膜的制备流程如图 4.10 所示，进行预氧化、炭化等工艺过程。其中预氧化是在 450 ℃ 导入空气，易分解成分被氧化去除；炭化是在真空环境或惰性气体中进行炭化。中空碳纤维的孔结构特性来源于前驱体的高分子膜，因此其透过和分离特性可以被高分子膜反映出来。然后，中空碳纤维的气体分离特性受热处理温度 (预氧化、炭化工序) 影响显著，研究热处理条件与空隙特性、透过机理之间的关系非常重要。

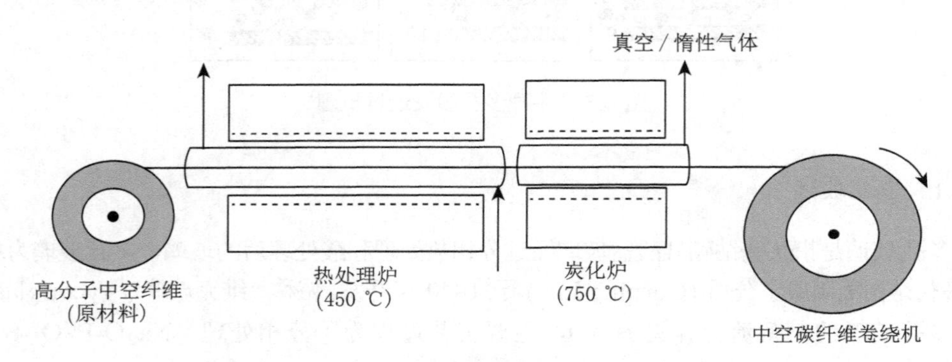

图 4.10 中空碳纤维膜的制备流程

4.2.2.3 二氧化硅膜

二氧化硅膜用于氢分离提纯具有易制备、成本低、易规模化、不易氢脆等优点，具有良好的应用前景。二氧化硅膜为无机膜，内部约 0.5 μm 微孔错综连接，可以实现 CO_2、CO、N_2、O_2 等小分子的分离，但氢选择性与致密的金属、合金膜相比较低。二氧化硅膜也可以获得优良的氢气选择性，文献报告的 H_2/N_2 渗透比达到 10000[1-4]。关于无机膜制备的综述文章有很多，详细请参考 Morooka、Kusakabe[5]，Tsapatis、Gavalas[6]，Oyama[7] 和 Verweij[8] 的文章。二氧化硅膜一般为 3 层结构：二氧化硅层、中间层和支撑体层。主要通过溶胶-凝胶修饰 (sol-gel modifacation) 和化学气相沉积 (CVD) 制作。溶胶-凝胶修饰法比气相沉积法具有更高的选择性和氢渗透性，但是重复性差。

4.2.2.4 沸石膜

沸石 (zeolite) 是瑞典矿物学家克朗斯提 (Cronstedt) 发现的一种天然硅铝酸盐矿石，具有均匀孔径、热稳定性和化学惰性良好等优点，被广泛用于催化剂和气体分离。

沸石统称铝硅酸盐，主要由氧化铝 (Al_2O_3) 和氧化硅 (SiO_2) 组成。沸石通过调整 Si/Al 比值、模板等，制备出 14 种以上沸石结构，包括 MFI、LTA、MOR 和 FAU 型。MFI 型沸石具有孔径大小、易制备等优点，常用于分子筛扩散，包括 Silicalite-1 和 ZSM-5。Silicalite -1 完全由二氧化硅组成，而 ZSM-5 中 Al 取代部分硅原子。M41S 型沸石为 3~10 nm 的介孔。

沸石分子筛主要依据孔径和 Si/Al 比进行分类，例如,A 型分子筛的 Si/Al 比接近 1，X 型的 Si/Al 比为 2.2~3，Y 型的 Si/Al 比大于 3。几种常见气体的动力学直径也进行了标注，如图 4.11 所示。沸石的孔径为 0.4~0.8 nm，分子动力学直径小于该孔径则进入沸石，而其他大分子则无法进入沸石，起到分子筛的作用。

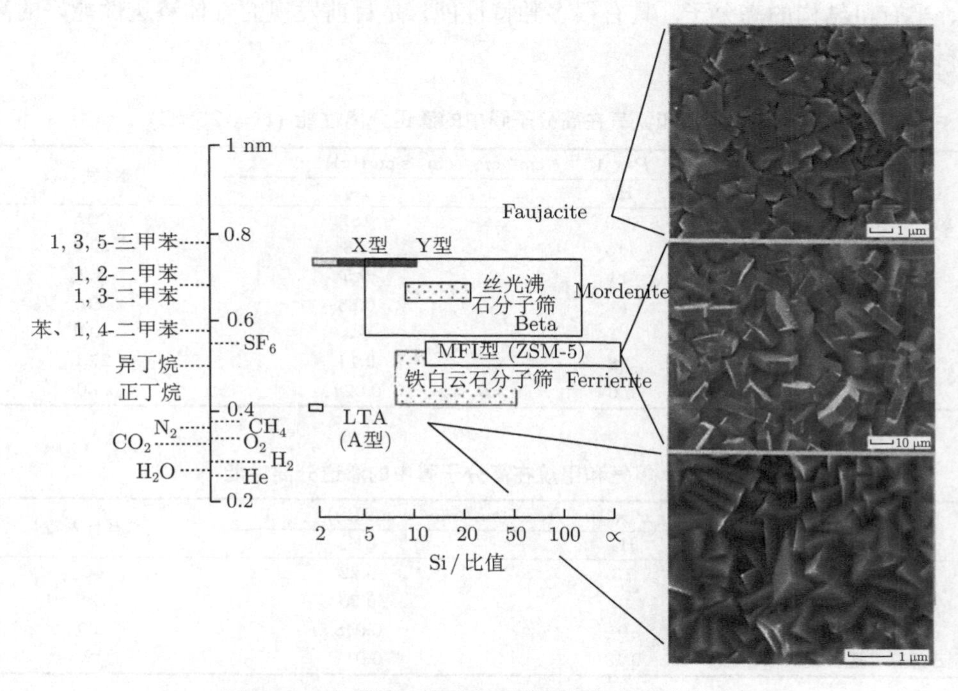

图 4.11 各种沸石的孔径及常见气体的动力学直径

沸石膜主要通过分子筛机理进行，其孔径分布以及分离性能主要取决于沸石相，采用水热合成法在支撑体上沉积多晶沸石层，形成复合膜。在实际应用中, 分离的选择性与渗透流量相互矛盾, 根据具体的应用需求选择沸石膜厚度。

4.2.3 有机高分子膜

目前还在应用的有聚二甲基硅氧烷 (PDMS)、聚砜 (PSF)、醋酸纤维素 (CA)、乙基纤维素 (EA)、聚碳酸酯 (PC) 等。有机高分子膜均存在渗透性和选择性的矛盾，即渗透性高的，选择性则低，反之亦然。高分子膜对氢气和氮气、氢气和甲烷的渗透分离性能分别示于表 4.4 和表 4.5。

聚砜 (polysulfone) 具有机械性能优良、耐热性好、耐微生物降解、低廉易得等优点。聚砜膜具有膜薄、内层孔隙率高、微孔规则等特点，常用作气体分离膜的基体材料，如孟山都公司开发的普里森 (Prism) 分离器，采用聚砜非对称中空纤维膜，并进行硅橡胶涂敷，以消除聚砜中空纤维表层的微孔，将其用于从合成氨驰放气、炼厂气中回收氢气，H_2/N_2 的分离系数可达到 30~60[9]。一些研究者通过调整聚砜制膜液配方，降低了制膜液的湿度敏感性，用相转化法制备聚砜支撑膜，并消除针孔和其他缺陷，显著地提高聚砜支撑膜的性能稳定性和完整性。研究表明，在聚砜的分子结构上引入其他基团，可以制成性能良好、应用范围更广的膜材料 [10]，聚砜在今后一段时间内还将是重要的气体膜分离膜材料。聚酰亚胺 (PI) 具有良好的强度和化学稳定性，耐高温。日本宇部兴产公司开发出用其独自研制的芳香族聚酰亚胺为材料的高性能氢分离膜，可用于合成氨等化学工业及石油精制工程中氢回收等各种工业 [11]。聚二甲基硅氧烷从结构上属半无机、半有机结构的高分子，具有很多独特性能，是目前发现的气体渗透性能好的高分子膜材料之一。

表 4.4 氢气和氮气在高分子膜中的渗透分离性能 (t = 25 °C)

膜材质	$P\times10^{10}/(cm^3\cdot cm/(cm^2\cdot s\cdot cmHg))$		选择性系数
	H_2	N_2	
聚二甲基硅氧烷	390	181	2.15
聚苯醚	113	3.8	29.6
天然橡胶	49	9.5	5.2
聚砜	44	0.88	50
聚碳酸酯	12	0.3	40.0
醋酸纤维素	3.8	0.14	27.1
聚酰亚胺	5.6	0.028	200

表 4.5 氢气和甲烷在高分子膜中的渗透分离性能

膜材质	$P\times10^{10}/(cm^3\cdot cm/(cm^2\cdot s\cdot cmHg))$		选择性系数
	H_2	CH_4	
聚砜	13	0.22	60
醋酸纤维素	12	0.20	60
聚酰亚胺	9	0.048	200
聚乙烯三甲基硅烷	0.13	0.011	12

4.2.4 透氢金属膜

4.2.4.1 钯膜透氢机理

钯膜表面能使氢分子离解成氢原子并溶解于金属内部晶格中，氢原子在金属内部向低压侧表面扩散，透过钯膜后在膜的另一端以氢分子形态脱离膜表面。

氢的渗透过程中，当钯膜 (钯层) 厚度 > 10 μm 时，氢在钯金属晶格内的扩散过程是氢气渗透过程的速率控制步骤，透氢速率由 Fick 定律及 Sievert 定律推导，氢流量可用公式 (4.4) 表示 [12]

$$Q_p = A\Phi(P_u^n - P_d^n)/L \tag{4.4}$$

式中，Φ 为透氢度，P_u 为高压侧氢气分压，P_d 为低压侧氢气分压，A 为膜面积，L 为膜厚度，n 为压力指数，是常数，通常介于 0.5~1，例如，当氢在钯膜内的体相扩散为速率控制步骤，$n = 0.5$ 时，而当氢从气相向膜表面扩散的过程为整个渗透过程中的速率控制步骤时，$n = 1$。

关于各种金属的透氢度，Steward 把以往的研究结果进行了整理，推出了难熔金属的透氢度 Φ 与温度 T 的 Arrehenius 关系，如图 4.12 所示。其边界条件是：温度大于 350 ℃，氢分压为 $10^{-5} \sim 10^{-4}$ Pa，由于这些数据来源分散，且透氢度在较高氢分压是否准确有效尚待进一步实验验证。

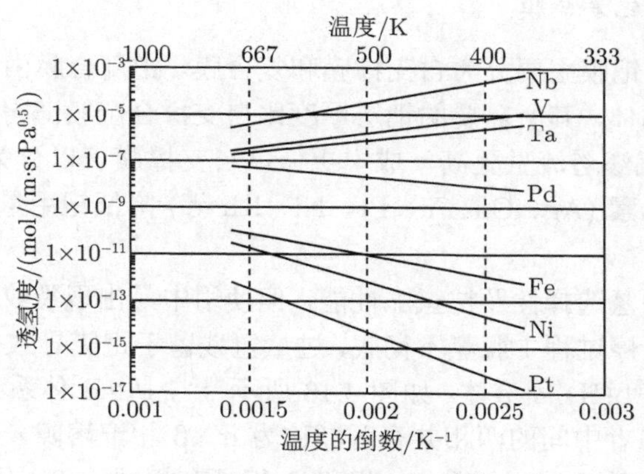

图 4.12 金属的透氢度 [13]

钯对于氢气具有特殊的选择渗透性，理论上仅氢气能透过钯膜，但价格昂贵，且资源有限，难以满足大规模工业化应用需求。VB 族金属 (钒 (V)、铌 (Nb)、钽 (Ta)) 透氢度均高于钯 (Pd)。钯、镍 (Ni) 的晶格结构为面心立方，其透氢度也比较高。

金属膜的透氢度与温度满足阿伦尼乌斯方程 (Arrhenius)，活化能是金属膜的物性参数之一。氢分离纯金属的基本特性包括晶体结构、氢溶解度、氢化反应焓、透氢度、氢扩散活化能等，特性参数详见表 4.6。不难发现，Nb，Ta 和 V 相对于 Pd，500 ℃ 下

表 4.6 氢分离用途金属的基本特性 [14]

金属	晶体结构	氢溶解度 ($T = 27$ ℃)	氢化反应焓 ΔH/(kJ/mol)	透氢度 Φ($T =$ 500 ℃)/(mol/(m·s·Pa$^{0.5}$))	氢扩散活化能/(kJ/mol)
Nb	bcc	0.05	-60(Nb-H_2)	1.6×10^{-6}	10.2
Ta	bcc	0.20	-78(Ta-$H_{0.5}$)	1.3×10^{-7}	14.5
V	bcc	0.05	-54(V-H_2)	1.9×10^{-7}	5.6
Fe	bcc	3×10^{-8}	$+14$(Fe-H)	1.8×10^{-10}	44.8(γ-Fe)
Cu	fcc	$< 8\times10^{-6}$		4.9×10^{-12}	38.9
Ni	fcc	$< 7.6\times10^{-5}$	-6(Ni-$H_{0.5}$)	7.8×10^{-11}	40.0
Pd	fcc	0.03	$+20$(Pd_2-H)	1.9×10^{-8}	24.0
Pt	fcc	$< 1\times10^{-5}$	$+26$(Pt-H)	2.0×10^{-12}	24.7
Hf	hcp	$\alpha \sim 0.01$ $\beta \sim 1.0$	-133(Hf-H_2)		
Ti	hcp	$\alpha \sim 0.0014$ $\beta \sim 1.0$	-126(Ti-H_2)		
Zr	hcp	< 0.01	-165(Zr-H_2)		

的透氢度高 1~2 个数量级，但氢化反应焓 ΔH 为负值、易发生氢脆。反应焓 ΔH 为负值说明生成金属氢化物为放热反应，反应更容易发生即易氢脆。反应焓为正值表示反应吸热，金属氢化物难以生成。

钒族金属 (Nb、Ta、V) 作为透氢膜具有两个主要缺点：① 离解氢分子的催化能力和结合氢原子的催化能力都很低；② 金属表面极易氧化，形成牢固结合的氧化物层，从而阻止透氢过程。

4.2.4.2　钯合金膜及钯复合膜

按结构的不同，钯膜主要分为自支撑膜和复合膜。钯复合膜由于具有提供机械强度的多孔基体作为支撑体，其所需要的钯层厚度比自支撑合金膜薄得多，一般钯层厚度不超过 30 μm，因此氢渗透流量更高，成本更低。自支撑膜可以分为纯钯膜和钯合金膜，后者通过掺杂其他元素 (Ag、Cu、Y、Pt、Ni、Rh 等) 降低钯用量，同时抑制氢脆，提高抗杂质中毒能力。

纯钯具有优良的氢选择性及抗氢脆性能，但使用中易出现裂纹及破损现象，主要归咎于钯膜纯氢装置启停过程中脱氢不彻底，过量氢残留于钯膜导致临界温度 (300 ℃) 以下生成 β 相与 α 相 Pb(H) 固溶体。如图 4.13 所示 [15]，Pd-H 体系存在间隙固溶体 α 相和 β 相两种形式，二者中间的两相共存区域称为 α、β 相混溶隙，顶点温度称为 $\alpha\rightarrow\beta$ 相转变临界温度。对于 Pd-H 体系，α 相和 β 相具有相同的 fcc (面心立方) 晶体结构，两相的晶格常数分别为 3.895 Å 和 4.025 Å。钯膜纯氢装置启停过程，钯膜中氢残留浓度 (H/Pd) 一旦进入对应温度的混溶隙，则钯膜中产生 α、β 相共析出，超过 10%的晶格体积膨胀 (或缩小) 导致钯膜中产生严重的应力, 进而导致材料变形、硬化, 使钯膜经历数次氢化/脱氢循环后过早破裂。Pd 掺杂 Ag 将 $\alpha\rightarrow\beta$ 相转变临界温度由约 300 ℃ 降到室温以下。$Pd_{77}Ag_{23}$ 合金是当前最成熟、应用最广的钯合金，显著延长钯合金膜的使用寿命。另外，Pd-Y 合金提高了纯钯的透氢度、抗拉强度、硬度、延伸率等性能，其中透氢度的提高归功于短程有序结构。Pd-Y-Sn，Pd-Y-Pb 合金，提高了抗杂质中毒能力。

钯合金自支撑膜的主要制备方法为传统卷轧，而钯复合膜的制备方法主要包括：物理气相沉积 (PVD)、化学气相沉积、电镀以及化学镀。卷轧法适用于大规模生产金属箔，高温下将熔化的原料经坯料铸造、高温均质化，冷锻 (热锻) 压，然后反复冷卷轧和退火，直至达到要求的厚度。物理气相沉积首先将被沉积的固体材料在真空系统中由物理化学方法气化，然后再较冷的载体上凝结、沉积成薄膜。化学气相沉积则是在气相中所含金属络合物在一定温度下分解产生的金属沉积在载体上形成薄膜；电镀法中，载体作为阴极被电镀液中的金属覆盖；而化学镀是亚稳金属盐络合物在目标表面上进行有控制地自催化分解或还原反应，一般用氨络合物，如：$Pd(NH_3)_4(NO_2)_2$、$Pd(NH_3)_4Br_2$ 或 $Pd(NH_3)_4Cl_2$，可在有联氨或次磷酸钠还原剂存在的条件下用来沉积薄膜 [15]。钯复合膜的针孔缺陷主要归咎于多孔支撑体的不平整性及表面孔径过大，因此孔径小且表面平整光滑的多孔支撑体表面镀覆钯膜成为研究热点。

多孔膜和透氢金属膜的透氢通量 (单位面积的氢流量)、H_2/N_2 选择系数等参数对比如图 4.14 所示。SiO_2、Al_2O_3 材质的多孔陶瓷膜，孔径为数 nm，透氢通量很高，但

H_2/N_2 选择系数过低；碳素、沸石材质的多孔陶瓷，孔径为数 Å (1 Å = 0.1 nm)，氢选择系数得到小幅提高，但氢选择系数降低。多孔支撑体层与 Pd 膜层形成 Pd 复合膜，多孔支撑体为玻璃、陶瓷、沸石、Al_2O_3 等材质，孔径 0.35~22 μm 多孔材料，其氢通量和氢选择系数均较多孔陶瓷膜显著提升。钯复合膜的制备方法称为研究热点，主要包括化学镀 (electroless plating)[16-19]，磁控溅射 [20]，喷雾热解 (spray pyrolysis)[21]，和化学气相沉积 [22,23] 等。钯复合膜的氢通量和氢选择系数都比较高。钯复合膜易发生针孔缺陷，导致氢选择系数显著降低 [24-26]。

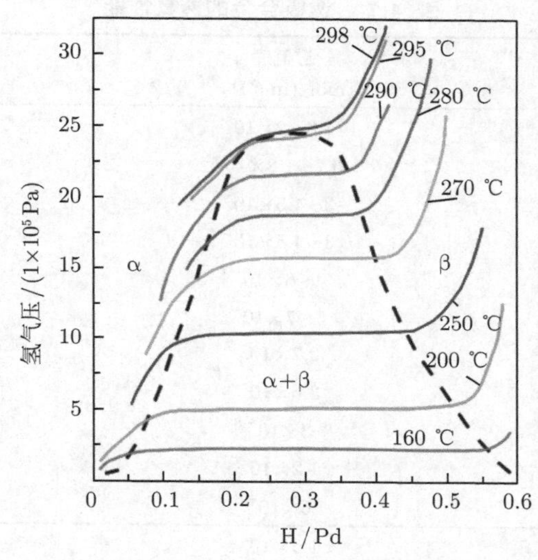

图 4.13 Pd-H 体系 P-C-T 相图 [68]

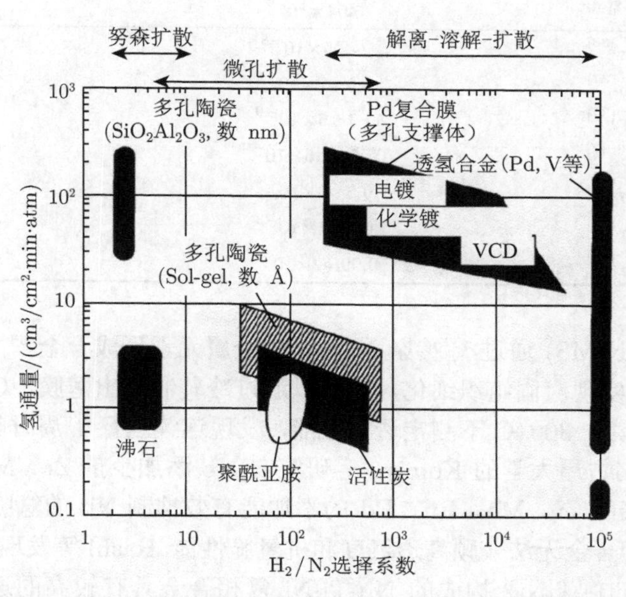

图 4.14 多孔膜和透氢金属膜的氢通量及 H_2/N_2 选择系数 [27]

4.2.4.3　非钯透氢金属膜

金属 Zr、V、Nb、Ta 具有比 Pd 更高的透氢度和机械强度[28]，但氢脆非常严重，无法应用于氢分离 [29-34]。此外，上述金属的表面均易被氧化，氧化层会阻止氢分子的化学吸附及其解离，导致透氢过程无法进行或氢流量近零 [35]。在这些金属的表面镀一层极薄的钯膜可以解决这个问题，形成了夹层型或“三明治”型复合膜。表 4.7 概括透氢合金的透氢性能。

表 4.7　透氢合金的透氢性能

合金	透氢度 Φ /(mol/(m·s·Pa$^{0.5}$))	温度/℃
$V_{90}Al_{10}$ [38]	$1.3\sim2\times10^{-7}$	250~400
$V_{70}Al_{30}$ [38]	$0.7\sim1.8\times10^{-9}$	250~400
$V_{85}Ni_{14.91}Al_{0.09}$ [39]	$3\sim4.5\times10^{-7}$	250~400
$V_{85}Ni_{14.1}Al_{0.9}$ [39]	$3\sim4.5\times10^{-7}$	250-400
$V_{85}Ni_{12.4}Al_{2.6}$ [39]	$4\sim6\times10^{-7}$	250-400
$V_{85}Ni_{10.5}Al_{4.5}$ [39]	$5\sim7\times10^{-7}$	250-400
$V_{90}Ti_{10}$ [40]	2.7×10^{-7}	400
$V_{85}Ti_{15}$ [40]	3.6×10^{-7}	435
$V_{85}Ni_{15}$ [40]	3×10^{-8}	400
$V_{90}Co_{10}$ [40]	1.2×10^{-7}	400
$V_{85}Al_{15}$ [40]	6×10^{-8}	435
$Nb_{95}Zr_{5}$ [42]	1.6×10^{-7}	300
$Nb_{95}Mo_{5}$ [42]	2.88×10^{-7}	300
$Nb_{95}Ru_{5}$ [42]	1.16×10^{-7}	300
$Nb_{95}Pd_{5}$ [42]	5.04×10^{-7}	300
$Nb_{10}Zr_{45}Ni_{45}$ [36]	$\sim2.5\times10^{-8}$	350
$Nb_{29}Ti_{31}Ni_{40}$ [37]	$1.5\sim7\times10^{-9}$	250~400
$Nb_{17}Ti_{42}Ni_{41}$ [37]	$1.1\sim6\times10^{-9}$	250~400
$Nb_{10}Ti_{50}Ni_{40}$ [37]	$0.55\sim4.5\times10^{-9}$	250~400
$Nb_{39}Ti_{31}Ni_{30}$ [37]	$0.3\sim2\times10^{-8}$	250~400
$Nb_{28}Ti_{42}Ni_{30}$ [37]	$0.3\sim1\times10^{-8}$	250~400
$Nb_{21}Ti_{50}Ni_{29}$ [37]	$0.09\sim2\times10^{-8}$	250~400

日本产综研 (NIMS) 通过 V 掺杂 Ni、Al 等金属元素形成合金[38-40]。上述合金经高温 (1050 ℃) 热轧实现凝固组织细化，就可以通过冷轧制作出薄膜。Ozaki 等对 Pd/V-15Ni 夹层型复合膜在 300 ℃ 下测定透氢性能，发现连续运行 1 周时间其透氢度没有发生明显变化[41]。名古屋大学的 Komiya 等研究向 Nb 添加少量 Zr、Mo、Ru、Pd 等金属的合金，研究表明 Zr、Mo、Ru、Pd 的添加能有效抑制 Nb 的氢脆[42]。

纯金属及单相合金无法兼顾高透氢度和抗氢脆性能。Hashi 等发现由初生相 (Nb,Ti) 和共晶相 {(Nb, Ti)+TiNi} 构成的 Nb-Ti-Ni 复相合金具有较高的透氢度和抗氢脆性能[43,44]。Nb-Ti-Ni 三元合金相图详见图 4.15。Nb-Ti-Ni 合金的透氢度随着 Nb 浓度增加而增大，$Nb_{39}Ti_{31}Ni_{30}$ 合金的透氢度最高为 1.97×10^{-8}(mol H_2/(m·s·$Pa^{-0.5}$))，略高于纯钯。因为透氢合金 (包括 △ 和 ○) 被脆性合金和发生氢脆的合金包围着，一般会认为对于 Nb-Ti-Ni 合金系，透氢合金的最高 Nb 浓度为 39 mol%左右。Luo 等在 Nb-Ti-Ni 三元合金相图上直线连接 $Nb_{40}Ti_{30}Ni_{30}$ 合金的初生相 (Nb, Ti) 和共晶相，将透氢合金的 Nb 浓度扩展至 68 mol%[45-47]。研究结果表明二位于上述直线上的 Nb-Ti-Ni 合金均由初生相和共晶相构成，透氢度随 Nb 添加量和初生相 (Nb,Ti) 体积占比的增大而升高，$Nb_{68}Ti_{17}Ni_{15}$ 合金的透氢度达到 4.91×10^{-8}(mol H_2/(m·s·$Pa^{-0.5}$))，是纯 Pd 的 3.5 倍。Luo 等还将上述研究方法应用到 Ta-Ti-Ni、Ta-Ti-Co 以及 V-Ti-Ni 合金[48]。

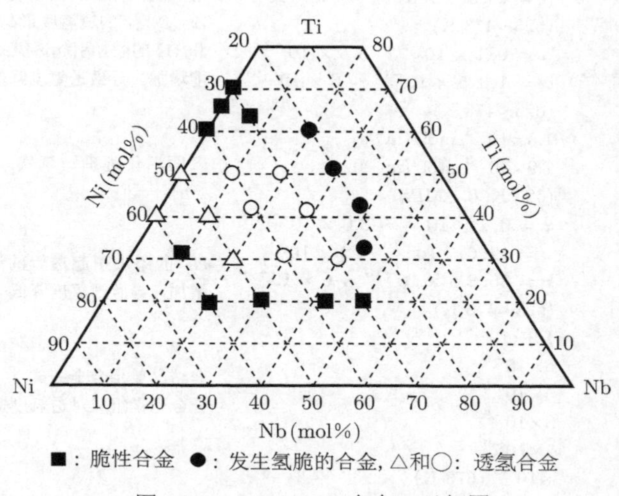

图 4.15 Nb-Ti-Ni 合金三元相图

4.2.4.4 非晶态金属

非晶态金属是指在原子尺度上结构无序的一种金属材料。一般地，具有这种无序结构的非晶态金属可以从其液体状态直接冷却得到，故又称为“玻璃态”，所以非晶态金属又称为“金属玻璃”或“玻璃态金属”。最常用的制备方法为熔体急冷法，其基本原理是把一薄层液态金属黏附在导热性良好的金属冷基底上，从而达到快速导热、冷却金属的目的 (如单辊法、双辊法等)；高的冷却速率 ($10^5\sim10^{10}$ K/s) 可以有效地抑制液态金属在冷却过程中的结晶成核和长大，而得到非晶态的固体。制备非晶态金属的方法还有原子凝聚 (溅射、蒸发、沉积) 和表面非晶化处理 (激光表面上釉、离子注入) 以及辐射法等 (见快冷微晶合金)。

一般来说，非晶态金属比结晶金属具有更高氢溶解度、强度和韧性，能够更好地抵抗腐蚀和氢脆。但是非晶态合金也有其致命弱点，即其在 500 ℃ 以上时就会发生结晶化过程，因而使材料的使用温度受到限制。表 4.8 概括了最新的非晶态金属及其透氢性能。不难发现，高透氢度非晶态金属主要由共晶组成，基于 V、Nb、Ta、Zr 以及 Ni、Fe 等透氢度较高的金属。非晶态合金在 200~350 ℃ 温度范围内透氢流量稳定，在 300 ℃ 及以下可以长期稳定运行，但温度达到 400 ℃ 就会发生结晶化。氢促进了金属原子的扩散，从而使非晶态合金的结晶温度降低。晶体金属和非晶态金属的氢分离物性比较详见表 4.9，其中非晶态金属“高温条件下转化为晶体金属”在氢氛围中仅 400 ℃。

表 4.8　非晶态金属的透氢度

金属合金	透氢度 Φ /(mol/(m·s·Pa$^{0.5}$))	说明	年度
$Nb_{68}Cr_7Si_8B_{14}Fe_3$	10^{-10} ~10^{-11}(623~473 K)	没有发现氢捕集	1997[49]
a-$Zr_{36}Ni_{64}$	1.2×10^{-9}(623 K)	无需包覆 Pd，比 Pd 低价、轻质	2000[50]
$(Zr_{36}Ni_{64})_{1-\alpha}(Ti_{39}Ni_{61})_\alpha$ $(0<\alpha<1)$	$\alpha=0, 1\times10^{-9}\sim3.5\times10^{-9}$ $\alpha=0.75, 1\times10^{-10}\sim6\times10^{-10}$ (623~473 K)	透氢度测量时表面包覆 Pd；$Zr_{36}Ni_{64}$ 的透氢度最高；Ti 和 Hf 的添加引起透氢的活化能增加，导致透氢度降低	2002[51]
$(Zr_{36}Ni_{64})_{1-\alpha}(Hf_{36}Ni_{64})_\alpha$ $(0<\alpha<1)$	$\alpha=0, 1\times10^{-9}\sim3.5\times10^{-9}$ $\alpha=1, 1.5\times10^{-10}\sim6\times10^{-10}$ (623~473 K)		
$Hf_{34}Ni_{61}Cu_5$ $Hf_{18}Zr_{18}Ni_{64}$	1.5×10^{-3} mol/(m^2·s) 1.9×10^{-3} mol/(m^2·s) (623 K, 0.1 MPa)	表面活化处理（氢气，623T，1 h）	2002[52]
$Zr_{36-x}Hf_xNi_{64}$ $(0\leqslant x\leqslant36)$	$x=0, 1\times10^{-9}\sim3.0\times10^{-9}$ $x=12, 6\times10^{-10}\sim2\times10^{-9}$ $x=36, 2.5\times10^{-10}\sim6\times10^{-10}$ (623~473 K)	Hf 的添加引起透氢的活化能增加，导致透氢度降低	2003[53]
$(Ni_{0.6}Nb_{0.4})_{70}Zr_{30}$ $(Ni_{0.6}Nb_{0.4})_{80}Zr_{20}$ $Ni_{65}Nb_{25}Zr_{10}$ $Ni_{45}Nb_{45}Zr_{10}$ $Ni_{60}Nb_{40}$ $Ni_{44}Nb_{43}Zr_{10}Pd_3$	1.3×10^{-8} 6×10^{-9} 5×10^{-9} 3×10^{-9} 2×10^{-9} ~10^{-9} (673 K)	非结晶单相合金；合金元素组成对透氢度影响显著。	2003[54]
$Zr_{60}Al1_5Co_{2.5}Ni_{7.5}Cu_{15}$	1.13×10^{-8} (673 K)	透氢度与 Pd 接近，Co 的添加抑制氢脆	2004[55]
$(Ni_{0.6}Nb_{0.4})_{45}Zr_{50}Al_5$ $(Ni_{0.6}Nb_{0.4})_{45}$Zr50Co5 $(Ni_{0.6}Nb_{0.4})_{45}Zr_{50}Cu_5$ $(Ni_{0.6}Nb_{0.4})_{45}Zr_{50}P_5$	1.9×10^{-8} 2.46×10^{-8} 2.34×10^{-8} 1.36×10^{-8} (673 K)	非结晶单相合金	2004[56]

表 4.9　晶体金属和非晶态金属主要氢分离物性比较

晶体金属	非晶态金属
P-C-T 曲线具有压力平台	P-C-T 曲线不具有压力平台
遵守 Sievert 法则	不遵守 Sievert 法则
氢扩散系数符合阿累尼乌斯方程	氢扩散系数不符合阿累尼乌斯方程
氢扩散系数不随氢溶解量变化，保持常数	氢扩散系数受氢溶解量影响
高温稳定性	高温条件下转变成晶体金属
机械强度较低	机械强度较高

4.3　Benfield 法

氢气主要由天然气、焦炉气、石脑油、重质油等原料制取。工业上通常先在高温下将这些原料与水蒸气作用制得含氢、一氧化碳等组分的合成气。合成气中的一氧化碳，可与水蒸气作用生成氢和二氧化碳，这个过程称为一氧化碳变换。脱除二氧化碳的过程称为脱碳。制氢装置中采用本菲尔法脱除工艺气中的二氧化碳。Benfield (本菲尔) 法是由热钾碱工艺发明人 Benson 和 Field 组建的 Benfield 公司开发的一种热钾碱法的改进工艺。该方法在碳酸钾溶液中加入二乙醇胺作为活化剂，加入五氧化二钒作为腐蚀防护剂。由于活化剂二乙醇胺的加入，所以反应速率大大加快，溶液循环量相应大幅减少，投资和操作费用大大降低，同时还提高了气体的净化度。本菲尔法是热钾碱工艺中应用最广泛的方法, 目前用于处理各种气体的装置数量超过了 700 套, 其中用于合成气和制氢的装置数量要占到 50%。

反应原理

碳酸钾水溶液加入醇胺或氨基乙酸等活化剂后，CO_2 的反应历程发生了变化 (以 DEA 为例)：

$$R_2NH + CO_2 \xlongequal{\quad} R_2NCOOH \tag{4.5}$$

$$R_2NCOOH \xlongequal{\quad} R_2NCOO^- + H^+ \tag{4.6}$$

$$H^+ + CO_3^{2-} \xlongequal{\quad} HCO_3^- \tag{4.7}$$

$$R_2NCOO^- + H_2O \xlongequal{\quad} R_2NH + HCO_3^- \tag{4.8}$$

可见，R_2NH 在整个反应过程中只是循环使用，没有消耗。在上述 4 个反应过程中，控制步骤是反应 (4.5)，加入少量的烷基醇胺或氨基乙酸作活化剂，可加快反应速率，使总的 CO_2 吸收速率大大加快。

Benfield 工艺的基本工艺流程如图 4.16 所示，采用传统的填料塔或板式塔直接进行气液逆流接触，主要适用于净化气中 CO_2 含量要求为 1%~5%的情形。

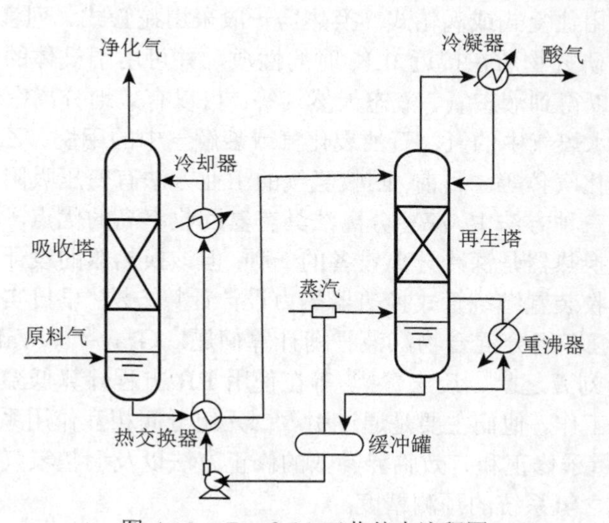

图 4.16 Benfield 工艺基本流程图

要获得更高的 CO_2 净化度，还可采用分流式吸收塔设计和二段式吸收再生工艺设计，净化气中 CO_2 的含量可分别降至 0.10%和 0.05%。此外，为了适应各种净化气的不同要求，同时降低能耗、提高效率，在原有基本工艺流程基础上又出现了 HiPure 工艺、LoHeat 工艺以及 PSB 工艺 3 种主要改进工艺流程。

近年来，Benfield 工艺所取得的技术新进展主要是开发出新型高效活化剂 ACT-1 和采用高效填料的工艺设计。Benfield 工艺从最初发展以来一直采用浓度为 30%的碳酸钾溶液作吸收液，并添加活化剂及腐蚀抑制剂。DEA 是其标准的活化剂，至今仍在许多装置上应用。但由于 DEA 较易发生热降解，当原料气中存在氧气时还会发生氧化降解，同时可能与原料气中的杂质组分反应而发生化学降解，因此 DEA 在实际应用操作中降解较为严重。最近 UOP 公司开发的新型活化剂 ACT-1 仍然是一种胺，但其性能更稳定，更不易降解，且用量更少，在溶液中的浓度为 0.3%～1.0%(DEA 为 3%)。多年来，UOP 公司在 Benfield 工艺的吸收塔和再生塔中推荐采用的标准填料为钢质鲍尔环或类似填料，这些类型的填料来源较广，拥有多种规格和材质，而且其效率完全能够满足工业应用。最近，通过对 Norton 公司的 IMTP 填料、Glitsch 公司的 Mini 环填料、Nutter 工程公司的 Nutter 环填料以及 Koch 工程公司的 Fleximax 填料进行测试，结果发现它们均比鲍尔环具有更高的传质效率，目前它们已被 UOP 公司在针对新建装置或改造装置的设计中确立为新的标准，并在最初的几套新建装置上获得确认。

4.4　深冷分离

工业上通常将 −100 ℃ 以下的低温冷冻，称为深度冷冻，简称深冷。深冷分离法又称低温精馏法，是林德教授于 1902 年发明的，实质就是气体液体化技术。通常采用机械方法，例如用节流膨胀或绝热膨胀等方法可获得低达 −210 ℃ 的低温，用绝热退磁法可获得 1 K 以下的低温。设备主要包括压缩机、换热器和膨胀机 (或节流阀)。压缩机和膨胀机一般采用往复式或涡轮式。换热器一般采用蛇管式、列管式或板翅式。依靠深度冷冻技术，可研究物质在接近 0 K 时的性质，并可用于气体的液化和气体混合物的分离。工业上可以得到液态氧、液态天然气等；可以有效地分离空气中的氮、氧、氩、氖、氪，天然气或水煤气中的氢，石油裂化气或裂解气中的甲烷、乙烯、丙烯等。广泛用于石油化工、液化气体等。目前, 回收氢气的工业方法有变压吸附法、膜分离法和深冷分离法等。上述三种方法中, 深冷分离法具有氢回收率高的优点，但压缩、冷却的能耗很大。缠绕管式换热器是深冷分离设备的一种, 但该换热器的设计技术在我国尚属空白。为了研究氢回收装置缠绕管式换热器热力设计计算方法, 早日实现该类换热器的国产化, 必须解决含氢多组分混合物汽液平衡计算问题。Gray[58]、Valderrama[59]、雷行之[60]、肖九高[61]、刘芳芝[62]、唐宏青[63] 等在使用 PR 方程计算低温含氢混合物的汽液平衡方面做了大量工作。他们主要是通过引入二元组分间相互作用系数、低温下伯氢和仲氢的转化、使用量子修正和有效临界参数的修正方法以及调整氢气的偏心因子等来提高 PR 方程对低温含氢系统的预测精度。

4.4.1　冷凝法

用高压天然气的节流制冷效应，使 C_2 以上烃冷凝分离。由于单纯的节流效应是一个等焓过程，冷凝效率低，往往须同时用外加的辅助冷冻循环来提高制冷效果。如丙烷

制冷循环冷却至 −37 ℃，此时约有 50%的重烃被冷凝；未凝气体进一步用乙烯制冷循环，冷却至 −93 ℃，全部丁烷、约 99%丙烷和约 87%乙烷从原料天然气中冷凝析出。冷凝液再分别在脱乙烷塔、脱丙烷塔和脱丁烷塔中精馏，得到乙烷、丙烷、丁烷馏分和凝析油。

4.4.2 膨胀机法

利用天然气在透平膨胀机中降压膨胀对外做功，而使温度急剧下降，实现低温。分离天然气中 C_2 以上烃类工艺流程如图 4.17 所示，天然气在 5.1 MPa 压力下经过一系列换热，冷却至 −54 ℃，此时约有 54%的 C_2 以上烷烃冷凝。未凝气体进入透平膨胀机膨胀至 1.67 MPa，温度下降至 −93 ℃，使余下的 C_2 以上烷烃此时液化。然后再经逐级精馏可得到乙烷、丙烷、丁烷馏分。该工艺过程是等熵过程，不但能提高烃的回收率，而且能做外功，可用来带动压缩机输送气体。因此，能合理回收利用天然气本身的机械能，具有先进的经济性，在美国得到广泛应用。

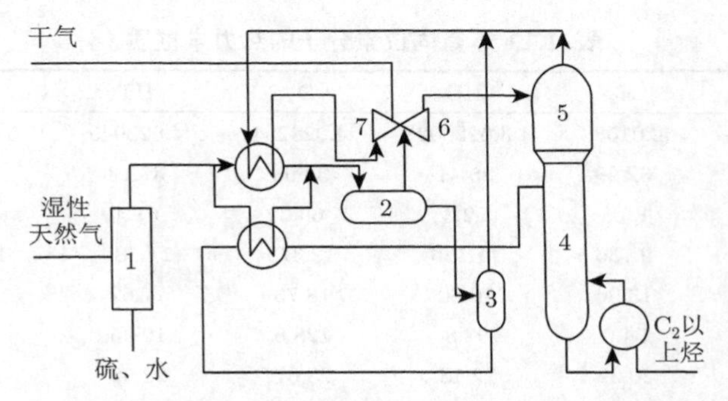

图 4.17 膨胀法分离天然气中 C_2 以上烃流程图

1. 预处理装置；2. 分离器；3. 闪蒸器；4. 脱乙烷塔；5. 分离塔；6. 透平膨胀机；7. 压缩机

4.5 重氢的分离

4.5.1 氢同位素的特性

氢有三种同位素——氕、氘和氚 (质量数分别为 1、2 和 3)。氕和氘是稳定的，而氚是放射性的。天然氢是氕和氘的混合物，含氘量与氢的来源有关，大约等于 1.3×10^{-4} 至 1.3×10^{-4} 分子分数。氚可借助于核反应用人工方法制取。氚的天然含量，在 10^{18} 氢原子中含有 0.4 至 67 个氚原子。

氚的放射性和氢同位素分子的热力学性质分别详见表 4.10 和表 4.11。氘在很多领域用作氢的示踪剂，在核工业领域已广泛用作中子缓和剂。氚主要用作标识物和荧光涂料，另外用作发射中子的靶极。近年来，氘和氚用作核聚变反应堆的燃料受到广泛关注。如表 4.10 所示，氚的半衰期比较短，所以放射性比较高 (1 克相当于 1 万居里或者 370 TBq)。释放出的 β 放射线的平均能量仅为 5.7 keV，空气中的飞行距离最大 6 mm，水及皮肤中的飞行距离最大 6 μm，所以体外辐射 (外部辐射) 的影响可以忽略。气体氚很难吸入体内，所以来自体外的氚辐射可以忽略。水蒸气氚极易吸入体内引起体内辐射。氚是氢的同位素之一，常温常压下是气态，容易在物体内渗透，容易扩散，而且在大气中可以通过多种途径转变成水蒸气态氚。

表 4.10　氚的放射性

放射性		
裂解形式		$T \xrightarrow{\beta^-} {}^3He(100\%)$
半衰期		12.361 年
β^- 放射线		最大能量 18.6 keV
		平均能量 5.7 keV
飞行距离	空气 (1 atm)	最大 4.56～6 mm，平均 0.35 mm
	水	最大 6 μm，平均 0.42 μm
裂解热		91.1 aW/Bq (33.7 μW/Ci)
最大比放射能		355 TBq/g (9.600Ci/g)

表 4.11　氢同位素分子的热力学性质

热力学性质	H_2	HD	D_2	HT	DT	T_2
分子量	2.01588	3.022002	4.028204	4.023949	5.030151	6.032098
临界温度/K	32.99	35.41	38.96	37.13	39.42	40.35
临界体积/(cm^3/mol)	65.5	62.3	60.3	61.4	57.8	57.1
临界压力/mmHg*	9.736	11.126	12.373	11.780	13.300	14.300
三重点温/K	13.96	16.60	18.73	17.62	19.71	20.50
三重点压力/mmHg*	54.0	92.8	128.6	109.5	145.7	157.4
沸点/K	20.39	22.13	23.67	22.92	24.38	24.91
解离能/eV	4.476		4.533			4.59
离子化能/eV	15.42		15.46			13.55

* 1 mmHg = 1.33322×10^2 Pa。

4.5.2　重氢的核聚变反应

核聚变，即氢原子核 (氘和氚) 结合成较重的原子核 (氦) 时放出巨大的能量。产生可控核聚变需要的条件非常苛刻。核聚变反应是氢弹爆炸的基础，可在瞬间产生大量热能，但目前尚无法加以利用。如能使核聚变反应在一定约束区域内，根据人们的意图有控制地产生与进行，即可实现受控热核反应。这正是目前在进行试验研究的重大课题。受控核聚变反应是聚变反应堆的基础。产生可控核聚变需要的条件非常苛刻。太阳就是靠核聚变反应来给太阳系带来光和热，其中心温度达到 1500 万 ℃，另外，还有巨大的压力能使核聚变正常反应，而地球上没办法获得巨大的压力，只能通过提高温度来弥补，不过这样一来温度要到上亿度才行。核聚变如此高的温度没有一种固体物质能够承受，只能靠强大的磁场来约束。此外这么高的温度，核反应点火也成为问题。国际热核聚变实验反应堆 (International Thermonuclear Experimental Reactor，ITER) 是为验证可控核聚变技术的可行性而设计的，国际托卡马克试验的原理详见图 4.18，它建立在由 TFTR、JET、JT-60 和 T-15 等装置所引导的研究之上，并将显著地超越所有前者。

此项目预期将持续 30 年：10 年用于建设，20 年用于操作，总花费大约 100 亿欧元。整个项目曾经历一些如绿色和平之类的环境组织的反对，他们认为 ITER 项目是"疯狂而愚蠢的行为"[64] 并宣称"核聚变拥有核电站所有隐患，包括产生核废料以及核泄漏的风险"。2006 年 5 月 25 日[65]，参加这一项目的欧盟、美国、中国、日本、韩国、俄罗斯和印度 7 方代表草签了一系列相关合作协议，标志着这项计划开始启动。欧盟承担 50%的费用，其余 6 方分别承担 10%，超出的 10%用于支付建设过程中由于物价等因素造成的超支。11 月 21 日[66]，参加国际热核聚变实验反应堆计划的 7 方代表在法国总统府正式签署了联合实验协定及相关文件。2007 年 9 月 24 日中国作为第七个参与国批准了该协定，这意味着三十天后即 2007 年 10 月 24 日开始，国际热核聚变实验反应堆合作协定正式开始实施，国际热核实验反应堆组织也于当天正式成立。2010 年 2 月 6 日，美国利用高能激光实现核聚变点火所需条件。中国也有"神光 2"将为我国的核聚变进行点火。

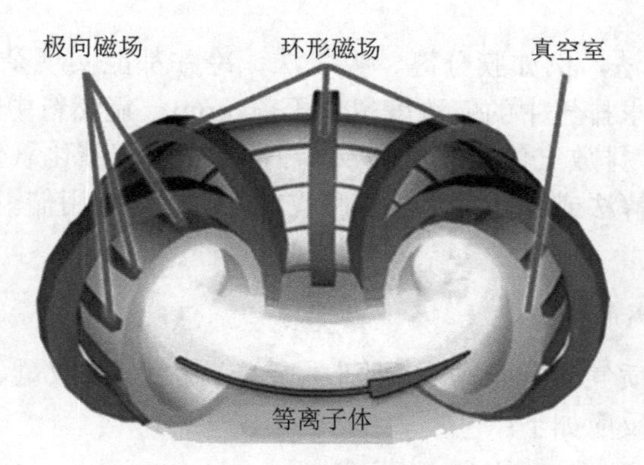

图 4.18　托卡马克型核聚变装置原理图

4.5.3　重氢提纯回收

4.5.3.1　重氢提纯的特点

100 万 kW 级核聚变反应堆的燃料循环系统极其复杂、庞大，使用氚达到数亿居里 (数十 kg)。核聚变反应堆的氚泄漏量目前要求不超过氚使用量的 10^{-7}。这就意味着核聚变反应堆在普通氢工业同样的安全管理的基础上，必须开展严格的放射性物质管理。氚循环系统包括回收增殖部产生的氚，输送氚燃料入炉心，回收排气中未燃烧的燃料，以及防止氚泄漏。增殖部生产的氚通过载气 (如 He) 被输送到提纯 · 分离 · 回收系统，载气中氚的浓度为 ppm 级。另一方面，核聚变反应的反应率为 10%以下，所以必须回收未反应的氚。对于氚的提纯 · 分离 · 回收，开发出了多种技术，利用储氢合金的技术受到广泛关注。本书主要介绍利用储氢合金进行氚的提纯和分离。

4.5.3.2　氢同位素提纯分离的要素

核聚变反应堆燃料处于封闭系统，可能存在多种多样的杂质发生源。锂是生产氚的原料 $^{1}n+^{6}Li\rightarrow^{3}T+^{4}He$。其中 ^{6}Li 以氧化物形式加入，生成的氚使用 0.1%H-He 吹扫气输送到回收装置。回收气流中 H/T 比值约 100，主要的杂质 Q_2O(Q=H,D,T) 占 Q_2 的 1%。另外，杂质还有 CO，约占 Q_2 的 10^{-4}。核聚变实验反应堆可能产生的杂质气体种类及浓度详见表 4.12。

表 4.12 核聚变反应堆的氢等离子体的成分

成分	浓度 (mol%)	成分	浓度 (mol%)
DT	0.937	CO_2	0.0008
H	0.010	N_2	0.0016
He	0.033	NQ_3	0.0008
$C_nQ_m^*$	0.0112	O_2	0.0016
CO	0.0016	Q_20	0.0016
Ar	0.0008		

* C_nQ_m 主要是 CQ_4 (Q = H, D, T)，也有其他碳氢化合物。

普通的氢提纯方法，例如膜分离、吸收法、冷井都能实现杂质气体含量低于几个 ppm，但是氚分离要求排气中的氚浓度也低于数 ppm。氚燃料中除了含有 Q_2O，还有 C_nQ_m、NQ_3 等杂质。排放气体中的氚回收方法，首先通过催化氧化法把氚转化成 Q_2O，然后利用蒸馏法、电解法或者化学交换法回收氚。最近，利用储氢合金法提纯氚受到广泛关注。

4.5.3.3 重氢提纯分离的性能

储氢合金去除杂质气体性能取决于吸收 (反应) 速度、吸收量、生成物的稳定性。储氢合金和杂质气体的反应如下：

$$Me+Q_2O \longrightarrow MeO_n+MeQ_m \ (或\ Q_2)$$
$$Me+C_nQ_m \longrightarrow MeC_n+MeQ_m \ (或\ Q_2)$$
$$Me+CO \longrightarrow MeO_n+MeQ_m \ (或\ C)$$
$$Me+Q_2O \longrightarrow MeO_n+MeQ_m \ (或\ Q_2)$$
$$Me+NQ_3 \longrightarrow MeN_m+MeQ_n$$
$$Me+N_2 \longrightarrow MeN_m$$

反应生成物为氧化物、碳化物和氮化物。铀能够可逆地吸放氢，UH_3、UD_3、UT_3 的平衡压力曲线如图 4.19 所示。氢 (H、D、T) 在室温的平衡压力为 10^{-5}torr，平衡压力 1 atm 对应的分解温度为 400 ℃，非常适合氚提纯工艺，所以铀一直作为氚储存材料。表 4.13 列出铀除去杂质气体 N_2、CO、CO_2 的能力，吸收量符合平方律。

铀吸收 NH_3 的过程如图 4.20 所示，仅吸收少量 NH_3，随后 U 催化分解 NH_3 生成 N_2 和 H_2。如果铀预先吸收 N_2，就只发生 NH_3 的分解。铀用于氚提纯工艺已经多年，但是存在粉碎及接触空气燃烧等缺点。铀的替代材料主要是 Zr 基合金 (Zr-Al, Zr-V, Zr-Te, Zr-Ni, Zr-Co, Zr-V-Fe 等)，研究其对 N_2、CO、CO_2、H_2O、NH_3、C_nH_m 等的吸收特性。Zr-Al 合金吸收 H_2、CO、CO_2、N_2 的特性曲线如图 4.21 所示，杂质气体相对于氢气吸收速度低，而且随着吸收量的增加迅速降低，而且受温度影响大。其他 Zr 基合金均存在上述现象。通常，铀对多种气体的吸收速度 $CH_4 < N_2 < CO < O_2 \fallingdotseq H_2$。

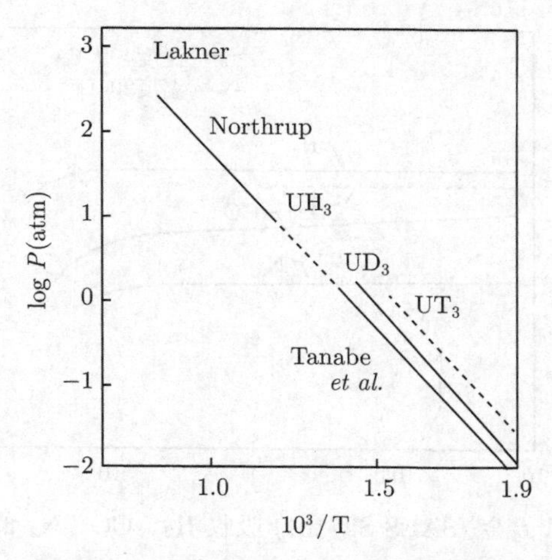

图 4.19 UH_3，UD_3，UT_3 的平衡离解压力

表 4.13 铀吸收 N_2、CO、CO_2

温度/°C	铀的形态	试样量 /($\times10^{-3}$mol)	气体	压力 /mbar**	气体吸收量 /($\times10^{-3}$mol)	平衡分子式
500	粉末	2.08/2.35	N_2	135/136	1.88/2.05	$UN_{1.8}/UN_{1.7}$
650	片状	6.42/6.45	CO/CO_2^*	165/170	7.18/5.66	$U(CO)_{0.89}/UC_{0.88}C_{1.88}$
750	片状	6.47/6.41	CO/CO_2^*	160/170	7.29/6.48	$U(CO)_{0.89}/UC_{1.03}C_{2.14}$
850	片状	6.38	CO_2	169	6.07	$UC_{0.95}O_{1.98}$

* 为分别吸收 CO、CO_2 的实验结果；** 1 bar = 10^5 Pa。

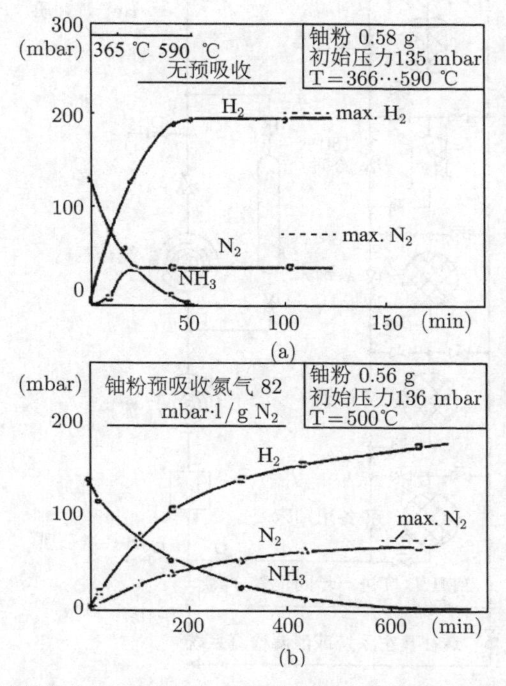

图 4.20 铀粉与 NH_3 的反应：(a) 未预处理试样，(b) 预吸收 N_2 试样

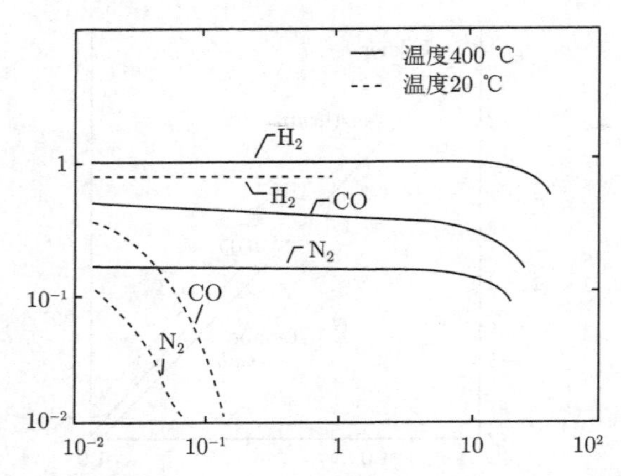

图 4.21　Zr-Al 合金 (SAES ST-101) 吸收 H_2、CO、N_2 的速度和吸收量

4.5.3.4　提纯回收重氢的应用

利用储氢合金的提纯氚有多种材料和方式，第一步分离氢同位素和杂质气体，第二步去除杂质气体的氚。前者主要采用 Pd 及其合金来实现。

铀床

铀床去除杂质气体和回收氚的装置流程如图 4.22 所示，首先采用催化氧化法将混

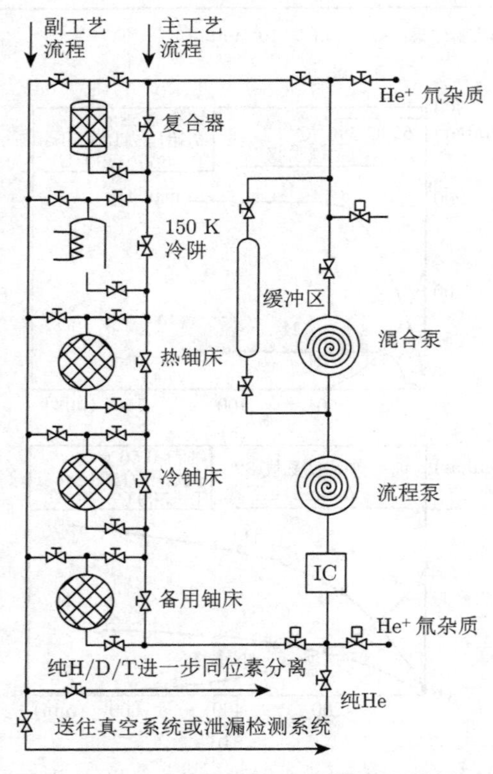

图 4.22　铀床去除杂质气体的装置简图

合气体转化成 Q_2O，然后通过冷阱收集 Q_2O, 不含氢原子的非凝结气体被排放。收集的 Q_2O 通过 He 载气依次输送到高温 (400 ℃) 铀床和低温 (30 ℃) 铀床。高温铀床发生 $U+Q_2O \longrightarrow UO_2+Q_2$ 反应，低温铀床进行氢同位素气体的吸收过程。常温铀床捕集的氢同位素送入同位素分离装置。高温铀床利用 U 的氧化制取 Q_2，所以铀的消耗非常快。铀存在粉碎、易燃以及氧化铀的还原等难题，需要开发其替代材料。Ummerich 等研究者探讨铁粉的氧化反应 ($Fe+Q_2O \longrightarrow Fe_3O_4+Q_2$)。氧化铁比较容易还原，实现在线再生，而且不存在固体废弃物处理难题。

4.5.3.5 铀替代材料

德国 KFK 实验运行的提纯回收装置的流程图详见图 4.23。该装置的原料气是 Pd 膜分离过程的不纯气体，G1~G4 内装有吸气剂 (Zr-Al、Zr-Fe、Zr-Fe-V、Ti-V-Fe-Mn、Ti-V-Fe-Ni-Mn 等)。

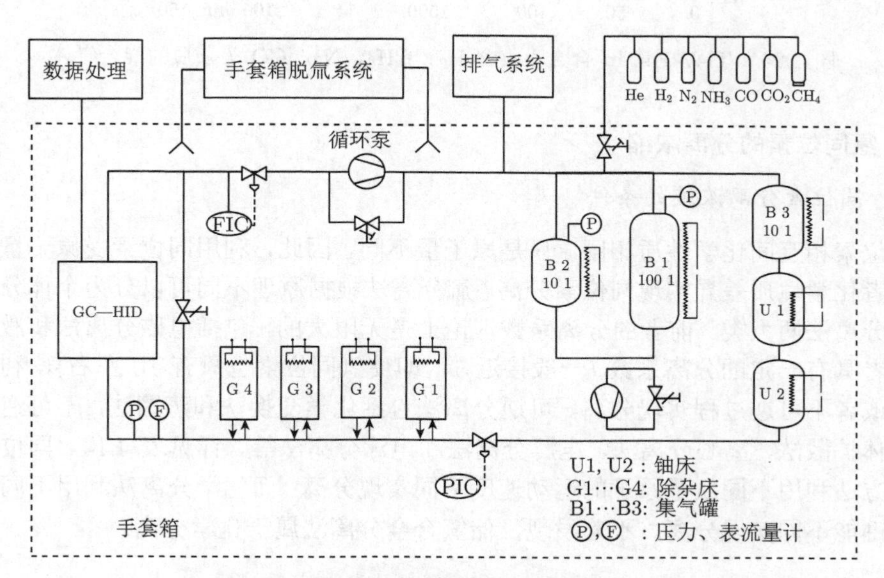

图 4.23 等离子排气提纯装置 (PEGSUS)

吸气剂的使用温度取决于材料，一般在 400~700 ℃ 温度范围内。另外 U1 和 U2 是实验用氚的储存及回收容器，根据以往的实验成果采用铀。杂质气体的去除速度为 CH4 $< N_2 < CO < CO_2 < O_2$。CH_4 的去除速度慢有两方面原因：反应速度慢、存在逆反应 $C+2H_2 \longrightarrow CH_4$。吸收剂对于各种杂质气体的去除性能是必不可少的，对于混合气体的杂质去除性能也需要研究。吸收剂去除混合气体的研究并没有充分展开，利用 Ti-V-Fe-Mn 吸收剂处理 H_2、CH_4、N_2 和 CO 混合气体的吸收曲线如图 4.24 所示。低温 (200 ℃) 条件下，N_2 和 CO 吸收速度很快就开始降低，而 H_2 的吸收在 40 min 开始变缓，CH_4 没有任何吸收。升高温度至 300 ℃，N_2 和 CO 吸收速度均升高，但 H_2 和 CH_4 不吸收反而放出气体，提示可能发生了 $CO+3H_2 \longrightarrow CH_4+H_2O$ 反应。H_2 吸放曲线的异常是由于 300 ℃ 已经接近该吸收剂的平衡压。由此可见，含多种杂质的混合气体，由于同时存在几种反应，可能无法达到预期的去除效应。

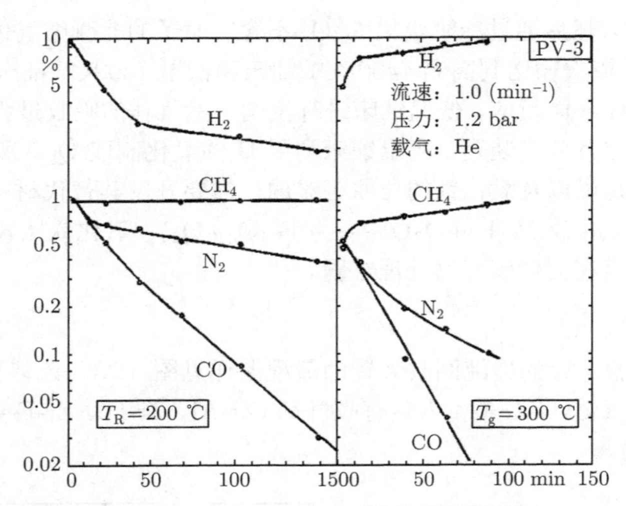

图 4.24　Ti-V-Fe-Mn 合金吸收含 H_2，CH_4，N_2，CO 等杂质的混合气体

4.5.4　氢同位素的分离浓缩

4.5.4.1　同位素分离浓缩的条件

同位素相互间化学性质相同，只是原子量不同。因此，利用同位素受原子量影响的物理或者化学性质差异实现同位素分离。氚分离法根据原理不同可以分为个体分离法和统计学分离法两大类。前者的分离系数理论上是无限大的，包括电磁分离法和激光分离法。后者具有一定的分离系数 (一般接近 1，即使氢同位素也只有 10 左右)，利用热力学可逆或者不可逆过程实现分离。可逆分离法包括化学交换法和蒸馏法，不可逆分离法包括气体扩散法，离心分离法，电解分离法和电泳分离法等，详见表 4.14。同位素的物理分离方法利用不同质量原子的运动速度不同实现分离；而化学分离法利用不同质量的原子其键能不同实现分离。不难发现，储氢合金分离法属于化学分离。

表 4.14　同位素分离方法

按原理分类		按现象分类	
		化学现象	物理现象
个体分离法		激光分离	电磁分离
统计分离法	可逆分离	化学置换法、蒸馏法	
	不可逆分离	电解法、电泳法	气体扩散法、离心分离法

主要氚分离法的特性比较，包括处理量、运行方式、安全性、适应性等，详见表 4.15。各种氢同位素分离浓缩所需要的能量和分离系数如图 4.25 所示。虽然储氢合金法还没有实用运行，但其利用方法多种多样，分离系数既可以高达 2 左右，又有 1 左右的低值。为了提高同位素分离效率，同位素效应越大越好，因此低温工艺更有利。但是同位素效应大未必有利于氚分离，反之亦然。根据目标同位素和处理量大小选择技术、经济均可行的分离方法，并且具有系统简单，前期处理、后处理容易的特点。目前，最具实用化前景的深冷分离法利用氢凝结 · 蒸发的同位素效应实现分离，现象简单。但是，

冷却系统发生异常可能引起氚的大规模泄漏。因此，分析发生意外事故时材料的安全性及系统安全性，及事故对策也是非常重要的。

表 4.15 主要氚分离法的特性比较 [67]

项目		热扩散法	深冷分离	气体扩散法	透氢金属膜法	化学交换法	水蒸馏法
		小	大	小中	小中	中大	中大
处理量		小中	大	大	大	大	大
运行方式		间歇	连续	连续	连续	连续	连续
运行条件		高温 (~1000 ℃)，常压	极低温 (~20 K)，常压	常温、常压	(~500 ℃)，高压 (~50 atm)	常温 (~50 ℃)，常压	常温 (~70 ℃)，常压 (略低于大气压)
主要装置		热扩散塔 (小中型，简单)	深冷分离塔，配备 He 液化装置 (小型，简单)	扩散筒，压缩机，密封圈 (中型，复杂)	透氢装置，压缩机，密封 (中型，复杂)	充填塔 (电解槽)(中型，简单)	充填塔 (中型，简单)
氚泄漏量		小	小	小	小	小	小
安全性		高	高	高	高	高	高
适应性	小规模生产	◎	×	×	×	×	×
	大规模生产	◎	◎	○	○	◎	○
	炉循环系统	×	◎	◎	○	×	×
	废液浓缩	×	×	×	×	◎	◎

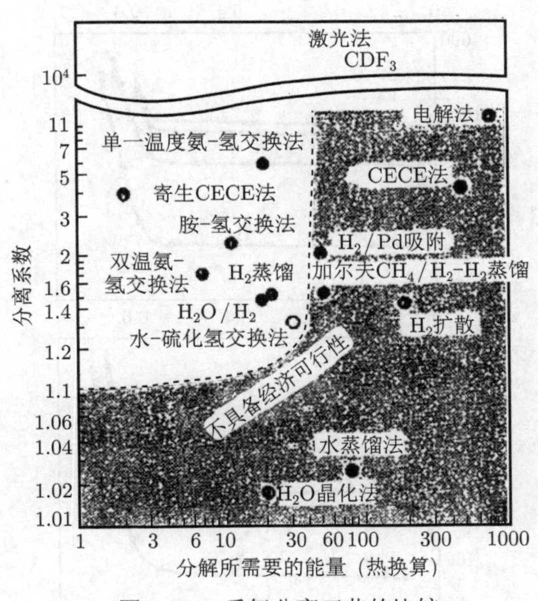

图 4.25 重氢分离工艺的比较

4.5.4.2 同位素效应

同位素效应是由于质量或自旋等核性质的不同而造成同一元素的同位素原子 (或分子) 之间物理和化学性质有差异的现象。对于氘、重水等重要的氢元素同位素及其化合物的宏观物理常数，在 20 世纪 30 年代虽已作了普遍测定，至今仍不断补充和修正。50

年代测定 D—O 键长、键角等微观结构数据。70 年代以来，开始深入到同位素取代异构分子的研究。动力学同位素效应的研究也深入到生命过程的研究中。同位素效应可分为光谱同位素效应、热力学同位素效应、动力学同位素效应和生物学同位素效应。

1) 热力学同位素效应

同位素质量的相对差别越大，所引起的物理和化学性质上的差别也越大。热力学同位素效应是轻元素同位素分离的理论基础，也是稳定同位素化学的主要研究内容。对储氢合金的热力学同位素效应，介绍氢同位素平衡压。Pd-Q (Q = H，D，T) 系统的 PCT 曲线见图 4.26。平衡压 $T_2 > D_2 > H_2$；而相同压力下，溶解度 H > D > T。为了方便叙述，将上述顺序称为正常同位素效应，相反的顺序称为逆同位素效应。

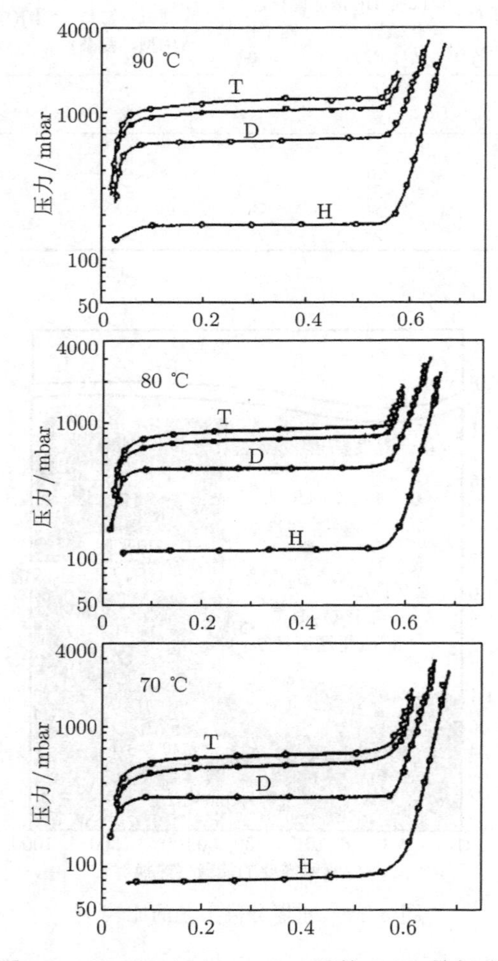

图 4.26　Pd-Q (Q = H, D, T) 的 PCT 放氢曲线

对于合金或者金属化合物，既有符合正同位素效应，又有符合逆同位素效应的，甚至不显示同位素效应。$CaNi_5$-$H_2(D_2)$ 的 PCT 吸氢曲线如图 4.27 所示，随着压力的升高呈现出“正 → 无 → 逆”同位素效应的变化。

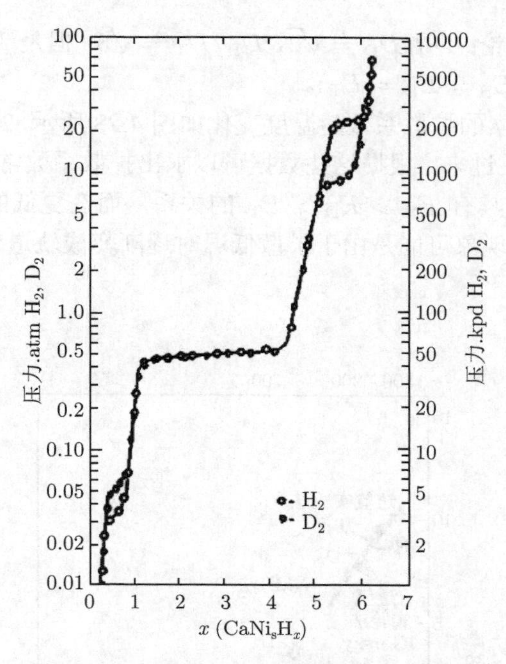

图 4.27 $CaNi_5$-$H_2(D_2)$ 的 PCT 吸氢曲线

2) 动力学同位素效应

储氢合金吸收氢或者放出氢的速度因同位素各异。动力学同位素效应受固相中扩散速度及表面效应影响。金属吸收氢气具有上述同位素效应，人们自然会想到利用同位素效应分离浓缩氢同位素。Gluenkauf 和 Kitt 在 1957 年使用 Pd 作为柱充填剂进行了 GC 法同位素分离。

3) 扩散的同位素效应

金属中氢扩散的同位素效应测试结果未必很多，但是 Cu、Ni、Pd 等面心立方型 (fcc) 金属及 V、Nb、Ta 等体心立方型 (bcc) 金属的测试结果众所周知。Katz 等测量 Ni 中 H、D、T 的扩散系数。Ni 和 Cu 的扩散系数常数及活化能详见表 4.16。不同氢同位素的扩散系数在测量温度范围 (720～1200 K)，按 $D_H > D_D > D_T$ 顺序排列。扩散系

表 4.16 Ni 和 Cu 的 H、D、T 扩散系数参数

	$D_o/(\times10^{-3}cm^2/s)$	E_a/eV	温度范围/K
Cu-H	11.31±0.40	0.403±0.003	720～1200
Cu-D	7.30±1.05	0.382±0.010	720～1200
Cu-T	6.12±0.51	0.378±0.006	720～1200
Ni-H	7.04±0.21	0.409±0.002	670～1270
	0.11	0.350	120～155
Ni-D	5.27±0.28	0.401±0.004	670～1280
	0.88	0.395	125～160
Ni-T	4.32±0.21	0.395±0.004	670～1270
	1.7	0.400	125～160

数常数符合扩散经典理论：$D_H/D_D=\sqrt{2}$，$D_H/D_T=\sqrt{3}$；但是活化能 $E_H>E_D>E_T$，不符合扩散经典理论 ($E_H=E_D=E_T$)。

金属 Pd 中氢同位素的扩散系数随温度变化如图 4.28 所示，200 K 以上 $D_H<D_D<D_T$，而在更低温度则反过来。根据这些数据可以求出扩散系数常数和活动能 (表 4.16)。100 K 以上氢扩散系数具有 $E_H>E_D>E_T$ 的关系，而在更低的温度，氢扩散系数的大小关系正相反。上述现象可能是由于扩散低温时逐渐变成轨道效果为主，而不同氢同位素的转变方式不同。

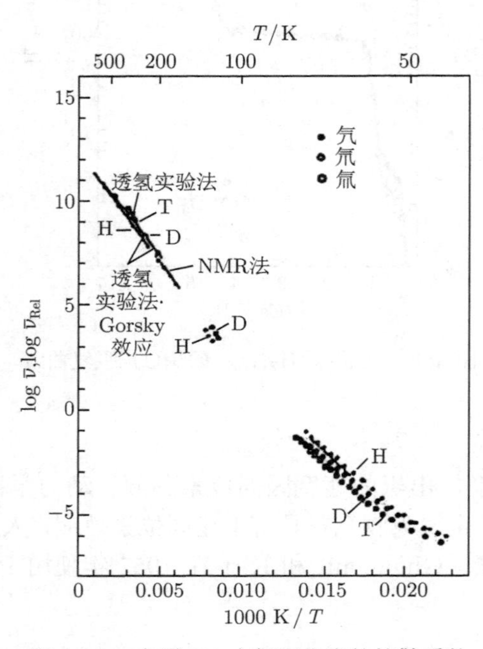

图 4.28　金属 Pd 中氢同位素的扩散系数

V, Nb, Ta 等 bcc 型金属中的氢同位素扩散系数随温度的变化如图 4.29 所示，扩散系数在任何温度下均呈现 $D_H>D_D>D_T$ 规律，Nb 和 Ta 在较低温度 (250 K) 出现由轨道效果引起的弯曲。扩散系数的大小主要由活化能决定，其大小顺序为 $E_H<E_D<E_T$。上述特征可以利用量子力学的扩散模型良好再现。合金中氢扩散的同位素效应鲜有测试。Pd-Fe 及多种 Ni 基合金大家都比较熟悉，但是仅仅调查了接近纯金属的狭窄区域的同位素效应。对于普通的储氢合金，相对于氢扩散系数的数据积累，氢同位素效应极其缺乏。

4) 表面反应的同位素效应

表面反应的同位素效应所涉及的表面反应指氢的离解和吸附。金属表面吸附氢的动力学同位素效应的系统研究并不多。这里只能介绍 Pd 及几种合金所观察到的现象。图 4.30 表示 H 和 D 的加热脱离曲线。洁净 Pd 表面在 115 K 接触相同量的氢气或重氢气，在随后的加热过程中出现两个峰。α 峰是表面附近生成的氢化物，而 β 峰是表面吸附核。通过峰面积积分可以求出被吸附或者吸收的 H 或者 D 的量。显然 H 的吸收速度高于 D，其比值约为 20。

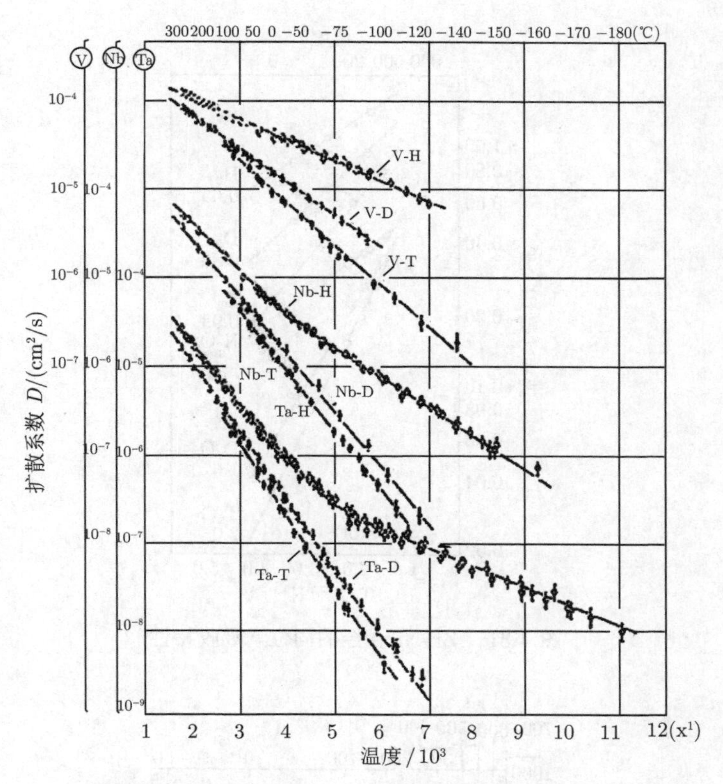

图 4.29 金属 V，Nb，Ta 的氢同位素扩散系数

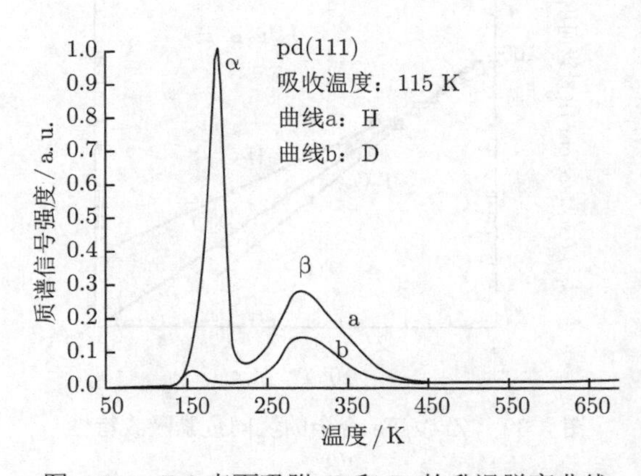

图 4.30 Pd 表面吸附 H 和 D 的升温脱离曲线

图 4.31、图 4.32 为 Zr 系合金的氢或水蒸气吸收的同位素效应，纵轴是吸收速度常数，上述多步反应的速度控制步骤为吸附。上面两种 Zr 系合金具有如下规律：$k_{\mathrm{H}} > k_{\mathrm{D}} > k_{\mathrm{T}}$，并且 $E_{\mathrm{H}} < E_{\mathrm{D}} < E_{\mathrm{T}}$。金属表面的氢吸附同位素效应作为催化剂研究的有效手段被广泛研究，但对于吸附速度的同位素效应缺少系统研究。储氢合金表面吸附及脱

附速度的同位素效应不仅具有重要学术研究价值而且具有实用价值。

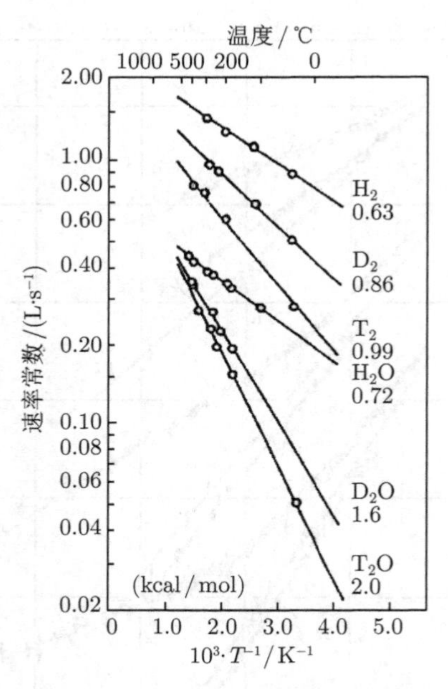

图 4.31　Zr_2Ni 合金的同位素吸收特性

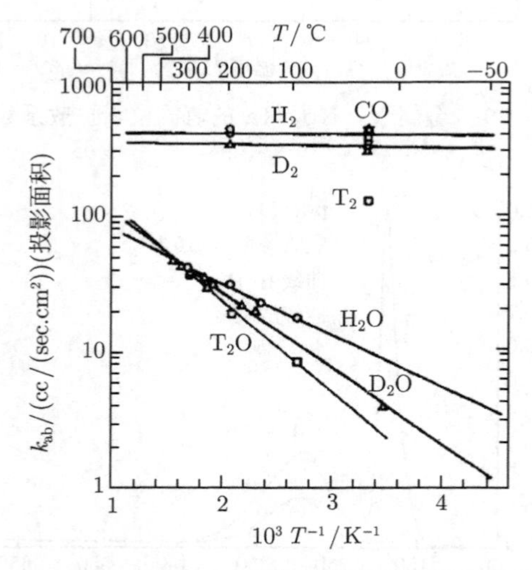

图 4.32　Zr-V-Fe 合金的氢同位素吸收特性

(罗伟明)

参 考 文 献

[1] Dong J, Liu W, Lin Y S. AIChE J, 2000, 46: 1957.

[2] Prabhu A K, Radhakrishnan R, Oyama S T. Appl. Catal., A, 183(1999) 241.

[3] Prabhu A K, Oyama S T. Chem. Lett., 1999, 213.
[4] Nomura M, Ono K, Gopalakrishnan S, et al. J. Membr. Sci., 2005, 251: 151.
[5] Morooka S, Kusakabe K, MRS Bull., 1999, 24: 25.
[6] Tsapatis M, Gavalas G R. MRS Bull., 1999, 24: 30.
[7] Prabhu A K, Oyama S T J. Membr. Sci., 2000, 176: 233.
[8] Verweij H. J. Mater. Sci., 2003, 38: 4677.
[9] 邢丹霞，曹义鸣，徐仁贤. 膜科学和技术，1997, 17(2): 38.
[10] Bikson B, Giglia S, Nelson J K. Process for dehydration of gases and composite permeable membrane therefore. US: 5 067 971, 1991
[11] 徐京生. 低温与特气，1985, 4: 20.
[12] Lewis F A. Platinum Metals Rev., 1982, 26(l): 20.
[13] Baxbaum R E, Kinney A B. Ind. Eng. Chem. Res., 1996, 35: 530.
[14] Phair J W. Donelson R. Ind. Eng. Chem. Res., 2006, 45: 5657.
[15] 宁英男. 化工进展, 2002, 21(5): 342.
[16] Collins J P, Way J D. Ind. Eng. Chem. Res., 1993, 32: 3006.
[17] Mardilovich P P, She Y, Ma Y H, et al. AIChE J. 1998, 4: 310.
[18] Uemiya S, Matsuda T, Kikuchi E. J. Mem. Sci., 1991, 56: 315.
[19] Uemiya S, Sato N, Ando H, et al. J. Mem. Sci., 1991, 56: 303.
[20] Gobina E, Hughes R, Mem J. Sci. 1994, 90: 11.
[21] Li Z, Maeda H, Kusakabe K, et al. J. Mem. Sci., 1993, 78: 247.
[22] Yan S, Maeda H, Kusakabe K, et al. Ind. Eng. Chem. Res., 1994, 33: 616.
[23] Xomeritakis G, Lin Y. AIChE J., 1998, 44: 174.
[24] Bryden K J, Ying J Y. J. Mem. Sci., 2002, 203: 29.
[25] Foley H C, Wang A W, Johnson B, et al. ACS Symposium Society, Washington, DC, 1991, 168-184.
[26] Zhao R, Govind R, Itoh N. Sep. Sci. Tech, 1990, 25: 1473.
[27] Iwazaki K, et al. Suiso riyou gijyutsu syusei: seizou tyozou enerrugi riyou, NTS, 2003.
[28] Buxbaum R E, Marker T L. J. Membra. Sci., 1993, 85: 29.
[29] Nishimura C, Komaki M, Amano M. Mater. Trans., JIM. 1991, 32: 501.
[30] Buxbaum R E, Kinney A B. Ind. Eng. Chem. Res., 1996, 35: 530.
[31] Nishimura Komaki M. Hwang S., et al. J. Alloys and Compd., 2002, 330-332: 902.
[32] Zhang Y, Ozaki T, Komaki M, et al. Scr. Mater., 2002, 47: 601.
[33] Ozaki T, Zhang Y, Komaki M, et al. Int. J. Hydrogen Energy, 2003, 28: 1229.
[34] Zhang Y, Ozaki T, Komaki M, et al. J. Membrane Sci., 2003, 224: 81.
[35] Pan X L, Stroh N, Brunner H, et al. Journal of Membrane Science, 2003, 226(1-2): 111.
[36] Takano T, Ishikawa K, Matsuda T, et al. Mater. Trans. JIM, 2004, 45: 3360.
[37] Hashi K, Ishikawa K, Matsuda T, et al. Mater. Trans. JIM, 2005, 46: 1026.
[38] Nishimura C, Ozaki T, Komaki M, et al. J. Alloys Compd., 2003, 356-357: 295.
[39] Ozaki T, Zhang Y, Komaki M, et al. Int. J. Hydrogen Energy, 2003, 28: 1229.
[40] Roark S E, Mackay R, Mundschau M V. Dense, layered membranes for hydrogen separation. U.S. Patent 7, 001, 446.
[41] Ozaki T, Zhang Y, Komaki M, et al. J. alloys comp., 2003, 356-357: 553.

[42] Komiya K, Shinzato Y, Yukawa H, et al. J. Alloys Compd., 2005, 404-406: 257.
[43] Hashi K, Ishikawa K. Matsuda T, et al. J. Alloys and Compd., 2004, 368: 215.
[44] Hashi K, Ishikawa K, Matsuda T, et al. Mater. Trans. 2005, 46: 1026.
[45] Luo W M, Kazuhiro Ishikawa, Kiyoshi Aoki. Journal of Alloys and Compounds, 2006, 407: 115.
[46] Luo W M, Kazuhiro Ishikawa, Kiyoshi Aoki. Materials Transactions, 2005, 46: 2253.
[47] Kazuhiro Ishikawa, Luo W M, Kiyoshi Aoki. Proceeding of the 2005 MRS fall meeting: Boston, MA, USA, Vol 0885-A09-61.1.
[48] Luo W M, Kazuhiro Ishikawa, Kiyoshi Aoki. Journal of Alloys and Compounds, 2008, 460: 753.
[49] Wu Q Y, Xu J, Sun X K, et al. J. Mater. Sci. Technol., 1997, 13 (5): 443.
[50] Jang T H, Lee J Y. J. Non-Cryst. Solids, 1990, 116 (1): 73.
[51] Hara S, Sakaki K, Itoh N. et al. J. Membr. Sci, 2000, 164 (1-2): 289.
[52] Hara S, Hatakeyama N, Itoh N, et al. Desalination, 2002, 144 (1-3): 115.
[53] Hara S, Sakaki K, Itoh N. Amorphous Ni alloy membrane for separation/dissociation of hydrogen. U.S. Patent 6, 478, 853, 2002.
[54] Hara S, Hatakeyama N, Itoh N, et al. J. Membr. Sci. 2003, 211 (1): 149.
[55] Yamaura S-I, Shimpo Y, Okouchi H, et al. Mater. Trans. JIM, 2003, 44 (9): 1885.
[56] Shimpo Y, Yamaura S, Okouchi H, et al. J. Alloys Compd., 2004, 372 (1-2): 197.
[57] Yamaura S-I, Shimpo Y, Okouchi H, et al. Mater. Trans. JIM, 2004, 45 (2): 330.
[58] Gray R D J r, Heidman J L, et al. Fluid Phase Equilibria, 1983, 13: 59.
[59] Valderrama J O, Reyes L R. Fluid Phase Equilibria, 1983, 13: 195.
[60] 雷行之, 陆恩锡. 化学工程, 1979, 1: 30.
[61] 肖九高, 卢焕章. 化工学报, 1988, 3: 317.
[62] 刘芳之, 韩方煜, 王纯等. 化学工程, 1987, 3: 9.
[63] 唐宏青, 李晶文. 化学工程, 1983, 5: 57.
[64] Antinuclear campaigners question the safety of Europe's ITER candidate site, EUbusiness, 2003, 8: 12.
[65] 卢苏燕. 开发新能源的国际热核计划开始启动，新华网，2006 年 05 月 25 日 00:04:31.
[66] 卢苏燕. 国际热核计划联合实验协定正式签署，新华网，2006 年 11 月 21 日 22:05:59.
[67] 成瀬雄二. 重水素およびトリチウムの分離，学会出版社，1982: 271.
[68] 赵展，胡石林，叶一鸣. 核科学与技术, 2017, 5(3): 142.

第 5 章 高压储氢

高压储氢指将氢气压缩在储氢容器中，通过增压来提高氢气的容量，满足日常使用。目前工业上和实验室应用较广泛的是灌装压力为 15 MPa 的储氢钢瓶，它是一种应用广泛、简便易行的储氢方式，成本低，充放气速度快，且在常温下就可以进行。但是，它的最大弱点是单位质量储氢密度只有 1%(质量分数) 左右，无法满足更高应用如车载供氢系统的要求。因此，需在满足安全性的前提下，通过材料和结构的改进来提高容器的储氢压力以增大储氢密度，同时降低储氢容器的成本，满足商业应用。随着氢燃料电池汽车的发展，目前 35 MPa 和 70 MPa 的高压储氢罐开始商业化使用。本章将重点介绍高压氢气的压缩、注入、高压储氢容器、高压储氢的风险和控制、主要应用方向等。

5.1 高压氢气的压缩

5.1.1 氢气的压缩因子和压缩后的密度

氢气在高温低压时可看做理想气体，可通过范德瓦耳斯方程 $PV = nRT$ 来计算不同温度和压力时的质量。然而，由于实际气体分子体积和分子相互作用力的原因，随着温度的降低和压力升高，氢气会偏离理想气体的性质，范德瓦耳斯方程不再适用。实际气体与理想气体的偏差在热力学上可用压缩因子 Z 表示，定义为 $\mathrm{Z} = PV/nRT$。

通过美国国家标准技术所 (National Institute of Standard sand Technology，NIST) 材料性能数据库提供的真实氢气性能数据进行拟合，可得到简化的氢气状态方程：$Z = \dfrac{pV}{RT} = \left(1 + \dfrac{\alpha p}{T}\right)$，其中，$\alpha = B_1 = 1.9155 \times 10^{-6}\ \mathrm{K/Pa}$[1]，在 $173\ \mathrm{K} < \mathrm{T} < 393\ \mathrm{K}$ 范围内计算，最大相对误差为 3.80%；在 $253\ \mathrm{K} < \mathrm{T} < 393\ \mathrm{K}$ 范围内计算，最大相对误差为 1.10%。

图 5.1 比较了几个不同状态方程计算的不同温度下氢气压力和密度的关系。根据该图，可得到在不同温度、气压下的实际储氢质量。其中，在相同温度下，随着压力的逐渐增高，实际储氢密度增长的幅度越来越小。表 5.1 为氢气在不同温度和压力下的体积密度 ($\mathrm{kg/m^3}$)[2]。

通过该表可准确计算氢气在不同温度和体积的质量，从而得到质量比和体积比。例如，在环境温度为 0 ℃、压强为 50 MPa 时，体积为 1 L 的氢气实际质量为 32.968 g，比按照理想气体方程计算得到的 44.642 g 要小。压强越大，实际氢气质量与按照理想气体计算得到的质量差距越大。

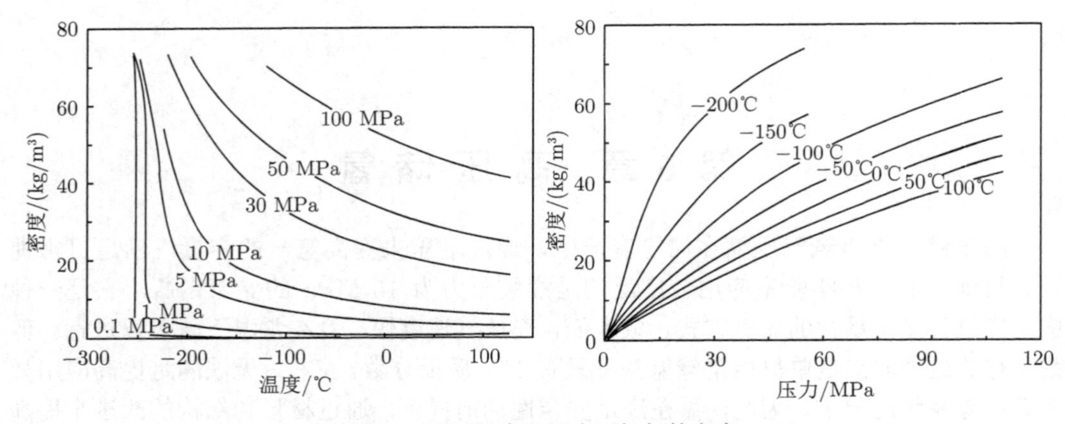

图 5.1　不同温度和压力下氢气的密度

表 5.1　氢气在不同温度和压力下的体积密度　　　　(单位：kg/m^3)

温度/℃	压力/MPa						
	0.1	1	5	10	30	50	100
−255	73.284	74.252					
−250	1.1212	68.747	73.672				
−225	0.5081	5.5430	36.621	54.812	75.287		
−200	0.3321	3.3817	17.662	33.380	62.118	74.261	
−175	0.2471	2.4760	12.298	23.483	51.204	65.036	
−150	0.1968	1.9617	9.5952	18.355	43.079	57.343	
−125	0.1636	1.6271	7.9181	15.179	37.109	51.090	71.606
−100	0.1399	1.3911	6.7608	12.992	32.614	46.013	66.660
−75	0.1223	1.2154	5.9085	11.382	29.124	41.848	62.322
−50	0.1086	1.0793	5.2521	10.141	26.336	38.384	58.503
−25	0.0976	0.9708	4.7297	9.1526	24.055	35.464	55.123
0	0.0887	0.8822	4.3036	8.3447	22.151	32.968	52.115
25	0.0813	0.8085	3.9490	7.6711	20.537	30.811	49.424
50	0.0750	0.7461	3.6490	7.1003	19.149	28.928	47.001
75	0.0696	0.6928	3.3918	6.6100	17.943	27.268	44.810
100	0.0649	0.6465	3.1688	6.1840	16.883	25.793	42.819
125	0.0609	0.6061	2.9736	5.8104	15.944	24.474	41.001

5.1.2　氢气压缩后的氢原子间距

氢原子间距离随压力增大而减小，其中平均氢原子间距在常压下为 33.4 nm, 20～25 MPa 的压力下为 0.61 nm，70 MPa 压力下为 0.44 nm，液氢中氢原子间距为 0.363 nm，如图 5.2 所示。

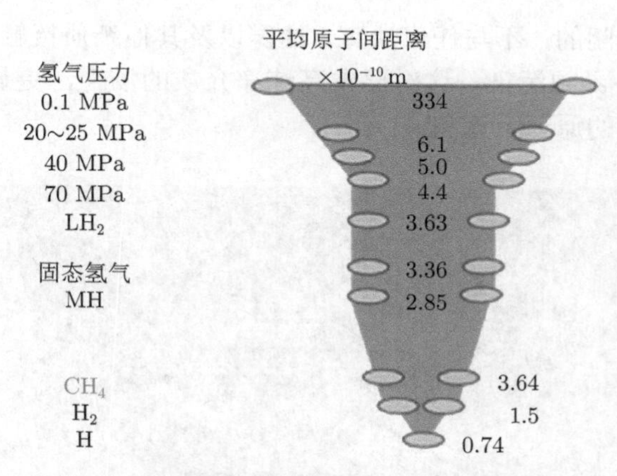

图 5.2 不同压力和形态下的平均氢原子间距

5.1.3 氢气压缩机

氢气的压缩有两种方式：一种方法是直接用压缩机将氢气压缩至储氢容器所需的压力，储存在体积较大的储氢容器中；另一种方法是将氢气压缩至较低的压力 (如 25 MPa) 储存起来，加注时，先将部分气体充压，然后启动增压压缩机，使储氢容器达到所需的压力。

氢气压缩机的进口系统与出口系统的主要部件包括气水分离器、缓冲器、减压阀等。氢气进入压缩机之前，必须分离水分，以免损坏下游部件。管道内氢气压力因受环境温度、沿途的流动阻力以及流量等影响而不稳定，需要利用缓冲器来缓冲输气管道内的压力波动。压缩机工作时的活塞运动会在进气管内引起压力脉动，缓冲器也用来阻断进气管内的压力脉动传入输气管。此外压缩机的卸载阀和安全阀排出的氢气，也送入缓冲器中，使之膨胀到进口压力。

出口系统的主要部件有干燥器、过滤器、逆止阀等。当压缩机出口的氢气含水量超过标准时，出口系统必须有吸收式干燥器来清除水分，以免下游部件诱蚀和在低温环境下造成水堵。氢气流过干燥器时，会夹带一部分干燥剂颗粒，所以在干燥器后还需配备分子筛过滤器，用来清除干燥剂颗粒、水滴和油滴。干燥器是两个并联轮换工作的，其中一个工作时，另一个进行恢复。在压缩机出口引出少量未经冷却的氢气，经减压后从反方向流过干燥器，使干燥器恢复吸收能力。逆止阀则只允许氢气从出口流出，而不允许流入。

氢气压缩机有膜式、往复活塞式、回转式、螺杆式、透平式等各种类型。应用时根据流量、吸气及排气压力选取合适的类型。活塞式压缩机流量大，单级压缩比一般为 3:1～4:1；膜式压缩机散热快，压缩过程接近于等温过程，可以有更高的压缩比，最高达 20:1。

一般来说压力在 30 MPa 以下的压缩机，通常采用活塞式，经验证明其运转可靠程度较高，并可单独组成一台由多级构成的压缩机。压力在 30 MPa 以上、容积流量较小时，可选择用隔膜式压缩机。隔膜式的优点是在高压时密封可靠：因为其气腔的密封结构是缸头和缸体间夹持的膜片，通过主螺栓紧固成为静密封形式，可以保证气体不会逸漏，而且膜腔是封闭的，不与任何油滴、油雾以及其他杂质接触，能保证进入的气体在压缩气体时不受外界的污染。这对要求高纯净介质的场合，更显示出特殊的优越性。图 5.3 为隔膜压缩机的原理示意图。

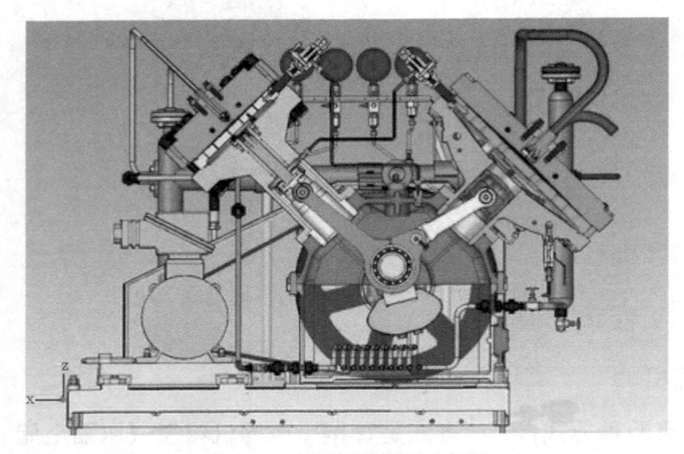

图 5.3　隔膜压缩机示意图

随着氢能的高速发展，氢气压缩需求场景从传统石化加氢延伸到燃料电池汽车加氢站。国外的氢气压缩机技术研发相对国内时间早，技术较先进。如美国的 PPI 压缩机有单级和多级压缩机，流量范围从 0.1~680 m^3/h，出口压力可达 200 MPa；美国 PDC Machines 公司则开发了最高压力达 410 MPa，流量为 178.6 Nm^3/h 的膜式氢气压缩机，目前已广泛应用到加氢站，图 5.4 为其开发的两级隔膜压缩机，排放压力为 1000 Bar，流速为 40 kg/h。

图 5.4　PDC Machines 开发的两级隔膜压缩机 (来源于其公司官网)

目前国内在运营的加氢站中，有七成左右使用的是隔膜压缩机，其中市占率最高的是美国的 PDC Machines。随着国内大力推行加氢站的建设，氢气压缩机的市场规模逐步扩大，国内一些企业也开始氢气压缩机的设计和生产。例如，北京中鼎恒盛、北京天高、江苏恒久机械以及北京京城机电等企业开始提供成熟的氢气压缩机产品。

中国船舶集团有限公司第七一八研究所通过与美国 PDC 公司技术合作可组装配套加氢站的高压氢气压缩机，但核心部件均需美方提供，距离国产化还有较远距离。2018 年，由江苏恒久机械自主研发制造的国内首台商业化运营加氢站用氢气隔膜压缩机组正式交付客户，其加氢量为 400~500 kg/(台 · 天)，可满足加氢站商业化运营需求。图 5.5 是江苏恒久机械为湖北用户安装的单台 1000 Nm^3/h 氢气隔膜压缩机照片。

图 5.5 江苏恒久机械生产的隔膜压缩机 (来源于其公司官网)

5.1.4 氢气的压缩功耗

氢气在压缩过程中需要对其做功。高压储氢的等温压缩功为

$$W = p_0 V \ln\left(\frac{p_1}{p_0}\right) \tag{5.1}$$

高压储氢的绝热压缩功为

$$W = \frac{\gamma}{\gamma - 1} p_0 V \left[\left(\frac{p_1}{p_0}\right)^{\frac{\gamma-1}{\gamma}} - 1\right] \tag{5.2}$$

式中，γ 为热熔比 $(C_p/C_v), \gamma(H_2) = 1.41$；其中 p_0 为初始压强，p_1 为压缩后的压强。在 300 K 时将 1mol 氢气从 1 bar 压缩至不同压力的压缩功和耗费能效 (压缩功与氢气低热值的比值 (%LHV)) 见图 5.6[3]，其中 LHV (氢气) = 242.8 kJ/mol H_2 (备注：指氢气完全燃烧后，冷却到初始温度，水蒸气以蒸汽的状态排出时所释放的全部热量)。

从图 5.6 可看出，把一定量的气体从相同的初态压缩到相同的终压时，绝热压缩消耗的功最多，等温压缩最少。例如，将 1 mol 氢气从 1 bar 压缩至 200 bar 时所需的压缩功计算如下。

等温压缩所耗能耗为

$$W = P_0 V \ln\left(\frac{P_1}{P_0}\right) = 1.013\times10^{5}(\text{Pa})\times\left[22.4\times10^{-3}(\text{m}^3/\text{mol})\right]\times\ln\left(\frac{200}{1}\right)$$

$$= 1.2\times10^{4}(\text{Pa}\cdot\text{m}^3/\text{mol}) = 12(\text{kJ/mol})$$

$$能耗 = \frac{W}{\text{LHV}} = \frac{12}{242.8}\times100\% \approx 5\%$$

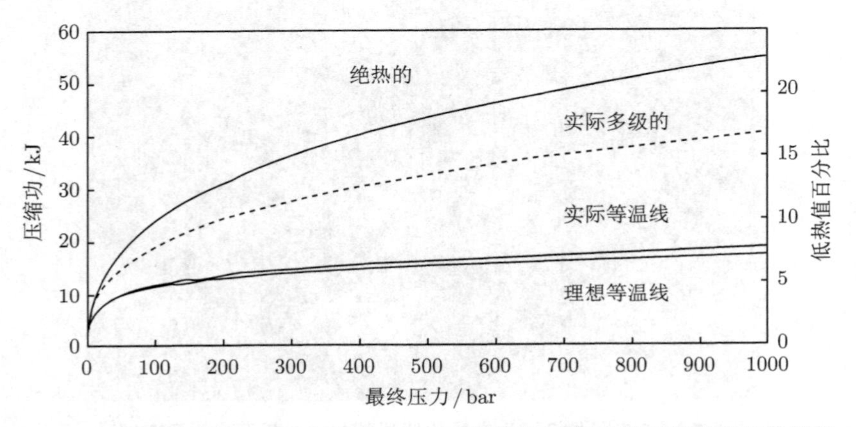

图 5.6 300 K 时将 1 mol 氢气从 1 bar 压缩至不同压力的压缩功和耗费能效

绝热压缩所耗能耗为：

$$W = \frac{r}{r-1}P_0 V\left[\left(\frac{P_1}{P_0}\right)^{\frac{r-1}{r}} - 1\right]$$

$$= \frac{1.41}{1.41-1}\times1.013\times10^{5}(\text{Pa})\times\left[22.4\times10^{-3}(\text{m}^3/\text{mol})\right]\times\left[\left(\frac{200}{1}\right)^{\frac{1.41-1}{1.41}} - 1\right]$$

$$= 2.86\times10^{4}(\text{Pa}\cdot\text{m}^3/\text{mol}) = 28.6(\text{kJ/mol})$$

$$能耗 = \frac{W}{\text{LHV}} = \frac{28.6}{242.8}\times100\% \approx 12\%$$

因此在压缩氢气过程中，一般采用水冷却以及采用分级压缩。实际压缩运行时影响压缩机能耗的因素很多，包括氢气流动、传热、工作部件之间的摩擦、气体泄漏等。

高效率、低能耗直接体现压缩机的先进性和可靠性，因此国内外众多生产厂家努力采用优秀的设计理念和高水平的制造技术用于压缩机的设计和制造，达到高性能、低能耗的要求。据报道，国内青岛康普锐斯能源科技有限公司研制的压缩机在进气压力为 10 MPa、排气压力为 90 MPa 时，压缩机排气量可达 66.6 kg/h，压缩能耗仅为 0.1 KW·h/Nm^3 (在该场景下压缩功与 LHV (氢气) 的比值为 3.3%)。图 5.7 为其加氢站站用液压活塞式压缩机。

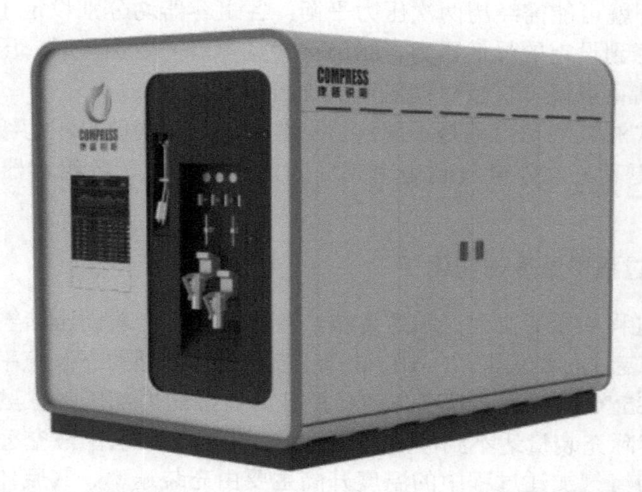

图 5.7 青岛康普锐斯能源科技有限公司的加氢站站用液压活塞式压缩机 (来自其官网)

5.2 氢气的加注

5.2.1 氢气加注的方法

氢气的加注与天然气加注系统的原理是一样的，但是其操作压力更高，安全性要求很高。加注系统通常由高压管路、阀门、加气枪、计量系统、计价系统等部件组成。加气枪上要安装压力传感器、温度传感器，同时还应具有过压保护、环境温度补偿、软管拉断裂保护及优先顺序加气控制系统等功能。当一台加氢机为两种不同储氢压力的燃料电池汽车加氢时，还必须使用不可互换的喷嘴。加注机的设计一般引用工业界常采用的故障模式和效应分析 (FMEA) 程序以及过程危险性分析程序。

氢气的加注可采用以下几种方式。

(1) 直接加注。气体不经过储存容器，从压缩机出口直接输入储氢容器，达到规定的压力，该加注方法耗费时间较长。

(2) 单级储气，增压加注。采用这种方式时，固定容器的压力可以低于储氢容器的充装压力，但需要在储气系统上并联一个增压压缩机。例如，为了使车载气瓶压力达到 35 MPa，可以先用储存于固定容器中的压力较低的气体 (如 25 MPa) 部分充压，当压力达到平衡时，再自动启动增压压缩机，直接向储氢容器充装氢气至 35 MPa。

(3) 单级储气，单级加注。通过固定容器向储氢容器充气，容器不分组，而是串联起来。该加注方法要求固定容器的压力适当高于储氢容器充装压力，充装时所有固定容器的压力变化保持一致。

(4) 多级储气，多级加注。通过固定容器向车载容器充气，将固定容器分成并联的数组 (如分成高、低二组或高、中、低三组)，并在压缩系统和储氢系统、储氢系统和加注系统之间配置优先顺序盘，按需要的顺序向固定容器和储氢容器充气。如果分为高、低两组，当低组向储氢容器加气达到压力平衡而停止充气时，就用高组充气。只要高组的压力适当高于储氢容器的充装压力，就可将储氢容器加满。同样地，如果分成高、中、低三组，充装过程就可能需经历两次压力平衡。各组容器均分别设定了最低压力，当高组容器中的压力降到设定的最低压力，而仍有储氢容器需要加气时，压缩系统排出的氢气可不经过分级储存系统，直接对储氢容器加气。

不同加注方式的氢气利用率是不同的，一般来说，相同储存压力级别时，多级充气较单级充气压力更高。此外氢气利用率还受固定容器压力、各组容器容积匹配等参数影响。

5.2.2　氢气加注过程中温度的变化

氢气在加注过程中压力高，充装速度快，升温明显。一般高压储氢罐的使用最高温度为 85 ℃，在充装时间要求下 (3~10 min)，若不选择合理的充装速率，高压储氢罐的温度可能会超过 85 ℃。此外，温度升高会提升储氢罐的内部压强，虽然充装压力达到了设定值，但是实际充装量达不到额定加注质量。2003 年，法国液空公司通过储氢瓶快充升温研究，认为氢气加注过程中的温度升高主要由充装速率、气瓶体积、气瓶壁的热力学参数决定，其中塑料内衬氢气瓶在充装过程中的温度升高要大于金属内衬。由于温度升高的影响，要达到额定充装 70 MPa 的压强，充装压力需达到 90 MPa 才行。2004 年，Christian PERRET 通过加注升温测试发现，9L 的储氢容器加注至 30 MPa 的压力，若充装时间为 3 s，则气瓶内部最高温度达到 125 ℃。表 5.2 为加注测试结果。

表 5.2　不同高压储氢罐加注过程与温度的关系

研究机构	容器类型	充装压力/MPa	壁面不均匀温差/℃	内部最高温度(环境温度)/℃	初始压力/MPa	充装时间/s
GDATP	111L 塑料内衬	70	4	131.2	2~5	150
GTI	190-220L 铝或塑料内衬	35	15	106	未知	45
法液空	47L 铝内衬	35	—	65	0.1	120
C.J.B Dicken	74L 铝内衬	35	8	53	10	40
日本自动车研究所	34L 铝内衬	35	5	92(23)	0.2	—
	65L 塑料内衬	40	20	115(23)	0.2	306
	74L 铝内衬	35	—	80(23)	0.2	84

浙江大学刘延雷博士学位论文系统研究了环境温度、储氢瓶初始温度、储氢瓶初始压力、储氢瓶加注压力和加注速度对加注过程中储氢瓶温度升高的影响 (150 L 的储氢瓶，工作压力为 35 MPa)，其中影响的主要因素为气瓶内的初始压力和氢气的充装速度。图 5.8(a) 为温升与初始压力的关系图，最低的初始压力产生最高的温升，初始压力每提高 1 MPa，温升约降低 2 ℃。图 5.8(b) 为温升随充装速率的关系图，随着充装速率的增加，储氢瓶内温升逐渐增加 [4]。

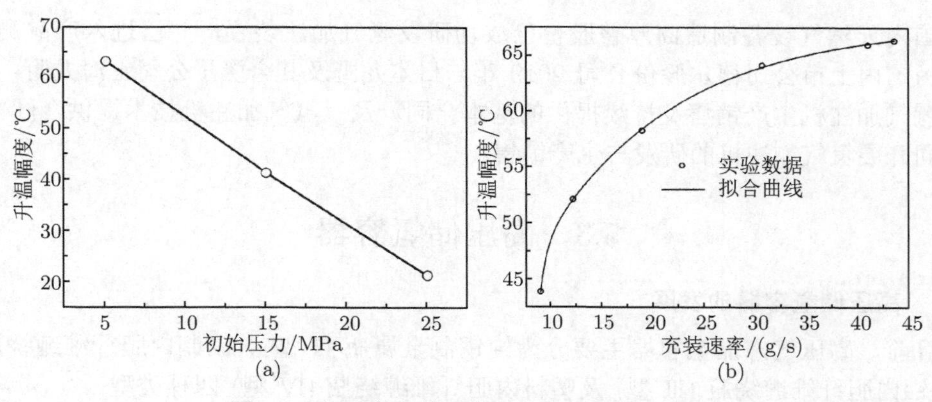

图 5.8 温升与初始压力和充装速度的关系图

5.2.3 氢气加注机的市场应用

氢气加注机目前全球技术做得比较好的有德国林德，日本龙野等 (图 5.9 为其 Hydrogen-NXLF 型氢气加注机)。

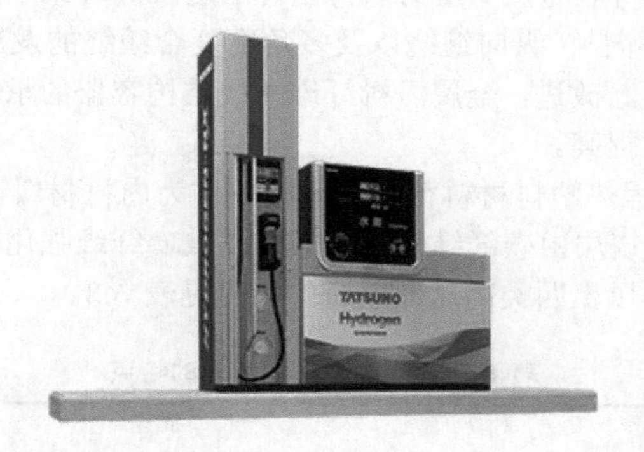

图 5.9 日本龙野的 Hydrogen-NXLF 型氢气加注机 (来源其公司官网)

国内氢气加注机相对国外研发较晚，目前只能加注压力较小的场景，如山东黑鲨智能科技有限公司推出的氢气加注机最小进口压力为 2 MPa，最大出口压力为 35 MPa，如图 5.10 所示。

图 5.10 山东黑鲨所产氢气压缩机 (来源为其公司官网)

国内天然气设备制造商厚普股份已成功研发氢气加注装置，并已进入产品测试阶段。另国内上市公司德尔股份公司 2019 年与日本龙野及其全资子公司上海龙野，签订了《氢气加注机生产销售及持续提供的基本合同》及《氢气加注机技术提供合同》，决定共同开展氢气加注机的研发与生产销售。

5.3　高压储氢容器

5.3.1　高压储氢容器的发展

目前，高压气态储氢容器主要分为纯钢制金属瓶 (I 型)、钢制内胆纤维缠绕瓶 (Ⅱ型)、铝内胆纤维缠绕瓶 (Ⅲ 型) 及塑料内胆纤维缠绕瓶 (Ⅳ 型) 四种类型。

(I 型) 金属储氢容器由对氢气有一定抗腐蚀能力的金属构成，它的优点是制造较为容易，价格较为便宜，但由于金属强度有限以及金属密度较大，传统金属容器的单位质量储氢密度较低。

(Ⅱ 型和 Ⅲ 型) 金属内衬纤维缠绕结构储氢容器可有效提高容器的承载能力及单位质量储氢密度。该类容器中金属内衬并不承担压力载荷作用，仅仅起密封氢气的作用，内衬材料通常是铝、钛等轻金属。压力载荷由外层缠绕的纤维承担，纤维缠绕的工艺经历了单一环向缠绕、环向 + 纵向缠绕以及多角度复合缠绕的发展历程。随着纤维质量的提高和缠绕工艺的不断改进，金属内衬纤维缠绕结构容器的承载能力进一步提高，单位质量储氢密度也随之提高。

(Ⅳ 型) 瓶采用工程热塑料材料替换金属材料作为内衬材料，同时采用金属涂覆层提高氢气阻隔效果，缠绕层由碳纤维强化树脂层及玻璃纤维强化树脂层组成，可进一步降低储氢容器的质量。以上四类高压储氢瓶的特点见表 5.3。

表 5.3　四类高压储氢瓶的特点

I 型	Ⅱ 型	Ⅲ 型	Ⅳ 型
Cr-Mo 钢 Ni-Cr-Mo-V 钢	Cr-Mo 钢内衬/FRP	Al 内衬/FRP	塑料内衬/FRP
廉价、疲劳强度高、安全性高	廉价、内衬坚韧、制造简单	轻	比 Ⅲ 更轻
重	钢瓶结构的顶部应力集中	内衬弱，制造复杂	内衬更弱、制造复杂、氢微量渗透的管理

高压气态储氢容器 I 型、Ⅱ 型储氢密度低、安全性能差，难以满足车载储氢密度要求；Ⅲ 型、Ⅳ 型瓶单位质量储氢密度较高。因此，车载储氢瓶大多使用 Ⅲ 型、Ⅳ 型两种容器。

从技术角度来看，Ⅲ 型、Ⅳ 型瓶作为高压储氢容器各有优缺点。Ⅳ 型瓶基体采用塑料材料，具有重量轻、成本低、质量储氢密度大等优点，比较适合乘用车使用；但 Ⅳ

型瓶对温度特别敏感，如果控制不好温度，以及使用过程中的氢气充放速度、不可避免的泄漏问题等，对整车安全性影响较大。Ⅲ 型瓶虽然偏重些、成本高些，但是其材质温度及环境适应能力强，密封性好，一般没有泄漏问题，比较适合大巴和重卡使用。据中国科学院宁波材料技术与工程研究所测算，目前 35 MPa 和 70 MPa 碳纤维材质储氢瓶的成本分别约为 2900 美元和 3500 美元；对于采用碳纤维复合材料外层、金属铝内胆的 Ⅲ 型 35 MPa 及 70 MPa 高压储氢气瓶的成本分别为 3084 美元和 3921 美元。两种高压储氢瓶的主要成本均为碳纤维复合材料 (占比 70%左右)[5]。

国外很多研究机构以及一些大公司一直以来都致力于高压轻质储氢容器的研制，并取得了突破性进展。国外的主要研究方向为 Ⅳ 型轻质高压气态储氢瓶。

美国 Quantum 公司、Hexagon Lincoln 公司、通用汽车公司、丰田汽车公司等国外多家企业，已成功研制多种规格的纤维全缠绕高压储氢气瓶，高压储氢瓶设计制造技术处于世界领先水平。

美国 Quantum 公司、Lincoln composites 公司等内胆选择了高强聚乙烯，而法国 Ullit 公司内胆则选择 PA6。2001 年美国 Quantum 公司与 Lavrence Livermore 国家实验室以及 Thiokol 公司合作，研制出最大工作压力为 70 MPa 的储氢容器 Trishield，如图 5.11 所示 [6]。2002 年，该公司历史性地开发出了最大工作压力为 35 MPa 的高性能压缩氢气储存容器。Lincoln 公司在 2002 年 7 月研制成功了最大工作压力为 70 MPa，爆破压力为 175 MPa 的高压储氢容器 Tuffshell[7]。Quantum 公司碳纤维复合材料为外层，高分子量聚合物为内衬的结构如图 5.12 所示 [5]。

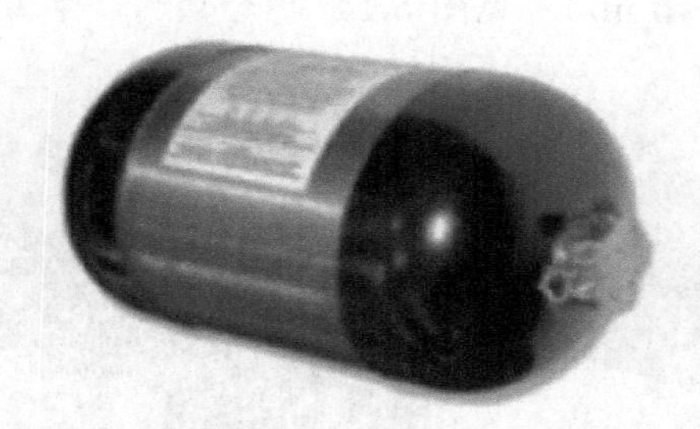

图 5.11　最大工作压力为 70 MPa 的储氢容器 Trishield

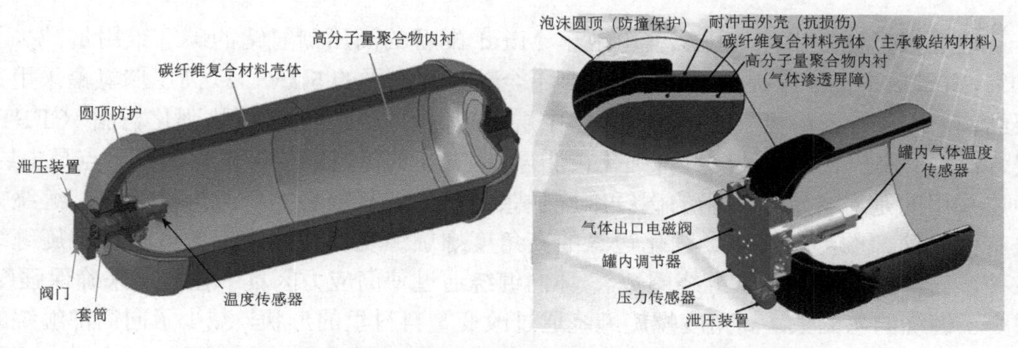

图 5.12　最大工作压力为 70 MPa 的储氢容器的内部结构图

德国 NPROXX 采用“纤维湿法缠绕”方法制造出了高强度和轻质的 Ⅳ 型储氢罐，图 5.13 为其产品照片。其 CFRP Type 4 压力容器可以使用长达 30 年而无需更换，是 1 型和 2 型容器预期寿命的 2 倍。此外，81 个 4 型储氢罐可在一个 20 ft ($1\ \text{ft} = 3.048\times10^{-1}\ \text{m}$) 的集装箱内相互连接，作为储氢系统解决方案。

图 5.13 德国 NPROXX 的 Ⅳ 型储氢罐

丰田汽车 Mirai 的高压储气瓶采用 Ⅳ 型瓶，其由 3 层结构组成：内层为高密度聚合物，中层为耐压的碳纤维缠绕层，表层则是保护气瓶和碳纤维树脂表面的玻璃纤维强化树脂层，储存压力高达 70 MPa，氢气质量密度约为 5.7%，容积为 122.4 L，储氢总量为 5 kg，加注时间为 3~5 min。见图 5.14。

图 5.14 丰田燃料电池车所使用的 70 MPa 储氢罐

通过轻量化技术，丰田燃料电池车 Mirai 配备的高压储氢罐的碳纤维用量减少了 40%，重量效率比原来提高了 20%，达到了全球最高水平的 5.7 wt%。高压储氢罐采用三层结构，内层是密封氢气的树脂衬里，中层是确保耐压强度的碳纤维强化树脂 (CFRP) 层，表层是保护表面的玻璃纤维强化树脂层。Mirai 的储氢罐的轻量化部分重点是中层。中层采用的是对含浸了树脂的碳纤维施加张力使之卷起层叠的纤维缠绕工艺。缠绕方法有强化筒部的环向缠绕、强化边缘的高角度螺旋缠绕和强化底部的低角度螺旋缠绕三种，三种方式均减少了缠绕圈数。环向缠绕通过使高应力区集中在内层来确保强度，减少了缠绕的总圈数。高角度螺旋缠绕通过改变塑料衬里的形状，减少了向筒部缠绕的圈数，在筒部辅以环向缠绕。低角度螺旋缠绕通过减小管底的开口区域，减小了表面压力，从而降低了碳纤维用量。

我国对新型轻质高压储氢容器的研制起步较晚，与国外相比相对落后。近年来，随着有关高校、科研院所以及企业的努力，我国的高压储氢容器也取得了一定的进展。

中国车载储氢中主要使用 35 MPa 的 Ⅲ 型瓶，中国 70 MPa 瓶 Ⅲ 型的使用标准 GB T 35544—2017《车用压缩氢气铝内胆碳纤维全缠绕气瓶》已经颁布，并开始在轿车中小范围应用。2010 年，浙江大学成功研制 70 MPa 轻质铝内胆纤维缠绕储氢瓶，解决了高抗疲劳性能的缠绕线形匹配、超薄 (0.5 mm) 铝内胆成型等关键技术，其单位质量储氢密度达 5.7 wt%，实现了铝内胆纤维缠绕储氢瓶的轻量化。

目前国内企业科泰克、天海工业、中材科技、富瑞氢能、斯林达等在研发或已具备量产 70 MPa Ⅲ 型瓶的能力。据斯林达官网介绍，2010 年上海世博会上其公司的车用氢气铝合金内胆碳纤维全缠绕气瓶已经成功应用，为国内首创，并获得了上海市科技进步二等奖，图 5.15 为其产品示意图。中材科技的 Ⅲ 型瓶内胆采用铝板拉深成型工艺，相比铝管成型，板材成型的内胆内外表面更光滑，内胆纤维之间紧密度更高，产品疲劳性能大大提高，图 5.16 为其产品照片。

图 5.15　斯林达生产的高压储氢罐 (来源为其公司官网)

图 5.16　中材科技生产的高压储氢罐 (Ⅲ 型) (来源为其公司官网)

5.3.2　轻质高压储氢容器的设计和制备

5.3.2.1　结构设计

轻质高压储氢容器的结构类似于多层压力容器，图 5.17 为其典型示意图。各层承担不同的功能，由内向外分别为内衬、过渡层纤维、纤维增强层、外层纤维缠绕层、缓冲层，容器整体还包括阀座和接嘴。其中内衬起密封氢气的作用，使高压氢气不能大量渗漏出容器；过渡层可以减少内衬和增强层之间的高压剪切作用，使得增强层缠绕过程中不会脱落，并将压力载荷从内衬层传递到增强层；增强层作为容器的主体部分承受大部分的压力载荷，其中增强层缠绕的线型分为三种：环向缠绕、纵向缠绕和螺旋缠绕，如表 5.4 所示；外层保护层不仅保护脆性的纤维，而且在已有的承载能力上增强一定的额外强度；缓冲层用来缓解在搬运和安装固定储氢容器过程中受到的冲击，图 5.17 的缓冲层为外置的，也有其他采用内嵌缓冲层的；阀座和接嘴是氢气输入和输出的通道。

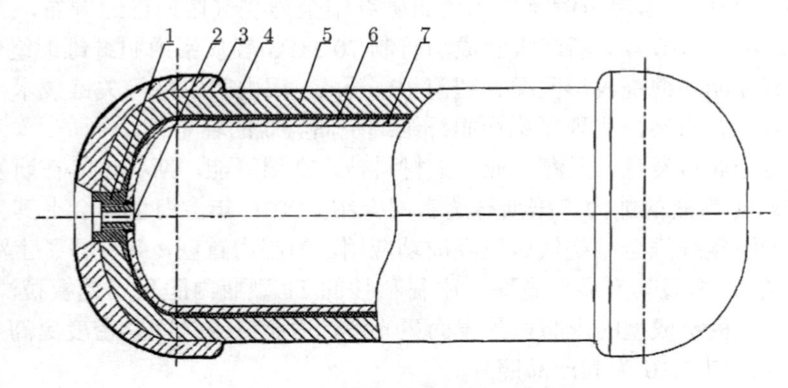

图 5.17　轻质高压储氢容器的结构

1. 阀座；2. 接嘴；3. 缓冲层；4. 外层纤维缠绕层；5. 纤维增强层；6. 过渡层；7. 内衬

表 5.4　三种基本缠绕线型

基本线型	图示	注释
环向缠绕		缠绕角度 (与容器轴线) 为 90 度，不能上封头，缠绕工艺简单。
纵向缠绕		可以上封头，缠绕角度较小，多用于粗短容器。
螺旋缠绕		可以上封头，原则上要求等极孔，缠绕工艺复杂。

5.3.2.2　材料选择

压力容器的设计首先要选择合适的材料，轻质高压储氢容器的分层由于承担的功能不同需要不同类型的材料。氢气由于分子体积较小且有很强的渗透性能，尤其在高压条件下更是容易溢出，因此内衬材料首先要有很好的阻隔氢气溢出的作用；同时为了降低储氢容器的质量，内衬材料必须密度较轻。目前，金属内衬纤维缠绕储氢容器的内衬材料多为铝、钛等轻质金属；全复合储氢容器的内衬材料多采用高密度聚乙烯等高分子材料。

过渡层的材料需要较好的黏合功能和抗剪切功能。这层材料多用环氧树脂，其属于热固性聚合物，在加工初始阶段流动性很好，可以较充分地充满到纤维束之间，经过固化处理后，在一定的温度范围内尺寸稳定性较好。现有的缠绕工艺中大部分使用双酚 A 环氧树脂、多功能团环氧树脂和酚醛环氧树脂。根据具体的使用情况可以对环氧树脂进行改性，添加相应的成分，提高或改善其某些性能 [8]。

增强层中的材料多为纤维材料，这层材料是承受内部压力作用的主要载体。由于这层材料主要承受内部压力以及这一部分占整个轻质储氢容器质量比重较大，因此材料的比强度、比模量十分重要。提高比强度和比模量可以在保证容器整体强度的前提下，容器壁厚下降，质量降低。复合材料所用的增强材料主要有三类: 碳纤维、Kevlar 纤维 (也称芳纶纤维) 和玻璃纤维。其中碳纤维是不完全的石磨结晶沿纤维轴向排列的物质，属于无机纤维，具有低密度、高强度、高模量、耐高温、抗化学腐蚀等优异性能，其柔曲性和可编性也较好，非常适合缠绕工艺。

外层保护层材料在受到冲击时要吸收大部分的能量, 由于玻璃纤维的抗冲击性能较好，目前这层材料多用玻璃纤维进行缠绕。

缓冲层材料需要具有很好的抗冲击能力。当容器意外发生坠落时，触地点受到巨大的外部冲击载荷作用，很容易对容器造成直接破坏，因此需要设置缓冲层，吸收冲击的能量，将最大冲击载荷转移，重新分布在整个区域，起到保护容器的作用。通常选取轻质、绝热性以及热稳定性好的可压缩材料作为缓冲材料。常见的有发泡聚苯乙烯、聚氨酯泡沫、高密度聚乙烯以及近年来兴起的聚丙烯等。

5.3.2.3　设计参数选择

设计轻质高压储氢容器的参数除了常规压力容器设计需要的参数——压力、体积、内径等外，还有一个重要的参数——储氢密度。储氢密度是指储氢系统所储存的氢气质量总量与整个储氢系统的质量之比值。移动式储氢容器，其对储氢密度的要求一般是 3 wt%或者更高。国际能源机构确定的未来新型储氢材料的标准为储氢量应大于 5 wt% ，并且能在温和条件下吸放氢。美国能源部制定的储氢材料标准是 65 kg/m^3 和 6.5 wt% 。对于高压储氢容器, 压力和氢气的密度直接相关，这在很大程度上影响了储氢密度。通过对氢气在高压下密度的研究，发现在 30~40 MPa 范围内氢气密度的增长很快，在增加到 70 MPa 以后，密度增长的幅度不大 [9]。储氢压力容器的体积与其使用量要求有直接关系，当然与实际容器的安装空间也有很大关系，储氢容器的内径是控制容器整体质量的重要参数, 内径同时还受到容器安放空间的限制。

5.3.2.4　强度设计

主要针对储氢容器的强度, 确定纤维缠绕层的厚度和不同层的缠绕方向。由于纤维材料是各向异性材料, 不同缠绕线形、不同方向的缠绕使材料承受不同方向的载荷, 根据这一特点, 又有不同的应力应变计算理论, 如层板理论和网格理论 [10]。

5.3.2.5　制备方法

举例说明设计和生产体积为 20 L、压力为 35 MPa 的高压储氢罐：首先选择容器形式为铝内胆碳纤维缠绕储氢容器，确定铝作为内衬，并通过计算得到合适的厚度，然后采用东丽 T700 碳纤维增强体和环氧树脂基体作为缠绕层，另采用普通玻璃纤维和环氧树脂作为外层保护层材料。强度设计按结构分为两个部分——筒体和封头：假设筒体直径，确定形状参数，采用纵向缠绕和环向缠绕方案，测算纤维缠绕的初始角度，对各层的应力应变进行校核；封头通过计算得到缠绕极孔的大小和角度，校核应力应变。最后再进行优化，然后再加工得到高压储氢容器。

5.3.2.6 加工工艺

轻质高压储氢罐的制造工艺主要有：内衬成形、纤维–树脂束缠绕、复合材料固化、容器自紧等。其中，第三代高压储氢罐铝内衬的成型工艺一般采用将铝管进行旋压收口的方法，见图 5.18。该方法具有无缝成型、壁厚差小等特点 [11]。

图 5.18 旋压收口的加工示意图

内衬成形后，就到了缠绕工序，采用缠绕可以提高加工的控制精度和效率。缠绕工艺一般分为干法缠绕、湿法缠绕和半湿法缠绕。对于碳纤维–环氧树脂束一般采用湿法缠绕。缠绕前要对内衬刷漆，消除缠绕时产生的静电，以及提供一定的黏度，有助于第一层纤维附在内衬表面。缠绕时为消除气泡，需对纤维束施加一定的预应力。缠绕轨迹分为环向缠绕、螺旋缠绕和平面缠绕。铝内衬的储氢容器采用了环向缠绕和螺旋缠绕相结合的方式。缠绕过程由专业的 CAD/CAM 软件控制数控机床进行 [12]。缠绕过程中最难控制的为封头处，因角度变化大，必须对缠绕束和缠绕的速度进行精确控制。缠绕结束后需要进行固化处理，使热固性树脂的温度达到固化温度，完成高分子材料的交联反应。固化过程在热压釜中完成，通过精确地控制升温、保温和降温过程得到最佳值。固化过程中还应考虑消除气泡。固化结束后的工艺为自紧，将高压储氢罐进行加压处理，使其内压力超出初始屈服压力，然后卸除压力，使铝合金形成内衬压应力和纤维–树脂束拉应力相互作用的自增强效果。

5.4 高压储氢的风险和控制

5.4.1 高压储氢的使用风险

5.4.1.1 压力危险

高压氢气储运设备一般都在超过几十个大气压下使用，储存着大量的能量。因超温、充装过量等原因，设备有可能强度不足而发生超压爆炸。车用储氢容器和高压氢气运输设备，需要频繁重复充装，不但原有的裂纹类缺陷有可能扩展，而且可能在使用过程中萌发出新的裂纹，导致疲劳破坏。

5.4.1.2 充装危险

高压氢气储运设备在充装气体的时候，气体介质会放出大量的热量，通过热的传递过程使得设备的各连接部分温度升高。北京航天试验技术研究所的安刚通过仿真分析得出在储氢气瓶从 1 MPa 充气到 70 MPa 过程中，若在 120 s 内充装完毕，则储氢气瓶里的氢气温度会上升 120 ℃[13]。温度过高可能会使充装气体的人员受到损害，同时也改变了设备承压材料的本构关系而影响到承压能力，此外高压氢气储运设备的管理、人员培训以及设备使用的环境都对设备带来风险。

5.4.2 高压储氢的风险评估

5.4.2.1 定性评价

针对氢气充装站的快速风险评级方法 (rapid risk ranking，RRR) 可以用来对高压氢气充装站内的固定式高压氢气储运设备进行安全评价，图 5.19 是其评价流程。

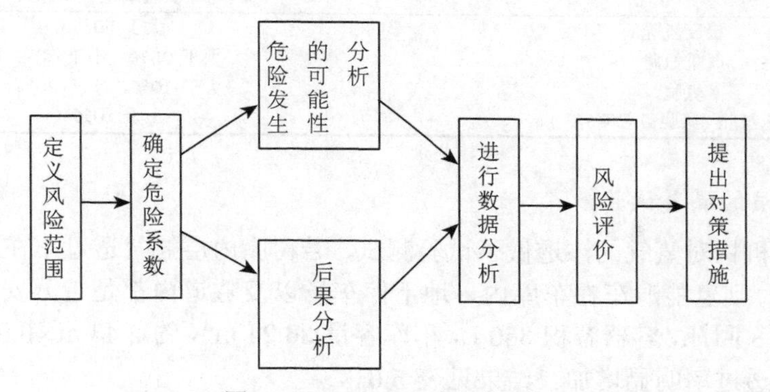

图 5.19 RRR 风险评价流程

5.4.2.2 定量评价

通过定性评价，可以明确这类设备的危险有害因素，但是定性评价受到主观因素的影响，且不能准确地表示危险因素的危害程度与范围。通过一些理论推算和事故模拟等方法可以推测出在这些情况下的危险有害范围和程度，并为风险控制采取手段的强弱提供依据。

5.4.3 高压储氢使用的标准

车载高压储氢压力一般需达到 35~70 MPa，是典型的特种设备，其设计、制造和使用必须符合相应的安全技术规范和标准的要求。目前，世界上已经有关于车载高压储氢容器的标准，如美国的 DOT-CFFC 标准、欧盟的 EN12245 标准、ISO 11439 标准等。我国已经完成能够适用于 35 MPa 和 70 MPa 的高压储氢瓶的相应标准 GB/T 35544—2017《车用压缩氢气铝内胆碳纤维全缠绕气瓶》，于 2017 年 12 月 29 日发布，2018 年 7 月 1 日开始实施。标准规定了车用压缩氢气铝内胆碳纤维全缠绕气瓶的型式和参数、技术要求、试验方法、检验规则、标注、包装运输和存储等要求，保障了高压储氢气瓶的安全性。

5.4.4 高压储氢使用的安全检测

高压储氢罐的测试项目包括容器外观检查、纤维的性能试验、水压试验、爆破试验、循环试验、渗漏性检测试验、冲击试验、枪击试验、焚烧试验等。

5.4.4.1 氢脆实验

高压储氢系统在常温高压氢气条件下，要确保其长期稳定高效的运行，必须考虑金属材料常温高压氢脆问题。氢脆是由氢引起的材料塑性降低而脆化的现象，其研究方法是进行环境氢试验，将材料在氢环境中进行拉伸等各项试验，以及内外部氢同时作用试验。实验类型主要包括拉伸实验、断裂韧性与裂纹扩展试验、圆盘压力试验等。材料氢脆的程度可按照美国 NO.NASA8-30744 提出的判断氢脆程度的标准判断，见表 5.5。

表 5.5 判断氢脆程度的标准

氢脆程度	氢致合金的性能或寿命损失 (与在氮气或空气中相比)
极度氢脆	大于 50%
严重氢脆	大于 25%，小于 50%
氢脆	大于 10%，小于 25%
无氢脆 (氢脆可忽略)	小于 10%

5.4.4.2 内衬层的漏氢试验

日本相关机构对氢气的渗透做了试验测试，若树脂内层氢气透过率在 15 ℃ 时小于 5 cm^3/ (h·L)，则氢能源车在车库内、地下停车场以及隧道内都是十分安全的 (设定条件: 换气率 0.18 回/h，容器容积 360 L，车库容量 36.24 m^3，约 2.43 m×6.08 m×2.46 m) 温度升高氢气透过率明显增加。结果见表 5.6。

表 5.6 内衬透过率试验结果

	压力/MPa	温度/℃	透过率/(cm^3/(h·L))	气体浓度/ppm	氢安全率
35 MPa 基准值	35	—	2	110.4	371
新值	70	15 ℃ 以上	5	275.9	149
衬里材质尼龙 (实际值)	70	15	2.13	117.7	348
		20	2.27	125.3	327
		40	4.41	243.4	168
		85	19.5	1076.2	38
衬里材质 PE (实际值)	70	15	3.36	185.6	221
		20	5.03	277.3	148
		40	9.94	548.7	75
		85	30.18	1665.7	25

注：(1) 气体浓度计算方程 (ppm) = 透过率 (cm^3/(h·L)) × 容器容量 (L)/(换气率 × 车库容量 (m^3))；
(2) 安全率 = 燃烧下线值/气体浓度；
(3) 氢气燃烧下限值 41000 ppm (4.1%)。

5.4.4.3 疲劳分析检测

高压储氢容器的疲劳寿命定义如下：假定所有临氢部件在首次服役时即存在裂纹型的初始缺陷且该缺陷在首次疲劳载荷作用下发生裂纹扩展，并将疲劳载荷作用下初始缺陷扩展到临界缺陷时所对应的循环次数。其必须采用断裂力学的方法进行疲劳寿命分析。此外，考虑到高压氢气所引起的疲劳裂纹扩展速率加剧和材料韧性降低的危害，基于断裂力学的疲劳寿命分析中所需的基本参量如疲劳裂纹扩展速率、氢致开裂门槛应力强度因子等必须采用原位测试的方法所得 (即在不低于构件设计压力的高压氢气环境中直接测量)[14]。

日本制钢所研究了使用 Ni-Cr-Co 钢 4340 和 4137 等临氢设备常用材料制作的高压储氢的疲劳寿命：对试验容器在筒体内表面轴向中心处沿径向-轴向平面预制了半椭圆形的人工初始缺陷，然后往试验容器里填充压力恒定的高压氢气或氮气，同时在实验容器外部填充压力变化的高压水介质，通过控制外部水压的变化来间接实现实验容器的氢气循环试验，从而获得实验容器在高压氢环境疲劳载荷下内部缺陷扩展到外部时对应的疲劳寿命。研究结构表明，在循环载荷作用下，半椭圆形缺陷主要沿着筒体壁厚方向不断扩展，直至贯穿壁厚；与氮气介质相比，容器在高压氢气介质的疲劳寿命明显降低，降低幅度最低可至 1/100；加载频率对此类储氢容器的疲劳寿命影响较小。美国 Sandia 国家实验室研究了常用管线钢 4130X 在高压氢气环境中的疲劳裂纹扩展速率和氢致开裂门槛应力强度因子，获得了长管拖车用无缝高压氢气储罐的设计疲劳寿命约为 29 年。

国内关于高压储氢容器疲劳寿命的研究主要集中在浙江大学，其使用水介质对车用铝内胆纤维全缠绕高压氢气瓶进行了常温压力循环研究，并利用有限元方法预测该储氢气瓶的疲劳寿命 [15]。

5.4.5 高压储氢的风险控制

5.4.5.1 氢气加注过程中的风险控制

美国标准 DOT3A 对于氢气在无缝气瓶中的充装作了很多规定：要求氢气的操作由专业人士来完成；高压储氢设备的连接部分要有较好的密封性；在燃料电池汽车中使用的氢气纯度一般都达到了 99.99%以上，一方面要防止氢气与杂质的反应，另一方面要防止毒化燃料电池，所以在高压氢气的管路中不能出油污等杂质；氢气气瓶首次使用的时候应进行抽真空处理；储氢高压气瓶不能受到冲击作用；在使用氢气的场合不能有火星等。加氢装置中能引起氢气泄漏的原因很多，要在系统关键部位中安装气体探测器实时监测系统中的气体，以及安装压力传感器来监测储罐和管道中的气体压力。

5.4.5.2 高压储氢容器的风险控制

1) 结构设计

高压储氢设备焊接过程中可能产生未焊透、夹渣等缺陷，会降低接头的承载能力，而焊接接头是承压设备中的薄弱环节。为提高安全性应尽量减少焊接接头，特别是深厚焊缝。不同类型的高压储氢设备受其具体使用情况和设计参数的影响，需要考虑对设备的约束。过多的约束会使设备本身的刚度分布改变，可能造成局部区域的承载能力下降；过少的约束会导致设备的约束强度不够而脱离等不利情况。

2) 应力控制

结构中的曲率变化较大的地方容易产生较大的应力，通过优化设计改善储氢设备，特别是高压储氢容器的轮廓使其不产生较大的应力集中区域，造成容器整体失效。断裂理论研究表明，应力水平越低，材料对缺陷的敏感性也越低。当应力水平低于某一水平时，即使高压氢气储运设备中的缺陷穿透壁厚也不会发生快速扩展，只会出现泄漏，即达到“未爆先漏”。

3) 超压保护

在高压储氢设备中设置超压保护装置可以很好地解决充装和储运中高压氢气的压力风险。设备出现超压时，超压控制系统可以及时地调整和关闭系统中氢气的通道，截断超压源，同时泄放超压气体，使系统恢复正常。

4) 运动过程的风险防控

输运和车用的储氢设备必须考虑动载荷对设备本身的影响，设备要做减震的措施增强保护。由于震动等的影响，这类设备的阀门可能会受到一定的影响，配备在输运和车用上的储氢设备必须进行严格检查后才能使用。输运与车用时，高压储氢设备处于移动状态，如果发生事故其危害性更强。除了在储氢设备中要进行安全状态监控，还应在驾驶室、车体外部增加气体探测器等。

5.5　高压储氢的应用

5.5.1　运输用大型高压氢气容器

高压氢气的运输设备主要用于将氢气从产地运输到使用地或加氢站。有的用大型高压无缝气瓶-“K” bottle 气瓶盛装氢气，并用汽车运输；有的直接用高压氢气管道输送。管式拖车用旋压成型的大型高压气瓶盛装氢气。典型管式拖车长 10.0 m~11.4 m，高 2.5 m，宽 2.0~2.3 m (图 5.20 是管式拖车)。管式拖车盛装的氢气压力在 16~21 MPa，质量 280 kg 左右。“K” bottle 盛装的氢气压力在 20 MPa 左右，单个 “K”bottle 可以盛装 0.5 m^3 的氢气，质量约为 0.7 kg。盛装氢气的 “K”bottle 可以用卡车来运输，通常 6 个一组，可以输送约 4.2 kg 的氢气。“K”bottle 可以直接与燃料汽车相连，但气体储存量较小且瓶内氢气不能放空，因此比较适用于气体需求量小的加气站。

图 5.20　管式拖车

石家庄安瑞科气体机械有限公司 2002 年在国内率先研制成功 20 MPa 大容积储氢长管，并应用于大规模氢气运输。长管气瓶材料为铬钼钢 4130X，强度高，具有良好的抗氢脆能力。

5.5.2 蓄气站大型高压氢气容器

氢气的储存系统具有储存和缓冲作用，常通过压力、温度等传感器对其安全状态进行监测。加氢站用高压储存容器是储存系统的主要组成部分，由于车载储氢容器压力一般在 35~70 MPa，因此加氢站高压储存容器最高储气压力多为 40~75 MPa。目前主要使用大直径储氢长管和钢带错绕式储氢罐来储氢。

加氢站用高压氢气容器具有如下四个特点：一是高压常温且氢气纯度高，具有高压氢环境氢脆的危险；二是压力波动频繁且范围大，具有低周疲劳破坏危险；三是容积大，压缩能量多，氢气易燃易爆，失效危害严重；四是面向公众，涉及公共安全。

美国 CPI 公司生产的气体储存用 ASME 无缝气瓶已被很多加氢站采用，压力最高已达 65 MPa，最高压力下的容积为 411 L，最高使用温度 93 ℃。此外，CPI 公司生产的气体运输用 DOT 无缝气瓶，根据美国交通部标准设计制造而成。除用于长管拖车输送氢气外，也可以在加氢站作储存容器用。然而它的压力最高只能达 26.6 MPa，因此当用作加氢站储存容器时，多数情况下需配备压缩机，才能达到车载储气瓶储存压力。

国内近几年加大了对储氢容器的研究，针对无缝压缩氢气储罐的不足，发明了一种具有承压、抑爆抗爆、缺陷分散、健康状态在线诊断等多种功能的全多层多功能高压储氢容器。该型容器为全多层结构，筒体采用薄内筒绕带筒体，封头采用等厚度的双层半球形封头。材料为对氢脆不敏感的低合金钢。一台设计压力为 42 MPa、容积为 5 m^3 的该型容器已成功应用于北京飞驰竞力加氢站，见图 5.21。

图 5.21　储氢压力为 42 MPa、容积为 5 m^3 的储氢罐

浙江大学与巨化集团有限公司制造生产的两台国内最高压力等级 98 MPa 立式高压储罐，安装在江苏常熟丰田加氢站中。图 5.22 为云南丽江氢气加氢站的 45 MPa 储氢瓶组。

图 5.22　云南丽江氢气加氢站的 45 MPa 储氢瓶组

浙江蓝能燃气设备有限公司于 2020 年 6 月 8 日也推出了自主研发设计的 45 MPa 加氢站用储氢瓶式容器组，并完成交付。该产品在 2019 年底通过由国家市场监督管理总局特种设备安全与节能技术委员会组织的专家“三新 (新材料、新技术、新工艺)” 技术评审，属国内首个通过三新评审会的 45 MPa 站用储氢瓶组产品。

5.5.3　燃料电池车用高压储氢

高压储氢的主要应用方向为燃料电池车，根据燃料电池车的使用需要，储氢容器应往轻质、高压的方向发展，致力于提高效率、增加容器可靠性、降低成本、制定相应标准、结构优化等方面的工作。但是提高容器最高工作压力并不是一个无止境的目标。压力越高，对材料、结构的要求也越高，成本也将随之增加，同时发生事故造成的破坏力也增大。而在达到单位质量储氢密度要求的情况下提高容器的可靠性，降低成本、减轻质量是需要解决的关键技术。目前已投入使用的燃料电池车用高压储氢容器多为 Ⅲ 型和 Ⅳ 型高压储氢罐，工作压力为 35 MPa 和 70 MPa。

图 5.23 为日本丰田汽车公司生产的高压氢气燃料电池汽车 Mirai，使用了 70 MPa 储氢罐，续驶里程达到了 650 km，同时完成单次氢燃料补给仅需约 3 min。

韩国现代汽车公司于 2010 年 12 月 22 日宣布，开发出第三代燃料电池汽车：Tucson ix 燃料电池电动汽车 (FCEV)，于 2015 年量产。现代汽车公司第三代燃料电池电动汽车 (FCEV) 设置有 100 kW 燃料电池系统和两个储氢罐 (70 MPa)。储氢罐满罐储氢全行程为 650 km，相当于汽油动力汽车。可在温度低达 −25 ℃ 下启动，见图 5.24。

越来越多中国企业正在加入燃料电池行业，包括 41 家中国整车企业，还有汽车零部件企业、产业资本等相继在氢能及燃料电池产业加码。图 5.25 为在江苏省常熟市运行的装配了 35 MPa 高压储氢罐的氢燃料电池大巴；图 5.26 为北京汽车股份有限公司 (北汽) 的燃料电池车的底盘，据悉，这款燃料电池底盘采用的是 70 MPa 的高压储氢技术，已达到国际的先进水平，单次能加注 3.7 kg 的氢气，加氢时间仅需 3 min，而续航里程可达 400 km 左右。

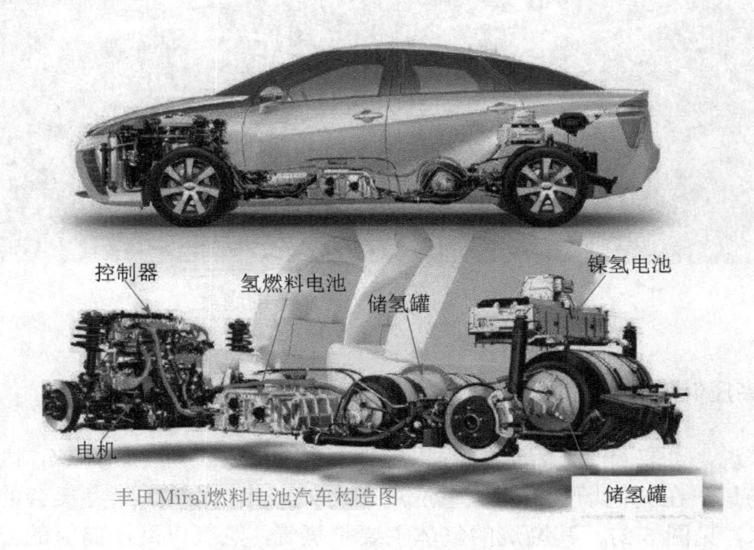

图 5.23 丰田燃料电池车

图 5.24 现代 Tucson ix FCEV

图 5.25 装配了 35 MPa 高压储氢罐的氢燃料电池大巴

图 5.26 北汽的燃料电池车的底盘

5.5.4 小型高压储氢罐的应用

从燃料来说，氢取自于水，燃烧后又会变成水，可以实现零碳排放，因此氢气除了应用在车载场景，在其他场景也有大量应用。比如，北京 2022 年冬奥会的火炬应用了高压储氢技术，见图 5.27。其燃烧的气体主要是氢气，氢气以高压储氢的方式存储于火炬内。火炬外壳由碳纤维及其复合材料制造而成，呈现出了“轻、固、美”的特点。火炬安全、可靠性高，可抗风 10 级，可在极寒天气中使用，减压比高达几百倍。与此同时，火炬外壳在高于 800 ℃ 的氢气燃烧环境中可正常使用。

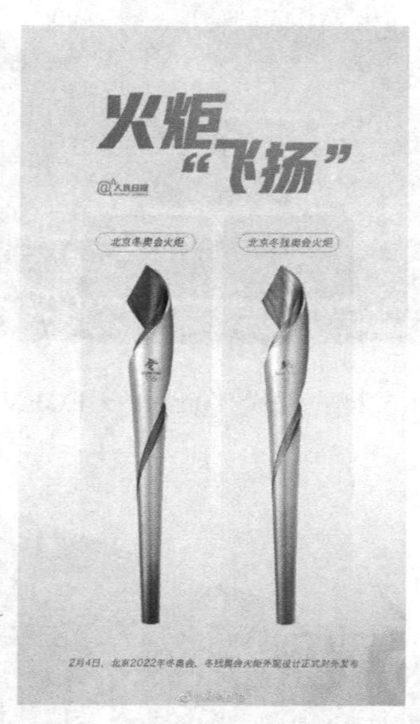

图 5.27 北京 2022 冬奥会火炬 (该图片来自于人民日报客户端)

此外，因为氢燃料电池比传统的锂电池具有更高的能量密度，氢燃料电池系统用在无人机上续航时间更长，更能满足无人机的长巡航要求。目前，国内外已有众多企业在开发氢燃料电池无人机，其中的供氢装置为小型高压储氢罐，如图 5.28 所示。

图 5.28 装载了小型高压储氢罐的氢燃料电池无人机

5.5.5 高压管道供氢

氢气也可以用高压管道运输。在氢气的生产地或者配给地等设置输气站。输气站的任务是接受氢气，经除尘、调压、计量后，以规定的压力将氢气送入压力管道，将氢气输送到需要的地方。

管道运输应用于大规模、长距离的氢气运输，可有效降低运输成本。管道输送方式以高压气态或液态氢的管道输送为主。管道“掺氢”和“氢油同运”技术是实现长距离、大规模输氢的重要环节。全球管道输氢起步已有 80 余年，美国、欧洲已分别建成 2400 km、1500 km 的输氢管道。我国已有多条输氢管道在运行，如中国石化洛阳炼化济源—洛阳的氢气输送管道全长为 25 km，年输气量为 10.04 万吨；乌海—银川焦炉煤气输气管线管道全长为 216.4 km，年输气量达 16.1×10^8 m^3，主要用于输送焦炉煤气和氢气混合气。

据伊维经济研究院测算，管道的运输成本具有明显优势，但管道运输前期投资建设成本较高，在氢能及燃料电池汽车产业成熟之前有较大风险，其运输成本受运能利用率影响，运能利用率越高越经济；气氢拖车在 300 km 以内运输具有成本优势；中远距离运输，液氢占优。三种运输氢气的成本如图 5.29 所示。

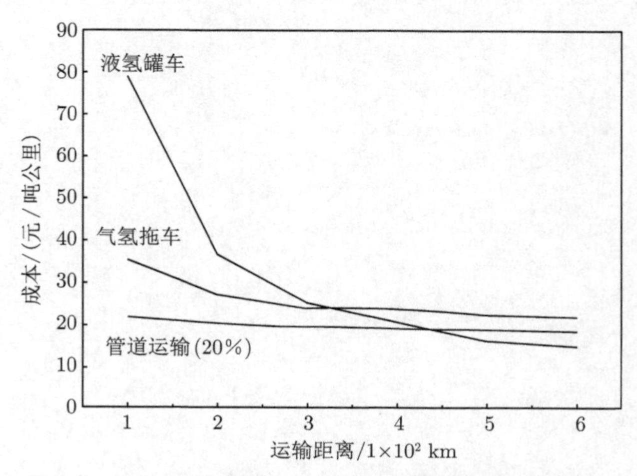

图 5.29 三种不同方式的氢气运输的成本 [16]

目前氢能及燃料电池汽车市场规模较小，氢需求量较小，考虑到国内氢气源地和使用地的距离，气氢拖车和液氢罐车可灵活应用，包括调整拖车数量来适应市场的需求，更具有一定便利性。而从市场的长远期来看，未来随着市场规模的扩大、集中式氢气生产基地的增加将提高对输氢管道一定的运能利用率的贡献，管道运输将具备较大优势。

(谢镭)

参考文献

[1] 李磊. 加氢站高压氢系统工艺参数研究. 杭州：浙江大学, 2007.

[2] 来源：NIST Reference Fluid Thermodynamic and Transport Properties Database (REFPROP): Version 8.0)(http://www.nist.gov/srd/nist23.htm).

[3] Jensen J O, Vestbø A P, Li Q, et al. The energy efficiency of onboard hydrogen storage. J. Alloys Comp., 2007, 446–447: 723-728.

[4] 刘延雷. 高压氢气快充温升控制及泄漏扩散规律研究. 杭州：浙江大学, 2009.

[5] 钱鑫. 微信公众号“中科院宁波材料所特种纤维事业部”，ID：CNITECH_carbonfiber.

[6] Sirooh N. The 2002 U.S.DOE Hydrogen Program Review Meeting, Colorado, 2002.

[7] Hottinen T. Technical Review and Economic Aspects of Hydrogen Storage Technologies. Helsinki: Helsinki University of Technology, 2001.

[8] 赵稼祥. 东丽公司碳纤维及其复合材料的进展. 宇航材料工艺, 2000, 30(6): 53-56.

[9] Andreas Z. Material Today, 2003, 6: 24-33.

[10] 刘锡礼, 王秉权. 复合材料力学基础. 北京：中国建筑工业出版社, 1984.

[11] Akkus N, Kawahara M. An experimental and analytical study on dome forming of seamless Al tube by spinning process. Journal of Materials Processing Technology, 2006, 173(2): 145-150.

[12] 富宏亚，韩振宇，付云忠. 一种高性能的纤维缠绕 CAD/CAM 软件-WINDSOFT. 军民两用技术与产品, 2003, 11: 43-45.

[13] 安刚. 车载储氢气瓶快速充气分析. 导弹与航天运载技术，2009, 3: 50-55.

[14] 周池楼. 140 MPa 高压氢气环境材料力学性能测试装置研究. 杭州: 浙江大学, 2015.

[15] Bie H, Li X, Liu P F, et al. Fatigue life evaluation of high pressure hydrogen storage vessel. International Journal of Hydrogen Energy, 2010, 35(7): 2633-2636.

[16] 伊维智库，2019.

第 6 章　液态储氢及应用

液态氢气是一种深冷的氢气储存技术。氢气经过压缩后，深冷到 21 K 以下使之变为液氢，然后储存到特制的绝热真空容器中。常温、常压下液氢的密度为气态氢的 845 倍，液氢的体积能量密度比压缩储存高好几倍，这样，同一体积的储氢容器，其储氢质量大幅度提高。但是，由于氢具有质轻的特点，所以在作为燃料使用时，相同体积的液氢与汽油相比，含能量少 (即体积能量密度低，见表 6.1)。这意味着将来若以液氢完全替代汽油，则在行驶相同里程时，液氢储罐的体积要比现有油箱大得多 (约 3 倍)。

表 6.1　氢燃料与其他燃料在发热量上的差异 (高热值)[1]

燃料	氢元素含量/%	质量能量密度/(MJ/kg)	体积能量密度(液态)/(MJ/L)
氢气	1	120	0.012
液氢	1	120	8.4~10.4*
甲烷	0.25	50(43)	21(17.8)**
乙烷	0.2	47.5	23.7
丙烷	0.18	46.4	22.8
汽油	0.16	44.4	31.1
乙醇	0.13	26.8	21.2
甲醇	0.12	19.9	15.8

* 高值为三相点处的液氢密度；** 括号内为天然气的值。

而且，降温所需要消耗的能量为液氢本身所具有的燃烧热的 1/3。因为液化温度与室温之间有 200 K 以上的温差，加之液态氢的蒸发潜热比天然气小，所以不能忽略从容器渗进来的侵入热量引起的液态氢的气化。罐的表面积与半径的 2 次方成正比，而液态氢的体积则与半径的 3 次方成正比，所以由渗入热量引起的大型罐的液态氢气化比例要比小型罐的小。因此，液态储氢适用条件是储存时间长、气体量大、电价低廉。

6.1　液态氢气的生产[1-6]

氢气液化流程中主要包括加压器、热交换器、涡轮膨胀机和节流阀。氢的液化工艺大致可分为利用 Joule-Thompson 效应的简易林德 (Linde) 法和在此基础上再加上绝热膨胀的方法。在利用绝热膨胀的方法中，还可分为利用氦气的绝热膨胀产生的低温来液化氢气的氦气布雷顿 (Brayton) 法，以及让氢气本身绝热膨胀的氢气克劳德 (Claude) 法 (图 6.1)。

最简单的气体液化流程为林德流程，也称节流循环，是工业上最早采用的气体液化循环。因为这种循环的装置简单，运转可靠，在小型气体液化循环装置中被广泛采用。在该流程中，气体首先在常压下被压缩，而后在热交换器中制冷，进入节流阀进行等焓的 Joule-Thompson 膨胀过程以制备液体；制冷后的气体返回热交换器。对于其他气体 (如氮气) 来说，室温下发生 Joule-Thompson 膨胀过程时会导致气体的变冷；而氢气则恰恰相反，必须将其温度降至 80 K 以下，才能保证在膨胀过程中气体变冷。因此在现代的液氢生产中，通常加入预冷过程。实际上，只有压力高达 10~15 MPa，温度降至 50~70 K 时进行节流，才能以较理想的液化率 (24%~25%) 获得液氢。在该流程中，使用液氮作为预冷剂，可在发生膨胀过程前将氢气冷却至 78 K。

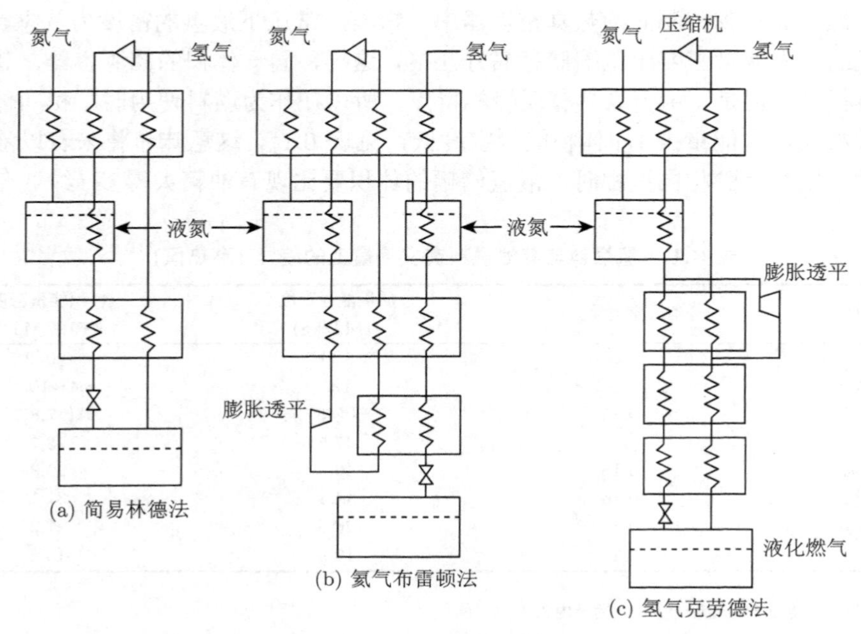

图 6.1　液化循环 [7]

在中等规模液态氢制造所采用的氢气布雷顿法中，压缩机与膨胀透平内的流体是惰性气体氦，所以对防爆有利。另外，由于能够全量液化所供给的氢气，并且容易获得过冷的液态氢，所以向储存罐移送时能够减少闪蒸损失。

另一种方法是使氢气通过膨胀机来实现 Joule-Thompson 过程。1902 年，法国的克劳德首先实现了带有活塞式膨胀机的空气液化循环，所以带膨胀机的液化循环也叫克劳德液化循环。理论证明：在绝热条件下，压缩气体经膨胀机膨胀对外做功，可获得更大的温降的冷量。好处是无须考虑氢气的转化温度 (即无须预冷)，可一直保持制冷过程。缺点是在实际使用中可能对气流实现制冷，不能进行冷凝过程，否则形成的液体会损坏叶片。尽管如此，流程中加入涡轮膨胀机后，效率仍高于仅使用节流阀来进行 Joule-Thompson 过程，液氢产量可增加 1 倍以上。因此，目前在气体液化和分离设备中，带膨胀机的液化循环的应用最为广泛。膨胀机分两种：活塞式膨胀机和涡轮膨胀机。中高压系统采用活塞式膨胀机 (可适应不同的气体流量、效率为 75%~85%)，大流量、低压液化系统则采用涡轮膨胀机 (氢气最大处理量为 103000 kW/h，效率为 85%)。

真实气体 (相对理想气体而言) 在等焓环境下自由膨胀，温度会上升或下降 (是哪方，看初始温度而定)。对于给定压力，真实气体有一个 Joule-Thompson 反转温度，高于该温度时气体温度会上升，低于该温度时气体温度下降，刚好在该温度时气体温度不变。许多气体在 1 标准大气压力下的反转温度高于室温。温度下降：当气体膨胀时，分子之间的平均距离上升。因为分子间吸引力，气体的势能上升。因为这是等熵过程，系统的总能量守恒，所以势能上升必然会令动能下降，故此温度下降。温度上升：当分子碰撞时，势能暂时转成动能。由于分子之间的平均距离上升，每段时间的平均碰撞次数下降，势能下降，因此动能上升，温度上升。低于反转温度时，前者的影响较为明显，高于反转温度时，后者影响较明显。

在 Joule-Thompson 过程，温度随压力的改变称为 Joule-Thompson 系数：

$$\mu_{\mathrm{JT}}=\left(\frac{\partial T}{\partial P}\right)_{\mathrm{H}}$$

对于不同气体，在不同压力和温度下，μ_{JT} 的值不同。μ_{JT} 可正可负。考虑气体膨胀，此时压力下降，故 $\partial P<0$。氦和氢在 1 个标准大气压力下，反转温度相当低 (例如，氦便是 51 K)。因此，这两种气体在室温膨胀时温度上升。图 6.2 为不同气体随温度变化的 Joule-Thompson 系数。

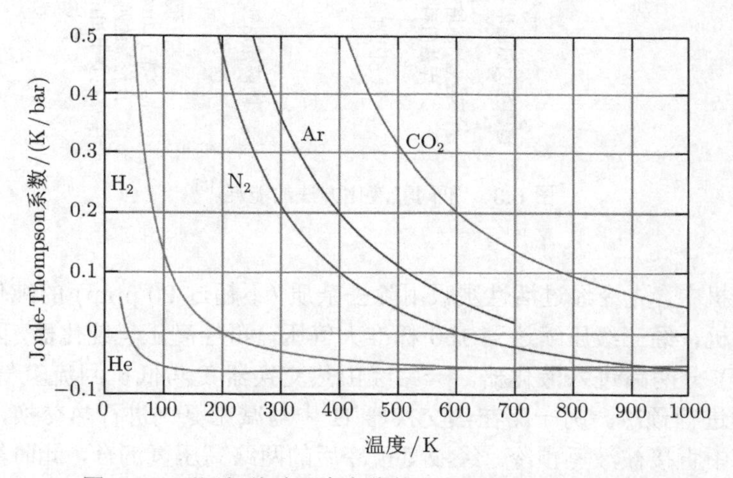

图 6.2 不同气体随温度变化的 Joule-Thompson 系数

理想状态下氢气液化耗能为 3.92 kW·h/kg，目前的氢气液化技术耗能为 13~15 kW·h/kg，几乎是氢气燃烧所产生低热值 (产物为水蒸气时的燃烧热值，33.3 kW·h/kg) 的一半 (图 6.3)，而生产液氮的耗能仅为 0.207 kW·h/kg。拟建的大规模设备可能可以将氢气液化能耗降低到 5~8 kW·h/kg，比如欧盟的 IDEALHY 项目使用 He-Ne 布雷顿法制备液氢，能耗为 6.4 kW·h/kg。

如图 6.4 所示为我国生产的 YQS-8 型氢液化机生产的流程图 [8]。每小时可以生产 6~8 L 液氢，功率消耗为 27 kW，冷却水消耗为每小时 2 吨。要求原料氢气纯度不低于 99.5%，水分不高于 2.5 g/m^3，氧含量不超过 0.5%。

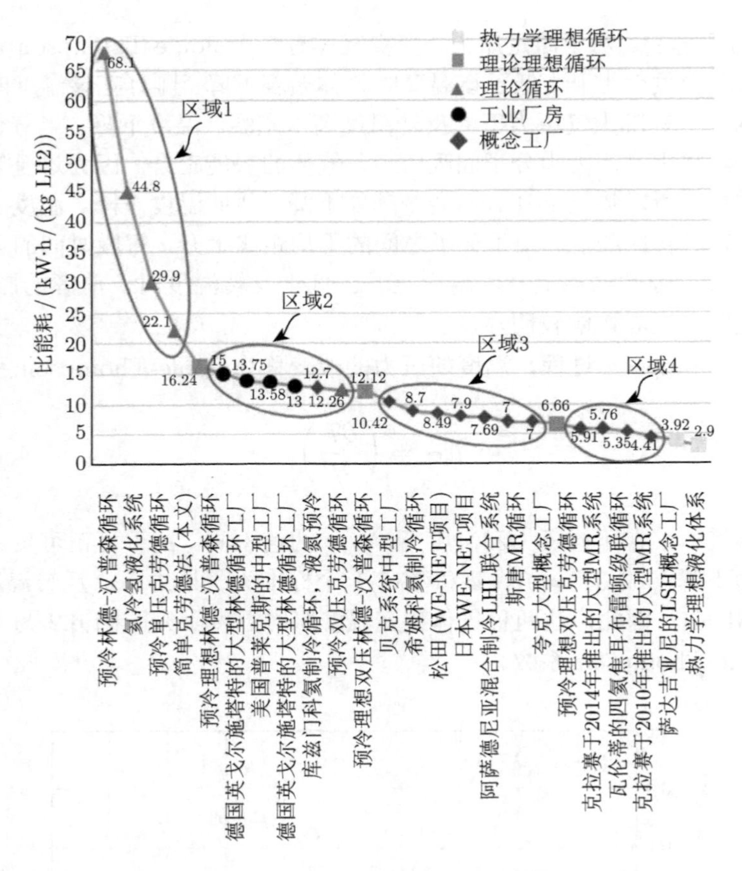

图 6.3 不同氢液化方法的能耗 [5]

在氢液化机中，先令经过活性炭吸附除去杂质 (不超过 20 ppm) 的纯化氢气通过储氢器进入压缩机，经三级压缩达到 150 标准大气压，再经高压氢纯化器 (除去由压缩机带来的机油等) 分两路进入液化器。一路经由热交换器 I 与低压回流氢气进行热交换，然后经液氮槽进行预冷。另一路在热交换器 II 中与减压氮气进行热交换，然后通过蛇形管在液氮槽中直接被液氮预冷。经液氮预冷后的两路高压氢汇合，此时氢气温度已经冷却到低于 65 K。冷高压氢进入液氢槽的低温热交换器，直接受到氢蒸气的冷却，使温度降到 33 K (临界点)，最后通过绝热膨胀阀 (也叫做节流阀) 膨胀到气压低于 0.1~0.5 标准大气压。由于高压气体膨胀的制冷作用，一部分氢液化，聚集在液氢槽中，可通过放液管放出注入液氢容器中；没有液化的低压氢和液氢槽里蒸发的氢一起经过热交换器 (作为制冷剂) 由液化器通出，进入储氢器或压缩机进气管，重新进入循环。

美国是全球最大、最成熟的液氢生产和应用地区，美国的液氢产能占全球 80%以上，达到 375 吨/天。美国的液氢工厂全部是 5 吨/天以上的中大规模，并以 10~30 吨/天以上占据主流。近年，美国普莱克斯公司、美国空气化工产品有限公司、法国液化空气集团在美国相继新建的液氢工厂规模都在 30 吨/天及以上。因此，其生产液氢的能耗和成本都会比较低。中国科学院理化技术研究所大型低温技术成果产业化公司——北京中科富海低温科技有限公司 (中科富海) 于 2016 年 8 月正式成立，该公司掌握了氦气体轴承透平膨胀机等氢液化核心工艺和技术，拥有完全自主知识产权，基本实现液氢生产装置全国产化。2017 年，中科富海开始研发第一套液化能力 1.5 吨/天的大型氢液化装置，于 2019 年底完成了所有装备的加工制造集成，2021 年度在安徽调试运行，预计年产液氢 500 吨。图 6.5 是中科富海 1.5 吨/天氢液化器氦压缩机。

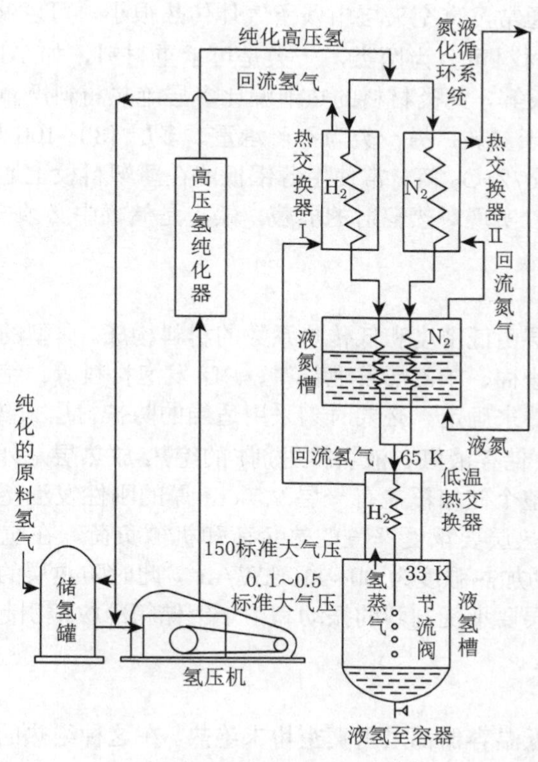

图 6.4 液氢生产流程图 [8]

图 6.5 中科富海 1.5 吨/天氢液化器氦压缩机

6.2　液态氢的储存

6.2.1　液氢设备的绝热材料[7-9]

向真空绝热容器的传热由固体传导传热、辐射传热和夹层中残留气体的传导、对流传热三大部分组成。通常，真空夹层中残留气体传热很小，可以略去不计。

液氢设备用绝热材料可分为两类，一类是可承重材料，如 Al/聚酯薄膜/泡沫复合层、酚醛泡沫、玻璃板等，此类材料的热泄漏比多层绝热材料严重，优点是内部容器可“坐”在绝热层上，易于安装；另一类为不可承重、多层 (30～100 层)，如 SI-62、Al/聚酯薄膜、Cu/石英、Mo/ZrO_2 等，常使用薄铝板或在薄塑料板上通过气相沉积覆盖一层金属层 (Al、Au 等) 以实现对热辐射的屏蔽，缺点是储罐中必须安装支撑棒或支撑带。

6.2.1.1　常规外绝热

这类绝热的绝热层由低密度和低传热系数的材料构成。典型的绝热材料有：珠光砂、泡沫玻璃、软木、矿渣棉、苯乙烯发泡材料、PU 发泡材料等。绝热层的厚度可按其外表面不会冷凝水的条件来确定。必要时刻采用适当的防护衬层来防止水汽侵入绝热层。

航天飞机外储箱 (储存液氢、液氧推进剂) 的绝热-放热层是外绝热应用于宇航飞行器的一个典型例子。整个储箱覆盖有一层 2.5 cm 厚的刚性发泡塑料，发泡层的厚度为 32 kg/m^3。该放热绝热层要承受严重的热负荷和机械负荷。在航天飞机上升气动加热时，防热层承受的气动加热强度为 90～110 kW/m^2，此时防热层的作用相当于一个烧蚀器。与此同时，防热层要承受剧烈的振动和由于铝储箱冷收缩引起的很大的机械应力。

6.2.1.2　真空粉末绝热

几乎所有的大型低温容器都采用真空粉末绝热。在这种绝热的真空夹层中充填有粉末状或颗粒状的绝热材料，并抽真空到 10^{-5} Pa 以上。

珠光砂是常用的一种真空粉末绝热材料，其粒度通常为 750 μm。实际测试表明，珠光砂的粒度对导热系数有明显的影响，例如，50 型的珠光砂粒度在 700～950 μm，其导热系数为 2.2～2.5 W/(cm·K)，60 型的珠光砂粒度在 800～950 μm，其导热系数为 2.3～2.6 W/(cm·K)。

通过真空多层绝热的传热由经固体粉末的传导传热和经夹层空间的辐射传热组成。在绝热粉末中掺入铝粉或铝屑能降低辐射传热，但同时会使传导传热增大；当掺入量在 15%～45%时，可获得最小的有效传热系数。

微球绝热是用直径为 15～150 μm 的中空玻璃球取代珠光砂的一种真空绝热。微球通常要浸镀铝以提高其抗辐射传热的能力。微球的导热系数低，只有珠光砂的 20%～60%，但其价贵、易碎，因此只在小型容器上得到应用。

日本的 WE-NET 计划中液氢储罐采用真空粉末绝热结构。目前的研究中，墙体尺寸为 Φ1000 mm，厚度为 250 mm。如图 6.6 所示为绝热结构中所用绝热粉末 (微球) 的扫描电子显微镜 (SEM) 照片，粉末的平均直径为 50 mm，结构为中空的玻璃球。

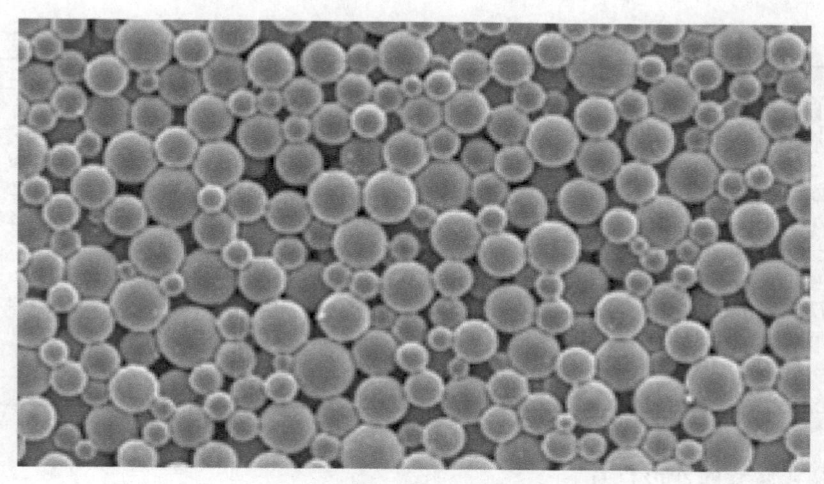

图 6.6 绝热粉末的 SEM 照片

6.2.1.3 真空多层绝热

真空多层绝热具有最佳的绝热性能，亦称为超绝热。它由多层高反射率的金属箔或镀金属的薄膜交替间隔低导热系数的隔垫构成。真空多层绝热的夹层真空度必须在 10^{-4} Pa 以上。通过多层绝热的辐射传热随层数增加而下降，而通过层间的传导传热则随单位厚度的层数而增加。因此，在一定的最佳层密度下，真空多层绝热具有最小的有效传热系数。

真空多层绝热是液氢容器最好的一种绝热形式，但这种绝热对设计、制造的不完善性十分敏感。例如，如果真空系统失效，真空粉末绝热的漏热增加约 20 倍，而真空多层绝热的漏热则增大约 800 倍。因此，保持真空多层绝热真空夹层的真空度是很重要的。把吸附剂掺入到隔垫材料中 (例如，把活性炭吸附剂掺入玻璃纤维隔垫中)，对于获得和长期保持夹层的真空度具有很好的效果。

6.2.1.4 低温冷屏绝热

在真空夹层中设置冷屏，冷屏用液氮或容器中低温液体蒸发的冷蒸汽冷却；这种冷屏绝热可以显著地改善容器的绝热性能。例如，利用容器中液氢蒸发的冷蒸汽冷却几层冷屏，冷屏数为 1、2、3 时蒸发损失率分别为 0.5、0.4、0.35，冷屏数足够多时蒸发损失率最低可降至 0.25。

6.2.2 液氢储罐[1,8,10-14]

液体氢气的重量密度 (单位容积的氢气储存重量，1.143 kg/m^3) 大，重量储氢效率 (氢气储存重量/包括容器的整体重量，40%) 比其他储氢形式的大，但是沸点低、潜热低，容易蒸发。所以在设计液态氢气容器时需要周密考虑。表 6.2 是液态氢气、液态甲烷以及水的性质比较。液氢气化是液氢储存技术必须解决的问题。若不采取措施，液氢储罐内达到一定压力后，减压阀会自动开启，导致氢气泄漏。

表 6.2　几种液体的物性比较 [15,16]

项目	液态氢气	液态甲烷	水
标准沸点/K	20.3	112	373
饱和液密度/(kg/m^3)	70.8	442.5	958
饱和气体密度/(kg/m^3)	13.4	1.82	0.598
液体与气体密度比	5.3	243	1.602
潜热/(kJ/L), (kJ/kg)	31.4 (443)	226 (510)	2162 (2257)
显热比 (气体显热/潜热)	8.6	0.71	—
黏度系数/(μPa·s)	12.5	114.3	282
动黏度系数/(mm^2/s)	0.177	0.258	0.294
表面张力/(mN/m)	1.98	13.4	58.9
普兰得特系数 (Pr)	1.0	1.7	1.8
空气中燃烧范围/%	4~76	5~15	—

6.2.2.1　液氢储罐的外形设计

美国国家航空航天局 (National Aeronautics and Space Administration，NASA) 使用的液氢储罐容积为 390 m^3，直径为 20 m，液氢蒸发的损失量为 600000 L/a(liter per year，LPY)。由于蒸发损失量与容器表面积和容积的比值 (S/V) 成正比，因此最佳的储罐形状为球形，而且球形储罐还有另一个优点，即应力分布均匀，因此可以达到很高的机械强度。唯一的缺点是加工困难，造价昂贵。

目前经常使用的为圆柱形容器 (常见结构如图 6.7 所示)。对于公路运输来说，直径通常不超过 2.44 m，与球形罐相比，其 S/V 值仅增大 10%。由于蒸发损失量与容器面积和容积的比值 (S/V) 成正比，因此储罐的容积越大，液氢的蒸发损失就越小。如对于双层绝热真空球形储罐来说，当容积为 50 m^3 时，蒸发损失为 0.3%~0.5%；容积为 1000 m^3 时，蒸发损失为 0.2%；若容积达到 19000 m^3，则蒸发损失可降至 0.06%。

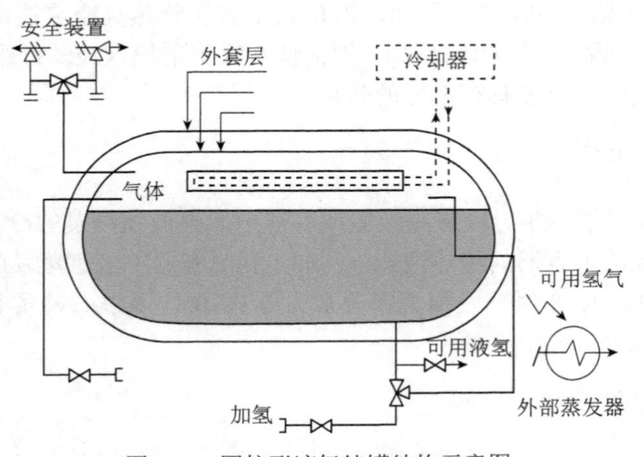

图 6.7　圆柱形液氢储罐结构示意图

由于储罐各部位的温度不同，液氢储罐中会出现“层化”现象，即由于对流作用，温度高的液氢集中于储罐上部，温度低的沉到下部。这样，储罐上部的蒸气压增大，下部几乎无变化，导致罐体所承受的压力不均，因此在储存过程中必须将这部分氢气排出，以保证安全。

此外，还可能出现“热溢”的现象。主要原因如下所示。

(1) 液体的平均比焓高于饱和温度下的值，此时液体的蒸发损失不均匀，形成不稳定的层化，导致气压突然降低。常见情况为下部的液氢过热，而表面液氢仍处于“饱和态”，可产生大量的蒸汽。

(2) 操作压力低于维持液氢处于饱和温度所需的压力，此时仅表面层的压力等同于储罐压力，内部压力则处于较高水平。若由于某些因素导致表面层的扰动，如从顶部重新注入液氢，则会出现“热溢”现象。

解决“层化”和“热溢”问题的办法之一是在储罐内部垂直安装一个导热良好的板材，以尽快消除储罐上、下部的温差；另一方案为将热量导出罐体，使液体处于过冷或饱和状态，如磁力冷冻装置。

通常中型液化厂产能为 380~2300 kg/h；20 世纪 90 年代后规模有所减小，多为 110~450 kg/h，如德国在 1991 年建立的成产厂产能为 170 kg/h，主要制约因素为热交换器。图 6.8 是欧洲型号为 Pad 39A 的固定式液氢储罐。图 6.9 是 Linde 公司放置在德国 Autovision 博物馆的液氢储罐样品。

图 6.8 欧洲固定式液氢储罐

图 6.9 Linde 公司于 Autovision 博物馆液氢储罐样品

6.2.2.2　液氢储罐轻量化 [17]

减小容器重量的同时不降低容器的强度有益于容器的轻量化以及提高储氢重量效率，是液氢储罐设计的基本原则。另外，减小内层的热容量对于减小灌氢时的液体蒸发和损失很有帮助。为了实现容器的轻量化，传统的金属材料逐步被低密度、高强度复合材料所取代。最典型的复合材料是玻璃强化塑料 (GFRP) 和碳纤维强化塑料 (CFRP)。表 6.3 是这两种复合材料与不锈钢以及铝合金的性能比较。表中的性能都是室温下有代表性的值，随着成分的不同也会有所变化，尤其是复合材料，随着纤维含量、编织方式的不同，性能会有很大变化。复合材料的低密度、高强度、低热导率、低比热等性质都能很好地满足容器的轻量化以及减小灌氢时的液体损失，但是复合材料的气密性以及均匀性没有金属材料的好，容易发生空气或氢气透过复合材料进入真空绝热层，另外，纤维和塑料的热膨胀系数相差大，冷却时有可能产生宏观的裂纹。正因如此，目前正在开发低温环境下阻止气体穿透的材料。

表 6.3　复合材料与金属材料性能比较

材料	密度 $\rho/(g/cm^3)$	强度 σ/MPa	热导率 $\lambda/(W/(m\cdot K))$	比热/(J/(kg·K))	性能比 $(\sigma/\rho\lambda)$
GFRP	1.9	1000	1	1(环氧树脂)	526
CFRP	1.6	1200	10	1(环氧树脂)	288
不锈钢	7.9	600	12	400	5.8
铝合金	2.7	300	120	900	0.86

6.3　液氢的输运 [18-21]

6.3.1　常温容器加注液氢的冷却特性

当液氢进入常温管路时会形成一个液相前锋区。进入管路的液氢被沸腾气化形成气体的反压滞止以前，会向前流动一个相当长的距离。由于输送初始阶段液氢剧烈气化和压力波动，所以液氢大面积润湿输送管壁，此时形成的氢气总量通常会超出管路的排放能力，从而会导致液氢倒流。在初始压力波动和液体倒流之后，会接着产生下一个较小数量级的压力波动和液体倒流，波动会逐渐减小直到出现稳定的流动。

如果在输送管路的下游，通过管壁上的窥视窗观测，可以看到在冷却过程中的下述现象：

开始时带有液体微滴的气体流过。接着是混有一股一股液体的气体流过，随后是剧烈和平缓沸腾的气液层状流的前锋。层状流的时间很短，几乎立即由液氢团状流所取代。这个过程也很快，一股一股的液氢团状流更加频繁地出现，直至最后充满管路。此时管路降温到液氢温度并可观察到单相液氢流。

6.3.1.1　单相流的条件

单相流比两相流更易实现稳定的输送。单相流可以得到高的流量并能防止产生过大的压力降。单相流的流动过程比两相流更易于控制和预测。因此希望能用计算来确定在什么情况下才能维持单相流。

对于非绝热管路，在无风的大气中传给管路的热量约为 11 kW/m^2；当风速为 24 km/h，传热量为 19 kW/m^2。

6.3.1.2 冷却所需液氢量

冷却输送管路所需液氢量取决于冷却速度和管路长度。若用大流量冷却短管路，可用下式近似计算冷却所需液氢量 m_l：

$$m_l = \frac{m_\mathrm{m}\overline{c}_\mathrm{m}\Delta T}{\Delta T}$$

上述计算公式假设冷却排放出来的氢气温度是液氢的饱和温度 (按此计算的冷却所需液氢量最多)。

若用小流量冷却长管路，则可用下式计算冷却所需液氢量：

$$m_l = \frac{m_\mathrm{m}\overline{c}_\mathrm{m}\Delta T}{\Delta H + \overline{c}_\mathrm{g}\Delta T}$$

式中，m_m、ΔH、$\overline{c}_\mathrm{m}$、$\overline{c}_\mathrm{g}$、ΔT 分别代表冷却质量、液氢的气化潜热、冷却质量的平均比热、液氢在 ΔT 范围内的平均比热、温度变化量。

该公式假定冷却气化的氢气升温到环境温度后排放 (按此计算的冷却所需液氢量最少)。若冷却流速和管路长度介于上述两种极端情况之间，则冷却所需液氢量也介于上述两种计算结果之间。

6.3.1.3 气体挤压输送

只有氢和氦两种气体可以用来挤压输送液氢，因为在液氢温度下其他气体都会冷凝。商业上氦气通常装在高压钢瓶中供应。氢气可由瓶装供应也可气化容器中部分液氢获得。气化部分液氢获得挤压用氢气的方法有若干种，气化后的氢气通常直接返回到容器供挤压之用，也可储存在气瓶中备用。液氢流向气化器通常采用重力自流法，但也可以采用泵法。

对于地面液氢输送系统，必须求出需要的挤压用气量，以便确定管路、气化器、气瓶、泵和压缩机等的大小。当用加温的氢气挤压液氢，在容器气枕范围内，气体与冷的箱壁和液面之间会发生热量和质量的交换。这种热量和质量的交换决定增压输送规定数量的液氢需要的挤压用气量。

当使用室温的气体挤送时，可取 ΔT 的平均值，为 175 K。因为 H 值与 ΔT 的立方根成正比变化，所以 ΔT 不必计算得很精确。在满足下列试验条件下，氢和氦用气量的计算精度在 10%以内：立式圆柱形真空绝热储箱，箱内装有气体扩散器防止挤压气体直接冲刷液面；储箱容积为 708 L，箱压为 0.38~1.13 MPa (绝压)，输出时间为 90~355 s，室温下挤压，无液面晃动。

6.3.2 液氢的输送方式 [7,8,14]

液氢一般采用车辆或船舶运输，液氢生产厂至用户较远时，可以把液氢装在专用低温绝热槽罐内，放在卡车、机车、船舶或者飞机上运输。这是一种既能满足较大输氢量又比较快速、经济的运氢方法。

液氢槽车是关键设备，常用水平放置的圆筒形低温绝热槽罐。汽车用液氢储罐其储存液氢的容量可以达到 100 m^3。铁路用特殊大容量的槽车甚至可运输 120~200 m^3 的液氢。据文献报道，俄罗斯的液氢储罐容量从 25 m^3 到 1437 m^3 不等，25 m^3 和 1437 m^3 的液氢储罐分别自重 19 t 和 360 t，可储液氢分别为 1.75 t 和 100.59 t，其储氢质量百分比为 9.2%~27.9%，储罐每天蒸发损失分别为 1.2%和 0.13%。可见液氢储存密度和损失率与储氢罐的容积有较大的关系，大储氢罐的储氢效果要比小储氢罐好。图 6.10 是中国军民两用液氢运输火车，图 6.11 是中国航天晨光公司的液氢运输车。

图 6.10　中国军民两用液氢运输火车

图 6.11　中国航天晨光公司的液氢运输车

液氢可用船运输，这和运输液化石油气相似，不过需要更好的绝热材料，使液氢在长距离运输过程中保持液态。美国航空航天局还建造输送液氢专用的大型驳船。驳船上装载有容量很大的储存液氢的容器。这种驳船可以把液氢通过海路从路易斯安那州运送到佛罗里达州的肯尼迪空间发射中心。驳船上的低温绝热罐的液氢储存容量可达 1000 m^3 左右。显然，这种大容量液氢的海上运输要比陆上的铁路或高速公路上运输来得经济，同时也更加安全。日本、德国、加拿大都有类似的报道。图 6.12 展示输送液氢的大型驳船。

液氢空运要比海运还好，因为液氢的质量轻，有利于减少运费，而运输时间短则液氢挥发少。

图 6.12　NASA 运送航天飞机燃料的大型重驳船

在特别的场合，液氢也可用专门的液氢管道输送，由于液氢是一种低温 (20 K) 的液体，其储存的容器及输送液氢管道都需要高度的绝热性能。即使如此，还会有一定的冷量损耗，所以管道容器的绝热结构就比较复杂。液氢管道一般只适用于短距离输送。据介绍，美国肯尼迪航天中心就采用真空多层绝热管路输送液氢。美国航天飞机液氢加注量为 1432 m^3，液氢由液氢库输送到 400 m 外的发射点。代号 39A 发射场的液氢管道是 254 mm 真空多层绝热管路，用 20 层极薄的铝箔构成反射屏，隔热材料为多层薄玻璃纤维纸。管路分节制造，每节管段长 13.7 m，在现场焊接连接。每节管段夹层中装有分子筛吸附剂和氧化钯吸氢剂。在液氢温度下，压力为 133×10^{-4} Pa，分子筛对氢的吸附容量可达 160 mL/g 以上，而活性炭可达 200 mL/g。影响夹层真空度的主要因素是残留的氦气、氖气。为此，在夹层抽真空过程中用干燥氮气多次吹洗置换。分析表明，夹层残留气体中主要是氢，其最高含量可达 95%，其次是 N_2、O_2、H_2O、CO_2、He。分子筛在低温低压下对水仍有极强的吸附能力，所以采用分子筛作为吸附剂以吸附氧化钯吸氢后放出的水。分子筛吸水量超过 2%时，其吸附能力将明显下降。

6.3.3　液氢储藏型加氢站 [8]

液氢技术是航空航天领域的关键技术之一，也较为成熟，有着成套的技术标准和相应的加氢储氢设施。液氢储藏型加氢站是在航空航天储氢基础上发展起来的面向民用的加氢设施。目前美国、欧洲和日本在加氢站建设上走在液氢研究的前列。

在副产氢被液化后用罐车 (1100~12400 L) 运输的场合，替换加氢站储藏罐是非常普遍的做法。但替换时气化尾气损失为 10%左右，因此考虑把液氢运输集装箱放置在加氢站内直接利用。液氢搭载汽车的加注是利用储氢槽和车载氢罐间的差压或通过液氢泵压送的方法。对于压缩氢搭载汽车的加注包括用气化器气化后再用压缩机加压储藏在蓄压器内的方式，以及把液氢用泵加压后使其气化、不使用压缩机而直接得到高压氢的方式。前者在萨克拉门托被采用，后者在芝加哥、日本燃料电池示范工程 (JHFC) 有明等地被采用。由于可以大量储藏氢，液氢有运输频率较少的优点，但对于 20 K 的极低环境，从外部侵入的热量会造成每天 1%左右的气化尾气产生。在实证试验用加氢站内，也有把气化尾气排放到空气中的情况。为了能有效利用气化尾气，需要相应的回收设备。液体氢储藏罐加氢站具有既可以加注压缩氢搭载汽车又可以加注液氢搭载汽车的优点。在液体氢工厂较多的国家，这种方式的加氢站运输成本便宜，因此被大量建设。日本 JHFC 有明加氢站，萨克拉门托、加州大学洛杉矶分校 (UCLA) 戴维斯、奥克斯纳德、迪尔伯恩、华盛顿、拉斯维加斯、慕尼黑机场、柏林 ARAL、柏林 TOTAL、哥本哈根均有液氢加氢站。有明加氢站的系统如图 6.13 所示，规格如表 6.4 所示，全景如图 6.14 所示。

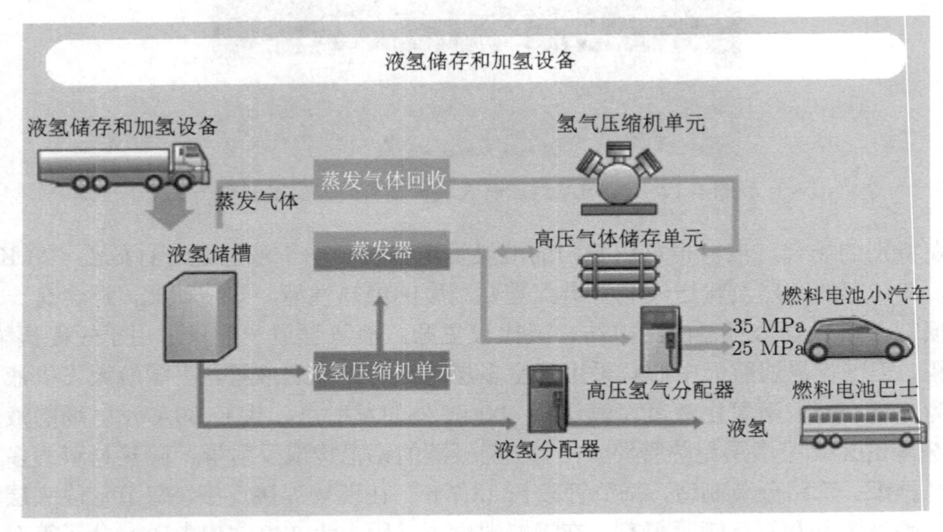

图 6.13　JHFC 有明加氢站 (图片来源：JHFC 主页 http://www.jhfc.jp/e/index.html)

表 6.4　JHFC 有明加氢站的规格

项目	规格
加氢站形式	液氢罐车供给，储藏型
液氢储罐槽	内容积：10000 L，BOG：1%/d 以下 绝热构造：超级隔热材料
液氢升压泵	容量：500 Nm^3/h，排气压力：40 MPa
液氢蒸发器	蒸发能力：500 Nm^3/h，空温式铝制散热片型
蓄压器单元	内容积：80 L×4 罐，压力：40 MPa
分配器	液氢：0.5 MPa 以下 压缩氢：25/35 MPa

图 6.14　JHFC 有明加氢站 (图片来源：JHFC 主页 http://www.jhfc.jp/e/index.html)

6.4 液氢的应用

目前液氢的主要用途是在石化、冶金等工业中作为重要原料和物料。对于未来的“氢经济”而言，氢的应用技术主要包括：燃料电池、燃气轮机发电、内燃机和火箭发动机等。普遍认为，燃料电池是未来人类社会最主要的发电及动力设备，本书将在专门章节予以讨论。这里主要介绍其他几种应用技术。

6.4.1 液氢在航空航天领域的应用[22-26]

6.4.1.1 航天领域

氢作为一种高能燃料，其燃烧值 (以单位重量计) 最高，为 121061 kJ/kg。甲烷为 50054 kJ/kg，汽油为 44467 kJ/kg，乙醇为 27006 kJ/kg，甲醇为 20254 kJ/kg。由液氢和液氧组合的推进剂所产生的比冲是 390 s，由于比冲高，所以在航天工业得到重要应用。表 6.5 给出各种组合推进剂的比推力值。

表 6.5 几种液体推进剂的比推力

氧化剂	燃料	比推力	
		3.5 MPa	7.0 MPa
过氧化氢	汽油	248	273
过氧化氢	肼	262	288
硝酸	汽油	240	255
硝酸	苯胺	235	258
液氧	酒精	259	285
液氧	肼	280	308
液氧	液氢	364	400
液氟	氨	306	337
液氟	肼	316	348
液氟	氢	373	410
四氧化二氮	偏二甲肼		274

由表 6.5 可以看出，由液氢和液氧组合的推进剂有很高的比推力，它比酒精 (75%乙醇) 与液氧组合高 28.8%，比偏二甲肼与四氧化二氮组合高 31.5%以上。除有毒的液氟以外，液氢比冲是最高的。1958 年，美国普拉特・惠特尼公司正式发展空间用液氢液氧火箭发动机，于 1959 年首次通过了全机组试验。目前世界上性能最先进的发动机仍是氢氧发动机。

早在第二次世界大战期间，氢即用作 A-2 火箭发动机的液体推进剂。对现代航天飞机而言，减轻燃料自重、增加有效载荷变得更为重要。氢的能量密度很高，是普通汽油的 3 倍，这意味着燃料的自重可减轻 2/3，这对航天飞机是极为有利的。

航天飞机的主机以液氢为燃料和以液氧为氧化剂，在轨道飞行器下面有一个可拆卸的燃料箱，其中两个隔开的室分别充装液氢和液氧。轨道飞行器也有两个液氢和液氢储槽为进入轨道时用。1981 年 4 月，美国首次试验航天飞机成功，而在 1968 年底人类首次实现登月飞行。美国肯尼迪航天中心 39A、39B 发射场曾用于“阿波罗”登月计划，发射土星 V 运载火箭，它的二、三级采用液氢/液氧推进剂，两级的液氢加注量分别为

1000 m^3 和 280 m^3。该系统改造后已经用于向航天飞机加注。航天飞机的液氢、液氧总加注量分别为 1432 m^3 和 529 m^3。

欧洲“阿里安娜”号火箭是以液氢/液氧为推进剂；日本从 20 世纪 80 年代以来积极开发上百吨级推力的液氢/液氧发动机，液氢用作 H-I 和 H-I 火箭燃料。我国长征系列运载火箭已经用液氢/液氧推进剂成功发射了通信卫星和载人火箭。航天事业的发展大大促进了液氢生产和技术的发展。

6.4.1.2 航空领域

与煤油相比，用液氢作航空燃料，能较大地改善飞机的全部性能参数。以液氢为燃料的超音速飞机，起飞重量只有煤油的一半，而每千克液氢的有效载荷能量消耗率只有煤油的 70%。

美国洛克西德马丁公司对航空煤油和液氢做了亚音速和超音速运输机的燃烧对比试验，证明液氢具有许多优越性。多家航空公司对民航喷气发动机设计方案进行了研究，得出结论：在相同的有效载荷和航程下，液氢燃料要轻得多。飞机总重量的减轻，跑道可以缩短，载荷也可以增加，从而节省了总的燃油消耗量。

在同样的动力条件下，液氢飞机的燃料箱体积比煤油大三倍。正因如此，为克服这一不利因素，液氢飞机必须向高超音速 ($>$ 6 Ma)、远航程 (10000 km 以上)、超高空 (30000 km) 发展，才能更好地发挥液氢的优越性，以替代现在航速较低、飞行时间长、煤油消耗量多的大型客机。

协和号超音速客机共生产 16 架，已运行六年，积累了超音速 (2.2 Ma) 的飞行经验。美国已用液氢燃料在 B-57 轰炸机上，成功地进行了飞行试验，认为采用火箭中的氢氧发动机作为超音速液氢燃料飞机的主发动机是可行的。

以时速为 6400 km/h (6.03 Ma) 的高超音速飞机为例，从美国纽约到日本东京只需 2 h，而以前的客机需 12 h，液氢飞机缩短了 10 h。这不仅是时间上的节约，更重要的是节省了十多个小时的煤油消耗量。2004 年，NASA 试飞了 X-43A 高超音速飞机，10 s 可加速至 7 Ma。X-43A 即是使用以氢为燃料的超音速冲压发动机 (图 6.15)。

图 6.15 美国 X-43A 高超音速飞机

氢气作为航空燃料大量使用所面临的最大问题是，若在高空 (高度 > 11 km) 排放会产生冰云，使上层大气更冷、更多云。一方面，尽管水分一般在平流层 (云层的最高层) 停留时间为 6~12 个月 (远低于 CO_2)，平流层以下高度仅为 3~4 天，但仍有可能产生温室效应；另一方面，在冰晶上可以发生很多化学反应，有可能导致上层大气臭氧层的破坏，这些问题仍处于研究中。若上述问题对气候影响很大，则必须严格限定飞行高度。

6.4.2 液氢在汽车领域的应用[1,14,27-30]

第一次全面认真研究氢发动机的科学工作者，当属英国学者里卡多 (Ricardo) 和伯斯托尔 (Burstoll)，他们两人合作用了整整 20 年对氢发动机的燃烧及工作过程进行了详细的研究，得出了一些有价值的结论。在氢发动机的发展史中，不得不提到鲁多夫·埃伦 (Rudolph Erren)。他第一次在氢发动机中采用内部混合气形成方式，氢通过一些小喷嘴直接喷入气缸内进行混合，他保留了原来的燃油供给系统，这种改装使得发动机可以用其中任何一种燃料工作，从一种燃料换成另一种燃料。

1968 年，苏联科学院西伯利亚分院理论和应用力学研究所用汽车发动机进行了分别燃用汽油和氢的试验，并研究了改用液氢的结构方案，试验取得成功，改用氢以后，发动机热效率提高，热负荷减轻。

美国于 1972 年在通用 (General Motors) 汽车公司的试车场上，举行了城市交通工具对大气污染最小的比赛。参加比赛的 63 辆装着各种不同发动机的汽车，包括电瓶车、氢和丙烷等作为燃料的汽车，结果大众 (Volkswagen) 汽车公司改用氢的汽车夺得第一名，据称它的废气比吸入发动机内的城市空气还干净。

日本武藏工业大学与尼桑 (Nissan) 公司长期合作，从 1974 年开始研制“武藏 1 号”氢燃料汽车，几乎每一届世界氢能大会都展出新品。在 1990 年研制成功“武藏 8 号”液氢发动机汽车，在 1990 年 7 月 26 日于美国夏威夷召开的第八届世界氢能会议上展出，展示了液氢汽车研制中所取得的新成果。

德国奔驰 (Benzn) 汽车公司和巴伐利亚汽车厂还组建了一个用水分解氢气作为燃料的汽车队，同时开展公共汽车用氢燃料的试验研究。第一批未来型公共汽车——MAN 公司制造的氢燃料公共汽车，已于 1996 年复活节后在德国巴伐利亚州的埃尔兰根 (Erlangen) 市投入运行。德国为此每年投资 5000 万德国马克的费用。德国斯图加特大学、德国航空太空中心和奔驰汽车公司参与研制的奔驰 F100 液氢汽车被称为 21 世纪房车，它和武藏系列液氢汽车代表了当今世界液氢汽车研究的最高水准。

宝马汽车 (BMW) 公司于 1996 年 6 月在德国斯图加特市举行的第 11 届世界氢能会议上展出了计算机控制的新式氢能汽车。BMW 公司称它为“人类最终使用的汽车，是汽车发展史上的一个里程碑”。与此同时，氢能也进入了一个规划、开发、研究和应用的新时期。

2004 年 9 月，宝马集团在法国用一部名为 H2R 的氢内燃机驱动的汽车创造了 9 项速度记录。该车装备了 6L V12 氢燃料内燃机，最大功率为 210 kW，0~100 km/h 加速约 6 s，最高速度达 302.4 km/h。这表明氢动力汽车的性能丝毫不逊于传统能源汽车。H2R 的核心是经过改造的宝马顶级 12 缸发动机。氢和空气混合会产生更高的内燃压力，从而可以用同样多的能源提供更多动力，也就是说氢的效能更高。当然要实现这一点涉及一系列精密的技术应用。H2R 加氢是通过一个移动加氢站完成的。液氢储罐具有双真空绝热层，容量为 11 kg 液氢，位置被安排在驾驶座椅的一侧。其三阀门设计可以确保最大的安全性。工作阀门在 4.5 Pa 的压力下打开，另外两个安全阀门可以防止任何液氢泄漏产生的危险后果，在压力超过 5 Pa 时将立即开启，释放压力，从而保证液氢储罐不会因为压力过高而发生事故。

BMW 是最早 (20 世纪 70 年代末)，也是一直坚持研制氢发动机汽车的厂商，并于 2006/7 年开始小批量 (几百辆) 生产 7 系列氢发动机汽车。如图 6.16 所示为现已经部分商业化的 7 系列液氢系统汽车。无论从性能上还是安全测试 (图 6.17，图 6.18) 上都清楚地表明：氢气内燃机汽车已经完全达到目前汽油内燃机汽车的技术指标，氢气完全可以替代汽油而满足人们的驾驶需求。

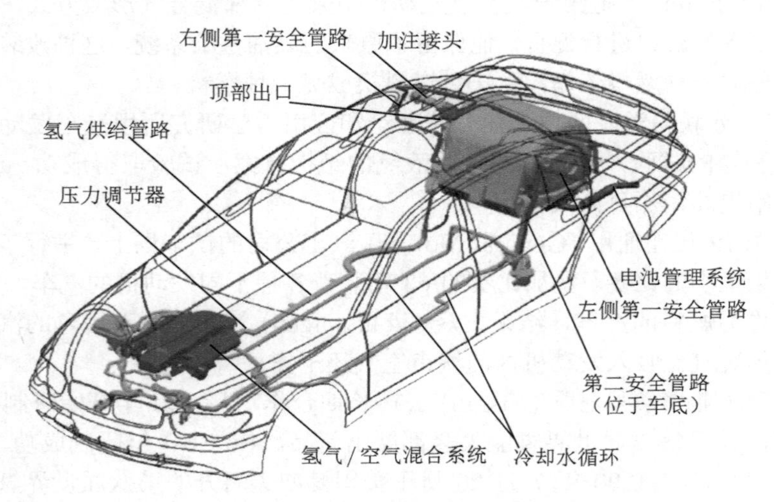

图 6.16　7 系列液氢动力系统汽车

图 6.17　氢内燃机压力过高后会自动释放压力

图 6.18　7 系列液氢系统汽车的冲撞试验和冲撞后液氢罐损毁状况

6.4.3 液氢的其他应用

在大规模、超大规模和兆位级集成电路制造过程中，需用纯度为 5.5~6.5 N 的超纯氢作为配置某些混合气的底气。在硅外延时，需严格控制氢气中的 O_2、H_2O、CO、CO_2、CH_4 等杂质的含量。在砷化镓外延时对氢气纯度要求更高。液氢有利于氢的大量运输，并可以制备超高纯度氢，在上述领域以及高效非晶硅、光导纤维领域均有重大作用。

在冶金工业中，氢可作为还原剂将金属氧化物还原成金属，也可作为金属高温加工时的保护气氛。在硅钢片生产中要使用纯度为 99.999%以上的氢气。在电真空材料和器件例如钨和钼的生产过程中，用氢气还原氧化物得到粉末，再加工成线材和带材。氢气纯度越高，还原温度就越低，所得金属的粒度就越细。电子管、氢阀管、离子管、激光管和显像管等的制造均不同程度地需要液氢。

液氢还可作为试验研究用极低温冷却剂；充填气泡室 (低温物理研究)；其他超高温、超低温物理研究。

近年来，随着氢能源的发展，液氢在氢的运输中也被广泛应用。2019 年 12 月 11 日，日本川崎重工制造的全球首艘液氢运输船 “Hydrogen Frontier” 在神户港的船厂下水。2020 年 3 月 7 日，该船成功安装 Harima Works 公司建造的体积为 1250 m^3 的真空隔温液氢储罐 (图 6.19)，2021 年 12 月 24 日，该船离开了位于日本神户机场人工岛的专用货物处理基地，起航前往澳大利亚装载其首批液氢货物。在日本国内，液氢也被广泛用于氢的储运，比如大阪森之宫加氢站等即是使用液氢储氢方式。国内利用液氢储运氢的应用还比较少。2018 年底，北京中科富海低温科技有限公司和美国空气化工产品有限公司合作，计划在广东中山市建立我国首座商业化液氢储运型加氢站，目前还在建设中。2019 年 10 月，中国航天科技集团公司第一研究院 101 所成功中标浙江能源集团公司加氢站项目，计划建设浙江省首座液氢储氢加氢站。2021 年 11 月，浙江省石油股份有限公司旗下全国首座液氢油电综合供能服务站——浙江石油电虹光 (樱花) 综合供能服务站，在浙江省平湖市建成。

图 6.19　“Hydrogen Frontier” 液氢运输船 (图片来源 https://www.khi.co.jp/pressrelease/detail/20200309_1.html)

(吴勇)

参 考 文 献

[1] 翟秀静, 刘奎仁, 韩庆. 新能源技术. 北京: 化学工业出版社, 2017.
[2] Iwasaki W. Int. J. Hydrogen Energy, 2003, 28: 683.
[3] 古共伟, 陈健, 郜豫川, 等. 低温与特气, 1998, 1: 25.
[4] Gross R. Liquid hydrogen for Europe – the Linde plant at Ingolstadt. Reports on Science and technology, 1994, 5.
[5] Aasadnia M, Mehrpooya M. Appl. Energy, 2018, 212: 57.
[6] Cardella U, Decker L, Klein H. IOP Conference Series: Materials Science and Engineering, 2017, 171: 012013.
[7] 宋永臣, 宁亚东, 金东旭. 氢能技术. 北京: 科学出版社, 2009.
[8] 申泮文. 21 世纪的能力: 氢与氢能. 天津: 南开大学出版社, 2000.
[9] Roger E L. Liquid Hydrogen Storage, Handling, Instrumentation and Safety.
[10] Wetzel F J. Int. J. Hydrogen Energy, 1998, 23: 339.
[11] Kamiya S, Onishi K, Kawagoe E, et al. Cryogenics, 2000, 40: 35.
[12] 梁燚, 王燚, 郭有仪, 等. 低温工程, 2001, 5: 31.
[13] 陈军, 陶占良. 能源化学. 北京: 化学工业出版社, 2004.
[14] 毛宗强. 无碳能源: 太阳氢. 北京: 化学工业出版社, 2010.
[15] 日本低温学会編集, 超伝導 · 低温工学ハンドブック. オーム社, 1993: 1021.
[16] 日本機会学会編集, 流体の熱物値集. 日本機会学会, 2009.
[17] 水素 · 燃料電池ハンドブック編集委員会, 水素 · 燃料電池ハンドブック. オーム社, 2006: 776.
[18] Bronson J C. Advances in Cryogenic Engineeing. Pienum Press, 1961: 7.
[19] Pope D H. Advances in Cryogenic Engineering. Pienum Press, 1959: 5.
[20] Balley B M. WADC Tech Report, 1959, 59: 386.
[21] 梁怀喜, 赵耀中, 刘玉涛. 低温工程, 2009, 5: 41.
[22] 孙酣经, 梁国仑. 低温与特气, 1998, 1: 28.
[23] Aceves S M, Berry G D. ASME Journal of Energy Resources Technology, 1998, 120: 137.

[24] Thomas C E, James B D, Lomax Jr F D, et al. Int. J. Hydrogen Energy, 2000, 25: 551.
[25] Timmerhaus C, Flynn T M. Cryogenic Engineering. New York: Plenum Press, 1989.
[26] Schmidtchen U, Gradt T H, Wursig G. Cryogenics, 1993, 33: 813.
[27] Vernier J M, Muller C, Furst S. Safety measures for hydrogen vehicles with liquid storage: With reference to the BMW H2 7 Series as an example.
[28] 聂中山, 李青, 洪国同, 等. 低温工程, 2004, 4: 55.
[29] Peschka W. State of Hydrogen Cryofuel Technology for Internal Combustion Engines. "Hypothesis"Conference, Grimstad, Norway, 1997.
[30] Amos W. Costs of storing and transporting hydrogen. NREL/Tp-570-25106, National Renewable Energy Laboratory, Golden, USA, 1998.

第 7 章　液态有机氢载体储氢

7.1　液态有机氢载体概述 [1-12]

液态有机氢载体 (liquid organic hydrogen carrier，LOHC) 是指室温下富氢 (hydrogen-rich state) 状态呈液相，且能在一定条件下放出氢气的有机物。LOHC 主要包括一些小分子醇醛胺酸和简单的脂环化合物或杂环化合物。其中后者的贫氢 (hydrogen-lean state) 状态一般是具有芳香性的芳香化合物，常用贫氢状态的有机物指代相应的一个 LOHC 对。

小分子醇醛胺酸型 LOHC 主要包括甲醇水溶液、甲醛水溶液、甲酸、乙醇胺、乙二醇等，其中只有甲酸有部分示范性应用的例子，其余都还处于研究的初级阶段。芳香化合物型 LOHC 主要包括芳香烃 (如甲苯、苄基甲苯、二苄基甲苯、萘、联苯)、吡啶及其衍生物 (如 4-氨基吡啶、2，6-二甲基吡啶)、吲哚及其衍生物 (如 1-甲基吲哚、2-甲基吲哚)、喹啉及其衍生物 (如喹啉、2-甲基喹啉)、咔唑及其衍生物 (如 N-乙基咔唑、N-丙基咔唑)、2，6-二甲基-1，5-萘啶、2，5-二甲基吡嗪、酚嗪、硼氮杂环化合物，其中甲苯是已经部分实用的 LOHC，苄基甲苯、二苄基甲苯、N-乙基咔唑有部分示范性应用的例子，其余都还处于研究的初级阶段。

LOHC 的优点主要包括较高的储氢密度、较低的放氢焓变、好的热管理性能、与现有设备兼容性高、安全性高，因此被认为是最有实用前景的储氢方式之一。如图 7.1 是典型的 LOHC 的质量储氢密度、体积储氢密度和放氢焓，可以看到大部分 LOHC 的质量储氢密度超过了 5.5 wt%，体积储氢密度超过了 40 gH_2/L，能够满足大部分用氢场所的需求。另外，大部分 LOHC 的放氢焓较低，因此放氢温度较低，比如 N-乙基咔唑的放氢平衡温度仅为 116 ℃，实际也能在 178 ℃ 放氢完全，放氢温度低于绝大部分高储氢容量的固相储氢材料。由于液相的导热性能一般较为优异，因此 LOHC 吸放氢过程中的热管理容易进行，而热管理问题是阻碍固相储氢材料应用最主要的因素之一。由于 LOHC 和石油一样是液体，因此现有的石油设备经过一定的改造即能用于 LOHC，从而大大降低氢能源发展应用过程中设备方面的成本。另外，相对于目前主要应用的高压储氢方式，LOHC 具有很高的安全性，因为其不需要高压，本身的燃爆性也远低于高压氢气，这是 LOHC 被认为能够取代高压储氢的主要原因之一。

基于 LOHC 的氢气储运系统如图 7.2 所示。在可再生能源 (如太阳能、风能等) 丰富的区域利用可再生能源发电产生的电能电解水生产出氢气，随之将氢气储存进 LOHC 中，然后将之运输至需要用氢的地区储存起来，在需要用氢的时候将氢气释放出来用于氢燃料电池、氢内燃机和化工原料等。可再生能源是未来人类利用的主要能源形式，然而可再生能源在时空分布上是不均匀的。比如，风能非常丰富的地区往往在偏远地区，使用风能发电后该地区的用电量却很小，导致电能过剩和电价降低。比如太阳能集中在白天，风能集中在风大的时间段，因此用它们产生的电能是间歇式的，很难直接并入现有电网。使用基于 LOHC 的氢气储运系统能够很好地解决这些问题。

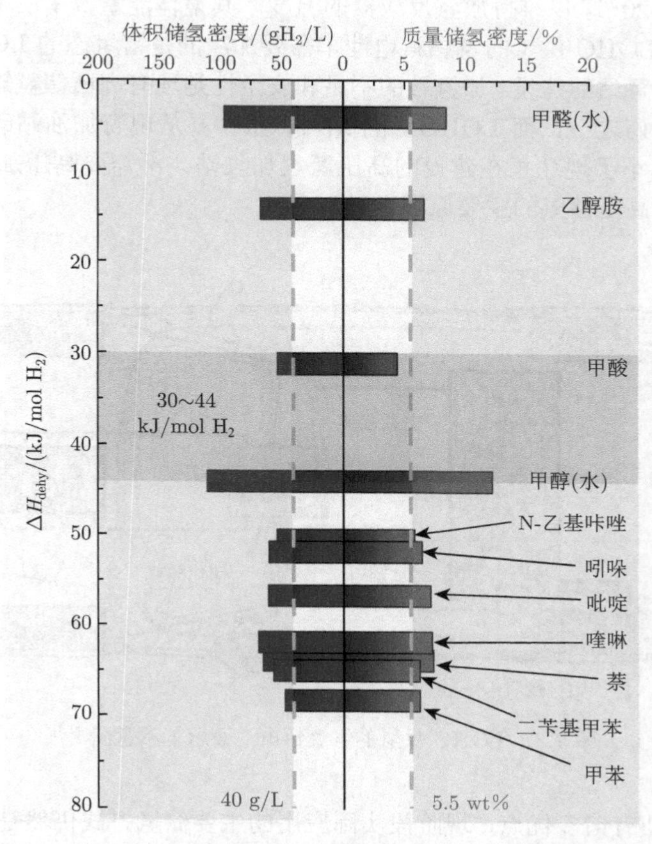

图 7.1　典型的 LOHC 的质量储氢密度、体积储氢密度和放氢焓

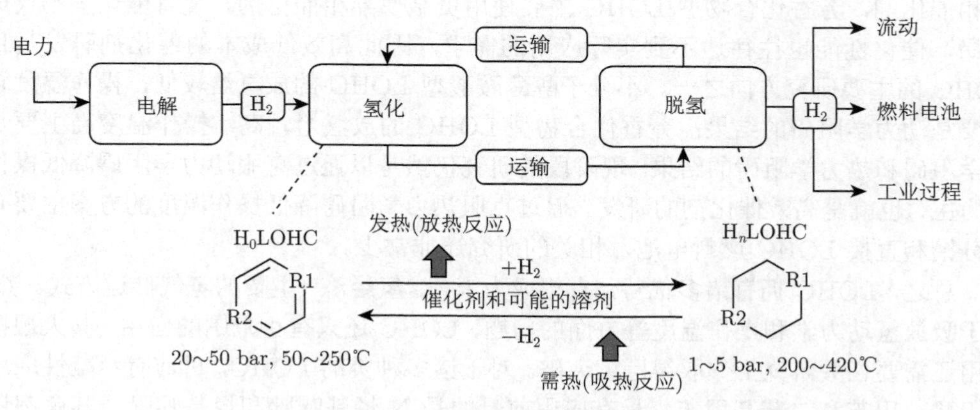

图 7.2　基于 LOHC 的氢气储运系统 [10]

LOHC 相对固相高容量储氢材料较低的放氢温度和其流动性使其在氢燃料电池车上有很高的应用潜力。如图 7.3 是 LOHC 供氢的氢燃料电池概念车示意图，虽然需要燃烧部分氢气 (约 20%) 以维持放氢反应器的温度，其整体能量效率还是高于内燃机的能量效率。另外，LOHC 供氢的氢燃料电池车需要加注的是富氢态的 LOHC 而不是氢气，因此可以避免加氢站的建设。加氢站的不足和安全性是现有高压储氢罐供氢的燃料电池车发展的主要阻碍之一，而 LOHC 加注站可以很容易从现有加油站改造得到，就算新建其成本也会远小于现在正在建设的高压氢气加氢站。不需要高压加氢站也是 LOHC 被认为能够取代高压储氢的主要原因之一。

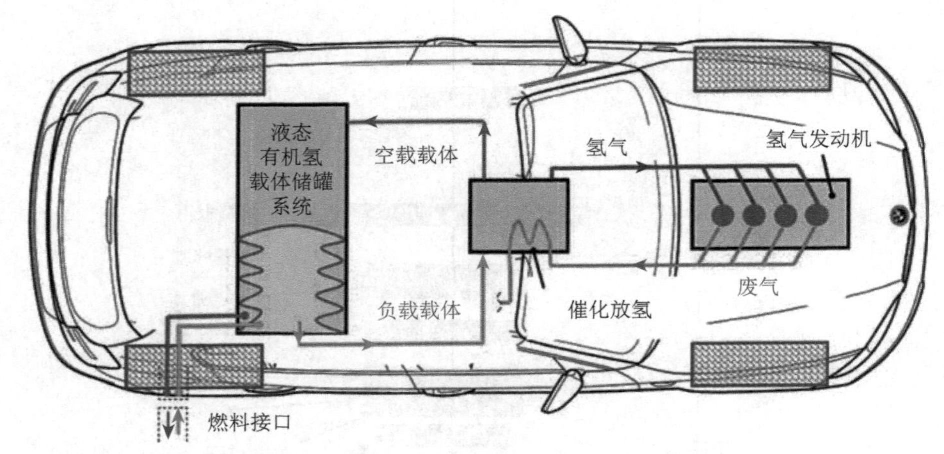

图 7.3　LOHC 供氢的氢燃料电池概念车示意图 [13]

尽管 LOHC 有诸多优点，现阶段实际应用的主要储氢方式仍然是高压储氢罐储氢，这是因为 LOHC 的吸放氢动力学很差，而且使用温度相对于高压储氢罐的使用温度 (室温) 还是偏高。为了改善其吸放氢动力学，小分子醇醛胺酸型 LOHC 主要使用贵金属均相催化剂，芳香化合物型 LOHC 主要使用贵金属异相催化剂。现有催化剂不仅成本高昂，催化性能也往往达不到实际应用的需求，因此高效低成本的催化剂研发是目前 LOHC 的主要研究方向之一。小分子醇醛胺酸型 LOHC 的放氢焓较低，操作温度较高主要是动力学阻碍的结果；芳香化合物型 LOHC 的放氢焓较高，操作温度高主要是动力学阻碍和热力学阻碍的结果。现阶段的研究仍然是以通过克服动力学阻碍降低操作温度为主，也就是高效催化剂的研发。通过克服热力学阻碍降低操作温度的方案主要有反应分馏和直接 LOHC 燃料电池，相关的研究还非常少。

总之，LOHC 拥有诸多优势，有望成为未来“氢经济”主要的氢气储运方式。然而，由于吸放氢动力学和操作温度等方面的问题，LOHC 还只有小范围的应用，其大规模的应用还需要相关研究工作取得巨大突破。对于诸多种类的 LOHC，目前有示范性应用的是甲酸、甲苯和二苄基甲苯，最有应用前景的是 N-烃基咔唑和烃基吲哚，其余都还处于研究的初期阶段。

7.2 小分子醇醛胺酸型液态有机氢载体

7.2.1 甲酸[14-20]

甲酸 (HCOOH) 是一种无色有刺激性气味的液体，熔点 8.6 ℃，沸点 100.8 ℃。甲酸是基本有机化工原料之一，广泛用于农药、皮革、染料、医药和橡胶等工业。同时，甲酸也是生物质加工的主要产品之一。甲酸分解产生氢气的方程式为

$$HCOOH\ (l) \xlongequal{\quad} CO_2\ (g) + H_2\ (g), \quad \Delta H^{\ominus} = 31\ kJ/mol, \quad \Delta G^{\ominus} = -33\ kJ/mol$$

该反应是热力学自发的，因此甲酸室温下即可发生分解放氢的反应。因此，尽管甲酸的质量储氢密度为 4.4 wt%，相对其他 LOHC 略低，但甲酸仍作为一种非常有应用前景的 LOHC 被广泛研究。另外，甲酸的体积储氢密度为 53 gH_2/L，也能满足大部分场所的应用需求。

然而，甲酸的分解放氢反应的动力学缓慢，而且能够发生如下副反应：

$$HCOOH\ (l) \xlongequal{\quad} CO\ (g) + H_2O\ (l), \quad \Delta H^{\ominus} = 29\ kJ/mol, \quad \Delta G^{\ominus} = -12\ kJ/mol$$

副产物 CO 容易使贵金属催化剂毒化，对于氢气在燃料电池方面的应用有着严重的影响，因此对甲酸分解放氢催化剂的选择性有非常高的要求。

甲酸分解放氢的另一种产物是温室气体 CO_2，因为热力学的原因难以直接可逆吸氢。然而，在水溶液中 CO_2 的直接氢化制甲酸是热力学自发进行的反应：

$$CO_2\ (aq) + H_2\ (aq) \xlongequal{\quad} HCOOH\ (l), \quad \Delta G^{\ominus} = -4\ kJ/mol$$

当有碱存在的时候，该反应的自发倾向更大，比如在氨水中的反应：

$$CO_2\ (aq) + H_2\ (aq) + NH_3\ (aq) \xlongequal{\quad} HCOO^-(aq) + NH_4^-(aq), \quad \Delta G^{\ominus} = -9.5\ kJ/mol$$

只不过 CO_2 氢化反应的动力学阻碍也比较高，需要使用催化剂。

因此，高选择性、高活性、低成本的甲酸分解放氢催化剂和 CO_2 氢化制甲酸的工艺是甲酸作为 LOHC 需要解决的主要问题。

7.2.1.1 甲酸分解放氢均相催化剂

1967 年，Coffey 等报道了第一个甲酸分解放氢贵金属均相催化剂 $IrH_2Cl(PPh_3)_3$。[21] 2011 年，Beller 和 Laurenczy 等报道了第一个甲酸分解非贵金属均相催化剂 $Fe(BF_4)_2/P(CH_2CH_2PPh_2)_3$。之后，一系列的均相催化剂被发展出来，其中一些性能较好的典型催化剂如图 7.4 和表 7.1 所示，目前达到的最高的 TOF 为 487500 h^{-1}(**Ir-3**)。一般贵金属均相催化剂的性能较好，但非贵金属均相催化剂的成本较低。大部分均相催化剂需要使用溶剂和添加剂，导致储氢密度的降低，不利于实际应用。2019 年，Fischmeister 等报道了第一个在无溶剂、无添加剂的条件下具有高活性、高选择性的均相催化剂 Ir(Cp)(DPA)(SO_4)(Cp：五甲基环戊二烯基，DPA：4-二甲氨基-2，2'-联吡啶胺)，90 ℃ 的 TOF 可以达到 9174 h^{-1}[22]。对于车载应用，5000~10000 h^{-1} 的 TOF 已经足够，然而贵金属和复杂配体带来的高成本使得其应用的经济性较低。

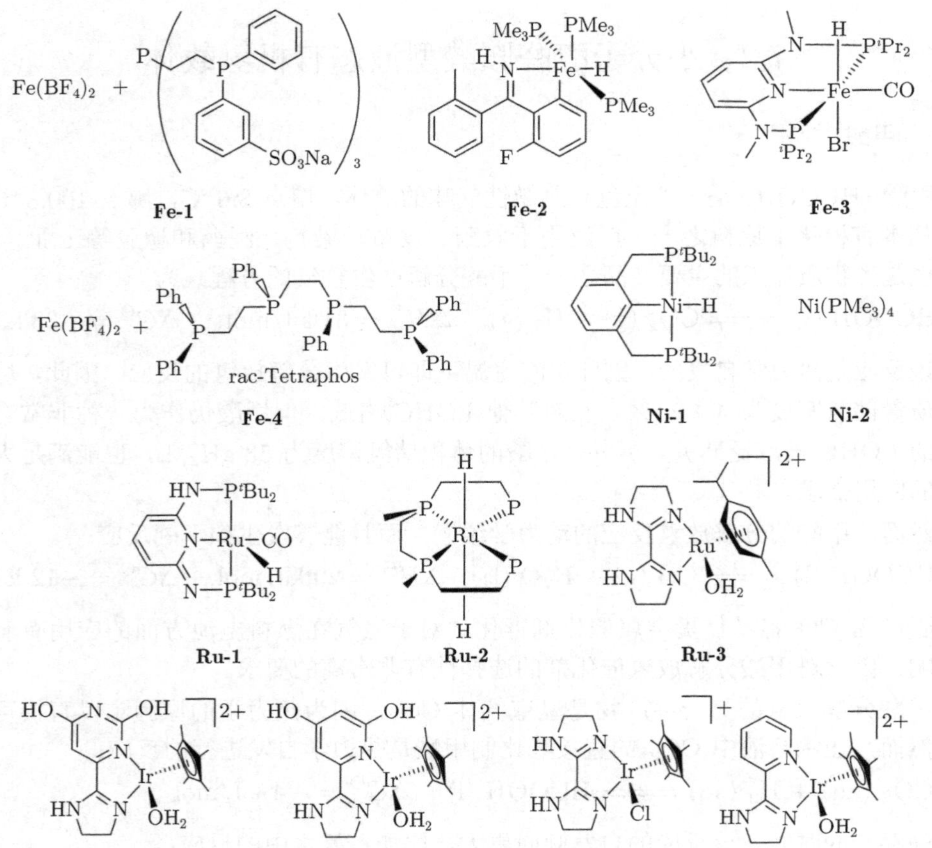

$Fe(BF_4)_2$ + Fe-1

Fe-2

Fe-3

$Fe(BF_4)_2$ + rac-Tetraphos

Fe-4

Ni-1

$Ni(PMe_3)_4$

Ni-2

Ru-1

Ru-2

Ru-3

Ir-1　Ir-2　Ir-3　Ir-4

Ir-5　Ir-6　Ir-7　Ir-8

Ir-9　Ir-10

$IrH_2Cl(mtppms)_3$

Ir-11　Ir-12

图 7.4　部分典型甲酸分解放氢的均相催化剂 [18]

表 7.1 部分典型甲酸分解放氢的均相催化剂的催化反应条件和性能 [18]

Cat	温度/℃	溶剂	添加剂	时间/h	TON	TOF/h^{-1}
Fe-1	80	H_2O	—	1.8	200	109
Fe-2	80	1, 4-Dioxane	$NEt_3/LiBF_4$	24	620	—
Fe-3	80	PC	NEt_3	6	10000	2635
Fe-4	60	PC	—	6	6061	1737
Ni-1	80	PC	$OctNMe_2$	3	626	209
Ni-2	80	C_6D_6		336	70	1.7
Ru-1	90	DMSO	NEt_3	—	1100000	7333
Ru-2	60	PC	DMOA	48	220000	—
Ru-3	90	H_2O	HCOONa	—	4170	12000
Ir-1	100	H_2O	HCOONa	0.5	68000	322000
Ir-2	60	H_2O	HCOONa	1	29000	56900
Ir-3	90	H_2O	—	0.16	47000	4875000
Ir-4	50	H_2O	—	363	2000000	7340
Ir-5	80	H_2O	—	10	36800	2500
Ir-6	60	H_2O	—	2600	5000000	—
Ir-7	60	H_2O	—	3	90	31
Ir-8	35	DME	—	1	2340	6090
Ir-9	90	H_2O	—	1	3278	3278
Ir-10	85	Toluene	—	—	3090	—
Ir-11	115	H_2O	HCOONa	40	674000	121000
Ir-12	90	Neat	HCOONa	13	12530	—

7.2.1.2 甲酸分解放氢异相催化剂

均相催化剂存在分离和重复利用较为困难的缺点，因此研究者希望发展甲酸分解的异相催化剂。早期的甲酸分解放氢异相催化剂是一些 Cu、Pt、Rh、Ru、Ir、Pd 等过渡金属基催化剂，通常为气相反应，催化剂活性和选择性较差。近十多年来，一系列 Pd 及 Pd 合金异相催化剂被广泛研究，并表现出较好的催化活性和选择性。比如，2019 年徐强等发展的 Au_2Pd_3@(P)N-C (P、N 掺杂的多孔碳) 催化甲酸分解放氢的 TOF 可以达到 5400 h^{-1} (30 ℃，选择性 100%)[23]，2020 年徐强等发展的 Pd/a_MCS-30 (硝酸处理的多孔碳) 催化甲酸分解放氢的 TOF 可以达到 13333 h^{-1} (60 ℃，选择性 100%)[24]，是甲酸分解异相催化剂中最高的。由于甲酸具有较强的酸性，一般的非贵金属异相催化剂很难在甲酸中保持长时间的稳定，因此甲酸分解的非贵金属异相催化剂极少。2020 年 Matthias Beller 等的研究表明金属有机框架 ZIF 衍生的 Co-N-C 催化剂有较好的甲酸分解放氢催化活性，其中 Co 单原子催化剂 (SACs) 的活性和稳定性优于 Co 纳米颗粒 (NP) 催化剂，但 TOF 仅为 28 h^{-1}[25]。

大部分异相催化剂的催化活性不如均相催化剂，于是有研究者将均相催化剂固定在一些固相载体上形成一类特殊的异相催化剂。比如 2015 年 Maria Louloudi 等将配体 $P(CH_2CH_2PPh_2)_3$ 接枝到 SiO_2 上，形成 polyRPhphos@SiO_2，然后制成 Fe^{II}/polyRPhphos@SiO_2 催化剂，其催化甲酸分解放氢的 TOF 可以达到 7472 h^{-1} (90 ℃，选择性 100 %)，是单纯的均相催化剂的 TOF 的 1.7 倍 [26]。2019 年 Sungho Yoon 等将均相催化剂 [Ir(Cp)(bpy)Cl]Cl 固定到含有联吡啶结构的共价有机框架 bpy-CTF 上形成 [Ir(Cp)(bpy-CTF)Cl]Cl 催化剂，其催化甲酸分解放氢的 TOF 可以达到 7930 h^{-1} (90 ℃，选择性 100%)，是单纯的均相催化剂 [Ir(Cp)(bpy)Cl]Cl 的 TOF 的 27 倍 [27]。从表面浸出活性络合物导致催化剂逐渐失活是这类催化剂的一个缺点，但其高催化活性、高活性金属利用率、高重复利用率使其成为一类很有实用前景的异相催化剂。

因为甲酸分解放氢反应是热力学强自发进行的反应，所以甲酸分解可以直接产生高压氢气。在 80 ℃，甲酸分解放氢的平衡氢压高达 225 MPa。徐强等使用 Pd/PDA-rGO (对苯二胺修饰的还原石墨烯) 催化剂催化甲酸在 80 ℃ 分解，获得了 36 MPa 的 H_2-CO_2 混合气体 [28]。由于 CO_2 的临界温度和临界压力分别为 31 ℃ 和 7.4 MPa，因此产生的混合气体可以很容易通过降温将 CO_2 液化实现 H_2 和 CO_2 的分离。

7.2.1.3　甲酸实用化进程

2016 年，阿卜杜拉国王科技大学的黄国维和北京大学的郑俊荣等成功地组装了世界第一台能独立运动的甲酸供氢的 400 W 氢燃料电池原型车 (图 7.5) 并试车成功，载重 45 kg，时速 8~10 km[29]。

图 7.5　甲酸供氢的 400 W 氢燃料电池原型车

2018 年，瑞士洛桑联邦理工学院的 Laurenczy 等研发了世界第一套 800 W 的甲酸供氢的氢燃料电池系统 (图 7.6)[30]。

图 7.6　甲酸供氢的 800 W 氢燃料电池系统

2019 年，荷兰代尔夫特理工大学的 Evgeny A. Pidko 等开发了一套集成的 25 kW 的甲酸供氢的氢燃料电池系统 (图 7.7)。该系统使用的甲酸分解放氢催化剂是 $RuCl_3 \cdot xH_2O$/TPPTS (三苯基膦三间磺酸钠盐)，放氢温度为 110 ℃，催化剂实现的 TOF 为 484 h^{-1}。该集成燃料电池系统可直接用于氢燃料电池公共汽车的供电 [31]。

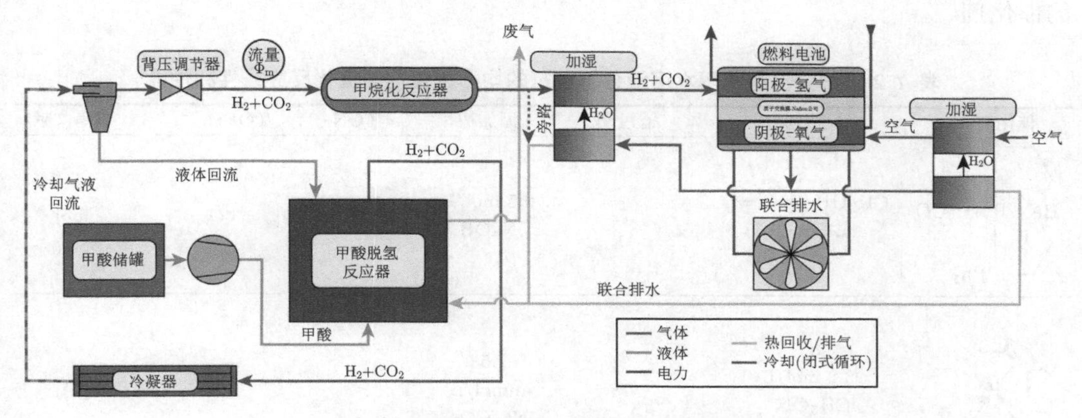

图 7.7 甲酸供氢的 25 kW 氢燃料电池系统原理示意图

目前，甲酸作为 LOHC 的实用化仍处于示范性应用的阶段，主要还存在以下问题：使用的催化剂都是均相催化剂，催化剂分离与回收困难；工业级甲酸中的杂质会使得催化剂逐渐失活，而高纯度甲酸的使用成本太高；需要使用溶剂，整体的质量储氢密度和体积储氢密度偏低；大规模产氢设备还是难以将产生气体中的 CO 含量降到氢燃料电池的使用标准以下 (主要是因为反应温度偏高)。因此甲酸实用化的主要挑战是需要发展一种在室温附近能高选择性、高活性、高稳定性地催化工业级甲酸产氢的异相催化剂。

7.2.2 其他小分子醇醛胺酸型液态有机氢载体

7.2.2.1 甲醇 [12,32]

甲醇 (CH_3OH) 是一种无色有刺激性气味的液体，熔点 −97.8 ℃，沸点 64.7 ℃。甲醇的含氢量高达 12.6 wt%，然而液相甲醇直接分解生成 H_2 和 CO 的反应不是热力学自发进行的，因此甲醇是以其水溶液作为 LOHC，相应的放氢反应方程式为

$$CH_3OH\ (l) + H_2O\ (l) \xlongequal{\quad} CO_2\ (g) + 3H_2\ (g),\quad \Delta H^\ominus = 131\ kJ/mol,\quad \Delta S^\ominus = 400\ J/(mol{\cdot}K),\quad \Delta G^\ominus = 9.5\ kJ/mol$$

相应的质量储氢密度和体积储氢密度为 12.1 wt%和 120 gH_2/L。虽然该反应室温下也不是热力学自发进行的反应，但其平衡转化温度仅为 55 ℃。在有碱存在时，该反应的自反倾向更大，比如下列反应室温下即可自发进行。

$$CH_3OH\ (l) + NaOH\ (aq) \xlongequal{\quad} Na_2CO_3\ (aq) + 3H_2\ (g),\quad \Delta H^\ominus = 20\ kJ/mol,\quad \Delta G^\ominus = -47\ kJ/mol$$

尽管如此，甲醇水溶液分解产氢反应的动力学阻碍很高，目前仅有少量均相催化剂可以催化该反应的进行。表 7.2 是部分典型甲醇水溶液分解放氢的均相催化剂的催化反

应条件和性能，主要是一些 Ru、Ir、Fe、Mn 基的均相催化剂。为了促进反应的进行，一般会使用过量的甲醇、碱添加剂，在较高温度 (超过沸点) 下进行放氢反应，因此会导致储氢密度和能量利用效率的降低和装置的复杂化 (需要回流)。尽管如此，目前甲醇水溶液分解产氢的速率还难以满足氢燃料电池的应用需求，因此还需要研究性能更优异的催化剂。

表 7.2　部分典型甲醇水溶液分解放氢的均相催化剂的催化反应条件和性能

催化剂	反应物	温度/℃	添加剂	TON	TOF/h^{-1}	参考文献
PPh_2, Cl, HN-Ru—CO, H, PPh_2	CH_3OH/H_2O = 4:1(v/v)	72	0.5 mol/L NaOH		124	[33]
Ir, O, N, 6, 5, O, 3, 4, OH, +	23.2 mol/L CH_3OH	78	1.58 mmol/L Na_2CO_3		377*	[34]
$P\textit{i}Pr_2$, HBH_3, H—N-Fe—CO, H, $P\textit{i}Pr_2$	CH_3OH/H_2O = 9:1(v/v)	91	8 mol/L NaOH	9834	702	[35]
Br, H, N, $P\textit{i}Pr_2$, Mn, P, $\textit{i}Pr_2$, CO, CO	CH_3OH/H_2O = 9:1(v/v)	92	8 mol/L NaOH	20000		[36]

* 羟基在 6 号位。

7.2.2.2　甲醛 [37,38]

甲醛 (HCHO) 是无色有刺激性气味的气体，因此甲醛是以其水溶液作为 LOHC，相应的放氢反应方程式为

$$HCHO\ (g) + H_2O\ (l) =\!=\!=\!= CO_2\ (g) + 2H_2\ (g),\quad \Delta H^{\ominus} = 8\ kJ/mol,\quad \Delta G^{\ominus} = -47\ kJ/mol$$

相应的质量储氢密度和体积储氢密度为 8.4 wt%和 95 gH_2/L。该反应室温下即有很强的自发进行的倾向，然而其动力学非常缓慢，因此也需要使用催化剂催化该反应的进行。

近十年来，一系列 Ru 基和 Ir 基的甲醛水溶液分解放氢均相催化剂被发展出来。2018 年之前的均相催化剂如图 7.8 所示，Prechtl 等发展的 $[(Ru(p\text{-}cymene))_2(\mu\text{-}Cl)(\mu\text{-}HCO_2)(\mu\text{-}H)]^+$ 催化剂不需要碱性环境即表现出较高的催化活性，而另外三种催化剂需要在强碱性条件下才表现出活性。2018 年，Yuichiro Himeda 等发展了一种

$[(C_6Me_6)Ru(2, 2'\text{-diaminobiphenyl})(OH_2)]SO_4$ 催化剂，不需要使用碱或者其他添加剂即可在 95 ℃ 催化甲醛水溶液产氢，TON 和 TOF 分别为 24000 和 8300 h^{-1}。

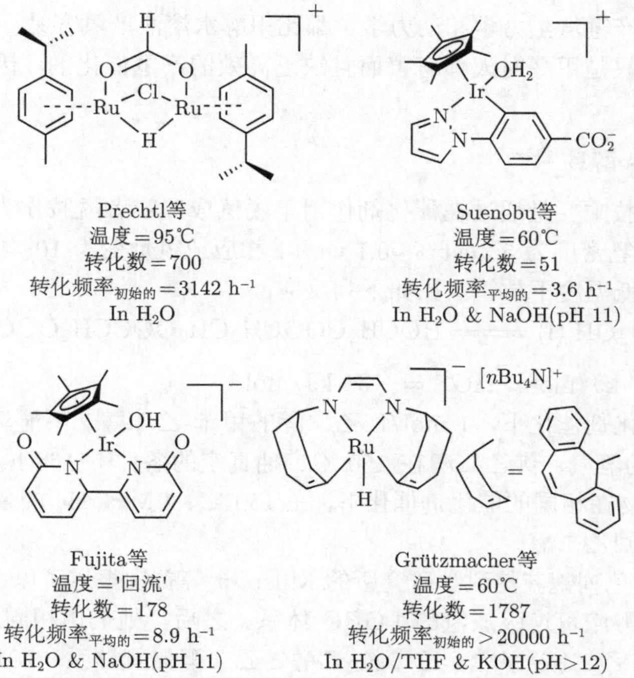

Prechtl等
温度＝95℃
转化数＝700
转化频率$_{初始的}$＝3142 h^{-1}
In H_2O

Suenobu等
温度＝60℃
转化数＝51
转化频率$_{平均的}$＝3.6 h^{-1}
In H_2O & NaOH(pH 11)

Fujita等
温度＝'回流'
转化数＝178
转化频率$_{平均的}$＝8.9 h^{-1}
In H_2O & NaOH(pH 11)

Grützmacher等
温度＝60℃
转化数＝1787
转化频率$_{初始的}$＞20000 h^{-1}
In H_2O/THF & KOH(pH>12)

图 7.8 部分甲醛水溶液分解放氢的均相催化剂 [39]

甲醇、甲醛、甲醛作为 LOHC 产氢的过程是一个包含的关系 (如图 7.9)，因此能催化甲醇水溶液完全产氢的催化剂一般也能作为甲醛水溶液产氢和甲酸产氢的催化剂，而能催化甲醛水溶液完全产氢的催化剂一般也能作为甲酸产氢的催化剂。比如图 7.8 中 Fujita 等发展的 Ir 基催化剂即可同时作为这三个产氢反应的催化剂 [40]。

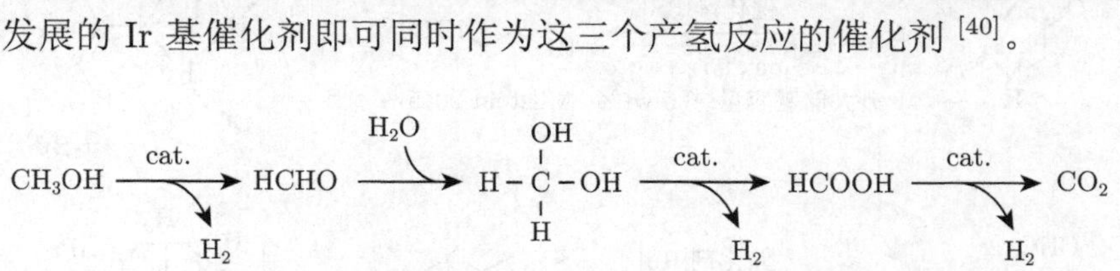

$$CH_3OH \xrightarrow[-H_2]{cat.} HCHO \xrightarrow{+H_2O} H\!-\!C(OH)(H)\!-\!OH \xrightarrow[-H_2]{cat.} HCOOH \xrightarrow[-H_2]{cat.} CO_2$$

图 7.9 甲醇水溶液分解产氢的反应过程示意图

早期研究者使用了许多 Cu、Ag、Au、Pd 基的异相催化剂催化甲醛水溶液的分解放氢，然而这些催化剂一般只能在碱性条件下催化第一步放氢反应得到甲酸盐。2017 年，Fan 等报道了一个核壳结构的 $ZnO@Bi(NO_3)_3$ 催化剂，利用 ZnO 的 Lewis 碱性和 $Bi(NO_3)_3$ 的 Lewis 酸性在两者界面成功催化甲醛水溶液在 50 ℃ 完全放氢，只是催化反应的反应物为 4%的甲醛稀溶液且放氢速率很慢 (60 h 仍在产氢)[41]。2019 年，Li 等制备了 $Pd@PdO_x/ZnO$ 催化剂，该催化剂可以催化甲醛水溶液在 30~70 ℃ 完全放氢，70 ℃ 时的 TOF 为 657 h^{-1}[42]。同年，Ma 等利用以壳聚糖和 $Cu(NO_3)_2$ 为前驱体制得负载在碳纳米片 (CS) 上的 Cu 纳米颗粒催化剂 Cu@CS，能够催化甲醛水溶液在 120 ℃ 的回流条件下完全放氢，然而其 TOF 仅为 0.6 h^{-1}[43]。

甲醛水溶液产氢从热力学和动力学上都比甲醇水溶液产氢容易，而其理论产氢量远高于甲酸产氢，只是甲醛对人体有害而且缺乏高效的产氢催化剂，因此作为 LOHC 的应用前景有限。

7.2.2.3　多元醇和醇胺 [44-50]

多元醇和醇胺主要是通过在催化剂作用下脱氢成酯或者酰胺作为 LOHC 的。这类 LOHC 的理论储氢密度为 5.3 wt%～6.7 wt%，相应放氢焓变为 10～40 kJ/(mol H_2)，在热力学看能在较低温度下放氢。比如下列反应：

$4HOCH_2CH_2OH\ (l) \Longrightarrow HOCH_2COOCH_2CH_2OOCCH_2OOCCH_2OH\ (l) + 6H_2\ (g)$，$\Delta H^{\ominus} = 77\ kJ/mol$，$\Delta G^{\ominus} = -31\ kJ/mol$。

在 Ru 基催化剂催化下，1 mol/L 乙二醇的甲苯-乙二醇二甲醚溶液可以在 150 ℃，72 h 产生 83%的氢气，纯乙二醇在 150 ℃、抽真空的条件下 168 h 可以产生 5.2 wt% 的氢气。放氢产物在相同的催化剂催化下，在 150 ℃、4 MPa H_2 的条件下 60 h 以 96% 的产率重新转化回乙二醇。

2015 年，以色列魏茨曼科学研究所的 Milstein 等首次报道了以 Ru 基 Pincer 型均相催化剂催化乙醇胺可逆吸放氢的 LOHC 体系。之后，他们用相同的催化剂又发展了乙二胺–乙二醇、乙二胺–甲醇、乙二胺–乙醇、乙二醇储氢体系。2017 年，Prakash 等发展了 Ru 基催化剂催化的 N，N-二甲基乙二胺–甲醇储氢体系。2020 年，Liu 等首次发展了非贵金属 Mn 基催化剂催化的 N，N-二甲基乙二胺-甲醇储氢体系。这些 LOHC 的吸放氢都具有可逆性，其吸放氢反应方程式和相应的催化剂如图 7.10 所示。

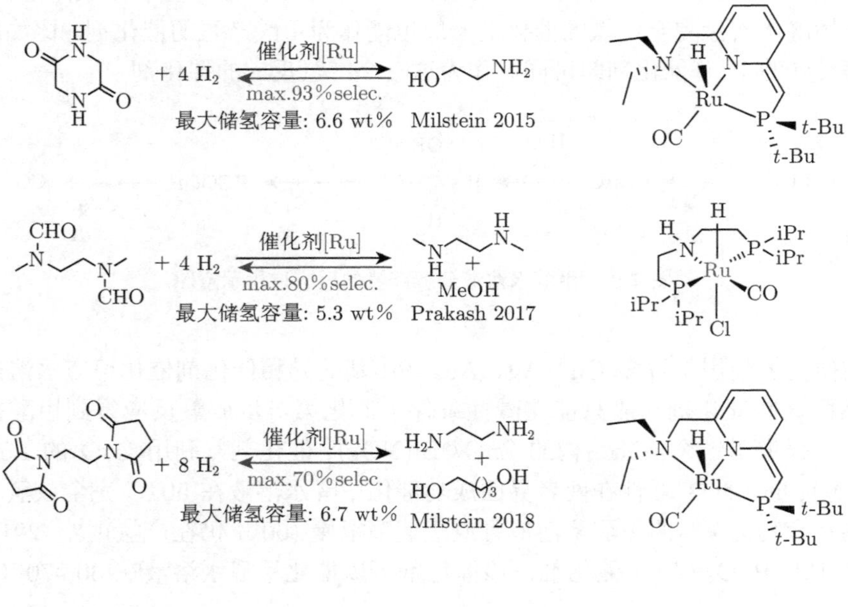

+ 4 H_2　催化剂[Ru]　max.93%selec.　HO–NH$_2$
最大储氢容量: 6.6 wt%　Milstein 2015

+ 4 H_2　催化剂[Ru]　max.80%selec.　+ MeOH
最大储氢容量: 5.3 wt%　Prakash 2017

+ 8 H_2　催化剂[Ru]　max.70%selec.　H$_2$N–NH$_2$ + HO–OH
最大储氢容量: 6.7 wt%　Milstein 2018

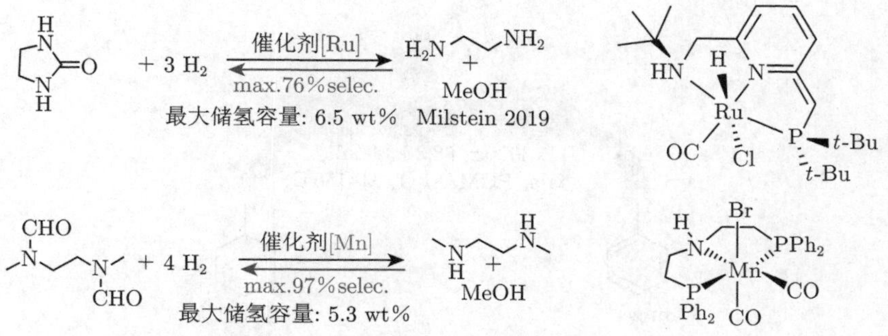

图 7.10 醇胺作为 LOHC 的反应方程式和相应的催化剂

这类 LOHC 虽然储氢量高且理论上可以在室温附近产氢，然而也存在许多问题：小分子有机物挥发性强；副反应多；催化剂成本高且催化性能较差；大部分需要使用溶剂；反应温度偏高。因此，这类 LOHC 还需要更多的研究。

7.3 芳香化合物型液态有机氢载体 [1, 6,9,10,51]

7.3.1 芳香烃

芳香烃 LOHC 对应的富氢状态是环烷烃，主要包括甲苯、萘、联苯、苄基甲苯和二苄基甲苯。环烷烃的主要优点是高储氢量 (6 wt%~8 wt%)、低成本、高骨架稳定性，主要缺点是高放氢焓 (60~70 kJ/(mol H_2)) 导致的高放氢温度和需要使用贵金属催化剂克服缓慢的吸放氢动力学。

7.3.1.1 甲苯

由于苯毒性较高，早期主要使用的芳香烃 LOHC 是甲苯。甲苯是无色有刺激性气味的液体，凝固点和沸点分别为 −95 ℃ 和 111 ℃。甲基环己烷是无色液体，凝固点和沸点分别为 −127 ℃ 和 101 ℃，理论储氢密度为 6.2 wt%，体积储氢密度为 48 gH_2/L。如图 7.11 所示，甲基环己烷的放氢焓变为 68.3 kJ/(mol H_2)。甲苯的吸氢反应和甲基环己烷的放氢反应都有成熟的工业工艺，其中吸氢反应一般使用 Ni 基催化剂，放氢反应一般使用 Pt 基催化剂。近年来，也有部分研究者研究非贵金属基的放氢催化剂。Kazuhiro Takanabe 等发展了 $NiZn_{0.6}/Al_2O_3$ 催化剂，在 300 ℃ 催化甲基环己烷脱氢的转化率约为 30%，对甲苯的选择性接近 100%，而单纯的 $NiZn/Al_2O_3$ 催化剂对甲苯的选择性只有 60%[52,53]。但目前非贵金属的催化活性还是远低于 Pt 基催化剂，还需要长远的发展。由于甲基环己烷脱氢是气相反应，其作为 LOHC 一般用于固定式储氢设备和氢的长距离运输，而难以应用于氢燃料电池车。

日本千代田公司近十多年来致力于发展基于甲苯/甲基环己烷 LOHC 系统以实现在全球范围内的能源分配。2020 年 5 月，位于日本川崎市邻海的京浜炼油厂从脱氢工厂开始向水江发电站的燃气轮机提供从文莱达鲁萨兰国海运来的甲基环己烷放出的氢(如图 7.12 所示)。由此，世界上首次实现了“海外输送的氢的电力供给”。[54]

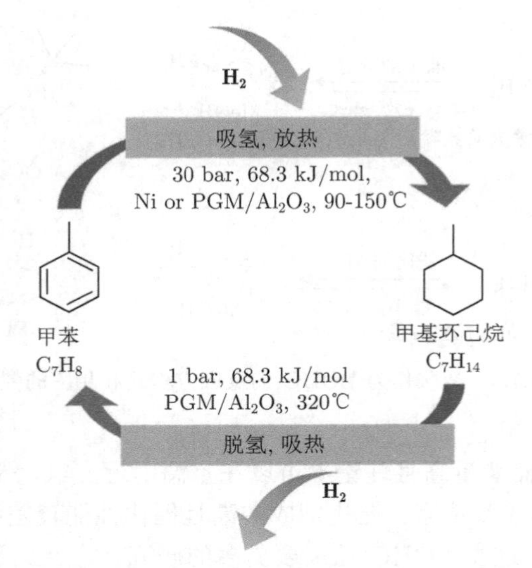

图 7.11　甲苯/甲基环己烷 LOHC 体系 (PGM 指铂族金属：Ru、Ph、Pd、Os、Ir、Pt)

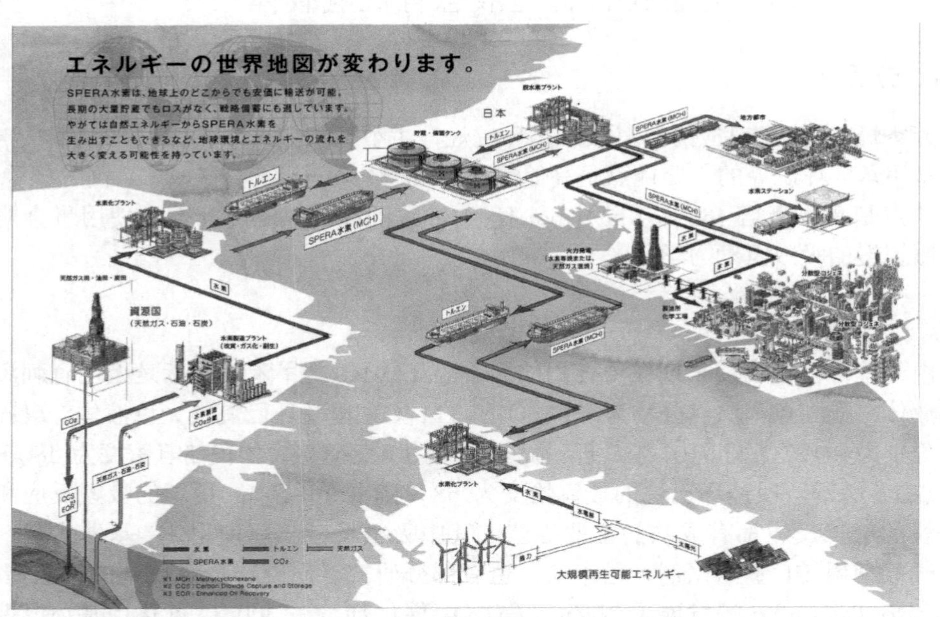

图 7.12　基于日本千代田公司开发的甲苯/甲基环己烷 LOHC 系统在世界范围内进行能源分配的示意图

7.3.1.2　萘和联苯

萘是无色片状晶体，熔点和沸点分别为 80 ℃ 和 218 ℃。十氢萘是无色液体，凝固点和沸点分别为 −43 ℃ (顺式，反式为 −30 ℃) 和 196 ℃ (顺式，反式为 187 ℃)，质量储氢密度为 7.3 wt%，体积储氢密度为 65 gH_2/L。如图 7.13 所示，十氢萘的放氢焓变为 63.9 kJ/(mol H_2)。联苯是白色晶体，熔点和沸点分别为 70 ℃ 和 255 ℃。联环己烷是无色液体，凝固点和沸点分别为 4 ℃ 和 228 ℃。联环己烷的理论储氢密度为 7.1 wt% 。由于萘和联苯室温下是固体且十氢萘和联环己烷的放氢温度高，所以它们作为 LOHC 的研究较少，应用前景也有限。

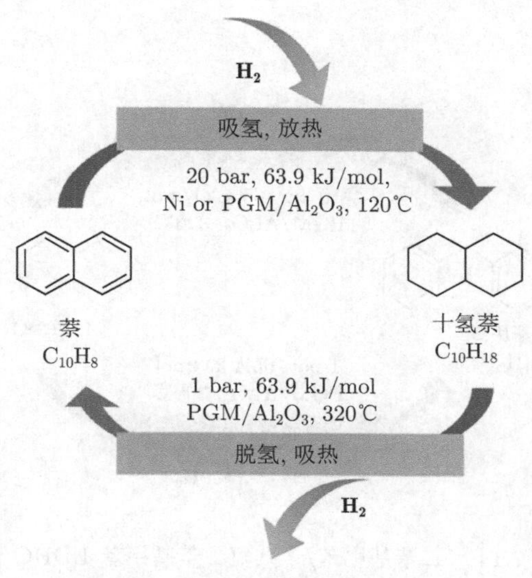

图 7.13 萘/十氢萘 LOHC 体系

7.3.1.3 苄基甲苯和二苄基甲苯

苄基甲苯 (BT) 是无色液体，凝固点和沸点分别为 −30 ℃ 和 280 ℃。十二氢苄基甲苯 (12H-BT) 是无色液体，凝固点和沸点分别为 4 ℃ 和 270 ℃，质量储氢密度为 6.2 wt%，放氢焓变为 63.5 kJ/(mol H_2)。二苄基甲苯 (DBT) 是无色液体，凝固点和沸点分别为 −39 ℃ 和 390 ℃。十八氢二苄基甲苯 (18H-DBT) 是无色液体，凝固点和沸点分别为 −58 ℃ 和 371 ℃，质量储氢密度为 6.2 wt%，体积储氢密度为 57 gH_2/L。如图 7.14 所示，18H-DBT 的放氢焓变为 65.4 kJ/(mol H_2)。BT 和 DBT 都是工业上常用的导热油组分，来源较为广泛，而且它们都不具可燃性，安全性好。和其他环烷烃 LOHC 不同，12H-BT 和 18H-DBT 可以在液相放氢。因此 18H-DBT 不仅可以用于固定式设备储氢和氢的长距离运输，还可以用于氢燃料电池车。

2014 年，德国埃朗根-纽伦堡大学的 Peter Wasserscheid 首次报道了 BT 和 DBT 作为 LOHC 的吸放氢性质。在 0.25 mol%Ru/Al_2O_3 催化下，150 ℃、5 MPaH_2 的条件，DBT 需要 4 h 吸氢完全，而 BT 只需要 1.5 h。在 0.5 wt%Pt/Al_2O_3 催化下，270 ℃、5 MPaH_2 的条件 18H-DBT 需要 20 h 放氢完全，而 12H-BT 只需要 14 h。性能最好的放氢催化剂为低负载量的 Pt/C 催化剂，在 1 wt%Pt/C 催化下，12H-BT 可以在 270 ℃、3.5 h 放出 96%的所储氢气，12H-BT 可以在 290 ℃、3.5 h 放出 98%的所储氢气 [55]。Peter Wasserscheid 等的研究表明，200 ℃ 以下 Ru/Al_2O_3 和 Rh/Al_2O_3 催化 DBT 吸氢反应的活性较 Pt/Al_2O_3 和 Pd/Al_2O_3 高，而 200~260 ℃ 时 Pt/Al_2O_3 和 Pd/Al_2O_3 活性较高且副反应较少，Ru/Al_2O_3 和 Rh/Al_2O_3 活性较低且副反应较

多。另外，DBT 的吸氢反应可以用 H_2/CH_4，H_2/H_2O 和 H_2/CO_2 等混合气体作为氢源 [56-58]。Peter Wasserscheid 等通过 NMR 和 HPLC 分析发现在 120~200 ℃、5 MPaH_2、Ru/Al_2O_3 催化下，DBT 更倾向于优先氢化两边的苯环，最后氢化中间的苯环且速率相对较慢 [59]。

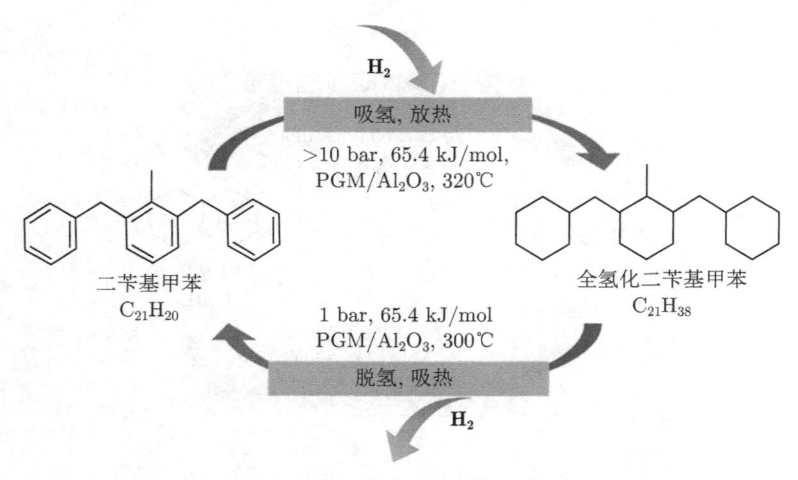

图 7.14　二苄基甲苯/十八氢二苄基甲苯 LOHC 体系

2017 年，Peter Wasserscheid 等以 0.3 wt%Pt/Al_2O_3 为催化剂，在同一反应器中进行 DBT 的吸放氢反应，吸氢条件为 290 ℃、4 MPa H_2、4 h，放氢条件为 290 ℃、0.1 MPa H_2、20 h。经过 4 次吸放氢循环之后体系储氢密度为 4.6 wt%，容量衰减主要发生在第一次到第二次吸放氢循环。使用吸放氢双向催化剂和单一反应器的优势在于：简化设备、降低成本、减少加热时间、可以将吸氢反应产生的热量用于维持放氢反应所需的温度从而降低能耗、吸氢过程可以部分除去催化剂表面积碳从而延长催化剂寿命 [60,61]。

2019 年，Peter Wasserscheid 等发现硫处理之后的 Pt 基催化剂 (0.3 wt%Pt-0.25 wt%S)/Al_2O_3 相对于 0.3 wt%Pt/Al_2O_3 有更高的催化 18H-DBT 放氢的活性和选择性 [62]。尽管 BT 的吸放氢性能较 DBT 优异，但因为 BT 具有低毒性且沸点较低，因此 DBT 被认为是更有应用前景的 LOHC。然而，DBT (18H-DBT) 的黏度较 BT(12H-BT) 大，这是其吸放氢性能劣于 BT 的原因之一，而且不利于实际应用中的运输过程。2020 年，Peter Wasserscheid 等发现在 18H-DBT 中添加 20 wt%的 12H-BT，其黏度可以降低 80%，放氢速率也提高了 10%~12%[63]。

除了 Peter Wasserscheid 等，越来越多的研究者开始了对 DBT 的研究。比如 2019 年，西安交通大学杨伯伦等的研究表明在 3 wt%Pt/Al_2O_3 催化下，140 ℃、4 MPa H_2 的条件 DBT 仅需要 35 min 即可吸氢完全，在相同的催化剂催化下吸氢产物 18H-DBT 在 270 ℃、0.1 MPa H_2 的条件 5 h 放氢量仅为 60%。将吸氢时间增加至 65 min 后进行 5 次吸放氢循环，第五次仅能产生 23%的氢气。NMR 测试结果表明尽管采用较低的放氢温度 (270 ℃)，吸放氢循环过程中仍会发生极少部分的开环、裂化等副反应，因此储氢量的衰减可能是因为积碳、团聚引起的催化剂活性降低和有机底物发生开环、裂化

造成的 [64]。2020 年，韩国国民大学的 Hee Joon Lee 等发现在 170 ℃、0.8 MPa H_2 的低氢压条件下 Raney-Ni 催化 DBT 吸氢的活性强于贵金属催化剂，然而吸氢速率很慢且不能实现完全吸氢 [65]。2020 年，韩国汉阳大学的 Young-Woong Suh 等研究了 MgO 等载体对 Ru 基催化剂催化 DBT 吸氢的影响 [66]。

2013 年，埃朗根–纽伦堡大学的校企 Hydrogenious Technologies 成立。该公司长期致力于发展基于 DBT 的 LOHC 体系。如图 7.15 是该公司的 DBT 吸氢和放氢的中试设备，吸氢装置的吸氢速率可达 150 m^3/h，放氢装置的放氢速率可达 250 m^3/h。目前该公司的主要业务是基于 LOHC 的氢储存与运输。2020 年 5 月，现代汽车公司给 Hydrogenious Technologies 投资，以发展基于 LOHC 的固定式和车载储氢设备。

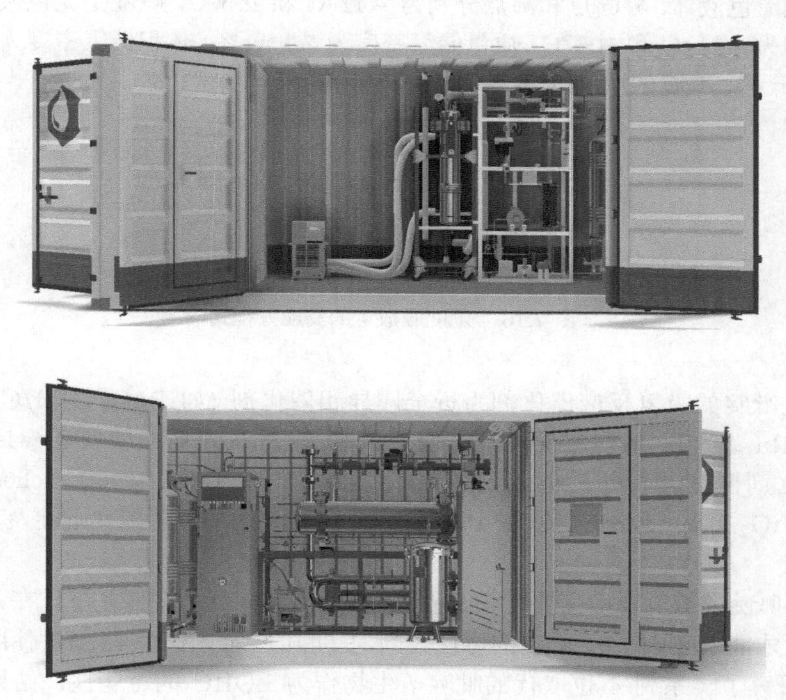

图 7.15 Hydrogenious Technologies 的 DBT 吸氢 (上) 和放氢 (下) 的中试设备 [69,70]

2014 年开始，法国 Framatome 公司也开始发展基于 DBT 的 LOHC 体系的相关业务，该公司为位于德国巴伐利亚州阿兹伯格镇的智能电网太阳能研究站提供了一个基于 DBT 的储氢设施，电力过剩时电解水产生氢气储存进 LOHC 中，电力不足时释放出氢气并通过燃料电池转化为电能 [67,68]。

7.3.2 氮杂环芳香烃

氮杂环芳香烃 LOHC 对应的富氢状态是氮杂脂环化合物，主要包括吡啶、喹啉、吲哚、咔唑、萘啶、吡嗪、酚嗪、吖啶及其衍生物。研究表明芳香烃 LOHC 中引入 N 原子能有效降低吸放氢温度，比如环己烷中掺杂的氮原子越多，放氢温度越低，且间位掺杂比对位掺杂降低的放氢温度更多。另外，环外掺杂氮原子同样能降低放氢温度。然而，掺杂多个氮原子，特别是在同一个环中掺杂多个氮原子会导致环的稳定性降低和整个分子熔点的升高 (氢键作用所致)，不利于它们作为 LOHC 使用，因此氮杂环芳香烃 LOHC 一般至多含有两个氮原子。

氮杂环芳香烃 LOHC 的质量储氢密度为 5.1 wt%～7.2 wt%，放氢焓变为 50～60 kJ/(mol H_2)，因此其吸放氢温度一般为 100～200 ℃，较芳香烃 LOHC 的低，这也是它们相对于芳香烃 LOHC 的主要优势。然而，氮杂环芳香烃 LOHC 的放氢温度仍然偏高，且绝大部分同样需要贵金属催化剂克服缓慢的吸放氢动力学。

7.3.2.1　吡啶及其衍生物

吡啶是无色液体，凝固点和沸点分别为 −42 ℃ 和 115 ℃。哌啶是无色液体，凝固点和沸点分别为 −11 ℃ 和 106 ℃，质量储氢密度为 7.1 wt%，体积储氢密度为 66 gH_2/L。如图 7.16 所示，哌啶的放氢焓变为 57 kJ/(mol H_2)。

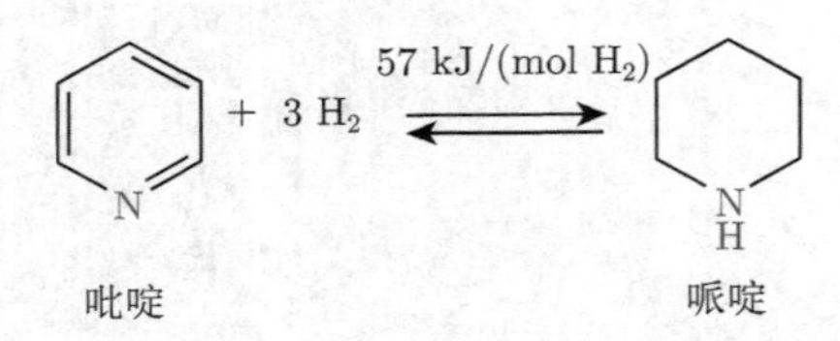

图 7.16　吡啶吸放氢的反应方程式

工业上吡啶的吸氢反应催化剂为贵金属异相催化剂 (如 RuO_2、Pd/C 等)，实验室研究中 Ru 基、Ir 基均相催化剂、双五氟苯基硼烷–芳基乙烯型 Lewis 酸碱对型 (FLP) 催化剂也被报道用于吡啶环的吸氢反应。2018 年，Matthias Beller 等报道了一种 $Co@TiO_{2-x}N_y$ 催化剂可以在 160 ℃、6 $MPaH_2$ 的条件下催化吡啶及其衍生物完全吸氢 [71]。

然而，哌啶的放氢反应需要在 Pd 基或者 Pt 基异相催化剂催化下，在 H_2 气氛中、300 ℃ 以上才能发生。另外，吡啶的毒性较高，因此吡啶难以作为 LOHC 使用。2008 年，Jessop 等研究了一系列 4 位取代的吡啶衍生物作为 LOHC 的可能性，结果显示 4-氨基哌啶 (NPy) 可以在 5%Pd/SiO_2 催化下 170 ℃ 完全放氢转化为 4-氨基吡啶 (NPd)，4-吡啶甲酰胺 (INA) 可以在 Rh/C 催化下 160 ℃、7 $MPaH_2$ 完全吸氢转化为哌啶-4-甲酰胺 (6H-INA)，6H-INA 可以在 5%Pd/SiO_2 催化下 170 ℃ 完全放氢转化回 INA (图 7.17)。因此，NPy 和 INA 被作者认为是比较有应用前景的 LOHC 候选分子。然而，NPy、INA、6H-INA 的熔点分别为 157 ℃、155 ℃、145 ℃，因此 NPy 和 INA 不适合做 LOHC，后续也没有相关研究 [72]。

2018 年，韩国汉阳大学的 Young-Woong Suh 等合成了 2-(N-甲基苄基) 吡啶 (MBP) 和其吸氢产物 2-[(N-甲基环己基) 甲基] 哌啶 (12H-MBP) 作为 LOHC。如图 7.18 所示，MBP 是棕黄色液体，凝固点和沸点分别为 −50 ～ −46 ℃ 和 291 ℃。12H-MBP 是淡黄色液体，凝固点和沸点分别为 −19 ～ −18 ℃ 和 293 ℃。质量储氢密度为 6.2 wt%。在 1 wt%Pd/C 催化下，12H-MBP 可以在 270 ℃、2 h 放出 99%的氢气。在 1 wt% Ru/Al_2O_3 催化下，MBP 可以在 150 ℃、5 $MPaH_2$、2 h 完全吸氢转化为 12H-MBP[73]。

进一步的研究表明，Pd/CCA(碳包覆的 Al_2O_3)、介孔 Pd/Al_2O_3 等是比 Pd/C 性能更优的 12H-MBP 放氢催化剂 [74-76]。

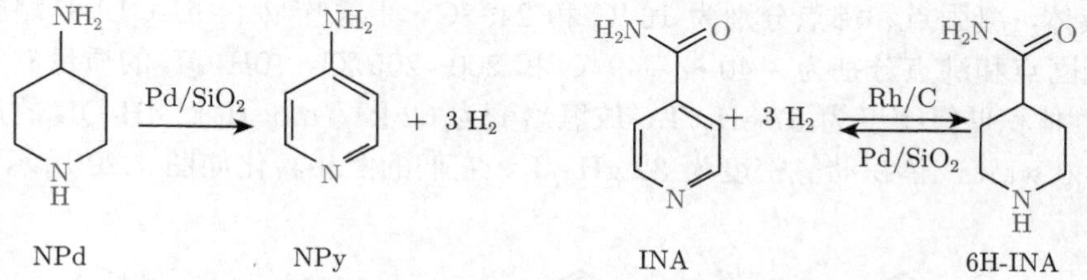

NH_2 Pd/SiO_2 NH_2 + 3 H_2 H_2N O   + 3 H_2 Rh/C   Pd/SiO_2 H_2N O

NPd   NPy   INA   6H-INA

图 7.17 NPd 放氢和 INA 吸放氢的反应方程式

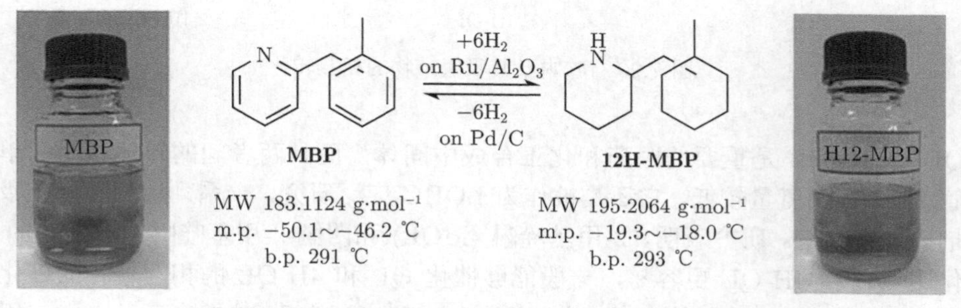

图 7.18 MBP 和 12H-MBP 的基本性质、实物图和相互转化的方程式 [73]

2019 年，谢银君和 David Milstein 发展的 Pd(OAc)$_2$/C 催化剂可以催化 2-甲基吡啶 (MPy) 或者 2，6-二甲基吡啶 (DMPy) 的可逆吸放氢。其中 MPy 吸放氢过程会有较多副反应发生，因此 DMPy 是较优的选择。在原位形成的 Pd/C-HOAc 催化下，DMPy 可以在 150 ℃、0.016~0.5 MPaH_2 的条件下 18 h 完全吸氢成为 2，6-二甲基哌啶 (6H-DMPy)，在相同的催化剂催化下，6H-DMPy 可以在 128 ℃ (回流) 23 h 完全放氢 (图 7.19)[77]。DMPy 是无色液体，凝固点和沸点分别为 −6 ℃ 和 145 ℃。6H-DMPy 是无色液体，凝固点低于 −20 ℃，沸点为 128 ℃，质量储氢密度为 5.3 wt%，体积储氢密度为 44 gH_2/L。

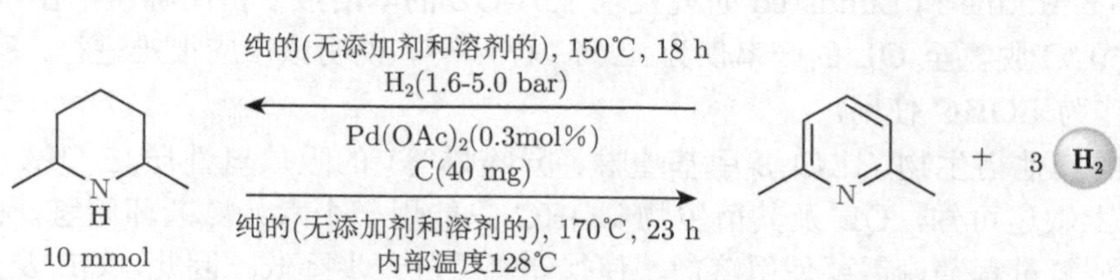

纯的(无添加剂和溶剂的), 150℃, 18 h
H_2(1.6-5.0 bar)
Pd(OAc)$_2$(0.3mol%)
C(40 mg)
纯的(无添加剂和溶剂的), 170℃, 23 h
内部温度128℃
10 mmol   + 3 H_2

图 7.19 Pd(OAc)$_2$/C 催化 DMPy 吸放氢的反应方程式和吸放氢性能

因此，MBP 和 DMPy 及其吸氢产物在室温下都是液体，且都能在催化剂作用下可逆吸氢，是两种比较有潜力的吡啶衍生物 LOHC。然而，前者的放氢温度太高，后者的放氢速率太慢，因此都需要发展性能更优异的放氢催化剂。

7.3.2.2　喹啉及其衍生物 [78]

喹啉 (QL) 是无色液体，凝固点和沸点分别为 −15 ℃ 和 237 ℃。四氢喹啉 (4H-QL) 是无色液体，凝固点和沸点分别为 16 ℃ 和 249 ℃。十氢喹啉 (10H-QL) 是略带黄色的液体，凝固点和沸点分别为 −40 ~ −49 ℃ 和 200~205 ℃。10H-QL 的质量储氢密度为 7.2wt%，体积储氢密度为 67 gH_2/L，放氢焓变为 62 $kJ/(mol\ H_2)$。4H-QL 的质量储氢密度为 3.0 wt%，体积储氢密度为 32 gH_2/L。它们的互相转化如图 7.20 所示。

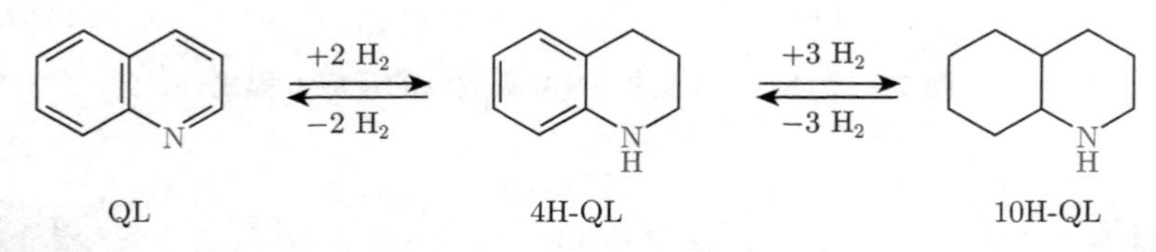

图 7.20　喹啉及其吸氢产物的相互转化

QL 和 4H-QL 是重要的医药和化工合成中间体，而且两者间的转化相对简单，因此尽管 4H-QL 储氢量较低，它还是被作为 LOHC 广泛研究，一系列均相和异相吸放氢催化剂被发展出来。研究表明，2-甲基喹啉 (MQL) 和四氢-2-甲基喹啉 (4H-MQL) 之间的转化比 QL 和 4H-QL 更容易，一般能够催化 QL 和 4H-QL 的相互转化的催化剂也能催化 MQL 和 4H-MQL 的相互转化。$Ni_{31}Si_{12}/Ni_2Si@SiO_2$ 能够在三乙二醇二甲醚溶剂中催化 MQL 在 120 ℃、5 $MPaH_2$、16 h 条件下完全吸氢转化为 4H-MQL，4H-MQL 在 200 ℃、48 h 放出 97%的氢气 [79]。2019 年，上海交通大学的李新昊报道了一种 $Co_{0.14}/N_{0.11}C$ 催化剂，能够催化 QL 在 120 ℃、3 $MPaH_2$、48 h 条件下完全吸氢转化为 4H-QL，在甲苯溶剂中 QL 在 120 ℃、0.5 $MPaH_2$、4 h 条件下完全吸氢转化为 4H-QL，4H-QL 在 160 ℃、8 h 条件下放出 99%的氢气 [80]。

QL 直接吸氢为 10H-QL 通常需要 Ru 基或者 Rh 基催化剂，比如 2014 年四川大学的李瑞祥等报道了一种 Ru/CSP (葡萄糖热解得到的碳材料) 催化剂，可以在水溶液中于 120 ℃、2 $MPaH_2$ 的条件下催化 QL 转化为 10H-QL，4 h 的转化率和选择性为 98%和 95%。MQL 在相同的条件下转化率和选择性均为 100%[81]。

Homer Adkins 和 Lundsted 研究发现 10H-QL 的苯溶液于密闭容器中在 Ni-NiCrO 催化下 350 ℃ 脱氢至 QL 的产率仅为 42%~47%[82]，说明该反应很难进行，所以 10H-QL 不能作为 LOHC 使用。

QL 的其他衍生物 (比如 3-甲基喹啉、异喹啉等) 的吸放氢性质与 QL、MQL 类似。由以上叙述可知，QL 及其衍生物 LOHC 只能用一个六元氮杂环储氢，储氢量较低，且吸放氢过程普遍需要使用溶剂，使得储氢量进一步降低。因此，QL 及其衍生物作为 LOHC 的应用潜力不高。

7.3.2.3　吲哚及其衍生物

吲哚 (ID) 是片状白色晶体，熔点和沸点分别为 53 ℃ 和 254 ℃。吲哚啉 (2H-ID) 是无色液体，凝固点和沸点分别为 −21 ℃ 和 249 ℃，质量储氢密度为 1.7 wt%，体积储氢密度为 18 gH_2/L，放氢焓变为 52 kJ/(mol H_2)。八氢吲哚 (8H-ID) 是白色晶体，熔点和沸点分别为 86 ℃ 和 186 ℃，质量储氢密度为 6.4 wt%，放氢焓变为 58 kJ/(mol H_2)。它们的互相转化如图 7.21 所示。因为 8H-ID 和 ID 室温下都是固体且相互转化较为困难，因此 8H-ID 不被当作 LOHC。

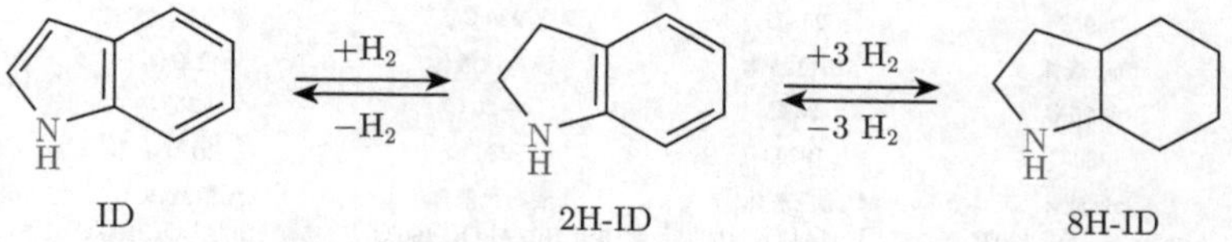

ID $\underset{-H_2}{\overset{+H_2}{\rightleftharpoons}}$ 2H-ID $\underset{-3\,H_2}{\overset{+3\,H_2}{\rightleftharpoons}}$ 8H-ID

图 7.21 吲哚及其吸氢产物的相互转化

尽管 2H-ID 储氢量较低，但由于其室温下是液态且放氢焓变小，可以在较低温度放氢，因此 2H-ID 也被认为是有一定应用前景的 LOHC。2006 年，Crabtree 等的研究表明在 Pd/C 或 Rh/C 催化下 2H-ID 的甲苯溶液回流 (110 ℃) 24 h 可以完全放氢转化为 ID[83]。2008 年，Jessop 等研究了一系列过渡金属催化剂催化 2H-ID 放氢的性能，结果显示 Pd/SiO_2 性能最优，于 100 ℃、1 h 转化率为 81%，温度超过 140 ℃ 即会有明显的开环副反应发生 [72]。2018 年，Cai 等报道了一种 Pd_1Ni_4@MIL-100(Fe) 催化剂，在水溶液中能够催化 ID 于 60 ℃、0.4 $MPaH_2$、12 h 完全吸氢转化为 2H-ID，2H-ID 于 130 ℃、12 h 完全放氢转化为 ID[84]。2019 年，Peter Wasserscheid 等报道了 $[Ir(cod)(py)(PCy_3)]PF_6$ 可以催化 ID 的二丁醚溶液于 140 ℃ 可逆储氢 [85]。虽然有很多催化剂被发展出来，从储氢的角度看，可以不用溶剂即可催化 2H-ID 于 100 ℃ 放氢的 Pd/SiO_2 最有实用价值。

然而，2H-ID 的储氢量太低，所以烷基取代的吲哚 LOHC 被发展出来。在吲哚中引入甲基或者乙基这种给电子基团能够使得吸放氢更为容易，还能降低熔点，抑制氮原子对催化剂活性位点的毒化，同时储氢量也可以保持在 5 wt%以上。近年来，中国地质大学的程寒松等发展了一系列烷基取代的吲哚 LOHC，包括 1-甲基吲哚 (1-MID)、2-甲基吲哚 (2-MID)、7-乙基吲哚 (7-EID)、1-乙基吲哚 (1-EID)、1，2-二甲基吲哚 (1，2-DMID)，其基本性质如图 7.22 所示。这些烷基取代的吲哚 LOHC 的富氢态室温下均为液体，储氢密度为 5.3 wt%~5.8 wt%，吸放氢温度为 130~200 ℃，吸氢催化剂为 Ru/Al_2O_3，放氢催化剂为 Pd/Al_2O_3。这些吲哚衍生物的储氢性能较为优异，是很有应用前景的 LOHC[86-91]。

这些吲哚衍生物的吸放氢过程比较相似。以 1，2-DMID 为例，根据理论计算和对反应过程的 GCMS 分析，吸放氢反应过程为：吸氢过程 1，2-DMID 先吸氢成为 5，6-二氢-1，2-二甲基吲哚 (5，6-2H-1，2-DMID)，然后继续吸氢成为 5，6，7，8-四氢-1，2-二甲基吲哚 (5，6，7，8-4H-1，2-DMID)，最后吸氢成为八氢-1，2-二甲基吲哚 (8H-1，2-DMID)；放氢过程则是吸氢过程的逆过程。5，6-2H-1，2-DMID 和 8H-1，2-DMID 是反应过程中检测到的主要中间产物，放氢过程中产生的气体也没有杂质气体产生。

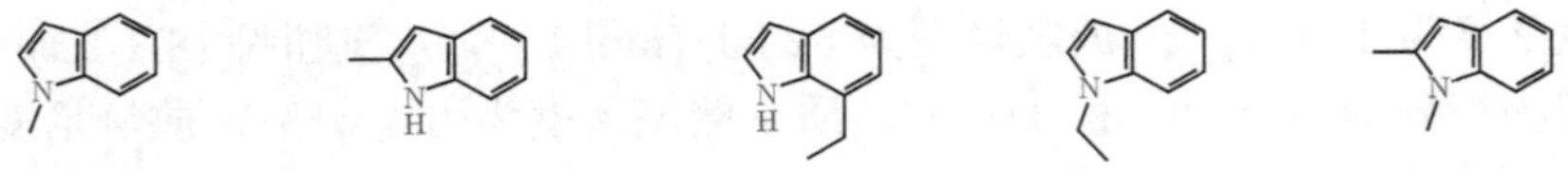

	1-MID	2-MID	7-EID	1-EID	1, 2-DMID
质量储氢密度	5.8 wt%	5.8 wt%	5.3 wt%	5.3 wt%	5.3 wt%
体积储氢密度	59 g H_2/L	52 g H_2/L	53 g H_2/L	48 g H_2/L	47 g H_2/L
贫氢态熔点	<−20℃	57℃	−14℃	−18℃	55℃
贫氢态沸点	239℃	253℃	230℃	254℃	261℃
贫氢态性状	黄色液体	白色晶体	淡黄色液体	无色液体	白色晶体
富氢态熔点	<−25℃	25℃	<−20℃	<−25℃	<−15℃
富氢态沸点	>230℃	197℃	>230℃	191℃	>261℃
富氢态性状	无色液体	无色液体	淡粉色液体	无色液体	无色液体
吸氢条件	5% Ru/Al_2O_3, 130℃ 6 MPa H_2, 4 h	5% Ru/Al_2O_3, 160℃ 7 MPa H_2, 40 min	5% Ru/Al_2O_3, 160℃ 7 MPa H_2, 1.5 h	5% Ru/Al_2O_3, 190℃ 9 MPa H_2, 80 min	5% Ru/Al_2O_3, 140℃ 7 MPa H_2, 1 h
放氢条件	5% Pd/Al_2O_3, 190℃ 0.1 MPa Ar, 5 h	5% Pd/Al_2O_3, 190℃ 0.1 MPa Ar, 4 h	5% Pd/Al_2O_3, 190℃ 0.1 MPa Ar, 4.5 h	5% Pd/Al_2O_3, 190℃ 0.1 MPa Ar, 6 h	5% Pd/Al_2O_3, 200℃ 0.1 MPa Ar, 1 h

图 7.22　部分吲哚衍生物 LOHC 的基本性质和储氢性能 [6,86-91]

7.3.2.4　咔唑及其衍生物

咔唑是无色片状晶体，熔点和沸点分别为 245 ℃ 和 355 ℃。十二氢咔唑是无色固体，熔点和沸点分别为 76 ℃ 和 273 ℃[92]。咔唑、十二氢咔唑及其吸放氢中间体室温下都是固体，因此不适合作为 LOHC。然而，N-乙基咔唑被认为是最有应用前景的 LOHC 之一。N-乙基咔唑 (NEC) 是白色针状晶体，熔点和沸点分别为 68 ℃ 和 378 ℃。四氢 N-乙基咔唑 (4H-NEC) 是无色液体，熔点为 9 ℃。八氢 N-乙基咔唑 (8H-NEC) 是无色晶体，熔点为 43 ℃。十二氢 N-乙基咔唑 (12H-NEC) 是无色液体，熔点和沸点分别为 −85 ℃ 和 342 ℃，质量储氢密度为 5.8 wt%，体积储氢密度为 54 gH_2/L，放氢焓变为 50.6 kJ/(mol H_2)。它们的互相转化如图 7.23 所示。因为 NEC 和 12H-NEC 的储氢量高、放氢焓变较小、不具可燃性和挥发性，且毒性极低，因此自从美国 Air Products 公司的 Pez 等首次指出其可以作为 LOHC 且分别用 Ru/C 催化剂和 Pd/$LiAlO_2$ 催化剂成功催化其吸氢反应和相应的放氢反应以来，针对 NEC 的研究变得非常多 [93-95]。

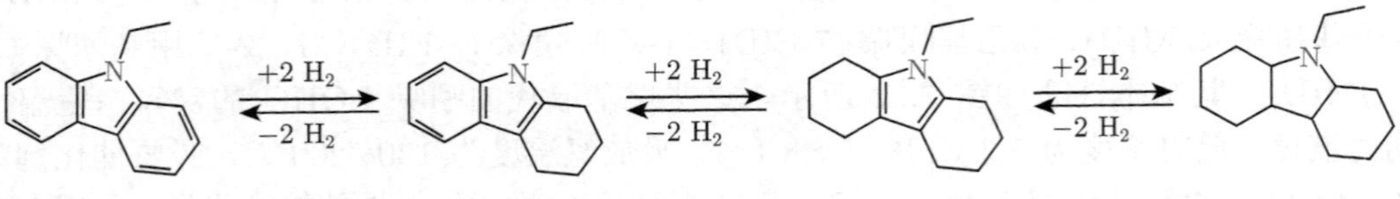

NEC　$\underset{-2\,H_2}{\overset{+2\,H_2}{\rightleftharpoons}}$　4H-NEC　$\underset{-2\,H_2}{\overset{+2\,H_2}{\rightleftharpoons}}$　8H-NEC　$\underset{-2\,H_2}{\overset{+2\,H_2}{\rightleftharpoons}}$　12H-NEC

图 7.23　NEC 及其吸氢产物的相互转化

NEC 吸氢催化剂主要是 Ru、Rh、Pd、Pt、Ni 基异相催化剂。根据 Eblagon、程寒松等 [96-100] 的研究，它们的催化活性顺序为：Ru > Rh > Pd > Pt > Ni。Eblagon 等 [97] 将这几种过渡金属催化活性的差异归因于不同金属的 d 带中心位置不同，即 d 带中心相对于费米能级的位置越高 (Ni(−1.29 eV) > Ru(−1.41 eV) > Rh (−1.73 eV) > Pd (−1.83 eV) > Pt (−2.25 eV))，金属表面与 NEC 的吸附作用越强，催化性能越好。d 带中心是 Nørskov 等 [101] 提出的用于描述过渡金属表面电子结构的一个参数，即以表面原子为中心的区域的 d 型态密度的质心。d 带中心的位置影响着金属表面与吸附物种的吸附能大小，因此对于异相催化反应的分析非常重要。

然而，Ni 并不符合过渡金属催化 NEC 吸氢反应的活性与 d 带中心位置呈正相关的一般规律：Ni 的 d 带中心位置比 Ru、Rh、Pd、Pt 几种过渡金属的 d 带中心位置都高，其催化活性却是最低的，这可能和 Ni 的表面氧化、Ni 表面的竞争吸附等因素有关。浙江大学的安越等人研究了无溶剂条件下 NEC 在 Raney-Ni、20 wt%Ni/Al_2O_3、F-$LaNi_5$、5.2 wt%Ru/Al_2O_3 等催化剂催化下的吸氢反应，结果显示 Ni 基催化剂的性能远差于 Ru 基催化剂，Ru/Al_2O_3 可以催化 NEC 在 160~180 ℃、7 MPa H_2 的条件下 0.6 h 吸氢完全 [100,102-105]。2019 年，北京大学的李星国等发展了基于稀土氢化物的 Ni/Al_2O_3-YH_3 和 Ru/YH_3，两者催化 NEC 吸氢的性能和 Ru/Al_2O_3 相当，而前者是非贵金属催化剂，后者 Ru 的负载量很低，都能够有效降低催化剂成本。这两种催化剂的高活性来源于稀土氢化物介导的氢传递过程 [106,107]。

12H-NEC 放氢催化剂主要是 Ru、Rh、Pd、Pt、Au 基异相催化剂。根据程寒松等 [108,109] 的研究，它们的催化活性顺序为 Pd > Pt > Ru > Rh，前两者催化下能完全放氢至 NEC，而后两者不能。其中性能最好的催化剂是 Pd/Al_2O_3，180 ℃ 时 12H-NEC 完全放氢成 NEC 需要 4.5 h。根据西安交通大学的方涛等 [110,111] 的研究，贵金属催化剂的催化活性顺序为 Pd > Pt > Rh > Ru > Au。在两个性能排序中，Ru 和 Rh 的催化活性顺序有所差别，但两者的催化活性都比较差且比较接近，这种差别可能是由于粒径、载体等因素产生的影响导致的。

催化剂中活性金属的粒径、表面暴露情况、组成以及载体种类等因素都可能会影响催化剂的活性，研究者也致力于通过调控这些因素获得更理想的 12H-NEC 脱氢催化剂。比如方涛发展了一系列 Pd 基和 Pt 基 12H-NEC 放氢催化剂，其中性能最好的是 $AuPd_{1.3}$/rGO。在 $AuPd_{1.3}$/rGO 催化下，12H-NEC 能够在 180 ℃ 下 4 h 放氢完全，是已报道的无溶剂条件下 12H-NEC 放氢完全需要的最短时间 [110-115]。2019 年，傅杰等制备了一种六方 BN 纳米片，能够催化 12H-NEC 在 120 ℃ 放氢 4.3 wt%(74%)，这是文献报道的唯一的催化 12H-NEC 放氢的非金属催化剂，只是其对于 NEC 的选择性太低，还需更多的探索 [116]。

在二苄基甲苯部分已经探讨过，LOHC 吸放氢双向催化剂具有简化设备、降低成本、减少加热时间等优势，因此安越等尝试将 Raney-Ni 作为 NEC 吸放氢的双向催化剂。然而，Raney-Ni 催化 12H-NEC 放氢的活性太低且活性衰减严重，作为双向催化剂的效果很差 [117]。考虑到 Ru/Al_2O_3 能高效催化 NEC 吸氢，Pd/Al_2O_3 能高效催化 12H-NEC 放氢，安越等又尝试将 Ru/Al_2O_3-Pd/Al_2O_3 混合物作为 NEC 的双向催化剂，结果该混合催化剂确实能同时催化 NEC 吸放氢，但性能衰减严重，13 次吸放氢循环后储氢量仅为 3.6 wt%[118]。

为了得到更好的 NEC 吸放氢双向催化剂，Rhett Kempe 等用二异丁烯基环丁二烯基钌 (0)、二 (4-甲基-2-(N-三甲基硅基) 氨基吡啶) 合钯 (II) 和聚硅氮烷 HTT1800 为前驱体制备了 Ru-Pd 双金属催化剂 Pd_2Ru@SiCN，它能够催化 NEC 在 110 ℃ 基本吸氢完全，也能在 180 ℃ 催化 12H-NEC 基本完全脱氢，因此能够催化 NEC 循环吸放氢，且储氢量衰减较慢 [119]。2020 年，北京大学的李星国等发展了基于稀土氢化物的 NEC 吸放氢非贵金属双向催化剂 Co-B/Al_2O_3-YH_{3-x}，吸放氢催化性能分别媲美 Ru/Al_2O_3 和 Pd/Al_2O_3，而且有良好的循环稳定性。如图 7.24 所示，Co-B/Al_2O_3-YH_{3-x} 催化 NEC 吸放氢过程中，非整比稀土氢化物 YH_{3-x} 起到介导氢传递的作用，这是 Co-B/Al_2O_3-YH_{3-x} 表现出优异催化性能的主要原因 [120]。

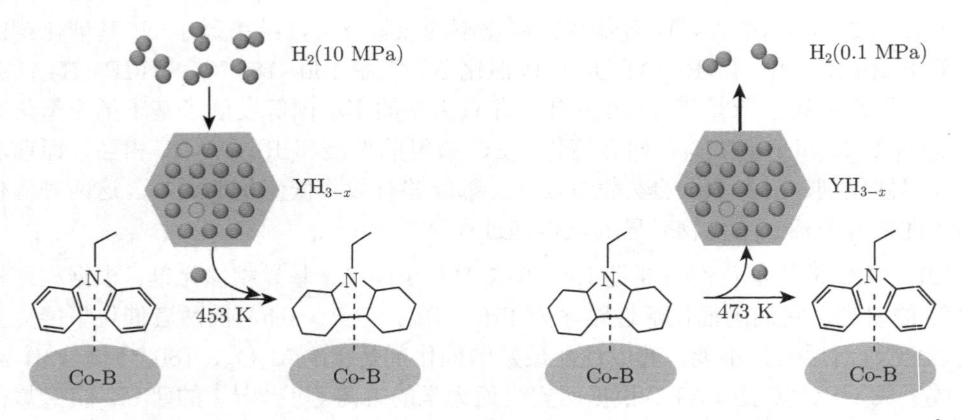

图 7.24　Co-B/Al_2O_3-YH_{3-x} 催化 NEC 吸放氢反应过程中 YH_{3-x} 介导氢传递的示意图 [120]

N-乙基咔唑 (NEC) 的熔点为 68 ℃，室温下是固体。虽然 12H-NEC 室温下是液体，但这仍然是 NEC 作为 LOHC 的一个缺点。Peter Wasserscheid 和 Wolfgang Arlt 的研究表明：N-甲基咔唑 (NMC)、N-丙基咔唑 (NPC)、N-异丙基咔唑 (NiPC)、N-丁基咔唑 (NBC) 的熔点分别为 88 ℃、47 ℃、121 ℃、57 ℃；42 mol%的 NEC 和 58 mol%的 NPC 的混合物 (储氢量为 5.6 wt%) 的熔点为 24 ℃；32 mol%的 NEC、41 mol%的 NPC 和 27 mol%的 NBC 的混合物 (储氢量为 5.5 wt%) 的熔点为 16 ℃[92]。由此可知使用 NEC-NPC 或者 NEC-NPC-NBC 混合物作为 LOHC 可以避免贫氢态 LOHC 室温下为固体的缺点，因此需要研究取代的烃基对 N-烷基咔唑储氢性能的影响。

Mehranfar 和 Izadyar 的理论计算表明不同的烷基 (乙基、丙基、丁基) 不会对催化放氢反应产生明显影响 [121]。程寒松等的研究结果显示在 5 wt%Ru/Al_2O_3 催化下 NPC 于 150 ℃、7 MPa H_2 的条件下 30 min 即可吸氢完全，实验结果和 NEC 很接近，说明不同烷基对催化性能的影响确实较小 [122]。

程寒松等还报道了按顺序浸渍还原制备的 5 wt%Ru-Ni/Al_2O_3 和 5 wt%Ru-Pd/Al_2O_3 催化剂，前者催化 NPC 吸氢的性能略优于 5 wt%Ru/Al_2O_3，后者催化 NPC 吸氢的性能虽然远差于 5 wt%Ru/Al_2O_3，但可作为 NEC 吸放氢双向催化剂。在 5 wt% Ru-Pd/Al_2O_3 催化下 NPC 于 150 ℃、7 MPa H_2 的条件下 7 h 可吸氢完全，相应的吸氢产物于 180 ℃ 可在 6 h 内完全放氢转化回 NPC[123,124]。

2020 年，大连化学物理研究所的何腾和陈萍报道了咔唑盐作为储氢材料。他们的研究显示金属离子取代咔唑氮原子上的氢能够降低其吸放氢温度，比如咔唑锂 (LiCZ，质量储氢密度 6.5 wt%) 的吸氢焓变为 34 kJ/(mol H_2)，理论上能在室温附近吸放氢。

LiCZ 确实能在 Ru 纳米颗粒催化下于 100 ℃、7 MPa H_2 的条件下 1 h 接近吸氢完全，然而吸氢产物十二氢咔唑锂 (12H-LiCZ) 在 Pd/C 催化下 200 ℃ 放氢产率仅 72%。这是因为成盐之后熔点显著升高，室温下 LiCZ 和 12H-LiCZ 都是固态，不能作为 LOHC，而且放氢过程底物与催化剂难以充分接触 [125]。不过，这类咔唑盐可能可以部分溶解于 NEC 中，以降低 NEC 的熔点和放氢温度。

7.3.2.5 萘啶、吡嗪、酚嗪、吖啶及其衍生物

2014 年，京都大学的 Ken-ichi Fujita 等报道了 Ir(Cp)(OH_2)(L)(L 为 2，9-二羰基-1，10 菲罗琳) 催化的 2，6-二甲基-1，5-萘啶 (DMNd)/2，6-二甲基十氢-1，5-萘啶 (10H-DMNd)LOHC 体系。如图 7.25 所示，在 Ir(Cp) (OH_2)(L) 催化下，在对二甲苯溶剂中 DMNd 于 130 ℃、7 MPa H_2 的条件下 20 h 可完全转化为 10H-DMPd，10H-DMPd 于 138 ℃ 反应 20 h 可接近完全放氢转化回 DMPd[126]。

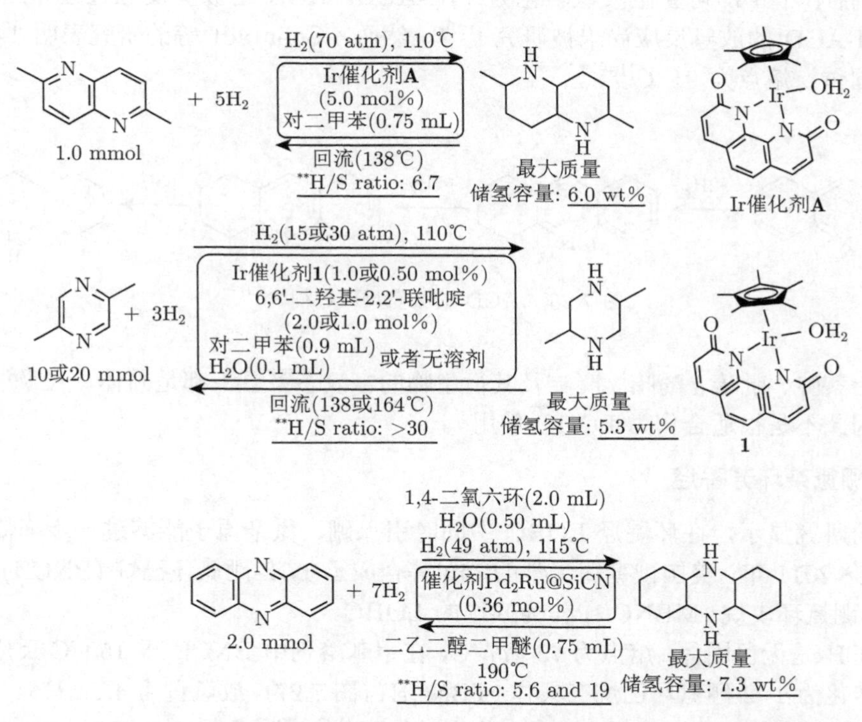

图 7.25 DMPd、DMPz、Phenz 吸放氢的反应方程式和吸放氢性能 [119,126,128]

然而，DMNd 和 10H-DMNd 室温下都是固体，且 DMNd 体系需要使用溶剂，储氢量偏低。因此，2017 年 Ken-ichi Fujita 等又发展了 2，5-二甲基吡嗪 (DMPZ)/2，5-二甲基哌嗪 (6H-DMPZ)LOHC 体系。如图 7.25 所示，在 Ir(Cp)(OH_2)(L) 催化下，DMPZ 于 110 ℃、3 MPa H_2 的条件下 48 h 可以以 78%的转化率转化为 6H-DMPZ，6H-DMPZ 于 162 ℃(回流) 反应 20 h 可完全放氢转化回 DMPZ。DMPZ 是无色液体，凝固点和沸点分别为 15 ℃ 和 155 ℃。6H-DMPZ 是无色晶体，熔点和沸点分别为 113~118 ℃

和 162~165 ℃，质量储氢密度为 5.3 wt%[119]。

2016 年，Rhett Kempe 等报道了 Pd_2Ru@SiCN 催化的酚嗪 (Phenz)/十四氢酚嗪 (14H-Phenz) 储氢体系。如图 7.25 所示，在 Pd_2Ru@SiCN 催化下，在 1，4-二氧六环/水混合溶剂中 Phenz 于 115 ℃、4.9 MPa H_2 的条件下 24 h 可接近完全转化为 14H-Phenz，在二乙二醇二甲醚溶剂中 14H-Phenz 于 190 ℃ 反应 24 h 可接近完全放氢转化回 Phenz。Phenz 是黄色至棕色结晶粉末，熔点和沸点分别为 172~176 ℃ 和 360 ℃。14H-Phenz 是黄色至棕色结晶粉末，不同立体异构体的熔点为 62~135 ℃，质量储氢密度为 7.3 wt%[119,127]。

2020 年，程寒松等报道了吖啶 (ACD) 作为候选的 LOHC，其富氢态十四氢吖啶 (14H-ACD) 的质量储氢密度为 7.3 wt%。ACD 是无色针状晶体，熔点和沸点分别为 111 ℃ 和 345 ℃。14H-ACD 是无色液体，熔点低于 −10 ℃，沸点高于 345 ℃，质量储氢密度为 7.3 wt%。在 5 wt%Ru/Al_2O_3 催化下，在均三甲苯溶剂中 ACD 于 190 ℃、9 MPa H_2 的条件下 1 h 即可完全吸氢转化为 14H-ACD。ACD 的吸氢反应过程如图 7.26 所示。14H-ACD 的放氢反应尚未被研究 [129]。然而，Coonradt 等的研究表明 14H-ACD 为无色固体，熔点为 91 ℃[130]。

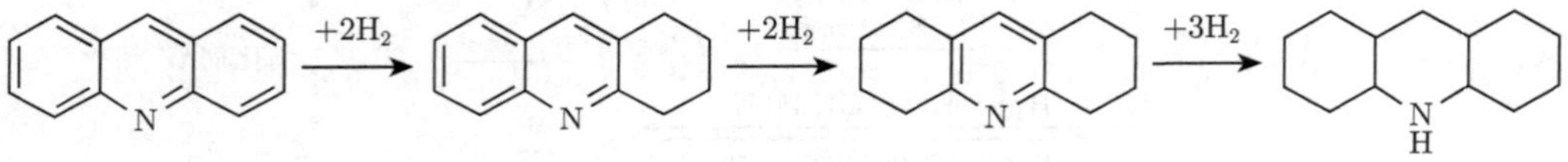

$$\text{ACD} \xrightarrow{+2H_2} \xrightarrow{+2H_2} \xrightarrow{+3H_2} \text{14H-ACD}$$

图 7.26　ACD 的吸氢反应过程 [129]

以上萘啶、吡嗪、酚嗪、吖啶及其衍生物的富氢态室温下都是固体，且吸放氢速率很慢，因此不是很适合作为 LOHC 使用。

7.3.3　硼氮杂环芳香烃

理论研究显示，在环烷烃 LOHC 中同时引入硼、氮杂原子能够进一步降低放氢温度。2010~2011 年，美国俄勒冈大学的 Liu 等合成了 1，2-硼氮环己烷 (BNCH) 和 3-甲基-1，2-硼氮环戊烷 (MBNCP) 作为候选的 LOHC。

BNCH 是无色固体，熔点为 75~77 ℃，在甲苯溶剂中 BNCH 于 150 ℃ 反应 2 h 可以放氢转化为 1，2-硼氮环己烷三聚体 (TBNCH) (图 7.27)，放氢量为 4.7 wt%。TBNCH 室温下也是固体，因此 BNCH 不适合作为 LOHC[131,132]。

MBNCP 是无色液体，凝固点和沸点分别为 −18 ℃ 和 335 ℃，质量储氢密度为 4.7 wt%，体积储氢密度为 42 gH_2/L。在 $FeCl_2$ 催化下，MBNCP 于 80 ℃ 反应 25 min 即可以 95%的转化率放氢转化为 3-甲基-1，2-硼氮环戊烷三聚体 (TMBNCP) (图 7.27)。TMBNCP 是无色固体，熔点和沸点分别为 28~30 ℃ 和 378 ℃。所以，MBNCP 是有一定应用前景的 LOHC。然而，MBNCP 合成过程需要使用 $H_3B{\cdot}NEt_3$ 和 KH 等，合成较为困难，其成本很高。另外，TMBNCP 是无机苯衍生物，很难直接加氢转化回 MBNCP，需要先醇解再用 $LiAlH_4$ 还原。

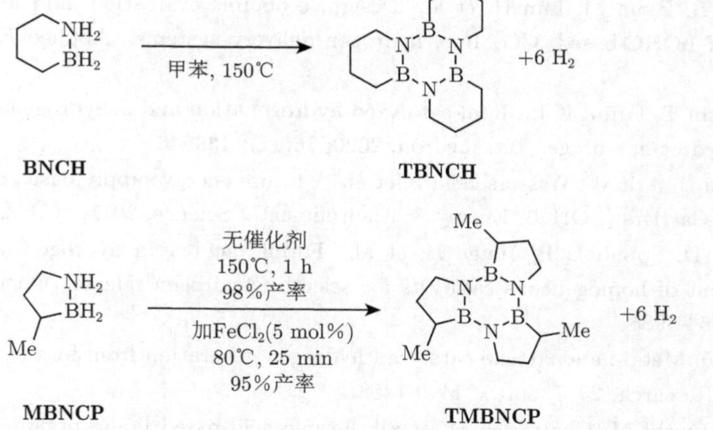

甲苯, 150℃

+6 H_2

BNCH TBNCH

无催化剂
150℃, 1 h
98%产率
加$FeCl_2$(5 mol%)
80℃, 25 min
95%产率

+6 H_2

MBNCP TMBNCP

图 7.27 BNCH、MBNCP 脱氢的反应方程式 [131-133]

(吴勇)

参 考 文 献

[1] He T, Pei Q J, Chen P, et al. Liquid organic hydrogen carriers. J. Energy Chem., 2015, 24(5): 587-594.

[2] Mueller K, Stark K, Emel'yanenko V N, et al. Liquid organic hydrogen carriers: thermophysical and thermochemical studies of benzyl- and dibenzyl-toluene derivatives. Ind. Eng. Chem. Res., 2015, 54(32): 7967-7976.

[3] Stark K, Emel'yanenko V N, Zhabina A A, et al. Liquid organic hydrogen carriers: thermophysical and thermochemical studies of carbazole partly and fully hydrogenated derivatives. Ind. Eng. Chem. Res., 2015, 54(32): 7953-7966.

[4] Zhu Q L, Xu Q. Liquid organic and inorganic chemical hydrides for high-capacity hydrogen storage. Energy & Environmental Science, 2015, 8(2): 478-512.

[5] Crabtree R H. Nitrogen-containing liquid organic hydrogen carriers: progress and prospects. ACS Sustainable Chemistry & Engineering, 2017, 5(6): 4491-4498.

[6] Aaldto-Saksa P T, Cook C, Kiviaho J, et al. Liquid organic hydrogen carriers for transportation and storing of renewable energy - Review and discussion. Journal of Power Sources, 2018, 396: 803-823.

[7] Gianotti E, Taillades-Jacquin M, Rozière J, et al. High-purity hydrogen generation via dehydrogenation of organic carriers: a review on the catalytic process. ACS Catalysis, 2018, 8(5): 4660-4680.

[8] Modisha P M, Ouma C N M, Garidzirai R, et al. The prospect of hydrogen storage using liquid organic hydrogen carriers. Energy & Fuels, 2019, 33(4): 2778-2796.

[9] Niermann M, Beckendorff A, Kaltschmitt M, et al. Liquid organic hydrogen carrier (LOHC) – Assessment based on chemical and economic properties. International Journal of Hydrogen Energy, 2019, 44(13): 6631-6654.

[10] Niermann M, Drünert S, Kaltschmitt M, et al. Liquid organic hydrogen carriers (LOHCs) - techno-economic analysis of LOHCs in a defined process chain. Energy & Environmental Science, 2019, 12(1): 290-307.

[11] Brigljević B, Byun M, Lim H, et al. Design, economic evaluation, and market uncertainty analysis of LOHC-based, CO_2 free, hydrogen delivery systems. Applied Energy, 2020, 274: 115314.

[12] Shimbayashi T, Fujita K I. Metal-catalyzed hydrogenation and dehydrogenation reactions for efficient hydrogen storage. Tetrahedron, 2020, 76(11): 130946.

[13] Teichmann D, Arlt W, Wasserscheid P, et al. A future energy supply based on Liquid Organic Hydrogen Carriers (LOHC). Energy & Environmental Science, 2011, 4(8): 2767-2773.

[14] Mellmann D, Sponholz P, Junge H, et al. Formic acid as a hydrogen storage material - development of homogeneous catalysts for selective hydrogen release. Chem Soc Rev, 2016, 45(14): 3954-3988.

[15] Li Z, Xu Q. Metal-nanoparticle-catalyzed hydrogen generation from formic acid. Accounts of Chemical Research, 2017, 50(6): 1449-1458.

[16] Zhong H, Iguchi M, Chatterjee M, et al. Formic acid-based liquid organic hydrogen carrier system with heterogeneous catalysts. Adv. Sustainable Syst., 2018, 2(2): 1700161-1700178.

[17] Doustkhah E, Hasani M, Lde Y, et al. Pd Nanoalloys for H_2 Generation from Formic Acid. ACS Applied Nano Materials, 2019, 3(1): 22-43.

[18] Onishi N, Laurency G, Beller M, et al. Recent progress for reversible homogeneous catalytic hydrogen storage in formic acid and in methanol. Coordination Chemistry Reviews, 2018, 373: 317-332.

[19] Naviani-Garcia M, Mori K, Salinas-Torres D, et al. New approaches toward the hydrogen production from formic acid dehydrogenation over Pd-based heterogeneous catalysts. Frontiers in Materials, 2019, 6.

[20] Onishi N, Lguchi M, Yang X C, et al. Development of effective catalysts for hydrogen storage technology using formic acid. Advanced Energy Materials, 2018, 9(23): 1801275.

[21] Coffey R S. The decomposition of formic acid catalysed by soluble metal complexes. Chemical Communications, 1967, 18: 923-924.

[22] Wang S, Huang H Y, Roisnel T, et al. Base-free dehydrogenation of aqueous and neat formic acid with iridium(Ⅲ) Cp*(dipyridylamine) catalysts. ChemSusChem, 2019, 12(1): 179-184.

[23] Wang Q, Chen J Y, Liu Z, et al. Phosphate-mediated immobilization of high-performance AuPd nanoparticles for dehydrogenation of formic acid at room temperature. Advanced Functional Materials, 2019, 29(39): 1903341.

[24] Li Z, Tsumori N, Xu Q, et al. Crafting porous carbon for immobilizing Pd nanoparticles with enhanced catalytic activity for formic acid dehydrogenation. ChemNanoMat, 2020, 6(4): 533-537.

[25] Li X, Surkus A E, Rabeah J, et al. Cobalt single-atom catalysts with high stability for selective dehydrogenation of formic acid. Angew Chem Int Ed, 2020, 59(37): 15849-15854.

[26] Stathi P, DeTigiannakis Y, Avgouropoulos G, et al. Efficient H_2 production from formic acid by a supported iron catalyst on silica. Applied Catalysis A: General, 2015, 498: 176-184.

[27] Gunasekar G H, Kim H, Yoon S, et al. Dehydrogenation of formic acid using molecular Rh and Ir catalysts immobilized on bipyridine-based covalent triazine frameworks. Sustainable Energy & Fuels, 2019, 3(4): 1042-1047.

[28] Zhong H, Lguch M, Song F Z, et al. Automatic high-pressure hydrogen generation from formic acid in the presence of nano-Pd heterogeneous catalysts at mild temperatures. Sustainable Energy & Fuels, 2017, 1(5): 1049-1055.

[29] Eppinger J, Huang K W. Formic acid as a hydrogen energy carrier. ACS Energy Letters, 2016, 2(1): 188-195.
[30] Guan C, Pan Y P, Zhang T H, et al. An update on formic acid dehydrogenation by homogeneous catalysis. Chem Asian J, 2020, 15(7): 937-946.
[31] van Putten R, Wissink T, Swinkels T, et al. Fuelling the hydrogen economy: scale-up of an integrated formic acid-to-power system. International Journal of Hydrogen Energy, 2019, 44(53): 28533-28541.
[32] Schaub T. CO_2-based hydrogen storage: CO_2 hydrogenation to formic acid, formaldehyde and methanol. Physical Sciences Reviews, 2018: 3(3).
[33] Nielsen M, Alberico E, Baumann W, et al. Low-temperature aqueous-phase methanol dehydrogenation to hydrogen and carbon dioxide. Nature, 2013, 495(7439): 85-89.
[34] Bai C, Wang H H, Lu G B, et al. Second sphere ligand promoted organoiridium catalysts for methanol dehydrogenation under mild conditions. ChemCatChem, 2020, 12(16): 4024-4028.
[35] Alberico E, Sponhol P, Cordes C, et al. Selective hydrogen production from methanol with a defined iron pincer catalyst under mild conditions. Angew Chem Int Ed Engl, 2013, 52(52): 14162-14166.
[36] Anderez-Fernandez M, Vogt L K, Fischer S, et al. A stable manganese pincer catalyst for the selective dehydrogenation of methanol. Angew. Chem. Int. Ed., 2016, 55: 1-5.
[37] Heim L E, Konnerth H, Prechtl M H G, et al. Future perspectives for formaldehyde: pathways for reductive synthesis and energy storage. Green Chemistry, 2017, 19(10): 2347-2355.
[38] Trincado M, Grützmacher H, Prechtl M H G, et al. CO_2-based hydrogen storage - Hydrogen generation from formaldehyde/water. Physical Sciences Reviews, 2018, 3(5): 20170013-20170032.
[39] Wang L, Ertem M Z, Kanega R, et al. Additive-free ruthenium-catalyzed hydrogen production from aqueous formaldehyde with high efficiency and selectivity. ACS Catalysis, 2018, 8(9): 8600-8605.
[40] Fujita K, Kawahara R, Aikawa T, et al. Hydrogen production from a methanol-water solution catalyzed by an anionic iridium complex bearing a functional bipyridonate ligand under weakly basic conditions. Angew Chem Int Ed Engl, 2015, 54(31): 9057-9060.
[41] Zou S, Liu J J, Kobayashi H, et al. Boosting hydrogen evolution activities by strong interfacial electronic interaction in $ZnO@Bi(NO_3)_3$ core–shell structures. The Journal of Physical Chemistry C, 2017, 121(8): 4343-4351.
[42] Du L, Qian K C, Zhu X H, et al. Interface engineering of palladium and zinc oxide nanorods with strong metal–support interactions for enhanced hydrogen production from base-free formaldehyde solution. Journal of Materials Chemistry A, 2019, 7(15): 8855-8864.
[43] Chen X, Zhang H, Xia Z M, et al. Base-free hydrogen generation from formaldehyde and water catalyzed by copper nanoparticles embedded on carbon sheets. Catalysis Science & Technology, 2019, 9(3): 783-788.
[44] Shao Z, Li Y, Liu C, et al. Reversible interconversion between methanol-diamine and diamide for hydrogen storage based on manganese catalyzed (de)hydrogenation. Nat. Commun., 2020, 11(1): 591.
[45] Zou Y Q, Anaby A, von Wolff, et al. Ethylene glycol as an efficient and reversible liquid-organic hydrogen carrier. Nature Catalysis, 2019, 2(5): 415-422.
[46] Xie Y, Hu P, Ben-David Y, et al. A reversible liquid organic hydrogen carrier system based on methanol-ethylenediamine and ethylene urea. Angewandte Chemie-International Edition,

2019, 58(15): 5105-5109.

[47] Kumar A, Janes T, Espinosa-Jalapa N A, et al. Selective hydrogenation of cyclic imides to diols and amines and its application in the development of a liquid organic hydrogen carrier. Journal of the American Chemical Society, 2018, 140(24): 7453-7457.

[48] Hu P, Ben-David Y, Milstein D, et al. Rechargeable hydrogen storage system based on the dehydrogenative coupling of ethylenediamine with ethanol. Angewandte Chemie-International Edition, 2016, 55(3): 1061-1064.

[49] Hu P, Fogler E, Diskin-Posner Y, et al. A novel liquid organic hydrogen carrier system based on catalytic peptide formation and hydrogenation. Nature Communications, 2015, 6: 6859-6866.

[50] Kothandaraman J, Kar S, Sen R, et al. Efficient reversible hydrogen carrier system based on amine reforming of methanol. J Am Chem Soc, 2017, 139(7): 2549-2552.

[51] Safronov S P, Nagrimanov R N, Samatov A A, et al. Benchmark properties of pyrazole derivatives as a potential liquid organic hydrogen carrier: evaluation of thermochemical data with complementary experimental and computational methods. Journal of Chemical Thermodynamics, 2019, 128: 173-186.

[52] Al-ShaikhAli A H, Jedidi A, Anjum D H, et al. Non-precious bimetallic catalysts for selective dehydrogenation of an organic chemical hydride system. Chem Commun (Camb), 2015, 51(65): 12931-12934.

[53] Al-ShaikhAli A H, Jedidi A, Anjum D H, et al. Kinetics on NiZn bimetallic catalysts for hydrogen evolution via selective dehydrogenation of methylcyclohexane to toluene. Acs Catalysis, 2017, 7(3): 1592-1600.

[54] https://www.chiyodacorp.com/jp/service/spera-hydrogen/.

[55] Brueckner N, Obesser K, Bösmann A, et al. Evaluation of industrially applied heat-transfer fluids as liquid organic hydrogen carrier systems. ChemSusChem, 2014, 7(1): 229-235.

[56] Jorschick H, Bulgarin A, Alletsee L, et al. Charging a liquid organic hydrogen carrier with wet hydrogen from electrolysis. ACS Sustainable Chemistry & Engineering, 2019, 7(4): 4186-4194.

[57] Jorschick H, Bösmann A, Preuster P, et al. Charging a liquid organic hydrogen carrier system with H_2/CO_2 gas mixtures. ChemCatChem, 2018, 10(19): 4329-4337.

[58] Dürr S, Müller M, Jorschick H, et al. Carbon dioxide-free hydrogen production with integrated hydrogen separation and storage. Chemsuschem, 2017, 10(1): 42-47.

[59] Do G, Preuster P, Aslam R, et al. Hydrogenation of the liquid organic hydrogen carrier compound dibenzyltoluene - reaction pathway determination by 1H NMR spectroscopy. Reaction Chemistry & Engineering, 2016, 1(3): 313-320.

[60] Jorschick H, Preuster P, Dürr S, et al. Hydrogen storage using a hot pressure swing reactor. Energy & Environmental Science, 2017, 10(7): 1652-1659.

[61] Jorschick H, Dürr S, Preuster P, et al. Operational stability of a lohc-based hot pressure swing reactor for hydrogen storage. Energy Technology, 2019, 7(1): 146-152.

[62] Auer F, Blaumeiser D, Bauer T, et al. Boosting the activity of hydrogen release from liquid organic hydrogen carrier systems by sulfur-additives to Pt on alumina catalysts. Catalysis Science & Technology, 2019, 9(13): 3537-3547.

[63] Jorschick H, GeiBelbrecht M, EBI M, et al. Benzyltoluene/dibenzyltoluene-based mixtures as suitable liquid organic hydrogen carrier systems for low temperature applications. International Journal of Hydrogen Energy, 2020, 45(29): 14897-14906.

[64] Shi L, Qi S T, Qu J F, et al. Integration of hydrogenation and dehydrogenation based on dibenzyltoluene as liquid organic hydrogen energy carrier. International Journal of Hydrogen

Energy, 2019, 44(11): 5345-5354.

[65] Ali A, Udaya Kumar G, Lee H J, et al. Parametric study of the hydrogenation of dibenzyltoluene and its dehydrogenation performance as a liquid organic hydrogen carrier. Journal of Mechanical Science and Technology, 2020, 34(7): 3069-3077.

[66] Kim T W, Ko S H, Kim M, et al. Efficient hydrogen charge into monobenzyltoluene over Ru/MgO catalysts synthesized by thermolysis of $Ru_3(CO)_{12}$ on porous $Mg(OH)_2$ powder. Advanced Powder Technology, 2020, 31(4): 1682-1692.

[67] https://www.framatome.com/customer/liblocal/docs/KUNDENPORTAL/PRODUKTBROSCHUEREN/Broschüren%20nach%20Nummer/PS-G-003-ENG-201804-COV-LOHC%20Systems.

[68] https://www.framatome.com/EN/businessnews-1204/broadbased-solutions-for-energy-storage-and-hydrogen-fueling-stations.html.

[69] https://www.hydrogenious.net/index.php/en/products/thestorageunit/.

[70] https://www.hydrogenious.net/index.php/en/products/thereleaseunit/.

[71] Chen F, Li W, Sahoo B, et al. Hydrogenation of pyridines using a nitrogen-modified titania-supported cobalt catalyst. Angew Chem Int Ed Engl, 2018, 57(44): 14488-14492.

[72] Cui Y, Kwo K, Bucholtz A, et al. The effect of substitution on the utility of piperidines and octahydroindoles for reversible hydrogen storage. New Journal of Chemistry, 2008, 32(6): 1027.

[73] Oh J, Jeong K, Kim T W, et al. 2-(n-methylbenzyl)pyridine: a potential liquid organic hydrogen carrier with fast H_2 release and stable activity in consecutive cycles. Chemsuschem, 2018, 11(4): 661-665.

[74] Oh J, Jeong K, Kim T W, et al. Enhanced activity and stability of a carbon-coated alumina-supported Pd catalyst in the dehydrogenation of a liquid organic hydrogen carrier, perhydro 2-(n-methylbenzyl)pyridine. Chemcatchem, 2018, 10(17): 3892-3900.

[75] Bathula H B, Oh J, Jo Y, et al. Dehydrogenation of 2-(n-methylcyclohexyl) methyl piperidine over mesoporous Pd-Al_2O_3 catalysts prepared by solvent deficient precipitation: influence of calcination conditions. Catalysts, 2019, 9(9): 719.

[76] Oh J, Bathula H B, Park J H, et al. A sustainable mesoporous palladium-alumina catalyst for efficient hydrogen release from N-heterocyclic liquid organic hydrogen carriers. Communications Chemistry, 2019, 2.

[77] Xie Y, Milstein D. Pd catalyzed, acid accelerated, rechargeable, liquid organic hydrogen carrier system based on methylpyridines/methylpiperidines. ACS Applied Energy Materials, 2019, 2(6): 4302-4308.

[78] Wei Z, Shao F J, Wang J G, et al. Recent advances in heterogeneous catalytic hydrogenation and dehydrogenation of N-heterocycles. Chinese Journal of Catalysis, 2019, 40(7): 980-1002.

[79] Ryabchuk P, Agapova A, Kreyenschulte, et al. Heterogeneous nickel- catalysed reversible, acceptorless dehydrogenation of N- heterocycles for hydrogen storage. Chemical Communications, 2019, 55(34): 4969-4972.

[80] Su H, Sun L H, Xue Z H, et al. Nitrogen-thermal modification of the bifunctional interfaces of transition metal/carbon dyads for the reversible hydrogenation and dehydrogenation of heteroarenes. Chemical Communications, 2019, 55: 11394-11397.

[81] Zhu D, Jiang H B, Zhang L, et al. Aqueous phase hydrogenation of quinoline to decahydroquinoline catalyzed by ruthenium nanoparticles supported on glucose-derived carbon spheres. ChemCatChem, 2014, 6(10): 2954-2960.

[82] Adkins H, Lundsted L G. Catalytic dehydrogenation of hydroaromatic compounds in benzene. V. application to pyrrolidines and piperidines. J. Am. Chem. Soc., 1949, 71: 2964-1965.

[83] Moores A, Poyatos M, Luo Y, et al. Catalysed low temperature H_2 release from nitrogen heterocycles. New Journal of Chemistry, 2006, 30(11): 1675-1678.

[84] Zhang J-W, Li D-D, Deng T, et al. Reversible dehydrogenation and hydrogenation of N-heterocycles catalyzed by bimetallic nanoparticles encapsulated in MIL-100(Fe). ChemCatChem, 2018, 10(21): 4966-4972.

[85] Søgaard A, Scheuermeyer M, Bösmann A, et al. Homogeneously-catalysed hydrogen release/storage using the 2-methylindole/2-methylindoline LOHC system in molten salt-organic biphasic reaction systems. Chemical Communications, 2019, 55(14): 2046-2049.

[86] Dong Y, Yang M, Li L L, et al. Study on reversible hydrogen uptake and release of 1, 2-dimethylindole as a new liquid organic hydrogen carrier. International Journal of Hydrogen Energy, 2019, 44(10): 4919-4929.

[87] Yang M, Cheng G E, Xie D D, et al. Study of hydrogenation and dehydrogenation of 1-methylindole for reversible onboard hydrogen storage application. International Journal of Hydrogen Energy, 2018, 43(18): 8868-8876.

[88] Li L, Yang M, Dong Y, et al. Hydrogen storage and release from a new promising Liquid Organic Hydrogen Storage Carrier (LOHC): 2-methylindole. International Journal of Hydrogen Energy, 2016, 41(36): 16129-16134.

[89] Dong Y, Yang M, Zhu T, et al. Hydrogenation kinetics of N-ethylindole on a supported Ru catalyst. Energy Technology, 2018, 6(3): 558-562.

[90] Dong Y, Yang M, Yang Z H, et al. Catalytic hydrogenation and dehydrogenation of N-ethylindole as a new heteroaromatic liquid organic hydrogen carrier. International Journal of Hydrogen Energy, 2015, 40(34): 10918-10922.

[91] Chen Z, Yang M, Zhu T, et al. 7-ethylindole: a new efficient liquid organic hydrogen carrier with fast kinetics. International Journal of Hydrogen Energy, 2018, 43(28): 12688-12696.

[92] Stark K, Keil P, Schug S, et al. Melting points of potential liquid organic hydrogen carrier systems consisting of N-alkylcarbazoles. Journal of Chemical and Engineering Data, 2016, 61(4): 1441-1448.

[93] Pez G P, et al. Hydrogen storage by reversible hydrogenation of pi-conjugated substrates. U.S. Patent, 2005, 2857A1.

[94] Pez G P, et al. Hydrogen storage by reversible hydrogenation of pi-conjugated substrates. U.S. Patent, 2006, 7101530B2.

[95] Pez G P, et al. Hydrogen storage by reversible hydrogenation of pi-conjugated substrates. U.S. Patent, 2008, US 7351395 B1.

[96] Eblagon K M, Tam K, Tsang S C E, et al. Comparison of catalytic performance of supported ruthenium and rhodium for hydrogenation of 9-ethylcarbazole for hydrogen storage applications. Energy & Environmental Science, 2012, 5(9): 8621-8630.

[97] Eblagon K M, Tam K, Yu K M K, et al. Comparative study of catalytic hydrogenation of 9-ethylcarbazole for hydrogen storage over noble metal surfaces. Journal of Physical Chemistry C, 2012, 116(13): 7421-7429.

[98] Eblagon K M, et al. Study of catalytic sites on ruthenium for hydrogenation of N-ethylcarbazole: implications of hydrogen storage via reversible catalytic hydrogenation. Journal of Physical Chemistry C, 2010, 114(21): 9720-9730.

[99] Fei S, Han B, Li L L, et al. A study on the catalytic hydrogenation of N-ethylcarbazole on the mesoporous Pd/MoO_3 catalyst. International Journal of Hydrogen Energy, 2017, 42(41): 25942-25950.

[100] Wan C, An Y, Chen F Q, et al. Kinetics of N-ethylcarbazole hydrogenation over a supported Ru catalyst for hydrogen storage. International Journal of Hydrogen Energy, 2013, 38(17): 7065-7069.

[101] Ruban A, Hammer B, Stoltze P, et al. Surface electronic structure and reactivity of transition and noble metals. J. Mol. Catal. A: Chem., 1997, 115(3): 421-429.

[102] Ye X, An Y, Xu G H, et al. Kinetics of 9-ethylcarbazole hydrogenation over Raney-Ni catalyst for hydrogen storage. Journal of Alloys and Compounds, 2011, 509(1): 152-156.

[103] Wan C, An Y, Xu G H, et al. Study of catalytic hydrogenation of N-ethylcarbazole over ruthenium catalyst. International Journal of Hydrogen Energy, 2012, 37(17): 13092-13096.

[104] 宋林, 安越, 容丽春, 等. $Ni/\gamma\text{-}Al_2O_3$ 催化乙基咔唑加氧性能研究, 2015, 43(10): 50-53, 59.

[105] Wu F, et al. Hydrogenation performance of N-ethylcarbazole catalyzed with fluorinated $LaNi_5$. Chemical Reaction Engineering and Technology, 2015, 31(5): 407-411.

[106] Wu Y, Yu H, Guo Y R, et al. Promoting hydrogen absorption of liquid organic hydrogen carriers by solid metal hydrides. Journal of Materials Chemistry A, 2019, 7(28): 16677-16684.

[107] Wu Y, Yu H, Guo Y R, et al. Rare earth hydride supported ruthenium catalyst for the hydrogenation of n-heterocycles: boosting the activity via a new hydrogen transfer path and controlling the stereoselectivity. Chemical Science, 2019, 10(45): 10459-10465 .

[108] Yang M, Dong Y, Fei S X, et al. A comparative study of catalytic dehydrogenation of perhydro-N-ethylcarbazole over noble metal catalysts. International Journal of Hydrogen Energy, 2014, 39(33): 18976-18983.

[109] Dong Y, Yang M, Mei P, et al. Dehydrogenation kinetics study of perhydro-N-ethylcarbazole over a supported Pd catalyst for hydrogen storage application. International Journal of Hydrogen Energy, 2016, 41(20): 8498-8505.

[110] Wang B, Chang T Y, Jiang Z, et al. Catalytic dehydrogenation study of dodecahydro-N-ethylcarbazole by noble metal supported on reduced graphene oxide. International Journal of Hydrogen Energy, 2018, 43(15): 7317-7325.

[111] Jiang Z, Guo S Y, Fang T, et al. Enhancing the catalytic activity and selectivity of $PdAu/SiO_2$ bimetallic catalysts for dodecahydro-N-ethylcarbazole dehydrogenation by controlling the particle size and dispersion. ACS Appl. Energy Mater., 2019, 2(10): 7233-7243.

[112] Wang B, Chen Y T, Chang T Y, et al. Facet-dependent catalytic activities of Pd/rGO: Exploring dehydrogenation mechanism of dodecahydro-N-ethylcarbazole. Appl. Catal., B, 2020, 266: 118658.

[113] Wang B, Chang T Y, Jiang Z, et al. Component controlled synthesis of bimetallic PdCu nanoparticles supported on reduced graphene oxide for dehydrogenation of dodecahydro-N-ethylcarbazole. Appl. Catal., B, 2019, 251: 261-272.

[114] Wang B, et al. One-pot synthesis of Au/Pd core/shell nanoparticles supported on reduced graphene oxide with enhanced dehydrogenation performance for dodecahydro-N-ethylcarbazole. Acs Sustainable Chemistry & Engineering, 2019, 7(1): 1760-1768.

[115] Wang B, Yan T, Chang T Y, et al. Palladium supported on reduced graphene oxide as a high-performance catalyst for the dehydrogenation of dodecahydro-N-ethylcarbazole. Carbon, 2017, 122: 9-18.

[116] Chen H, Yang Z Z, Zhang Z H, et al. Construction of a nanoporous highly crystalline hexagonal boron nitride from an amorphous precursor for catalytic dehydrogenation. Angewandte Chemie-International Edition, 2019, 58(31): 10626-10630.

[117] Ye X F, Xu Y Y, Xu G H, et al. Properties of cyclic sorption-desorption of hydrogen with liquid phase N-ethylcarbazole. Chemical Engineering, 2011, 39(6): 29-31, 58.

[118] Wan C, An Y, Kong W, et al. Study of cyclic uptake-release of hydrogen with N-ethylcarbazole. Acta Energiae Solaris Sinica, 2014, 35(8): 1546-1549.

[119] Forberg D, Schwob T, Zaheer M. et al. Single-catalyst high-weight% hydrogen storage in an N-heterocycle synthesized from lignin hydrogenolysis products and ammonia. Nature Communications, 2016, 7: 1-6.

[120] Wu Y, Guo Y R, Yu H, et al. Nonstoichiometric yttrium hydride–promoted reversible hydrogen storage in a liquid organic hydrogen carrier. CCS Chemistry, 2020, 2: 974-984.

[121] Mehranfar A, Izadyar M. Theoretical evaluation of N-alkylcarbazoles potential in hydrogen release. International Journal of Hydrogen Energy, 2017, 42(15): 9966-9977.

[122] Yang M, Dong Y, Fei S X, et al. Hydrogenation of N-propylcarbazole over supported ruthenium as a new prototype of liquid organic hydrogen carriers (LOHC). RSC Advances, 2013, 3(47): 24877.

[123] Zhu T, Yang M, Chen X D, et al. A highly active bifunctional Ru–Pd catalyst for hydrogenation and dehydrogenation of liquid organic hydrogen carriers. Journal of Catalysis, 2019, 378: 382-391.

[124] Li C, Yang M, Liu Z J, et al. Ru–Ni/Al_2O_3 bimetallic catalysts with high catalytic activity for N-propylcarbazole hydrogenation. Catalysis Science & Technology, 2020, 10(7): 2268-2276.

[125] Tan K C, Yu Y, Chen R T, et al. Metallo-N-Heterocycles - A new family of hydrogen storage material. Energy Storage Materials, 2020, 26: 198-202.

[126] Fujita K I, Tanaka Y, Kobayashi M, et al. Homogeneous perdehydrogenation and perhydrogenation of fused bicyclic N-heterocycles catalyzed by iridium complexes bearing a functional bipyridonate ligand. Journal of the American Chemical Society, 2014, 136(13): 4829-4832.

[127] Clemo G R, Mcilwaix H. The phenazine series. Part IV. The octa- and per-hydrophenazines. J. Chem. Soc., 1936: 1698.

[128] Fujita K I, Wada T, Shiraishi T, et al. Reversible interconversion between 2, 5-dimethylpyrazine and 2, 5-dimethylpiperazine by iridium-catalyzed hydrogenation/dehydrogenation for efficient hydrogen storage. Angewandte Chemie-International Edition, 2017, 56(36): 10886-10889.

[129] Yang M, Xing X L, Zhu T, et al. Fast hydrogenation kinetics of acridine as a candidate of liquid organic hydrogen carrier family with high capacity. Journal of Energy Chemistry, 2020, 41: 115-119.

[130] Adkins H, Coonradt H L. The selective hydrogenation of derivatives of pyrrole, indole, carbazole and acridine. J. Am. Chem. Soc., 1941, 63: 1563-1568.

[131] Luo W, Zakharov L N, Liu S Y, et al. 1,2-BN cyclohexane: synthesis, structure, dynamics, and reactivity. J Am Chem Soc, 2011, 133(33): 13006-13009.

[132] Campbell P G, Zakharov L N, Grant D J, et al. Hydrogen storage by boron-nitrogen heterocycles: a simple route for spent fuel regeneration. J. Am. Chem. Soc., 2010, 132(10): 3289–3291.

[133] Luo W, Campbell P G, Zakharov L N, et al. A single-component liquid-phase hydrogen storage material. J Am Chem Soc, 2011, 133(48): 19326-19329.

第 8 章　物理吸附储氢材料

与化学储氢材料相比，物理储氢材料与氢气作用力弱，为分子之间的范德瓦耳斯力。物理吸附储氢材料吸放氢速度快，可逆循环性好，但一般只能在低温下达到较大的储氢量。因此，提高材料与氢气的作用力，进而提高储氢的工作温度，是物理储氢材料的主要发展方向。本章对几种典型的物理储氢材料进行介绍和比较，分别为碳材料、金属有机骨架材料及多孔高分子材料。

8.1　气体吸附原理及物理储氢的特点

吸附是指气体与固体表面发生作用，固体表面气体的浓度高于气相的现象。其中的固体称为吸附剂，气体称为吸附质。根据吸附质与吸附剂的作用方式不同，将吸附分为物理吸附和化学吸附。化学吸附中气体分子与固体的作用方式是化学键；物理吸附中的作用力是范德瓦耳斯力。图 8.1 为物理吸附与化学吸附的作用示意图，表 8.1 为化学吸附与物理吸附的比较。本节介绍气体物理吸附的原理和特点。

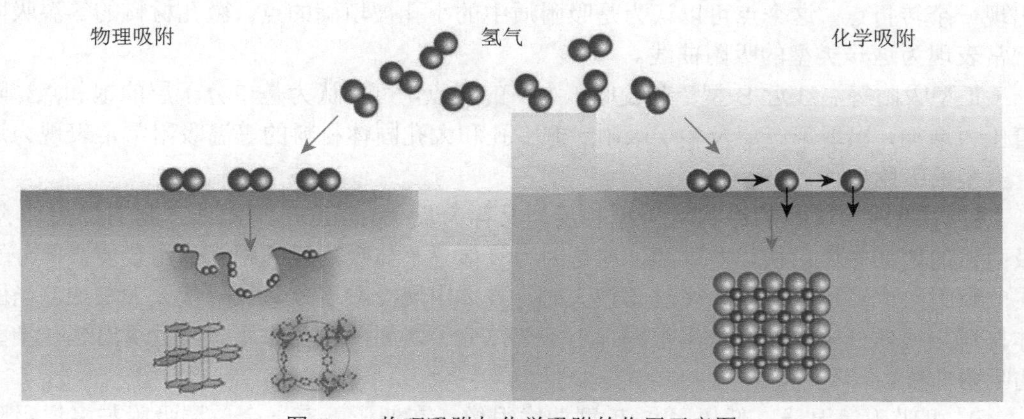

图 8.1　物理吸附与化学吸附的作用示意图

表 8.1　化学吸附与物理吸附的比较

	化学吸附	物理吸附
吸放氢作用力	化学键	范德瓦耳斯力
吸附热	40~400 kJ/mol	<25 kJ/mol
吸放氢速率	慢，一般需活化	快，可逆性好
发生温度	高温	低温
气体选择性	特征选择性	一般选择性较弱
吸附层	单层	多层

8.1.1　吸附等温线的类型

气体的吸附和材料表面的性质密切相关，粗糙表面深度大于直径的小坑就称为孔。固体根据孔的直径大小，可以分为：微孔 (< 2 nm)、介孔 (2 ~ 50 nm)、大孔 (> 50 nm) 材料。在同一温度下，测定不同压力下吸附平衡时的气体吸附量，得到吸附等温线，不同类型的吸附等温线反映了固体材料表面的性质。1985 年，国际纯化学和应用化学联合会 IUPAC 提出将吸附等温线分为六种类型 (图 8.2)[1]。

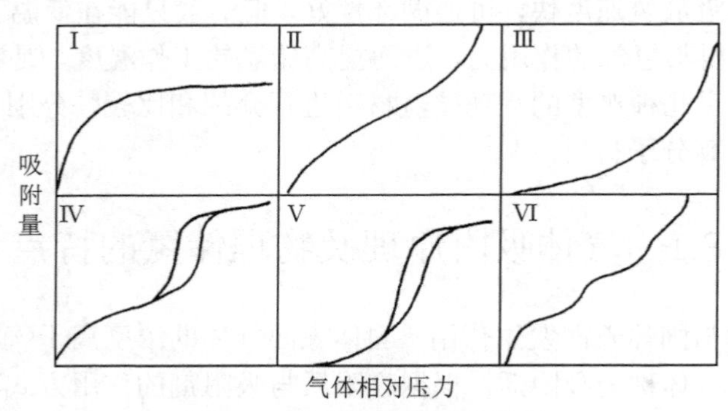

图 8.2　六种吸附等温线类型

Ⅰ 型吸附等温线又称为 Langmuir 等温线，随着压力增大，吸附量的增加先快后慢，出现一个转折点，这个点可以认为是吸附质中的小孔被填满的点。微孔材料的等温吸附常常表现为这一类型的吸附曲线。

Ⅱ 型吸附等温线近 S 型，在较低压力下的拐点，可以认为是单分子层的饱和点，随着压力增加，出现第二层及多层吸附。非多孔和大孔固体材料的等温吸附常常表现为这一类型的吸附曲线。

Ⅲ 型吸附等温线的形状与 Ⅰ 型相反，又称为反 Langmuir 等温线，随着压力增大，吸附量的增加先慢后快，向下凹，这是因为气体分子与吸附质的相互作用较弱，单分子层的吸附热比多层吸附小，在气压较大时，气体出现冷凝现象，吸附量大大增加。当固体材料与气体分子的相互作用很弱，小于气体分子之间的相互作用时，呈现出这一类型的吸附曲线。

Ⅳ 型吸附等温线在低压区与 Ⅱ 型曲线很像，在低压下有一个单层吸附与多层吸附之间的拐点。随着压力增大，发生毛细凝聚现象，吸附量迅速增加，之后出现一个转折点，曲线趋于平坦，这个点可以认为是所有孔均发生毛细凝聚的点。毛细凝聚现象也会导致吸附曲线出现滞回，即脱附曲线在吸附曲线的上方。介孔材料的吸附常常表现为这一类型的吸附曲线。

Ⅴ 型吸附等温线在低压区与 Ⅲ 型曲线很像，较高压力下跟 Ⅳ 型曲线一样，会出现由毛细凝聚导致的滞回现象。Ⅴ 型吸附等温线很少见，发生于固体材料与气体相互作用力很弱，而气体分子之间相互吸引力很大的情况。

Ⅵ 型吸附等温线表现为阶梯状，非孔材料表面均匀时才会发生这一类型的吸附，也很少见。

通过等温线的形状可以初步判断材料表面和孔性质的信息，并且可以通过等温线计算出材料的比表面积、孔体积、孔径分布等。

8.1.2 吸附等温方程

8.1.2.1 Langmuir 等温式

Langmuir 单分子层吸附理论从动力学出发，基本观点是气体在固体表面的吸附是一个动态平衡，即吸附和解吸两个相反过程共同作用的结果。这个理论有两个基本假设：① 吸附是单分子层吸附；② 气相的气体分子之间没有相互作用，也不受临近固体表面力场的作用 [2]。从以上基本观点出发，可推导出 Langmuir 吸附等温式的两种形式：

$$\theta = \frac{ap}{1+ap} \tag{8.1}$$

$$\frac{p}{V} = \frac{1}{V_{\mathrm{m}}a} + \frac{p}{V_{\mathrm{m}}} \tag{8.2}$$

式中，$\theta = \frac{V}{V_{\mathrm{m}}}$，$\theta$ 是固体表面的覆盖率，V 是压力 p 时固体表面的气体吸附量，V_{m} 是固体表面达到单分子层吸附饱和时的气体吸附量，a 是吸附反应的平衡常数或称为吸附系数。

从 Langmuir 吸附等温式 (7.1) 可以看出单分子吸附的特点：在低压区，$\theta \approx ap$，覆盖率随压力增加而线性增加；在高压区，$\theta \approx 1$，随着压力增大覆盖率恒定为 1，也就是固体表面达到饱和后吸附量不会再增加。从式 (7.2) 可以看出，由 $\frac{p}{V} \sim p$ 作直线，可以得到饱和吸附量 V_{m} 和吸附系数 a。吸附系数 a 和吸附热 Q 存在一个关系式 (8.3)，常用来计算气体在某一固体表面的吸附热。

$$a = a_0 \exp\left(\frac{Q}{RT}\right) \tag{8.3}$$

8.1.2.2 BET 多分子层吸附等温式

在实际情况下，气体在固体表面的吸附常常不是严格的单层吸附，而是多层吸附。如图 8.3 所示在低压力下，气体分子在物理吸附材料表面表现为单层吸附；随着压力增加，单层吸附层饱和后，气体分子可以继续吸附在材料表面而表现为多层吸附。多层吸附力逐层减弱，需要在相对高的压力下实现。

Brunauer、Emmett、Teller 三人提出了多分子层吸附模型，也叫 BET 模型。BET 模型认为在单分子层吸附后，固体表面还会继续发生多分子层吸附，第一层吸附的强弱是由气体与固体表面的作用决定的，而以后各层只与气体分子之间的作用力有关。BET 吸附等温式如式 (8.4)：

$$V = V_{\mathrm{m}} \frac{Cp}{(p_{\mathrm{s}}-p)\left[1+(C-1)\frac{p}{p_{\mathrm{s}}}\right]} \tag{8.4}$$

式中，V 是压力 p 时固体表面的气体吸附量，V_m 是固体表面达到单分子层吸附饱和时的气体吸附量，V_m 和 C 都是常数，p_s 是该温度下气体的饱和蒸气压。

除了上述两个主要的公式，人们还提出了 Freundlich 经验公式等由吸附曲线归纳出的理论模型，并根据具体情况将几种理论模型结合起来，如 Langmuir-Freundlich 等温式。根据不同的理论模型进行计算，固体的比表面积有不同的表示方法，由基本假设可知，对于同一个固体材料，Langmuir 比表面积比 BET 比表面积的数值更大。BET 公式用到了多层吸附的概念，只能适用于多层物理吸附的情况。而 Langmuir 和 Freundlich 公式适用于物理吸附和化学吸附。

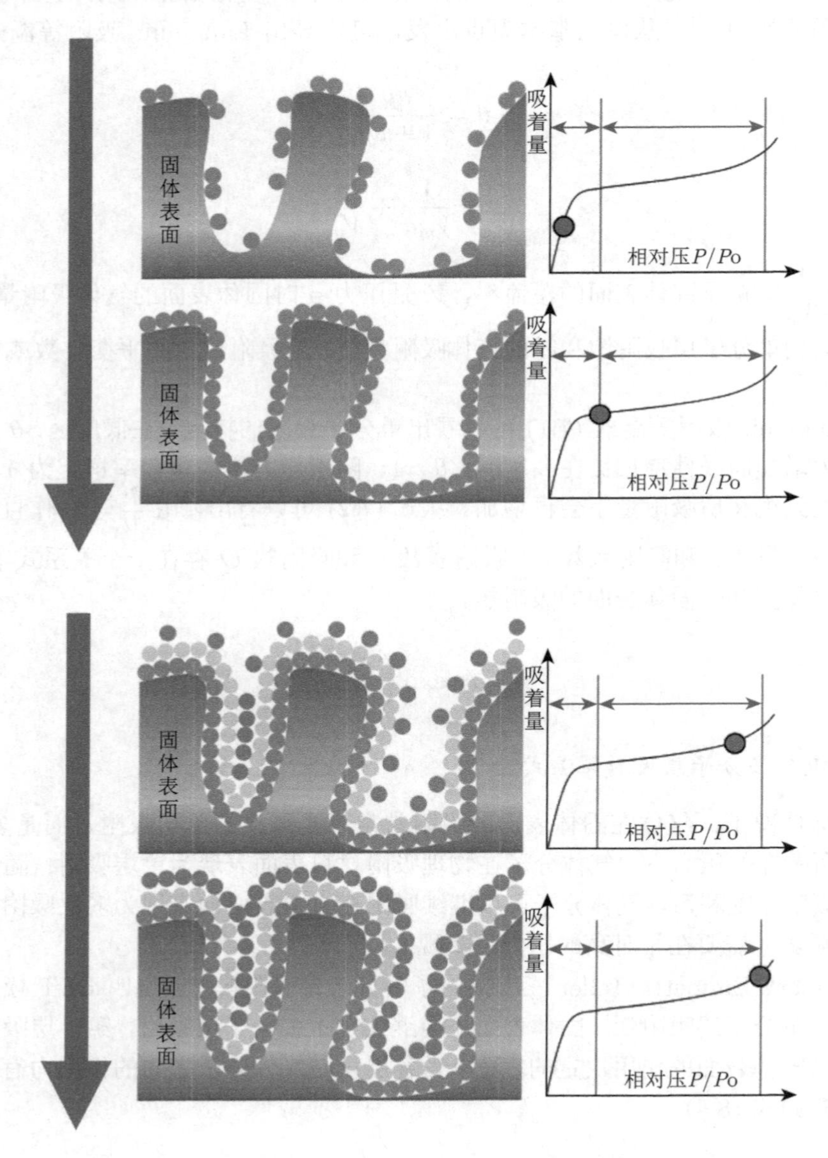

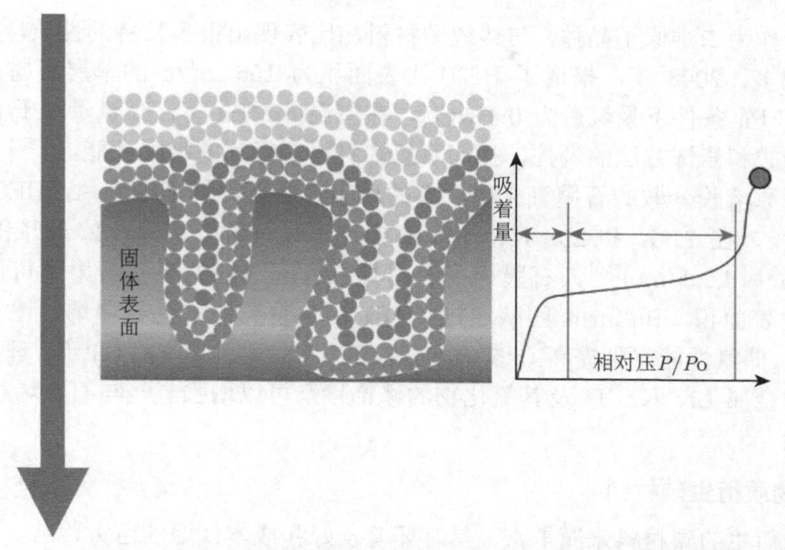

图 8.3 随压力增加，气体分子在物理吸附材料表面由单层吸附到多层吸附的排布示意图

8.2 碳材料的发展及储氢性能

碳材料成本较低廉，作为储氢材料具有比表面积大、重量密度低、化学稳定性高及便于大规模生产等优势，主要包括活性炭、碳纤维、碳纳米管、石墨烯等，并且可以通过对改进合成方法和改性等手段改变碳材料的组成、比表面积、孔大小和形状等，来提高氢气的吸附量 [3]。

8.2.1 活性炭

活性炭 (activated carbon, AC) 是一种常用的商品化吸附剂，内部的大量不规则的孔结构，使其具有很大的比表面积。形貌不同 (粉末、纤维和颗粒等) 的活性炭对氢气的吸附速度和吸附量不同 [4]。活性炭的吸氢量与它的比表面积和孔体积成正比，但一般只能在 77 K 下达到较大的储氢量 [5]。除了比表面积和孔大小之外，活性炭的吸氢性质主要与表面的官能团有关，官能团可以通过合成方法、活化过程及改性反应等进行设计和调控。

1967 年，最早报道了高比表面积碳材料的储氢性质，在 76 K 下测定了椰壳型木炭的吸氢性质，在 25 atm 下测得最大吸氢量为 2.0 wt%，并对原理进行了分析讨论 [6]。Maxsorb 是一种比表面积为 3300 m^2/g 的活性炭，因为比表面积比传统 AC 都大，因此具有较大的储氢量，在 303 K、10 MPa 条件下吸氢量可达 0.67wt%，在 77 K、3 MPa 条件下吸氢量可达 5.7 wt%[7]。

8.2.2 碳纳米管及石墨烯

碳纳米管 (carbon nanotubes, CNT) 与金属及金属氧化物等材料的掺杂修饰是提高其储氢性能的重要研究方向。含 Pd、Ag、Li 等金属的纳米颗粒修饰的多壁碳纳米管 (MWCNT) 表现出优于修饰前的储氢容量 [8]。

石墨烯作为二维原子晶体，与传统碳材料相比表现出很多独特的性质，其储氢性质的研究也较多。2008 年，报道了 BET 比表面积为 156 m^2/g 的单层石墨片粉末，在 77 K、100 kPa 条件下吸氢量为 0.4 wt%，在室温 6 MPa 下，吸氢量小于 0.2 wt%[9]。人们通过合成和修饰方法的调控，提高石墨烯材料对氢气的吸附性能。

采用还原溶胶分散的石墨氧化物制备的聚集卷曲石墨烯型纳米片，BET 比表面积为 640 m^2/g，在 77 K 和 298 K、10 bar 条件下吸氢量分别为 1.2 wt%和 0.1 wt%，吸附热为 5.9~4 kJ/mol[10]。石墨烯平面内具有孔洞缺陷的多孔石墨烯可以有效地提高材料的比表面积。Baburin 团队通过 KOH 活化得到的多孔石墨烯，比表面积高达 2900 m^2/g，储氢性能得到提高 (5.5 wt%，77 K；0.89 wt%，296 K)[11]。理论计算和实验研究表明金属 Li、K、Ti 及其氧化物的修饰掺杂可以增强氢气与石墨烯材料的作用，提高吸氢量 [12]。

8.2.3　生物质衍生碳材料

生物质衍生的碳材料来源丰富，具有环境友好和成本低廉的巨大优势。纤维素、木屑鱼鳞等多种生物质材料，碳化后通过物理或化学的方法活化，可以得到多孔碳材料 (图 8.4)。

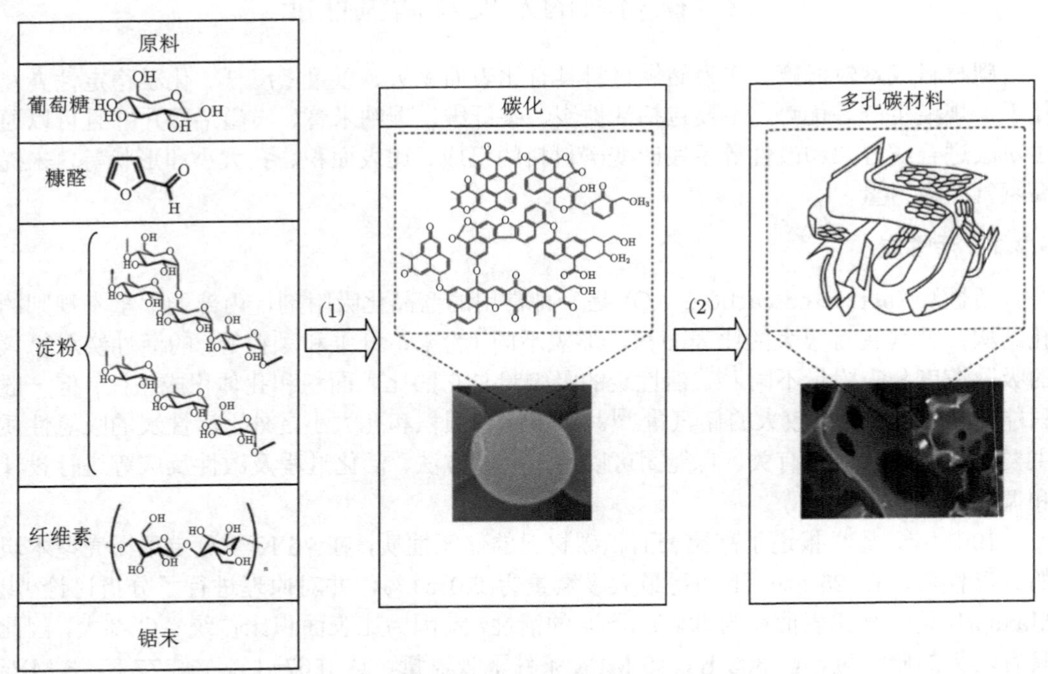

图 8.4　生物质材料经处理活化后可得到多孔碳材料 [13]

纤维素经过碳化和活化处理后可得到多孔碳材料，具有大的比表面积和孔体积。2011 年 Mokaya 团队报道了由生物质原料合成的多孔碳材料，比表面积高达 2700 m^2/g，孔径分布为 0.7~2 nm，77 K 下饱和吸氢量为 6.4 wt%，吸附热为 8.5 kJ/mol[13]。2017 年该团队进一步报道了以纤维素乙酸酯为原料合成的多孔碳材料，比表面积高达

3800 m^2/g，77 K、20 bar 条件下饱和吸氢量为 8.1 wt%，室温 30 bar 下吸氢量为 1.2 wt%，吸附热高于 10 kJ/mol[14]。

8.2.4 碳材料的开发与研究前景

碳材料由于低廉的成本及广泛的来源，表现出良好的工业应用前景。但对氢气吸附较弱，通过改性提高室温下的储氢性能仍然是当前的研究重点。如图 8.5 所示，大多数碳材料在室温 100 bar 下的氢气吸附量不超过 1 wt%，与 BET 比表面积存在近似正比的关系。为提高碳材料与氢气的作用，主要围绕着两个方面：① 通过合成方法调控产物结构形貌；② 通过金属等掺杂修饰增强材料表面与氢气的作用。

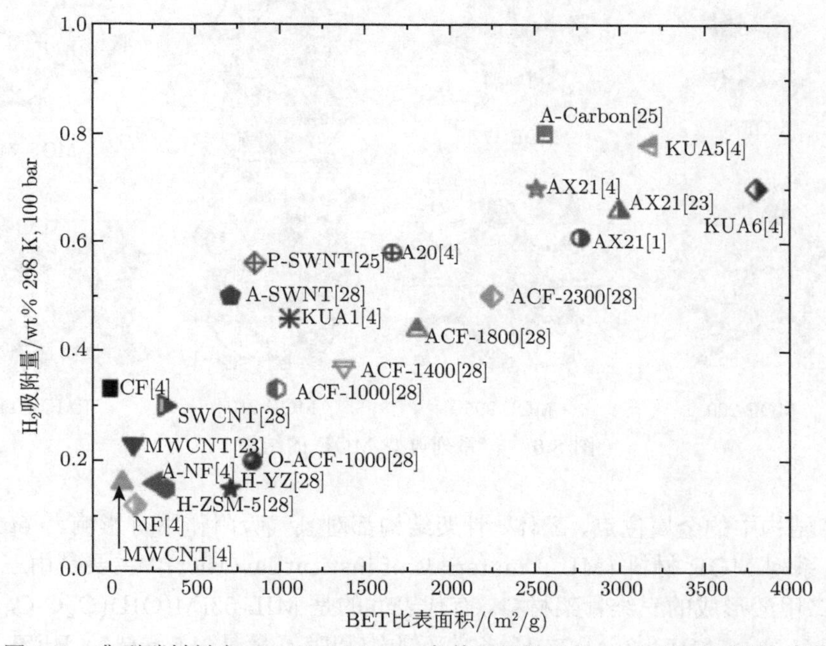

图 8.5 典型碳材料在 298 K、100 bar 条件下吸氢量与 BET 比表面积的关系

8.3 金属有机骨架材料的储氢性能

金属有机骨架材料 (metal-organic frameworks, MOF) 是由金属离子通过刚性有机配体配位连接形成的 3D 骨架结构，具有结构可设计、骨架密度低、比表面积和孔体积大、空间规整度高等特点 [15,16]。与碳材料和分子筛材料相比，MOF 可以通过改变金属离子和有机配体实现对孔大小和性质的设计，具有丰富的结构多样性。2003 年以来 MOF 成为储氢材料中的研究热点。

8.3.1 研究现状

2003 年，Yaghi 等报道了 MOF-5 的吸氢性质，MOF-5 是由 $[Zn_4O]^{6+}$ 四面体与对苯二甲酸 (BDC) 形成的 $Zn_4O(BDC)_3$ 三维简单立方结构。MOF-5 在 77 K 条件下饱和吸氢量可达 5.1 wt%，BET 比表面积为 2296 m^2/g。MOF-177 由 1,3,5-三羧基

苯连接 Zn^{2+} 八面体节点得到，高压下饱和吸氢量可达 7.5 wt%，Langmuir 表面积为 4500 m^2/g，77 K、1 atm 条件下吸氢量为 1.25 wt%，在约 100 atm 下吸氢量可达 11.0 wt%[17]。构建基元和拓扑结构类似的 MOF [18]，称为 IRMOF(isoreticular metal-organic framework)，例如，一系列与 MOF-5 结构类似通式为 $Zn_4O(L)_3$ 配体不同的 MOF 材料 (图 8.6)[19−21]。MOF-210 的 BET 比表面积和 Langmuir 表面积分别为 6240 m^2/g 和 10400 m^2/g，77 K、80 bar 条件下的总吸氢量达 17.6 wt%，是已报道的比表面积和低温下吸氢量最大的 MOF 之一 [22]。

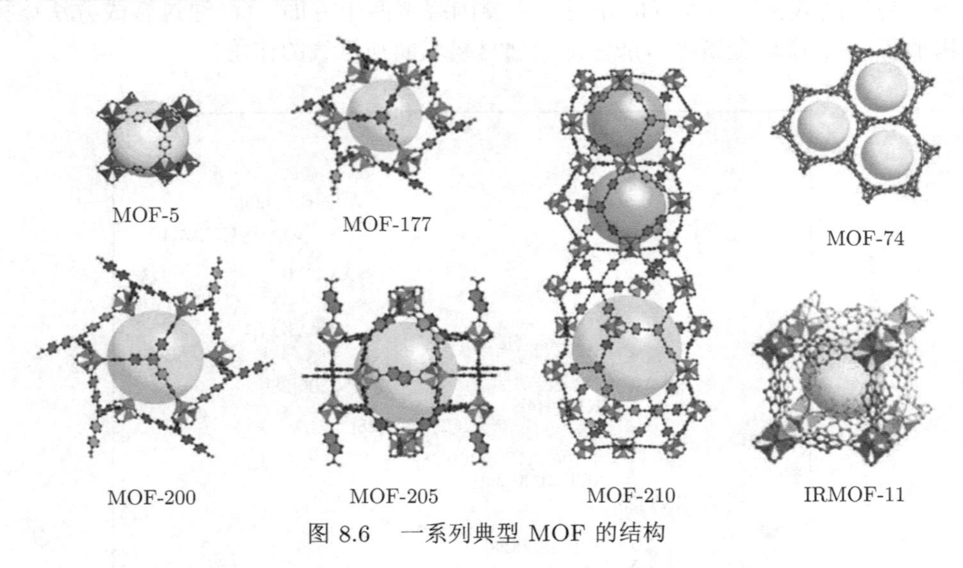

图 8.6　一系列典型 MOF 的结构

MOF 结构中的金属位点、配体、骨架结构都对氢气吸附作用有影响。Férey 等合成了 MIL-n 系列 MOF 材料 (MIL，materials of institut lavoisier)，主要是由三价过渡金属和对苯二甲酸形成的三维骨架材料，有代表性的是 MIL-53($M(OH)(O_2C\text{-}C_6H_4\text{-}CO_2)$，M=Cr, Al,V,Fe)。MIL-53(Al)77 K 条件下的饱和吸氢量是 4.5 wt%，BET 比表面积为 1100 m^2/g。绝大多数 MOF 脱去客体分子活化空穴后，对气体的吸附和脱附没有滞回，是可逆的物理吸附过程 [20]，但是 MIL-53 吸放氢曲线存在滞回 [23]。这是由于 MIL-53 的骨架结构具有一定的灵活性，在客体分子进入和脱出的过程中，MIL-53 的骨架结构会发生扩张和收缩，空间的拓扑结构维持不变，原子间距离和晶胞体积发生变化，这一现象被形象地称为"呼吸"现象 [24]。在一定的压力范围内，放氢比吸氢过程测得的氢含量更高，这样高压吸附的氢气可以在较低的压力下得以保持，对实际储氢应用有利 [25]。

活化后具有不饱和配位的金属位点的 MOF 往往表现出对氢气的强吸附作用 [26]，其中有代表性的是 HKUST-1，77 K 下饱和吸氢量可达 3.6 wt%，BET 比表面积为 1154 m^2/g。尽管大多数 MOF 材料采用过渡金属和刚性有机配体配位的方式合成，但目前主族金属 (Be、Mg、Ca 等)MOF 的报道也较多 [27]。主族金属的配位能力较过渡金属弱，但其较低的原子量有利于提高材料的重量储氢量。随着温度升高，MOF 材料的吸氢量下降。$Be_{12}(OH)_{12}$(1,3,5-benzentribenzoate)$_4$ 是已报道的室温下吸氢量最大的

MOF 之一，在 298 K、95 bar 条件下的吸氢量为 2.3 wt%[28]。表 8.2 为典型 MOF 材料的储氢性质。

表 8.2 典型 MOF 材料的储氢性质 [29]

	比表面积/(m^2/g)		孔体积/(cm^3/g)	吸氢量		吸附热/(kJ/mol)
	Langmuir	BET		77 K	298 K	
HKUST-1	2175	1464	0.75	3.6 (10 bar)	0.35 (65 bar)	6.8
MIL-53(Al)	1540	1100	0.59	3.8 (16 bar)		
MIL-100	2800		1.0	3.28 (26 bar)	0.15 (73 bar)	6.3
MIL-101	5500		1.9	6.1 (60 bar)		9.5
Mn(btt)		2100	0.80	6.9 (90 bar)	1.4 (90 bar)	10.1
MOF-5	4170		—	5.2 (48 bar)	0.45 (60 bar)	4.8
MOF-74	1132		0.39	2.3 (26 bar)	—	8.3
MOF-177	5640	4239	—	7.5 (70 bar)	—	3.7
MOF-210	10400	6240		8.6 (50 bar)	—	—
IRMOF-11	2180		—	3.5 (34 bar)	—	—
IRMOF-20	4580		—	6.7 (70 bar)	—	—
ZIF-8	1810		0.66	3.1 (55 bar)	—	—

8.3.2 与氢气作用机理

由于 MOF 具有高度有序的晶体结构，可由 X 衍射解析其孔道结构，因此便于进行吸附机理的深入研究。实验手段有非弹性中子散射 (inelastic neutron scattering，INS)、扩散反射红外光谱 (diffuse reflectance infrared spectrum) 等。很多研究小组也建立了大量的理论模型，采用第一原理计算、密度泛函、分子模拟等方法计算了 MOF 与氢气的作用机理。

由于氢气分子的原子量和电子数太小，不易通过 X 射线衍射探测其位置，因此中子散射是目前研究氢气与 MOF 作用过程的一种较为直观的手段。通过非弹性中子散射实验研究 MOF-5 结构中的氢分子吸附位点，发现低吸附量下的两个强吸附位点分别在金属节点和配体周围。随着氢气量的增加，单个晶胞的氢气吸附量从 4 个氢分子增加到 24 个，增加的氢气吸附在 BDC 配体周围。低温下的中子衍射实验发现 HKUST-1 的结构中有六种类型的吸附氘分子的位点 (图 8.7)，吸附首先发生在配位不饱和的铜离子处，进一步发生在较窄的孔道处，接着吸附在较大的孔道处 [30]。

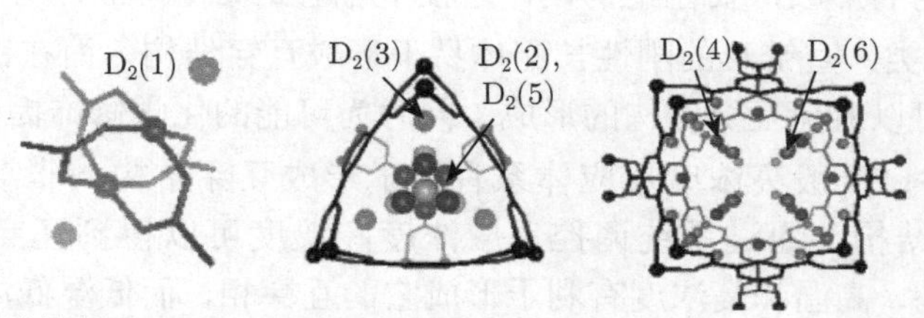

图 8.7 HKUST-1 结构的 D_2 吸附：不饱和配位铜离子位点 (左)，沿 [111] 的直径为 5 Å、开口为 3.5 Å 的孔 (中)，沿 [100] 的直径为 9 Å 的孔 (右)[30]

基于碰撞–诱导红外吸收，用红外光谱探究氢气与吸附材料的作用。氢气分子的两个碰撞-诱导红外吸收峰分别位于 4161 cm^{-1} 和 4155 cm^{-1} 附近。有报道在 300~20 K 的温度区间研究了 MOF-5、HKUST-1 和 CPO-27-Ni 与氢气分子的作用机理。其中 CPO-27-Ni 的初始吸附热可达 13.5 kJ/mol[31]。

理论计算模拟是研究氢气吸附机理的有效手段。用密度泛函理论 (DFT) 研究 HKUST-1、CPO-27-Ni 和 MOF-5 与氢气分子的作用机理，发现在 CPO-27-Ni 结构中的不饱和配位镍离子周围存在两种强吸附位点，氢气分子轴向与镍离子作用，另一端指向负电势区域。用密度泛函理论计算 MOF-5 与氢气分子作用时的原子位置、晶格常数、有效原子电荷分布等信息，并通过 Monte-Carlo 模拟与实验结果对比，发现 78 K 在孔角有一个强吸附位点，对应 1.28 个氢气分子，在 300 K 发现多个吸附位点 [32]。另外，计算模拟一些材料掺杂对 MOF 吸氢性能的影响，对实验有重要的指导意义。用量子力学 (X3LYP 辅助下的 DFT) 方法计算 Li 掺杂对室温下可逆储氢性能的作用，发现 Li 原子倾向于结合在苯环的中心，预测在 −30℃ 、100 bar 条件下 Li-MOF-C30 的吸氢量可达 6.0 wt%。[33]

8.3.3　储氢性能的影响因素和发展方向

1) 不饱和配位金属位点

中子实验和计算结果证明了不饱和配位金属位点对于氢气分子的强吸附作用。一般通过溶剂分子与金属离子配位，活化后脱去溶剂分子，得到不饱和的配位金属位点。理论上具有两种以上不同配位数的过渡金属离子都可以形成活化后配位不饱和的结构，孔道中具有不饱和配位金属的 MOF 合成吸附研究具有很大的发展空间。

2) 孔径大小和比表面积

一般来说小孔对氢气的作用比大孔强，这是因为小孔中氢气分子与孔壁接触面大势场叠加。大量实验结果表明，物理吸附材料的比表面积和吸附量存在近似线性关系 (图 8.8)[34]。较小的孔径有利于增强吸附作用，因此须折中考虑，找到一个合适的孔径大小，普遍认为 7~10 Å 的孔径大小有利于在保证储氢量的前提下，提高材料与氢气的作用强度。可以通过对刚性配体长度和大小的选择，调控 MOF 的孔径大小。

3) 互穿结构

互穿结构不利于形成大的空穴，减少了比表面积进而降低储氢量，但同时互穿结构中的氢气分子与孔道的接触面积增加，与氢气的作用力更强，综合考虑一般认为弊大于利。避免互穿结构的形成，要在结构设计过程中考虑到两个方面。

(1) 配体的种类：直链形的刚性长配体易于形成互穿结构，而在链的中部引入一些基团，增加位阻可以避免互穿结构的形成，同时为可能的化学修饰提供了作用位点。

(2) 反应条件：一般高浓度反应体系有利于形成互穿结构，非常低的体系浓度有利于形成非互穿结构。通过系统调控反应浓度和温度可以得到互穿和非互穿的 [Cd (bipy) (bdc)] 结构，高温和高浓度有利于形成它的互穿相，而低温低浓度则有利于形成非互穿相 [36]。液相取向生长法 (liquid-phase epitaxy)，在有机模板表面逐层生长利于得到非互穿结构，如非互穿相的 MOF-508[37]。

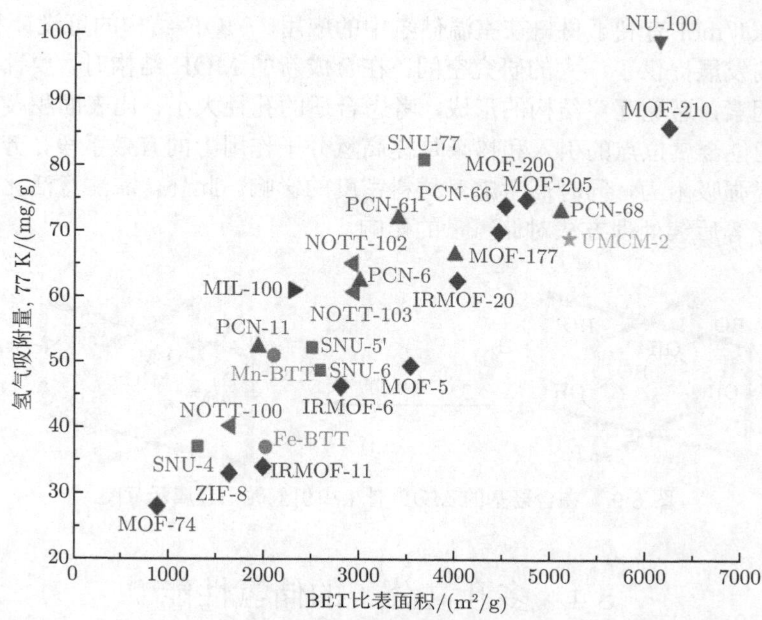

图 8.8 77K 下饱和吸氢量与 MOF 材料 BET 比表面积的关系 [35]

4) 活化方式

反应后从体系中分离出的 MOF，孔道中由客体分子 (一般为溶剂分子) 填充，需要通过活化过程尽可能地脱去客体分子，而保持骨架结构不坍塌，实现较大的比表面积和气体吸附量。目前 MOF 材料的孔道活化方式有三种。

(1) 真空加热：最常用的方法，对熔点较高的溶剂不利于脱去，过高的温度和过长的活化时间容易造成孔道结构的坍塌。

(2) 溶剂交换：先用沸点较低的小分子溶剂浸泡交换调孔道中不易脱去的客体分子，再加热抽真空除去孔道中易脱去的小分子溶剂。

(3) 超临界处理：用超临界状态二氧化碳交换孔道中不易脱去的客体分子，最后脱去超临界流体二氧化碳。这种方法消除了脱去客体分子过程中的表面张力，特别是毛细作用，在脱去客体分子的同时可以有效避免孔道的坍塌 [38]。

5) 化学修饰

MOF 结构中多样的有机配体为化学修饰提供了可能，人们可以通过在骨架中连接不同的修饰基团，改善储氢性能。例如，利用含羟基的有机配体，并将锂和镁引入孔道，可以增强骨架与氢分子的作用 (图 8.9)[39]。

6) 保存方式

对水蒸气和空气敏感的 MOF 材料还要注意保存方式，比如典型的 MOF-5，不同研究小组报道的比表面积和储氢量数据有一些差别，可能是因为不同实验中在空气中暴露时间不同，MOF-5 容易与水分子发生反应造成孔道结构改变 [40]。

目前对 MOF 材料的储氢性能的研究，主要围绕如何保证储氢量较大的同时，增强材料对氢气的吸附作用，进一步提高可应用的温度。理论计算表明物理吸附材料吸附热达到 15~25 kJ/mol 有利于材料在室温储氢中的应用。MOF 结构的可设计和可修饰性，为这一材料的发展提供了广大的研究空间。在合成新的 MOF 结构时，要针对以上讨论的各项影响因素，避免互穿结构的形成，考虑合适的孔径大小、比表面积及孔体积的影响。不饱和配位金属位点的引入和掺杂是提高氢分子作用力的有效手段，芳香位点的增加也有利于增强吸附力，同时需考虑对材料密度的影响。此外，需注意活化手段的选择和样品的保存等后续处理方法对储氢量的影响。

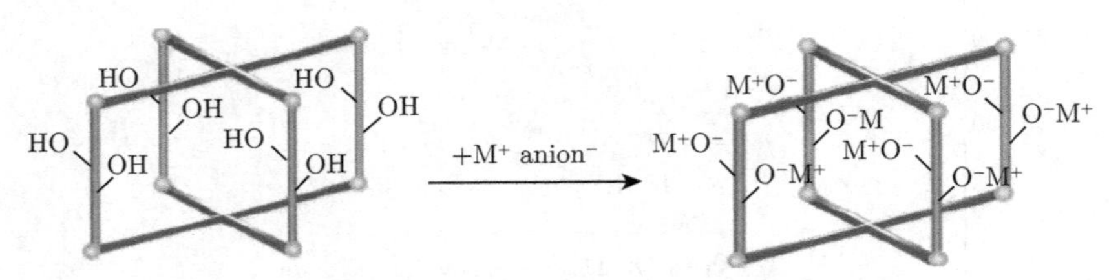

图 8.9　在含羟基的 MOF 骨架中引入碱土金属示意图

8.4　多孔高分子的储氢性能

多孔高分子一般是由刚性有机配体组装形成的稳定多孔结构，不同的组成单元和堆积模式使其具有丰富的结构多样性。与 MOF 的主要区别在于，多孔高分子材料不含金属。因此作为储氢材料，具有低密度、重量储氢量高的优势。本节介绍两种在储氢领域关注较多的多孔高分子：共价有机骨架材料和共轭微孔高分子。

8.4.1　共价有机骨架材料

共价有机骨架材料 (covalent organic framework, COF) 是由共价键连接有机配体组成的多孔晶体材料 [41]。COF 较 MOF 更轻，不存在金属离子配位，是一种具有良好应用前景的储氢材料 [42,43]。尤其是具有三维结构的 COF 因其独特的多孔结构而受到广泛关注。

Yaghi 团队报道了一系列 COF 的储氢性质，其中 3D COF-102 和 COF-103 (结构如图 8.10 所示) 在 77 K、35 bar 条件下的吸氢量分别为 7.24 wt% 和 7.05 wt%，高于 2D COF 在相同条件下的吸氢量 [44]。COF 孔结构中的吸氢位点主要有苯环、硼氧环上方和侧面等，但与氢气的作用较弱 (吸附热 < 2 kJ/mol)[45]。通过结构设计及修饰掺杂等方式增强 COF 结构与氢气的作用，仍是 COF 作为储氢材料的研究重点 [46]。CURATED(clean, uniform, and refined with automatic tracking from experimental database) 是一个非常完备并持续更新的 COF 数据库，包括了已报道的 COF 结构及气体吸附等信息 [47]。

8.4.2　共轭微孔高分子材料

共轭微孔高分子材料 (conjugated microporous polymers, CMP) 具有由 $\pi-\pi$ 共轭堆积形成的稳定微孔结构。不同的组成单元和堆积模式为 CMP 带来了丰富的结构多样性 [48−50]。

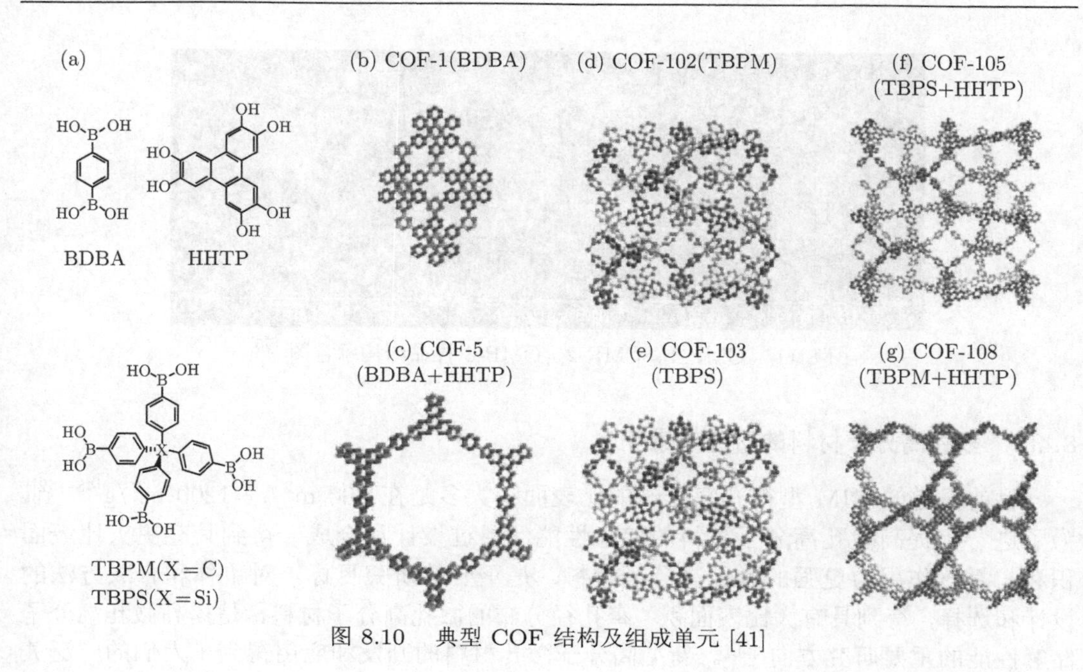

图 8.10　典型 COF 结构及组成单元 [41]

2007 年，Cooper 团队报道了 CMP-1(聚亚芳基乙炔基) 的储氢性质，在 77K、1bar 条件下的吸氢量为 0.99 wt% [51,52]。共轭微孔高分子材料通常能够表现出较大的比表面积 [53]。例如，由 poly(chloromethylstyrene-co-divinylbenzene) 凝胶制备的聚苯乙烯共轭微孔高分子比表面积高达 1930 m^2/g。DFT 计算表明在聚苯乙烯超高交联微孔高分子中主要是 2 nm 左右的微孔。聚苯乙烯共轭微孔高分子在 77 K、1.2 bar 条件下，表现出 1.55 wt%的储氢量。由 poly-(vinylbenzyl chloride) 凝胶形成的共轭微孔高分子 BET 比表面积约为 1466 m^2/g [54]，在微孔范围内孔径分布较宽，孔径分布曲线的最大值位于 0.789 nm 处，在 77 K、15 bar 条件下，储氢重量百分比达到了 3.04 wt.%。表 8.3 列出了四个具有代表性的 CMP 结构、组成单元、比表面积、孔体积及孔径等性质。图 8.11 为 CMP-1、CMP-2、CMP-3 样品结构示意图。

表 8.3　微孔高分子 CMP-1、CMP-2、CMP-3 和 CMP-4 的物理性质

	Alkyne monomer	Halogen monomer	S_{BET} $[m^2g^{-1}]$[a]	$S_{micro}[m^2g^{-1}]$ (t-plot)[b]	V_{micro} $[cm^3g^{-1}]$[c]	V_{tte} $[cm^3g^{-1}]$[c]	L[nm] (strut)[d]
CMP-1			834(728)	675	0.33(0.34)	0.47	1.107
CMP-2			634(562)	451	0.25(0.24)	0.53	1.528
CMP-3			522(409)	350	0.18(0.17)	0.26	1.903
CMP-4		Br Br Br	744(645)	596	0.29(0.26)	0.39	1.107

注：[a] 为 BET 比表面积，[b] 为微孔比表面积和孔体积，[c] 为总孔体积，[d] 为分子模型中节点之间的距离 [55]。

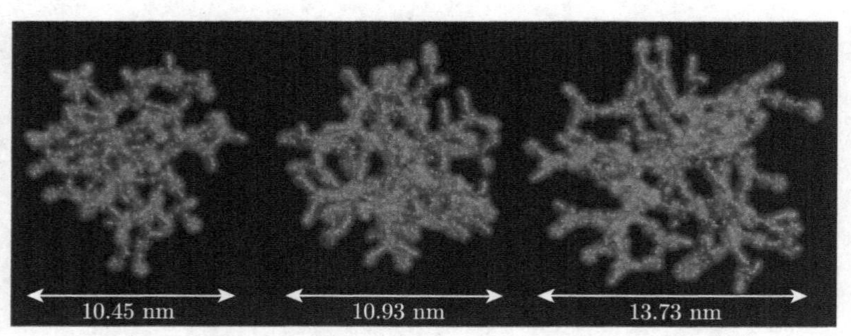

图 8.11　CMP-1、CMP-2、CMP-3 样品结构示意图 [55]

8.4.3　多孔高分子材料的研究前景

目前报道的 PIM 型微孔高分子的比表面积大多是在 500 m^2/g～1200 m^2/g[48−52]。为了进一步提高微孔高分子材料的储氢性能，通过设计和合成，得到具有更大比表面积和与氢气作用力更强的微孔高分子材料，是重要的研究目标。对单体和合成方法的设计和选择，得到具有大比表面积、窄孔径分布的微孔高分子材料，是提高微孔高分子储氢性能的重要研究方向 [56]。新型高分子微孔材料的开发和应用得到了人们的广泛关注 [57−59]。

8.5　三种物理吸附材料的比较

8.5.1　孔道结构

目前，普遍认为 7～10 Å 的微孔有利于在保证储氢量的前提下，提高材料与氢气的作用强度。MOF 和多孔高分子的孔径主要分布在微孔范围内。一般来说，碳材料中的孔径分布从微孔、介孔甚至到大孔范围均有分布。通过改变框架中的有机配体的长度，人们可以很好地调控 MOF 孔道的大小和孔道化学环境。与此类似，对于微孔高分子材料，也可以通过选择不同的刚性连接单体，得到孔径分布均匀的微孔高分子材料，而碳材料孔道性质的调节方式相对有限。碳材料和微孔高分子材料的化学稳定性通常优于大多数 MOF 材料。

8.5.2　吸附位点

在吸附作用机理方面，三种物理吸附材料与氢气作用力均为分子之间的范德瓦耳斯力，吸附热低 (一般在 3～10 kJ/mol)。因此，提高材料与氢气的作用力，使其吸附热达到 20 kJ/mol 及以上，进而提高储氢的工作温度，是物理储氢材料的主要发展方向。MOF 的结构表征可用单晶 X 射线衍射等手段确定孔道的化学环境，进而对吸附位点和作用机理进行深入的研究。相比之下，碳材料和微孔高分子的结构一般较难表征计算。对 MOF 孔道作用机理的研究对其他物理吸附材料同样具有指导意义。

不饱和配位的金属是 MOF 结构中最强的吸氢位点。其次芳香环结构在较窄的孔道位置也可以提供强吸附位点。微孔高分子材料和碳材料相比，孔道的化学环境相似，都是以无机芳香环结构为主要的吸氢位点。通过修饰可以在吸附材料的孔道中引入更强的吸附位点，在这三种材料中均有报道。金属位点 (Li、K 等) 的引入可以提高物理吸附材料与氢气的作用。MOF 和多孔高分子可在组成单元的选择上加以调控，选择带有修饰基团的配体，并在此基础上进一步修饰。碳材料主要通过控制其中含氧氮硼等配体的含量，进一步引入金属掺杂等。相比 MOF 和多孔高分子，碳材料掺杂后的均一性控制较难 (表 8.4)。

8.5.3 储氢容量

对于实际储氢应用，储氢量及使用温度是人们首要关注的问题。在低温下 (~77 K) 相比碳材料和多孔高分子，MOF 由于金属含量高、密度大，不利于重量储氢量的提高。然而在 77 K 高压下重量储氢量满足 DOE 标准的物理吸附材料特别是 MOF 材料已有报道，所以低温下重量储氢量已不是目前的研究难点。但物理储氢材料体积储氢量目前几乎没有报道超过 40 g/L 以上，达不到 DOE 标准。在实际应用中，材料的密度跟粉末堆积的程度也有关，粉末堆积空隙将进一步降低体积储氢量。因此物理吸附材料在低温储氢中的瓶颈在于如何进一步提高体积储氢容量。

物理吸附材料如果能在室温下应用，就不需要依赖繁重的低温设备，对实际应用大为有利。但目前物理吸附材料在室温下的储氢量普遍很低 (<1.5 wt%)。在室温下的应用中，提高物理吸附材料储氢容量的关键因素在于保证一定比表面积的前提下，提高材料与氢气的作用强度。

表 8.4 物理储氢材料的比较总结

	碳材料	金属有机骨架材料	微孔高分子材料
结构设计合成	可通过合成条件调控孔径大小分布，难以均一控制，结构多样性较少	多种金属位点、配体、配位模式，结构多样，可通过结构设计控制合成均一多孔结构	多种单体，结合方式，结构多样，可通过结构设计控制合成多孔结构
孔道大小分布	微孔，介孔，大孔	多为微孔，介孔有少量报道	微孔
孔道性质	一定范围内分布	晶体结构，有序均一	一定微孔范围内分布
化学稳定性	高	较低	较高
热稳定性	高	受结构影响大，一般比碳材料低	受结构影响大，一般比碳材料低

(宋萍)

参考文献

[1] 何余生. 离子交换与吸附, 2004: 20.

[2] 傅献彩, 沈文霞, 姚天扬, 侯文华. 物理化学. 5 版. 2006.

[3] Yang J, Sudik A, Wolverton C, et al. High capacity hydrogen storage materials: attributes for automotive applications and techniques for materials discovery. Chemical Society Reviews, 2010, 39: 656-675.

[4] Lim K L, Kazemian H, Yaakob Z, et al. Solid-state materials and methods for hydrogen storage: a critical review. Chemical Engineering & Technology, 2010, 33: 213-226.

[5] Bénard P, Chahine R. Storage of hydrogen by physisorption on carbon and nanostructured materials. Scripta Materialia, 2007, 56: 803-808.

[6] Dillon A C, Heben M J. Hydrogen storage using carbon adsorbents: past, present and future. Applied Physics A, 2001, 72(2): 133-142.

[7] Xu W C, Takahashi K, Matsuo Y, et al. Investigation of hydrogen storage capacity of various carbon materials. Int. J. Hydrog. Energy, 2007, 32: 2504-2512.

[8] Tian W Z, Zhang Y, Wang Y Z, et al. A study on the hydrogen storage performance of graphene–Pd (T)–graphene structure. Int. J. Hydrog. Energy, 2020, 45(22): 12376-12383.

[9] Ma L P, Wu Z S, Li J, Wu E D, Ren W C, Cheng H M. Hydrogen adsorption behavior of graphene above critical temperature. Int. J. Hydrog. Energy, 2009, 34: 2329-2332.

[10] Srinivas G, Zhu Y W, Piner R, et al. Synthesis of graphene-like nanosheets and their hydrogen adsorption capacity. Carbon, 2010, 48: 630-635.

[11] Rowsell J L C, Yaghi O M. Metal–organic frameworks: a new class of porous materials. Microporous and Mesoporous Materials, 2004, 73: 3-14.

[12] Saha D, Wei Z J, Deng S G. Equilibrium, kinetics and enthalpy of hydrogen adsorption in MOF-177. Int. J. Hydrog. Energy, 2008, 33(24): 7479-7488.

[13] Sevilla M, Fuertes A B, Mokaya R. High density hydrogen storage in superactivated carbons from hydrothermally carbonized renewable organic materials. Energy Environ. Sci., 2011, 4(4): 1400.

[14] Blankenship II T S, Balahmar N, Mokaya R. Oxygen-rich microporous carbons with exceptional hydrogen storage capacity. Nat Commun, 2017, 8(1): 1-12.

[15] Baburin I A, Klechikov A, Mercier G, et al. Hydrogen adsorption by perforated graphene. Int. J. Hydrogen Energy, 2015, 40(20): 6594–6599.

[16] Murray L J, Dinca M, Long J R. Hydrogen storage in metal–organic frameworks. Chemical Society Reviews, 2009, 38(5): 1294.

[17] Jain V, Kandasubramanian B. Functionalized graphene materials for hydrogen storage. J. Mater. Sci, 2020, 55(5): 1865-1903.

[18] Eddaoudi M, Kim J, Rosi N, et al. Systematic design of pore size and functionality in isoreticular MOFs and their application in methane storage. Science, 2002, 295(5554): 469-472.

[19] Rosi N L, Kim J, Eddaoudi M, et al. Metal- organic frameworks with exceptionally high capacity for storage of carbon dioxide at room temperature. J. Am. Chem. Soc., 2005(51): 17998-17999.

[20] Rowsell J L C, Millward A R, Park K S, et al. Hydrogen sorption in functionalized metal-organic frameworks. J. Am. Chem. Soc., 2004, 126: 5666-5667.

[21] Rowsell J L C, Yaghi O M. Effects of functionalization, catenation, and variation of the metal oxide and organic linking units on the low-Pressure hydrogen adsorption properties of metal-organic frameworks. J. Am. Chem. Soc., 2006, 128(4): 1304-1315.

[22] Furukawa H, Ko N, Go Y B, et al. Ultrahigh porosity in metal-organic frameworks. Science, 2010, 329(5990): 424-428.

[23] Férey G, Latroche M, Serre C, et al. Hydrogen adsorption in the nanoporous metal-benzene-dicarboxylate M (OH)(O 2 C–C 6 H 4–CO 2)(M= Al 3+, Cr 3+), MIL-53. Chemical Communications, 2003(24): 2976-2977.

[24] Ferey G. Hybrid porous solids: past, present, future. Chemical Society Reviews, 2008, 37, (1): 191-214.

[25] Kang J, Wei S H, Kim Y H. Microscopic theory of hysteretic hydrogen adsorption in nanoporous materials. J. Am. Chem. Soc., 2010, 132(5): 1510-1511.

[26] Dinca M, Long J R. Hydrogen storage in microporous metal–organic frameworks with exposed metal sites. Angewandte Chemie-International Edition, 2008, 47(36): 6766-6779.

[27] Hausdorf S, Baitalow F, Bohle T, et al. Main-group and transition-element IRMOF homologues. J. Am. Chem. Soc., 2010, 132: 10978-10981.

[28] Sumida K, Hill M R, Hoňke S, et al. Synthesis and hydrogen storage properties of $Be_{12}(OH)12$ (1,3,5-benzenetribenzoate)4. J. Am. Chem. Soc., 2009, 131(42): 15120–15121.

[29] van den Berg A W C, Arean C O. Materials for hydrogen storage: current research trends and perspectives. Chemical Communications, 2008, (6): 668-681.

[30] Peterson V K, Liu Y, Brown C M, et al. Neutron powder diffraction study of D2 Sorption in Cu3(1,3,5-benzenetricarboxylate)2. J. Am. Chem. Soc., 2006, 128(49): 15578-15579.

[31] Vitillo J G, Regli L, Chavan S, et al. Role of exposed metal sites in hydrogen storage in MOFs. J. Am. Chem. Soc., 2008, 130, (26): 8386-8396.

[32] Sagara T, Klassen J, Ganz E. Computational study of hydrogen binding by metal-organic framework-5. J. Chem. Phys., 2004, 121, (24): 12543-12547.

[33] Han S S, Goddard W A. Lithium-doped metal-organic frameworks for reversible H_2 storage at ambient temperature. J. Am. Chem. Soc., 2007, 129(27): 8422-8423.

[34] 郑倩, 徐绘, 崔元靖, 等. 金属–有机框架物 (MOFs) 储氢材料研究进展, 材料导报, 2008, 22(11): 106-110.

[35] Suh M P, Park H J, Prasad T K, et al. Hydrogen storage in metal–organic frameworks. Chem.Rev., 2012, 112(2): 782-835.

[36] Zhang J J, Wojtas L, Larsen R W, et al. Temperature and concentration control over interpenetration in a metal- organic material. J. Am. Chem. Soc., 2009, 131(47): 17040-17041.

[37] Shekhah O, Wang H, Paradinas M, et al. Controlling interpenetration in metal–organic frameworks by liquid-phase epitaxy. Nature Materials, 2009, 8(6): 481-484.

[38] Nelson A P, Farha O K, Mulfort K L, et al. Supercritical processing as a route to high internal surface areas and permanent microporosity in metal- organic framework materials. J. Am. Chem. Soc., 2009, 131(2): 458-460.

[39] Mulfort K L, Farha O K, et al. Post-synthesis alkoxide formation within metal- organic framework materials: a strategy for incorporating highly coordinatively unsaturated metal ions. J. Am. Chem. Soc., 2009, 131(11): 3866-3868.

[40] Kaye S S, Dailly A, Yaghi O M, et al. Impact of preparation and handling on the hydrogen storage properties of Zn_4O(1,4-benzenedicarboxylate)3 (MOF-5). J. Am. Chem. Soc., 2007, 129(46): 14176-14177.

[41] Guan X, Chen F, Fang Q, et al. Design and applications of three dimensional covalent organic frameworks. Chem. Soc. Rev., 2020, 49(5): 1357-1384.

[42] Han S S, Furukawa H, Yaghi O M, et al. Covalent organic frameworks as exceptional hydrogen storage materials. J. Am. Chem. Soc., 2008, 130(35): 11580-11581.

[43] Cōté A P, Benin A I, Ockwig N W, et al. Porous, crystalline, covalent organic frameworks. Science, 2005, 310(15751): 1166-1170.

[44] Furukawa H, Yaghi O M. Storage of hydrogen, methane, and carbon dioxide in highly porous covalent organic frameworks for clean energy applications. J. Am. Chem. Soc., 2009, 131(25): 8875-8883.

[45] Assfour B, Seifert G. Hydrogen adsorption sites and energies in 2D and 3D covalent organic frameworks. Chem. Phys. Lett., 2010, 489(1-3): 86-91.

[46] Cao D, Lan J, Wang W, et al. Lithium-doped 3D covalent organic frameworks: high-capacity hydrogen storage materials. Angew. Chem. Int. Ed., 2009, 48(26): 4730-4733.

[47] Ongari D, Yakutovich A V, Talirz L, et al. Building a consistent and reproducible database for adsorption evaluation in covalent–organic frameworks. ACS Cent. Sci., 2019, 5(10): 1663-1675.

[48] Wood C D, Tan B, Trewin A, et al. Hydrogen storage in microporous hypercrosslinked organic polymer networks. Chemistry of Materials, 2007, 19(8): 2034-2048.

[49] Trewin A, Willock D J, Cooper A I. Atomistic simulation of micropore structure, surface area, and gas sorption properties for amorphous microporous polymer networks. Journal of Physical Chemistry C, 2008, 112(51): 20549-20559.

[50] Dawson R, Laybourn A, Clowes R, et al. Functionalized conjugated microporous polymers. Macromolecules, 2009, 42: 8809-8816.

[51] Su F B, Jiang J, Trewin A, et al. Conjugated microporous poly (aryleneethynylene) networks. Angew. Chem., Int. Ed., 2007, 46(45): 8574-8578.

[52] Lee J, Cooper A. Advances in conjugated microporous polymers. Chem. Rev., 2020, 120(4): 2171-2214.

[53] Germain J, Hradil J, Fréchet J M J, et al. High surface area nanoporous polymers for reversible hydrogen storage. Chemistry of Materials, 2006, 18(18): 4430-4435.

[54] Lee J Y, Wood C D, Bradshaw D, et al. Hydrogen adsorption in microporous hypercrosslinked polymers. Chemical Communications, 2006, (25): 2670.

[55] Jiang J X, Su F, Trewin A, et al. Conjugated microporous poly (aryleneethynylene) networks. Angewandte Chemie-International Edition, 2008, 46(45): 8574-8578.

[56] Germain J, Svec F, Frechet J M J. Preparation of size-selective nanoporous polymer networks of aromatic rings: potential adsorbents for hydrogen storage. Chemistry of Materials, 2008, 20(22): 7069-7076.

[57] Li B Y, Huang X, Liang L Y, et al. Synthesis of cost-effective porous polyimides and their gas storage properties. Journal of Materials Chemistry, 2011, 47: 7704-7706.

[58] Trewin A, Cooper A I. Predicting microporous crystalline polyimides. CrystEngComm, 2009, 11(9): 1819-1822.

[59] Schmidt J, Weber J, Epping J D, et al. Microporous conjugated poly (thienylene arylene) networks. Advanced Materials, 2009, 21: 702.

第 9 章　储氢合金和金属氢化物

9.1　储氢合金的工作原理和设计

9.1.1　储氢合金简介

前面我们已经介绍了高压储氢，液态储氢以及物理吸附储氢等氢储存方式。目前，储氢材料的研究中，最集中也最广泛的研究对象是储氢合金材料。一些金属具有很强的与氢反应的能力，在一定的温度和压力条件下，这些金属形成的合金能够大量吸收氢气，反应生成金属氢化物，将这些金属氢化物加热或降低氢气的压力后，它们又会分解，将储存在其中的氢释放出来，这样的合金称为储氢合金。储氢合金具有很强的储氢能力，单位体积储氢的密度一般可以达到气态氢的 1000 倍，也即相当于储存了 1000 个标准大气压的高压氢气，有的甚至更高，甚至于高于液态的氢气 (表 9.1)。储氢合金吸氢后，这些氢以原子态储存于合金中，当其释放出来时，要经历扩散和化合等过程，这些过程受到热效应以及反应速度的制约，不易爆炸，安全程度高；储氢合金吸放氢还具有很好的可逆性等特点。储氢合金研究和实用化主要的挑战在于找到同时满足价格低廉、吸放氢含量高、动力学和循环性能好、热力学在吸放氢适当平衡压下工作温度满足环境需要等的技术条件。

表 9.1　不同储氢形式中氢的储存密度

储氢方式	氢重量含量/%	氢原子密度/($\times10^{22}$cm^{-3})	相对体积密度
标准状态下氢气	100	5.4×10^{-3}	1
200 bar 氢气	100	1.1	200
液态氢, 20 K	100	4.2	778
固态氢, 4.2 K	100	5.3	981
Mg_2NiH_4	3.62	5.6	1037
$FeTiH_{1.95}$	1.86	5.7	1056
$LaNi_5H_6$	1.38	6.2	1148
MgH_2	7.66	6.6	1222
TiH_2	4.04	9.1	1685
VH_2	3.81	10.5	1944

9.1.2　储氢合金的历史发展及现状

储氢合金研究历史上，Libowitz 等于 1958 年首次报道了金属合金氢化物 $ZrNiH_3$[1]。20 世纪 60~70 年代，美国布鲁克海文国家实验室以及荷兰的菲利浦公司相继开发出了 $LaNi_5$-H、TiFe-H、$ZrMn_2$-H、Mg_2Ni-H 金属合金–氢化物体系。自此以后，储氢合金的研究进入了全面发展的局面，世界上各个国家的众多研究机构开发出了多种类型的储氢合金体系。

简单来说，储氢合金 A_mB_n 由两大类元素组成，A 元素一般容易与氢反应生成稳定氢化物，并放出一定的热量。这些元素主要为 IA-VB 族金属，如 Li、Na、Ca、Mg、Ti、V、Zr 以及稀土元素等。B 元素一般不与氢反应，但它与 A 形成合金后，能够催化氢的吸收和放出。这些元素主要是 ⅢA 金属和 ⅥB-Ⅷ 族过渡金属元素，如 Cr、Mn、Ni、Co、Fe 等。

表 9.2 列出了传统的几大类储氢合金。第一代储氢合金是以 $LaNi_5$ 为代表的 AB_5 型稀土类合金。它是 1969 年荷兰菲利浦实验室 [2] 在研究永磁材料 $SmCo_5$ 时发现的，$LaNi_5$ 的吸氢量为 1.4 wt%，室温下吸放氢容易，吸放氢平衡压差小，初期活化容易，抗毒化性能好。为了降低成本，一般使用稀土元素的混合物 Mm(主要为 La、Ce、Pr、Nb) 来取代 La，制得 $MmNi_5$。后来又使用 Ca、Mn、Fe、Cu、Al 等金属部分置换 Mm 或 Ni，形成稀土类储氢合金。这类合金的致命缺点便是价格成本较高。

表 9.2 主要传统储氢合金种类 [5]

类型	AB_5	AB_2	AB	A_2B
典型代表	$LaNi_5$ (Mm, ML)	ZrM_2, TiM_2 (M: Mn, Ni, V 等)	TiFe	Mg_2Ni
氢含量 (重量)	1.4%	1.8%～2.4%	1.9%	3.6%
活化性能	容易活化	初期活化困难	活化困难	活化困难
吸放氢性能	室温吸放氢快	室温可吸放氢	室温吸放氢	高温才能吸放氢
循环稳定性	平衡压力适中，调整后稳定性较好	吸放氢可逆性能差	反复吸放氢后性能下降	吸放氢可逆性能一般
抗毒化性能	不易中毒	一般	抗杂质气体中毒能力差	一般
价格成本	相对较高	价格便宜	价格便宜，资源丰富	价格便宜，资源丰富

第二代储氢合金为 AB 型的 FeTi 和 AB_2 型的 ZrM_2 和 TiM_2 等，FeTi 储氢量为 1.8 wt%，具有储氢量大、热力学性能良好及原材料便宜等优点，但初期活化困难，需要在高温和高真空条件下进行预处理并经多次吸放氢循环后才能够正常地吸放氢，而且抗毒化能力差，容易被氢气中的微量的 O_2、H_2O、CO_2 等毒化。AB_2 型合金同样需要严格的活化过程。

第三代 Mg_2Ni 储氢合金则具有资源丰富、重量轻、价格便宜、相对吸氢量大 (3.6 wt%) 的特点，具有诱人的应用前景，但是其吸放氢温度高，活化困难，动力学性能差等因素制约了其实用化。

研究较多的储氢合金还包括钒基等体心立方 (BCC) 结构固溶体储氢合金 [3] 等。V 可以在常温常压下吸收和放出氢。与氢反应主要有两种氢化物-VH 以及 VH_2。但是 VH 的放氢平台比较低，导致一般吸放氢过程中，真正可以有效使用的吸放氢量较低。此类材料的缺点是需要经过严格的活化过程，而且动力学性能一般。

其他储氢合金类型还包括 AB_3($GdFe_3$、$NdCo_3$), A_2B_7, A_6B_{23}, A_2B_{17}(如 La_2Mg_{17}), A_3B, $A_{17}B_{12}$($Mg_{17}Al_{12}$) 等 [4]。

传统的储氢合金都有一个致命的不足，这便是其有限的吸氢量。从表 9.2 我们可以看出，这几大类传统储氢合金中，具有最大吸氢量的便是 Mg_2Ni，但也只有 3.6%，这与美国能源部 2017 年所制定的最新版氢燃料汽车终极 6.5 wt%的体系重量要求还有很大的距离。后来，储氢材料发展出了 $NaAlH_4$、$LiAlH_4$、$LiBH_4$、Li_xN-H 等吸氢化合物体系，从传统储氢合金到这几类储氢化合物体系，一个明显的提高便是其理论吸氢量。但是，这几种储氢体系离真正的实用化则还有更远的距离，它们在吸放氢所需的条件以及循环反复性等的困难使得其应用还需要进行更多的研究改进过程。

储氢合金目前一个重要的应用方向便是作为镍–金属氢化物 (Ni-MH) 电池的负极材料。在 20 世纪 70 年代，科学家们便发现 $LaNi_5$ 和 TiNi 系的储氢合金具有电池负极储氢能力。最初的镍氢电池的大规模开发是在 80 年代以后，1984 年荷兰菲利浦公司，日本松下公司和国内外许多科研院所大力开展实用化储氢合金电极材料的研究。1990 年，镍氢电池首先由日本开始商业化，以后的数年内马上席卷全球，成为可以替代镍镉电池的新型电池。它与镍镉电池相比具有更高的能量密度，为镍镉电池的 1.5~2 倍。它的循环寿命也比镍镉电池长。它与镍镉电池的本质区别只是在于负极材料的不同。这种电池的电压和镍镉电池完全相同，为 1.2 V，因此它可以直接应用在使用镍镉电池的器件上。

9.1.3 储氢合金的工作原理

9.1.3.1 氢化反应以及动力学过程

在氢气吸收过程中，金属与合金的氢化反应一般由以下几个步骤组成 [6]，见图 9.1。

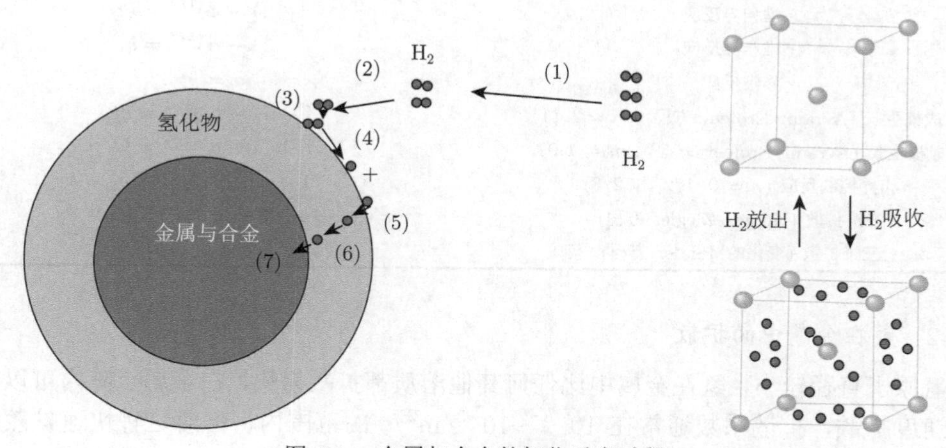

图 9.1 金属与合金的氢化反应过程

步骤 (1)：氢气由气体主相向金属与合金迁移；

步骤 (2)：氢气由气体相边界向金属与合金表面扩散；

步骤 (3)：氢气在金属与合金表面形成物理态吸附，此时氢在金属合金表面的状态为氢分子；

步骤 (4)：氢分子在表面分解形成氢原子，这些氢原子在金属合金表面形成化学态吸附；

步骤 (5)：化学吸附在表面的氢原子穿透金属与合金的表面进入其主体；

步骤 (6)：氢原子在形成的氢化物相中向颗粒内部扩散，到达氢化物与金属合金的界面；

步骤 (7)：氢原子在氢化物与金属表面参与反应，形成氢化物。

以上是简化的金属合金体系中的氢化反应过程，当体系是多元组分，或者有催化剂等其他因素时，氢化反应过程往往要复杂得多。在以上简单氢化反应过程中，一般步骤 (3)~(7) 相对于步骤 (1) 或者步骤 (2) 要慢得多，当其中某一个步骤是整个氢化过程中最慢的一步，整个反应的速度就由这个步骤决定时，此步骤反应称为氢化过程中的限速反应。很多研究者通过简易球形模型来研究不同储氢金属合金体系氢化动力学过程 [7−14]。根据不同的反应过程机理，不同的方程被用来解释这些反应过程 (见表 9.3)，因此当氢化反应过程可以被某个方程很好地吻合时，即表明此方程所阐述的反应过程即为整个氢化反应过程中的限速反应。周国治等引进了特征时间的概念，将合金吸氢百分数表达为时间、温度、压力、颗粒的函数的周氏动力学模型 [6,11,12]。

表 9.3　不同反应机理以及对应的反应方程

机理	方程
一维扩散	$\alpha^2 = kt$
二维扩散 (二维颗粒形状)	$(1-\alpha)\ln(1-\alpha)+\alpha = kt$
三维扩散 (Jander 方程)	$[1-(1-\alpha)^{1/3}]^2 = kt$
三维扩散 (Gisling–Braunshtein 方程)	$1-2\alpha/3-(1-\alpha)^{2/3} = kt$
一级动力学	$-\ln(1-\alpha) = kt$
二维相界反应	$1-(1-\alpha)^{1/2} = kt$
三维相界反应	$1-(1-\alpha)^{1/3} = kt$
零级反应	$\alpha = kt$
成核生长 (Avrami–Erofeev 方程), $m = 1.11$	$[-\ln(1-\alpha)]^{1/2} = kt$
成核生长 (Avrami–Erofeev 方程) , $m = 1.07$	$[-\ln(1-\alpha)]^{1/3} = kt$
相界控制反应 ($n = 0$, 1/2, 和 2/3)	$[1-(1-\alpha)^{(1-n)}]/(1-n) = kt$
三维扩散 (Kroger–Ziegler 方程)	$[1-(1-\alpha)^{1/3}]^2 = k\ln t$
三维扩散 (变化的 Jander 方程)	$[(1/(1-\alpha))^{1/3}-1]^2 = kt$

9.1.3.2　氢在金属中的扩散

氢原子直径较小，氢在金属中比任何其他溶质都扩散得快，在金属点阵内可以以很高的速度扩散，扩散系数通常在 10^{-8} ~10^{-3}cm^2/s 的范围内，但对这种快速扩散机理还不完全清楚。氢原子的质量很小，可以预料量子效应和隧道效应起作用，氢在 Nb、Ta 和 V 等金属中扩散的活化能是同位素质量函数的事实支持了这种推测。研究氢在金属中的扩散行为是确定氢在金属中行为的一个很重要的方面，尤其是对于储氢合金体系中的氢扩散研究，对于吸放氢过程中的动力学有很大的影响。氢在金属中扩散系数的测定方法可以使用核磁共振法，弹性后效法等，在金属体系中氢浓度很高时，可以采用穆斯堡尔谱法及中子衍射等方法来测定。但不同人测得的氢扩散数据有的可以相差达几个数量级，原因之一是氢扩散实验的结果受样品表面状态的影响很大。另一重要原因是氢在金属中的扩散系数与金属本身的纯度等因素关系很大，当金属中存在 O、N

等杂质原子后，这些原子对氢原子具有明显的俘获作用，从而可能大大降低氢的扩散系数。

Kehr 等认为氢在金属中有四种可能的扩散机理 [15,16]。图 9.2 中所示，在极低的温度下，氢作为带态而形成离域化，在带态中的氢的传播受到声子和晶格缺陷散射的限制。在稍高的温度下，氢被定域在具体的填隙位中，需要热能来改变其位置。这时分两种情况，一种可能性是从一个间隙位跳到另一个间隙位的隧穿。另一种可能性是在两个位间的跳跃，这便涉及氢扩散的活化能，这是经典的扩散机制，在高温时起主要作用。在极高的温度下，氢在高于势垒的态上，此时的扩散与稠密气体和液体中的一样。表 9.4[16] 显示了低浓度的氢同位素在各种金属中的扩散系数数据，用 Arrhenius 方程 $D = D_0 \exp(-E_a/RT)$ 中的指前因子 D_0 与活化能 E_a 表示，其中 $D(\mathrm{cm^2/s})$ 为扩散系数，D_0 称为扩散常数，E_a 为氢的扩散活化能，R 为气体常数，T 为热力学温度。

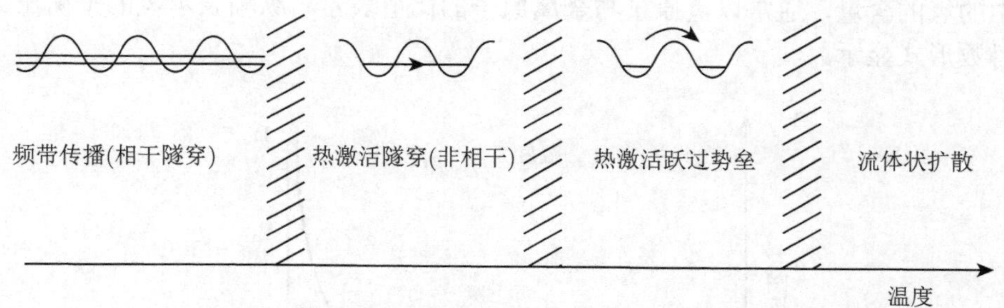

图 9.2　不同温度下氢在金属中的四种可能的扩散机理

表 9.4　低浓度氢在不同温度下不同金属中的扩散系数及活化能

金属	氢同位素	D_0 / (cm²/s)	E_a / (kJ/mol)	温度范围/℃
Pd	H	2.9×10^{-3}	22.2	$-50\sim600$
	H	5.3×10^{-3}	22.8	
	D	2.7×10^{-3}	20.5	
	D	—	19.8	
	T	7.2×10^{-3}	30.1	
Ni	H	4.8×10^{-3}	39.4	$0\sim358$
α−Fe	H	7.5×10^{-3}	10.1	$0\sim770$
	H	2.3×10^{-3}	6.66	
	H	0.78×10^{-3}	7.9	
	H	3.35×10^{-4}	3.4	
	D	3.35×10^{-4}	5.0	
Nb	H	5.0×10^{-4}	10.2	$0\sim500$
	D	5.2×10^{-4}	12.3	$-125\sim300$
	T	4.5×10^{-4}	13.0	$-50\sim30$
Ta	H	4.4×10^{-4}	13.5	$-20\sim400$
	D	4.6×10^{-4}	15.4	
V	H	3.1×10^{-4}	4.3	$-125\sim300$
	D	3.8×10^{-4}	7.0	

9.1.3.3 金属合金氢化反应化学与热力学原理

在一定温度和氢气压力条件下，储氢金属或合金与氢反应生成金属氢化物，并释放出热量，当提高温度或降低氢压时，氢化物释放出氢气，可以用如下式子表示。

$$\frac{2}{x}\mathrm{M(s)} + \mathrm{H_2}(g) \underset{P_2,\ T_2}{\overset{P_1,\ T_1}{\rightleftharpoons}} \frac{2}{x}\mathrm{M}H_x\mathrm{(s)} + \Delta H \tag{9.1}$$

M 代表金属和合金，ΔH 为反应热，P_1, T_1 和 P_2, T_2 分别表示吸收和放出氢时的压力和温度条件。正向反应为吸氢，逆向反应为放氢，这样我们便可以通过控制和调节体系的温度和氢气压力来使得金属和合金–氢体系吸收和放出氢，这便是储氢金属和合金吸放氢的基本原理。这样的反应可以直观地通过储氢合金与氢反应的平衡压力-组分-等温 (PCT) 曲线图来显示。图 9.3 显示的为一典型的吸氢过程 PCT 曲线图，横轴表示合金中的氢的含量，通常以氢原子与金属原子的比值表示，纵轴表示氢的平衡压力，一般以对数形式显示。

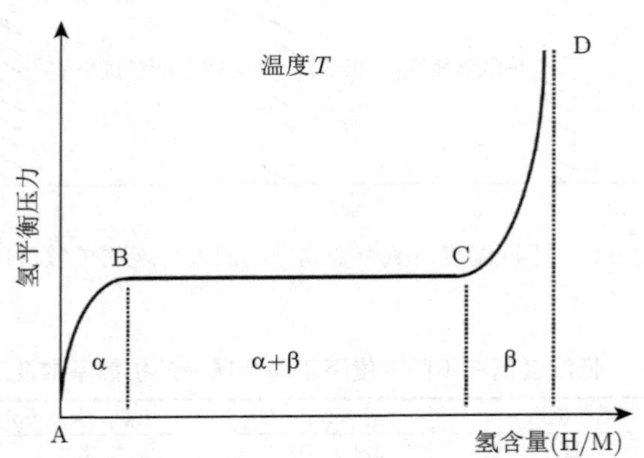

图 9.3 吸氢过程的压力–组分–等温曲线 (PCT) 图

从图中 A 点开始，氢气分子在金属表面离解为氢原子，氢原子从金属表面扩散进金属内部，进入金属晶格的间隙，形成氢–金属固溶体，从 A 点走向 B 点，这时的金属称为 α 相 (即 AB 段)。从 B 点开始，此时氢开始与金属反应，生成氢化物，从 B 点走向 C 点，这时生成氢化物 β 相，因此，BC 段为 α 相和 β 相共存相。根据 Gibbs 相律 $F = C - P + 2$，在 BC 段，C 只有金属和氢，P 为 α 相，β 相和氢气，所以 $F = 2 - 3 + 2 = 1$，组分发生改变时，平衡压力不改变，所以 BC 段理想状态时为平的台阶。C 点以后，α 相消失，此时压力再升高时，氢化物中的氢含量有少量增加，直至到达 D 点，最终氢化反应结束。图 9.4 显示不同温度下测量得到的 PCT 曲线，然后通过这些曲线得到 van't Hoff 曲线方程，从而得到反应焓和反应熵的示意图 [17]。一般随着温度的升高，体系的氢平衡压逐渐提高，同时在热力学控制下，平台区也逐渐缩短。从 PCT 曲线上，我们可以了解金属 (合金) 与氢反应时的平台压力、最大吸氢量、平台宽度 (为有效放氢区间)、滞后效应等衡量储氢材料性能的一些重要指标。

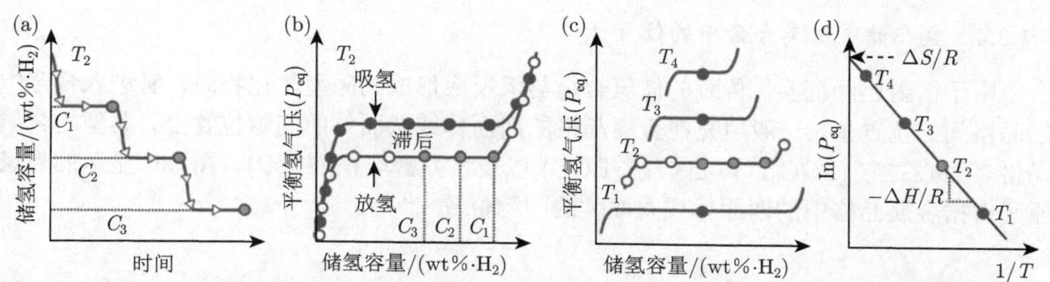

图 9.4 通过压力-组分-等温曲线测量来计算热力学性能。(a) 组分随时间的变化，(b) 吸氢和放氢过程 PCT 曲线，(c) 不同温度放氢曲线图，温度大小 $T_1 < T_2 < T_3 < T_4$，(d) 通过 van't Hoff 曲线计算放氢过程反应焓 (生成焓的相反值) 和放氢过程反应熵 (生成熵的相反值)

根据方程 (9.2) 和方程 (9.3)，我们可以推导出 van't Hoff 方程 (9.4)。

$$\Delta G = \Delta H - T\Delta S \tag{9.2}$$

$$\Delta G = -RT\ln Kp = RT\ln P_{H_2} \tag{9.3}$$

$$\ln P_{H_2} = \frac{\Delta H}{R}\cdot\frac{1}{T} - \frac{\Delta S}{R} \tag{9.4}$$

其中，ΔG, ΔH 和 ΔS 分别表示反应的 Gibbs 自由能的变化量、焓变化量以及熵变化量，K_p 表示平衡常数，R 为气体常数，T(K) 为热力学温度。根据 PCT 曲线中得到的不同温度下的放氢平衡压，我们便可以得到表示 lnP_{H_2} 与 $1/T$ 关系的 van't Hoff 曲线图，并拟合出此反应的 van't Hoff 方程。根据方程的斜率和截距，我们可以分别得到氢化物的反应生成焓和生成熵。图 9.5 为几种常见金属体系的 van't Hoff 曲线图 [18]。从不同体系的 van't Hoff 曲线图上，我们可以直观地挑选出我们所需要的在不同温度和压力条件下能够释放氢的体系。由图 9.5 我们也可以看出，目前使用广泛的 $LaNi_5$ 的氢化物在室温附近就能够在比较合适的压力下释放氢。

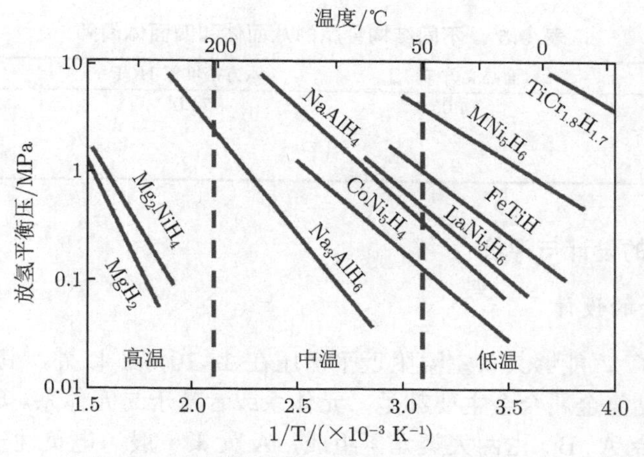

图 9.5 不同金属体系的 van't Hoff 曲线图

9.1.3.4　氢在储氢金属合金中的位置

中子衍射已经证实，传统的储氢合金与氢反应形成间隙型氢化物时，氢进入合金中的晶格间的位置里，一般填充在金属晶格的四面体或八面体的间隙位置上。典型的金属晶格有面心立方 (FCC)，体心立方 (BCC) 以及六方密堆积 (HCP)。图 9.6 显示的为氢原子占据金属晶格中的四面体或八面体的间隙位置 [19,20]。

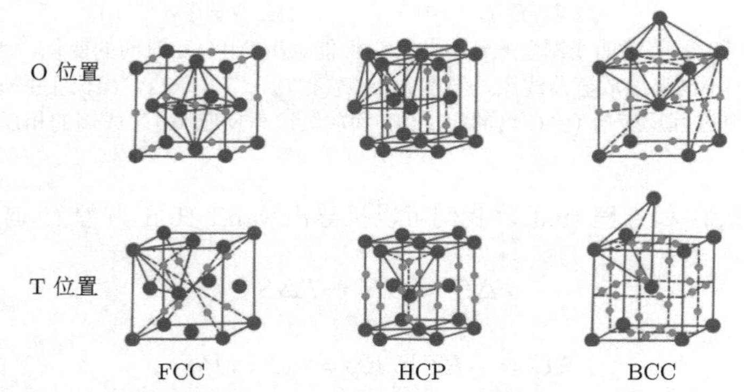

图 9.6　氢原子占据金属晶格中的四面体 (T) 或八面体 (O) 的间隙位置

当氢占据不同金属晶格的不同间隙位置时，每个金属原子可以被占据的氢原子数分别为：FCC 晶格中，八面体位置 1 个，四面体位置 2 个，BCC 晶格中，八面体和四面体的位置分别为 3 个和 6 个，而 HCP 中对应的分别为 1 个和 2 个 (表 9.5)。我们可以看到 BCC 结果晶格相对于 FCC 和 HCP 结构，单位金属原子可被占据的间隙位置大大高于其他金属，这表明 BCC 结构在储氢材料领域可能具备独特的性能应用。比如 BCC 金属 V 或者 BCC 结构 Ti-V 基合金等，如果氢能够占据所有的四面体和八面体空隙，其储氢容量将可以达到 15%左右 (对于 VH_9)，不过由于一般氢原子在金属态氢化物中相互距离要大于 2.1Å 等规则 [21,22] 以及电子化学结构等方面的限制，所以氢在金属与合金中往往只部分占据某种间隙。

表 9.5　不同结构金属的八面体和四面体间隙

	面心立方 FCC	六方密堆积 HCP	体心立方 BCC
金属填充密度/%	74.05	74.05	68.02
八面体位置/金属原子	1	1	3
四面体位置/金属原子	2	2	6

9.1.4　储氢合金的设计与评价

9.1.4.1　储氢合金的设计

单质金属除了 V 能够具备室温附近平衡压在 1~10 bar 以外，其他金属都不具备。目前研究较多的储氢金属合金主要都是二元体系或者基于二元体系。单纯从化学角度考虑，此类储氢合金 A_mB_n 由两大类元素组成，A 元素一般为电负性较小的元素，容易与氢反应生成稳定氢化物，生成氢化物时一般失去电子或者电子云偏向氢，并放出一定的热量。这些元素主要为 IA~VB 族金属，如 Li, Na, Ca, Mg, Ti, V, Zr 以及稀土元素等。B 元素一般不与氢反应或者很难与氢反应，但它与 A 形成合金后，能够催化氢的吸收和放出。这些元素主要是 ⅢA 金属和 ⅥB~Ⅷ 族过渡金属元素，如 Cr, Mn, Ni, Co, Fe 等。图 9.7 显示了不同元素的 Pauling 电负性值。

族	1	2	3	4	5	6	7	8	9	10	11	12	13	14	15	16	17	18
周期																		
1	H																	He
	2.2																	
2	Li	Be											B	C	N	O	F	Ne
	098	1.57											2.04	2.55	3.04	3.44	3.98	
3	Na	Mg											Al	Si	P	S	Cl	Ar
	0.93	1.31											1.61	1.9	2.19	2.58	3.16	
4	K	Ca	Sc	Ti	V	Cr	Mn	Fe	Co	Ni	Cu	Zn	Ga	Ge	As	Se	Br	Kr
	0.82	1	1.36	1.54	1.63	1.66	1.55	1.83	1.88	1.91	1.9	1.65	1.81	2.01	2.18	2.55	2.96	3
5	Rb	Sr	Y	Zr	Nb	Mo	Tc	Ru	Rh	Pd	Ag	Cd	In	Sn	Sb	Te	I	Xe
	0.82	0.95	1.22	1.33	1.6	2.16	1.9	2.2	2.28	2.2	1.93	1.69	1.78	1.96	2.05	2.1	2.66	2.6
6	Cs	Ba	镧系	Hf	Ta	W	Re	Os	Ir	Pt	Au	Hg	Tl	Pb	Bi	Po	At	Rn
	0.79	0.89		1.3	1.5	2.36	1.9	2.2	2.2	2.28	2.54	2	1.62	2.33	2.02	2	2.2	2.2
7	Fr	Ra	锕系	Rf	Db	Sg	Bh	Hs	Mt	Ds	Rg	Cn	Uut	Uuq	Uup	Uuh	Uus	Uuo
	0.7	0.9																

镧系	La	Ce	Pr	Nd	Pm	Sm	Eu	Gd	Tb	Dy	Ho	Er	Tm	Yb	Lu
	1.1	1.12	1.13	1.14	1.13	1.17	1.2	1.2	1.1	1.22	1.23	1.24	1.25	1.1	1.27
锕系	Ac	Th	Pa	U	Np	Pu	Am	Cm	Bk	Cf	Es	Fm	Md	No	Lr
	1.1	1.3	1.5	1.38	1.36	1.25	1.13	1.28	1.3	1.3	1.3	1.3	1.3	1.3	1.3

图 9.7 Pauling 电负性元素周期表

Morinaga 和 Nakatsuka 等 [23-31] 通过分子轨道方法研究了储氢合金中的元素作用，他们发现虽然大家传统理解元素 B 只是用于降低元素 A 与氢之间的强的相互作用力，但是其实在储氢合金形成氢化物时，元素 B 反而与氢形成更强的相互作用力。从热力学角度，Wolverton 等根据氢气 ΔS 值在温度为 20 ℃，平衡压为 1 bar 时为 131 J/(K·mol H_2)，估算出吸放氢温度在 −40 ~ 80 ℃，平衡压 1~700 bar 的范围时，ΔH 值的范围为 −20 ~ −45 kJ/(mol H_2)[32]，这个反应焓范围可以用来在理论计算过程中进行目标体系的初步筛选。不过他们也提到 ΔS 在有的体系中，很可能会大大偏离 −131 J/(K·mol H_2) 的标准值，因此单纯去根据ΔH 值来判断储氢合金体系是否可以实用有时候会与实际情况有很大的偏差。比如氢化镁在放氢过程中由 PCT 曲线，通过 van't Hoff 方程得到的 ΔS 值一般为 −135 ~ 144 J/(K·mol H_2)。

9.1.4.2 储氢合金的性能评价

评价一种储氢合金的综合性能有一系列的指标，包括 PCT 特性、活化性能、动力学、抗毒化性能、循环稳定寿命、安全性能以及材料价格等。因为储氢材料的应用，特别是氢动力汽车的应用时，需要面对多方面的苛刻要求。2017 年，美国能源部修改了对未来氢动力汽车使用储氢材料的实用化指标值 (表 9.6)，降低了对储氢材料体系的重量密度等设计指标。日本 NEDO 新能源产业技术开发机构也有类似的材料储氢目标值。具体而言，一个储氢材料的大规模实用化，它需要满足以下一些方面的要求。

表 9.6　2017 年美国能源部储氢材料指标

储氢指标参数	单位	2020 年	2025 年	最终
系统中氢重量含量	kW·h/kg(kg H_2/kg 系统)	1.5 (0.045)	1.8 (0.055)	2.2 (0.065)
系统中氢体积密度	kW·h/L (kg H_2/L 系统)	1.0 (0.030)	1.3 (0.040)	1.7 (0.050)
储氢系统成本	美元/等当量加仑汽油	4	4	4
系统工作温度区间	℃	$-40\sim60$	$-40\sim60$	$-40\sim60$
循环性能	次	1500	1500	1500
5 千克氢充入时间	min	3−5	3−5	3−5
最小氢流量	(g/s)/kW	0.02	0.02	0.02

PCT 特性　从合金的 PCT 曲线，我们可以得到储氢合金材料最大吸氢量、有效吸氢量、不同温度下吸放氢的平衡压、平台的倾斜度、吸放氢平台的滞后等信息。另外从 PCT 曲线，我们可以得到氢化物的 van't Hoff 方程，由此便可以得到其热力学数值。从这些数值，可以对储氢合金进行评价和筛选。比如，今后所要重点开发的储氢合金特别是可以应用于氢动力汽车方面的合金材料，应该是 $-15\sim100$ ℃，其放氢平衡压应该在 0.1~1 MPa 的体系，美国能源部则要求体系氢重量含量应该超过 5.5%(2025 年)。好的储氢合金应该是吸放氢容量大、滞后小、特定温度下吸放氢平衡压合适的体系。

动力学　不同的储氢合金其动力学性能会相差甚大，有的合金材料具有非常优良的动力学性能，在低温下便具有很高的速度。而有的材料在高温下具有比较好的吸放氢动力学，低温下则吸放氢性能非常不好，镁基材料便是如此。

活化性能　活化过程是为了让合金材料能够吸收氢气，并能够达到最大吸氢量以及吸放氢速度的步骤。它一般与材料的表面结构、氧化层以及颗粒度等材料的因数有关。一般而言，材料活化以后，氢的进入使得材料表面氧化层撕裂，内部破碎，于是会出现新的表面层，这样与氢的反应便进入了快速的阶段。好的储氢合金必须是活化容易或无须活化。

抗毒化性能　抗毒化性能也是衡量一个材料的重要因数。很多场合下，储氢材料会接触到含有杂质气体的氢气或应用于一个非密闭的环境中，这样就会很容易接触到其他气体等杂质。如果这些气体杂质很容易使得合金中毒，从而使得反应速度或吸放氢量大大降低并且很难恢复，那么这样的储氢合金便很难广泛实用化。

循环稳定性能　储氢合金材料的应用过程中，它的循环寿命直接决定着其使用过程的价格成本。优良的储氢合金应该具有好的循环性能，反复吸放氢以后，合金吸放氢量衰减应该很小。

安全性能　这是考察一个合金能否实用的非常关键的因数。好的储氢合金应该是对周围环境无毒害作用，不污染环境。

价格因数　广泛实用化的储氢合金材料应该价格低廉，可以大范围开发和使用。

9.2 稀土储氢材料

9.2.1 $LaNi_5$ 基 AB_5 型储氢材料

$LaNi_5$-AB_5 型稀土类合金是目前研究最广泛最深入，已经应用最多的储氢合金。它是 1969 年荷兰菲利浦实验室 [2] 在研究永磁材料 $SmCo_5$ 时首先发现并研究的。$LaNi_5$ 一般形成的稳定的氢化物为 $LaNi_5H_6$。其吸氢量为 1.38 wt%，此合金在室温下可以很容易吸放氢，而且其吸放氢平衡压差小，初期活化容易，抗毒化性能好。它主要作为镍氢电池材料使用，由于其稀土价格昂贵，吸放氢容量低以及吸氢后形成氢化物时体积膨胀 23.5%[33] 而导致的严重粉化现象等特点限制了其更加广泛的应用。

$LaNi_5$ 储氢合金的基本性质如表 9.7 所示。

表 9.7 $LaNi_5$ 储氢合金的基本性质

合金组分：$LaNi_5$

结构：$CaCu_5$ 型，六方点阵

空间群：$P6/mmm$

晶胞参数[34]：$a = 0.502$ nm, $b = 0.502$ nm, $c = 0.398$ nm

$\alpha = 90°, \beta = 90°, \gamma = 120°$

晶胞体积：0.08680 nm^3

计算晶胞密度：8.27 g/cm^3

原子坐标：

La (la) (0,0,0)

Ni1 (2c) (1/3, 2/3, 0), (2/3, 1/3, 0)

Ni2 (3g) (1/2, 0, 1/2), (0, 1/2, 1/2), (1/2, 1/2, 1/2)

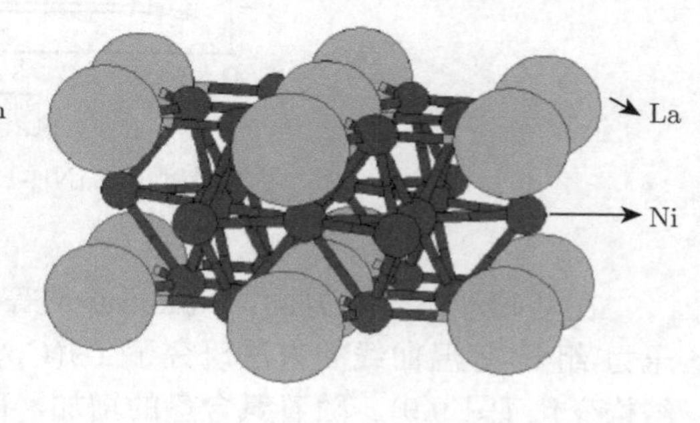

吸放氢反应方程式：

$$LaNi_5 + 3H_2 \rightleftharpoons LaNi_5H_6 + \Delta H \tag{9.5}$$

吸氢含量：1.38%

ΔH：-30.8 kJ/(mol H_2)[4]

ΔS：-108 J/(K·mol H_2)

1 bar 平衡压温度：12℃

25℃ 时平衡压：1.8 bar

图 9.8 显示了 $LaNi_5$ 合金吸放氢过程的压力-组分-等温 (PCT) 曲线 [35]，我们可以发现 $LaNi_5$ 合金在室温附近的吸放氢压力平台适合作为储氢材料的研究，但是纯 $LaNi_5$ 合金作为储氢材料时性能存在循环性能差等特点，因此作为储氢材料研究时使用了很多的提高改善的方法，如制备方法，表面工艺，元素替代，非等比组分等对其性能的影响。对 $LaNi_5$ 合金的吸放氢过程中的动力学研究结果进行比较时，我们会发现不同的研究者给出了差别达几百倍的不同的数值 [36]，甚至在对 $LaNi_5$ 合金的吸放氢过程中的限速步等也有不同的结论的报道 [37]。其中主要原因是对动力学的测量与材料的制备过程、表面状态、材料颗粒度、形态等材料的性质以及测量过程中的测量方法、测量参数等因素有很大关系。

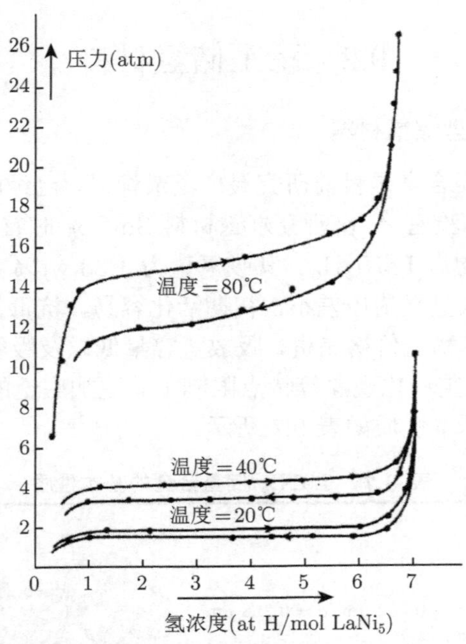

图 9.8 不同温度下 $LaNi_5$-H 压力-组分-等温 (PCT) 曲线 [35]

在基础理论研究方面，Nakamura 等 [38] 通过原位测量 X 射线粉末衍射同时测量压力-组分-等温曲线的方法研究了 $La(Co_xNi_{5-x})(0 \leqslant x \leqslant 5)$ 合金体系在吸氢过程中的结构变化 (图 9.9)。随着氢含量的增加，$La(Co_xNi_{5-x})(x = 2, 3, 5)$ 合金将经历 α, β 和 γ 相的转变过程 (图 9.10)，当 $x = 2$ 或 3 时，继续吸氢，将会有 δ 相的产生。α, β, γ 和 δ 分别为六方 $P6/mmm$, 正交 $Cmmm$, 正交 $Im2m$ 以及六方 $P6/mmm$ 的结构。相转变过程中还产生各向异性的晶格膨胀。六方 δ 相存在各向同性的晶格应力，此应力在相转变过程中会消失。

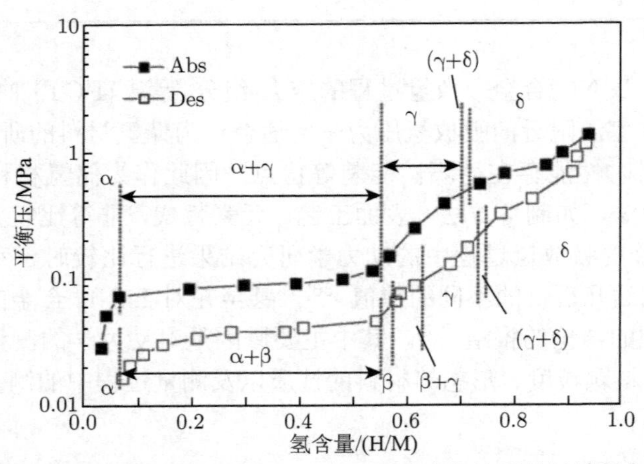

图 9.9 通过原位 X 射线衍射方法观察到的 $La(Co_2Ni_3)$ 合金初次吸放氢过程中的相组成随氢含量的转变结果 (313K)

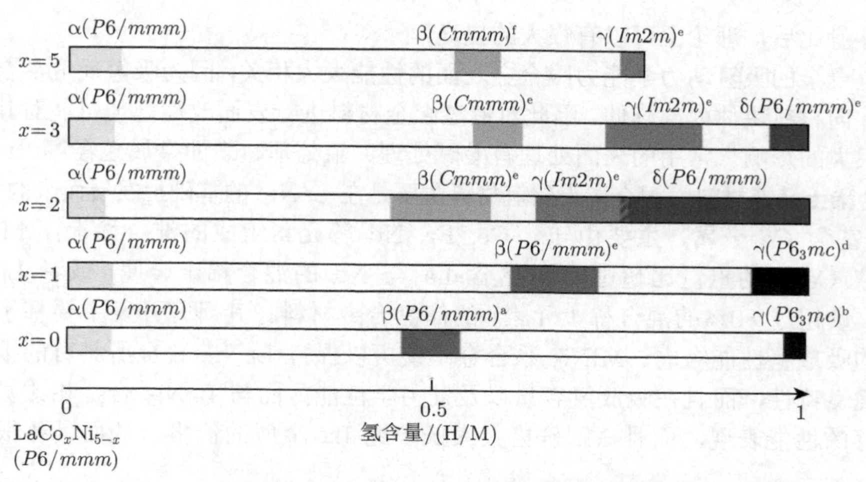

图 9.10 $La(Co_xNi_{5-x})$ ($0\leqslant x\leqslant 5$) 合金体系吸氢过程中的结构变化

在提高 $LaNi_5$ 基 AB_5 型储氢合金的气态吸放氢性能或者电化学性能方面，目前采用较多的方法包括制备工艺的改进，元素部分替代，表面处理，形成复合物以及非化学计量比合金等。

通过机械球磨的方法制备得到了纳米结构的 $LaNi_5$ 基合金材料并考察 Al, Mn 和 Co 对 Ni 的部分替代对其性能的影响时 [39−41] 发现，Al 与 Mn 对 Ni 的部分取代可以增加放电容量，Al, Mn 和 Co 对 Ni 的部分替代可以改善循环性能。同时还发现，使用石墨的包覆可以改善放电容量的衰减情况。在研究球磨法制备 $LaNi_5$ 合金并研究 Zr 的部分取代对其结构与性能的影响时 [42] 发现，在室温就可以通过球磨方法直接获得 Zr 对 La 部分取代的合金 $La_{0.5}Zr_{0.5}Ni_5$，此合金呈现非晶的状态。其吸氢过程不存在明显的平台，这是非晶态材料的一个明显特征，其吸氢量介于 $ZrNi_5$ 和 $LaNi_5$ 之间。有研究者 [43] 通过熔体纺丝快速凝固的方法制备得到了 $LaNi_{4.25}Al_{0.75}$ 合金，发现此合金的吸氢量和平台压与通过感应熔炼法制备得到的合金几乎相等。不过熔体纺丝法得到的合金的抗粉化能力以及吸放氢的延迟性有了很明显的改善。

对元素取代对储氢性能的影响方面，在 $LaNi_{4.7}M_{0.3}$(M = Ni, Co, Mn, Al) 合金 [44] 中，用少量 Co, Mn, Al 取代 Ni 以后，发现 Mn 对 Ni 的少量取代可以降低活化次数，在循环性能方面的表现，对 Ni 的少量取代元素的效果顺序是 Co > Al > Mn，对抗电极氧化方面的性能顺序是 Mn < Al < Co，在降低最大放电容量以及氢扩散系数方面的顺序为 Co > Mn > Al，在提高电池放电反应极化方面 Co > Mn > Al，不同金属元素对 Ni 的取代而形成的合金的不同化学性能表现主要跟这些元素的原子尺寸，维氏硬度值以及这些代替元素形成表面氧化物的性能有关。$LaNi_5$ 合金不同的 Ni 的比例会对此合金的放氢性能特别是平衡压有较大的影响。

通过中子衍射研究分析非等比 $LaNi_{5+x}$(x 为 0, 0.2 和 0.4) 合金的氘化物时 [45]，当 Ni 超过 AB_5 化学计量比后发现当 x 等于 0.4 时，合金的各向同性行为大大好于 x 为 0 或者 0.2 时的 $LaNi_{5+x}$ 合金，说明了此合金在多个循环后，能够更好地维持吸放氢性能。有研究者对 $LaNi_{5+x}$ 六方结构进行了对称性分析 [46]，结果显示其循环稳定性采用非化学计量比后，理论上可以有很大的提高。

储氢合金的吸氢动力学能力跟合金表面的性能大大相关，因为吸氢反应从合金的表面开始并向材料块体内部延伸。因此对储氢合金材料进行表面改性处理可能对其吸放氢性能有很大的影响。常用的表面处理有酸碱处理、氟处理、表面金属包覆等。

混合稀土储氢材料 混合稀土储氢材料主要是在 $LaNi_5$ 的基础上发展而来的 $MmNi_5$ (Mm 指富含 Ce 金属，主要由 La, Ce, Pr, Nd 等元素组成的混合稀土)，$MlNi_5$(Ml 是指提取 Ce 后的重量比超过 40%富含 La 与 Nd 的混合稀土金属) 或者 $LnNi_5$(Ln 指含 La 量超过 80%的混合稀土元素) 的储氢合金材料。其研究开发主要基于价格以及新颖的吸放氢性能考虑。$MlNi_5$ 系合金不仅可以保持 $LaNi_5$ 合金所具有的很多储氢方面的优良特性，而且在吸放氢容量以及动力学性能方面与 $LaNi_5$ 合金相比甚至有时候有更好的性能表现，而且 Ml 价格大大低于纯 La 金属的价格，从而具备很好的实用性。

Wang 等 [47] 观察了 $MlNi_5$ 粉末储氢材料的分解和压实过程，并测量了氢化和脱水过程中储氢金属床密度的变化，并通过用应变仪测量氢化物容器壁的应变变化。实验表明，在氢化和脱水过程中，具有大初始堆积密度的带有 $MlNi_5$ 床的垂直氢化物容器在容器壁中产生高应变。这些应变迅速增加，并随着循环次数的增加而明显增加。在研究床的机械性能的基础上，作者还尝试了几种防止膨胀剂损坏氢化物容器的方法。结果表明，通过将 $MlNi_5$ 粉末 (−400 目) 与 6 wt%的硅油混合，可以大大降低氢化物容器壁中的应变。由 30%(重量) 的 Al 和氢含量高的氢化物组成的粉末的压制复合颗粒具有较高的抗裂性，在 1000 次氢化和脱水循环后仅显示出几分钟的裂纹。$MlNi_5$-聚氨酯复合材料由于其高可塑性也具有高抗裂性，可以承受不超过 120 ℃ 的温度。Lin 等 [48] 研究了富含 La 的混合稀土合金的 $MlNi_{5-x}Sn_x(x = 0 - 0.5)$ 储氢合金的氢化性能、电化学性能、希望通过结构改善来提供性能并降低成本。研究发现用 Sn 代替 Ni 可以带来晶胞体积变大，充放电循环寿命的增加以及平台压力的降低。氢化物形成的标准焓随锡取代的增加而降低，并发现影响氢化反应的标准焓的主要因素是外轨道电子的数量，而不是原子尺寸。

9.2.2 非 AB_5 型新型稀土储氢合金

新型稀土储氢合金体系 Re-Mg-M(M 主要为过渡金属) 的研究大概开始于 20 世纪 90 年代，Kadir 和 Sakai 等 [49−52] 首先报道了 $ReMg_2Ni_9$ 合金的结构以及其储氢性能，然后基于稀土-Mg(Ca)-M(M 主要为过渡金属) 不同组成以及不同比例组分的三元合金储氢体系逐渐增多起来 [53]。表 9.8 列出了近几年研究较多的 La-Mg-M 三元储氢合金体系的结构信息，一般由 AB_2 型和 AB_5 型结构单元沿 c 轴方向交替层叠排列而成。这类储氢合金储氢容量高，作为镍氢电池负极材料的容量可达 400 mA·h/g，相对于较早研究的 $LaNi_5$ 系储氢合金高出 20%左右，并具有容易活化等优点，但是其循环性能相对较差，作为电极材料容量衰减快，因此针对这类合金的研究主要是在调整和优化合金结构和成分上面。自从三洋 (Eneloop) 公司推出镍氢电池以来，含镁超晶格合金已广泛用于日本制造的电池零售市场中。为了获得适合镍氢电池应用的适当的氢化物生成热，需要用镁来调整金属氢键强度 [54]。镁主要替代 A_2B_4 结构单元上的稀土元素。镁金属在熔化过程中具有高蒸气压，它在合金中的分布非常重要，因为低镁的区倾向于形成 AB_5 相。La-Mg-M 三元储氢合金体系中，研究较多的是 AB_3 型组分和 A_2B_7 型组分。

表 9.8 目前研究较多的 La-Mg-M(M 过渡金属) 体系储氢材料 [53]

化合物	合金种类	空间群	a/pm	b/pm	c/pm	晶胞体积/nm^3
La_4CoMg	Gd_4RhIn	$F-43m$	1428.38(9)	a	a	2.9143
$LaNi_9Mg_2$	$PuNi_3$	$R-3-m$	492.35(3)	a	2386.6(3)	0.5010
$LaNi_9Mg_2$	$PuNi_3$	$R-3-m$	492.41(14)	a	2387.5(3)	0.5013
$LaNi_9Mg_2$	$PuNi_3$	$R-3-m$	488.6(3)	a	2398(1)	0.4958
$LaNi_4Mg$	$MgCu_4Sn$	$F-4-3m$	717.94(2)	a	a	0.3700
La_2Ni_2Mg	Mo_2FeB_2	$P4/mbm$	764.5(1)	a	394.39(9)	0.2305
La_2Ni_2Mg	Mo_2FeB_2	$P4/mbm$	765.4(1)	a	392.6(1)	0.2300
$La_2Ni_3Mg_3$	$Sm_2Zn_3Mg_3$	fcc	703.6	a	a	0.3483
LaNiMg	TiFeSi	$Ima2$	864	1333	745	0.8580
$LaNiMg_2$	$MgCuAl_2$	$Cmcm$	422.66(6)	1030.3(1)	836.0(1)	0.3640
$LaNiMg_2$	$MgCuAl_2$	$Cmcm$	416	1065	782	0.3465
$LaNiMg_2$	$MgCuAl_2$	$Cmcm$	422.1(1)	1027.5(2)	835.4(1)	0.3623
$LaCu_9Mg_2$	$TbCu_9Mg_2$	$P6_3/mmc$	507.33(2)	a	1626.33(9)	0.3625
$LaCu_9Mg_2$	$TbCu_9Mg_2$	$P6_3/mmc$	507.34(2)	a	1626.3(9)	0.3625
La_2Cu_2Mg	Mo_2FeB_2	$P4/mbm$	792.09(6)	a	396.31(8)	0.2486
La_2Cu_2Mg	Mo_2FeB_2	$P4/mbm$	791.9(1)	a	397.0(1)	0.2490
$LaCu_2Mg$	$ZrPt_2Al$	$P6_3/mmc$	467.05(1)	a	887.26(4)	0.1676
LaCuMg	ZrNiAl	$P-62m$	772.5(3)	a	418.8(2)	0.2164
LaCuMg	ZrNiAl	$P-62m$	773.2(5)	a	417.9(1)	0.2164
$LaCu_2Mg_2$	—	hexagonal	518.62(5)	a	1979.9(4)	0.4612
$LaCuMg_2$	BiF_3	$Fm-3m$	730.2(8)	a	a	0.3893
$LaCuMg_4$	—	tetragonal	901.5(1)	a	519.9(1)	0.4225
La_4RhMg	Gd_4RhIn	$F-43m$	1437.1(1)	a	a	2.9679
LaRhMg	LaNiAl	$Pnma$	760.1(2)	419.92(8)	1702.6(2)	0.5434
La_2Pd_2Mg	Mo_2FeB_2	$P4/mbm$	782.1(2)	a	407.5(2)	0.2493
LaPdMg	ZrNiAl	$P-62m$	771.8(1)	a	414.1(1)	0.2136
LaPdMg	ZrNiAl	$P-62m$	773.6(1)	a	413.79(4)	0.2145
LaAgMg	ZrNiAl	$P-62m$	788.8(3)	a	437.4(1)	0.2357
LaAgMg	ZrNiAl	$P-62m$	785.3(2)	a	437.0(2)	0.2334
LaPtMg	ZrNiAl	$P-62m$	762.0(1)	a	417.48(5)	0.2099
LaAuMg	ZrNiAl	$P-62m$	781.0(1)	a	425.49(9)	0.2248

A_2B_7 型 La-Mg-Mi 系储氢电极合金是近几年来发展起来的镍氢电池负极材料，具有放电容量高 (380~410 mA·h/g)、密度较小、成本低以及环境友好等优点，其实用化主要挑战是其循环性能的进一步提高。在 A_2B_7 型 La-Mg-Mi 系储氢电极合金材料中，常见的有两种超晶格结构：六角形 2H 和菱形 3R(图 9.11)[55]，都是由 $MgZn_2$ 型和 $CaCu_5$ 型结构单元沿 c 轴方向堆积而成。Han 小组通过粉末冶金制备了具有六角形 (2H-) 和菱形 (3R-) 的具有 A_2B_7 相的 $La_{0.75}Mg_{0.25}Ni_{3.5}$ 合金。通过热处理和引入 $LaNi_5$ 化合

物，实现了 2H 向 3R 型结构的部分晶体转化。研究发现，在 1073~1223 K 范围内退火的合金可以保持 (La，Mg)$_2$Ni$_7$ 相，但当退火温度达到 1223 K 时，可以发生明显的 2H 向 3R 型结构的晶体转变。

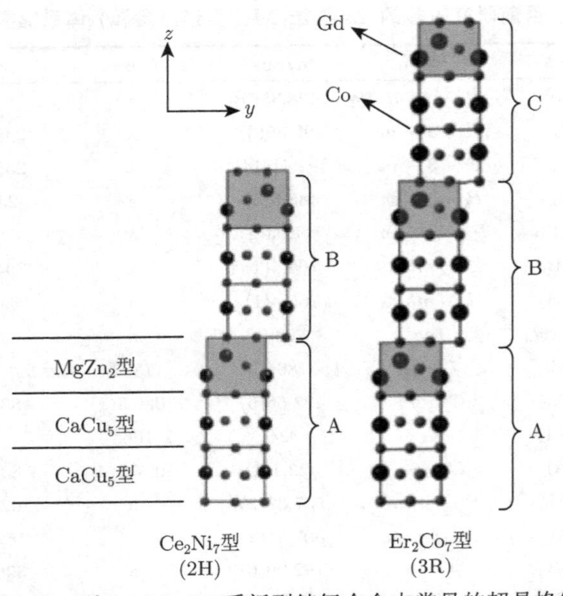

图 9.11　A_2B_7 型 La-Mg-Ni 系新型储氢合金中常见的超晶格结构 [55]

在 A_2B_7 型 La-Mg-Mi 系储氢电极合金研究上，Ouyang 小组 [56] 研究了用于镍氢电池的高钐、无镨/钕和低钴 A_2B_7 电极材料的放电容量和循环性能，制备得到的 $La_{0.95}Sm_{0.66}Mg_{0.40}Ni_{6.25}Al_{0.42}Co_{0.32}$ 合金由 La_2Ni_7 和 $LaNi_5$ 相组成，具有高放电容量和出色的循环性能。在 2 C 和 5 C 的大放电电流下，放电容量可分别达到 311.8 mA·h/g 和 227.0 mA·h/g，并且在 1C 和 239 个循环后仍可保留 80%的容量。Han 小组 [57] 通过烧结法获得了具有少量 A_5B_{19} 型次生相的 A_2B_7 型 La-Mg-Mi 基合金 (图 9.12)，他们

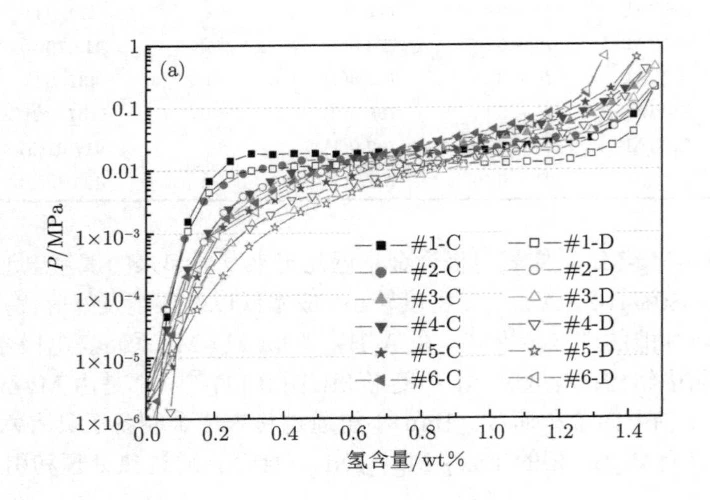

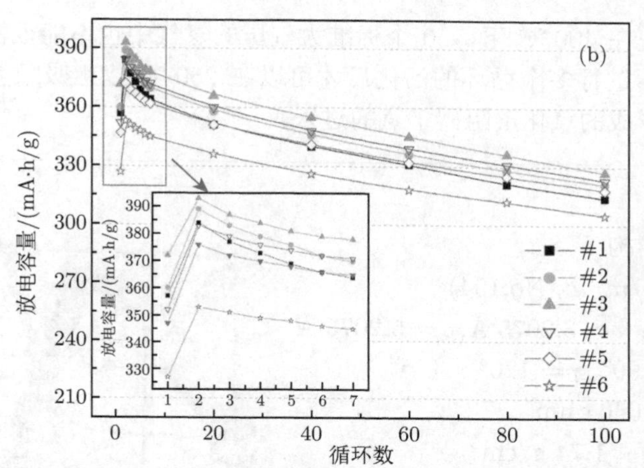

图 9.12 不同 A_2B_7 型 La-Mg-Mi 基合金电极在充电/放电过程中的电化学压力–组分–等温线 (a) 和 100 次循环内的电化学放电容量 (b)[57]

发现 A_2B_7 型和 A_5B_{19} 型相的单胞体积随着 A_5B_{19} 型相的增加而减少。A_5B_{19} 型相增强了循环过程中合金的结构稳定性，并且可以催化 A_2B_7 型相的放电过程。在研究 A_2B_7 型 La-Mg-Ni 体系合金电极材料用 Pr 取代 La 的性能时 [58] 发现，通过熔体纺丝方法制备后，合金材料主要由 (La, Mg)Ni_3、$LaNi_5$ 以及少量 $LaNi_2$ 组成。Pr 对 La 的取代导致了 (La, Mg)Ni_3 相的增加以及 $LaNi_5$ 相的减少。随着 Pr 的取代量在 0 到 0.4 范围的变化，放电容量先增加后降低，不过循环稳定性一直在增加。近几年，研究者还系统地研究了热处理以及元素设计对 A_2B_7 型新型稀土储氢合金性能的影响 [59,60]。

9.3 Mg 和 MgH_2 基储氢材料

镁基储氢材料主要包括 Mg、Mg-Ni、Mg-Co、Mg-Cu、Mg-Fe 等体系。由于镁材料重量轻，吸氢量大 (Mg_2NiH_4、Mg_2CoH_5 和 Mg_2FeH_6 的吸氢量分别达到了 3.6 wt%、4.5 wt%和 5.4 wt%，而单质 Mg 的吸氢量则达到了 7.7 wt%)，储量丰富，价格便宜等因素而吸引了众多的研究者的兴趣。单质镁由于较高的吸氢量，得到了大家广泛的研究关注。镁的储氢合金方面，虽然 Cramer 等在 1947 年便报道了 Mg-Co-H 体系 [61]，比 Reilly 和 Wiswall 于 1968 年报道 Mg-Ni-H[62] 体系早了 20 多年，并且 Mg_2CoH_5 含氢量为 4.5%，大大高于 Mg_2NiH_4 3.6%的值；另外，Reilly 和 Wiswall 在 1967 年便报道了 Mg-Cu-H 体系 [63]，比他们自己报道 Mg-Ni-H 体系还早一年，但 Mg-Ni-H 体系所引起的研究热潮要远远高于 Mg-Co-H 和 Mg-Cu-H 等体系。到目前为止，文献中关于 Mg-Ni-H 方面的报道数以万计，而 Mg-Co-H 和 Mg-Cu-H 方面的只有数百篇。我们对镁基储氢材料方面的介绍主要集中于 Mg 和 Mg-Ni 体系。

9.3.1 镁单质储氢材料

纯的单质镁吸氢量高达 7.7 wt%，超过了美国能源部对氢动力汽车的吸氢量要求。但是镁单质离真正的实用化还有很长的距离，其主要障碍是镁的吸放氢动力学性能比较差。普通的镁即使在 400 ℃ 下，50 个标准大气压的氢气中也不能很快地直接吸氢。它必须要在此条件下进行多个循环的活化后才可以在 250 ℃ 以上吸放氢。其活化困难主要是由于其表面形成的氧化层阻碍了氢的进入。

Mg

结构：六方结构

空间群：$P6_3/mmc$ (No.194)

晶胞参数 [64]：$a = 3.2075$ Å, $c = 5.2075$ Å

$\alpha = 90°, \beta = 90°, \gamma = 120°$

晶胞体积：0.0464 nm^3

计算晶胞密度：1.74 g/cm^3

原子坐标：

Mg (c)　　(1/3, 2/3, 1/4)

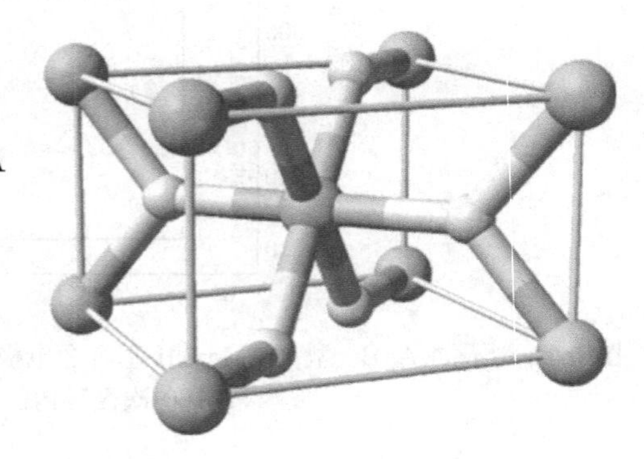

$$Mg + H_2 \rightleftharpoons MgH_2 + \Delta H \tag{9.6}$$

吸放氢反应方程式：

吸氢含量：7.7%

$\Delta H : -74.4$ kJ/(mol H_2)[65]

$\Delta S : -135$ J/(K·mol H_2)

1 bar 平衡压温度：287 ℃

普通温度压力条件下氢化物：β-MgH_2

结构：四方金红石结构

空间群：$P4_2/mnm$ (No.136)

晶胞参数 [64]：$a = 3.025$ Å, $c = 4.5198$ Å

$\alpha = 90°, \beta = 90°, \gamma = 90°$

晶胞体积：0.0618 nm^3

计算晶胞密度：1.42 g/cm^3

原子坐标：

H (f) (0.30478, 0.30478, 0)

Mg (a)　　(0, 0, 0)

在单质镁的吸放氢研究方面，各种努力主要是在制备工艺，添加或者复合其他组分来提高其吸放氢性能，研究纯的单质镁的报道相对较少。20 世纪 70~80 年代有一些，那时候主要是一些镁的吸放氢反应早期的数据以及一些机理的讨论。

单质镁的储氢研究主要采用球磨制备方法。有很多的单质镁的研究报道使用球磨方法在材料的尺度以及结构上进行了改进。加拿大的 Huot 小组报道了高能球磨镁的氢化物对其吸放氢性能影响的研究结果 [66]。他们系统地研究了球磨对其结构的改变以及吸放氢动力学的改善结果。通过对氢化物的球磨，2 h 后开始生成正交 γ 相的 MgH_2。

球磨 20 h 后，Rietveld 分析表明，样品中含有 74 wt%的普通 β 相的纳米晶 MgH_2 和 18%的 γ 相的纳米晶 MgH_2 以及 8%的 MgO。另外 Zaluska 等 [67] 报道了他们球磨得到的纳米晶 Mg 的储氢性能结果。最终他们得到了与 Huot 等几乎同样的结论，这便是通过球磨后晶粒尺寸的降低和比表面积的增加对其吸放氢性能的改善起关键作用。这基本上也是目前对各种方法来达到颗粒或晶粒尺寸降低以及比较面积增加所带来的储氢性能改善 (特别是在吸放氢速度的提高上) 的普遍结论。

在其他合成制备方面，德国研究团队通过均相催化合成方法制备得到了 Ti 颗粒催化的纳米结构的 MgH_2[68,69]，通过此方法获得的 Ti 颗粒催化的纳米结构 MgH_2 样品的吸放氢性能 [70]，发现其在脱氢后，300°C 时的吸氢速度为普通 MgH_2 样品的 40 倍 (图 9.13)。通过金属-氢等离子电弧法可以制备得到平均颗粒度几百纳米左右的 Mg 超微颗粒 [71]，此 Mg 超微颗粒可以不用活化就可以直接快速吸氢，经过一个 673 K 的吸放氢循环后，Mg 超微颗粒样品可以在 623 K、10 min 左右达到吸氢完全，吸氢量为 7.6%, 通过 PCT 曲线，使用 van't Hoff 得到的放氢过程中的反应焓和反应熵分别为 79.8 kJ/(mol H_2) 和 140.8 J/(K·mol H_2)。通过 5 nm 以上镁单质的吸放氢过程研究发现，其放氢反应焓和反应熵与非纳米尺寸材料体系并没有明显降低 [62,65,71,72–74]，因此一般认为 5 nm 以上的纳米结构不改变放氢的热力学 [75](图 9.14)。Wagemans 等 [76] 通过理论计算认为，当 Mg 族的颗粒度小于 1.3 nm 时，由于表面能量变化等纳米效应的显现，可能会在吸放氢过程中理论上观察到热力学数值的变化。

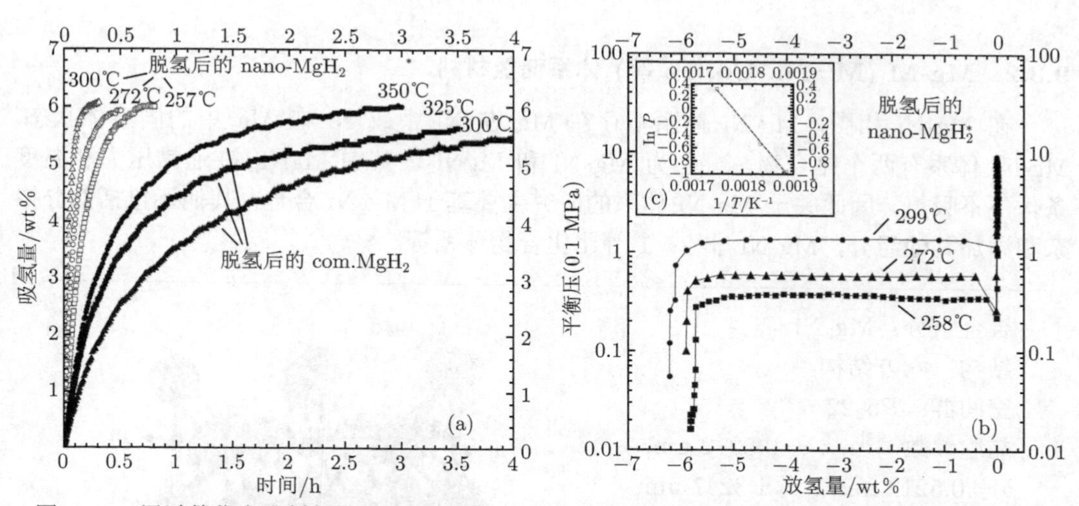

图 9.13 通过催化合成制备得到的 Ti 催化的 Mg-MgH_2 体系吸氢动力学 (a) 以及放氢反应的压力–组分–等温线 (b), (c) 为 van't Hoff 图

在镁单质储氢性能提高方面，众多学者主要的研究方向是添加可以降低镁吸放氢温度和提高吸放氢速度的成分。这些成分有金属单质、氧化物、碳质材料以及其他储氢合金等。很多人 [77–87] 研究了 Nb_2O_5 对 Mg 基储氢材料吸放氢性能的催化作用。Barkhordarian 等 [77,78] 研究了 Nb_2O_5 对镁的催化吸放氢效果。他们发现随着氧化物催化剂含量的改变，吸放氢过程的限速反应也在改变。Isobe 等 [87] 通过原位透射电镜

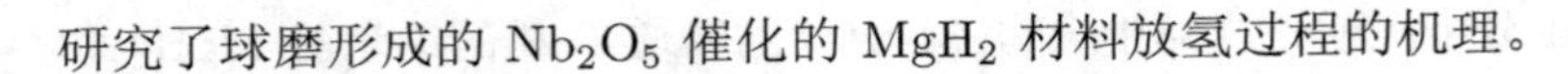
研究了球磨形成的 Nb_2O_5 催化的 MgH_2 材料放氢过程的机理。

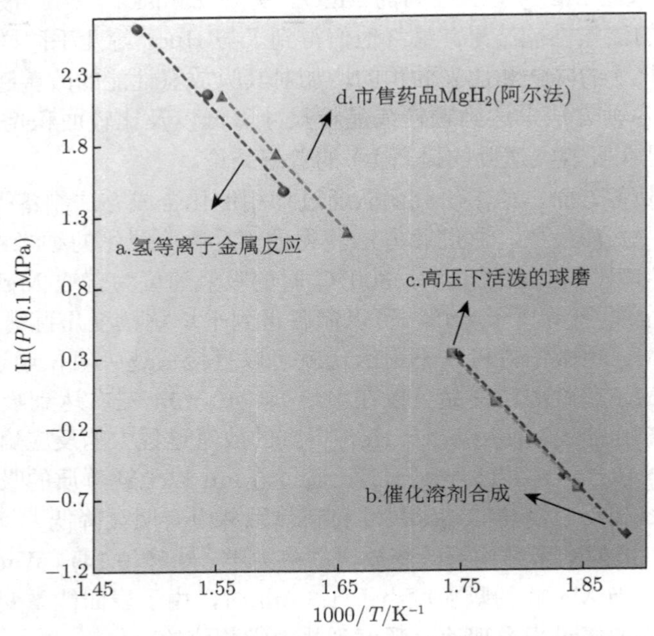

图 9.14　通过不同制备方法得到的 Mg-Mg-H_2 体系放氢反应的 van't Hoff 图

9.3.2　Mg-M (M=Ni, Co, Fe 等) 体系储氢材料

在 Mg-Ni 相图，Mg-Ni 体系不存在 Mg 在 Ni 中或 Ni 在 Mg 中的固溶体状态。Mg-Ni 体系有两个化合物，分别为 Mg_2Ni 和 $MgNi_2$。其中 $MgNi_2$ 在通常压力和温度条件下不吸氢，因此关于 Mg-Ni 体系的研究主要基于 Mg_2Ni 合金，其他还包括部分掺杂和添加其他组分，Mg-Ni 非 2：1 等比化合物体系等。

合金组分：Mg_2Ni
结构：六方结构
空间群：$P6_222$
晶胞参数 [88]：$a = 0.5212$ nm,
$b = 0.5212$ nm, $c = 1.3247$ nm,
$\alpha = 90°, \beta = 90°, \gamma = 120°$
晶胞体积：0.3116 nm^3
计算晶胞密度：3.43 g/cm^3
原子坐标：

Mg1 (j)	(0.1620, 0.3240, 0.5)
Mg2 (f)	(0.5, 0, 0.3813)
Ni1 (c)	(0.5, 0, 0)
Ni2 (a)	(0, 0, 0)

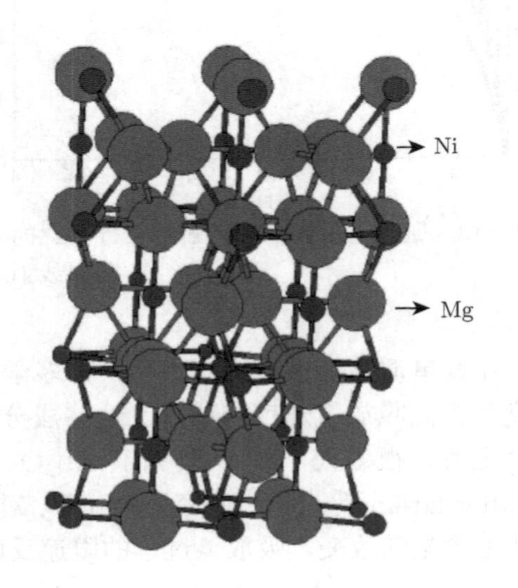

吸放氢反应方程式：

$$Mg_2Ni + 2H_2 \rightleftharpoons Mg_2NiH_4 + \Delta H \tag{9.7}$$

吸氢含量：3.62%

ΔH：-64.5 kJ/(mol H_2)[4]

ΔS：-122 J/(K·mol H_2)

1 bar 平衡压温度：255 ℃

25 ℃ 时平衡压：10^{-5} bar (推导值数量级)

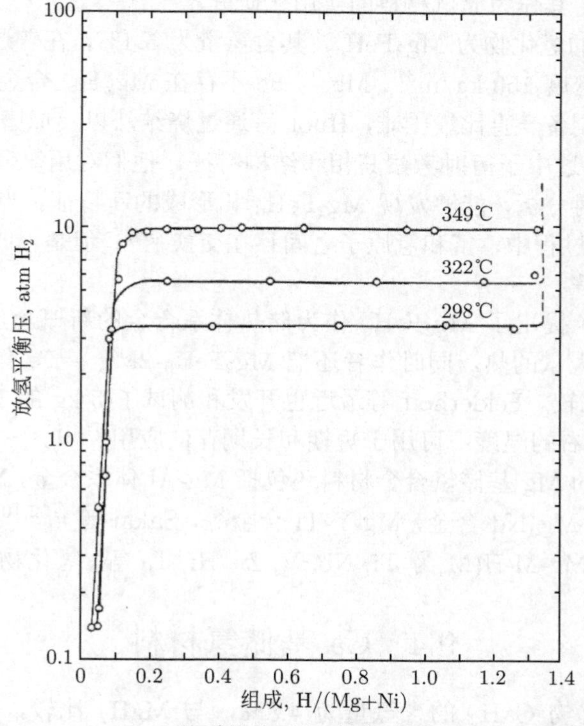

图 9.15 Mg_2Ni-H 体系的的压力–组分–等温 (PCT) 曲线 [62]

Mg_2Ni 与氢反应生成金属氢化物时主要分为两步。第一步，少量氢进入合金表面，氢由分子吸附态转变为原子态，氢原子进入晶格内部形成固溶体氢化物 $Mg_2NiH_{0.3}$。然后生成的氢化物固溶体继续吸氢，反应生成氢化物 Mg_2NiH_4。Mg_2NiH_4 存在低温相和高温相，目前气态吸放氢过程主要在高温相进行。目前 Mg_2Ni 合金离真正的实用化还有一定的距离，这主要是由于其比较差的吸放氢性能，传统方法制备的 Mg_2Ni 合金需要在 250 ℃ 温度以上，40 个标准大气压以上的氢气中进行循环活化后才可以在 200 ℃ 以上吸放氢。另外，在 Mg_2Ni 合金的研究方面还存在另外一个困难，这便是其制备困难。由于镁和镍的熔点和挥发性差别较大，因此在通过传统熔炼法制备 Mg_2Ni 合金时，镁的挥发使得熔炼过程中需要多个不断添加镁并再熔炼的过程，这使得制备过程变得复杂，而且还很难制备得到较纯的化合物。

在 Mg-Ni 体系的储氢性能 (包括气态吸放氢性能和电化学性能) 提高方面，众多研究主要的研究角度有：研究不同制备方法对储氢性能的影响；研究添加或者替代元素或组分对储氢性能的影响；研究形成复合材料对储氢性能的影响；研究非等比体系对储氢性能的影响；研究表面处理对储氢性能的影响等。

Mg-Co 体系存在的化合物主要有 $MgCo_2$、MgCo、Mg_2Co。以前一些文献 [89−92] 报道了 Mg_2Co 的存在，但是后来此化合物被认为是 MgCo 组分 [93]。Mg-Co-H 体系报道存在的氢化物主要有 Mg_2CoH_5、Mg_3CoH_5[91,94]、$Mg_6Co_2H_{11}$[95,96] 等。Mg_2CoH_5 氢化物的含氢量为 4.5%，超过 Mg_2NiH_4 的含氢量。但是其吸放氢需要在比较苛刻的温度条件下进行，影响了其作为储氢材料的实用化研究。

Mg-Fe-H 体系的氢化物为 Mg_2FeH_6，其含氢量为 5.4%，在普通金属氢化物中，它具有最高的氢体积密度 150 kg/m^3 。Mg 与 Fe 不存在 Mg_xFe_y 合金，Mg_2FeH_6 的制备过程尤其是纯相的制备一直比较困难，Huot 等通过烧结法以及球磨法来制备 Mg_2FeH_6 氢化物 [97,98]，并通过中子衍射考察其相和结构特征，他们对用氢和氘交替合成的一系列样品进行中子衍射分析，能够发现 Mg_2FeH_6 相形成的新特征。当存在 MgD_2 时，在 Mg_2FeH_6 相的形成过程中，氘和氢原子之间存在交换 [99]。但是，此交换作用的详细解释目前仍然无法了解。

Bogdanovic[100] 提出了 Mg_2FeH_6 作为储热体系合金的新概念，因为 Mg_2FeH_6 在放氢过程中释放出大量的热，同时作者还把 Mg_2FeH_6-2Mg + Fe 作为潜在储热体系与 MgH_2-Mg 体系相比较。Felderhoff 等最近也开发和测试了 5 kg 的 Mg_2FeH_6 储热系统，该系统在 500 ℃ 左右的温度下可用于短期和长期存储应用 [101]。

其他研究较多的 Mg 基储氢合金材料还包括 Mg-Al 体系合金，Mg-Ti 合金，Mg-Cu 合金, Mg_3Pr 合金，Mg_3Nd 合金，Mg-Y-Ti 合金等，Sakai 等 [102,103] 通过 GPa 级超高压合成技术制备了 Mg-M-H(M 为 Ti, Nb, V, Zr, Hf, Ta 等) 氢化物。

9.4 Ca 基储氢材料

Ca 的稳定氢化物 CaH_2 的含氢量为 4.8%，与 MgH_2 比较，其吸氢量大大降低，而且其反应生成焓为 −186 kJ/(mol H_2)[104]，要比 MgH_2 稳定得多，也就是说更难放氢，因此在气态吸放氢研究方面很少研究 Ca-CaH_2 体系的吸放氢过程来作为储氢使用研究。但是 CaH_2 却可以与水剧烈反应来制备供应氢 (方程 (9.8))，CaH_2 因此常常被用来作为野外氢气发生剂以及干燥剂。Kong 等 [104] 研究了使用 CaH_2 与水蒸气反应制氢时的工艺过程。他们发现在 0~60 ℃ 范围内，此反应为对水蒸气压力的一级反应。通过控制水蒸气压力以及 CaH_2 的形状等参数可以控制制氢反应的速度。

$$CaH_2 + 2H_2O \longrightarrow Ca(OH)_2 + 2H_2 \tag{9.8}$$

常压相：CaH_2
吸氢含量：4.8%

ΔH：-186 kJ/(mol H_2)[104]
结构：正交
空间群：Pnma (No.62)
晶胞参数 [105]：$a = 3.609$ Å,
$b = 5.957$ Å, $c = 6.846$ Å
$\alpha = 90, \beta = 90°, \gamma = 90°$
晶胞体积：0.14718 nm^3
计算晶胞密度：1.90 g/cm^3
原子坐标：
H1 (c) (0.0227, 1/4, 0.6621)
H2 (c) (0.1425, 1/4, 0.0745)
Ca (c) (0.2393, 1/4, 0.4045)

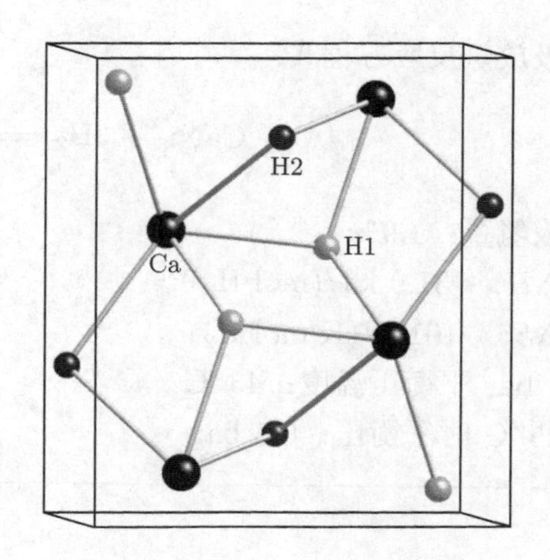

最近 Tse[106] 以及 Li[107] 详细研究了 CaH_2 相在高压下的相转变过程。Alonso[108] 通过中子衍射技术研究了 CaH_2 的结构，H—H 与 Ca—H 之间的成键情况。

$CaNi_5$ 基储氢材料是在 $LaNi_5$ 基材料基础上开发出来的 [109]，它与 $LaNi_5$ 合金一样是 $CaCu_5$ 型结构。通过使用 Ca 代替 La 后，价格大大降低，理论吸氢量从 1.4%左右提高到了 1.9%。但是由于 $CaNi_5$ 吸放氢循环过程中较差的循环稳定性 [110]，其吸氢过程中出现三个平台使得吸放氢过程压力范围变大的原因，使得 $CaNi_5$ 方面的研究远远少于 $LaNi_5$ 方面。

$CaNi_5$ 储氢合金基本性质如下。

合金组分：$CaNi_5$
结构：$CaCu_5$ 型，同 $LaNi_5$，六方点阵
空间群：$P6/mmm$
晶胞参数 [190]：$a = 0.3941$ nm,
$b = 0.4955$ nm, $c = 0.4955$ nm
$\alpha = 120°, \beta = 90°, \gamma = 90°$
晶胞体积：0.08380 nm^3
计算晶胞密度：6.61 g/cm^3
原子坐标：
La (la) (0,0,0)
Ni1 (2c) (1/3, 2/3, 0), (2/3, 1/3, 0)
Ni2 (3g) (1/2, 0, 1/2), (0, 1/2, 1/2), (1/2, 1/2, 1/2)

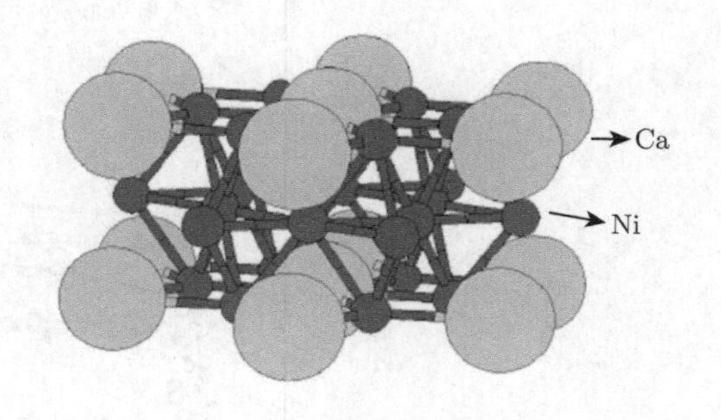

吸放氢反应方程式：

$$CaNi_5 + 3H_2 \rightleftharpoons CaNi_5H_6 + \Delta H \tag{9.9}$$

吸氢量：1.9%

ΔH: -31.9 kJ/(mol H_2)[4]

ΔS: -101 J/(K·mol H_2)

1 bar 平衡压温度：43 ℃

25 ℃ 时平衡压：0.5 bar

在研究 $LaNi_5$ 和 $CaNi_5$ 合金循环过程中的衰减机理时发现 [111]，衰减原因主要可以分两部分：① 内在的原因主要是合金的微结构和相组分的变化，② 外在的原因主要是合金材料表面与杂质气体的反应。内在原因角度，$CaNi_5$ 的衰减情况要比 $LaNi_5$ 更严重一些。通过对 Ca 和 Ni 的少量取代形成的 $(CaMm)(NiAl)_5$ 合金衰减情况有了很好的改善。

通过球磨法来制备 $CaNi_5$ 基合金 [112] 时发现，直接通过球磨 Ca 和 Ni 并不能得到 $CaNi_5$ 的合金，球磨后的样品在 640 ℃ 的温度下退火 2 h 后可以得到 $CaNi_5$ 合金。通过 Ce, Mm 取代少量 Ca，以及 Zn 取代 Ni 后，可以通过球磨法无需退火就得到 $CaNi_5$ 型纳米合金，但是直接球磨后的样品的可逆吸放氢量比较低，如果继续再退火，合金的可逆吸氢量可以得到改善。元素取代以后，对平台压、吸氢量有一定的影响 (图 9.16)。

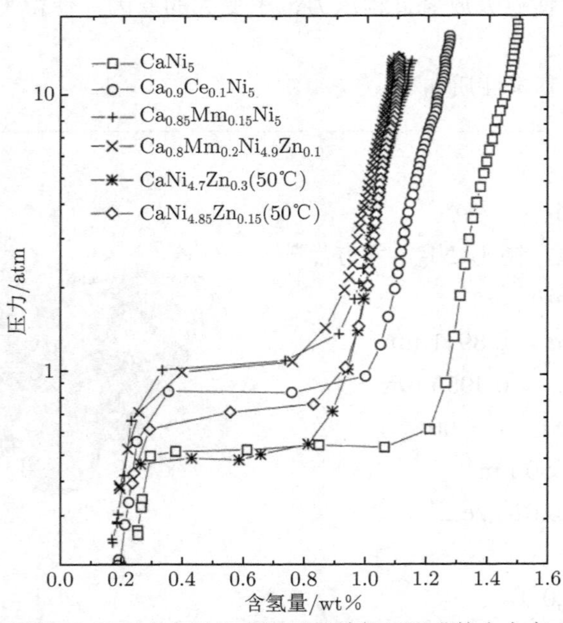

图 9.16 球磨法制备得到的 $CaNi_5$ 合金以及少量元素替代后形成的合金在 30 ℃ 的压力-组分-等温 (PCT) 曲线图

在 Ca-Ni 基合金的基础上，后来发展了 Ca-Mg-Ni 体系储氢合金。Islam [113] 在前人的基础上整理修改了 Ca-Mg-Ni 三元体系的相图。通过球磨加退火的方法制备得到的 La-Mg-Ni 合金体系的储氢性能如下 [114](图 9.17)。

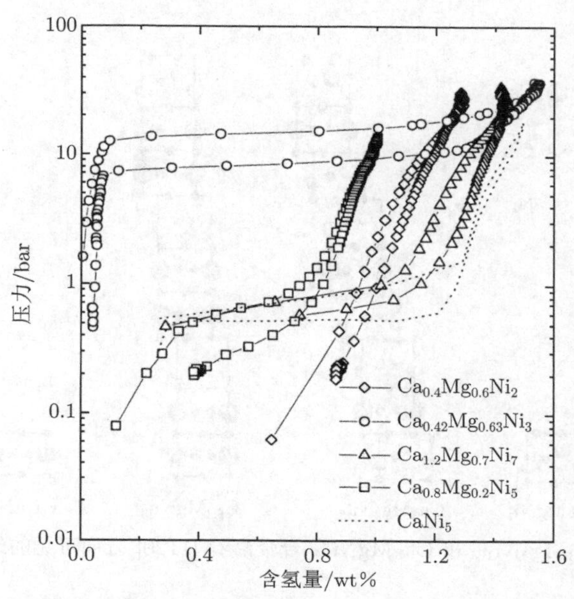

图 9.17 球磨加退火制备得到的 Ca-Mg-Ni 合金在 30 ℃ 的压力-组分-等温 (PCT) 曲线图

最近研究 Ca-Mg-Ni 体系合金时报道了新的化合物 $Ca_3Mg_2Ni_{13}$[115]，比较此化合物与其他 Ca-Mg-Ni 体系合金的结构 (图 9.18) 并研究比较 $Ca_3Mg_2Ni_{13}$ 与 Ca_3MgNi_{14} 化合物的吸放氢性能时发现，$Ca_3Mg_2Ni_{13}$ 合金化合物在吸放氢过程中显示出了很好的动力学性能但是其热力学性能欠佳，通过调整 Ca/Mg/Ni 的比例，$Ca_{1.67}Mg_{3.33}Ni_{13}$ 具有较好的热力学性能，其氢化物的生成焓为 −25.9 kJ/(mol H_2)。

除以上 CaH_2 以及 $CaNi_5$ 基储氢材料, 研究者还开发研究了一些其他体系钙基储氢材料。通过 5 GPa 的高压合成制备 Ca-TM(TM = Mn, Fe, Co 和 Ni) 体系合金的氢化物 [116] 时，在 Ca-Ni-H 体系制备过程中，在 1223 K、5 GPa 的条件下合成了一个组分为 CaH_2-33 at%Ni 的新型红棕色氢化物。

在 $(Ca_{1-x}Mg_x)Al_2$ 体系的制备研究过程中 [117,118]，$(Ca_{0.9}Mg_{0.1})Al_2$ 合金主要由 C15 型主相以及 $CaAl_4$ 少量相组成，在 $(Ca_{0.8}Mg_{0.2})Al_2$ 合金中则存在 C36 型相，$(Ca_{0.7}Mg_{0.3})Al_2$ 合金则主要由 C15、$CaAl_4$、C36 以及 Al 相组成。473 K 下氢化时，C15 和 $CaAl_4$ 不吸氢，C36 型相则吸氢分解为 CaH_2 与 Al 组分。

制备并通过中子衍射研究 Cr_5B_3 型 Ca_5Si_3 合金的氢化过程中的相转变过程 [119] 中发现，氢化形成 $Ca_5Si_3H(D)_{0.53}$ 时，氢占据 Ca 的四面体间隙位置，更高压力下的继续吸氢会导致 CaH_2 的析出。

Akiba 等 [120] 通过感应熔炼法合成了 C14 型 Laves 相结构的 $CaLi_2$ 合金，此合金可以在室温下快速吸收氢，在 273~393 K 温度范围内，其吸氢量可以达到 6.8%~7.1%。

但是在此温度范围内，吸收的氢很难放出来，因为吸氢后 $CaLi_2H_4$ 氢化物分解为非常稳定的 CaH_2 和 LiH。$CaLi_2$ 合金在 273~393 K 范围内吸氢 PCT 曲线中没有明显的平台。但是他们通过少量 Mg 取代 Li 之后，氢化后 C14 型 Laves 相结构仍然可以得以保持 [121]。

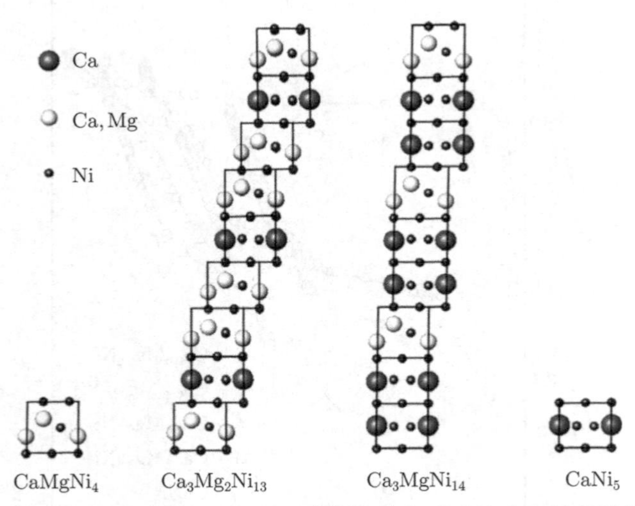

图 9.18　$Ca_3Mg_2Ni_{13}$ 和 Ca_3MgNi_{14} 合金沿着 $[11\bar{2}0]$ 方向可见的结构堆积模型

(邵怀宇)

9.5　Ti 基合金储氢材料

金属 Ti 在室温下的晶体结构为密排六方 (hcp) 结构的 α 相，晶格常数为 $a = 0.2950$ nm，$c = 0.4683$ nm，1155 K 以上转变为体心立方 (bcc) 结构 β 相，晶格常数为 $a = 0.3306$ nm。纯 Ti 可以吸氢形成 TiH 和 TiH_2 两种氢化物，α 相的 Ti 易于与氢气反应生成立方晶系的 TiH，晶格常数为 $a = 0.311$ nm，$c = 0.0502$ nm，TiH 是一种具有金属光泽的灰色粉末，密度为 3.79 g/cm^3。而 β 相的 Ti 易于与氢气反应生成面心四方或正方晶系的 TiH_2，面心四方晶系的 TiH_2 为低温稳定态，晶格常数为 $a = 0.4528$ nm，$c = 0.4279$ nm，密度为 3.91 g/cm^3。氢可以促进 Ti 由 α 相向 β 相转变，因此在 α-β 相转变温度 1155 K 以下，也可以形成 H/Ti 原子比接近 2 的金属间化合物。TiH_2 很难稳定存在，在通常情况下，得到的氢化钛的 H/Ti 比总是小于 2，通常形成非化学计量的 $TiH_{1.8}$-$TiH_{1.99}$ 的固溶体。

由 Ti-H 体系相图可知 (图 9.19)，当温度低于 573 K 时，Ti 吸氢后由 α 相转变为面心立方的 γ 相 [122]。当温度大于 573 K 时，随着氢浓度的增加，Ti 由 α 相先转变为 β 相转变为 γ 相。因此，在温度大于 573 K 时，Ti 的吸氢 PCT 曲线出现了两个平台，分别对应于 α 相向 β 相转变的过程和 β 相向 γ 相转变的过程 (图 9.20)。Ti 的吸氢平衡压较低，在 873 K 时吸氢平衡压不超过 1000 Pa。

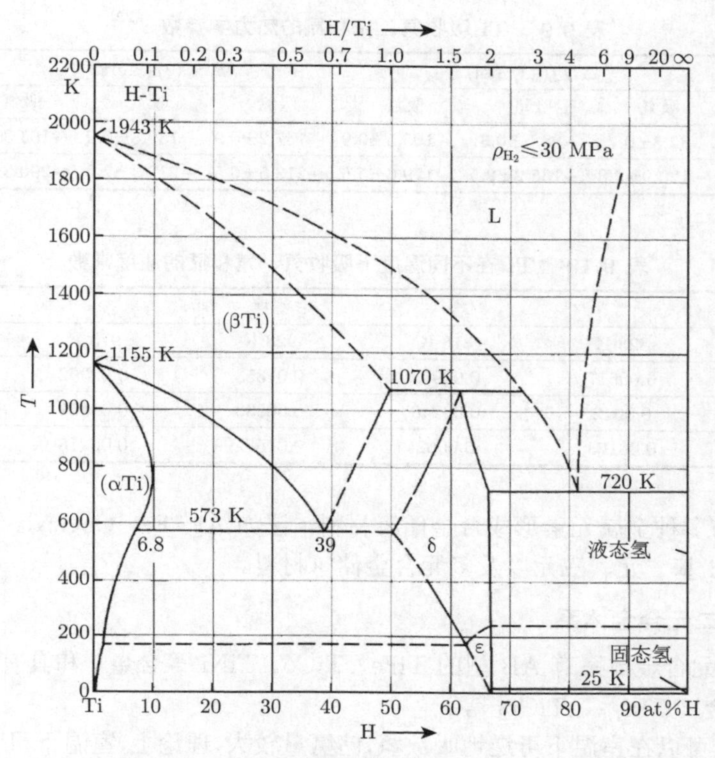

图 9.19 Ti-H 相图 (氢气压力小于 30 MPa)

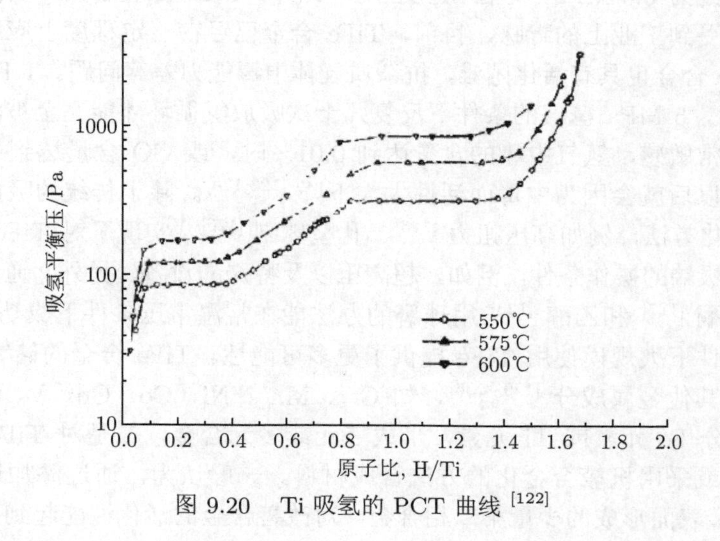

图 9.20 Ti 吸氢的 PCT 曲线 [122]

Ti 的氢化物具有一定的氢同位素效应，属于热力学反氕同位素效应的金属，氢化物的稳定性为氚化钛 > 氘化钛 > 氕化钛。各种 Ti 的氢同位素化合物的热力学性质和动力学性质分别如表 9.9 和表 9.10 所示。

表 9.9　Ti 吸收氕、氘和氚的热力学参数 [122]

原子比 (H/Ti)	$\Delta H/(\mathrm{kJ/mol})$			$\Delta S/(\mathrm{J/(K\cdot mol)})$			对应物相
	吸氕	吸氘	吸氚	吸氕	吸氘	吸氚	
0.2	−82.5±0.7	−88.5±0.3	−105.5±0.9	−137.2±0.9	−139.8±0.9	−163.3±1.9	α + β
1.0	−120.9±4.8	−135.2±2.5	−179.6±5.6	−212.5±6.5	−212.9±2.9	−290.3±7.1	β + γ

表 9.10　Ti 在不同温度下吸收氕、氘和氚的速度常数

气体	温度				
	823 K	873 K	923 K	973 K	1023 K
氕	0.00617	0.00973	0.01353	0.02092	0.03155
氘	0.0012	0.00246	0.00633	0.01421	0.0257
氚	0.00173	0.0062	0.01572	0.06215	0.015382

Ti 可以与多种金属元素形成合金储氢材料，比如 Al、Fe、Co、Ni、V、Mn，形成数量庞大的 Ti 基二元、三元以及多元合金储氢材料。

9.5.1　Ti 基二元合金体系

常见的二元合金体系有 AB 型的 TiFe、TiCo、TiNi 等合金，和具有 Laves 相结构的 AB_2 型合金 $TiMn_{1.5}$、$TiCr_2$ 等。

TiFe 合金可以在室温下可逆地吸放氢,储氢量较大,理论上,室温下可吸收 1.86 wt%的氢气，大于传统的 $LaNi_5$ 等稀土系储氢材料的储氢量，且可以循环吸放氢，氢气平衡压在室温下约为 0.3 MPa，适于工业应用。此外，TiFe 合金还具有资源丰富价格便宜的特点，而受到工业上的青睐，目前，TiFe 合金已经在一定程度上应用在了工业领域。但是 TiFe 合金也具有活化困难，抗杂质气体中毒能力差等问题。TiFe 的活化需要在 673 K 以上，5 MPa 氢气的条件下反复几十次吸放氢循环才能完全被活化，且合金对杂质气体非常敏感，氢气中氧的含量达到 0.01%时，或 CO 含量达到 0.03%时，合金在几个循环以后就会因为中毒而活性大大下降 [123,124]。除了传统的吸放氢活化的方法，新型的活化方法，例如高压扭力 [125]、孔型轧制 [126]，实现了对 TiFe 合金的活化。这些技术需要极端的操作条件，例如，超高压以及特殊的设备。另外，通过添加有机溶剂，例如，丙酮 [127] 和乙醇 [128] 用球磨的办法能在常温常压条件下成功活化 TiFe 合金，为温和条件下大规模使用 TiFe 提供了更多可能性。TiFe 合金的储氢性能的改善，一是通过添加其他金属成分 [129−136]，如 Cr 、Mn 、Ni、Co、Cu、V、Nb、Al、Be、Mo 等取代部分 Fe 元素或 Ti 元素，形成三元或多元合金，二是对 TiFe 合金进行表面处理 [137]，或采用机械合金化的方法合成材料。一般认为，通过添加过渡金属成分而在 TiFe 合金表面形成的少量第二相合金，对改善合金的活化性能起到主要作用。同时，取代金属可以降低 TiFe 合金吸放氢的平台压，减少吸放氢压力的滞后现象，并有稳定 β 相氢化物的作用，其稳定顺序为 Cr>Mn>Ni>Co>Fe[137]。而在 TiFe 合金中添加 Mm 等稀土元素成分，弥散在合金中细小的 Mm 颗粒在室温下很容易吸氢发生体积膨胀，使 TiFe 合金产生大量的微裂纹，增加了氢气进入合金的通道，可以提高体系的活化性能 [138,139]。

Ti-Co 系储氢合金的储氢容量与 Ti-Fe 系储氢合金相近，比 Ti-Fe 系合金容易活化，抗毒化性能强，但放氢温度比 Ti-Fe 系储氢合金要高。通常加入 Fe、Ni、Cu、Cr、V、Mo、Nb、La 等过渡金属元素取代部分 Co 来提高体系的吸放氢性质。通常加入的取代过渡金属的原子半径小于 Ti 的原子半径时，放氢平衡压力上升，大于 Ti 的原子半径时，放氢平衡压力下降。

Ti-Ni 系合金储氢材料的研究始于 20 世纪 70 年代，主要用于电池负极材料，当年是一种可以与稀土基本储氢材料媲美的具有良好应用前景的储氢材料。Ti 与 Ni 可以形成 Ti_2Ni、TiNi、$TiNi_3$ 三种成分的合金相，其中 $TiNi_3$ 在常温下不与氢气反应，而 TiNi 可以与氢反应生成稳定的氢化物 $TiNiH_{1.4}$，Ti_2Ni 可以与氢反应生成 Ti_2NiH_2，理论电化学容量分别可达 245 mA·h/g 和 420 mA·h/g。Ti-Ni 系合金的主要问题是可逆容量较小，循环寿命较低。改善 Ti-Ni 合金储氢性能的方法主要有制备混相合金，选择 V、Zr 等能与 Ti 固溶且吸氢量大的金属取代部分 Ti 或 Ni 等方法 [140−143]，可以得到具有较高电化学容量的性能较好的 Ti-Ni 系合金储氢材料。Ti-Ni 系合金循环寿命较低主要是由于其中的 Ti_2Ni 相在充放电循环过程中迅速被氧化导致 Ti_2Ni 相含量急剧下降。在 Ti-Ni 系储氢合金中添加少量 Co、K 或 Al，可以减轻 Ti_2Ni 的氧化程度，使循环寿命提高。

Ti-Mn 系合金储氢材料主要由具有 Laves 相结构的 Ti-Mn 合金发展而来，相比于其他储氢材料，其储氢量较高 (近 2 wt%)，具有良好的室温吸放氢性能，且易于活化、抗中毒性能较好、价格低廉，是一种优异的储氢材料，已经在氢气的储存和净化领域得到了许多应用。Ti 与 Mn 形成合金时，在较大的化学计量比范围内均为单一的 Laves 相结构。当 Ti 的摩尔含量大于 36%时，Ti-Mn 系合金才能吸氢 [144]，且在 Ti 的摩尔含量为 36%~40%范围内，随着 Ti 含量的增加吸氢量逐渐增加，而当 Ti 的摩尔含量超过 40%时，随着 Ti 含量的增加吸氢量逐渐减小 [144,145]。因此 Ti 的摩尔含量在 40%即 $TiMn_{1.5}$ 的储氢性能最佳，室温下即可活化，与氢反应生成 $TiMn_{1.5}H_{2.4}$，生成焓为 28.5 kJ/(mol H_2)。该合金的理论储氢量为 1.8 wt%，293 K 时分解压力为 0.5~0.8 MPa。通过添加适当的金属元素取代部分 Ti 或 Mn，可以调控 Ti-Mn 系合金储氢材料的储氢性能。将合金中部分 Ti 替换为 Zr，合金吸放氢的生成焓和生成熵均增大，吸放氢滞后减小，这是因为合金中间隙环境改变所引起。随 Zr 含量的增加，晶格常数值增大，间隙位置体积增大，形成的氢化物越稳定，从而导致合金的吸放氢的平衡压力下降 [146,147]。将合金中部分 Mn 替换为 Fe、Co、Ni、Cu、Cr、V 等其他过渡金属元素，可以使 PCT 曲线的平台变平，且随着取代元素量的增加，平台压力有所增加，滞后现象减小，从而改善 Ti-Mn 系合金的储氢性质 [148−150]。

Ti-Cr 基合金储氢材料与 Ti-Mn 基合金储氢材料相似，也具有 Laves 相的晶体结构。Ti-Cr 合金具有两种 Laves 相的晶体结构，一种是低温型立方晶系 $MgCu_2$(C15) 结构，另一种是高温型立方晶系 $MgZn_2$(C14) 结构。Ti-Cr 合金的最大特点是在很低的温度下可以吸放氢，如 C_{14} 结构的 $TiCr_2$ 在 213 K 的平衡压为 0.1 MPa，在低温条件下有较好的特性。通过元素取代可以调节 Ti-Cr 基合金的吸放氢的特性 [20,151,152]。将合金中的部分 Ti 置换为 Zr，PCT 曲线的平台压降低，平台宽度变宽。并且随着 Zr 含量的增加，反应焓的绝对值变大，氢化物变得越来越稳定。将合金中的部分 Cr 替换为 Fe，随 Fe 元素的增加，PCT 曲线的平台压上升，且平台宽度有所增加。将合金中的部分 Cr 替换为 Mn，PCT 曲线的平台压有所下降，但吸氢量有所增加。研究表明，在 Ti-Cr 基储氢合金中，当 Zr，Mn 取代部分元素时，晶格常数有增大的趋势，而 Fe 取代部分元素时，晶格常数有减小的趋势，这解释了元素添加对体系热力学性质的影响。几种常见的 Ti 基二元合金体系储氢合金的性能总结在表 9.11 中。

表 9.11　Ti 基二元合金体系储氢合金的性能

储氢材料氢化物	储氢量/wt%	平衡压/MPa		反应焓/(kJ/(mol H_2))
$TiFeH_{1.9}$	1.8	1.0	(323 K)	−23.0
$TiCoH_{1.4}$	1.3	0.075	(393 K)	−57.7
$TiMn_{1.5}H_{2.47}$	1.8	0.5-0.8	(293 K)	−28.5
$TiCr_{1.8}H_{3.6}$	2.4	0.2-5	(195 K)	−20.1

9.5.2　Ti-Cr-Mn 基三元合金体系

三元合金 Ti-Cr-Mn 是通过 Mn 部分取代 Laves 相结构 $TiCr_2$ 的三元合金体系。Mn 元素部分取代 Cr，形成了单一 Laves 相结构 C_{14} 结构。该三元合金体系具有很强的可塑性，通过改变元素比例，添加不同的金属元素，形成储氢压力范围广泛的储氢合金系统。低压储氢钛合金的典型代表是 Zr 部分取代 Ti 元素形成的等化学计量比的 $(Ti_{1-x}Zr_x)$ -Cr-Mn 合金体系。Zr 部分取代后的合金结构并未发生改变，依旧维持 C_{14}-型 Laves 相结构 [153]。如图 9.21 所示 [154]。Zr 元素的原子半径大于 Ti 原子，因此随着 Zr 含量增加，衍射峰向低角度偏移。晶格参数 a、c 增大，晶胞体积增大。

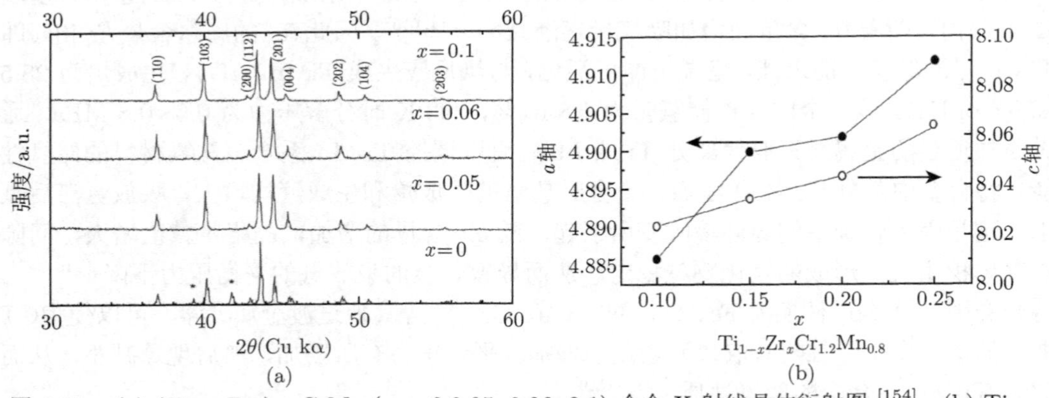

图 9.21　(a) $(Ti_{1-x}Zr_x)_{1.1}CrMn$ (x = 0,0.05, 0.06, 0.1) 合金 X 射线晶体衍射图 [154]；(b) $Ti_{1-x}Zr_xCr_{1.2}Mn_{0.8}$ 合金的 a，c 晶格参数变化规律图 [153]

$(Ti_{1-x}Zr_x)$ -Cr-Mn 合金的储氢特征 PCT 曲线如图 9.22[153] 所示，随着 Zr 元素的增加，合金吸氢量增大。这是因为 Zr 和 Ti 同属于 ⅣB 族的过渡元素，外层电子结构相同，但 Zr 的原子半径大于 Ti，Zr 取代合金中部分 Ti 原子后，会使合金的晶胞体积增大，晶格间隙也增大，从而导致合金吸氢量增大，但平台斜率增加，可逆储氢量降低。

由于 Zr 的相对原子质量也大于 Ti，因而合金吸氢量不会随着 Zr 含量的增多一直增大。同时 Zr 对 H 原子的亲和力也大于 Ti，吸氢反应后生成更加稳定的氢化物，造成合金吸放氢平台压降低。$(Ti_{1-x}Zr_x)_{1.1}CrMn$ ($x = 0, 0.05, 0.06, 0.1$) 合金的热力学数据具体参照表 9.12。

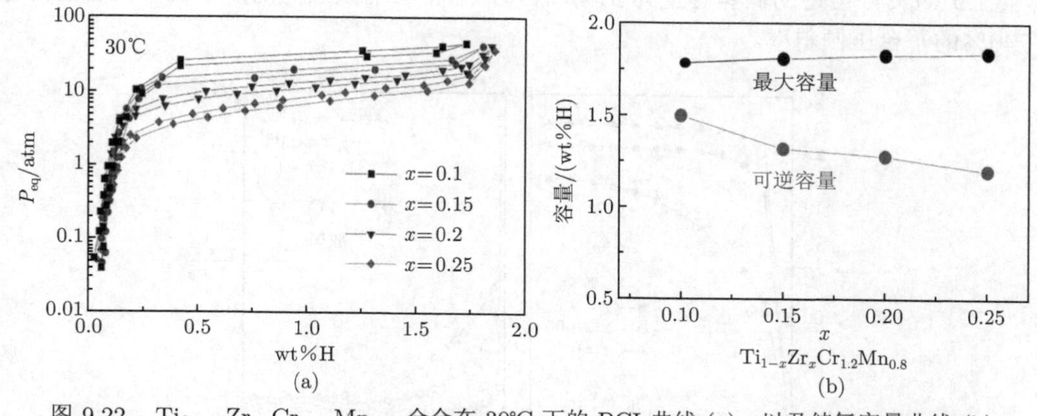

图 9.22 $Ti_{1-x}Zr_xCr_{1.2}Mn_{0.8}$ 合金在 30℃ 下的 PCI 曲线 (a)，以及储氢容量曲线 (b)

表 9.12 $(Ti_{1-x}Zr_x)_{1.1}CrMn$ ($x = 0, 0.05, 0.06, 0.1$) 合金的热力学数据：实验测量的在 −5℃ 平台压，以及在 −30 ℃ 和 80 ℃ 下计算的平台压；平台压斜率常数 ($\ln(P_2/P_1)$) (−5 ℃)，储氢容量 (−5 ℃)，吸氢和放氢过程的相对晗值 ΔH_a，ΔH_d，吸氢和放氢过程的相对熵值 ΔS_a，ΔS_d

合金	平台压 (bar)			平台压斜率常数 (−5 ℃)	储氢容量 (−5 ℃) /wt%	ΔH/(kJ/(molH$_2$))		ΔS(J/(K·molH$_2$))		动力学 (−5 ℃)/s
	计算 (−30 ℃)	实验 (−5 ℃)	计算 (80 ℃)			ΔH_a	ΔH_d	ΔS_a	ΔS_d	
$Ti_{1.1}CrMn$	39.6	82.0	512	0.57	1.9	−14.7	22.9	−92.2	114.9	350
	12.0	29.7	399							
$(Ti_{0.95}Zr_{0.05})_{1.1}CrMn$	14.0	29.6	201	1.76	2.1	−16.3	24.1	−89.8	112.9	200
	5.0	16.0	179							
$(Ti_{0.94}Zr_{0.06})_{1.1}CrMn$	12.0	26.4	177	1.54	2.1	−17.3	22.1	−91.8	104.6	200
	4.3	14.9	162							
$(Ti_{0.9}Zr_{0.1})_{1.1}CrMn$	11.0	23.3	159	0.89	2.2	−16.9	25.1	−89.8	114.7	150
	3.2	8.7	135							

Zr 元素取代部分 Ti 的合金的另外一个特点是吸放氢动力学的改变，如图 9.23 所示，随着 Zr 含量增加，吸氢动力学加快，放氢动力学减慢。这与 Zr 元素的原子半径以及氢元素亲和力息息相关。

据研究表明 [153] 在 AB_2 型的 Laves 相合金中，A/B 金属元素的比例影响该类合金的平台压的倾斜率，如图 9.24 所示，随着 A/B 比值增大，合金最大吸氢量增大，但会降低吸放氢平台压，同时平台压的斜率增加，会降低合金的有效储氢量。一般来讲，平台压的倾斜是由三个因素造成的：合金的微分离，化学能的影响以及和微观效应相关的应变能效应。该类合金的储氢平台压的倾斜主要是由后两种因素导致的，特别是应变能效应起到了决定性作用。Zr 元素的添加导致了该类合金晶格应变增加，从而造成了平台压斜率的升高。添加原子半径较小的元素，如 Mn、Fe、Co、Ni、Cu、Al 可以弥补 Zr 和 Ti 原子间的半径差距，从而有效降低平台压斜率，提高合金的储氢容量 [154,155]。例如，如图 9.25 所示，$(Ti_{0.75}Zr_{0.25})_{1.05}Mn_{0.8}Cr_{1.05}V_{0.05}Cu_{0.1}$ 该合金具有最大储氢容量 1.9 wt%，可逆的储氢容量为 1.35 wt%，非常小的吸放氢滞后，比基础合金降低了 40%的平台压倾斜率。

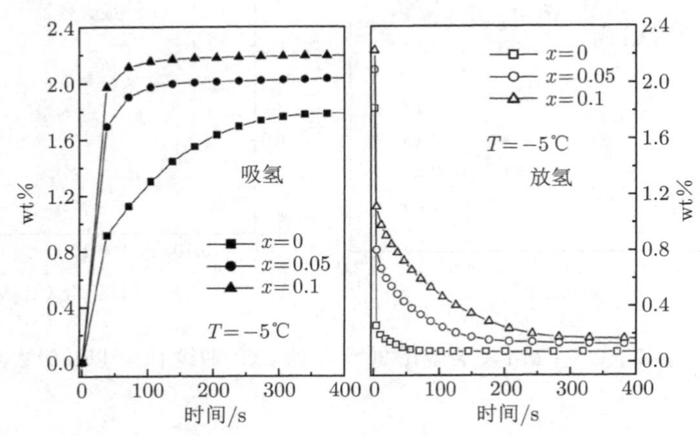

图 9.23　$(Ti_{1-x}Zr_x)_{1.1}CrMn$–H (x =0, 0.05, 0.06, 0.1) 合金在 −5 ℃ 下的吸放氢动力学曲线 [154]

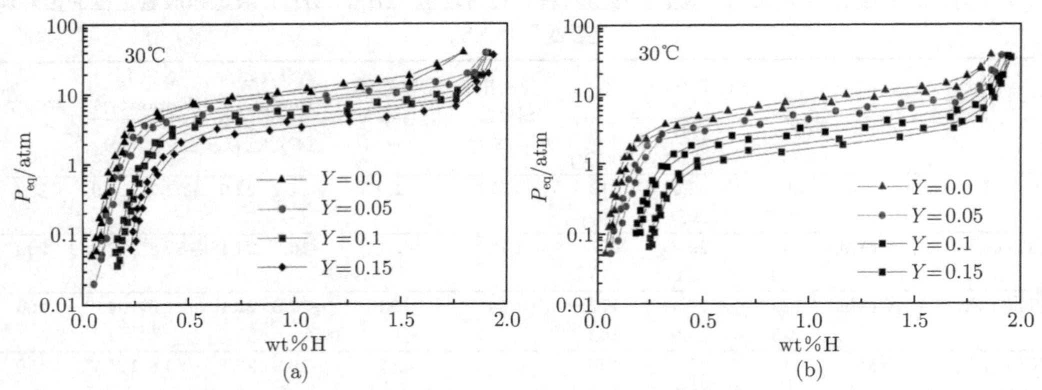

图 9.24　$(Ti_{0.8}Zr_{0.2})_{1+y}Mn_{0.8}Cr_{1.2}$(a) 和 $(Ti_{0.75}Zr_{0.25})_{1+y}Mn_{0.8}Cr_{1.2}$(b) 在 30 ℃ 的 PCI 特性曲线 [153]

高压储氢钛合金的典型代表是 Ti-Cr-Mn 合金体系，该体系作为储氢材料具有很高的氢气解离压，适合应用在高压储氢罐中。传统的 Ti-Cr-Mn 合金 ($Ti_{1.2}CrMn$ 以及 $Ti_{1.2}Cr_{1.9}Mn_{0.1}$) 的储氢容量一般在 1.3 wt%~1.6 wt%，通过改变 Ti、Cr、Mn 的组分发现 (图 9.26)，$Ti_xCr_{2-y}Mn_y$ ($1.08 \leqslant x \leqslant 1.16$, $0.96 \leqslant y \leqslant 1.08$) 合金在 296 K 温度下有最大的有效储氢量，比传统的 Ti-Cr-Mn 合金提高了 10%[156]。随着 Ti 元素的增加，晶格体积增大，解离压降低。相反，Mn 元素的添加使得晶格体积减小，解离压也降低，这与 Ti 元素取代的影响相反。

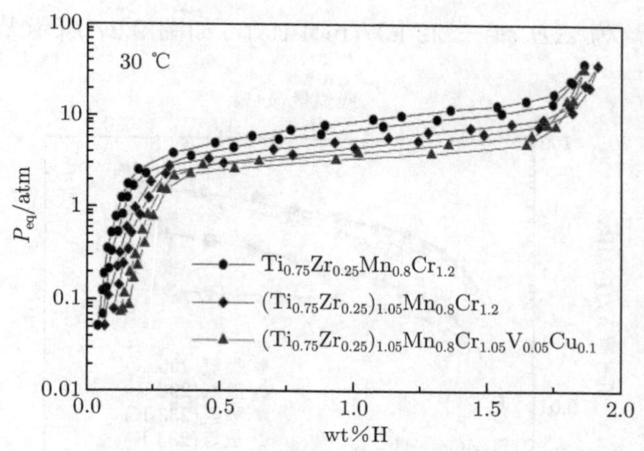

图 9.25 $(Ti_{0.75}Zr_{0.25})_{1+x}Mn_{0.8}Cr_{1.2-y}M_y$(M:V,Cu) 合金的 PCI 曲线 [153]

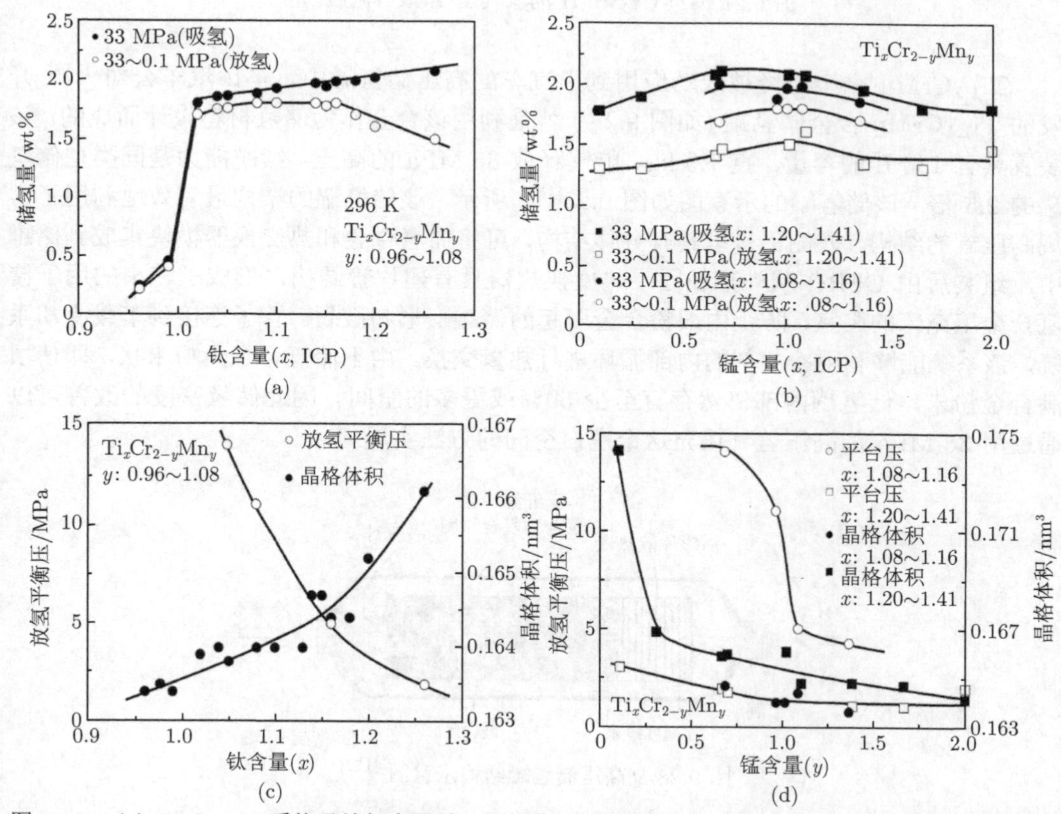

图 9.26 (a) Ti-Cr-Mn 系统吸放氢容量随 Ti 含量的变化图，(b) Ti-Cr-Mn 系统吸放氢容量随 Mn 含量的变化图，(c) 氢气解离压和晶格体积随 Ti 元素含量的变化图，(d) 氢气解离压和晶格体积随 Mn 元素含量的变化图 [156]

通过降低 Ti 的含量来减小晶格体积，从而增加氢气的解离压，提高该合金的储氢量 [156]。其中 $Ti_{1.1}CrMn$ 合金在 296 K，0.1~33 MPa 氢气压力范围内具有 1.8 wt%的最大储氢量，反应焓为 $\Delta H \approx -22\ \mathrm{kJ/(mol\ H_2)}$，如图 9.27 所示 [156]。

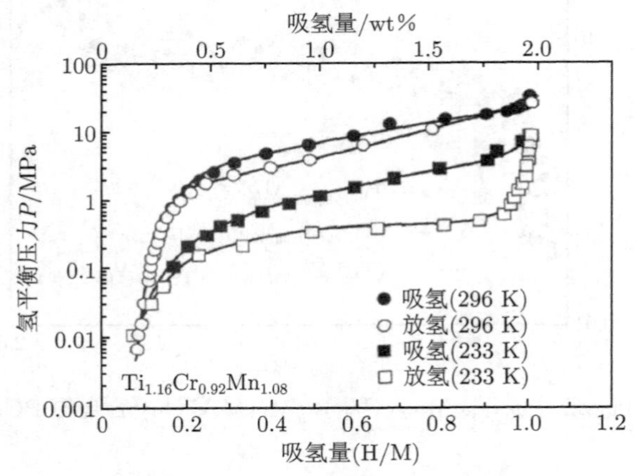

图 9.27　Ti-Cr-Mn-H 的氢气压–组成等温线 [156]

$Ti_{1.1}CrMn$ 合金已经被成功应用到了汽车的高压储氢罐中。丰田汽车公司 [157] 开发的 $Ti_{1.1}CrMn$ 合金储氢罐 (如图 9.28) 就是利用该合金作为储氢材料设计而成的。该装置具有 180 L 的容量，重 7.3 kg，能够释放 35 MPa 的高压，续航能力是同类型储氢罐的 2.5 倍。该储氢罐的示意图如图 9.28[157] 所示，该储氢罐的结构最有效地利用了常规高压罐的结构。外侧铝衬里具有分体结构，可将储氢合金和热交换器模块集成到储罐中，组装后由 CFRP 从外部加固。热度换热器具有翅片管结构，形成了较小的用于储氢合金填充床的腔室，防止由细粉合金引起的储罐变形和破裂。管子连接到车载冷却系统，该系统能够利用冷却剂的内部循环进行热量交换。由于储氢合金为粉末状，即使填满合金粉末，储氢罐内部仍然存有至少 50%或更多的空间。因此储氢密度的改善可以通过用 35 MPa 的高压氢气填充这个空白空间的方法实现。

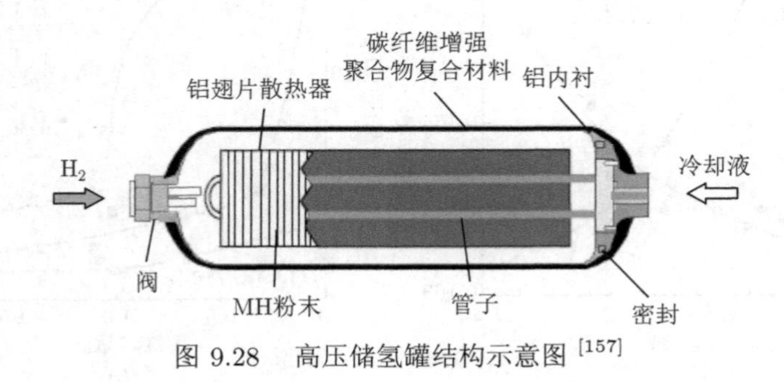

图 9.28　高压储氢罐结构示意图 [157]

图 9.29[157] 是该储氢罐充放氢的概念图，充气过程时使用 35 MPa 高压的氢气，非常迅速，合金吸氢时释放的热量通过一个连接热交换器的车载降温系统实现。改用高压系统可以提高反应速率，并通过扩大合金和加热介质的温度梯度来加快传热速率，从而提高氢气的填充速度。氢气的排放是通过减压进行的，与高压氢气罐中的排放方法相同。如果在发生氢气排放时由于合金吸收热量而导致罐的内部温度下降太高，则通过切

换图中所示的三通阀来提供燃料电池堆产生的热量。

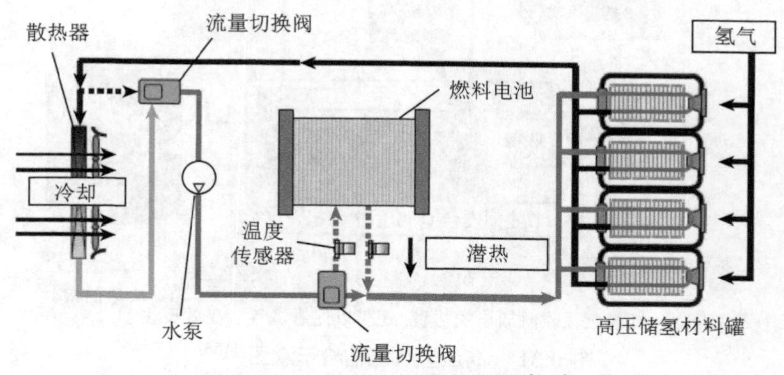

图 9.29 充放氢系统概念图 [157]

图 9.30[157] 显示了车载高压储氢罐测试图的照片。该系统是由外部容积为 45 L 的高压储氢材料测试罐和相同体积的高压氢气罐作为测试罐组成的。该系统还配备了辅助冷却系统设备，包括与车载散热器一致的散热系统。该系统的测试是在装有屏障结构的防爆测试室内进行的。充放氢过程使用高压氢气填充装置以最大流量 12,500 NL / min 进行氢气加压至 25 MPa 和 35 MPa 的压力。使用温度调节器将加热介质温度控制在 233 K 和 368 K 之间。

图 9.30 车载高压储氢罐测试图 [157]

除此之外，$Ti_{1.1}CrMn$ 合金还被成功应用到高压氢气压缩机中。广岛大学市川等 [158] 通过利用不同合金，成功开发了可以释放 82 MPa 的高压的氢气压缩机。图 9.31[158] 是该压缩机的示意图，该压缩机利用低压储氢合金 $V_{40}Ti_{21.5}Cr_{38.5}$ 作为第一段合金，高压储氢合金 $Ti_{1.1}CrMn$ 作为第二段组合而成。其中第一段合金在室温低压条件下吸收氢气，通过加热到 300 ℃ 过程，释放 20 MPa 左右的高压氢气，第二段合金 $Ti_{1.1}CrMn$ 吸收 20 MPa 的氢气后通过加热到 240 ℃，可以释放 82 MPa 的高压氢气，生成后的高压氢气可以储存在高压储氢罐当中。

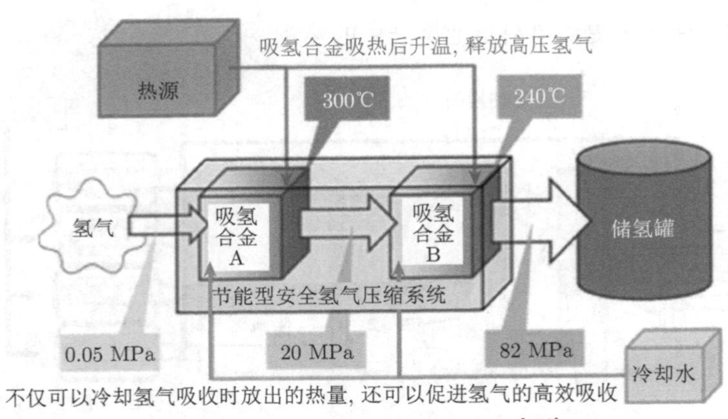

图 9.31　高压氢气压缩机示意图 [158]

图 9.32 是 Ti-Cr-Mn 合金在室温和 240 ℃ 下的高压氢气压缩机工作状态图。图 9.33 是 Ti-Cr-V 合金和 Ti-Cr-Mn 合金加热条件下放氢的压力和温度随时间变化的曲线。这两种合金可以分别在 20 min 和 100 min 内实现目标压力，成功将普通大气压的氢气利用储氢合金通过加热过程压缩至 82 MPa 高压。而且根据氢气压缩机循环测试表明 [159]，Ti-Cr-Mn 合金在高温高压条件下循环吸放氢气 100 次后性能非常稳定，室温下吸放氢曲线没有任何变化，适合加氢站的应用。

图 9.32　高压氢气压缩机工作状态图 [158]

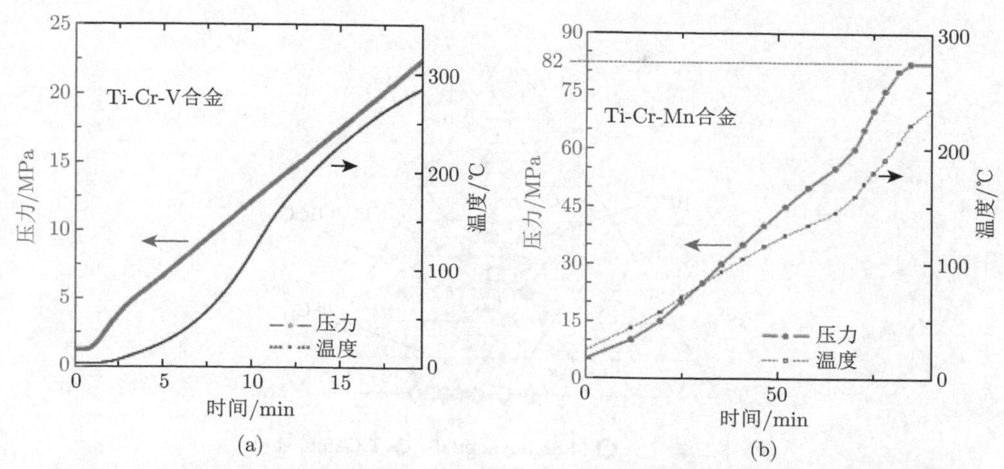

图 9.33 高压氢气压缩机一段 (a) 二段合金 (b) 放氢压力和温度随时间变化的曲线 [158]

Ti-Cr-Mn 合金性能的改善还可以通过用 Zr 部分取代 Ti 元素，或者用 Mo、W 取代 Cr 元素，从而改善储氢量以及平台压，满足各种实际的需要，表 9.13 列举了取代后 Ti-Cr-Mn 合金的性能以及热力学参数。

表 9.13 几种 Ti-Cr-Mn 系储氢合金的性能

储氢材料氢化物	储氢量/wt%	平衡压/MPa		反应焓/(kJ/(mol H_2))
$Ti_{1.2}CrMn$-H	1.6	0.2～5	(195 K)	−20.1
$Ti_{1.2}Cr_{0.9}Mn_{0.1}$-H	1.3	0.7	(263 K)	−25.9
$Ti_{1.1}Cr_{1.2}Mn_{0.8}$-H	1.5	0.7～1.2	(293 K)	−4.23
$Ti_{1.2}Cr_{1.2}Mn_{0.8}$-H	1.4	1.0～5.0	(293 K)	−6.29
$Ti_{1.3}Cr_{1.2}Mn_{0.8}$-H	1.4	0.405	(413 K)	−3
$Ti_{1.1}CrMn$-H	1.8	0.1～33	(296K)	−22
$(Ti_{0.9}Zr_{0.1})_{1.1}CrMn$-H	1.68	9.8	(273K)	−25.5
$(Ti_{0.85}Zr_{0.15})_{1.1}CrMn$-H	1.81	5.5	(273K)	−26.6
$(Ti_{0.85}Zr_{0.15})_{1.1}CrMn$-H	1.90	2.7	(273K)	−28.3
$(Ti_{0.85}Zr_{0.15})_{1.1}Cr_{0.95}Mo_{0.05}Mn$-H	1.88	7.8	(273K)	−26.2
$(Ti_{0.85}Zr_{0.15})_{1.1}Cr_{0.9}Mo_{0.1}Mn$-H	1.78	9.5	(273K)	−23.7
$(Ti_{0.85}Zr_{0.15})_{1.1}Cr_{0.85}Mo_{0.15}Mn$-H	1.67	13.4	(273K)	−21.7
$(Ti_{0.85}Zr_{0.15})_{1.1}Cr_{0.98}W_{0.02}Mn$-H	1.52	7.5	(273K)	−26.3
$(Ti_{0.85}Zr_{0.15})_{1.1}Cr_{0.95}W_{0.05}Mn$-H	1.43	11.4	(273K)	−24.3
$(Ti_{0.85}Zr_{0.15})_{1.1}Cr_{0.9}W_{0.1}Mn$-H	1.36	17.7	(273K)	−22.6

9.5.3 Ti-V-Mn 基三元合金体系

三元合金 Ti-V-Mn 体系，具有 Laves 相 C_{14} 结构和 BCC 相结构，具有可观的储氢容量以及在室温条件快速的吸放氢速度。图 9.34 所示是 Ti-V-Mn 合金的相图，在比较大的组分区间内，该合金是一个包含 Laves 相 C_{14} 结构和 BCC 相结构的复合系统。V 元素的比例越高，BCC 相的比例就越大。

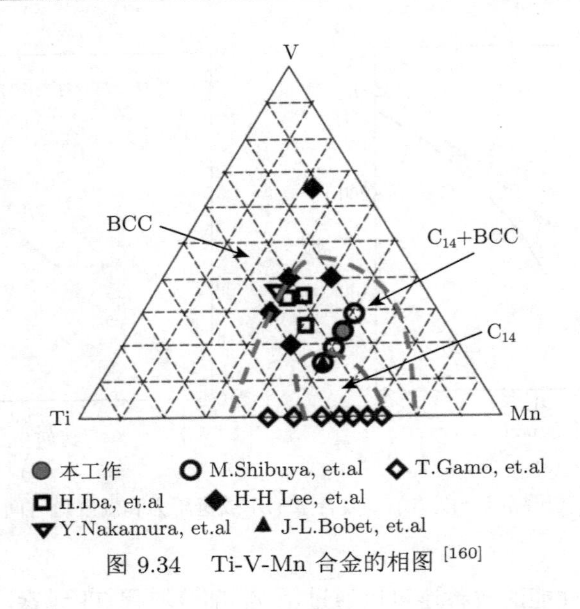

图 9.34　Ti-V-Mn 合金的相图 [160]

$Ti_{0.5}V_{0.5}Mn$ 合金 [161] 反应焓为 $\Delta H \approx -26.8$ kJ/(mol H_2)。在 260 K、35 MPa 氢气压力下具有良好的循环吸放氢容量 (1.9 wt%)，如图 9.35 所示。该合金可以应用在氢气压缩机中。因为混合相的存在，所以该合金具有两段平台压，且平台压斜率较高，第二段平台压在 7MPa 以上。改变 V 元素的比例，可以调控该类合金的性质。

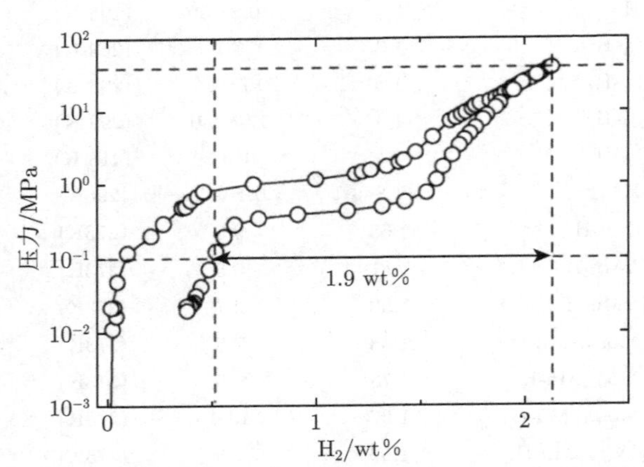

图 9.35　260K 温度下 $Ti_{0.5}V_{0.5}Mn$ 合金的 PCI 曲线

该合金平台压的改善可以通过部分取代 V 元素，来满足实际应用需求。例如，用 Nb 部分取代 V 元素 [162]，能够降低吸放氢平台压的滞后，实现更高的氢气解离压，据研究表明 $Ti_{0.5}$-$V_{0.45}$-$Nb_{0.05}$-Mn 合金更适合应用于金属氢化物压缩机，在 303~473 K 温度范围内能够实现 65MPa 的高压。

9.6 V 基体心立方固溶体合金储氢材料

对于储氢合金来说，V 系合金因为具有理论吸氢量大，常温下快速吸放氢，十分有利于应用，因此受到了广泛关注。V 是一种氢稳定型因素的金属，即 A 型金属，具有 BCC 机构。其固溶体有四面体间隙和八面体间隙位置。H 原子优先进入间隙较多的四面体间隙位置，使得 V 基的理论储氢量高达 3.8 wt%，是 $LaNi_5$ 等稀土系储氢合金储氢量的 3 倍左右，与储氢量较大的 Mg_2Ni 等镁系储氢合金的储氢量相当，而且 V 可以在接近室温和常压的条件下吸放氢，因此 V 基合金成为备受关注的储氢合金体系，已经在氢的精制、储存和热泵等方面有所应用 [163−171]。

V 基合金的固溶体 BCC 结构中的四面体间隙位置和八面体间隙位置是氢可以稳定存在的两个位置。V 基合金吸氢时，氢原子进入较多的四面体间隙位置。其中每个晶胞中有 12 个四面体间隙，因此 H 原子能进入的间隙位置非常多，理论储氢量高，达 3.8 wt%。V 元素与 H 形成氢化物的具体过程为：金属 V 吸氢先形成 β_1 相 (V_2H 低温相)，该氢化物结构为 BCC 结构，体积膨胀较小 (14%)。继续吸氢 β_1 相转化为 β_2 相 (V_2H 高温相或 VH 相)，吸氢饱和后最终生成 γ 相氢化物 VH_2，具有 FCC 结构，体积增加明显 (41%)，如图 9.36 所示。因此在 PCT 曲线中有两个吸氢平台，分别为 $V \longleftrightarrow VH$ 和 $VH \longleftrightarrow VH_2$。

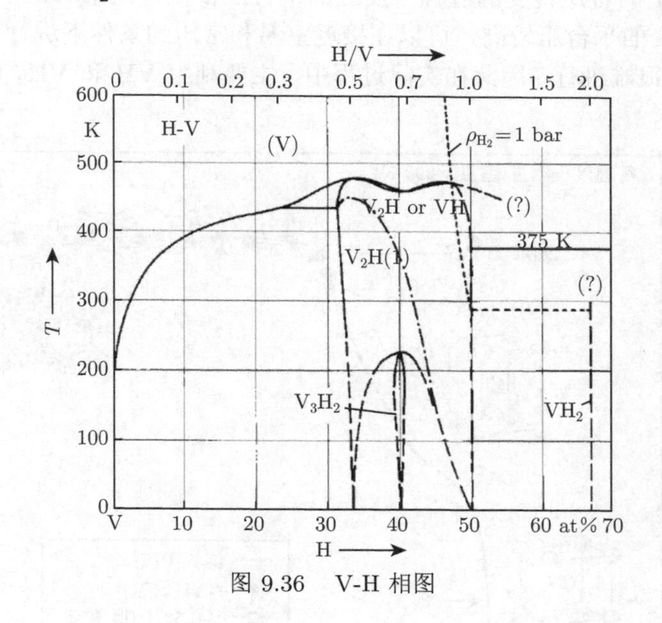

图 9.36 V-H 相图

金属 V 与氢气的反应具体可用以下两个反应方程式表示

$$2V+H_2 = 2VH$$

该反应的反应焓为 $\Delta H \approx -33.5$ kJ/(mol H_2)，该反应的正平衡常数极大，即 VH 很难放氢。VH 在室温条件下其平衡分解压仅为 0.1 Pa，不会分解，因此纯钒吸氢后只有接近一半的氢能够可逆释放出来，有效吸氢量为 1.96%左右。第二步在一定温度、氢气压力的条件下，氢在 VH 中继续扩散、反应并生成面心立方 (fcc) 结构的 VH_2，反应方程式为

$$2VH+H_2 \xlongequal{\quad} 2VH_2$$

该反应的反应焓为 $\Delta H \approx -40.2$ kJ/(mol H_2)，这个阶段形成氢化物的反应体积增加了 2 倍，抗粉化能力较弱。然而，无论形成什么结构的 V 的氢化物，氢原子均处于 V 晶体的四面体间隙位置。

根据李荣 [172] 等对 V 氢化物的电子结构的研究，通过分析计算 V 以及氢化物的净电荷、键级和电子密度后发现，VH 中 V—H 的键级大于 VH_2 中的 V—H 键级。因此 VH 更稳定，难以分解释放。而且从能级结构、态密度和价键轨道集居数的分析表明: VH 和 VH_2 中 V 的成键轨道是不同的。VH 中是 V 的 4s 轨道和 H 的 1s 轨道作用成键, 而氢化物 VH_2 中是 V 的 4s 、3d 轨道和 H 的 1s 轨道作用成键;VH 比 VH_2 的费米能级低, 具有更高的稳定性。因此二者皆从电子结构角度得出了 V 的低氢化物比高氢化物更稳定的结论。

V 与氢气反应的 PCT 曲线如图 9.37 所示 [169]，该反应有两个反应平台，第一个平台对应 V 和 VH 的可逆转变的过程，反应的平台压很低，而第二个平台的反应即 VH 和 VH_2 可逆转变的平台压较高，可以在接近室温和常压的条件下进行。由于 V 和 VH 的可逆转变过程很难进行，因此在实际过程中，主要利用 VH 和 VH_2 可逆转变的反应，

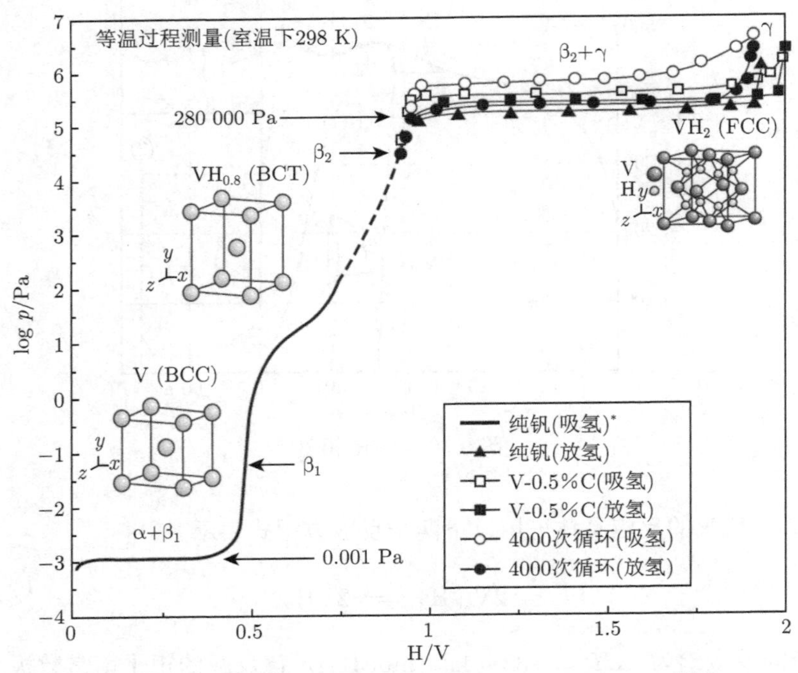

图 9.37 V 与氢气反应在低压区和高压区的 PCT 曲线 [169]

因此 V 基储氢材料可利用的实际可逆储氢量约为 1.9 wt%。尽管如此，其储氢量仍高于 $LaNi_5$ 等稀土系储氢合金，且在室温下即可进行可逆吸放氢反应。此外，V 的氢化物具有一定的氢同位素效应，一般认为，氢化物的稳定性为氚化钒＞氘化钒＞氕化钒，室温下氕与氘的平衡压相差约 0.3 MPa，因此金属钒常被用作氢同位素的增压泵。

表 9.14 V 基储氢合金的性能 [174]

V 基储氢合金	储氢量/wt%	平衡压/MPa		反应焓/kJ/(mol H_2)
V	3.8	0.81	(323 K)	−40.2
$V_{0.8}Ti_{0.2}$	3.1	0.3	(323 K)	−49.4
$V_{0.8}Mo_{0.2}$	1.95	40	(296 K)	−24.0
$V_{0.75}Mo_{0.15}Ti_{0.1}$	2.1	1.8	(296 K)	−31.0
$V_{0.9}Ti_{0.1}$	0.9	0.04	(333 K)	−49
$(V_{0.9}Ti_{0.1})_{0.95}Cr_{0.05}$	1	0.08	(333 K)	−49
$(V_{0.9}Ti_{0.1})_{0.95}Fe_{0.05}$	0.85	0.35	(333 K)	−40
$(V_{0.9}Ti_{0.1})_{0.98}Zr_{0.02}$	1	0.035	(333 K)	−49
$(V_{0.9}Ti_{0.1})_{0.98}Si_{0.02}$	0.8	0.15	(333 K)	−45
$(V_{0.9}Ti_{0.1})_{0.95}Al_{0.05}$	0.7	0.8	(333 K)	−40
$V_{0.7}Ti_{0.1}Cr_{0.2}$	2.43	0.06	(293 K)	—
$V_{0.68}Ti_{0.2}Cr_{0.12}$	1.75	0.009	(303 K)	—
$V_{0.35}Ti_{0.25}Cr_{0.40}$	1.79	0.1	(298 K)	—
$V_{0.65}Ti_{0.12}Cr_{0.23}$	2.5	0.3	(295 K)	—
$V_{0.50}Ti_{0.16}Cr_{0.34}$	2.24	0.5	(293 K)	—
$V_{0.40}Ti_{0.25}Cr_{0.35}$	1.56	0.4	(303 K)	—
$V_{0.80}Ti_{0.08}Cr_{0.12}$	2.4	0.065	(293 K)	—
$V_{0.855}Ti_{0.095}Fe_{0.05}$	2.13	—	(353 K)	—
$V_{0.49}Ti_{0.435}Fe_{0.075}$	2.4	—	(575 K)	—
$(V_{0.645}Ti_{0.355})_{86}Fe_{14}$	2.9	> 6	(473 K)	—
$V_{0.68}Ti_{0.20}Fe_{0.12}$	1.5	0.1	(303 K)	—
$(V_{0.645}Ti_{0.355})_{86}Fe_{14}$	1.97	4×10^{-3}	(298 K)	—
$V_{0.88}Ti_{0.10}Fe_{0.02}$	1.8	0.01	(298 K)	−44
$V_{0.593}Ti_{0.245}Fe_{0.162}$	1.56	0.04	(298 K)	—
$(V_{0.645}Ti_{0.355})_{86}Mn_{14}$	1.97	$<10^{-3}$	(298 K)	—
$(V_{0.645}Ti_{0.355})_{93}Co_7$	0.25	—	(298 K)	—
$(V_{0.645}Ti_{0.355})_{93}Ni_7$	0.33	—	(298 K)	—
$V_{0.63}Ti_{0.20}Mn_{0.17}$	1.7	0.006	(303 K)	—
$V_{0.57}Ti_{0.16}Zr_{0.05}Cr_{0.22}$	2.14	0.1	(303 K)	—
$V_{0.75}Ti_{0.175}Zr_{0.075}$	0.9	0.015	(333 K)	—
$V_{0.75}Ti_{0.10}Zr_{0.075}Cr_{0.075}$	1.09	0.15	(333 K)	—
$V_{0.75}Ti_{0.10}Zr_{0.075}Mn_{0.075}$	0.95	0.07	(333 K)	—
$V_{0.75}Ti_{0.10}Zr_{0.075}Fe_{0.075}$	0.76	0.2	(333 K)	—
$V_{0.75}Ti_{0.10}Zr_{0.075}Co_{0.075}$	0.75	0.25	(333 K)	—
$V_{0.75}Ti_{0.10}Zr_{0.075}Ni_{0.075}$	0.88	0.5	(333 K)	—
$V_{0.56}Ti_{0.20}Cr_{0.12}Mn_{0.12}$	1.85	0.03	(303 K)	—
$V_{0.778}Ti_{0.074}Zr_{0.074}Ni_{0.074}$	1.35	0.025	(298 K)	—
Ti-35V-Cr-3Mn-2Ni	1.7	0.2	(298 K)	—
$V_{0.77}Ti_{0.10}Cr_{0.06}Fe_{0.06}Zr$	1.82	0.75	(333 K)	—
$V_{0.40}Ti_{0.225}Cr_{0.325}Fe_{0.05}$	0.75	1.92	(303 K)	—
$(VFe)_{60}(TiCrCo)_{40}$	2.1	0.248	(298 K)	—
$(VFe)_{60}(TiCrCo)_{38}Zr_2$	1.88	0.18	(298 K)	—
$V_{0.57}Ti_{0.16}Zr_{0.05}Cr_{0.22}$	2.14	0.1	(303 K)	—

为了解决金属 V 实际有效储氢量过低，以及氢平衡压过高的问题，人们在金属 V 中加入了不同金属元素来改变 V 基氢化物的稳定性。在同一周期中 γ 相的稳定性会随着加入元素原子序数的增加而先降低后升高，这为元素的添加和选择给出了理论依据 [173]。不同金属元素的添加还会影响 V 基的放氢温度，比如 Mo、Cr、Nb、Ti，当添加的合金与氢的亲和力强时，V—H 键增强，因此放氢需要更高的温度，相反，添加的合金元素与氢的亲和力弱将降低 V 和 H 之间的结合能，降低放氢温度 [174]。从而改变的合金的储氢性能，表 9.14 列举了添加其他合金元素后 V 基合金的平衡压和储氢容量的变化。金属 V 和 Ti 可以任意比例互溶，是无限固溶体，形成的 V-Ti 体心立方晶体具有近 4 wt%的较高储氢量，且具有较好的抗粉化性能。但是，Ti 也是氢稳定型因素的金属，形成的 Vi-Ti 合金实际上也是氢稳定型因素的合金，实际应用中具有反应速率慢，平台区不平坦，寿命短等问题，此外，V 的价格昂贵，在不影响合金储氢性能的基础上减少合金中的 V 的含量也是十分有意义的。因此，人们在 V-Ti 合金中加入了氢不稳定型金属即 B 型金属形成 V-Ti-M 型合金来提高合金的吸放氢速率。所添加的 M 主要有 Fe、Ni、Cr、Mn 和 Zr 等元素，因此平台压力提升，点阵常数降低，使氢化物的稳定性降低，增宽第二吸氢平台，提高储氢容量。也有添加碱土金属、稀土金属和非金属的，也有添加两种以上元素的，形成性能各异、种类庞大的 V-Ti 系储氢合金体系。

9.6.1　V-Ti-Fe 合金体系

V 基合金中，V-Ti-Fe 合金是最有希望得到应用的合金。因为其体系的可逆储氢量较大，而且通过调节合金的比例，可以调节氢气反应的平衡压力。例如，$(V_{0.9}Ti_{0.1})_{1-x}Fe_x$ 合金，$x = 0 \sim 0.07$ 范围内，氢化物的容量基本不发生改变，而氢化物的氢气平衡压却可以改变数倍 [175]。另外，对 V-Ti-Fe 合金的制备可以采用比较便宜的钒铁作为钒源，虽然利用 FeV_{80} 作为 V 源制备的 V-Ti-Fe 合金，由于原料中含有的 Al、Si 等杂质会显著降低其有效储氢量，影响其储氢性能，但通过调节合金成分比例，还是可以成功地将钒铁应用于 V-Ti-Fe 合金的生产制备中。对于高 V 合金,$(V_{0.9}Ti_{0.1})_{0.95}Fe_{0.05}$ 的储氢量可达 3.7 wt%，298 K 温度下的放氢平衡压为 0.05 MPa，反应焓为 $\Delta H \approx -43.2$ kJ/(mol H_2)。由于金属 V 的价格较贵，因此降低 V 的含量对 V-Ti-Fe 合金体系具有重要的实际意义。对 V 的摩尔含量在 42%~67%的 V-Ti-Fe 合金研究表明 [176]，合金的 PCT 曲线出现了两个平台，$V_{0.435}Ti_{0.49}Fe_{0.075}$ 合金具有最大的吸氢量，最大吸放氢量可达 3.9 wt%，其可逆吸放氢量可达 2.4 wt%，如图 9.38 所示。

Fe 元素若用 Co、Ni、Cr、Pd 等代替，储氢量均显著降低。对于 V 含量较低的合金，如 $V_{0.20}Ti_{0.78}Fe_{0.02}$ 合金，需要在 470 K 以上才能放氢。对 $(V_{0.53}Ti_{0.47})_{0.925}Fe_{0.075}$ 合金循环性的研究表明 [177]，该体系在 0.1 MPa 氢气压力下，室温到 873 K 之间循环 400 次后，容量衰减 40 wt%，如图 9.39 所示。合金的 PCT 曲线出现两个平台，在合金吸放氢循环过程中出现的由体心立方 (bcc) 结构向体心四方 (bct) 结构的转变，是导致合金的低平台区减少的原因，而非晶相的出现是高平台区宽度减小的原因。在 V-Ti-Fe 系合金中添加其他元素，可以调节该体系的储氢性能和起到其他作用。该体系虽然仍具有一些问题，但由于其储氢量较大，吸放氢条件较温和，具有十分吸引人的研究开发潜力，对于成分、结构的调节改善其综合储氢性能仍是 V-Ti-Fe 合金体系所面临的挑战。

目前 V-Ti-Fe 合金体系主要应用于循环吸放氢方面，如果利用廉价的钒铁作为原料，该体系将具有很好的应用前景。

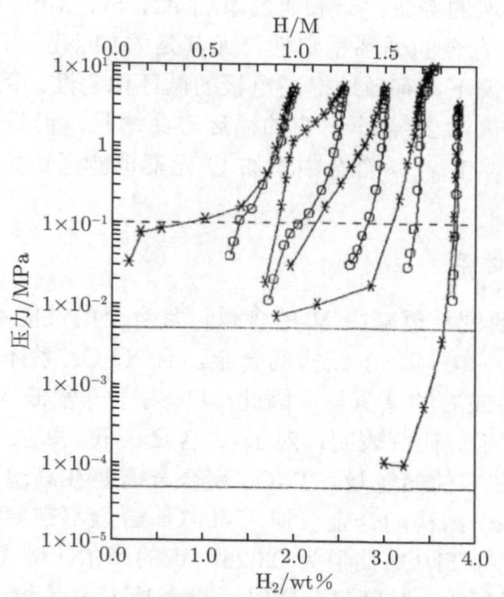

图 9.38 $V_{0.435}Ti_{0.49}Fe_{0.075}$ 合金的 PCT 曲线，从左往右温度依次为 573 K, 473 K, 373 K, 313 K 和 253 K

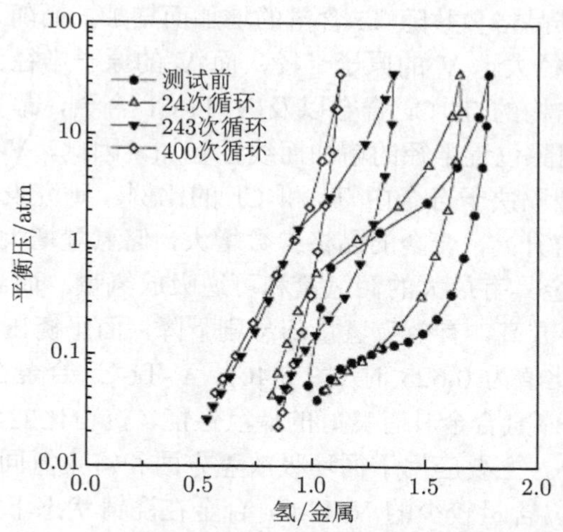

图 9.39 $(V_{0.53}Ti_{0.47})_{0.925}Fe_{0.075}$ 合金在 600 ℃ 下不同加热循环测试 0 圈, 24 圈, 243 圈, 400 圈后的 PCT 曲线

9.6.2 V-Ti-Ni 合金体系

V-Ti-Ni 合金具有一定的电化学活性，主要应用于电池储氢合金方面 [19,178–180]。该体系一般具有双相结构，其中的主相为 V-Ti 合金，起到大量吸放氢的作用，析出在主相晶界的第二相为 Ti-Ni 合金，呈网状分布，在体系参加电化学反应过程中起到微集流

体和电催化的作用。比如 $TiV_3Ni_{0.56}$ 合金具有较高的电化学容量，可达到 420 mA·h/g。V-Ti-Ni 合金体系作为电池材料的问题是其中的 TiNi 相会逐渐溶入电解液，使合金的结构发生破坏，影响电池的寿命。一般通过添加 Al、Si、Mn、Fe、Co、Nb、Mo、Pd 和 Ta 等提高 V-Ni-Ti 合金的循环稳定性，尤其是添加 Nb、Ta 和 Co 可在不影响点击初容量和活化性的情况下，有效地提高电极的循环稳定性。例如 $V_3Nb_{0.047}Ta_{0.047}$ Ti $(Ni_{0.56}Co_{0.14})_w$(w=0. 8~ 1.2) 合金，它的循环寿命增长，但是放电容量稍微降低。在 $V_4TiNi_{0.56}$ $Co_{0.05}Nb_{0.047}$ $Ta_{0.047}$ 合金中添加 C 元素也能延长循环寿命，同样的，放电容量会降低。

9.6.3 V-Ti-Cr 合金体系

对于 V 基合金，研究希望减少 V 的含量，且合金的性能不发生衰减，而 Ti、Cr 两种元素可以形成体心立方 (bcc) 结构的合金，且 Ti-Cr 系体心立方 (bcc) 结构的合金本身也具有 2.6 wt%左右的储氢量，因此，Cr 对于开发低 V 系廉价的 V-Ti-Cr 储氢合金具有很重要的作用。研究表明，对于 V 含量很低 (摩尔分数约 5%) 的 V-Ti-Cr 合金，仍具有 3 wt%左右的储氢量。Ti-Cr 系合金需要在高温下退火后再在水中淬火才能得到体心立方 (bcc) 结构的合金，但 V-Ti-Cr 合金不需要淬火就可以得到体心立方 (bcc) 结构的合金。对 Ti/Cr 比值为 0.625，V 的摩尔比例为 0~35%的 V-Ti-Cr 合金研究表明，V 的含量低于 5%摩尔分数时，合金是 Laves 相，当 V 的摩尔分数大于 15%时，合金主相为体心立方相，当 V 的摩尔分数为 5%~15%时，合金为两相的混合。为对于体心立方 (bcc) 结构的 Ti-Cr 系合金，其晶格参数随 Ti 含量的增加而增加；而对于 V-Ti-Cr 合金，其晶格参数随 Ti 含量的增加而增加，而随 Cr 含量的增加而减小。这是由于 Ti 的原子半径大于 V 的原子半径，而 V 的原子半径又大于 Cr 的原子半径。对于体心立方 (bcc) 结构的 Ti-Cr 合金以及 V-Ti-Cr 合金，最大吸氢量强烈取决于间隙位置的大小，随着间隙位置半径的增加而线性增加。因此，V-Ti-Cr 合金的最大储氢量和可逆吸放氢量强烈取决于合金中 Ti 和 Cr 的比例。研究表明 [181]，V-Ti-Cr 合金中，随着 Ti/Cr 的比值升高，合金的晶格参数增大，储氢量增大，平衡压力降低。当比值升高到 0.75 时，合金具有最大的储氢量和可逆吸放氢量。而当 Ti/Cr 的比值继续升高时，最大吸氢量不再升高，有效吸氢量却急剧下降，而平衡压力极低，且平台变窄几乎消失。当 Ti/Cr 的比值为 0.625 时 (图 9.40)，V-Ti-Cr 合金在 313 K 下的平台压约为 0.2 MPa。V-Ti-Cr 储氢合金具有良好的储氢性能，抗粉化能力很强，1000 次循环后颗粒直径几乎没有减小，主要应用于循环吸放氢方面和富集氢同位素方面。但 V-Ti-Cr 合金的滞后很大，且 V 含量较少的 V-Ti-Cr 合金在浇铸状态下是体心立方相比例很少的合金，储氢性质较差。可以通过高温退火后淬火，得到体心立方结构的合金，得到与富 V 的 V-Ti-Cr 合金同样的性能。

最近，V-Ti-Cr 合金应用到热力学氢气压缩机中。两种 V 含量不同的合金，$V_{40}Ti_{21.5}Cr_{38.5}$ 和 $V_{20}Ti_{32}Cr_{48}$[182]，分别应用于 298~573 K 和 298~473 K 温度范围内的热力学循环吸放氢加压循环测试。前者在 100 次循环中储氢能力稳定，具有良好的可重复性；而后者随着循环的进行，储氢能力逐渐降低，如图 9.41 所示。压缩性能大大降低。据研究表明 $V_{20}Ti_{32}Cr_{48}$ 在高温条件下会发生相分离，形成稳定的 $VH_{0.81}$ 和 $TiH_{0.66}$ 相，导

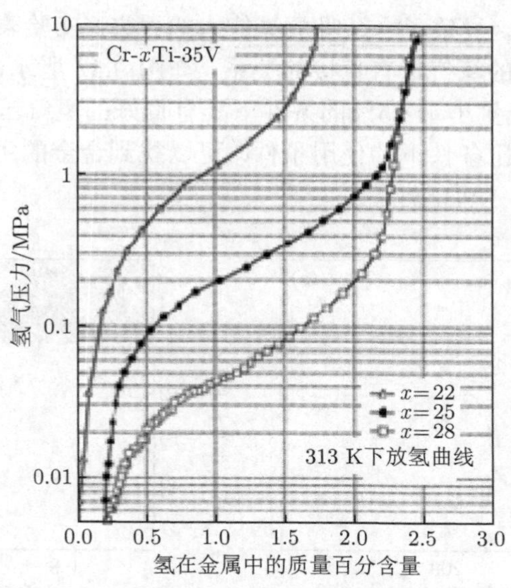

图 9.40 Cr-xTi-35V 合金的 PCT 曲线

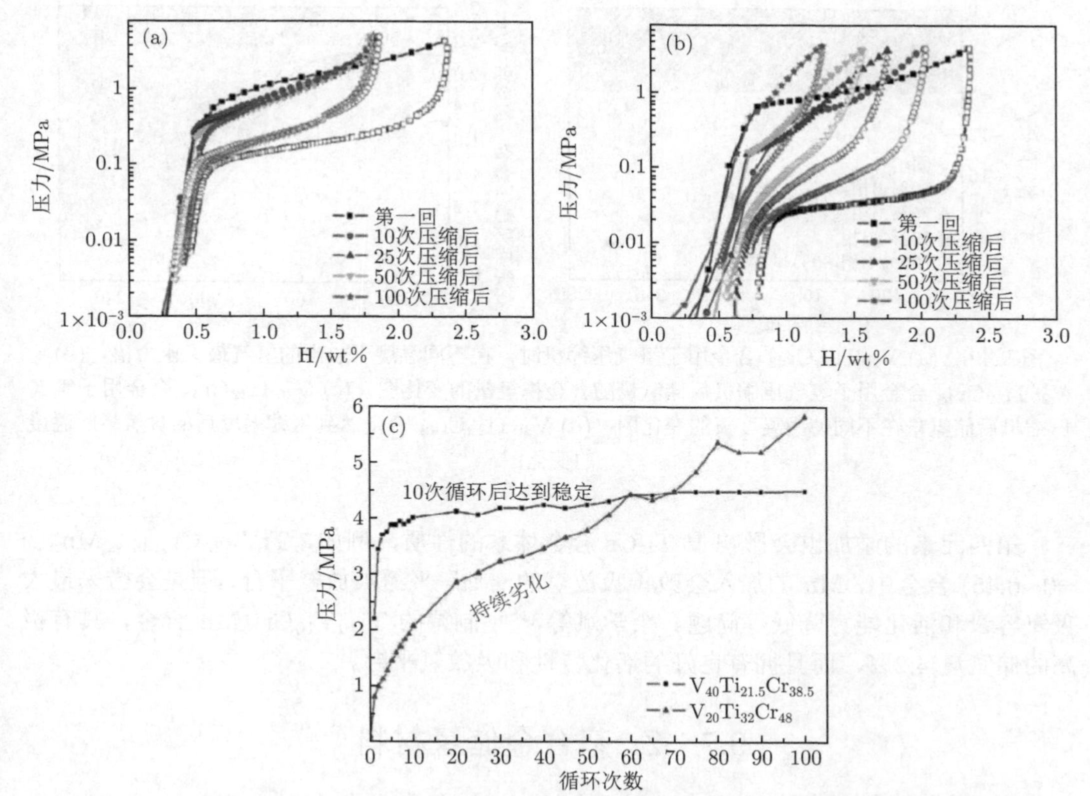

图 9.41 (a) $V_{40}Ti_{21.5}Cr_{38.5}$ 合金用于氢气压缩后不同回数后的 PCI 特性曲线变化图；(b) $V_{20}Ti_{32}Cr_{48}$ 合金用于氢气压缩后不同回数后的 PCI 特性曲线变化图；(c) $V_{40}Ti_{21.5}Cr_{38.5}$ 和 $V_{20}Ti_{32}Cr_{48}$ 合金应用于氢气压缩机后在室温下的压力值随回数的变化图

致了储氢性能劣化和压缩效率的降低 [183]。高温高压条件下，合金主相发生劣化，分离形成热力学稳定的新相，导致了合金吸放氢能力的丢失。实验表明新相的生成与合金的使用温度以及合金吸收的氢气量有直接的关系，如图 9.42 所示，$V_{20}Ti_{32}Cr_{48}$ 合金在不超过高温 200 ℃，含氢量小于 75%的条件下具有良好的氢气压缩能力，因此通过测试合金在各种极端高温高压条件下的使用条件，可以找到合金的劣化范围，为安全高效地使用 V-Ti-Cr 合金提供了可能性。

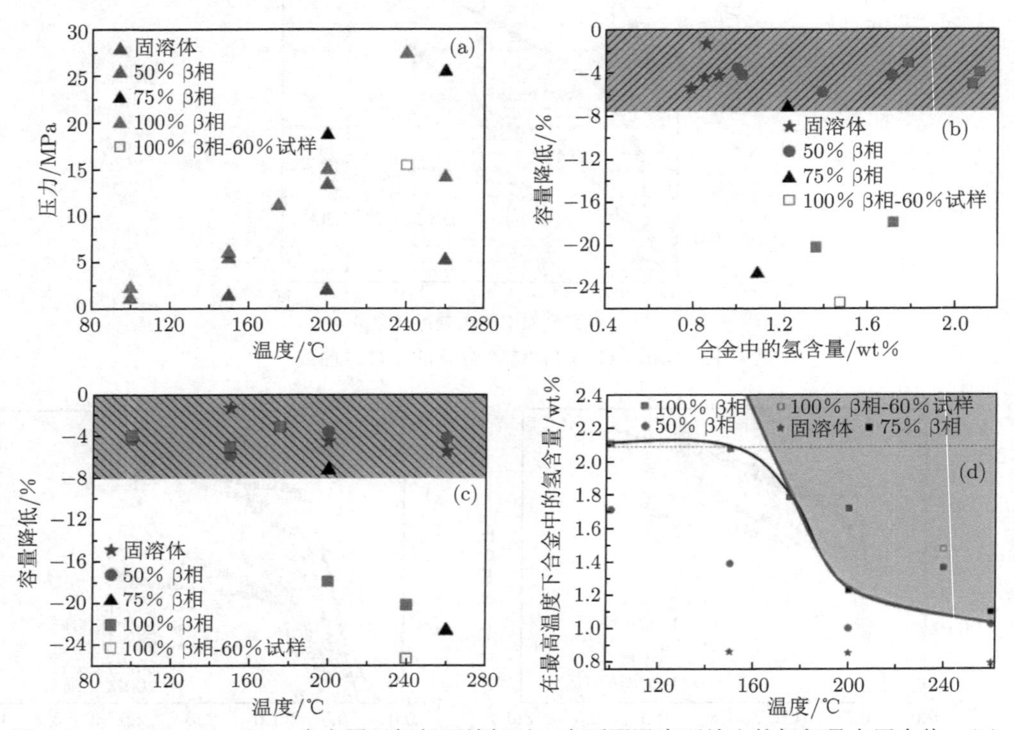

图 9.42　(a) $V_{20}Ti_{32}Cr_{48}$ 合金用于氢气压缩机时，在不同温度下放出的氢气最大压力值，(b) $V_{20}Ti_{32}Cr_{48}$ 合金用于氢气压缩机后储氢量随合金携氢量的变化图，(c) $V_{20}Ti_{32}Cr_{48}$ 合金用于氢气压缩机后储氢量在不同使用温度下的变化图，(d) $V_{20}Ti_{32}Cr_{48}$ 合金达到压缩温度后的含氢量随温度的变化图

第四元素的添加也会影响 V-Ti-Cr 合金体系的性质，例如，$TiV_{1.35}Cr_{1.35-x}Mn_x$($x$=0~0.45) 合金中，Mn 的加入会改善吸放氢的滞后，平缓吸放氢平台，但是会带来最大吸氢容量和活化能力降低等问题。余学斌等 [184] 制得的 $Ti_{40}V_{10}Cr_{10}Mn$ 合金，具有极高的储氢量 4.2%，而且拥有良好的活化特性和吸放氢平台。

9.7　Zr 基合金储氢材料

Zr 可以吸氢形成 ZrH_2 的氢化物，298 K 的生成焓 ΔH 为 −166.1 kJ/mol。由 Zr-H 相图 (图 9.43) 可知，温度在 823 K 以下时，Zr 可以吸氢直接转变为 δ 相的 $ZrH_{1.3-1.8}$。(Zr 基吸氢的 PCT 曲线可以参照图 9.44) δ 相的氢化锆具有立方结构，晶格常数为

a=0.47803 nm。进一步吸氢可以形成 ε 相的 $ZrH_{1.8-2.0}$。ε 相的氢化锆具有四方结构，晶格常数为 a=0.497565 nm，c=0.445095 nm。Zr 吸氢过程中还可以形成具有四方结构的亚稳相 γ-$ZrH_{0.5}$，晶格常数为 $a = 0.45957$ nm，$c = 0.49686$ nm。

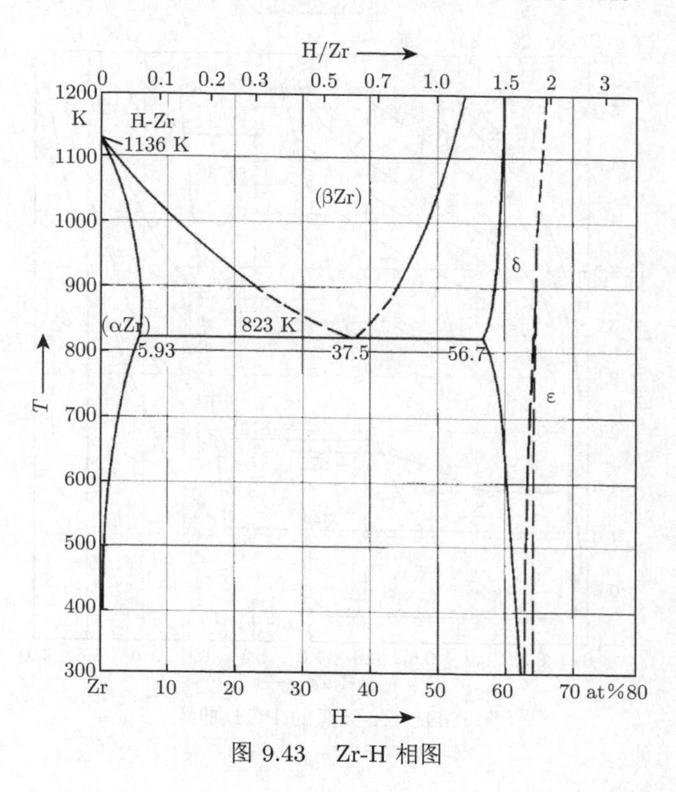

图 9.43　Zr-H 相图

表 9.15　几种 Zr 系储氢合金的性能

储氢材料氢化物	储氢量/wt%	平衡压/MPa		反应焓/(kJ/(mol H_2))
$ZrV_2H_{4.8}$	2.0	10^{-9}	(323 K)	−200.8
$ZrCr_2H_{4.0}$	1.7	10^{-9}	(323 K)	−46
$ZrMn_2H_{3.46}$	1.7	0.1	(483 K)	−53.1
$Zr(Fe_{0.5}Cr_{0.5})_2$-H	3.4	0.01	(323 K)	−49.1
$Zr(Fe_{0.4}Mn_{0.6})_2$-H	3.2	0.04	(323 K)	−33.1
$Zr(Co_{0.75}V_{0.25})_2$-H	3	0.15	(323 K)	−34.1
$Zr(Fe_{0.75}Cr_{0.25})_2$-H	1.5	0.1	(263 K)	−25.6

在 20 世纪 60 年代,Pebler 和 Gulbransen 发现了二元锆基 Laves 相合金 ZrM_2(M=V, Cr, Mn, Fe, Co, Mo 等) 的吸氢行为，并对该体系进行了广泛的研究。研究发现，ZrV_2、$ZrCr_2$ 和 $ZrMn_2$ 能大量吸氢而形成 $ZrV_2H_{5.3}$、$ZrCr_2H_{4.1}$ 和 $ZrMn_2H_{3.9}$ 的氢化物。这些储氢合金具有比 $LaNi_5$ 等稀土系储氢材料更大的储氢量，动力学性能较好，因而备受关注。通过掺入 V、Mn、Cr、Fe、Co、Cu、Ti、Ni、Nd 和 Hf 等金属元素 [185–187]，调节元素的比例而开发出一系列性能优异的储氢材料应用储氢电极，具有较高的放电容量，综合性能较好，具有良好的应用前景 (几种常见的 Zr 系储氢合金的储氢性能可以

参照表 9.15)。目前较成熟的 Zr 基 Laves 相合金储氢材料有 ZrV_2、$ZrCr_2$ 和 $ZrMn_2$ 三大系列合金。

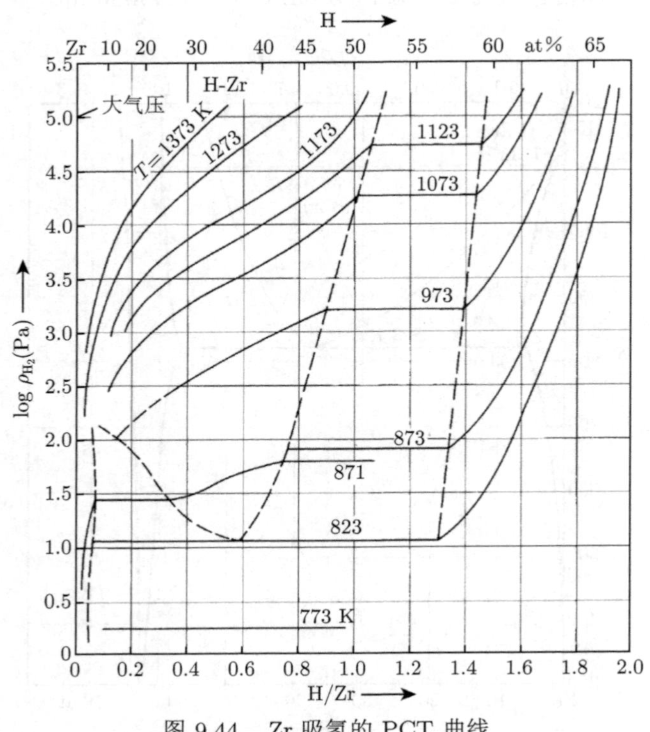

图 9.44　Zr 吸氢的 PCT 曲线

9.7.1　Zr-V 基合金体系

ZrV_2 合金具有 C_{15} 型立方 Laves 相结构，空间群为 $Fd3m$，晶体结构属于立方 $MgCu_2$ 型。不需要活化，室温下就可吸氢形成 $ZrV_2H_{5.3}$ 化合物。氢主要存在于合金的晶格间隙位置，由于氢的作用，ZrV_2 吸氢后晶格常数变化较大，但主相结构没有发生变化。

由 Zr-V 的相图可知，纯相的 ZrV_2 比较难于制备，在 1573 K 以上会首先形成富 V 的固溶相，而在共熔点则会形成富 Zr 的固溶相和 ZrV_2 的混合物。目前，制备纯相的 ZrV_2 合金通常有两种方法：一种是通过合适配比的 Zr 和 V 的金属粉末，充分混合后真空熔炼成合金锭，然后再通过热处理得到纯相的 ZrV_2 合金；另一种是通过机械合金化的方法得到纯相的 ZrV_2 合金。

通过熔炼后热处理得到 ZrV_2 合金的方法制备周期比较长，热处理通常需要一周左右的时间。具体的工艺有两种，一种是在 1503 ~1573 K 真空恒温加热一周左右，这种工艺得到的合金组织比较均一 [188]；另一种是以 Zr 为吸附材料把熔炼的合金锭包缚起来在 1273 K 左右真空加热一周左右，这种工艺得到的合金组织有少量杂质。此外通过热处理得到的 ZrV_2 合金晶粒比较大。通过机械合金化得到 ZrV_2 合金的方法制备周期相对较短，且得到的 ZrV_2 粉末具有纳米晶的结构，在 1343 K 温度下对非晶合金粉末真空热处理一小时即可得到 Laves 相结构的 ZrV_2 合金，热处理后的纳米晶 ZrV_2 粉末比非晶 ZrV_2 粉末具有更高的储氢量 [189]。

9.7.2 Zr-Cr 基合金体系

$ZrCr_2$ 合金的储氢量较大，可以形成 $ZrCr_2H_{4.1}$ 氢化物，氢主要存在于合金的晶格间隙位置，氢化物有 C_{14} 和 C_{15} 两种类型的结构。$ZrCr_2$ 具有较好的循环性质，但活化性能较差，氢化物比较稳定，因此在电化学方面应用受到了限制。通常通过其他金属元素掺杂来提高其储氢性质 [190−195]，尤其是通过 Ni 对 Cr 的部分替代形成 Zr-Cr-Ni 合金大大改善了 $ZrCr_2$ 的电化学性质，且保持了较高的储氢量。对 Zr-Cr-Ni 合金体系进行成分优化研究表明，对于 $Zr(Cr_{1-x}Ni_x)_2(x = 0.2 \sim 0.6)$ 体系，$x = 0.65$ 时合金具有最高的放电容量。通过在 Zr-Cr-Ni 合金中添加微量 La、Mm 和 Nd 等稀土元素，则可以大大改善合金的活化性能。而添加金属 Ti 则可以提高合金的最大放电容量和循环稳定性 [196]。

9.7.3 Zr-Mn 基合金体系

$ZrMn_2$ 合金也具有较高的储氢量，吸氢形成 $ZrMn_2H_{3.9}$ 的氢化物。与 ZrV_2、$ZrCr_2$ 合金相比，$ZrMn_2$ 合金具有放电容量高、活化性能好的优点，但循环性能一般。研究表明，合金中 Mn 的含量越高对合金的活化性能、电容量和高倍率放电能力越有利，但电极的循环稳定性却降低了。因此为了改善 $ZrMn_2$ 合金的储氢性能，掺入替代了一系列金属元素，通过调整合金中的金属元素配比改善合金的综合性能。经过研究优选，成分为 $ZrMn_{0.3}Cr_{0.2}V_{0.3}Ni_{1.2}$ 主相具有 C_{15} 结构的合金，其实际放电容量达 360mA·h/g，已用于松下电器公司的 C_s 型 Ni-MH 电池。

Zr 基合金储氢材料由于其具有比 $LaNi_5$ 等稀土系合金更大的储氢量，且电化学容量高和循环寿命长等特点而备受关注，美国和日本的公司已经将其研发制作出各种类型的 Ni-MH 电池，并建立了大规模电池生产线。但是 Zr 基储氢材料由于氢化物比较稳定，活化较困难、高速放电能力较差，且成本较高等因素，制约了其市场应用。近年来，研究工作者通过憎水处理、氟处理、还原剂 KBH_4 碱处理以及热充电处理等表面处理方法来提高合金的活化性能，通过多元合金化、制备工艺、复合化等方法提高 Zr 基储氢材料的综合性能。

9.8 Pd 基固溶体储氢材料

Pd 是第五周期元素，在贵金属中比重较小，称为轻贵金属。1866 年，英国化学家 Thomas Graham 发现了金属 Pd 具有吸附大量氢的能力 [197]。Pd 的吸氢速度快，氢吸附能力强，而且具有选择吸附能力 (即除氢以外的气体杂质如氧、氮、氦、氩、一氧化碳、二氧化碳等均不能被 Pd 吸附)，因此在氢气净化技术上具有重要的作用。利用 Pd 的这种选择吸附能力，可以使氢气在 Pd 膜的一侧吸附、解离成氢原子，渗透并穿过 Pd 膜，在 Pd 膜的另一侧重新结合成氢分子放出，这种净化后的氢气理论上纯度可达 99.9999999%，远远高于通过低温分离法、聚合膜扩散法、加压振动吸附和催化法等净化技术得到的氢气的纯度。

Pd 在常温下具有面心立方的晶体结构，晶格常数为 $a = 0.38815$ nm。氢在 Pd 中存在于八面体间隙当中。当 H/Pd 原子比小于 0.03 时，氢气固溶于 Pd，晶体结构为面心立方的 α 相。当 Pd 进一步吸氢，H/Pd 原子比在 0.03~0.6 时，β 相逐渐形成，体系为 α 相和 β 相的混合物，而 β 相保持了 Pd 的面心立方结构，但晶格常数在转变过程中发生了不连续的变化，最终形成晶格常数 $a = 0.4026$ nm 的 β 相 $PdH_{0.6}$[198]。当温度高于 573 K 或氢气压力大于 2.03 MPa 时，α 相和 β 相完全混溶形成均匀的固溶体。进一步增加氢气压力，最终 Pd 的所有八面体间隙完全被 H 原子填充，可以形成 H/Pd 原子比为 11 的具有 NaCl 结构的氢化物 PdH。

表 9.16　Pd 基合金性能 [197]

储氢合金	原子比 H/Me (293 K)	硬度变化 $H_v\times$9.8/MPa		抗拉强度 $\sigma_b\times$9.8/MPa (773 K)	透氢速率 Q /(cm^3/cm^2/min) P_1=0.3 MPa P_2=0 t = 0.15mm (773K)	$(Q—Q_{Pd})/Q_{Pd}$ Q_{Pd}=2.3%
		使用前	使用后			
Pd	0.75	48	120	7.00	2.3	
$Pd_{0.9}Ag_{0.1}$	0.70	55	95	9.10	3.4	48
$Pd_{0.8}Ag_{0.2}$	0.58	98	100	8.40	3.8	65
$Pd_{0.7}Ag_{0.3}$	0.41	57	56	7.70	4.1	78
$Pd_{0.6}Ag_{0.4}$	0.37	55	57	7.00	4.0	74
$Pd_{0.95}Au_{0.05}$	0.63	57	88	7.20	4.6	100
$Pd_{0.90}Au_{0.10}$	0.60	50	60	7.60	5.0	117
$Pd_{0.85}Au_{0.15}$	0.58	65	55	8.40	4.8	109
$Pd_{0.80}Au_{0.20}$	0.46	66	53	9.10	4.6	100
$Pd_{0.75}Au_{0.25}$	0.40	65	50	10.50	4.6	100
$Pd_{0.70}Au_{0.30}$	0.37	64	55	11.00	4.3	87
$Pd_{0.65}Ag_{0.30}Pt_{0.05}$	0.34	110	70	20.00	4.6	100
$Pd_{0.65}Ag_{0.28}Au_{0.05}Ru_{0.02}$	0.33	90	88	15.00	4.8	109
$Pd_{0.70}Au_{0.25}Pt_{0.05}$	0.34	100	62	15.50	4.6	100
$Pd_{0.70}Au_{0.25}Rh_{0.05}$	0.35	120	90	19.00	4.5	96
$Pd_{0.68}Ag_{0.30}Rh_{0.02}$	0.34	110	95	22.00	4.6	100
$Pd_{0.68}Ag_{0.30}Ru_{0.02}$	0.32	150	120	23.50	5.0	117
$Pd_{0.67}Ag_{0.30}Ir_{0.03}$	0.40	140	125	17.70	4.5	96
$Pd_{0.65}Au_{0.20}Cu_{0.10}Pt_{0.05}$	0.40	120	95	12.80	4.5	96
$Pd_{0.65}Au_{0.20}Cu_{0.10}Pt_{0.01}Rh_{0.02}Ru_{0.018}Ir_{0.002}$	0.32	135	120	19.50	5.5	140
$Pd_{0.90}Pt_{0.10}$	0.46	52	110	8.20	2.8	22
$Pd_{0.80}Pt_{0.20}$	0.07	56	128	8.70	1.3	−44
$Pd_{0.95}Rh_{0.05}$	0.71	52	114	8.50	3.1	35
$Pd_{0.90}Rh_{0.10}$	0.24	76	107	9.60	2.0	−13
$Pd_{0.70}Ag_{0.25}Au_{0.05}$	0.33				30*	
$Pd_{0.737}Ag_{0.23}Au_{0.03}Fe_{0.003}$	0.35	108			36*	
$Pd_{0.73}Ag_{0.23}Au_{0.03}Fe_{0.01}$	0.34				32*	

注：$^*P_1 = 0.81$ MPa，$P_2 = 0$，$t = 0.05$ mm (t 为膜厚)。

Pd 由于在吸放氢过程中会产生体积膨胀，在循环使用过程中 Pd 膜会变形损坏，达不到氢气净化的目的。通过添加合金元素，如 Ag、Cu、Au、Pt 等形成合金材料 (表 9.16)，可以有效地抑制 α 相向 β 相的转变 [199]，即在一定条件下不存在 α 相和 β 相的混合区，形成一个均匀的晶格常数大于 α 相而小于 β 相的单相区，这样避免了因相变引起的体积膨胀，合金薄膜可以反复循环吸放氢而不发生破坏。好的氢气净化用 Pd 合金膜还需要具有以下几个特性，即较高的氢渗透性、良好的力学性能、良好的抗杂质气体污染能力和相对较低的成本。

9.9 低维材料储氢材料性能

9.9.1 纳米颗粒储氢理论计算

尺寸效应显著影响纳米储氢材料的性能。当材料的颗粒尺寸减小时，占据表面位点的原子数目增加，吸附位点随之增多。此外，表面原子占据颗粒的角或边缘位置的数目也因此增加。这些位于边角区域的原子受到束缚作用较小，与氢气之间的反应活性较强。理论计算表明 Pd 原子团簇中位于低衍射平面边角的原子具有更高的配位数，可以与更多氢原子结合，在 1 nm Pd 原子团簇中，H/Pd 的原子比为 8[200,201]。密度泛函理论计算表明 MgH_2 的颗粒尺寸减小时，其热动力学性能将会明显提高，吸放氢温度随之降低 [202]。当颗粒尺寸降低至 1.3 nm(20 个 Mg 原子) 时，MgH_2 分解时的所需能量迅速降低，如图 9.45 所示。尽管减小颗粒尺寸，可以显著增加材料在 α 相时的吸氢性质，但是许多实验结果表明最终 β 相的储氢含量也会因此而减小。多晶的 MgCu 样品储氢量为 2.6 wt%，而颗粒尺寸为 30 nm 的纳米晶材料的储氢量则减小为 2.25 wt%[203]。

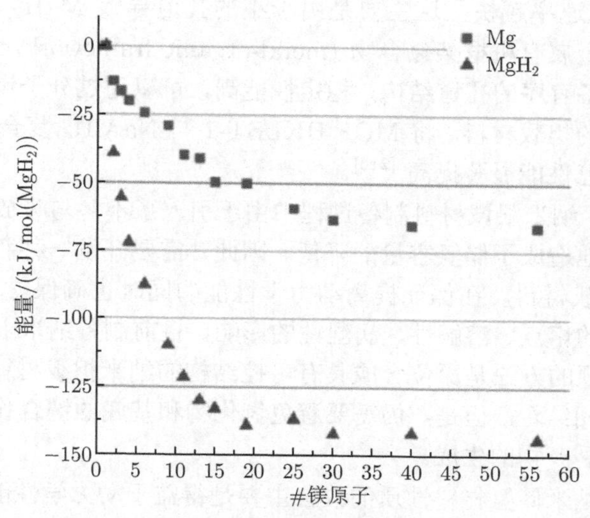

图 9.45 氢化镁的分解能与尺寸效应的关系

9.9.2 尺寸效应

通过实验制备一系列不同颗粒尺寸的储氢材料可用以论证理论计算结果，探讨尺寸效应对储氢材料性能的影响。球磨制备纳米晶结构材料时发现，随着球磨时间增加，颗粒尺寸减小，吸氢速率明显加快 [204]。对于大多数动力学控制的固体储氢材料来说，球磨时间的长短与动力学性能的改善存在着一定关系。例如，随着球磨时间增加，MgH_2 颗粒尺寸减小，呈对数正态分布。球磨 60 h 后颗粒尺寸分布范围减小，80%的 MgH_2 颗粒尺寸集中在 20~40 nm[205]。但是由于材料的延展性，无法通过延长球磨时间进一步降低颗粒尺度。当球磨时间超过 700 h 后，颗粒尺度不再继续减小，平均尺度只降低到约 500 nm[206]。

低维材料具有特殊的形貌和纳米尺寸，因此与纳米晶材料相比，其动力学性能的改善更加明显。直径在 30~50 nm 范围内的 Mg 纳米线材料吸放氢的活化能分别从 120~140 kJ/(mol H_2) 减小至 33.5 kJ/(mol H_2) 和 38.8 kJ/(mol H_2)。随着纳米线直径的减小，其吸放氢活化能随之减小，结果表明如果 Mg 纳米线的直径小于 30 nm，材料将表现出更优异的储氢性能 [207]。

制备低维储氢材料时不可避免的现象是吸放氢循环过程中较高的表面能导致颗粒的团聚和增长，特别是温度升高时烧结作用的影响，并最终造成吸放氢性能变差。因此很难合成出独立、较小的纳米氢化物颗粒 (直径在几纳米范围内)。为解决这些问题，近年来纳米限域材料的研究广泛开展起来。采用纳米担载体不仅可以可控合成纳米结构材料，还可以保证尺寸和形貌的稳定性。在多相反应中，纳米限域效应还可以有效防止相分离，增加接触界面，提高反应活性 [208]。

将 MgH_2 担载在多孔材料中，储氢结果表明担载的 81% MgH_2 可以参与可逆的吸放氢测试，此外载体的孔体积影响着材料的储氢性能。碳凝胶载体的孔体积越小，其复合的 MgH_2 放氢速率越快，这主要是由于小的孔道导致 MgH_2 的颗粒尺寸随之减小 [209]。近年来，金属有机框架化合物 (metal-organic-framework，MOF) 成为新的研究热点。由于其具备有序的孔道结构，稳定性能高，可以通过分子设计调控孔尺寸，因此也可以作为多孔的担载材料。将 MOF HKUST-1 与 $NaAlH_4$ 复合，与体相材料相比，复合纳米材料的放氢性能显著提高 [210]。

值得注意的是，纳米限域材料制备过程中由于引入了不参与吸放氢反应的结构导向剂，因此不可避免地造成了储氢容量的降低。因此，需要开发一种新的、具有良好孔道结构的轻质纳米担载材料，在保证提高动力学性能的同时也确保材料具备高的储氢量。此外，由于氢化物的熔点、溶解性、润湿性的影响，目前制备纳米限域材料依然有较大困难。解决上述问题的方法是原位合成具有可控结构的纳米担载材料，将原位的吸放氢研究与优化孔结构相结合。但是，仍需要避免氢化物和基底的键合作用，否则将影响反应路径，导致大量副产物的生成。

机械研究表明纳米储氢材料性质的改善主要是得益于动力学性能的提高，而动力学性能的改善与一系列决定因素密切相关，包括扩散速率的加快、扩散路程的减短、形核过程的易于进行等。目前，纳米材料吸放氢速度的提高可归因于其扩散路程较短，但是在并未产生较低能量势垒路径的前提下，活化能减小的原因仍需要进一步探讨。活化能的降低可能是由于颗粒尺寸降低到纳米尺度，造成表面结构的改变所导致的。

9.9.3 薄膜材料的储氢研究

储氢薄膜的制备方法主要包括分子束外延生长法、脉冲激光溅射法、磁控溅射法、反应溅射法、气相沉积、热蒸发等气相沉积方法。通常选用高真空下的磁控溅射和脉冲激光溅射技术，上述两种技术背底真空高、系统内杂质少、溅射速度快、纯度高 [211,212]。通常在储氢薄膜上面覆盖 Pd 等催化剂层，加快氢裂解速度，提高吸放氢动力学性能。根据实验表征手段和测量方法的不同，选取不同的基底制备储氢薄膜。通常电化学吸放氢实验采用 Ni 片、氧化铟锡 (indium tin oxide, ITO) 玻璃基底等。光学和电阻测量时使用石英玻璃或普通玻璃基底。扫描电镜表征时选择 Si 片，而外延生长时多采用 MgO (110)、CaF_2(111) 等具有取向性的基底制备薄膜样品。除了多种制备方法，薄膜的表征手段通常包括：利用 XRD(X-Ray diffraction)、GIXRD(grazing incidence X-ray diffraction)、XRR(X-ray reflectivity)、RBS(rutherford backscattering spectrometry)、PAS(positron annihilation spectroscopy)、XPS(X-ray photoelectron spectroscopy)、AFM(atomic force microscope) 等确定组分和结构，利用 SEM(scanning electron microscope)、TEM(transmission electron microscope) 等观察样品形貌，利用 TDS(thermal desorption spectroscopy)、PCT(pressure-composition-temperature)、光学、电阻或电化学方法研究吸放氢过程。

薄膜制备方法相比于粉体材料在调控结晶度、形貌、成分比例等方面具备操作简单、调控精准等优点。通过调节溅射气氛、工作压强、溅射时间、掺杂物质比例等制备薄膜，可深入探讨微观形貌、纳米尺寸效应等对吸放氢性能的影响。通过薄膜方法还可精准调控材料的组分、调整适合的掺杂比例与合金成分，利用系统组合法研发高效储氢材料。采用溅射或蒸发方法制备高质量纳米晶薄膜。相比于机械球磨制备的粉体样品，由于薄膜具备较小的颗粒尺寸、特殊的形貌及表面催化剂层的作用，因而在较低的吸放氢温度下表现出良好的动力学性能。Mg 基纳米晶薄膜，由于表面 Pd 层的催化作用，薄膜的颗粒尺寸较小，因此可以在室温下快速吸氢，并在室温空气中快速放氢，具备良好的循环性能，其储氢性能显著优于粉体材料 [213]。

由于薄膜方法具备可精准调控界面和膜厚的优势，因此可设计具有特殊结构、不同厚度的薄膜，分析界面、结构和尺寸效应对吸放氢性能的影响。利用磁控射频溅射制备三明治结构的 Pd-Mg-Pd 薄膜，样品无需活化过程即可在 373 K、0.1 MPa H_2 条件下完全吸氢，最低放氢温度为 360 K [214]。薄膜储氢材料可通过调控界面成分来提高动力学性能，利用磁控溅射制备 Mg-Mm-Ni(Mm 为富铈混合稀土) 多层复合薄膜，PCT 曲线表明该复合薄膜可以在 523 K 下迅速吸放氢，与 Mg 纳米粉体材料相比吸放氢温度下降了 100 K[215]。利用磁控溅射技术通过控制原位退火温度，调控 Mg 基纳米晶薄膜的结晶度和颗粒尺寸，制备的薄膜材料具备适合的形貌与结晶度，可以在室温空气中快速放氢 [216]。

通过制备薄膜，还可以研究不同催化剂、氧化层和缺陷等对储氢材料吸放氢性能的影响，深入分析吸放氢机理。此外，薄膜材料易于建立物理模型，拟合计算动力学参数，探讨提高吸放氢性能的影响因素，对制备高效的储氢粉体材料具有重要的指导意义。以镁材料为例，表面覆盖 Pd 层的 Mg 薄膜由于吸氢后在 Mg-Pd 界面处形成 MgH_2 阻挡层，因此表现出独特的动力学性能 [217,218]。该 MgH_2 阻挡层严重阻碍了氢原子向金属 Mg 层的继续扩散。如果在 373 K、较低的氢气压力 (10^2Pa) 下吸氢可减弱该阻挡层的影响。适量的氧化物作为 MgH_2 的成核位点有助于提高 Mg 在 353 K 时的初始吸氢速率，但是随着氧化层厚度的继续增加，吸氢速率将明显减小 [219]。在 Mg 基薄膜表面覆盖不同的催化剂层，或与催化剂共溅射等，均有助于提高吸放氢动力学性能 [220]。

此外，由于薄膜在吸放氢过程中的体积和重量变化小，很难利用传统的粉体测量方法表征其吸放氢性能。同时由于具备刚性基底的支持，所以薄膜材料可以通过电化学、光学和电阻等多种薄膜特有的表征方法，研究吸放氢性能。通过建立薄膜模型，将吸放氢过程中薄膜的电阻、光学、电化学数据拟合计算获得氢含量、活化能和氢扩散系数 [221]。薄膜的光学和电学表征是测量吸放氢时光学透过率及电阻的变化，光学和电学的变化原因将在 9.9.4 节氢致光变特性中详细介绍。光学表征时将薄膜样品放置在具有双面石英窗的微型氢气装置中，置于紫外测量室中进行测量。根据 Lambert-Beer 定律，光学透过率与薄膜中的氢含量呈一一对应的线性关系。同时结合 Jonhnson-Mehl-Avrami 理论，可推拟出光学透过率随时间变化的曲线，根据曲线斜率计算得到吸放氢速率和反应分数。测量不同温度下的吸放氢光学曲线，最终推导出材料的吸放氢活化能等动力学参数 [222,223]。

电阻表征是将薄膜样品放置在具有四点电阻测量装置的控温腔室中，通入氢气，利用数字万用表进行数据采集。利用 Bruggeman 有效介质近似方法，建立并联电阻模型，考虑吸放氢时的体积变化，利用电阻变化计算吸放氢过程中薄膜的氢含量及氢化物体积分数的变化，分析动力学性能和扩散机制。薄膜的电化学表征主要用以测量氢扩散系数，通过电化学阶跃电势方法，在 KOH 溶液中，利用电化学工作站测量在薄膜样品 (ITO 玻璃基底) 上的电化学性质。根据 Fick 第二定律和 Hagi 模型分析电流随放电时间变化的曲线计算氢扩散系数。测量不同温度下的扩散系数，结合 Arrhenius 公式可获得扩散过程的活化能。

9.9.4 薄膜的氢致光变特性

1996 年，荷兰 Griessen 课题组在研究非 CuO 基高温超导体时，偶然发现表面覆盖 Pd 层的稀土钇和镧薄膜在吸放氢过程中发生显著的光学性质的可逆变化，同时伴随着金属–绝缘体之间的电学性质转变，该新奇性质被形象地称为氢致光变特性 (switchable mirror)，如图 9.46 所示 [224]。通过溅射方法在石英基底上制备表面覆盖 Pd 层的稀土 Y 薄膜，在室温下通过调控氢气压力 (或采用电化学方法调控电压)，可以在吸放氢过程中同时实现薄膜光学和电学性质的可逆变化。除了 YH_x 和 LaH_x，几乎所有的三价稀土金属氢化物及其组成的部分合金都呈现出氢致光变特性 [225]。吸氢后，它们的氢化物也呈现出不同的特征颜色。例如，YH_3 为黄色透明，LaH_3 为红色透明，部分含有镁的稀土合金完全氢化后呈无色透明。稀土金属氢化物是第一种由于吸氢作用而导致光电性质变化的材料。

图 9.46 (a) 左图为吸氢前的高反射金属 Y 薄膜 (第一代氢致光变特性材料)。吸氢后生成 fcc 金属 YH_2 相 (中图)，在可见光区域呈现较弱的红色透过率。进一步吸氢生成黄色透明的 hcp YH_3，如右图所示。从 YH_2 到 YH_3 的转变在室温下是可逆的。(b) 第二代氢致光变特性材料：Mg 与稀土合金 (Mg-rare-earth, Mg-RE) 薄膜，左图为吸氢前的金属，中图为初始吸氢阶段，右图为吸氢完全后的透明氢化物，该类材料由于 Mg 的作用，吸氢后呈现中性色。(c) 第三代氢致光变特性材料，不含稀土元素的 Mg 和过渡金属 Mg-TM(transition metal, TM) 薄膜，左图为吸氢前的高反射态，中图为初始吸氢时的光学黑体吸收态，右图为完全吸氢后的透明态

除了新奇的光电性质转变，研究中还发现尽管在吸氢过程中稀土从纯金属转变成氢化物，体积膨胀约 15%。但是由于刚性基底的支持，薄膜都保持了较好的结构完整性。而粉体稀土材料在吸氢时都会出现严重的氢脆粉化现象。因此，通过薄膜方法首次实现了在实验中连续测量稀土材料的物理性质，如电阻率、霍尔效应、光学透过性、光学反射和光学吸收性等，并研究这些材料在电学、光学和力学方面的新特性。此外，由于可以通过制备合金薄膜来调控性能，并在实验中通过吸氢反应连续改变样品的氢含量，因而使得这些材料成为基础凝聚态物理领域中的关注热点。

从 1996 年到如今，在 15 年的研究历程中，按照研究顺序可将氢致光变特性材料分为三类：① 稀土金属；② 色中性的 Mg 与稀土合金；③ Mg 和过渡金属。目前，Mg 基薄膜作为最新的第三代氢致光变特性材料，成为该领域的研究热点。

9.9.4.1 第一代氢致光变特性材料：稀土金属氢化物薄膜

稀土金属氢化物薄膜作为第一代氢致光变特性材料，其重要研究意义在于稀土粉体材料吸氢时会由于氢脆现象而粉化。而 REH_x(稀土氢化物) 薄膜在吸放氢过程中始终保持结构的完整性、以及光、电性质可逆变化的连续性。此外，即使薄膜与其他氢同位素反应 (吸氘等)，REH_x 薄膜材料仍表现出相同的特性 [226]。通常金属 Y 被视为第一

代氢致光变特性材料的代表，其余材料包括 Pr、Sm、Gd、Dy 等。

在室温下从高反射到透明的可逆光学转变实际上是稀土 (如 Y) 的二氢化物 (如 YH_2) 与三氢化物 (如 YH_3) 之间的变化过程。二氢化物 $YH_x(1.7 < x < 2.1)$ 为红色，光学透过率较低 ($1.6 < \hbar\omega < 2.1eV$，$YH_{2+\varepsilon}$)。三氢化物为透明 ($YH_{3-\delta}$ 为黄色透明，禁带宽度为 2.6 eV)。通入氢气 (10^5 Pa) 或者经由电化学反应可获得 $YH_{2.9}$，但是无法获得 YH_3[227]。由于其中存在较多给体空位，因此 $YH_{2.9}$ 为重掺杂的半导体。提高氢气压力到 4 GPa，可获得化学计量比的 YH_3。光谱数据表明 YH_3 的禁带宽度随着压力升高而显著减小，在 25 GPa 的实验条件下稀土薄膜依然保持稳定的结构。线性外推法拟合得出在 (55 ± 8) GPa 时，YH_x 仍可发生金属–绝缘体的转变 [228]。

吸氢过程中，稀土金属薄膜在发生光学性质可逆变化的同时，实际上也伴随着从金属 (二氢化物) 到绝缘体 (三氢化物) 的电学性质转变。室温时金属–绝缘体的转变发生在六方相 $YH_{2.86}$ 形成时。在 Y 初始吸氢阶段 (α 相)，电阻率缓慢增加，到 β 相 (二氢化物) 阶段，薄膜的电阻率仍然较低。当 γ 相 (三氢化物) 生成时，电阻率迅速增加至 4 mΩ· cm，表明电学性质发生显著变化 [229]。

YH_x 和 LaH_x 体系氢致光变特性的理论模型包括 Peierls 扭转模型和电子相关模型等 [50]。Peierls 扭转模型是利用密度泛函理论、局域态密度近似和 Car-Parrinello 方法计算 YH_3 的基态。研究发现 YH_3 为破缺对称性结构，直接禁带宽度为 0.8 eV。禁带宽度大小与 H 在 Y 晶格中的实际位置有着密切关系。LaH_x 体系中金属–绝缘体的转变机制如下：每从绝缘体 LaH_3 中移去一个氢原子并产生一个空位，就向导带有效地提供了一个电子。由于这些电子是高度局域化的，因此只有在较高的掺杂程度下，杂质能带才能形成，因此 $LaH_x(x = 2.8)$ 在高掺杂程度时才发生电学性质转变。

9.9.4.2　第二代氢致光变特性材料：镁与稀土合金薄膜

由于禁带宽度较小，因此稀土氢化物均呈现出特征颜色。为满足实际应用，需要材料在吸氢过程中实现从金属态到中性色透明态的光学性质转变。通过选择其他金属与稀土形成合金可以解决该问题，但同时要求该金属氢化物的生成热与 REH_2-REH_3 的反应热接近，并且该氢化物具备较大的禁带宽度以保证其完全吸氢后是无色透明的半导体。1997 年，Philips 研究所发现金属 Mg 符合上述要求，从此开启了第二代氢致光变特性材料的研究。研究发现 Mg 基合金材料不仅满足上述条件，还具备如下卓越性能：① Mg 与稀土形成合金后，显示出微挡板效应。② MgH_2 能稳定 YH_3 的立方结构。③ 所有的 MgRE-H_x 都表现出高吸收的黑体中间态，并且通过制备 Mg-RE 多层膜可以调控其光学性质。根据能带结构计算得到 MgH_2 的禁带宽度为 5.6 eV，是中性色、高透明的绝缘体 [230]。Mg 基薄膜在吸放氢过程中的氢致光变特性，如图 9.47 所示。

稀土金属与氢之间的相互作用较强，因此在较低氢气压力下就可以形成相应的二氢化物。但在相同条件下，Mg 依然不吸氢并保持着高反射的金属态，进一步吸氢，透明的绝缘体 MgH_2 和 REH_3 同时生成 [232]。因此，Mg 起到了微型光学挡板作用，增加了合金在金属态时的光学反射率、抑制了 REH_2 的光学透过率，并且增加了绝缘体时氢化物薄膜的光学禁带宽度和透过率 [232]。YH_x 和其他稀土氢化物在二氢化物至三氢化物的转变过程中，光学变化的相对比仅为 10。当掺杂 30 at% Mg 时，薄膜在整个可见光区域内的光学透过比将增加 10^3 倍 (理论值为 10^9)。在该掺杂比例下，稀土二氢化物的光学透过性完全被掩盖 [233]。

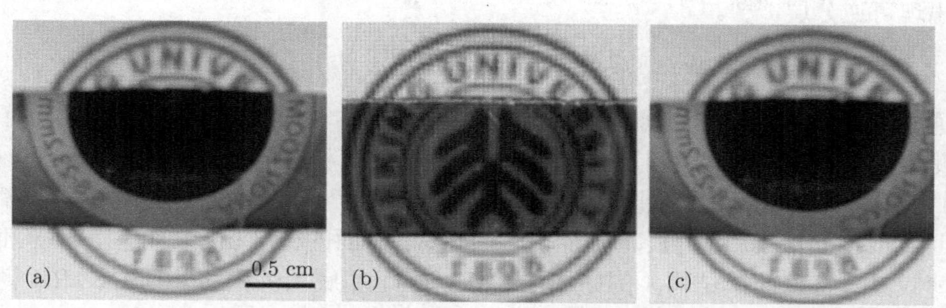

图 9.47 Mg-Pd 薄膜在吸放氢循环过程中的照片，其中红色图标为北京大学校徽。(a) 吸氢前，(b) 在 353 K、0.1 MPa H_2 条件下吸氢 4 h 后，(c) 在 298 K 空气中放氢 5 h 后

Mg 与稀土合金在氢致光变过程中除了最初的反射态和最终的透明态，中间还存在一个低反射率、低透过率、高吸收的状态，即光学黑体态 [234]。通过调节氢含量的变化，可调控合金在这三个基本光学状态之间转变。造成光学黑体态的主要原因是金属 Mg 和绝缘体 MgH_2 纳米颗粒的混合共存。XRD 结果表明 Mg-RE 和纯 Mg 薄膜在光学黑体态时均发生了 Mg-MgH_2 的转变。此时的电阻率和光学吸收迅速增加，光学反射率明显下降，即发生渗滤作用 [235]。Mg-MgH_2 的光学和电学性质可以利用 Bruggeman 有效介质近似方法进行拟合计算。

9.9.4.3 第三代氢致光变特性材料：镁和过渡金属薄膜

2000 年，Richardson 小组研究发现 MgNi 合金在吸放氢过程中也表现出可逆的光电性质转变 [236]。该发现的重要性在于：首先，通过实验证明了 Mg-Ni 薄膜的吸氢速率非常快。体相的 Mg-Ni 体系需要在高温 (500~600 K) 和高压 (10^5 ~10^6 Pa H_2) 下才能吸氢。而 Mg-Ni 薄膜在表面 Pd 层的催化作用下，在室温、较低的氢气压力下即可实现迅速吸氢。其次，该发现开启了第三代氢致光变特性材料的研究 [237]。由于不含有稀土金属，因此相比于前两代材料，第三代氢致光变特性材料表现出更好的抗氧化性能和实际应用前景。目前的过渡金属主要包括 Ni、Co、Fe、Mn、V、Ti、Nb 等 [238]。

金属 Mg_2Ni 吸氢后生成透明的 Mg_2NiH_4，电阻率约增加三个数量级，载流子浓度从 10^{23} cm^{-3} 降低至 10^{21} cm^{-3}[239]。重掺杂半导体 $Mg_2NiH_{4-\delta}(\delta = 0.05)$ 可以在室温、1.3×10^5 Pa H_2 条件下制备获得 [240]。结合 Hall 效应、电阻率和电化学数据，氢在 Mg_2NiH_4 的主晶格中为带负电荷的 H^-[241]。

从吸氢后的 MgNi 薄膜样品的前、后两方向，将观察到不同的光学现象，为 Mg_2NiH_x 光学黑体的形成原因提供了重要线索 [242]。Mg_2Ni 薄膜吸氢前，基底和表面都呈现高反射。通入氢气几分钟后，从基底端观察可发现样品呈现出黑色 Mg_2NiH_x。而从 Pd 表面

层观察到的现象是 Mg_2NiH_x 依然呈现闪耀的高反射态 [243]。均相的 Mg_2Ni 薄膜是从基底与薄膜界面处开始发生吸氢反应，并最终吸氢完全生成 Mg_2NiH_4[244]。在吸氢初始阶段 Mg-TM 的黑体中间态与 Mg-RE 的情况并不相同。Mg-RE 的黑体态是由于在第一次吸氢时 Mg 和 REH_2 颗粒的空间分布不均匀所造成的，但是在宏观上这些颗粒是均匀分散在薄膜中的。而在 Mg-TM 氢化物中，造成黑体态的本质原因是 Mg-TM 在宏观上出现可逆分层 [245]。

9.9.4.4 稀土金属 (氢化物) 薄膜的生长和微结构

通常制备较纯的 RE 薄膜需在背底真空低于 10^{-5} Pa 的情况下，利用分子束沉积、溅射沉积或脉冲激光溅射法制备。由于分子束沉积时的背底真空是最低的 (通常为 10^{-7} Pa)，因此制得的稀土金属薄膜的纯度最高 [246]。室温时制得的多晶膜都具备 $[0001]_{hcp}$ 或 $[111]_{fcc}$ 优势生长，例如，平行于基底平面的密堆积层。其中，外延生长制得的薄膜具备特殊的微结构。例如，在 $CaF_2(111)$ 基底上沉积的外延生长 RE 薄膜表现出特殊的山脉结构 [247]。

1) 覆盖层与缓冲层

由于刚制备的稀土金属薄膜的性质非常活泼，因此如果将没有覆盖保护层，暴露在空气中数小时后就会导致材料表面有至少 5 nm 氧化层生成，甚至在稀土金属薄膜 150 nm 深处的晶界边缘依然可以检测到相应的氧化物。因此需要在其表面沉积保护层，防止氧化。此外，为催化氢解离和吸收，通常选择 Pd 或 Au 覆盖层作为催化剂，通常 4 nm 以上的 Pd 层即可以起到较好的催化吸氢作用。同时为防止形成 RE-Pd 合金 (阻碍氢扩散)，这些覆盖层通常在室温下沉积。在稀土和 Pd 之间沉积超薄的氧化物缓冲层 (氢原子可透过) 也可以有效阻止合金化反应的发生 [248]。

2) 原位沉积稀土金属氢化物薄膜

通常稀土薄膜都是在沉积后再发生吸氢反应。为缓解吸氢时产生的较大应力，可以直接原位沉积稀土氢化物薄膜，沉积条件与采用的制备技术密切相关，通常采用如下技术 [249]：① 分子束沉积：一般很难通过分子束原位沉积得到纯的稀土氢化物。沉积时需要高纯度氢气，同时在真空腔室中需要不断通入稳定流量的氢气，否则将会生成稀土氧化物等杂质。② 溅射：由于等离子体过程中易产生活泼氢原子，因此用溅射方法原位沉积 RE 氢化物相对容易。③ 脉冲激光溅射：该方法基底温度较高，在溅射腔室中通入氢气制得稀土金属氢化物。根据不同的溅射温度和所采用的基底可以制得纳米晶或具有不同结构的外延生长薄膜。

3) 非原位吸氢法制备氢化物薄膜

通常将刚制备的金属薄膜转变成相应的氢化物是通过如下非原位吸氢方法。① 通入氢气是最简单快捷的手段，但是薄膜样品的吸氢量很难直接测量得到。② 电化学方法是唯一便于实时原位测量薄膜氢含量的吸氢方法 [250]。通常采用不含氧气的电解液，根据法拉第定律定量测量薄膜中的氢含量和压力–成分–组成等温线。由于 Pd 覆盖层较薄，其室温下的平台压超过 1 mbar，因此 Pd 层的吸氢量可以忽略不计。③ 化学溶液致吸放氢：稀土 Gd 与 Mg 薄膜沉浸在含有 $NaBH_4$ 的 KOH 溶液中会发生氧化还原反应，生成 BO_2^- 和 GdH_3 或 MgH_2。由于两者具有较大差异的氧化还原电位，因此化学溶液法可获得几乎为化学计量比的稀土三氢化物。化学溶液致放氢过程是将样品沉浸在 H_2O_2 水溶液中实现的[251]。

9.9.5 氢致光变特性材料的应用

9.9.5.1 指示层——可视化分析吸放氢机理

利用氢致光变这一新奇性质，该类材料可作为氢含量的可视指示层来研究氢扩散和迁移行为。除了检测氢致光变特性材料自身的氢扩散，还可以将该材料沉积在不透明的基底样品上，通过观察指示层的颜色变化来可视化研究不透明材料中的氢扩散行为[252]。

9.9.5.2 综合研究法——氢谱法 (hydrogenography)

利用氢致光变特性材料可以研究催化剂覆盖层、缓冲层的优化条件。利用组合法制备样品矩阵，研究金属氢化物薄膜的表面催化剂层的优化条件，如图 9.48 所示[73]。沉积时利用障板制备台阶状、不同厚度的稀土金属薄膜，并在其表面制备不同厚度的催化剂层，一次性可制备 200 个不同成分的样品。通过吸氢时的原位光学监测，探讨表面 Pd 层的临界尺寸和最优尺寸。利用该综合研究法，还可寻找适合的缓冲层 (在金属氢化物和 Pd 层之间起到阻止互扩散和氧化的作用)。例如，在 Pd-La 体系中，0.9~1.2 nm AlO_x 缓冲层可以明显减少 Pd-La 在吸氢过程中的互扩散和 La 的氧化，同时不会减缓样品的吸氢速率。

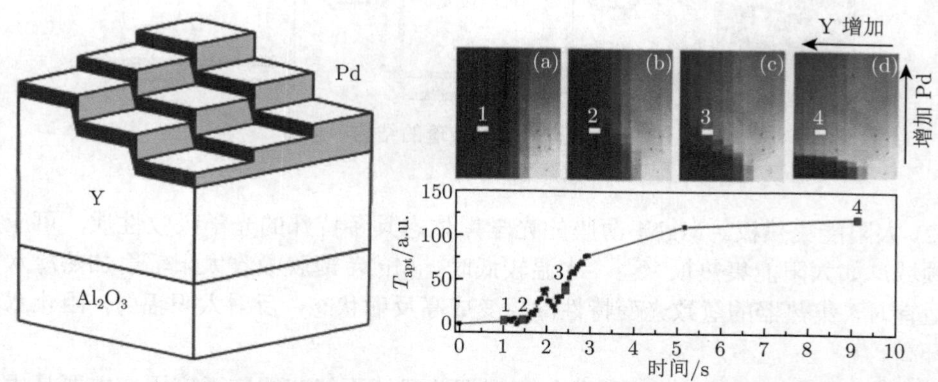

图 9.48 Pd-YH_x 矩阵样品吸氢过程中的光学透过率随时间变化的曲线。左图为矩阵样品的示意图。(a)~(d) 为样品吸氢的四个阶段。Y 层厚度变化区间为 0~150 nm，Pd 层厚度范围是 1~25 nm。右下方为照片中白色标记处 (d_{Pd}= 10 nm，d_Y= 100 nm) 的光学透过率随时间变化的曲线

该综合研究方法，还可适用于寻求新的、高效轻质储氢材料。利用共溅射制备成分含量呈梯度分布的薄膜，利用不同的表面催化剂层优化材料的动力学性能。薄膜中任意局部区域的化学组成、晶体结构、表面形貌都可以通过卢瑟福背散射、聚焦 X 射线散射和原子力显微镜等方法检测。这种梯度薄膜组合学技术可用于研究新型复合金属氢化物材料，优化储氢性能，因此被称为氢谱法 (hydrogenography)。利用氢谱法分析 Mg 系合金薄膜，在 Mg 中添加少量的 Ti、Ni 后可以明显降低 Mg 的吸氢焓变值，并且微

量的 Ti、Ni 变化就能导致焓变值显著改变。其中 $Mg_{0.69}Ni_{0.26}Ti_{0.05}$ 的吸放氢焓变为 40 kJ/(mol H_2)，储氢量为 3.2 wt% [253]。

9.9.5.3　氢致光变特性材料在器件领域的应用

利用独特的光、电性质，氢致光变特性材料可应用于电致变色器件、热致变色器件等领域。此外在智能玻璃、太阳能集热器、光纤氢气传感器等领域均有优秀的应用前景。

(1) 智能玻璃。智能涂层在减少建筑和汽车的能源消耗领域起着至关重要的作用，如图 9.49 所示。在美国，大约 30 %的初级能源被消耗用于公司建筑或住宅的加热、制冷与照明。目前为了节能减排，已开发出具有智能涂层的建筑用玻璃。该新型玻璃可以反射 0.5~1.65 eV(2.5 μm~750 nm) 范围的太阳光，不仅保持能见度，还可以减少热耗、降低建筑的制冷需求。具有氢致光变特性的材料可以阻挡整个太阳光谱范围的入射辐射，表明它们不仅可用于建筑用节能玻璃，还可应用于汽车玻璃 (减少停放车辆的热负载) 等需要节能减排的领域。

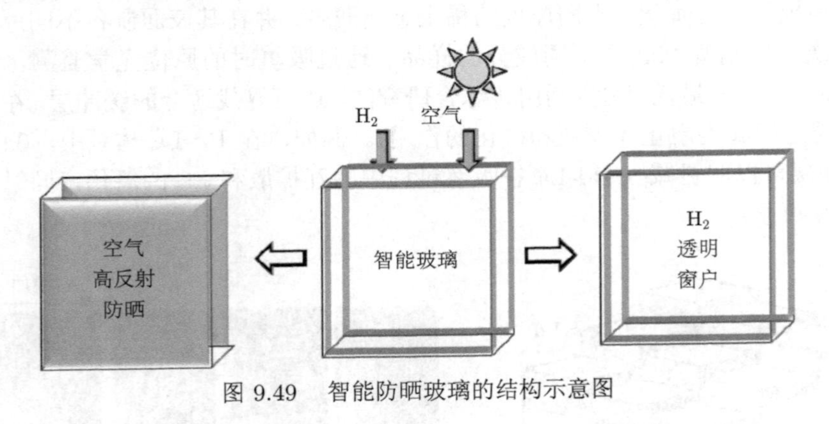

图 9.49　智能防晒玻璃的结构示意图

(2) 太阳能集热板。MgNi 薄膜的光学黑体态具备特殊的光学吸收性质，可应用于储能领域，如太阳能集热板 [254]。水温较低时，MgNi 薄膜吸收太阳辐射加热冷水。当水温适宜时，集热器的氢致光变特性涂层变成高反射状态，反射太阳辐射，阻止水温进一步升高。

(3) 氢气传感器。目前，商用化的氢气探测器还不能获得广泛应用，主要是由于成本高、体积大、长时间检测信号不稳定等因素。此外，大部分商用氢气传感都是采用电学测量方法，并不适用于易爆炸的工作环境。通过在光纤上覆盖氢敏感层 (氢致光变特性材料) 制备出新型的光学氢气探测器可以解决目前的难题。当位于光纤一端的检测层监测到氢气后会发生光学变化，从光纤的另一端输出相应信号，如图 9.50 所示 [255]。这种光纤氢传感器制备简单、灵敏度高、成本低、抗电磁干扰、耐腐蚀、不易爆炸、使用安全、易于远距离监控，因而具备很强的市场竞争力和良好的应用前景。

(4) 电池。关于 Mg-RE 薄膜在电池材料中的研究也逐渐开展起来。$Mg_{0.8}Sc_{0.2}Pd_{0.024}$ 在室温 6 mol/L KOH 电解液中具备非常高的可逆存储容量 (5.6 wt%、1500 mA·h/g)，是商用镍氢电池 $LaNi_5H_6$ 容量的 4 倍 [256]。

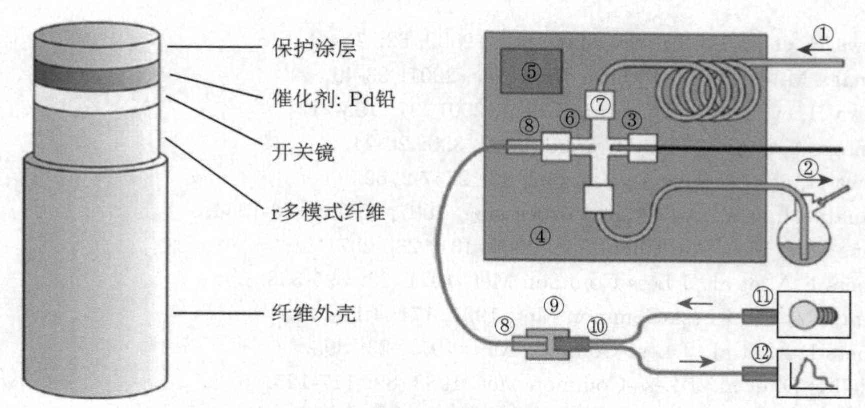

图 9.50 光纤氢传感器的结构设计图

右图为测量装置示意图：① Ar(流量 250 mL min，其中混有可调控含量的氧气和氢气)；② 装有硅油的洗气瓶③ Pt 100 温度探针④ 冷冻装置⑤ 加热器和风扇⑥ 待测试薄膜⑦ 3 mm Swagelock 十字管⑧ 光纤适配器⑨ 接合套管⑩ 二分叉器⑪ 碘钨灯⑫ USB 2000 光纤光谱仪

(郭方芹)

参 考 文 献

[1] Libowitz G G, et al. J Phys Chem-Us, 1958, 62: 76-9.
[2] Van Vuncht J H N, et al. Philips Res Reports, 1970, 25: 133.
[3] Shao H Y, et al. Int J Hydrogen Energy, 2009, 34: 2312-2318.
[4] Sandrock G. J Alloy Compd 1999, 295: 877-88.
[5] 邵怀宇. 纳米结构镁基储氢材料的制备及性能研究. 北京大学化学与分子工程学院, 2005.
[6] Chou K C, et al. Intermetallics, 2007, 15: 767-77.
[7] Rudman P S. J Appl Phys, 1979, 50: 7195-9.
[8] Song M Y, et al. Int J Hydrogen Energy, 1983, 8: 363-7.
[9] Wang C S, et al. Int J Hydrogen Energy, 1996, 21: 471-8.
[10] Wang X H, et al. Int J Hydrogen Energy, 1996, 21: 479-84.
[11] Li Q, et al. Intermetallics, 2004, 12: 1293-1298.
[12] Luo Q, et al. J Magnes Alloy, 2019, 7: 58-71.
[13] Song M, et al. Curr Appl Phys, 2009, 9: S118-S20.
[14] Langhammer C, et al. Phys Rev Lett, 2010, 104.
[15] Alefeld G, et al. Hydrogen in Metals, Vols. 1 and 2 (Berlin Springer-Verlag), 1978.
[16] Oriani R A. 氢在金属中的物理与金相特性. 张武寿. 北京: 冶金工业出版社, 2002.
[17] Yang J, et al. Chem Soc Rev, 2010, 39: 656-675.
[18] Schuth F, et al. Chem Commun, 2004, 2249-2258.
[19] 大角泰章. 水素吸蔵合金その物性と応用アグネ技術センター, 1993.
[20] 胡子龙. 贮氢材料. 北京: 化学工业出版社, 2002.
[21] Westlake D G. J Less-Common Met, 1983, 91: 275-92.
[22] Li J. Int J Hydrogen Energy, 2019, 44: 29291-29296.
[23] Yukawa H, et al. Intermetallics, 1996, 4: S215-S24.
[24] Nakatsuka K, et al. J Alloy Compd, 1999, 295: 222-226.
[25] Yukawa H, et al. J Alloy Compd, 1999, 295: 227-30.

[26] Yukawa H, et al. Sol Energy Mat Sol C, 2000, 62: 75-80.
[27] Morinaga M, et al. Int J Mater Prod Tec, 2001: 33-40.
[28] Yukawa H, et al. Adv Quantum Chem, 2001, 37: 193-212.
[29] Morinaga A, et al. J Alloy Compd, 2002, 330: 20-24.
[30] Yukawa H, et al. Mater Trans, 2002, 43: 2757-2762.
[31] Watanabe N, et al. Adv Mater Processing, 2007, 26-28: 873-1364.
[32] Ozolins V, et al. J Am Chem Soc, 2009, 131: 230-237.
[33] Kuijpers F A, et al. J Less-Common Met, 1971, 23: 395-398.
[34] Selvam P, et al. J Less-Common Met, 1991, 171: L17-L21.
[35] Kuijpers F A, et al. J Less-Common Met, 1971, 23: 395.
[36] Goodell P D, et al. J Less-Common Met, 1983, 89: 117-125.
[37] Park C N, et al. J Less-Common Met, 1982, 83: 39-48.
[38] Nakamura Y, et al. J Alloy Compd, 2006, 413: 54-62.
[39] Jurczyk M, et al. Mat Sci Eng B-Solid, 2004, 108: 67-75.
[40] Jurczyk M, et al. J Phys Chem Solids, 2004, 65: 545-548.
[41] Jurczyk M, et al. Journal of Rare Earths, 2004, 22: 596-599.
[42] Msika E, et al. Mater Sci Eng B, 2004, 108: 91-95.
[43] Cheng H H, et al. J Alloy Compd, 2008, 458: 330-334.
[44] Liu J, et al. Int J Hydrogen Energy, 2007, 32: 1905-1910.
[45] Latroche M, et al. J Solid State Chem, 2004, 177: 1219-1229.
[46] Sikora W, et al. Acta Physica Polonica A, 2008, 113: 1211-1224.
[47] Wang Q, et al. J Less-Common Met, 1987, 131: 399-407.
[48] Lin Q, et al. J Alloy Compd, 2003, 351: 91-94.
[49] Kadir K, et al. J Alloy Compd, 1997, 257: 115-121.
[50] Fukuda H, et al. J Phys Soc Jpn, 1998, 67: 2201-2204.
[51] Fukuda H, et al. Physica B, 1999, 259-61: 894, 895.
[52] Kadir K, et al. J Alloy Compd, 1999, 284: 145-154.
[53] Rodewald U C, et al. J Solid State Chem, 2007, 180: 1720-1736.
[54] Young K, et al. Materials, 2013, 6: 4574-4608.
[55] Iwase K, et al. Int J Hydrogen Energy, 2020, https://doi.org/10.1016/j.ijhydene.2020.07.045.
[56] Cao Z, et al. Int J Hydrogen Energy, 2015, 40: 451-455.
[57] Liu J, et al. J Power Sources, 2015, 287: 237-246.
[58] Zhang Y H, et al. J Alloy Compd, 2009, 474: 279-282.
[59] 简良. 无镨钕 A2B7 型稀土储氢合金的研究. 北京: 北京有色金属研究总院, 2014.
[60] 郭淼. A2B7 型 La-Y-Ni 储氢材料制备与性能研究. 北京: 北京有色金属研究总院, 2018.
[61] Cramer E M, et al. Light Metal Age, 1947: 5, 6.
[62] Reilly J J, et al. Inorg Chem, 1968, 7: 2254-2256.
[63] Reilly J J, et al. Inorg Chem, 1967, 6: 2220-2223.
[64] Ono S, et al. J Less-Common Met, 1982, 88: 57-61.
[65] Stampfer J F, et al. J Am Chem Soc, 1960, 82: 3504-3508.
[66] Huot J, et al. J Alloy Compd, 1999, 295: 495-500.
[67] Zaluska A, et al. J Alloy Compd, 1999, 288: 217-225.
[68] Bogdanovic B, et al. Angew Chem Int Edit, 1980, 19: 818, 819.
[69] Bogdanovic B, et al. Angew Chem Int Edit, 1985, 24: 262-273.
[70] Shao H, et al. Nanotechnology, 2011, 22: 235401.

[71] Shao H Y, et al. Mat Sci Eng B-Solid, 2004, 110: 221-226.
[72] Buchner H, et al. Proceedings of the Second World Hydrogen Energy Conference. Veziroglu T, Seifritz E, Oxford. Zürich Pregamon Press, 1978: 1677-1687.
[73] Akiba E, et al. J Less-Common Met ,1982, 83: L43-L46.
[74] Gross K J, et al. J Alloy Compd, 1996, 240: 206-213.
[75] Shao H, et al. Energy Tecnology, 2018, 6: 445-458.
[76] Wagemans R W P, et al. J Am Chem Soc, 2005, 127: 16675-16680.
[77] Barkhordarian G, et al. Scripta Mater, 2003, 49: 213-217.
[78] Barkhordarian G, et al. J Alloy Compd, 2004, 364: 242-246.
[79] Hanada N, et al. J Alloy Compd, 2005, 404: 716-719.
[80] Friedrichs O, et al. Acta Mater, 2006, 54: 105-110.
[81] Li S, et al. Phys Rev B, 2006, 74: 132106-132109.
[82] Aguey-Zinsou K F, et al. Int J Hydrogen Energy, 2007, 32: 2400-2407.
[83] Hanada N, et al. J Alloy Compd, 2008, 450: 395-399.
[84] Porcu M, et al. J Alloy Compd, 2008, 453: 341-346.
[85] Hanada N, et al. J Phys Chem C, 2009, 113: 13450-13455.
[86] Chen Z, et al. Int J Hydrogen Energy, 2010, 35: 8289-8294.
[87] Isobe S, et al. Appl Phys Lett, 2010: 96.
[88] Buschow K H J, et al. Solid State Commun, 1975, 17: 891-893.
[89] Bobet J L, et al. J Alloy Compd, 2000, 297: 192-198.
[90] Aizawa T, et al. Mater Trans, 2003, 44: 601-610.
[91] Shao H Y, et al. J Solid State Chem, 2004, 177: 3626-3632.
[92] Wang Y J, et al. Mater Trans, 2006, 47: 1052-1057.
[93] Veron M G, et al. J Alloy Compd, 2010, 495: 659-662.
[94] Ohtsuji T, et al. J Jpn I Met, 2000, 64: 651-655.
[95] Fernandez I G, et al. J Alloy Compd, 2007, 446: 106-109.
[96] Fernandez I G, et al. J Alloy Compd, 2008, 464: 111-117.
[97] Huot J, et al. J Alloy Compd, 1997, 248: 164-167.
[98] Huot J, et al. J Alloy Compd, 1998, 280: 306-309.
[99] Lang J, et al. Int J Hydrogen Energy, 2017, 42: 3087-3096.
[100] Bogdanovic B, et al. J Alloy Compd, 2002, 345: 77-89.
[101] Urbanczyk R, et al. Int J Hydrogen Energy, 2017, 42: 13818-13826.
[102] Kyoi D, et al. J Alloy Compd, 2007, 428: 268-273.
[103] Kyoi D, et al. J Alloy Compd, 2008, 463: 311-316.
[104] Kong V C Y, et al. Int J Hydrogen Energy, 2003, 28: 205-214.
[105] Messer C E, et al. J Less-Common Met, 1968, 15: 377-383.
[106] Tse J S, et al. Phys Rev B, 2007: 75.
[107] Li Y W, et al. J Phys-Condens Mat, 2008: 20.
[108] Alonso J A, et al. Z Kristallogr, 2010, 225: 225-229.
[109] Sandrock G D, et al. Mater Res Bull, 1982, 17: 887-894.
[110] Goodell P D. J Less-Common Met, 1984, 99: 1-14.
[111] Kabutomori T, et al. J Jpn I Met, 1995, 59: 219-228.
[112] Liang G, et al. J Alloy Compd, 2001, 321: 146-150.
[113] Islam F, et al. Calphad, 2005, 29: 289-302.
[114] Liang G, et al. J Alloy Compd, 2003, 356: 612-616.

[115] Zhang Q A, et al. Acta Mater, 2009, 57: 2002-2009.
[116] Kakuta H, et al. Mater Trans, 2001, 42: 443-445.
[117] Zhang Q A, et al. Mater Lett, 2007, 61: 2707-2710.
[118] Zhang Q A, et al. Mater Chem Phys, 2007, 104: 373-376.
[119] Wu H, et al. Chem Phys Lett, 2008, 460: 432-437.
[120] Liu X, et al. Int J Hydrogen Energy, 2009, 34: 1472-1475.
[121] Asano K, et al. J Alloy Compd, 2009, 482: L18-L21.
[122] 黄刚, 等. 同位素, 2004, 104: 133.
[123] Sandrock G D, et al. J Less-Common Met, 1980, 73: 63.
[124] Johnson J R, et al. Int Conf Alternative Energy Sources, 1978, 8: 3739.
[125] Edalati K, et al. Hydrogen Energy, 2013, 38: 4622.
[126] Edalati K, et al. Int J Hydrogen Energy, 2014, 39: 15589.
[127] Emami H, et al. Acta Materialia, 2015, 88: 190.
[128] Guo F, et al. Materials Letters: X, 2021, 9: 100061.
[129] Mintz M H, et al. J Appl Phys, 1981, 52: 463.
[130] Bruzzone G, et al. Int J Hydrogen Energy, 1980, 5: 317.
[131] Bruzzone G, et al. Int J Hydrogen Energy, 1981, 6: 181.
[132] Sasai T, et al. J Less-Common Met, 1983, 89: 281.
[133] Lim S H, et al. J Less-Common Met, 1984, 97: 65.
[134] Hiroshi N, et al. J Less Common Met, 1987, 134: 275.
[135] Lee S M, et al. Int Hydrogen Energy, 1994, 19: 259.
[136] 马建新, 等. 稀有金属材料与工程, 2000, 29: 137-140.
[137] 朱海岩, 等. 稀有金属, 1991, 15: 189.
[138] Singh B K, et al. Int J Hydrogen Energy, 1996, 21: 111.
[139] Bronca V, et al. J Less-Common Met, 1985, 108: 313-325.
[140] Jordy C, et al. Z Phys Chem, 1994, 185: 119.
[141] Wakao S, et al. J Less-Common Met, 1987, 131: 311.
[142] Wakao S, et al. J Less-Common Met, 1984, 104: 356.
[143] 王福山, 等. 稀有金属材料与工程, 1999, 28: 73-76.
[144] Gamo T, et al. Int J Hydrogen Energy, 1985, 10: 39.
[145] 钱久信, 等. 金属学报, 1987, 23: A543.
[146] Lundin C E, et al. Hydrides for Energy Storage. Oxford: Pergamon Press, 1978: 395.
[147] Lundin C E, et al. J Less-Common Met, 1977, 56: 19.
[148] 李玉凤, 等. 金属学报, 1983, 19: A403.
[149] Moriwaki Y, et al. J Less-Common Met, 1991, 172-174: 1028.
[150] Liu B H, et al. J Alloys Compd, 1996, 240: 214.
[151] 王福山, 等. 稀有金属材料与工程, 1999, 28: 73-76.
[152] Maeland A J, et al. J Less-Common Met, 1984, 104: 361.
[153] Park J, et al. J Alloys Compd, 2001, 325: 293.
[154] Kandavel M, et al. Int J Hydrogen Energy, 2008, 33: 3754.
[155] Gao X, et al. J Alloys Compd, 2008, 455: 191.
[156] Kojima Y, et al. J Alloy Compd, 2006, 419: 256.
[157] Mori D, et al. Mater. Res. Soc. Symp. Proc. 2005: 884E
[158] 広島大学プレスリリース 2 月 4 日号
[159] Tsurui N, et al. Materials Transactions, 2018, 59: 855.

[160] Iba H, et al. J Alloy Compd, 1997, 253: 21.
[161] Shibuya M, et al. J Alloy Compd, 2009, 475: 543.
[162] Dehouche Z, et al. J Alloy Compd, 2005, 400: 276.
[163] Maeland A J, et al. J Less-Common Met, 1984, 104: 361.
[164] Maeland A J, et al. J Less-Common Met, 1984, 104: 133.
[165] Libowitz G G, et al. J Less Common Met, 1987, 131: 275.
[166] Akiba E, et al. Interetallics, 1998, 6: 461.
[167] Okada M, et al. J Alloys and Compounds, 2002, 330-332: 511.
[168] 丁福臣, 等. 制氢储氢技术. 北京: 化学工业出版社, 2006.
[169] Ekins P, et al. Solid-State Hydrogen Storage Materials and Chemistry. Walker G. Woodhead Publishiing Limited, 2008.
[170] 李朵, 等. 材料导报 A：综述篇, 2015, 29: 12.
[171] 裴沛, 等. 材料导报, 2006, 20: 10.
[172] 李荣, 等. 中国有色金属学报, 2005, 15: 391.
[173] Yukama H, et al. J Alloys and Compd, 2002, 330: 105.
[174] Kumar S, et al. Renew Sust Energ Rev, 2017, 72: 791.
[175] Lynch J F, et al. Z Phys Chem, 1985, NF, 145: 51.
[176] Nomura K, et al. J Alloys and Compd, 1995, 231: 513.
[177] Park J G, et al. J Alloy Compd, 1999, 293-295: 150.
[178] Tsukahara M, et al. J Alloy Compd, 1996, 245: 59.
[179] Tsukahara M, et al. J Alloy Compd, 1996, 245: 133.
[180] Tsukahara M, et al. J Alloy Compd, 1999, 287: 215.
[181] Okada M, et al. Materials Science and Engineering, 2002, A329: 144.
[182] Suganthamalar S, et al. Int J Hydrogen Energy, 2018, 43: 2881.
[183] Guo F, et al. Energies, 2020, 13: 2324.
[184] 余学斌, 等. 高等学校化学学报, 2004, 25: 351
[185] Notten P H L, et al. J Electrochem Soc, 1991, 138: 1877.
[186] Ovshinsky S R, et al. Science, 1993, 260: 176.
[187] Huot J, et al. J Alloy Compd, 1995, 218: 101.
[188] Klein B, et al. Germany Phys Chem, 1993, 181: 637.
[189] Jurczyk M, et al. J Alloy Compd, 1999, 285: 250.
[190] Mendelsohn M H, et al. Less-Common Net, 1981, 78: 275.
[191] Perevesenzew A, et al. Less-Common Net, 1988, 143: 39.
[192] Drasner A, et al. Less-Common Net, 1990, 163: 151.
[193] Zuttel A, et al. J Alloy Compd, 1993, 200: 157.
[194] Yang X G, et al. J Alloy Compd, 1996, 243: 151.
[195] Sun J C, et al. J New Materials for Electrochemical System, 2002, 4: 31.
[196] Visintina, et al. Hydrogen Energy, 2001, 26: 683.
[197] 黎鼎鑫. 贵金属材料学. 长沙: 中南工业大学出版社, 1991.
[198] Alefeld G. Hydrogen in Metals II-Application Oriented Properties, New York: 1978.
[199] Hunter J B. U. S. Patent 2 773 561 1956.
[200] Sachs C, et al. Phys Rev B, 2001, 64: 075408.
[201] Cox D M, et al. Catal Lett, 1990, 4: 271.
[202] Wagemans R W P, et al. J Am Chem Soc, 2005, 127: 16675.
[203] Jurczyk M, et al. J Alloy Compd, 2007, 429: 316.

[204] Zaluska A, et al. J Alloy Compd, 1999, 288: 217.
[205] Paik B, et al. J Alloy Compd, 2010, 492: 515.
[206] Aguey-Zinsou K F, et al. Int J Hydrogen Energ, 2007, 32: 2400.
[207] Li W Y, et al. J Am Chem Soc, 2007, 129: 6710.
[208] Vajo J J, et al. Scripta Mater, 2007, 56: 829.
[209] Nielsen T K, et al. Acs Nano, 2009, 3: 3521.
[210] Bhakta R K, et al. J Am Chem Soc, 2009, 131: 13198.
[211] Tajima K, et al. Sol Energ Mat Sol. C, 2008, 92: 120.
[212] Ellinger F H, et al. J Am Chem Soc, 1955, 77: 2647.
[213] Qu J L, et al. Int J Hydrogen Energ, 2010, 35: 8331.
[214] Shalaan E, et al. Surf Sci, 2006, 600: 3650.
[215] Zhu M, et al. Int J Hydrogen Energ, 2006, 31: 251.
[216] Qu J L, et al. Int J Hydrogen Energ, 2009, 34: 1910.
[217] Hjort P, et al. J Alloy Compd, 1996, 234: L11.
[218] Hjort P, et al. J Alloy Compd, 1996, 237: 74.
[219] Ingason A S, et al, Thin Solid Films, 2006, 515: 708.
[220] Checchetto R, et al. Thin Solid Films, 2004, 469-470: 350.
[221] Qu J L, et al. Scripta Mater, 2010, 62: 317.
[222] Qu J L, et al. J Power Sources, 2009, 186: 515.
[223] Qu J L, et al. J Power Sources, 2010, 195: 1190.
[224] Huiberts J N, et al. Nature, 1996, 380: 231.
[225] van der Sluis P, et al. Electrochim Acta, 1999, 44: 3063.
[226] van Gogh A T M, et al. Appl Phys Lett, 2000, 77: 815.
[227] Ng K K, et al. Phys Rev Lett, 1997, 78: 1311.
[228] Wijngaarden R J, et al. J Alloy Compd, 2000, 308: 44.
[229] Wang Y, et al. Phys Rev B, 1995, 51: 7500.
[230] Isidorsson J, et al. Phys Rev B, 2003, 68: 115112.
[231] Nagengast D G, et al. Appl Phys Lett, 1999, 75: 2050.
[232] Ouwerkerk M, et al. Solid State Ionics, 1998, 113: 431.
[233] Di Vece M, et al. Appl Phys Lett, 2002, 81: 1213.
[234] Armitage R, et al. Appl Phys Lett, 1999, 75: 1863.
[235] Isidorsson J, et al. Electrochim Acta, 2001, 46: 2179.
[236] Richardson T J, et al. Appl Phys Lett, 2001, 78: 3047.
[237] Pasturel M, et al. Chem Mater, 2007, 19: 624.
[238] Lohstroh W, et al. J Alloy Compd, 2005, 404: 490.
[239] Blomqvist H, et al. J Appl Phys, 2002, 91: 5141.
[240] Shang C H, et al. Phys Rev B, 1998, 58: R2917.
[241] Myers W R, et al. J Appl Phys, 2002, 91: 4879.
[242] Westerwaal R J, et al. J Appl Phys, 2006: 100.
[243] Lohstroh W, et al. Phys Rev B, 2004, 70: 165411.
[244] Westerwaal R J, et al. J Alloy Compd, 2005, 404: 481.
[245] Pasturel M, et al. Appl Phys Lett, 2006, 89: 021913.
[246] van der Sluis P, et al. Electrochim Acta, 2001, 46: 2167.
[247] Kerssemakers J W J, et al. Phys Rev B, 2002, 65: 075417.
[248] Borgschulte A, et al. Appl Phys Lett, 2004, 85: 4884.

[249] Dornheim M, et al. J Appl Phys, 2003, 93: 8958.
[250] Molten P H L, et al. J Electrochem Soc, 1996, 143: 3348.
[251] van der Molen S J, et al. Phys Rev Lett, 2000, 85: 3882.
[252] van der Molen S J, et al. J Appl Phys, 1999, 86: 6107.
[253] Gremaud R, et al. Adv Mater, 2007, 19: 2813.
[254] van Mechelen J L M, et al. Appl Phys Lett, 2004, 84: 3651.
[255] Slaman M, et al. Sensor Actuat B-chem, 2007, 123: 538.
[256] Notten P H L, et al. J Power Sources, 2004, 129: 45.

第 10 章　无机非金属储氢材料

10.1　引　　言

氢的泡利电负性为 2.2，介于大多数的金属和非金属元素的电负性之间，见表 10.1。因此，氢既具有还原性又具有氧化性，可以与金属或非金属元素形成具有不同键合方式的化合物。例如，氢与电负性小的碱金属和碱土金属倾向于形成离子型氢化物；此时氢以 H^- 负离子方式存在，H^- 负离子直径大致为 0.14～0.21 nm。相比之下，氢与电负性大的元素，比如卤族元素，相结合形成酸，此时氢提供电子形成氢正离子 H^+。大多数的过渡金属或者合金中，氢主要以原子状态侵入原子空隙中形成金属型氢化物。金属型氢化物主要由密度较大的过渡金属组成，所以其单位质量储氢密度通常低于 3.0 wt%。另外，氢与部分元素 (比如 Fe、Ni、B、N、Al 等) 以共价键相结合形成无机非金属氢化物，见表 10.2。典型代表包括 $LiBH_4$、NH_3BH_3 等氢化物，储氢密度分别达到 18.4 wt%和 19.6 wt%。无机非金属氢化物被广泛应用于有机化学工业中的还原剂，直到 1997 年 Bogdanović 和 Schwickardi 发现了钛基催化剂可显著改善 $NaAlH_4$ 的吸放氢性能，首次实现可逆吸放氢之后 [3]，才作为高容量储氢材料引起世界瞩目。本章将以金属铝 (Al) 氢化物，金属氮 (N) 氢化物和金属硼 (B) 氢化物等具有可逆吸放氢性能的无机非金属氢化物为中心，重点介绍其合成方法、晶体结构、吸放氢性能以及相关技术示范。

表 10.1　氢原子与氢离子的尺寸，以及各种元素的泡利电负性

H^-	$H^{\sim 0}$	$H^{cov.}$	H^+
0.14～0.21 nm	0.053～0.078 nm	0.037 nm	～0 nm

H																
2.2																
Li	Be											B	C	N	O	F
1.0	1.5											2.0	2.5	3.0	3.5	4.0
Na	Mg											Al	Si	P	S	Cl
0.9	1.2											1.5	1.8	2.1	2.5	3.0
K	Ca	Sc	Ti	V	Cr	Mn	Fe	Co	Ni	Cu	Zn	Ga	Ge	As	Se	Br
0.8	1.0	1.3	1.5	1.6	1.6	1.5	1.8	1.8	1.8	1.9	1.6	1.6	1.8	2.0	2.4	2.8
Rb	Sr	Y	Zr	Nb	Mo	Tc	Ru	Rh	Pd	Ag	Cd	In	Sn	Sb	Te	I
0.8	1.0	1.2	1.4	1.6	1.8	1.9	2.2	2.2	2.2	1.9	1.7	1.7	1.8	1.9	2.1	2.5
Cs	Ba	La-Lu	Hf	Ta	W	Re	Os	Ir	Pt	Au	Hg	Tl	Pb	Bi	Po	At
0.7	0.9	1.1-1.2	1.3	1.5	1.7	1.9	2.2	2.2	2.2	2.4	1.9	1.8	1.8	1.9	2.0	2.2

表 10.2 主要无机非金属氢化物的基本性质 [1,2]

种类	密度/(g/cm^3)	重量储氢密度/wt%	体积储氢密度/(kg/m^3)	熔点/°C	标准生成焓 ΔH_f/(kJ/mol)
$LiAlH_4$	0.917	10.54		190^d	− 119
$NaAlH_4$	1.28	7.41		178	− 113
$KAlH_4$		5.71	53.2		
$Mg(AlH_4)_2$		9.27	72.3		
$CaAlH_4$		7.84	70.4	$> 230^d$	
$LiNH_2$	1.18	8.78	103.6	$372 \sim 400$	− 179.6
$NaNH_2$	1.39	5.15	71.9	210	− 123.8
KNH_2	1.62	3.66	59.3	338	− 128.9
$Mg(NH_2)_2$	1.39	7.15	99.4	360	
$Ca(NH_2)_2$	1.74	5.59	97.3		− 383.4
$LiBH_4$	0.66	18.36	122.5	268	− 194
$NaBH_4$	1.07	10.57	113.1	505	− 191
KBH_4	1.17	7.40	87.1	585	− 229
$Mg(BH_4)_2$	0.989	14.82	146.5	320^d	
$Ca(BH_4)_2$	1.069	11.47	121.9	260^d	
$Al(BH_4)_3$	0.7866	16.78	132	$-64.5^d, 44.5^m$	
$Y(BH_4)_3$	1.5123	9.06		226	− 339
Mg_2NiH_4	2.72	3.60		280^d	− 134
Mg_2FeH_6	2.72	5.40	150	320^d	− 247.2
Mg_3MnH_7	2.30	5.20		280^d	
$BaReH_9$	4.86	2.70		$< 100^d$	
NH_3BH_3	0.74	19.6	145	$112 \sim 114$	

注：d 和 m 分别表示分解和融化。

10.2 无机非金属氢化物

10.2.1 基本特征

无机非金属氢化物主要包含配位氢化物和分子型氢化物两种。

配位氢化物由金属阳离子 (如 Li^+、Na^+、Mg^{2+} 等) 和含氢配位阴离子 (如 AlH_4^-、NH_2^-、BH_4^- 等，见图 10.1) 构成。金属铝氢化物 ($NaAlH_4$ 等)，金属氮氢化物 ($LiNH_2$ 等) 和金属硼氢化物 ($LiBH_4$ 等) 等作为配位氢化物的主要代表，具有储氢密度高 (金属氢化物的 5~10 倍，见图 10.2)、热力学可逆等优势，从 20 世纪末到本世纪初先后开始受到广泛关注。

氨硼烷 (NH_3BH_3，俗称 AB) 作为分子型氢化物，也是一种具有代表性的无机非金属氢化物。它是乙烷的等电子体，由于存在 BH···HN 的分子间氢键作用，常温下以固体形式存在。氨硼烷不包含金属元素，而且 N 和 B 又可以分别结合 3 个 H，因此具有很高的储氢密度 (19.6 wt% 和 145 kg/m^3)。由于其多步热解放氢过程中伴随放热反应，热力学不可逆则成为应用中的关键课题之一。

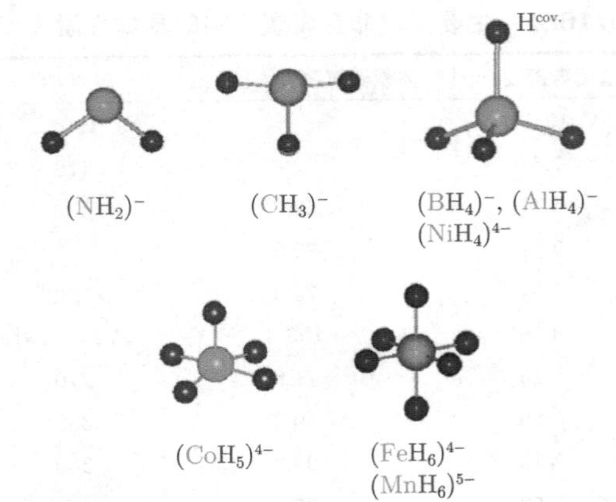

图 10.1　配位阴离子 $(NH_2)^-$、$(CH_3)^-$、$(BH_4)^-$、$(AlH_4)^-$、$(NiH_4)^-$、$(CoH_5)^{4-}$、$(FeH_6)^{4-}$ 和 $(MnH_6)^{4-}$ 的结构模型。中心原子代表 N、C、B、Al、Ni、Co、Fe 或 Mn，氢原子位于中心原子周围，$H^{cov.}$ 表示氢原子与中心原子形成共价键

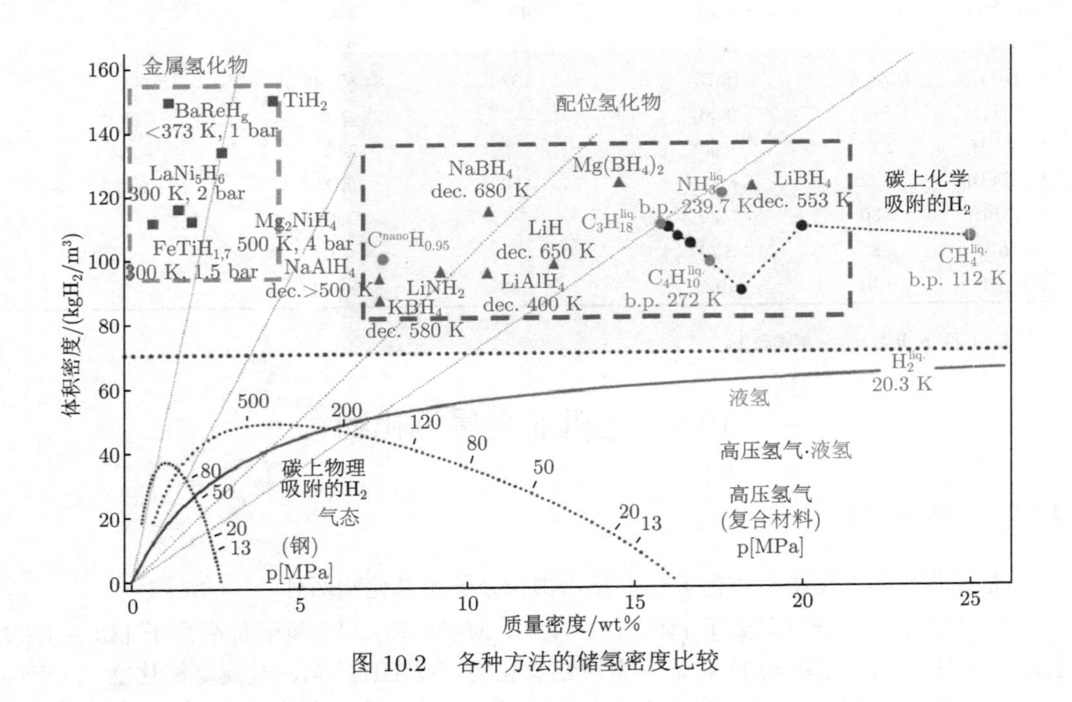

图 10.2　各种方法的储氢密度比较

10.2.2　电子结构和成键特性

配位氢化物中，配位阴离子由氢原子与中心原子 (如 Al、B、N 等) 以共价键形式构成，氢原子位于配位四面体的顶点 (图 10.1)。配位阴离子与金属阳离子 (通常为碱金属或碱土金属，如 Li^+、Na^+、Mg^{2+} 等) 结合，阴离子的电荷由金属阳离子 M^{n+} 补偿。对 MAH_4(M= Li、Na、K；A = B、Al、Ga) 热力学稳定性的系统研究发现 [4]，在 A 相同的情况下，KAH_4 > $NaAH_4$ > $LiAH_4$，因为 M 的金属性越强，M 与 AH_4 的离子键越强；在 M 相同的情况下，MAH_4 中热力学稳定性从高到低依次为是

$MBH_4 > MAlH_4 > MGaH_4$，这是因为中心原子的非金属性越强，则 A—H 的共价键越强。电负性小的金属原子 (如碱金属 Li、Na、K 等)，与配位阴离子形成较强的离子键，因此得到的配位氢化物的热力学稳定性比较高，如 $NaAlH_4$、$LiNH_2$、$LiBH_4$ 等；反之，由电负性大的金属原子 (如过渡金属) 所构成的配位氢化物热力学稳定性较低，如 $Ti(BH_4)_3$ 等。

为了更好地理解配位氢化物的成键特性，下面以 $LiBH_4$ 为例介绍配位氢化物的电子结构 [5]。$LiBH_4$ 是一个禁带宽度为 6.8 eV(图 10.3) 的绝缘体。Li 的电子态对占有态 (满态) 的贡献很小，因此 Li 以 Li^+ 的形式存在。占有态由两个峰构成，低能量态由 B-2s 和 H-1s 轨道组成，高能量态由 B-2p 和 H-1s 轨道组成。这些键合特性与 CH_4 分子相似。硼原子发生 sp^3 杂化轨道，与周围四个 H 原子形成四个共价键；形成共价键缺少的电子由 Li^+ 补偿。从 $LiBH_4$ 的价电子等高线图 (图 10.3(b)) 可以看出，价电荷主要分布在 B 和 H 原子周围，B 和 H 的电子云有明显的重叠；Li 原子周围的电荷密度很低；$[BH_4]^-$ 配位离子之间电子云没有发生重叠，说明 $[BH_4]^-$ 配位离子之间的作用力比较弱，这也与图 10.3(a) 中窄的占有态能带宽度等现象吻合。其他的配位氢化物，如 $M(AlH_4)_n$、$M(NH_2)_n$、$M(BH_4)_n$(M = Cu、Na、K、Zr、Hf、Mg、Zn、Sc 等) 等，与 $LiBH_4$ 的电子结构相似，均为绝缘体，占有态主要由 H 和配位中心原子 (Al、N、B 等) 的电子态贡献，金属原子对占有态的贡献很小而以金属阳离子的形式存在。

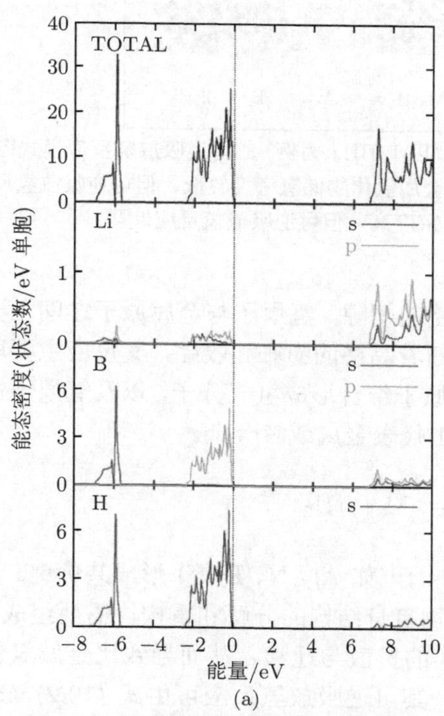

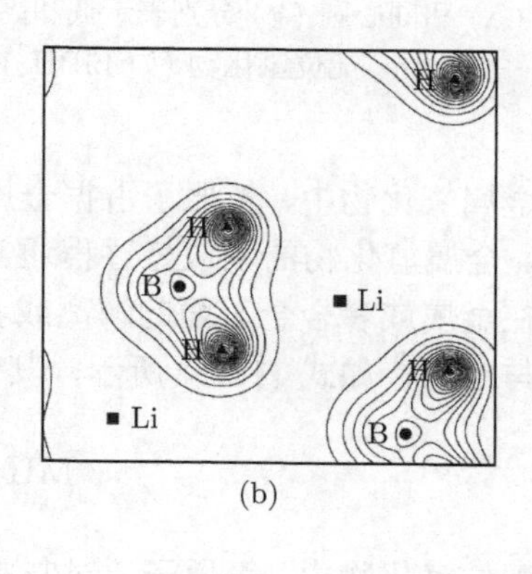

图 10.3 (a) $LiBH_4$ 的全态和部分态电子密度分布；(b) 斜方晶结构 $LiBH_4$ (010) 面的价电荷密度等高线图 [5]

NH_3BH_3 是一种分子晶体，它与乙烷 (C_2H_6) 是等电子体。由于 B 原子的电负性 (2.0) 与 N 原子 (3.0) 不同，所以 NH_3BH_3 具有一定的分子极性。在 NH_3BH_3 分子中，NH_3 存在孤立电子对，BH_3 的 2p 空轨道，NH_3 与 BH_3 组成一对典型的电子供体和电子受体，它们组成之间的 B—N 配位键键能为 130 kJ/mol，介于与范德瓦耳斯力与典型的共价键的键能之间 [6]。另外，在 NH_3BH_3 分子内部，存在 N—$H^{\delta+}\cdots H^{\delta-}$—B 二氢键，H—H 的最短距离为 2.02 Å，小于范德瓦耳斯距离 (2.4 Å)[7]。较强的二氢键 (25～29 kJ/mol) 和分子极性 [8]，使得 NH_3BH_3 具有特殊的物理性质，比如熔点 (110～114 ℃) 远高于 C_2H_6(−181℃)。

10.2.3　吸放氢反应机理

与金属氢化物相比，无机非金属氢化物具有不同的电子结构与成键特性，这决定了两者具有不同的吸放氢性能与反应机制，见图 10.4。

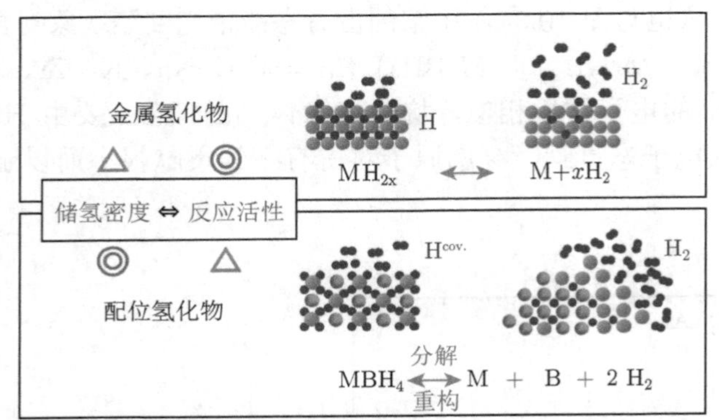

图 10.4　金属氢化物 MH_{2x} 与配位氢化物 (以 $LiBH_4$ 为例) 的可逆吸放氢反应模式图 [12]
三角形 (Δ) 和同心圆 (◎) 分别表示低和高，即金属氢化物储氢密度较低，但可逆吸放氢反应性强；配位氢化物 (如 $LiBH_4$) 储氢密度高，但可逆吸放氢反应性弱

在金属氢化物中，氢原子占据金属晶格的间隙，氢原子与金属原子之间主要以金属键结合。金属氢化物的吸放氢过程通常伴随着晶格的膨胀和收缩，其反应主要取决于氢气分子在金属或者合金表面的解离或者氢原子结合形成氢气分子，以及氢原子在晶格内的扩散与迁移，如式 (10.1) 所示，其中 M 代表金属或者合金。

$$MH_{2x} \longleftrightarrow M + xH_2 \tag{10.1}$$

在配位氢化物中，氢原子通过与中心原子 (如 Al、N、B 等) 形成共价键。因此，配位氢化物的放氢和吸氢过程分别伴随氢化物自身结构的分解和重构，需要组成原子 (包括金属原子 M，配位中心原子及 H 原子) 的扩散与迁移，从而导致比金属氢化物相对较弱的吸放氢反应活性。以 $LiBH_4$ 为例，其可逆吸放氢反应可由式 (10.2) 来表示 [9]。该反应过程大概包含下面几步：① M^{n+} 与 $[BH_4]^-$ 之间离子键和 B—H 共价键的断裂，$LiBH_4$ 自身结构分解；② 产物 (LiH 和 B) 的形核及长大；③ 氢原子结合形成氢气分子。

$$LiBH_4 \longleftrightarrow LiH + B + 3/2H_2 \tag{10.2}$$

实际上，$LiBH_4$ 的分解过程中还出现了中间相 $Li_2B_{12}H_{12}$[10,11]；$[B_{12}H_{12}]^{2-}$ 具有二十面体结构，与非晶体硼中的 B_{12} 二十面体单元结构相似；$Li_2B_{12}H_{12}$ 的生成意味着 $LiBH_4$ 的分解过程中伴随复杂的原子结构重排。

氨硼烷 (AB) 的热分解过程，如式 (10.3) ~ (10.6) 所示，通过多步反应来进行 [13−17]。在低于 150 ℃ 下，1 mol NH_3BH_3 能放出 2 mol H_2，生成聚硼氨 (PAB)；PAB 随后分解生成，聚氨基甲硼烷 $(NHBH)_n$ (PIB)，至此总共可放出 12 wt%的氢。继续升高温度，分子间形成交联，释放出剩余的氢，最终产物为 BN。分析发现，在氨硼烷的分解过程中 (特别是第二步反应) 中，会释放出单体 NH_2BH_2、环硼氮烷 $(NHBH)_3$、二硼烷 B_2H_6 等有害气体 [13−17]；当降低升温速度的时候，生成的有害气体会减少。因为氨硼烷的热分解过程中伴随放热反应，所以其放氢反应在热力学上是不可逆的，它的分解过程受动力学控制 [13]。因此，关于氨硼烷热解或者水解放氢的研究，本章随后将不做展开，请参考相关资料。

$$nNH_3BH_3 \longrightarrow (NH_2BH_2)_n + (n-1)H_2(< 120\ ℃) \quad (分子内) \tag{10.3}$$

$$(NH_2BH_2)_n \longrightarrow (NHBH)_n + nH_2(\sim 150\ ℃) \quad (分子内) \tag{10.4}$$

$$2(NHBH)_n \longrightarrow (NHB{-}NBH)_x + H_2(\sim 150\ ℃) \quad (分子间交联) \tag{10.5}$$

$$(NHBH)_n \longrightarrow BN + H_2(> 500\ ℃) \quad (生成氮化硼) \tag{10.6}$$

10.3 金属铝氢 (Al-H) 化物

金属铝氢化物一般用 $M(AlH_4)_n$(n 为金属原子 M 的价态) 表示，为白色粉末，易与水反应，具有强的还原性，可做脂类工业生成的还原剂。

10.3.1 合成方法

碱金属氢化物与卤化铝在有机溶剂 (如乙醚、二甲醚等) 中发生反应，生成 $LiAlH_4$、$NaAlH_4$ 等金属 Al 氢化物，如下所示：

$$4LiH + AlCl_3 \longrightarrow LiAlH_4 + 3LiCl \tag{10.7}$$

$$4NaH + AlBr_3 \longrightarrow NaAlH_4 + 3NaAr \tag{10.8}$$

反应结束后滤除副产物 LiCl 或 NaBr 后，加热脱出溶剂，即可得到 $LiAlH_4$ 或 $NaAlH_4$ 晶体。

碱金属 M(M = Li、Na、K、Cs 等) 单质和 Al 在高压氢气中 140 ℃ 下，按式 (10.9) 反应生成 $MAlH_4$，可获得较高的产率。该反应以四氢呋喃 (THF) 或烃作为反应介质，三乙基铝为催化剂。另外，NaH 与 Al 在 17.5 MPa 氢气中通过高温熔炼可合成 $NaAlH_4$[18]。

$$\mathrm{M + Al + 2H_2 \xrightarrow[140\ ^\circ C,\ 250\ atm]{THF\ 或烃} MAlH_4} \tag{10.9}$$

目前，$LiAlH_4$ 和 $NaAlH_4$ 等配位氢化物，可以直接从市场上 (如 Aldrich 公司) 购买。其它的金属铝氢化物，可在 $NaAlH_4$ 的基础上通过置换反应合成，如 $Mg(AlH_4)_2$ 可通过式 (10.10) 制得 [19]。

$$\mathrm{2NaAlH_4 + MgCl_2 \longrightarrow Mg(AlH_4)_2 + 2NaCl} \tag{10.10}$$

除了以上介绍的湿式合成方法以外，机械合金化 (俗称球磨) 等干式合成方法也得到广泛应用。双金属铝氢化物，如 Na_2LiAlH_6 等，可通过对 $NaAlH_4$、LiH、NaH 的混合物进行球磨来合成，如式 (10.11)。在催化剂存在的情况下，碱金属氢化物 MH 与 Al 可在球磨过程中发生反应生成 $MAlH_4$。例如，以 $TiCl_3$ 或 TiF_3 为催化剂，NaH 与 Al 反应可制备 Na_3AlH_6[20]。利用 AlH_3 与金属氢化物 (如 LiH、NaH、MgH_2、CaH_2 等) 反应，也可合成多种 $MAlH_4$[21]，如式 (10.12) 和 (10.13)。

$$\mathrm{NaAlH_4 + NaH + LiH \longrightarrow Na_2LiAlH_6} \tag{10.11}$$

$$\mathrm{AlH_3+MH \longrightarrow MAlH_4} \tag{10.12}$$

$$\mathrm{AlH_3 + 3MH \longrightarrow M_3AlH_6} \tag{10.13}$$

10.3.2 晶体结构

各种金属铝氢化物的晶体结构参数已归纳于表 10.3 中，下面以碱金属铝氢化物的晶体结构为例说明。$LiAlD_4$ 属于单斜晶系，空间群为 $P2_1/c$[22]。Li^+ 由周围由 5 个孤立的 $[AlD_4]^-$ 四面体围绕，以三角双锥形式配位。$NaAlD_4$ 的空间群为 $I4_1/a$，具有体心四方结构 [23]。每个 Na^+ 周围由最近邻的 8 个孤立 $[AlH_4]^-$ 围绕，形成一个扭曲的反四方棱柱的空间构型。$KAlD_4$ 具有 $BaSO_4$ 型结构，空间群为 $Pnma$[24]，每个 K^+ 由邻近的 7 个 $[AlD_4]^-$ 四面体围绕，并与这 7 个 $[AlD_4]^-$ 四面体的 10 个 D 原子成键。随着碱金属阳离子半径的增大 (如 $Li^+ < Na^+ < K^+$)，其配位数逐渐增加，导致 $LiAlD_4$、$NaAlD_4$ 和 $KAlD_4$ 具有不同的晶体结构 [24]。不过，$LiAlD_4$、$NaAlD_4$ 和 $KAlD_4$ 在结构上还存在诸多的相似之处，比如：晶胞中都包含近似理想结构的 $[AlD_4]^-$ 正四面体，$[AlD_4]^-$ 四面体的大小接近 (图 10.5)。

Na_3AlH_6 属单斜晶系，空间群为 $P2_1/n$[28]。晶胞是由孤立的 $[AlH_6]^{3-}$ 八面体单元构成的一个扭曲 FCC 结构，Na^+ 占据四面体和八面体间隙位置。Li_3AlD_6 的空间群为 R-3，晶胞由孤立的 $[AlD_6]^{3-}$ 八面体构成，$[AlD_6]^{3-}$ 之间由六配位的 Li^+ 连接，每个 Li^+ 与相邻的 4 个 $[AlD_6]^{3-}$ 八面体中的 6 个 H 原子成键 (6 个 H 对应 2 个八面体中的两个顶点和另外两个八面体的两条棱边)[27]。值得注意的是，Li_3AlD_6 中 Li^+ 的配位数为 6，而在 Na_3AlD_6 中，钠离子同时具有 6 配位和 8 配位 [27]，这种差别是由 Li^+ 和 Na^+ 的离子半径不同所造成的 (图 10.6)。

表 10.3 配位 Al 氢化物 $MAlH_4$(或 $MAlD_4$) 和 M_3AlH_6(或 M_3AlD_6)(M 为金属原子) 的晶体结构参数

种类	结构类型	空间群	晶格常数 (Å)	Al—D(H) 平均键长 (Å)	M—D(H) 平均键长 (Å)	参考文献
$LiAlD_4$	单斜	$P2_1/c$	$a = 4.8254(1)$ $b = 7.8040(1)$ $c = 7.8968(1)$	1.619 (0.07)	1.915(0.06)	[22]
$NaAlD_4$	四方	$I4_1/a$	$a= 5.0119(1)$ $b = 5.0119(1)$ $c = 11.3147(4)$	1.627(0.02)	2.435(0.02)	[23]
$KAlD_4$	正交	$Pbmn$	$a = 8.8514(14)$ $b = 5.8119(8)$ $c= 7.3457(11)$	1.618	2.920	[24]
$Mg(AlH_4)_2$	三方	$P-3m_1$	$a = 5.1949(3)$ $c = 5.8537(5)$	1.617	1.833	[25]
$Ca(AlD_4)_2$	正交	$Pbca$	$a = 3.4491(27)$ $b = 9.5334(19)$ $c = 9.0203(20)$	2.297	2.296	[26]
Li_3AlD_6	三方	$R-3$	$a= 4.8254$ $b = 7.8040$ $c = 7.8968$	1.774	1.892	[27]
Na_3AlD_6	单斜	$P2_1/n$	$a = 5.390(2)$ $b = 5.514(2)$ $c = 7.725(3)$	1.756	2.507	[28]
Na_2LiAlD_6	立方	Fm-$3m$	$a= 7.38484(5)$	1.760(3)	1.933(3)(Li—D) 2.612(Na—D)	[29]
$Sr(AlH_4)_2$	正交	$Pnmm$	$a = 9.1165(18)$ $b = 5.2164(11)$ $c = 4.3346(8)$	/	/	[30]
$Eu(AlH_4)_2$	正交	$Pnmm$	$a = 9.1003(13)$ $b = 5.1912(8)$ $c = 4.2741(5)$	/	/	[30]
Sr_2AlH_7	单斜	$I2$	$a = 12.575(1)$ $b = 9.799(1)$ $c= 7.9911(8)$	/	/	[31]

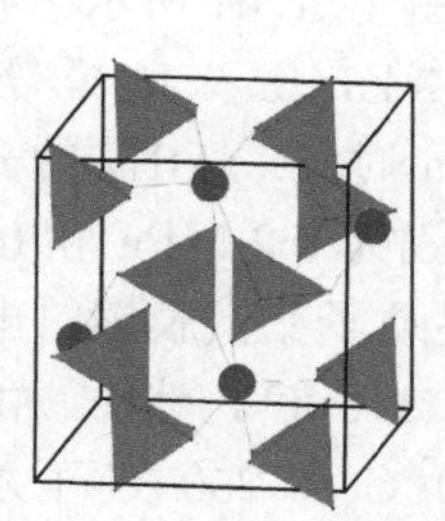

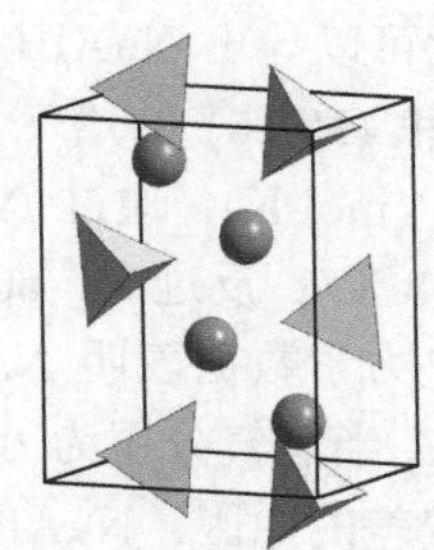

图 10.5 $MAlD_4$(M 从左往右分别为 Li，Na，K) 的晶体结构 [22−24]。四面体表示 $[AlH_4]^-$，圆球表示 M^+

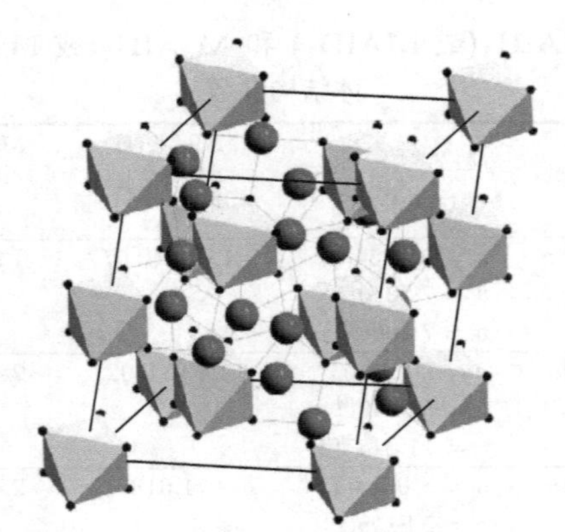

图 10.6　Li_3AlD_6 的晶体结构 [27]。八面体表示 $[AlD_6]^{3-}$，圆球表示 Li^+

10.3.3　吸放氢性能

主要金属铝氢化物的可逆吸放氢性能及反应焓变等参数已归纳于表 10.4 中，其中 $NaAlH_4$ 被认为是最有应用前景的储氢材料之一。自从 Bogdanović 和 Schwickardi 实现了 $NaAlH_4$ 的可逆吸放氢之后，世界范围内开展了广泛深入的研究，以下重点介绍 $NaAlH_4$ 的可逆吸放氢性能及反应机理。

$NaAlH_4$ 的放氢过程包含以下三步吸热反应 [3]：

$$3NaAlH_4 \longleftrightarrow Na_3AlH_6 + 2Al + 3H_2\ (3.7\ \mathrm{wt}\%) \tag{10.14}$$

$$Na_3AlH_6 \longleftrightarrow 3NaH + Al + 3/2H_2\ (1.8\ \mathrm{wt}\%) \tag{10.15}$$

$$3NaH \longleftrightarrow 3Na + 3/2H_2(1.8\ \mathrm{wt}\%) \tag{10.16}$$

反应 (10.14) 和 (10.15) 分别在 210 ℃ 和 250 ℃ 下进行，合计放氢量为 5.5 wt%；NaH 的分解温度在 400 ℃ 以上，因此其有效放氢量为 5.5 wt%。在图 10.7 所示的放氢 PCT 曲线中 (150 ~ 199 ℃)，可清楚观察到 $NaAlH_4$ 的多步反应过程：图中高压区平台 (右侧) 对应于反应 (10.14)，低压区平台 (左侧) 对应于反应 (10.15)；在 150 ~ 199 ℃ 范围内，NaH 不分解。

图 10.7(a) 中反应 (10.14) 和 (10.15) 对应的放氢平台压力均随着温度的升高而升高，由此可以导出 $NaAlH_4$ 放氢反应的 van't Hoff 曲线，如图 10.7(b) 所示。放氢反应 (10.14) 和 (10.15) 的焓变 ΔH 分别为 37 kJ/(mol H_2) 和 47 kJ/(mol H_2)。若 $\Delta S =$ 130.5 kJ/(mol·K)，通过 ΔH 可预测：当氢气分压为 0.1 MPa 时，$NaAlH_4$ 的分解放氢温度为 33 ℃ ；反过来，60 ℃ 和 80 ℃ 下对应的平衡压力分别为 0.2 MPa 和 0.7 MPa，以上的热力学数据表明 $NaAlH_4$ 的吸放氢工作条件可以满足质子交换膜燃料电池供氢需求 [42]。当氢气分压为 0.1 MPa 时，Na_3AlH_6 分解温度为 110 ℃。然而，由于动力学性能较差的原因，$NaAlH_4$ 和 Na_3AlH_6 分别在 210 ~ 220 ℃ 和 250 ℃ 下才分解放氢，通过再吸氢生成 $NaAlH_4$ 则需要 17.5 MPa 高压氢气和 270 ℃ 的较高温度。1997 年 Bogdanovi 和 Schwickardi 通过添加少量 Ti 催化剂，显著改善了 $NaAlH_4$ 的吸放氢

反应动力学，从而有效降低了可逆吸放氢温度。即放氢反应温度降至 150 ℃，可逆吸氢反应在 15.2 MPa 和 170 ℃ 下可以实现 [3]。

表 10.4 主要金属铝氢化物的吸放氢性能

反应	理论值 /wt %	首次氢量		反应条件：温度/℃ [压力/MPa]		ΔH_{dehyd} 实验 (E) 值 / (kJ(mol H_2))	参考文献
		放氢	吸氢	放氢	吸氢		
$LiAlH_4 \longrightarrow LiH+Al+3/2H_2$	8.0	7.0~8.0		153~201		5.8	[32]
$LiAlH_4 \longrightarrow 1/3Li_3AlH_6+2/3Al+H_2$	5.3	4.7~5.3		187~218		−9.1	[32]
$LiAlH_4 \longrightarrow 1/3Li_3AlH_6+2/3Al+H_2$ (Ti 掺杂)	5.3	5.3		25			[33]
$Li_3AlH_6 \longrightarrow 3LiH+Al+3/2H_2$	5.6	4.9~5.6		228~282		27.0	[32]
$Li_3AlH_6 \longrightarrow 3LiH+Al+3/2H_2$(Ti 掺杂)	5.6	5.5		100~120			[34]
$NaAlH_4 \longrightarrow NaH+Al+3/2H_2$	5.6	5.6	5.6	265	270[17.5]	56.5	[3,35]
$NaAlH_4 \longrightarrow NaH+Al+3/2H_2$ (Ti 掺杂)	5.6	5.0	3.5~4.3	160	120~150 [11.5]	56.5	[3]
$NaAlH_4 \longrightarrow 1/3\alpha\text{-}Na_3AlH_6+2/3Al+H_2$	3.7	3.7		210~220		36.0	[36]
$NaAlH_4 \longrightarrow 1/3\alpha\text{-}Na_3AlH_6+2/3Al+H_2$(Ti 掺杂)	3.7	3.7	3.5	90~150	120 [11.5]	37.0, 40.9	[3,37]
$\beta-Na_3AlH_6 \longrightarrow 3NaH+Al+3/2H_2$	3.0	3.0		250		46.8	[35]
$\beta-Na_3AlH_6 \longrightarrow 3NaH+Al+3/2H_2$ (Ti 掺杂)	3.0	3.0	2.9	100~150	120 [11.5]	47.0	[38]
$Na_2LiAlH_6 \longrightarrow 2NaH+LiH+Al+3/2H_2$	3.5	3.2	2.8~3.2	170~250		53.5~62.8	[39,40]
$Na_2LiAlH_6 \longrightarrow 2NaH+LiH+Al+3/2H_2$(Ti 掺杂)			2.6~3.0	170~250	230 [4.3]	56.4~63.8	[39,40]
$kAlH_4 \longrightarrow KH+Al+3/2H_2$	4.3	3.5	2.6~3.7	290	250~330 [0.10]	86.0	[41]
$Mg(AlH_4)_2 \longrightarrow MgH_2+2Al+3H_2$	6.9	6.9		163~285			[19]
$Mg(AlH_4)_2 \longrightarrow MgH_2+2Al+3H_2$ (Ti 掺杂)	6.9	6.9		140~200			[19]

在 $NaAlH_4$ 分解过程中，四面体 $[AlH_4]^-$ 转变为八面体 $[AlH_6]^{3-}$，必然经历复杂的原子结构重排，这可能是导致 $NaAlH_4$ 动力学性能差的主要原因。对于 Ti 掺杂 $NaAlH_4$ 体系，人们展开了大量深入的研究。含 Ti 的活性物质被普遍认为有 Ti-H、Ti-Al 和 Ti-Al-H 三种存在形式 [43]。由于吸放氢反应过程复杂，再加上掺杂量通常较少，经过球磨和多次吸/放氢循环后，掺杂活性物质多以非晶态的状态存在，所以至今 Ti 基催化剂在吸放氢过程中的作用机理也没有统一认识。图 10.8 是几种主要的机理解释。① 氢传输泵机理：表面的 Ti 可作为 H—H 键断裂和形成的活性位，有助于降低反应活化能。② AlH_3 空位扩散机理：在 $NaAlH_4$ 的分解过程中，AlH_3 向 $NaAlH_4$ 和 Al 的界面扩散，在界面上分解生成 Al 和氢气，与此同时，AlH_3 空位向 $NaAlH_4$ 和 Na_3AlH_6 界面扩散。反之，如果体系中存在 AlH_3，Na_3AlH_6 和 NaH 将容易与之发生反应生成 $NaAlH_4$，即可逆吸氢反应生成 $NaAlH_4$ 比较容易进行。③ 氢空位移动机理：$NaAlH_4$ 在分解过程中，随着温度升高，AlH_4 团簇会形成完美的 AlH_6 团簇和有缺陷的 AlH_{6-x} 团簇。AlH_6 团簇中的氢空位伴随着快速重排，在这些八面体 AlH_6 团簇中空位从一个氢位点跃迁到另一个氢位点。④ 表面过程机理：Ti 原子精细分散在 $NaAlH_4$ 的表面或

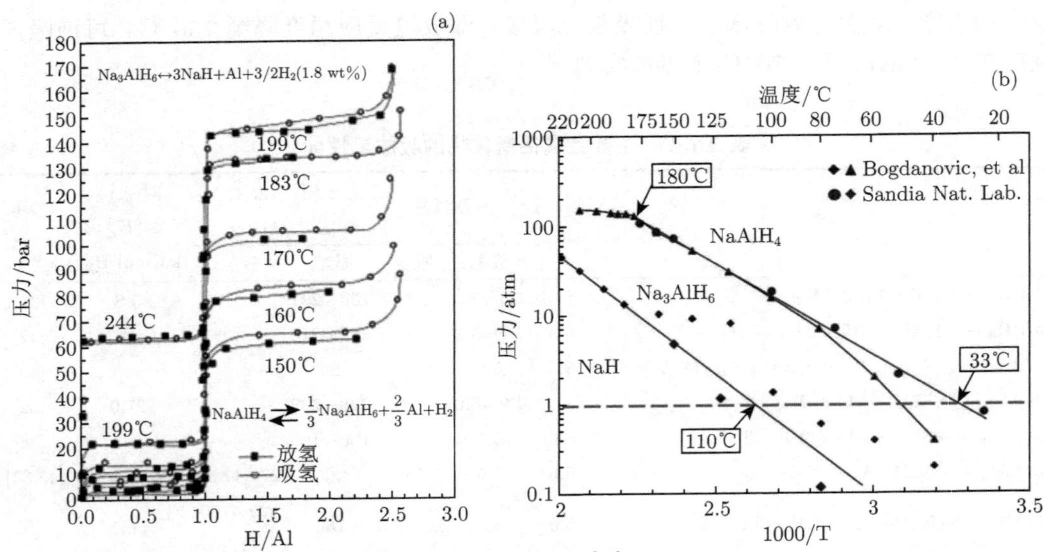

图 10.7　(a) $NaAlH_4$ 的压力–成分–温度 (PCT) 曲线 [31], (b) $NaAlH_4 \longleftrightarrow 1/3(\alpha-Na_3AlH_6) + 2/3Al + H_2$ 和$\alpha-Na_3AlH_6 \longleftrightarrow 3NaH + Al + 3/2H_2$ 反应的 van't Hoff 曲线。试样为 2 mol% $Ti(OBu^n)_4$ 和 2 mol% $Zr(OPr^i)_4$ 同时掺杂捏 $NaAlH_4$ [42]

附近，这些 Ti 原子替代 Na 原子并促进了其他的 Na 空位，迫使 Na 迁移到其他地方。Ti 原子的存在增强了结构中氢的不稳定性，使氢原子聚集在一起并促进了 H_2 的形成。表面形成的 $TiAl_y$ 相减少了氢可迁移回去的孤立 Al 原子的可用性。⑤ 费米面调制：Ti 的存在将使晶体的费米能级改变 0.44 eV，从而将形成带电氢缺陷所需的能量降低了相同量。缺陷形成能量的这种减少将使热缺陷浓度增加 6 个数量级，并大大提高这些带电缺陷的扩散速率。⑥ 成核生长机理：认为 $NaAlH_4$ 的分解反应依赖于 Al 相的成核，氢气在 $Al/NaAlH_4$ 的相界处放出。Ti 掺杂剂可能促进了 Al 相的成核以及富铝颗粒的形成。⑦ 拉链模型：存在于微晶 $NaAlH_4$ 的表层/晶界上的 Ti 原子，在亚表层置换钠离子，钠离子和其他原子被 Ti 弹射到表面并在表面发生快速反应。按这种方式，Ti 有效地占有了 $NaAlH_4$ 晶体中的空洞，使表面失稳分解后，Ti 又返回表面状态，如此周而复始。在该机制中，Ti 被视为拉链的滑块，打开了排列有序的晶体，然后晶体在继续之前会发生反应 [44]。

与 $NaAlH_4$ 相似，$LiAlH_4$ 的分解过程也是一个多步反应 [32]。在加热过程中，$LiAlH_4$ 首先从低温相转变为高温相 (160 ℃~ 177 ℃)；然后在 187 ~ 218 ℃ 附近分解生成 Li_3AlH_6 和 Al，同时伴随着 5.3 wt%的放氢量，如式 (10.17)。第一步反应为放热反应，是热力学不可逆过程。继续加热至 228 ~ 282 ℃ ，Li_3AlH_6 分解生成 LiH 和 Al，同时释放出 5.6 wt%的氢，如式 (10.18)。该步反应是吸热反应，焓变为 25 kJ/(mol H_2)。LiH 本身非常稳定，在 680 ℃ 以上才能分解。

$$3LiAlH_4 \longrightarrow Li_3AlH_6 + 2Al + 3H_2\ (5.3\ wt\%) \tag{10.17}$$

$$Li_3AlH_6 \longrightarrow 3LiH + Al + 3/2H_2\,(5.6\ \text{wt}\%) \tag{10.18}$$

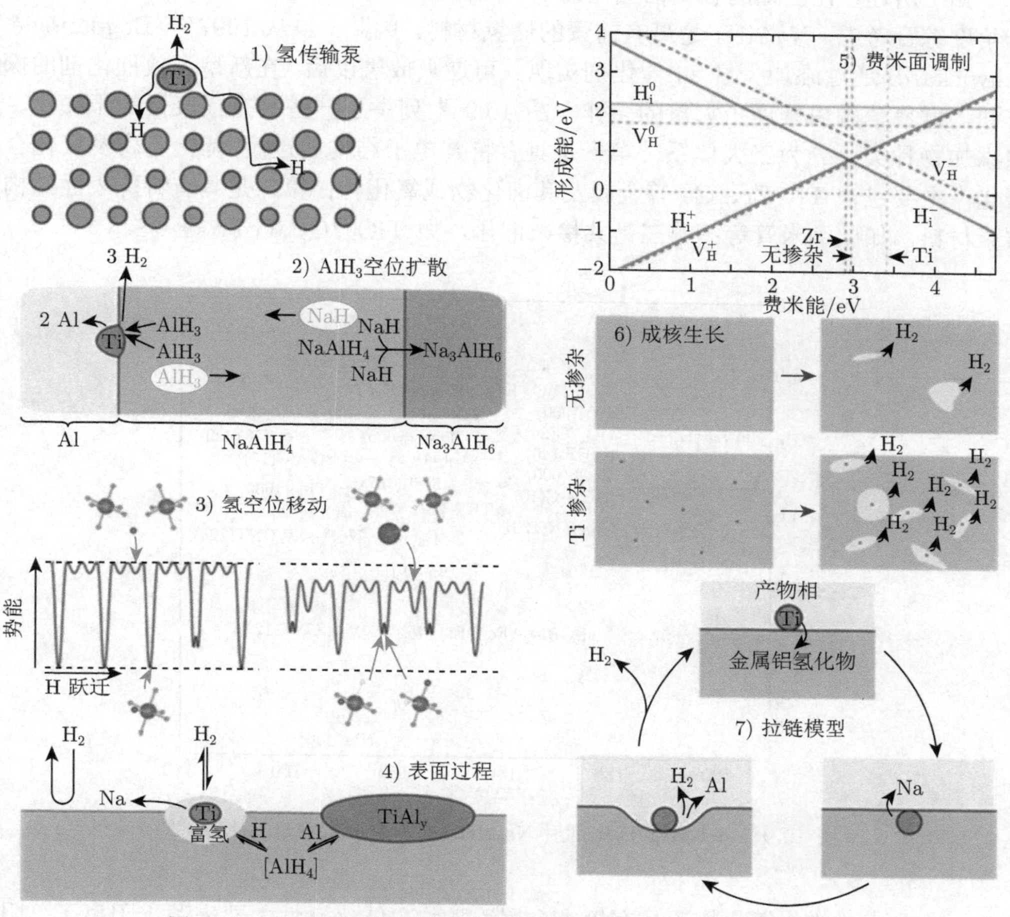

图 10.8 $NaAlH_4$ 的吸放氢反应中 Ti 的几种主要催化机理 [44]

从 Li_3AlH_6 到 $LiAlH_4$ 的吸氢反应 (式 (10.17) 的逆反应) 是热力学不利的吸热反应，根据理论计算预计，室温下该反应在 100 MPa 氢气中才能进行 [45]。将该反应中导入溶剂可以有效缓解反应温度或压力。比如，在放氢产物 LiH 和 Al 的混合物中注入 THF 溶剂，在 9.75 MPa 氢气中球磨可以生成 $LiAlH_4$THF，脱除 THF 后即可得到 $LiAlH_4$[46]；或者将预先制得的 Ti/Al (含 2 mol%催化剂 Ti) 的 THF 浆体与 LiH 混合后，在 4.2 MPa H_2、25 ℃ 条件下反应生成 $LiAlH_4$THF，然后脱出溶剂制取 $LiAlH_4$ [47]。

$Mg(AlH_4)_2$ 在 163 ℃ 可分解放氢，但分解过程中不生成 $[AlH_6]^{3-}$ 中间体，如式 (10.19) 所示，这与碱金属铝氢化物大不相同 [19]。继续加热至 287 ℃，MgH_2 将分解放氢生成 Mg。第一步放氢反应 (10.19) 是一个明显的放热过程，因此在热力学的角度上，其放氢反应是不可逆的。

$$Mg(AlH_4)_2 \longrightarrow MgH_2 + Al + 3H_2 \tag{10.19}$$

10.3.4 吸放氢性能改善与系统开发

如上所述，在已知的金属铝氢化物中，从储氢密度、工作温度和吸放氢可逆性等多个角度综合考虑，$NaAlH_4$ 是最有前景的储氢材料。因此，自从 1997 年 Bogdanović 和 Schwickardi 通过添加少量 Ti 催化剂实现其可逆吸放氢以后，在新型高效催化剂的探索方面，世界范围内开展了大量的工作。图 10.9 中列举了一些具有代表性的添加物，按照添加物种类可分为三大体系：第一是具有特殊电子结构的过渡/稀土金属及其化合物催化，主要包含 Ti、Zr、Ce 等金属及其卤化物或氧化物；第二是具有特殊表面结构的碳素材料，如碳纳米管等；第三是共掺杂催化，如 TiO_2/C、Ti-Zr 等 [48]。

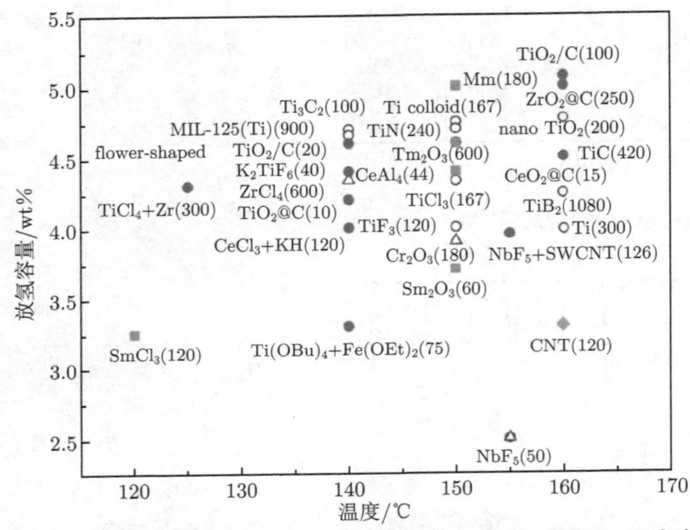

图 10.9 添加不同催化剂后 $NaAlH_4$ 的等温放氢容量的比较 [48]

无论是卤化物、氧化物还是有机类金属添加物，催化活性主要来源于阳离子，阴离子基团仅起到辅助/促进金属活性团簇形成的作用 [49]。理论计算表明，当阳离子的平均半径介于 Al^{3+} 和 Na^{+} 之间，约为 0.76 Å 时，催化活性最高。而 Ti^{3+} 和 Ce^{4+} 的离子半径最接近 0.76 Å，这两种离子的催化效果最佳。非金属添加物的催化作用可以理解为“物理催化”和“化学催化”两种机制。物理催化主要体现在非金属掺杂剂的微观结构可以调制氢化物的形貌和尺寸大小方面，而化学催化表现在掺杂剂与配位阴离子可能发生相互作用，从而改变 $[AlH_4]^-$ 基团中电荷分布，影响 Al—H 键的稳定性。过渡/稀土金属和非金属化合物的同时添加，可获得“物理催化”和“化学催化”的协同效应。过渡/稀土金属的作用主要体现在“化学催化”方面，即通过过渡/稀土金属的 3d/4f 电子影响 $NaAlH_4$ 体系中电子的局域结构，降低吸/放氢反应的活化能；而高比表面积的非金属单质/化合物的作用主要体现为“物理催化”方面，即通过改变 $NaAlH_4$ 体系中物相尺寸/形貌来提高反应速率 [50]。此外，非金属和金属掺杂剂之间还存在一定的相互作用 [51]。

除了以上阐述的催化效果以外，纳米尺度调控金属铝氢化物的形貌和尺寸，对吸放氢性能的改进也有明显的效果。研究表明 [52]，当尺寸小于 20 nm 时，氢化物的放氢温度将会显著降低，动力学性能和可逆性能也得到明显改善。金属铝氢化物的纳米化可以通过球磨，气相沉积和纳米限域三种方法实现。比如，将晶粒 $NaAlH_4$ 的尺寸从 1~10 μm 降低到 2~10 nm 时，它的放氢峰值温度可以从 186 ℃ 急剧降低到 70 ℃ [53]。晶粒尺寸约 30 nm 的高纯 $NaAlH_4$ 和 4 mol% TiF_3 在 150 ℃ 下、120 min 内放氢 4.75 wt%，而且其放氢产物可在 25 ℃ 、10 MPa 实现再吸氢；升高温度至 120 ℃ 时可在 10 min 内吸氢 4.8 wt%[54]。同等条件下，直径为 20~40 nm 的 $NaAlH_4$ 纳米棒可以放氢 4.7 wt%，而直径为 1 μm 的 $NaAlH_4$ 微米棒只能放氢 0.7 wt%[55]。纯 $NaAlH_4$ 在 150 ℃ 时 60 min 的放氢量几乎为零，即使温度升高到 180 ℃，放氢量也仅为 0.2 wt%；而将 $NaAlH_4$ 充填到有序介孔氧化硅的 10 nm 孔道之后，在 150 ℃ 和 180 ℃ 时 60 min 内的放氢量就分别提到 1.4 wt%和 3.0 wt%[56]。至于吸氢过程，纯 $NaAlH_4$ 样品吸氢后的放氢量均小于 0.2 wt%，而介孔碳限域的 $NaAlH_4$ 体系在 150 ℃ 、170 ℃ 和 180 ℃ 下 100 min 内的放氢量分别为 2.5 wt%、4.6 wt%和 5.1 wt%[57]。此外，孔道的纳米限域作用对 $NaAlH_4$ 的分解路径和放氢产物等也会产生影响。当 $NaAlH_4$ 的尺度减至一定程度时，两步放氢反应变成一步放氢，即不生成中间相 Na_3AlH_6，直接生成 NaH 和 Al 相 [58]。

考虑到储氢材料的实际应用，实验室里开发的毫克～克级的单纯材料评价，需要放大到千克级以上并充填到罐体中来测试储氢系统的吸放氢性能，并将测试结果反馈到材料和系统设计上来，通过进一步优化来满足各种应用场景的需求。表 10.5 列举了迄今所开发的一些配位氢化物储氢系统 [59]。

在储氢材料系统设计制造之前，有必要对氢气传输、化学反应和热质传输进行模拟。氢气传递和传热是在相同的假设条件下，通过质量、动量和能量守恒方程来建模的，而化学反应则需要使用经验动力学模型建模。比如，通过计算模拟研究了多管组成的 8 kg 储氢系统中的反应管外径对加氢时间、传热单元和系统总重量的影响。尽管在加氢时间和传热方面，16 mm 直径反应管都比 60 mm 直径反应管的性能更佳，但是选择 60 mm 直径反应管来设计储氢系统可以减少反应管的数量，从而减轻整个储氢系统的质量 [60]。

美国联合技术公司在美国能源局资助下首次制造并测试了两个基于 $NaAlH_4$ 的氢化物储氢系统原型。第一个原型使用 19 kg 活性物质，主要目的是提取关键技术问题，包括放大时的材料催化与加工，以及与原型制造匹配的粉末装载和致密化。经过优化的第二个原型设计为第一个原型尺寸的 1/8，以减少材料用量，该系统加氢时间需要 60 min[61]。后来，圣迪亚国家实验室与通用汽车合作设计制造了首款可存储 3 kg 氢气的 $NaAlH_4$ 储氢系统。该系统包含 4 个模块，每个模块由 12 根外径为 5.7 cm 的不锈钢管组成；每根不锈钢管装填 1.79 kg $NaAlH_4$ 和石墨的混合物，所以每个模块可以储氢 750 g，如图 10.10(a) 所示。该系统加氢 10 min，$NaAlH_4$ 材料吸氢量可达 3.2 wt%；加氢时间延长到 30 min，$NaAlH_4$ 材料吸氢量可达 4.0 wt%。脱氢速率可达 2 g/s[62]。

表 10.5　已开发的配位氢化物储氢系统 [59]

储氢材料	储氢材料质量/kg	设计	容量/wt%	吸放氢温度压力条件	动力学/循环次数	目的
$NaAlH_4$ + 0.02($TiCl_3$-0.3$AlCl_3$) + 0.05C	8	多孔烧结金属管管式反应器	3.7	吸：125 ℃, 10 MPa 放：160～175 ℃, 0.02～1 MPa	10 min 达 80%容量后进行 1～10 次活性循环	大规模和站式应用
$NaAlH_4$ + 0.02$CeCl_3$	0.087	流通氢化物床反应器	3.9	吸：130 ℃, 10 MPa 放：180 ℃, 0.13 MPa	36 次实验：透气率降低，热导率提高	研究操作原理、传热、透气率和反应动力学的变化
$NaAlH_4$, Al, 10 wt %膨胀石墨	4 × 21.5	12 根管式容器模块化系统	10 min 内 3.2	吸：120～150 ℃, 5.52～6.89 MPa 油温：120～140 ℃	40 次吸放氢循环	10 min 之内充填，供氢速度可达 2.0 g/s
$NaAlH_4$+ 0.04$TiCl_3$	2.7	带双螺旋盘管换热器的不锈钢储罐	2.24	吸：135 ℃, 10 MPa 放：120～180 ℃, 0.1 MPa	与提供 165～240 W 功率燃料电池耦合的 7 个 2 h 或更长的放氢循环	与高温型质子交换膜燃料电池耦合，并将燃料电池的废热用于储罐放氢
Na_3AlH_6+ 0.04$TiCl_3$	0.213	带卡口式热交换器的铝合金储罐	1.7	吸：150～170 ℃, 2.5 MPa 放：177～180 ℃, 0.65 MPa	10 次吸放氢循环	开发和测试轻质铝合金储罐
Na_3AlH_6 + 0.04$TiCl_3$+ 0.08Al + 0.08 活性炭	1.9	带波纹管换热器的铝合金储罐	2.1	吸：160 ℃, 2.5 MPa 放：180 ℃, 1.6 MPa	31 次吸放氢循环	开发挤出成型制造的轻质铝合金储罐
$NaAlH_4$ + 0.02($TiCl_3$-0.3$AlCl_3$) + 0.05 膨胀石墨	4.4	钛合金管壳式储罐	4	吸：124 ℃, 10 MPa 放：120～170 ℃, 9 MPa (固定流速)	33 次吸放氢循环，吸放氢流速分别限定为 245 L/min 和 3.7 L/min	提高质量和体积储氢容量
$Mg(NH_2)_2$ +2LiH+ 0.07KOH + 9 wt%膨胀石墨	0.098	实验室规模多孔烧结金属管圆柱形储氢罐	N/A	吸：220 ℃, 8 MPa 放：220 ℃, 0.6 L/min 氢气流速	在 0.6 L/min 流速下放氢持续时间	研究石墨量和成型压力对放氢特性的影响
$LiNH_2$-MgH_2-$LiBH_4$-3 wt%Zr-CoH_3 (外环) $LaNi_{4.3}Al_{0.4}Mn_{0.3}$ (中心)	0.6	管式反应器，两种材料用透气层分隔	N/A	吸：165～170 ℃, 0.17 MPa 放：固定和周期性氢气流速	30 min 内放氢 10%, 1 h 内释放大部分氢	验证模型以及研究反应器概念对放氢行为的影响

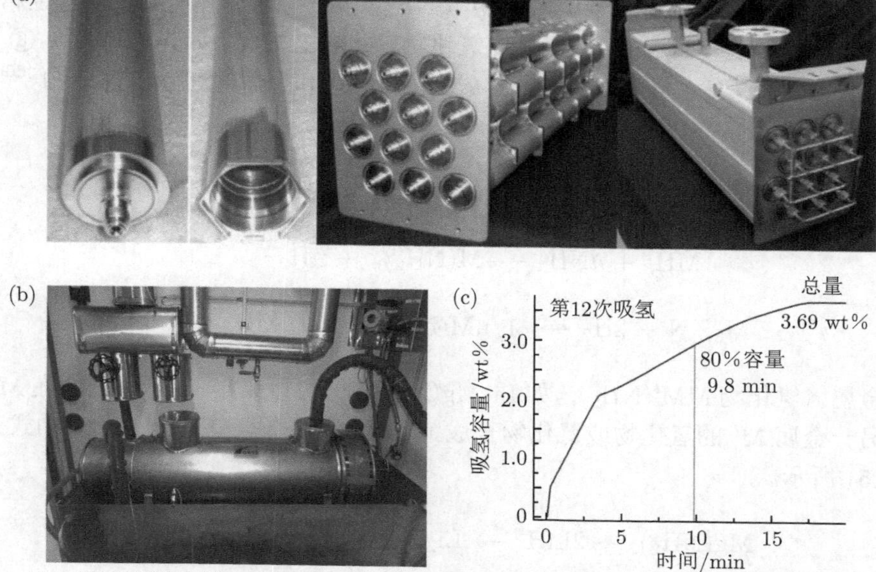

图 10.10　(a) 美国能源局项目中 $NaAlH_4$ 储氢系统采用的不锈钢管、管束及其可存储 750 g 氢气的模块，(b) 欧盟项目中装有 8 kg $NaAlH_4$ 的储氢系统和 (c) 该系统的加氢曲线 [62,63]

德国亥姆霍兹联合会材料和海岸研究中心在欧盟项目 STORHY 资助下设计开发了欧洲最大的 $NaAlH_4$ 储氢系统，如图 10.10(b) 所示。该系统使用 8 kg $NaAlH_4$，在 10 MPa H_2、125 ℃ 下加氢 9.8 min 可达最大储氢量的 80%，如图 10.10(c) 所示。此外，该系统展示了良好的吸放氢循环稳定性能，经过十几个循环后材料储氢容量从 3.5 wt%增加到 4.5 wt%。该技术示范证实了配位氢化物储氢系统在大规模固定式储氢方面应用的可能性，特别是在有废热可以利用的情况下优势将更加明显。此外，中子成像技术也被成功应用于原位监控储氢系统中的 $NaAlH_4$ 材料在吸放氢过程中的分体分布状况，这可以为材料装载技术以及热管理技术的优化提高重要信息 [60,63,64]。

10.4　金属氮氢 (N-H) 化物

早在 19 世纪初，人们就合成了 $NaNH_2$ 和 KNH_2，在 1894 年又合成了 $LiNH_2$。20 世纪初，发现 Li_3N 能与氢在 200 ~ 250 ℃ 下反应生成 "Li_3NH_4"；后来证实，"Li_3NH_4" 实际上是 $LiNH_2$ 和 LiH 的混合物。$LiNH_2$ 本身分解不产生 H_2，生成 Li_2NH 和 NH_3，但是如果和 LiH 复合后就可以分解释放 H_2，如式 (10.20) 所示。因此，金属氮氢化物储氢材料一般是指金属氮氢化物和金属氢化物的复合材料。

$$LiNH_2 + LiH \longleftrightarrow Li_2NH + H_2 \tag{10.20}$$

10.4.1　合成方法

金属氮氢化物 $M(NH_2)_n$ 的合成主要有三种方法。① 通过金属 (如 Li、Na、K、Mg、Ca 等) 与 NH_3 反应 [65]，如式 (10.21) 所示；反应温度一般为 200 ~ 300 ℃，NH_3 压

力为 0.5 ~ 0.8 MPa。② 通过金属氢化物与 NH_3 反应 [65]。如在室温下，将金属氢化物在 NH_3 气氛下球磨，可快速生成金属氮氢化物，并放出氢气，如式 (10.22)。③ 通过金属 N 化物 (如 Li_3N 等) 与氢气反应，生成 $M(NH_2)_n$ 和金属氢化物的混合物 [66]，如式 (10.23)；该反应通常在 200 ~ 300 ℃ 。

$$M + nNH_3 \longrightarrow M(NH_2)_n + n/2H_2 \tag{10.21}$$

$$MH_n + nNH_3 \longrightarrow M(NH_2)_n + nH_2 \tag{10.22}$$

$$M_{3/n}N + 2H_2 \longrightarrow 1/nM(NH_2)_n + 2/nMH_n \tag{10.23}$$

双金属氮氢化物 $MM'(NH_2)_n$，如 $Li_2Mg(NH)_2$ 等，可以采用机械合金化，在 $M(NH_2)_n$ 中加入另一金属 M′ 的氢化物或氮化物合成，反应一般在室温下即可进行，如式 (10.24) 和 (10.25) 所示。

$$Mg(NH_2)_2 + 2LiH \longrightarrow Li_2Mg(NH)_2 + 2H_2 \tag{10.24}$$

$$3Mg(NH_2)_2 + 2Li_3N \longrightarrow 3Li_2Mg(NH)_2 + 2NH_3 \tag{10.25}$$

10.4.2　晶体结构

表 10.6 金属氮氢化物的晶体结构参数。下面以最受瞩目的锂基和镁基氮氢化物的晶体结构为例进行说明。

表 10.6　金属氮氢化物的晶体结构参数

金属氮氢化物	温度	结构类型	空间群	晶格常数/Å	参考文献
$LiNH_2$ (RT)	室温	四方	*I*-4 No. 82	a = 5.0344(2) c =10.2555(8)	[67]
Li_2NH (RT)	室温	面心立方	*Fm*-3*m* No. 225	a = 5.0740(1)	[68]
Li_2ND (LT)	−173 ~ 27℃	面心立方	*Fd*-3*m* No. 225	a= 10.09~10.13	[68]
Li_2ND (HT)	>127 ℃	面心立方	*Fm*-3*m* No. 225	a = 5.0919	[68]
$NaNH_2$ (RT)	室温	正交	*Fddd* No. 70	a = 8.964 b = 10.456 c = 8.073	[69]
$Mg(NH_2)_2$ (RT)	室温	四方	$I4_1a$ No. 88	a = 10.3758(6) c = 20.062(1)	[70]
$Ca(ND_2)_2$ (HT)	97 ℃	四方	$I4_1/amd$ No. 141	a = 5.141(1) c = 10.287(2)	[71]
α−$Li_2Mg(NH)_2$	室温	正交	*Iab*2 No. 206	a = *9.7871* b = 4.9927 c = 20.15	[72]
β−$Li_2Mg(NH)_2$ (HT)	>350 ℃	简单立方	*P*-43*m* No. 215	a= 10.05	[72]
γ−$Li_2Mg(NH)_2$ (HT)	>500 ℃	面心立方	*Fm*-3*m* No. 225	a = 5.0988(2)	[72]
$Li_4BN_3H_{10}$(RT)	室温	体心立方	$I2_13$ No. 199	a= 10.673	[73]
Li_2BNH_6(RT)	室温	六方	*R*-3 No. 148	a = 14.48037(2) c = 9.24483(3)	[74]

$LiNH_2$ 具有四方结构 (图 10.11(a))，空间群为 I-4，晶格常数为 a = 5.03442(24) Å，c = 10.25558(52) Å。N—H 键有两种，键长分别为 0.986 Å 和 0.942 Å；H—N—H 键 (∠H-N-H) 为 99.97°，这些结构参数与其等电子体——水分子接近 [67]。

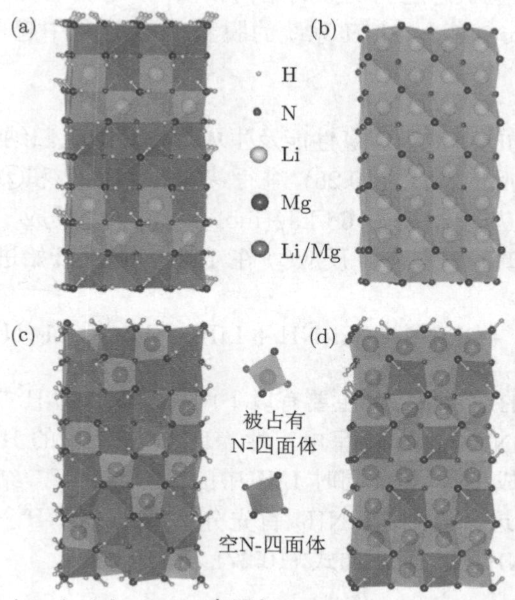

图 10.11 (a) $LiNH_2$ (I−4), (b) Li_2NH 高温相 (Fm-3m), (c) $Mg(NH_2)_2$ ($I$41/acd) 和 (d) α-$Li_2Mg(NH)_2$ (Iab2) 的晶体结构 [77]

Li_2NH 低温相的结构目前还存在争议。X 射线衍射的结果表明 [75]，Li_2NH 具有面心立方结构，空间群为 Fm-3m，晶格常数为 a = 5.074 Å。中子衍射结果发现 [76]，Li_2NH 的空间群为 F-43m，晶格常数为 a = 5.0769 Å。采用 X 射线衍射和中子衍射相结合的手段进行测试，发现 Li_2NH 或 Li_2ND 在 87 ℃ 左右发生一个有序–无序转变 [68]。在较低温度下 (−173 ~ 27 ℃)，Li_2ND 空间群为 Fd-3m，晶格常数 a = 10.09 ~ 10.13 Å。−173 ℃ 下 N—D 键长为 0.977 Å。Li_2ND 高温相 (127 ℃) 的空间群为 Fm-3m(图 10.11(b))，晶格常数为 a = 5.0919 Å。

$Mg(ND_2)_2$ 具有四方结构 (图 10.11(c))，空间群为 $I$41/acd，晶格常数为 a = 10.3758(6) 和 c = 20.062(1) Å。

$Li_2Mg(NH)_2$ 在室温下为 α 相，属斜方晶系 (图 10.11(d))，空间群为 Iab2，晶格常数为 a = 9.7871 Å，b = 4.9927 Å，c = 20.15 Å。在 α 相中，25%的四面体位置为有序空位，Li 与 Mg 原子按 2 : 1、以无序方式占据剩下的四面体位置。随着温度的升高，$Li_2Mg(NH_2)_2$ 经历两个相转变过程，即分别在 350 ℃ 和 500 ℃ 转变为 β 相和 γ 相 [72]。β 相 $Li_2Mg(NH)_2$ 具有简单立方结构，空间群为 P-43m，晶格常数为 a = 10.05 Å。在 β 相中，有些四面体位置 (3c) 被 Li 和 Mg 原子随机占据，而有些四面体位置 (3d) 被 Li 原子占据，这导致原子和空位的排列都处于无序状态。在 γ 相中，Li、Mg 和空位按 2 : 1 : 1 任意占据四面体位。γ 相具有面心立方结构，空间群为 Fm-3m，晶格常数 a =

5.0988(2) Å。

从晶体结构来看，富氢状态 $LiNH_2$ 和放氢后处于贫氢状态 Li_2NH 之间的差异主要是氮骨架四面体间隙中阳离子占有程度的不同。即，在贫氢状态中阳离子占有率高于富氢状态。富氢状态与贫氢状态之间明显的结构相似性，意味着氮骨架中 Li^+ 阳离子的扩散在 $LiNH_2$-LiH 和 $Mg(NH_2)_2$-2LiH 系统的脱氢/加氢过程中起重要作用 [78]。

10.4.3 吸放氢性能

主要金属氮氢化物的可逆吸放氢性能及生成焓等参数已归纳于表 10.7 中。

$LiNH_2$ 的吸放氢反应按式 (10.26) 进行 [66]。反应① 和② 的放氢量分别为 5.5 wt% 和 5.2 wt%，反应① 焓变为 66 kJ/(mol H_2)，整个反应 (① + ②) 的生成焓为 80.5 kJ/(mol H_2)。在真空气氛下，反应① 在 150 ℃ 以上开始进行。

$$LiNH_2 + 2LiH \xleftrightarrow{①} Li_2NH + LiH + H_2 \xleftrightarrow{②} Li_3N + 2H_2 \tag{10.26}$$

$LiNH_2$/LiH 体系的放氢机制，主要有以下两种学说。① $H^{\delta+}$ 与 $H^{\delta-}$ 反应机制 [79]。这种反应机制认为，$LiNH_2$ 中的 H 呈电正性 ($H^{\delta+}$)，LiH 中的 H 呈电负性 ($H^{\delta-}$)，$H^{\delta+}$ 与 $H^{\delta-}$ 较容易结合生成 H_2，与此同时 LiH 中的 $Li^{\delta+}$ 与 $N^{\delta-}$ 结合形成 Li_2NH。② 氨气媒介机制 [80]。根据这种机制，$LiNH_2$ 首先分解生成 Li_2NH，并放出 NH_3；NH_3 与 LiH 快速反应生成 $LiNH_2$ 和 H_2，如式 (10.27) 和 (10.28)。

$$2LiNH_2 \longrightarrow Li_2NH + NH_3 \tag{10.27}$$

$$NH_3 + LiH \longrightarrow LiNH_2 + H_2 \tag{10.28}$$

与 $LiNH_2$ 相比，$Mg(NH_2)_2$ 可在更低的温度下分解。将 Mg_3N_2 和 Li_3N 按 1：4(摩尔比) 混合后，在 250 ℃、35 MPa H_2 条件下吸氢制备的 $Mg(NH_2)_2$/4LiH 复合体系 [94]，在 200 ℃ 下可放出 4.4 wt%的氢，反应温度明显低于 $LiNH_2$/LiH，见图 10.12。其放氢反应按式 (10.29) 进行，理论放氢量最高为 9.1 wt%。该放氢反应 (10.29) 的焓变为 46 kJ/(mol H_2)，远低于 $LiNH_2$/LiH 体系的反应焓 (66 kJ/(mol H_2))。

通过调节 $Mg(NH_2)_2$ 与 LiH 的组成比，可以改变体系的反应过程，进而调控吸放氢反应性能，如图 10.13 所示。$3Mg(NH_2)_2$/8LiH 和 $Mg(NH_2)_2$/2LiH 复合体系，理论放氢量分别为 6.9 wt%和 5.6 wt%，其反应式分别为式 (10.30) 和式 (10.31)。提高 LiH 与 $Mg(NH_2)_2$ 的组成比也有益于抑制或降低杂质气体氨的释放。$Mg(NH_2)_2$/2LiH 复合体系可在 120 ~ 250 ℃ 之间放氢 (图 10.14)；其可逆吸氢反应可在 9 MPa H_2、100 ~ 200 ℃ 条件下进行；反应 (10.31) 的焓变实验值为 38.9 kJ/(mol H_2)，由此可推算出该反应在 0.1 MPa H_2 条件下的理论放氢温度约为 90 ℃ [87]。实际上，$Mg(NH_2)_2$/2LiH 体系的放氢反应至少在 120℃ 以上才开始发生 [87]，其原因主要归结于较高的活化能。

表 10.7 金属氮 (N) 氢化物的吸放氢性能

反应	理论值/wt%	首次氢量/wt %		反应条件：温度/℃ [压力/MPa]		焓变理论 (T)/实验 (E) 值/(kJ/mol H_2)	参考文献
		放氢	吸氢	首次放氢	再吸氢		
$LiNH_2 + 2LiH \longleftrightarrow Li_3N + 2H_2$	10	9	5 ~ 5.5	170		T80.5 ~ 99	[66]
$Li_2NH + LiH \longleftrightarrow Li_3N + H_2$	5.3	5.3		187 ~ 218		T148 ~ 165	[81]
$LiNH_2 + LiH \longleftrightarrow Li_2NH + H_2$						T40.9 ~ 74.8 E66	[66,81]
$CaNH + CaH_2 \longleftrightarrow Ca_2NH + H_2$	2.1	3.5	1.9	350 ~ 600	350 ~ 600 [3]	E88.7	[66]
$Ca(NH_2)_2 + CaH_2 \longleftrightarrow 2CaNH + 2H_2$	3.5					T115	[82]
$2CaNH + CaH_2 \longleftrightarrow Ca_3N_2 + 2H_2$	2.7	2.4	~ 1.1	350 ~ 600	350 ~ 600 [3]		[82]
$Ca(NH_2)_2 + 2LiH \longleftrightarrow CaNH + Li_2NH + 2H_2$	4.5	4.5	2.5	120 ~ 300	180 [3.0]		[83]
$Mg(NH_2)_2 + 2MgH_2 \longleftrightarrow Mg_3N_2 + 4H_2$	7.4	~ 7		室温 ~		T2 ~ 3.5	[84]
$Mg(NH_2)_2 + MgH_2 \longleftrightarrow 2MgNH + H_2$	4.9	4.8		65 ~ 310		T43	[85]
$Mg(NH_2)_2 + 2LiH \longleftrightarrow Li_2Mg(NH)_2 + 2H_2$	5.6	5.1 ~ 5.4	5.4	140 ~ 280	110 ~ 250 [6.5 ~ 10]	E38.9 ~ 44.1	[83,86,87]
$3Mg(NH_2)_2 + 8LiH \longleftrightarrow 4Li_2NH + Mg_3N_2 + 8H_2$	6.9	~ 7		140 ~ 280			[86]
$3Mg(NH_2)_2 + 12LiH \longleftrightarrow 4Li_3N + Mg_3N_2 + 12H_2$	9.1	4.5 ~ 8		140 ~ 523	250 [9.5 ~ 35]	E46	[86]
$Mg(NH_2)_2 + CaH_2 \longleftrightarrow MgCa(NH_2)_2 + 2H_2$	4.1	0.5 ~ 3.9	0.4	80 ~ 400	200 [8]	E28.2	[88]
$Mg(NH_2)_2 + Ca(NH_2)_2 + 4LiH \longleftrightarrow Li_4MgCa(NH)_4 + 4H_2$	5	2.7 ~ 3.0	2.7	220 (0.1 ~ 50)	室温 ~ 225 [7.5]		[89]
$2LiNH_2 + LiAlH_4 \longrightarrow Li_3AlN_2 + 4H_2$	9.5	9.5		室温 ~ 500			[90]
$LiNH_2 + 2LiH + AlN \longleftrightarrow Li_3AlN_2 + 2H_2$	5.1	5.2	5.2	室温 ~ 500	室温 ~ 420 [8]	T50.1	[90]
$LiBH_4 + 2LiNH_2 \longleftrightarrow Li_3BN_2 + 4H_2$	11.9	7.8 ~ 12	0.1	349 ~ 400	300 [5]	E 23	[85,91]
$xLiBH_4 + y(LiNH_2)_2 + z(MgH_2) \longleftrightarrow Li_3BN_2 + Mg_3N_2 + LiH + H_2$							
$x:y:z=$ 2：1：1	13.0	8.5	2.9	140 ~ 470			
2：0.5：1	13.6	8.6	3.7	140 ~ 470			
2：1：2	11.8	6.6	3.1	155 ~ 470	180 [15]		[92,93]
1：1：1	11.3	5.6	2.7	155 ~ 470			
3：1：1.5	13.4	9.1		140 ~ 470			

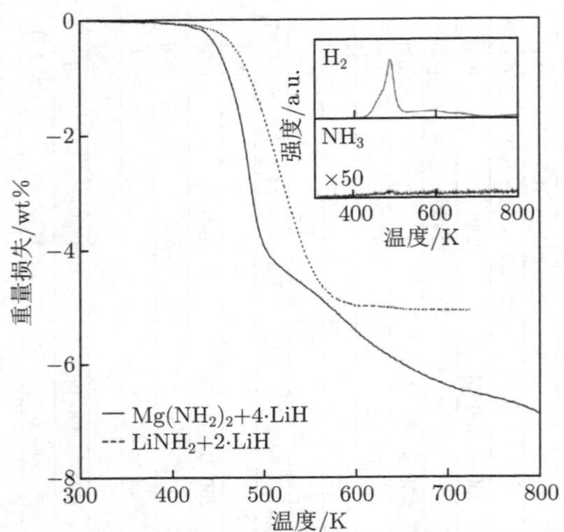

图 10.12　$Mg(NH_2)_2$/4LiH 复合体系放氢反应的热重分析曲线；插图是反应过程中的质谱分析结果[86]

图中虚线表示 $LiNH_2$/LiH 体系的放氢反应。升温速度：5 K/min；气氛：He

$$3Mg(NH_2)_2 + 12LiH \longleftrightarrow 4Li_3N + Mg_3N_2 + 12H_2 \tag{10.29}$$

$$3Mg(NH_2)_2 + 8LiH \longleftrightarrow 4Li_2NH + Mg_3N_2 + 8H_2 \tag{10.30}$$

$$Mg(NH_2)_2 + 2LiH \longleftrightarrow Li_2Mg(NH)_2 + 2H_2 \tag{10.31}$$

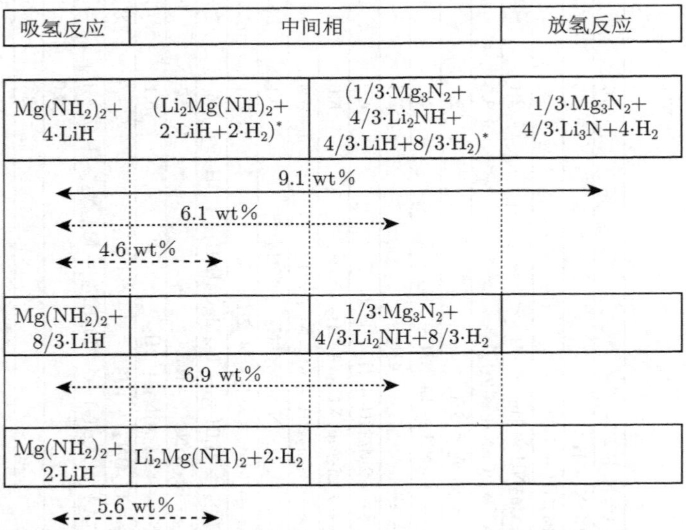

吸氢反应	中间相		放氢反应
$Mg(NH_2)_2$+ 4·LiH	($Li_2Mg(NH)_2$+ 2·LiH+2·H_2)*	(1/3·Mg_3N_2+ 4/3·Li_2NH+ 4/3·LiH+8/3·H_2)*	1/3·Mg_3N_2+ 4/3·Li_3N+4·H_2
$Mg(NH_2)_2$+ 8/3·LiH		1/3·Mg_3N_2+ 4/3·Li_2NH+8/3·H_2	
$Mg(NH_2)_2$+ 2·LiH	$Li_2Mg(NH)_2$+2·H_2		

9.1 wt%

6.1 wt%

4.6 wt%

6.9 wt%

5.6 wt%

图 10.13　不同组成比 $Mg(NH_2)_2$ 与 LiH 的可逆吸放氢反应过程

* 表示可能出现的中间相 [86]

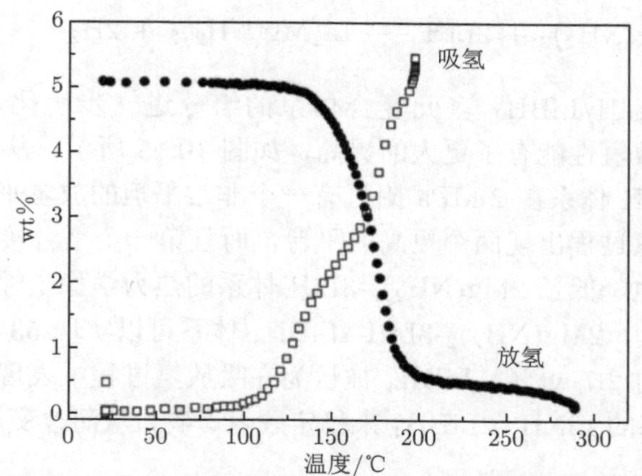

图 10.14 $Mg(NH_2)_2/2LiH$ 复合体系的吸放氢曲线 [80]
放氢条件：真空，2 ℃ /min；吸氢条件：9 MPa H_2，25 ~ 200 ℃

除了上述金属氮氢化物与金属氢化物的复合体系以外，金属氮氢化物与金属铝氢化物或者金属硼氢化物等配位氢化物的复合体系也有很多报道。

$2LiNH_2/LiAlH_4$ 的放氢反应分两步进行，总的放氢量为 9.5 wt%，如式 (10.32) 所示。分解产物 Li_3AlN_2 吸氢后不能生成 $LiNH_2$ 和 $LiAlH_4$，而是生成 AlN、LiH 和 $LiNH_2$，吸氢量为 5.1 wt%左右 [90]。

$$2LiNH_2 + LiAlH_4 \longrightarrow Li_3AlN_2H_4 + 2H_2 \longrightarrow Li_3AlN_2 + 4H_2 \tag{10.32}$$

对不同组成比 $LiNH_2/LiBH_4$ 体系的研究表明，当 $LiNH_2$ 与 $LiBH_4$ 摩尔比为 2 : 1 时，可以得到最大的放氢量和最小的放氨量 [95]。$2LiNH_2/LiBH_4$ 体系 (即 $Li_3BN_2H_8$) 的理论放氢量为 11.9 wt%，在 250 ℃ 开始分解放氢，反应后生成 Li_3BN_2[85,91]，如式 (10.33)；放氢过程中会释放少量的氨气；放氢产物在 300 ℃、5 MPa H_2 条件下吸氢，吸氢量仅为 0.1 wt%。

$$2LiNH_2 + LiBH_4 \longrightarrow Li_3BN_2 + 4H_2 \tag{10.33}$$

将 $Mg(NH_2)_2/LiH$ 与 $LiNH_2/LiH$ 组合构建 $Mg(NH_2)_2$-4LiH-$LiNH_2$ 三元体系，通过调控反应中间体可以改善吸放氢性能。该体系在 150 ℃ 实现了 7 wt%的可逆容量，且未检测到氨气释放 [96,97]。

$2LiNH_2/LiBH_4/MgH_2$ 的多元复合体系，在加热过程发生级联反应 [92]。$3LiNH_2$ 与 $LiBH_4$ 在球磨过程中首先生成 $Li_4BN_3H_{10}$，$Li_4BN_3H_{10}$ 在加热初始阶段 (~100 ℃) 与 MgH_2 反应生成 $Li_2Mg(NH_2)_2$，并放出少量的氢，如式 (10.34)。生成的 $Li_2Mg(NH_2)_2$ 可作为后续 $Mg(NH_2)_2$ 与 2LiH 之间反应的形核剂，从而使反应 (10.35) 的反应温度降低至 110 ℃ ；反应 (10.35) 也是 $2LiNH_2/LiBH_4/MgH_2$ 复合体系的主要可逆吸放氢反应。通过这种级联反应模式，$2LiNH_2/LiBH_4/MgH_2$ 在 180 ℃ 下、10 min 内放氢量可达 3 wt%左右，180 ℃ 下、15 MPa H_2 条件下吸氢量为 2.5 wt%[93]。

$$2Li_4BN_3H_{10} + 3MgH_2 \longrightarrow 3Li_2Mg(NH_2)_2 + 2LiBH_4 + 6H_2 \tag{10.34}$$

$$Mg(NH_2)_2 + 2LiH \longrightarrow Li_2Mg(NH_2)_2 + 2H_2 \tag{10.35}$$

将 $Mg(NH_2)_2/LiH/LiBH_4$ 多元复合体系的组分进一步优化后发现 $2Mg(NH_2)_2$-$3LiH$-$4LiBH_4$ 的吸放氢性能有了更大的提高，如图 10.15 所示。从 PCT 曲线中可以看出，$2Mg(NH_2)_2$-$3LiH$ 体系在 2 MPa 附近有一个非常平坦的放氢平台，而 $2Mg(NH_2)_2$-$3LiH$-$4LiBH_4$ 的放氢过程出现两个更高的平台，而且第一个平台接近 10 MPa，表明了 $LiBH_4$ 的添加有效地降低了 $2Mg(NH_2)_2$-$3LiH$ 体系的热力学稳定性。另外，从吸放氢动力学测试中可以看到，$2Mg(NH_2)_2$-$3LiH$-$4LiBH_4$ 体系可以实现 53 ℃ 下吸氢，98 ℃ 下放氢，吸放氢容量约 2.7 wt%。$LiBH_4$ 被认为在吸放氢过程中表现出类似于“溶剂”的行为，通过形成液态的 $LiNH_2$-$2LiBH_4$ 来稳定脱氢产物，从而改变脱氢和再氢化的热力学 [98]。

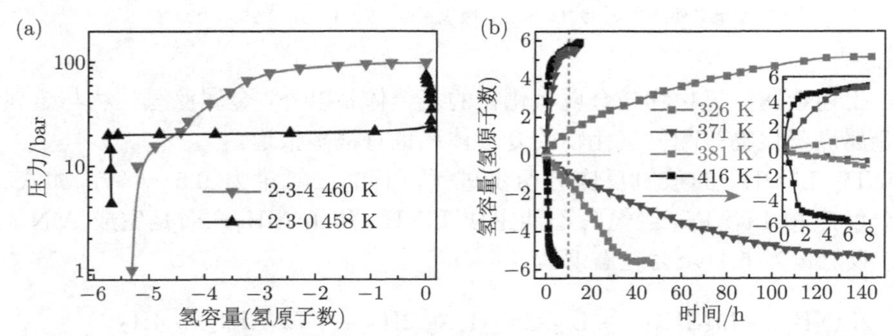

图 10.15　(a) $2Mg(NH_2)_2$-$3LiH$-$4LiBH_4$ 和 $2Mg(NH_2)_2$-$3LiH$ 的脱氢 PCT 曲线，(b) $2Mg(NH_2)_2$-$3LiH$-$4LiBH_4$ 的吸放氢动力学曲线 [98]

10.4.4　吸放氢性能改善与系统开发

通过研究反应物颗粒尺寸对吸放氢动力学的影响发现，$Mg(NH_2)_2/2LiH$ 体系的反应受扩散机制控制，Li^+、H^+、H^- 等离子的迁移可能是反应的控制步骤 [99,100]。中间相的生成也可能是导致动力学缓慢的另一个重要因素。例如，$Li_2Mg(NH)_2$ 在吸氢过程中可能先生成 $Li_2Mg_2(NH)_3$ 中间相和 $LiNH_2$，然后再生成 LiH 和 $Mg(NH_2)_2$，反应如式 (10.36) 和式 (10.37) 所示；中间相生成过程中伴随的原子迁移和结构重构，可能成为吸放氢反应的动力学障碍。另有研究发现，$Mg(NH_2)_2/2LiH$ 体系的反应与 Li^+ 的扩散有很大的关联 [78]。Li^+ 首先从 LiH 中扩散到 $Mg(NH_2)_2$ 晶体中，使 $[NH_2]^-$ 分解为 $[NH]^{2-}$ 和 H^+；生成的 H^+ 与 LiH 中的 H^- 结合生成 H_2。再吸氢反应过程则与之相反。

$$2Li_2MgN_2H_2 + H_2 \longleftrightarrow LiH + LiNH_2 + Li_2Mg_2(NH)_3 \tag{10.36}$$

$$LiNH_2 + Li_2Mg_2(NH)_3 + 3H_2 \longleftrightarrow 3LiH + 2Mg(NH_2)_2 \tag{10.37}$$

降低体系的颗粒尺寸可有效增加材料的比表面积，缩短离子扩散距离，从而改善体系的动力学或热力学性能。不同粒径 (100 nm、600 nm 和 2 μm) 的 $Mg(NH_2)_2$，见

图 10.16(a)。随着 $Mg(NH_2)$ 粒径的降低，$Mg(NH_2)_2/LiH$ 的放氢动力学性能明显提高。反应的活化能随着 $Mg(NH_2)$ 粒径的减小而明显降低，且与 $Mg(NH_2)_2$ 粒径之间呈现很好的线性关系，见图 10.16(b)[101]。粒颗粒尺寸为 100～200 nm 的 $Li_2Mg(NH)_2$ 的起始氢化温度比尺寸为 800 nm 的颗粒降低了约 100 ℃，其吸放氢温度随着颗粒尺寸的减小而逐渐向低温方向偏移；但随着吸放氢循环的进行，这些颗粒逐渐团聚长大，从而使改性作用消失 [102]。$Mg(NH_2)_2$-2LiH 体系中添加磷酸三苯酯 (TPP)，能有效阻止吸放氢循环中颗粒的团聚以及晶粒的长大，使体系实现在 150 ℃ 的条件下可逆吸放氢循环 [103]。采用水热制备技术制备的空心碳球包覆的纳米状的 Li-Mg-N-H 材料，显示出明显优于颗粒状材料的吸放氢性能，其在 105 ℃ 条件下即可释放出约 5 wt%的氢含量；并且经过 10 次吸放氢后仍可保持约 5 wt%的可逆储氢量；而在相同条件下，颗粒状 Li-Mg-N-H 在 5 次循环后储氢量就减至 0.43 wt%[104]。

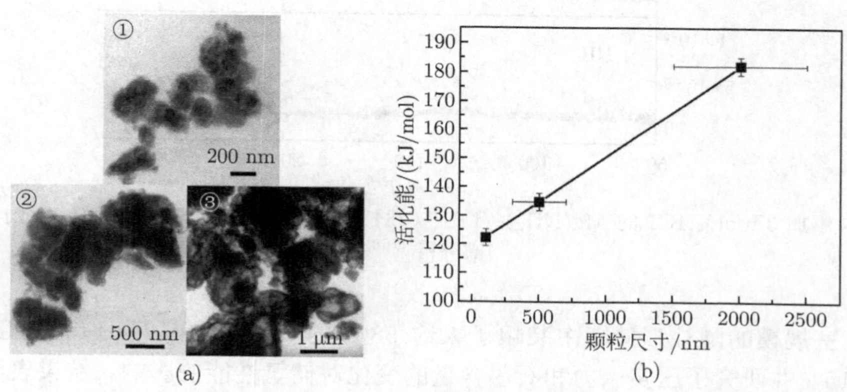

图 10.16 (a) 为不同 $Mg(NH_2)_2$ 粒径的 TEM 照片，其中试样①、②、③的平均粒径分别为 100 nm、 600 nm 和 2 μm[101]。(b) 为 $Mg(NH_2)_2/2LiH$ 体系放氢反应中，活化能与 $Mg(NH_2)_2$ 颗粒尺寸之间的关系；不同 $Mg(NH_2)_2$ 粒径的复合体系中，LiH 的平均粒径相同 [101]

通过添加催化剂 [105–108]，可以降低 $Mg(NH_2)_2/2LiH$ 体系的活化能，从而提高反应动力学性能，降低放氢温度。在 $Mg(NH_2)_2/2LiH$ 中添加 10 wt%的 $Li_2Mg(NH)_2$ 后 [105]，反应温度降低了 40 ℃；分析认为，$Li_2Mg(NH)_2$ 起到了形核剂的作用，从而促进了界面反应，降低了活化能 (从 88.0 kJ/mol 降至 76.2 kJ/mol)。添加少量的 $LiBH_4$(0.02 mol% ～ 0.1 mol%)[107]，也能有效降低 $Mg(NH_2)_2/2LiH$ 的活化能，提高反应动力学。在 $Mg(NH_2)_2/2LiH$ 中添加 3 mol%的 KH，使得反应开始温度降低了约 50 ℃，即在 80 ℃ 左右可开始放氢；有毒气体 NH_3 的生成也得到很大的抑制 (图 10.17)[108]。同时，$Mg(NH_2)_2/2LiH$ 的再吸氢反应动力学也得到很大的提高，在 3 MPa H_2、143 ℃ 条件下，12 min 的吸氢量可达到 75%；在相同条件下，未添加 KH 的试样需要 20 h 以上才能达到相同的吸氢量。这主要归因于 K 团簇弱化 N—H 和 Li—N 键进而引起动力学显著增强的缘故。在上述基础上，一系列含钾化合物对 Li-Mg-N-H 体系的改性增强作用得以研究。如 KOH 掺杂的 $Mg(NH_2)_2$–2LiH 体系具有较低的放氢温度和可逆性能。掺杂 0.07 mol%的 KOH 样品的初始放氢温度可降低至约 75 ℃，而且其 30 次可逆吸放氢容量衰减只有 0.002 wt%。此外还发现，掺杂 0.08 mol%的 KF 可使复合体系的放氢温度降低至 80 ℃ 左右，比纯 LiMgNH 体系低了 50 ℃。但这种改善效应只能在低温下保持；当温度高于 200 ℃ 时，这种改善效应会消失 [109−111]。

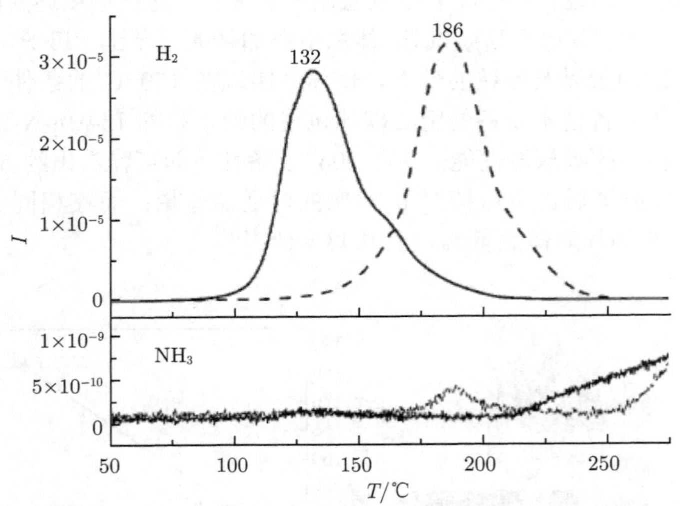

图 10.17　添加 3 mol% KH 的 $Mg(NH_2)_2/LiH$(实线) 和未添加的 $Mg(NH_2)_2/LiH$(虚线) 的放氢质谱分析 [108]

实验室规模的圆柱形储罐中装填了大约 98 g 的 $Mg(NH_2)_2$-2LiH-0.07KOH 压块，见图 10.18，并研究了压实压力和石墨含量的变化对储氢性能的影响。结果表明，最多添加 9 wt%的膨胀石墨可以显著增强氢化物床中的传热，从而导致压块的中心温度升高。传热性能的提高有效地改善了储氢系统的脱氢性能。在 365 MPa 下压实后，复合材料的体积储氢密度可达 47 g/L。$Mg(NH_2)_2$-2LiH-0.07KOH 压块中氢气的渗透性随压实压力的增加而降低，但对整个储氢系统的脱氢性能影响微乎甚微。综合来讲，氢化物床的传热行为对储氢系统的脱氢性能起决定性作用 [112]。

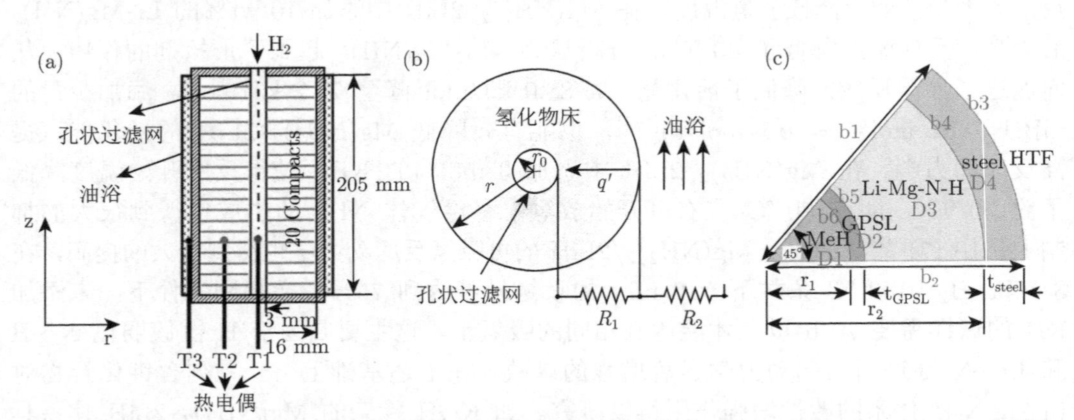

图 10.18　实验室规模的 (a) 储氢系统和 (b) 热网的示意图 [112]，(c) 反应器模型的几何结构 [113]

600 g 实验室规模的组合反应器概念被提出，如图 10.18(c) 所示，其中 $2LiNH_2$-$1.1MgH_2$-$0.1LiBH_4$-3 wt%$ZrCoH_3$ 和 $LaNi_{4.3}Al_{0.4}Mn_{0.3}$ 两种材料被透气层隔开。金属氢化物的快速脱氢有助于在配位氢化物的平台压下稳定反应器内的压力，这是将两种储氢材料加以组合的主要原因。该设计模型已通过实验数据验证 [113]。近来，基于以上概念设计制造了用于向 1 kW 高温质子交换膜燃料电池供氢 2 h 的储氢系统。该储氢系统中装有 3.4 kg 金属氢化物和 3.4 kg Li-Mg-N-H 混合物，系统储氢密度为 2.1 wt%，在 160~180 ℃ 下可实现可逆吸放氢 [114]。

10.5 金属硼氢 (B-H) 化物

金属硼氢化物如 $NaBH_4$ 等，具有较强的还原性，易溶于乙醚，被用作脂类工业合成的还原剂。1 个 B 原子可以与 4 个氢原子结合，再加上 B 本身很轻，所以金属硼氢化物的含氢密度远高于金属铝氢化物和金属氮氢化物，这也是金属硼氢化物作为储氢材料被广泛研究的关键因素。

10.5.1 合成方法

金属氢化物 MH 与 B_2H_6 在乙醚中直接反应，可生成多种 MBH_4，如式 (10.38)；这种反应方式可获得高的产率。此外，通过 MH 与 B_2H_6 之间的气固反应也可直接合成 MBH_4[115]。

$$2MH + B_2H_6 \longrightarrow 2MBH_4 \quad (M = Li、Na、K、1/2Mg) \tag{10.38}$$

在高温 (550 ~ 700 ℃)、高压 (30 ~ 15 MPa H_2) 下，金属和硼的混合物可与 H_2 反应直接合成 MBH_4，反应如式 (10.39) [116]。这种反应模式适合 IA 和 IIA 族金属硼氢化物的制备。

$$2M + B + 2H_2 \longrightarrow 2MBH_4 \quad (M = Li、Na、K、1/2Mg) \tag{10.39}$$

在工业上，通过超细 NaH 与三甲基硼酸酯 (trimethyl borate) 在沸腾的烃类油中反应大规模制备 $NaBH_4$[117]，反应在 250 ~ 280 ℃ 温度下进行，如式 (10.40) 所示。另一种方法，通过硼硅酸盐 (borosilicate) 与 Na 和 H_2 反应生成 $NaBH_4$ 和 Na_2SiO_3 的混合物，如式 (10.41)；然后采用液氨将混合物中的 $NaBH_4$ 萃取出来。

$$4NaH + B(OCH_3)_3 \longrightarrow NaBH_4 + 3NaOCH_3 \tag{10.40}$$

$$Na_2B_4O_7 + 7SiO_2 + 16Na + 8H_2 \longrightarrow 4NaBH_4 + 7Na_2SiO_3 \tag{10.41}$$

置换反应是合成金属硼氢化物 $M(BH_4)_n$ $(n = 1 \sim 4)$ 的另一种重要手段。例如，$Mg(BH_4)_2$ 可以通过 $LiBH_4$ 或 $NaBH_4$ 与相应的碱土金属卤化物 $MgCl_2$ 反应得到 [118]，如式 (10.42)。通过有机溶剂 (如二乙醚或四氢呋喃等) 萃取出反应产物中的 $Mg(BH_4)_2$，随后加热脱去有机溶剂，即可得到 $Mg(BH_4)_2$ 晶体。

$$NaBH_4 + MgCl_2 \longrightarrow Mg(BH_4)_2 + 2NaCl \tag{10.42}$$

对于三价或四价金属的 $M(BH_4)_n(n = 3、4)$，一般采用类似于 (10.42) 的置换反应来合成。由于大多数 $M(BH_4)_n$(M =Al、Ti、Ce、Zr、Hf；n = 3、4) 都容易升华，可利用该特性进行分离提纯。

10.5.2　晶体结构

碱金属硼氢化物 MBH_4(M = Li、Na、K、Rb、Cs) 的晶体结构参数如表 10.8 所示。室温下 $LiBH_4$ 具有正交结构，空间群为 $Pnma$，具有 sp^3 杂化的 B 原子与近邻四个 H 原子形成共价键 $[BH_4]^-$ 四面体结构；在 118 ℃ 时，$[BH_4]^-$ 四面体沿 c 轴方向重新排列，$LiBH_4$ 发生结构转变，由正交晶系 (α 相) 变成六方晶系 (β 相)，空间群为 $P6_3mc$ [119]，见图 10.19。MBH_4(M = Na、K、Rb、Cs) 在常温常压下具有 NaCl 形结构。随着 M^+ 半径的增大，晶格常数及 M—B 键长逐渐增大；而 B—H 键长几乎不变。$NaBH_4$ 和 KBH_4 在低温下发生结构转变，分别在 −63 ℃ 和 −203 ∼ 208 ℃ 下转变为四面体结构 (空间群为 $P4_2/nmc$)。

碱土金属硼氢化物 $M(BH_4)_2$(M = Mg、Ca) 的晶体结构如图 10.19 所示，相关晶格结构参数见表 10.8。$Mg(BH_4)_2$ 的低温相 (< 180℃) 具有六方结构 (空间群为 $P6_1$)，即 α-$Mg(BH_4)_2$ 相；高于 180 ℃ 时呈现正交晶系 (空间群为 $Fddd$) 即 β-$Mg(BH_4)_2$ 相[124,136]。这两种结构中都包含有复杂的网状结构，每个 Mg 原子与周围 4 个 $[BH_4]^-$ 形成 Mg-$4[BH_4]^-$ 四面体，Mg 原子为四面体的中心。DSC 测试证实低温相是一种亚稳态结构，它与高温相之间的转变是不可逆的。值得注意的是，α–$Mg(BH_4)_2$ 结构中含有少量空位，约占整个晶胞体积的 6.4%，适于吸附填充一些小分子。而 β-$Mg(BH_4)_2$ 相结构中则没有空位存在，故致密度较高。类似于金属有机框架 (MOF) 材料的多孔 γ-$Mg(BH_4)_2$ 具有立方结构 (空间群为 Ia-$3d$)，如图 10.19 所示 [125]。该结构含有大量孔道，约占晶胞体积 33%，通过氮气吸附测试的比表面积高达 1160 m^2/g，可用于气体吸附。

$Ca(BH_4)_2$ 具有几种不同的晶体结构，受温度影响较大。室温下，其晶体结构为正交晶系，(空间群为 $Fddd$)，即 α 相，如图 10.19 所示 [137,138]。该结构对称性较低，存在两种非中心对称的子群。当升温至 222 ℃ 时，$Ca(BH_4)_2$ 由正交晶系转变成四方晶系 (空间群为 $I\bar{4}2d$)，即 α′ 相 [139]。α′ 相属于 α 相的子群，$[BH_4]^-$ 基团在 $F2dd$ 和 $I\bar{4}2d$ 两种结构中完全有序。当温度继续升高时，α 和 α' 相都将转变成 β-$Ca(BH_4)_2$ 相。β 相也可能存在空间群分别为 $P4_2/m$ 和 $P\bar{4}$ 的两种结构，其包含的 $[BH_4]$ 基团是无序排列的，但具有 $P4_2nm$ 的对称性，故冷却到室温时可以稳定存在。此外，还存在具有正交结构的 γ–$Ca(BH_4)_2$[140]，它在 317 ℃ 时转变成 β 相，且该过程不可逆。

表 10.8 碱金属硼氢化物的晶体结构参数

碱金属硼氢化物	温度	结构类型	空间群	晶格常数/Å	参考文献
$LiBH_4$ (RT)	< 107 ℃	正交	*Pnma* No. 62	$a = 7.17858(4)$ $b = 4.43686(2)$ $c = 6.80321(4)$	[119]
$LiBH_4$ (HT)	135 ℃	六方	$P6_3mc$ No. 186	$a = 4.27631(5)$ $c = 6.94844(4)$	[119]
$NaBD_4$ (LT)	− 263 ℃ (< − 83 ℃)	四方	$P4_2/nmc$ No. 137	$a = 4.332$ $c = 5.949$	[120]
$NaBH_4$ (RT)	室温	立方	*Fm-3m* No. 225	$a = 6.1506(6)$	[121]
KBD_4 (LT)	− 263 ℃ (< − 83 ℃)	四方	$P4_2/nmc$ No. 137	$a = 4.6836(1)$ $c = 6.5707(2)$	[122]
KBD_4 (RT)	室温	立方	*Fm-3m* No. 225	$a = 6.7074(1)$	[122]
$RbBD_4$ (RT)	22 ℃	立方	*Fm-3m* No. 225	$a = 7.0156(1)$	[122]
$CsBD_4$ (RT)	22 ℃	立方	*Fm-3m* No. 225	$a = 7.4061(1)$	[122]
$Be(BH_4)_2$ (RT)	室温	四方	$I4_1cd$ No. 110	$a = 13.62(1)$ $c = 9.10(1)$	[123]
$Mg(BH_4)_2$ (LT)	< 180 ~ 193 ℃	六方	$P6_1$ No. 169	$a = 10.313(1)$ $c = 36.921(9)$	[124]
$Mg(BH_4)_2$ (HT)	室温	正交	*Fddd* No. 70	$a = 37.072(1)$ $b = 18.6476(6)$ $c = 10.9123(3)$	[124]
γ-$Mg(BH_4)_2$	室温	立方	*Ia-3d* No. 230	$a = 15.7575(2)$	[125]
α-$Ca(BH_4)_2$	室温	正交	*Fddd* No. 70	$a = 8.791(1)$ $b = 13.137(1)$ $c = 7.500(1)$	[126]
β-$Ca(BH_4)_2$	160 ℃	四方	$P4_2/m$ No. 84	$a = 6.9509(5)$ $c = 4.3688\ (3)$	[126]
γ-$Ca(BH_4)_2$	27 ℃	正交	*Pbca* No. 61	$a = 7.525(1)$ $b = 13.109(2)$ $c = 8.403(1)$	[126]
α-$Al(BH_4)_3$	< 93 ~ 78 ℃	单斜	$C2/c$ No. 15	$a = 21.917$ $b = 5.986$ $c = 21.787$	[127]
β-$Al(BH_4)_3$	> 93 ~ 78 ℃	正交	$Pna2_1$ No. 33	$a = 18.021$ $b = 6.138$ $c = 6.199$	[128]
α-$Y(BH_4)_3$ (LT)	室温	立方	*Pa-3* No. 205	$a = 10.8522(7)$	[129]
β-$Y(BH_4)_3$ (HT)	> 202 ℃	立方	*Pm-3m* No. 221	$a =11.0086(1)$	[129]
$Zr(BH_4)_4$	< 室温	立方	*P4-3m* No. 215	$a = 5.86$	[130]
$Hf(BH_4)_4$	< 室温	立方	*P4-3m* No. 215	$a = 5.827(4)$	[131]
$LiK(BH_4)_2$	< 室温	立方	*Pnma* No. 62	$a = 7.9134$ $b = 4.4907$ $c = 13.8440$	[132]

续表

碱金属硼氢化物	温度	结构类型	空间群	晶格常数/Å	参考文献
$LiSc(BH_4)_4$	< 室温	四方	$P-42C$ No. 112	$a=6.076$ $c=12.034$	[133]
$NaSc(BH_4)_4$	< 室温	正交	$Cmcm$ No. 63	$a=8.170(2)$ $b=11.875(3)$ $c=9.018(2)$	[134]
$LiZn_2(BH_4)_5$	< 室温	正交	$Cmca$ No. 64	$a=8.6244(3)$ $b=17.8970(8)$ $c=15.4114(8)$	[135]
$NaZn_2(BH_4)_5$	< 室温	正交	$P2_1/c14$	$a=9.397(2)$ $b=16.635(3)$ $c=9.1359(16)$	[135]
$NaZn(BH_4)_3$	< 室温	单斜	$P2_1/c$	$a=8.2714(16)$ $b=4.5240(7)$ $c=18.757(3)$	[135]

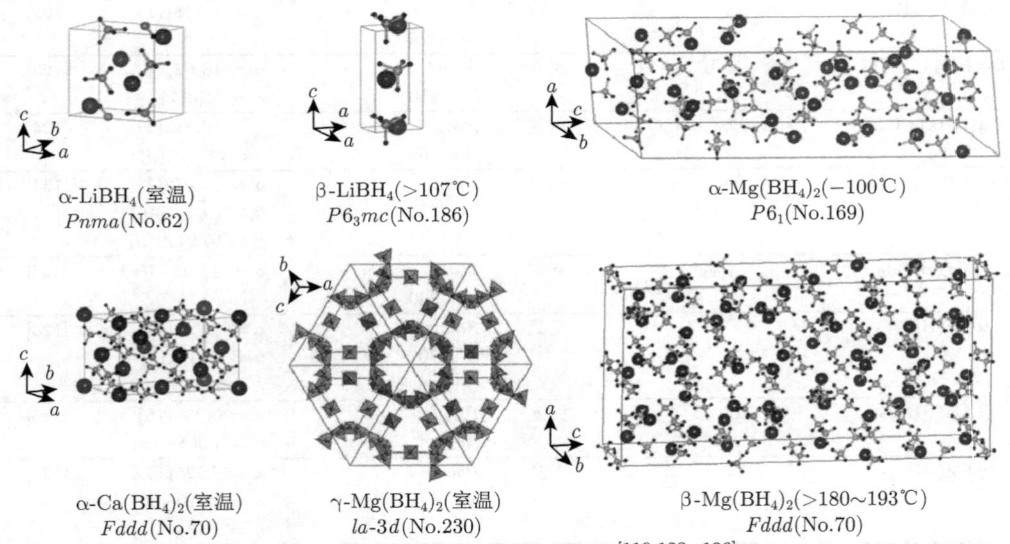

图 10.19 $M(BH_4)_n$(M = Li、Mg、Ca) 的晶体结构示意图 [119,123−126]。大、中、小球分别表示 M、B 和 H 原子

10.5.3 吸放氢性能

碱金属硼氢化物 MBH_4(M = Li、Na、K) 的分解反应可以由式 (10.43) 来表示。MBH_4 的放氢温度高于熔点，因此融化后才开始放氢。在 MBH_4 中，放氢温度顺序依次为 Li < Na < K，其中 $LiBH_4$ 的储氢密度最高，高达 18.5 wt%。因此，以下将重点介绍 $LiBH_4$ 的吸放氢性能及反应机理。

$$MBH_4 \longrightarrow MH + B + 3/2\ H_2 \tag{10.43}$$

在加热过程中 (图 10.20(a))，$LiBH_4$ 将首先经历相变 (110 ℃ 左右) 和熔融 (280 ℃ 左右)，在 320 ~ 400 ℃ 下开始放氢，至 600 ℃ 可放氢约为 13.8 wt%，生成 LiH 和 B[1,9]。

LiH 在 680 ℃ 以上才会分解。利用 van't Hoff 方程，得到 $LiBH_4$ 放氢反应 ($LiBH_4 \longrightarrow LiH + B + 3/2\ H_2$) 的焓变为 $\Delta H = 74$ kJ/(mol H_2)，熵变为 $\Delta S = 115$ J/(K·mol H_2)[141]；这些数值与第一性原理计算的结果 ($\Delta H = 56 \sim 76.1$ kJ/(mol H_2)[5,142−144]) 吻合。根据所测的 ΔH 和 ΔS 值进行预测：当平衡氢压为 0.1 MPa H_2 时，$LiBH_4$ 的分解温度为 370 ℃ 。进一步的研究结果表明，$LiBH_4$ 在分解过程中首先生成中间相 $Li_2B_{12}H_{12}$，然后 $Li_2B_{12}H_{12}$ 分解生成 LiH 和 B[10]。$Li_2B_{12}H_{12}$ 具有立方结构，空间群为 *Pa*-3 [145]。有研究者认为，$Li_2B_{12}H_{12}$ 可能是由 $LiBH_4$ 分解过程中释放的 B_2H_6 或高硼烷与残余的 $LiBH_4$ 反应生成 [146]。最近，研究发现 $LiBH_4$ 的分解过程非常复杂，受氢气分压和温度等反应条件的影响很大，如图 10.20(b) 所示。当反应条件位于 V1 和 V2 区之间时，反应按图中式 (2a) 进行，即 $LiBH_4$ 分解生成 $Li_2B_{12}H_{12}$ 和 LiH，并释放氢气，而直接生成 LiH 和 B 的式 (1) 反应得以抑制。当反应条件处于 V2 和 V3 区之间时，式 (2a) 和式 (1) 的反应都可能发生，而且氢气分压越低越有利于直接生成 LiH 和 B 的式 (1) 反应进行。当反应条件低于 V3 时，式 (2a) 和式 (1) 的反应都可能发生，LiH 和 B 将成为最终分解产物 [147]。

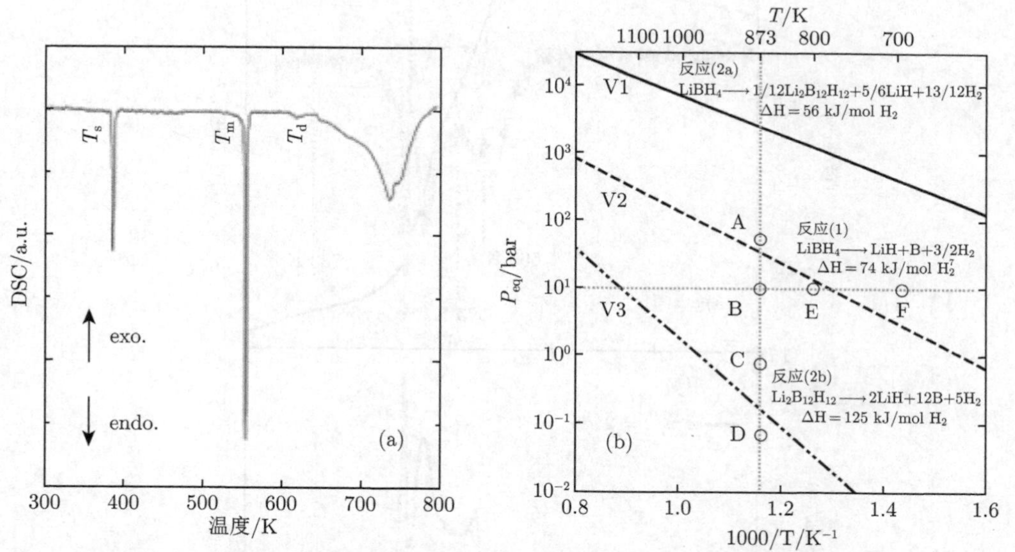

图 10.20 (a) $LiBH_4$ 的 DSC 曲线。升温速度：10 K/min；气氛：0.1 MPa H_2[9]。(b) $LiBH_4$ 分解反应对温度和压力的依存性 [147]

$LiBH_4$ 的放氢反应在一定条件下是可逆的。其分解产物 LiH 和 B，在 600 ℃ 和 $15.5 \sim 35$ MPa H_2 条件下保持 200 min ~ 12 h 后，可生成 $LiBH_4$[9,141]。$M_2B_{12}H_{12}$ + 10MH (M = Li, Na, K) 在 100 MPa H_2、500 ℃ 条件下可以吸氢生成 MBH_4[148]。这些苛刻的可逆吸氢条件及缓慢的可逆吸氢动力学，可能是由于单质硼 (α-B，二十面体结构) 或者 $B_{12}H_{12}$ 单元中坚固的 B—B 键的断裂以及 Li 和 B 原子的扩散所引起的。将硼原子与 Li 原子直接进行纳米尺度的混合，可以有效减弱 B–B 键的强度，从而提高吸氢性能。比如 LiB_x 合金 (Li_7B_6、LiB_3、LiB) 等，可在 15 MPa H_2、350 ℃ 条件下生

成 $LiBH_4$[149]。

$Mg(BH_4)_2$ 的储氢密度为 14.9 wt%，其放氢反应 ($Mg(BH_4)_2 \longrightarrow MgH_2 + B + 3H_2$ 或 $Mg(BH_4)_2 \longrightarrow MgB_2 + 4H_2$) 的焓变为 39 kJ/(mol H_2) 左右 [150,151]，这意味着从热力学角度来看，$Mg(BH_4)_2$ 的理论放氢温度 (P_{eq} = 0.1 MPa 时) 在室温附近，与质子交换膜燃料电池的工作条件接近。实际上，$Mg(BH_4)_2$ 的开始放氢温度在 250 ℃ 左右，加热至 500 ℃ 左右可放出全部 14.9 wt%的氢，如图 10.21(a) 所示；质谱分析表明，在 $Mg(BH_4)_2$ 的分解过程中，没有释放出 B_2H_6 等有毒气体 [152]。从 DTA(图 10.21(a)) 和质谱 (图 10.21(b)) 上分别观察到多个放氢峰，说明该分解过程按多步反应进行。研究表明，随着温度的升高，可以分别观察到 $Mg(B_3H_8)_2$、MgB_5H_9 和 $MgB_{12}H_{12}$ 等中间相的生成 [153−156]，其中 $MgB_{12}H_{12}$ 是最稳定的中间相 [152]。第一性原理计算的结果表明，$MgB_{12}H_{12}$ 的最低能量结构具有 $C2/m$ (No.12) 空间对称性 [157]。

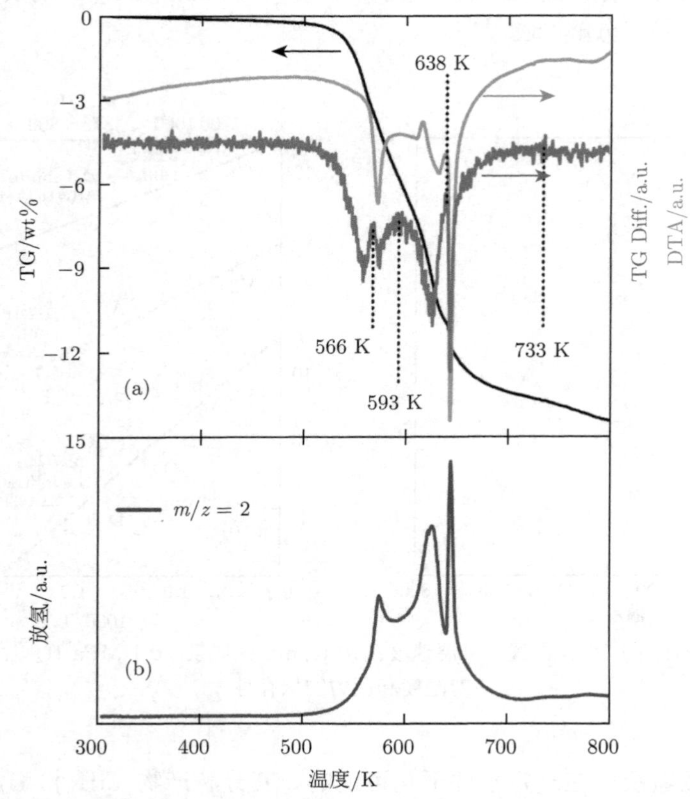

图 10.21　$Mg(BH_4)_2$ 的分解反应：(a) 热重 (TG) 和差热分析 (DTA)，(b) 质谱分析 [152]

对 $Mg(BH_4)_2$ 的可逆吸氢性能研究发现，在 270 ~ 390 ℃ 和 40 ~ 90 MPa H_2 条件下吸氢 48 ~ 72 h 后，$Mg(BH_4)_2$ 的再生率达到 40% ~ 66%，并且吸氢后产物中存在大量的 $Mg_2B_{12}H_{12}$ [158,159]。$Mg(BH_4)_2$ 的再吸氢性能的温度依存性研究表明，在 40 MPa H_2 条件下当再吸氢温度从 200 ℃ 升高到 400 ℃ 时再吸氢量逐渐增加；当温度进一步升高到 500 ℃ 时，再吸氢量反而降低；即在 400 ℃ 时取得高达 7.6 wt%的最大吸氢量 (相当于 51%的 $Mg(BH_4)_2$ 生成率)，见图 10.22。从 ^{11}B 固态核磁共振谱可以看出，在 200 ℃ 下可以生成少量的 $Mg(BH_4)_2$；当温度从 200 ℃ 升高到 400 ℃ 时，$Mg(BH_4)_2/MgB_{12}H_{12}$ 的比例明显增大；当温度升高到 500 ℃ 时，可归属于 $Mg(BH_4)_2$ 的 B—H 峰消失。这表明当温度低于 400 ℃ 时温度的升高有利于 $Mg(BH_4)_2$ 生成反应的动力学改善，而当温度高于 500 ℃ 时，$Mg(BH_4)_2$ 则变得热力学不稳定。因此，$Mg(BH_4)_2$ 的可逆吸氢反应与放氢产物中 $MgB_{12}H_{12}$ 的生成有密切关系 [160]。另一研究发现，将 MgB_2 在 400 ℃ 和 90 MPa H_2 条件下保持数天后可直接生成 $Mg(BH_4)_2$ [161]；对 MgB_2 进行机械球磨后，可以缩小晶粒尺寸和导入晶界等缺陷，有助于提高 MgB_2 的吸氢能力 [162]。此外，如果将 $Mg(BH_4)_2$ 的放氢温度控制在 200 ℃ 下利用 5 周时间缓慢放氢时，脱氢产物主要为 $Mg(B_3H_8)_2$ + $2MgH_2$，该产物在 12 MPa H_2、250 ℃ 的相对温和的条件下可以再吸氢生成 $Mg(BH_4)_2$ [163]。此外，KB_3H_8 + 2KH 也被证实在 38 MPa H_2 中、150 ℃ 以上可以吸氢生成 KBH_4 [164]。这表明 $[B_3H_8]^-$ 比 $[B_{12}H_{12}]^{2-}$ 具有更加优异的可逆吸氢性能。

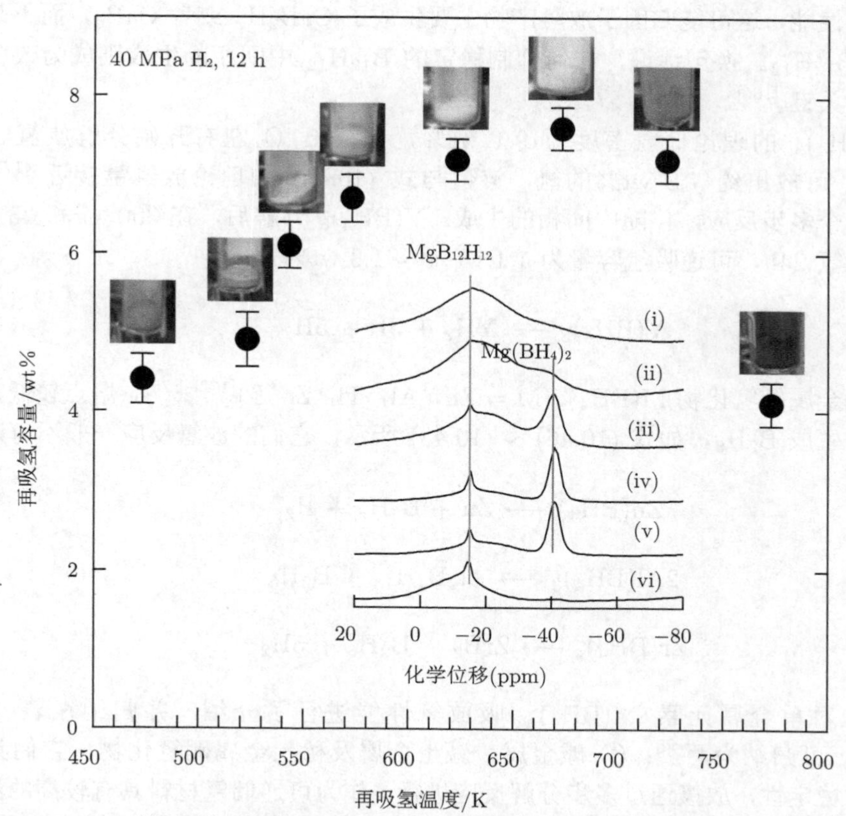

图 10.22 $Mg(BH_4)_2$ 的再吸氢性能的温度依存性。插入图是 (i)～(vi) 样品的 ^{11}B 固态核磁共振谱，(i) 为脱氢产物，(ii)～(vi) 分别表示在 40 MPa H_2、200 ℃ 、270 ℃ 、350 ℃ 、400 ℃ 和 500 ℃ 下再吸氢 12 h 的样品 [160]

$Ca(BH_4)_2$ 的储氢密度为 11.5 wt%，理论上预测其分解反应按式 (10.44) 进行 [165]，可放出 9.6 wt%的氢。实验上发现，$Ca(BH_4)_2$ 在 330 ℃ 左右开始放氢，至 520 ℃ 可放出 9.0 wt%的氢 [166]，这与式 (10.44) 的放氢量接近。在 $Ca(BH_4)_2$ 的放氢过程中出现了两个吸热峰，这意味着 $Ca(BH_4)_2$ 的放氢通过两步反应进行，反应过程中伴随中间相的形成。一种中间相可能为 CaB_2H_x，高分辨同步辐射 X 射线衍射分析表明，它具有 $HgCl_2$ 型结构和 *Pnma* 空间对称性 [167]。而平面波密度泛函理论计算结果表明，CaB_2H_x 的结构非常不稳定，且生成 CaB_2H_x 的焓变过高 (176 kJ/(mol H_2))[168]。另一方面，实验和理论计算的结果均表明，$CaB_{12}H_{12}$ 有可能是 $Ca(BH_4)_2$ 分解过程中的一种中间相，但是含量非常低 [157,160,169]。$CaB_{12}H_{12}$ 具有单斜结构，空间群为 $C2/c$ [170]。

$$Ca(BH_4)_2 \longrightarrow 2/3\ CaH_2 + 1/3\ CaB_6 + 10/3H_2 \tag{10.44}$$

$Ca(BH_4)_2$ 的第一步和第二步脱氢产物在 40 MPa H_2、400 ℃ 条件下加氢处理 12 h 可以生成 α 相 $Ca(BH_4)_2$，而且在相关的固体核磁共振谱中检测不到任何可以归属于脱氢产物的谱峰。结果表明，与 $LiBH_4$ 和 $Mg(BH_4)_2$ 相比，$Ca(BH_4)_2$ 展现了更好的再吸氢性能，这可能归因于放氢产物主要生成了 CaB_2H_x 或者 CaB_6，而不是非常稳定的 $CaB_{12}H_{12}$。换句话说，如何抑制稳定的 $B_{12}H_{12}$ 中间相的生成则成为改善可逆吸氢性能的关键 [160]。

$Y(BH_4)_3$ 的理论储氢密度为 9.1 wt%，在 190 ℃ 左右开始分解放氢，加热至 500 ℃ ，可放出约 7.8 wt%的氢，该值与式 (10.45) 的理论放氢量接近 [171]。分解过程是一个多步反应，伴随中间相的生成。$Y(BH_4)_3$ 分解后，在 300 ℃ 和 35 MPa H_2 条件下吸氢 24h，可逆吸氢容量为 1.1 wt% ~ 1.3 wt%。

$$Y(BH_4)_3 \longrightarrow YH_2 + 3B + 5H_2 \tag{10.45}$$

其他金属硼氢化物 $M(BH_4)_n$($M = Zn$，Al，Ti，Zr 等)[172–175]，熔点较低，分解过程中通常生成 B_2H_6，如式 (10.46) ~ (10.48) 所示，它们的放氢反应一般不可逆。

$$Zn(BH_4) \longrightarrow Zn + B_2H_6 + H_2 \tag{10.46}$$

$$2Al(BH_4)_3 \longrightarrow Al_2B_4H_{18} + B_2H_6 \tag{10.47}$$

$$Zr(BH_4)_4 \longrightarrow ZrB_2 + B_2H_6 + 5H_2 \tag{10.48}$$

以上对单金属元素 $M(BH_4)_n$ 吸放氢性能进行了介绍，并归纳在表 10.9 中。$M(BH_4)_n$ 可归纳为两类：① 碱金属、碱土金属及稀土金属硼氢化物，它们具有较高的热力学稳定性，放氢通过多步分解反应进行，作为可逆储氢材料具有较高的潜力；但是高的可逆吸放氢温度和缓慢的动力学性能使它们的应用受到了极大的限制。② Zn、Al、Ti 和 Zr 等金属硼氢化物，它们具有较低的熔点，放氢反应中易生成 B_2H_6 等有毒气体，因此不适合作为可逆储氢材料。

表 10.9 $M(BH_4)_n$ 的基本吸放氢性能

金属硼氢化物	首次氢量/wt%			反应条件：温度/°C [氢压力/MPa]		ΔH_{dehyd} 理论 (T)/实验 (E) 值 /(kJ/(mol H_2))	参考文献
	理论值	放氢	吸氢	放氢	吸氢		
$LiBH_4 \longrightarrow LiH + B + 3/2H_2$	13.9	9 ~ 14	7 ~ 8.3	320 ~ 600	500 ~ 600 [7 ~ 35]	T 56~76.1/E 74	[1,5,9,141, 176-178]
$LiBH_4 \longrightarrow 1/12Li_2B_{12}H_{12} + 5/6LiH + 13/12H_2$	10	11		423		T 44.4 ~ 56	[10,11,157]
$Li_2B_{12}H_{12} \longrightarrow 2LiH + 12B + 5H_2$	4	3		523		T 116.7~125	[11,157]
$Mg(BH_4)_2 \longrightarrow Mg + 2B + 4H_2$	14.9	14.4	6.1	223 ~ 523	270 [40]	E 39 ~ 57	[118,150-152]
$Mg(BH_4)_2 \longrightarrow MgB_2 + 4H_2$	14.9	7.7 ~ 14.3	11.4	250 ~ 600	360 [90]	T 38.8 ~ 54	[157-159]
$Mg(BH_4)_2 \longrightarrow 1/6MgB_{12}H_{12} + 5/6MgH_2 + 13/5H_2$	8.1					T 18 ~ 29.5	[150,157]
$Ca(BH_4)_2 \longrightarrow 2/3CaH_2 + 1/3CaB_6 + 10/3H_2$	9.6	5.6 ~ 9.0	3.8 ~ 5.8	320 ~ 600	350 ~ 440 [9 ~ 70]	T 32 ~ 40.8/E 87	[160,165, 166]
$Y(BH_4)_3 \longrightarrow YH_2 + 3B + 5H_2$	9.1	7.8	1.1 ~ 1.3	145 ~ 250	250 ~ 300 [35]		[171]
$Zn(BH_4)_2 \longrightarrow Zn + B_2H_6 + H_2$*	8.4			75 ~ 140			[172]
$Al(BH_4)_3$*	16.9			60 ~ 190			[173]
$Ti(BH_4)_3 \longrightarrow TiH_2 + 3B + 5H_2$	10.9	7.9		70 ~ 90			[174]
$Zr(BH_4)_4$ *	10.7			167 ~ 250			[175]

* 表示分解过程中释放 B_2H_6。

10.5.4 吸放氢性能改善

理论上，吉布斯自由能决定了一个反应的反应温度。对于固体储氢材料而言，其放氢过程中的熵变 ΔS 基本不变，大致为 $S^0_{H_2} = 130$ J/(K·mol H_2)；因此焓变 ΔH 常常被作为主要指标来衡量氢化物的热稳定性。对于金属硼氢化物 $M(BH_4)_n$，焓变可以通过反应物和反应产物之间的生成热的差来计算。基于此，为了改变 $M(BH_4)_n$ 的热力学稳定性，可以通过以下两个方法 (图 10.23(a))：通过电负性调控降低 $M(BH_4)_n$ 生成焓；或者通过设计复合体系增加反应产物生成焓。

$M(BH_4)_n$ 的生成焓 ΔH_{boro} 可根据式 (10.49) 左右两边的总能量差来计算，单位为 kJ/(mol BH_4)。而金属原子 M 的给电子能力，可以用泡利电负性 χ_P 来表示。对硼氢化物 $M(BH_4)_n$(M = Li、Na、K、Mg、Ca、Sc、Zr、Hf、Cu、Zn、Al；n = 1~4) 热力学稳定性的系统研究表明，ΔH_{boro} 与χ_P 之间有很好的线性关系 [179]，可用式 (10.50) 来表示。这表明，χ_P 可作为一个有效的指标来衡量 $M(BH_4)_n$ 的热力学稳定性。

$$1/n\ M + B + 2H_2 \longrightarrow 1/n\ M(BH_4)_n \tag{10.49}$$

$$\Delta H_{boro} = 248.7\chi_P - 390.8 \tag{10.50}$$

式 (10.50) 中平均误差为 10.4 kJ/(mol BH_4)。金属 M 的电负性 χ_P 与 $M(BH_4)_n$ 的放氢温度 T_d 之间也有很强的关联性，即电负性越强，放氢温度越低 [180]，如图 10.23(b)

所示。这里，T_d 是指 $M(BH_4)_n$ 第一个放氢峰的峰值温度。因此，金属 M 的电负性 χ_P 可以作为一个指标来衡量 $M(BH_4)_n$ 的放氢温度。换句话说，可以根据放氢温度的需求，选取具有合适电负性的金属。如果将具有不同电负性的 M 和 M′ 金属进行组合，制备双金属硼氢化物 $MM'(BH_4)_n$，$MM'(BH_4)_n$ 的热力学稳定性将介于 $M(BH_4)_n$ 和 $M'(BH_4)_n$ 之间 [181]。典型的例子有 $LiZr(BH_4)_5$ 等。$LiZr(BH_4)_5$ 的放氢温度介于 $LiBH_4$ 和 $Zr(BH_4)_4$ 之间 (图 10.23(b))。这些结果表明，通过双金属阳离子合并能够有效地调整 $M(BH_4)_n$ 的热力学稳定性，这与传统通过合金化来调整金属氢化物的稳定性的方法类似。

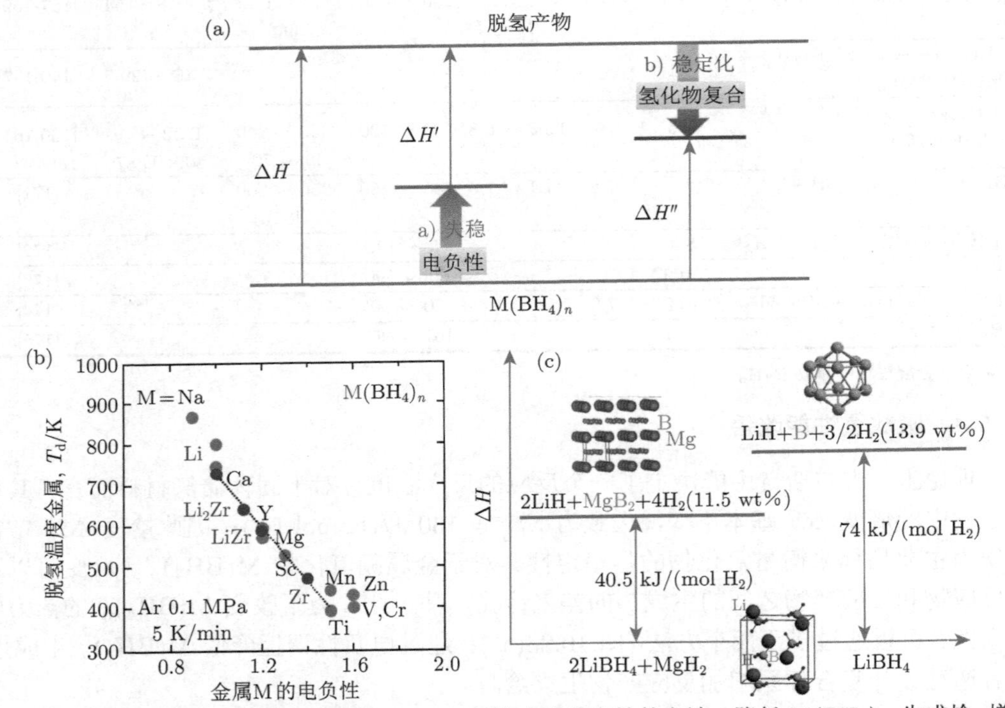

图 10.23　(a) 两种改变金属硼氢化物 $M(BH_4)_n$ 热力学稳定性的方法：降低 $M(BH_4)_n$ 生成焓；增加反应产物生成焓。(b) $M(BH_4)_n$ 的分解峰值温度 T_d 与 M 电负性 χ_P 之间的关系 [179−181]。(c) $2LiBH_4/MgH_2$ 复合体系与 $LiBH_4$ 单体的放氢反应焓变的比较 [141,182]

另一种降低放氢反应焓变的方法是：将 $M(BH_4)_n$ 与金属、金属氢化物或其他配位氢化物等复合，生成更稳定的分解产物，从而降低放氢反应焓变 ΔH_{deh}。典型的例子是 $2LiBH_4$ 与 MgH_2 的复合体系，如图 10.23(c) 所示。$LiBH_4$ 单体的分解反应 ($LiBH_4 \longrightarrow LiH + B + 3/2H_2$) 的焓变 ΔH_{deh} 为 74 kJ/(mol H_2)，当平衡氢压为 $P_{eq} = 0.1$ MPa H_2 时，对应放氢温度为 $T_d = 370$ ℃ [141]。与 MgH_2 复合能够显著降低 ΔH_{deh} 和 T_d，即 $2LiBH_4/MgH_2$ 体系总分解反应可按式 (10.51) 进行。由于反应后生成了 MgB_2，ΔH_{deh} 降至 40.5 kJ/(mol H_2)，放氢温度 T_d 降至 168 ℃ 左右 [182]。目前，很多种复合体系被开发出来，如表 10.10 所示。

表 10.10 $M(BH_4)_n$ 与金属、金属氢化物、其他配位氢化物的复合体系

反应	首次氢量 (wt%)			反应条件：温度/°C [氢压力/MPa]		ΔH_{dehyd} 理论 (T) /实验 (E) 值 /(kJ/(mol H_2))	参考文献
	理论值	放氢	吸氢	放氢	吸氢		
$LiBH_4 + 1/2MgH_2 \longrightarrow LiH + 1/2MgB_2 + 2H_2$	11.5	8.0 ~ 10.6	8.0 ~ 10	270 ~ 450	270 ~ 450 [10]	T 50.4 ~ 66.8 /E 40.5	[157,182,193-197]
$LiBH_4 + 1/2Al \longrightarrow LiH + 1/2AlB_2 + 3/2H_2$	8.6	6.8 ~ 7.2	5 ~ 7.6	280 ~ 550	300 ~ 500 [10 ~ 15.5]	T 18.8 ~ 57.9	[198,199]
$LiBH_4 + 1/2Mg \longrightarrow LiH + 1/2MgB_2 + 3/2H_2$	8.9	5.6		375 ~ 500		T 46.4	[196,197]
$LiBH_4 + 1/6CaH_2 \longrightarrow LiH + 1/6CaB_6 + 10/6H_2$	11.7	5.1 ~ 11.1	9 ~ 11.1	150 ~ 500	400 [10]	T 45.4 ~ 66.5	[157, 196,200]
$LiBH_4 + 1/6CeH_2 \longrightarrow LiH + 1/6CeB_6 + 10/6H_2$	7.4	6.1 ~ 6.2	6.0	170 ~ 450	350 [10]	T 44.1	[200,201]
$LiBH_4 + 1/4YH_3 \longrightarrow LiH + 1/4YB_4 + 15/8H_2$	8.4	7.2		350			[200]
$LiBH_4 + 1/4MgH_2 + 1/4Al \longrightarrow LiH + 1/4MgAlB_4 + 7/4H_2$	10.0	9.4	6	260 ~ 400	400 [4]	E 57	[202]
$Ca(BH_4)_2 + MgH_2 \longrightarrow 2/3CaH_2 + 1/3CaB_6 + Mg + 13/3H_2$	9.1	8.1	5.5	320 ~ 500	350 [9]	T 45	[203]
$Mg(BH_4)_2 + LiNH_2 \longrightarrow$ Li-Mg + BN-related + $5H_2$	13.1	11.4		160 ~ 600			[204]
$NaBH_4 + 1/2MgH_2 \longrightarrow Na + 1/2MgB_2 + 5/2H_2$	9.9	9	6	57 ~ 450	450 [5]	T 62	[205]
$12LiBH_4 + 2LaH_3 + 17MgH_2 \longrightarrow 2LaB6 + 12LiH + 17Mg + 38H_2$	7.6	6.9	6.8	260 ~ 400	400 [10]		[190]
$6LiBH_4 + CaH_2 + 3MgH_2 \longrightarrow 6LiH + CaB_6 + 3Mg + 13H_2$	9.3	8.0	8.1	290 ~ 430	400 [10]		[191]
$LiBH_4 + Mg_2FeH_6 \longrightarrow LiH + Mg + (Fe, FeB) + 9/2H_2$	6.8	6	6	310 ~ 360	400 [20]		[192]

$$2LiBH_4 + MgH_2 \longrightarrow 2LiH + MgB_2 + 4H_2 \tag{10.51}$$

通过与金属、金属氢化物 (如 MgH_2) 复合，在反应产物中生成金属硼化物 (如 MgB_2 等) 不仅可降低 ΔH_{deh}，从而降低放氢温度 T_d，而且能提高 $M(BH_4)_n$ 的可逆吸氢性能。前文提到，$LiBH_4$ 放氢后生成 LiH 和 B，其可逆吸氢需要在 600 ℃ 和 15.5 ~ 35 MPa H_2 下进行 [9,141]。相比之下，$2LiBH_4/MgH_2$ 复合体系放氢后生成 MgB_2 和 LiH，其可逆吸氢可在相对温和的条件 (如 250 ~ 300 ℃ 和 10 MPa H_2) 下进行 [182]。可逆吸氢性能的提高可以从 B 与 MgB_2 不同的晶体结构来理解。单质硼是由二十面体单元构成的稳定结构 (图 10.24)，每个二十面体单元由 12 个 B 原子构成，每个 B 原子与周围 5 个临近的 B 原子形成稳定的共价键。另一方面，MgB_2 具有层状结构，每个 B 原子最多与周围 3 个临近的 B 原子结合 [183]。因此，MgB_2 能够在更低的温度下分解释放出 B 原子，从而使 $2LiBH_4/MgH_2$ 体系具有更好的可逆吸氢性能。经过多次吸/放氢循环后，$LiBH_4/MgH_2$ 体系的可逆性仍较好，可逆储氢质量密度可达 8 wt%[184]。值得注意的是，$2LiBH_4/MgH_2$ 复合体系的放氢反应受氢气分压影响很大。在等温脱氢过程中，只有当氢气分压不低于 3 个大气压时，反应才会按照式 (10.51) 生成 MgB_2。在升温过程中，氢气分压越低，由于 $LiBH_4$ 直接分解产生的中间相 $Li_2B_{12}H_{12}$ 越多，见图 10.25。$Li_2B_{12}H_{12}$ 的生成会阻碍 MgB_2 的生成，只有当氢气分压不低于 2 MPa 时，$Li_2B_{12}H_{12}$ 的生成才得以完全抑制 [185]。采用氢同位素示踪法研究 $MgH_2/LiBH_4$ 体系的反应失稳机理 [186]。结果发现，在 $MgD_2/2LiBH_4$ 体系的放氢伴随有 HD 气体的释放，这充分表明 MgD_2 和 $LiBH_4$ 之间优先发生 H-D 原子交换 [187]。这种 H-D 原子交换好像只有在高于 $LiBH_4$ 熔点时才容易发生 [188]。最近，研究讨论了 $2LiBH_4/MgH_2$ 复合体系和 $NaAlH_4$ 的储氢系统的成本结构，并将其与高压 (70 MPa) 和液氢存储系统进行了比较。由于配位氢化物系统在存储过程中压力和温度条件温和，所以容器结构比高压和液氢方法要简单得多。根据经济性分析，$2LiBH_4/MgH_2$ 系统的成本与高压 (70 MPa) 系统接近，但 $NaAlH_4$ 系统的成本优势则更为明显 [189]，见图 10.26。通过在 4 MPa 氢气下对 $LiBH_4$-0.083La_2Mg_{17} 混合物进行氢化处理，原位制备了新的反应性复合材料 12$LiBH_4$-2MgH_2-17LaH_3，其在 4 MPa、350 ℃ 以下可逆储氢达 6.0 wt%[190]。另外，6$LiBH_4$-CaH_2-3MgH_2 复合材料在 10 MPa、400 ℃ 以下实现了大约 8.0 wt%的可逆储氢 [191]。在已知的复合体系中，$LiBH_4$ + Mg_2FeH_6 首次观察到了升温放氢过程中两个组分的同时分解 [192]。

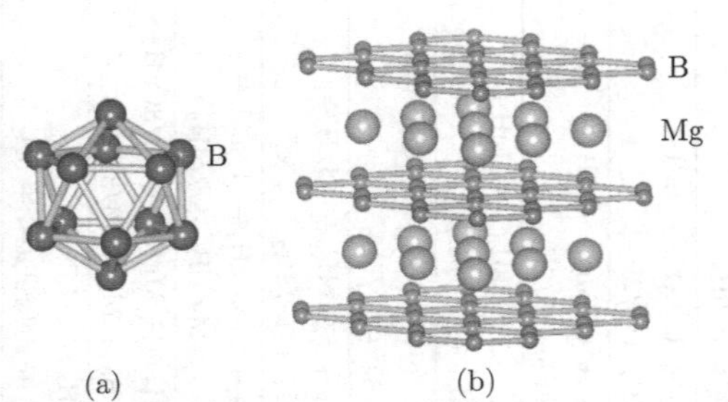

图 10.24　(a) 单质硼中由 12 个 B 原子组成的 B_{12} 二十面体单元；(b) MgB_2 的层状晶体结构示意图 [183]

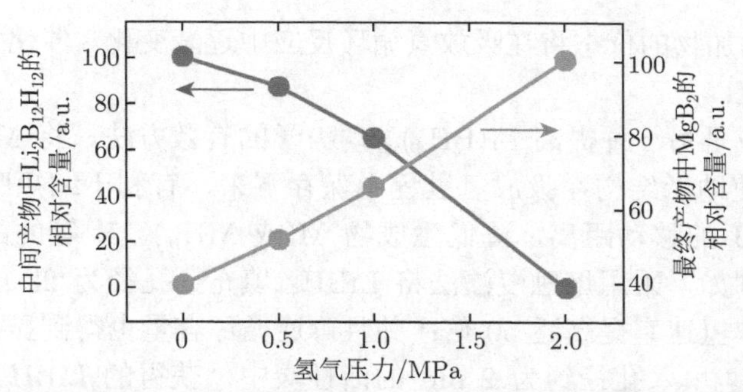

图 10.25 $LiBH_4$ 直接分解产生中间相 $Li_2B_{12}H_{12}$ 与 $2LiBH_4/MgH_2$ 复合体系分解产生 MgB_2 的氢气压力依存性 [185]

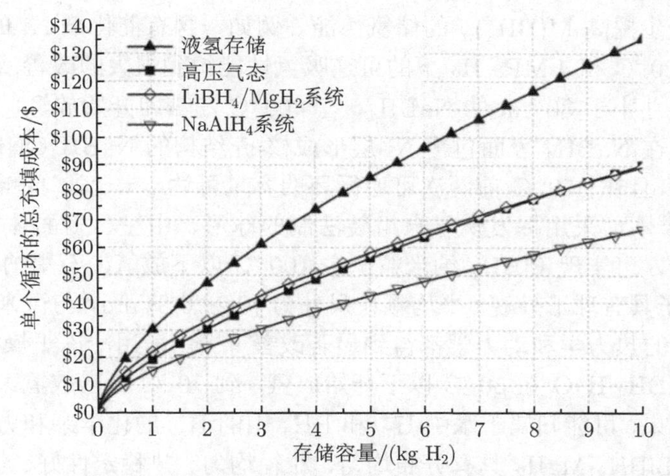

图 10.26 单个循环的总充填成本与存储容易的关系 [189]

良好的吸放氢动力学性能对储氢材料的应用非常重要。提高 $M(BH_4)_n$ 动力学性能的方法主要有以下两种：① 有效的添加物或催化剂；② 纳米限制效应。

通过添加 $0.2MgCl_2 + 0.1TiCl_3$ 的混合物，$LiBH_4$ 可在 60 ℃ 下开始放氢，加热至 400 ℃ 可放氢量为 5 wt%，放氢后在 600 ℃ 及 7 MPa H_2 下吸氢，可逆吸氢量达到 4.5 wt%[206]。硼酸通过氢正离子和氢负离子的相互作用，有效地促进了硼氢化锂的脱氢反应。比如，$LiBH_4$-(4/3)$B(OH)_3$ 的混合物在 180 ℃ 以下可释放 5.6 wt%的氢，且只含有微量的水 [207]。通过添加 $TiCl_3$，$Mg(BH_4)_2$ 的初始放氢温度可降至 90 ℃ 左右 [118]。将 $Mg(BH_4)_2$ 和 $LiAlH_4$ 颗粒均匀地分散在氟化石墨表面形成类似于"巧克力曲奇"的微观结构，有益于阻碍 $Mg(BH_4)_2$ 与 $LiAlH_4$ 之间的复分解反应，而且可以显著降低脱氢温度。该复合材料在 68.2 ℃ 下，几秒钟内就可以完全释放出 7.12 wt%的高纯度氢气，其性能优于目前已知的所有固态储氢系统 [208]。Ti-isopropoxide(异丙醇钛) 是 $2LiBH_4 + MgH_2$ 复合体系的一种良好的催化剂，X 射线吸收光谱分析表明，异丙醇钛在与 $2LiBH_4 + MgH_2$ 球磨混合的过程中，先形成无序的锐钛型 TiO_2，在随后的吸放氢循环中，Ti 组分将逐渐转变为 Ti_2O_3 和 TiB_2[209]。在大多数催化剂中都观察到了类似的现象，即添加物的价态将在吸放氢循环反应中逐渐变化。催化剂的催化机理还有待进一步深入研究。

纳米限制效应是另一种提高 $M(BH_4)_n$ 动力学的有效方法。将 $M(BH_4)_n$ 的尺寸减小到纳米级，并使纳米结构在吸放氢过程中保存下来，有利于缩短吸放氢反应中组分原子如 M B 和 H 的移动距离，降低生成物 M(或 MH_n)、B 等的晶粒尺寸，从而提高动力学性能。例如，采用熔融浸渍法将 $LiBH_4$ 填充到孔径为 25 nm 的碳气凝胶中，300 ℃ 下的等温放氢速率提高近 50 倍；并且可逆循环容量也得到显著提高 [210]。采用类似方法将 $LiBH_4$ 填入孔径约为 2 nm 的活性炭中，获得的 $LiBH_4$/活性炭纳米复合体系的放氢温度比块体 $LiBH_4$ 降低约 150 ℃ ；350 ℃ 时的脱氢平台压约为 3.03 MPa，较块体 $LiBH_4$ 的 0.3 MPa 提高了一个数量级；放氢速率和可逆吸氢也得到了有效改善 [211,212]。将含催化剂的 $M(BH_4)_n$ 添加到纳米孔中，结合纳米尺度效应和催化剂的催化作用，能进一步提高 $M(BH_4)_n$ 的储氢性能。例如，含有催化剂 Ni 的 $LiBH_4$ 添加到纳米孔后，在 320 ℃ 和 4 MPa H_2 下的可逆吸氢性能得到很大的改善 [213]。采用反溶剂沉淀法制备的尺寸小于 30 nm 的 $NaBH_4$，在 400 ℃ 左右即开始放氢，主放氢温度约为 535 ℃ 。进一步在 $NaBH_4$ 表面包覆 Ni 层形成核-壳结构的 $NaBH_4$@Ni，主放氢温度可降低至 418 ℃ ，且在 350 ℃ 前两次可逆循环的容量可达 5 wt%，能够在 60 min 内释放 80%的氢气 [214]。采用挥发诱导自组装法制的球形、中空、多面体等不同形状的硼氢化物纳米粒子，可实现 $LiBH_4$ 纳米粒子在 100 ℃ 以下放氢。石墨纳米片负载的超细 $NaBH_4$ 纳米粒子具有球形外观，平均颗粒尺寸为 (6.2±0.8) nm，与微米级的 $NaBH_4$ 相比，其放氢反应的热力学和动力学都得到显著改善 [215]。采用冷冻干燥法制备的厚度为 20~30 nm 的 $LiBH_4·H_2O$ 在 50 ℃ 以下开始放氢，到 70 ℃ 可以放氢大约 10 wt%。如此明显的改善效果，可能归属于水中 H^+ 和 BH_4 中的 H^- 的化学亲和力 [216]。石墨烯包覆的纳米结构 $2LiBH_4$-MgH_2 具有分布均匀、粒径均匀、热稳定性好、结构坚固等优点，使其储氢性能得到显著改善，即显著降低了脱氢温度，高可逆 H_2 容量 (在整个复合材料中占 9.1%) 和良好的循环稳定性 (350 ℃ 下 25 次循环后可逆容量为 8.9 wt%)[217]。采用空间受限的固-气反应合成制备的石墨烯负载 $Mg(BH_4)_2$ 纳米粒子，平均直径约 10 nm。其起始放氢温度下降至 154 ℃ , 并且在 225 ℃ 下可放氢 9.04 wt%，生成 MgB_2。这样形成的 MgB_2 的粒径为 10.3 nm，在 300 ℃ 下可逆吸氢量为 4.13 wt%[218]。

10.6 小结与展望

配位氢化物，主要包括金属铝氢化物、金属氮氢化物和金属硼氢化物，与传统的金属氢化物相比具有更高的储氢容量，是目前固体储氢材料的研究热点 [219−222]。从常温附近的应用条件来看，仍亟待解决以下科学问题：① 热力学稳定性高，吸放氢反应需要苛刻的温度或压力条件；② 吸放氢反应复杂，动力学特性较差；③ 个别体系吸放氢循环稳定性差；④ 个别体系在放氢的同时伴随有杂质气体放出。为满足储氢应用的实际需求，应紧密结合先进分析技术和高通量计算技术，揭示现有配位氢化物的吸放氢机理，切实改善热力学与动力学性能的同时，不断开发新型高性能配位氢化物储氢材料。另外，目前绝大多数配位氢化物的研发都处于实验室级别，仅限于小规模的制备与合成。今后，应继续优化现有制备技术和开发新的合成方法，为满足实际应用的规模化制备做好准备。同时，配位氢化物的热导率比较低，改善其传热性能的工程问题也应得以重视。

除了与上述的常温型质子交换膜燃料电池来匹配以外，配位氢化物也可以与中高温型燃料电池进行组合，通过利用中高温型燃料电池的余热来回避其热力学和动力学等问题 [223]。此外，以常温型质子交换膜燃料电池的高温化作为燃料电池领域的开发热点，也将为配位氢化物的热力学和动力学性能改善降低门槛。由此可以预见，随着配位氢化物储氢性能的进一步提高，各种燃料电池技术的不断进步，配位氢化物储氢的普及应用也会在不久的将来变为现实。此外，配位氢化物在快离子导体、储热、发光材料等多个领域也展现出应用前景 [12,220,223,224]，应从多个角度对该材料体系开展深入系统的研究。

（李海文）

参 考 文 献

[1] Züttel A, Wenger P, Rentsch S, et al. $LiBH_4$ a new hydrogen storage material. J Power Sources, 2003, 118(1-2): 1-7.

[2] Orimo S, Nakamori Y, Eliseo J R, et al. Complex hydrides for hydrogen storage. Chem Rev, 2007, 107(10): 4111-4132.

[3] Bogdanovi B, Schwickardi M. Ti-doped alkali metal aluminium hydrides as potential novel reversible hydrogen storage materials. J Alloys Compd, 1997, 253-254: 1-9.

[4] Arroyoy de Dompablo M E, Ceder G. First principles investigations of complex hydrides AMH_4 and A_3MH_6 (A=Li, Na, K, M=B, Al, Ga) as hydrogen storage systems. J Alloys Compd, 2004, 364(1-2): 6-12.

[5] Miwa K, Ohba N, Towata S, et al. First-principles study on lithium borohydride $LiBH_4$. Phys Rev B, 2004, 69(24): 245120.

[6] Haaland A. Covalent versus dative bonds to main group metals, a useful distinction. Angew Chem, 1989, 28(18): 992-1007.

[7] Klooster W T, Koetzle T F, Siegbahn P E M, et al. Study of the N-H···H-B dihydrogen bond including the crystal structure of BH_3NH_3 by neutron diffraction. J Am Chem Soc, 1999, 121(27): 6337-6343.

[8] Richardson T B, de Gala S, Crabtree R H, et al. Unconventional hydrogen bonds: intermolecular B-H···H-N interactions. J Am Chem Soc, 1995, 117(51): 12875-12876.

[9] Orimo S, Nakamori Y, Kitahara G, et al. Dehydriding and rehydriding reactions of $LiBH_4$. J Alloys Compd, 2005, 404-406: 427-430.

[10] Orimo S, Nakamori Y, Ohba N, et al. Experimental studies on intermediate compound of $LiBH_4$. Appl Phys Lett, 2006, 89(2): 021920.

[11] Ohba N, Miwa K, Aoki M, et al. First-principles study on the stability of intermediate compounds of $LiBH_4$. Phys Rev B, 2006, 74(7): 075110.

[12] Chen Z, Ma Z, Zheng J, et al. Perspectives and challenges of hydrogen storage in solid-state hydrides. Chinese J Chem Eng, 2021, 29(1-2): 1-12.

[13] Baitalow F, Baumann J, Wolf G, et al. Thermal decomposition of B–N–H compounds investigated by using combined thermoanalytical methods. Thermochim Acta, 2002, 391: (1-2)159-168.

[14] Wolf G, Baumann J, Baitalow F, et al. Calorimetric process monitoring of thermal decomposition of B–N–H compounds. Thermochim Acta, 2000, 343(1-2): 19-25.

[15] Wolf G, van Miltenburg J C, Wolf U. Thermochemical investigations on borazane (BH_3–NH_3) in the temperature range from 10 to 289 K. Thermochim Acta, 1998, 317(2): 111-116.

[16] Baumann J, Baitalow E, Wolf G. Thermal decomposition of polymeric aminoborane $(H_2BNH_2)_x$ under hydrogen release. Thermochim Acta, 2005, 430(1-2): 9-14.

[17] Sit V, Geanangel R A, Wendlandt W W. The thermal dissociation of NH_3BH_3. Thermochim Acta, 1987, 113: 379-382.

[18] Dymova T N, Selivokhina M S, Eliseeva N G, et al. Russian Patent: SU 259060, 1974-01-25.

[19] Fichtner M, Fuhr O, Kircher O. Magnesium alanate—a material for reversible hydrogen storage? J Alloys Compd, 2003, 356-357: 418-422.

[20] Wang P, Kang X D, Cheng H M. Direct formation of Na_3AlH_6 by mechanical milling NaH/Al with TiF_3. Appl Phys Lett, 2005, 87(7): 071911.

[21] Sato T, Ikeda K, Li H-W, et al. Direct dry syntheses and thermal analyses of a series of aluminum complex hydrides. Mater Trans, 2009, 50(1): 182-186.

[22] Hauback B C, Brinks H W, Fjellvåg H. Accurate structure of $LiAlD_4$ studied by combined powder neutron and X-ray diffraction. J Alloys Compd, 2002, 346(1-2): 184-189.

[23] Hauback B C, Brinks H W, Jensen C M, et al. Neutron diffraction structure determination of $NaAlD_4$, J Alloys Compd, 2003, 358(1-2): 142-145.

[24] Hauback B C, Brinks H W, Heyn R H, et al. The crystal structure of $KAlD_4$. J Alloys Compd, 2005, 394(1-2): 35-38.

[25] Fossdal A, Brinks H W, Fichtner M, et al. Determination of the crystal structure of $Mg(AlH_4)_2$ by combined X-ray and neutron diffraction. J Alloys Compd, 2005, 387(1-2): 47-51.

[26] Sato T, Sørby M H, Ikeda K, et al. Syntheses, crystal structures, and thermal analyses of solvent-free $Ca(AlD_4)_2$ and $CaAlD_5$. J Alloys Compd, 2009, 487(1-2): 472-478.

[27] Rönnebro E, Noréus D, Kadir K, et al. Investigation of the perovskite related structures of $NaMgH_3$, $NaMgF_3$ and Na_3AlH_6. J Alloys Compd, 2000, 299(1-2): 101-106.

[28] Brinks H W, Hauback B C. The structure of Li_3AlD_6. J Alloys Compd, 2003, 354(1-2): 143-147.

[29] Hauback B C, Brinks H W, Jensen C M, et al. Synthesis and crystal structure of Na_2LiAlD_6. J. Alloys Compd, 2005, 392(1-2): 27-30.

[30] Pommerin A, Wosylus A, Felderhoff M, et al. Synthesis, crystal structures, and hydrogen-storage properties of $Eu(AlH_4)_2$ and $Sr(AlH_4)_2$ and of their decomposition intermediates, $EuAlH_5$ and $SrAlH_5$. Inorg Chem, 2012, 51(7): 4143-4150.

[31] Zhang Q A, Nakamura Y, Oikawa K, et al. Synthesis and crystal structure of Sr_2AlH_7: a new structural type of alkaline earth aluminum hydride. Inorg Chem, 2002, 41(25): 6547-6549.

[32] Block J, Gray A P. The thermal decomposition of lithium aluminum hydride. Inorg Chem, 1968, 72(12): 4009-4014.

[33] Balema V P, Dennis K W, Pecharsky V K. Rapid solid-state transformation of tetrahedral $[AlH_4]^-$ into octahedral $[AlH_6]^{3-}$ in lithium aluminohydride. Chem Commun, 2000, (17): 1665-1666.

[34] Chen J, Kuriyama N, Xu Q, et al. Reversible hydrogen storage via titanium-catalyzed $LiAlH_4$ and Li_3AlH_6. J Phys Chem B, 2001, 105(45): 11214-11220.

[35] Dymova T N, Eliseeva N G, Bakum S I, et al. Direct synthesis of alkali metal aluminum hydrides in the melt. Dokl Akad Nauk SSSR, 1976, 215: 1369-1372.

[36] Ashby E C, Kobetz P. The direct synthesis of Na_3AlH_6. Inorg Chem, 1966, 5(9): 1615-1617.
[37] Fu Q, Ramirez-Cuesta A J, Tsang S. Molecular aluminum hydrides identified by inelastic neutron scattering during H_2 regeneration of catalyst-doped $NaAlH_4$. J Phys Chem B, 2006, 110(2): 711-715.
[38] Jensen C M, Zidan R, Mariels N, et al. Advanced titanium doping of sodium aluminum hydride: segue to a practical hydrogen storage material? Int J Hydrogen Energy, 1999, 24(5): 461-465.
[39] Claudy P, Bonnetot B, Bastide J P, et al. Reactions of lithium and sodium aluminium hydride with sodium or lithium hydride. Preparation of a new alumino-hydride of lithium and sodium $LiNa_2AlH_6$. Mater Res Bull, 1982, 17(12): 1499-1504.
[40] Graetz J, Lee Y, Reilly J J, et al. Structure and thermodynamics of the mixed alkali alanates. Phys Rev B, 2005, 71(18): 184115.
[41] Morioka H, Kakizaki K, Chung S, et al. Reversible hydrogen decomposition of $KAlH_4$. J Alloys Compd, 2003, 353(1-2): 310-314.
[42] Jensen C M, Gross K J. Development of catalytically enhanced sodium aluminum hydride as a hydrogen-storage material. Appl Phys A, 2001, 72(2): 213-219.
[43] Wang Q, Chen Y, Wu C, et al. Catalytic effect and reaction mechanism of Ti doped in $NaAlH_4$: A review. Chin Sci Bull, 2008, 53(12): 1784-1788.
[44] Frankcombe T J. Proposed mechanisms for the catalytic activity of Ti in $NaAlH_4$. Chem Rev, 2011, 112(4): 2164-2178.
[45] Jang J, Shim J, Cho Y, et al. Thermodynamic calculation of LiH $\leftrightarrow$ Li_3AlH_6 $\leftrightarrow$ $LiAlH_4$ reactions. J Alloys Compd, 2006, 420(1-2): 286-290.
[46] Wang J, Ebner A D, Ritter J A. Physiochemical pathway for cyclic dehydrogenation and rehydrogenation of $LiAlH_4$. J Am Chem Soc, 2006, 128(17): 5949-5954.
[47] Graetz J, Wegrzyn J, Reilly J. Regeneration of lithium aluminum hydride. J Am Chem Soc, 2008, 130(52): 17790-17794.
[48] Liu Y, Ren Z, Zhang X, et al. Development of catalyst-enhanced sodium alanate as an advanced hydrogen-storage material for mobile applications. Energy Technol, 2018, 6(3): 487-500.
[49] Anton D L. Hydrogen desorption kinetics in transition metal modified $NaAlH_4$. J Alloys Compd, 2003, 356-357: 400-404.
[50] Xiao X Z, Chen L X, Wang X, et al. The hydrogen storage properties and microstructure of Ti-doped sodium aluminum hydride prepared by ball-milling. Int J Hydrogen Energy, 2007, 32(13): 2475–2479.
[51] 吴朝玲，李永涛，李媛，等. 氢气储存和输运. 北京：化学工业出版社，2010.
[52] Chen P, Zhu M. Recent progress in hydrogen storage. Mater Today, 2008, 11(12): 36-43.
[53] Balde C P, Hereijgers B P C, Bitter J H, et al. Sodium alanate nanoparticles –linking size to hydrogen storage properties. J Am Soc Chem, 2008, 130(21): 6761-6765.
[54] Xiao X Z, Chen L X, Fan X L, et al. Direct synthesis of nanocrystalline $NaAlH_4$ complex hydride for hydrogen storage. Appl Phys Lett, 2009, 94(4): 041907.
[55] Pang Y P, Liu Y F, Gao M, et al. A mechanical-force-driven physical vapour deposition approach to fabricating complex hydride nanostructures. Nat Commun, 2014, 5: 3519.
[56] Zheng S Y, Fang F, Zhou G Y, et al. Hydrogen storage properties of space-confined $NaAlH_4$ nanoparticles in ordered mesoporous silica. Chem Mater, 2008, 20(12): 3954-3958.
[57] Li Y, Zhou G, Fang F, et al. De-/re-hydrogenation features of $NaAlH_4$ confined exclusively in nanopores. Acta Mater, 2011, 59(4): 1829-1838.

[58] Gao J, Adelhelm P, Verkuijlen M H W, et al. Confinement of NaAlH4 in nanoporous carbon: impact on H_2 release, reversibility, and thermodynamics. J Phys Chem C, 2010, 114(10): 4675-4682.

[59] Ley M B, Meggouh M, Moury R, et al. Development of hydrogen storage tank systems based on complex metal hydrides. Materials, 2015, 8(9): 5891-5921.

[60] Na Ranong C, Höhne M, Franzen J, et al. Concept, design and manufacture of a prototype hydrogen storage tank based on sodium alanate. Chem Eng Technol, 2009, 32(8): 1154-1163.

[61] Mosher D A, Tang X, Arsenault S, et al. Available online: http://www.hydrogen.energy.gov/pdfs/progress05/vi_a_2_anton.pdf.

[62] Johnson T A, Jorgensen S W, Dedrick D E. Performance of a full-scale hydrogen-storage tank based on complex hydrides. Faraday Discuss, 2011, 151: 327-352; discussion 385-397.

[63] Bellosta von Colbe J, Metz O, Lozano G A, et al. Behavior of scaled-up sodium alanate hydrogen storage tanks during sorption. Int J Hydrogen Energy, 2012, 37(3): 2807-2811.

[64] Bellosta von Colbe J, Ares J R, Barale J, et al. Application of hydrides in hydrogen storage and compression: Achievements, outlook and perspectives. Int J Hydrogen Energy, 2019, 44(15): 7780-7808.

[65] Kojima Y, Ichikawa T, Fujii H. FUELS – HYDROGEN STORAGE |complex hydrides. Elsevier: Encyclopedia of Electrochemical Power Sources, 2009: 473-483.

[66] Chen P, Xiong Z T, Luo J Z, et al. Interaction of hydrogen with metal nitrides and imides. Nature, 2002, 420(6913): 302-304.

[67] Orimo S, Nakamori Y, Kitahara G, et al. Destabilization and enhanced dehydriding reaction of $LiNH_2$: an electronic structure viewpoint. Appl Phys A, 2004, 79(17): 1765-1767.

[68] Balogh M P, Jones C Y, Herbst J F, et al. Crystal structures and phase transformation of deuterated lithium imide, Li_2ND. J Alloys Compd, 2006, 420(1-2): 326-336.

[69] Nagib M, Kistrup H, Jacobs H. Neutron diffraction by sodiumdeuteroamide, $NaND_2$, Atomkernenergie, 1975, 26: 87-90.

[70] Sørby M H, Nakamura Y, Brinks H W, et al. The crystal structure of $LiND_2$ and $Mg(ND_2)_2$. J Alloys Compd, 2007, 428(1-2): 297-301.

[71] Senker J, Jacobs H, Muller M, et al. Reorientational dynamics of amide Ions in isotypic phases of strontium and calcium amide. 1. Neutron diffraction experiments. J Phys Chem, 1998, 102(6): 931-940.

[72] Rijssenbeek J, Gao Y, Hanson J, et al. Crystal structure determination and reaction pathway of amide–hydride mixtures. J Alloys Compd, 2008, 454(1-2): 233-244.

[73] Noritake T, Aoki M, Towata S, et al. Crystal structure analysis of novel complex hydrides formed by the combination of $LiBH_4$ and $LiNH_2$. Appl Phys A, 2006, 83(2): 277-279.

[74] Wu H, Zhou W, Udovic T J, et al. Structures and crystal chemistry of Li_2BNH_6 and $Li_4BN_3H_{10}$. Chem Mater, 2008, 20(4): 1245-1247.

[75] Noritake T, Nozaki H, Aoki M, et al. Crystal structure and charge density analysis of Li_2NH by synchrotron X-ray diffraction. J Alloys Compd, 2005, 393(1-2): 264-268.

[76] Ohoyama K, Nakamori Y, Orimo S, et al. Revised crystal structure model of Li_2NH by neutron powder diffraction. J Phys Soc Jpn, 2005, 74(1): 483-487.

[77] Wang J, Li H W, Chen P. Amides and borohydrides for high-capacity solid-state hydrogen storage—materials design and kinetic improvements. MRS Bulletin. 2013, 38(6): 480-487.

[78] Noritake T, Aoki M, Towata S, et al. Proc. MRS Meet. (Symp. Z: Hydrogen Storage Technol.), 2006: 27-30.

[79] Chen P, Xiong Z T, Luo J Z, et al. Interaction between lithium amide and lithium hydride. J Phys Chem B, 2003, 107(39): 10967-10970.

[80] Hu Y H, Ruckenstein E. Ultrafast reaction between LiH and NH_3 during H_2 storage in Li_3N. J Phys Chem A, 2003, 107: 9737-9739.

[81] Song Y, Guo Z X. Electronic structure, stability and bonding of the Li-N-H hydrogen storage system. Phys Rev B, 2006, 74(19): 195120.

[82] Hino S, Ichikawa T, Leng H, et al. Hydrogen desorption properties of the Ca–N–H system. J Alloys Compd, 2005, 398(1-2): 62-66.

[83] Xiong Z, Wu G, Hu J, et al. Ternary imides for hydrogen storage. Adv Mater, 2004, 16(17): 1522-1525.

[84] Leng H, Ichikawa T, Isobe S, et al. Desorption behaviours from metal-N-H systems synthesized by ball milling. J Alloy Compd, 2005, 404-406: 443-447.

[85] Hu J, Wu G, Liu Y, et al. Hydrogen release from $Mg(NH_2)_2-MgH_2$ through mechanochemical reaction. J Phys Chem B, 2006, 110(30): 14688-14692.

[86] Nakamori Y, Kitahara G, Ninomiya A, et al. Guidelines for developing amide-based hydrogen storage materials. Mater Trans, 2005, 46(9): 2093-2097.

[87] Xiong Z, Hu J, Wu G, et al. Thermodynamic and kinetic investigations of the hydrogen storage in the Li–Mg–N–H system. J Alloys Compd, 2005, 398(1-2): 235-239.

[88] Liu Y F, Liu T, Xiong Z T, et al. Synthesis and structural characterization of a new alkaline earth imide: $MgCa(NH)_2$. Eur. J. Inorg. Chem. 2006, (21): 4368-4373.

[89] Liu Y F, Xiong Z T, Hu J J, et al. Hydrogen absorption/desorption behaviors over a quaternary Mg–Ca–Li–N–H system. J Power Sources, 2006, 159(1): 135-138.

[90] Xiong Z T, Wu G T, Hu J J, et al. Investigation on chemical reaction between $LiAlH_4$ and $LiNH_2$. J Power Sources, 2006, 159(1): 167-170.

[91] Pinkerton F E, Meisner G P, Meyer M S, et al. Hydrogen desorption exceeding ten weight percent from the new quaternary hydride $Li_3BN_2H_8$. J Phys Chem B, 2005, 109(1): 6-8.

[92] Yang J, Sudik A, Siegel D J, et al. A self-catalyzing hydrogen storage material. Angew Chem Int Ed, 2008, 47(5): 882-887.

[93] Sudik A, Yang J, Siegel D J, et al. Impact of stoichiometry on the hydrogen storage properties of $LiNH_2-LiBH_4-MgH_2$ ternary composites. J. Phys Chem C, 2009, 113(5): 2004-2013.

[94] Nakamori Y, kitahara G, Miwa K, et al. Reversible hydrogen-storage functions for mixtures of Li_3N and Mg_3N_2. Appl Phys A, 2005, 80(1): 1-3.

[95] Meisner G P, Scullin M L, Balogh M P, et al. Hydrogen release from mixtures of lithium borohydride and lithium amide: a phase diagram study. J Phys Chem B, 2006, 110: 4186-4192.

[96] Paik B, Li H W, Wang J, et al. A Li–Mg–N–H composite as H_2 storage material: a case study with $Mg(NH_2)_2$–4LiH–$LiNH_2$. Chem Commun, 2015, 51(49): 10018-10021.

[97] Lin HJ, Li HW, Paik B, et al. Improvement of hydrogen storage property of three-component $Mg(NH_2)_2$–$LiNH_2$–LiH composites by additives. Dalton Trans 2016, 45(39): 15374-15381.

[98] Wang H, Wu G, Cao H, et al. Near ambient condition hydrogen storage in a synergized tricomponent hydride system. Adv Energy Mater, 2017, 7(13): 1602456.

[99] Wu H. Structure of ternary imide $Li_2Ca(NH)_2$ and hydrogen storage mechanisms in amide-hydride system. J Am Chem Soc, 2008, 130(20): 6515-6522.

[100] David W I F, Jones M O, Gregory D H, et al. A mechanism for non-stoichiometry in the lithium amide/lithium imide hydrogen storage reaction. J Am Chem Soc, 2007, 129(6): 1594-1601.

[101] Xie L, Liu Y, Li G Q, et al. Improving hydrogen sorption kinetics of the $Mg(NH_2)_2$–LiH system by the tuning particle size of the amide. J Phys Chem C, 2009, 113(32): 14523-14527.

[102] Liu Y, Zhong K, Luo K, et al. Size-dependent kinetic enhancement in hydrogen absorption and desorption of the Li-Mg-N-H system. J Am Chem Soc, 2009, 131(5): 1862-1870.

[103] Wang J, Hu J, Liu Y, et al. Effects of triphenyl phosphate on the hydrogen storage performance of the Mg $(NH_2)_2$–2LiH system. J Mater Chem, 2009, 19(15): 2141-2146.

[104] Xia G L, Chen X W, Zhou C F, et al. Nano-confined multi-synthesis of a Li–Mg–N–H nanocomposite towards low-temperature hydrogen storage with stable reversibility. J Mater Chem A, 2015, 3(24): 12646-12652.

[105] Sudik A, Yang J, Halliday D, et al. Kinetic improvement in the $Mg(NH_2)_2$–LiH storage system by product seeding. J Phys Chem C, 2007, 111(17): 6568-6573.

[106] Ma L P, Dai H B, Liang Y, et al. Catalytically enhanced hydrogen storage properties of $Mg(NH_2)_2$ + 2LiH material by graphite-supported Ru nanoparticles. J Phys Chem C, 2008, 112(46): 18280-18285.

[107] Hu J J, Liu Y F, Wu G T, et al. Improvement of hydrogen storage properties of the Li–Mg–N–H system by addition of $LiBH_4$. Chem Mater, 2008, 20(13): 4398-4402.

[108] Wang J H, Liu T, Wu G T, et al. Potassium-modified $Mg(NH_2)_2$/2 LiH system for hydrogen storage. Angew Chem Int Ed, 2009, 48(32): 5828-5832.

[109] Liang C, Liu Y, Gao M, et al. Understanding the role of K in the significantly improved hydrogen storage properties of a KOH-doped Li–Mg–N–H system. J Mater Chem A, 2013, 1(16): 5031-5036.

[110] Li C, Liu Y, Yang Y, et al. High-temperature failure behaviour and mechanism of K-based additives in Li–Mg–N–H hydrogen storage systems. J Mater Chem A, 2014, 2(20): 7345-7353.

[111] Liu Y, Yang Y, Gao M, et al. Tailoring thermodynamics and kinetics for hydrogen storage in complex hydrides towards applications. Chem Rec, 2016, 16(1): 189–204.

[112] Yan M Y, Sun F, Liu X P, et al. Effects of graphite content and compaction pressure on hydrogen desorption properties of $Mg(NH_2)_2$–2LiH based tank. J Alloys Compd, 2015, 628: 63-67.

[113] Bürger I, Luetto C, Linder M. Advanced reactor concept for complex hydrides: Hydrogen desorption at fuel cell relevant boundary conditions. Int J Hydrogen Energy, 2014, 39(14): 7346-7355.

[114] Baricco M, Bang M, Fichtner M, et al. SSH2S: hydrogen storage in complex hydrides for an auxiliary power unit based on high temperature proton exchange membrane fuel cells. J Power Sources, 2017, 342: 853-860.

[115] Friedrichs O, Remhof A, Borgschulte A, et al. Breaking the passivation - The road to a solvent free borohydride synthesis. Phys Chem Chem Phys, 2010, 12(36): 10919-10922.

[116] Goerrig D. Verfahren zur Herstellung von Boranaten. Ger. Pat. 1,077,644, 1958, Dec. 27.

[117] Schlesinger H J, Brown H C. New developments in the chemistry of diborane and the borohydrides. I. General Summary. J Am Chem Soc, 1953, 75(1): 186-190.

[118] Li H W, Kikuchi K, Nakamori Y, et al. Effects of ball milling and additives on dehydriding behaviors of well-crystallized $Mg(BH_4)_2$. Scripta Mater, 2007, 57(8): 679-682.

[119] Soluilé J P, Ranaudin G, Cermy R, et al. Lithium boro-hydride $LiBH_4$: I. Crystal structure. J Alloys Compd, 2002, 346(1-2): 200-205.

[120] Fischer P, Züttel A. Order-disorder phase transition in $NaBD_4$. Mater Sci Forum, 2004, 443-444: 287-290.

[121] Kumar R. S, Cornelius A L. Structural transitions in $NaBH_4$ under pressure. Appl Phys Lett, 2005, 87(26): 261916.

[122] Renaudin G, Gomes S, Hagemann H, et al. Structural and spectroscopic studies on the alkali borohydrides MBH_4 (M = Na, K, Rb, Cs). J Alloys Compd, 2004, 375(1-2): 98-106.

[123] Marynick D S, Lipscomb W N. Crystal structure of beryllium borohydride. Inorg Chem, 1972, 11(4): 820-823.

[124] Črný R, Filinchuk Y, Hagemann H, et al. Magnesium borohydride: synthesis and crystal structure. Angew Chem Int Ed, 2007, 46(30): 5765-5767.

[125] Filinchuk Y, Richter B, Jensen T R, et al. Porous and dense magnesium borohydride frameworks: synthesis, stability and reversible absorption of guest species. Angew Chem Int Ed, 2011, 50(47): 11162-11166.

[126] Noritake T, Aoki M, Matsumoto M, et al. Crystal structure and charge density analysis of $Ca(BH_4)_2$. J Alloys Compd, 2010, 491(1-2): 57-62.

[127] Cambridge Crystallographic Data Center: CCDC NO. 230930.

[128] Cambridge Crystallographic Data Center: CCDC NO. 230829.

[129] Frommen C, liouane N, Deledda S, et al. Crystal structure, polymorphism, and thermal properties of yttrium borohydride $Y(BH_4)_3$. Alloys Compd, 2010, 496(1-2): 710-716.

[130] Bird P H, Churchill M R. The crystal structure of zirconium(IV) borohydride (at –160°). Chem Commun, 1967, (8): 403.

[131] Broach R W, Chuang I S, Marks T J, et al. Metrical characterization of tridentate tetrahydroborate ligation to a transition-metal ion. Structure and bonding in $Hf(BH_4)_4$ by single-crystal neutron diffraction. Inorg Chem, 1983, 22(7): 1081-1084.

[132] Nickels E A, Jones M O, David W I F, et al. Tuning the decomposition temperature in complex hydrides: synthesis of a mixed alkali metal borohydride. Angew Chem Int Ed, 2008, 47(15): 2817-2819.

[133] Hagemann H, Longhini M, Kaminski J W, et al. $LiSc(BH_4)_4$: a novel salt of Li^+ and discrete $Sc(BH_4)_4^-$ complex anions. J Phys Chem A, 2008, 112(33): 7551-7555.

[134] Cerny R, Severa G, Ravnsbæk D B, et al. $NaSc(BH_4)_4$: a novel scandium-based borohydride. J Phys Chem C, 2010, 114(2): 1357-1364.

[135] Ravnsbæk D, Filinchuk Y, Cerenius Y, et al. A series of mixed ⊔ metal borohydrides. Angew Chem Int Ed, 2009, 48(36): 6659-6663.

[136] Her J H, Stephens P W, Gao Y, et al. Structure of unsolvated magnesium borohydride $Mg(BH_4)_2$. Acta Cryst B, 2007, 63(4): 561-568.

[137] Fichtner M, Chłpek K, Longhini M, et al. Vibrational spectra of $Ca(BH_4)_2$. J Phys Chem C, 2008, 112(30): 11575-11579.

[138] Riktor M, Sørby M, Chłpek K, et al. *In situ* synchrotron diffraction studies of phase transitions and thermal decomposition of $Mg(BH_4)_2$ and $Ca(BH_4)_2$. J Mater Chem, 2007, 17(47): 4939-4942.

[139] Filinchuk Y, Rönnebro E, Chandra D. Crystal structures and phase transformations in $Ca(BH_4)_2$. Acta Mater, 2009, 57(13): 732-738.

[140] Buchter F, dziana Z, Remhof A, et al. Structure of the orthorhombic γ-phase and phase transitions of $Ca(BD_4)_2$. J Phys Chem C, 2009, 113(39): 17223-17230.

[141] Mauron P, Buchter F, Friedrichs O, et al. Stability and reversibility of $LiBH_4$. J Phys Chem B, 2008, 112(3): 906-910.

[142] Frankcombe T J, Kroes G J, Züttel A. Theoretical calculation of the energy of formation of $LiBH_4$. Chem Phys Lett, 2005, 405(1-3): 73-78.

[143] Frankcombe T J, Kroes G J. Quasiharmonic approximation applied to $LiBH_4$ and its decomposition products. Phys Rev B, 2006, 73(17): 174302.

[144] Siegel D J, Wolverton C, Ozoliņš V. Thermodynamic guidelines for the prediction of hydrogen storage reactions and their application to destabilized hydride mixtures. Phys Rev B, 2007, 76(13): 134102.

[145] Her J H, Yousufuddin M, Zhou W, et al. Crystal structure of $Li_2B_{12}H_{12}$: a possible intermediate species in the decomposition of $LiBH_4$. Inorg Chem, 2008, 47(21): 9757-9759.

[146] Friedrichs O, Remhof A, Hwang S J, et al. Role of $Li_2B_{12}H_{12}$ for the Formation and Decomposition of $LiBH_4$. Chem Mater, 2010, 22(10): 3265-3268.

[147] Yan Y, Remhof A, Hwang S J, et al. Pressure and temperature dependence of the decomposition pathway of $LiBH_4$. Phys Chem Chem Phys, 2012, 14(18): 6514-6519.

[148] White L J, Newhouse L J, Zhang J Z, et al. Understanding and mitigating the effects of stable dodecahydro-closo-dodecaborate intermediates on hydrogen-storage reactions. J Phys Chem C, 2016, 120(45): 25725-25731.

[149] Friedrichs Q, Buchter F, Borgschulte A, et al. Direct synthesis of $LiBH_4$ and $LiBD_4$ from the elements. Acta Mater, 2008, 56(5): 949-954.

[150] Yan Y, Li H W, Nakamori Y, et al. Differential scanning calorimetry measurements of magnesium borohydride $Mg(BH_4)_2$. Mater Trans, 2008, 49(11): 2751-2752.

[151] van Setten M J, de Wijs G A, Fichtner M, et al. A density functional study of α-$Mg(BH_4)_2$. Chem Mater, 2008, 20(15): 4952-4956.

[152] Li H W, Kikuchi K, Nakamori Y, et al. Dehydriding and rehydriding processes of well-crystallized $Mg(BH_4)_2$ accompanying with formation of intermediate compounds. Acta Mater, 2008, 56(6): 1342-1347.

[153] Shane D T, Rayhel L H, Huang Z, et al. Comprehensive NMR study of magnesium borohydride. J Phys Chem C, 2011, 115(7): 3172-3177.

[154] Yan Y, Li H W, Maekawa H, et al. Formation Process of $[B_{12}H_{12}]^{2-}$ from $[BH_4]^-$ during the Dehydrogenation Reaction of $Mg(BH_4)_2$. Mater Trans, 2011, 52 (7): 1443-1446.

[155] Huang J, Yan Y, Remhof A, et al. A novel method for the synthesis of solvent-free $Mg(B_3H_8)_2$. Dalton Trans, 2016, 45(9): 3687-3690.

[156] Wang X, Xiao X, Zheng J, et al. Insights into magnesium borohydride dehydrogenation mechanism from its partial reversibility under moderate conditions. Mater Today Energy, 2020, 18: 100552.

[157] Ozolins V, Majzoub E H, Wolverton C. First-principles prediction of thermodynamically reversible hydrogen storage reactions in the Li-Mg-Ca-B-H system. J Am Chem Soc, 2009, 131(1): 230-237.

[158] Li H W, Miwa K, Ohba N, et al. Formation of an intermediate compound with a $B_{12}H_{12}$ cluster: experimental and theoretical studies on magnesium borohydride $Mg(BH_4)_2$. Nanotechnology, 2009, 20(20): 204013.

[159] Newhouse R J, Stavila V, Hwang S J, et al. Reversibility and improved hydrogen release of magnesium borohydride. J Phys Chem C, 2010, 114(11): 5224-5232.

[160] Li H W, Akiba E, Orimo S. Comparative study on the reversibility of pure metal borohydrides. J Alloys Compd, 2013, 580: S292-S295.

[161] Severa G, Rönnebro E, Jensen C M. Direct hydrogenation of magnesium boride to magnesium borohydride: demonstration of >11 weight percent reversible hydrogen storage. Chem Commun, 2010, 46(3): 421-423.

[162] Li H W, Matsunaga T, Yan Y, et al. Nanostructure-induced hydrogenation of layered compound MgB_2. J Alloys Compd, 2010, 505(2): 654-656.

[163] Chong M, Karkamkar A, Autrey T, et al. Reversible dehydrogenation of magnesium borohydride to magnesium triborane in the solid state under moderate conditions. Chem Commun, 2011, 47(4): 1330-1332.

[164] Grinderslev J B, Møller K T, Yan Y, et al. Potassium octahydridotriborate: diverse polymorphism in a potential hydrogen storage material and potassium ion conductor. Dalton Trans, 2019, 48(24): 8872–8881.

[165] Miwa K, Aoki M, Noritake T, et al. Thermodynamical stability of calcium borohydride $Ca(BH_4)_2$. Phys Rev B, 2006, 74(15): 155122.

[166] Aoki M, Miwa K, Noritake T, et al. Structural and dehydriding properties of $Ca(BH_4)_2$. Appl Phys A, 2008, 92(3): 601-605.

[167] Riktor M D, Sørby M H, Chopek K, et al. The identification of a hitherto unknown intermediate phase CaB_2H_x from decomposition of $Ca(BH_4)_2$. J Mater Chem, 2009, 19(18): 2754.

[168] Hartl L D M, Stowe A, Hess N, et al. in American Conference on Neutron Scattering, St. Charles, Illinois, 2006.

[169] Frankcombe T J. Calcium borohydride for hydrogen storage: a computational study of $Ca(BH_4)_2$ crystal structures and the CaB_2H_x intermediate. J Phys Chem C, 2010, 114(20): 9503-9509.

[170] Stavila V, Her J H, Zhou W, et al. Probing the structure, stability and hydrogen storage properties of calcium dodecahydro-closo-dodecaborate. J. Solid State Chem, 2010, 183(5): 1133-1140.

[171] Yan Y, Li H W, Sato T, et al. Dehydriding and rehydriding properties of yttrium borohydride $Y(BH_4)_3$ prepared by liquid-phase synthesis. Int J Hydrogen Energy, 2009, 34(14): 5732-5736.

[172] Jeon E, Cho Y W. Mechanochemical synthesis and thermal decomposition of zinc borohydride. J Alloys Compd, 2006, 422(1-2): 273-275.

[173] Noeth H, Rurlaender R. Metal tetrahydridoborates and (tetrahydroborato)metalates. 10. NMR study of the systems aluminum hydride/borane/tetrahydrofuran and lithium tetrahydroaluminate/borane/tetrahydrofuran. Inorg Chem, 1981, 20(4): 1062-1072.

[174] Fang Z Z, Ma L P, Kang X D, et al. *In situ* formation and rapid decomposition of $Ti(BH_4)_3$ by mechanical milling $LiBH_4$ with TiF_3. Appl Phys Lett, 2009, 94(4): 044104.

[175] Gennari F C, Albanesi L F, Rios I J. Synthesis and thermal stability of $Zr(BH_4)_4$ and $Zr(BD_4)_4$ produced by mechanochemical processing. Inorg Chim Acta, 2009, 362(10): 3731-3737.

[176] Xu J, Yu X B, Zou Z Q, et al. Enhanced dehydrogenation of $LiBH_4$ catalyzed by carbon-supported Pt nanoparticles. Chem Commun, 2008, (44): 5740-5742.

[177] Bösenberg U, Kim J W, Gosslar D, et al. Role of additives in $LiBH_4$–MgH_2 reactive hydride composites for sorption kinetics. Acta Mater, 2010, 58(9): 3381-3389.

[178] Wang P J, Fang Z Z, Ma L P, et al. Effect of carbon addition on hydrogen storage behaviors of Li-Mg-B-H system. Int J Hydrogen Energy, 2010, 35(7): 3072-3075.

[179] Nakamori Y, Miwa K, Ninoyiya A, et al. Correlation between thermodynamical stabilities of metal borohydrides and cation electronegativites: First-principles calculations and experiments. Phys Rev B, 2006, 74(4): 045126.

[180] Nakamori Y, Li H W, Mastuo M, et al. Development of metal borohydrides for hydrogen storage. J Phys Chem Solids, 2008, 69(9): 2292-2296.

[181] Li H W, Orimo S, Nakamori Y, et al. Materials designing of metal borohydrides: Viewpoints from thermodynamical stabilities. J Alloys Compd, 2007, 446-447: 315-318.

[182] Vajo J J, Skeith S L, Mertens F. Reversible storage of hydrogen in destabilized $LiBH_4$. J Phys Chem B, 2005, 109: 3719-3722.

[183] Li H W, Yan Y, Orimo S, et al. Recent progress in metal borohydrides for hydrogen storage. Energies, 2011, 4(1): 185-214.

[184] Barkhordarian G, Klassen T, Dornheim M, et al. Unexpected kinetic effect of MgB_2 in reactive hydride composites containing complex borohydrides. J Alloys Compd, 2007, 440(1-2): L18-L21.

[185] Yan Y, Li H W, Maekara H, et al. Formation of intermediate compound $Li_2B_{12}H_{12}$ during the dehydrogenation process of the $LiBH_4$-MgH_2 system. J Phys Chem C, 2011, 115(39): 19419-19423.

[186] Li Y Q, Song P, Zheng J, et al. Promoted H_2 generation from NH_3BH_3 thermal dehydrogenation catalyzed by metal–organic framework based catalysts. Chem Eur J, 2010, 16(35): 10887-10892.

[187] Zeng L, Miyaoka H, Ichikawa T, et al. Superior hydrogen exchange effect in the MgH_2-LiBH_4 system. J Phys Chem C, 2010, 114(30): 13132-13135.

[188] Zhu J, Wang H, Ouyang L, et al. A dehydrogenation mechanism through substitution of H by D in $LiBH_4$-MgD_2 mixture. Int J Hydrogen Energy, 2017, 42(5): 3130-3135.

[189] Jepsen J, Bellosta von Colbe J M, Klassen T, et al. Economic potential of complex hydrides compared to conventional hydrogen storage systems. Int J Hydrogen Energy, 2012, 37(5): 4204-4214.

[190] Zhou Y, Liu Y, Wu W, et al. Improved hydrogen storage properties of $LiBH_4$ destabilized by in situ formation of MgH_2 and LaH_3. J Phys Chem C, 2012, 116(1): 1588-1595.

[191] Zhou Y, Liu Y, Zhang Y, et al. Functions of MgH_2 in hydrogen storage reactions of the $6LiBH_4$–CaH_2 reactive hydride composite. Dalton Trans, 2012, 41(36): 10980–10987.

[192] Li G, Matsuo M, Deledda S, et al. Dehydriding property of $LiBH_4$ combined with Mg_2FeH_6. Mater Transac, 2013, 54(8): 1532-1534.

[193] Bösenberg U, Doppiu S, Mosegaard L, et al. Hydrogen sorption properties of MgH_2–$LiBH_4$ composites. Acta Mater, 2007, 55(11): 3951-3958.

[194] Wan X, Markmaitree T, Osborn W, et al. Nanoengineering-enabled solid-state hydrogen uptake and release in the $LiBH_4$ plus MgH_2 system. J Phys Chem C, 2008, 112(46): 18232-18243.

[195] Walker G S, Grant D M, Price T C, et al. High capacity multicomponent hydrogen storage materials: Investigation of the effect of stoichiometry and decomposition conditions on the cycling behaviour of $LiBH_4$–MgH_2. J Power Sources, 2009, 194(2): 1128-1134.

[196] Yang J, Sudik A, Wolverton C. Destabilizing $LiBH_4$ with a metal (M = Mg, Al, Ti, V, Cr, or Sc) or metal hydride (MH_2 = MgH_2, TiH_2, or CaH_2). J Phys Chem C, 2007, 111(51): 19134-19140.

[197] Siegel D J, Wolverton C, Ozoliņš V. Thermodynamic guidelines for the prediction of hydrogen storage reactions and their application to destabilized hydride mixtures. Phys Rev B, 2007, 76(13): 134102.

[198] Kang X D, Wang P, Ma L P, et al. Reversible hydrogen storage in $LiBH_4$ destabilized by milling with Al. Appl Phys A, 2007, 89(4): 963-966.

[199] Friedrichs O, Kim J W, Remhof A, et al. The effect of Al on the hydrogen sorption mechanism of $LiBH_4$. Phys Chem Chem Phys, 2009, 11(10): 1515-1520.

[200] Shim J H, Lim J H, Rather S U, et al. Effect of hydrogen back pressure on dehydrogenation behavior of $LiBH_4$-based reactive hydride composites. J Phys Chem Lett, 2010, 1(1): 59-63.

[201] Mauron Ph, Bielmann M, Remhof A, et al. Stability of the $LiBH_4/CeH_2$ composite system determined by dynamic PCT measurements. J Phys Chem C, 2010, 114(39): 16801-16805.

[202] Zhang Y, Tian Q, Chu H L, et al. Hydrogen de/resorption properties of the $LiBH_4-MgH_2-Al$ System. J Phys Chem C, 2009, 113(52): 21964-21969.

[203] Kim Y, Reed D, Lee Y S, et al. Identification of the dehydrogenated product of $Ca(BH_4)_2$. J Phys Chem C, 2009, 113(14): 5865-5871.

[204] Yu X B, Guo Y H, Sun D L, et al. A combined hydrogen storage system of $Mg(BH_4)_2$-$LiNH_2$ with favorable dehydrogenation. J Phys Chem C, 2010, 114(10): 4733-4737.

[205] Garroni S, Milanese C, Girella A, et al. Sorption properties of $NaBH_4/MH_2$ (M = Mg, Ti) powder systems. Int J Hydrogen Energy, 2010, 35(11): 5434-5441.

[206] Au M, Jurgensen A. Modified lithium borohydrides for reversible hydrogen storage. J Phys Chem B, 2006, 110(13): 7062-7067.

[207] Wu Y, Jiang X, Chen J, et al. Boric acid-destabilized lithium borohydride with a 5.6 wt% dehydrogenation capacity at moderate temperatures. Dalton Trans, 2017, 46(14): 4499-4503.

[208] Zheng J, Cheng H, Wang X, et al. $LiAlH_4$ as a “microlighter” on the fluorographite surface triggering the dehydrogenation of $Mg(BH_4)_2$: toward more than 7 wt% hydrogen release below 70 ℃ . ACS Appl Energy Mater, 2020, 3(3): 3033–3041.

[209] Deprez E, Muñoz-Márquez M A, Roldán M A, et al. Oxidation dtate and local dtructure of Ti-based additives in the reactive hydride composite $2LiBH_4 + MgH_2$. J Phys Chem C, 2010, 114(7): 3309-3317.

[210] Gross A F, Vajo J J, Van Atta S L, et al. Enhanced hydrogen storage kinetics of $LiBH_4$ in nanoporous carbon scaffolds. J Phys Chem C, 2008, 112(14): 5651-5657.

[211] Fang Z Z, Wang P, Rufford T E, et al. Kinetic-and thermodynamic-based improvements of lithium borohydride incorporated into activated carbon. Acta Mater, 2008, 56(20): 6257-6263.

[212] Liu X, Peaslee D, Jost C Z, et al. Controlling the decomposition pathway of $LiBH_4$ via confinement in highly ordered nanoporous carbon. J Phys Chem C, 2010, 114(33): 14036-14041.

[213] Ngene P, van Zwienen M (Rien), de Jongh P E. Reversibility of the hydrogen desorption from $LiBH_4$: a synergetic effect of nanoconfinement and Ni addition. Chem Commun, 2010, 46(43): 8201-8203.

[214] Christian ML, Aguey–Zinsou K. Core–shell strategy leading to high reversible hydrogen storage capacity for $NaBH_4$. ACS Nano, 2012, 6(9): 7739-7751.

[215] Li Y, Ding X, Zhang Q. Self-printing on graphitic nanosheets with metal borohydride nanodots for hydrogen storage. Sci Reports, 2016, 6: 31144.

[216] Wu R, Ren Z, Zhang X, et al. Nanosheet-like lithium borohydride hydrate with 10 wt% hydrogen release at 70 ℃ as a chemical hydrogen storage candidate. J Phys Chem Lett, 2019, 10(8): 1872–1877.

[217] Xia G, Tan Y, Wu F, et al. Graphene-wrapped reversible reaction for advanced hydrogen storage. Nano Energy, 2016, 26: 488-495.

[218] Zhang H, Xia G, Zhang J, et al. Graphene-tailored thermodynamics and kinetics to fabricate metal borohydride nanoparticles with high purity and enhanced reversibility. Adv Energy

Mater, 2018, 8(13): 1702975.

[219] Hirscher M, Yartys V, Baricco M, et al. Materials for hydrogen-based energy storage – past, recent progress and future outlook. J Alloys Compd, 2020, 827: 153548.

[220] He T, Cao H, Chen P. Complex hydrides for energy storage, conversion, and utilization. Adv Mater, 2019, 31(50): 1902757.

[221] Yu X, Tang Z, Sun D, et al. Recent advances and remaining challenges of nanostructured materials for hydrogen storage applications. Prog Mater Sci, 2017, 88: 1-48.

[222] Møller K, Jensen T R, Akiba E, et al. Hydrogen - A sustainable energy carrier. Prog Nat Sci–Mater, 2017, 27(1): 34-40.

[223] Møller K, Sheppard D, Ravnsbæk D, et al. Complex metal hydrides for hydrogen, thermal and electrochemical energy storage. Energies, 2017, 10(10): 1645.

[224] Mohtadi R, Orimo S. The renaissance of hydrides as energy materials. Nature Rev Mater, 2017, 2: 16091.

第 11 章 其他储氢材料

氢能以热值高、无污染和可再生等优势而受到广泛重视，作为清洁能源可替代石油、天然气和煤等短缺的化石燃料，将成为 21 世纪的绿色能源。在氢能经济呼之欲出的形势下，氢能开发的关键之一在于储存和运输，而氢气储存是氢能应用的瓶颈技术。氢能工业对储氢的要求总的来说是储氢系统要安全、容量大、成本低、使用方便。美国能源部将储氢系统的目标定为：质量密度 6.5 wt%，体积密度 50 kg H_2/L。目前采用或正在研究的主要储氢材料与技术包括高压气态储氢、低温液态储氢、金属氢化物储氢、多孔材料物理吸附储氢等，这些技术大多都存在各自的优缺点，暂时还达不到实用的标准。本章就其他主要储氢材料和技术包括液态无机氢载体储氢、液氨储氢、水合物储氢、金属及金属氢化物水解反应制氢和空心玻璃微球高压储氢进行介绍，为储氢技术的发展提供多样性选择。

11.1 液态无机氢载体概述 [1-6]

液态无机氢载体 (liquid inorganic hydrogen carrier，LIHC) 是指室温下呈液相，且能在一定条件下放出氢气的无机物。LIHC 主要包括硼氢化物溶液、氨硼烷溶液、水合肼、肼硼烷溶液、液氨、离子液体型硼氢化物。这些 LIHC 的特点是储氢量高，可逆性差，因此大部分只在单次用氢场所有一定的应用前景。其中，液氨因为放氢温度高且合成氨工业的发达，主要在氢的大规模储存和长距离运输方面有一定应用前景。

11.1.1 硼氢化物溶液储氢

11.1.1.1 *硼氢化钠水溶液* [7-10]

硼氢化钠 ($NaBH_4$) 水解制氢是研究最为广泛的便携式制氢方式之一。$NaBH_4$ 的质量储氢密度高达 10.7 wt%，然而 $NaBH_4$ 非常稳定，需要 500 ℃ 以上的温度才能热解放氢，因此 $NaBH_4$ 更多地被用于水解制氢。其优点包括：理论储氢量高 (10.9 wt%)、安全性高 ($NaBH_4$ 水溶液在空气中稳定且不可燃)、副产物硼酸盐对环境友好且可以作为 $NaBH_4$ 再生的原料。

$NaBH_4$ 和 $NaBO_2$ 均可溶于水，其溶解度分别为

$S(NaBH_4) = -261 + 1.05T$； $S(NaBO_2) = -245 + 0.915T$

室温下的溶解度分别为 52.0 g 和 27.8 g。

另外，$NaBH_4$ 水溶液会缓慢自发水解，其水解的半衰期为

$t_{1/2}(/\mathrm{min}) = 10^{\mathrm{pH}-0.034T+1.92}$

室温下 $NaBH_4$ 水溶液的半衰期为 0.06 min，而 pH 为 10 的 $NaBH_4$ 水溶液的半衰期为 61.4 min。因此 $NaBH_4$ 水溶液通常需要添加 NaOH 以增加其稳定性。

因此，$NaBH_4$ 水溶液的实际产氢量会受到 $NaBH_4$ 和 $NaBO_2$ 的溶解度、NaOH 稳定剂的影响。$NaBH_4$ 水解产氢的方程式为

$$NaBH_4\ (s) + (2 + x)H_2O\ (l) \longrightarrow 4H_2\ (g) + NaBO_2 \cdot xH_2O\ (s)$$

$NaBH_4$ 水溶液的储氢密度和过量水的量 x 的关系如图 11.1 所示。室温下若要使得 $NaBH_4$ 水溶液放氢过程保持溶液状态，$NaBH_4$ 水溶液的浓度为 4.2 mol/L，质量储氢密度仅为 2.9 wt%。再考虑 NaOH 稳定剂和催化剂的量，绝大部分 $NaBH_4$ 水溶液产氢系统的产氢量不会超过 3 wt%。这是该体系的主要缺点之一。

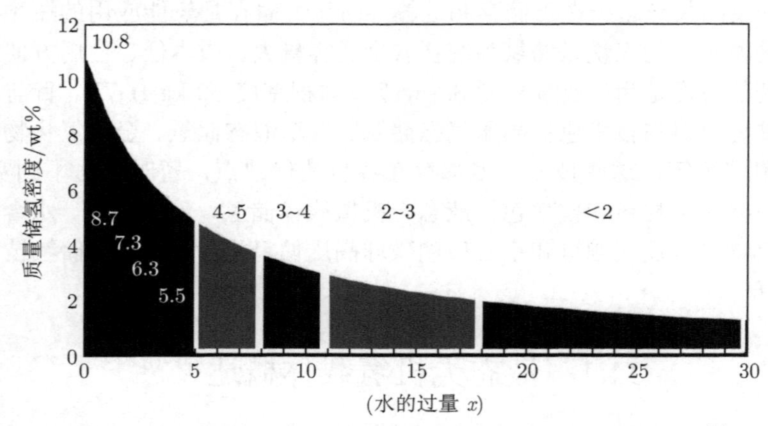

图 11.1　$NaBH_4$ 水溶液的质量储氢密度和过量水的量的关系 [8]

另外，$NaBH_4$ 水溶液产氢的副产物 $NaBO_2 \cdot xH_2O$ 是弱酸强碱盐，溶液呈碱性。随着水解的进行，溶液的 pH 会逐渐增加，从而抑制 $NaBH_4$ 的水解。因此 $NaBH_4$ 水解速率难以保持稳定，且难以水解完全。这也是该体系的主要缺点之一。

$NaBH_4$ 水溶液自发水解的速率太慢，因此需要催化剂改善其放氢动力学。一直以来，$NaBH_4$ 水解产氢的研究重点都是催化剂。早期的“催化剂”是无机酸，然而 $NaBH_4$ 能和无机酸直接剧烈反应，因此这样放氢不可控，且无机酸不是真正的催化剂，难以重复利用。所以，$NaBH_4$ 水解产氢催化剂主要是金属基的异相催化剂。

在金属催化剂表面 $NaBH_4$ 水解的反应机理如图 11.2 所示，即 BH_4^- 在活性位点吸附，断开一根 B—H 键形成吸附的 BH_3^- 和 H，BH_3^- 转移一个电子给活性位点形成 BH_3，BH_3 和 OH^- 反应得到 $BH_3(OH)^-$，同时得到电子的活性位点将电子转移给 H_2O 得到吸附的 H 和 OH^-，两个吸附的 H 结合形成 H_2 并脱附。如此循环四次即可得到 $B(OH)_4^-$ 和四分子 H_2。

Ru、Rh、Pd、Pt、Ag 基催化剂是 $NaBH_4$ 水解产氢主要的贵金属催化剂，它们一般催化活性高、稳定性好、不易失活。2018 年，土耳其托布经济技术大学的 Mehmet Sankir 等用化学刻蚀法制备了 Pt 和 Ru 纳米多孔催化剂，室温催化 $NaBH_4$ 水解的速率分别高达 90 L/(min·$g_{catalyst}$) 和 110 L/(min·$g_{catalyst}$)，后者是目前达到的最高产氢速率 [11]。然而，贵金属催化剂成本高昂，不利于实际应用，而且部分非贵金属催化剂对于 $NaBH_4$ 水解产氢的催化活性也很高，因此现阶段发展更多的是非贵金属催化剂。

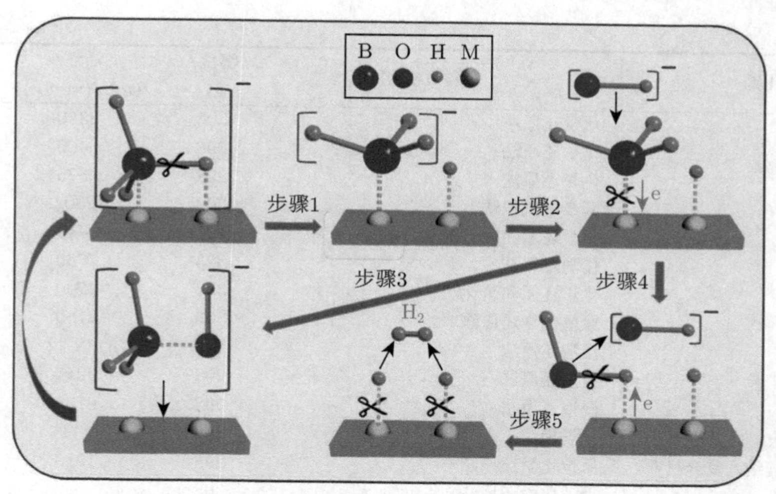

图 11.2 金属催化的 $NaBH_4$ 水解机理示意图 [3]

Co、Fe、Ni、Cu 基催化剂是 $NaBH_4$ 水解产氢主要的非贵金属催化剂，其中 Co 基催化剂是性能最好、研究最为广泛的催化剂。表 11.1 是部分典型的 $NaBH_4$ 水解非贵金属催化剂及其性能，可以看到绝大部分是 Co 基催化剂，其中部分催化剂室温催化 $NaBH_4$ 水解的速率也可以达到 10 L/(min·$g_{catalyst}$) 以上。$NaBH_4$ 还原即可获得的 Co-B 催化剂一般比 Co 催化剂有更高的催化性能，这可能是因为 B 增加了 Co 的电子密度，所以 Co-B 催化剂是最常用的 $NaBH_4$ 水解产氢催化剂。Co-B 的晶态 (非晶和结晶)、组成 (CoB、Co_2B、Co_3B 等)、表面结构、载体、粒径等许许多多的因素都会影响其催化活性，其构效关系目前还需要更多的研究。然而，非贵金属催化剂容易产生活性衰减的问题。磷化、多种金属合金化等策略被用于发展性能更优异的催化剂，并取得了一定的进展。

表 11.1 部分 $NaBH_4$ 水解产氢的非贵金属催化剂及其性能 [12]

催化剂	制备方法	温度/K	活性/(mL/(min·g))	E_a/(kJ/mol)
分子筛内 Co 纳米团簇	离子交换和化学还原法	298	—	34
Co/CCs	水热和浸渍还原法	293	10400	24.04
Co/ACs	水热和浸渍还原法	298	11220	38.4
Co@C-700	热解法	303	—	56.9
Co@NMGC	热解法	298	3575	35.2
Co/IR-120	湿化学还原法	308	200	66.67
CO/FegOq@G	浸渍还原法	298	1403	49.2
Fe30q@C-Co	溶剂热和浸渍还原法	298	1746	47.3
Co/SiO_2	浸渍还原法	313	8701	59
Cryogel p(AAm)-Co	原位化学还原法	303	1130.2	39.7
Cryogel p(AAm)-Ni	原位化学还原法	303	579.4	—
Ni/层状石墨	化学气相沉积法	298	600	—
CoB	化学还原和后退火法	288	2970	—
Co-B 薄膜	脉冲激光沉积法	298	3300	—
Co-B 空心球	化学还原和后退火法	298	2720	45.5
COB/SiO_2	浸渍还原法	298	10586	—

续表

催化剂	制备方法	温度/K	活性/(mL/(min·g))	E_a/(kJ/mol)
介孔 Co-B	化学还原法	303	3350	40
Co-Cr-B	化学还原法	298	3400	37
Co-Mo-B	化学还原法	298	2875	39
Co-Mo-B/C 布	两步电沉积法	303	1280.9	51
Co-Mn-B	化学还原和后退火法	293	1440	52.1
Co-Ti-B	化学还原法	323	7760	49.88
Co-Ce-B	化学还原和碳化法	303	4760	33.1
Co-Zn-B	原位化学还原法	303	2180	35.92
Co-B/C	浸渍还原法	298	1127.2	57.8
CoB/o-CNTs	浸渍还原法	298	3041	37.63
CoB/TiO_2	浸渍还原法	293	6738	51
Co-B/Ni 泡沫	化学镀法	298	111	33
Ni-B-二氧化硅纳米复合材料	原位化学还原法	298	1916	60.7
Ni-B/Ni 泡沫	浸渍化学还原法	303	—	61.841
多形的 Ni-B	络合还原法	303	—	64.9
NiB/NiF_2O_4	浸渍还原法	298	299.88	72.52
Fe-B/C 布	吸附化学还原法	298	813	—
Fe-B/Ni 泡沫	络合还原法	323	5487	64.26
Cu-B	Complexing-reduction preparation	303	6500	23.79
Co-P/Cu 基底	电镀法	303	954	—
Co-p	化学镀沉积法	303	3300	60.2
Co-P/Cu 薄片	化学镀沉积法	303	1846	48.1
Co-P/Cu 薄片	化学镀法	323	2275.1	27.9
CoP/Ti 网	磷化法	298	6100	42.01
CoP 纳米线阵列/Ti	磷化法	293	6500	41
Co-W-P/Cu 薄片	化学镀沉积法	303	5000	22.8
$Co\text{-}W\text{-}P/\gamma\text{-}Al_2O_3$	化学镀沉积法	318	11820	49.58
Co-W-P/C 布	化学镀沉积法	303	4379	27.18
Co-Ni-P/Cu 基底	化学镀沉积法	303	2479	—
Co-Ni-P/Cu 薄片	化学镀法	303	2172.4	53.5
$Cu\text{-}Co\text{-}P/\gamma\text{-}Al_2O_3$	化学镀沉积法	298	1115	47.8
Fe-CoP/Ti	磷化法	298	6060	39.6

尽管大量催化剂被发展出来，$NaBH_4$ 水解储氢体系实际应用还面临两个关键问题。一个是体系储氢量的提高，另一个是水解产物的低成本再生。第一个问题的解决方案是固态 $NaBH_4$ 水解：固态 $NaBH_4$ 不需要使用稳定剂 NaOH，也不需要使用过多的 H_2O，因此储氢量可以达到较高的水平。比如 2012 年，Pinto 等将固体 $NaBH_4$ 和 Ru-Ni 催化剂混合之后在密闭容器中加入化学计量比的 H_2O，获得了 8.1 wt%的产氢量 [13]。2020 年，Netskina 等将固体 $NaBH_4$ 和 $CoCl_2\cdot 1.2H_2O$ 催化剂混合之后水解，产氢量可以达到 8.4 wt%，产氢速率为 9.1 L/(min·g_{Co}) [14]。然而，固体 $NaBH_4$ 储氢体系失去了热管理方便的优势，容易产生积热的问题，因此只能用于小型装置。

另一个问题的解决方案是以 Mg 作还原剂用球磨法还原水解产物再生 $NaBH_4$。现阶段商业 $NaBH_4$ 的生产方法是 Brown-Schlesinger 法和 Bayer 法，前者是用 NaH 还原 $B(OCH_3)_3$，后者是用 Na 和 H_2 在 SiO_2 存在时还原硼砂。这两种方法的成本都很高昂。近年来，Mg 基还原剂在球磨条件下还原硼酸盐再生 $NaBH_4$ 的方法被发展出来，成本得到显著降低。比如 2020 年，华南理工大学的朱敏等将 CO_2 通入 $NaBH_4$ 水解产物中获得 $Na_2B_4O_7 \cdot 10H_2O$ 和 Na_2CO_3，分离后和 Mg 球磨即可获得 $NaBH_4$，产率高达 80%，反应方程式为

$$Na_2B_4O_7 \cdot 10H_2O + Na_2CO_3 + 20Mg = 4NaBH_4 + 20MgO + CH_4$$

利用该方法，朱敏等构建了如图 11.3 所示的 $NaBH_4$ 闭合储氢系统。

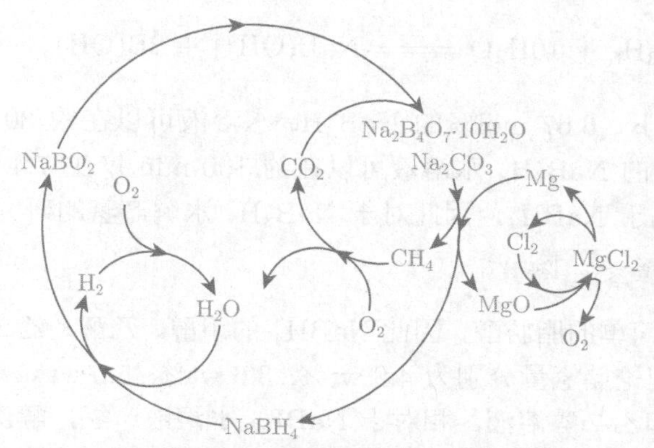

图 11.3 $NaBH_4$ 水解和再生循环示意图 [15]

硼氢化钠水溶液产氢在便携式产氢设备领域已经有部分实际应用。2002 年，千年电池公司 (Millennium Cell) 开发了 $NaBH_4$ 水解制氢即时供气装置 Hydrogen on Demand，成功应用于戴姆勒-克莱斯勒公司的燃料电池概念车 Natrium，达到 300 英里 (mi, 1mi=1.609344km) 的续驶里程，获《大众科技杂志》的“2002 年最佳创新奖”。新加坡 Horizon Fuel Cell 公司针对无人机应用，开发了一套集成的水解制氢燃料电池系统 Aeropak，其中包含一个 $NaBH_4$ 溶液罐、制氢反应器和燃料电池，燃料电池输出功率为 200W，根据公司宣传材料燃料储能密度为 600 W·h/kg。日本丰田汽车公司研制了 10 kW 级的 $NaBH_4$ 制氢装置，氢气流量可达 300 L/min，使用 25 L 浓度为 25% 的 $NaBH_4$ 溶液时，系统的储氢密度为 1.3 wt%。韩国先进产业技术研究院 (KAIST) 研究小组同样利用 $NaBH_4$ 水解制氢装置驱动氢燃料电池无人机，通过燃料电池——锂离子电池的复合供电系统满足了无人机的各种典型工作状况。

11.1.1.2 其他金属硼氢化物水溶液

除了 $NaBH_4$，$LiBH_4$、KBH_4、$Mg(BH_4)_2$ 及其衍生物等其他金属硼氢化物的水溶液也被尝试用于储氢。$LiBH_4$、$LiBH_4 \cdot NH_3$、$Mg(BH_4)_2$、$Mg(BH_4)_2 \cdot xNH_3$、$Mg(BH_4)_2 \cdot 0.5Et_2O$、$Mg(BH_4)_2 \cdot CH_3O(CH_2)_2O(CH_2)_2OCH_3$、$NaZn(BH_4)_3$、$NaZn(BH_4)_3 \cdot 2NH_3$ 室温下即可和 H_2O 反应，因此其水解是固相水解，不算液态无机氢载体 [16-19]。

KBH_4 和 $NaBH_4$ 的性质类似，易溶于水，因此 KBH_4 水溶液也被用作储氢体系。KBH_4 水解的最高理论产氢量为 9.0 wt%，KBH_4 室温下的溶解度为 19.0 g，因此 KBH_4 水溶液的实际产氢量较 $NaBH_4$ 水溶液低。另外，KBH_4 水解的产氢动力学比 $NaBH_4$ 差，而且 KBH_4 的成本远高于 $NaBH_4$，所以 KBH_4 水溶液储氢的研究较少。由于 KBH_4 相

对于 $NaBH_4$ 有更好的吸湿性和更低的水解放氢焓，可能对实际放氢反应器设计非常关键，所以仍有部分相关研究 [20−22]。比如 2020 年，Dilek Kilinc 等制备了 Pd-Schiff 碱型催化剂用于催化 KBH_4 水溶液产氢，50 ℃ 时产氢速率可以达到 $8.5\ L/(min \cdot g_{catalyst})$[22]。

2011 年，Zhao 等将 NaB_3H_8 水溶液用作液态无机氢载体。相对于 $NaBH_4$，NaB_3H_8 水溶性更强且溶液稳定性更高，不用添加 NaOH 稳定剂，因此 NaB_3H_8 水溶液的实际产氢量更高。NaB_3H_8 水解产氢的方程式为

$$NaB_3H_8 + 10H_2O = NaB(OH)_4 + 2B(OH)_3 + 9H_2$$

在 $CoCl_2$ 催化下，6.67 mol%的 NaB_3H_8 水溶液可以在约 30 min 产生 5.7 wt%的氢气，9.09 mol%的 NaB_3H_8 水溶液可以在约 100 min 产生 7.4 wt%的氢气。然而，NaB_3H_8 的成本远高于 $NaBH_4$，因此对于 NaB_3H_8 水解产氢的研究极少 [23]。

11.1.1.3　*硼氢化钠醇溶液* [24−27]

$NaBH_4$ 可溶于简单的脂肪醇，因此 $NaBH_4$ 的甲醇、乙醇、乙二醇溶液也被用作液态无机氢载体，其理论储氢量分别为 4.9 wt%、3.6 wt%、5.0 wt%。由于储氢量的限制，主要研究的是甲醇和乙二醇溶液。相对于 $NaBH_4$ 水溶液产氢，醇溶液产氢的主要优势在于可以在低于 0 ℃ 的低温下操作。另外，$NaBH_4$ 醇溶液的自发醇解比较慢。

金属纳米颗粒、碳材料、聚合物、黏土等被用作 $NaBH_4$ 甲醇溶液产氢的催化剂，表 11.2 是其中部分典型催化剂的性能。其中，2020 年 Erk Inger 发展的化学修饰的葡聚糖微凝胶催化剂 (m-dex microgel-TETA-HCl) 可以在 −20 ℃ 下催化 $NaBH_4$ 甲醇溶液快速产氢，产氢速率约 $140\ mL/(min \cdot g_{catalyst})$[25]。

表 11.2　部分 $NaBH_4$ 甲醇溶液产氢的催化剂及其性能

催化剂	$NaBH_4$ 的反应	E_a/(kJ/mol)	ΔH/(kJ/mol)	ΔS/(J/mol·K)	产氢速率/(mL H_2(g·min))
SO_4^{2-}/CuO	甲醇解	13.13	—	—	—
PLA	甲醇解	38.29	—	—	—
掺硫氧化锆	甲醇解	58.2	—	—	—
Co-P/CNTs-泡沫镍	甲醇解	49.94	—	—	2430
CSs-TETA-HCl	甲醇解	23.82	21.396	−173.33	2586
Cell-EPC-DETA-HCl	甲醇解	30.8	27.8	−178.9	2015
SSMS-$ZnCl_2$-Co	甲醇解	31.13	—	—	9266
Fe-B	甲醇解	7.02	—	—	618
Ru-Ni/Ni	甲醇解	39.96	—	—	360
Co-B	甲醇解	25.22	28.31	−154.76	13215
m-dex microgel-TETA-HCl (273～308 K)	甲醇解	30.72	21.396	−145.76	1377
m-dex microgel-TETA-HCl (253～273 K)	甲醇解	32.87	30.69	−145.76	—

11.1.2　氨硼烷溶液储氢 [2,4,5,12,28,29]

氨硼烷 (H_3NBH_3) 溶液储氢的理论最高储氢量为 8.9 wt%，相应的反应方程式为

$$H_3NBH_3 + 2H_2O \longrightarrow 3H_2 + NH_4BO_2$$

H_3NBH_3 溶液非常稳定，研究显示保存 80 天仍无明显变化。H_3NBH_3 在水中的溶解度为 33.6 g，饱和溶液 (11.4 mol/L) 的实际储氢量为 5.0 wt%。然而，高浓度的 H_3NBH_3 溶

液产氢过程中会有 NH_3 产生，而且副产物硼酸盐会沉淀出来。比如 5.7 mol/L(15 wt%) 的 H_3NBH_3 溶液在 $RuCl_3$ 催化下产氢，产生的气体中有 4.4%的 NH_3；10 mol/L 的 H_3NBH_3 溶液产氢过程中会产生 $(NH_4)_2B_4O_5(OH)_4\cdot 1.4H_2O$ 沉淀 [30]。因此，H_3NBH_3 溶液的实际储氢量较低。另外，H_3NBH_3 的成本远高于 $NaBH_4$，而且其水解产物的再生需要使用 $LiAlH_4$，因此 H_3NBH_3 溶液储氢相对于 $NaBH_4$ 溶液无明显优势。

尽管如此，关于催化 H_3NBH_3 溶液产氢的催化剂的研究极多。这些研究中绝大部分使用的是较稀的溶液，反应副产物主要是 $NH_4B(OH)_4$，体系储氢量偏低，因此这些研究的催化剂较难应用于实际场景。2006 年，日本国家先进工业科学技术研究所徐强等首次报道了 H_3NBH_3 溶液产氢系统，在 Pt/C 催化剂催化下，H_3NBH_3 稀溶液可以在 10 min 内放出所有存储的氢气 [31]。之后，大量的 H_3NBH_3 溶液产氢催化剂被报道，徐强课题组也至今还在进行相关研究。其中，贵金属 Pt、Ru、Rh 基催化剂是催化活性和稳定性都较高的催化剂。比如 2015 年，江西师范大学卢章辉等用原位制备的 Rh/CNT(CNT 为碳纳米管) 催化 0.2 mol/L 的 H_3NBH_3 稀溶液产氢，反应可以在 1.7 min 完成，产氢速率约 8 $L/(min\cdot g_{catalyst})$，然而第五次使用时催化剂的活性下降为初始活性的 61%[32]。

非贵金属催化剂虽然普遍催化活性和稳定性都不如贵金属催化剂，但由于其低成本仍被广泛研究。表 11.3 是其中部分典型 H_3NBH_3 溶液产氢非贵金属催化剂及其性能，主要是 Co、Ni、Cu 基催化剂，部分催化剂也表现出较高的催化活性。比如 2018 年，卢章辉等制备了 $Cu_{0.72}Co_{0.18}Mo_{0.1}$ 纳米颗粒催化剂，可以催化 0.2 mol/L 的 H_3NBH_3 稀溶液在 1.6 min 内放氢完全，产氢速率约 17.4 $L/(min\cdot g_{catalyst})$[33]。

表 11.3 部分典型 H_3NBH_3 溶液产氢的非贵金属催化剂及其性能 [12]

催化剂	温度/K	n_{metal}/n_{AB}	转化频率/$(mol_{H_2}/(mol_{metal}\cdot min))$	E_a /(kJ/mol)
原位生成的 Fe 纳米粒子	室温	0.12	3.12	—
Co/γ-Al_2O_3	室温	0.018	2.27	62
原位生成的 Co 纳米粒子	室温	0.04	44.1	—
G6-OH(Co_{60})	298	0.013	10	50.2
CO/PEI-GO	298	0.11	39.9	28.2
Co/MIL-101	298	0.02	51.4	31.3
Co/CTF	298	0.05	42.3	42.7
Co NCs@PCC-2a	298	0.07	90.1	—
Co@N-C-700	298	0.057	5.6	31
Co/NPCNW	298	0.075	7.29	25.4
Co/HPC	323	0.11	2.94	32.8
Co-$(CeO_x)_{0.91}$/ NGH	298	0.04	79.5	31.82
Co@C-N@SiO_2-800	298	—	8.4	36.1
Ni/γ-Al_2O_3	室温	0.018	2.5	—
Ni/C	298	0.0425	8.8	28
Ni/SiO_2	298	0.0225	13.2	34
Ni@MSC-30	室温	0.016	30.7	—
Ni/ZIF-8	室温	0.016	14.2	—
Ni NPS/ZIF-8[a]	298	0.03	85	42.7
Ni/CNT ALD	298	—	26.2	32.3
Ni@3D-(N)GFs	室温	0.009	41.7	—
NiMo/石墨烯	298	0.05	66.7	21.8

续表

催化剂	Temp/K	n_{metal} /n_{AB}	转化频率/(mol_{H_2}/(mol_{metal}·min))	E_a /(kJ/mol)
Ni-CeO_x/石墨烯	298	0.08	68.2	28.9
Ni/PDA-$CoFe_2O_4$	298	0.017	7.6	50.8
Ni/科琴黑	298	0.13	7.5	66.6
Cu/γ-Al_2O_3	室温	0.018	0.23	—
p(AMPS)-Cu	303	0.069	0.72	48.8
沸石限域的 Cu	298	0.013	1.25	51.8
Cu/$CoFe_2O_4$@SiO_2	298	0.0031	40	—
Cu/RGO	298	0.1	3.61	38.2
Cu@SiO_2	298	0.08	3.24	36
$Fe_{0.5}Ni_{0.5}$ 合金	293	0.12	11.1	—
$Fe_{0.3}Co_{0.7}$ 合金	293	0.12	13.9	16.3
$Cu_{0.33}Fe_{0.67}$	298	0.04	13.95	43.2
CuCo/石墨烯	293	0.02	9.18	—
$Cu_{0.2}Co_{0.8}$/PDA-rGO	303	0.05	51.5	54.9
$Cu_{0.2}Co_{0.8}$/PDA-HNTS	298	0.09	30.8	35.15
CuCo/C	298	0.033	45	51.9
$Cu_{0.5}Co_{0.5}$@SiO_2	298	0.08	4.26	24
$Cu_{0.3}Co_{0.7}$@MIL-101	室温	0.034	19.6	—
$Cu_{0.72}Co_{0.18}Mo_{0.1}$	298	0.04	46.0	45
$Cu_{0.72}Co_{0.18}Mo_{0.1}^{a}$	298	0.04	119.0	—
CuNi/CMK-1	298	0.072	54.8	—
$Cu_{0.2}Ni_{0.8}$/MCM-41	298	0.05	10.7	38
CuNi/47-SiO_2	298	0.165	23.5	34.2
$Cu_{0.8}Co_{0.2}O$/GO	298	0.024	70	45.5
Ni_2P	298	0.12	40.4	44.6
CoP^a	298	0.043	72.2	46.7
$Ni_{0.7}Co_{1.3}P$/GO^a	298	0.026	109.4	—

a 反应使用了 NaOH 添加剂。

H_3NBH_3 醇溶液，主要是甲醇溶液，同样被当作液态无机氢载体研究。H_3NBH_3 甲醇溶液的理论储氢量仅为 3.8 wt%，室温下的饱和溶液的浓度为 23 wt%，其中的甲醇含量并不过量。然而，副产物的溶解度会限制体系的实际储氢量，高浓度的 H_3NBH_3 甲醇溶液产氢会产生 $[NH_4B(OCH_3)_4]_5·2CH_3OH$ 沉淀。因此，该体系的实际储氢量仍然较低，但因为可以在低温下操作、不易产生 NH_3、醇解产物可以直接通过 $LiAlH_4$ 还原再生 H_3NBH_3，所以仍有一系列相应的产氢催化剂被发展出来。表 11.4 是其中部分典型 H_3NBH_3 甲醇溶液产氢催化剂及其性能，其中 TOF 最高的是 AgPd 合金纳米颗粒催化剂。该催化剂是 2016 年厦门大学孙道华等报道的，可以在 0 ℃ 催化 0.1 mol/L 的 H_3NBH_3 稀溶液 1 min 放出所储氢气的 88%，产氢速率约 0.19 L/(min·$g_{catalyst}$)，然而第八次使用时催化剂的活性下降为初始活性的 67%[34]。

由于 H_3NBH_3 热解温度较低，部分 H_3NBH_3 溶液也可用于热解产氢。比如 H_3NBH_3 在三乙二醇二甲醚 (熔沸点分别为 −44 ℃ 和 249 ℃) 中的溶解度为 34.4 g(7.5 mol/L)，饱和溶液的理论储氢量为 5.0 wt%，70 ℃ 时 500 min 可以放出所储氢气的 65%，实际产氢量约 3.3 wt%[35]。H_3NBH_3 可溶于很多离子液体，比如 10 wt%的 H_3NBH_3 的 1-乙基-3-甲基吡啶双三氟甲磺酰亚胺盐 (熔沸点分别为 −1.2 ℃) 溶液 85 ℃ 时 1 h 可以放出所储氢气的 39%，实际产氢量约 0.8 wt%[36]。H_3NBH_3 溶液热解产氢虽然放氢温

表 11.4 部分典型 H_3NBH_3 甲醇溶液产氢的催化剂及其性能 [4]

催化剂	催化剂和氨硼烷的摩尔比	纳米粒子尺寸/nm	转化频率/min^{-1}	E_a/(kJ/mol)
$RhCl_3$ (氯化铑)	0.02	—	100	—
$RuCl_3$ (氯化钌)	0.02	—	150	—
$CoCl_2$ (氯化钴)	0.02	—	3.7	—
$NiCl_2$ (氯化镍)	0.02	—	2.9	—
$PdCl_2$ (氯化钯)	0.02	—	1.5	—
Pd/C	0.02	—	1.9	—
胶体纳米铜粒子	0.15	—	0.1	—
Cu_2O 纳米粒子	0.15	7.1	0.2	—
$Cu@Cu_2O$ 核壳纳米结构	0.15	7.7 ± 1.8	0.16	—
$Cu_{48}Pd_{52}$ 合金/C	0.072	11.9 ± 0.7	53.2	—
CuO 制备的介孔 Cu	0.15	—	2.41	34.2
$Cu-Cu_2O-CuO/C$	0.04	3.8 ± 1.7	24.0	67.9
b-CuO NA/CF	0.018	~ 100	13.3	34.7
$Cu_{36}Ni_{64}$/石墨烯	0.072	16.0 ± 0.1	49.1	24.4
PVP(聚乙烯吡咯烷酮) 稳定的 Ni	0.02	3.0 ± 0.7	12.1	62
$Ni-Ni_3B$	0.2	4.0-8.0	5.0	—
$Co-Co_2-B$	0.2	4.0-8.0	7.5	—
Co-Ni-B	0.2	5.0-8.0	10.0	—
PVP(聚乙烯吡咯烷酮) 稳定的 Pd	0.005	3.2 ± 0.5	22.3	35
Pd/GNS	0.01	3.7 ± 0.4	101	46
$Co_{48}Pd_{52}$/C	0.027	7.0 ± 0.5	27.7	25.5
AgPd 合金	0.05	6.2 ± 0.3	366.4	37.5
PVP(聚乙烯吡咯烷酮) 稳定的 Ru	0.0006	2.4 ± 1.2	67	58
Ru/MMT	0.02	~ 5.0	131	23.8
Ru/石墨烯	0.003	1.57	99.4	54
沸石限域的 Rh	0.005	—	6.5	40
Rh/CC3-R-均相	0.0199	1.1 ± 0.2	215.3	—
Rh/CC 3-R-异相	0.0199	—	65.5	—
Rh(0)/纳米羟基磷灰石-HPO_4^{2-}	0.00203	4.7 ± 0.8	147	56
Rh(0)/纳米二氧化硅	0.00245	4.4 ± 0.7	168	62
Rh(0)/纳米氧化铝	0.00245	3.6 ± 0.4	218	62
Rh(0)/纳米氧化铈	0.00245	3.9 ± 0.6	144	75

度低，但是实际储氢量低，副产物多聚硼氮化合物较难与溶剂分离且再生困难，因此实际应用前景有限。

11.1.3 水合肼储氢 [2,5,12]

肼 (H_2NNH_2) 是一种无色可燃的油状液体，含氢量高达 12.6 wt%。由于肼具有高毒性和易燃易爆性，它被认为不适合作为储氢载体使用。水合肼 ($H_2NNH_2H_2O$) 是无色油状液体，熔沸点分别为 −40 ℃ 和 118.5 ℃，能够与水互溶。水合肼比肼安全，且储氢量也有 8.0 wt%，因此被认为是有一定应用前景的液态无机氢载体。

水合肼产氢的方程式为

$$H_2NNH_2 \cdot H_2O =\!=\!= N_2 + 2H_2 + H_2O$$

该反应的副产物 N_2 不会对 H_2 的使用产生很大影响，然而水合肼的分解还会有副反应，该反应会产生对 H_2 使用极不利的 NH_3，相应的反应方程式为

$$3H_2NNH_2 \cdot H_2O =\!=\!= 4NH_3 + N_2 + 3H_2O$$

这两个反应在室温下都是自发进行的反应，因此水合肼溶液产氢可以在较低温度下进行。2009 年，日本国家先进工业科学技术研究所徐强等首次报道了纳米金属催化剂催化的水合肼溶液储氢系统，结果显示 Rh 有最高的催化活性，然而产生的气体中仍然有很多 NH_3[37]。之后十多年里一大批催化剂被发展出来，其中部分对 H_2 具有极高选择性的催化剂如表 11.5 所示。2020 年卢章辉等制备的 $Ni_{0.9}Fe_{0.1}$-Cr_2O_3 催化剂，可以在 70 ℃ 催化水合肼的碱性溶液 8.5 min 以 100%的选择性放出所有 H_2，其 TOF(转化频率，893.5 h^{-1}) 在表 11.5 中的所有催化剂中是最高的 [38]。

表 11.5 部分水合肼溶液产氢的催化剂及其性能 [12]

催化剂	温度/K	$n_{metal}/n_{N_2H_4\cdot H_2O}$	H_2 选择性/%	转化频率/h^{-1}	E_a/(kJ·mol)
$Ni_{0.5}Fe_{0.5}$ 纳米粒子	343	0.1	100	6.3	—
NiFe/Cu	343	0.2	100	35.3	44
Cu@Fe_5Ni_5	353	0.11	100	18.2	79.2
NiMoB-La$(OH)_3$	323	0.3	100	13.3	55.1
$Ni_{0.6}Fe_{0.4}$Mo	323	0.1	100	28.8	50.7
$Cu_{0.4}Ni_{0.6}$Mo	323	0.2	100	38.7	56.6
Ni-Al_2O_3-HT	303	0.4	93	2.2	49.3
Raney Ni	303	—	>99	162	44.4
Ni-0.080 CeO_2	303	0.45	99	51.6	47
Ni/CeO_2	323	0.1	100	34.0	56.2
$Ni_{0.5}Cu_{0.5}$/CeO_2	323	0.2	100	111.7	63.0
$Ni_{0.5}Cu_{0.5}$/CeO_2	343	0.2	100	371.1	—
Ni-CeO_2@SiO_2	343	0.1	100	219.5	59.26
2D $Ni_{0.6}Fe_{0.4}$/CeO_2	323	0.1	99	5.76	44.06
NiFe/Ce ZrO_2	343	0.1	100	119.2	50.4
NiFe-La$(OH)_3$	343	0.2	100	100.6	57.8
$Ni_{1.5}Fe_{1.0}/(MgO)_{3.5}$	299	0.21	99	10.3	—
$Ni_{0.9}Fe_{0.1}$-Cr_2O_3	343	0.2	100	893.5	86.3
NiCo/NiO-CoO_x	298	0.2	99	12.8	45.15
Ni_3Fe-$(CeO_x)_{0.15}$/rGO	343	0.1	100	126.2	34.3
Ni_3Fe-$(CeO_x)_{0.15}$/rGO	328	0.1	100	56.8	—
Ni 纳米纤维	333	0.5	100	6.9	52.07
Ni-碳纳米管-OH	333	—	100	19.4	51.05
Ni@ 钛酸纳米管	333	0.125	100	96	53.2
$Ni_{0.5}Cu_{0.5}$/纳米介孔碳	333	0.28	100	21.8	—
Ni_{10}Mo/Ni-Mo-O	323	0.167	100	54.5	—
Ni_{250} 纳米粒子	343	0.5	100	11.0	56.3

大部分催化剂研究使用的是很稀的碱性溶液，而且催化剂的稳定性很差。加入碱是为了抑制 NH_3 的产生。2020 年，华南理工大学的王平等发展了 $Ni_4W/WO_2/NiWO_4$ 催化剂，可以在 50 ℃ 催化 98 wt%商业水合肼 (加入 NaOH 作为促进剂) 以约 130 mL/(min·$g_{catalyst}$) 的速率、近 100%的选择性产氢，体系产氢量为 6.3 wt%，且催化剂使用 10 次后活性仍保持 95%[39]。因此，如果有更加高效的非贵金属催化剂被发展出来，那么水合肼储氢将有较好的应用前景。

11.1.4 肼硼烷溶液储氢

肼硼烷 ($H_2NNH_2BH_3$) 是一种无色固体，熔点约 60 ℃，融化过程伴随着分解。肼硼烷易溶于水和甲醇，因此其水溶液和甲醇溶液也可用作储氢载体。肼硼烷溶液产氢可以分为两个阶段，首先是 BH_3 的溶剂解产氢，然后是肼 (H_2NNH_2) 的分解产氢。早期只是研究第一阶段的产氢，近年来则主要集中在完全产氢。因为肼硼烷水溶液完全产氢可以达到 10.0 wt%的高理论储氢量，相应的反应方程式为

$$N_2H_4BH_3 + 3H_2O \xlongequal{\quad} B(OH)_3 + 5H_2 + N_2$$

由于第一阶段产生的 $B(OH)_3$ 会促进第二阶段 NH_3 的产生，因此一般会加入过量的碱 (通常为 NaOH)。因此，实际的产氢方程式为

$$N_2H_4BH_3 + 3H_2O + NaOH \xlongequal{\quad} NaB(OH)_4 + 5H_2 + N_2$$

此时理论产氢量为 7.2 wt%。

Ni 基催化剂对该反应有很好的催化效果，比如 Raney-Ni、$Cu_{0.4}Ni_{0.6}Mo$、NiFe-$La(OH)_3$、$Ni_{60}Pt_{40}$/MNC(MNC 为介孔氮掺杂碳) 等催化剂都能高选择性地催化肼硼烷水溶液完全放氢。其中 Raney-Ni 是第一个报道的能在室温下催化该反应的非贵金属催化剂，$Ni_{60}Pt_{40}$/MNC 室温下的 TOF 为 1111 h^{-1}，是目前催化活性最高的催化剂，这两个催化剂都是江西师范大学卢章辉等发展的。

由于 BH_3 的溶剂解速率通常快于肼的分解，因此肼硼烷水溶液的产氢速率通常为先快后慢，不利于实际应用，因此还需要发展能够平衡两个阶段产氢动力学的催化剂。另外，目前的研究主要使用的是肼硼烷的稀溶液，实际储氢量很低，还需要发展能够催化高浓度的肼硼烷水溶液产氢的高效低成本催化剂。

肼硼烷的甲醇溶液储氢量低于水溶液，然而具有在低温下产氢的潜力，因此也被部分研究者关注。比如土耳其中东工业大学的 Saim Özkar 等研究了 PVP 稳定的 Ni 纳米颗粒催化的肼硼烷的甲醇溶液产氢，结果显示该催化剂可以在室温下催化肼硼烷的甲醇溶液，30 min 内产生三当量的氢气，即完成第一阶段的产氢 [40]。关于肼硼烷甲醇溶液的完全产氢的研究尚未见报道。

11.1.5　离子液体型硼氢化物储氢 [41]

离子液体一般指由阴、阳离子构成的室温下呈液态的化合物，比如 1-丁基-3-甲基咪唑双三氟甲磺酰亚胺盐 ($BmimNTf_2$，熔点 −4 ℃)、1-乙基-3-甲基咪唑双三氟甲磺酰亚胺盐 ($EmimNTf_2$，熔点 11 ℃)、1-丁基-3-甲基咪唑四氟硼酸盐 ($BmimBF_4$，熔点 −81 ℃)、1-丁基-3-甲基咪唑三氟乙酸盐 (BmimTfAc，熔点 −40 ℃) 等。这些离子液体热稳定性和化学稳定性都很好，蒸气压很低，因此常被用作绿色溶剂。

液态氢载体相对于固态储氢材料具有热管理方便、储运更方便等诸多优势，因此研究者首先尝试将固态储氢材料溶解在离子液体中使之成为液态氢载体。比如，2015 年西班牙巴亚多利德大学的 Ángel Martín 等将氨硼烷溶于一系列离子液体中，形成溶液之后放氢速率明显增加，不过大部分放氢副产物会从离子液体中沉淀出来，只有在 1-乙基-3-甲基吡啶双三氟甲磺酰亚胺盐 ($EmpyNTf_2$) 中放氢过程才不会产生泡沫且副产物仍旧会溶解在离子液体中 [36]。2016 年，中国北京大学的李星国等将 $LiBH_4$ 和 $NaBH_4$ 溶于 $BmimNTf_2$，形成溶液之后将放氢温度降低到 160~180 ℃[42]。

然而，由于溶解度的限制，离子液体溶液型氢载体的体系储氢量太低，因此很难用

于实际场景。于是，直接以硼氢阴离子为阴离子组分的离子液态型硼氢化物被发展出来。2015 年，中国科学院大连化学物理研究所的陈萍等制备了 $[C(NH_2)_3][B_3H_8]$ 作为氢载体，其理论储氢量为 13.8 wt%，熔点低于 −10 ℃，84 ℃ 时 10 min 内即可放出 11.2 wt%的氢气 [43]。2019 年，中国复旦大学的郭艳辉等制备了 $Li(NH_3)B_3H_8$ 作为氢载体，熔点低于 −15.7 ℃，在 $ZnCl_2$ 催化下 120 ℃ 左右时 10 min 内即可放出 6.9 wt%的氢气 [44]。

这些离子液体型氢载体大部分属于液态有机氢载体，只有 $Li(NH_3)B_3H_8$ 等极少数属于液态无机氢载体。而且，这类氢载体目前还存在成本高、不具可逆性等缺点，因此还需要更多的发展与突破。

11.2　液氨储氢 [12,45,46]

11.2.1　液氨储氢概述

氨 (NH_3) 是一种无色有刺激性气味的气体，熔沸点分别为 −77.8 ℃ 和 −33.5 ℃，临界温度为 132.4 ℃，临界压力为 11.2 MPa，室温附近即可被压缩成液体 (20 ℃、0.8 MPa)。液氨的质量储氢量和体积储氢量分别高达 17.7 wt%和 120 gH_2/L，其体积储氢量超过液氢 (71 gH_2/L)。液氨的质量能量密度和体积能量密度分别高达 18.6 MJ/kg 和 12.7 MJ/L，其体积能量密度也超过液氢 (8.5 MJ/L)。将氨气液化所需要的能量远低于液氢，液氨的挥发损失问题也远小于液氢。另外，由于合成氨工业的发达，氨的成本较低，储存和运输方便，因此液氨被认为是很有应用潜力的液态无机氢载体之一。

由于氨已经在工业上广泛生产与应用，液氨储氢主要面临两方面的挑战：氨的分解和氢气的分离纯化 (除去未分解的氨)。

氨气分解产氢的方程式为

$$2NH_3 =\!=\!=\!= N_2 + 3H_2，\Delta H = 92.4\ \mathrm{kJ/mol}，\Delta G = 32.8\ \mathrm{kJ/mol}$$

该反应是一个吸热且热力学不自发进行的反应，因此通常需要在较高的温度、在催化剂催化下进行。另外，该反应是一个可逆反应，总是有部分未分解的 NH_3 在产物中，而 NH_3 对于氢燃料电池是不利的，因此需要后续的分离纯化过程。由此可知，氨分解产氢的装置会比较复杂且能耗较高，因此液氨储氢一般适用于大型的制氢装置和氢气的大批量、长距离储存和运输。

11.2.2　液氨的生产 [47-56]

液氨很容易通过氨气的冷却或压缩得到，因此液氨生产的关键是氨气的合成。氨是最重要的化肥和化学中间体，年产量超过 2 亿 t。目前工业氨合成仍然主要采取经典的 Haber-Bosch 工艺于高温 (400~600 ℃) 和高压 (20~40 MPa) 在铁触媒催化下进行。使用该工艺生产氨的能耗约为 30 GJ/(t NH_3)，合成氨的能耗约占全球能耗的 1.4%。另外，由于目前 H_2 的生产主要是化石燃料的重整，所以合成氨的碳排放约为 1.87 $(tCO_2)/(t\ NH_3)$。

为了降低能耗和成本，近年来一系列新工艺被发展出来，比如美国的 KBR(Kellogg & Brown Root 公司) 工艺、瑞士的 CASALE 低压氨合成技术、丹麦的 Topsøe 工艺、德国 Uhde 公司的生产工艺等。以 KBR 工艺为例，该工艺使用的是继 Fe 基催化剂之后的第二代 Ru 基催化剂，合成压力为 15.5 MPa，同时通过采用组合式氨冷器、三段中间换热式卧式合成塔等技术，有效地提高了合成氨的效率，降低了成本。

近年来，基于过渡金属-金属氢化物、金属氢化物、过渡金属-电子化合物和过渡金属-稀土氮化物等的第三代氨合成催化剂被发展出来。第一代 Fe 基催化剂需要的条件苛刻且催化性能一般，第二代 Ru 基催化剂虽然性能优异但成本高昂。2017 年，中国科学院大连化学物理研究所的陈萍等发展了一系列 TM(N)-MH 合成氨催化剂 Cr-LiH、Mn-LiH、Fe-LiH、Co-LiH、Co-BaH_2、Mn_4N-LiH、Mn_4N-BaH_2 等，催化性能超过 Ru 基催化剂。比如其中的 Mn_4N-LiH 催化剂在 300 ℃、1 MPa 条件下合成氨的速率即可达到 2250 μmol/($g_{catalyst}$·h)，明显快于典型的 Ru 基催化剂 Ru/MgO 和 Cs-Ru/MgO，其优异的性能在于 TM(N) 活化 N_2，MH 活化 H_2 的协同催化作用 (图 11.4)[57-61]。

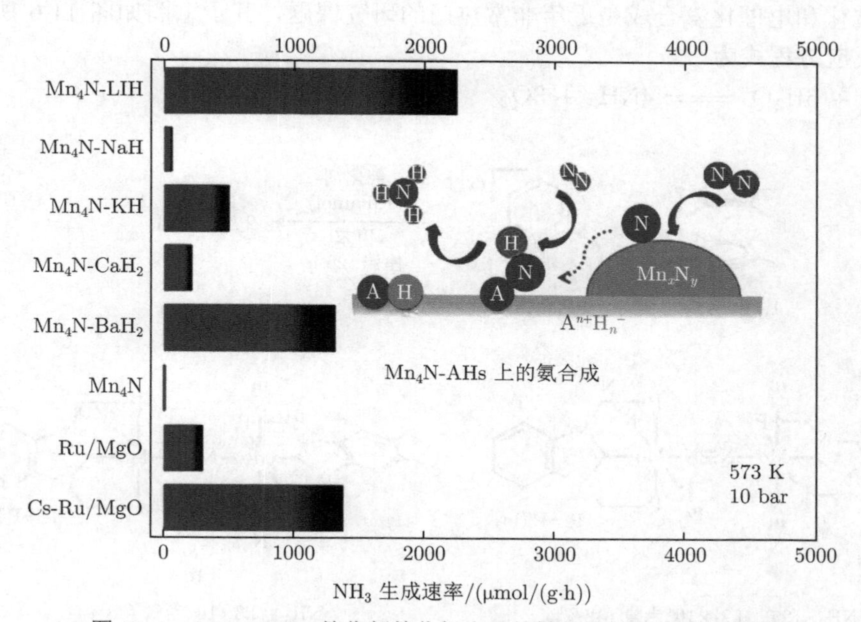

图 11.4 Mn_4N-MH 催化剂催化氨合成的性能和催化机理示意图

同年，日本京都大学的 Hiroshi Kageyama 等发现 TiH_2 和 $BaTiO_{2.5}H_{0.5}$ 可以作为合成氨的催化剂，只是性能还劣于 Ru 基催化剂。次年，他们制备了 Fe/$BaTiO_{2.35}H_{0.65}$ 和 Co/$BaTiO_{2.37}H_{0.63}$ 催化剂，催化合成氨的性能超过了 Cs-Ru/MgO，其性能优异的原因归功于氢溢流效应和 H^- 的给电子效应 [62,63]。2018 年，日本东京工业大学的 Hideo Hosono 等制备了金属间化合物 LaCoSi 作为合成氨的催化剂，性能媲美 Ru 基催化剂 [64]。2019 年，他们以电子化合物为载体制备了 Co/$_{12}$CaO·7Al_2O_3：e^- 催化剂，由于电子化合物的给电子效应，其合成氨的性能超过了 Ru/MgO[65]。2020 年，他们又发展了稀土氮化物负载的过渡金属催化剂 Ni/LaN、Ni/CeN，合成氨的性能也接近 Ru 基催化剂，这是因为稀土氮化物中的氮空位能有效活化 N_2[66,67]。

除了直接用 N_2 和 H_2 反应合成氨，部分工业的副产氨也是氨气的来源之一，比如苯胺制二苯胺过程中会有副产氢。近二十多年，光催化、酶催化、电化学合成氨等新型氨合成方法被广泛研究。这些方法能以 H_2O 代替 H_2 作为氢源，从而避免氨合成造成的碳排放。同时，这些方法能够利用可再生能源，在较温和的条件下实现氨的合成，从而可以降低能耗和成本。

一些微生物能够通过其体内的固氮酶在常温常压下将氮气还原为氨，目前发现的固氮酶有三种：FeMo 固氮酶、FeFe 固氮酶和 VFe 固氮酶，它们催化的氮还原反应为：$N_2 + 8H^+ + 16MgATP + 8e^- = 2NH_3 + H_2 + 16MgADP + 16Pi$。常温常压下合成氨是非常理想的，因此研究者们尝试通过仿固氮酶、拥有类似关键结构的均相催化剂等来催化 N_2 的还原。比如 2017 年东京大学的 Yoshiaki Nishibayashi 等利用含有两个 Mo 中心的均相催化剂在常温常压下成功将 N_2 还原为 NH_3(图 11.5)[68]。然而，这类氨合成方法还处于非常基础的研究阶段。

光催化和电催化氨合成是近年非常热门的研究课题，其示意图如图 11.6 所示，相应的总反应方程式为

$$2N_2 + 6H_2O = 4NH_3 + 3O_2$$

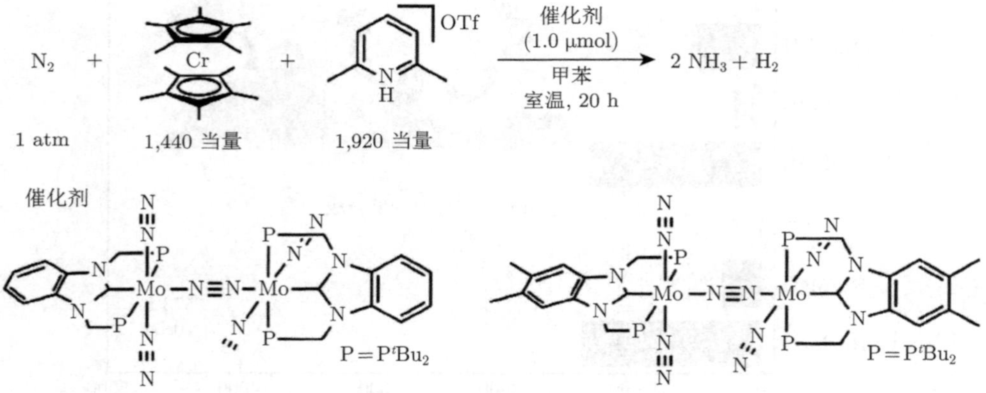

1a

NH_3　$(2.0\pm0.2)\times10^2$ 当量 (42%)

H_2　$(1.0\pm0.4)\times10^2$ 当量 (14%)

1c

NH_3　2.3×10^2 当量 (48%)

H_2　1.2×10^2 当量 (16%)

图 11.5　Mo 基均相催化剂催化氨合成的反应方程式及其性能 [68]

尽管理论上该反应可以利用可再生能源在温和条件下进行且不产生碳排放，但要实现光催化和电催化氨合成非常困难。因为非常稳定的 N_2 不易断键也不易吸附在催化剂表面，而且该反应需要经过多个电子和质子参与的基元反应，因此该反应面临着低反应速率、低选择性的问题。为了解决这些问题，众多的催化剂被发展出来，然而目前还没有催化剂能够达到大规模应用的需求。

TiO_2 等过渡金属氧化物，BiOCl 等卤氧化物，g-C_3N_4、CdS 等过渡金属硫化物，层状双氢氧化物 (LDH) 等光催化剂被用于光催化氨合成。2017 年，华中农业大学的陈浩、日本国立材料研究所的叶金花等制备了 Bi_5O_7Br 纳米管催化剂，该催化剂在可见光照射下可以催化 N_2 在水中还原生成 NH_3，产氨速率为 1.38 mmol/(h·g)，表观量子效率

2.3%(420 nm)[69]。该性能基本可以代表现阶段最好的光催化合成氨催化剂的性能，可以看到其产氢速率和量子效率都很小，说明光催化氨合成距离实用化还非常遥远。

金属、金属氧化物、金属氮化物、金属碳化物、金属硫化物、金属磷化物、碳材料等催化剂被用于催化电化学合成氨。根据操作温度的差异，电化学合成氨装置可分为低温型 (< 100 ℃)、中温型 (100~500 ℃) 和高温型 (500~800 ℃)。能够在室温操作的装置最为理想，然而室温下往往产氨速率很低。由于 $E^{\ominus}(N_2/NH_3)$ 为 −0.148 V 且 N_2 需要更低的电势 (−3.2 V) 才能活化形成活性物种 (如 N_2H)，因此 N_2 电还原过程中的氢析出竞争反应的优势很大，产氨的法拉第效率很低。为了达到商业应用的需求，电化学产氨的速率要超过 10^{-6} mol/(cm^2·s)，法拉第效率要超过 50%，然而目前绝大部分发展出的电催化剂能够实现的产氨速率不超过 10^{-8} mol/(cm^2·s)，法拉第效率低于 10%。2020 年，中国科学院化学研究所的李玉良等制备了一种 GDY/Co_2N(GDY 为三维石墨炔) 电催化剂，室温下在 N_2 饱和的 0.1 mol/L HCl 溶液中产氨的速率达到 219.72 μg/(mg^2·h) (大于 3.9×10^{-7} mol/(cm^2·s))，法拉第效率高达 58.60%(0.101 V versus RHE)，基本是现有催化剂达到的最高性能 [70]。

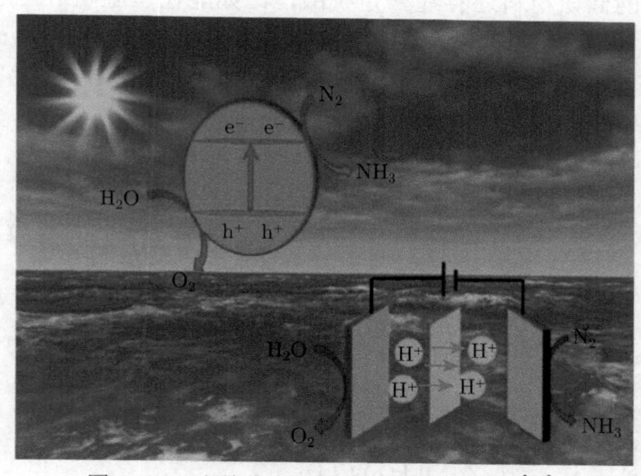

图 11.6 光催化和电催化氨合成示意图 [54]

11.2.3 液氨的储存和运输 [50,71-74]

液氨的储存方式可以分为三种：全压力储存、降温储存和常压低温储存，分别对应加压液化、降温液化和加压降温液化三种液化方式，主要使用的是前两种方式。

全压力储存即使用高压钢瓶或者钢罐储存，根据使用温度的不同对容器的耐压要求不同，比如 50 ℃ 对应 2.07 MPa。这种储存方式主要应用于中小型液氨储存设备，比如常见的液氨钢瓶。

降温储存一般罐体体积很大，需要配备相应的冷冻系统，造价高昂，主要在大型化工厂使用。降温储存罐可以分为单壳壁罐、复壳壁罐及复壁整体罐三种类型。单壳壁罐由低温钢内壁、外保冷层和保护层构成，结构简单成本低，但保冷效果一般安全性低，应用较少。复壳壁罐由低温钢内壁、隔热层 (装有珍珠岩等隔热材料)、普通钢外壁构成，保冷效果良好且成本适中，应用较多。复壁整体罐主要也由低温钢内壁、隔热层、普通钢外壁构成，但保留了较大的蒸气空间且外壁耐压性更强，因此安全性更高，应用也较多。

液氨的运输方式包括公路汽车罐车、铁路罐车、水路驳船和管道运输。公路汽车罐车适用于中短距离运输，应用最为广泛。铁路罐车和水路驳船适用于长距离运输，管道运输适合短距离运输。

由于氨具有毒性、易燃易爆性、腐蚀性，所以液氨的储存与运输需要有非常严密的安全措施，然而始终存在一定的安全隐患。近年来，一系列储氨材料被研发出来，有望在未来代替液氨成为氨的主要储运方式。和储氢材料类似，储氨材料指能在一定条件吸收和放出氨气的材料，主要包括金属卤化物 (如 $CaCl_2$)、配位氢化物 (如 $NaBH_4$)、多孔材料 (如 13X 沸石分子筛)、质子基材料 (如 α-$Zr(HPO_4)_2(H_2O)$) 等。图 11.7 是部分储氨材料的质量储氨量和体积储氨量，其中大部分储氨材料的储氨量都较高，比如 $MgCl_2$ 的质量储氨量和体积储氨量分别高达 51.8 wt%和 310 gNH_3/L，$CaCl_2$ 的质量储氨量和体积储氨量分别高达 55.1 wt%和 320 gNH_3/L，它们的体积储氨量达到了液氨的 93%左右。只是，目前的储氨材料还存在一定挑战，比如能在室温附近可逆储氨的高储氨量材料 ($CaCl_{1.33}Br_{0.67}$ 能在室温附近可逆储氢，然而储氨量只有 32 wt%)，因此储氨材料的大规模应用还需要更多的发展。

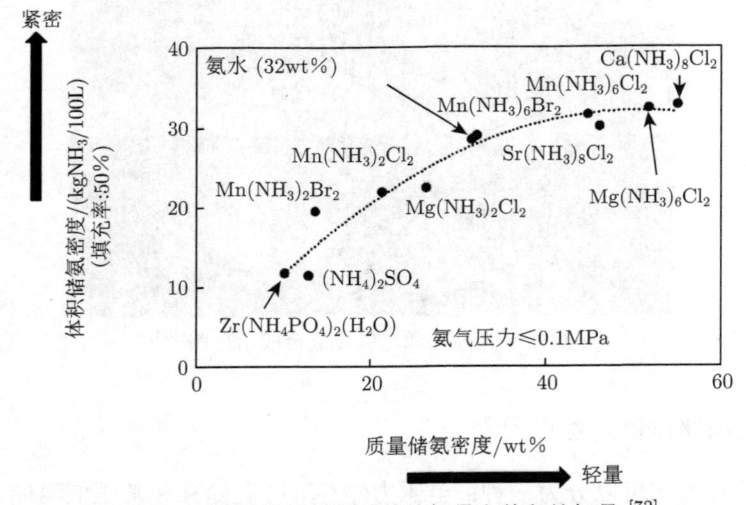

图 11.7 部分储氨材料的质量储氨量和体积储氨量 [72]

11.2.4 液氨的分解产氢 [45,46]

液氨的分解和产生氢气的纯化是液氨作为液态无机氢载体的主要挑战。

Ru 基催化剂是目前氨分解反应主要使用的催化剂，然而其成本较高，所以 Fe、Co、Ni 基等非贵金属催化剂也逐渐被研发出来。研究表明，在 Al_2O_3 载体上，催化氨分解的活性顺序为：Ru $>$ Ni $>$ Rh $>$ Co $>$ Ir $>$ Fe $\approx$ Pt $>$ Cr $>$ Pd $>$ Cu $\approx$ Te，Se，Pb；在 CNT 载体上，催化氨分解的活性顺序为：Ru $>$ Rh $\approx$ Ni $>$ Pt $\approx$ Pd $>$ Fe。对于 Ru

基催化剂，K、Na、Li、Ce、Ba、La、Ca 等元素对催化活性都有提升效果，而高比表面积、具有导电性的载体 (如 CNT) 对于催化活性比较有利。

2015 年，中国科学院大连化学物理研究所的陈萍报道了 Li_2NH-MnN 和 Li_2NH-FeN 催化剂，催化氨分解的性能媲美传统的 Ru 基催化剂 [75]。2019 年，美国翰斯 · 霍普金斯大学的王超等利用碳热振荡合成技术制备了高熵合金 (HEA) 型催化剂，催化氨分解的性能超过了传统的 Ru 基催化剂，其中 HEA-$Co_{55}Mo_{15}$($Co_{53}Mo_{13}Fe_{12}Ni_{11}Cu_{11}$) 开始催化氨分解的温度约为 300 ℃，在 500 ℃、氨气的空速 (GHSV) 为 3.6 L/(g_{cat}·h) 时氨气的转化率为 100%，TOF 高达 25209 h^{-1}，而在相似条件下 Ru/CNT 的转化率仅为 84%，TOF 仅为 6241 h^{-1}[76]。部分典型的氨分解催化剂及其性能如表 11.6 所示。

表 11.6 部分氨分解催化剂及其性能 [76]

催化剂	金属/wt%	NH_3 /vol%	T/℃	小时空速/(mL/(g_{cat}·h^{-1}))	转化率/%	TOFa/h^{-1}
Ru/SiO_2	10	100	500	30000	64	2283
Ru/Al_2O_3	10	100	500	30000	58	2069
Ru/CNT	4.8	100	500	30000	84	6241
Ru/TiO_2	4.8	100	500	30000	64	11096
Ru/MgO	5	100	500	30000	41	8189
$Co(en)_3MoO_4$	38.8	100	500	36000	12	294
CO_3Mo_3N	97	50	500	22500	33	409
$CoMo/SiO_2$	5	100	500	36000	14	1108
FeMo/La-Al_2O_3	10	100	500	46000	8	1213
Ni_2Mo_3N	97	100	500	21600	29	204
Li_2NH-Fe_2N	81.2	100	500	60000	38.1	1179
Li_2NH-Mn_2N	81	100	500	60000	59.1	2735
HEA-$Co_{25}Mo_{45}$	7.8	5	500	36000	84	1571
HEA-$Co_{35}Mo_{35}$	8.3	5	500	36000	67	1128
HEA-$Co_{45}Mo_{25}$	8.8	100	500	36000	64.5	19633
HEA-$Co_{55}Mo_{15}$	9.3	100	500	36000	100	25209

由于氨分解反应是吸热反应，因此反应过程需要外部提供能量。2020 年，日本名古屋大学的 Katsutoshi Sato 和 Katsutoshi Nagaoka 等将氨的催化氧化反应和氨分解反应结合起来，利用氨氧化反应产生的热量为氨分解反应供能，总的反应方程式为

$$NH_3(g) + 0.25O_2(g) \xlongequal{\quad} H_2(g) + 0.5N_2(g) + 0.5H_2O(g), \quad \Delta H = -75\ \text{kJ/mol}$$

在 1 wt %Ru/$Ce_{0.5}Zr_{0.5}O_{2-x}$ 催化下，该反应可以在室温下进行，产氢速率可达 40 L/(g_{cat}·h)，产氢量为 8 wt%(图 11.8)[77]。通过调整使用 O_2 的量，可以使得整个部分氧化分解反应放出的热量恰好可以用于维持反应所需的温度，此时能量利用效率最高。随着更高效低成本的催化剂的发展，这种氨分解方式可能是未来更有实用前景的方案。

对于质子交换膜燃料电池 (PEMFC) 和磷酸燃料电池 (PAFC)，燃料气中的 NH_3 浓度不能超过 0.1 ppm，因此氨分解产生的 H_2 需要进行纯化，通常使用的纯化方法即用储氨材料吸收混合气体中的 NH_3。比如，2018 年日本广岛大学的 Hiroki Miyaoka 和 Yoshitsugu Kojima 等使用 Li 交换的 X 型沸石分子筛吸收氨分解产生气体中的 NH_3，

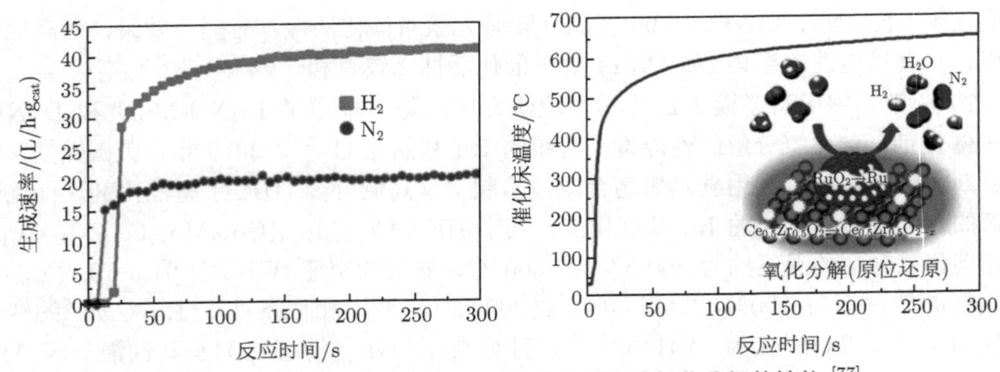

图 11.8　1 wt%Ru/$Ce_{0.5}Zr_{0.5}O_{2-x}$ 催化氨部分氧化分解的性能 [77]

能使其浓度降低到 0.01~0.02 ppm，且能够通过 400 ℃ 加热再生 [78]。另一种常用的纯化方法是使用只能通过 H_2 的 Pd 基薄膜过滤混合气体，该方法不仅可以除去 NH_3，也能除去 N_2。同时，Pd 基分离膜可以和氨分解装置集成在一起，从而降低设备复杂度，增加氨分解转化率甚至降低氨分解温度。比如韩国科学技术院的 Chang Won Yoon 和 Young Suk Jo 等报道了一种 Pd/Ta 复合膜氨分解反应器 (图 11.9)，使用 Ru/La-Al_2O_3 催化剂于 425 ℃ 分解氨的速率达到 1.2 L/(g_{cat}·h)，氨分解转化率超过 99%，产生气体中 NH_3 的含量为 4.2 ppm[79]。因此，现阶段 Pd 基薄膜氨分解反应器产生的氢气还未能达到直接供应 PEMFC 使用的要求，还需要发展出分离效果更好的 Pd 基分离膜。

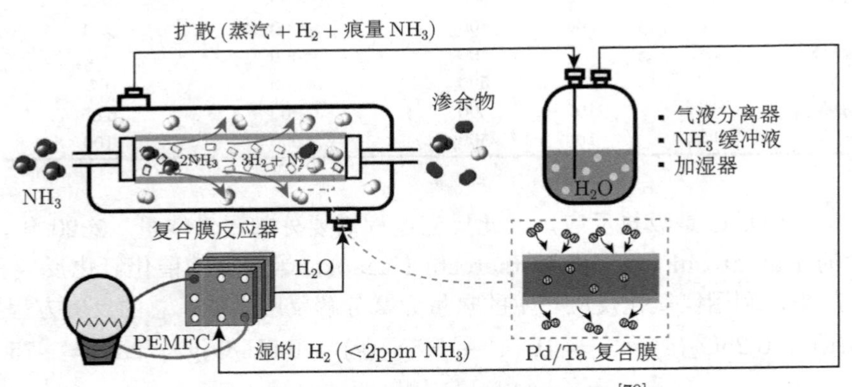

图 11.9　Pd/Ta 复合膜氨分解反应器 [79]

11.2.5　液氨的应用

2016 年 9 月，日本和沙特阿拉伯成立联合小组，着手实施“2030 年沙特-日本愿景”，其中包括的一个项目是以液氨为载体，将沙特的氢气运到日本。因此，日本广岛大学小岛由继 (Yoshitsugu Kojima) 领导的研究团队和大阳日酸株式会社、丰田汽车公司、昭和电工株式会社合作对日本内阁综合科技创新会议的综合创新战略的“能源载体”课题进行研究，主要进行的就是液氨作为氢载体的研究。2018 年，他们制造出如图 11.10 所示的氨分解制氢装置，产氢速率可达 300~1000 m^3/h。

图 11.10 日本氨分解制氢装置

2018 年，韩国科学技术院的 Chang Won Yoon 和 Young Suk Jo 等制造了如图 11.11 所示的用于给 PEMFC 供氢的氨分解制氢装置，使用的催化剂是 $Ru/La\text{-}Al_2O_3$，氨分解的热源为异丁烷燃烧或者部分产生氢气的燃烧，氢气纯化使用的是 13X 沸石分子筛。在 550 ℃，氨气进气流量为 9 L/min 的条件下，该装置产氢速率超过 13.4 L/min，转化率超过 99.7%，产生气体中氨气浓度为 0.65 ppm，可以供应 1 kW 级的 PEMFC 稳定工作 2 h 以上。如果使用部分产生氢气的燃烧来给氨分解装置供热，系统能量效率约为 50%，体系的质量产氢量为 4.9 wt%[6]。

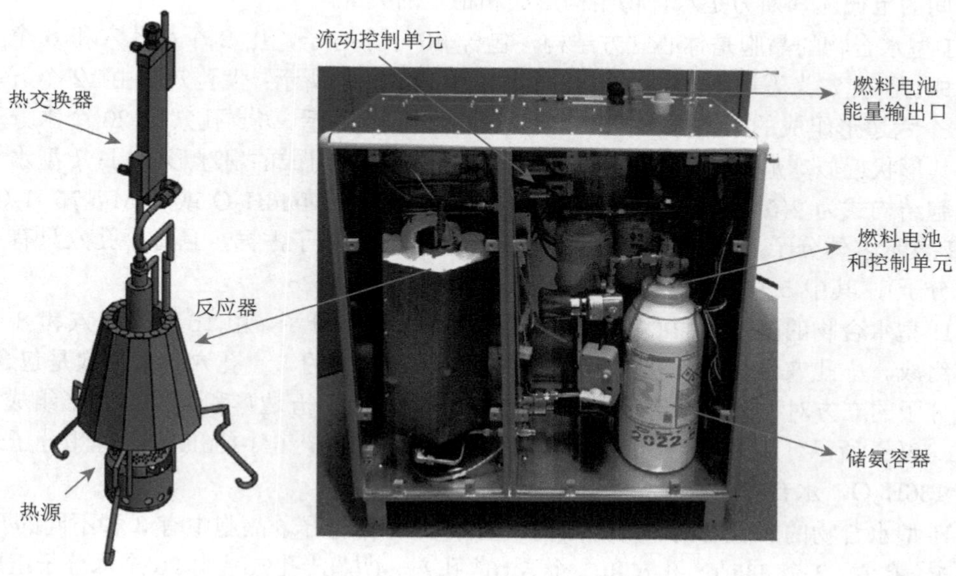

图 11.11 韩国氨分解制氢装置 [6]

11.3　水合物储氢技术 [80-95]

1810 年，英国化学家 Humphry Dary 在实验室中首先发现气体水合现象，并提出了气体水合物 (gas hydrates) 的概念。气体水合物是笼形水合物 (clathrate) 的一种。氢气水合物 (hydrogen clathrate hydrate)[1] 是氢气在一定的温度和压力下与水作用生成的一种非固定计量的笼形晶体化合物。

在氢气水合物中，水分子 (主体分子) 通过氢键作用形成一种空间点阵结构，氢分子 (客体分子) 则填充于点阵间的晶穴中，氢气与水之间没有固定的化学计量关系，两者之间的作用力为范德瓦耳斯力。

11.3.1　气体水合物的晶体结构 [81-86]

气体水合物的基本结构特征是主体水分子通过气键在空间相连，形成一系列不同大小的多面体孔穴，这些多面体孔穴或通过顶点相连，或通过面相连，向空中发展形成笼状水合晶格。如果不考虑客体分子，空的水合物晶格可以认为是一种不稳定的冰。当这样不稳定冰的孔穴有一部分被客体分子填充后，它就变成了稳定的气体水合物。水合物的稳定性主要取决于其孔穴被客体分子填充的百分数，被填充的百分数越大，它就越稳定。而被填充的百分数则取决于客体分子的大小及气相逸度，可以按照严格的热力学方法进行计算。目前已发现的水合物晶体结构 (按水分子的空间分布特征来区分，与客体分子无关) 有 I 型、II 型和 H 型三种。结构 I、结构 II 型水合物晶格都具有大小不同的 2 种笼形孔穴，结构 H 型则有 3 种不同的笼形孔穴。一个笼形孔穴一般只能容纳一个客体分子，在压力很高时也能容纳两个像氢气分子这样很小的分子。客体分子与主体分子间的范德瓦耳斯力是水合物结构形成和稳定的关键。

I 型水合物的晶胞是体心立方结构，包含 46 个水分子，由 2 个小孔穴和 6 个大孔穴组成。小孔穴为五边形十二面体 (5^{12})，如图 11.12(a) 所示；大孔穴是由 12 个五边形和 2 个六边形组成的十四面体 ($5^{12}6^2$) 如图 11.12(b) 所示。5^{12} 孔穴由 20 个水分子组成，其形状近似球形；$5^{12}6^2$ 孔穴则是由 24 个水分子所组成的扁球形结构。I 型水合物的晶胞结构式为 $2(5^{12})6(5^{12}6^2)\cdot 46H_2O$，理想分子式为 $8M\cdot 46H_2O$ 或者 $M\cdot 5.75\ H_2O$(式中 M 表示客体分子，理想的含义是全部孔穴都被客体分子占据，且每个孔穴只有一个客体分子)，其中 5.75 为水合数。

II 型水合物的晶胞是面心立方结构，包含 136 个水分子，由 16 个小孔穴和 8 个大孔穴组成。小孔穴也是 5^{12} 孔穴，但直径上略小于 I 型的 5^{12} 孔穴；大孔穴是包含 28 个水分子的立方对称的准球形十六面体 ($5^{12}6^4$)，由 12 个五边形和 4 个六边形组成，如图 11.12(c) 所示。II 型水合物的晶胞结构式为 $16(5^{12})8(5^{12}6^4)\cdot 136H_2O$，理想分子式为 $24M\cdot 136H_2O$，水合数为 17/3。

H 型水合物的晶胞是简单六方结构，包含 34 个水分子。晶胞中有 3 种不同的孔穴：3 个 5^{12} 孔穴，2 个 $4^35^66^3$ 孔穴和 1 个 $5^{12}6^8$ 孔穴。$4^35^66^3$ 孔穴是由 20 个水分子组成的扁球形十二面体，如图 11.12(d) 所示。$5^{12}6^8$ 孔穴则是由 36 个水分子组成的扁球形二十面体，如图 11.12(e) 所示。H 型水合物的晶胞分子式为 $3(5^{12})2(4^35^66^3)1(5^{12}6^8)\cdot 34H_2O$，

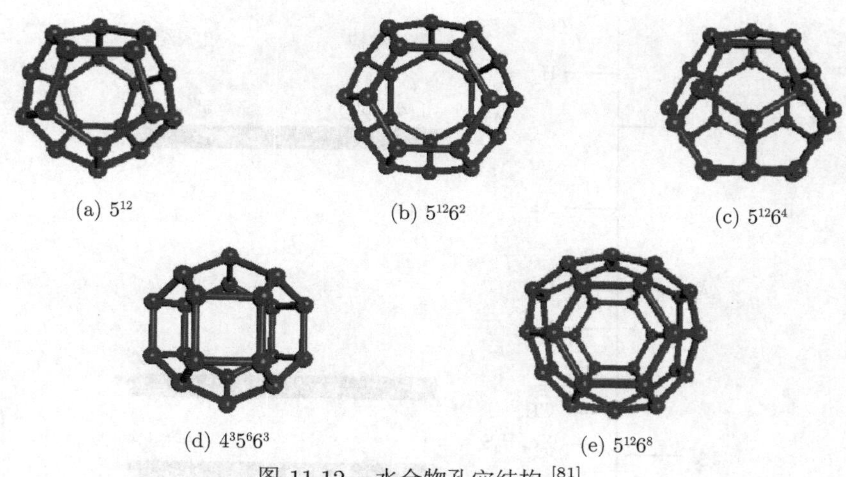

(a) 5^{12} (b) $5^{12}6^{2}$ (c) $5^{12}6^{4}$

(d) $4^{3}5^{6}6^{3}$ (e) $5^{12}6^{8}$

图 11.12 水合物孔穴结构 [81]

理想分子式为 6M·34H_2O，水合数为 17/3。

三种类型的气体水合物的晶体结构参数列于表 11.7。

表 11.7 笼形水合物晶体结构参数 [82,83]

参数	结构 I		结构 II		结构 H		
晶系	立方晶系		立方晶系		六方晶系		
空间群	$Pm3n$		$Fd3n$		$P6/mmm$		
晶格参数/Å	a=11.877		a=17.175		a=12.3304, c=9.9206		
分子式	$2X \cdot 6Y \cdot 46H_2O$		$16X \cdot 8Y \cdot 136H_2O$		$3X \cdot 2Z \cdot 1Y \cdot 34H_2O$		
单晶中水分子数	46		136		34		
晶胞种类	小 X	大 Y	小 X	大 Y	小 X	中 Z	大 Y
骨架结构	5^{12}	$5^{12}6^{2}$	5^{12}	$5^{12}6^{4}$	5^{12}	$4^{3}5^{6}6^{3}$	$5^{12}6^{4}$
单晶中晶胞数目	2	6	16	8	3	2	1
半径/Å	3.95	4.33	3.91	4.73	3.91	4.06	5.71
晶胞骨架水分子数	20	24	20	28	20	20	36

至于客体分子在主体分子形成的晶格中形成哪一种水合物的结构主要由客体分子的大小决定，也受客体分子形状、温度、压力、是否有水合物促进剂等因素影响。图 11.13 为客体分子尺寸与水合物晶体结构及占有孔穴类型间的关系。

图 11.13 括号内的 double 表示很难单独形成稳定的水合物，需要其他分子参与才能形成稳定的水合物。客体分子尺寸过小如 H_2，只有在特高压力 ($>$ 200 MPa) 或与水合物促进剂如四氢呋喃 (THF)、四丁基溴化铵 (TBAB)、环戊烷 (CP) 等作用下才能生成稳定水合物。较小的客体分子如 CH_4、H_2S、CO_2 及 C_2H_6 等，能稳定 I 型水合物的小孔，因此形成 I 型结构晶体。较大客体分子如 C_3H_8、i-C_4H_{10} 等，只能进入 II 型水合物的大孔，因此只能形成 II 型结构晶体。更大的客体分子必须与小分子一起形成 II 型或 H 型结构晶体，如正丁烷、环己烷、环辛烷等。

客体分子与主体分子在一定条件下通常只能形成单一的晶体结构，但随着条件的改变，形成的晶体结构也可能发生变化。如当温度变化时，环丙烷形成的水合物的晶体结

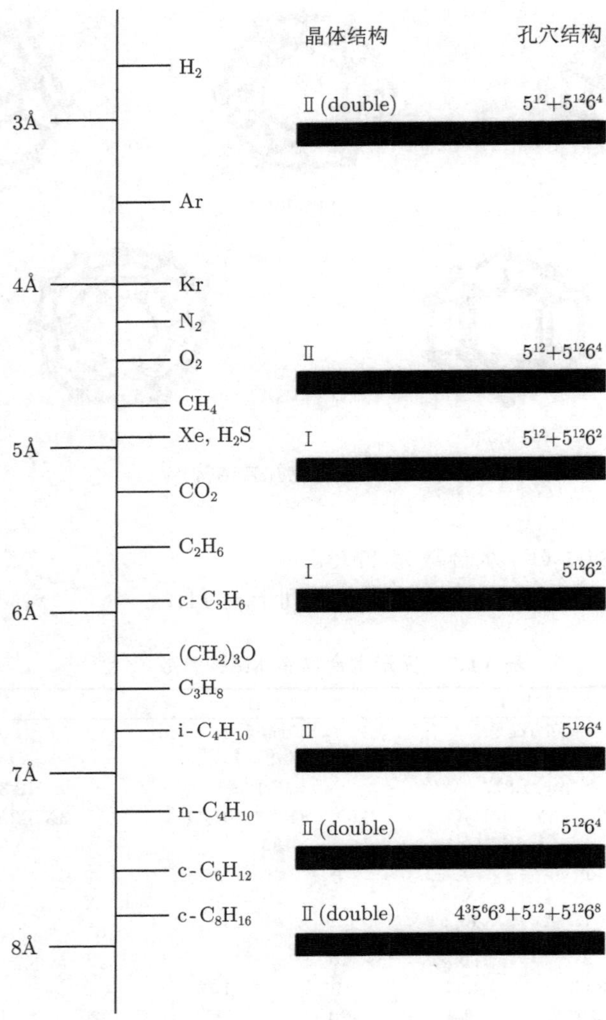

图 11.13　客体分子尺寸与水合物晶体结构的关系 [84-86]

构会从 I 型变到 II 型或从 II 型变到 I 型，而且可能出现 I 型、II 型共存的情况。晶体结构还可能会因为另一种客体分子的加入而改变，如甲烷纯态时形成结构 I 型水合物，如果加入少量的丙烷，那么将形成结构 II 型水合物。

11.3.2　气体水合物储氢 [87-95]

利用水合物技术，将氢气与水在一定温度压力下合成氢气水合物已成为可能，为储氢开辟了一条新的道路。氢气水合物的储氢介质可以看作是纯水，而水合物分解时副产物也只有水。与天然气水合物的客体分子甲烷一样，氢气是一种难溶于水的气体，在常温常压下其溶解度只有 1.82 ml/L，溶于水的氢气可以在一定温度压力下与水形成笼形氢气水合物。由于 H_2 分子尺寸很小，对水合物笼形结构稳定的贡献很小，与水不易形成水合物。目前，水合物储氢技术正处于研究阶段，主要难点是氢气水合物生成难、储氢速率慢和储氢量低。温度 273 K 下，氢气水合物需要在 200 MPa 条件下才能生成，这就限制了水合物储氢的广泛应用。因此，科研重点是降低氢气水合物生成条件、增加水合物储氢速度和提高水合物储氢量，这对水合物科研工作者提出了巨大的挑战。

11.3.2.1 采用 I 型水合物储氢

Kim 等将氢气与二氧化碳混合，在 270 K、12 MPa 的条件下形成 I 型气体水合物。虽然形成压力仍然相当高，但确实改善了氢水合物的形成条件。CO_2 分子占据了水合物的大孔穴，使得水合物稳定性增强，故形成条件得到改善。

Struzhkin 等最近研究 H_2-H_2O-CH_4 系统，发现 CH_4 的加入同样可以使水合物稳定性得到增强，也可以改善氢水合物的形成条件。他们认为，CH_4 增加水-甲烷结构的氢键，这使其与纯冰相比，形成压力更低些。

11.3.2.2 采用 II 型水合物储氢

为了降低氢气 II 型水合物的生成难度，2004 年，Florusse 等用 THF、H_2 和水形成二元水合物时发现，其形成压力可降低约两个数量级。另外，他们还发现在更为有利的条件下即 5 MPa、280 K 时，THF+H_2 有良好的稳定性。这位水合物储氢迈出了关键一步，因为它大大减少了水合物形成时的压力。

可惜 THF-H_2 二元水合物中的小孔穴最多被一个氢分子占据。THF 分子占据大孔穴的客体分子，在适中压力下，系统不存在多个氢分子占据大孔穴的情况。如图 11.14 所示，该类水合物中氢的含量最大为 1%，这与每个十二面体小孔穴只含一个氢分子一致。

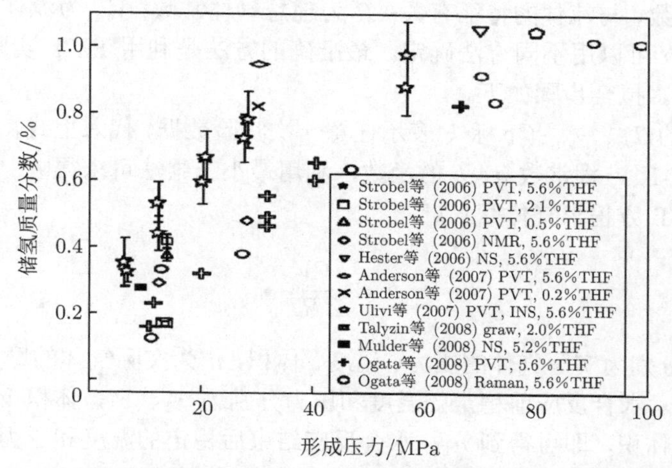

图 11.14 不同研究对 THF+H_2 二元水合物储氢密度的研究结果对比

11.3.2.3 采用 H 型水合物储氢

通过对各种可能的水合物促进剂进行试验，发现在压力为 50 MPa、温度为 274.4 K 时，直径为 8.4 Å 的 DMCH(二甲基环己烷) 能够形成稳定的 H 型氢水合物，并且如果温度升至 279.5K，压力便上升为 95 MPa。其他水合物促进剂如 MTBE(甲基叔丁基醚)、MCH(甲基环己烷) 也能形成稳定的 H 型氢水合物，可是它们的形成条件分别为压力 70.1 MPa、温度 269.2 K 和压力 83.1 MPa、温度 274.0 K。这些物质能作为 H 型水合物的促进剂是由于它们的分子大小合适，它们的直径比较大，足以稳定 H 型水合物的大孔穴，比如 DMCH 直径为 8.4 Å，MTBE 直径为 7.8 Å，MCH 直径为 8.59 Å。虽然这些 H 型水合物形成压力比 H_2-THF 混合 II 型水合物明显高，但这些 H 型水合物中储氢质量密度将比 H_2-THF 混合 II 型水合物高出 40%，即储氢质量密度为 1.4%。

11.3.3 水合物储气量的一般计算方法

进行水合试验时，可以得到温度、压力、质量、体积、流量等数据，一般采用 PVT 计算法或重量称量法来研究水合物的储气量。采用 PVT 法结合实际气体状态方程 (R-K 方程)，计算体积储氢量和质量储氢量方法如下。

1) 实际气体压缩因子

假设真实气体压缩的温度和压力分别为 T、P，先应用 R-K 方程来求解给定温度压力下的压缩因子。R-K 方程形式如下：

$$\left(P+\frac{a}{T^{0.5}V_{\mathrm{m}}(V_{\mathrm{m}}+b)}\right)(V_{\mathrm{m}}-b)=RT$$

$$P=\frac{RT}{V_{\mathrm{m}}-b}-\frac{a}{T^{0.5}V_{\mathrm{m}}(V_{\mathrm{m}}+b)}$$

$$V_{\mathrm{m}}^3-\frac{RT}{P}V_{\mathrm{m}}^2+\frac{1}{P}\left(\frac{a}{T^{0.5}}-bRT-Pb^2\right)V_{\mathrm{m}}-\frac{ab}{PT^{0.5}}=0$$

式中，a、b 为常数，与流体的特征有关；R 为理想气体常数；V_{m} 为流体摩尔体积。R-K 方程的常数 a、b 可以用不同方法确定。最准确的方法是利用 PVT 实验数据采用最小二乘法拟合得到。拟合步骤如下。

(1) 将实测的 T_k、$V_{\mathrm{m},k}$(下标 k 表示任意一次实验数据) 代入上式，求出 P_k；

(2) P_k 是 R-K 方程常数 a、b 的函数，利用最小二乘法可求得 a、b。

2) 利用 PVT 方程求气体摩尔量

$$n=\frac{PV}{ZRT}$$

其中 P、V、T 分别为实际气体的压力、温度、体积，n 为实际气体的摩尔量，Z 为实际气体的压缩因子。水合反应前稳定的温度和压力分别为 T_1、P_1，体积 V_1 为容器容积减去容器内液体的体积，即可得到 n_1；水合反应结束后稳定的温度和压力分别为 T_2、P_2，体积 V_2 为容器容积减去容器内水合物的体积，即可得到 n_2。

3) 储气量计算

水合物体积储气量：$V/V=\dfrac{22400\Delta n}{(\Delta nM+m)/D}$

水合物质量储气量：$\mathrm{wt}\%=\dfrac{\Delta nM}{\Delta nM+m}$

其中，$\Delta n=n_1-n_2$，为水合物储气摩尔量；m 为储气前液体的质量；M 为气体摩尔质量；D 为水合物密度。

11.4 空心玻璃微球高压储氢技术 [96-100]

11.4.1 玻璃微球储氢原理

空心玻璃微球的外径一般在毫米或亚毫米量级，壁厚在几微米到几十微米，球壳的主要成分为 SiO_2，同时含有 K、Na 和 B 等元素。微球充氢和放氢都是利用氢气的浓差扩散实现的。对于半径 r，壁厚 D 的玻璃微球，定义时间常数 $F = 3RTK/rD$，则球内氢气的分气压 $p_{(t)}$ 在外压 p_0 条件下，随时间 t 变化关系为

$$\mathrm{d}p_{(t)}/\mathrm{d}t = -F[p_{(t)} - p_{(0)}]$$

当 $p_{(0)}$ 是常数时，上式的一个解为

$$p_{(t)} = p_{(0)} - [p_{(0)} - p(0)]\exp(-Ft)$$

玻璃微球储氢时，$p(0)$=0，有

$$p_{(t)} = p_{(0)} - p_{(0)}\exp(-Ft)$$

储氢玻璃微球放置保存时，$p_{(0)}$=0，有

$$p_{(t)} = p_{(0)}\exp(-Ft)$$

空心玻璃微球作为储氢容器，要求储氢时氢气扩散快，即气体渗透系数 K 较大，而储存时又希望氢气扩散慢，即 K 较小。因此，希望玻璃微球对氢气的气体渗透系数 K 是可调节的。根据 Arrhenius 公式，K 与温度的关系为

$$K = K_0 \exp\left(-\frac{E}{kT}\right)$$

因此，通过控制微球所处环境的温度和气氛条件实现充氢、放氢和保氢。空心玻璃微球充氢和放氢取决于微球所处环境的氢气分压，如果 $P_0 > P_i$，则氢气向球内渗透；如果 $P_0 < P_i$，则氢气由球内向外渗透。氢气的渗透速率决定于渗透系数，如果希望氢气渗透，则提高微球所处环境的温度 (充氢和放氢时)；如果不希望发生氢气渗透 (储存和运输时)，则降低温度即可。

11.4.2 玻璃微球的储氢效率和存在的主要问题

对于储氢空心玻璃微球，球内气体总质量 m_g 为

$$m_g = \frac{4P}{3}\frac{M_{\mathrm{H}}}{RT}pr^3$$

式中，M_{H} 为氢气的摩尔质量。微球本身质量 $m_{\mathrm{s}} = 4P\pi r^2$，单位质量空心微球的储氢效率为

$$m_{\mathrm{g}}/m_{\mathrm{s}} = \frac{1}{3}\frac{M_{\mathrm{H}}}{RT\pi}pr$$

对于 r=100 μm，D=2 μm 的玻璃球，球内压力一般为 20~25 MPa。根据上式，计算微球的单位质量储氢效率为 13%~16%。如果优化制备工艺或对玻璃微球进行改性，其储氢效率可进一步提高。

空心玻璃微球作为储氢材料目前存在的问题有：① 球形厚、壁厚均匀性等质量要求，这些几何参数直接关系到空心微球的保气能力和储氢量，如火焰法制备的微球质量较炉内成球法差；② 化学稳定性，目前水蒸气容易引起玻璃微球表面腐蚀，从而降低微球强度和保气性能，如果采用聚苯乙烯空心微球或 SiC 等陶瓷空心微球储氢则不存在这样的问题；③ 大批量生产，主要解决制备的批量化和较低的制备成本；④ 产品按几何尺寸如直径、壁厚等进行分级；⑤ 充氢过程中将涉及高压或高温，增加额外成本。

11.5　水解反应制氢储氢技术 [101-105]

一种可行的制氢储氢方案是水解制氢。这个反应过程中不产生含碳和氮的有害物质，产物环境友好，副产物氢等可以回收再次应用于水处理、造纸、阻火剂的生产等方面。表 11.8 总结了常见的水解制氢材料 [106]。该类技术通过活泼金属或者氢化物作为原材料，但受限于制氢量、保存条件、反应动力学等因素，目前的研究主要针对铝、镁和氢化镁，以及在 11.1 节中所提到的硼氢化钠、氨硼烷等。本节主要介绍金属及其氢化物作为原材料的水解制氢储氢技术。

表 11.8　水解制氢材料的基本性能参数

材料	摩尔质量/(g/mol)	密度/(g/cm³)	$\Delta H^{[6]}$/(kJ/(molH_2))	$C^*_{M(H_2)}$/wt%	$C_{M(H_2)}(H_2O)^{\#}$/wt%	$C^{\dagger}_{V(H_2)}$/(g_{H_2}/L)
$NaBH_4$	37.83	1.07	−60.31	21.32	7.34	228.09
$NH_3·BH_3$	30.86	0.78	−75.67	19.50	7.05	151.60
Mg	24.31	1.74	−352.90	8.29	3.34	144.16
Ca	40.08	1.55	−413.60	5.03	2.65	77.97
Al	26.98	2.70	−284.40	11.21	3.73	302.62
LiH	7.95	0.82	−111.20	25.36	7.06	207.97
NaH	24.00	1.40	−83.70	8.40	4.80	117.60
KH	40.02	1.43	−81.10	5.04	3.47	72.04
MgH_2	26.32	1.45	−138.80	15.32	6.47	222.12
CaH_2	42.09	1.70	−116.05	9.58	5.16	162.84
AlH_3	30.00	1.49	−126.87	20.16	7.20	300.34

* $C_{M(H_2)}$：释放 H_2 的质量/储氢村料质量；

$C_{M(H_2)}$ (H_2O)：释放 H_2 的质量/(储氢材料质量 + 耗水量)；

† $C_{V(H_2)}$：释放 H_2 的质量 /(储氢材料质量/密度)。

11.5.1　铝水反应制氢储氢机理

金属铝水解具有很高的氢气产量 (1245 mL/g)，储氢值为 11.1%(质量分数)；铝是地壳中含量最多的金属元素，具有原料来源广泛，价格低廉等特性；另外，铝的密度低，只有 2700 kg/m³，是常规金属中最轻的，其合金密度的范围也只有 2 600~2 800 kg/m³，这就使得系统的质量大大降低。通过金属铝与水反应制氢也避免了氢气的存储过程，氢气可以间接地存储在其原材料中，这样系统就会变得更加小型化而且更加安全。

以铝水反应作为氢源的燃料电池可以应用于车载动力系统、手提电脑的电源、应急电源、单兵作战电源等，除此之外，金属铝易携带、易运输，适合为特殊场合 (高山、海上、水下、地下等) 的燃料电池电源供给氢气。该系统因其高容量、高性能显示出强大的市场竞争力，因此，铝水分解制氢的燃料电池的电源不仅可替代现有的干电池和部分二次电池，还具备取代小型发电机电源的潜力。

金属铝与水反应的方程式为

$2Al + 6H_2O \longrightarrow 2Al(OH)_3 + 3H_2$

铝虽然有很高的反应活性，但由于其表面有一层致密的氧化膜，阻碍了金属铝与水的接触反应，所以在研究铝与水分解制氢过程中，关键的技术就是如何除去表面的氧化膜，从而加速反应的进行，提高转化率，缩短诱导时间，实现即时制氢和快速制氢。金属铝需在高温 1000℃ 左右与水蒸气反应，水蒸气的浓度对铝水反应影响不大，但在 20% 的水蒸气中，铝水反应温度最低，启动温度为 987℃。在铝粉中添加低熔点金属，有助于铝粉与水反应，尤其加入 Sn、Ga 金属，可以降低铝粉与水反应的温度而形成多元合金，改善铝水反应性能。

11.5.1.1 碱性环境下铝水反应

在强碱性溶液中，OH^- 可以破坏铝表面的氧化层保护膜形成 AlO_2^-。所以，在碱性环境下，铝即使在室温条件下也可以发生溶解反应产生氢气。其中，NaOH 是最常用的碱促进剂。

反应方程式如下：

$2Al + 6H_2O + 2NaOH \longrightarrow 2NaAl(OH)_4 + 3H_2$

$NaAl(OH)_4 \longrightarrow NaOH + Al(OH)_3$

在上一个反应中消耗的氢氧化钠又会在下一反应中通过 $NaAl(OH)_4$ 的分解而再生，所以，如果条件控制得好，本质上这个反应过程只是消耗水。这就是我们所熟知的在碱-铝-空气电池中发生的我们所不希望的寄生反应，但这个反应实际上却为我们提供了一种固体氢源。

11.5.1.2 中性环境下铝水反应

Asoke 指出，在温度为 10~90℃，pH 在 4~9 的变化范围内，铝与氧化铝混合粉末也可以与水反应。为了产生氢气，铝与氧化铝混合物必须猛烈地球磨在一起，在室温下与纯净水反应即可产生氢气，随着温度的升高，氢气产生速率增大。

铝的氧化物可以是 $Al(OH)_3$、AlOOH、γ-Al_2O_3、α-Al_2O_3, 其中，α-Al_2O_3 粉末可以产生最大的氢气生成速率。通过球磨铝粉和氧化物粉末使其混合，一方面机械地破坏了铝粉表面的氧化层，从而加速了在 pH 为中性的水中氢气的产生。另一方面，Deng 也指出，铝粉与一水软铝石粉末在较高的温度下反应，可以在铝粉表面形成一层高密度、弱机械性的 γ-Al_2O_3，这层 γ-Al_2O_3 与水反应产生一水软铝石，经过积累，厚度增加，直至与内部的铝接触反应，并在二者之间产生氢气泡。在一定的条件下，这些气泡冲破氧化铝层，从而使铝与水进一步反应。该机理如图 11.15 所示。

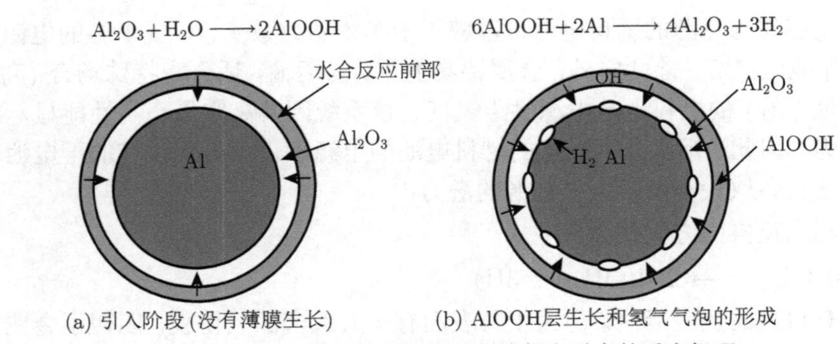

图 11.15 涂覆有氢化铝的铝颗粒与水反应的反应机理

11.5.2 铝水反应实用化反应器及其应用展望

针对铝水反应制氢的研究技术，目前国内外已有一些相关的设计和发明，然而，到目前为止，还没有相关商业上应用的报道。以 Anderson 等发明的便携式氢气发生器为例，可以说明铝水反应装置大致结构，如图 11.16 所示。该发生器由铝粉加料斗、水箱、反应室等组成。反应开始前，在反应器中盛有一定量的碱溶液，然后根据铝粉与水的消耗量，控制铝粉与水的进料量，从而控制氢气的产生速率。装置结构简单，可以连续供料，实现按需供氢，并且反应仅只消耗铝粉与水，相对安全，清洗方便，因而使用性大大增强。

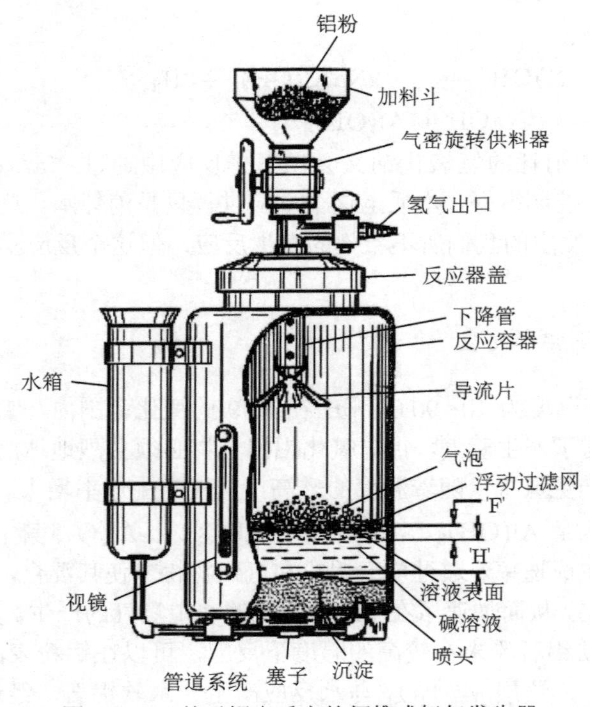

图 11.16 基于铝水反应的便携式氢气发生器

铝水反应制氢是一种具有独特优势的供氢方式，可以为 PEMFC 提供可靠的氢源，尤其适用于小型应用和军事应用。然而铝表面致密的氧化层阻止了铝水的接触反应产生氢气。在目前的一些除去钝化层的方法中，如加碱法、熔融法、合金法等，加入一定浓度的碱溶液是一种快速、比较行之有效的方法。然而，碱的强腐蚀性在一定程度上限制了铝水反应制氢的应用。因此，寻找一种更安全、更有效地除去氧化铝的方法仍是当前研究的方向之一。

另外，在制氢系统的研发方面，美国能源部的研究表明，储氢器的能量密度必须满足两方面的条件，即质量储氢密度达到 6.5%，体积储氢密度达到 62 kg/m^3 才具有实用价值。因此，铝水制氢系统的主要发展方向仍然是提高制氢装置的空间利用率，从而提高系统储氢密度。除此之外，增强供氢系统的实用性，如即时制氢、按需供氢、结构简单、安全等也是另外一个重要的研究方向。

11.5.3 镁、氢化镁水解反应制氢储氢机理

在金属铝水解制氢基础上发展起来的一种技术是镁、氢化镁水解反应制氢储氢技术。镁、氢化镁通过水解制氢，同样具有产氢纯净、环境友好，副产物可回收等特点。将金属氢化过后得到的氢化物作为水解材料，能够释放比金属本身水解更多的氢气。但 Al 的氢化物极不稳定，只能用 Al 作为水解材料制氢。而 MgH_2 保存较为容易，其氢气产量 (MgH_2：1702 mL/g) 和储氢值 (15.3%) 高于 Al 的对应指标，因此在小型化应用领域具有一定吸引力。

Mg 和 MgH_2 的水解反应式分别如下所示

$$Mg + 2H_2O = Mg(OH)_2 + H_2$$

$$MgH_2 + 2H_2O = Mg(OH)_2 + 2H_2$$

镁和氢化镁水解要解决的一个主要问题同样是表面钝化，但与 Al 不同的是，在碱性条件下，生成的 $Mg(OH)_2$ 钝化膜仍然保持稳定。消去钝化层的方式包括：加入 Brønsted 酸 [107]、减小材料尺寸 [108]、合金化 [109] 以及加入强酸弱碱盐 [110-112]。加酸能很好地去除钝化层, 但酸作为反应物改变了水解反应路径, 使体系理论制氢量大大减少。引入酸对设备耐腐蚀性的要求提升, 增加了设备成本。减小颗粒尺寸能提升反应转化率, 但是过小的颗粒尺寸增加了原料加注的困难, 并且发生爆炸的风险急剧上升。

11.5.4 镁、氢化镁水解反应促进机理

加入强酸弱碱盐，是促进 Mg 水解的一种有效方式。李星国等 [112] 研究过不同阳离子的氯盐对 Mg 水解的促进作用。如图 11.17 所示, 随着阳离子对 OH^- 亲和力的增大, 相应盐类对 Mg 水解的促进作用增强。通过弱碱性阳离子竞争结合 OH^-, 加入盐能达到消除钝化层的作用, 反应机理可表示为如下：

$$nMg + 2M^{n+} + 2nH_2O = nMg^{2+} + 2M(OH)_n + nH_2$$

采用 $MgCl_2$ 促进 Mg 水解, 溶液中的 Mg^{2+} 与 Mg 水解新产生的 Mg^{n+} 相互竞争 OH^-, 水解过程中溶液的 Mg^{2+} 总量几乎保持不变。少量 $MgCl_2$ 能促进大量的 Mg 持续水解, 是目前常用的一种手段。同时，这种通过阳离子作用的方式也可以运用于氢化

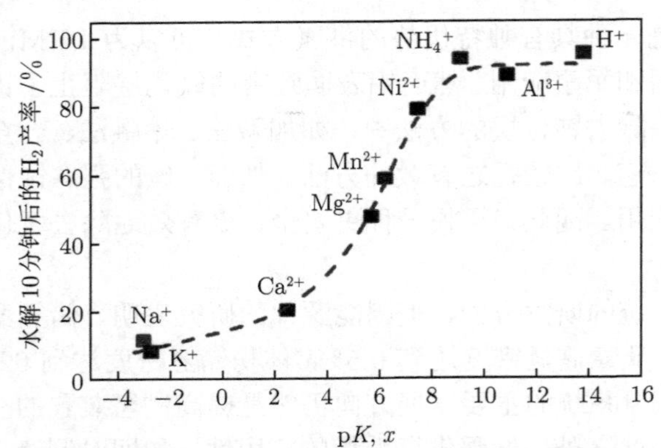

图 11.17　不同阳离子对于 OH^- 的亲和力与其促进 Mg 水解转化率的关系

镁的水解。

包括李星国课题组在内的多个课题组 [113-115] 的研究表明 $MgCl_2$ 对不同方法制备得到的 MgH_2 水解都具有促进作用, 其过程如图 11.18 所示 [114]。Tegel 等系统研究了不同卤化物对于 MgH_2 水解的影响, 并提出了几种可能的促进机理, 包括: pH 降低; $Mg(OH)_2$ 成核生长机制; 金属卤化物和 $Mg(OH)_2$ 混合沉淀。

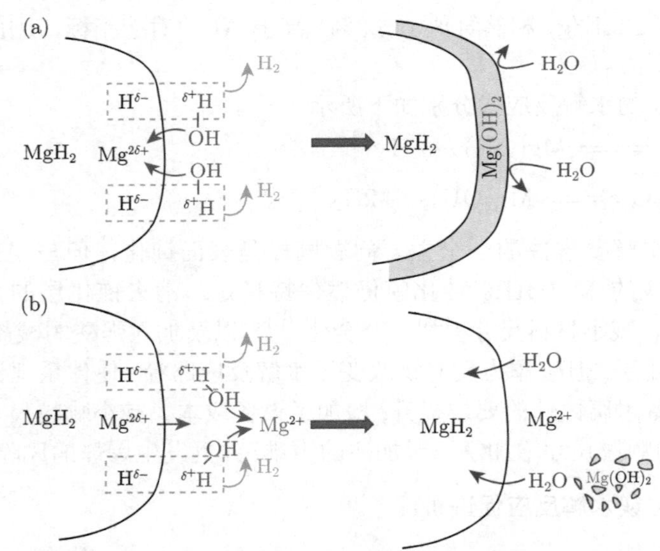

图 11.18　MgH_2 在去离子水 (a) 和 $MgCl_2$ (b) 中的反应机理

随着材料科学的发展，未来如果能够解决材料制备、材料回收利用等问题，MgH_2 将极具应用优势。

(吴勇，邓霁峰)

参考文献

[1] Mahendra Y, Qiang X. Liquid-phase chemical hydrogen storage materials. Energy & Environmental Science, 2012, 5(12): 9698-9725.

[2] Sun Q, Wang N, Xu Q, et al. Nanopore-supported metal nanocatalysts for efficient hydrogen generation from liquid-phase chemical hydrogen storage materials. Adv Mater, 2020, 32(44): e2001818.

[3] Sun H, Meng J, Jiao L F, et al. A review of transition-metal boride/phosphide-based materials for catalytic hydrogen generation from hydrolysis of boron-hydrides. Inorganic Chemistry Frontiers, 2018, 5(4): 760-772.

[4] Özkar S. Transition metal nanoparticle catalysts in releasing hydrogen from the methanolysis of ammonia borane. International Journal of Hydrogen Energy, 2020, 45(14): 7881-7891.

[5] Lang C, Jia Y, Yao X D, et al. Recent advances in liquid-phase chemical hydrogen storage. Energy Storage Materials, 2020, 26: 290-312.

[6] Cha J, Jo Y S, Jeong H, et al. Ammonia as an efficient COX-free hydrogen carrier: Fundamentals and feasibility analyses for fuel cell applications. Applied Energy, 2018, 224: 194-204.

[7] Retnamma R, Novais A Q, Rangel C M, et al. Kinetics of hydrolysis of sodium borohydride for hydrogen production in fuel cell applications: A review. International Journal of Hydrogen Energy, 2011, 36(16): 9772-9790.

[8] Demirci U B, Akdim O, Andrieux J, et al. Sodium borohydride hydrolysis as hydrogen generator: issues, state of the art and applicability upstream from a fuel cell. Fuel Cells, 2010, 10(3): 335-350.

[9] Kojima Y, Suzuki K I, Fukumoto K, et al. Development of 10 kW-scale hydrogen generator using chemical hydride. Journal of Power Sources, 2004, 125(1): 22-26.

[10] Patel N, Miotello A. Progress in Co-B related catalyst for hydrogen production by hydrolysis of boron-hydrides: A review and the perspectives to substitute noble metals. International Journal of Hydrogen Energy, 2015, 40(3): 1429-1464.

[11] Semiz L, Abdullayeva N, Sankir M, et al. Nanoporous Pt and Ru catalysts by chemical dealloying of Pt-Al and Ru-Al alloys for ultrafast hydrogen generation. Journal of Alloys and Compounds, 2018, 744: 110-115.

[12] Yao Q, Ding Y Y, Lu Z H, et al. Noble-metal-free nanocatalyst for hydrogen generation from boron- and nitrogen-based hydrides. Inorganic Chemistry Frontiers, 2020, 7(20): 3837-3874.

[13] Ferreira M J F, Rangel C M, Pinto A M F R, et al. Water handling challenge on hydrolysis of sodium borohydride in batch reactors. International Journal of Hydrogen Energy, 2012, 37(8): 6985-6994.

[14] Netskina O V, Pochtar A A, Komova O V, et al. Solid-state $NaBH_4$ composites as hydrogen generation material: effect of thermal treatment of a catalyst precursor on the hydrogen generation rate. Catalysts, 2020, 10(2): 201.

[15] Zhu Y, Quyang L Z, Zhong H, et al. Closing the loop for hydrogen storage: Facile regeneration of $NaBH_4$ from its hydrolytic product. Angew Chem Int Ed Engl, 2020, 59(22): 8623-8629.

[16] Chen K, Ouyang L Z, Wang H, et al. A high-performance hydrogen generation system: Hydrolysis of $LiBH_4$-based materials catalyzed by transition metal chlorides. Renewable Energy, 2020, 156: 655-664.

[17] Solovev M V, Chashchikhin O V, Dorovatovskii P V, et al. Hydrolysis of $Mg(BH_4)$ 2 and its coordination compounds as a way to obtain hydrogen. Journal of Power Sources, 2018, 377: 93-102.

[18] Wang M, Ouyang L Z, Peng C H, et al. Synthesis and hydrolysis of $NaZn(BH_4)(3)$ and its ammoniates. Journal of Materials Chemistry A, 2017, 5(32): 17012-17020.

[19] Wang M, Ouyang L Z, Zeng M Q, et al. Magnesium borohydride hydrolysis with kinetics controlled by ammoniate formation. International Journal of Hydrogen Energy, 2019, 44(14): 7392-7401.

[20] Xu D, Wang H Z, Guo O J, et al. Catalytic behavior of carbon supported Ni–B, Co–B and Co–Ni–B in hydrogen generation by hydrolysis of KBH_4. Fuel Processing Technology, 2011, 92(8): 1606-1610.

[21] Kılınç D, Şahin Ö. Metal-Schiff Base complex catalyst in KBH_4 hydrolysis reaction for hydrogen production. International Journal of Hydrogen Energy, 2019, 44(34): 18848-18857.

[22] Kilinc D, Sahin O. High volume hydrogen evolution from KBH4 hydrolysis with palladium complex catalyst. Renewable Energy, 2020, 161: 257-264.

[23] Huang Z, Chen X N, Yisgedu T, et al. High-capacity hydrogen release through hydrolysis of NaB_3H_8. International Journal of Hydrogen Energy, 2011, 36(12): 7038-7042.

[24] Arzac G M, Fernández A. Hydrogen production through sodium borohydride ethanolysis. International Journal of Hydrogen Energy, 2015, 40(15): 5326-5332.

[25] Inger E, Sunol A K, Sahiner N, et al. Catalytic activity of metal-free amine-modified dextran microgels in hydrogen release through methanolysis of $NaBH_4$. International Journal of Energy Research, 2020, 44(7): 5990-6001.

[26] Can M, Demirci S, Sunol A K, et al. Natural celluloses as catalysts in dehydrogenation of $NaBH_4$ in methanol for H_2 production. ACS Omega, 2020, 5(25): 15519-15528.

[27] Zhuang D W, Dai H B, Wang P, et al. Hydrogen generation from solvolysis of sodium borohydride in ethylene glycol–water mixtures over a wide range of temperature. RSC Advances, 2013, 3(45): 23810.

[28] Demirci U B. Ammonia borane: an extensively studied, though not yet implemented, hydrogen carrier. Energies, 2020, 13(12): 3071.

[29] Yüksel Alpaydın C, Gülbay S K, Ozgur Colpan C, et al. A review on the catalysts used for hydrogen production from ammonia borane. International Journal of Hydrogen Energy, 2020, 45(5): 3414-3434.

[30] Ramachandran P V, Gagare P D. Preparation of ammonia borane in high yield and purity, methanolysis, and regeneration. Inorganic Chemistry, 2007, 46(19): 7810-7817.

[31] Chandra M, Xu Q. A high-performance hydrogen generation system: Transition metal-catalyzed dissociation and hydrolysis of ammonia–borane. Journal of Power Sources, 2006, 156(2): 190-194.

[32] Yao Q, Lu Z H, Jia Y S, et al. In situ facile synthesis of Rh nanoparticles supported on carbon nanotubes as highly active catalysts for H2 generation from NH3BH3 hydrolysis. International Journal of Hydrogen Energy, 2015, 40(5): 2207-2215.

[33] Yao Q, Yang K, Hong X L, et al. Base-promoted hydrolytic dehydrogenation of ammonia borane catalyzed by noble-metal-free nanoparticles. Catalysis Science & Technology, 2018, 8(3): 870-877.

[34] Sun D, Li P Y, Yang B, et al. Monodisperse AgPd alloy nanoparticles as a highly active catalyst towards the methanolysis of ammonia borane for hydrogen generation. RSC Advances, 2016, 6(107): 105940-105947.

[35] Kostka, J F, Schellenberg R, Baitalow F, et al. Concentration-dependent dehydrogenation of ammonia-borane/triglyme mixtures. European Journal of Inorganic Chemistry, 2012, 2012(1): 49-54.

[36] Valero-Pedraza M J, Martin-Cortés A, Navarrete A, et al. Kinetics of hydrogen release from dissolutions of ammonia borane in different ionic liquids. Energy, 2015, 91: 742-750.

[37] Singh S K, Zhang X B, Xu Q, et al. Room-temperature hydrogen generation from hydrous hydrazine for chemical hydrogen storage. J. Am. Chem. Soc., 2009, 131: 9894–9895.

[38] Chen J, Zou H T, Yao Q L, et al. Cr_2O_3-modified NiFe nanoparticles as a noble-metal-free catalyst for complete dehydrogenation of hydrazine in aqueous solution. Applied Surface Science, 2020, 501: 144247.

[39] Shi Q, Zhang D X, Yin H, et al. Noble-metal-free Ni–W–O-derived catalysts for high-capacity hydrogen production from hydrazine monohydrate. ACS Sustainable Chemistry & Engineering, 2020, 8(14): 5595-5603.

[40] Özhava D, Kiliçaslan N Z, Özkar S, et al. PVP-stabilized nickel(0) nanoparticles as catalyst in hydrogen generation from the methanolysis of hydrazine borane or ammonia borane. Applied Catalysis B: Environmental, 2015, 162: 573-582.

[41] Sahler S, Sturm S, Kessler M T, et al. The role of ionic liquids in hydrogen storage. Chemistry, 2014, 20(29): 8934-8941.

[42] Fu H, Wu Y, Chen J, et al. Promoted hydrogen release from alkali metal borohydrides in ionic liquids. Inorganic Chemistry Frontiers, 2016, 3(9): 1137-1145.

[43] Chen W, Huang Z G, Wu G T, et al. Guanidinium octahydrotriborate: An ionic liquid with high hydrogen storage capacity. Journal of Materials Chemistry A, 2015, 3(21): 11411-11416.

[44] Zheng X, Yang Y J, Li M X, et al. $Li(NH_3)B_3H_8$: A new ionic liquid octahydrotriborate. Chem Commun (Camb), 2019, 55(3): 408-411.

[45] Lamb K E, Dolan M D, Kennedy D F, et al. Ammonia for hydrogen storage: A review of catalytic ammonia decomposition and hydrogen separation and purification. International Journal of Hydrogen Energy, 2019, 44(7): 3580-3593.

[46] Aziz M, Wijayanta A T, Nandiyanto A B D, et al. Ammonia as effective hydrogen storage: A review on production, storage and utilization. Energies, 2020, 13(12): 3062.

[47] Yu Z, Liu X, Liu S, et al. Progress in electrocatalysts for electrochemical synthesis of ammonia from water and nitrogen. Modern Chemical Industry, 2020.

[48] Zhang W. Brief Analysis of Synthetic Ammonia Production Process and KBR Synthetic Ammonia Process. Chemical Engineering Design Communications, 2020, 46(7): 1-3.

[49] Marakatti V, Gaigneau E. Recent advances in heterogeneous catalysis for ammonia synthesis. ChemCatChem, 2020.

[50] Rouwenhorst K H R, van der Ham A G J, Mul G, et al. Islanded ammonia power systems: Technology review & conceptual process design. Renewable and Sustainable Energy Reviews, 2019, 114: 109339.

[51] Yan Z, Ji M X, Xia J X, et al. Recent advanced materials for electrochemical and photoelectrochemical synthesis of ammonia from dinitrogen: One step closer to a sustainable energy future. Advanced Energy Materials, 2019, 10(11): 1902020.

[52] Qing G, Ghazfar R, Jackowski S T, et al. Recent advances and challenges of electrocatalytic N_2 reduction to ammonia. Chem Rev, 2020, 120(12): 5437-5516.

[53] Foster S L, Bakovic S I P, Duda R D, et al. Catalysts for nitrogen reduction to ammonia. Nature Catalysis, 2018, 1(7): 490-500.

[54] Xue X, Chen R P, Yan C Z, et al. Review on photocatalytic and electrocatalytic artificial nitrogen fixation for ammonia synthesis at mild conditions: Advances, challenges and perspectives. Nano Research, 2019, 12(6): 1229-1249.

[55] Huang Y, Zhang N, Zhen J W, et al. Artificial nitrogen fixation over bismuth-based photocatalysts: fundamentals and future perspectives. Journal of Materials Chemistry A, 2020, 8(10): 4978-4995.

[56] Li R. Photocatalytic nitrogen fixation: An attractive approach for artificial photocatalysis. Chinese Journal of Catalysis, 2018, 39(7): 1180-1188.

[57] Wang P, Chang F, Gao W B, et al. Breaking scaling relations to achieve low-temperature ammonia synthesis through LiH-mediated nitrogen transfer and hydrogenation. Nature Chemistry, 2017, 9(1): 64-70.

[58] Wang P, Xie H, Guo J, et al. The formation of surface lithium-iron ternary hydride and its function on catalytic ammonia synthesis at low temperatures. Angewandte Chemie-International Edition, 2017, 56(30): 8716-8720.

[59] Gao W, Wang P K, Guo J P, et al. Barium hydride-mediated nitrogen transfer and hydrogenation for ammonia synthesis: a case study of cobalt. Acs Catalysis, 2017, 7(5): 3654-3661.

[60] Cao H, Guo J P, Chang F, et al. Transition and alkali metal complex ternary amides for ammonia synthesis and decomposition. Chemistry-A European Journal, 2017, 23(41): 9766-9771.

[61] Chang F, Guan Y Q, Chang X H, et al. Alkali and alkaline earth hydrides-driven N_2 activation and transformation over Mn nitride catalyst. Journal of the American Chemical Society, 2018, 140(44): 14799-14806.

[62] Kobayashi Y, Tang Y, Kageyama T, et al. Titanium-based hydrides as heterogeneous catalysts for ammonia synthesis. Journal of the American Chemical Society, 2017, 139(50): 18240-18246.

[63] Tang Y, Kobayashi Y, Masuda N, et al. Metal-dependent support effects of oxyhydride-supported Ru, Fe, Co catalysts for ammonia synthesis. Advanced Energy Materials, 2018, 8(36): 1801772.

[64] Gong Y, Wu J Z, Kitano M, et al. Ternary intermetallic LaCoSi as a catalyst for N_2 activation. Nature Catalysis, 2018, 1(3): 178-185.

[65] Inoue Y, Kitano M, Tokunari M, et al. Direct activation of cobalt catalyst by 12CaO center dot $7Al_2O_3$ electride for ammonia synthesis. Acs Catalysis, 2019, 9(3): 1670-1679.

[66] Ye T N, Park S W, Lu Y F, et al. Contribution of nitrogen vacancies to ammonia synthesis over metal nitride catalysts. J Am Chem Soc, 2020, 142(33): 14374-14383.

[67] Ye T N, Park S W, Lu Y F, et al. Vacancy-enabled N_2 activation for ammonia synthesis on an Ni-loaded catalyst. Nature, 2020, 583(7816): 391-395.

[68] Eizawa A, Arashiba K, Tanaka H, et al. Remarkable catalytic activity of dinitrogen-bridged dimolybdenum complexes bearing NHC-based PCP-pincer ligands toward nitrogen fixation. Nat Commun, 2017, 8: 14874.

[69] Wang S, Hai X, Ding X, et al. Light-switchable oxygen vacancies in ultrafine Bi_5O_7 Br nanotubes for boosting solar-driven nitrogen fixation in pure water. Adv Mater, 2017, 29(31): 1701774.1-1701774.7.

[70] Fang Y, Xue Y R, Li Y J, et al. Graphdiyne interface engineering: highly active and selective ammonia synthesis. Angew Chem Int Ed Engl, 2020, 59(31): 13021-13027.

[71] Liu L. Analysis and Comparison of Several Liquid Ammonia Storage Solut. GuangZhou Chemical Industry and Technology, 2012, 40(8): 150-151.

[72] Kojima Y, Yamaguchi M. Ammonia storage materials for nitrogen recycling hydrogen and energy carriers. International Journal of Hydrogen Energy, 2020, 45(16): 10233-10246.

[73] Wijayanta A T, Oda T, Purnomo C W, et al. Liquid hydrogen, methylcyclohexane, and ammonia as potential hydrogen storage: Comparison review. International Journal of Hydrogen Energy, 2019, 44(29): 15026-15044.

[74] Giddey S, Badwal S P S, Munnings C, et al. Ammonia as a renewable energy transportation media. ACS Sustainable Chemistry & Engineering, 2017, 5(11): 10231-10239.

[75] Guo J, Wang P K, Wu G T, et al. Lithium imide synergy with 3d transition-metal nitrides leading to unprecedented catalytic activities for ammonia decomposition. Angew Chem Int Ed Engl, 2015, 54(10): 2950-2954.

[76] Xie P, Yao Y G, Huang Z N, et al. Highly efficient decomposition of ammonia using high-entropy alloy catalysts. Nat Commun, 2019, 10(1): 4011.

[77] Matsunaga T, Mastsumoto S, Tasaki R, et al. Oxidation of $Ru/Ce_{0.5}Zr_{0.5}O_2-x$ at ambient temperature as a trigger for carbon-free H_2 production by ammonia oxidative decomposition. ACS Sustainable Chemistry & Engineering, 2020.

[78] Miyaoka H, Miyaoka H, Ichikawa T, et al. Highly purified hydrogen production from ammonia for PEM fuel cell. International Journal of Hydrogen Energy, 2018, 43(31): 14486-14492.

[79] Park Y, Cha J, Oh H T, et al. A catalytic composite membrane reactor system for hydrogen production from ammonia using steam as a sweep gas. Journal of Membrane Science, 2020, 614: 118483.

[80] 陈光进, 孙长宇, 马庆兰. 气体水合物科学与技术. 北京: 化学工业出版社, 2008.

[81] Mao W L, Mao H K, Goncharow A F, et al. Science, 2002, 297: 2247.

[82] Kirchner M T, Boese R, Billups W E, et al. J. Am. Chem. Soc., 2004, 126: 9407.

[83] 黄文件, 刘道平, 周文铸. 天然气化工, 2004, 29: 66.

[84] 常心洁, 杨鲁伟, 梁惊涛. 材料导报综述篇, 2009, 10: 83.

[85] Englesos P. Ind. Eng. Chem Res., 1993, 32: 1251.

[86] Sloan E D. J. Petr. Tech., 1991, 43: 1414.

[87] 谢应明, 龚金明, 刘道平, 等. 化工进展, 2010, 5: 796.

[88] Ripmeester J A, Ratcliffe C I. Phys J. Chem., 1990, 94: 8773.

[89] Sloan E D. Clathrate Hydrates of Natural Gas. NY: Marcel Dekker, 1998.

[90] Okuchi T, Moudrakovski L L, Ripmeester J A. App. Phys. Lett., 2007, 91: 171903.

[91] Talyzin A. Int. J. Hydrogen Energy, 2008, 33: 111.

[92] Lokshin K A, Zhao Y, He D, et al. Phys. Rev. Lett., 2004, 93: 125503.

[93] Kim D Y, Lee J. Am J. Chem. Soc., 2005, 127: 9996.

[94] Florusse L J, Peters C J, Schoonman J, et al. Science, 2004, 306: 469.

[95] Lee H, Lee J, Kim D Y, et al. Nature, 2005, 434: 743.

[96] 张占文, 唐永建, 王朝阳, 等. 化工学报, 2006, 7: 1677.

[97] Zheng J Y, Fu Q, Kai F M, et al. Acta Energiae Solaris Sinica, 2004, 25: 576.

[98] Das L M. Int. J. Hydrog. Energy, 1996, 21: 789.

[99] Liang Y, Wang Y, Guo Y Y, et al. Cryogenics, 2001, 123: 31.

[100] Li Y X, Xu Y X, Peng S Q. Jounal of Molecular Catalysis, 2003, 17: 376.

[101] 刘光明, 解东来. 电源技术, 2011, 35: 109.

[102] 范美强, 孙立贤, 徐芬, 等. 电源技术, 2007, 31: 556.

[103] Hiraki T, Takeuchi M, Hisa M. Mater. Trans., 2005, 46: 1052.

[104] Chaklader A C D. Hydrogen generation from water split reactions. US: 0048548, 2002.

[105] Klanchar M, Hughes T G. System for generating hydrogen. US: 5634341, 1997.

[106] Deng J, Chen S P, Wu X J, et al. Recent progress on materials for hydrogen generation via hydrolysis. Journal of Inorganic Materials, 2021, 36(1): 1-8.

[107] Pighin S A, Urretavizcaya G, Bobet J L, et al. Nanostructured Mg for hydrogen production by hydrolysis obtained by MgH_2 milling and dehydriding. Journal of Alloys and Compounds, 2020, 827: 154000.

[108] Tan Z, Ouyang L Z, Liu J W, et al. Hydrogen generation by hydrolysis of Mg-Mg_2 Si composite and enhanced kinetics performance from introducing of $MgCl_2$ and Si. International Journal of Hydrogen Energy, 2018, 43(5): 2903-2912.

[109] Jiang J, Ouyang L Z, Wang H, et al. Controllable hydrolysis performance of MgLi alloys and their hydrides. ChemPhysChem, 2019, 20(10): 1316-1324.

[110] Gan D, Liu Y N, Zhang J G, et al. Kinetic performance of hydrogen generation enhanced by $AlCl_3$ via hydrolysis of MgH_2 prepared by hydriding combustion synthesis. International Journal of Hydrogen Energy, 2018, 43(22): 10232-10239.

[111] Zhao Z, Zhu Y F, Li L Q, et al. Efficient catalysis by $MgCl_2$ in hydrogen generation via hydrolysis of Mg-based hydride prepared by hydriding combustion synthesis. Chemical Communications, 2012, 48(44): 5509-5511.

[112] Zheng J, Yang D, Li W, et al. Promoting H_2 generation from the reaction of Mg nanoparticles and water using cations. Chemical Communications, 2013, 49(82): 9437-9439.

[113] Ren R, Ortiz A L, Markamitree T, et al. Stability of lithium hydride in argon and air. J. Phys. Chem. B, 2006, 110(21): 10567-10575.

[114] Chen J, Fu H, Xiong Y F, et al. $MgCl_2$ promoted hydrolysis of MgH_2 nanoparticles for highly efficient H_2 generation. Nano Energy, 2014, 10: 337-343.

[115] Huang M, Ouyang L Z, Wang H, et al. Hydrogen generation by hydrolysis of MgH_2 and enhanced kinetics performance of ammonium chloride introducing. International Journal of Hydrogen Energy, 2015, 40(18): 6145-6150.

第 12 章 镍氢电池

12.1 概 述

12.1.1 电化学理论基础

在 20 世纪 70 年代，国际电化学会对电化学做出了明确的定义：电化学是研究第一类导体与第二类导体的界面及界面上所发生的一切变化的科学。第一类导体指的是电子导体，包括金属材料和石墨等导电非金属材料。第二类导体指的是离子导体，包括导电溶液、固体电解质和熔融盐等。在电化学反应体系中，电极是第一类导体，而电解质是第二类导体。电化学反应是在电极与电解质的相界面上发生的。当电化学反应发生时，界面上将发生电子转移，界面附近发生的传质作用，以及化学物质在电极表面发生的转化。这些都是电化学所研究的对象 [1-4]。

12.1.1.1 电极电势与电池电动势

当电极插入溶液中时，电极中的金属离子或电子以及溶液中的离子将在两相间自发地转移，或者通过外电路向界面两侧充电，使得界面两侧都出现了剩余电荷。界面两侧的电荷数量相同，符号相反。由于静电力的作用，电荷在电极表面聚集，形成了双电层 (图 12.1)。有关的双电层理论认为，溶液一侧的剩余电荷不是完全排列在电极表面，也不是完全均匀地分散在溶液中，而是一部分排在电极表面形成紧密层，其余部分按照 Boltzmann 分布规律分散于表面附近一定距离的液层中，形成分散层。

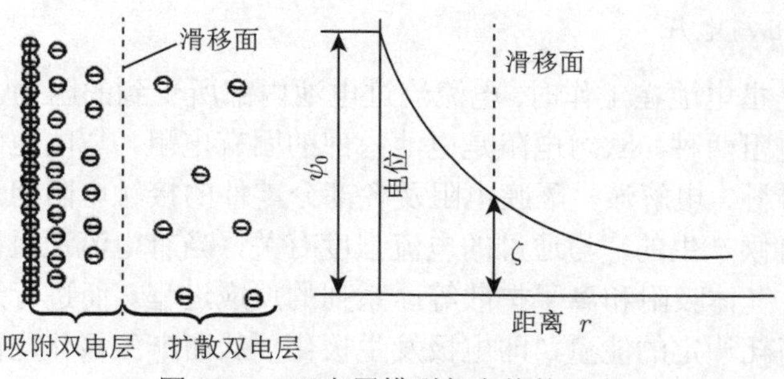

图 12.1 双电层模型与电势的形成

正是由于在电极和溶液的界面处形成了一定的电荷分布，而产生了相间电位差，这个电位差被认为是该电极的绝对电极电势。到目前为止，电极两相之间的绝对电势差仍然是无法通过实验的方法来测量的，也不能通过计算的方法得到。因此，人们目前所说的一个特定电极的电极电势都是指该电极体系相对于另外一个电极体系的相对电极电势。当通过可逆电池的电流为零时，电池两端的电势差称为电池的电动势。

国际上统一规定，用标准氢电极 (SHE) 作为负极与待测电极作为正极组成电池，所得到的电池电动势为待测电极的相对电极电势，用 φ 来表示。若待测电极处于标准状态则称为标准电极电势，用 $\varphi^{\ominus}$ 来表示。这里作为电势测量的标准氢电极为一块镀了铂黑的铂片，浸入 H^+ 的溶液中。在一定温度下，当氢离子的活度为 1 mol/L，通入溶液中的氢气压力为标准压力 $p^{\ominus}$=101325 Pa 时，达到平衡状态后，作为标准氢电极进行测量。标准氢电极上发生的电化学反应为

$$\frac{1}{2}\mathrm{H}_2(p_{\mathrm{H}_2}) \to \mathrm{H}^+(a_{\mathrm{H}^+}) + \mathrm{e} \tag{12.1}$$

对于一个给定的电极，将其与标准氢电极组成原电池并以标准氢电极作为电池负极，测量所得的电池电动势即为该电极的电极电势。若在溶液中粒子的活度都为 1，则该电池的电动势就是电极的标准电极电势。对于任意一个给定的电极反应，可以表示为如下形式：

$$a_{\mathrm{Ox}} + ze^- \to a_{\mathrm{Red}} \tag{12.2}$$

其平衡电极电势可以通过计算得到，电极电势的计算式为

$$\varphi = \varphi^{\ominus} + \frac{RT}{zF}\ln\frac{a_{\mathrm{Ox}}}{a_{\mathrm{Red}}} \tag{12.3}$$

式中，φ 为电极的平衡电极电势；$\varphi^{\ominus}$ 为标准电极电势；z 为电子转移数；a_{Ox} 为氧化态粒子的活度；a_{Red} 为还原态粒子的活度。

上式为电化学中的能斯特 (Nernst) 公式，它给出了电极的平衡电极电势与氧化态和还原态粒子活度以及温度的关系，是电化学领域重要的公式之一。通过该公式，可以计算出电极在任意状态下的平衡电极电势，并通过构成电池的两个电极的电极电势来计算得到电池的电动势。电池的电动势可以理解为两个电极的电极电势之差。

12.1.1.2　电池内阻与电压

电池的内阻是指电池在工作时, 电流流过电池内部所受到的阻力。电池的内阻包括欧姆电阻和极化电阻两种。欧姆电阻是电池内部的固有电阻，与电池的内部组成结构有关，一般由电极材料、电解液、隔膜电阻及各部分零件的接触电阻组成。而极化电阻是在有电流通过的时候产生的，与通过的电流强度有关，当有电流通过的时候，电极上会发生如电极反应、气体吸附和离子扩散等一系列的反应过程。而进行这些过程都需要克服一定的阻力，消耗一定的能量，即电极发生极化，从而产生极化电阻。电池极化电阻的产生主要是因为电化学过程本身的动力学因素造成的。

电池两极间的电位差，称为电池的电压。电池两极间与外电路断开时，两电极都没有电流通过。此时电池两极之间的电位差称为开路电压。工作电压又称为放电电压，是指有电流通过外电路时，电池两极之间的电位差。因为在电流通过电池内部时，必须克服欧姆电阻和极化电阻所造成的阻力，所以电池的工作电压总是低于开路电压。电池的工作电压受放电条件的影响，如放电时间、放电电流、环境温度等都能影响电池的工作电压。

12.1.1.3 电池的容量和能量

电池容量是指在一定的放电条件下电池能够提供的电量。电池的容量分为理论容量、实际容量和额定容量。

理论容量是假设所有的活性物质都参加电化学反应形成电流，按照电池中所含的活性物质的质量，根据 Faraday 定律计算得到的理论值。理论容量只是电池容量的一个理想值，在实际使用过程中，电池放出的容量与理想值还存在一定的差距。

实际容量指的是电池在一定的放电条件下实际放出的电量。可以用下式来表示

$$C = \int_0^t I\mathrm{d}t \tag{12.4}$$

额定容量是指在规定条件下电池应该放出的电量的最低限值。额定容量是在设计和制造电池过程中，电池质量的重要技术指标。

为了考察不同电池的性能，常采用比容量的概念进行比较。电池的比容量通常有体积比容量和质量比容量，分别是指单位体积和单位质量电池的容量。与电池的容量类似，电池的比容量同样也存在理论比容量和实际比容量之分。根据电池比容量的结果，可以比较不同类型的电池的性能差异。

电池在一定条件下能对外输出的电能叫作电池的能量。在理论条件下，将电池的电动势作为电池的放电电压，假定活性物质的利用率为 100%，在此条件下计算出的电池的输出能量称为电池的理论能量。而在放电过程中电池实际放出的能量称为电池的实际能量。为了比较不同型号和类型的电池的输出能量，引入比能量的概念。与比容量的定义类似，电池的比能量也有体积比能量和质量比能量，分别表示单位体积和单位质量的电池所能给出的能量。电池的比能量也称为电池的能量密度。

12.1.2 镍氢电池的工作原理和特点

镍氢电池是一种碱性电池，负极由储氢材料作活性物质的氢化物构成，正极为羟基氧化镍，电解质为氢氧化钾溶液[5-7]。镍氢电池的电化学表达式为

(—)M/MH | KOH(6mol/L) | $Ni(OH)_2$/NiOOH(+)

式中，M 为储氢合金；MH 为金属氢化物。镍氢电池的工作原理如图 12.2 所示。

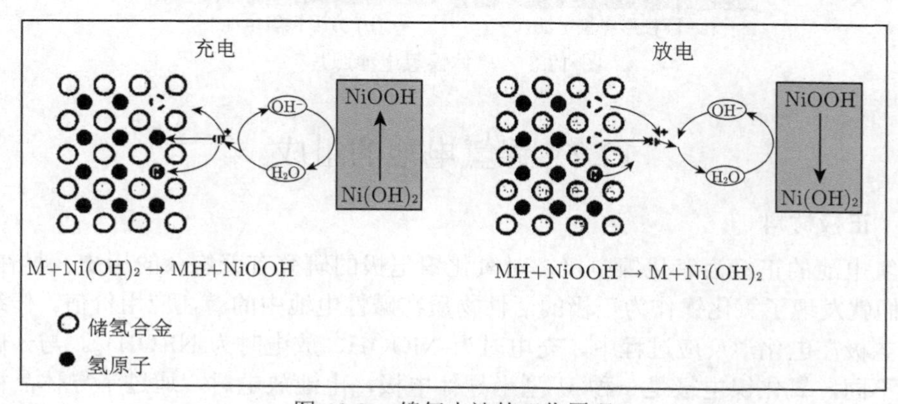

图 12.2　镍氢电池的工作原理

充电过程中，$Ni(OH)_2$ 被氧化为 NiOOH，负极水被还原，使合金表面吸附氢，生成氢化物。放电过程则是充电过程的逆反应，即正极 NiOOH 还原为 $Ni(OH)_2$，负极储氢合金脱氢。镍氢电池在正常的充放电过程中，所发生的电极和电池反应如下：

$$\text{正极：} NiOOH + H_2O + e \underset{\text{放电}}{\overset{\text{充电}}{\rightleftharpoons}} Ni(OH)_2 + OH^- \tag{12.5}$$

$$\text{负极：} MH_n + nOH^- \underset{\text{放电}}{\overset{\text{充电}}{\rightleftharpoons}} M + nH_2O + e \tag{12.6}$$

$$\text{电池总反应：} MH_n + nNiOOH \underset{\text{放电}}{\overset{\text{充电}}{\rightleftharpoons}} M + nNi(OH)_2 \tag{12.7}$$

从以上式子可以发现，镍氢电池在充放电过程中，正负极所发生的反应都属于固相转变机制，在反应过程中，没有金属离子进入到溶液中。虽然碱性电解质中的水分子参与到了充放电过程的电极反应中，但是总的来看，在反应过程中，体系中水分子的量是保持恒定的，并不存在电解质组成的改变。因此镍氢电池可以实现完全密封，充放电过程可以看成质子在电池内部从一个电极转移到另一个电极的往复过程。充电过程中，正极活性物质反应形成的质子在正极/溶液界面与电解质中的 OH^- 反应生成水。溶液中的质子在负极/溶液界面被还原为氢原子，并进一步扩散到储氢合金中得到金属氢化物。而放电过程中，整个反应过程与充电过程恰好相反。

镍氢电池主要有圆柱形镍氢电池和方形镍氢电池两种，如图 12.3 所示。无论哪种结构的电池，均由外壳、正极片、负极片以及正负极极耳 (导电带)、密封圈、放气阀帽 (正极)、隔膜等组成。使用中的区别在于，圆柱形镍氢电池可以实现密封，并且免于维护，而方形镍氢电池则需要定期地检查与加液。

(a) 圆柱形镍氢电池

(b) 方形镍氢电池

图 12.3 单体镍氢电池照片

12.2 镍氢电池的组成

12.2.1 正极材料

镍氢电池的正极为氧化镍电极，对氧化镍电极的研究有着悠久的历史。早在 1887 年，人们就发现了氧化镍作为正极的活性物质在碱性电池中的潜在应用价值。传统的氢氧化镍电极在电化学反应过程中，充电时为 NiOOH，放电时为 $Ni(OH)_2$。与一般的金属电极不同，氧化镍电极是一种 P 型半导体电极，电池放电时，通过半导体晶格中的电子缺陷和质子缺陷的转移来进行导电。

在充电过程中，氧化镍电极的电位不断提高，表面层中的 NiOOH 会被氧化为 NiO_2，此时的电极电势甚至可以将 OH^- 氧化为 O_2 放出。因此，氧化镍电极一般在充电后不久就会开始有氧气放出，这时并不能说明充电已经完全，此时在电极内部仍然会有 $Ni(OH)_2$ 存在。此外，因为 NiO_2 的不稳定性，电极表面的 NiO_2 也会分解产生氧气。电池的放电过程则是 NiOOH 不断还原为 $Ni(OH)_2$ 的过程 [8-10]。

如图 12.4 所示，氧化镍电极从 0.6 V 开始放电，在 0.49~0.47 V 会有一个平稳的放电平台区，对应于 Ni_2O_3/NiO 的平衡电极电势。初始的高电位主要是因为体系中存在的 NiO_2，平台区的电极反应可以表示为

$$NiOOH + H_2O + e \longrightarrow Ni(OH)_2 + OH^- \tag{12.8}$$

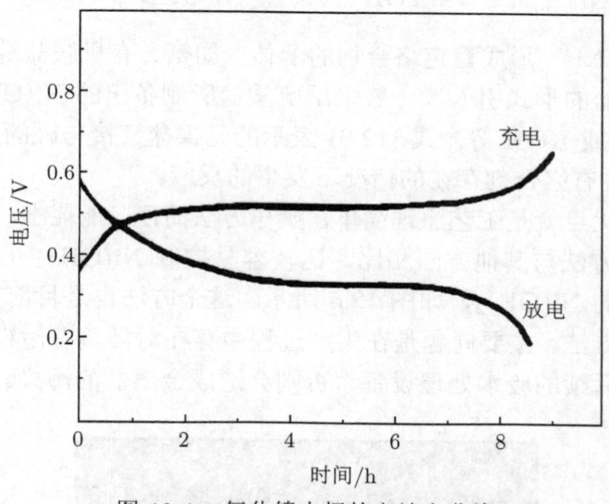

图 12.4 氧化镍电极的充放电曲线

在充电过程中，会在 0.65 V 出现一个平台，NiO 会被氧化，同时会伴随着氧气的析出。在充电过程中氧化镍电极电势会高于 Ni_2O_3/NiO 的平衡电极电势，一方面是由于电极的极化，另一方面则是由于有部分 NiO_2 的生成。在氧化镍电极中，镍的氧化物为 NiO、Ni_2O_3 和 NiO_2 三种物质共存，NiO_2 会自然分解。在放电过程中，实际上起作用的是 Ni_2O_3 这部分活性物质。

12.2.1.1 镍电极材料的分类

目前在镍氢电池中，通常用作 Ni 电极材料的活性物质为 $Ni(OH)_2$。在自然界中，$Ni(OH)_2$ 主要以 α-$Ni(OH)_2$ 和 β-$Ni(OH)_2$ 的形式存在。在充放电过程中，β-$Ni(OH)_2$ 的电化学活性要高于 α-$Ni(OH)_2$，而且一般的化学合成方法得到的都是 β-$Ni(OH)_2$，因此目前对于 β-$Ni(OH)_2$ 的研究较多，并广泛应用于实际生产过程中。虽然 α-$Ni(OH)_2$ 的电化学活性较低，但是具有很多其他的优点，如在充放电循环过程中不会发生体积的膨胀，电极反应中没有中间相的生成，可逆性较好，同时电化学反应中理论电子转移数比 β-$Ni(OH)_2$ 要多，意味着 α-$Ni(OH)_2$ 的理论比容量比 β-$Ni(OH)_2$ 要高得多 [11]。

12.2.1.2　镍氢氧化物的制备方法

现在实际使用的镍电极材料还是以 β-$Ni(OH)_2$ 为主，β-$Ni(OH)_2$ 的制备方法很多，各种方法也发展得比较成熟，采用较多的是化学沉淀法和金属镍电解法。

化学沉淀法是将镍盐或镍盐的络合物在碱性条件下发生化学沉淀反应，生成高结晶型的 $Ni(OH)_2$ 颗粒。在反应过程中需要控制反应的温度、反应物加入速度、反应时间、搅拌强度以及溶液的 PH。在溶液中发生的反应如下：

$$Ni^{2+} + 2OH^- \longrightarrow Ni(OH)_2\downarrow \tag{12.9}$$

$$Ni^{2+} + mY^{n-} \longrightarrow NiY_m^{(mn-2)-} \tag{12.10}$$

$$NiY_m^{(mn-2)-} + 2OH^- \longrightarrow Ni(OH)_2\downarrow + mY^{n-} \tag{12.11}$$

式中，Y^{n-} 为能和 Ni^{2+} 形成稳定络合物的配体，如氨、有机胺盐等。镍盐一般以氯化物、硫酸盐或硝酸盐的形式引入，一般采用硫酸盐所制备出的 $Ni(OH)_2$ 样品活性较高。碱一般采用 NaOH 或 KOH 等。式 (12.9) 表示的是镍盐直接与碱的反应，而式 (12.10) 和式 (12.11) 则是在有络合剂存在的情况下发生的反应。

沉淀法最大的优点就是工艺原理简单，操作方法简便，能耗小，对原料和设备的要求比较低，而且该方法与其他方法相比，比较容易控制 $Ni(OH)_2$ 的粒度，得到高堆积密度和电化学活性的 $Ni(OH)_2$，如图 12.5 所示。这个方法也是目前在 $Ni(OH)_2$ 生产中所普遍采用的工艺方法。主要问题是在生产过程中存在对环境有污染的副产物，因此反应之后都需要加上后续的废水处理设备，否则会造成金属盐的污染。

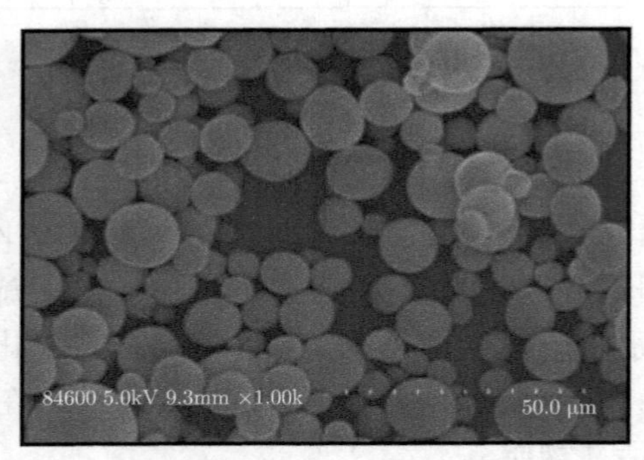

图 12.5　沉淀法制备得到的 $Ni(OH)_2$ 颗粒扫描电镜照片

电解法制备 $Ni(OH)_2$ 的方法是在含有硫酸根和氯离子的溶液中，以金属镍作为阳极，析氢电极作为阴极，恒电流电解制备出胶状的 $Ni(OH)_2$。然后用 NaOH 溶液将胶体 $Ni(OH)_2$ 处理成反应性 $Ni(OH)_2$，用含有 $NiCl_2$ 的浓氨水处理转化为 $Ni(NH_3)_6Cl_2$，最后用热 NaOH 溶液处理转化为球形的 $Ni(OH)_2$。

电解法最大的优点是电解液可以循环使用，实现零排放生产，操作工艺简单，生产成本低。存在的问题是在电解过程中，阳极脱落的金属镍很容易夹杂在制备的 $Ni(OH)_2$ 中成为杂质。

12.2.1.3 影响镍电极性能的因素

影响镍电极性能的主要因素包括化学成分、粒径大小及分布、振实密度、表面状态和结晶状态。

为了提高镍电极的电化学性能，常常在 $Ni(OH)_2$ 的制备过程中加入其他金属添加剂，通过改变添加剂的种类和加入量来调节镍电极的电化学性能。添加剂可以提高活性物质的导电性，从而提高活性物质的利用率，改善镍电极在大电流密度下的放电能力。同时还能抑制活性成分在充放电过程中的体积膨胀，提高镍电极的循环性能，增长使用寿命。同时，镍电极中硫酸盐等杂质的含量也对电化学性能有着重要的影响，当活性物质中含有少量的杂质时 (<0.5%)，对镍电极的综合性能没有危害。当杂质含量高于 3% 之后，则会明显导致 $Ni(OH)_2$ 晶体结构的变化，使得放电容量下降，电极极化作用增加。

$Ni(OH)_2$ 颗粒的粒径对反应的活性有着重要的影响。化学沉淀法得到的 $Ni(OH)_2$ 粒径一般在 1~50 μm，其中平均粒径在 5~12 μm 的产品使用最多。粒径的大小及分布主要影响 $Ni(OH)_2$ 的比表面积和振实密度，从而影响 $Ni(OH)_2$ 的电化学活性。一般情况下，$Ni(OH)_2$ 粒径越小，比表面积越大，有利于两相界面处的电荷传递，减少极化作用，提高电化学活性。但是粒径过小会导致活性物质容易在充放电过程中从电极上脱落，活性物质流失，使电极的容量下降 [12,13]。

表面光滑、球形度好的 $Ni(OH)_2$ 振实密度高，流动性好，但活性差；而球形度低、表面粗糙、孔隙发达的样品振实密度较低，流动性差，但活性较高。不同的表面状态，导致产品存在比表面积的差异，从而影响产品的电化学性能。根据之前的研究表明，当 $Ni(OH)_2$ 的比表面积在 7.8~17.5 m^2/g 时，电极的放电比容量相对较高。

$Ni(OH)_2$ 晶体内部的结晶状态和缺陷不同也会导致 $Ni(OH)_2$ 电极在电化学性能上的差异。对于结晶度差、层错率高、微晶晶粒小、排列无序的产品，活化速率快，放电容量高，循环性能也较好。

12.2.2 负极材料

镍氢电池的负极是以金属氢化物作为活性物质，金属氢化物又称为储氢合金，储氢合金的性能直接决定了镍氢电池的性能。很多金属及合金材料都能吸收大量的氢形成金属氢化物相，人们最早是在 1968 年发现了 $SmCo_5$ 具有可逆的吸放氢性能，随后又开发出了大量的可以反复吸放氢的金属合金材料。初期的一些储氢合金应用到镍氢电池上时，由于在反复吸放氢过程中，合金的体积变化很大，导致合金粉末化，使合金表面更容易被氧化，从而降低了金属氢化物电极的循环性能。之后开发出的金属合金材料体积膨胀相对要小，同时抗氧化性也明显提高，从而使金属氢化物电极的循环性能大大提高。

12.2.2.1 储氢合金的分类

储氢合金一般都是将容易形成稳定氢化物的发热型金属 A 和难于形成氢化物的吸热型金属 B 组合在一起，得到不同比例的储氢合金。目前研究得比较多的储氢合金主要有 AB_5 型稀土系储氢合金、AB_2 型 Laves 相储氢合金以及超晶格储氢合金。在这些储氢合金中，AB_5 型合金是最早应用于镍氢电池的电极材料，并已经成功实现了商业化。而超晶格储氢合金则具有更高的容量，是近年来发展的重点方向 [14-17]。

1) AB_5 型稀土系储氢合金

AB_5 型稀土系储氢合金中典型的代表就是 $LaNi_5$，在 20 世纪 60 年代首先研制成功。$LaNi_5$ 的特点是具有较大的可逆吸氢量，容易活化，平台压适中，吸放氢动力学优良且不易中毒。$LaNi_5$ 具有 $CaCu_5$ 型的六方晶体结构，如图 12.6 所示，在室温下与几个标准大气压的氢气反应，H 原子填充所有的八面体空隙以及一部分四面体空隙，得到同样具有六方结构的 $LaNi_5H_6$，储氢量约为 1.4%(质量分数)，在室温下的分解压力约为 0.2 MPa，分解反应焓为 30 kJ/(molH_2)，非常适合在室温条件下反应。将 $LaNi_5$ 作为镍氢电池的负极材料与镍电极组成电池，在常温下电池的工作压力为 $(2.53\sim6.08)\times10^5$ Pa，通过计算得到 $LaNi_5$ 的理论比容量为 372 mA·h/g。$LaNi_5$ 材料的缺点是在吸氢过程中晶胞的体积膨胀较大 (23.5%)，在氢的吸收和释放过程中，使合金反复膨胀和收缩，合金微粉化，导致其在充放电循环时容量迅速衰减。为了解决这个问题，在 $LaNi_5$ 的基础上通过对 La 和 Ni 的取代，开发出一些多元系合金材料，使合金在吸氢后晶胞的体积膨胀变小，提高合金的抗粉化性能，从而改善储氢合金电极材料的循环稳定性。

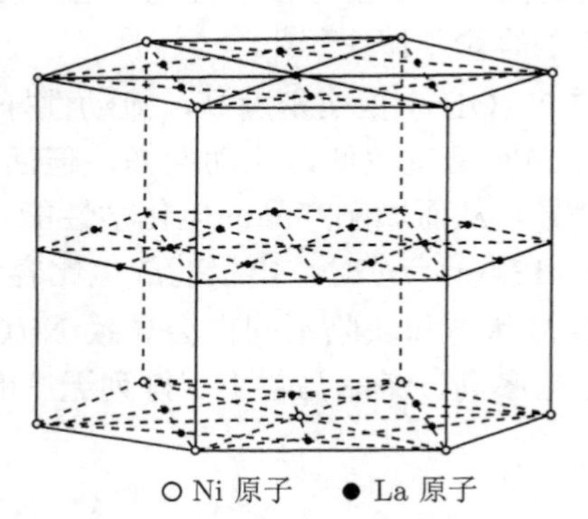

图 12.6 $LaNi_5$ 合金的晶体结构示意图

2) AB_2 型 Laves 相储氢合金

Laves 相合金中 A 原子和 B 原子的原子半径之比一般在 1.2 左右，在晶胞中 A 原子和 B 原子紧密排列，并构成大量的四面体空隙，可供氢原子占据。因此 AB_2 型 Laves 相储氢合金具有储氢量大的特点 [18-20]。Laves 相储氢合金按 A 侧原子来划分，通常有锆基和钛基两大类。其中锆基合金包括 ZrV_2、$ZrCr_2$、$ZrMn_2$ 等，都能大量吸氢形成 $ZrV_2H_{5.3}$、$ZrCr_2H_4$、$ZrMn_2H_{3.6}$ 等，氢化物。这类储氢合金的气态可逆储氢量大于 AB_5 型储氢合金，动力学性能好，但是在碱性溶液中的电化学性能很差，使其在镍氢电池电极材料的应用中受到巨大的限制。因此在 $ZrMn_2$、$TiMn_2$ 等二元合金的基础上用其他元素来代替而形成一系列的多元合金，阻碍致密钝化层的形成 [21,22]。加入一些催化成分，增大合金反应活性比表面积，改善合金电极的充放电性能。

3) 超晶格储氢合金

RE-Mg-M (M = Ni, Co, Al 等) 系超晶格储氢合金是在 20 世纪末逐渐发展起来的一类储氢合金。这类合金具有由 [A_2B_4] 和 [AB_5] 亚单元按照不同比例与方式堆垛而成的超晶格结构，兼具了 AB_5 型与 AB_2 型合金的优点，表现出良好的电化学储氢与固态储氢性能。按照亚单元堆垛比例与 [A_2B_4] 亚单元的构型区分，可以分为 $PuNi_3$ 型 (2H，[A_2B_4]:[AB_5]=1:1)、$CeNi_3$ 型 (3R，[A_2B_4]:[AB_5]=1:1)、Ce_2Ni_7 型 (2H，[A_2B_4]:[AB_5]=1:2)、Gd_2Co_7 型 (3R，[A_2B_4]:[AB_5]=1:2)、Pr_5Co_{19} 型 (2H，[A_2B_4]:[AB_5]=1:3)、Ce_5Co_{19} 型 (3R，[A_2B_4]:[AB_5]=1:3) 等结构。由于这类储氢合金作为镍氢电池负极材料表现出容量高 (~400 mA·h/g)、活化快、高倍率放电性能好等特点，被认为是传统 AB_5 型稀土系负极材料的替代者，受到了广泛的重视。近年来，大量研究显示，此类储氢合金的晶体结构复杂，可调控性强，具有多样的电化学储氢特性。超晶格储氢合金结构如图 12.7 所示。

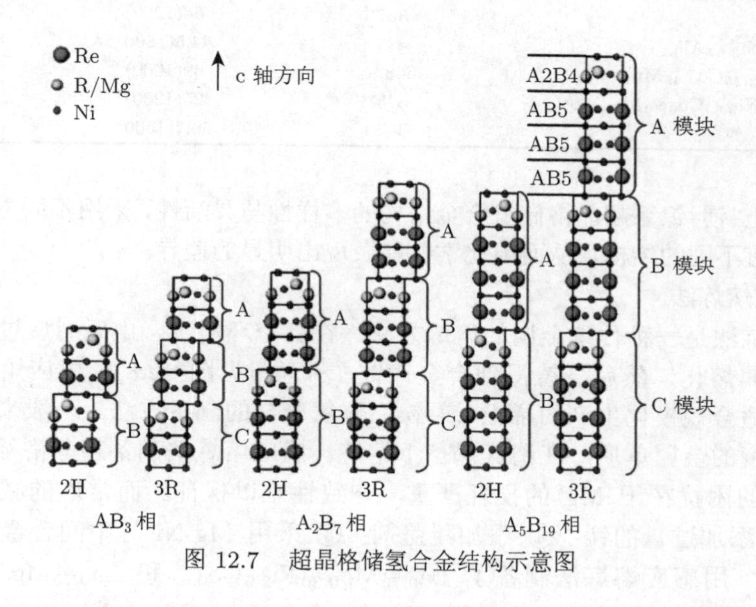

图 12.7 超晶格储氢合金结构示意图

超晶格储氢合金中研究比较多的是稀土–镁–镍系超晶格储氢合金，研究主要从调节元素化学计量比、元素掺杂、制备工艺优化和材料表面处理等方面来提升储氢合金的性能。通过以上组成与制备工艺的调整，可以改变储氢合金的物相结构，即调变 [A_2B_4] 亚单元的构型以及 [A_2B_4] 和 [AB_5] 两种亚单元的比例，进而改变储氢合金的电化学性能。对于不同计量比的稀土–镁–镍系超晶格储氢合金来讲，$PuNi_3$ 型合金的容量较高，Ce_2Ni_7 型合金的循环稳定性优良，而 Pr_5Co_{19} 型合金的大电流充放电性能更优。

除了改变储氢合金的整体化学计量比，通过元素掺杂的方法也能够提升储氢材料的电化学性能，比如在 La-Mg-Ni 系超晶格储氢合金中对 A 侧 La 元素进行掺杂取代。通过 Ce 的掺杂可以缓解材料在吸放氢循环过程中的体积变化，提高材料的循环性能；通过 Nd 的掺杂可以提高材料表面的耐腐蚀性，使材料稳定性显著提高；Pr 的掺杂也能够整体提升材料的电化学容量和循环稳定性。对 B 侧元素的取代也能够提升材料的稳定性，同时提升吸放氢反应动力学，调节吸放氢过程中的平衡分压，研究较多的 B 侧元素有 Ni、Co、Al，Ni 因为催化活性高，所以一般是合金中必不可少的组成元素。通过 Al 的引入，可以增大晶胞体积，缓解合金在循环过程中的体积变化，提升材料的循环稳定性。Co 的引入可以提升材料的电化学容量。表 12.1 中列出了一些不同组成的典型超晶格储氢合金的电化学性能 [23,24]。

表 12.1 一些代表性超晶格储氢合金的电化学性能

合金组成	最大放电容量 C_{max}/(mA·h/g)	高倍率放电性能 HRD/%(I_d/(mA/g))	循环稳定性 S_N/%(N)
$La_{0.7}Mg_{0.3}Ni_{2.8}Co_{0.5}$	410	—	—
$La_{0.69}Mg_{0.31}Ni_{3.05}$	360	36.6(1440)	66.1(100)
$La_{0.6}Nd_{0.15}Mg_{0.25}Ni_{3.4}$	396	62.5(1200)	89.1(100)
$La_{0.75}Mg_{0.25}Ni_{3.05}Co_{0.2}Al_{0.05}Mo_{0.2}$	388.4	89.8(900)	—
$La_{0.75}Mg_{0.25}Ni_{3.3}Co_{0.5}$	313.3	—	89.4(50)
La_4MgNi_{19}	367	56(1200)	70.9(100)
$La_{0.78}Mg_{0.22}Ni_{3.67}Al_{0.10}$	393	44.5(1800)	81.4(200)
$La_{0.7}Mg_{0.3}Ni_{2.25}Co_{0.45}Mn_x$	368.9	69(1000)	54.4(60)
$Ml_{0.88}Mg_{0.12}Ni_{2.80}Co_{0.50}Mn_{0.10}Al_{0.10}$	375	25(1200)	70(200)
Pr_2MgNi_9	347	56.7(1500)	86.3(100)

因为稀土–镁–镍系超晶格储氢合金结构的多样性与灵活性，采用不同方法制备的储氢合金多具有不同的结构，从而电化学性能表现出明显的差异。

(1) 感应熔炼法。

感应熔炼法是一种传统金属的熔炼方法。在真空环境下，电磁感应过程中产生涡电流，使金属熔化，然后浇铸得到合金铸锭 (示意图见图 12.8)，感应熔炼法是最普遍采用且最适合规模化生产的稀土–镁–镍系储氢合金的制备方法。一般来讲，原材料采用较高纯度的金属单质，在惰气保护下熔炼。感应熔炼法制备超晶格稀土–镁–镍系合金中最大的困扰在于 Mg 的损耗严重，一致性难以保证。而常用的减少镁损失的方法有：① 添加过量的镁；② 添加覆盖剂；③ 采用 Mg-Ni 等中间合金代替纯 Mg。Akiba 等 [25] 用感应熔炼法制备了 $La_{0.70}Mg_{0.30}Ni_{2.5}Co_{0.5}$ 和 $La_{0.75}Mg_{0.25}Ni_{3.0}Co_{0.5}$ 两种合金并研究了它们的相结构。研究发现，合金 $La_{0.70}Mg_{0.30}Ni_{2.5}Co_{0.5}$ 由 Ce_2Ni_7 型和 $PuNi_3$ 型相组成，合金 $La_{0.75}Mg_{0.25}Ni_{3.0}Co_{0.5}$ 由 Ce_2Ni_7 型和 Pr_5Co_{19} 型相组成，并且 Mg 进入到 $[A_2B_4]$ 亚单元中。Liu 等 [26,27] 采用真空磁悬浮熔炼技术熔炼的 $La_{0.7}Mg_{0.3}(Ni_{0.85}Co_{0.15})_x$($x$=2.5~5.0) 合金由 (La, Mg) Ni_3 相 ($PuNi_3$ 型结构) 和 $LaNi_5$ 相 ($CaCu_5$ 型结构) 组成，两相的含量影响合金的电化学容量，其中当两相的含量比例约为 4:1 时，合金的储氢容量可以达到 403 mA·h/g。

(2) 机械合金化法。

机械合金化 (mechanical alloying，MA) 是指金属或合金粉末在高能球磨机中通过粉末颗粒与磨球之间长时间激烈地冲击、碰撞，使粉末颗粒反复产生冷焊、断裂，导致粉末颗粒中原子扩散，从而获得合金化粉末的一种粉末制备技术 (制备过程如图 12.9 所示)。与传统的熔炼法相比，机械合金化的优点是不受合金成分的熔点限制，在稀土–镁–镍系储氢合金的制备过程中尤为重要。然而该方法也存在一些问题：① Mg 有可能黏附在罐体或者磨球上，导致成分偏离设计组成；② 球磨过程中可能引入罐体或者磨球组分的杂质。为改善金属氢化物的性能，Dymek 等 [28] 通过机械合金化和后续热处理的

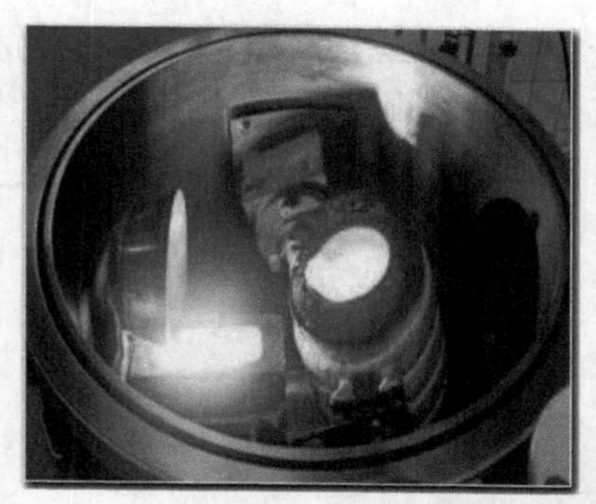

图 12.8 感应熔炼法制备超晶格稀土–镁–镍系储氢合金示意图

方法制备了 $La_{1.5}Mg_{0.5}Ni_7$ 合金，经过 48 h 的机械合金化与 850 ℃ 的热处理后，合金内部结构纳米晶化。与普通的 $La_{1.5}Mg_{0.5}Ni_7$ 合金相比，交换电流密度可以提高 15%以上，抗腐蚀率提高了 30%。通过机械合金化方法还可以将稀土–镁–镍系超晶格储氢合金与其他类型合金复合，以获得复合合金。Chu 等 [29,30] 进行了大量的研究，将 La-Mg-Ni 系合金与 Ti-Zr-V 系合金进行了复合，虽然合金的最大放电容量有所下降，但是比较显著地提高了储氢合金的容量保持率。

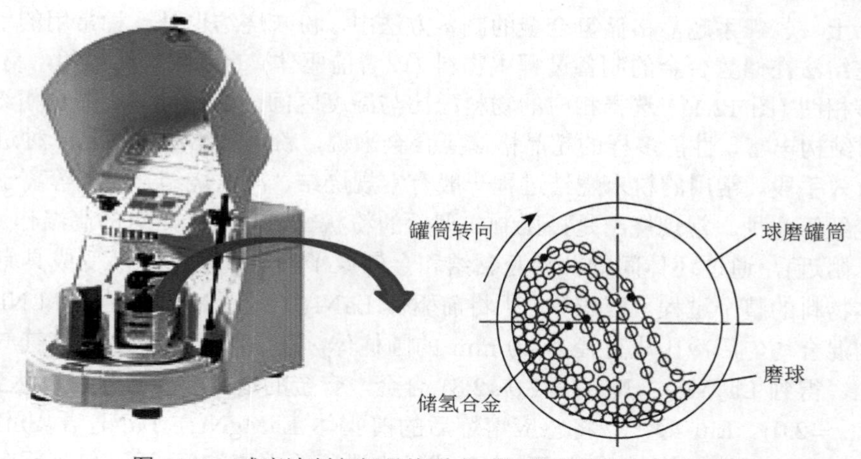

图 12.9 球磨法制备超晶格稀土–镁–镍系储氢合金示意图

(3) 快淬法。

快淬法是将液态合金喷射到旋转冷却的水冷铜辊上急冷凝固，凝固后的合金为薄带状 (图 12.10)。该方法也是快速改变合金晶体结构的一种有效方法，快淬后的合金具有纳米晶、微晶及少量非晶结构，这种结构的合金具有高的电化学容量和优良的电化学循环稳定性。快淬的 La-Mg-Ni 系超晶格储氢合金具有优异的抗粉化能力，在 30 次气态吸放氢循环实验中合金粒度几乎不变，这是快淬合金电化学循环稳定性更好的主要原因。与常规冷却方法相比，快淬处理提高了合金的循环稳定性，合金电极经 100 次充放电循环后的容量保持率从常规凝固时的 67.74%增加到 97.03%。但是快凝合金电极的最大放电容量较低，并且随着凝固速度的增加而下降，这可能是合金在冷却过程中发生的包晶反应及晶型转变反应没有完全进行，储氢容量较小的物相 $LaNi_5$ 相丰度增加，而合金晶粒得到了细化，以及成分偏析减少等共同作用的结果 [31,32]。

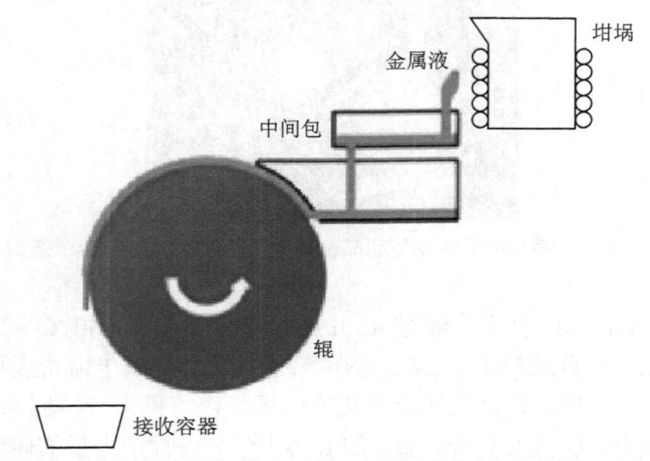

图 12.10 快淬法制备超晶格稀土–镁–镍系储氢合金的示意图

(4) 烧结法。

在稀土–镁–镍系超晶格储氢合金的制备方法中，粉末烧结也是一种常用的手段，并且粉末烧结法在储氢合金的制备过程中物料 (或者前驱体) 的反应条件温和，易于控制，可以参考相图 (图 12.11) 选择相应的物料配比与温度区间，以获得特定的物相结构，因此，对于结构丰富、性能多样的超晶格储氢合金来说，粉末烧结法无疑是一种进行结构调制的有效手段。常用的粉末烧结过程一般有常规烧结、高压烧结、放电等离子烧结以及激光烧结等几种。常规烧结是指压制成型后的粉状物料在低于熔点的高温作用下 (压力为常压附近)，通过坯体间颗粒相互黏结和金属原子的热扩散，逐渐变成具有一定结构的固体物料的整个过程。廖彬等 [33] 将前驱体 $LaNi_3$ 合金、$MgNi_2$ 合金和 Ni 粉按照一定比例混合均匀后冷压成直径为 10 mm 的圆柱体，在 873~1273 K 的氩气气氛中烧结 5~7 h，得到 $La_xMg_{3-x}Ni_9$(x=1.0~2.3) 合金，合金的最大放电容量可以达到 397.5 mA·h/g (x=2.0)。Liu 等 [34] 将感应熔炼后的前驱体 $LaMgNi_4$，$LaNi_{4.3}$，$SmNi_{4.3}$ 和 $MgNi_2$ 混合后先后以钽箔、镍壳包裹，在管式炉中进行粉末烧结后，通过包晶反应的进行 (如式 (12.12) 和 (12.13) 所示) 得到目标合金 $La_{0.85-x}(Sm_{0.75}Mg_{0.25})_xMg_{0.15}Ni_{3.65}$($x$=0, 0.10, 0.15, 0.20, 0.25)(烧结过程在管式炉中进行，如图 12.12 所示)。XRD 测试后发现合金主要含有 $(La, Mg)_2Ni_7$，$(La, Mg)_5Ni_{19}$ 和 $LaNi_5$ 相。用 Sm 和 Mg 部分代替 La 增加了 $(La, Mg)_2Ni_7$ 和 $(La, Mg)_5Ni_{19}$ 超堆垛相的总丰度，细化了晶粒，减小了晶胞体积，从而提高了放电容量和高倍率放电能力。

高压烧结是在 GPa 级机械压力的作用下将预成型的合金坯料进行高温处理，从而获得储氢合金的过程。Liu 等 [35] 采用高压烧结法在六面顶压机中制备了 $La_{0.25}Mg_{0.75}Ni_{3.5}$ 合金。加压促进了具有较高结晶密度的 Ce_2Ni_7 型相的形成。但当压力持续升高后，原子扩散受阻，导致 $LaNi_5$ 相含量升高。放电等离子烧结是在模具和粉末颗粒间或块体样品中直接通入脉冲电流进行烧结或连接的一种快速新型材料制备方法。该方法具有升温

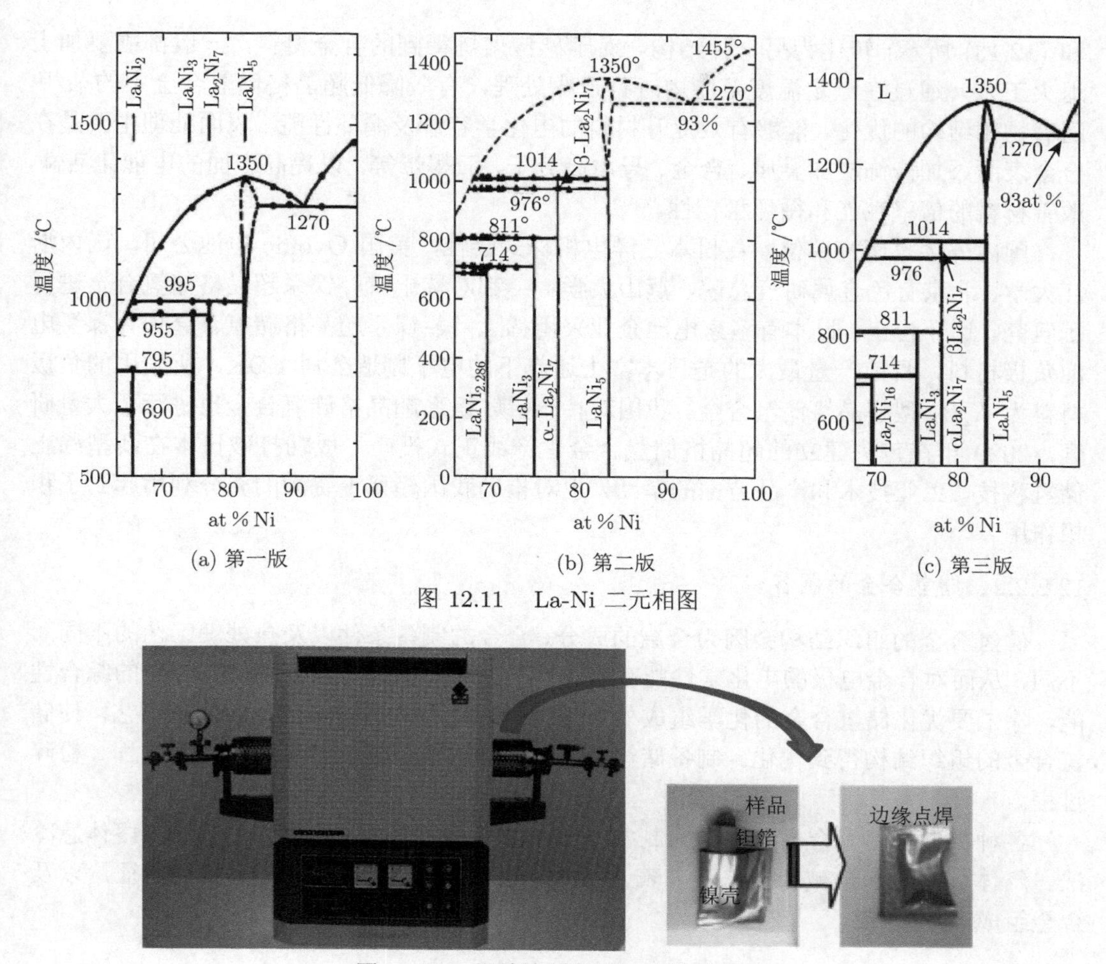

(a) 第一版 (b) 第二版 (c) 第三版

图 12.11 La-Ni 二元相图

图 12.12 烧结法制备超晶格储氢合金

速度快、烧结时间短、获得的烧结体致密度高、晶粒均匀、性能好等特点。董小平等 [36] 放电等离子烧结工艺制备了储氢合金 $La_{0.80}Mg_{0.20}Ni_{3.75}$，使得合金内部晶粒细小，组织均匀。激光烧结技术是以激光为热源对粉末压胚进行烧结的技术，适用于小面积、薄片制品的烧结。具有以下优势：① 合金烧结时间只有 5~10 s，元素烧损大大降低，合成过程不易发生氧化；② 烧结过程简单易控，生产率高；③ 烧结快速加热和冷却、在储氢材料中引入大量的点缺陷和微裂纹，增加粒子的传送面和减少合金粒子的接触阻力，从而改善储氢性能。

$$LaNi_5 + \text{液相} \longleftrightarrow La_2Ni_7 \tag{12.12}$$

$$La_2Ni_7 + \text{液相} \longleftrightarrow LaNi_3 \tag{12.13}$$

热处理和表面处理也是提高稀土–镁–镍系超晶格储氢合金电化学性能的有效手段。热处理过程可以使合金组分更加均匀，而且还能调节合金相结构，提升电化学性能。对于组成固定的超晶格储氢合金，在一定的制备温度范围内可以形成多个结构不同的金属间化合物，因此通过热处理温度的变化，可以使金属间化合物通过包晶 (如反应 (12.12)

和 (12.13) 所示) 转化为另一种结构。对于感应熔炼得到的合金材料，一般都需要加上退火工艺，通过在一定温度范围内进行退火处理，有效降低超晶格储氢合金中的杂相，随着物相结构的优化，能够有效提升材料的电化学容量及循环性能。表面处理主要是在合金表面添加修饰层如金属、合金、导电高分子、石墨烯等，以提高表面的电催化活性，改善材料的倍率性能和循环稳定性。

国内外多家研究单位——日本三洋电机株式会社，美国 Ovonic 电池公司，国内浙江大学、北京有色金属研究总院、燕山大学——都对稀土–镁–镍系超晶格储氢合金进行了研究。迄今为止，日本有多家电池企业采用稀土–镁–镍系超晶格储氢合金作为镍氢电池负极材料，目前产量最大的是日本富士通旗下的电子制造公司 FDK，所采用的负极材料为 A_2B_7 型超晶格储氢合金。我国对稀土–镁–镍系超晶格储氢合金也进行了大量研究，2020 年在包头建立的超晶格储氢合金生产线正式投产，成功打破日本在新型稀土储氢科技、工业技术和产品方面的垄断，也对推动我国轻稀土资源的充分利用起到了积极作用。

12.2.2.2　储氢合金的制备

储氢合金的组织结构会因为合金的成分、合金的制备条件以及热处理工艺的不同而不同，从而对合金电极的电化学性能有着重要的影响。因此为了提高储氢合金的综合性能，除了要优化储氢合金的化学组成外，还应该研究和改进储氢合金的制备工艺，使储氢合金的组织结构得到优化。制备储氢合金时，一般包括熔炼过程、热处理过程、粉碎过程。

各种类型的储氢合金有不同的制备方法，包括感应熔炼法、电弧熔炼法、熔体急冷法、气体雾化法和机械合金法等。表 12.2 列出了储氢合金不同制备方法的特征，以及合金组成上的差异。

表 12.2　储氢合金的制备方法和特征

制备方法	合金组成特征	方法特征
感应熔炼法	缓冷时发生宏观偏析	成本低，适合大量生产
电弧熔炼法	接近平衡相，偏析少	适于实验室和小量生产
熔体急冷法	非平衡相、非晶相、微晶粒柱状晶组织，偏析少	容易粉碎
气体雾化法	非平衡相、非晶相、微晶粒等轴晶组织，偏析少	球状粉末，无须粉碎
机械合金法	纳米晶结构、非晶相、非平衡相	粉末原料，低温处理
粉末烧结法	接近平衡相，便于调控合金的物相组成	适于实验室和小量生产

1) 感应熔炼法

目前在储氢合金的工业生产中，最常用的是中频感应熔炼法，熔炼规模从几千克到几吨不等。这种方法具有生产成本低、可以成批等优点。缺点是耗电量较大，合金的组织结构难控制。感应熔炼的工作原理是通过电磁感应使金属炉料内产生感应电流，感应电流在金属炉料中流动产生热量，加热金属炉料并使其熔化。用熔炼法制备储氢合金时，一般都是在惰性气氛中进行。但是在熔炼过程中，由于熔炼的金属会与坩埚产生反应，使少量的坩埚材料融入得到的储氢合金中。采用氧化镁坩埚时，合金中会有 0.2%(质量分数) 的 Mg，用氧化铝和氧化锆坩埚时，分别有 0.06%~0.18%Al、0.05%Zr 熔入。

2) 电弧熔炼法

电弧熔炼法与感应熔炼法相比，适于实验室及小规模的生产，在工业上的应用相对较少。在高能电源作用下，电极间会有强烈弧光和持续的高温放电。电弧中原子电离形成电子和阳离子的混合状态，即等离子体状态。在电场作用下，电子向正极运动，阳离子向负极运动，形成电流。在电弧中，粒子碰撞得到大量能量，使电弧中温度很高，从而使原料熔化，达到熔炼的目的。

3) 机械合金法

机械合金法也称为高能球磨技术，一般在高能球磨机中进行反应。高能球磨是通过磨球与磨球之间、磨球与罐之间的碰撞，由于粉末产生强烈的变形，使粉末表面扩大，这些被破碎的粉末在随后的球磨过程中发生冷焊，再次破碎，反复破碎、混合，在复合过程中，不同组分的原子相互渗入，从而达到合金化的目的。在合金化过程中，为了防止金属表面发生氧化，需要在保护性气氛下进行。此外，为了防止金属粉末之间、粉末与磨球及容器壁之间的黏结，一般还会加入庚烷等防黏剂。

4) 粉末烧结法

所谓粉末烧结法即将合金中的每一种定量的金属粉末混合均匀后压制成块，然后置入真空热处理炉中，在小于 0.1 Pa 的真空状态下或者充入少量保护气，在气氛保护下，于一定温度烧结一定的时间，通过热扩散制备合金的一种方法。粉末烧结法与熔炼方法(包括感应熔炼与电弧熔炼) 相比，反应的条件较为温和，并且能够比较方便地控制反应发生的温度与时间，便于合金的物相转变按照预计的方向进行。因此，粉末烧结法是储氢合金物相调控等研究中的一种重要的合金制备技术。大量研究显示，将粉末烧结法应用于结构多变的稀土–镁–镍系储氢合金的制备，获得了多种特定的物相结构，为理论研究提供了极大的便利。

12.2.2.3 储氢合金的铸造

1) 锭模铸造法

合金经熔炼后，把熔体注入一定形状的水冷锭模中，使熔体冷却固化，冷却成型。最早采用的锭模为炮弹式不水冷的，后来发现随着冷却速度的加大，合金组织结构会发生变化，电化学特性也会有所改善，便采用了水冷铜模或钢模，而且为使冷却速度更大，还采用了其他不同结构的框式模。而这类方法统称为锭模铸造法，是目前大规模生产常用的铸造方法。图 12.13 中为锭模铸造法的示意图。

锭模铸造法对多组元的合金而言，因为位置不同，合金凝固时的冷却速度也不一样，容易引起合金组织结构和组成的不均匀，从而导致 PCT 曲线平台的倾斜。在冷却速度较慢的情况下，与锭模冷却面直接接触的部分冷却较快而生成柱状晶组织，而合金内部由于冷却较慢而得到等轴晶组织。由于柱状晶组织的晶格应变较小，组织结构以及组成比较均匀，在电化学充放电循环过程中，可以有效地抑制合金的粉化和腐蚀，从而提高储氢合金的循环性能，因此在合金的冷却过程中，要尽量提高合金锭的冷却速度，使其全部转化为柱状晶组织，提高合金的循环稳定性。

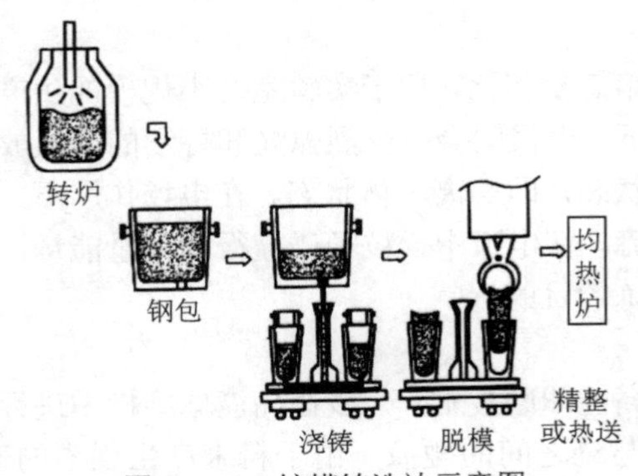

图 12.13　锭模铸造法示意图

2) 气化雾化法

气化雾化法是将熔炼后的熔体在出口处随着高压惰性气体一起喷出，使熔体呈细小液滴，液滴在下落过程中凝固成球形粉末收集于塔底。气体雾化时的凝固速度为 $10^2 \sim 10^4$ K/s，所形成的球形粉末在喷雾塔的塔底收集。气体雾化法所得到的球形颗粒的平均粒径在 30 μm 左右，这种颗粒与锭模铸造经机械磨碎的同等粒径的粉末相比，充填密度提高约 10%，从而提高了电极材料的容量。由于气体雾化得到的晶粒更加细化并消除了合金中成分的偏析现象，因此所得到的合金的循环性比常见的铸造合金有显著的提高。图 12.14 为气体雾化法的装置示意图，该法的优点是可以直接制取球形的合金粉末，可以缩短工艺流程，减少污染，而且在合金粉末制备过程中能够防止合金组分的偏析。

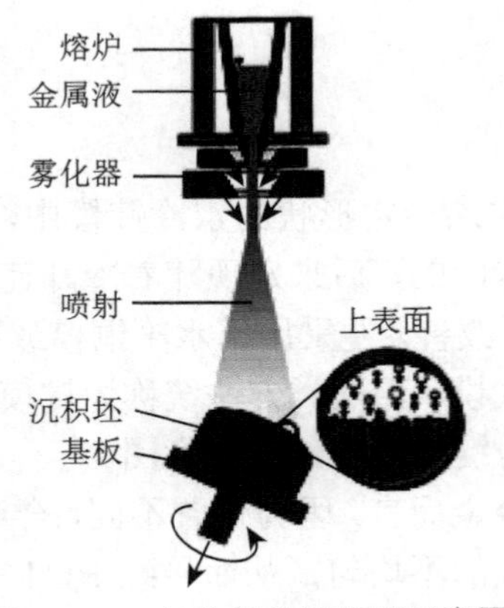

图 12.14　气化雾化法装置示意图

3) 熔体淬冷法

熔体淬冷法是在很大的冷却速度下，使熔体冷却固化的方法。此方法中，熔体凝固时，凝固时间短，很难产生宏观偏析，组织均匀。吸放氢特性好。通过急冷得到的均质组织，吸放氢平台更加平坦，吸氢量大，电极耐腐蚀性好，容量高。此外，急冷凝固使材料成核数大，生长速度慢，形成多个晶界组织，氢扩散快，吸放氢速率高。

12.2.2.4 储氢合金的制粉技术

1) 球磨制粉

球磨制粉可分为干式球磨和湿式球磨两种。干式球磨是指在一定的保护性气氛中，将球和料以一定的球料比放入圆桶形球磨罐中，以一定的转速回转，使料在罐中受到球的滚压、冲击和研磨而粉碎的一种方法。湿式球磨与干式球磨的区别是将保护性气体替换成液体介质，如水、乙醇、汽油等，操作步骤与干式球磨类似。经过球磨之后，以浆料的形式放出，可以直接用于负极的调浆，也可以真空干燥之后待用。与干式球磨相比，湿式球磨的优点是，不会出现颗粒结于罐壁的现象，也不存在粉尘的污染，还能去除超细颗粒和锭表氧化层，从而提高电化学性能。缺点是如果需要得到合金粉末则需要过滤烘干等步骤，增加工艺成本，但是如果直接用于负极调浆，则不存在这个问题。

2) 氢化制粉

合金氢化制粉是一种较早使用的方法，原理是通过合金吸放氢时的体积变化，使储氢合金在应力作用下产生裂纹，在经过多次循环之后可以使大块合金粉碎。氢化时将合金块放入铝盒，再放入高压釜中，密闭抽真空后用氢气反复置换 2~3 次之后，通入 1~2 MPa 高纯氢气，合金吸氢，再通入 1~2 MPa 高纯氢气直至吸氢饱和。然后升温至 150 ℃，抽真空，使合金放氢完全。如此反复数次，直至合金粒度达到要求之后抽真空通入氩气，冷却至室温取出。氢化制粉的优点在于，方法操作简单，氢化制粉得到的产品容量会稍高于球磨制粉得到的产品，而且更容易活化。但是缺点是需要高压装置，氢排出不完全时容易发热，不利于大规模工业化生产。

12.2.3 辅助材料

12.2.3.1 电解液

电解液作为电池的重要组成部分，电解液的组成、浓度、用量以及杂质的含量都会对电池的性能有着至关重要的影响，将直接影响到电池的容量、内阻、循环寿命、内压等参数。镍氢电池的电解液一般是采用氢氧化钾的水溶液，有的还会加入少量的氢氧化锂和氢氧化钠。一般认为镍氢电池镍正极在长期充放电循环过程中，$Ni(OH)_2$ 晶粒会逐渐团聚变大，影响反应动力学，造成充电困难，在电解液中加入少量的 LiOH，可以使锂离子吸附在 $Ni(OH)_2$ 颗粒的表面，从而阻止颗粒之间的团聚长大，提高电极活性物质的利用率。此外 Li 的存在还能防止电极膨胀，提高电极循环稳定性；提高电极的析氧电势，提高 $Ni(OH)_2$ 的充电效率。加入 NaOH 则是为了在大电流放电时提高活性物质的利用率。

电解液中存在的少量杂质也会对镍氢电池的性能产生影响，要严格控制电解液中杂质的含量。空气中的二氧化碳会与电解液反应生成碳酸盐，碳酸盐会在电极表面形成钝化膜，提高电池内阻，降低电池容量。电解液中本身存在的氯化物、硫化物、铁盐、硅酸盐和有机物也会影响电池的性能。在充放电过程中，氯化物会造成电极的腐蚀；硫化物会形成枝状物，造成电池短路；铁盐会降低电极析氧电压，使充电效率下降；硅酸盐会造成电池容量的损失；有机物则会发生一些副反应。

12.2.3.2　隔膜

隔膜置于电池正负极之间，是使电池的正负极分离开的材料。隔膜使正负极上的氧化还原反应分开完成，防止电池正负极的活性物质相互接触，造成短路，但是允许电解液中的离子自由迁移，从而在内电路中产生电流。隔膜的好坏直接影响到电池充放电的电流与电压、比能量、比功率、循环寿命及耐冲击性能 [37]。隔膜的吸碱量、保液能力和透气性是影响电池寿命的关键因素。目前在镍氢电池中使用的隔膜主要有尼龙纤维、聚烯烃隔膜等。

尼龙纤维隔膜一般采用尼龙-6、尼龙-66 制造。尼龙纤维隔膜具有良好的润湿性和较好的保液能力，隔膜的比电阻小而且机械强度高，因此被广泛应用。但是尼龙纤维在碱液中的化学稳定性较差，纤维中的酰胺键在浓碱及高温 (50 ℃ 以上) 下容易水解，因此尼龙纤维隔膜的使用寿命，尤其是在较高温度下的寿命是影响电池寿命的主要限制因素 [38,39]。

聚烯烃 (PP、PE) 隔膜强度高，耐碱性能优良。聚烯烃隔膜因制造工艺简单、耗能小、无污染而大量用于电池隔膜材料。聚烯烃隔膜的吸碱率和吸碱速率都不如尼龙纤维隔膜，这是由于尼龙纤维中的酰胺键具有极性，很容易被氢氧化钾电解液浸润，而聚烯烃中则没有强极性基团。为了改善聚烯烃的吸碱性能，需要加入少量的丙烯酸共聚，使聚丙烯分子中含有丙烯酸基团，羧基的存在使丙纶纤维更容易被氢氧化钾电解液浸润，从而提高隔膜的吸碱率和吸碱速度。

12.2.3.3　导电剂和黏结剂

镍氢电池正极的活性成分 $Ni(OH)_2$ 是 P 型氧化物半导体，导电性较差。在氢氧化镍电极放电时生成的 $Ni(OH)_2$ 会在 NiOOH 和集流体之间形成阻挡层，从而增加整个电池的内阻。因此，实际过程中一般在活性物质中加入导电剂来提高电极的导电性。镍电极常用的导电剂主要有石墨、乙炔黑、燃烧碳和金属镍粉等。导电剂的加入使充放电过程中电流在电极中的分布更均匀，减少了电极的电化学极化，提高活性物质的利用率。由于石墨的比表面积大于镍粉，且石墨的硬度较小，电极在压制之后，石墨与合金粉末的接触更加紧密。因此以石墨为导电剂的电极在小电流充放电时活性物质的利用率较高，活化较快，容量较高。但是镍粉对于正极上的电化学反应具有很强的催化作用，从而使电极的反应活性提高，电化学阻抗较小。工业中常采用混合导电剂，同时适合于小电流和大电流放电。

黏结剂对镍氢电池的容量、循环寿命、内阻等都有着重要的影响，一般为高分子聚合物。黏结剂的主要作用是黏结活性物质，通过将活性物质和电极基体黏合在一起来保证电极成型和正常充放电。黏结剂加入太少，会使黏结强度降低，在充放电循环过程中，活性物质会从电极表面脱落，从而导致电极容量下降，循环稳定性降低。如果黏结剂加入过多，虽然可以保证电极的黏结强度，但是会降低电极的导电性，而且会使电极活化变慢，而且会增大电极的极化作用，导致容量和电压的下降，电极在大电流下的放电能力变差。一般实际过程中，在保证电极黏结强度的情况下，应该尽量降低黏结剂的用量，使电极达到最佳的性能。

12.3 镍氢电池的性能

镍氢电池的性能一般包括电池容量、电压、内阻、内压、自放电特性、储存性能、循环稳定性等。

12.3.1 电池容量和电压

电池容量是指在一定的放电条件下，可以从电池获得的电量，即电流对时间的积分。电池的工作电压一般指电池放电电压的平台电压，电池的容量和电压直接影响到电池放电所能放出的能量大小，是决定电池性能的关键因素。

随着镍氢电池技术的不断进步，对于日常普遍应用的 AA 型 (5 号) 镍氢电池，电池容量已经大幅提升，从最初的 1000 mA·h，现在基本能够达到 1800~2300 mA·h，三洋公司最大能做到 3000 mA·h 以上。镍氢电池的电压由正负极材料体系决定，为 1.2 V 左右。

镍氢电池在实际放电过程中，电池的容量和电压与放电制度密切相关。如图 12.15 所示，在相同的 SOC 状态下，放电倍率越大，放电极化程度越大，放电电压越低，电池所能放出的容量也越低。同时，随着放电深度的增大，电池活性组分的浓度降低，电池工作电压也逐渐呈下降的趋势 [40]。

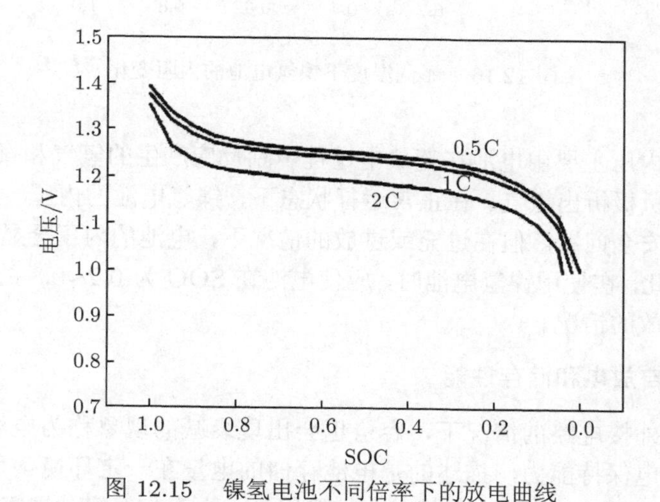

图 12.15 镍氢电池不同倍率下的放电曲线

12.3.2 电池的内阻和内压

电池内阻是电池性能的一个极其重要的参数，电池内阻的存在会导致电池输出电压的下降，是导致电池的工作电压低于电池电动势的直接原因，同时也会造成二次电池放电效率的下降。电池内阻一般由欧姆内阻和极化内阻两部分组成。欧姆内阻主要由组成电池的电极材料、电解液、隔膜、极耳的电阻以及各部分的接触电阻组成。欧姆内阻一般与电极和电池的结构设计、成型方式以及电池的组装工艺有关。极化内阻则是由电池在电化学反应过程中的极化所引起的，一般包括电化学极化引起的内阻和电解液浓差极化所引起的内阻。极化内阻与电极和电池的结构相关，此外还与电池的工作条件有关。一般放电电流越大，所产生的极化越大，极化电阻越高。另外，温度的下降也会对电化学极化和离子传输产生不利的影响，导致欧姆内阻和极化内阻都出现增大的现象，如图 12.16 所示，在低温 −15 °C 下电池的内阻明显提高 [40]。镍氢电池在长期使用后，随着循环次数的增加，由于电解液的消耗以及电极活性物质的活性降低，电池的内阻也会逐渐增加。在电池组装过程中，应尽量减小各部件之间的接触电阻，优化正极工艺抑制正极在充放电过程中的体积膨胀，提高电解液的保液量能够有效降低电池的内阻。

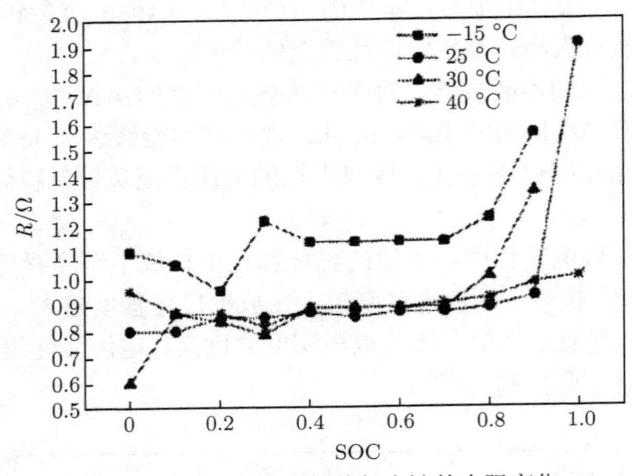

图 12.16　不同温度下镍氢电池的内阻变化

镍氢电池的内压主要由电池在充放电过程中副反应产生的氢气和氧气所造成，其中正极析出氧气，负极析出氢气。在正常运行状态下，镍氢电池的内压一般都维持在正常水平，不会引起安全问题。但在过充或过放的情况下，电池的内压会显著上升，从而造成安全隐患。因此，在使用镍氢电池时，应使电池在 SOC 为 0.2~0.8 的范围内运行，尽量防止过充和过放的情况。

12.3.3　电池的自放电和储存性能

电池在没有外接电路的情况下，容量也会出现衰减的现象称为电池的自放电现象，也称为电池的荷电保持能力，描述的是电池存储的电量在一定环境条件下的保持能力。自放电越快，电池的荷电保持能力越差，一般用自放电率来衡量，镍氢电池的常温自放电率一般在 20%/月 ~25%/月。从理论上来讲，电池的自放电过程是体系 Gibbs 自由能降低的过程，是热力学自发反应，因此自放电的发生是必然的，关键在于自放电速率上的差别。

根据自放电容量能否恢复，可将镍氢电池的自放电分为可逆和不可逆两部分。可逆自放电一般是由于电池内部有部分电荷从负极穿过隔膜达到正极，与正极材料发生还原反应所导致。所发生的反应与电池正常的充放电反应一致，只是电子的传输路径由外电路转变为电池内部，因此反应所造成的能量损失一般是可以通过再次充电来恢复。而不可逆部分主要是电池的正负极与电解液之间发生一系列不可逆的化学反应，导致活性物质被消耗。镍氢电池的自放电行为的可能机制如下[41]。

(1) 成分自分解，正极成分分解产生氧气到达负极，与负极反应造成活性物质的损失，容量下降。

(2) 储氢合金负极上产生的氢到达正极，与正极反应造成活性物质的损失，容量下降。

(3) 正极上存在的少量氮化物杂质，引起亚硝酸盐和氨之间的氧化还原穿梭反应的进行，造成正极容量的衰减。

(4) 负极表面由于储氢合金的氧化，造成负极容量的衰减。

(5) 镍氢电池内压的形成和电解液的泄漏。

通过对镍氢电池正负极和隔膜结构的优化，能够有效降低电池的自放电率。此外电池的储存温度也是影响自放电率的关键因素，温度升高会大大加快自放电反应速率，一般在低温环境下，电池的自放电率较低，但是温度过低也可能导致电极材料的不可逆变化，因此镍氢电池一般存放温度保持在 10~25 ℃。镍氢电池不适宜长时间的放置，在长时间存放过程中应保证 3 个月左右对电池充一次电，防止因为自放电导致的过放对电池的性能造成致命损害。

12.3.4 电池循环寿命

电池在一定条件下进行反复充放电，当容量达到规定要求以下时所能发生的充放电次数称为循环寿命。市场上的镍氢电池的循环寿命一般在 1000~2000 周，优于铅酸电池。随着充放电循环次数的增加，电池内部会发生一系列不可逆过程，导致电池容量的下降，不可逆过程主要包括以下几个方面。

(1) 充放电循环过程中，电极表面钝化，活性面积逐渐减小，使局部电流密度上升，极化增大，导致容量下降。

(2) 电极上活性物质的脱落或转移。

(3) 电池充放电过程中，活性材料发生不可逆副反应。

(4) 循环过程中产生枝晶，刺穿隔膜，造成电池内短路。

(5) 隔膜的老化和损耗。

(6) 正极活性材料在充放电过程中发生晶体结构变化，降低反应活性。

为了缓解上述不可逆过程，通常可采用正负极活性材料的改性 (提高稳定性)、电解液和隔膜工艺的优化和电池结构设计的优化等手段，来提升镍氢电池的循环寿命。此外，优化镍氢电池的充放电制度，包括降低电流密度，缩小充放电 SOC 区间等手段，也能有效提升电池的循环性能。

12.4 镍氢电池的开发与应用

12.4.1 镍氢电池的开发现状

随着科技的进步，电子信息产业的发展，人们对电池的性能提出了越来越高的要求。与此同时，当今社会所存在的能源危机和环境危机也极大地推动了新型绿色能源的发展。镍氢电池由于其能量密度高、充放电速率快、质量轻、使用寿命长、无环境污染等优点，受到国内外重点关注，并广泛应用于便携式电子设备、空间卫星的电源以及汽车动力电池等领域。

镍氢电池是一种替代镍镉电池的新一代高能二次电池，新型储氢合金材料研究的进步，推动了镍氢电池的发展。镍氢电池的发展最早开始于 20 世纪 60 年代，当时还处在可行性研究阶段。从 1984 年开始，日本、美国、荷兰等国家开始大力发展储氢合金材料的研究，使镍氢电池的研究进入到实用性研究阶段，并在 80 年代末期由美国和日本等公司先后开发出可实用的镍氢电池。20 世纪 90 年代以来，镍氢电池在日本、美国等国家已经进入到产业化阶段。我国在 20 世纪 80 年代末期，成功研制出储氢合金电极材料，并于 1990 年研制成功了 AA 型镍氢电池。直至 21 世纪初，国内已经有大量企业能够批量生产各种型号和规格的镍氢电池，国产的镍氢电池在综合性能上已经达到了国际先进水平，AA 型电池的容量已经达到 2200~2700 mA·h。经过多年的努力，我国镍氢电池的产销量显著提高，在 2004 年已经超过日本成为世界上镍氢电池产销量最大的国家。

12.4.2　镍氢电池的应用

从能量密度上来看，镍氢电池的体积能量密度和质量能量密度都高于镍镉电池，但要低于锂离子电池。从成本上来看，镍氢电池要低于镍镉电池，也曾一度低于锂离子电池。但是近年来，锂离子电池在成本上已经大幅下降，已经低于镍氢电池，这也使镍氢电池在市场竞争下不具有优势。镍氢电池与锂离子电池相比最大的优势在于其安全性，镍氢电池采用的水溶液电解液，具有良好的阻燃性，而锂离子电池的电解液为易燃的有机物，导致锂离子电池目前还无法适用于对安全性要求较高的领域。表 12.3 列出了一些典型动力电池的技术指标。

表 12.3　几种典型动力电池的技术指标比较

项点	圆柱形密封式镍氢	铅酸	镍镉	方形排气式镍氢	钛酸锂
环境温度/°C	−40~55	−40~50	−40~55	−50~50	−20~50
能量密度/(W·h/kg)	34.3	27.7	19.7	32	60
绿色环保	符合	含重金属铅	含重金属镉	符合	符合
充放电倍率 (持续)/C	0.1~10	0.1~1	0.1~5	0.1~1	0.1~15
安全性	高	高	高	一般	高
设计寿命/年	10~12	3~5	8~10	12	12~16
日常维护	免维护	需定期深充深放	需定期加液/深充深放	需定期加液	免维护
全生命周期使用成本	中	高	高	高	高

镍氢电池的发展主要集中在便携式电子设备用的小型电池和电动汽车使用的大容量动力电池等领域。在镍氢电池商业化初期，主要是作为镍镉电池的替代品应用于笔记本电脑和移动电话等领域。但是自从高能量密度的锂离子电池进入市场之后，镍氢电池在便携式电子设备市场已经基本被锂离子电池所取代。现在镍氢电池主要用于传统干电池的应用市场，因为传统干电池电压 1.5 V，远低于锂离子电池，无法采用锂离子电池进行替代，因此镍氢电池成为替代传统干电池的二次电池首选。在作为车载电源的应用中，镍氢电池表现出以下优点：① 镍氢电池更安全，不爆炸不燃烧；② 镍氢电池实现快速的充放电，可以在 15 min(或者 0.5 h) 内迅速达到或者接近额定容量；③ 镍氢电

池适用的工作温度范围宽，在 −40~70 ℃ 的环境温度下性能无明显变化。④ 绿色环保特性。镍氢电池具有回收价值高、再利用工艺成熟、成本低等特点；⑤ 镍氢电池装车技术成熟。特别是在丰田 HEV 中使用已有多年的历史，为镍氢电池装车应用提供了很多宝贵的经验与技术参考；⑥ 价格低。与锂离子电池相比，镍氢电池价格低。

在电动汽车领域，由于镍氢电池的能量密度低于锂离子电池，很难满足纯电动汽车对于长续航里程的要求。但是镍氢电池由于其高功率充放电特性及高安全性，广泛应用于混合动力汽车上 [42]，其中最具代表性的是日本丰田的普锐斯混合动力汽车 (图 12.17)，丰田公司在 1997 年推出第一代普锐斯混合动力汽车，到 2015 年普锐斯车型销量已达到 800 万辆以上，一直采用镍氢动力电池。现在丰田普锐斯累计销量已经超过 1500 万辆。当前丰田在国内推出的所有 HEV 车型上，所搭载的动力电池全部采用镍氢电池。镍氢电池在混合动力汽车上，采用浅充浅放的策略，能够有效提升镍氢电池的循环性能，丰田的混合动力汽车在行驶 30 万公里后电池仍没有失效，更为重要的是采用镍氢电池的丰田混合动力汽车至今没有出现过起火自燃的安全性事故，也充分说明了镍氢电池在安全方面所具有的无可比拟的优势。

图 12.17 丰田普锐斯混合动力汽车

在轨道交通方面，镍氢电池也进入了试验运行阶段，其典型代表是科霸公司的产品在轨道交通上的应用。110 V 蓄电池组由 8 个 12 V/120 Ah 电池组串联而成，其中 4 个 12 V/120 Ah 为一箱，总计两箱。系统安装在客车底部两侧，每侧四个电池包附带 1 个电压监视器。车厢电缆一边接在电压监视器上，一边接在电池包上。图 12.18 为轨道交通用镍氢电池模组组装方式及步骤。在试运行阶段，镍氢电池组性能稳定，耐温度变化和安全性表现尤为突出。

由于锂离子电池技术的发展，镍氢电池无论在小型电池还是大容量动力电池等领域的消耗量都在逐年下降。但是考虑到镍氢电池在安全性上的优势，近年来，镍氢电池在一些特殊用途领域尤其是有高安全需求领域的应用在逐渐扩大，包括大型军事装置和医疗装置等方面的应用。高安全、高功率、低成本的镍氢电池将作为未来发展的主要方向。

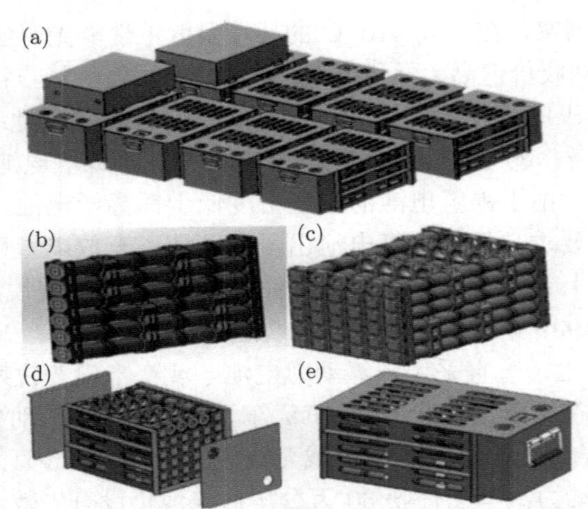

图 12.18　轨道交通用镍氢电池模组组装方式及步骤

(a) 电池组匹配方式，(b) 将 L5 组成“电池片”，(c) 将“电池片”依次拼接后通过铜排串并联形成电池组 (16P2S)，(d) 通过框架将电池固定，(e) 增加接线盒以及盖板，保证尺寸与托盘吻合

(杨容，李媛)

参 考 文 献

[1] 管从胜, 杜爱玲, 杨玉国. 高能化学电源. 北京: 化学工业出版社, 2005.

[2] 高颖, 邬冰. 电化学基础. 北京: 化学工业出版社, 2004.

[3] 徐曼珍. 新型蓄电池原理与应用. 北京: 人民邮电出版社, 2004.

[4] Linden D, Reddy T B. Handbook of Batteries. 3rd ed. New York: McGraw-Hill, Inc, 2002.

[5] 陈军, 陶占良. 镍氢二次电池. 北京: 化学工业出版社, 2006.

[6] 唐有根. 镍氢电池. 北京: 化学工业出版社, 2007.

[7] 李景虹. 先进电池材料. 北京: 化学工业出版社, 2004.

[8] Yang C C. Synthesis and characterization of active materials of $Ni(OH)_2$ powders. Int J Hydrogen Energ, 2002, 27(10): 1071-1081.

[9] Chen J, Bradhurst D H, Dou S X, et al. Nickel hydroxide as an active material for the positive electrode in rechargeable alkaline batteries. J Electrochem Soc, 1999, 146: 3606-3612.

[10] Zhang Y S, Zhou Z, Yan J. Electrochemical behaviour of $Ni(OH)_2$ ultrafine powder. J Power Sources, 1998, 75(2): 283-287.

[11] Hu W K, Noréus D. Alpha nickel hydroxides as lightweight nickel electrode materials for alkaline rechargeable cells. Chem Mater, 2003, 15(4): 974-978.

[12] Liu X H, Yu L. Influence of nanosized $Ni(OH)_2$ addition on the electrochemical performance of nickel hydroxide electrode. J Power Sources, 2004, 128(2): 326-330.

[13] Liu X H, Yu L. Synthesis of nanosized nickel hydroxide by solid-state reaction at room temperature. Mater Lett, 2004, 58(7-8): 1327-1330.

[14] 陈军, 袁华堂. 新能源材料. 北京: 化学工业出版社, 2003.

[15] Züttel A. Materials for hydrogen storage. Materials Today, 2003, 6(9): 24-33.

[16] Feng F, Geng M, Northwood D O. Electrochemical behaviour of intermetallic-based metal hybrids used in Ni/metal hydride batteries: A review. Int J Hydrogen Energ, 2001, 26(7): 725-734.

[17] Zaluski L, Zaluska A, Ström-Olsen J O. Nanocrystalline matel hydrides. Nanostructured Mater, 1997, 253-254: 70-79.

[18] Li L Q, Akiyama T, Yagi J. Activation behaviors of Mg_2NiH_4 at different hydrogen pressures in hydriding combustion synthesis. Int J Hydrogen Energ, 2001, 26(10): 1035-1040.

[19] Li L Q, Saita I, Saito K, Akiyama T. Effect of synthesis temperature on the purity of product in hydriding combustion synthesis of Mg_2NiH_4. J Alloys Compd, 2002, 345(1-2): 189-195.

[20] Kohno T, Yamamoto M, Kanda M. Electrochemical properties of mechanically ground Mg_2Ni alloy. J Alloys Compd, 1999, 293-295: 643-647.

[21] Jung J H, Liu B H, Lee J Y. Activation behavior of $Zr_{0.7}Ti_{0.3}Cr_{0.3}Mn_{0.3}V_{0.4}Ni$ alloy electrode modified by the hot-charging treatment. J Alloys Compd, 1998, 264(1-2): 306-310.

[22] Chen J, Dou S X, Liu H K. Hydrogen desorption and electrode properties of $Zr_{0.8}Ti_{0.2}(V_{0.3}Ni_{0.6}M_{0.1})_2$. J Alloys Compd, 1997, 256(1-2): 40-44.

[23] 李媛, 张璐, 韩树民. 稀土–镁–镍系超晶格合金结构与储氢性能研究及进展. 燕山大学学报, 2020, 44(3): 323-330.

[24] Liu J J, Han S M, Li Y, et al. Phase structures and electrochemical properties of La–Mg–Ni-based hydrogen storage alloys with superlattice structure. Int J Hydrogen Energ, 2016, 41(44): 20261-20275.

[25] Akiba E, Hayakawa H, Kohno T. Crystal structures of novel La-Mg-Ni hydrogen absorbing alloys. Journal of Alloys and Compounds, 2006, 408-412:280-283.

[26] Liu Y F, Pan H G, Gao M X, et al. Investigation on the characteristics of $La_{0.7}Mg_{0.3}Ni_{2.65}Mn_{0.1}$-$Co_{0.75+x}$ (x=0.00-0.85) metal hydride electrode alloys for Ni/MH batteries - Part II: Electrochemical performances. Journal of Alloys and Compounds, 2005, 388(1): 109-117.

[27] Liu Y F, Pan H G, Gao M X, et al. Investigation on the characteristics of $La_{0.7}Mg_{0.3}Ni_{2.65}Mn_{0.1}$-$Co_{0.75+x}$ (x=0.00-0.85) metal hydride electrode alloys for Ni/MH batteries Part I: Phase structures and hydrogen storage. Journal of Alloys and Compounds, 2005, 388(1): 109-117.

[28] Dymek M, Nowak M, Jurczyk M, et al. Electrochemical characterization of nanocrystalline hydrogen storage $La_{1.5}Mg_{0.5}Ni_{6.5}Co_{0.5}$ alloy covered with amorphous nickel. Journal of Alloys and Compounds, 2019, 780:697-704.

[29] Chu HL, Qiu SJ, Sun LX, et al. The improved electrochemical properties of novel La-Mg-Ni-based hydrogen storage composites. Electrochimica Acta, 2007, 52(24): 6700-6706.

[30] Chu H L, Qiu S J, Tian Q F, et al. Effect of ball-milling time on the electrochemical properties of La-Mg-Ni-based hydrogen storage composite alloys. International Journal of Hydrogen Energy, 2007, 32(18):4925-4932.

[31] Li Y M, Liu Z C, Zhang G F, et al. Single phase A_2B_7-type La-Mg-Ni alloy with improved electrochemical properties prepared by melt-spinning and annealing. J Rare Earths, 2019, 37(12): 1305-1311.

[32] 邢磊, 李一鸣, 张羊换, 等. 快淬-退火 La_4MgNi_{19} 合金的电化学储氢性能及其失效行为. 稀有金属, 2017, 41(12): 1318-1326.

[33] 廖彬, 雷永泉, 吕光烈, 等. La-Mg-Ni 系 AB_3 型贮氢电极合金的相结构与电化学性能. 金属学报, 2005, 41(1): 41-48.

[34] Liu J J, Han S M, Li Y, et al. Cooperative effects of Sm and Mg on the electrochemical performance of La–Mg–Ni–based alloys with A_2B_7–and A_5B_{19}–type super–stacking structure. International Journal of Hydrogen Energy, 2015, 40(2): 1116-1127.

[35] Liu J J, Han S M, Li Y, et al. Phase structure and electrochemical characteristics of high–pressure sintered La–Mg–Ni–based hydrogen storage alloys. Electrochimica Acta, 2013, 111:

18-24.
[36] 董小平, 杨丽颖, 林玉芳, 等. 制备工艺对 $La_{0.80}Mg_{0.20}Ni_{3.75}$ 合金电极性能的影响. 稀有金属与硬质合金, 2010, 38(1): 11-15.
[37] Arora P, Zhang Z. Battery separators. Chem Rev, 2004, 104(10): 4419-4462.
[38] Kritzer P. Separators for nickel metal hydride and nickel cadmium batteries designed to reduce self-discharge rates. J Power Sources, 2004, 137(2): 317-321.
[39] Vermerien P, Adriansens W, Leysen R. Zirfon®: A new separator for Ni-H_2 batteries and alkaline fuel cells. Int J Hydrogen Energ, 1996, 21(8): 679-684.
[40] 张舜, 许可珍, 金鹏. 镍氢动力电池特性. 储能科学与技术, 2017, 6(21): 26-30.
[41] 王仲民, 姚青荣. 镍氢电池自放电行为研究. 桂林电子工业学院学报, 2006, 26: 203-206.
[42] 陈清泉, 孙逢春, 祝嘉光. 现代电动汽车技术. 北京: 北京理工大学出版社, 2002.

第 13 章 燃料电池

13.1 燃料电池概述

13.1.1 基本原理

燃料电池是通过燃料与氧化剂的电化学反应，将燃料储藏的化学能转化为电能的装置。相比较燃料直接燃烧释放的热能再通过热机做功，燃料电池不受卡诺循环的限制，转化效率更高，对环境更为友好。氢气是燃料电池最常见的燃料，燃料电池是氢能利用最重要的形式。

燃料电池工作的基本原理可通过如图 13.1 所示的质子交换膜氢氧燃料电池来说明。燃料电池的负极 (即原电池阳极) 为燃料 H_2，发生氧化反应，放出电子：

$$H_2 \longrightarrow 2H^+ + 2e$$

释放的电子通过外电路到达燃料电池的正极 (原电池阴极)，使氧化剂 O_2 发生还原反应：

$$1/2O_2 + 2e + 2H^+ \longrightarrow H_2O$$

在电池内部，电荷通过溶液中的导电离子传递，在这个例子中正极生成的 H^+ 通过质子交换膜扩散到负极，完成电荷的循环并在负极生成产物 H_2O。

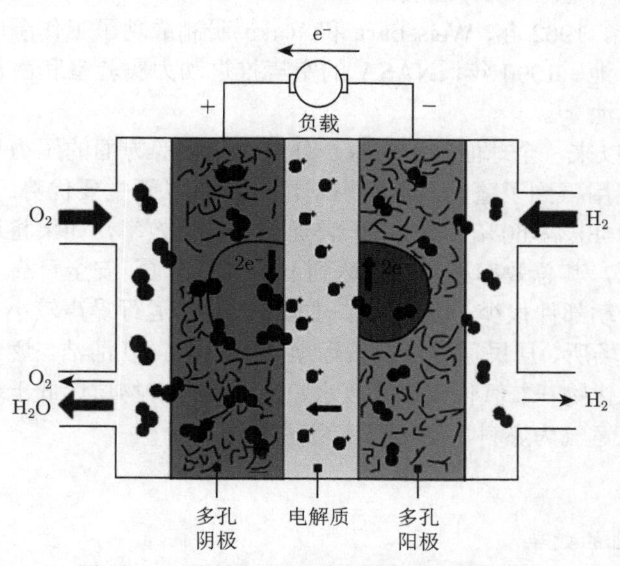

图 13.1 质子交换膜氢氧燃料电池工作原理

将两个电极反应加和，得到总反应：

$$H_2\ (g) + 1/2O_2\ (g) \longrightarrow H_2O\ (l)$$

即为通常的 H_2 氧化反应，通过燃料电池，反应的化学能以电能的形式给出。其数值为反应的 Gibbs 自由能变 $\Delta G = nFE^\circ$，其中 n 为迁移的电子数，F 为法拉第常数，E° 为电池标准电极电势。

13.1.2 发展简史

燃料电池诞生于 19 世纪。1838 年德国化学家 Christian Friedrich Schönbein 进行了与燃料电池现象相关的实验，但一般认为燃料电池的发明人是英国科学家 William Robert Grove，他将两根铂电极浸入硫酸溶液中，两根电极的另一头分别密封在氢气和氧气的容器中，观察到在两电极之间有电流流过，同时观察到氢气和氧气容器中的水面上升。1893 年，Friedrich Wilhelm Ostwald 从实验上阐明了燃料电池的工作原理，包括电极、氧化还原反应物、导电离子等。第一个实用的燃料电池于 1896 年由 William W. Jacques 发明，并于 20 世纪初通过集成 100 多个基本燃料电池单元首次实现 1.5 kW 的输出。Lugwid Mond，Car Langer 和 Ostwald 认为氢气可由更广泛的燃料代替，首次提出一般意义上的燃料电池概念。1923 年，Schmid 提出了多孔气体扩散电极的概念，基于此英国科学家 Thomas Francis Bacon 提出了双孔结构电极的概念，并成功开发出了中温培根型碱性燃料电池，在第二次世界大战中装备了英国皇家海军的潜艇。

1955 年，通用电气的 Thomas Grubbs 利用聚苯乙烯磺酸盐离子交换膜作为电解质，使燃料电池结构发生了革命性的变化。三年之后，通用电气的化学家 Leonard Niedrach 将铂黑附着在质子交换膜上作为反应的催化剂。20 世纪 60 年代，杜邦公司开发成功全氟磺酸型质子交换膜 Nafion。1960 年，Broers 和 Ketelaar 报道了以熔融碳酸盐为电解质的熔融碳酸盐燃料电池，工作温度为 650 ℃。1961 年，Elmore 和 Tanner 发表了磷酸盐燃料电池的设计。1962 年, Weissbart 和 Ruka 研制成功了工作温度超过 1000 ℃ 的固体氧化物燃料电池。1990 年，NASA 的空气推进动力实验室和南加州大学共同研发了直接甲醇燃料电池 [1]。

进入 21 世纪以来，全球面临的能源、环境、气候等方面的压力日益严重，燃料电池在各个领域的应用得到了蓬勃发展，燃料电池具有以下主要优势：① 高效率。燃料电池的发电效率为 40%~60%，大大高于普通热机转化效率，如果将运行过程中产生的热量加以合理利用，其总效率更是可以达到 90%以上。② 安全可靠。相比其他发电形式，燃料电池的转动部件很少，因此工作时非常安全、运行噪声较小，可以在用户附近装备，适用于公共场所、居民家庭以及偏远地区的供电。③ 清洁。燃料电池排放的粉尘颗粒、硫和氮的氧化物、二氧化碳以及废水、废渣等有害物质远低于传统的火力发电或是热机燃烧。如以氢气为燃料，则可以实现零排放。

13.1.3 工作原理

13.1.3.1 燃料电池的效率

燃料电池的效率定义为电池对外电路所做功与电池化学反应释放的热能之比：

$$f_{\mathrm{FC}} = \frac{IVt}{\Delta H} \tag{13.1}$$

其中，I、V 分别为电池的工作电流和电压，t 为运行时间，ΔH 为电化学反应焓变。在热力学平衡状态下，电池对外电路做功为 $\Delta G=nFE$，其中 ΔG 为 Gibbs 自由能变，n 为电子转移数、F 为法拉第常数，E 为电池电动势，此时燃料电池的效率为由热力学决定的效率 (即最大效率)f_{id}：

$$f_{\mathrm{id}} = \frac{\Delta G}{\Delta H} = 1 - T\frac{\Delta S}{\Delta H} \tag{13.2}$$

根据方程 (13.2)，对于熵变为负值的反应，燃料电池的热力学效率能够超过 100%，并且随着温度升高而提高。

在实际的燃料电池中，存在着由于极化导致的电动势下降，以及对燃料的不充分利用等非理想因素从而导致效率的降低。将式 (13.1) 写成

$$f_{\mathrm{FC}} = \frac{nFE}{\Delta H}\cdot\frac{V}{E}\cdot\frac{It}{nFf_{\mathrm{g}}},\quad f_{\mathrm{g}} = f_{\mathrm{id}}\cdot f_{\mathrm{V}}\cdot f_{\mathrm{I}}\cdot f_{\mathrm{g}} \tag{13.3}$$

其中，$f_{\mathrm{id}}=nFE/\Delta H$ 为热力学效率；$f_{\mathrm{V}} = V/E$ 为电压效率或电化学效率，表明了由于过电位引起的效率降低，f_{g} 为没有利用的燃料的分数；nFf_{g} 是理论上流经外电路的电流，因此 $fI=It/(nFf_{\mathrm{g}})$ 称为电流效率或法拉第效率，一般都在 99%以上。在燃料电池 (特别是高温燃料电池) 运行过程中会产生一部分废热，通过适当的转换系统可以将一部分废热利用，从而进一步提高整个系统的转换效率。例如，一般燃料电池的效率为 40%~60%，但是通过废热利用，整个燃料电池系统的总能量转化效率可达 90%左右 [2-4]。

13.1.3.2 电极反应动力学

燃料电池的理论电动势 E 由相应的化学反应决定，但工作时电池的输出电压 V 会小于电动势 E，并且随着输出电流的增大而变小。实际输出电压 V 与热力学决定的电动势 E 的差值 $\eta = E - V$ 被称为过电位。η 和 V 均为电池输出电流密度 j 的函数)，η-j 关系的曲线称为极化曲线 [2-4]。对于氢氧燃料电池，典型的极化曲线如图 13.2 所示。随着电流密度的增大，还原电势升高，氧化电势降低，使电池电动势降低。

极化是由于在电池工作的动态过程中偏离热力学平衡态造成的，取决于电化学反应的控制步骤，包括由传质控制的浓差极化和由电极反应控制的电化学极化两种机理。

当整个电化学反应由电极反应控制时，产生的极化为电化学极化，极化曲线由 Bulter-Volmer 方程给出

$$j = j_0\left(\exp\left(\frac{\alpha_{\mathrm{A}}n\eta F}{RT}\right) - \exp\left(-\frac{\alpha_C n\eta F}{RT}\right)\right) \tag{13.4}$$

其中，j_0 为交换电流密度，由在平衡电势下的电极反应速率给出，α_{A} 和 α_{C} 分别为阳极和阴极的传递系数，表明电池反应引起的能量改变 nFE 对阳极和阴极反应的分配，因此有 $\alpha_{\mathrm{A}} + \alpha_{\mathrm{C}}=1$，该能量能改变两个电极反应的活化能，从而改变反应速率，影响输出的电流密度。使用高效的电催化剂是减小电化学极化的关键。

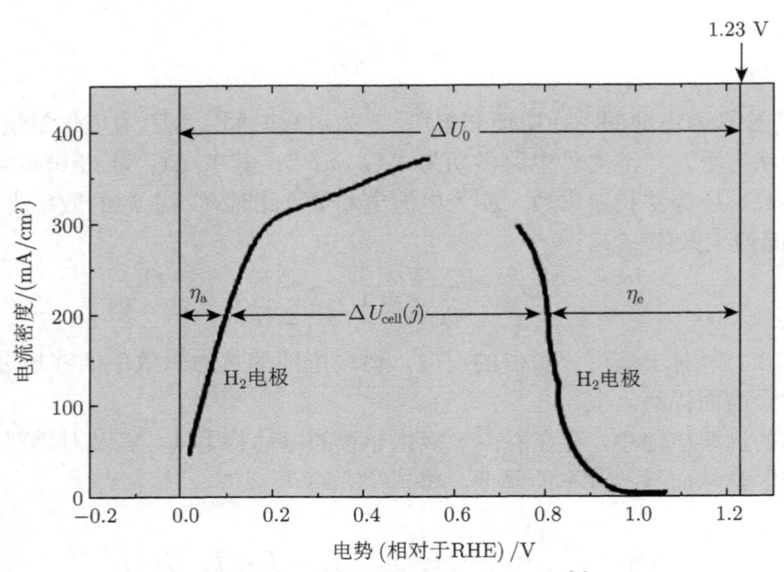

图 13.2 氢氧燃料电池的极化曲线 [4]

当电化学反应由传质过程控制时，极化的机理是浓差极化，当输出电流较大时，电极附近溶液中反应物与生成物的浓度与溶液本体会有很大的不同，因此浓差极化不可忽略。造成浓差极化的过程包括扩散、对流以及电迁移等。由扩散引起的浓差极化造成的极化曲线为

$$V = E + \frac{nF}{RT}\ln\left(1 - \frac{j}{j_d}\right) \tag{13.5}$$

其中，j_d 为表面浓度为 0 时的极限电流密度。要减小浓差极化，需要降低扩散层的厚度；提高极限电流密度，需要优化燃料电池电极结构的设计来实现。

13.1.3.3 运行条件对性能的影响

根据 Nernst 方程，提高反应的气体压力有利于提高电池的电动势。但是通过改变压力提高电动势的效果并不明显，大量的实验数据证明，反应气工作压力每升高 0.01 MPa，平均每节单池的电压仅升高 1 mV。相反由于气体压力的提高会给电池制作带来一系列问题，如材料机械强度，防止漏气的工艺等，因此气体压力不宜过高，一般在略高于大气压的压力下操作 (1~5 bar)[2]。

当反应气体供应不足时会使电极的极化作用增大，其作用对于氧电极更为明显，当以空气代替纯氧时，电流密度将下降至 1/3。随着对空气中 O_2 利用率的升高，氧电极的极化作用明显增强。而氢的还原反应基本是可逆的，明显的极化作用仅在很高氢气利用率 (>90%) 的情况下发生。

对以 H_2 为燃料的电池，热力学方程给出的热力学电动势随温度升高而降低，然而从电极过程动力学看，温度升高能提高电化学反应速率，从而减小化学极化；能提高传质速率，减少浓差极化，能提高离子迁移速度，减小欧姆极化。在实际操作过程中，动力学因素的影响大于热力学因素，因此温度升高，通常能减小电池极化、改善电池性能。

13.2 燃料电池的基本结构

13.2.1 电极

与通常的化学电池不同，燃料电池的电极材料在电极反应中并不参与电化学反应，其作用是收集在电化学反应中生成的电荷，同时作为催化剂的载体。因此除了具有良好的导电性，在电解质环境中有较高的稳定性等的要求之外，还需要具有较大的比表面积，为燃料气体、电解质和电极三相反应提供充分接触的空间。为适应这种要求，燃料电池的电极多制备成多孔气体扩散电极 [2,3]。一类重要的气体扩散电极是双孔电极，由 Bacon 提出，其原理是依据毛细作用，直径较小的孔更容易被浸润性的电解液填充。控制合适的气体压力，可以使电解液填充小孔，反应气体填充大孔，并且使反应界面保持稳定。另一类是利用憎水型物质如聚四氟乙烯 (PTFE) 与亲水性的导电材料和电催化剂复合，从而使电极同时包含亲水区域和憎水区域，两者分别被电解液和气体占据，从而保证了足够大的三相界面，同时 PTFE 还有一定的黏结性能。还有一类电极称为薄层亲水电极，是在质子交换膜燃料电池开发过程中由 Willson 等设计制造，其中可以没有由憎水剂构成的气相扩散传质通道，而依靠反应气在电解质中溶解扩散传质到达电极。这种电极称为亲水电极，其催化层很薄，一般为几微米。

13.2.2 电催化剂

电催化剂的作用是使电极与电解质界面上的电荷转移反应得以加速。Butler-Volmer 公式 (B.4) 中的交换电流密度 j_0 即由反应的活化能决定，通过电催化反应降低反应活化能可以有效地提高交换电流密度 [2,3]。电催化不同于普通多相催化的一个主要特点是，电催化的反应速度不仅仅由电催化剂的活性决定，而且还与双电层内电场及电解质溶液的本性有关。由于双电层内的电场强度很高，对参加电化学反应的分子或离子具有明显的活化作用，使反应所需的活化能大幅度下降。所以大部分电催化反应均可在远比通常的化学反应低得多的温度下进行。例如，在铂黑电催化剂上，丙烷可在 150~200 ℃ 完全氧化为二氧化碳和水。用作燃料电池的电催化剂的材料除了要有高的催化活性之外，还需要在电池运行条件下 (如浓酸、浓碱、高温) 有较高的稳定性，如果催化剂本身导电性较差，则需要担载在导电性较好的基质上。

当前最为有效也是使用最为广泛的电催化剂为贵金属催化剂，Pt 是首选的催化剂，此外，Ru、Pd 以及 Ag、Au 等贵金属也有较好的催化性能，贵金属不仅催化性能好，且性能稳定，缺点是费用较高。因此一方面通过催化剂颗粒细化，扩大电极表面积等方式以较少的催化剂实现同样的催化性能，当前 Pt/C 催化剂研究的进展可以使 Pt 担载量降至 0.1 mg/cm^2 以下。另一方面也积极地寻找廉价的替代催化剂，方法之一是使用贵金属与过渡金属合金催化剂如 Pt-V、Pt-Cr、Pt-Cr-Co 等，此外 Ni 基催化剂是一种有效的廉价催化剂。在 SOFC 中，导电的是氧负离子而非电子，钙钛矿型氧化物是非常优良的催化剂，Sr 掺杂的亚锰酸镧是当前首选的 SOFC 电催化剂。低成本的非贵金属催化剂是当前燃料电池研究的热点，但其活性和稳定性与贵金属催化剂还存在显著差距。

13.2.3　电解质和隔膜

不同类型的燃料电池使用不同类型的电解质，具体见表 13.1。对电解质的要求是具有良好的导电性，在电池运行条件下具有较好的稳定性，反应气体在其中具有较好的溶解性和较快的氧化还原速率，在电催化剂上吸附力合适以避免覆盖活性中心等。出于设计的考虑，在燃料电池中电解质本身不具有流动性，使用液体电解质时通常使用多孔基质固定电解质，在 AFC 中 KOH 溶液吸附在石棉基质中，PAFC 中的磷酸由 SiC 陶瓷固定，在 MCFC 中的熔融碳酸盐固定在 $LiAlO_2$ 陶瓷中。PEMFC 中的电解质为高分子质子交换膜，目前主要使用杜邦公司开发的全氟磺酸膜 Nafion。SOFC 中使用固体氧化物为电解质，主要包括 Y_2O_3 稳定的 ZrO_2 以及钙钛矿型氧化物 [2,3]。

表 13.1　不同类型的燃料电池特点小结

	碱性燃料电池	质子交换膜燃料电池	磷酸燃料电池	熔融碳酸盐燃料电池	固体氧化物燃料电池
电解质	40%KOH 溶液，固定于石棉布中	聚合物离子交换膜	100%磷酸，固定于多孔 SiC 中	熔融碱金属碳酸盐，固定于 $LiAlO_2$ 基质中	钙钛矿类氧化物
导电粒子	OH^-	H^+	H^+	CO_3^{2-}	O^{2-}
电极材料	过渡金属	碳	碳	Ni 或 NiO	钙钛矿型氧化物
电催化剂	Pt	Pt	Pt	电极材料	电极材料
双极板材料	金属	碳或金属	石墨	不锈钢或 Ni	Ni、陶瓷或不锈钢
运行温度/℃	65～220	40～80	205	650～750	600～1000
发电效率	40%～50%	35%～45%	35%～45%	40%～60%（与燃气轮机联合）	40%～65%（与燃气轮机联合）
综合效率	40%～50%	70%～80%	70%～80%	70%～80%	70%～90%
燃料外部重整	需要	需要	需要	对某些燃料不需要	对某些燃料不需要
CO 通过水气移动反应制氢	需要，且需要除掉残留 CO	需要，且需要除掉残留 CO	需要	不需要	不需要
产物水处理	蒸发	蒸发	蒸发	蒸汽	蒸汽
产生热量移除	气体反应物 + 电解质循环	气体反应物 + 冷却剂	气体反应物 + 冷却剂（或产生蒸汽）	气体反应物 + 内部重整	气体反应物 + 内部重整
H_2	燃料	燃料	燃料	燃料	燃料
CH_4	中毒	惰性	惰性	惰性	燃料
CO	中毒	中毒 (可逆，<50 ppm)	中毒，<0.5%	燃料	燃料
CO_2 和 H_2O	中毒	惰性	惰性	惰性	惰性
含 S 气体	中毒	尚未研究	中毒，< 50 ppm	中毒，< 1 ppm	中毒，< 0.5 ppm
主要优点	电流密度高，不需要贵金属催化剂，稳定可靠	启动迅速，电流密度高，适用于车载和其他移动应用	技术成熟，发电废热可以进行有效利用	不需要贵金属催化剂，可与燃气轮机结合提高总的发电效率，可以使用含碳燃料	电流密度高，不需要贵金属催化剂，可与蒸汽轮机结合提高总的发电效率，可以使用含碳燃料
主要缺点	对燃料要求高，稳定运行需要纯氢和纯氧	贵金属催化剂和电解质隔膜价格昂贵，对燃料要求较高	贵金属催化剂价格昂贵	工作条件苛刻，电池组件寿命较短	电池制备工艺困难，价格昂贵，寿命偏短
应用领域	航天、潜艇、特殊地面应用	燃料电池车、可移动电源、小型电站	区域电站	区域电站	军事、区域电站

13.2.4 双极板

双极板是将单个燃料电池串联组成燃料电池组时分隔两个相邻电池单元正负极的部分，起到集流、向电极提供气体反应物、阻隔相邻电极间反应物渗漏以及支撑加固燃料电池的作用。在酸性燃料电池中通常用石墨做双极板材料，碱性电池中常以镍板为双极板材料。采用薄金属板作为双极板，不仅易于加工，同时有利于电池的小型化。然而在 PAFC 等强酸型的燃料电池中，金属需经过表面抗腐蚀处理，常规的方法是镀金、银等性质稳定的贵金属。当前为提高燃料电池的功率密度，双极板的厚度不断变薄，在燃料电池的制作成本中，双极板占相当大的比例，目前人们正在致力于开发廉价有效的表面处理技术。

13.2.5 燃料电池系统

燃料电池的核心部件是电极和电解质，然而为了使燃料电池真正实现应用，还需要许多辅助性的设施，构成燃料电池系统。燃料电池系统包括由单个电池构成的电池堆，以及实现燃料重整、空气 (氧气) 供给、热量和水管理以及输出电能的调控等功能的辅助设施。这些辅助设施的设计取决于燃料电池类型、应用场合以及燃料的选择，对实现燃料电池的应用有重要作用 [2,3]。

将单池整合成电池堆时通常有单极和双极两种形式，如图 13.3 所示。在单极的连接方式中，每一路气体由两个单池公用，单池通过边缘串联形成电池堆。这种连接方式的好处是各单池相对独立，可根据电压要求决定是否接入，而且当某一单池失效时整个系统所受影响也较小；不足之处在于电流在电池组内部的路径很长，因此电极需要有很好的导电性以降低因内阻造成的电压损失，此外由于每个单池的不均匀性在大电流密度情况下会产生电流密度分布不均匀。双极的连接方式是将每个单池的电极通过双极板面对面的连接，可以有效地降低内阻；但问题是其中任一单池的损坏都将使整个电池堆停止工作。当前大多数燃料电池堆采用双极连接方式，主要原因是这种连接方式对电极的面积没有限制，可以使用 400 cm^2 以上的电极面积而不会产生很大的内阻损耗。

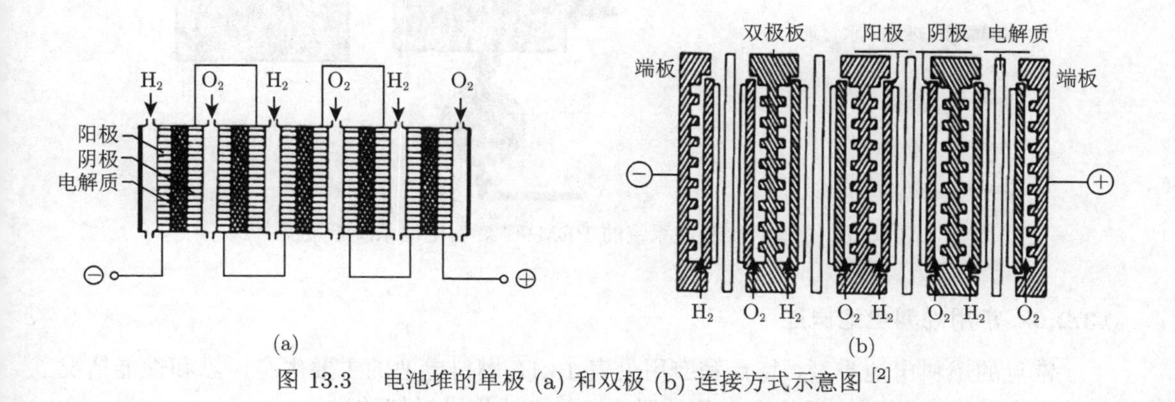

图 13.3 电池堆的单极 (a) 和双极 (b) 连接方式示意图 [2]

在电池堆中通过分支管 (manifold) 实现燃料气、氧气的供给以及产物气体的引出，可分为外部和内部构型的分支管两种方式。在外部构型的分支管系统中，气流方向与单池平面平行；在内部构型的分支管系统中，气流方向与单池平面垂直，通过双极板或膜上的孔和沟槽实现气体供给和收集。

燃料电池的燃料需要首先除去会使催化剂中毒的成分，如含硫的气体等。对于用 H_2 为燃料的燃料电池系统，还必须配备 H_2 的存储或制备系统。H_2 的制备可以通过甲烷水气重整、甲烷部分氧化、丙烷或 NH_3 的分解或者 CO 的水气移动反应实现。烃类燃料的重整可以在燃气进入阳极之前通过一个附加的重整装置进行 (外部重整，external reforming)，也可以将重整系统合并入燃料电池堆，利用燃料电池产生的废热进行燃料重整 (integrated reforming)，提高整个系统的效率。对于高温燃料电池如 MCFC 和 SOFC，可以在阳极处进行直接重整，称为内部重整 (internal reforming)，能够实现更高效的热能利用。

图 13.4 是一个包含烃类重整系统的 PEMFC 燃料电池系统示意图 [3]。PEMFC 运行温度较低，但是对运行时各部件的水含量要求较高，因此在附属设备上最重要的是用于水管理的设备，包括排水和燃料增湿系统。实际的 PEMFC 系统还需要配备氢气循环装置，将阳极出口中未反应完全的氢气加以重新利用。

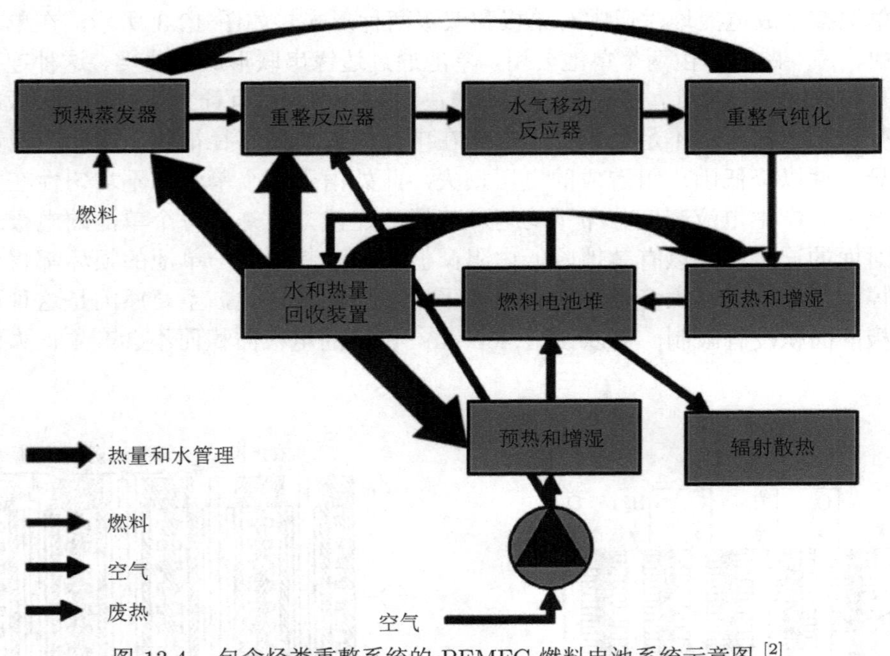

图 13.4 包含烃类重整系统的 PEMFC 燃料电池系统示意图 [2]

13.2.6 常用燃料电池概述

常见的燃料电池类型、特点和应用见表 13.1，燃料电池的主要生产厂家和性能情况总结于表 13.2。下面的章节将对各类型的燃料电池作更详细的讨论。

表 13.2 各类燃料电池的主要生产厂家和性能情况

类型	生产厂家	产品型号	主要性能	主要应用
AFC	AFC Energy	 Hydro-XCell	单个模块 10 kW，效率 60%，使用阴离子交换膜，可以使用氨分解的氢气或是工业副产氢	电动车充电站、固定式电站
PEMFC	Ballard Power Systems	 FCgen-HPS	140 kW，电堆功率 4.3 kW/L，4.7 kW/kg，−28 ℃ 启动	车载电源、固定式电站
	US hybrid	 FCe80 发电系统	80 kW, 284 kg, 916 mm ×897 mm×614 mm，启动温度 −40 ℃	车载，重卡
	Hydrogenics	 Celerity 发电系统	60 kW, 275 kg, 800 mm× 375 mm×980 mm，存储温度 −40 ℃，启动温度 −10 ℃	车载
	新源动力	 HyMOD-70	金属双极板，70 kW，电堆功率密度 3.3 kW/L，−30 ℃ 启动，寿命 >5000 h	氢燃料电池大巴

续表

类型	生产厂家	产品型号	主要性能	主要应用
	亿华通	 YHTG 60SS	石墨双极板，60 kW，电堆功率密度 2.2 kW/L，500 W/kg	车载
	清能股份 (Horizon Fuel Cell)	VL Ⅱ	超薄石墨复合极板，150 kW，4.2 kW/L，2.31 kW/kg，运行温度 −30～45 ℃	车载，固定式电源
	本田	 FCV Clarity 燃料电池	金属双极板，103 kW，3.1 kW/L	搭载于 2016 年推出的 FCV Clarity
	丰田	 Mirai 2020 燃料电池	128 kW，金属双极板，5.4 kW/L	搭载于 2020 年推出的第二代 Mirai
DMFC	EFOY	 EFOY Pro 2400	110 W，9.3 kg(不含燃料)，433mm ×188 mm ×278 mm，4500 h 后 80 W，工作温度：−20～50 ℃ 燃料桶：10 L，8.4 kg	便携式电源
PAFC	UTC power	 PureCell 400	450 kW，天然气燃料，发电效率 40%，热电联供效率 >90%，寿命 >10 年	固定式电站
	富士电气	 FP-100i	100 kW，天然气燃料，发电效率 42%，热电联供效率 91%	固定式电站

续表

类型	生产厂家	产品型号	主要性能	主要应用
MCFC	FuelCell Energy	DFC-3000	2.8 MW，发电效率 47%	固定式电站
SOFC	西门子-西屋电气		220 kW，SOFC+GT 发电效率 60%，热电总效率 80%	固定式电站
	Bloom Energy		50～200 kW，SOFC+GT 发电效率 53%～65%，平均寿命 4.7 年	固定式电站
	三菱重工	MEGAMIE	210 kW，SOFC+GT 发电效率 53%，热电总效率 73%	固定式电站

13.3 碱性燃料电池

13.3.1 概述

碱性燃料电池 (AFC) 是第一个得到实际应用的燃料电池，首先由英国科学家 Francis Thomas Bacon 研制成功，并在军事和航天领域得到了应用，包括二战时期的英国皇家海军潜艇、美国 Apollo 登月飞船以及 Gemini 航天飞机等，并表现出了非常稳定的性能。AFC 的主要问题是碱性电解液对于 CO_2 敏感，大大限制了 AFC 在地面应用的发展，特别是在质子交换膜燃料电池技术成熟之后，AFC 在低温燃料电池领域的发展逐渐衰退。目前 AFC 的开发和生产商较少，美国的 Apollo Energy 公司仍在开发基于 AFC 的备用电源系统。但 AFC 可以使用非贵金属作为电催化剂，因此价格相对于当前主流的质子交换膜燃料电池更有竞争力，如能突破电解质对 CO_2 的敏感性，AFC 仍有巨大的发展机遇。

AFC 的结构和工作原理如图 13.5 所示，电极反应和相应的电极电势分别为

阳极反应：$H_2 + 2OH^- \longrightarrow 2H_2O + 2e \quad -0.828V$

阴极反应：$O_2 + H_2O + 2e \longrightarrow 2OH^- \quad 0.401\ V$

电池以强碱溶液 (通常为 KOH) 作为电解质，利用 OH^- 作为电池内部的载流子。由于极化作用，一个单电池的工作电压仅 0.6～1.0 V。为满足用户的需要，需将多节单池组合起来，构成一个电池组。

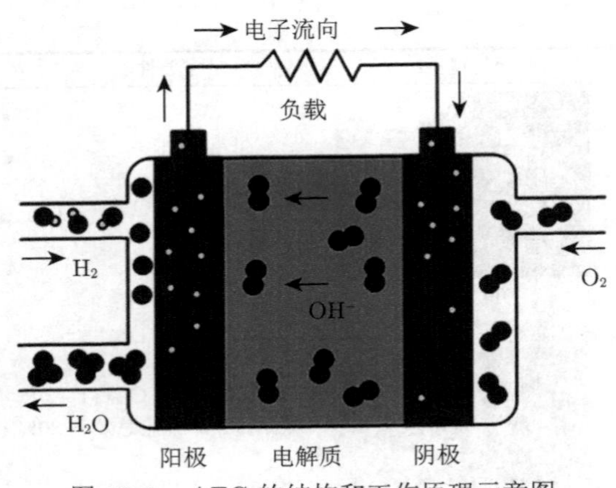

图 13.5　AFC 的结构和工作原理示意图

13.3.2　电极和电催化剂

在 Bacon 最初的 AFC 设计中，电极由 Ni 制成，Ni 在 KOH 溶液中也比较稳定，是制作 AFC 电极的较为理想的材料，氢电极和氧电极材料均可以由 Ni 制作。一种将 Ni 做成多孔电极的方法是做成 Raney Ni，即首先将 Ni 和 Al 做成合金，而后以碱将 Al 溶掉，得到多孔结构的 Ni。这种结构的 Ni 电极不需要烧结，具有丰富的孔道和较大的比表面积，并且可以通过控制 Ni-Al 的比例控制孔径的大小，非常适合制作 AFC 的电极。氧电极的制备方法类似，不过使用的是兰尼 Ag 和普通 Ni 粉的混合物。为降低电池成本，还以一系列基于过渡金属的电极材料如 Ni-Mn、Ni-Co、Ni-Cr、W-C、Ni-B、$NaWO_3$、钙钛矿型氧化物、过渡金属大环配合物 (卟啉、酞菁等) 等材料作为电极和催化剂 [5,6]。

Pt、Pd 等贵金属是使 H_2 分子分解成原子的优良催化剂，并且体现出很强的化学稳定性，是制备氢电极的优良材料，体现出了比 Ni 更好的催化性质。由于上述两种金属价格昂贵，为降低成本，通常将贵金属制备成纳米颗粒担载在金属网格或者多孔碳等载体上，用作担载的碳材料通常由热分解烃类获得，呈球形颗粒，通过高温 (800~1000 ℃) 水蒸气处理，使碳颗粒具有丰富的孔道结构，比表面积可达到 1000 m^2/g 以上，且具有良好的导电性。在航天、潜艇等特殊用途的 AFC 中，转化效率、稳定性、电池体积以及寿命等因素往往是比成本更为优先考虑的问题。因此在上述应用领域，大量使用的还是贵金属催化剂。

为保证电极反应过程的顺利进行，需要维持稳定的电极-电解液-气体的三相界面，这一目的主要通过两种方法实现。Bacon 首先提出双孔气体扩散电极设计，采用粒径不同的两种 Ni 颗粒烧结成 Bacon 型双孔电极，其中大孔径约 30 μm，小孔径 < 16 μm，电解液由于毛细作用更倾向于渗入孔径较小的孔道，而孔径较大的孔道则可以作为气体扩散的路径，通过控制气体压力可以有效地形成三相界面，实现了较好的性能。另外一种方法是采用亲疏水物质混合制成的电极，疏水物质不被电解液浸润，为气体扩散提供了通道。主要的疏水物质为聚四氟乙烯 (PTFE)，不仅疏水性能佳、化学稳定性好，还具有一定的黏合性能，是制作气体扩散电极的理性材料，当前的燃料电池电极制作主要

采取这种方式 [5,6]。

通常 AFC 的电极设计采取如图 13.6 所示的层状结构，包括与电解液之间接触的活性层，气体扩散层以及背部支持层 [7]。活性层主要成分为由多孔碳担载的催化剂，通过少量 (2%～25%)PTFE 黏合，如图 13.6(b) 所示。气体扩散层由纯 PTFE 或 PTFE 与炭黑的混合物制成，对于单极式的设计，气体扩散层由纯的 PTFE 构成；而对于双极式的设计，气体扩散层需要能够导电，因此由 PTFE 与炭黑的混合物制成，其中的 PTFE 含量更高 (20%～60%)，能够给气体提供充足的扩散路径。制作时会加入碳酸氢铵，利用其发泡性使扩散层具有孔道结构。对于背部支持层，单极设计通常为金属 Ni，制成网状、泡沫状或平板状；而对于双极设计，可以用多孔碳膜制备。气体扩散层的添加能大大改善电极的性能。

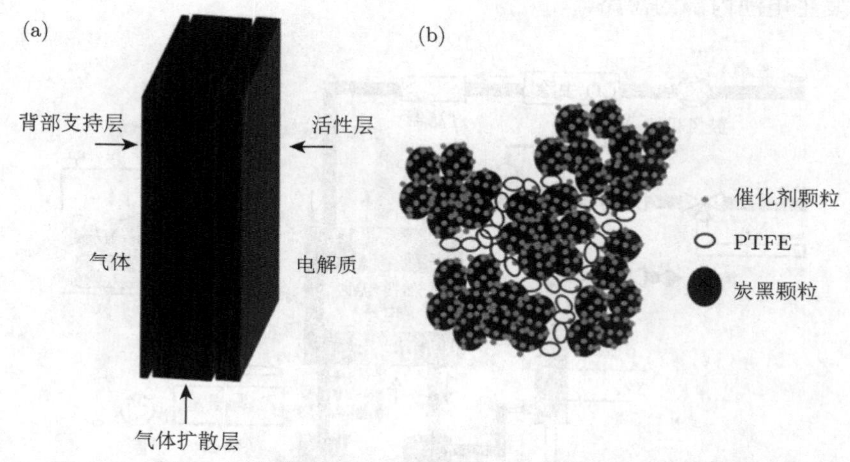

图 13.6 (a) AFC 中的层状电极结构；(b) 气体扩散电极的微观结构 [6]

13.3.3 电解液与隔膜

AFC 的电解液通常为 KOH 水溶液。阴离子为 OH^-，它既是氧气电化学还原反应的产物，又是导电离子，因此不会出现阴离子特殊吸附对电极过程动力学的不利影响。碱的腐蚀性比酸低得多，所以 AFC 的电催化剂不仅种类比酸性电池多，而且活性也高。以强碱为电解质时，当燃料中含有碳氢化合物或使用空气作为氧化剂时，会向电解液中引入 CO_2，进而与氢氧化物形成碳酸盐，会使溶解度和电导率下降。研究表明，50 ppm 的 CO_2 对于 AFC 的运行并没有太大影响 [8]。Al-Saleh 等的研究表明，在低温下确实存在着这一问题，然而在正常的 AFC 运行温度 (70 ℃) 下，向电解液中混入 K_2CO_3，运行 48 h 后并未发现电池性能有明显衰减 [9]。Gulzow 等的研究表明通过改变电极的制作方法、定期更换电解质溶液 (每 800 h) 以及通过向电解液中加水等手段能减小 CO_2 的作用 [10]。

AFC 中的电解质分为静止和循环两种。在固定电解质类型的 AFC 中，电解液常由多孔的石棉膜固定。石棉膜多孔结构在固定电解液的同时，能为 OH^- 的移动提供通道。石棉膜的另一功能是分隔氧气和氢气，是固定电解质的 AFC 中的关键部件之一，石棉膜厚度仅几毫米，因此电池的体积可以大大缩小。固定电解质的 AFC 在操作过程中需要解决反应过程中生成的水排出的问题，在 AFC 中水在氢电极处生成，因此通常采用循环氢气的方法将水排出。在航天器中，这部分清洁的水能为宇航员提供宝贵的生活用水。

如果使电解质循环起来，需要配备额外的设备，如管道和循环泵等，且需要避免强腐蚀性的浓 KOH 溶液泄漏。然而循环电解质也提供了如下一些优点：循环电解质的循环系统同时也是冷却和排水系统，当电解质由于碳酸盐的生成性能下降时还可以及时进行更换，当电池不工作时可将电解液全部移出电池系统，避免发生缓慢化学反应，提高了电池的工作寿命 [9]。流动式电解质 AFC 系统示意图见图 13.7。在设计串联电池组时，如果采用循环电解质的方式，每一个单电池的循环系统最好是独立的，互相连通的循环系统容易发生电池内部的短路。

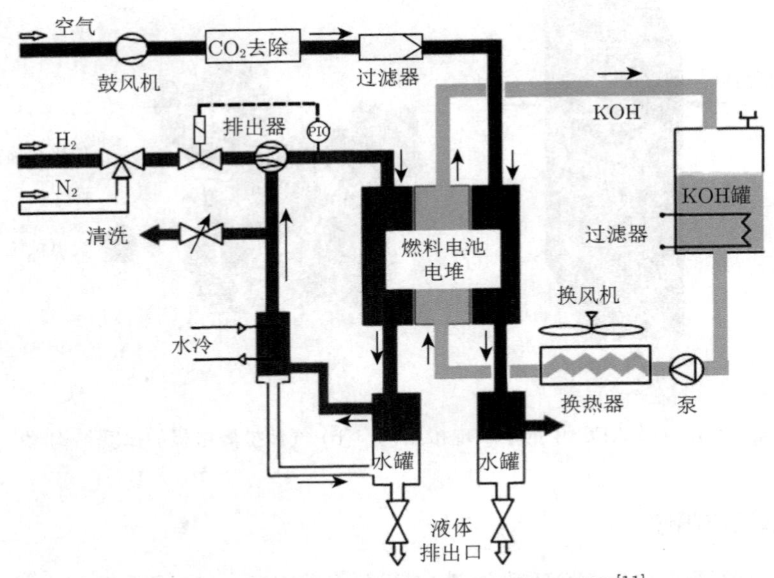

图 13.7　流动式电解质的 AFC 系统示意图 [11]

AFC 的一个重要发展方向是开发高分子的阴离子交换膜，制成类似于质子交换膜的阴离子交换膜碱性燃料电池 [12,13]，其中的关键问题是阴离子导电高分子膜的开发，不仅需要有足够的阴离子导电性，而且需要有足够的机械强度和化学稳定性。由于 OH^- 的极限电导率仅为 H^+ 的 1/3，这种膜的开发较质子交换膜难度更高。一类具有这种性质的高聚物是含有季铵盐基团的聚砜类高分子，其结构如图 13.8 所示。

13.3.4　双极板

在 AFC 的操作条件下，有效廉价的双极板材料为 Ni 和无孔石墨板。在航天应用中，为降低燃料电池重量，可以采用轻金属，如 Mg、Al 等，在表面镀上 Au 等化学性质稳定的金属。此外还可以采用抗腐蚀能力较强的不锈钢做双极板。

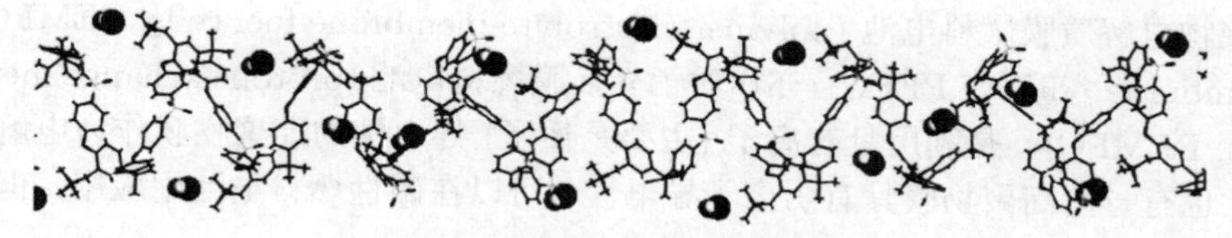

图 13.8 碱性导电高聚物膜的结构 [12]

13.3.5 电池堆结构

在实际应用中，需要将多个单电池串联构成电池堆，需要将一系列单电池有效地封装起来，该过程中需要防止短路、反应气体互串以及电解液泄漏等问题，同时应该保持电极和双极板之间良好的电接触，减小电池内阻以及降低整体的质量和体积。对气体的密封是非常重要的环节，既要防止阴阳两极气体的互串，还要防止气体向外泄漏或空气向内泄漏。用作电池堆框架的材料需要有足够的化学和热稳定性，同时应尽量减小体积和重量，可用的材料包括环氧树脂、聚砜、ABS 等。电池堆构筑过程中通常将各组件制作成片层状，然后通过压滤成形。

在电池组实际运行过程中，由于燃料气或氧气中不可避免地有一些惰性气体存在，在长时间操作过程中，惰性气体会在电池体系中积聚，使电池性能下降，严重时会导致部分单电池反极，因此必须定期地排除电池中的惰性气体。这对电池堆的气路系统的设计提出了要求。如果采用全并联的方式，各个单元电池的组件的微小差异，会使各支路气阻不同，导致排气效率低。解决这一问题的方案：可将气路的串并联结合，具体的方法包括由 Strass 提出的 Cascade 设计 [14] 和由中国科学院大连化学物理研究所采用的 2^n 递减串并联组合 [3]。由于电池堆内部为单池串联结构，因此一旦一节电池失效，会导致整个电池堆停止工作。一个提高电池堆运行可靠性的方案是采用分室结构，即在一个双极板上制作两个并联的单电池。两个单池同时失效的可能性大大降低，因此提高了运行可靠性，但是提高了制作成本。

AFC 的燃料和基本构造的各部分材料如表 13.3 所示 [2]。

表 13.3 AFC 的燃料和各组件材料

燃料	H_2 (可用工业副产氢)
氧化剂	纯 O_2 或脱除 CO_2 的空气
H_2 电极	Pt/C，Ag，Ag-Au，Ni 多孔气体扩散电极
O_2 电极	Pt/C，Pt-Pd/C，Ni，Ni-B 多孔气体扩散电极
电解质	强碱 (KOH) 溶液，35%～85%，吸附在石棉布中
双极板	无孔炭板、镍板或镀 Ni、Ag、Au 的各种金属

13.4　高聚物电解质膜燃料电池

13.4.1　概述

高聚物电解质膜燃料电池 (polymer electrolyte membrane fuel cells, PEMFC，有时也将 membrane 省略，作 PEFC)，亦作质子交换膜燃料电池 (proton exchange membrane fuel cells, PEMFC)，是利用具有离子 (主要是质子) 导电性的高聚物膜作为电解质的燃料电池。也有一些高聚物膜具有阴离子导电性，可以在碱性燃料电池中应用，但是离实际应用还比较远。

PEMFC 的结构如图 13.9 所示，在阳极 H_2 被氧化成 H^+ 进入电解质；质子通过质子交换膜到达阴极，发生 O_2 还原反应生成 H_2O。

$$阳极：H_2 \longrightarrow 2H^+ + 2e$$

$$阴极：2H^+ + 1/2O_2 + 2e \longrightarrow H_2O$$

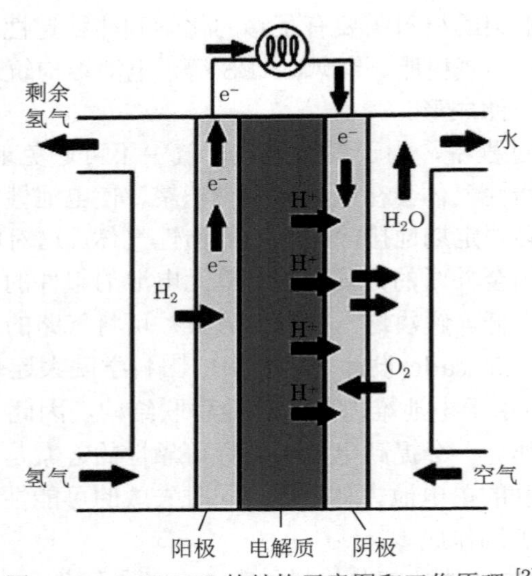

图 13.9　PEMFC 的结构示意图和工作原理 [2]

PEMFC 是一种中低温燃料电池，可以用纯氢或甲醇作为原料，是当前重点开发的车载燃料电池类型。以甲醇为燃料的 PEMFC 近年来发展十分迅速，已成为一个独立的燃料电池研究分支，将在后面以独立的章节进行讨论，这部分主要讨论以 H_2 为燃料的 PEMFC。

以质子导电的高分子膜作为电解质的想法最初由通用电气公司的化学家 Thomas Grubb 实现，他利用聚苯乙烯磺酸膜作为电解质，并且竞标为 NASA 的 Gemini 飞船提供动力。但是聚苯乙烯磺酸膜稳定性不够，在长期使用过程中会分解，不仅会造成性能下降，还会污染产生的水，使宇航员无法饮用。1966 年杜邦公司首先开发出全氟聚苯乙烯磺酸膜 Nafion，大大延长了高分子膜的寿命。虽然解决了膜降解的问题，但当时航天领域的应用让位于更加安全可靠的碱性燃料电池，PEMFC 的研究也因此而陷入低潮。20 世纪 80 年代后期 PEMFC 的研究重新兴起，低担载量高活性的 Pt-C 催化剂的开发和膜电极 (membrane-electrodes assembly, MEA) 技术的应用，大大提高了电池的功率密度，降低了成本。PEMFC 在车载等移动应用领域具有广泛的应用前景，是目前研究最多的燃料电池。

13.4.2 聚合物质子交换膜

当前绝大多数 PEMFC 都使用杜邦公司的全氟聚乙烯磺酸，商品名为 Nafion，具体结构如图 13.10 所示。主链为聚四氟乙烯结构，相隔一定距离有一些氟磺酸的侧链。侧链的分布不一定要均匀，即 m 可以有一个分布。侧链的密度可以用酸当量 (Equivalent Weight, EW) 表示，即当磺酸根全部处于酸的状态下 1 mol 磺酸根对应的 Nafion 的克数，可以用酸碱滴定、硫元素分析或是红外光谱法来测量。Nafion 的型号通常用类似于 Nafion117 的符号表示，上述符号表面该 Nafion 的 EW=1100，膜的厚度为 0.007 英寸 (in, 1 in=2.54 cm)。Nafion 的分子量一般在 $10^5\sim10^6$ g/mol。

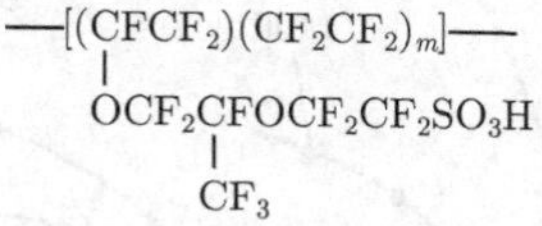

$$
\begin{array}{l}
—[(\mathrm{CFCF_2})(\mathrm{CF_2CF_2})_m]— \\
\quad\; | \\
\quad\; \mathrm{OCF_2CFOCF_2CF_2SO_3H} \\
\qquad\qquad | \\
\qquad\qquad \mathrm{CF_3}
\end{array}
$$

图 13.10 Nafion 的化学结构

Nafion 的制备过程可以简要地描述如下，首先将全氟代环氧丙烷与氟代酰氟磺酰氟 (FSO_2CFR_FCOF，其中 R_F 为氟代烃) 在氧化锌或氧化硅的催化下反应得到相应的酸性氟化物，将得到的酸性氟化物与碱金属弱酸盐 (如 Na_2CO_3) 反应得到氟化物碳酸盐，在 200~600 ℃ 热分解得到氟代乙烯醚，将氟代乙烯醚与四氟乙烯共聚得到含磺酰基的树脂，该树脂具有热塑性，可以挤压成膜，再水解并在酸溶液中进行质子交换得到 Nafion[15]。

除了杜邦公司，其他生产厂家也开发了结构类似的 Nafion 的类似物，例如，陶氏化学也开发了全氟聚乙烯磺酸，所不同的是侧链上醚氧原子的数目为 1，而非 2。Dow 膜在用于 PEMFC 时性能优于 Nafion，但由于单体合成方法较为复杂，因此膜的成本较高，此外还有日本旭化成的 Aciplex、旭硝子的 Flemion 等全氟磺酸膜产品，目前国内的东岳集团也具备了全氟磺酸膜的产业化能力。

针对全氟聚乙烯磺酸膜的结构以及质子传导机理，20 世纪 80 年代初，Gierke 等基于小角 X 射线衍射提出了反胶团模型，如图 13.11 所示 [16]。该模型认为 Nafion 的磺酸根围成直径 40 Å 的反胶团，相邻反胶团间隔约 50 Å，通过直径为 10 Å 的孔道相连，反胶团和通道内均为水相。由于反胶团及其相连的孔道均由负电性的磺酸根围成，因此正电性的质子能进入水相在其中传递，而阴离子如 OH^- 等则被排除在水相之外。

由于 Nafion 的质子导电性需要有连续的水通道，因此这些膜的导电性均随着膜的含水量的升高而升高。如图 13.12 所示，质子电导率在低含水量时存在着一个诱导区间，

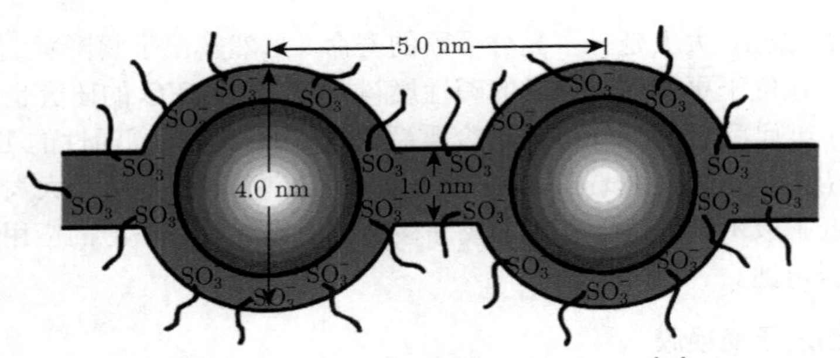

图 13.11 Nafion 的反胶团模型示意图 [16]

当达到一定的含水量之后，电导率随水含量迅速上升，对应于形成了连通的水通道。各种质子交换膜的电导率均随着温度升高而升高，并且表现出很好的 Arrhenius 关系 [17]。

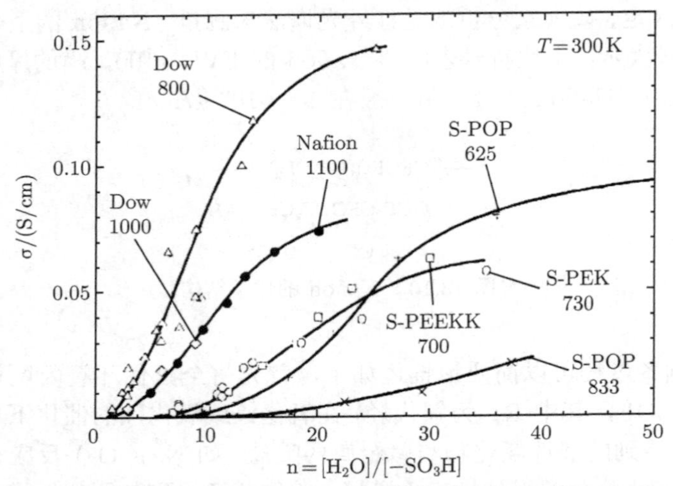

图 13.12 不同类型质子导电膜的离子电导率与含水量的关系，S-PEEKK 和 S-PEK 为磺化聚醚酮类聚合物，S-POP 为磺化苯氧基膦腈类聚合物 [17]

PEMFC 的发展趋势之一是将电池的运行温度提高至 140 ℃ 或以上，以减小极化、降低贵金属担载量、降低 CO 对氧电极的毒性、甚至能够使用含碳燃料 [18,19]。但当前的全氟代膜还未能完全满足这些需要，如在 100 ℃ 以上机械性能和溶胀性能均会下降、对烃类的阻隔能力弱、成本较高。新型质子导电膜的开发是当前的研究热点，主要包括开发非氟或部分氟代的聚合物薄膜，以及与其他材料进行复合，目的在于提高膜的运行温度、机械强度以及降低成本。

加拿大的 Ballard 先进材料 (Ballard Advanced Materials) 公司迄今已开发了三代非全氟代的高聚物导电膜，前两代膜 BAM1G，BAM2G 分别是基于聚苯基苯并吡嗪以及邻二苯基聚苯酚的聚合物，BAM2G 体现出高于 Nafion117 和 Dow 膜的性能，然而其稳定性较差。第三代 BAM 膜是基于三氟代聚苯乙烯结构的聚合物 [20]，稳定性大大提高，已能稳定运行 15000 h 以上。但该类型的膜尚处于测试阶段，还没有商业化。非氟代的 PEM 类型很多，包括聚亚胺、聚苯并咪唑、聚醚酮、聚砜等聚合物 [21-25]，这些聚合物有很好的热稳定性，但是质子导电性弱，需要与酸或碱复合才能达到质子传导要求。其中研究较多的包括 (磺化) 聚醚醚酮 ((S-)Poly(ether-etherketone), (S-)PEEK) 磺酸类聚合物和与酸复合的聚苯并咪唑 (Poly(benzimidzole), PBI) 聚合物 (图 13.13)。经过酸根修饰的 PBI 膜可以在 100~150 ℃ 下工作而不需要润湿，能够明显改善燃料电池对 CO 的耐受度，是一种极具前景的无氟质子导电膜 [26]。BASF Fuel Cell 的 Celtec 膜正是基于 PBI 的一种新型高温 PEM，在 160 ℃ 下间歇式运行时间累积已超过 6000 h[27]。将现有的质子导电聚合物与其他材料进行复合是提高质子导电膜综合性能的有效手段，例如，Gore and Associates 公司开发的 Gore-Select 膜就是一种很薄的 Nafion-PTFE 复合膜，将 Nafion 注入多孔的 PTFE 膜中，膜厚仅为 5~20 μm。

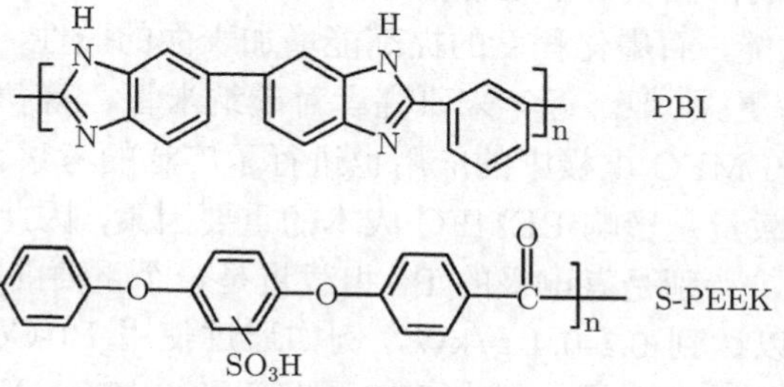

图 13.13　聚苯并咪唑 (PBI) 和磺化聚醚酮 (S-PEEK) 的结构式

13.4.3　电极

与大多数燃料电池类似，PEMFC 的电极也是气体扩散电极，包括由 PTFE 与导电碳材料构成的憎水的气体扩散层和由 Pt-C 构成的催化层。常见的用于制备 Pt-C 电极碳基质的主要特性如表 13.4 所示。常用的电极制备方法有浸渍法和溶胶法。浸渍法是指将碳基质浸渍在 Pt 盐溶液中，而后通过加热分解、还原等方式使吸附在基质上的金属盐转化为金属纳米颗粒。而溶胶法是首先将金属催化剂制备成溶胶，然后负载在碳基质上，能更好地控制 Pt 纳米颗粒的尺寸。近年来，随着纳米材料制备技术的进步，Pt 纳米颗粒的尺寸和形貌得到了更好的控制 [28,29]。

表 13.4　常见电极碳材料性质 [28]

商品名	生产商	类型	BET 比表面积/(m^2/g)	DBP 吸附单位
Vulcan XC-72	Cabot Corp.	炉黑	250	190
Black pearls 2000	Cabot Corp.	炉黑	1500	330
Ketjen EC200J	Ketjen Black International	炉黑	800	360
Ketjen EC600JD	Ketjen Black International	炉黑	1270	495
Shawinigan	Chevron	乙炔黑	80	—
Denka black	Denka	乙炔黑	65	165

注：DBP = 邻苯二甲酸二丁酯，用于测量碳的孔体积。

Pt-C 催化剂在长期运行过程中的失活是影响 PEMFC 寿命的主要原因之一。Pt-C 失活的原因主要包括：Pt 颗粒的团聚、Pt 的溶解流失以及碳基质的腐蚀，PEMFC 虽然运行温度较低，然而其水含量较高，氧电极上的碳基质更容易被 Pt 催化生成的活性 O 原子氧化。针对以上这些原因，提高 Pt-C 催化活性稳定性的方法主要是提高碳基质的稳定性，同时将 Pt 纳米颗粒通过更强的作用力固定在碳基质上。研究表明 Pt-C 体系中的碳的作用不仅起到分散 Pt 的作用，同时碳基质与 Pt 之间也有化学键的形成和电子传递的作用 [28]。在 Pt-C 体系中 P 向碳基质表面的羰基、羟基等基团传递电子，这种电子结构的相互作用有利于提高 Pt 的催化性能及其稳定性。因此通过对碳基质表面合理的改性，能够增强 Pt-C 体系的催化性能，这也是非常活跃的研究领域。常用的方法是以 H_2O_2、HNO_3、$KMnO_4$、O_3 等氧化剂对碳基质做表面氧化处理，增加表面羟基、羰基、羧基等含氧基团，可以有效地提高 Pt 颗粒在碳基质表面的分散度。对碳基质在 1600~2000 ℃ 的惰性气氛下进行高温热处理会导致比表面积的下降，但可以提高其结晶性和抗腐蚀性能，石墨化程度的提高能增加表面的碱性，从而使浸渍过程中碳基质与金属离子结合力更强 [30]。近年来研究者对碳纳米管、富勒烯、石墨烯、有序介孔碳等新型碳材料在 PEMFC 电极中的应用也进行了广泛的考察。

电催化剂的 Pt 载量是影响 PEMFC 成本的重要因素，因此在保证催化活性的前提下降低 Pt 的担载量，特别是氧电极的 Pt 担载量是一个重要的课题。随着技术的发展，Pt 的担载量目前可以达到 0.1-0.4 g/kW，例如通过使用 Pt-Co 合金，本田的 Clarity 和丰田的 Mirai 电堆的 Pt 载量分别为 0.12 g/kW 和 0.17 g/kW。目前非 Pt 的氧还原电催化剂是研究的热点，主要是具有 M-N-C(M=Fe、Co、Mn 等) 结构的催化剂，一般认为起催化作用的是氮配位的过渡金属，但目前这类催化剂在 PEMFC 中的活性和稳定性与 Pt 基催化剂相比还有很大差距。规模化制备 PEMFC 的 Pt/C 催化剂的主要难点，目前催化剂主要来自英国的 Johnson Matthey 公司、日本的田中贵金属以及比利时的 Umicore 公司，Pt 载量的质量分数在 40%~70%，近年来，国内企业在 Pt/C 催化剂量产技术上也取得了突破。

PEMFC 电极的制备过程中，首先制备气体扩散层，方法主要是将多孔碳纸以 PTFE 乳液作憎水化处理，而后在其上以刮膜或喷涂等方法制备 Pt-C 催化剂层。在 PEMFC 中，两个电极和质子导电膜通常被压合成一体，构成膜/电极 (MEA) 体系，原因是在 PEMFC 中以聚合物膜为电解质，单纯的在电池组装时的压力作用下膜与电极之间的电接触性能较差，质子导体 (如 Nafion) 也无法进入电极形成三相界面。因此，在 PEMFC 单池的组装过程中，通常采用热压的方法，及在较高的温度下 (约 130 ℃) 使质子导电膜软化，再施加较大的压力 (6~9 MPa) 将质子导电膜和两个电极压紧。在压紧之前，在两个电极的催化层上也要通过浸渍或喷涂法负载上质子导体，以便在压紧过程中在电极上形成三相界面，但在负载质子导体的过程中应避免质子导体进入气体扩散层，否则会减弱气体扩散层的憎水性。气体扩散层也是 PEMFC 的关键部件之一，目前主要供应商包括日本东丽公司、德国 SGL 等，国内的气体扩散层尚未形成产业化能力，但上海河森等公司已具备了小批量生产的能力。

13.4.4 双极板

双极板是 PEMFC 的核心部件之一，其质量占电堆总质量的 70%以上，体积达到总体积 50%左右，成本为电池成本的 30%~50%。PEMFC 的双极板需要满足以下条件：

① 具有阻气功能，因此应极力避免加工过程中的微小孔洞；② 是电和热的良导体，以降低内阻、保证电池组的温度均匀分布；③ 具有高化学稳定性，在电池工作条件下和其工作的电位范围内具有抗腐蚀能力；④ 双极板两侧应加工流场, 实现反应气在整个电极各处均匀分布。双极板的流场设计主要有两类, 一是加拿大巴拉德动力公司发展的多通道蛇形流场，二是由网状物或多孔体构成的混合流场 [31,32]。如图 13.14 所示，双极板是电堆中质量和体积占比最高的部件，因此是进一步提高电堆体积和质量功率密度的关键。当前双极板材料包括石墨板、金属板和复合板三类。

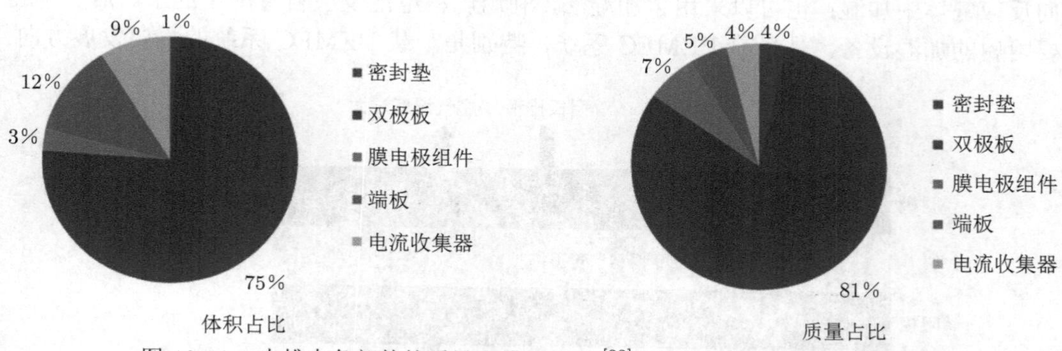

图 13.14 电堆中各部件的质量和体积占比 [33] (扫描封底二维码可看彩图)

石墨双极板的化学稳定性高，但是体积大、机械强度低、加工过程复杂，石墨双极板目前主要采用石墨粉或碳粉与树脂、导电胶等黏接剂的混合物浆料, 通过真空注塑成型、烧结石墨化等过程制备，可以在混合物中加入金属粉末、细金属网、碳纤维、陶瓷纤维以增加其导电性和机械强度。目前石墨双极板的加工费用占其总成本的 70%以上。目前国产电堆主要采用石墨双极板，主要供应商包括上海弘枫、上海神力、杭州鑫能石墨等厂家。

金属双极板厚度可薄至 0.1 mm，机械强度高、易于加工和规模化，能显著提高电堆的功率密度和一致性，是双极板的发展方向，金属板的主要问题是在 PEMFC 工作条件下会发生腐蚀，溶出的金属离子会催化 Nafion 膜降解，导致电池寿命下降。金属板常用不锈钢、Ti 合金、铝合金为主材，进一步通过表面涂层或处理改性提高其抗腐蚀性能。目前国外金属双极板研究较为成熟，已经可以产业化，主要的供应商为瑞典的 Cellimpact、美国的 DANA 和 Treadstone、德国的 Grabener 等公司。国内的金属双极板处于研发阶段，安泰科技在金属板技术上较为领先，已向 Ballard 公司供货。

复合双极板采用薄金属板或其他强度高的导电板作为分隔板，通过复合其他材料优化了其机械性能，综合了上述两种双极板的优点，具有耐腐蚀、易成型、体积小、强度高等特点，是双极板材料的发展趋势之一。但是目前生产的复合双极板的接触电阻高、成本高，还需要进一步研究加以解决。

13.4.5 水管理

以含氢气体为燃料的燃料电池反应均生成水。在 PEMFC 体系中，由于质子导电膜的导电性与其吸水量有着敏感的依赖关系，因此对水管理的精确度提出了更高的要求。

若是排水过多，则质子导电膜脱水使其导电性能下降，更严重的是质子导电膜的脱水通常是不可逆的，会使质子导电膜与电极间的电接触变差；若排水不足，水在氧电极处积聚，会增加浓差极化，同样影响电池性能。通过水管理，使大约 90%的生成水排出，同时能够保证质子导电膜的含水量。

在 PEMFC 体系运行过程中对水的输运有影响的因素主要有电迁移、氧电极处的反扩散以及阳极燃料气中水的扩散 (图 13.15)，水管理需要综合考虑上述因素 [2,3]。为保证质子导电膜不至于脱水而与电极分离，通常要对其加湿，可以采用外部加湿法，如向反应气体中加湿；也可以采用自加湿法，利用燃料电池反应自身产生的水。后者不需要附属的加湿设备，是目前 PEMFC 系统，特别是车载 PEMFC 系统的主要发展方向。

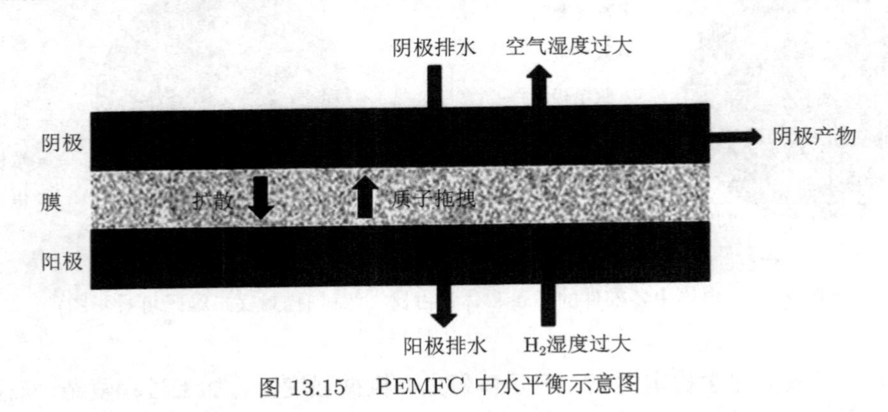

图 13.15　PEMFC 中水平衡示意图

13.5　直接甲醇燃料电池

13.5.1　概述

直接甲醇燃料电池 (Direct Methanol Fuel Cell, DMFC) 是一种基于高分子电解质膜的低温燃料电池，其基本结构和操作条件与 PEMFC 类似，DMFC 将甲醇直接进行电化学氧化反应，而不需要进行重整将燃料转化为 H_2。相比较以 H_2 为原料的 PEMFC，以甲醇为原料有一系列优势：甲醇能量密度高，同时原料丰富，可以通过甲烷或是可再生的生物质大量制造；作为液体燃料，储存、运输都较为便利，当前针对汽油的燃料供应基础设施可以很方便地改造以适合甲醇使用。在 DMFC 中，甲醇通常是以水溶液的形式供给，因此 PEMFC 中对电解质膜的润湿也不再成为问题，能大大降低水管理的难度。DMFC 的发展还能够促使其他可以从天然气或生物质发酵获得的燃料 (如乙醇、二甲醚等) 在低温燃料电池中实现应用。

DMFC 的结构和工作原理如图 13.16 所示，电极反应分别为甲醇在阳极发生氧化反应和在阴极处发生的氧气还原反应：

阳极：$CH_3OH + 6H_2O \longrightarrow CO_2 + 6H^+ + 6e$

阴极：$3/2O_2 + 6H^+ + 6e \longrightarrow 6H_2O$

因此 DMFC 的总反应为

$CH_3OH + 3/2O_2 \longrightarrow CO_2 + 6H_2O$

其中每 mol 甲醇氧化涉及 6 mol 电子转移。

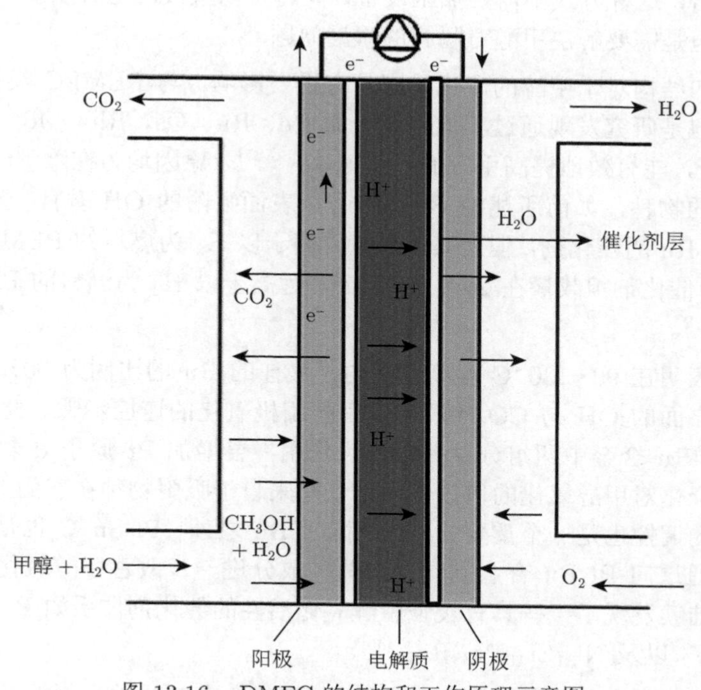

图 13.16 DMFC 的结构和工作原理示意图

相对于以 H_2 为燃料的 PEMFC，DMFC 的性能受限于两个重要的慢反应。一是 CH_3OH 在阳极的电催化氧化速率较慢，并且会产生使电极催化剂中毒的不完全氧化产物；二是高分子电解质隔膜对于醇类的阻挡性较差，因此醇类会透过电解质隔膜进入阴极区而使电池性能下降。因此当前 DMFC 研究的重点包括高效的醇类氧化阳极的制备和具有高质子透过率同时具有较强醇类阻隔能力的电解质隔膜。本节重点介绍针对以醇类为燃料的特殊性，特别是甲醇氧化和甲醇渗漏这两个最重要的制约因素，DMFC 在材料和设计上的特点。

13.5.2 甲醇的催化电氧化和 DMFC 电极

DMFC 中甲醇氧化的机理较为复杂，完全氧化的产物为 CO_2 和水，但涉及多种中间产物，如甲醛、甲酸、CO 等，上述含碳中间体会使 Pt 催化剂中毒，而 Ru 可以促进水的放电分解，形成吸附的 OH 基团，促进 CO 等表面吸附含碳物种的进一步氧化，许多动力学研究表明表面吸附的 CO 和 OH 基团的反应是整个反应的速控步骤 [34,35]。由于提高温度可以促进 CO 的脱附，因此提高电池温度能有效改善甲醇的阳极氧化行为，DMFC 的运行温度一般略高于 PEMFC。

甲醇阳极氧化需要水的参与，在 DMFC 中甲醇可以采用两种方式供给，一种方法是以甲醇和水的混合蒸气供给，用这种方式可以尽可能地减小甲醇渗漏，同时由于较高的操作温度能有效加速甲醇氧化，因此原则上说能有效提高电池性能，但是需要对蒸气加压以保证对电解质隔膜的润湿，因此给电池整体设计增加了困难。另一种方法是以甲醇的水溶液供给，这种方式不需要加压设备，同时可以直接对电解质隔膜润湿，因此设计较为简单，但是需要解决甲醇对隔膜的渗漏问题。

阳极成分和结构对于甲醇的氧化反应具有重要影响。与 PEMFC 类似，Pt 是广泛应用的材料，但是研究发现通过其他金属，如 Re、Ru、Os、Rh、Mo、Pb、Bi 和 Sn 与 Pt 形成合金，能有效地提高甲醇的氧化速率 [36,37]，原因均为在除 Pt 之外的金属表面形成了含氧的物种，如前所述的 Ru 的例子 (表面吸附的 OH 基)。当前广泛使用的是碳担载的 Pt-Ru 的催化剂，但是其担载量要高于以 H_2 为燃料的 PEMFC，通常在实用的 DMFC 中催化剂担载量在 2~8 mg/cm^2，远高于以 H_2 为燃料的 PEMFC 的数值 0.1~0.4 mg/cm^2。

许多研究表明在 90~130 ℃ 温度范围内，最佳的 Ru 的比例为 50%摩尔比，这也从侧面印证了表面的 OH 与 CO 的反应是甲醇阳极氧化的速控步骤。此外 XANES 的分析表明在 Pt-Ru 合金中两组分存在着相互作用，会增加 Pt 原子 d 轨道的空位。上述结果表明合金化对甲醇氧化的增强作用不仅是来自于吸附物种在表面的反应，对于催化剂能带结构的调控也是一个重要的原因。除了 Ru 之外，Pt-Sn/C 也是性能较好的阳极体系。人们通过向 Pt-Ru 合金同时添加两种成分进一步改善甲醇氧化性能，利用组合化学方法，陆续发现了一些具有较强甲醇氧化活性的催化剂体系如 $Pt_{44}Ru_{41}Os_{10}Ir_5$、$Pt_{77}Ru_{17}Mo_4W_2$ 以及 $Ni_{31}Zr_{13}Pt_{33}Ru_{23}$[36]。

为提高催化活性、降低担载量，通常将 Pt-Ru 合金制成纳米级的颗粒，并担载在碳基质上。常用的碳载体包括乙炔黑、Vulcan XC-72、介孔碳、碳纤维、碳纳米管、石墨烯等，其作用与一般燃料电池电极中碳载体的作用相同，包括提高催化剂颗粒的分散度、保持颗粒在较长时间内的稳定性，并且提高电极的导电性。将合金催化剂颗粒与碳载体复合的方法与传统的电极制备方法类似，主要包括浸渍-还原法、胶体法和微乳液法。在浸渍法，先将载体在催化剂金属盐溶液中浸渍，而后将载体取出干燥后在还原气氛下得到催化剂合金。在胶体法中，首先将催化剂合金制成胶体颗粒，然后吸附于载体上，最后加热除去表面活性剂。随着纳米颗粒，特别是贵金属纳米颗粒制备技术的进步，催化剂颗粒大小和形貌能得到很好的控制。

DMFC 的阴极与 PEMFC 类似，亦为 Pt-C 电极。DMFC 的阴极需要有高的氧气还原反应催化活性、较好的电子导电性以及稳定性。在 DMFC 中由于甲醇对高分子膜有一定的穿透性，在阴极处有可能会发生氧对甲醇的直接氧化从而造成电化学容量的损失，同时甲醇的部分氧化产物如 CO 等会造成催化剂失活。因此对阴极催化剂有一定的抗甲醇氧化性能需求 [38]。高价过渡金属与硫族元素形成的化合物在这方面表现出较好的性能。例如，将 $Mo_2Ru_2S_5$ 由经硫化处理的碳载体制成的阴极，虽然对氧还原的催化活性低于传统的 Pt-C 电极，但是可以提高甲醇的利用率。此外 Pt 与 Ti、Cr、Ni、Co、Fe 等过渡金属合金单从催化活性和对甲醇的耐受性的综合性能上看均较传统的 Pt-C 催化剂有改善，这类催化剂对甲醇的吸附较弱，或是对 CO 的氧化作用较弱，从而降低了对甲醇氧化的速率 [39]。研究抗甲醇氧化的高选择性催化剂也是解决 DMFC 中甲醇渗漏问题的思路之一。

13.5.3 甲醇渗漏及 DMFC 质子交换膜开发

甲醇渗漏 (methanol crossover) 是限制 DMFC 性能的重要因素。甲醇与水能以任意比例互溶，在电池运行中由于膜两端的甲醇浓度差很大，所以甲醇的扩散作用很强，甲醇分子也可以随着质子在电场作用下一起发生迁移。由于甲醇渗漏造成的电流密度损失达到 100 mA/cm^2，而以 H_2 为燃料的 PEMFC 由于气体渗漏造成的损失仅为 1 $\mu A/cm^2$ 量级。甲醇渗漏限制了甲醇水溶液的浓度，当前大多数 DMFC 都采用 1 mol/L 的甲醇溶液。

针对 DMFC 的特殊要求，其中的质子交换膜需要符合以下要求 [40]：高的质子导电性 (>80 mS/cm)、低的醇透过率 ($<10^{-6}$ mol/(min·cm) 或是醇在膜内较低的扩散系数 (25 ℃ 下 $<5.6\times10^{-6}$ cm^2/s)、在高于 80 ℃ 时较高的化学稳定性和机械强度、低的 Ru 透过率以及合理的价格 (<10$/kW)。当前开发的重点是低透醇高离子导电的高聚物薄膜，按照类型可以分为以下几类：全氟代薄膜，如此前所述的 Nafion、Dow、Flemion、Aciplex 等商品全氟代薄膜，非全氟代薄膜以及复合薄膜，包括有机-无机复合薄膜以及酸碱复合薄膜。在以 H_2 为原料的 PEMFC 中通常使用的 Nafion-112 薄膜并不适于在 DMFC 中使用，主要原因是其工作温度较低，同时甲醇透过率较高。Nafion-117 更适用于 DMFC，虽然其质子导电性较低，但是甲醇透过率也较低。通过与无机物的复合可以进一步改善 Nafion 一类全氟代膜在 DMFC 中的性能，例如与 SiO_2 颗粒、与磷酸氢锆 (ZrP)、钼 (钨) 磷酸盐复合等。Nafion 与 SiO_2 的复合研究最为广泛，可以通过 Nafion 与 SiO_2 粉末或是二苯基硅酸 (DPS) 的共混制膜 (图 13.17)[41]，也可以通过硅的前驱体如四乙基硅氧烷水解形成溶解，与 Nafion 水溶液共混制膜。与这些无机材料的复合可以提高薄膜的保水性能，提高其工作温度，同时能降低甲醇在薄膜中的扩散速率。Pall Gelman Sciences Inc. 开发了 Pall IonClad 系列部分氟代的薄膜，其主干为聚四氟乙烯结构，支链为聚丙烯苯磺酸结构，这种膜的甲醇透过率明显低于 Nafion[40]。

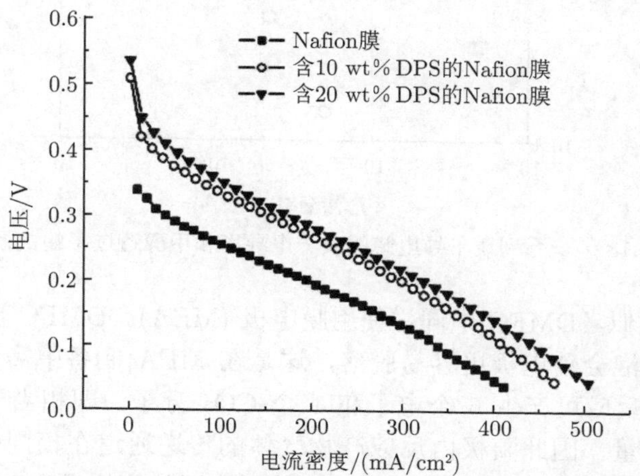

图 13.17 与二苯基硅酸 (DPS) 复合之后的 Nafion 膜在 10 mol/L 甲醇溶液为燃料的 DMFC 中的极化曲线 [41]

针对以 H_2 为燃料的 PEMFC 开发的一系列非氟代质子交换膜也可用于 DMFC。

聚苯并咪唑类 (PBI) 的质子交换膜具有很高的质子导电性，同时在膜内电渗透系数较 Nafion 中小，因此有利于降低醇的透过性能，例如，80 μm 厚的 PBI 膜醇透过率仅为 200 μm 厚的 Nafion 膜的 1/10，同时 PBI 膜能在较高温度下稳定，操作温度可以达到 200 ℃，其主要缺点是在热的甲醇溶液中会有少量的 H_3PO_4 分子从膜中析出。目前 PBI 膜已由美国的 PEMEAS 商品化，Celtec V 类型的膜能在 60～160 ℃ 范围内运行，且不需对膜进行润湿 [42]。另外重要的一类是磺化的聚醚酮 (S-PEEK)，相比 Nafion，其水通道较窄，有更多的分支和死胡同，同时磺酸根的间距也较大，其中水和醇的扩散系数较低，因此对醇透过的阻隔性能较好，但同时质子电导也低于 Nafion[43]。可以采用与其他聚合物共混的方法来改善这类膜的性能，如将 PEEK 与 PBI 共混，碱性的吡咯基团中和了部分磺酸根，使两者进行交联，这种复合膜干态时很柔软，吸水后溶胀小，离子电导高，是非常值得关注的 DMFC 膜材料。将 PEEK 与杂多酸和二氧化硅复合，可以增强质子导电性和机械强度，进一步降低甲醇透过率。然而由于质子的传导和甲醇的透过通常具有较强的关联性 (图 13.18)，同时质子的离子氛也能带动甲醇分子的运动，使其中之一升高而另一降低难度较大，当前多数质子交换膜都只能在这两者之间取一个平衡。对现有的质子交换膜及其性能的详细比较可以参见参考文献 [44, 45]。

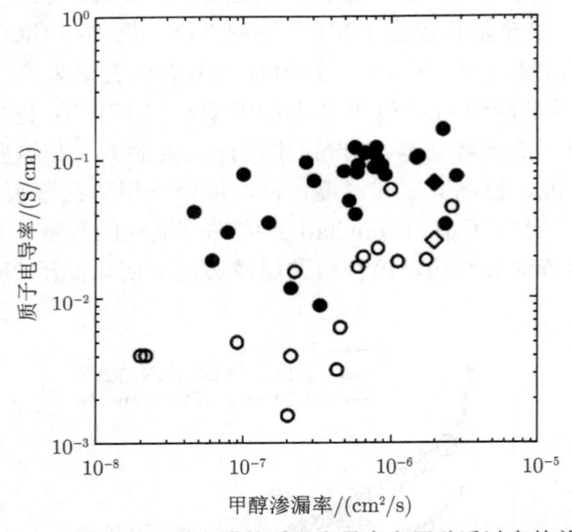

图 13.18　一系列质子导电膜的质子电导率和甲醇透过率的关系 [45]

与 PEMFC 类似，DMFC 中同样使用膜电极 (MEA)。DMFC 以甲醇溶液为燃料，长时间在溶液中浸泡会使电极更容易脱落，这是在 MEA 制备中需要考虑的问题。每 mol 甲醇阳极氧化反应可产生 6 个电子和 1 个 CO_2 分子，即相当于 3 个氢分子电化学氧化时释放的电量，因此阳极内反应产物气体的传递通道在相同的电流密度下仅为 PEMFC 的 1/6；而甲醇是以液体传递方式到达反应区的，依靠亲水通道传递。据此用于 DMFC 的阳极催化层组分中应增加 Nafion 的含量，有利于传导 H^+ 和 CH_3OH. 并增强电极与膜的结合力，同时必须保留一部分的憎水物质如 PTFE，使生成的 CO_2 能顺利排出。

由于采用甲醇水溶液作为燃料。水的电迁移与浓差扩散均由膜的阳极侧迁移到阴极侧，所以阴极侧的排水量远大于电化学反应生成水，也远高于 PEMFC。因此 DMFC 运行时一般氧化剂 (氧或空气) 压力要高于甲醇水溶液压力，以减少水由阳极向阴极的迁移；同时反应气的利用率也很低，以增加阴极排水能力。为了有利于水的排出，DMFC 阴极扩散层内 PTFE 含量低于 PEMFC，而催化层内 Nafion 的含量要高于 PEMFC。

13.6 磷酸燃料电池

13.6.1 概述

磷酸燃料电池 (phospheric acid fuel cell, PAFC) 是一种中温酸性燃料电池，其电解质为磷酸溶液或 100%磷酸，电极反应为

阳极：$H_2 \longrightarrow 2H^+ + 2e$

阴极：$2H^+ + 1/2O_2 + 2e \longrightarrow H_2O$

与碱性燃料电池相比，以酸为电解质时需要克服两个问题。一是酸性电解质中阴离子通常不起氧化还原作用，因此阴离子在电极上的吸附会导致阴极极化作用的增强。为克服这一问题，通常会提高电池运行温度降低极化，例如，磷酸燃料电池通常在 180~210 ℃ 运行。二是酸的腐蚀性远高于碱，因此对电极材料提出了更高的要求。磷酸燃料电池的发展很大程度上依赖于稳定、导电的碳材料的应用，迄今尚未有其他合适的替代材料来制备成本合理的磷酸燃料电池。而酸性燃料电池的优势也非常明显，此时 CO_2 的生成不再是问题，因而可以使用重整气作为燃料，空气作为氧化剂，为降低成本/实现大规模应用创造了很好的条件。磷酸燃料电池是最早大规模商业化的燃料电池系统，作为中小型分立式电站得到了很好的应用。

13.6.2 电极

PAFC 电极通常采用炭黑担载的 Pt 纳米颗粒，与 PEMFC 电极有很多类似之处，在阴极 Pt 的担载量要相应提高，因为 O_2 的还原反应是一个较慢的过程，而 H_2 的氧化反应则容易得多。最常用的氧还原催化剂为 Pt-C，通过将 Pt 与过渡金属形成合金，能有效提高氧气还原反应的速率。合金化提高 ORR 速率的机理比较复杂，已经观察到的一个现象是合金中非贵金属组分在磷酸中部分溶解，从而使 Pt 颗粒表面粗糙化而提供更多的反应位点，实际的作用机理可能更为复杂。当使用天然气等含碳气体作燃料时，需要考虑电极对 CO 的敏感性，CO 可与多种过渡金属形成强的配位作用，从而使其催化性能大幅度下降。实验发现通过与 Pd 或 Ru 进行合金化可以大幅度提高对 CO 的耐受性 [46,47]。合金化虽然能有效提高电极性能，但其长期运行的稳定性还有待考虑，因此在商用化的 PAFC 中使用的仍然是 Pt-C 催化剂。实际 PAFC 运行过程中催化剂面临的另一个问题是在长时间运行过程中发生的团聚或脱落从而导致电极性能下降。很多研究表明长时间运行会导致 Pt 颗粒的长大，如图 13.19 所示，经过 430000 h 以上运行的 PAFC 碳电极上的 Pt 催化剂颗粒数量明显减少，而颗粒明显变大。为了固定催化剂颗粒，可以通过在高温下以 CO 处理 Pt-C 催化剂，使少许碳沉积在 Pt 颗粒附近起到固定的效果。

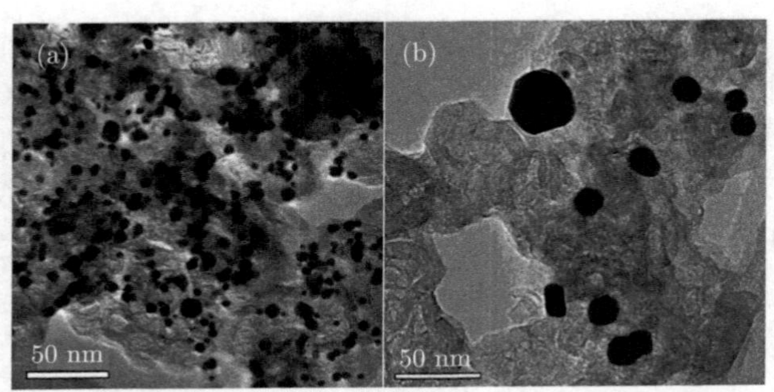

图 13.19 PAFC 中的 Pt/C 催化剂透射电子显微镜照片：(a) 新制备的电极，(b) 经过 43000h 运行的电极

导电、稳定的碳载体是 PAFC 的重要组成部分。热力学上，在磷酸燃料电池操作条件下碳电极会被 O_2 氧化，但实际由于动力学的阻碍，通过合理控制操作条件，碳电极在运行条件下显示出了很好的稳定性，其中石墨化的碳具有最佳的稳定性。催化剂载体必须具有高的化学与电化学稳定性、良好的导电性、适宜的孔体积分布、高的比表面积以及低的杂质含量，无定形的炭黑具有上述性能。目前广泛使用的是 Cabot 公司由石油生产的导电型电炉黑 Vulcan XC—72R，比表面积为 250~220 m^2/g，平均粒径为 30 nm。为提高碳材料的稳定性，可在惰性气氛下高温处理 (1500~2700 ℃) 以提高石墨化程度，然而这种方法会使碳载体的比表面下降。另一种方法是在相对较低温度下以 CO_2 或者水蒸气处理 (900~950 ℃)，以去除其中的易氧化部分，这种方法能保留较大的比表面积 [48,49]。碳材料的腐蚀程度与磷酸浓度和电位密切相关。研究表明当体系中水蒸气分压较高时，碳的腐蚀速率明显加快，因此采用较浓的磷酸溶液或纯磷酸，可以大大降低由于水蒸气造成的腐蚀。同时发现在较高的阴极电位下 (>0.8 V vs 标准氢电极)，较低的 O_2 利用率时碳的腐蚀速率加快，且阴极腐蚀在整个极板表面都会发生，因此 PAFC 因尽量避免在低电流密度下运行，开路时应将 O_2 置换成惰性的 N_2[50]。

PAFC 的电极一般做成层状，在催化活性层后有较厚的气体扩散层，防止酸液泛入催化剂区域。典型的电极制作过程如下：将 Pt-C 与 PTFE 粉末按照 60%和 40%的比例在煤油中混合，干燥，以滚轧法压实成 0.1~0.15 mm 厚的薄片，制成催化剂层，切割成合适的大小备用。气体扩散层通常以多孔炭纸制成，炭纸孔隙率可高达 80%~90%。炭纸需经 PTFE 乳液处理以增强其表面憎水性，防止酸液堵塞其中的孔道，具体方法为反复浸入 PTFE 乳液中直到 PTFE 的附着量达到 50%左右，干燥后在 375 ℃ 下烧结 10 min。在气体扩散层的表面通常要通过喷涂或是刮膜的方法制备一层整平层，其成分为炭黑与 PTFE 的混合物，目的是将气体扩散电极表面的粗糙部分抹平，便于催化剂层的附着，同时可以防止金属催化剂经扩散进入气体扩散层。将制备好的气体扩散层与催化剂层压实并经 320~340 ℃ 左右的热处理，制成电极后用 PTFE 封带将边缘密封。此外由于磷酸较高的浸润性，电极需要更强的疏水性防止电解液淹没催化剂区域。

13.6.3 电解质

磷酸是无色黏稠并具有吸水性的液体，在高温下磷酸是一种良好的质子导体，同时在高温下稳定、蒸气压低、腐蚀性较弱。通过向磷酸中加入磷酸酐 P_2O_5，可以得到浓度高于 100%的磷酸。100%的磷酸在 42 ℃ 会固化，因此 PAFC 不能在室温下运行，即使在没有负载的情况下，PAFC 的温度也应该保持在 45 ℃ 以上。对其他的酸性电解质，如三氟甲磺酸也进行了研究，发现其室温氧还原速率比 85%磷酸快 50 倍，然而由于其挥发性强以及对 PTFE 较强的浸润性而尚未能实际应用。

在 PAFC 中，磷酸并非呈流动状，而是固定在 0.1~0.2 mm 的 SiC 基质中。SiC 需要有足够的孔隙率以保证离子导电性，同时为了固定磷酸，其孔径应小于电极的气体扩散层的孔径。SiC 隔膜层可以由 SiC 粉末和 PTFE 混合制备得到，制备时将 SiC 与 PTFE 乳液混合后得到的浆状物直接涂在制备好的阴极上，而后干燥、高温处理，以 PTFE 封带密封，得到隔膜和电极的复合结构。通过调节 SiC 的颗粒分布以及 PTFE 的用量，可以调控隔膜层的孔结构和其中的电解液的量，实验发现将粒径不同的两种 SiC 颗粒 (2 μm 和 0.2 μm) 按照近似 1:1 的比例混合能起到很好的效果 [51]。

不管采取何种措施，在长时间运行过程中不可避免地会发生磷酸的损失，主要来自于启动和停止过程中由于操作条件突然改变造成的磷酸体积膨胀和收缩。在商用的 PAFC 中，采取用石墨制成的电解质储存板 (electrolyte reservoir plate, ERP) 以向电池中补充磷酸电解质，在运行过程中不需要再额外补充电解质而能运行 40000 h 以上 [2]。

13.6.4 双极板

PAFC 的运行环境下仅有石墨双极板能保持较好稳定性，双极板由石墨粉和酚醛树脂经铸造成型，在高温下 (2700 ℃) 石墨化以提高其在磷酸中的抗腐蚀能力，实验表明在 900 ℃ 下石墨化的双极板会发生明显的腐蚀。

13.6.5 PAFC 的冷却系统

PAFC 是一种中温电池，在运行过程中需要及时散热，对电池产生的热能加以利用，可以大大提高总的能量转换效率。冷却方式根据冷却剂的不同可以分为水冷、空气冷以及其他液体冷却剂冷却。从冷却效果上看水冷最好，然而水冷需要附加较为复杂的冷却系统。在 PAFC 工作温度下水会沸腾，需要在一定压力下 (6~7 atm) 运行；若未对水中的离子进行处理，会导致管路腐蚀或是沉积物的生成，因此水冷还需配备一个水处理系统。水冷的方式比较适合于大型的供电厂。空气制冷结构较为简单，运行温度可靠，但是传热性能不好，比较适用于小型电站。介于两者之间的一种形式是利用非水液体，如油等液体进行冷却，这时不需对冷却剂做过多处理，且可以在常压下运行，冷却效果也比空气冷要好。

13.7 熔融碳酸盐燃料电池

13.7.1 概述

熔融碳酸盐燃料电池 (molten carbonate fuel cells, MCFC) 是一种高温燃料电池，以熔融的碱金属碳酸盐作为电解质，工作温度约 650 ℃。由于运行温度较高，氧还原速率大大提高，可以使用廉价的镍基催化剂；同时由于采用碳酸盐为电解质，因此可以使用天然气或者脱硫煤气等含碳燃料；此外 MCFC 运行过程中还会产生可观的热量，加以综合利用能将电—热能的整体效率提高到 70% 以上。MCFC 的研究始于 20 世纪中期，源自于对高温电解质的研究，Broers 和 Ketelaar 认识到了高温固体电解质的局限性，转而研究熔融碳酸盐等高温液体电解质，1960 年他们开发 MCFC。随着运行寿命的提高，MCFC 正逐步取代磷酸燃料电池成为固定电站的主要燃料电池类型，近年来，美国 MCFC 的装机容量已经超过了 PAFC。

MCFC 的结构和工作原理如图 13.20 所示，电极反应为

阳极：$H_2 + CO_3^{2-} \longrightarrow CO_2 + H_2O + 2e$

阴极：$1/2O_2 + CO_2 + 2e \longrightarrow CO_3^{2-}$

总反应：$H_2 + 1/2O_2 + CO_2\ (c) \longrightarrow H_2O + CO_2(a)$

其中，CO_2 (a) 和 CO_2 (c) 分别代表在阳极 (即燃料电极) 和阴极的 CO_2。

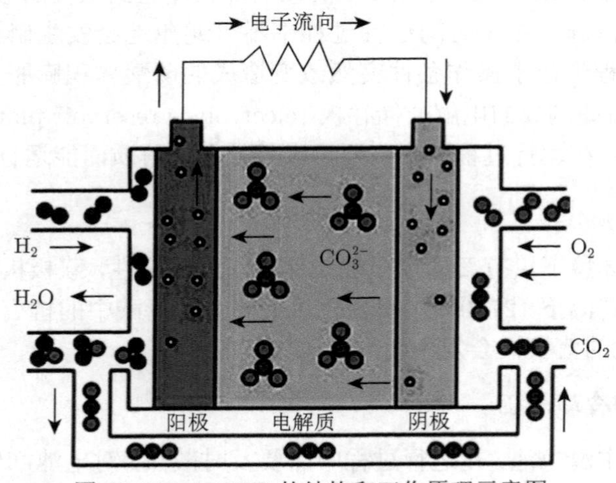

图 13.20　MCFC 的结构和工作原理示意图

根据 Nernst 方程，MCFC 电池的热力学电动势可以表示为

$$E = E^\circ + \frac{RT}{2F} \ln \frac{p_{H_2} p_{O_2}^{1/2}}{p_{H_2O}} + \frac{RT}{2F} \ln \frac{p_{CO_2(c)}}{p_{CO_2(a)}} \tag{13.6}$$

可见两电极处的 CO_2 分压影响电池的性能，通常阴阳两电极气室的 CO_2 分压不同，起到调控电池性能的作用。事实上 MCFC 在使用含碳的矿物和生物质燃料运行效果更好，虽然在阳极 CO_2 降低了燃料浓度，但其损失被阴极处 CO_2 作为反应物的增强效果所补偿。在实际的 MCFC 运行过程中，阳极燃料燃烧产生的 CO_2 被引向阴极 [2]。

MCFC 的电极反应很快，且可以使用含碳燃料，CO 和 CO_2 造成的极化也较小，因此从电极和燃料角度讲 MCFC 是非常有利的。然而相比于 AFC、PAFC 等中低温燃料电池中的液体电解质，MCFC 中高温的熔融碳酸盐电解质的固定和电极中三相界面的形成需要采用不同的材料和方法，特别是在中低温燃料电池中广泛使用的憎水黏合剂 PTFE 不能满足熔融碳酸盐环境下的操作条件，因此必须采用 Bacon 型双孔电极的设计思想，通过电解质隔膜和电极中孔径的控制，来调控电解质在 MCFC 中各组件之间

的分配。因此各组件材料的开发以及其中孔径分布的控制是 MCFC 体系材料研究的核心问题。

13.7.2 电极

最初 MCFC 阳极的材料为多孔 Ni 板，其问题是在高温下的蠕变，使孔道结构坍塌从而导致三相界面的破坏。为减小阳极的蠕变，通常加入 Cr、Cu、Al 等金属制成合金阳极。然而加入的合金组分与 Li 反应后会消耗碳酸盐电解质，研究表明 Ni_3Al 合金消耗的碳酸盐最少，其原因可能是在 Ni 电极内部形成了较为稳定的 $LiAlO_2$。

FuelCell Energy 公司对运行了 12000 h 的 MCFC 电池堆的研究表明，当气室压力为 1 atm 时，当前的电极制备技术可以满足 40000 h 寿命的目标；但当气室压力增高到 10 atm 时，当前的电极制备技术只能满足 5000~10000 h 的稳定运行。因此提高阳极的抗腐蚀性能仍然是 MCFC 开发的重点之一。减小 Ni 流失的另一方法就是使运行环境更温和，例如，向电解质中加入少量碱土金属碳酸盐以增强电解液的碱性，从而弱化 CO_2 的腐蚀效果。

电极制备方法一般采用带铸法，将一定粒度分布的电催化剂粉料 (如碳基镍粉)，用高温反应制备的 $LiCoO_2$ 粉料或用高温还原法制备的 Ni-Cr 合金粉料与一定比例的黏合剂、增塑剂和分散剂混合，并用正丁醇和乙醇的混合物作溶剂，配成浆料，用带铸法制备；也可单独在焙烧炉按一定判温程序焙烧，制备多孔电极；也可在程序升温过程中与隔膜一起去除有机物而最终制成多孔气体扩散电极和膜电极组件。

由于在高温下氧还原反应速度加快，MCFC 的阴极可以不必采用贵金属作催化剂，当前 MCFC 中使用的阴极材料为 Li 掺杂的 NiO，具有较好的导电性和结构强度，650 ℃ 下电导率为 33 $\Omega^{-1}\cdot cm^{-1}$，交换电流密度为 3.4 mA/cm^2。NiO 的制备可以通过对 Ni 进行阳极氧化或直接在 MCFC 启动过程中使 Ni 原位氧化。

NiO 电极中 Ni 元素在熔融碳酸盐中的溶解是制约 MCFC 运行寿命的主要原因之一，NiO 的溶解在 CO_2 分压较高时更为明显，因为 CO_2 能直接与 NiO 反应：

$$NiO + CO_2 \longrightarrow Ni^{2+} + CO_3^{2-}$$

在碱性环境中，NiO 会与 O^{2-} 反应而溶解：

$$2NiO + 2O^{2-} \longrightarrow 2NiO_2^{2-}$$

$$2NiO + 1/2O_2 + 2O^{2-} \longrightarrow 2NiO_2^{-}$$

溶解于熔融碳酸盐中的 Ni(II) 在阳极附近的还原环境中能被还原重新以金属 Ni 的形式析出。还原出的 Ni 颗粒会连接成导电的桥状结构，造成电池短路。因此防止 NiO 中 Ni 的溶解是阴极材料开发的重点之一。通常向 NiO 中加入掺入 $LiCoO_2$ 等氧化物以提高其抗腐蚀性，然而 $LiCoO_2$ 电导率较低，为增加电导率，还需要进行 Mg 或是 La、Ce 等稀土元素的掺杂。因此 MCFC 阴极通常是多元的氧化物体系。

13.7.3 电解质

虽然原则上说碱金属如 Li、Na 或 K 的碳酸盐均可用于 MCFC，然而对于特定的操作条件，需要考虑电化学活性、对电极的腐蚀性和浸润性以及在操作条件下的挥发性等因素，选取合适的碱金属碳酸盐种类和比例。当前对于在常压下工作的 MCFC 电解质为

Li_2CO_3/K_2CO_3=62/38 的混合物，在高压下工作的 MCFC 电解质为 Li_2CO_3/Na_2CO_3 在 52/48 到 60/40 之间的混合物。10 kW 的 MCFC 电池堆测试表明 Li_2CO_3/Na_2CO_3 表现出了良好的长期运行性能。低共熔 Li_2CO_3/K_2CO_3 混合物的问题是会发生相分离，在阴极区 K_2CO_3 浓度会增大，从而增强了对 NiO 的腐蚀。而 Na_2CO_3 对 NiO 的腐蚀能力较低，但其对 O_2 溶解能力较强，会增大阴极极化，同时在低于 600 ℃ 性能也较差。如前所述，向电解质中加入少许碱土金属碳酸盐能减弱对 NiO 的腐蚀，例如向 52 mol%的 Li_2CO_3/Na_2CO_3 中添加 9 mol%的 $CaCO_3$ 或 $BaCO_3$ 能有效降低 Ni 的流失。

目前普遍采用电解质隔膜的材料是偏铝酸锂 $LiAlO_2$，其主要原因是其在熔融碳酸盐中的稳定性 [52]。偏铝酸锂有 α、β 和 γ 三种晶型，虽然从相图上看在 MCFC 运行温度下 γ-$LiAlO_2$ 是最稳定的相，但事实上在熔融碳酸盐环境中会发生 $\gamma \rightarrow \alpha$ 的转化，这一现象在长期运行的 MCFC 中已被观察到。相变过程会导致隔膜孔结构的塌陷，使电池性能下降。

$LiAlO_2$ 可以通过固相反应得到，一个常用的方法是 Li_2CO_3 和 Al_2O_3 的反应：

$$Li_2CO_3 + Al_2O_3 \longrightarrow 2LiAlO_2 + 2CO_2$$

电解质隔膜需要有微米级的孔结构以固定电解液，因此用以制作 $LiAlO_2$ 的粒径需要在 100 nm 量级。通过在 900 ℃ 下加热反应混合物数小时即可获得粒度在 100 nm 左右的 $LiAlO_2$ 粉体。

以 100 nm 量级的 $LiAlO_2$ 粉体制备多孔的电解质隔膜通常采用带铸法 (tape casting)，其方法是将 $LiAlO_2$ 粉体与溶剂和增塑剂、黏合剂 (通常为聚乙烯醇缩丁醛，PVB)、消泡剂混合球磨制成浆料，而后用刮膜法成膜，控制溶剂挥发使其干燥但不产生气泡，再将多张膜热压形成电解质隔膜。为降低环境污染，溶剂通常用水或者乙醇。利用带铸法浆料的黏稠度可以比较高，能减少溶剂用量，带铸法制成的隔膜厚度 0.2~0.5 mm，孔径分布曲线中心位置在 100 nm 左右。将电解质隔膜置于熔融碳酸盐中，由于小孔的毛细作用，电解质自动充满隔膜的孔道，形成所谓的电解质结构。由于电解质结构的欧姆电阻与其厚度成正比，因此较薄的电解质结构是较为有利的。

MCFC 的各主要组件，包括电极、电解质和电解质隔膜的简要发展史见表 13.5。

表 13.5　MCFC 主要组件的沿革概况 [2]

组件	20 世纪 60 年代中	20 世纪 70 年代中	当前
阳极	Pt，Pd 或 Ni	Ni-10 Cr	Ni-Cr/Ni-Al/Ni-Al-Cr 孔径 3~6 mm 初始孔隙率 45%~70% 比表面 0.1~1 m^2/g 厚度 0.2~0.5 mm
阴极	Ag_2O 或锂化 NiO	锂化 NiO	锂化 NiO-MgO 孔径 7~15 mm 孔隙率 60%~65% 厚度 0.5~1 mm 比表面 0.5 m^2/g
电解质 (质量分数)	52Li-48Na	62Li-38K	62Li-38K 60Li-40 Na

续表

组件	20 世纪 60 年代中	20 世纪 70 年代中	当前
	43.5Li-31.5Na-25K		51Li-48Na
电解质支撑体	MgO	$LiAlO_2$(α, β, γ 混相) 10~20 m^2/g 1.8 mm	$LiAlO_2$(α 或 γ 相) 0.1~12 m^2/g 0.5~1 mm
电解质成型方法	粘贴	热压，厚度 1.8 mm	带铸，厚度 0.5~1 mm

13.8 固体氧化物燃料电池

13.8.1 概述

固体氧化物燃料电池 (SOFC) 以固体氧化物为电解质，利用高温下某些固体氧化物中的氧离子 (O^{2-}) 进行导电，其电极亦为氧化物。SOFC 的结构和工作原理如图 13.21 所示，O_2 在与阴极材料接触后被还原成 O^{2-}，通过在电解质中的扩散到达阳极。在 SOFC 中仅存在气固两相反应，两个电极的反应分别为

阳极：$H_2 + O^{2-} \longrightarrow H_2O + 2e$

阴极：$1/2O_2 + 2e \longrightarrow O^{2-}$

总反应：$H_2 + 1/2O_2 \longrightarrow H_2O$

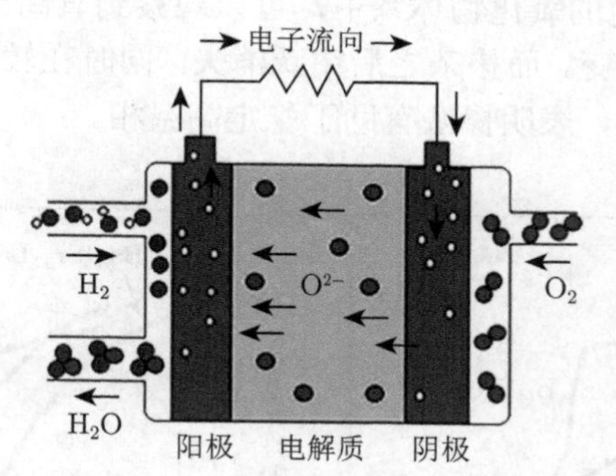

图 13.21 SOFC 的结构和工作原理示意图

SOFC 为高温燃料电池，运行温度在 600~1000 ℃。高温给 SOFC 带来诸多好处，例如快速的电极动力学、能使用多种含碳燃料、能对燃料进行内部重整以及产生的热量易于有效利用等。将 SOFC 与汽轮机联用，可以获得很高的综合电效率，同时污染物和温室气体排放也很低，在固定式电站领域极具应用前景。然而高温对于 SOFC 的各组件材料提出了更高的要求，需要材料在电池运行条件下有很好的稳定性，固定电站的稳定工作时间应在 40000 h 以上。当前研究的重点是以廉价的材料和制备技术来制备高效可靠的燃料电池体系。

13.8.2 电解质

SOFC 的电解质是氧化物，早在 1890 年 Nernst 就发现在一定温度下某些氧化物 (如 ZrO_2 和钙钛矿类的氧化物) 能体现出一定的氧离子导电性，20 世纪 30 年代末，Baur

和 Preis 证明氧化物的高温氧离子导电性可用于实际的燃料电池。当前 SOFC 中的电解质主要采用 Y_2O_3 稳定的 ZrO_2(yttrium stabilized zirconia, YSZ)，该氧化物体系在 700 ℃ 以上即体现出良好的氧离子导电性，然而在相同温度下其电子导电性却极小。广泛研究的 SOFC 电解质还有钆或者钐掺杂的氧化铈 (CGO、CSO) 和锶、镁共掺杂的镓酸镧 (Strontium, magnesium doped lanthanum gallate, LSGM) 两个具有代表性的氧离子导体体系。

衡量 SOFC 电解质材料的重要性能之一是其离子电导率，YSZ、CGO 和 LSGM 氧化物体系的氧离子导电性均随温度升高而升高，但不遵守简单的 Arrhenius 关系，表明离子导电的机理比一般的热激发要复杂。一般 SOFC 电解质的电阻率应在 0.1 Ω/m^2 以下，对于 10 μm 厚的电解质层，要求电导率在 10^{-2} S/cm 以上。为达到上述要求，其最低的操作温度为 YSZ：~700 ℃，CGO：~550 ℃，LSGM：~550 ℃[53]。δ-Bi_2O_3 是一类具有很高氧离子导电性的氧化物，在 800 ℃ 时能达到 1 S/cm 以上，然而其稳定区间仅为 730 ℃ 以上到其熔点 804 ℃，掺杂 Y_2O_3 或 ZrO_2 等稀土氧化物能使其高温相在更低的温度区间稳定，但 Bi_2O_3 在还原气氛中易被还原成金属，因此应用受到限制 [53]。

许多氧化物均存在固固相变，而通常高温相体现出较强的离子导电性，原因是通常高温相氧的亚晶格具有较强的活动性。为了降低 SOFC 的工作温度，需要使具有较强离子导电性的高温相在较低的温度下也能稳定存在，而掺杂是实现这一目的的有效手段。如图 13.22(a) 所示，在纯的氧化物体系中，可以观察到氧离子电导率随着温度的突变，表明在该温度下发生了相变。而掺杂之后突跃消失，同时在较低温度下就能达到较高的离子导电性 (图 13.22(b))，表明掺杂有助于稳定高温相。

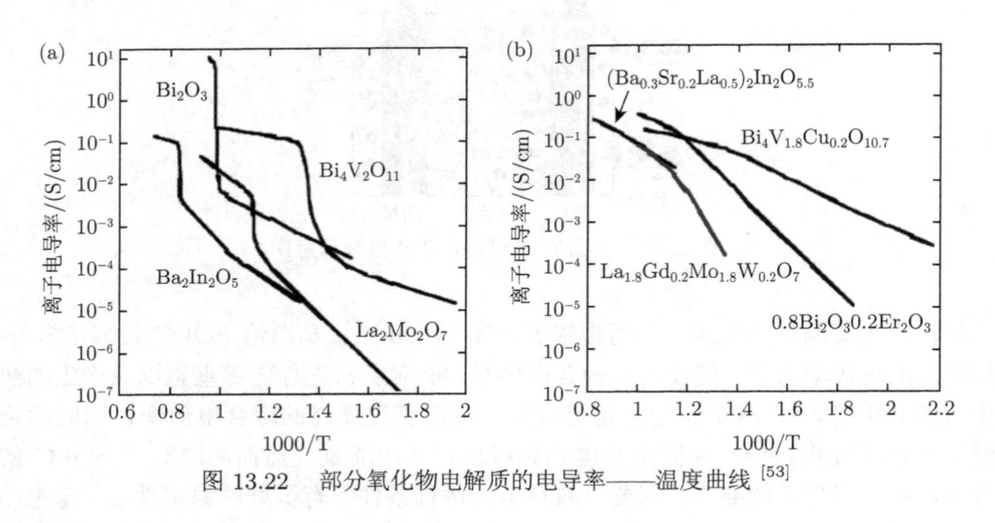

图 13.22　部分氧化物电解质的电导率——温度曲线 [53]

具有氧离子导电性的氧化物体系是 SOFC 开发的关键领域之一，同时也是固体结构化学的研究热点。从微观结构上固体氧化物氧离子导体可以分为四大类：第一类为萤石结构，代表性的材料为 Y、Sc 等三价稀土元素掺杂的氧化锆和氧化铈；第二类为钙钛矿结构，代表性材料为 Mg、Sr 共掺杂的镓酸镧；第三类为多钼酸镧 LaMOX 结构，其化学式为 $LaMo_2O_9$；第四类为磷灰石结构，通式为 $RE_{10}(XO_4)_6O_{2+y}$，其中 RE 为稀土元素，X 为 P、Si 或 Ge。电解质的离子电导率是限制 SOFC 工作温度的最重要因素，当前 SOFC 的开发致力于降低工作温度至 500~750 ℃，即所谓的中温 SOFC(IT-SOFC)，一些主要的氧化物的离子电导率如图 13.23 所示。PEFC、PAFC 和 MCFC 的电解质的电导率也列在其中进行对比。

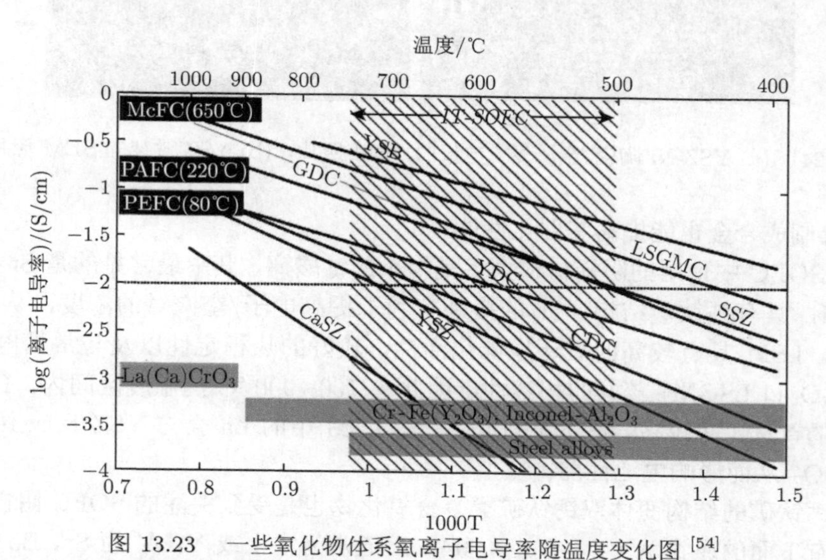

图 13.23 一些氧化物体系氧离子电导率随温度变化图 [54]

PEFC、PAFC 和 MCFC 中电解质的电导率也在图中标出作对比。YSB [$(Bi_2O_3)_{0.75}(Y_2O_3)_{0.25}$], LSGMC [$La_xSr_{1-x}Ga_yMg_{1-y-z}Co_zO_3$, x~0.8, y~0.8, z~0.085], CGO [$Ce_{0.9}Gd_{0.1}O_{1.95}$], SSZ [$(ZrO_2)_{0.8}(Sc_2O_3)_{0.2}$]; YDC [$Ce_{0.8}Y_{0.2}O_{1.96}$]; CDC [$Ce_{0.9}Ca_{0.1}O_{1.8}$], YSZ [$(ZrO_2)_{0.92}(Y_2O_3)_{0.08}$]; CaSZ [$Zr_{0.85}Ca_{0.15}O_{1.85}$]

13.8.3 电极

在 SOFC 阳极上发生的是燃料 (H_2 或烃类) 的氧化反应，在 SOFC 发展的初期，人们曾采用与其他类型的燃料电池一样的金属材料如 Ni 或 Pt、Au 等贵金属。然而这些金属与作为电解质的氧化物陶瓷热膨胀系数相差很大，在高温下极易脱落造成电池结构的破坏。1970 年 Spacil 认识到将 YSZ 陶瓷与 Ni 制成金属–陶瓷复合材料能克服上述的不足，这一体系至今仍是最为有效的 SOFC 阳极材料，可以通过 YSZ 和 NiO 粉体共混煅烧制备，在阳极的还原气氛中 NiO 会被部分还原形成 Ni。在 YSZ-Ni 金属–陶瓷电极中，YSZ 构成多孔骨架，使还原得到的 Ni 颗粒分散其中，能有效地减弱颗粒的团聚。YSZ-Ni 复合电极的微观结构如图所示，当用酸除去 Ni 后，可以看到多孔的 YSZ 骨架 (图 13.24)。氧化反应在 YSZ–Ni–燃料气三相界面处发生，Ni 不仅其催化作用，同时提供高的电子导电性，电极中的 YSZ 需要与 YSZ 电解质保持良好接触以保证 O^{2-} 的顺利传导 [53,55]。

YSZ-Ni 电极的问题是在使用烃类燃料时，Ni 在高温下能催化烃类分解在电极表面形成积炭从而使电极性能下降。为克服这一问题，方法之一是降低操作温度，同时在 YSZ 电解质和 YSZ-Ni 电极之间插入一层 Y 掺杂的 CeO_2。另一种方法是以 Cu 代替 Ni，因 Cu 对碳的生成没有催化作用，然而其电化学的催化作用也较弱，需要加入 CeO_2 以加快对燃料的氧化，同时 Cu 熔点较 Ni 低，因此只能在较低温度下使用。将 Cu 与

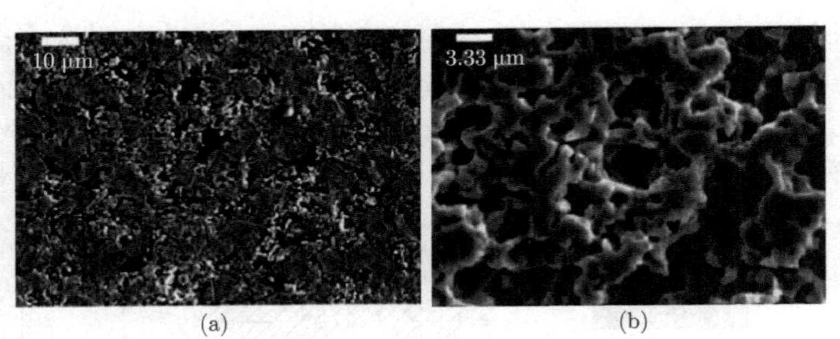

图 13.24　(a) YSZ-Ni 陶瓷–金属复合电极的 SEM 照片，(b) YSZ 骨架的 SEM 照片 [56]

Ni、Co 等制成合金也能提高其催化性能。

当前 SOFC 中使用的阴极材料大多是掺杂的锰酸镧，其中最常见的是 Sr 掺杂的锰酸镧 LSM，具有钙钛矿结构。Sr 的掺杂有利于提高电子/空穴对的浓度，从而提高电子导电性。LSM 具有较高的氧还原催化活性，较好的热稳定性以及与常见电解质 (如 YSZ、CGO 和 LSGM) 较好的相容性，因此在 700~900 ℃ 的温度区间内，LSM 仍为阴极材料的首选，在较高温度下 (>1400 ℃)，LSM 中的 La 会与 YSZ 反应生成不导电的 $La_2Zr_2O_7$ 从而影响电池性能。

一类钙钛矿的结构变体双钙钛矿类复合氧化物也是受到关注的 SOFC 阴极材料。这类材料具有下面的通式 $AA'Co_2O_{5+x}$，其中 A 通常为稀土或 Y，A′ 为 Sr、Ba 等碱土金属。A 位取代的有序性与氧离子的高迁移率密切相关。这类物质的代表是 $PrBaCo_2O_{5+x}$ 和 $NdBaCo_2O_{5+x}$。这一类氧化物种类繁多，但仅对其中一小部分作为 SOFC 的性能进行了考察。

另一类阴极材料是具有 K_2NiF_4 结构的氧化物，如 Ln_2NiO_{4+x}(Ln=La, Pr, Nd)，其结构可写作 $LnNiO_3{\cdot}LnO$，可以看作具有钙钛矿结构的 $LnNiO_3$ 层与具有 NaCl 结构的 LnO 交互堆叠而成的结构。在室温附近，x 可以高达 0.18。在该类型复合氧化物中，间隙氧离子的扩散很快，因此是非常受关注的阴极材料。事实上，有钙钛矿-NaCl 复合结构的氧化物 $A_{n+1}B_nO_{3n+1}$ 很多都是受到关注的 SOFC 阴极材料，例如 $(La,Sr)_{n+1}(Fe,Co)_nO_{3n+1}$ (n=2, 3) 都体现出较好的作为 SOFC 阴极的性能。

SOFC 中的电极和电解质均为氧化物陶瓷材料，高温下氧化物之间可能发生反应而使电池性能下降，因此电极与电解质的相容性是一个必须考虑的重要问题，并且限制了电池的运行温度。例如，高温下 YSZ 会与作为阴极的 LSM 反应，生成不导电的 $La_2Zr_2O_7$；而 LSGM 虽然与阴极相容性较好，但是会与阳极中的 NiO 发生反应，而 YSZ 与 NiO 的相容性则较好；掺杂的氧化铈与电极的相容性较好，但容易被还原成 Ce(III)，从而会使电子导电率提高而降低燃料电池的效率。

13.8.4　双极连接材料

双极连接材料的作用是在构成电池组时连接相邻电池的阴极和阳极，因此需要较高的电子电导率以减少欧姆电压降，同时需要在 SOFC 的操作条件下有较长时间的稳定性。常用的双极连接材料有用于较高操作温度的氧化物陶瓷材料和用于较低温度的金属材料。氧化物陶瓷双极连接材料主要是碱土金属掺杂的 La 或 Y 的铬酸盐，具有钙钛矿结构。这类物质具有较高的电子电导率，在 1000 ℃ 能达到 1~30 S/cm，同时在合成气的还原气氛中也不会被还原，具有很好的稳定性，实验结果表明该材料能在 SOFC 运行条件下稳定超过 69000 h。但问题是陶瓷材料很脆，不利于组装时压紧。

金属材料的延展性保证了其在电池制作过程中良好的接触，但是金属在高温下的蠕变行为限制了其应用的温度，因此金属型的连接材料主要用于中温 SOFC。金属型的连接材料多为铬或铁的合金，在高温下具有抗氧化性。对于在 900 ℃ 左右的较高温度的中温 SOFC，金属连接材料为 Cr 合金，如 Plansee 和 Siemens 开发的高铬合金 $Cr_5Fe_1Y_3O_3$。对于 500~800 ℃ 较低温度下的 SOFC，可以使用铁合金，当前多数 SOFC 开发者都采用德国 Thyssen Krupp 公司的 Crofer22 APU 铁铬合金，其中含 Cr 22%。

含 Cr 的双极连接材料中的 Cr 在有水气的环境中容易形成挥发性的 CrO_3 或 $CrO_2(OH)_2$，这些 Cr 化合物在阴极表面会被还原形成导电性很差 Cr_2O_3 而使阴极中毒。为了防止 Cr 的挥发，通常在双极连接材料表面覆盖数百微米的 Sr 掺杂的 LSM 或 LSC，这一手段被证明至少在数千小时之内是有效的。

13.8.5 密封材料

对于平板型的 SOFC，密封是相当重要的一个环节。在平板型的 SOFC 中存在着多处需要密封的位置，包括金属框架与电池、双极板以及陶瓷夹层、背极板等位置，如图 13.25 所示。

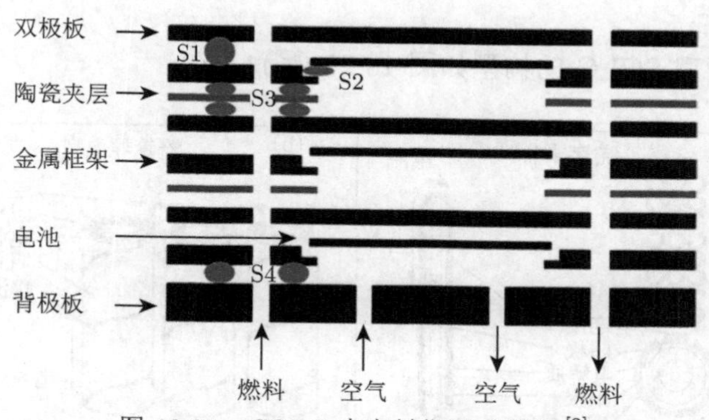

图 13.25 SOFC 中密封位置示意图 [2]

常用的黏结剂是玻璃或玻璃陶瓷，这些材料液态时有很好的黏度和浸润性，密封效果较好，同时成分便于调节，能满足多种需要，价格也较为便宜；不足之处是易碎，在温度升高时容易与其他组分反应，其中的某些成分 (B、Si、碱金属等) 有挥发性。密封方式有加压和不加压两种。不加压的密封完全依靠密封剂的黏合作用，如果黏结剂黏结后硬化，则黏结剂的热膨胀系数要求与被黏结的材料接近；有些黏结剂在黏结后仍然有一定的可塑性，则膨胀系数匹配的要求可以放宽，然而尚未有这类材料用于 SOFC。加压密封对于热膨胀系数的匹配要求大大降低，然而会引入较为笨重的承受压力的框架，给组装带来不便。SOFC 的密封是非常受关注的研究领域，当前对于平板型 SOFC 的密封尚有许多问题需要解决。密封问题直接造成了 SOFC 采取不同于其他类型的燃料电池的管型设计，具体请参见 SOFC 的设计章节。

13.8.6　SOFC 的结构

SOFC 主要包括管型和平板型两种结构，管型的结构是 SOFC 特有的，尽管这种构型使能量密度受到限制，但是密封上的优势使其首先成功用于商用化的 SOFC，著名的例子就是 Siemens-Westinghouse 公司生产的 SOFC 电站。按照构筑方式，SOFC 单电池可以在支撑材料上制作，例如利用多孔基质或双极连接体作为支撑体，也可以以电池的某一部分，包括阳极、阴极或电解质作为支撑体。常见的单池构筑方式如图 13.26 所示。

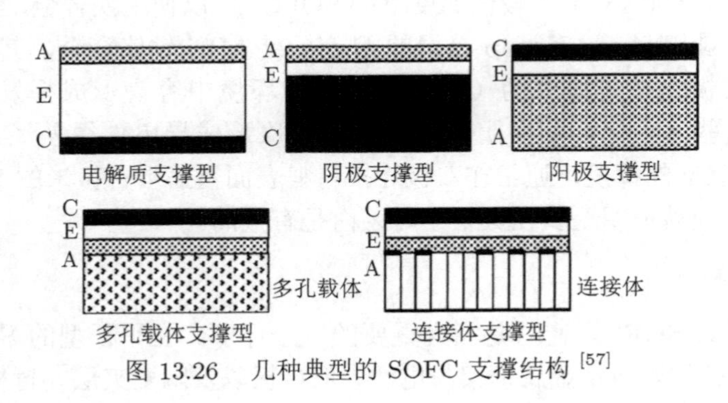

图 13.26　几种典型的 SOFC 支撑结构 [57]

13.8.7　管型 SOFC

三种主要的管型 SOFC 的构型如图 13.27 所示。

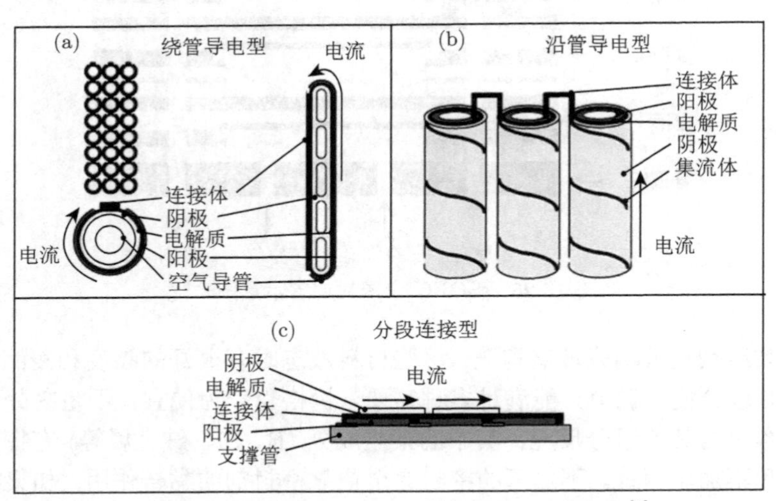

图 13.27　几种管型 SOFC 电池堆结构示意图 [2]

图 13.27(a) 为著名的 Siemens-Westinghouse 设计，每个管为一个单电池，电流流动方向为绕着管壁的环流。早期的设计是在氧化钙稳定的氧化锆多孔支撑管上储存制作电极和电解质，后来为了降低成本，发展了以空气电极为支撑的结构。在图 13.27(b) 所示的 SOFC 中，电流流动方向沿着管轴，每个管形单池通过管端头的双极连接相

连，为了降低阴极面内的电阻，在阴极上会布上银制的集流线。这一设计的代表公司是 Acumentrics，目前该公司的这一设计已经应用于 2 kW 的 SOFC 电池堆。在图 13.27(c) 的设计中，各个单电池在管型的支撑体上分段的制作并以双极连接相连，电流方向沿着管的轴向。采用这一设计的公司包括三菱重工和罗伊斯罗尔斯公司。

管型 SOFC 封装简单，这是相对于平板型的一个重大优势。但是管型电池构成电池堆时空间利用率低，从而降低了电池堆的功率密度，为提高空间利用率，可以将单电池制成扁形管。此外电流在阴极流动距离较长，会造成较大的欧姆损失，这也是限制管型 SOFC 性能的一个重要因素。

13.8.8 平板型 SOFC

平板型 SOFC 按照其构筑方式可以分为阳极支撑型、阴极支撑型、电解质支撑型和双极板支撑型，外形有长方体型和圆盘形两种。不同的平板型 SOFC 对流场的处理方式不同，图 13.28 显示了几种典型的设计，包括长方形边缘的或圆盘内部的沟槽以及鸡蛋托形状的电解质形状。新型的平板型 SOFC 大多是阳极支撑的，可以减少较为昂贵的阴极材料 LSM 的用量，三菱重工、Sulzer Hexis 等公司开发的平板型 SOFC 均为阳极支撑的，美国能源部也对阳极支撑型的平板型 SOFC 给予了很大的支持。如前所述，对于平板型 SOFC 密封是一个很大的挑战，当前性能较好的由平板型单池构成的电池堆大多采取压合的密封方式。

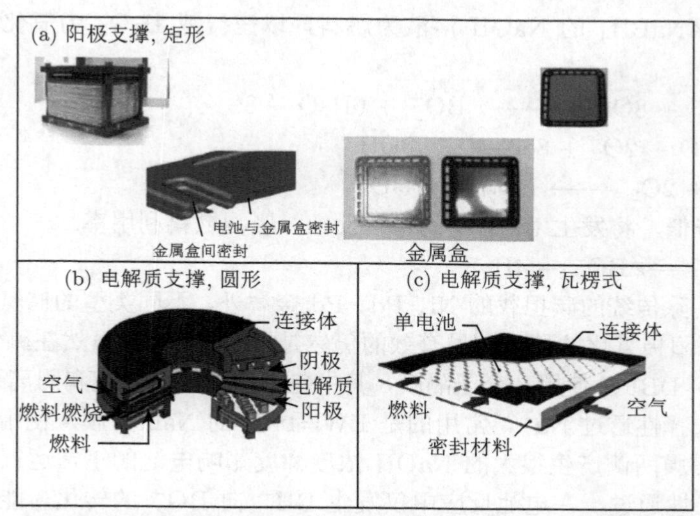

图 13.28 几种平板型 SOFC 电池堆结构示意图 [4] MOLB-type (mono-blocklayer built)

13.9 其他燃料电池

原则上说，所有的氧化还原反应都可以通过适当的设计将其化学能转化为电能，这一信念也促使了一些新型燃料电池的出现。

13.9.1　直接醇类燃料电池

DMFC 就是对传统的以 H_2 为燃料的 PEMFC 在燃料方面的改进。针对甲醇高毒性、阳极氧化动力学缓慢、贵金属催化剂担载量高以及容易从质子交换膜中渗漏等缺点，人们不断的尝试新的燃料对 PEMFC 作进一步的改进。一个很自然的想法是用无毒的乙醇代替甲醇最为 PEMFC 的燃料，乙醇能量密度高，原料丰富，几乎无毒性，此外研究发现，Pt-Sn 的合金对乙醇阳极氧化的效果好于在 DMFC 中的 Pt-Ru 合金，有望降低贵金属担载量。但乙醇阳极氧化机理更为复杂，涉及 C—C 键的断裂，中间产物较甲醇更多，动力学也较差 [116]。此外甲醇部分氧化的产物甲酸也可以直接用作 PEMFC 的燃料，甲酸的主要优点是对 Nafion 膜的渗漏较弱，因此可以降低膜的厚度，或使用较高浓度的甲酸溶液，这在一定程度上能补偿甲酸能量密度较低的弱点 [117]。乙醇的异构体二甲醚由于极性低，能够有效地降低对 Nafion 膜的渗漏，但是其分解产物会对电催化剂造成很强的钝化作用，使氧化动力学很慢 [118]。目前对这些甲醇替代燃料在 PEMFC 中应用的研究相对甲醇来说还较少，需要针对特定的体系开发合适的质子交换膜和电催化剂，仍然需要大量研究工作。

13.9.2　直接硼氢化钠燃料电池

硼氢化钠 ($NaBH_4$) 是一种研究较多的非碳燃料，其能量密度高，氧化时没有温室气体排放，能够在接近室温时产生较高的电流密度；然而其问题是将氧化产物硼酸转化为 $NaBH_4$ 的费用较高限制了其应用。直接 $NaBH_4$ 燃料电池 (DBFC) 是一种碱性电池，以含 10%～20%$NaBH_4$ 的 NaOH 溶液为燃料，以空气或 H_2O_2 为氧化剂，电极反应为 [58]

阳极反应：$BH_4^- + 8OH^- \longrightarrow BO_2^- + 6H_2O + 8e$

阴极反应：$4H_2O + 2O_2 + 8e \longrightarrow 8OH^-$

总反应：$BH_4^- + 2O_2 \longrightarrow BO_2^- + 2H_2O$

随着溶液 pH 降低，将发生 $NaBH_4$ 的水解反应，影响燃料利用率。

$BH_4^- + 2H_2O \longrightarrow BO_2^- + 4H_2$

阳极催化剂除传统的碳担载的 Ni、Pd、Pd 金属外，不同类型的储氢合金也得到了广泛的研究，而阳极氧化的催化剂最有效的仍然是 Pt/C 体系。虽然在碱性条件下操作，但不同于 AFC，DBFC 使用高分子隔膜，其中包括阳离子交换膜和阴离子交换膜两种。阳离子交换膜选择性透过 Na^+，常用的是 EW=1100 的 Nafion 膜，使用阳离子交换膜的问题是会使隔膜两侧产生很大的 NaOH 浓度梯度影响电池的正常运行。阴离子交换膜使 OH^- 选择性通过，在电池反应中仅发生 BH_4^- 向 BO_2^- 的转化，能有效避免电解质失衡的问题，但是当前大多数阴离子交换膜在强碱性条件下稳定性较差，且制备成本高昂，尚未有商品化的产品。总的说来，DBFC 的成本高于 DMFC，分析表明在低功率、持续运行时间较短的情况下 $NaBH_4$ 燃料电池更有优势，因此在某些特殊的应用领域 (主要是低功率、对寿命要求不高的应用) 仍然是一种有吸引力的燃料电池类型，并且随着制备技术的提高 $NaBH_4$ 的价格也有望下降。

13.9.3 微生物燃料电池

当前绝大多数的燃料电池都是基于化学物质 (主要是无机材料) 构筑的，其中贵金属催化剂是造成燃料电池高成本的重要因素。自然存在的微生物和酶往往体现出远高于简单化学物质的催化活性，将生物催化应用于燃料电池无疑是一个极具吸引力的课题。利用微生物作为燃料氧化催化剂的燃料电池称为微生物燃料电池 (microbal fuel cell, MFC)。

MFC 的工作原理如图 13.29 所示 [59]，具有催化活性微生物附着于阳极上，MFC 的燃料可以是传统的醇类或糖类燃料，也可以是含有机物的废水，阳极池的微生物通常为厌氧型，能够催化分解阳极池中的有机物产生电荷。在图 13.29 中阴极浸没在溶液中，阴极池中的微生物则是好氧型的，能够促进氧化还原反应。

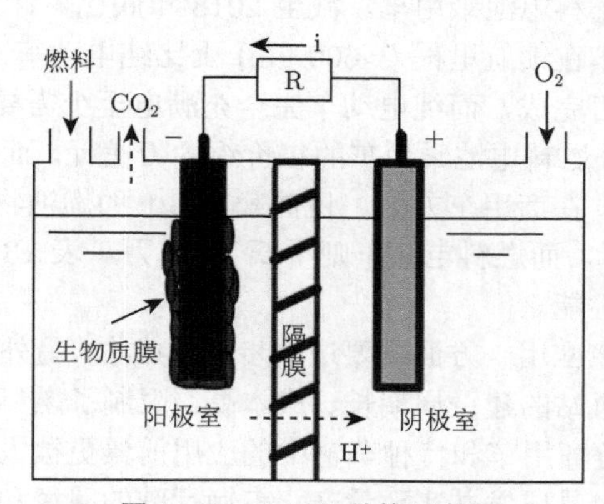

图 13.29 MFC 结构示意图

早在 20 世纪初就在细菌分解有机物的过程中探测到了微弱的电流，但很长一段时间内人们仅将此作为一种有趣的现象，并不寄希望于以此产生可用的电力，如何将生化反应产生的电荷有效的收集是其中一个主要难题。在 20 世纪 80 年代人们发现通过某些有机物作为电子传递的介质可以极大地提高微生物向阳极传递电子的速率，从而大大提高了微生物燃料电池的输出功率。早期的电子传递介质为合成的有机物，大多为有毒且不稳定的氮、硫杂环化合物，近年来发现某些微生物的代谢产物也可以作为电子传递介质，有些微生物本身对阳极也有较高的电子传输速率。

MFC 的阳极通常为具有较高比表面积和较好导电性的炭纸，微生物通过电子传递介质或直接附着于阳极。阴极可以直接浸没于好氧微生物溶液中，但此时起氧化作用的是溶解氧；此外也可以像 PEMFC 中一样将阴极与膜压在一起作为呼吸式阴极，采用传统的 Pt/C 催化剂，直接以空气作为氧化剂。阴阳两极之间的隔膜并非必需的，膜的引入会增加内阻，但隔膜的存在能够使两个电极之间的距离更近，避免短路以及阳极产生的少量 H_2 的扩散。当前在多数 MFC 设计中仍然保留了隔膜，但并非是 PEMFC 中的质子交换膜。

MFC 是极具吸引力的一种燃料电池类型，可以全部采用微生物催化剂而不需要贵金属，同时能利用廉价的燃料例如富营养的工业和生活污水作为原料，是一种将污水变废为宝的手段。当前 MFC 的功率密度已能达到 0.1~1 mW/cm^2，正处于从实验室走向商业化的阶段。MFC 的长时间运行效果还有待于考察，包括微生物寿命、代谢产物以及分解产物产生的淤泥等因素对电池性能的影响。

13.10 燃料电池的应用

13.10.1 燃料电池车

燃料电池车是燃料电池最具吸引力的应用，可以解决燃油车的环境污染问题，相比于纯电动车有续航里程长、燃料加注方便。当前各大主要汽车厂商均在进行燃料电池车的研究开发。20 世纪 90 年代就有汽车厂商推出燃料电池的样车，目前丰田、本田、现代等车企已推出量产的燃料电池乘用车，截至 2018 年底已累计销售超过 1 万辆。实际运行结果表明燃料电池车在续航里程 (>600 km) 上比纯电动车 (~400 km) 具有明显优势，充氢在几分钟内即可完成，而纯电动车完全充满电至少需要 2 h。但是燃料电池车成本仍然偏高，目前国外燃料电池乘用车的售价约 6 万美元，而中高端的纯电动车的售价仅为 3.5 万美元左右。在商用车方面，目前载重 3 t 的燃油物流车成本约 11 万，同级别的纯电动车约 20 万，而燃料电池车则不低于 80 万。表 13.6 对比几款燃料电池乘用车和纯电动车的主要性能。

燃料电池车的大规模应用一方面需要进一步降低成本，另外也极度依赖加氢站等基础设施的建设，目前加氢站的建设周期长、成本高，限制了燃料电池车的推广。燃料电池在大巴、重卡、叉车等商用车和特种车辆中的应用前景更被人看好，这些特种车辆的技术要求较乘用车低，更易研发并实现量产，车辆行驶的路径和加氢时间相对固定，方便进行加氢站的布置。氢燃料电池大巴是目前国内重点发展的燃料电池车，2019 年底国内燃料电池大巴数量约为 5000 辆左右，通过国家和地方的补贴，购车成本可以降低到约 150 万元/辆，与燃油大巴相当。

表 13.6 几款燃料电池车及纯电动车的性能对比 [60]

	丰田 Mirai	本田 Clarity	现代 Nexo	荣威 950	特斯拉 Model 3
车辆尺寸	4890 mm ×1815 mm ×1535 kgmm	4895 mm ×1877 mm ×1478 kgmm	4670 mm ×1860 mm ×1630 kgmm	4996 mm ×1857 mm ×1502 kgmm	4690 mm ×1930 mm ×1440 kgmm
车重	1850	1875	1860	2080	1611
百公里加速	9.7 s	8.8 s	9.6 s	12 s	5.6 s
最高车速	175 km/h	165 km/h	179 km/h	160 km/h	209 km/h
续航里程	502 km	589 km	609 km	430 km	354 km
电堆功率	114 kw	130 kw	120 kw	45 kw	—
电堆功率密度	3.1 kW/L	3.1 kW/L	3.1 kW/L	1.8 kW/L	—
低温冷启动性能	−30 摄氏度	−30 摄氏度	−30 摄氏度	−20 摄氏度	—
储氢量	5 kg	5.5 kg	6.3 kg	4.2 kg	50 kW·h(锂电)
补贴售价	390000 元	402827 元	440000 元	500000 元	291800 元

重卡和叉车等特种车辆可能成为燃料电池车新的增长点。重卡载重量大，在相同行驶里程下燃油重卡尾气排放是轻型车的几十倍，因此电动化有迫切需求。我国拥有世界

上最大的重卡市场，重卡保有率和产量均位居世界第一，各车企现正积极布局燃料电池重卡产业，目前已有部分燃料电池重卡样车投入运营，续航里程最大可超过 1000 km，据估计燃料电池重卡的市场规模在万亿美元级。电动叉车相比于内燃叉车应用领域更广，具有噪声小、环保、灵活性好、操作简单、故障率低且室内外兼用等优势，燃料电池叉车能够较好地解决传统电动叉车动力不足、充电时间长的短板。目前美国燃料电池叉车保有量已超过 3 万辆，Plug Power 是美国燃料电池叉车行业的领导者，2018 年，沃尔玛所拥有的该品牌燃料电池叉车数量已超过 8000 辆，亚马逊也于 2017 年与 Plug Power 签订了合作协议，计划将其 11 个仓库中的电动叉车替换为燃料电池叉车。燃料电池叉车在我国仍处于发展的初级阶段，但已有多家车企看到了该领域的巨大潜力开始投入研发，由于燃料电池叉车对技术的要求不及其他车型，预计将会得到快速发展。

日本的丰田和本田汽车公司是最早推出商用燃料电池车的车企，同时一直坚持自主研发车载燃料电池系统，并且都达到了很高的水平。乘用车对燃料电池系统有很大的空间限制，两家车企开发的 PEMFC 系统在提高电堆性能和系统集成度、控制成本方面都非常有特色。

2020 年丰田公司推出了第二代 Mirai 燃料电池车，其燃料电池系统如图 13.30 所示，升压转换器位于电堆上方。相比较第一代 Mirai，第二代 Mirai 的氢气储量提高了 21%，而续航里程提高了 30%，燃料电池系统的体积和成本也都大幅下降，电堆的功率 114 kW 到 128 kW，单池数量从 370 降至 330，而单池厚度从 1.3 mm 降至 1.1 mm，体积由 33 L 降低至 24 L，功率密度从 3.1 kw/L 升高到 5.4 kW/L。这得益于对整个燃料电池系统的大幅革新。

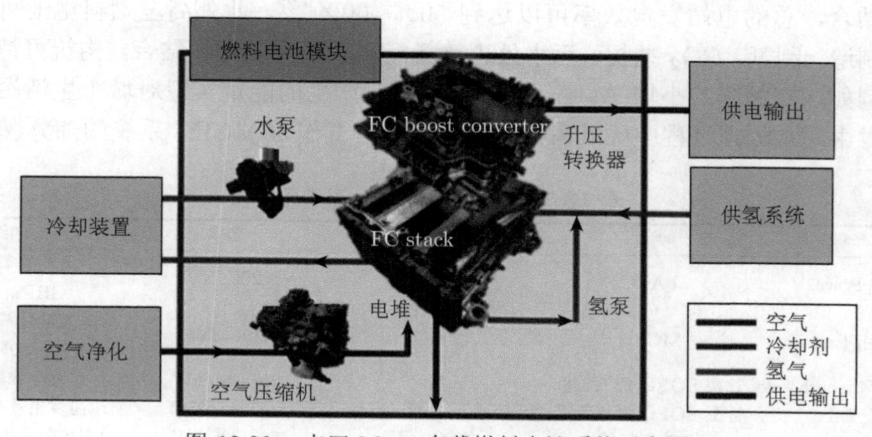

图 13.30 丰田 Mirai 车载燃料电池系统示意图

新型电堆使用 Pt-Co 合金催化剂，Pt 用量降低了 50%，同时采用更薄的质子交换膜提高质子传导率，电堆面积比功率提高了 15%。使用表面沉积了石墨化碳的超薄 Ti 合金双极板，采用具有三维细网格结构的流道，更易于排出产生的水，并使空气与催化剂层更充分的接触。电堆的总体成本降低了 75%。Mirai 燃料电池采用自增湿的方式，无须配备加湿器。自增湿性能主要通过以下几方面来实现：降低了质子交换膜厚度，使阴极侧产生的水反扩散至阳极；在阳极增加了氢循环量，在氢气循环泵中增加了阳极入口到出口的水蒸气供给，实现氢气侧水循环；采用空气和氢气的逆流形式，一般来说入口处气流湿度低而出口处气流湿度高，故可以维持膜的湿度；增加阴极入口冷却液流量，抑制水蒸发，提高阴极入口侧气体相对湿度。此外对空气压缩机、氢罐高压阀等部件都进行了小型化。

本田汽车公司自 1999 年推出了燃料电池原型车 FCX-V1，搭载了巴拉德 60 kW 电堆，后开始电堆的自主研发。2004 年的 FCX 首次采用金属双极板电堆，此后的本田燃料电池车都使用金属双极板电堆。2008 年的 FCX Clarity 采用了垂直式进去的电堆，电堆垂直放置，使氢气和空气由顶部进入，底部排出，通过重力作用提高了排水的效率。2016 年推出的新一代 FCV Clarity 的燃料电池，功率密度达到 3.1 kW/L，比 2008 款 FCX Clarity 燃料电池堆提高 60%。同样采用了超薄的质子膜以强化产物水反扩散性能，增加扩散层的孔隙率以提高气体扩散性能和排水能力，降低流道槽深减小排水阻力，使得电池所需加湿量降低 40%，因此无须采用重力强化排水能力的做法。

13.10.2　燃料电池在分布式电站上的应用

燃料电池的另一大重要应用是固定式的分布式电站。小型的固定式电站 (<10 kW 级)，如移动信号基站等通常仍然使用 PEMFC，固定式电站对体积要求不高，因此可以使用甲醇等燃料重整为燃料电池供氢。MW 级的分布式电站采用 PAFC、MCFC 和 SOFC 等中高温燃料电池 (表 13.7)。中高温燃料电池可直接以烃类，甚至是生物质为燃料，同时可以产生高温蒸汽，实现热电共生 (combined heat and power generation, CHP)，总效率在 70%~90%[61]。SOFC 的阳极排气温度高达 800 ℃ 以上，还可以与燃气轮机结合，总的电站发电效率可以达到 50%~60%[62]。此外高温燃料电池可以与生物柴油制造、制氢、CO_2 捕捉、污水处理等新能源和环保产业相结合，构筑可持续的能量链。例如，在德国的小城 Ahlen，利用 MCFC 产生的能量实现对城市生活污水的处理，同时由污水处理过程中厌氧菌分解产生的燃料气作为 MCFC 系统的部分燃料 [63]。

表 13.7　部分燃料电池分布式电站

生产商	类型	燃料	功率	效率
UTC Power	PAFC	天然气	200 kW	发电效率 40% CHP：90%
Fuel Cell Energy	MCFC	天然气	2.8 MW	发电效率 47% CHP：80%~90%
Siemens-Westinghouse	管型 SOFC-燃气轮机	天然气	25~300 kW	总发电效率 60%
三菱重工	管型 SOFC-燃气轮机	天然气	250 kW	总发电效率 53%
Bloom Energy	SOFC-燃气轮机	天然气、沼气	50~200 kW	总发电效率 53%~65%

13.10.3　燃料电池的其他应用

13.10.3.1　燃料电池潜艇

氢氧燃料电池是一种重要的 AIP(不依赖空气推进) 技术，燃料电池 AIP 潜艇显著改善了潜艇隐蔽性能，是安静型常规潜艇的重要发展方向。2003 年德国海军生产了第一艘用燃料电池推进动力的潜艇，以液氧为氧化剂，氢存储于储氢合金中 [64]。目前德国海军的 212A 型艇有 9 组质子交换膜燃料电池，每组的输出功率为 30~40 kW，满载排水量 1860 t，水下续航 2000 海里。出口型的 214A 型潜艇目前已经出口希腊、韩国、土耳其、葡萄牙等国家，总量达到 23 艘。

13.10.3.2 燃料电池无人机

早期无人机主要是军用，但近年来在航拍、植保、巡检、警备等多领域的应用发展非常迅速。目前无人机大多使用锂电池供电，其续航时间非常有限，燃料电池可大幅提升无人机的续航时间，因此备受关注。部分厂家已经推出氢燃料电池无人机产品，目前大多数氢燃料电池无人机都采用传统的气瓶供氢，但也有部分产品使用化学制氢法。Bshark、科比特、氢航等企业都推出了旋翼式的燃料电池无人机产品，续航可达 4 h 以上。新加坡 Horizon 公司开发了针对燃料电池无人机的 Aeropak 系统，集成了 $NaBH_4$ 水解制氢装置和燃料电池，储能密度可达 600 W·h/kg。

13.10.3.3 便携式电源

便携式电源功率通常在 10~500 W，应用于这一领域的主要是 PEMFC 和 DMFC 等低温燃料电池，但这一应用面临着锂离子电池的竞争。在成本上锂离子电池具有优势，但相比于锂离子电池，燃料电池储能密度更高，燃料补充更为便捷，在户外电源、军事应用等特殊应用场景中有竞争力。小功率的燃料电池技术难度并不高，但对燃料电池的小型化要求很高。便携式电源的另一个技术挑战是储氢方案，小型高压气瓶在储氢密度和加氢便捷性方面没有优势，因此大多采用化学制氢的方式供氢，例如，日本 Rohm 公司和瑞典的 myFC power 公司开发了利用改性 CaH_2 和硅化钠水解供氢的小型燃料电池充电装置。DMFC 也非常适用于便携式电源应用，例如，日立公司的 P3C 型移动电源，体积 11 L，质量 7 kg，利用两个分别装有甲醇溶液和蒸馏水的 450 mL 液体罐，功率能达到 120 W。

13.10.4 燃料电池的成本

成本是限制燃料电池广泛应用的重要因素，美国能源部制定的长远目标成本降至 30 美元/kW，与当前内燃机的动力成本持平。近年来，燃料电池系统的成本下降非常显著，当前车载燃料电池系统 (按 80 kW 计) 的成本约为 2000 元/kW，假定能够达到与当前燃油车产量相当的规模，其成本约 40 美元/kW。以最受关注的燃料电池车为例，当前燃料电池系统的成本占整车制造成本的 50%以上，其中电堆是燃料电池系统的核心，成本约为燃料电池系统的 60%。在核心材料中，催化剂、质子交换膜和双极板的成本分别占电堆的 36%、12%和 23%，合计占电堆成本的 71%，是降低成本的关键。PEMFC 燃料电池系统和电堆成本的大致组成如图 13.31 所示。

电催化剂和膜电极的主要成本是 Pt 等贵金属，目前的技术水平约 0.125 g Pt/kW，但规模效应的作用对催化剂极为有限；而目前其他核心零部件的主要成本都来自于制作成本，规模化将有效促进成本降低。进一步的成本降低有赖于技术和材料工艺水平的进步，例如，开发 Pt 含量更低的高效 Pt 合金催化剂甚至是无 Pt 的高效催化剂，改进质子交换膜、双极板、气体扩散层等关键部件的制作加工工艺等。在电堆关键材料方面，

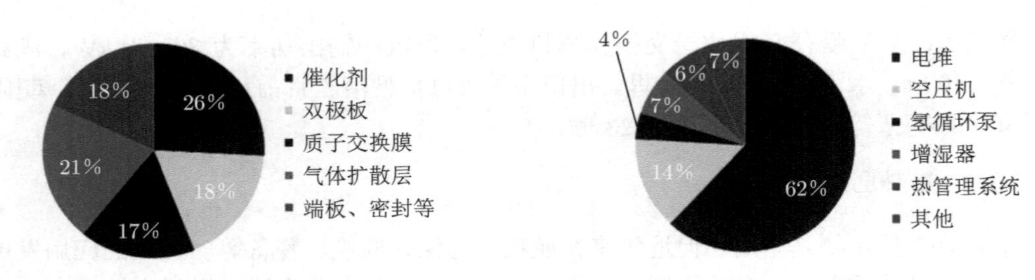

图 13.31　PEMFC 电堆和燃料电池系统的成本构成 (来源：光大证券氢能与燃料电池产业研究报告)

我国与世界先进水平还有一定的差距，但近年来进步非常明显，关键材料量产国产化后将进一步降低电堆的成本。

13.11　燃料电池发展展望

燃料电池已经历了一百多年的发展，目前已初步实现了商业化，但燃料电池技术还有很大的发展空间，不同类型的燃料电池存在一些共性问题有待解决，包括：

燃料电池效率的提升。目前燃料电池的转化效率一般在 50%左右，主要的电压损失来自于电极处的极化以及在高电流密度下的欧姆降，其中电极处的极化包括来自电化学反应和传质的极化，这是不同类型燃料电池面临的共同问题。因此燃料电池效率的提升需要提高电极反应和输运的动力学，具体措施包括：开发更加高效的电催化剂、调控反应物–电催化剂–电解质的多相界面结构促进传质、使用离子导电率更高的电解质以及降低电解质厚度。

燃料电池寿命的提高。目前车载 PEMFC 的寿命要在 10000 h 以上，而用于固定式电站的 SOFC 寿命要在 40000 h 以上。在运行过程中燃料电池中关键材料的性能会衰退，目前已知的机制包括：电极催化剂的腐蚀、团聚以及毒化，质子交换膜的变质和降解，双极板的腐蚀，反应物–电催化剂–电解质的相界面结构的恶化等。上述变化是非常缓慢的，在不同工况下衰退机制也各不相同，因此目前对具体的衰退机制尚不十分清楚。国外对各类燃料电池的研究起步较早，积累了大量实际运行的数据，而国内 PEMFC 的规模应用刚刚起步，SOFC 等高温燃料电池尚未投入应用，寿命是目前国内燃料电池技术与国际先进水平差距最大的环节。借助先进的表征技术可以在燃料电池运行过程中对材料的结构变化进行原位研究，有助于认识关键材料的性能衰退机制，例如，丰田公司通过同步辐射装置对电池运行过程中 Pt-Co 合金催化剂的结构变化以及流场中的水分布进行了深入的研究，用于指导催化剂开发和流场结构优化。

燃料电池系统的优化。燃料电池是一个复杂的整体系统，除了电堆外还需要很多辅助设备进行物料和热量管理，使燃料电池处于最佳的工作状态。辅助设备的质量和体积远大于电堆本身，成本约为整个燃料电池系统的 1/3。在车载等应用领域对于系统的质量和体积要求非常高，否则无法与纯电动车竞争，因此需要在保障燃料电池正常运行的前提下简化辅助设备。从丰田、本田等车企的车载燃料电池系统开发过程中可以看出，对水管理、氢气循环等辅助设备上的改进对燃料电池系统的性能提升作用是巨大的，这对于燃料电池系统的开发是非常重要的启示。

燃料电池成本的降低。成本下降一方面得益于燃料电池技术的进步，另一方面也依赖于规模效应。以 PEMFC 为例，贵金属是其中最昂贵的原材料，但目前其成本不到电堆的 30%，其他如质子交换膜、双极板、气体扩散层等可以通过制造加工技术的改进和规模效应进一步降低成本，因此即使在目前的技术框架下，燃料电池的成本仍然还有很大的下降空间。

目前具有较大应用前景的低温燃料电池包括 PEMFC、DMFC 和 AFC。PEMFC 的性能最好，用途也最为广泛，几乎涵盖所有的应用，是当前开发的重点。目前传统 PEMFC 的研发目标是进一步提高电堆性能和寿命，同时降低成本，研发重点是高效低贵金属含量的催化剂以及更薄的质子交换膜和双极板。PEMFC 的一个重要发展方向是开发运行温度在 160 ℃ 以上的高温 PEMFC，升高温度有利于加快电极反应和质子传导动力学，同时提高对氢气中杂质的耐受性，有望实现 PEMFC 性能的大幅提升，其中的关键是开发能够在更高温度下运行的质子交换膜。DMFC 可以看成一类特殊的 PEMFC，其优势是可以直接使用液态燃料而无需储氢，在小型便携式电源等一些特定的应用领域具有优势。DMFC 需要解决的问题是甲醇氧化过程中含碳中间体对催化剂的毒化以及甲醇渗漏，研发重点是高效的甲醇氧化催化剂以及抗甲醇渗漏的质子交换膜。AFC 是最早实用化的燃料电池，其优势在于可以使用较廉价的金属作为电催化剂，同时对氢气中杂质的耐受性强于 PEMFC。目前 AFC 的研发重点是开发高电导率的阴离子交换膜，以提高电堆功率密度和对 CO_2 的耐受性。

在中高温燃料电池领域，PAFC、MCFC 技术已较为成熟，并成功实现了商业化应用，而性能更好的 SOFC 是高温燃料电池开发的重点，通过与燃气轮机结合在分布式电站和微电网领域具有重要的应用前景。目前 SOFC 的运行温度仍然偏高，需要将运行温度从 1000 ℃ 降低至 600 ℃ 左右，因此开发的重点是中温下具有高离子导电率的氧离子导体，同时 SOFC 中还涉及宽温域下保持电极–电解质之间的良好界面接触以及高温密封材料等低温燃料电池中不涉及的问题。

一些燃料电池的优势、发展方向和重点研发内容汇总于表 13.8 中。

表 13.8 部分燃料电池的优势、发展方向和重点研发内容

电池类型	优势和发展方向	重点研发内容
PEMFC	优势：功率密度高 发展方向：在现有技术方案下提高功率密度和寿命、降低成本，同时开发高温 PEMFC	开发高活性低铂催化剂；进一步提高高聚物膜的质子传导率；开发更薄、耐腐蚀性更好、加工性能更好的双极板材料，优化流场设计，提高气体和水的传输效率；开发高温质子交换膜
DMFC	优势：使用低成本液态燃料，无需储氢系统 发展方向：提高甲醇电化学氧化动力学，抑制甲醇渗漏	开发对甲醇氧化具有高效率和高选择性的电催化剂；开发抗甲醇渗漏的质子交换膜
AFC	优势：无需使用 Pt 催化剂，对氢气中杂质耐受性好 发展方向：提高对空气中 CO_2 的耐受性	开发高离子电导率的阴离子交换膜
SOFC	优势：性能优于 PAFC 和 DMFC 发展方向：降低运行温度	开发中温下具有高离子电导率的氧离子导体；在宽温域下保持电极–电解质界面稳定性；开发高温密封材料

(郑捷)

参考文献

[1] Andújar J M, Segura F. Fuel cells: History and updating. A walk along two centuries. Renewable and Sustainable Energy Reviews, 2009, 13(9): 2309-2322.

[2] EG&G Technical Services. Fuel Cell Handbook (Seventh Edition). US Department of Energy, 2004.

[3] 衣宝廉. 燃料电池：原理. 技术应用. 北京: 化学工业出版社, 2003.

[4] Carrette L, Friedrich K A, Stimming U. Fuel cells: Fundamentals and applications. Fuel Cells, 2001, 1(1): 5-39.

[5] Burchardt T, Gouérec P, Sanchez-Cortezon E, et al. Alkaline fuel cells: Contemporary advancement and limitations. Fuel, 2002, 81(17): 2151-2155.

[6] Bidault F, Brett D J L, Middleton P H, et al. Review of gas diffusion cathodes for alkaline fuel cells. Journal of Power Sources, 2009, 187(1): 39-48.

[7] Han E, Eroglu I, Türker L. Performance of an alkaline fuel cell with single or double layer electrodes. International Journal of Hydrogen Energy, 2000, 25(2): 157-165.

[8] McLean G F, Niet T, Prince-Richard S, et al. An assessment of alkaline fuel cell technology. International Journal of Hydrogen Energy, 2002, 27(5): 507-526.

[9] Al-Saleh M, Gültekin S, Al-Zakri A, et al. Effect of carbon dioxide on the performance of Ni/PTFE and Ag/PTFE electrodes in an alkaline fuel cell. Journal of Applied Electrochemistry, 1994, 24(6): 575-580.

[10] Gülzow E. Bipolar concept for alkaline fuel cells. Journal of Power Sources, 2006, 156(1): 1-7.

[11] Hejze T, Besenhard J O, Kordesch K, et al. Current status of combined systems using alkaline fuel cells and ammonia as a hydrogen carrier. Journal of Power Sources, 2008, 176(2): 490-493.

[12] Lu S, Pan J, Huang A, et al. Alkaline polymer electrolyte fuel cells completely free from noble metal catalysts. Proceedings of the National Academy of Sciences, 2008 105(52): 20611-20614.

[13] Tang D P, Pan J, Lu S F, et al. Alkaline polymer electrolyte fuel cells: Principle, challenges, and recent progress. Science China-Chemistry, 2010, 53(2): 357-364.

[14] Strasser K. The design of alkaline fuel cells. Journal of Power Sources, 1990, 29(1-2): 149-166.

[15] Donald James Connolly, W. F. Gresham. Fluorocarbon vinyl ether polymers, 1966, US Patent 3282875.

[16] Mauritz K A, Moore R B. State of understanding of nafion. Chemical Reviews, 2004 104(10): 4535-4586.

[17] Kreuer K D, Paddison S J, Spohr E, et al. Transport in proton conductors for fuel-cell applications: Simulations, elementary reactions, and phenomenology. Chemical Reviews, 2004, 35(50): no.

[18] Shao Y Y, Yin G P, Wang Z B, et al. Proton exchange membrane fuel cell from low temperature to high temperature: Material challenges. Journal of Power Sources, 2007, 167(2): 235-242.

[19] Zaidi S M J. Research Trends in Polymer Electrolyte Membranes for PEMFC. Polymer Membranes for Fuel Cells. Springer Science, LLC, New York, 2009, DOI:10.1007197-0-387-73532-0_2

[20] Wei J, Stone C, Steck A E. Trifluorostyrene and substituted triflurostyrene copolymeric compositions and ion-exchange membranes formed therefrom. 1995, US Patent 5422411.

[21] Savadogo O. Emerging membranes for electrochemical systems. Part II. High temperature composite membranes for polymer electrolyte fuel cell (PEFC) applications. Journal of Power Sources, 2004, 127(1-2): 135-161.

[22] Walsby N, Sundholm F, Kallio T, et al. Radiation-grafted ion-exchange membranes: Influence of the initial matrix on the synthesis and structure. Journal of Polymer Science Part A: Polymer Chemistry, 2001, 39(17): 3008-3017.

[23] Kerres J A. Development of ionomer membranes for fuel cells. Journal of Membrane Science, 2001, 185(1): 3-27.

[24] Li Q F, He R H, Jensen J O, et al. Approaches and recent development of polymer electrolyte membranes for fuel cells operating above 100 ℃. Chemistry of Materials, 2003, 15(26): 4896-4915.

[25] Roziere J, Jones D J. Non-fluorinated polymer materials for proton exchange membrane fuel cells, Annual Review of Materials Research, 2003, 33(1): 503-555.

[26] Asensio J A, Sanchez E M, Gomez-Romero P. Recent developments on proton conducting poly(2,5-benzimidazole) (ABPBI) membranes for high temperature polymer electrolyte membrane fuel cells. Chemical Society Reviews, 2010, Fuel Cells, 5(3): 336-343.

[27] Schmidt T J, Baurmeister J. Properties of high-temperature PEFC Celtec®-P 1000 MEAs in start/stop operation mode. Journal of Power Sources, 2008, 176(2): 428-434.

[28] Yu X W, Ye S Y. Recent advances in activity and durability enhancement of Pt/C catalytic cathode in PEMFC. Part I. Physico-chemical and electronic interaction between Pt and carbon support, and activity enhancement of Pt/C catalyst. Journal of Power Sources, 2007, 172(1): 133-144.

[29] Yu X W, Ye S Y. Recent advances in activity and durability enhancement of Pt/C catalytic cathode in PEMFC. Part II: Degradation mechanism and durability enhancement of carbon supported platinum catalyst. Journal of Power Sources, 2007, 172(1): 145-154.

[30] Tran T D, Langer S H. Graphite pre-treatment for deposition of platinum catalysts. Electrochimica Acta, 1993, 38(11): 1551-1554.

[31] 张海峰，衣宝廉，侯明，等. 质子交换膜燃料电池双极板的材料与制备. 电源技术，2003, 27(2): 129-133.

[32] 李俊超，王清，蒋锐，等. 质子交换膜燃料电池双极板材料研究进展. 材料导报A：综述篇，2018, 32(15): 2584-2595, 2600.

[33] Heras D, Vivas F J, Segura F, et al. From the cell to the stack. A chronological walk through the techniques to manufacture the PEFCs core. Renewable and Sustainable Energy Reviews, 2018, 96: 29-45.

[34] Aricò A S, Srinivasan S, Antonucci V. DMFCs: From fundamental aspects to technology development. Fuel Cells, 2001, 1(2): 133-161.

[35] Dillon R, Srinivasan S, Arico A S, et al. International activities in DMFC R&D: Status of technologies and potential applications. Journal of Power Sources, 2004, 127(1-2): 112-126.

[36] Liu H S, Song C J, Zhang L, et al. A review of anode catalysis in the direct methanol fuel cell. Journal of Power Sources, 2006, 155(2): 95-110.

[37] Thomas S C, Ren X M, Gottesfeld S, et al. Direct methanol fuel cells: Progress in cell performance and cathode research. Electrochimica Acta, 2002, 47(22-23): 3741-3748.

[38] Wen Z, Liu J, Li J. Core/shell Pt/C nanoparticles embedded in mesoporous carbon as a methanol-tolerant cathode catalyst in direct methanol fuel cells. Advanced Materials, 2008, 20(4): 743-747.

[39] Antolini E, Lopes T, Gonzalez E R. An overview of platinum-based catalysts as methanol-resistant oxygen reduction materials for direct methanol fuel cells. Journal of Alloys and Compounds, 2008, 461(1-2): 253-262.

[40] Neburchilov V, Martin J, Wang H J, et al. A review of polymer electrolyte membranes for direct methanol fuel cells. Journal of Power Sources, 2007, 169(2): 221-238.

[41] Liang Z X, Zhao T S, Prabhuram J. Diphenylsilicate-incorporated Nafion®membranes for reduction of methanol crossover in direct methanol fuel cells. Journal of Membrane Science, 2006, 283(1-2): 219-224.

[42] Schmidt T J, Baurmeister J. Properties of high-temperature PEFC Celtec®-P 1000 MEAs in start/stop operation mode. Journal of Power Sources, 2008, 176(2): 428-434.

[43] Kerres J A. Journal of Membrane Science, 2001, 185: 29-39.

[44] Ahmad H, Kamarudin S K, Hasran U A, et al. Overview of hybrid membranes for direct-methanol fuel-cell applications. International Journal of Hydrogen Energy, 2010, 35(5): 2160-2175.

[45] Deluca N W, Elabd Y A. Polymer electrolyte membranes for the direct methanol fuel cell: A review. Journal of Polymer Science Part B-Polymer Physics, 2006, 44(16): 2201-2225.

[46] Chang J R, Lee J F, Lin S D, et al. Carbon-supported platinum catalyst electrodes: Characterization by transmission electron microscopy, X-ray absorption spectroscopy, and electrochemical half-cell measurement on a phosphoric acid fuel cell. Journal of Physical Chemistry, 1995, 99(40): 14798-14804.

[47] Stonehart P. Development of alloy electrocatalysts for phosphoric acid fuel cells (PAFC). Journal of Applied Electrochemistry, 1992, 22(11): 995-1001.

[48] Ghouse M, Alboeiz A, Abaoud H, et al. Preparation and evaluation of PTFE-bonded porous gas diffusion carbon electrodes used in phosphoric acid fuel cell applications. International Journal of Hydrogen Energy, 1995, 20(9): 727-736.

[49] Hara N, Tsurumi K, Watanabe M. An advanced gas diffusion electrode for high performance phosphoric acid fuel cells. Journal of Electroanalytical Chemistry, 1996, 413(1-2): 81-88.

[50] Mitsuda K, Murahashi T, Matsumoto M, et al. Estimation of corrosion conditions of a phosphoric acid fuel cell. Journal of Applied Electrochemistry, 1993, 23(1): 19-25.

[51] Song R H, Dheenadayalan S, Shin D R. Effect of silicon carbide particle size in the electrolyte matrix on the performance of a phosphoric acid fuel cell. Journal of Power Sources, 2002, 106(1-2): 167-172.

[52] Bergaglio E, Sabattini A, Capobianco P. Research and development on porous components for MCFC applications. Journal of Power Sources, 2005, 149: 63-65.

[53] Jacobson A J. Materials for solid oxide fuel cells. Chemistry of Materials, 2010, 22(3): 660-674.

[54] Brett D J L, Atkinson A, Brandon N P, et al. Intermediate temperature solid oxide fuel cells. Chemical Society Reviews, 2008, 37(8): 1568-1578.

[55] Goodenough J B, Huang Y H. Alternative anode materials for solid oxide fuel cells. Journal of Power Sources, 2007, 173(1): 1 -10.

[56] Lee J H, Moon H, Lee H W, et al. Quantitative analysis of microstructure and its related electrical property of SOFC anode, Ni–YSZ cermet. Solid State Ionics, 2002, 148(1-2): 15-26.

[57] Minh N Q. Solid oxide fuel cell technology—features and applications. Solid State Ionics, 2004, 174(1-4): 271-277.

[58] Cheng H, Scott K, Lovell K. Material aspects of the design and operation of direct borohydride fuel cells. Fuel Cells, 2006, 6(5): 367-375.

[59] Rinaldi A, Mecheri B, Garavaglia V, et al. Engineering materials and biology to boost performance of microbial fuel cells: A critical review. Energy & Environmental Science, 2008, 1(4): 417.

[60] 中国氢能联盟. 中国氢能源及燃料电池产业白皮书 (2019 版). 2019.

[61] Figueroa R A, Otahal J. Utility experience with a 250-kW molten carbonate fuel cell cogeneration power plant at NAS Miramar, San Diego. Journal of Power Sources, 1998, 71(1-2): 100-104.

[62] 曹静，王小博，孙翔，等. 基于固体氧化物燃料电池的高效清洁发电系统. 南方能源建设，2020, 7(2): 28-34.

[63] Krumbeck M, Klinge T, Doding B. First European fuel cell installation with anaerobic digester gas in a molten carbonate fuel cell. Journal of Power Sources, 2006, 157: 902-905.

[64] 张翔明. 德国潜艇用燃料电池进展. 电源技术，2012, 36(9): 1421-1422.

第 14 章　金属氢化物储氢装置与技术

由于氢在一般条件下是以气态形式存在的，这就为其储存和运输带来很大的困难。目前储氢技术主要分为高压气态储存、低温液氢储存和金属氢化物储存。不同的储氢方式对储氢容器有着不同的技术要求，气态高压储氢是最普通和最直接的储氢方式，通过调节减压阀就可以直接释放出氢气。但是普通钢瓶储氢容量很低，比如容积为 40 L 的钢瓶在 15 MPa 高压储存氢气，这样的钢瓶只能储存 6 m^3 的标准氢气，重约半公斤，还不到高压钢瓶质量的 1%。所以气态高压储氢的缺点是储氢量小，运输成本过高。

此外，氢气在先经过压缩机压缩，再经过换热器进行冷却，低温高压的氢气最后经过节流阀进行膨胀和进一步地冷却，可生成液态氢，从而储存于液化罐中。液态储存具有较高的体积能量密度，常温常压下液氢的密度为气态氢的 845 倍，体积能量密度比压缩储存要高好几倍，与同一体积的储氢容器相比，其储氢质量大幅度提高。但是液态储氢整个过程消耗的能量较大，此外，液化罐需要具有很好的热绝缘性。由于罐外部的热侵入，液体氢气会蒸发，也得预留蒸发气体的空间，结果储存系统整体的体积变大。目前的最好水平是，每天储藏的液体氢气的蒸发量控制在 3%～6%，以后的目标是储藏 5kg 的氢气系统体积和重量控制在 80 L、50 kg 以下，每天氢气的蒸发量控制在 1%～2%，预留死空间的调压以及低温下高压气体的控制将是重要课题。

表 14.1 是气液固三种储氢技术的比较，相比于高压和液态储氢，金属氢化物储氢的最大优势在于高的体积储氢密度 (比如储氢合金本身的体积储氢密度甚至可达 90 kg/m^3) 和高度的安全性。这是由于氢化物中以原子态方式储存的缘故。但是金属氢化物氢储氢罐的主要问题是重量大，这是由于金属氢化物本身重量储氢密度偏低。为解决这个问题，必须开发高储氢密度的储氢材料。此外，将金属氢化物储氢器与轻质高压储氢压力容器结合在一起，得到新型金属氢化物复合高压储氢容器也是一个新的思路。

高压储氢已在前面章节详细介绍，本章内容将主要集中在金属氢化物储氢容器，同时对金属氢化物复合高压储氢容器也做一些简单的介绍。

储氢合金容器是指将金属储氢材料填装到金属或非金属储罐中，利用金属氢化物实现氢的贮存，一般由储氢材料、储氢容器、导热机构、导气机构和阀门五部分组成。与高压气态储氢相比，金属氢化物储氢是一种固态储氢技术，吸放氢压力较低，低压储罐工作压力仅为 3~5 MPa，安全性较高，同时吸放氢过程简单。不同金属氢化物的储氢性能差别较大，可以分为: AB_5 型稀土系，AB_2 型 Ti-Mn 系、Zr-V 系，A_2B_7 型 La-Mg-Ni 系、A_2B 型 Mg 系，AB 型 TiFe 系等。表 14.2 列举了几种常见储氢合金的性能参数，并按松装密度 3.1 g/cm^3 计算了各类合金的体积储氢密度。由表 14.2 可知，储氢合金体积密度非常高，TiFe 基储氢合金约是常温常压下气态氢气的 700 倍，和液氢的密度接近，是现有稀土基 $LaNi_5$ 型储氢合金的 1.36 倍。但其质量储氢密度不高，是应用于车载储能领域的主要障碍之一。

表 14.1 气液固三种不同储氢方式的性能比较

储氢方式	普通高压储氢罐	超高压储氢罐	液态氢储氢罐	金属氢化物储氢罐	低温高压吸附储氢罐	高压金属氢化物储氢罐
系统重量储氢密度 (wt%)	1★ <1%	4★ >4.5%	5★ 5.1%	2★ 1.0~2.6%	5★ 1.0~4.0%	4★ 3.0%
系统体积储氢密度 (kgH_2/m^3)	1★ 26.4(20MPa)	2★ 35.5 (70MPa)	5★ 70.85	4★ 25~40	3★ 25~38	4★ 25~40
动力学	5★	5★	5★	2★	5★	5★
价格	5★	2★	1★	2★	1★	2★
安全性	2★	1★	1★	5★	1★	1★
优点	技术成熟、成本低、使用方便、充放氢速度快	技术成熟、设备简单、成本较低、充放氢速度快	体积和重量储氢密度大、接近实用化	体积储氢密度高、安全性好、可长期储存	储氢密度高、吸放氢快、可逆性好、使用寿命长	体积和重量储氢密度高、可长期储存
缺点	储氢量低、单位体积储氢密度低	储氢量低、单位体积储氢密度低、安全性差	成本高，结构复杂、液化能高、长期储存困难	重量储氢密度低、快速吸放氢困难	需要液氮温度以下低温，长期储存困难	结构复杂、储氢材料选择有限、安全性差

表 14.2 主要储氢合金性能参数

类型	氢化物	储氢容量/%	质量储氢密度/(g/kg)	体积储氢密度/(g/L)
AB_5	$LaNi_5H_6$	1.38	13.8	42.78
AB_2	$Ti_{1.2}Mn_{1.8}H_3$	1.90	19.0	58.90
	$ZrV_2H_{4.8}$	2.30	23.0	71.30
A_2B_7	$La_2Ni_7H_9$	2.00	20.0	62.00
A_2B	Mg_2NiH_4	3.60	36.0	111.60
AB	$TiFeH_2$	1.86	18.6	57.66

14.1 金属氢化物储氢容器

以金属氢化物为介质的储氢容器与高压气态和液态储氢方式相比，具有体积储氢密度高、储存氢压低、氢气纯度高、安全性好和使用寿命长等优点，有很好的应用前景。自 1976 年采用 Ti-Fe 系合金为介质实现储氢后，经过三十多年的发展，金属氢化物储氢装置已经在许多领域得到应，如氢气的安全储运系统、燃氢车辆的氢燃料箱、电站氢气冷却装置、工业副产氢的分离回收装置，氢同位素分离装置、燃料电池的氢源系统等。随着质子交换膜燃料电池技术的发展，金属氢化物储氢容器的发展也更加迅速，1996 年日本丰田公司首次将金属氢化物储氢装置用于质子交换膜燃料电池电动汽车的车载氢源，德国也采用金属氢化物储氢装置作为其 AIP 型潜艇的常规动力 [1,2]。国内的固态储氢技术与装置研究始于 20 世纪 70 年代末，研究单位包括北京有色金属研究总院、浙江大学、中国科学院上海微系统与信息技术研究所等。

14.1.1 金属氢化物储氢容器储氢原理与设计

1) 储氢容器储氢原理

图 14.1 是储氢合金容器的原理图。某些金属或合金可以与氢反应生成金属氢化物，生成的金属氢化物加热后释放出氢气，其化学反应方程式为

$$合金 + H_2(气体) \underset{吸热}{\overset{发热}{\rightleftharpoons}} 金属氢化物(固体) + \Delta H(热) \tag{14.1}$$

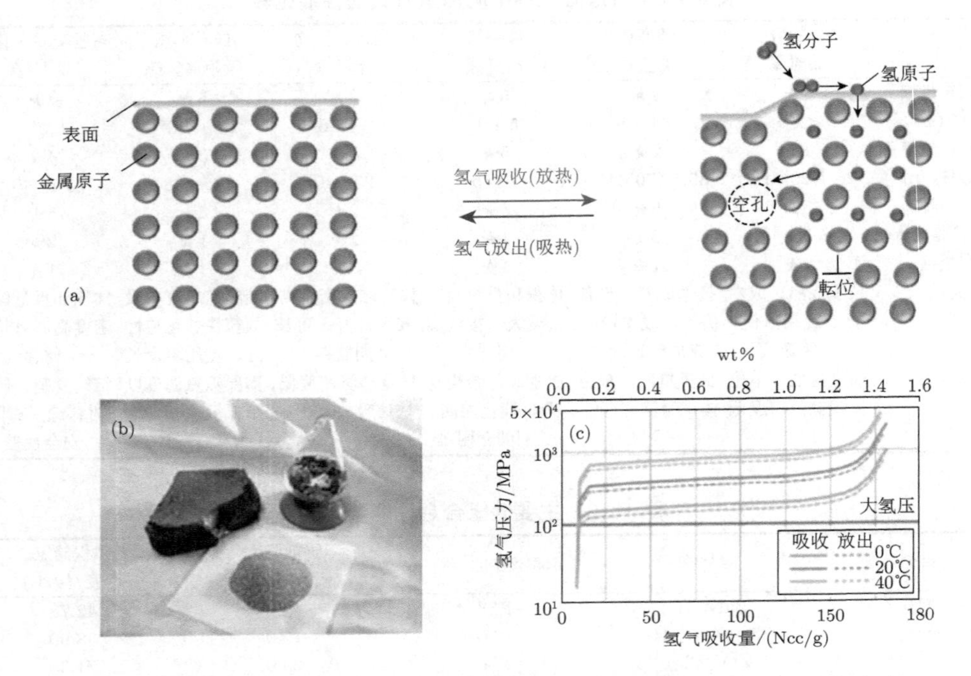

图 14.1　常温低压下储氢合金的工作原理图: (a) 储氢合金原理，(b) 储氢合金，(c) 储氢合金性能

这种反应可以可逆进行，从而实现氢气的储存和供给作用。金属氢化物储氢密度可达到标准状态下氢气的 1000 倍，与液氢相同甚至超过液氢。金属氢化物储氢容器就是利用其中的储氢合金的选择性吸氢能力，吸收含氢气体中的氢形成金属氢化物，进行氢气存储的。储氢合金的储氢容量密度、吸放氢温度、平台压力随着储氢合金的不同有很大变化，如图 14.1(c) 所示，可以由储氢合金的 PCT 曲线了解，它决定了储氢容器的基本特性。

图 14.2 是储氢合金容器的结构图。金属氢化物储氢装置将储氢合金以一定的方式装填到容器内，利用储氢合金的可逆吸放氢能力，达到储存、净化氢气的目的。与高压气态储氢相比，金属氢化物储氢是一种固态储氢技术，具有储氢压力低、体积储氢密度高、安全性能好、吸放氢过程简单的优点，已应用于氢气的储存、储运、净化、压缩以及副产氢的分离回收、仪器配套、燃料电池、半导体工业、保护气体、氢原子钟、氢气净化等领域。同时金属氢化物储氢容器进行氢气存储时，氢气将浓缩于反应器空间的杂质气体吹除，纯度可达 99.9999%的氢气。

2) 储氢容器结构设计

储氢容器除了储氢合金本身的性质以外，储氢合金在吸氢放氢过程中具有显著热效应，吸氢时放热，放氢时吸热，且储氢合金粉末的导热性差，储氢装置的传热特性也受储氢装置尺寸、储氢合金粉末粒度、装置内合金的填充率等因素影响。此外，吸放氢伴随的体积膨胀可以高达 25%，需要充分考虑体积膨胀的应力以及空间变化。对于金属氢化物储氢器，除了满足基本的密封、耐压、抗氢脆等条件以外，还要考虑到氢化反应后体积的膨胀及吸放氢热效应等因素，应考虑与外界进行有效热传递的问题，并提供氢气流动的通道，所以储氢容器内部通常会隔成小的空间，然后再在隔层上安装散热片、水循环系统或者其他的加热冷却器来保证整个储氢系统正常工作 [3]。

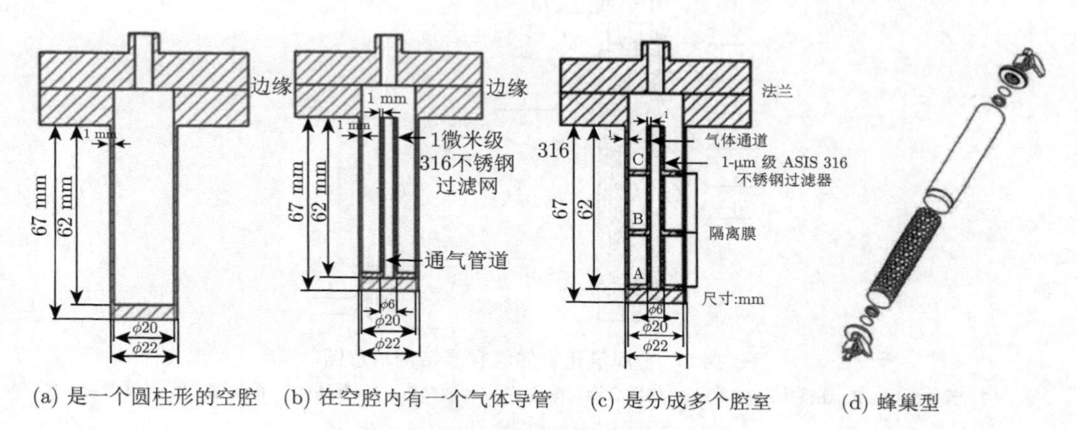

(a) 是一个圆柱形的空腔 (b) 在空腔内有一个气体导管 (c) 是分成多个腔室 (d) 蜂巢型

图 14.2 储氢合金容器的结构图

目前金属氢化物储氢装置存在一些问题，影响了它的使用：如金属氢化物粉末易流动，吸氢后体积膨胀，导致装置变形甚至发生破坏；金属氢化物粉末导热性差，使装置内部热传递缓慢，影响了材料的吸放氢速率。因此，改善和提高金属氢化物粉末的传热、传质性能是促进金属氢化物储氢装置推广应用的关键。

金属氢化物储氢器尽管承受压力远低于高压储氢容器，但也有严格的要求。基于储氢材料的特性具体要求有：①储氢合金粉本身的导热性较差，在吸放氢过程中需要进行热交换，因此储氢装置需具有较好的传热结构，能够有效与外界进行热交换；②应在储氢容器内部合理装填，储氢填料通常为粉体，要防止粉末流动造成局部堆积，使罐体内局部压力过大后发生变形；③由于储氢合金粉吸氢后容易产生体积膨胀，因此应设计足够多的膨胀空间；④储氢装置罐体需要安全可靠、密闭性好、耐压性能好，罐体材质要耐腐蚀和氢脆，寿命长；⑤储氢材料在吸放氢过程中发生粉化，在气流驱动下粉末会逐渐堆积形成紧实区，增加了氢流动阻力，应提供氢气流出流入的空间，便于氢气流动；⑥价格合理、经济可行、使用方便、耐用。

目前，储氢装置罐体多采用圆筒状金属外壳，一方面便于加工，另一方面圆柱结构外壁与外部接触面积大，可有效进行热交换。金属氢化物储氢容器根据不同要求，有不同的设计，但结构大体相似。图 14.3 和图 14.4 为两个结构实例 [4,5]，是最简单的储氢罐结构。储氢容器除必要的壳体、阀门及储氢介质外，还有导热机构。制备储氢容器工艺并不复杂，图 14.3 所示装置在镀镍钢板筒体内放置纯铝导热网，灌装储氢合金后将带有铜质过滤器的盖子与筒体通过压缩密封方式连接，接上阀门后完成储氢容器的制作。图 14.4 所示储氢容器制作过程与图 14.3 相似，不同的是其筒体为铝合金，出气盖与筒体为氩弧焊焊接。储氢容器工作时填充某种金属或合金的储氢容器在一定温度下与氢气接触后吸收氢气使氢以原子态储存于合金中。加热后，经历扩散、相变、化合等过程可重新释放出氢气。这些过程受到热效应和反应速度的制约，不易爆炸，安全程度高。

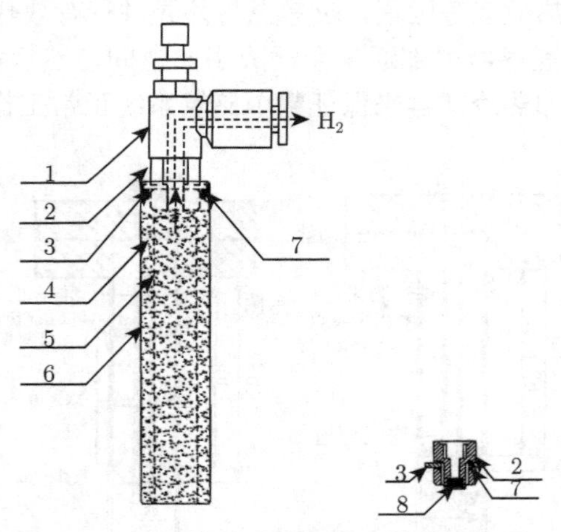

图 14.3　金属氢化物储氢容器结构示意图

1. 气体阀门；2. 连接头；3. 盖；4. 储氢合金；5. 导热、分散结构；6. 筒体；7. 密封圈；8. 过滤器

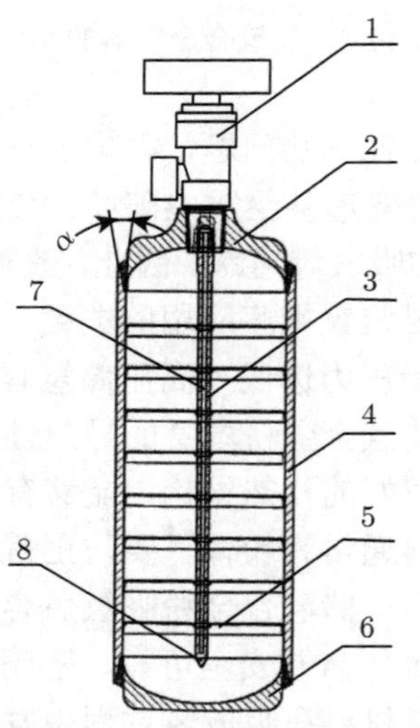

图 14.4　燃料电池用储氢容器结构示意图

1. 气体阀门；2. 出气盖；3. 过滤器；4. 筒体；5. 导热、分散结构；6. 下盖；7. 通气空腔；8. 通气空腔顶部

使用金属氢化物储氢容器可以实现氢的固态化储存运输，大大降低了储运压力，提高了储氢密度 (可达液氢密度)，并由于放氢速度受温度控制而提高了安全性。而且该装置可将氢的净化和储存运输合为一体，既可使用单一功能，又可多功能复合使用，操作简便，流程短，效率高，稳定性好，有很好的应用前景。

14.1.2　储氢容器的分类及优缺点

直接把储氢合金分填充到罐体内，通过振动使粉体填充致密。但是这类储氢罐只能在室温附近通过罐体外壁进行热传导，热传导的效率以及工作温度都有限制，往往使用在小型 $LaNi_5$ 型储氢罐上。

根据不同的储氢材料的特性，储氢容器可选用不同的结构模式。根据储氢材料传热性能的差异，要选用不同的热交换方式，表 14.3 列举了几种热交换方式的储氢容器。针对不同的热交换模式，储氢容器可选用不同的内部间隔形式，单元层叠型、双螺旋管式、分割型及套筒翅片型等 [6]。

表 14.3 不同储氢材料及储氢容器使用热交换方式对照表

研究机构、企业	储氢合金	氢存储量/Nm^3	热交换方式
Billings Energy Co. (AHT5)	$Ti_{51}Fe_{45}Mn_5$	2.5	外壁电加热器
Hydrogen Consultants MPD technology 等	$MmNi_5$ 系	2.8	水、空气，铜管热交换
Ergenics (STmodel)	$MmNi_5$ 系 TiFe 系	0.028~2.55	大气热交换
KFA julich	TiFe 系	1.7	内部、外部
化学技术研究所	Mg-10%Ni	2.9	外壁加热 300 °C
大阪工业技术试验所 高压 gas 工业	$MmNi_{4.5}Al_{0.5}$	1.0	外壁加热，⩽60
松下电器产业	$TiMn_2$ 系	1.2	大气热交换、风扇送风

(1) 内部间隔型储氢装置：图 14.5 为一内部间隔型小型储氢器结构简图。密闭容器内一定间隔平行固定两块多孔板，其外侧隔一定距离平行安装加热冷却器，储氢合金分别填充在多孔板和加热冷却器的间隔内。当向两块多孔板组成的小隔室内导入氢气时，氢就会沿着整个多孔板的板面向吸氢合金内扩散，并被储存起来。这时产生的热量经多孔板对面的加热冷却器排出。这种结构的特点是合金的厚度总保持一定，合金在吸热和释放氢过程中没有任何传热损失，有利于规模进一步扩大。因此，合金层厚度取决于合金的热特性和合金层的传热状况。

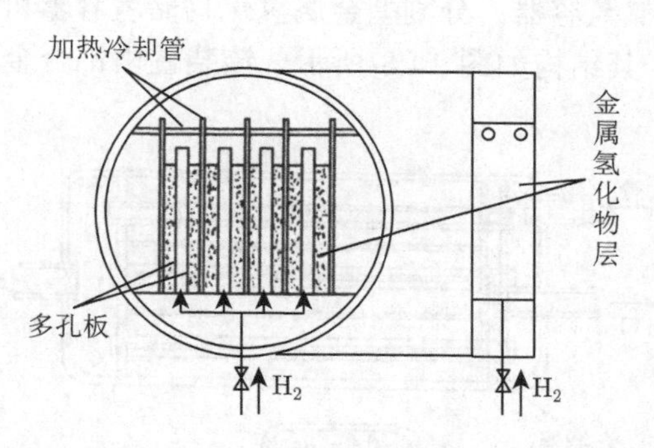

图 14.5 内部间隔型吸氢装置

(2) 单元层叠型储氢装置：图 14.6 为单元层叠型储氢装置简图。图右侧有氢气管 B，左侧有加热、冷却水管 A、A′ 容器为圆柱形，其内部有隔一定距离平行固定的 3 只换热器和位于其中间的两只多孔金属袋。换热器与循环冷、热水相连，多孔金属袋与通氢气管相连。储氢材料填充于换热器和多孔金属袋之间。吸氢时，经管道 B 进入容器的氢，由多孔金属袋的表面向合金层扩散，被储氢材料吸收，所产生的热量利用流经换热单位的冷水经左侧配管 A 带走；释放氢时，向换热器内送入热水，使合金层升温放氢。所释放的氢气，进入多孔金属袋收集后，经氢气管道输出。该装置可以在 0.8 MPa 氢压下，在同一装置内进行活化和吸放氢操作，而且氢的吸收和释放速度均可满足要求。

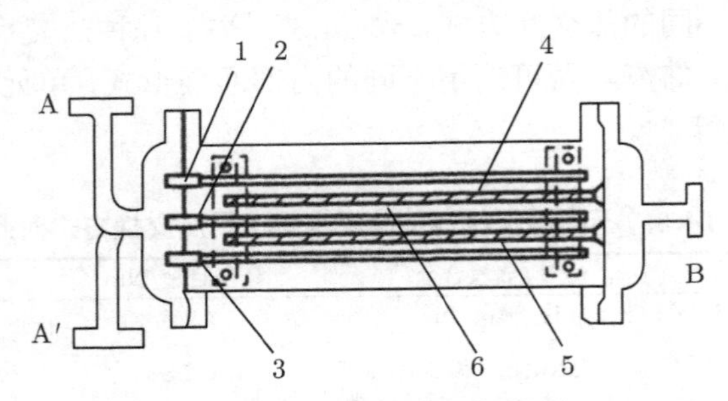

图 14.6　单元层叠型储氢装置

A. 冷水管；B. 通氢管；1, 2, 3. 换热器；4, 5. 多孔金属袋；6. 储氢材料

(3) 双螺旋管式热交换器储氢容器：图 14.7 为一种汽车用储氢容器，该装置为 SUS 钢制卧式圆筒形，直径 320 mm, 长 2100 mm，内部容积为 140 L，储氢合金采用 $LaNi_5Al_{0.1}$, 合金充填量为 480 kg(约 60 L)，容器质量 183 kg，总质量 663 kg，热交换形式为温水加热式内部热交换器，传热面积 21.5 m^2。该储氢桶的储氢量约为 80 Nm^3，但有效储氢量为 70 Nm^3。在 2.5 MPa 下，填充时间为 1.5 h。

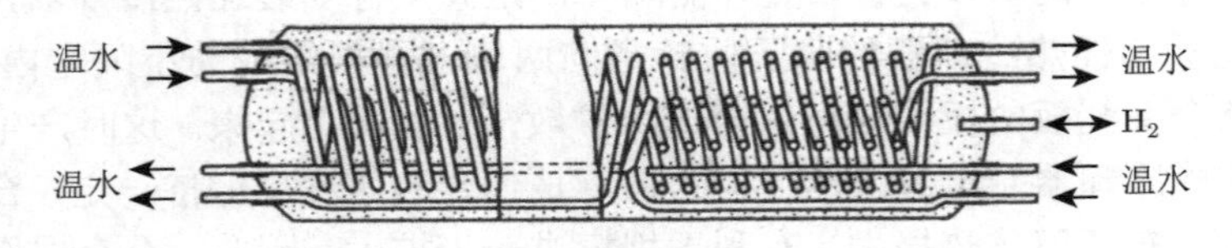

图 14.7　金属氢化物储氢容器

(4) 分割型氢化物储氢容器：分割型金属氢化物储氢容器可以改善氢化物供氢汽车的特性及提高安全性，其结构如图 14.8 所示。该装置由铝合金制的冷媒通路和冷却翅构成的隔离结构。

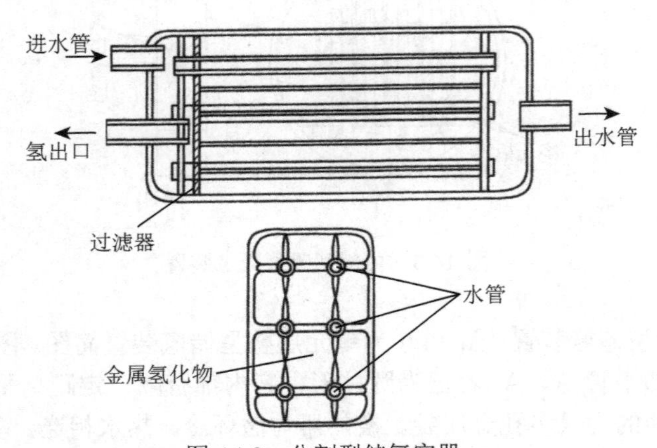

图 14.8　分割型储氢容器

(5) 套管形翅片储氢容器：在蓄热器中为了进行热交换采用单管套筒形翅片热交换储氢容器。其结构如图 14.9 所示。该容器是由外 2 层套管，外加若干翅片所构成的。内管为一烧结多孔管，供氢吸放扩散之用。外管为一环形热管，两者之间填充金属氢化物。

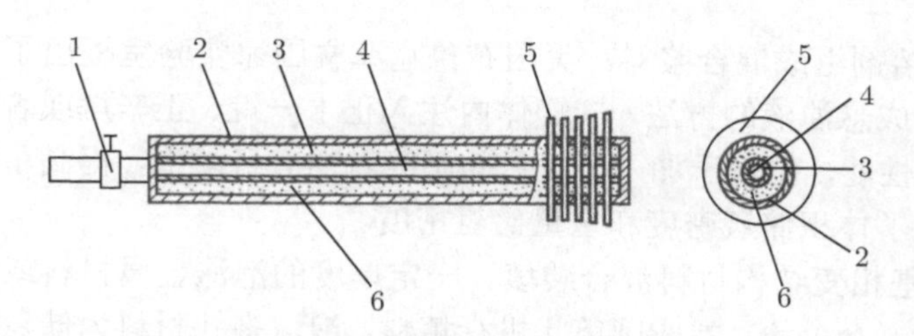

图 14.9 套筒形翅片热交换储氢容器

1. 阀；2. 环形热管；3. 烧结多孔管；4. 氢气通路；5. 热交换翅片；6. 金属氢化物

实际应用中可采用的形式多种多样，但基本上大同小异，基本的原则是保证材料储氢量大；热交换充分、方便；合理利用可选用的废热；体积小；质量轻；安全可靠。

14.1.3 储氢材料的填充

填充到容器中的储氢材料不尽相同，是储氢容器开发的重要环节。迄今为止，趋于成熟和具备实用价值的金属氢化物储氢材料主要有钛系、稀土系、镁系、Laves 相系和 V 基 BCC 固溶体系五大系列。此外，还有部分潜在的金属氢化物如硼氢化物，氢化铝盐，氢化物 / 氮氢化物复合体系，氨硼烷等，由于具备独特的储氢性能成为目前研究的热点。

固态储氢罐通常采用旋压铝瓶和不锈钢瓶作为容器，将储氢合金采用振动的方式装入容器内。储氢合金粉末的导热率低，在吸放氢过程中由于热量没有及时传递，会造成罐体内部吸放氢速度的缓慢甚至停止；同时储氢合金粉末吸氢膨胀，需要预留一定的间隙。因此，储氢合金的装填方式对金属氢化物储氢装置的性能影响较大，除了在装置内预留一定的间隙供储氢合金粉末体积膨胀外，主要通过以下几方面进行改善 [7]。

(1) 可往固态储氢罐内添加高热导率的材料。储氢合金粉末的导热性差，热导率一般为 0.2~2 W/(m·K)，改善热传导的方法可以通过添加铝屑、铜屑和石墨，同时也可以在其内部安装导热翅片，如在 MgH_2 中添加质量分数为 5%的石墨，可以使 MgH_2 的热传导系数从 0.2 W/(m·K) 增加到 10 W/(m·K)。也可以添加金属和石墨纤维，如图 14.10 所示。

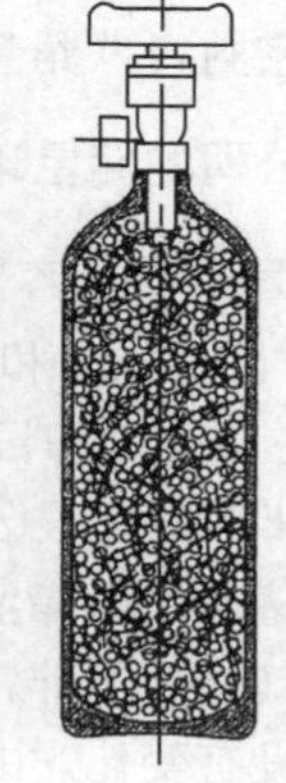

图 14.10 储氢合金金属纤维图

(2) 和液体溶剂组成混合浆料。美国布鲁克海文国家实验室提出了采用化学溶剂与储氢合金颗粒形成悬浊液的方法，向罐体内注入正十一烷、正辛烷或者硅油之类的有机溶剂，改善传热性能，但由于加入了大量的不吸氢的有机溶剂，提高了储氢装置的单体质量，从而降低了体积储氢密度和重量储氢密度。

(3) 和金属基相变结构材料混合装填。一定厚度的泡沫金属材料或泡沫金属基相变复合材料包裹储氢合金粉，卷成圆筒状进行填料，泡沫多孔材料为储氢合金粉提供储存位置，有效抑制了合金粉的流动堆积；金属骨架结构为储氢合金粉提供了良好的导热通道，泡沫金属基相变复合材料可以缓和储氢合金吸放氢中的热效应，提高热量利用效率。

14.1.4 储氢容器的密封

储氢容器的密封是保证其安全、稳定工作的关键前提之一。其密封的型式很多，高压密封按工作原理分为强制密封和自紧密封两类。强制密封是依靠连接件 (螺栓) 的预紧力来保证压力容器的顶盖、密封元件和圆筒体端部之间具有一定的接触压力，以达到密封的目的。自紧密封是随着压力容器内的操作压力增加，密封元件与顶盖、圆筒体端部之间的接触压力随之增加，由此实现密封作用的。自紧密封的特点是压力越高，密封元件在接触面的压紧力就越大，密封性能也就越好，操作条件波动时，密封仍然可靠。但是结构比较复杂，制造较困难。自紧密封按密封元件变形方式还可以分为轴向自紧密封和径向自紧密封。

按密封材料性能，密封又可分为使密封元件产生塑性变形的塑性密封，使密封元件产生弹性变形的弹性密封。塑性密封：复位螺旋压缩弹簧套在顶杆的下半部，它的一端抵靠在下面的挡片上，另一端抵靠在垫片上，并使顶杆上面的挡片和密封圈一起进入阀体凹坑的同时使密封圈受到挤压变形以构成对阀体的第一内控和储氢瓶的上空之间的密封。弹性密封：通过压缩，处于壳体和盖之间的密封圈产生弹性变形，使壳体、盖和密封圈之间连接在一起，接头与盖通过压缩密封方式连接在一起。

目前，压力容器常用的密封型式有如下几种。

(1) 强制密封有平垫密封，卡扎里密封和八角垫密封；

(2) 半自紧密封有双锥密封；

(3) 自紧密封有楔形密封，五德密封，空心金属 O 形环密封，C 形环密封，B 形环密封，三角垫密封，八角垫密封，平垫自紧密封及橡胶 O 形圈密封等。

14.1.5 几家公司的储氢罐产品及性能

1) 几家公司的储氢容器产品及性能

图 14.11、图 14.12 和图 14.13 分别是芬兰 Oy hydrocell Ltd. 公司、Ovonics work 公司、德国 GFE 公司和日本制钢公司的储氢容器照片。图 14.14 是 McPhy-Energy 公司 (德国迈克菲能源有限公司) 的金属氢化物储氢罐示意图。McPhy-Energy 公司的金属氢化物储氢罐所用的储氢材料采用高能球磨制备得到的 Mg 纳米粉。经检测，MgH_2 做成的盘状，其循环型非常好，成功经历 4000 个吸放循环而没有任何损耗，并且动力学性能也几乎没有变化。由于材料的吸放氢的温度较高，因此需要配有温控系统和热交换系统，如图所示。

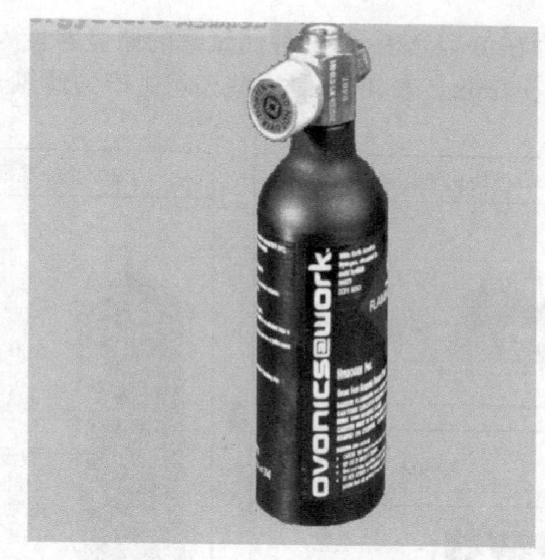

图 14.11 芬兰 Oy hydrocell Ltd. 公司和 Ovonics work 公司的储氢合金罐

图 14.12 德国 GFE 公司标准储氢合金容器

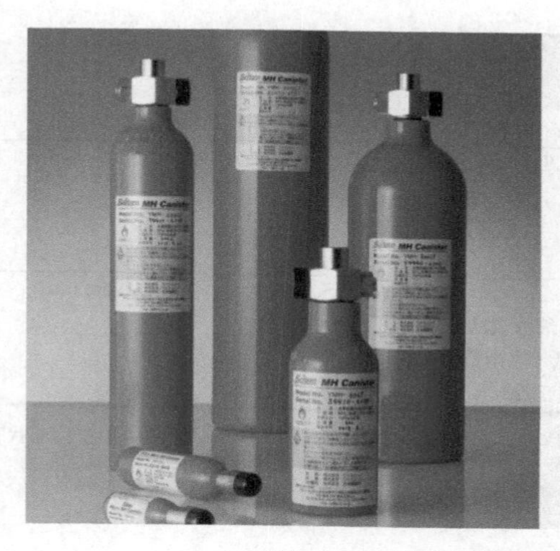

图 14.13 日本制钢公司 JSW MH 储氢容器

储氢罐最常用的是 $LaNi_5$ 系列的，表 14.4 是日本制钢公司 JSW MH 储氢容器的规格和性能。罐体材质是 Al 合金，工作温度范围在 10~40 °C，充氢压力 0.99 MPa，放氢压力在 0~1 MPa，三种储氢罐的储氢容量为 60~450 NL，对应的放氢速率为 120~560 Ncc/min。表 14.5 是一些公司生产的储氢合金罐的种类和性能。

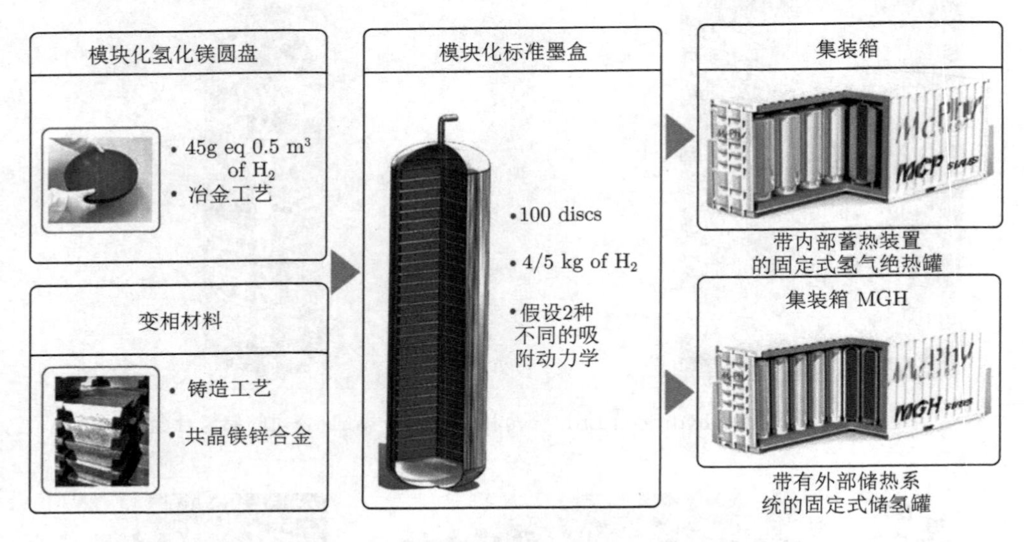

MCP(内部蓄热)-MGH(外部热量管理)

图 14.14　McPhy-Energy 公司的金属氢化物储氢罐示意图 [8]

表 14.4　日本制钢公司 JSW MH 储氢容器的规格和性能

一般	型号	YMH-60LF	YMH-200LF	YMH-500LF
	氢贮藏量	60NL	220NL	450NL
	尺寸	Φ50.0 mm×L151 mm	Φ54.0 mm×L270 mm	Φ81.0 mm×L270 mm
	质量	0.9 kg	2.1 kg	4.3 kg
	容器材质	合金，A6061-T6		
	容器色	黑		
	接口	锥形螺纹，Rc1/8		
	使用温度	0~40 °C		
	安全装置	弹簧式安全阀 (吹出压力：40 MPaG)		
氢吸收	氢纯度	>99.99%(CO<1 ppm,CO_2<10 ppm,O_2<4 ppm)		
	氢露点	<−50 °C		
	充填氢压力	0.99 MPaG		
	吸收温度	10~30 °C		
氢放出	放出氢流量	120 Ncc/min	380 Ncc/min	560 Ncc/min
		大气压出口、25 °C 时持续放氢的流量		
	放出氢压力	0~1 MPaG@20 °C(随氢气剩余量变化)		
	放出温度	20~40 °C(放氢环境温度在 20 °C 以下，放氢量可能会比常规值低)		

(1)：氢气气体体积的单位带有 N 的是指标准状态 (0 °C, 1 atm) 时的体积，1 mol 的理想气体体积在标准状态下为 22.4 L。

(2) 压力单位带有 G 的是压力计压力。

2) 给燃料电池供氢的要求

由于储氢合金的吸放氢伴随着本身温度、放氢压力、体积等一系列特性的变化，要将该技术实用化并应用在燃料电池上，一方面要提高储氢器自身的性能，例如，提高其储氢容量、改善平衡压力、室温条件下吸放氢、易于活化、吸放氢速度快、良好的抗气体杂质中毒特性、长期循环稳定性以及降低成本等。另一方面，还须要结合燃料电池的特性进行专项研究，以实现与燃料电池的良好匹配，主要应满足以下要求。

表 14.5 世界各国金属氢化物储氢容器性能一览表

制造单位	名称类型	储氢量/m^3	储氢合金	备 注
步鲁克海文国家研究室 (美国)	内部冷热型 内部冷热型	70 260	TiFe 400 kg 储氢量 1.56 wt% $TiFe_{0.9}Mn_{0.1}$ 1700 kg, 储氢量 1.36 wt%	直径 300 mm, 氢压 3.5 MPa, 直径 660 mm, 氢压 3.4 MPa
曼内斯曼公司. 戴姆勒奔驰公司 (德国)	内部隔离，外部冷热型	2000	$Ti_{0.98}Zr_{0.02}V_{0.43}Fe_{0.09}Cr_{0.05}Mn_{1.5}$ 10 ton，储氢量 1.78 wt%	氢压 5.0 MPa， 温度 100 °C, 直径 114.3 mm
大阪工业技术试验所阳光计划 (日本)	内部设隔离壁型	16	$MmNi_{4.5}Mn_{0.5}$ 106 kg，储氢量 1.34 wt%	250×Φ750 mm, 氢压 0.8 MPa, 温度 80 °C
日本化学技术研究所 (日本)	内部冷热型	240	$MmNi_5$ 系合金 1200 kg，储氢量 1.78 wt%	三台容器, 高压 5 MPaΦ350, 中压 2 MPaΦ500, 低压 1 MPaΦ500,80 °C
川崎重工业研究所 (日本)	内部冷热型	175	Ln-Ni-Al 合金 1000 kg，储氢量 1.56 wt%	氢压 0.7 MPa
川崎重工业研究所 (日本)	内部冷热型	20	$MmNi_{4.5}Al_{0.5}$ 120 kg, 储氢量 1.48 wt%	直径 165 mm 长度 2280 mm
大阪氢工业研究所 (日本)	多管式，大气热交换型	134.4	Ti-Mn 系、TiFeMn 系,672 kg, 储氢量 1.78 wt%	氢压 3.3~3.5 MPa, 常温
新日本制铁研究所 (日本)	内部冷热型	68	$Ti_{0.95}FeMm_{0.08}$ 400 kg，储氢量 1.5 wt%	直径 381 mm, 长 1955 mm, 温度 85 °C, 氢压 3 MPa
日本岩谷产业公司	大气热交换型	70	Mm-Ni-Fe 480 kg, 储氢量 1.3 wt%	16 根 Al 合金管, $P = 0.2$ MPa, 流量 7 m^3/h
日本共同氧气公司	车用	11.3	$MmNi_{4.5}Mn_{0.5}$70 kg, 储氢量 1.44 wt%	压力容器 21 L，80 °C 放氢
美国比林格斯公司	车用	141.6 (12.6 kg)	TiFe 1002 kg, 储氢量 1.26 wt%	储氢容器重 400 kg, 用于 19 人中面包邮政车
日本重化学工业公司	多管型	1.6	$Fe_{0.94}Ti_{0.96}Zr_{0.04}Nb_{0.04}$ 10 kg, 储氢量 1.42 wt%	在 Al 发泡体中填充合金粉, 放氢速度 80 L/min
日本松下电器公司	多管型	2.9	$TiMn_{1.5}$, 7.7 kg，储氢量应为 $TiMn_{1.5}$ 理论储氢量	28 根 Φ25.4 Al 管构成 (带翅片)
德国曼内斯曼公司	车用	17	Ti-V-Fe-Mn 合金 80 kg，储氢量 1.89 wt%	1005 mm×380 mm×145 mm, 总重 140 kg, 0.2 MPa

(1) 储氢量大，要保证燃料电池的不间断工作，必须为之提供足够的氢源，在储氢合金的类型选定后，通常增加储氢合金的量来增大储氢量；

(2) 能够在适当温度 1~10 bar 氢压下快速吸放氢，避免机械压缩；

(3) 吸氢速率要快，以保证电解制氢等方式得到的氢气尽快得到储存；

(4) 放氢速率要大于燃料电池的燃料供给速率，以保证燃料电池的稳定工作；

(5) 放氢均匀性好，在燃料电池工况不变的情况下，储氢合金的瞬时放氢速率应该保持无波动或波动很小；

(6) 放氢平台特性好，保证储氢合金的放氢压力能在一定范围内平缓下降，有利于燃料电池供氢压力的稳定。

此外，金属氢化物在放氢过程主要取决于放氢温度以及放氢压力，为了确保氢气作为燃料电池的燃料，使燃料电池正常有效的工作。必须使燃料电池与储氢材料工作条件达到完好的匹配。图 14.15 为一些代表储氢材料的平衡热动力学，图中长方形区域为适合 PEM 燃料电池的储氢材料工作条件。

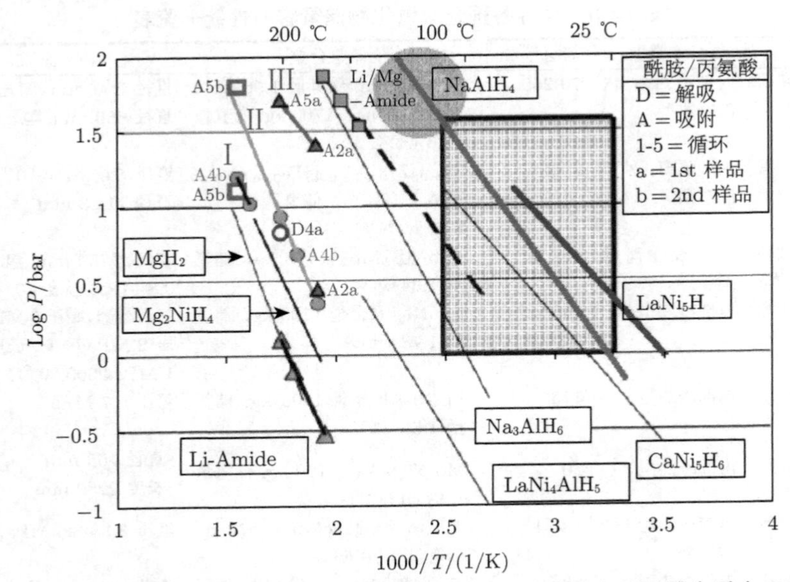

图 14.15 一些代表储氢材料的平衡热动力学性能 (图中长方形区域为适合 PEM 燃料电池的储氢材料工作条件)

14.1.6 储氢合金容器应用范围

金属氢化物储氢容器在氢气的存储，输运等方面有着广泛的应用领域，小型金属氢化物储氢器可以为野外分析、气相色谱仪等测试仪器及燃料电池提供氢气。中型金属氢化物储氢器可用于集成电路半导体的生产、粉末冶金和制冷机等方面。作为燃料电池主要的氢源之一，金属氢化物储氢器可以和氢气发生器、增压装置一起构成一个供氢系统，为燃料电池供氢。除供应氢气外，金属氢化物储氢容器还可应用于蓄热与输热方面，制成蓄热装置、热泵等。

1) 在储氢与输氢中的应用

氢能源应用的关键技术之一是安全而经济地存储与输运。相对于高压钢瓶及液态氢储运方式，金属氢化物储氢容器可以兼顾安全、经济两个方面。同时金属氢化物储氢容器在储氢密度方面也可高于液氢。在已开发的金属氢化物容器中，铝制 TiFe 氢化物储氢容器的储氢量为 1.15 wt%，与高压钢瓶的储氢量 (1.15 wt%) 基本相当。但是存储相同质量氢气所需金属氢化物的体积仅为高压气瓶的约 1/4，大大减少了输送装置的体积限制，使汽车输运氢量相对增大。随着储氢材料的开发，质量更轻、储氢量更大的储氢容器不断出现，从而全面突破了高压钢瓶的储氢限制。同时使用金属氢化物储氢容器，还能提高释放氢的纯度，增加氢的附加价值。针对不同的应用需求，目前多个国家和地区制定了标准储氢合金容器的标准，表 14.6 为德国 GFE 公司标准储氢合金容器的特性。

2) 燃氢汽车用储氢合金容器

如果将氢直接作为燃料，现有内燃机汽车只要稍加改造即可使用，同时氢发动机的热效率比汽油发动机的高。另外，金属氢化物储氢容器具有加热释放氢的特性，可以利用汽车尾气热量加热随车储氢容器，提供氢气燃料。目前金属氢化物储氢容器主要填充物为金属合金，如 TiFe、Mg 系氢化物，多元合金如 $Ti_{0.9}Zr_{0.1}CrMn$、$TiV_{0.6}Fe_{0.15}Mn_{1.3}$、$MmNi_{4.5}Mn_{0.5}$ 等。总的来说，尽管合金系统的质量能量密度有限，为液氢系统的 1/6~1/17，使汽车一次充氢行驶里程受到了限制。

表 14.6 GFE 公司的标准储氢合金容器的特性

外径/mm	30	50	89	114	168	219
氢气填充时间 /min	4	8	12	20	30	50
氢气放出时间 /min	5	10	15	25	40	60
合金填充密度/(g/cm^3)	3.0	3.0	3.0	3.0	3.0	3.0

3) 燃料电池用储氢合金容器

氢燃料电池是使用氢这种化学元素，制造成储存能量的电池。其基本原理是电解水的逆反应，把氢和氧分别供给阴极和阳极，氢通过阴极向外扩散和电解质发生反应后，放出电子通过外部的负载到达阳极。当源源不断地从外部向燃料电池供给燃料和氧化剂时，它可以持续供电。其特点是：①无污染，只有水排放；②无噪声、无传动部件；③启动快，8s 即可达全负荷；④可以模块式组装；⑤能量转化效率高，是目前各类发电设备中最高的一种，可达 60%~80%，为内燃机的 2~3 倍；⑥体积小、质量轻，方便使用；⑦用途广。其中质子交换膜燃料电池 (PEMFC) 近年来备受关注，对于该系统高效的供氢系统是一大关键，影响整个系统的效率。理想的供氢系统需要兼顾以下几个方面：体积小、质量轻、储氢密度高、易吸放氢、安全性能好。相对于气态及液态储氢方式，金属氢化物储氢容器是一种很好的储氢介质。金属氢化物储氢容器与 PEMFC 的配合有望获取高能量密度、高能源转化效率的供能系统，广泛应用于各个领域。

常温型储氢合金作为燃料电池氢源存储载体已广泛用于驱动各种交通及其他一些电器设备。早在 1988 年开始以 PEMFC 为辅助动力 (输入功率 100kW) 的德国 U212 混合动力潜艇试航，供氢系统用金属氢化物 (图 14.16(a))。U212 上的燃料电池为 300 kW，燃料电池动力系统金属氢化物储氢量达到 2700~3000 kW，单位重量储氢密度 1.0%，单位体积储氢密度 (实际占位)30 kg H_2/m^3。日本丰田公司于 1996 年首次将金属氢化物储氢装置用于 PEMFC 电动车，200 公司开发成功新型燃料电池汽车 (图 14.16(b))，该车时速 150 km，可连续行驶 2 h 以上。德国 Benz 公司和 GFE 公司、美国氢能公司、加拿大巴拉德公司等也都先后研制出客车、电动铲车、轮椅车和笔记本电脑等用 PEMFC 储氢器。波音公司于 2008 年 4 月 3 日成功试飞氢燃料电池为动力源的一架小型飞机 (图 14.16(c))，供氢系统用金属氢化物储氢容器。波音公司称这在世界航空史上尚属首次，预示航空工业未来更加环保。

我国是对储氢合金系统研究较早的国家之一，先后设计和试制成功 10 NL、50 NL、1000 NL、直到 30 Nm^3 多种容量与款式的燃料电池氢燃料箱，我国 10 年前已经自主研制开发的 500 L 氢容量圆柱形金属氢化物储氢器，并首次完成了储氢装置充氢后的

抗震击 (冲击震动试验台 1800 m/s^2 加速度震击)、抗枪击 (12.7 mm 曳光穿甲燃烧弹击中) 和抗爆炸 (50 g TNT 炸药捆绑引爆) 等安全性能的实际现场测试，检测结果充分证明了金属氢化物储氢装置具有很高的使用安全性。同时，我国所研制的燃料电池储氢器已广泛试用于各种不同场合，包括汽车、摩托车、助动车、赛车、游艇以及手提电源和备用电源等 (图 14.17)[9]。2010 上海世博会期间，有包括燃料电池轿车、城市客车和游览车等 196 辆燃料电池车进行了示范运行。

图 14.16　(a) 新型的 U212 燃料电池动力潜艇；(b) 丰田 FCHV-5 汽车；(c) 波音公司小型飞机

(a) 汽车

(b) 助动车

(c) 便携电源

图 14.17　我国研制的燃料电池储氢器应用实例

4) 在蓄热与输热方面的应用

热能是一种难以存储与输运的能源，很大程度限制了热能的有效利用，被视为是品味很低的能源。然而热能是最广泛的能源，可以发掘的空间很大。利用金属氢化物吸放氢过程中伴随的热效应，可以实现热能的存储与输运。基于该特性，金属氢化物储氢容器可用于储存工业废热、地热、太阳能热等热能，并方便地实现热能的转移。

蓄热用金属氢化物储氢容器中一般有蓄热介质用及储氢介质用两种金属氢化物，如图 14.18 所示。氢气由前者释放流入后者时吸热，相反时放热。由废热提供金属氢化物分解热，即可把热能存储起来，便于输运及需要时使用 [10]。

另外，利用其吸热特性，进一步可以构建“热泵”，实现制冷或供暖，替代现有的空调系统，如图 14.19 所示的金属氢化物储热系统，其中 MgH_2 罐是高温氢化物反应器，

因为 MgH_2 的放氢焓为 74.4 kJ/(mol H_2)，吸放氢温度高；$LaNi_5$ 罐是低温氢化物反应器，因为 LaNis 的放氢焓为 30.8 kJ/(mol H_2)，吸放氢温度低。储热过程为：利用太阳能将合成油加热到高温 (390~400 ℃)，MgH_2 吸收高温热油里面的热量放氢转化为 Mg 和 H_2，经过冷却后的 H_2 被处于室温附近的 $LaNi_5$ 吸收转化为 $LaNi_5H_6$，并放热。释热过程为：通过高温高压的水蒸气 (120 ℃) 加热 $LaNi_5$ 罐使得 $LaNi_5H_6$ 放氢转化为 $LaNi_5$，放出的 H_2 则与 Mg 反应生成 MgH_2，同时释放出存储的热量，通过合成油进入能量使用区域 [11]。

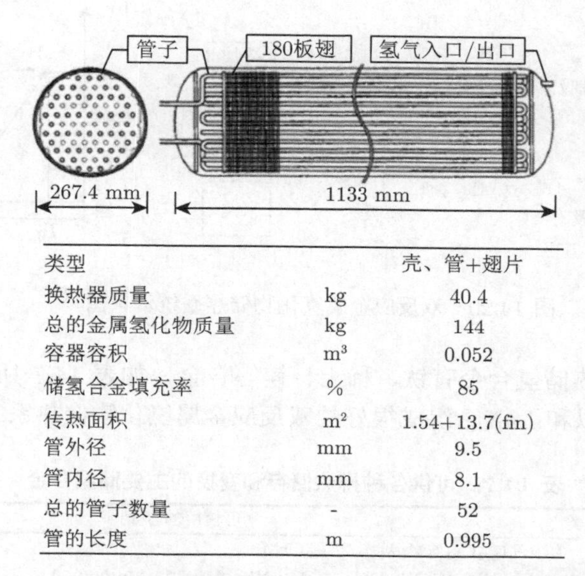

类型		壳、管+翅片
换热器质量	kg	40.4
总的金属氢化物质量	kg	144
容器容积	m^3	0.052
储氢合金填充率	%	85
传热面积	m^2	1.54+13.7(fin)
管外径	mm	9.5
管内径	mm	8.1
总的管子数量	-	52
管的长度	m	0.995

图 14.18 利用储氢合金容器开发出来的蓄热系统结构及参数

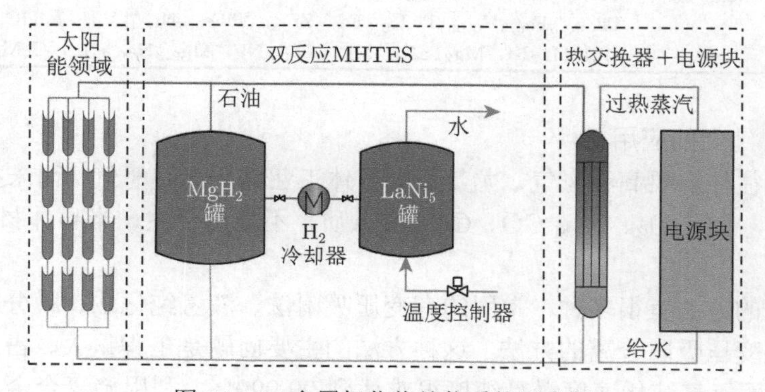

图 14.19 金属氢化物储热系统示意图

利用金属氢化物的制热或者制冷设备的基本原理如图 14.20 所示，其主要结构为两个连接的高温氢化物 (Y) 罐和低温氢化物 (X) 罐。工作循环过程为：初始时氢化物 X、Y 处的温度均为 T_{M}，且 Y 为富氢状态，氢压为 p_{L}(A)，之后 Y 吸收驱动热，温度升为 T_{H}，压力升为 p_{H}(B)，放出部分氢气，同时 X 吸收 Y 放出的氢气并向环境释放热量，温度降为 T_{C}(D)；之后切断 Y 的热源，Y 自然冷却至 T_{M}，Y 想重新达到平衡需要吸氢，于是 X 放出氢气并向需要制冷的区域吸热，温度升为 T_M，同时 Y 吸收 X 放出的氢气并向需要制热的区域加热，温度降为 T_M，压力降为 p_L(A)。因为金属氢化物制热或制冷能够用低品位热 (比如汽车尾气的废热、太阳光照射产生的热量等) 驱动且不需要使用环境不友好的制冷剂，这些设备被广泛研究 [12]。比如用 $LaNi_{4.28}Al_{0.23}$，$MmNi_{4.57}Al_{0.46}Fe_{0.05}$ 和 $MmNi_{3.98}Fe_{1.04}$ 的系统通过低品位热源驱动将 80 °C 的水升温为 120~150 °C 的水蒸气 [13]。

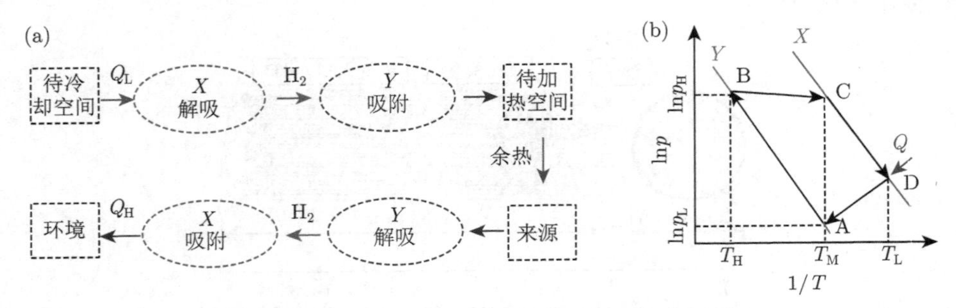

图 14.20　双反应金属氢化物储热系统示意图 [11]

常见的用于蓄热储氢合金有钛、稀土、镁等合金，如表 14.7 所示。其中镁的氢化物吸放热量大、可以和 $LaNi_5$ 组成很好的双反应金属氢化物储热系统。

表 14.7　可供各种排热储存和变换的主要储氢合金

排热温度/°C	合金种类	可使用的合金
0~ −50	钛	$Ti_{1.2}Cr_{1.2}Mn_{0.8}$，$Ti_{1.2}CrMn$
0~100	稀土 钛	$LaNi_5$，$LaNi_{4.7}Al_{0.3}$，$MmNi_{4.5}Mn_{0.5}$，$MmNi_{4.5}Al_{0.5}$ $MmNi_{4.7}Al_{0.3}Zr_{0.1}$，$LmNi_5$，TiFe，$TiFe_{0.85}Mn_{0.15}$
100~150	稀土 钛	$LaNi_{4.5}Al_{0.5}$，$LaNi_{4.3}Al_{0.7}$ $TiCo_{0.5}Fe_{0.5}V_{0.05}$,$TiCo_{0.5}Fe_{0.5}Zr_{0.05}$,$TiFe_{0.8}Ni_{0.15}V_{0.05}$，TiCo
⩽ 300	镁	Mg，Mg_2Ni，Mg_2LaNi，$Mg_{2.2}La_{0.8}Ni$，$Mg_{2.3}Na_{0.7}Ni$，$CeMg_{12}$

5) 氢气提纯上的应用

在产业上往往需要高纯氢气，尤其是半导体工业需要高纯氢气，而未提纯的氢气的纯度 <99.9%，含有 O_2、N_2、CO、CO_2 等杂质，不能用于生产半导体材料 (需氢纯度 >99.99%)。

氢气纯化的方法有很多种，常用的有变压吸附法、液氢纯化法、膜分离法等，应用最广泛的还是变压吸附分离的方法，这种方法的主要问题是工程量大、占地面积多、一次性投资大、而氢气纯化速度慢且纯度很难达到 99.999%。利用储氢合金的选择性吸氢特性，可将其用作氢气净化和储存的介质，当向其供应含有杂质气体的混合气体时，储氢合金吸收氢气，形成金属氢化物，混合气体中的其他杂质浓缩于氢化物之外，随着废气排出，实现氢气的纯化。与传统的纯化方法不同，这种氢气纯化方法具有工程量小、占地面积少、一次性投资小、纯化速度快、纯度高的特点。

图 14.21 是储氢合金罐在氢气提纯中的应用示意图，用储氢合金的吸氢和放氢特性可作为高纯氢源使用，可获得高纯氢气 (H_2>99.9999%)，其过程简便、收率高和质量

好。目前主要使用的是稀土储氢合金，这是由于稀土系储氢合金对氢气具有极强的选择吸收性，并且不易与杂质气体反应，因此在氢气的回收提纯过程中，同一批稀土系储氢合金能够循环 1000 次以后仍能保持良好的工作状态。

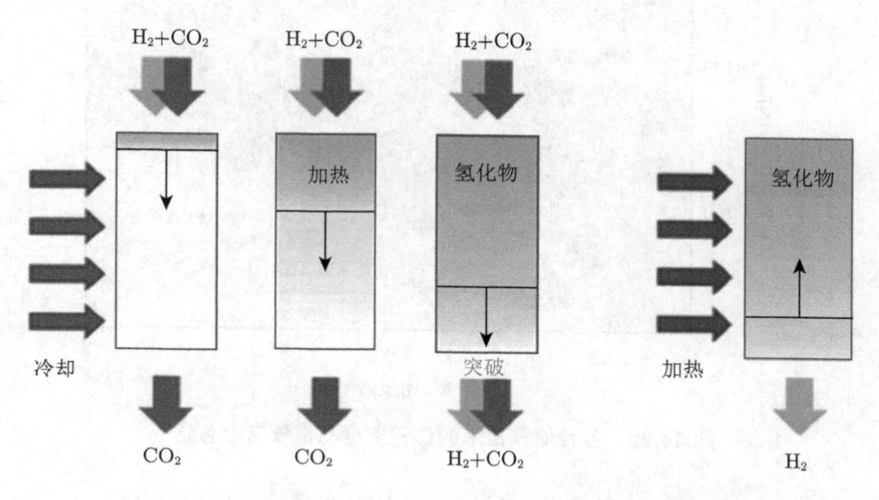

图 14.21 储氢合金罐在氢气提纯中的应用示意图 [14,15]

14.2 高压及金属氢化物复合储氢容器

14.2.1 高压复合储氢容器的提出

综合氢气储存技术的优缺点，不难发现当前氢气储存的三种方式即：①液态氢气；②压缩氢气；③储氢材料，均存在各自的优缺点。比如储氢材料重量储氢密度较低，而体积储氢密度较高；而轻质高压储氢容器的重量密度较高，体积储氢密度较低。相比于压缩氢气和储氢材料，液态储氢的体积密度与重量密度都较高，但是由于液氢的温度与外界的温度存在巨大的温差，稍有热量从外界渗入容器，即可快速沸腾而损失，所以液氢储罐的结构要求非常复杂。为了有效结合不同储氢技术的优势，近来，一些公司与科研机构，包括 Toyota、GM、AIST 等，提出了复合储氢的概念 [16−19]。

图 14.22 从体积密度与重量密度的角度总结了以上各种储氢技术的特点。由图中可以看出，从经济、安全的角度考虑，高压储氢罐与储氢材料复合体系是较理想的储氢的技术。

2003 年日本先进科学与技术研究院设计了这样的高压复合储氢容器 (hybrid tank)，即由铝、碳纤维增强塑料复合材料容器与储氢材料组成的复合储氢器。丰田公司开发了一种气-固复合储氢系统，设计压力 35 MPa，储氢罐里充填 Ti–Cr–Mn 储氢合金，罐体积 180 L，罐体总重 420 kg，可以储氢 7.3 kg 氢气，该气-固复合储氢装置可以在 5 min 内充氢 80%，可以在较低温度 (243 K) 下就开始放出氢气，因此该气-固复合储氢系统的吸放氢性能还是比较优秀的。表 14.8 对比了高压储氢罐、低压金属氢化物储氢罐 (Ti–Cr–V) 和高压金属氢化物储氢罐 (Ti–Cr–Mn) 的充放氢性能。

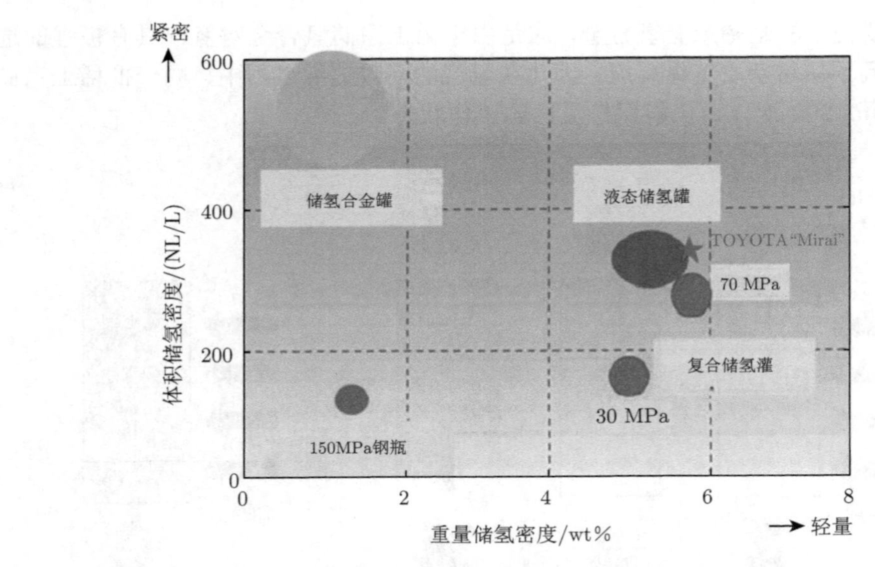

图 14.22　各种储氢技术的体积密度与重量密度总结

表 14.8　高压金属氢化物储氢罐与其他储氢方式的充放氢性能对比

	低压 MH 储氢罐 (Ti-Cr-V 体系)	高压储氢罐	高压 MH 储氢罐 (Ti-Cr-Mn 体系)
储氢容量	3.5 kg	3 kg	7.3 kg
储氢罐质量	300 kg	<100 kg	420 kg
储氢罐容积	120 L	180 L	180 L
充氢时间	30～60 min 外加冷却	5～10 min	5 min./80% 和高压钢瓶相当，不需要冷却系统
低温放氢	308 K 以下放氢困难	可以放氢	243 K 以上
操控性	不易加速	可控性好	可控性好
安全性	低压 <1 MPa	高压 (35 MPa)	高压 (35 MPa)

此外，日本汽车研究所、日本重化学工业及 Samtech 开发了将金属氢化物储氢与高压储氢相结合的复合储氢系统，在高压罐中设置装填有储氢合金的管芯，高压氢气填入储氢合金的缝隙内；罐体内部安装有热交换器，通过温水或热水促进在合金吸放氢过程中与外界的热交换。利用高压储氢吸放氢速度快、重量储氢密度高的优点及固态储氢体积储氢密度大、安全性能好的特点，综合两者的优势，得到重量储氢密度和体积储氢密度相对较高的复合装置，见图 14.23 所示。最终制备了内容积为 40.8 L、总质量为 89.6 kg、氢储藏量为 1.5 kg 的复合储氢罐，其储存氢气的量为同体积的 35 MPa 罐的 1.5 倍。丰田公司也正在进行复合储氢装置的开发，该公司采用有效吸氢量为 1.9%(质量分数) 钛-铬-锰 (Ti-Cr-Mn) 储氢合金和 35 MPa 的罐体复合储氢，可存储的氢气是同体积 35 MPa 罐的 2.5 倍。

14.2.2　复合储氢容器的 4 个特点

图 14.24 介绍了一例车载充放氢的测试装置 [19,20]。它采用在高压罐中设置储氢合金管芯的结构。管芯中充填有粒状储氢合金，并安装有配管 (热交换器)，这些配管用

于在释放氢气时通入温水以及为消除吸留氢气时产生的热量而向四周通入冷却水。其思路是，使氢气吸留在粒状的储氢合金上，使高压氢气填入储氢合金的缝隙中。其中，车载冷却器 (radiator) 可以对金属氢化物实现快速的降温，从而可以在 5 min 之内充80%的氢。高压的环境，就像一个氢气库一样，可以使合金快速充氢。虽然目前还没有权威的、针对该体系的评测标准，但通过分析上图的测试装置，但我们可以总结得到理想的高压及金属氢化物复合体系应该至少具有如下四点特性。

(1) 较高的密度体积比；

(2) 较高的质量百分比；

(3) 较快的为燃料电池供给氢气；

(4) 较快的充氢动力学。

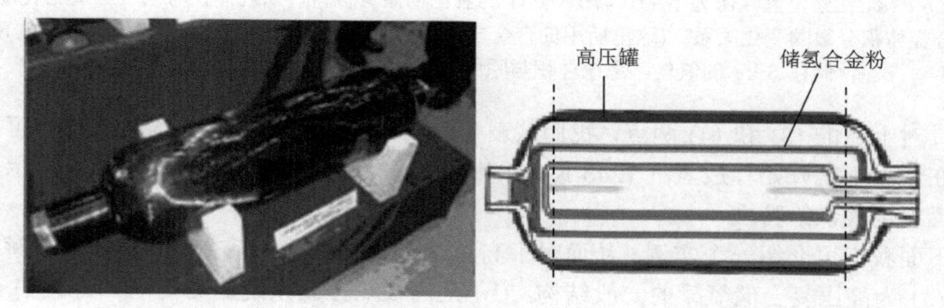

图 14.23 Samtech 与日本重化学工业等厂商联手试制的复合燃料罐

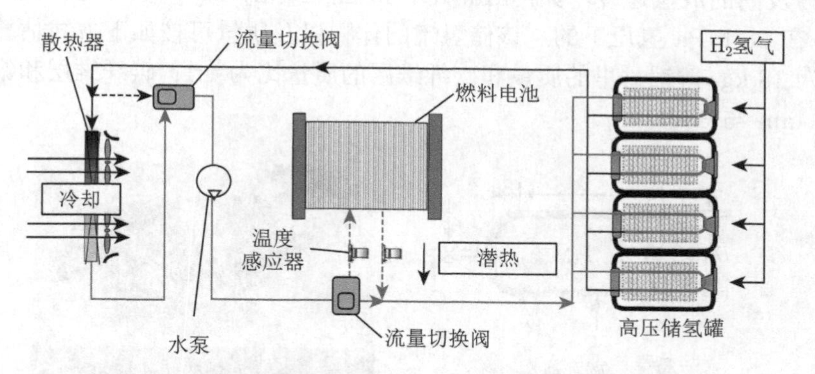

图 14.24 高压及金属氢化物复合储氢容器的充放氢示意图

对于上面四点，我们可以具体解释如下：图 14.25 是系统体积与系统重量与储氢合金体积分数的关系。从图中可以看出，高压储氢罐与合金储氢材料复合体系的储存氢气的密度与含量，不但与储氢合金种类有关 (决定了含氢量)，还与储氢合金的所占整个体系的百分比有关。而且，图 14.25 (a) 表明，当储氢合金所占整个储氢系统的比例越小，整个体系的质量以及体积就越依赖于系统氢压：储氢合金越多，体系的密度越大。而图 14.25(b) 表明，在一定的氢压下，储存一定量的氢气，所使用的合金的储氢量越高，系统的储氢效率则越高。

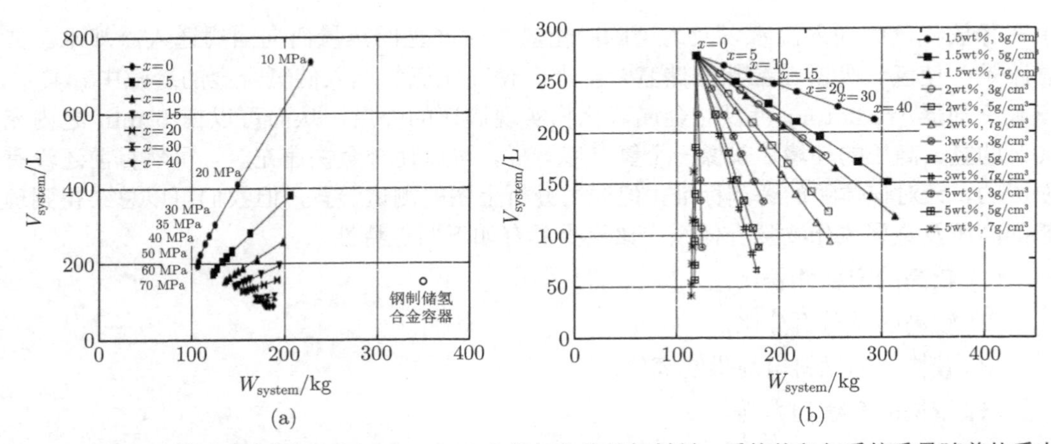

图 14.25 (a) 在给定氢气压力下 (10~70 MPa) 的氢化物储氢材料，系统体积与系统重量随着体系中储氢合金体积分数的变化关系。(这里所用的合金含氢量为：3 wt%)；(b) 在 35 MPa 下，298 K 时，储存 5 kg 的氢气，系统体积与系统重量与储氢合金体积分数的关系

针对上述的 (3) 和 (4) 两点，我们从表 14.8 中可以看到，高压合金储氢罐，可以较快地在低温下就开始释放氢气 (243 K)，同时，5 min 内就可以充氢到 80%。显示了较好的燃料电池供给特性。

下面我们再介绍一个实例，从而对于高压及金属氢化物体系有更加具体的了解。图 14.26(a) 为高压复合储氢罐的一般结构，(b) 是内设热控制系统的结构，(c) 和 (d) 分别是实物照片。外层碳纤维与内层薄铝都是有效的抗压材料，内装储氢材料一般具有高放氢平台压力及高的放氢速度，如：$MmNi_5$，$Mm_{0.8-x}Ml_xCa_{0.2}$ (其中 $x = 0 \sim 0.7; y = 0 \sim 0.2$)。在 35 MPa 氢压下的，该储氢罐的体积以及质量可按如下方式估算：储氢罐的总质量为 18 kg, 薄铝衬里的质量和碳纤维层的质量比为 1:1；碳纤维层和铝层的厚度分别为 11 mm 与 3.25 mm。

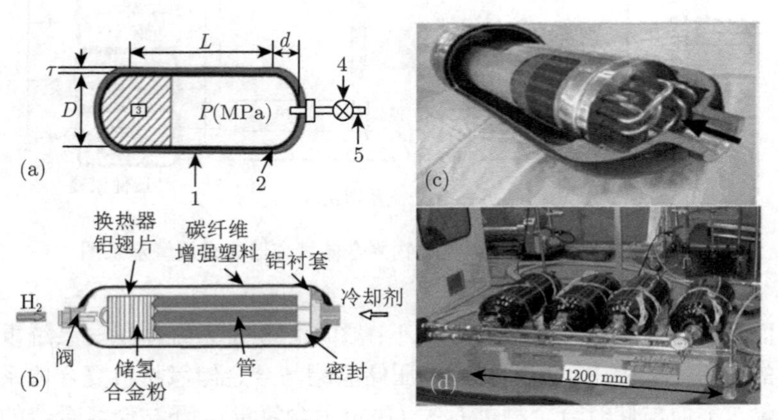

图 14.26 高压复合储氢罐结构图其中 (a) 图中，1. 碳纤维与环氧树脂；2. 薄铝衬里 (thin aluminum liner)；3. 储氢材料；4. 阀门；5. 氢气管道 [19]

图 14.27 给出了该高压复合储氢罐的性能，显示了储氢合金 (假设储氢量为 3 wt%) 加入带来的储氢特性的改进。图 (a) 显示了体系重量与体积随合金比例 (X，体积比) 的

变化情况。结果显示随着合金比例增加，储氢罐的体积下降，质量上升。图 (b) 更清楚地反映了这一点。该结果显示，当合金比例 X 小于 30%时，整个体系的体积随 X 增加有明显减少。当储氢合金大于 30%时，该复合体系显现不出优势。虽然该复合储氢方式有诸多优点，但是，也存在着如下问题：①虽然由于氢化物或合金的引入，储氢钢瓶相对于传统的钢瓶体积有所减小，但是，系统的重量却比高压储氢以及液态储氢高了许多，特别是使用的氢化物或者储氢合金的储氢重量比不高的时候。②由于储氢材料加氢过程中导致的放热，使体系温度升高，体积膨胀，达不到预期的储氢效果，这样热交换设计也面临着挑战，目前这方面也在研究[21]。此外，在设计高压复合储氢罐时，要注意应该预防合金由于储氢罐损坏，而泄漏的危险。这时需要使用外层碳纤维与内层薄铝，造价较高。

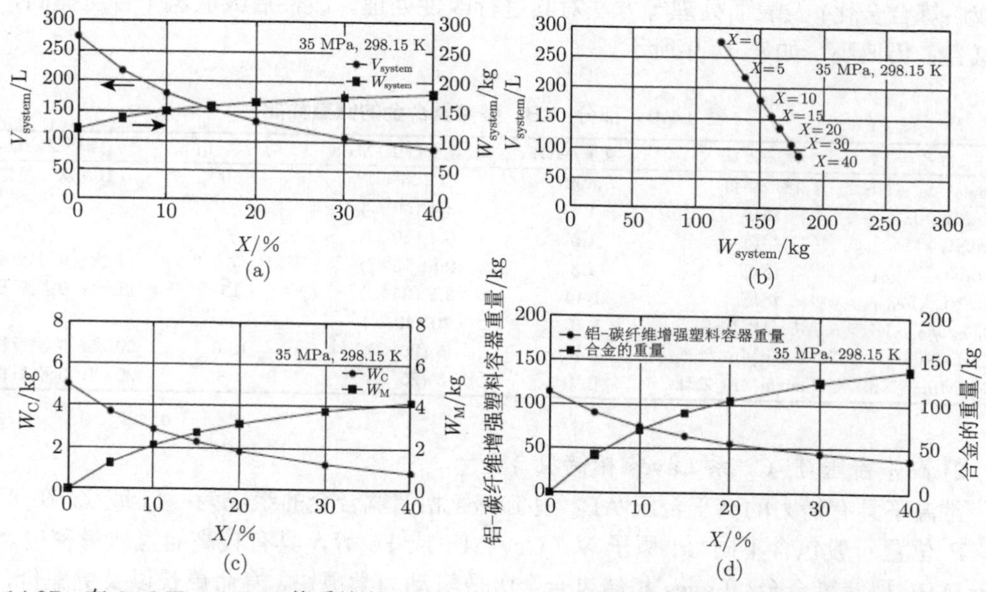

图 14.27 在 35 MPa, 235 K 体系储存 5 kg H_2 时 (a) 体系的体积与重量随储氢合金体积分数的变化趋势；(b) 在给定的 X 值情况下，体系的体积与重量值；(c) 压缩氢气的质量与合金中的氢气质量图；(d) 储氢合金的质量与储氢罐的质量

14.2.3 复合储氢容器用的储氢材料

复合储氢容器的核心要素之一是储氢材料，其一般使用具有高平台压的储氢合金。作为高压储氢合金必须要有大的质量储氢密度和放氢量，这样才能保证有足够的氢用量。金属氢化物具有高的分解压也是不可或缺的重要条件，一方面在较低的温度环境下就可以得到需要的氢气，另一方面从热交换的角度，分解压提高，放氢过程中的反应热降低，吸放氢时的热交换就更加容易。此外，良好的动力学性能和平台性能也是不可忽略的。Mori 等对高压储氢合金的研究提出了以下几个目标。

(1) 质量储氢密度大于 3 wt% ;

(2) 合金形成氢化物的生成热，即生成焓 $|\Delta H| < 20$ kJ/mol;

(3) 合金在 243 K 吸氢时的平衡压低于 35 MPa，在 393 K 放氢平衡压高于 1 MPa。

目前，只有稀土系和 Ti、Zr 系 Laves 相储氢合金在常温下的 PCT 曲线图具有较高的放氢平台压。

1) 高平台压稀土系储氢合金

稀土系 (AB_5 型) 储氢合金具有工作温度低、平台斜率低、滞后系数低和易活化等优点，缺点是储氢容量偏小、放氢平台压偏低、循环稳定性差和成本较高。AB_5 型合金的储氢容量大多在 1.3 wt%~1.5 wt%范围内，50 ℃ 时平台压未超过 5 MPa。例如，稀土系 $MmNi_5$ 的氢化物生成焓为 -26.4 kJ/(mol H_2)，为得到高平台压，利用克劳修斯-克拉伯龙公式 $\ln(P_2/P_1) = (L/R)(1/T_1 - 1/T_2)$ 可以计算出平台压达到 40 MPa 时合金温度要求达到 157 ℃，此时储氢容量将比常温下进一步减小，不利于其实际应用。

为改善稀土系 (AB_5 型) 储氢合金储氢性能，研究人员通过球磨、合金化 (机械合金化或熔炼合金化) 及表面处理等方法对其进行改性处理。改性后吸放氢平台压提高，但储氢容量仍偏小，如表 14.9 所示。

表 14.9 部分 AB_5 型储氢合金的储氢性能

合金	制备方法	储氢量/wt%	放氢平台压/MPa	动力学/min	循环稳定性
$Ml_{0.85}Ca_{0.15}Ni_5$	感应熔炼	0.99	1 (25°C)	60	100 次：稳定
$MmNi_5$	熔炼	1.4	3.4 (50°C)	/	/
$MmNi_{4.5}Mn_{0.5}$	熔炼	1.5	0.4 (50°C)	/	/
$MmNi_{4.6}Al_{0.4}$	熔炼	1.3	2.5 (25°C)	5	11 次：9 次后稳定
$MmNi_{4.6}Fe_{0.4}$	熔炼	1.44	3.5 (25°C)	15	11 次：9 次后稳定
$Ml_{0.75}Ca_{0.25}Ni_5$	感应悬浮熔炼	1.45	10 (20°C)	/	/
$LaNi_5$	CO surfaMm 处理	1.44	5 (25°C)	13.6	20 次：5 次后稳定
$La_{0.9}Mm_{0.1}Ni_5$	CO surfaMm 处理	1.40	5 (25°C)	1.8	20 次：5 次后稳定

2) 高平台压 Ti-Cr 系 Laves 相储氢合金

常温下具有潜力的高平台压 AB_2 型 Laves 相储氢合金的组成为：Ti 或 Zr 在 A 位置，B 位置一般包含不同 3d 原子 V、Cr、Mn 或 Fe 等，具有较高储氢质量密度。对比于 AB_5 型储氢合金，Laves 相储氢合金吸放氢动力学更快，寿命更长以及更廉价，但更易中毒。微量的 O_2 只能轻微地降低 AB_5 型合金的储氢容量，但能使 AB_2 型储氢合金失效。总体而言，AB_2 型合金在高平台压研究中具有更多优势。

目前研究较多的 Ti-Cr 系储氢合金具有高平台压、较高储氢容量、低滞后系数及低焓变值的特点，如表 14.10 所示。$TiCr_{1.8}$ 在 1000 atm 和 353 K 温度下的储氢容量高达 3.6 wt%。$Ti_{1-a}Cr_{2-b}Me$ (Me = Al, Mn, Mo, Ni, B, Si) 的结构和储氢性能，其结构类型主要是 C14 型 ($MgZn_2$ 型) 相，B、Ni 或 Mo 部分取代 Cr 会生成 C15 型 ($MgCu_2$ 型)Laves 相。

可以看出，除 Si 外，Al、Mn、Mo、Ni 和 B 部分取代 Cr 几乎未降低合金储氢容量。Ti-Cr 系储氢合金虽然具有较高储氢容量、高平台压、低滞后系数及低焓变值等优点，但也存在氢残留量较多，平台斜率较大等缺点。

3) 高平台压 Zr-Fe 系 Laves 相储氢合金

$ZrFe_2$ 作为高平台储氢合金具有以下优点。

(1) 放氢平台压高，在 293 K 时放氢平台压为 23.9 MPa，比 Ti-Cr 系及稀土型储氢合金的放氢平台压高；

(2) 储氢容量高，放氢平台右拐点储氢容量为 1.603 wt%，在 150 MPa 压强下储氢容量为 1.8 wt%；

(3) 平台斜率低，为 0.42；

(4) 残留氢含量少，常温常压下残留量小于 0.05 wt%。

表 14.10 Ti-Cr 系合金的结构和吸放氢性能

合金	相组成/V_{IMC} (Å^3)	H wt%/ H/M^a	$P_{abs/des20°C}$/ MPa	$\ln(P_a/P_d)$	ΔH (kJ/mol H_2)/ ΔS(J/K mol H_2)^b
$TiCr_{1.9}$	C14 168.23	2.0/1.0	–/5.4	—	26.5/122 26/158
$TiCr_{1.8}$	C15 333.82	2.0/1.0	–/15.4	—	21.3/116 22.6/147
$TiCr_{1.75}Al_{0.05}$	C14 168(5)	1.9/1.0	6.08/5.99	0.02	24/116
$TiCr_{1.6}Al_{0.2}$	C14 168(4)	2.1/1.0	1.52/1.42	0.07	33.4/90.8
$TiCr_{1.7}Al_{0.2}$	C14 169(3)	2.2/1.05	2.33/2.33	0.04	28.1/128.5
$TiCr_{1.95}Al_{0.05}$	C14 168(7)	2.1/1.0	10.64/2.94	1.29	22.8/112 24.8/167
$TiCr_{1.6}Mn_{0.2}$	C14 166.5(2)	1.9/0.95	6.28/6.08	0.03	28.0/129
$TiCr_{1.7}Mn_{0.3}$	C14 165(4)	2.05/1.05	6.59/3.95	0.51	—
$TiCr_{0.95}Mn_{0.95}$	C14 165(2)	2.0/1.05	15.91/8.82	0.59	22.8/114.9
$TiCr_{1.8}B_{0.05}$	C15 82% 333.618(9) C14 16% 167.01(6) BCC 2% 28.75	2.1/1.05	22.3/18.8	0.17	15.6/94.8
$TiCr_{1.8}Si_{0.05}$	C14 166.26(3)	1.8/0.95	3.34/3.24	0.03	21.4/101 10.9/113
$TiCr_{1.75}Ni_{0.1}$	C15 75% 332.15(2) C14 18% 165.92(8) Ti_2Ni 8% 1455.7(2)	2.1/1.1	14.19/10.13	0.34	20.5/107.8 25.5/167
$TiCr_{1.7}Ni_{0.3}$	C14 89% 165.636(5) Ti_2Ni 5% 1455.7(2) BCC(Cr) 6% 24.693(2)	1.9/1.0	6.59/4.86	0.30	21.7/106.7
$Ti_{0.86}Mo_{0.14}Cr_{1.9}$	C15 86% 330.73(3) BCC 14% 25.16(2)	1.9/1.0	83.09/77.00	0.08	17.2/117
$TiCr_{1.9}Mo_{0.01}$	C14 166(5)	1.9/1.0	11.65/3.55	1.19	24.8/113

注：a. 代表压强为 1000-3000 atm、温度为 20°C 下的储氢容量；
b. 第二对 ΔH 和 ΔS 表示 P-C 曲线的第二平台的值。

但 $ZrFe_2$ 存在两点不足：

(1) 滞后系数 H_f 高。对于 $ZrFe_2$ 合金，在 295 K 时 $H_f = 0.326$，即吸氢平台高达 69.9 MPa，意味着吸放氢过程中储氢罐的压差高达几十兆帕，吸放氢能耗增加。

(2) 活化难。如果没有进行初始活化，$ZrFe_2$ 在 296 K 温度下首次吸氢压强达到 80 MPa，

而以后循环的吸氢压强有所下降并达到稳定值。Zr-Fe 系储氢合金属于难活化合金。所谓活化就是除去合金表面吸附的水分、气体分子及氧原子等杂质或改变合金的表层结构，使其具备快速吸放氢活性的一个过程。

表 14.11 列举了部分 Zr-Fe 系储氢合金的储氢性能。Zr-Fe 系储氢合金的结构类型主要是 C15 型，但加入 Ti、V、Mo 或 Ti-V 后合金中出现 C14 型 Laves 相，这是由尺寸比及价电子浓度等因素引起。原子半径比 $R_{Zr}/R_{Fe} = 1.274$，在 1.05~1.68 范围内，构成 Laves 相。除尺寸因素外，价电子浓度对 Laves 相的结构类型和稳定性亦起重要

作用。价电子浓度在 1.33~1.75 范围内是 $MgCu_2$ 型；在 1.8~2.0 范围内为 $MgZn_2$ 型。$ZrFe_2$ 的价电子浓度为 1.33，所以其结构是 C15 型。

表 14.11　部分 Zr-Fe 系储氢合金的储氢性能

合金	相组成/V_{IMC}(Å^3)	H wt% / H/M^a	$P_{abs/des20°C}$/MPa	ln(P_a/P_d)	ΔH(kJ/mol H_2)/ΔS(J/K mol H_2)
$ZrFe_2$	C15 352.46	1.7/1.18	69.9/32.9	0.75	21.3/121
$Zr_{0.9}Y_{0.1}Fe_2$	C15 353.2(5)	1.7/1.13	39.5/25.9	0.42	21.5/121
$Zr_{0.8}Ti_{0.2}Fe_2$	C15 348.02	1.8/1.16	117.5/76.5	0.43	20.7/129
$Zr_{0.6}Ti_{0.4}Fe_2$	C15 41% 342.05(3) C14 59% 165.67(5)	1.54/0.87	168.2/115.5	0.38	20.6/135
$ZrFe_{1.8}V_{0.2}$	C15 68% 354.59(3) C14 32% 178.83(7)	1.8/1.2	1.57/1.22	0.26	23.6/102.5
$ZrFe_{1.8}Cr_{0.2}$	C15 353.94(2)	1.75/1.21	7.90/5.47	0.37	22.3/109
$ZrFe_{1.8}Mo_{0.2}$	C15 179.22(3)	1.6/1.18	6.38/1.93	1.2	25.9/112.5
$ZrFe_{1.8}Mn_{0.2}$	C15 353.74(2)	1.8/1.21	29.5/14.29	0.72	21.8/115.8
$ZrFe_{1.8}Co_{0.2}$	C15 352.763(4)	1.7/1.18	73.5/36.7	0.69	16.8/108.1
$ZrFe_{1.8}Ni_{0.2}$	C15 351.03(2)	1.7/1.18	46.1/25.33	0.6	21.5/119.7
$ZrFe_{1.8}Cu_{0.2}$	C15 352.03(1)	1.65/1.12	32.8/21.99	0.4	19.6/112
$Zr_{0.3}Ti_{0.7}Fe_{1.4}V_{0.6}$	C14 170.35(1)	2.1/1.18	0.51/0.42	0.2	31.1/116
$Zr_{0.2}Ti_{0.8}Fe_{1.6}V_{0.4}$	C14 165.088(1)	1.8/0.99	17.23/16.52	0.04	19.7/109.9
$Zr_{0.1}Ti_{0.9}Fe_{1.7}V_{0.3}$	C14 161.47(2)	1.8/0.98	139.8/129.7	0.08	13.5/112.9
$Zr_{0.6}Ti_{0.4}Fe_{1.2}V_{0.8}$	C15 331.44(3)	1.64/1.02	161.1/147.9	0.09	16.5/124
$Zr_{0.8}Ti_{0.2}FeNi_{0.8}V_{0.2}$	C15 343.69(1)	1.9/1.23	2.89/2.79	0.04	26.8/118.3
$Zr_{0.1}Ti_{0.9}Fe_{1.5}Ni_{0.3}V_{0.2}$	C14 160.042(9)	1.8/0.99	−/256.4	$0.08_{-20°C}$	12.08/119.5

注：a. 代表压强为 1000-3000 atm、温度为 20°C 下的储氢容量。

目前，一般通过合金的活化、非化学计量化、多元合金化及热处理等方法研究和改善 Zr−Fe 系储氢合金的储氢性能。

14.3　$NaAlH_4$ 及其他材料储氢罐

14.3.1　$NaAlH_4$ 储氢性能

由于材料的反应可逆性问题，在大多数的复合金属氢化物中，仅有少数可被作为开发储氢罐的材料。Al 基配位氢化物有 $NaAlH_4$、$LiAlH_4$、$KAlH_4$、$Mg(AlH_4)_2$ 等，其中 $NaAlH_4$ 的热力学性质最为温和，同时可在添加催化剂的条件下降低其逆反应的能垒，其脱氢产物在高氢压下可部分吸氢再生。$NaAlH_4$ 为四方晶系，H 原子构成四面体，Al 原子位于四面体的中心，通过共价键与 H 连接形成配位阴离子 $[AlH_4]$。$NaAlH_4$ 的熔点为 183 ℃，脱氢温度高于其熔化温度，脱氢过程分三步进行，如式 (14.2)~ 式 (14.4) 所示：

$$3NaAlH_4 \longrightarrow Na_3AlH_6+2Al+3H_2 \quad (220\ ℃\sim270\ ℃) \tag{14.2}$$

$$Na_3AlH_6 \longrightarrow 3NaH+Al+3/2H_2 \quad (270\ ℃\sim320\ ℃) \tag{14.3}$$

$$NaH \longrightarrow Na+1/2H_2 \quad (>370\ ℃) \tag{14.4}$$

其中，第三步的脱氢温度较高，实际应用价值较小。第一步和第二步的脱氢为吸热反应，反应焓变分别为 36 kJ/(mol H_2) 和 46.8 kJ/(mol H_2)，可放出 3.7%(质量分数) 和

1.85% (质量分数) 的氢。从热力学角度分析，$NaAlH_4$ 脱氢条件相对温和，有望在添加催化剂的条件下降低其逆反应的反应能垒，实现原位再生。1997 年，Bogdanovic 等以有机金属 Ti 为催化剂，首次在温和条件下实现 NaAlH4 分解产物的快速吸氢。他们还绘制了 $NaAlH_4$ 吸/放氢的 PCI 曲线，如图 14.28 所示。从图中可以看出，$NaAlH_4$ 吸/放氢的 PCI 曲线存在两个平台，高压平台对应于式 (14.2)，低压平台对应于式 (14.3)。在 170 ℃ 下，第一步脱氢反应的平台压高达 10 MPa，满足高压复合储氢体系的需求。

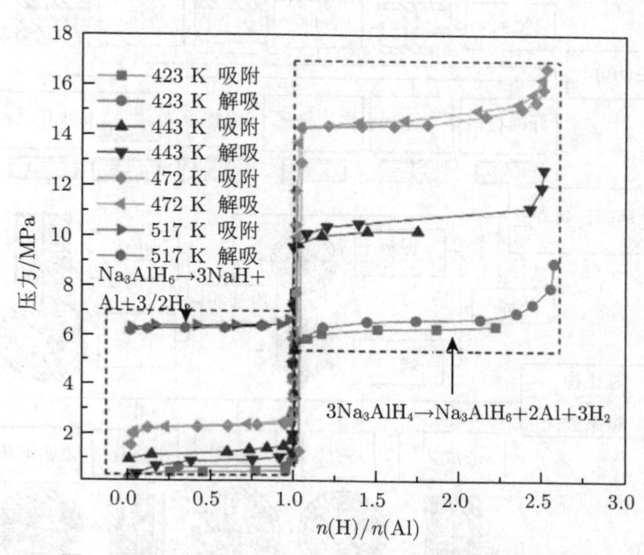

图 14.28 $NaAlH_4$ 在不同温度下的 PCT 曲线 [22]

$NaAlH_4$ 储氢密度大、滞后小，但它的脱氢温度高，两步吸/放氢反应的平台压差距大、动力学速度缓慢、循环稳定性差的缺点限制了其应用发展。因此，降低 $NaAlH_4$ 的脱氢温度、加快吸/放氢速度、提高材料的循环稳定性是提高其储氢性能的关键。针对这些问题，目前主要通过添加催化剂、纳米结构调控等方法改善 $NaAlH_4$ 的吸/放氢性能。

14.3.2 $NaAlH_4$ 储氢罐的制备

1997 年,Bogdanovié 与 Schwickardi[23] 首次在 Ti 基化合物的催化下实现了 $NaAlH_4$ 的可逆性，开启了 $NaAlH_4$ 的改性及其储氢罐的相关研究。2009 年，Ranong 等 [24] 从罐体形状以及热交换元件等方面对复合金属氢化物储氢罐的开发提出了一系列的设计方法 (图 14.29)。

在此设计原则的指导下，德国 Bellosta von Colbe 课题组 [25] 制作了一种管状的不锈钢储氢罐，罐体外形如图 14.30 所示。储氢材料选用了 $TiCl_3 \cdot AlCl_3$ 掺杂的 $NaAlH_4$，经在 126 ℃ 温度 1~109 bar 氢气流下测试，其材料本身和罐体总储氢密度 (储氢材料储存的氢气和罐体内残留的氢气量总和) 如图 14.31 所示。可以看到，其材料本身和罐体总储氢密度相差 0.8 wt%。从其罐体的吸放氢循环性能上 (图 14.32) 可以看到，在测试的 18 个吸放氢循环中具有良好的循环稳定性。

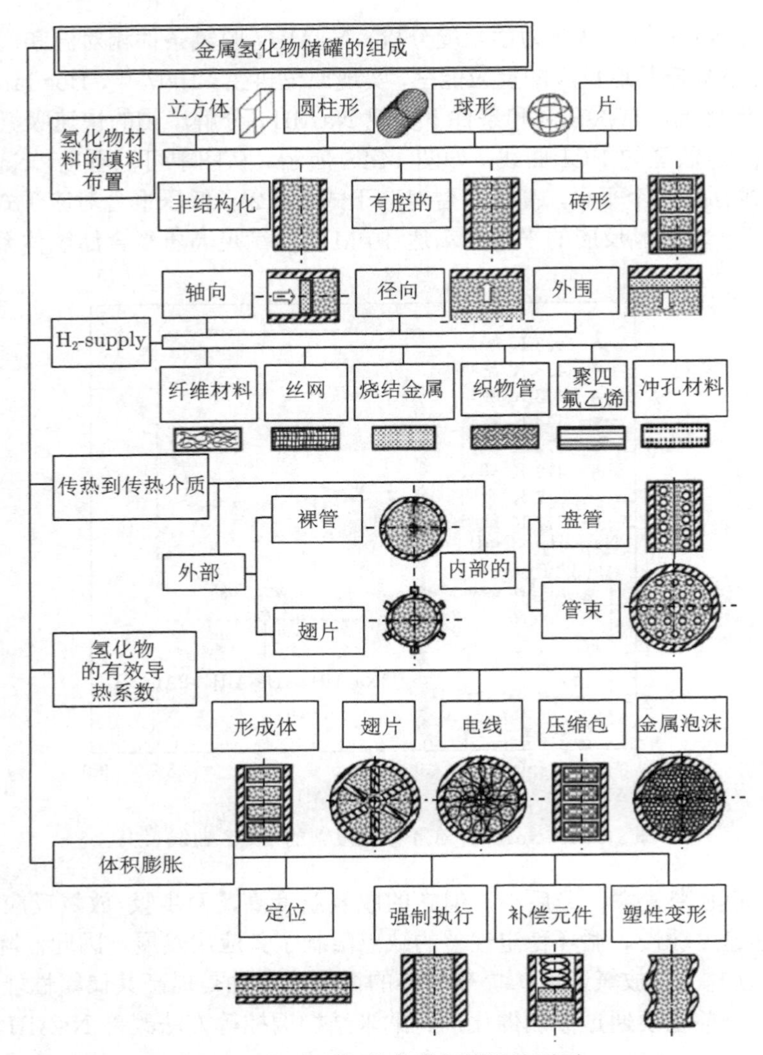

图 14.29　金属氢化物储氢罐设计原则

图 14.30　8 kg 的 $NaAlH_4$ 储氢罐照片

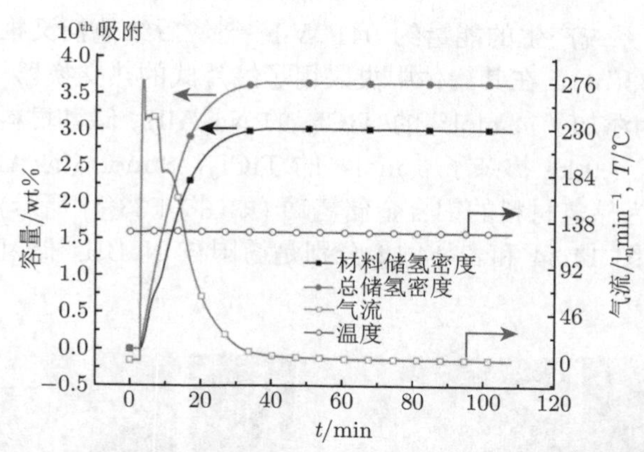

图 14.31 在 126 °C 温度 1~109 bar 氢气压下其材料本身和罐体总储氢密度

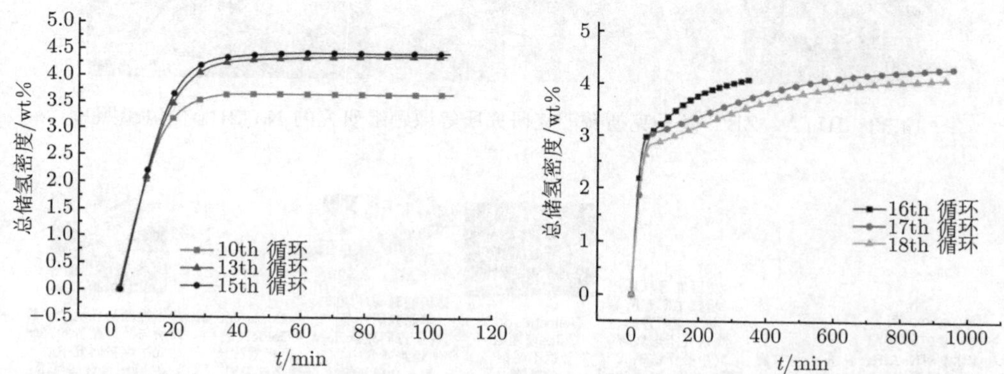

图 14.32 分别在 126 °C 温度的 2~100 bar 氢压下和 160 °C 温度的 0.2 bar 氢压下的不同循环次数的吸氢和放氢曲线 [26]

在此产品的基础上，该组又开发了轻型的钛合金储氢罐 [27]。这一储氢罐可以填充 4.4 kg 的储氢材料，其中除添加 $TiCl_3·1/3AlCl_3$ 之外还添加了膨胀型石墨 (expanded graphite, ENG)。他们利用高压将混合后的材料压缩成锭，以改善体积储氢密度。该储氢罐在 $NaAlH_4$ 高比热以及辅助控制系统的热传导下可以实现稳定的放氢。与不锈钢储氢罐相比，在相同条件下，该储氢罐在 120 min 内可充氢 92%。虽然储氢量有一定的提升，但是其吸氢时间显著增加。但该储氢罐 4 wt%的储氢密度以及 120~170 °C 的放氢温度使得它依旧有潜力作为产品用于车用储氢系统。

此外，德国能源与环境技术研究所 (Institutfür Energie-und Umwelttechnik, IUTA)、燃料电池研发中心 (Zentrum für Brennstoffzellen Technik GmbH, ZBT) 及马克斯普朗克研究所的煤炭研究中心 (Max-Planck-Institutfür Kohlenforschung) 合作开发新型的储氢罐系统。其中，马克斯普朗克研究所的煤炭研究中心负责储氢材料设计，能源与环境技术研究所负责储氢罐设计，燃料电池研发中心开发燃料电池。最终所设计的储氢罐配备了双螺旋管热交换元件 (如图 14.33(a) 所示)，其内部可填充 2.7 kg 的添加了 4 mol%的 $TiCl_3$ 的 $NaAlH_4$ 储氢材料。该储氢罐在与高温质子交换膜燃料电池配合测试时，可以利用燃料电池产生的余热放氢进而驱动燃料电池，产生的氢气可供燃料电池工作 3h 以上，整体系统产生的能量约 941 W·h [28]。后续他们又推出了一款铝合金材质的储氢罐 (图 14.33(b))，在其罐体中央采用了鳍片式的热交换器 [29]。不过该款储氢罐内部的储氢材料为添加了 4 mol%的 $TiCl_3$ 的 Na_3AlH_6 储氢材料。随后，他们又推出了一款采用灌装了 1.9 kg 掺杂了 4 mol%的 $TiCl_3$，8 mol%的 Al 以及 8 mol%的活性炭的 Na_3AlH_6 作为储氢材料的铝合金储氢罐 (如图 14.33(c) 所示)，并成功进行了 31 次吸放氢循环 [30]。图 14.34 和表 14.12 分别是德国在 $NaBH_4$ 储氢罐开发方面的进展以及储氢罐的性能。

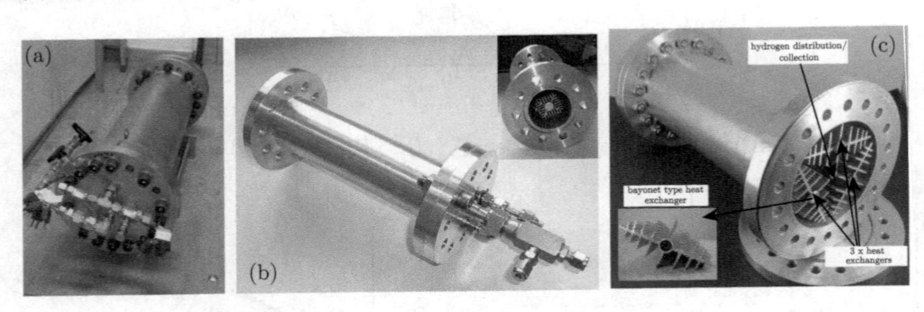

图 14.33 IUTA、ZBT 及马克斯普朗克研究所等课题组研究的 $NaAlH_4$ 储氢罐照片

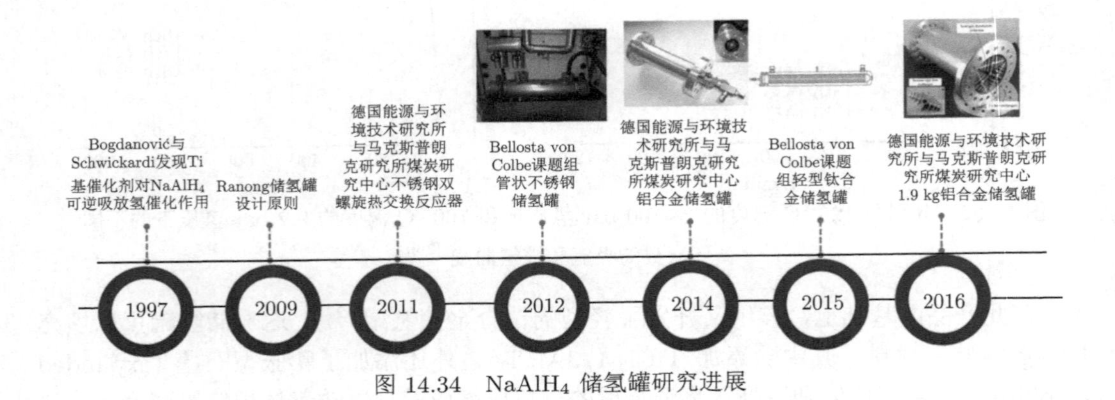

图 14.34 $NaAlH_4$ 储氢罐研究进展

表 14.12 德国开发的 $NaAlH_4$ 储氢罐性能

研究者	研究者单位	储氢材料	催化剂	储氢罐材质	性能	优点	缺点
Bellosta von Colbe 课题组	德国亥姆霍兹中心	8 kg $NaAlH_4$	$TiCl_3 \cdot AlCl_3$	不锈钢	125°C 10MPa 下 10 min 吸氢 80%	操作简单充氢快速可循环	
		4.4 kg $NaAlH_4$	$TiCl_3 \cdot 1/3AlCl_3$ 膨胀石墨	钛合金	120 °C 10 MPa 下 120 min 充氢 92%	体积储氢密度大	吸放氢速度慢
R.Urbanczyk	德国 IUTA	2.7 kg $NaAlH_4$	4 mol% $TiCl_3$	不锈钢 32.7 kg	3h 释放 60 g 氢气整体能量约 941 W·h		
	ZBT 马普所	213 g Na_3AlH_6	4 mol% $TiCl_3$	铝合金 2.6 kg	177 °C 2.5 MPa 吸氢 3.6 g 循环 45 次		整体储氢量 0.14mass%
		1.9 kg Na_3AlH_6	4 mol% $TiCl_3$ 8 mol% Al 8 mol%活性炭	铝合金 13 kg	160 °C 2.5 MPa 吸氢		整体储氢量 0.28mass%

美国能源部从价格上对 $NaAlH_4$ 储氢罐进行了分析，认为 $NaAlH_4$ 储氢罐是可与高压储氢罐相竞争的 [22]。其设计结构如图 14.35 所示。详细参数见表 14.13。可以看到质量储氢密度为 4%。可用燃料电池的废热来作为放氢能。

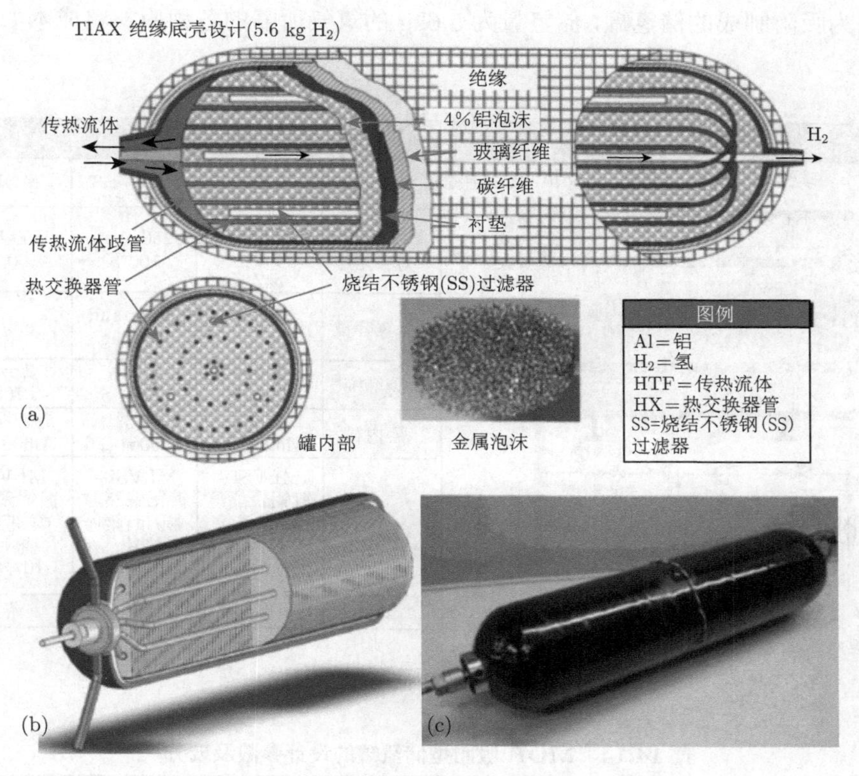

图 14.35 $NaAlH_4$ 储氢罐设计结构及实物照片

表 14.13 $NaAlH_4$ 储氢罐的设计参数

储氢罐设计参数		性能	分析方法
材料及介质	储氢量	5.6 kg	ANL 驱动循环模式
	储氢重量密度	4 wt%	UTRC(Anton,Merit Review,May 04)
	催化剂	$TiCl_3$	Bogdanovic&Schwickardi,JAC 97
	催化剂浓度	4 mol%	Bogdanovic&Sandrock,MRS 02
	粉体填充密度	0.6	UTRC(Anton,Merit Review,May 04)
热学特性	分解热	41 kJ/mol H_2	反应热力学
	最低温度	100 °C	SNL(Wang,Merit Review,May 04)
	最高温度	186 °C	SNL(Gross,JAC 02)
	材料导热性	<1 W/(m·K)	SNL(Wang,Merit Review,May 04)
	介质 (氢化) 比热容	1418 J/(kg·K)	SNL(Dedrick,JAC 04-draft)
	泡沫铝导热性	～ 52 W/(m·K)	泡沫金属 $\sim k_{eff}=0.28k_{Al@473k}$
	铝比热	～ 912 J/(kg·K)	铝合金 2024@473K
力学特性	最大压力	100 bar(1470psi)	UTRC(Anton,Merit Review,May 04)
	压力安全系数	2.25	工业标准
	罐厚度	2 mm(14ga)	满足安全的估算

14.3.3　其他材料的储氢罐

1) MOF 吸附型储氢罐

图 14.36 为美国能源部价格分析报告中关于吸附型储氢罐的设计结构图。如果用 MOF 作为吸附制成的储氢罐，储氢量为 5.6kg 的氢气所需的各种原材料成本如表 14.14 所示 [22]。

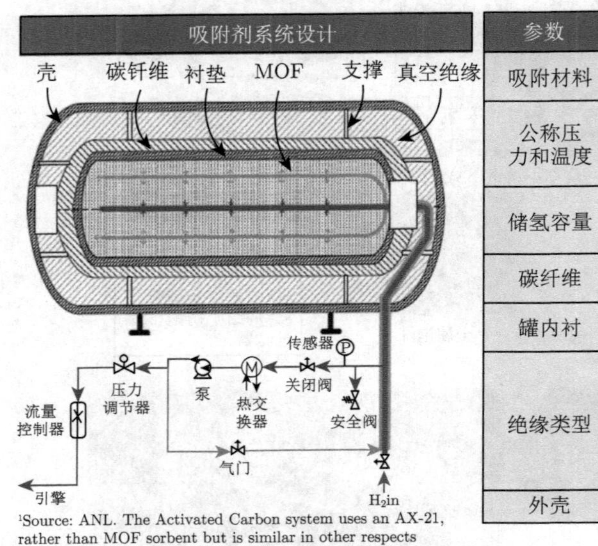

参数	重要系统规格		
吸附材料	AX-21	MOF-177	MOF-5
公称压力和温度	250 atm, 110 K; and 50 atm, 147 K	250 atm, 100 K	150 bar, 60 K
储氢容量	5.6 kg	5.6 kg and 10.4 kg	5.6 kg
碳纤维	Toray T700 S	Toray T700 S	Toray T700 S
罐内衬	Ⅲ型, Al6061-T6	Ⅲ型, Al6061-T6	Ⅲ型, Al6061-T6
绝缘类型	MLVSI - 镀铝聚酯薄膜/带涤纶垫片, 10^{-5} torr	MLVSI - 镀铝聚酯薄膜/带涤纶垫片, 10^{-5} torr	MLVSI - 镀铝聚酯薄膜/带涤纶垫片, 10^{-5} torr
外壳	铝	铝	铝

图 14.36　吸附型储氢罐的设计

表 14.14　MOF 吸附型储氢罐的设计参数及成分

车载系统成本	5.6 kg 储氢量			
优化 MOF-5	材料费	材料费比例	加工费	加工费比例
氢气	$17	100%	(无)	—
MOF-5	$168	100%	(无)	—
低温容器	$807	78%	$232	22%
衬里和配件	$202	68%	$97	32%
碳纤维层	$338	95%	$19	5%
MLVI	$71	40%	$107	60%
外壳	$129	93%	$9	7%
油箱	$68	100%	(无)	—
加注口	$200	100%	(无)	—
调节器	$160	100%	(无)	—
阀门	$164	100%	(无)	—
排风机	$126	100%	(无)	—
其他 BOP	$164	100%	(无)	—
最终组装和检查	—	—	$267	—
总费用	$1,806	78%	$499	22%

2) $LiNH_2$-MgH_2-$LiBH_4$ 储氢罐

Bürger 等人 [31] 设计了一个 600 g 的实验室的混合反应器，该混合反应器包含两种储氢材料，一种为 $2LiNH_2$-$1.1MgH_2$-$0.1LiBH_4$-3wt% $ZrCoH_3$，另一种材料为 $LaNi_{4.3}Al_{0.4}Mn_{0.3}$。这两种材料采用透气膜分隔开。该反应器主要是利用 AB_5 型储氢合金的快速吸放氢性能稳定体系的压力，并能够保证 1 kw 的 PEM 高温燃料电池电堆工作 2 h。在 2015 年，他们又在新的工作中分别探讨了反应器设计的三个主要问题，一是为了吸氢反应设计的管状反应器是否适合放氢；二是放氢过程的热管理起决定作用的模块的尺寸大小；三是循环吸放氢对反应器的影响 [32]。

3) $Mg(NH_2)_2$-LiH 储氢罐

Yan 等 [33,34] 在实验室中采用圆柱形反应器研究了压实压力与膨胀石墨含量对 $Mg(NH_2)_2$-2LiH-0.07KOH 压片的储氢性能的影响，如图 14.37 中示意图所示。研究发现压实压力仅影响第一次循环吸放氢过程的动力学性能，在随后的循环过程都保持有类似的吸放氢动力学性能以及容量。而 ENG 的加入可以改善氢化物传热性能，进而显著提升放氢动力学性能。当压片压力达到 365 MPa 时该复合储氢材料的体积储氢密度可达 47 g/L。

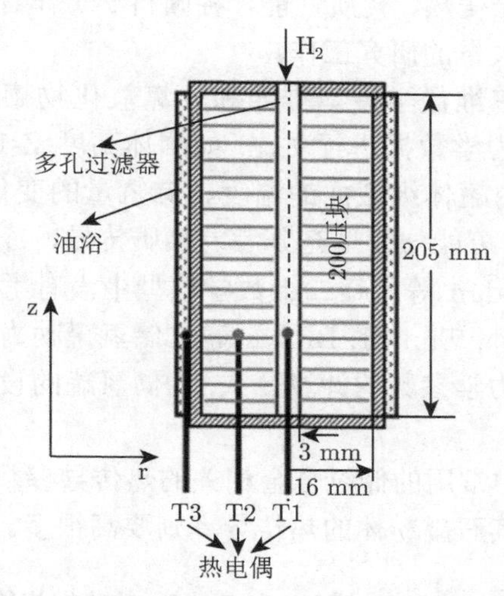

图 14.37 有色金属研究院能源材料与技术研究所实验室反应器示意图

4) 纳米复合材料储氢罐

美国能源部劳伦斯 · 伯克利国家实验室 (Lawrence Berkeley National Laboratory, Calif) 研制出一种氢储罐复合材料，由聚甲基丙烯酸甲酯 (有机玻璃) 为基体喷洒少量金属镁纳米微粒构成。柔软的纳米复合材料在适当温度下能迅速吸收和释放氢，经长期使用金属也不会氧化。这些都是在储氢罐结构、电池和燃料电池材料上的主要突破。该技术充分发挥了聚合物和纳米微粒作为新型复合材料的优异性能，在新能源研发的其他领域也获得广泛应用。此课题是在能源部科学局 (DOE's Office of Science) 资助下完成的 [35]。

14.4　热传导、体积膨胀以及氢气流通

14.4.1　热的管理

储氢合金在进行吸放氢反应的同时，伴随着热量的变化，储氢装置既是一个反应器，也是一个热交换器，反应过程中产生的热量向外部传递，所需要的热量也要由外部导入，热量的传递很大程度上决定了吸放氢反应的速度。金属氢化物床的热导率和金属氢化物与反应器床之间的传热系数通常很低，尤其是当金属氢化物经过反复的吸/放氢反应后，因为产生形变逐渐粉末化，有效导热系数更进一步降低，一般小于 1 W/(m·K)，使得反应进行的热量不能快速传导。以 50~100 μm 储氢合金粉为例，经过 10—100 次循环后，颗粒细化为约 1 μm，此时合金粉的热传导率约 0.1W/(m·K)[36,37]。

如果不进行热管理使得体系温度保持相对稳定，吸氢过程会因为放热温度升高而吸氢速率变慢甚至吸氢量变低，放氢过程则会因为吸热温度降低而放氢速度变慢甚至放氢量变低。因此，获得较好的储氢性能，必须提高 (改善) 氢化物床的有效热导率。因此，需要储罐筒体传热效果好，能够与外界充分进行热交换，才可以使氢气稳定、均匀地释放。为了改善氢化物粉体床传热、传质性能，各国科学工作者在氢化物容器的优化设计和制备复合材料方面做了大量的研究工作。

Kemal AIdavs 运用三维数学模型推导和计算氢化物罐体热力学参数, 并与多孔 $LaNi_5$ 氢化物罐体实际热力学数据进行对比, 如罐体高度 Z-15mm 和 Z-25mm 处温度随时间的变化, 不同时间内罐体纵截面的温度、储氢量的变化情况等, 结果证明, 理论值与实验值有较好的拟合, 可能与模型充分考虑热质传导、冷却液流动以及氢化过程中的化学反应有关。而 Brendan 等闭在二维数学模型中没有考虑罐体横截面不同位置温度随时间的变化情况。此外, Tim M. Brown 建立储氢罐动力学模型，给出了物质、能量及热传递过程中相应动力学参数的计算公式, 为储氢罐的设计和正常运行提供理论依据 [38]。

表 14.15 是理论计算中常用的储氢合金相关的热传导参数，储氢合金和活性炭的热传导率都很低，而金属及其石墨粉体的热传导率则要高很多。

表 14.15　Ti 基合金和 $LaNi_5$ 的热相关参数

参数	氢气	$Ti_{0.98}Zr_{0.02}V_{0.43}Fe_{0.09}Cr_{0.05}MN_{1.5}$	$LaNi_5$	活性炭
密度 $\rho/(kg{\cdot}m^{-3})$	0.0808	6276	4400	702.4
比热 $C_p/(J{\cdot}kg^{-1}K^{-1})$	14310	474	360	825
有效热导率 $\lambda_e/(W{\cdot}m^{-1}K^{-1})$	0.206	1	0.87	0.764
孔隙率 ρ_s		0.585	0.3	
生成焓 $\Delta H/(kJ{\cdot}mol^{-1}H_2)$		−22.9	−30.478	

传热传质结构设计可以以傅里叶导热定律为指导，提高反应床传热性能的强化可从三方面实现：

(1) 提高床体有效热导率，如掺铝纤维、泡沫金属、粉末包覆和压块等工艺；

(2) 提高换热面积，如加入翅片、采用异型管等；

(3) 减少粉末层厚度，减少厚度即降低热阻。

研究人员采用多种改进措施，也在一定程度上提高了储氢合金粉末及床体的有效热导率，保证了一定的传质性能。当然，增加热管理系统必然会增加系统的体积和质量，从而减小体系整体的质量储氢密度和体积储氢密度，比如图 14.38 中的金属氢化物储氢罐体 [39,40]。另外，如果热管理不当引起积热问题还容易产生安全问题 [41]。

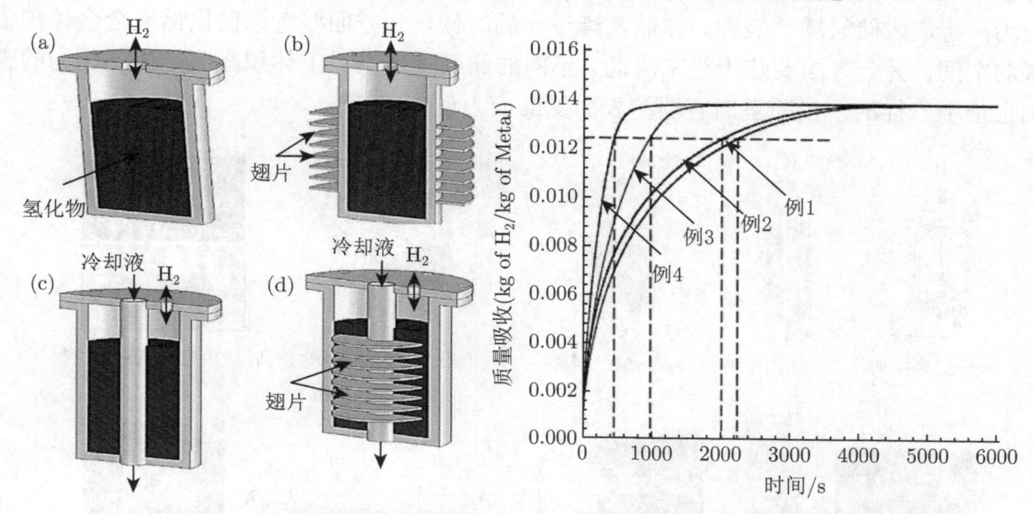

图 14.38 几种金属氢化物储氢罐及其在相同条件下的吸氢速率 [39]

目前, 改善传热传质的研究工作主要集中在制备复合储氢材料及容器 (热交换器) 优化设计方面。真空烧结多孔储氢复合材料、镀铜压块复合储氢材料、与塑料或液体溶剂混合组成的浆料复合储氢材料, 不但为合金粒子提供了吸氢膨胀空间, 也改善了导热性能。此外, 采用储氢合金与不吸氢的金属纤维混合组成复合储氢材料床体, 并将床体分割, 在容器中心加入不锈钢导流管。不吸氢的金属纤维在氢化物粉末床中既起到阻止粉末床流动的网络骨架作用, 又能造成足够的空隙, 提供了合金吸氢膨胀的余地, 同时由于金属纤维良好的导热性, 改善了粉末床的传热性能。图 14.39 是几种不同热传导控制方法的储氢容器示意图。

此外，储氢器内部应采取特殊的结构, 增加储氢器与外界环境接触面积应, 改善了储氢装置的传热性能。台湾汉氢科技股份有限公司提出了一种具有较佳热传效率的储氢装置, 储氢罐为一长轴, 采用分隔物将罐体分为几个隔间, 分隔物具有一方形蜂巢式结构或扇形蜂巢式结构, 巢室的内壁与储氢罐的长轴相垂直, 有利于氢气的进出。在储氢合金粉中混入导热剂、抗板结剂、散热片, 也能明显提高热传导性能。Mellouil 在储氢罐中放人螺旋形热交换器, 减少了吸放氢时间。同时发现, 在一定的温度下, 储氢罐吸氢速率和储氢量随氢源压力的增加而增大的, 冷却液的温度对储氢时间及吸放氢速率有显著的影响, 氢化过程的长短与热交换面积的大小有关。

14.4.2 体积膨胀问题

当储氢合金吸氢时，氢原子进入金属或合金晶格后，占据金属原子的空隙，并与金属原子发生相互作用，形成 α、β 相。α、β 相的晶格参数增大引起合金晶胞体积膨胀，放氢时晶胞体积收缩，合金吸放氢循环将伴随着晶胞体积反复地膨胀和收缩。储氢合金伴随吸放氢的体积变化为 20%~30%。以 $LaNi_5$ 为例，吸氢前为 $CaCu_5$ 型晶格结构，当与 6 个氢原子结合后，其晶胞参数发生明显变化，晶胞体积由 86.80 $Å^3$ 增大为 106.83 $Å^3$，膨胀了 23.1%。储合金的弹性模量在 10^5 MPa 数量级，所产生的应力可以高达 10^3 MPa 数量级，会使合金粉体破裂和粉末流动堆积，在储氢罐局部产生过大的应力，将造成储氢罐的破裂。在储氢罐设计的时候，一方面要考虑留出储氢合金体积膨胀的空间，另一方面要防止粉末流动。不同的储氢罐结构对于体积膨胀产生的压力的影响也是不一样的，多腔室的容器的表面受的应力最小 [42,43]。

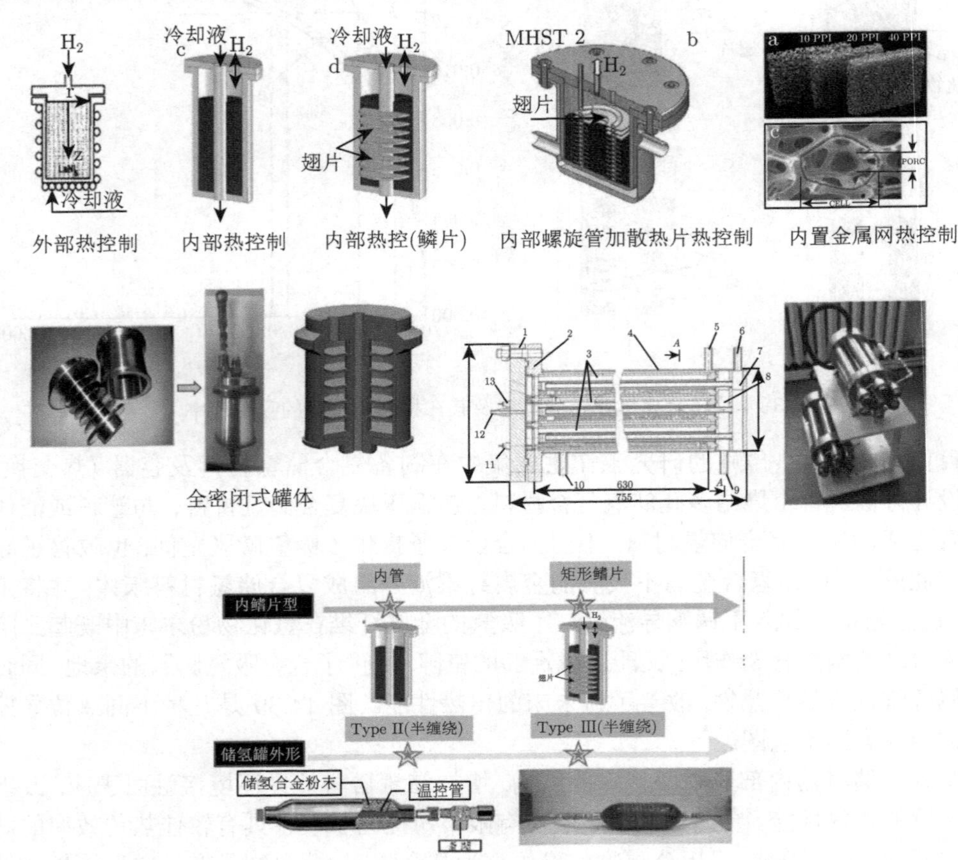

图 14.39　几种不同热传导控制方法的储氢容器示意图

14.4.3　氢气流动问题

由于氢气在金属氢化物床上的流通存在一定的阻力，需要提供传质的通道，促进氢气的快速流动。为了便于装置内部的氢气能够流动畅通，可在装置中心部位放置气体导流管。在储氢装置内部采用网状金属导流管结构，丝网结构可以提供多个氢气流动热传导通道，不易发生堵塞，确保了储氢装置的快速吸放氢性能。另外在壳体上设置中心孔，壳体内交替叠置不吸氢的泡沫状金属基板、填充储氢材料的料片和不吸氢的金属分隔片，内部设有提供氢气流通的过滤导流管。金属分隔片可以起到导热作用，有效防止储氢材料的团聚；过滤导流管可以促进氢气的流动。

14.5 储氢罐壳体材料

储氢罐在高压氢气特殊环境下使用的压力容器，选材方面将考虑抗氢蚀、使用条件 (如设计温度、设计压力、介质特性、操作特点等)、材料的焊接性能、容器的制造工艺以及经济的合理性。目前储氢罐壳体的材料主要是铬钼钢 (无缝钢)、奥氏体不锈钢 (S31608)、双相钢 (S25073) 以及碳纤维复合材料。

无缝钢瓶材料是最传统的盛装氢气的钢瓶材料，是由低碳钢向中碳钢、碳锰钢、铬钼钢及合金钢发展起来的。因为氢气的特殊环境，成分上应控制材料的含碳量和硫、磷质量分数, 含碳量高易产生致脆敏感性, 硫、磷质量分数高易产生氢脆。此外, 还应保证适量的 Si、Mn、Cr、Mo 质量分数。现在主要使用的铬钼钢是 4130X、30CrMoE 无缝钢，其化学成分见表 14.16。

表 14.16 盛装氢气的无缝钢瓶材料化学成分

元素	C	Mn	Si	P	S	Cr	Mn
质量分数	0.25～0.35	0.40～0.90	0.15～0.35	$\leqslant$ 0.020	$\leqslant$ 0.010	0.80～1.10	0.15～0.25

铬能够改善钢的抗拉强度，并提高伸长率、淬透性和耐腐蚀性；钼能够细化晶粒，提高钢的屈服强度，改善淬透性和回火脆性。在合金钢中铬含量应为 0.6%～1.2%；钼含量应为 0.15%～0.35%。锰能够提高钢的强度、硬度及韧性，并能够提高钢的淬透性。但含锰量过多会增加钢的淬裂倾向，并易造成正火锰钢的锰偏析，降低气瓶的横向冲击韧性。因此，钢瓶主体材料中的锰含量控制在 0.40%～0.90%。根据国家《气瓶安全监察规程》，4130X、30CrMoE 无缝钢适用于正常环境温度 (−40～60°C)、公称工作压力为 1.0～30MPa、工程容积 0.4～3000L 的氢气钢瓶 [44]。由于储氢罐的主体选择的是 Cr-Mo 钢，应选择为铬钼耐热钢电焊条。具体型号为 E5515-B2 牌号为 R307 的焊条作为里层焊条，型号为 E5503 型号为 J506 的焊条作为保温层和外层的焊条。

Al 合金具有轻质、成本低廉，也被用在储氢罐壳体上，但是因为比强度和耐温性的原因，往往用在压力低、体积小的场合。Ti 合金 (TA10) 比强度比铝合金大，可以取代 Al 合金，但价格会高一些。

碳纤维因其具有重量轻、强度大的优点，被广泛应用于航空航天等各个行业，同时碳纤维也是制造氢气储氢容器的最合适材料。但是碳纤维材料对氢气的密封效果不好，不能直接储氢容器使用，必须添加相应的密封层，目前密封用的内衬材料是 Al 和高分子材料。目前这样的复合储氢罐已经在 70 MPa 的高压气态储氢罐中成功地获得应用，也开始在储氢合金罐中获得应用，尤其是高压储氢合金复合罐中获得了应用。它是正反为各位三层的碳纤维材料，中间添加少量树脂的黏土膜。这种黏土膜本身是由很多层只有 1 mm 厚的结晶致密地黏结而成，柔软、耐热性好，尤其对氢气的密封性十分优异，通过加压加热的手段将碳纤维材料和黏土膜黏结在一起，制出厚度约为 1 mm 的三明治式的新材料。

根据储氢容器的设计，有的地方也需要绝热材料阻止热传导。根据绝热材料的温度、热导率、强度、不燃性、容量密度、吸水率、腐蚀性等方面综合考量，常常选择超细玻璃棉毡为的保温材料。

14.6 安全检查

储氢合金储氢容器工作在高压以及氢气特殊环境下，需要对特别重视安全检测，这主要包含如下几个方面。

1) 宏观检验以及壁厚测定 [45,46]

首先可以进行储氢罐的宏观检验，能发现很多问题, 并为后面的其他检验项目提供指导。由于电厂一般对容器外部锈蚀、油漆剥落等现象都采用定期补防腐漆处理, 因而外部宏观检验发现的问题一般较少。宏观检验重点应是储氢罐的内部。氢罐内部一般都存在不同程度的锈蚀, 其锈蚀程度一般顶部较轻, 中下部较为严重, 底部最严重。这是氢气干燥不够等原因导致储氢罐内积水, 容器下部、底部湿度大造成的。笔者在某电厂储氢罐检验过程中发现, 隔 3 年后的全面检验发现其底部堆积的锈蚀产物最厚处有 20～30 mm(膨松状) , 说明该容器 3 年内的锈蚀情况很严重。

储氢罐一般很少发现局部冲蚀减薄的情况, 其锈蚀多为均匀腐蚀。有条件的电厂可以对容器内部进行防腐处理。

2) 表面无损检测

压缩氢气和一些含氢的气体可以使金属材料特别是钢材产生脆变。这种脆化影响导致了氢气瓶失效。高压氢气环境下钢瓶的氢致开裂形式有多种，如硫化物应力开裂、氢致开裂、应力导向氢致开裂和氢加速开裂等。

钢材受高温高压的氢气作用而变脆甚至破裂的现象称为氢腐蚀。钢在临氢介质中可能会发生氢腐蚀, 特别是高温高压的临氢环境下更容易发生氢腐蚀。在合成氨、合成甲醉、合成橡胶、石油加氢等工业应用中，许多反应过程都是在高温高压的氢介质中进行的，因此，钢制设备均可能遭受严重的氢腐蚀。钢材发生的氢腐蚀可分为两个阶段，即氢侵蚀和氢脆阶段: 前者是氢和表面的碳化合生成甲烷, 引起钢表面脱碳; 后者是氢渗透到钢内部, 与渗碳体反应生成甲烷, 生成的甲烷不能从钢中扩散出去而产生气泡, 气泡扩大和相互连接的结果导致晶界上出现裂纹。

氢侵蚀阶段：当温度和压力较高，或者钢材与氢气接触的时间很长，则钢材将由氢脆阶段发展为氢侵蚀阶段、溶解在钢中的氢将与钢中渗碳体发生脱碳反应生成甲烷。

$$Fe_3C+2H_2 \longrightarrow 3Fe+CH_4 \tag{14.5}$$

$$Fe_3C \longrightarrow 3Fe+C \tag{14.6}$$

$$C+4H \longrightarrow CH_4 \tag{14.7}$$

随着反应的不断进行．钢中渗碳体不断脱碳变成铁素体，并不断生成甲烷，而甲烷在钢内扩散困难，积聚在晶界原有的微观空隙内、随着反应的不断进行而愈聚愈多，产生很大的内压力，形成局部高压、造成应力集中，使细微的空隙开口、扩大、传播、引起钢材中出现大量细小的晶界裂纹和气泡，这就使钢的强度和韧性大为降低 (不可逆的)，甚至开裂，导致设备破坏。产生氢腐蚀的钢材，出于裂纹很小而数目很多、从外观上又很难凭肉眼直接观察到明显的痕迹，往往设备突然出现破裂，所以氢腐蚀是一种很危险的腐蚀。

一般情况下, 碳钢在 200 °C 以上的高温氢环境中才会发生氢腐蚀。通常来说, 氢的压力越大、温度越高, 碳钢的脱碳层就越深, 发生氢腐蚀的时间就越短, 其中温度是一个尤其重要的因素。在较高的温度 (如 >700 °C) 下, 即使氢的压力只有 0.1 MPa, 脱碳也可以发生; 而如果温度较低 (如 <200 °C), 即使氢压力为 100 MPa 下氢腐蚀也难以发生。

通过上面分析可以看出, 由于火电厂储氢罐的工作压力一般小 4 MPa , 工作温度为常温, 因而一般情况下不易发生氢腐蚀。实际检验过程中表面无损探伤应该以接触氢介质的内表面的检验为主, 储氢罐裂纹通常不会从外表面产生。无损检验方法以磁粉检验为主, 有条件的情况下也可以选择荧光磁粉探伤, 出于安全考虑也可以选择渗透检验, 但渗透检验对氢致裂纹的灵敏度没有磁粉检验 (特别是荧光磁粉) 的高。

高压无缝氢气钢瓶研制的关键是钢的氢脆研究。目前，世界同行业对于高压氢气钢瓶氢脆试验的研究均是依据 1977 年之前国外的试验结果, 其试验条件中给出的氢气压力为 19.6 MPa。目前还没有检索到在氢气压力 45 MPa 及以上条件下进行钢氢脆试验的资料。为了取得材料在各种环境条件下的氢脆试验数据, 为高压氢气瓶的研究创造条件, 对无缝氢气瓶用

3) 硬度检测

火电厂储氢罐一般不会发生氢致脱碳等材质劣化的现象, 但出于安全考虑, 推荐增加硬度检验作为氢罐检验的必做项目, 硬度测点一般可以和壁厚测点重合。如果储氢罐发生氢致脱碳等材质劣化现象, 应从容器内壁开始, 因而可以对比内外壁相同部位硬度值是否有差异来判断材质是否发生劣化。为了保证硬度检验值的真实性, 对于 D 型里氏硬度冲击装置而言, 硬度检测点的光洁度 Ra $\leqslant$1.6。

4) 耐压检测

储氢罐的工作压力随方式不同可以在 10~40 MPa 范围，属于高压容器，需要确保其安全性。在进行气体实验之前，需要容器中注入液体 (一般是压塑性小的水)，进行耐压性检测，也成为水加压实验。图 14.40 储氢容器的静水耐压实验以及密封性实验，压力可以高达 300 MPa[47]。

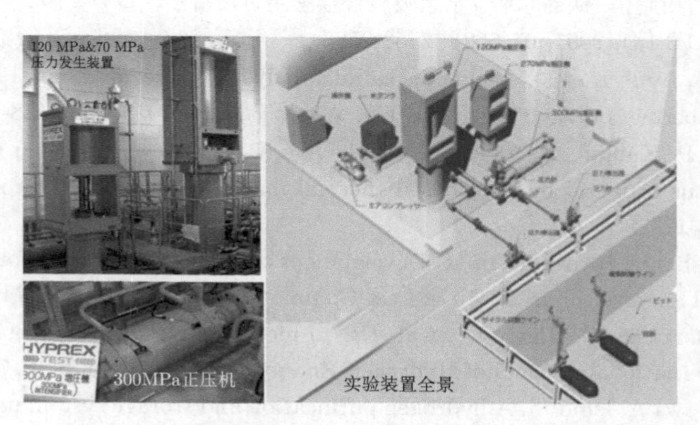

图 14.40 储氢容器的静水耐压实验以及密封性实验

5) 疲劳寿命检测

此外为了确保更高的安全性，也需要储氢罐的疲劳检测试验，如图 14.41 所示。通过高压气体的填充和放出以及调控充放速度检测储氢罐的工作性能，也可以做加速疲劳试验。

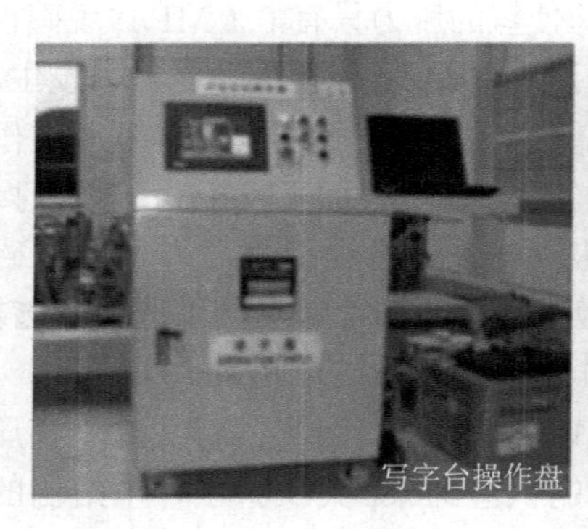

图 14.41　储氢容器的疲劳试验

(李星国)

参 考 文 献

[1] Güther A V, Otto J. Alloys Compd, 1999, 889: 293-295.

[2] 刘晓鹏, 蒋利军, 陈立新. 中国材料进展, 2009, 28 (35).

[3] 杜树立.Ti-V-Mn/Ti-Cr-V 储氢合金及混合储氢容器的研究. 杭州：浙江大学, 2006.

[4] 黄岳祥, 张喆. 金属氢化物储氢罐及制备方法. CN1752506A, 2006.

[5] 沈国迪, 黄岳祥, 孙元明. 燃料电池用储氢罐.CN 2534455Y.

[6] 胡子龙. 储氢材料. 北京: 化学工业出版社, 2002.

[7] 葛静, 张沛龙, 朱永国, 等. 金属氢化物储氢装置的研究进展. 新材料产业, 2014,(7): 55-60.

[8] Michel Jehan and Daniel Fruchart. McPhy-Energy Proposal for Solid Hydrogen Storage Materials and Systems.

[9] Lim J H, Shim J H, Lee Y S, et al. Int. J. Hydrog. Energy, 2010, 35: 65-78.

[10] 小関多賀美, 竹田晴信, 飯島和明. 水素吸蔵合金を用いた蓄熱についてのシステム開発. 日本機械学会論文集 (B 編), 2001, 67(662): 2558-2566.

[11] Feng P, Liu Y, Ayub I, et al. Techno-economic analysis of screening metal hydride pairs for a 910 MWhth thermal energy storage system. Appl. Energy, 2019, 242: 148-156.

[12] Muthukumar P, Kumar A, Raju N N, et al. A critical review on design aspects and developmental status of metal hydride based thermal machines. Int. J. Hydrogen Energy, 2018, 43(37): 17753-17779.

[13] Seijirau S, Yoshio K, Hiroshi N, et al. Development of a double-stage heat pump: experimental and analytical surveys. Journal of the Less-Common Metals, 1991, 172-174: 1092-1110.

[14] Dunikov D, Borzenko V, Blinov D, et al. Use of methane-hydrogen mixtures for energy accumulation. International Journal of Hydrogen Energy, 2016, (14): 21787-21794.

[15] Miura S, Fujisawa A, Ishid M. A hydrogen purification and storage system using metal hydride. *International Journal of Hydrogen Energy*, 2012, 37(3): 2794-2799.

[16] Mori D, Havaikawa N, Kobayashi N, et al. High-pressure metal hydride tank for fuel cell vehicles. 2005, MRS Proceedings, 884: GG6.4.

[17] Lee H H, Kim H K, Hwang K H. Hydrogen storage system for fuel cell vehicle. US20090155648. 2009.

[18] 资料：広島大学プレスリリース 2 月 4 日号

[19] Mori D. Japan Inst J. Metals, 2005, 69: 308.

[20] Mori D, Hirose K. Int. J. Hydrogen Enger, 2009, 34: 4569.

[21] Mitsutake Y, Monde M, Shigetaka K, et al. Heat Transfer—Asian Research, 2008, 37(3).

[22] DOE: Karen Law Storage Cost Analysis Final Public Report.

[23] Bogdanović B, Schwickardi M. Ti-doped alkali metal aluminium hydrides as potential novel reversible hydrogen storage materials. J. Alloys Comp, 1997, 253-254: 1-9.

[24] Na Ranong C, Höhne M, Franzen J, et al. Concept, design and manufacture of a prototype hydrogen storage tank based on sodium alanate. Chem. Eng. Technol, 2009, 32(8): 1154-1163.

[25] Bellosta von Colbe J M, Metz O, Lozano G A, et al. Behavior of scaled-up sodium alanate hydrogen storage tanks during sorption. Int. J. Hydrogen Energy, 2012, 37(3): 2807-2811.

[26] José M. Bellosta von Colbe, Oliver Metz, Gustavo A. Lozano.Behavior of scaled-up sodium alanate hydrogen storage tanks during sorption. Intern. J Hydrogen Energy, 2012, (37): 2807-2811.

[27] Bellosta von Colbe J M, Lozano G, Metz O, et al. Design, sorption behaviour and energy management in a sodium alanate-based lightweight hydrogen storage tank. Int. J. Hydrogen Energy, 2015, 40(7): 2984-2988.

[28] Urbanczyk R, Peil S, Bathen D, et al. HT-PEM fuel cell system with integrated complex metal hydride storage tank. Fuel Cells, 2011, 11(6): 911-920.

[29] Urbanczyk R, Peinecke K, Felderhoff M, et al. Aluminium alloy based hydrogen storage tank operated with sodium aluminium hexahydride Na_3AlH_6. Int. J. Hydrogen Energy, 2014, 39(30): 17118-17128.

[30] Urbanczyk R, Peinecke K, Meggouh M, et al. Design and operation of an aluminium alloy tank using doped Na_3AlH_6 in kg scale for hydrogen storage. J. Power Sources, 2016, 324: 589-597.

[31] Bürger I, Luetto C, Linder M. Advanced reactor concept for complex hydrides: Hydrogen desorption at fuel cell relevant boundary conditions. Int. J. Hydrogen Energy, 2014, 39(14): 7346-7355.

[32] Bürger I, Bhouri M, Linder M. Considerations on the H_2 desorption process for a combination reactor based on metal and complex hydrides. Int. J. Hydrogen Energy, 2015, 40(22): 7072-7082.

[33] Yan M, Sun F, Liu X, et al. Effects of compaction pressure and graphite content on hydrogen storage properties of $Mg(NH_2)_2$–2LiH hydride. Int. J. Hydrogen Energy, 2014, 39(34): 19656-19661.

[34] Yan M, Sun F, Liu X, et al. Effects of graphite content and compaction pressure on hydrogen desorption properties of $Mg(NH_2)_2$–2LiH based tank . J. Alloys Comp, 2015, 628: 63-67.

[35] 樊东黎. 储氢容器技术的突破. 金属热处理, 2012, 37(12):127.

[36] Qin F, Chen J P, Lu M Q, et al. Development of a metal hydride refrigeration system as an exhaust gas-driven automobile air conditioner. Renewable Energy, 2007, 32(12): 2034-2052.

[37] Zhang J S, Fisher T S, Ramachandran P V, et al. Issam Mudawar. A review of heat transfer issues in hydrogen storage technologies. Journal of Heat Transfer, 2005, 127(12): 1391-1399.

[38] 唐仁衡, 王英, 肖方明, 等. 质子交换膜燃料电池用金属氢化物储氢罐的研究进展. 材料研究与应用, 2010,4(4): 297-301.

[39] Afzal M, Mane R, Sharma P. Heat transfer techniques in metal hydride hydrogen storage: A review. Int. J. Hydrogen Energy, 2017, 42(52): 30661-30682.

[40] Crabtree R H. Hydrogen storage in liquid organic heterocycles. Energy Environ. Sci., 2008, 1(1): 134-138.

[41] 吴勇. 稀土氢化物-过渡金属共催化有机液体储氢. 北京大学博士论文, 2020.

[42] Lin C K, Chen Y C. Effects of cyclic hydriding-dehydriding reactions of $LaNi_5$ on the thin-wall deformation of metal hydride storage vessels with various configuraions. J. Renewable Energy, 2012, (48): 404-410.

[43] 高金良, 袁泽明, 尚宏伟, 等. 氢储存技术及其储能应用研究进展. 金属功能材料, 2016, 23(1): 1-11.

[44] 陈奇峰, 王红霞. 高压钢质无缝氢气瓶的研制. 试验与研究, 2010,26(2): 4-6.

[45] 李志翔, 孙成刚. 火电厂储氢罐检验的重点. 云南电力技术, 2010,38(3): 59-60, 63.

[46] 汤杰, 曹文红, 黄国明. 加氢站氢气管束式集装箱安全使用与操作探讨. 化工管理, 2019, (34): 195-196.

[47] http://www.hyprex.co.jp/product/test/2water_pressure_testing/Cycle_Burst_testmachine.html.

第 15 章 氢能源汽车

目前，汽车的能源消耗占世界能源总消耗的 1/4，而中国每年 1/3 的石油消耗来自汽车。随着全球汽车数量的不断增加，预计到 2050 年全球汽车总量将超过 16 亿辆，这将使车用燃料石油严重缺乏。同时，以石油为原料的汽油及柴油燃烧时产生 CO，NO_x 等有害废气及 CO_2 温室效应，严重地危害人类生存环境。因此，世界各国科研机构和各大汽车公司都对此展开深入研究，以解决传统发动机燃料的缺陷及其带来的污染问题。氢能源作为可再生的清洁能源，被认为是解决上述问题的重要途径。目前，氢能源动力包括两个发展方向：一个是在传统内燃机技术的基础上，开发氢燃料内燃机；另一个是采用新型的动力装置，燃料电池 [1-4]。氢燃料内燃机汽车和燃料电池汽车的研究已经得到各国科学家和工程师的广泛关注，其目标是研发出既对人和环境无害，又具有可再生性的新型动力能源。本章将主要介绍氢燃料汽车和燃料电池汽车的工作原理、基本结构和国内外的发展状况。

15.1 氢内燃机汽车

对于内燃机汽车，研究人员一方面希望改进发动机结构，提高发动机效率；另一方面力图优化发动机所用燃料，如使用液化石油气、天然气、二甲醚以及氢燃料等，其中使用氢作为发动机燃料的技术发展迅速。

15.1.1 氢内燃机概述

英国学者 Reverend W Cecil[5,6] 于 1820 年最先提出了采用氢气作为机械动力的构想，随后研发出的氢内燃机获得了满意的运行效果。然而，化油器的发明使汽油使用更加安全，因而占据了内燃机燃料的主导地位。最近几十年，由于氢燃料单位质量能产生最多能量而使其广泛应用于宇航工业中，同时，人们开展了氢燃料内燃机汽车的理论和应用研究。

15.1.2 氢内燃机工作原理

氢内燃机 HICE(hydrogen internal combustion engine) 是以氢气为燃料，将氢气储存的化学能经过燃烧过程转化成机械能的新型内燃机 [5,6]。氢内燃机基本原理与普通的汽油或者柴油内燃机的原理一样，属于汽缸—活塞往复式内燃机。

15.1.3 氢气燃烧的特性

氢作为内燃机燃料，与汽油、柴油等相比，在燃烧方面具有以下特点 [7-11]：

1) 易燃性

氢燃料与其他燃料相比具有非常宽的可燃范围。氢与空气燃烧的范围最宽，为 4.2%～74.2%，这有利于实现燃烧更加完全和更经济的燃料。

2) 低点火能量

氢气具有非常低的点火能，仅为 15.1 μJ，比一般烃类小一个数量级以上。这既有利于发动机在部分负荷下工作，又使得氢发动机可以点燃稀混合物。但要注意防止早燃和回火现象。

3) 高自燃温度

自燃温度决定采取何种压缩比的发动机。氢气的自燃温度高，氢气发动机可使用更大的压缩比，提高了内燃机热效率。

4) 小熄火距离

氢气火焰的熄灭距离与汽油相比更短，故氢气火焰熄灭前离缸壁更近，更难于熄灭。

5) 低密度

氢的密度很低。在气态条件下，氢气作为燃料时需要的空间更大，在理论混合比下进入气缸时，氢气约占气缸体积的 30%(汽油仅占 1%~2%)，导致效率下降。

6) 高扩散速率

氢密度小，扩散系数很大，在空气中的扩散速率要比汽油高很多 (氢为 6100 m^2/s、汽油为 500 m^2/s)，混合气易均匀一致，因此，氢燃料发动机应比汽油机的热效率高。

7) 高火焰速度

氢能够以 2.83 m/s 的速度燃烧，而汽油只有 0.34 m/s，这使发动机能最大限度地接近发动机理想的热力学循环。但是，高的火焰速度对点火时间的要求更加严格。

8) 低环境污染

美国清洁燃料研究所在道奇 D-50 皮卡型载货车上燃用氢燃料，测得 HC 和 CO 排放量极少，而且 NO_x 的排放量也远低于标准值。

15.1.4　氢内燃机汽车结构系统

氢燃料内燃机保留传统内燃机基本结构，沿用曲柄连杆机构、配气机构、固定件等结构形式；另外，需要根据氢燃料的特点，对燃料供应系统、控制与管理系统及燃料燃烧系统和局部零部件进行改进设计。氢内燃机主要包括如下部分 [5,6,12,13]。

1) 氢燃料发动机控制系统

氢发动机配备了电子控制单元，控制系统的传感器包括曲轴位置传感器、凸轮轴位置传感器、空气温度/压力传感器、氢气温度传感器、氢气压力传感器、冷却液温度传感器、爆震传感器和节气门位置等传感器。其结构示意图见图 15.1，可以看到，发动机监测水/油/空气的温度和曲轴/凸轮位置，也控制着喷油器开启时间，火花点火系统和电子节流阀。

2) 发动机氢气供给系统

整个氢气供给系统主要包括氢气瓶、减压阀、氢气过滤器、氢气稳压气轨、氢气温度传感器、氢气压力传感器、氢气喷射阀和氢气引管。根据氢燃料喷射位置的不同，氢燃料内燃机可以分成缸外喷射式 (外部混合式) 和缸内直喷式 (内部混合式) 两种。

缸外喷射式，见图 15.2(a)，是指在进气道喷射氢燃料，进气道喷射结构简单，与传统的气体燃料 (如天然气) 内燃机结构相似，因而减小了研发难度。由于氢气的密度极低，在理论混合比状态下，氢气占用约 1/3 的气缸容积，而相同工况下，汽油只占用

1.7%的气缸容积。这导致缸外喷射式氢内燃机比汽油机的功率降低约 15%。进气道喷射在高负荷、高压缩比下易发生早燃、回火等异常燃烧，通过调整发动机的运行参数可在一定程度上消除这些现象。

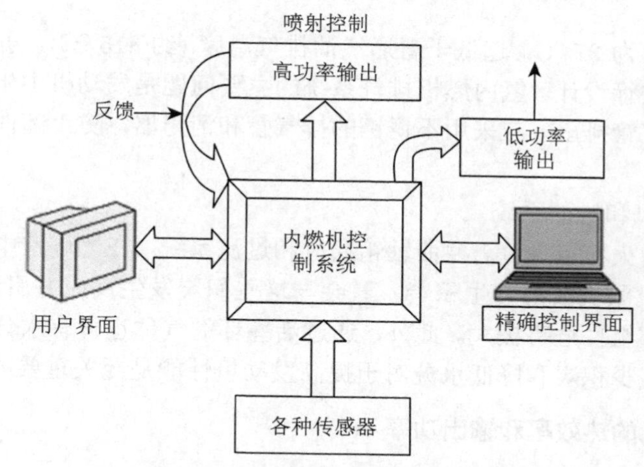

图 15.1 发动机控制系统示意图 [6]

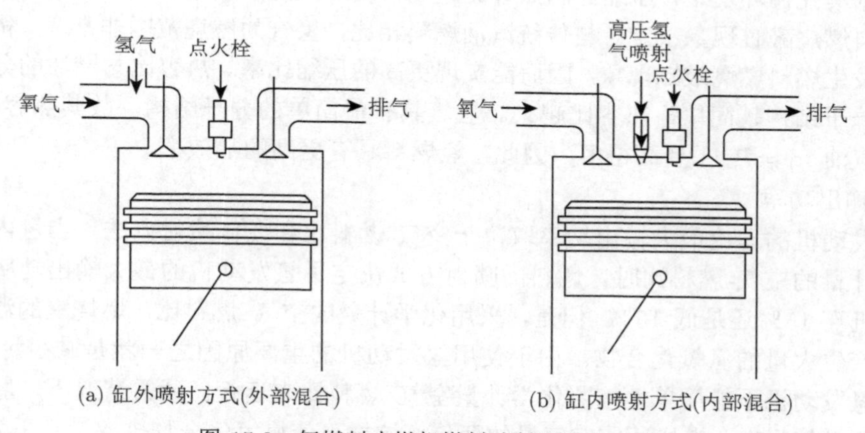

(a) 缸外喷射方式(外部混合) (b) 缸内喷射方式(内部混合)

图 15.2 氢燃料内燃机燃料喷射和混合方式

缸内直喷式，如图 15.2(b) 所示，是指在压缩冲程过程中直接将气体喷射进入燃烧室，是国际上氢燃料内燃机研究的主要方向。当气体喷射后进气阀被关闭，这样就避免了进气冲程过程中造成的过早点火，也防止了回火。直接喷射解决了早燃问题，但由于直接喷射系统减少了气体和空气的混合时间，所以两者混合并不太均匀，可能造成氮氧化合物的排放量高于非直接喷射系统。当气体喷射后进气阀被关闭，这样就避免了进气冲程过程中造成的过早点火，也防止了回火。直喷式氢发动机的输出功率比汽油发动机提高了 20%。但是，由于直接喷射系统减少了气体混合时间，使得气体混合不是很均匀，可能造成氮氧化合物的排放量高于非直接喷射系统。另外，直接喷射系统比其他方法需要更高的燃料压力，使得喷射系统复杂、部件可靠性问题突出。

3) 点火系统

由于氢具有低点火能量，点燃氢可以使用汽油点火系统。因为氢内燃机不含碳，所以一般采用冷式火花塞，目的是迅速降温，避免出现热活塞导致早燃。

4) 排气系统

氢排气温度约为 37 °C，远低于普通汽油排气温度 (约 815 °C)，可以在传统内燃机排气系统基础上进行设计。氢内燃机排气系统的主要问题是发动机中生成大量的水，设计时应使水通过尾管排出，应采用不锈钢的排气管和消声器，防止部件生锈、积水和结冰现象。

5) 曲轴箱通风和过滤系统

氢内燃机采用火花点火，需要曲轴箱通风和过滤系统。在燃烧室中，活塞顶部的环沟和汽缸内的挤流区机油易产生积炭。氢会与这些积炭发生反应并引起剧烈燃烧现象，这对内燃机的内部组件危害极大。此外，通过活塞环的气体也含有水分，导致发动机性能恶化。因此，减少积炭和降低水分对于提高发动机性能是至关重要的。

15.1.5　氢内燃机的热效率和输出功率

1) 热效率

根据奥托循环理论，压缩比和热容比越高，发动机的热效率越高。发动机压缩比极限由燃料燃烧敲缸现象决定。与传统汽油燃料相比，氢气的燃烧范围非常宽，稀薄氢气不容易发生燃料燃烧敲缸现象，因而能实现更高的压缩比率。热容比与燃油的分子结构相关。分子结构越简单，热容比越大。氢气具有最简单的分子结构，故其热容比 ($\gamma = 1.4$) 比汽油 ($\gamma = 1.1$) 要高得多。因此，氢燃料具有更高的热效率。

2) 输出功率

氢发动机的理论最大输出功率取决于空气-燃料比和燃料喷射方法。当氢内燃机采用化学计量的空气-燃料比时，燃料的喷射方式决定了氢发动机的最大输出功率是比汽油发动机高 15%还是低 15%。但是，采用化学计量的空气–燃料比，燃烧室的温度会很高，将产生大量的氮氧化合物。由于使用氢发动机的重要原因之一就是减少污染排放，所以，氢发动机不能简单地按照化学计量空气–燃料比来运行。通常情况下，氢发动机的设计要求使用完全燃烧所需空气量的两倍，这样可使氮氧化合物排放量几乎为 0。但是，这样也使得氢发动机输出功率降至相同尺寸汽油发动机的一半。为了补偿这部分能量损失，氢发动机通常比汽油发动机尺寸要大，并且配备涡轮增压器。

15.1.6　氢内燃机的技术难点和解决办法

虽然氢气发动机比常规石油燃料发动机具有着火界限宽广、燃烧速度快、有害排放物少等一系列优点，但易出现燃烧过程的早燃和进气管回火等现象，不仅使发动机性能急剧下降，甚至造成发动机熄火停止运转。因此，有必要研究氢燃料发动机的异常燃烧，尤其是早燃和回火的原因和解决方案。

与其他内燃机相比，因为氢的低点火能量、燃烧速率快，可燃范围大、熄火距离短以及点燃后造成缸内压力升高率过大，所以早燃在氢内燃机中的问题更大。当燃料混合物在燃烧室先于火花点燃被点燃时，就发生早燃现象，导致发动机效率降低。如果早燃发生于燃油进气阀附近，并且火焰返回至感应系统，就会造成回火。早燃和回火易发生在采用外部混合气的氢气发动机上。在高压缩比、高负荷下，燃料放出的热量多，以至于排温有所升高，而高速工况则容易使燃烧滞后也有助于排温升高。这样在进气阀开启后，残余废气仍保持较高的温度，从而使氢气在进气行程中即被高温的残余废气所点燃产生回火。此外，在高压缩比、高负荷下，缸内温度高，容易造成某些炽热点，引起早燃。

目前抑制和消除回火的常用方法有以下 4 种办法 [5–8,14–17]：

(1) 保证气缸的严格清洁，并采用相对较冷的火花塞、更狭小的火花塞间隙和合适的压缩比。

(2) 采用稀燃、废气再循环抑制回火的产生。进入气缸的废气可以降低热点的温度，减少早燃的可能性。同时废气再循环降低燃烧的最高温度，减少了 NO_x 的排放。

(3) 采取有效措施降低进气温度，如喷液态氢气、喷水或喷射冷空气。

(4) 采用缸内氢气喷射方式，氢气在进气形成后期直接喷射进入气缸，换气过程中新鲜空气对燃烧室的冷却作用大大减少了不正常表面点火的发生，使得内燃机运转平稳可靠。另外，采用进气歧管多点氢气喷射系统，能够减少早燃和回火问题。

15.1.7 氢混合燃料内燃机

1) 氢–油混合燃料 [7,8,14]

在汽油-氢混合燃料发动机中，氢在燃烧时起促进作用。汽油-氢发动机对原汽油机结构改动不大，主要加装了一套控制加氢量的电子装置，改装简单。由于氢的点火能量低，稀混合气易于燃烧，发动机可燃用稀混合气；由于氢的活化能低，扩散系数大，混合气的滞燃期缩短，火焰传播速度加快，实际循环比汽油机更接近于等容循环，燃烧时间更短。因此，氢气加入使发动机的热效率得以提高，较大幅度地降低油耗，又不致使发动机的功率下降太多，从而提高其经济性。加氢量以 4%~5% 为限，掺氢燃料发动机与原汽油机的性能比较，热效率提高了 10%~35%。由于在燃烧中促进了 CO_2 完全燃烧，发动机的 CO_2 排放量减少至原汽油机的 1/4 以下，HC 排放量降低至原汽油机的 3/4 以下，而且能减少 NO 排放量。

2) 氢–天然气混合燃料 [7,9,10]

天然气作为汽车燃料可以降低 CO_2、SO_2、Pb 以及直径 ⩽2.5 μm 细颗粒物等污染物的排放量，但是，天然气作为发动机燃料也存在一定的缺点，如发动机着火延迟长、燃烧速率低等。氢气和天然气可以在高压下储存于同样的容器中，氢气和天然气可以很容易地以任何比例混合。天然气中掺氢可以加快燃料燃烧速率，提高发动机热效率，还可以有效降低燃料的燃烧温度，从而减少排放气中 NO_x 的含量。因此，在内燃机中采用氢气与天然气混合燃烧是近期推广使用氢能最现实的方法之一。

15.1.8 氢内燃机汽车的发展状况

英国学者里卡多 (Ricardo) 和伯斯托尔 (Burstoll) 率先对氢发动机的燃烧及工作过程进行了详细的研究，鲁多夫 · 埃伦 (Rudolph Erren) 随后提出在氢发动机中采用混合气方式。1972 年美国举办了城市交通工具降低污染的比赛，有 63 辆装着各种不同发动机的汽车参加比赛，包括电瓶车、氢和丙烷等作为燃料的汽车，结果大众 (Volkswagen)

汽车公司的氢发动机汽车夺得冠军，据称它排出的废气比吸入的城市空气还干净。日本武藏工业大学与日产 (Nissan) 公司从 1974 年开始合作研制“武藏 1 号”氢燃料汽车，在 1990 年研制成功“武藏 8 号”液氢发动机汽车，并在 1990 年第八届世界氢能会议上展出。日本武藏系列液氢汽车研究处于国际领先水平，该机由多缸柴油机改装而成，氢由实验室专用管路供给。德国奔驰 (Benzn) 汽车公司和巴伐利亚汽车厂开展了公共汽车用氢燃料的试验研究。第一批未来型公共汽车—MAN 公司制造的氢燃料公共汽车，于 1996 年复活节后在德国埃尔兰根 (Erlangen) 市投入运行。进入 21 世纪以来，随着计算机技术和控制技术以及氢气储存供给和电控缸内直喷技术的不断发展发展，世界各大汽车公司纷纷推出新型氢内燃机汽车。下面主要介绍国外的宝马、马自达和福特公司以及我国氢内燃机汽车的发展状况。

1) 宝马公司 (BMW)

德国宝马公司在氢内燃机的技术上处于世界领先地位。自 1979 年开始研发氢内燃机汽车，该公司陆续推出多个系列的氢内燃机汽车。2004 年 9 月，宝马集团研发出 H2R 氢内燃机汽车，见图 15.3，H2R 可以代表 “Hydrogen Race Car”、“Hydrogen Record Car” 或 “Hydrogen Research Car”。该车装备了 6 L 12 缸氢燃料内燃机，最大功率为 210 kW，创造了多项速度记录，0~100 km/h 加速只需约 6 s，最高速度可达 300 km/h，性能丝毫不逊于传统能源汽车。H2R 液氢储罐具有双真空绝热层，容量为 11 kg 液氢，被安排在驾驶座椅的一侧。液氢储罐包括三个阀门，工作阀门在 4.5 Pa 的压力下打开，另外两个安全阀门在压力超过 5 Pa 时将立即开启，释放压力，从而保证液氢储罐不会因为压力过高而发生事故。

图 15.3 宝马 H2R 氢内燃机汽车

宝马公司于 2006 年 11 月又研发出 Hydrogen 7 氢发动机汽车, 并在 2007 年上海车展亮相，其结构见见图 15.4。Hydrogen 7 系氢动力汽车是在宝马 760Li 基型车基础上制造的，并且可以选择液氢或汽油为燃料。其各项性能与传统的轿车相比毫不逊色。Hydrogen 7 与宝马 760Li 一样搭载了 12 缸发动机。发动机在以汽油为燃料时，汽油直接喷射。而以氢为燃料时，则采用进气道内混合气形成方式。另外，Hydrogen 7 采用了二个控制系统：一个控制汽油喷射，另一个控制氢燃料系统，它们组成不可分离的控制系统而发挥调节功能。为了确保发动机在两种燃料变换时平顺工作，Hydrogen 7 在两种工况模式下最大功率控制在 195 kW。Hydrogen 7 可在 9.5 s 内加速达到 100 km/h，最高可以达到 230 km/h，续航能力为 425 英里。其中汽油燃料 (16.3 加仑) 可行驶 300 英里，氢气燃料 (8 kg) 可行驶 125 英里。在起动和暖机过程 Hydrogen 7 需要用氢驱动。如果用氢燃料驱动达到 200 km/h 时，则发动机会自动切换到汽油驱动。由于无论采用哪种燃料，内燃机功率和力矩仍然保持不变，所以，燃料模式转换对于 Hydrogen 7 驾驶性能没有影响。同时，从驾驶体验上来讲，人们几乎觉察不到用氢燃料驱动与汽油驱动的差异。另外，从 Hydrogen 7 氢内燃机汽车冲撞试验后液氢罐损毁状况可以看出，见图 15.5，它已经通过安全性测试 [15,18–21]。

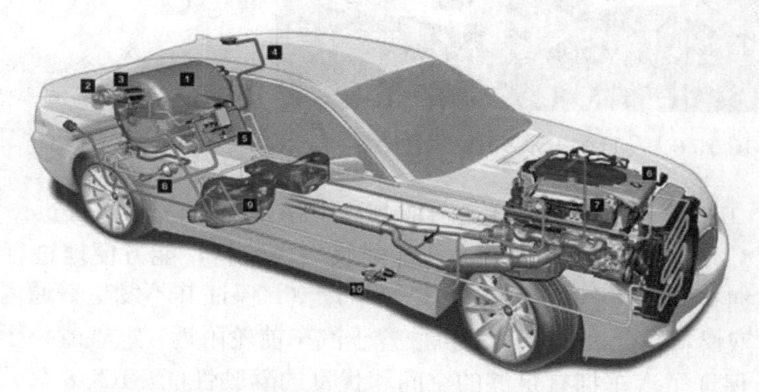

图 15.4 Hydrogen 7 氢动力汽车的结构示意图

图 15.5 Hydrogen 7 氢内燃机汽车冲撞试验后液氢罐损毁状况

2) 马自达公司 (Matsuta)

马自达公司从 20 世纪 80 年代末开始开展转子式氢气内燃机研发，2004 年推出装有氢燃料 Renesis 转子发动机的 Rx-8 跑车。这种转子式氢气内燃机的进气室与燃烧室封闭隔离，避免了回火发生。2006 年 3 月，马自达公司又研发出 RX-8 RE 氢内燃机汽车，见图 15.6，其 RX-8 RE 转子发动机可以在氢气和汽油任意一种燃料下运行，不易引起回火和早燃现象。RX-8 RE 拥有单独的燃料进入室和燃料点燃室，燃料只有达到汽缸顶部中心时才进行点火。它可行驶 330 英里，在汽油模式下，其输出功率达到 210 马力；它拥有一个充氢压力为 34.5 MPa 的压缩氢气罐，在氢气模式下，它的输出功率达到 109 马力，可行驶 60 英里 [2,14,21,22]。

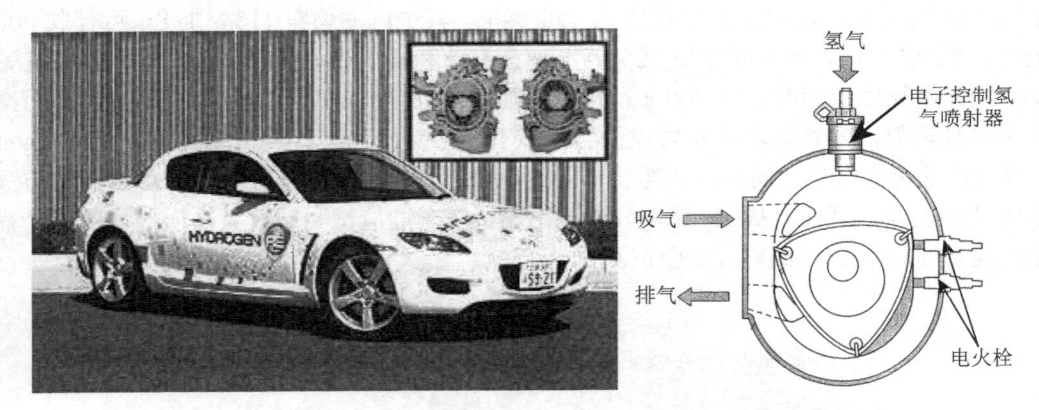

图 15.6　马自达 RX-8 RE 氢内燃机汽车及其转子发动机结构示意图

2008 年，马自达公司又在 RX-8 RE 基础上研发出马自达 Premacy 新型氢内燃机汽车，见图 15.7。它也可以采用汽油或压缩氢气为燃料，能方便地进行氢气和汽油燃料模式切换，拥有单独的燃料进入室和燃料点燃室，保证其不发生普通内燃机中的回火和早燃问题。双燃料单元和转子发动机放置于汽车前轮附近，氢气罐位于后排座椅的附近。这种设计保证了汽车拥有足够的空间和优良的驾驶性能。RX-8 转子发动机是“直接”输出驱动力，而“Premacy 氢转子发动机”则用于发电。Premacy 发动机是串联式混合动力车的原动力，基本上发动机在连续运转，随着输出功率的需要，发动机转速相应变化，并通过发电机发电，再通过电机输出功率驱动车辆运转，其电机最大功率为 110 kW，最大扭矩 350 Nm。此外，又采用怠速/停止系统 (Idling stop) 与制动能量回收系统，在只用氢燃料工况时其续驶里程可达 200 km，是 RX-8 氢发动机的 2 倍。[21−22]

图 15.7　马自达 Premacy 氢内燃机汽车

3) 美国福特公司

2003 年美国福特公司开发出福特 U 型氢内燃机越野汽车，见图 15.8。该车采用一台 2.3 升四冲程增压内燃机，既可以用汽油，也可以用氢气作燃料，发动机输出功率为

151 马力。U 型越野车的动力系统的热效率达到 38%，比典型的汽油燃料汽车的热效率提高 25%，与氢燃料电池相当。该车还具有 NO_x 收集处理功能，在氢燃料内燃机工作过程中，污染物排放几乎可以忽略不计。该车的另一特点是可以在任何气候下运行、低温启动无需任何加温设备 [2,21,23,24]。

图 15.8 福特 U 型氢内燃机越野车

Ford 公司 2006 年推出了 F-250 新型氢燃料车，见图 15.9, 它是拥有汽油、E85 乙醇或氢 3 种燃料系统的 10 缸发动机。F-250 新型氢燃料车能够续驶 500 英里，它的氢燃料热效率比其他两种燃料高 12%，同时比使用汽油燃料的 CO_2 排放量减少 99%。[21]

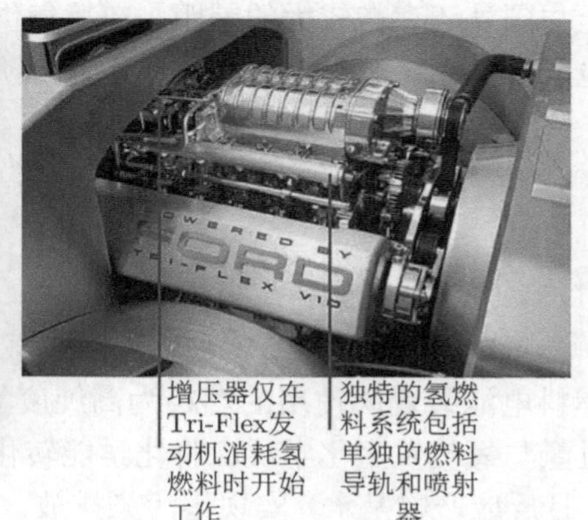

图 15.9 福特 F-250 氢燃料车及其发动机结构图

国外主要汽车公司的氢内燃机汽车性能参数对比见表 15.1。

表 15.1　氢内燃机汽车产品性能比较表

	内燃机	最大功率	百公里加速时间	续航里程	最高车速	其他性能
宝马 H2R	6 升 12 缸氢燃料内燃机	210 kW	6 s	/	300 km/h	双真空绝热层液氢储罐
宝马 Hydrogen7	12 缸发动机 (汽油、氢双控制系统)	195 kW	9.5 s	425 英里 (石油 300 英里，氢燃料 125 英里)	230 km/h	自动切换驱动类型
马自达 RX-8 RE	转子式氢气内燃机 (双燃料)	109 马力 (氢燃料)	/	330 英里 (总续航里程)	/	单独的燃料进入室和燃料点燃室
马自达 Premacy	转子式氢气内燃机 (双燃料)	110 kW	/	200 km(氢气燃料)	/	采用怠速/停止系统与制动能量回收系统
福特 U 型	2.3 升四冲程增压内燃机	151 马力	/	/	/	具有 NO_x 收集处理功能；低温启动无需加温
福特 F-250	汽油、E85 乙醇或氢 3 种燃料系统 10 缸发动机	/	/	500 英里 (总续航里程)	/	CO_2 排放量比使用汽油燃料的减少 99%

4) 我国在氢内燃机发展状况

20 世纪后期，我国跟踪国外氢燃料发动机的研究，以高等院校为主对氢燃料发动机的燃烧规律和机理进行了探索。浙江大学针对氢发动机运转中存在的问题开展了研究, 提出了燃烧改进方案。上海交通大学也利用计算机数值模拟技术对氢气发动机的性能进行了预测。浙江大学、吉林大学、天津大学等单位还进行了在传统燃料内燃机中加入氢气以改善内燃机燃烧过程的研究。重庆长安汽车股份有限公司从 2005 年开始，与北京理工大学、北京飞驰绿能等单位合作开展了氢内燃机总体设计、车载氢供应系统、电子控制系统、性能匹配等多项相关基础研究，得到国防科工委和科技部的资助，取得了一些重要的研究成果 [25]。总体上讲，我国在氢内燃机研究方面起步较晚，在关键技术上与国外还存在较大的差距，在氢气供应与安全系统、控制策略、排放控制技术、综合电子管理系统等技术领域还处于起步阶段。

15.2　燃料电池汽车

15.2.1　燃料电池汽车概述

燃料电池汽车 (FCV) 是一种用车载燃料电池装置产生的电力作为动力的汽车。车载燃料电池装置所使用的燃料为高纯度氢气或含氢燃料经重整所得到的高含氢重整气，通过氢与氧气发生化学反应将化学能转化为电能，可以直接驱动电动机，为汽车提供动能，且反应产物是水，实现零污染排放。1968 年，通用汽车公司研发出世界上第一辆氢燃料电池汽车，该燃料电池汽车以厢式货车为基础制造，装载了 150 kW 的燃料电池组，续航里程为 200 km。杜邦公司于 1972 年成功地开发出了燃料电池专用的高分子电解质隔膜 Nafion，推动了燃料电池技术的广泛应用。1993 年加拿大巴拉德动力系统公司成功推出全世界第一辆以质子交换膜燃料电池为动力的车辆。理想燃料电池汽车的关键性能指标见表 15.2。为了加快燃料电池汽车产业布局，美国、德国、日本等发达国家政府及汽车公司都投入大量研究经费资助燃料电池汽车的研发和示范推广。丰田、本田、奔驰、现代等企业纷纷推出量产车型，燃料电池汽车的输出功率、低温性能和可靠性等技术瓶颈已经得到了部分解决。我国燃料电池汽车产业在国家相关政策的大力支持下获得了飞速发展，已有 200 多家企业投入 FCV 相关产业链体系，覆盖了制氢、储运氢、加氢、FC、FCV 等业务，正在加快市场化推进。目前，我国已经形成了以亿华通、新源动力、南通百应、兴邦能源、广东国鸿等为主要代表的 FC 企业，和以北汽福田、宇通客车、上汽集团、佛山飞驰等为主要代表的 FCV 企业，已有 2000 多辆 FCV 和 12 座加氢站投入使用，另有 19 座加氢站正在建设中。虽然氢燃料电池汽车近年来得到快速发展，但是与纯电动汽车相比，目前氢燃料电池汽车技术成熟度和基础设施条件仍需要进一步完善，车辆成本仍然高于传统汽车 60%~80%，市场化还处于起步期。同时，续驶里程达到 500km 的燃料电池汽车尚未开发成功，燃料电池汽车的耐久性、安全性以及高成本等问题尚未完全解决。

表 15.2 理想燃料电池汽车的关键性能指标 [14]

项目	指标
燃料电池耐久性	>5000h
启动停止循环次数	>60000 次
低温启动性	−3°C
燃料电池成本	<50 美元/kW
续驶里程	>500km
汽车效率	>60%
氢气的搭载量	>7kg

15.2.2 燃料电池汽车特点

燃料电池汽车是一种新概念汽车，它与传统的燃油内燃机汽车相比，具有如下优点 [26,27]：

1) 环境友好性

燃料电池汽车所用燃料气体在反应前必须脱硫，并且燃料电池发电不经过燃烧，所以几乎不排放 SO、NO 等有毒气体，只排放水蒸气。而且使用纯氢燃料的车辆不产生 CO_2 气体。如果用化石燃料来提炼氢燃料，制取过程中 CO_2 的排放也比热机过程减少 40%以上。如果通过光能、风能等可再生能源制氢，那么整个循环体系将完全不产生有害物质排放。另外，燃料电池通过催化反应将燃料的化学能直接转换为电能，不需要转动组件，所以，燃料电池发动机噪声大约只有 55 dB，远低于内燃机噪声。

2) 优异的操控性

燃料电池汽车的驱动力矩很大，能够满足快速加速应答要求。

3) 高效率

燃料电池根据电化学原理直接将化学能转换为电能，理论上的能量转换效率可达 90%以上。由于各种极化的限制，燃料电池的实际电能转换效率在 40%~60%。因而，它比其他内燃机的效率高很多。

4) 节约空间

采用燃料电池发动机作为汽车的动力之后，燃料电池组、功率控制单元和电机安装在汽车前部，储氢罐安装在后部地板下面，辅助电池放在行李箱地板下面，结构更加紧凑，因而车内的空间更为宽敞。

虽然燃料电池具有以上优点，但是它也存在着以下不足之处：

1) 氢的易燃易爆性

对氢的制备、储存、运输和供给都要求较高的技术, 以确保使用安全性。

2) 密封要求高

为了防止氢气渗漏到燃料电池堆外降低燃料电池发动机效率、带来安全隐患，单体燃料电池之间的连接必须严格密封。这使得其制造工艺复杂，并给使用和维护带来诸多困难。

3) 成本过高

氢气的制备、储存、运输成本较高，同时，目前应用前景最好的质子交换膜燃料电池使用贵金属铂作反应催化剂，因而，燃料电池价格居高不下。

4) 低温起动性差

燃料系统在 0 ℃ 以下无法发电。因此，燃料电池汽车在冬季使用时的最大问题是如何使燃料电池堆在 −20～ −4 ℃ 的温度下长时间浸泡之后，能够迅速恢复活性。此外, 凝固性也是燃料电池的一个弱点。当汽车停驶之后，如果没有去除燃料电池中产生的水分，就会出现低温结冰现象，将损伤聚合物薄膜。

5) 需要配备辅助蓄电池系统

燃料电池发动机能持续发电, 但无法充电及回收燃料电池车制动能量。因此，它需要配备辅助蓄电池系统来存储燃料电池的富余电能，并回收燃料电池车减速时的再生制动能量。

15.2.3 燃料电池汽车工作原理

氢燃料电池车是利用车载燃料与外部空气供给燃料电池，由燃料电池将化学能转换为电能来驱动电动机，从而带动汽车行驶。所以说，它是一种电动汽车。燃料电池车的续驶里程取决于该车所能携带的氢燃料的总量，而燃料电池车的动力特性，如最高速度、爬坡能力等，主要取决于燃料电池动力系统的功率以及相关匹配。燃料电池的工作原理见本书第 13 章的详细论述。

燃料电池车的动力系统主要包含以下模式 [3,4,26,27]：

(1) 纯燃料电池：汽车的动力全部来自燃料电池。

(2) 燃料电池和辅助电池混合系统：汽车的动力由燃料电池和蓄电池共同提供。

(3) 燃料电池和超级电容混合系统：汽车的动力由燃料电池和超级电容联合提供。其结构与“燃料电池＋蓄电池”结构相似，只是将蓄电池换成超级电容。相对于蓄电池，超级电容具有充放电效率高、能量损失小、功率密度大、循环寿命长等优点。但是，超级电容的能量密度较小。

(4) 燃料电池、辅助电池和超级电容混合系统：汽车的动力由燃料电池、辅助电池和超级电容联合提供。

(5) 燃料电池和内燃机混合系统：汽车的动力由自燃料电池和内燃机共同提供。

全燃料电池汽车的所有能量都由燃料电池提供，这种汽车的燃料电池的额定功率大，成本高，同时要求其冷起动时间更短、耐起动循环次数更高、对负荷变化的响应更快。而采用燃料电池为主，并辅助其他能源的多动力源结构，可以解决燃料电池的动态性能欠佳、工作状态动态变化较大、燃料电池不能随时满足汽车功率需求等问题。另外，燃料电池最佳的负荷率在额定功率 20%~40%的范围内，为了实现整车能量效率最佳，增加辅助电池调节燃料电池的功率输出，可使其保持在最佳效率范围内工作。采用混合动力还可以适当减小燃料电池的额定功率，降低整车成本。

15.2.4 燃料电池汽车结构系统

燃料电池汽车的外形和内部空间与内燃机汽车几乎没有差别，两者的区别主要在于动力系统。燃料电池汽车动力系统取消了内燃机汽车的发动机、离合器、传动轴等部件，使机械结构大大简化。纯燃料电池汽车要求燃料电池具有很大的额定功率，对冷启动、耐启动循环次数、负荷变化响应等提出了很高要求，而且成本很高。因此，为了解决以上问题，目前普遍采用燃料电池和辅助电池的混合动力源，其基本结构见图 15.10，主要包括如下部分：

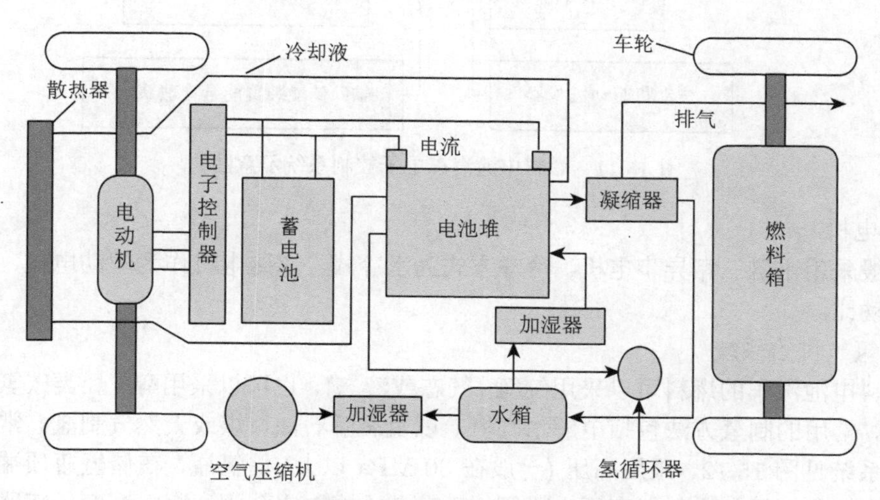

图 15.10 典型的燃料电池汽车动力系统结构示意图

1) 燃料电池和辅助电池

燃料电池系统的功能是提高燃料利用率和动力转换响应率。电源是混合式结构，由燃料电池和辅助电池组成。目前，典型的车载燃料电池为质子交换膜燃料电池，其电池堆由几十到几百个单电池构成，最大功率可达 100 kw 以上，每个电池主要由膜电极和双极板等部件构成。目前常用的是质子膜燃料电池。根据汽车的工作状态，精确地控制燃料电池输出功率和辅助电池的充放电。辅助电池一般采用密封式镍氢电池或锂离子电池，与燃料电池串联，冷却方式为强制风冷式。燃料电池和辅助电池的功率比在

40:60~80:20 时燃料效率最高，所以一般选取辅助电池的功率比较低，燃料电池同时还为空调等附件提供辅助动力。辅助电池具有良好的储能性能，吸收制动再生能量，并在小负荷时用作纯电动车的动力源，能够降低汽车轻负荷的燃料消耗 [28,29]。

2) 电子控制系统

燃料电池汽车的电子控制系统包括燃料电池系统控制、DC/DC 转换器控制、辅助储能装置能量管理、电动机驱动控制及整车协调控制等控制功能，各控制功能模块通过总线连接，见图 15.11。其中，DC/DC 转换器采用三相斩波器，降低波动电压。燃料电池组发出的电力经过 DC/AC 逆变器后进入电动机，驱动汽车行驶或通过 DC/AC 转换器向蓄电池充电。当汽车行驶需要的动力超过燃料电池的发电能力时，蓄电池也参加工作，其电流经过 DC/AC 转换器进入电动机，驱动汽车行驶。

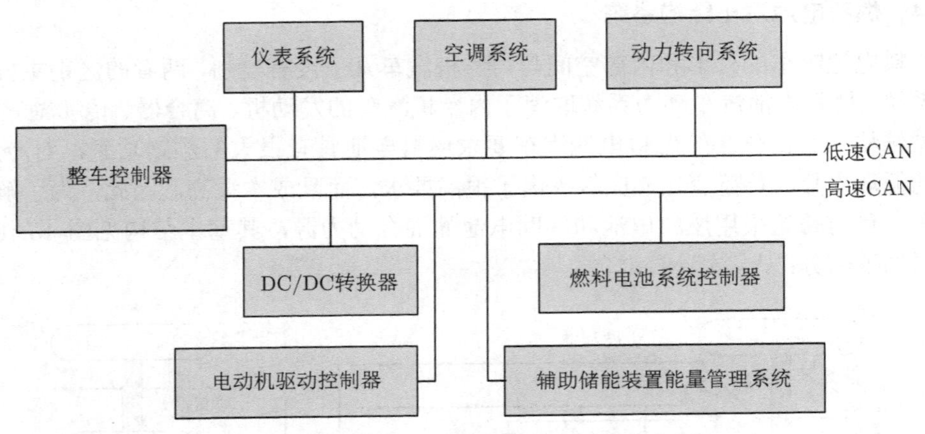

图 15.11　燃料电池汽车电子控制系统示意图

3) 电机

一般采用永磁三相异步电机，冷却方式为水冷式。永磁电机作为驱动电机，具有较大的传动比。

4) 氢气供给系统

燃料电池汽车的燃料可以采用纯氢 (气态或液态)，也可以采用醇、烃类碳氢燃料车载制氢。常用的制氢方法包括电解水制氢，以及裂解石油、煤或天然气制氢。常见的氢气供给系统见图 15.12，采用高压 (一般在 30 MPa 以上) 储氢瓶，在储氢瓶顶端装有一体式组合阀门。阀门中包括高压电磁阀、手动截止阀、安全阀、瓶内温度传感器和压力传感器等部件。加注口按一定压力标准选取，内部含有颗粒对加注气体进行过滤，具有单向截止功能。为了确保氢气通过加注口进入储气罐，在加注管道中增加一个单向阀。同时，在供氢管路中安装具有流量限制功能的溢流阀，确保系统安全。高压气体通过减压后向燃料电池发动机提供稳定的氢气供应，氢气经调节器从高压罐供到燃料电池组。燃料电池反应后剩余的氢气由循环泵送到燃料电池供给一侧，以提高燃料电池的性能。

5) 空气供给系统

燃料电池的助燃空气从大气直接获得，并采用过滤器进行过滤，然后被空气压缩机 (一般为涡旋式压缩机) 进行压缩，经过空气流量计后到达进气口。

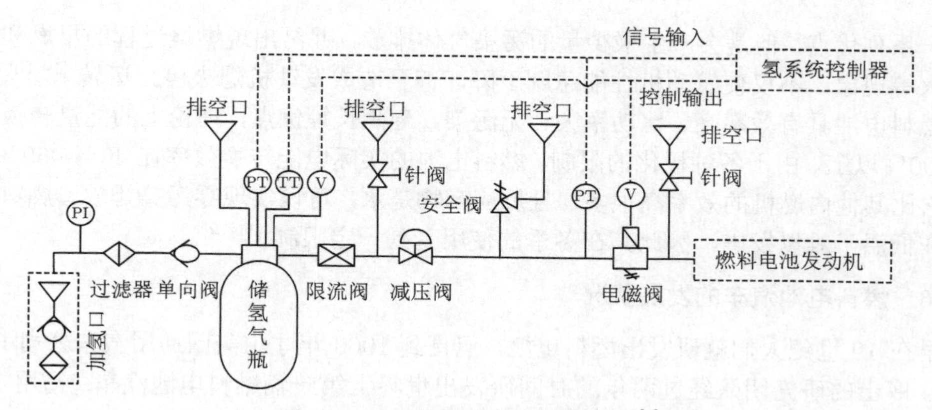

图 15.12 氢供给系统结构示意图 [3]

6) 增湿系统

增湿系统主要负责调节质子交换膜的湿度和温度。为了防止膜脱水而降低电池性能及工作寿命，输入的燃料和氧化剂都需要进行增湿处理。虽然膜的水含量越高其离子传导力能力越强，但是，如果膜内部积水过多，会造成催化剂被水淹渍而失去活性，还会形成二相流，造成局部阻塞，从而减弱或阻断 H_2 和 O_2 的扩散，并阻碍质子传导，进而影响燃料电池的工作。反之，如果膜内含水量过少，交换膜电阻会增大，造成高电流密度时的欧姆损失。如果膜进一步脱水甚至干枯，将使催化层活性进一步降低，电化学反应不能进行，甚至会造成膜破裂，导致 H_2 和 O_2 混合而爆炸。因此，燃料电池汽车必须采用增湿控制系统，保持质子交换膜在湿润条件下获得良好的工作性能，提高转化效率。

7) 通信网络系统

通信网络技术是汽车技术高速发展的标志。燃料电池汽车采用了大量电子元器件来满足功能需求，其整车控制系统的电路布线更为复杂。若采用传统的布线方式，将增加后期维修的难度和系统的不稳定性。因此，整车通信网络技术也是燃料电池汽车的关键技术之一。可采用功能强大的控制器局域网络 (CAN) 总线控制系统的通信网络，采用局部互联网 (LIN) 总线则可以作为 CAN 总线之外的辅助模块 [30–31]。

15.2.5 燃料电池汽车与氢内燃机汽车的对比

如前所述，氢内燃机 HICE(hydrogen internal combustion engine) 是以氢气为燃料，将氢气储存的化学能转化成机械能的内燃机 [5,6]，它与普通的汽油或者柴油内燃机一样，属于汽缸—活塞往复式内燃机，在汽缸内燃烧产生高温高压的燃气，推动活塞做功，通过曲柄连杆机等装置输出机械功，从而驱动机械工作。燃料电池汽车 (FCV) 是以车载燃料电池装置产生的电力作为动力的汽车，氢燃料电池通过氢与氧气发生化学反应将化学能转化为电能，直接驱动电动机为汽车提供动能。由此可知，二者的工作原理、动力来源有本质差别，前者属于化学能转化为机械驱动，后者属于电力驱动。

氢与空气燃烧的范围最宽，为 4.2%～74.2%，其热容比 ($\gamma = 1.4$) 比汽油 ($\gamma = 1.1$) 要高得多，因此氢内燃机的有效热效率可以达到 40%～45%，且在高负载状态下效率几乎不降低 [2]。氢气发动机比常规石油燃料发动机具有着火界限宽广、燃烧速度快、污染小等一系列优点，但是会产生极少量的污染气体排放，并易出现燃烧过程的早燃和进气管回火等现象，不仅使发动机性能急剧下降，甚至造成发动机熄火停止运转 [7−10]。

燃料电池具有效率高、比功率大、无污染、寿命长等优点，理论上的能量转换效率可达 90%以上。由于各种极化的限制，燃料电池的实际电能转换效率在 40%～60%。因而，它比其他内燃机的效率高很多，且反应产物是水，可以实现零污染排放。燃料电池系统在低温下难以发电，因此其在冬季的使用受到一定限制 [11,12]。

15.2.6 燃料电池汽车的发展状况

早在 19 世纪人们就研发出燃料电池，但直到 1966 年才由美国通用汽车公司 Craig Marks 博士的研究团队经过两年的时间研发出世界上第一辆燃料电池汽车 “通用 Electrovan”，见图 15.13。通用 Electrovan 燃料电池系统采用液态氢和液态氧为燃料，拥有一个储氢罐和一个储氧罐，总管道长达 550 英尺，因而只好将 6 座小客车改装成 2 座汽车。其燃料电池功率只有 5 kW，可以使用 1000 h，最高速度为 63～70 英里/h，续驶里程为 120 英里。出于安全性考虑，它仅用于公司内部，并且发生过几次事故。所以，这款车并不是非常成功。加拿大巴拉德动力系统公司于 1993 年成功开发出世界上第一辆燃料电池大客车，从此燃料电池汽车得到迅速发展。戴克汽车公司从 2004 年在欧洲开始进行了燃料电池公共汽车示范计划，有 30 辆 Citaro 燃料电池公共汽车参加示范。这种燃料电池公共汽车长 12 m，设有 30 个座位，最多可容纳 70 名乘客；它采用由巴拉德动力系统公司制造的燃料电池发动机，功率大于 200 kW，最高车速 80 km/h；35 MPa 高压储氢罐置于汽车的顶部，续驶里程 200～250 km；电机、变速箱、驱动桥及其他辅助机械位于公共汽车后部。Citaro 燃料电池公共汽车随后又在北京和澳大利亚琅斯市进行了第二期示范。

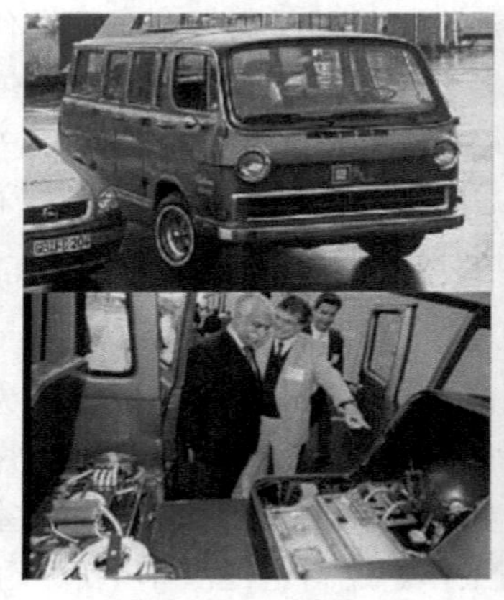

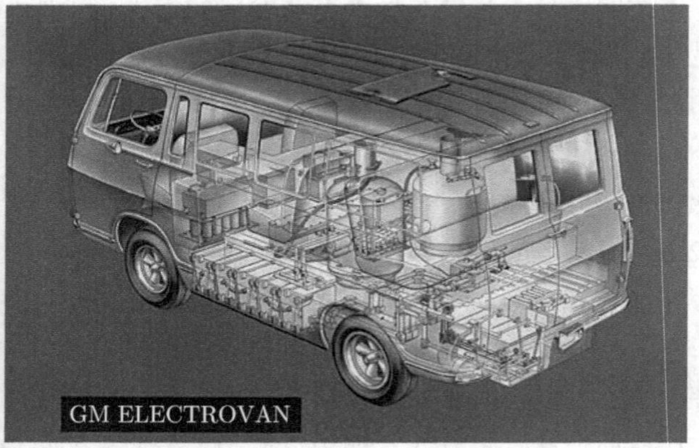

图 15.13 通用 Electrovan 燃料电池汽车及其结构示意图 [21]

近年来世界各国政府和各大汽车公司都非常重视燃料电池汽车的研究开发，随着燃料电池技术的不断进步，燃料电池汽车取得了突飞猛进的进步。下面对燃料电池汽车主要研发公司的最新进展以及我国燃料电池汽车发展状况加以介绍。

1) 戴克汽车公司

戴克汽车公司是世界上最大的燃料电池制造商之一，于 1994 年开始研发出燃料电池汽车 Necar1。经过不断的技术革新，于 2000 年推出了第五代 Necar5 燃料电池汽车。该车的燃料电池动力系统外形尺寸大为缩小，只有 80 cm×40 cm×25 cm，质量减小三分之一，输出功率提高至 75 kW，相当于 1.8L 汽油机，最高时速为 150 km；装用的异步感应电动机性能更好、质量更轻、价格更低；整车自重减少 300 kg，续驶里程延长 200 km。该公司在 2001 年开发了更加实用的 F-Cell 型燃料电池小轿车。它采用高压储氢罐替代甲醇重整系统，使得造价大为降低。戴克汽车公司的 ecoVoyager 燃料电池汽车于 2008 年 1 月 14 日底特律车展中亮相，该车拥有 45kW 燃料电池动力系统和 200kW 蓄电池，在 8 s 内就可以从 0 加速到 100 km/h，最高时速达到 190km，储氢罐压力达到 69 MPa，续驶里程达到 300 英里。该公司于 2009 年 1 月又推出 BlueZero 燃料电池概念车，该车的燃料电池发动机功率达到 90 kW，续驶里程达到 240 英里。由于它采用三明治型燃料电池组，降低了电池重量，提高了汽车的操控性能，可以在 11 s 内从 0 加速到 100 km/h，最高速度达到 150 km/h[32]。

在 2017 法兰克福车展上，奔驰与日产公司合作推出了最新量产燃料电池汽车 GLC F-CELL，见图 15.14。它拥有 2 个 70 MPa 碳纤维储氢罐，一个位于驱动轴处，另一个位于后排车座下方，能够储存 4.4 kg 氢燃料，储氢罐充满耗时约 3 min。该车的每百公里氢消耗约为 1 kg，最大续航里程达到 437 km。GLC F-CELL 由异步电机提供动力，输出功率为 155 kW，扭矩为 365 Nm。它还同时搭载了 13.8 kW 的锂离子电池组，通过车载的 7.2 kW 充电器，锂离子电池组可在 1.5 h 内充满，纯电动时续航里程为 50 km。GLC F-CELL 是世界首台插电式混合动力燃料电池汽车，有四种不同工作模式。混动模式：需要爆发的时候，汽车由车载电池供电；燃料电池模式：不使用车载电池，单纯使用氢转化而成的电能；车载电池模式：短距离行驶时，可以仅使用车载电池供电，不使用氢燃料；充电模式：优先使用车载电池，并将动能回收系统回收的电能储存在车载电池中。以上设计大大提升了该车的实用性能。GLC F-CELL 于 2018 年小规模投入市场销售，但奔驰公司在 2020 年宣布终止氢燃料电池汽车的研发计划，该车或将面临停产。

图 15.14 奔驰 GLC F-CELL 燃料电池汽车 [32]

2) 通用汽车公司

美国通用汽车公司对开发混合动力汽车也甚为关注，已开发出多款燃料电池汽车。通用公司开发的“Hydrogen”燃料电池车搭载了由 200 个单电池构成的燃料电池堆，额定功率为 94 kW，0~100 km/h 的加速性能在 16 s 之内，最高车速达到 150 km/h，在消耗 4.6 kg 氢燃料下续驶里程达到 400 km。Hydrogen3 取消了车载用蓄电池，由燃料电池系统单独作为动力，简化了车身结构，减轻了车身重量，并降低了成本。Hydrogen3 具有优异综合效率，在 100 km/h 时，燃料利用率达到 40%，超过了最新型高效直喷柴油机的效率。通用汽车公司第四代 Sequel 燃料电池汽车采用轻质高强度的碳素复合材料储氢罐，充氢压力可以从 Hydrogen3 的 34.5 MPa 提高到 69 MPa，使其拥有更长的续驶里程 (300 英里) 和更快的加速性能 (0~100 km/h 加速时间小于 10 s)。它以锂离子电池作为辅助能源，并拥有再生制动系统。通用公司于 2007 年推出了第五代 Chevy Volt 燃料电池汽车，见图 15.15。该车为四轮驱动型，配有辅助锂离子电池，仅采用蓄电池可行使 40 英里；它比第四代 Sequel 减重 30%，续驶里程达到 300 英里，能够与普通的 110 V 插座相连充电 [21]。

图 15.15 通用 Chevy Volt 燃料电池汽车

Chevy Equinox 燃料电池汽车采用了通用公司的第四代燃料电池驱动系统，它包括功率为 93 kW 的燃料电池，73 kW 的前轮驱动 3 相异步电机以及 35 kW 的镍氢电池系统，见图 15.16。它采用 3 个 69 MPa 的碳纤维储氢罐，续驶里程达到 200 英里，最高速度 100 英里/h,0~100 km/h 的加速时间小于 12 s。它可以在 −25~45 °C 下进行启动，因此能在寒冷和炎热的条件下服役。该车的设计寿命为 50000 英里，更适合作为租赁车。

2018 年，通用汽车推出了一款燃料电池车型平台——SURUS，见图 15.17。它是一辆很大的自动驾驶汽车，尺寸和集装箱差不多，该平台配有氢燃料电池系统，最大续航里程可达 645 km。SURUS 的应用范围很广，可以用作货物运输工具，还可作为移动和应急发电设备使用。最近，通用公司宣布与本田公司合作开发下一代燃料电池汽车，并预计在 2025 年开始大规模生产 [33]。

3) 福特公司

美国福特汽车公司经过多年的努力也研发出多个系列的氢燃料电池汽车。2004 年，福特公司在 P2000 型燃料电池汽车基础上推出了 Focus 燃料电池汽车。它是采用 Ballard 902 质子交换膜型燃料电池，并辅助以三洋镍氢高电压蓄电池系统。该车的储氢罐压力 34.5 MPa，续驶里程在 150~200 英里之间，最高时速达到 80 英里/h。2006 年 11 月福特公司在美国能源部资助下研发出 6 档 6 座 Explorer 燃料电池越野车，其续驶里程可达 350 英里，超过了同时期的其他燃料电池汽车, 并已经过 17000 英里路面行驶测试。

图 15.16 Chevrolet Equinox 燃料电池汽车 [21]

图 15.17 通用燃料电池车型平台 SURUS[33]

福特公司在美国能源部资助下还开发出一款 Airstream 燃料电池混合动力汽车，见图 15.18，其续航里程达到 305 英里。该车采用加拿大 Ballard 公司的燃料电池系统，其体积更小，价格是以往燃料电池的一半，并且可以在低温启动。随后福特公司于 2007 年在 Airstream 汽车的基础上推出了新型 Flexible 燃料电池汽车，见图 15.19，进一步提高了汽车的驾驶性能。该车使用了相同的 HySeries 动力系统，但车体使用了福特公司的新设计。它的前 25 英里完全采用锂离子电池驱动，一旦电池耗尽 40%，Ballard 燃料电池则为锂离子电池充电。34.5 MPa 的储氢罐可使该车行驶 200 英里，其总续驶里程达到 225 英里。

图 15.18　福特 Airstream 燃料电池汽车

图 15.19　福特 Flexible 燃料电池汽车

4) 本田公司

日本政府和各大汽车公司都非常重视燃料电池汽车的开发，本田汽车公司一直走在日本汽车公司的前列。该公司在第一代 2004 款燃料电池汽车基础上，于 2005 年推出了先进的第二代本田 FCX 燃料电池汽车。该车装有 86 kW 的质子交换膜燃料电池，比 2004 款节约燃料 20%，功率输出提高 33%，是当时唯一通过美国环境保护局和加州大气资源委员会鉴定的零排放燃料电池汽车。本田公司于 2008 年又研发出第三代 FCX 氢燃料电池汽车。该车采用两个轻质燃料电池组联合提供 86 kW 的动力，并采用了新型直流无刷式电动机。其燃料电池体系利用重力将水排出，解决了燃料电池汽车低温启动困难的问题，可以在 −3 °C 进行启动。另外，作为一款混合动力车，它的乘客座椅后面装有超级电容器，为汽车提供加速和上坡所需的额外能量。在超级电容器下面装有 2 个充氢压力为 34.5 MPa 的储氢罐, 使其续驶里程达到 250 英里。随后，本田公司又推出了本田 FCX Clarity 燃料电池汽车。它由 100 kW 燃料电池系统提供能量，同时拥有一个辅助的锂离子电池，电动机功率为 95 kW，储氢罐的充氢压力为 34.5 MPa，续驶里程达到 270 英里。该车的燃料电池结构更为紧凑，尺寸和台式电脑相当，使得发动机和齿轮箱合并为一体。由于全球加氢站过少，FCX Clarity 更多服务于政府机关，其市场投放量约为几十辆 [34]。

本田公司于 2013 年 11 月的洛杉矶车展上向全球首次公开了新型燃料电池电动汽车 “Honda FCEV CONCEPT”，见图 15.20。它是 FCX Clarity 的后继车型，性能得到提升，同时成本也得到了有效控制。该车搭载的新型燃料电池 FC STACK 汇集了该公司的多项独家技术，体积比以往的版本缩小了约 33%，输出功率高达 100 kW 以上。Honda FCEV CONCEPT 采用 70 MPa 高压储氢罐，续航距离可达 300 英里以上，充氢时间仅需 3 min 左右，十分便捷。同时，该车的车身侧面采用了先进的流线型空气动力学设计，并将动力总成置于车的前部方，为将来车型拓展创造了有利条件。另外，它还具有外部供电功能，紧急情况下可以由汽车为住宅供电。

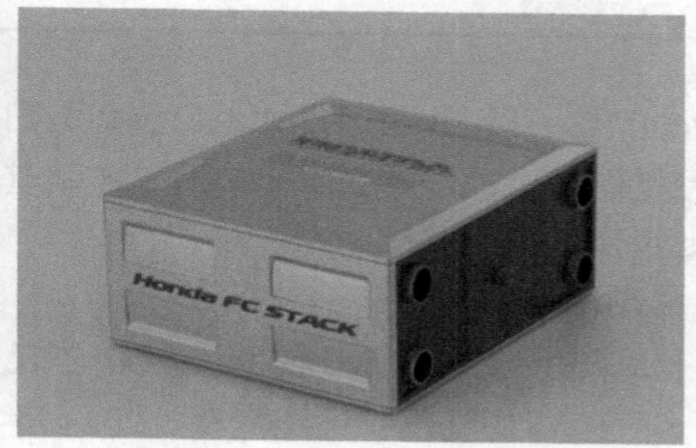

图 15.20　本田 FCEV CONCEPT 概念车及其新型燃料电池 STACK

2015 年第 44 届东京车展上，本田又推出新型燃料电池车 Clarity Fuel Cell，见图 15.21，其性能参数见表 15.3。该车搭载了 70 MPa 高压储氢罐，储氢容量高达 141 L，1 次充填时间约为 3 min，1 次充氢续航里程高达 750 km，实现巨大突破。Clarity 上的燃料电池体积较之前减少 33%，且输出功率增加 100 kW，最高车速可达到 165 km/h，在燃料电池车中属于顶级水平。燃料电池动力总成达到了与 V6 发动机同等尺寸的紧凑化，并首次将其集中配置于轿车前机罩，储氢罐也改为一小一大，小的置于后座椅下方，大的则维持在后座椅背处，因而实现了 5 个成年人可舒适乘坐的空间。它通过 130 kW 的大功率电机实现了电动车独有的动力响应与优异的静谧性。此外，它还配有外部充电器 “Power Exporter 9000”，具有 “行驶的电源” 功能，在紧急情况下，可对外提供电力，

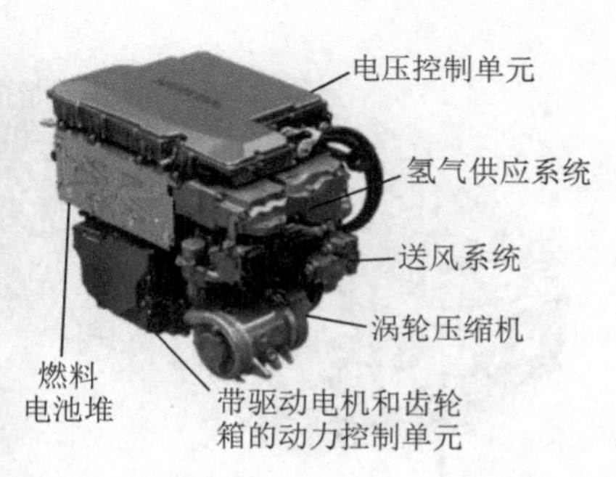

图 15.21　本田 FCV Clarity 氢燃料电池汽车及其燃料电池系统

能向一般家庭供应约 7 天用电量。2016 年 3 月，Clarity Fuel Cell 在日本开始租赁销售，售价 766 万日元，约合 44 万元人民币。可向一般家庭供应约 7 天用电量的 Power Exporter 9000 将与 Clarity Fuel Cell 同时发售。并且，在日本发售后，该车还投放于美国和欧洲市场 [34]。

表 15.3　本田 FCV Clarity 主要性能参数 [34]

燃料电池	最大功率 103 kW
驱动用电池	锂离子电池
交流同步电机	最高功率 130 kW、最大扭矩 300 N·m
高压储氢罐	70 MPa、141 L(前方 24L/后方 117L)
车辆尺寸 (长 × 宽 × 高)	4915 mm×1875 mm×1480 mm
车辆重量	1890 kg

2020 年 1 月 15 日，日本本田公司与日本五十铃公司联合对外宣布，两家公司将合作研发氢燃料电池卡车。本田公司希望将其燃料电池技术应用于大型商用汽车，从而扩大燃料电池的使用范围 [35]。

5) 丰田公司

日本丰田汽车公司从 20 世纪 90 年代开始研发氢燃料电池汽车，于 1996 年推出了第一款 RAV4 氢燃料电池汽车。2014 年 11 月，丰田公司的燃料电池汽车 Mirai 在洛杉矶车展首次公开亮相，见图 15.22，这是全球首款量产的氢燃料电池汽车。该车运用了丰田燃料电池电堆，比传统内燃机具有更高的能效，而且可实现 CO_2 零排放，其性能参数汇总见表 15.4。丰田 Mirai 采用高压储氢技术，2 个高压储氢罐中位于车身后半部分，容积分别为 60 L 和 62.4 L，最大可承受 70 MPa 的氢压，氢存储量约为 5.0 kg。充氢时间只需约 3 min，加满后的续驶里程达到 500 km 以上，最高车速可达 175 km/h，如此长的续驶里程使其受到广泛的关注。该车采用了燃料电池和动力电池两种能量来源相结合的组合方式。燃料电池总成由燃料电池电堆、辅助元件 (氢循环泵等) 和升压转换器组成，驱动车辆行驶，同时反应产生的其他剩余电能可以存入储能动力电池组内，能量密度达到 3.1 kW/L，可输出功率为 114 kW，具有小型化和高输出的特点，它是丰田第一个量产的燃料电池总成。Mirai 车辆配置了一个紧凑且高效的 13 L 大容量升压器，能

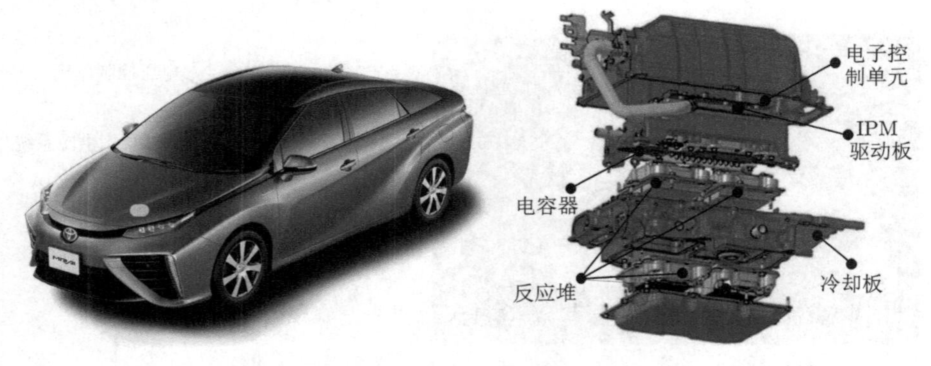

图 15.22　日本丰田公司 Mirai 氢燃料电池汽车及其燃料电池堆 [36]

够将燃料电池最终输出的电压从 250 V 提高至 650 V，以满足驱动电机的最大输出需求。截至 2015 年底，Mirai 燃料电池汽车已经预售出 1500 辆，超出了丰田公司最初 400 辆的市场预期 [36−39]。

表 15.4 Mirai 氢燃料电池汽车性能参数 [37]

项目		单位	数值
整车参数	整备质量	kg	1850
	长 × 宽 × 高		4890mm×1815mm×1535mm
	轴距	mm	2780
	轮距 (前/后)	mm	1535/1545
性能指标	续航里程	km	502
	最高车速	km/h	175
	百公里加速时间	s	9.6
驱动电机	最大功率	kW	113
	最大扭矩	N·m	335
动力电池	电量	kW·h	1.6
燃料电池	能量密度	kW/L	3.1
	最大功率	kW	114
储氢系统	数量	个	2
	额定压力	MPa	70
	氢储存量	kg	5

丰田汽车公司在 2017 年又推出了 Fine-Comfort Ride 燃料电池概念车，见图 15.23，其性能参数见表 15.5。它具有宽阔的续航里程 (预计 1000km) 以及约 3min 的加氢时间，旨在利用氢和可再生能源来实现低碳社会。随后该公司于 2017 年 10 月宣布推出氢燃料客车 “Sora”，见图 15.24，这是日本第一款获得车辆类型认证的燃料电池客车。2018 年 3 月，Sora 正式投入日本市场。Sora 最多可乘坐 79 人，配备有 10 个 600 L 的储氢罐，最大氢压 70 MPa。它采用固体聚合物电解质燃料电池，最大输出功率可达 114 kW，它的交流同步发动机最大输出功率为 113 kW，最大扭矩 335 Nm。Sora 配备有高容量的外部电源输出设备，能提供高输出和大容量的电力供应 (最大输出 9 kW，电力供应 235 kW·h)，可用作应急电源。

图 15.23 Fine-Comfort Ride 概念车 [36]

表 15.5　丰田氢燃料客车 Sora 性能参数 [36]

名称		Sora
机动车	长 × 宽 × 高	10525 mm×2490 mm×3350 mm
	载人量 (包括有座位的乘客、无座位的乘客以及司机)	70(22+56+1)
FC 堆栈	名称 (类型)	Toyota FC 堆栈 (固体聚合物电解质)
	最大输出功率	114 kW×2(155PS×2)
发动机	类型	交流同步电机
	最大输出功率	113 kW×2(154PS×2)
	最大扭矩	335 N·m×2(34.2 kgf·m×2)
高压氢气罐	数量 (理论工作压力)	10(70 MPa)
	内部容量	600 L
驱动电池	类型	镍-金属氢化物
内部能量供应系统	最大输出功率/供能量	9 kW/23 kW·h

图 15.24　丰田氢燃料客车 Sora

2019 年 10 月，丰田公司加快了研发速度，汽车在 2019 年 10 月东京车展的“未来博览会”上宣布推出 Mirai 燃料电池电动汽车的下一代产品“Mirai Concept”燃料电池汽车。2020 年 1 月，丰田汽车发布了第二代 Mirai 量产版车型，见图 15.25。该车外观基本沿用了概念版 Mirai 的设计，其续航里程比第一代 Mirai 增加了 30%，达到 405 英里 (约合 651.8 公里)。第二代丰田 Mirai 于 2021 年 4 月正式在日本上市。

图 15.25　丰田第二代 Mirai 氢燃料电池汽车

2020 年 3 月 23 日，丰田汽车公司和日野汽车公司宣布合作开发一款重型燃料电池卡车。该车基于日野公司的 Profia 卡车，底盘经过专门设计，具有用于燃料电池车的最佳包装，并且正在通过全面减轻重量以确保足够的负载能力。它的动力总成配备了 2 个丰田汽车用于新一代 Mirai 的燃料电池堆，并采用了日野公司开发的重型混合动力汽车的车辆驾驶控制系统。其设计续航里程为 600 km，以满足商用车的环保性和实用性要求。

6) 日产汽车公司

日本日产公司也大力支持燃料电池汽车的研发，并有独特的设计理念。公司于 2003 年推出日产 X-Trail 燃料电池越野车，它采用了美国 UTC 燃料电池公司制造的高分子电解液型燃料电池系统。随后该公司推出的 2005 款 X-Trail 汽车采用了最新的燃料电池系统，见图 15.26，节约空间 60%，同时，电池堆的寿命提高 1 倍、工作温度变宽。它采用加拿大 Dynetek 公司生产的新型储氢罐，其内层为铝，外层包裹着碳纤维，充氢压力达到 69 MPa，在体积不变的前提下，其储氢容量提高 30%，大大提高了汽车续驶里程。2005 款 X-Trail 汽车的发动机功率为 90 kW，是 2003 款的 1.7 倍；辅助锂离子电池的质量和体积减小一半，而输出功率是 2003 款的 1.5 倍。因此，该车的最高时速可达 90 英里/小时，续驶里程为 311 英里 [21]。

图 15.26 日产公司 2005 款 X-Trail 燃料电池汽车及其燃料电池组 [21]

日产汽车于 2012 年度的巴黎车展上推出 “TeRRA”SUV 概念车，见图 15.27。它在发动机罩内装备了日产汽车独有的扁平紧凑型氢燃料电池，增大了车内空间，燃料电池的功率密度为 2.5 kW/L，已达世界先进水平。这种新型氢燃料电池的贵金属使用量减少为 2005 年之前型号的四分之一，因此成本降低到原来的六分之一。

7) 现代汽车公司

韩国现代汽车公司从 1998 年开始涉足燃料电池汽车，成立了麻北生态技术研究院，专门研发燃料电池堆和燃料电池汽车系统技术。2000 年 11 月推出了首款圣达菲氢燃料电池车，2006 年又独立研发成功途胜氢燃料电池车。2013 年 2 月，现代汽车完成了三代氢燃料电池汽车 ix35 FCEV 的研发 [40]，见图 15.28。ix35 FCEV 车身分为三个部分：后部的氢储存区，中部的电池及逆变器和前部的燃料电池及动力总成。它拥有 2 个互相连通的储氢罐，其罐体由碳纤维和铝材制成，兼顾了轻量化与高强度，储氢压力为 70 MPa，可加载共 5.64 kg 氢。该车搭载的燃料电池系统最高功率为 73 kW，汽车最高时速达 151 km，百公里加速时间为 12.5 秒，最大续航里程达到 594 公里，与准中级汽油相当。与普通燃油车型相比，ix35 FCEV 的优势是在 −20 °C 以下还能正常点火行驶。截止到 2015 年，ix35 FCEV 已在全球 17 个国家销售。

图 15.27 日产 TeRRA SUV 概念车

图 15.28 现代 ix35 燃料电池汽车 [39]

2018 年，韩国现代汽车在美国 CES 展上发布了一款全新的氢燃料电池 SUV 汽车 NEXO，见图 15.29。其采用第四代氢燃料电池技术，最大输出功率达到了 120 kW，最大扭矩为 300 N·m，设计续航里程长达 805 km。该车在 0~96 km/h 的加速时间仅为 9.5 s，最高时速可达 160 km。当年 10 月，NEXO 荣获了欧洲新车安全性测试 EURO-NCAP 五星级别最高认证，成为第一个获此殊荣的氢燃料电池车。2019 年 8 月，NEXO 在美国公路安全保险协会 (IIHS) 车辆碰撞测试中获最高等级“顶级安全车 + (2019 Top Safety Pick +)”评价，并在正面碰撞、驾驶座正面偏置碰撞、副驾驶座正面偏置碰撞、侧面碰撞、车顶刚性碰撞、头部保护装置及座椅安全等 6 项专业安全测试中均获得最高等级“优秀”评级，成为首款荣获全球最高级别认证的氢燃料电池车 [40,41]。

8) 宝马公司

宝马公司为了加快氢燃料电池技术的研发工作，从 2013 年开始与丰田汽车公司联手共同开发氢燃料电池技术的驱动系统。在 2019 法兰克福车展上，宝马公司首次展示了 BMW i Hydrogen NEXT 氢燃料电池概念车 [42]，见图 15.30。宝马公司计划 2022 年基于 BMW X5 小批量生产下一代氢燃料电池电力驱动系统，最早将于 2025 年开始为客户提供燃料电池汽车，具体上市时间主要取决于市场需求状况。

图 15.29 现代 NEXO 燃料电池汽车

图 15.30 宝马 i Hydrogen NEXT 氢燃料电池概念车

9) 中国燃料电池车的发展状况

我国十分重视燃料电池车的开发，“九五”期间在国家科技部的支持下开始燃料电池车的研究，并于 1999 年 12 月在清华大学试验成功我国第一辆燃料电池车。该车的燃料电池是北京富原公司提供的 5 kW PEMFC 燃料电池堆，最高速度为 20 km/h，一次加氢的续驶里程为 80 km。“十五”期间，科技部加大对燃料电池研究的投入，拨款 3.8 亿元人民币支持燃料电池车。燃料电池轿车由上海同济大学负责，燃料电池公共汽车由清华大学负责。2008 年，北京亿华通科技公司与福田汽车公司联合推出 3 辆燃料电池客车 (见图 15.31) 和 20 辆燃料电池轿车服务于北京奥运会 [45]。作为中国科技部、世界环境基金和联合国开发署的“中国燃料电池公共汽车商业化示范项目”的一部分，奥运会后燃料电池大客车继续进行公交车的示范 [27]。上海在 2010 年世博会期间示范运行 6 辆氢燃料电池公共汽车，见图 15.32，累计运行 2.6 万千米，运送乘客 10 万多人次 [45]。随着国有和民营汽车企业纷纷加大持燃料电池汽车的研发，我国的燃料电池汽车技术得到飞速发展。下面介绍一下国内主要汽车企业的燃料电池汽车的研发进展。

图 15.31　2008 年奥运会的氢燃料电池客车 [45]

图 15.32　上海世博会展示氢燃料电池车 [45]

上海汽车集团公司在 2014 年 3 月与德国大众汽车签署联合声明，双方将合作研发燃料电池技术。2016 年，上汽集团公司推出荣威 950 氢燃料电池汽车，见图 15.33。

图 15.33　荣威 950 氢燃料电池汽车

该车搭载 2 个 70 MPa 储氢罐，氢气总储量可达 4.34 kg，最大续航里程为 400 km，在 −20 ℃ 的环境中仍可正常启动。荣威 950 是当时国内第一个采用 70 MPa 储氢系统、唯一上榜工信部推荐目录的燃料电池汽车。该车 2016 年销售出 51 辆，现在作为分时租赁车使用，单车最大运行 4 万 ~5 万公里。

2017 年，上汽大通公司推出 MAXUS FCV80 燃料电池客车，见图 15.34。该车采用燃料电池系统为主、动力电池为辅的双动力源，最长续驶里程可达 500 km。FCV80 通过在高强度氢瓶加装密封机构实现了被动安全防护，通过在乘员舱、氢瓶舱设置氢泄漏传感器以及红外线通信信息交互模块，实现了主动安全防护。该车已经在上海、佛山等工业园区进行通勤运营，在辽宁抚顺的三条乡镇客运专线和一条县域旅游车中进行运营。从 2018 年 4 月份至今，在抚顺运营的 FCV80 单车最高里程达到 30000 公里以上，平均里程超过 2.5 万公里，车辆总累积行驶里程超过 100 万公里 [43]。

图 15.34 上汽 MAXUS FCV80 氢燃料电池客车 [43]

2018 年，上汽前瞻技术研究部、上汽商用车技术中心和申沃客车联合推出 SWB6128FCEV01 型燃料电池城市客车。该车储氢系统可储存 21 kg 氢，储氢压力为 35 MPa，最长续驶里程可达 560 km。它具备氢浓度实时监测及保护、氢气过压保护、自断氢保护、高压安全设计保护、碰撞安全设计保护等功能。2018 年 9 月 27 日，6 辆申沃牌 SWB6128FCEV01 型燃料电池客车交付上海嘉定公交公司，用于在嘉定 114 路运营。

宇通公司早在 1999 年就开展新能源汽车的研发，于 2009 年成功推出第一代燃料电池客车，并在德国汉诺威国际商用车展亮相。第二代燃料电池客车面世于 2013 年，该车采用高压储氢，单次加氢续驶里程达 300 km(40 km/h)，可满足公交工况运营需求，并于 2014 年顺利获得工信部批准的行业燃料电池客车生产资质。2015 年，燃料电池客车正式列入汽车新产品公告管理，宇通公司成为国内首家通过燃料电池客车生产准入申请的客车企业。它于 2016 年北京国际道路运输展览会上又推出第三代燃料电池客车 ZK6125FCEVG2，见图 15.35。该车加氢时间仅需 10 分钟，发动机功率高达 200 kW，最高车速 69 km/h，续航里程长达 600 公里。2018 年，宇通公司着手开发第四代燃料电池客车产品，力图突破燃料电池客车整车集成和控制技术，延长续航里程，提升系统的使用寿命和环境适应性，在 2020 年预计达到 28000 小时的使用寿命。2018 年 9 月，25 辆配置 60 kW 燃料电池系统的 12 米宇通公司燃料电池公交车在张家口 1 路公交线路正式推广应用；同年 12 月，10 辆宇通公司 10 米燃料电池公交车交付张家港公交公司运营推广 [44]。

图 15.35　宇通第三代燃料电池客车 ZK6125FCEVG2[44]

福田汽车公司早在 2006 年就与清华大学、北京亿华通科技股份有限公司联合承担了国家 863 计划节能与新能源汽车重点项目中氢燃料电池客车的研发。公司于 2008 年推出国内首款氢燃料电池客车，服务于北京奥运会。2014 年，福田公司推出欧辉第二代 12 m 氢燃料电池客车，该车突破了生产成本高、燃料电池寿命短等阻碍燃料电池客车发展的瓶颈。2016 年，福田公司又研发出欧辉第三代 8.5 m 燃料电池客车，它以出众的性能获得全球范围最大规模的商业化燃料电池客车订单，实现了中国氢燃料电池汽车发展的重要飞越。在钓鱼台国宾馆召开的中国电动汽车百人会 2018 年度论坛现场，福田公司特别展出了第四代 10.5 m 燃料电池客车，见图 15.36。该车采用先进可靠的电安全技术、氢安全技术、氢电耦合安全系统以及符合国际要求的整车设计，全方位保证了氢燃料电池客车安全性；加氢时间 10~15 min，续航里程可达 450 公里以上，可实现零下 30 °C 低温启动。49 辆欧辉第四代燃料电池客车已经于 2018 年交付张家口市使用，另外，大约 600 辆福田公司燃料电池客车将于 2022 年冬奥会期间为张家口市民提供绿色出行服务 [45–46]。

中通客车公司于 2014 年开始研发氢燃料客车，2016 年底成功推出 9m 氢燃料电池客车 LCK6900FCEVG，2017 年又推出 12m 氢燃料电池客车 LCK6120FCEVG。2018 年 12 月，中通公司开发出第三代 10.5 m 燃料电池客车 LCK6105FCEVG2，见图 15.37，并将 40 台该型号客车交付山西大同进行示范运营 [47]。该车装配有 46 kW 燃料料电池，可实现 −30 °C 环境下的正常运行，加氢时间小于 15 min，最高车速 69 km/h, 续航里程达 500 公里以上。

图 15.36 福田欧辉第四代 10.5m 氢燃料电池城市客车 [45]

图 15.37 中通公司 10.5m 氢燃料客车 [47]

佛山飞驰汽车公司于 2016 年进行了第一批 28 辆氢燃料电池客车的试运营。2017 年 5 月，飞驰公司又推出第二批产品，包括 6.9 m 氢燃料电池城市客车、6.3 m 氢燃料电池客厢式货车、6.4 m 7 t 氢燃料电池物流车等。截止到 2018 年，飞驰公司已经销售 111 辆氢燃料电池客车，销售氢燃料电池物流车 70 辆。尽管我国氢燃料电池汽车发展迅猛，并已形成一定的产业集群，然而在氢燃料电池与车辆控制技术等方面还与国际上存在差距。国内外主要汽车公司氢燃料电池汽车性能对比见表 15.6，国内外氢燃料电池客车、货车性能对比见表 15.7。国内燃料电池的差距主要体现在 [48,49]：

(1) 燃料电池电堆和系统技术较低。我国虽然已经初步具备了燃料电池电堆和系统的产业化能力，但是电堆技术及系统性能都明显落后国外。

(2) 关键材料有待突破。我国催化剂、碳纸、质子交换膜、膜电极等关键材料的开发仍处于实验室阶段，远远落后于发达国家。

(3) 整车成本仍然偏高。燃料电池电堆和系统的成本是决定整车价格的关键，目前国内的燃料电池电堆和系统成本远高于丰田等国外汽车企业的成本。

(4) 氢能供应体系尚不完善。我国加氢站的建设较为缓慢，还需进一步建设完善。

表 15.6　国内外氢燃料电池商用车性能对比

	奔驰 GLC F-CELL	本田 Clarity	丰田 Mirai	现代 NEXO	上汽 荣威 950	戴克 BlueZero	通用 Chevy Equinox
整车质量/kg		1625	1850		2094		
百公里加速时间/s		11	9.6	9.5	15	11	12
最高车速/(km/h)		160	175	160	160	150	161
续驶里程/km	437	570	502	805	400	240	322
燃料发动机峰值功率/kW	155	100	114	120	50	90	93
储氢系统压力/MPa	70	70	70	70	70		69
冷启动温度/°C		−30	−30	−30	0		−25
电机功率/转矩 (kW/N·m)	155/365	100/260	113/335	120/300	162/350		

表 15.7　国内外氢燃料电池客车、货车性能对比

	上海荣威 950	戴姆勒 B Class	本田 Clarity	丰田 FCHV	通用 Provoq	中通 LCK6105 FCEVG2	宇通 ZK6125 FCEVG2
整车质量/kg	2094	1700	1625	1880	1978		
百公里加速时间/s	15	10	11	/	8.5		
最高车速/(km/h)	160	170	160	155	160	69	69
续驶里程/km	400	600	570	830	483	500	600
燃料发动机峰值功率/kW	50	80	100	90	88	46	200
储氢系统压力/MPa	70	70	70	70	70		
冷启动温度/°C	0	−25	−30	−30	−25		
电机功率/转矩/(kW/(N·m))	110/350	100/290	100/260	90/260	150/374		

15.3　其他氢燃料电池交通工具

氢能源的应用不仅局限于汽车工业，它也开始在飞机和火车等交通工具中得到应用。2009 年 7 月，德国航空中心研制的 Antares DLR-H2 型燃料电池驱动的电动滑翔机在德国汉堡机场成功首飞，这是世界上第一架仅使用燃料电池作动力的载人飞机，见图 15.38。该机是在德国 Antares 20E 型单座自升空滑翔机基础上改装的，翼展 20 m，每边机翼下加装了一个圆锥形的容器罐，左边的是燃料电池，右边装氢氧罐。其电动机功率为 25 kW，最大飞行速度为 170 km/h，以 150 km/h 时速可连续飞行 5 h。在平飞时它只需要 10 kW 的功率，能量转化效率高达 52%；在最大功率时它的能量转化效率也可达到 44%，比内燃航空发动机的转化效率高了 2 倍。

2017 年，中科院大连化物所与辽宁通用航空研究院联合研制的中国首架有人驾驶氢燃料电池飞机在沈阳试飞成功 [51]，图 15.39。它是基于辽宁通用航空研究院研制的 RX1E 电动飞机改装而成，采用了大连化物所研制的 20 kW 氢燃料电池为动力电源，并配有辅助锂电池组，储氢方式为机载 35 MPa 氢储罐。飞机在起飞和大速率爬升时由燃料电池和锂电池组共同提供动力电能，在巡航阶段完全由燃料电池提供电能，并同时为锂电池组充电。

图 15.38 德国汉堡试飞的燃料电池飞机

图 15.39 中国首架有人驾驶氢燃料电池飞机

近年来，氢燃料电池在多个国家的铁路运输中也得到应用 [52]。2006 年，日本 JR 铁路公司将 NE 列车从混合动力内燃车辆过渡到混合动力燃料电池列车研制，该车是世界上首台混合动力燃料电池列车。2007 年，东日本铁路公司成功研制出世界首辆 100 kW 氢燃料电池和 19 kW 锂电池混合动力轻轨列车。2009 年，美国 BNSF 铁路公司以 RailpowerGreenGoat 为平台研发出 1200 kW 级燃料电池调车机车。2011 年，西班牙城轨运营商 FEVE 成功研发出 24 kW 燃料电池主动力源有轨电车。2012 年，南非英美铂金公司和美国 VehicleProjects 公司在南非联合研制出 5 辆燃料电池动力源矿用机车。2016 年，法国阿尔斯通公司基于柴油列车 Coradia iLint54 研发出氢燃料电池列车 Coradia iLint，并于 2018 年在德国西北部下萨克森州正式投入商业运营，图 15.40。该列车的储氢罐和燃料电池组位于车顶部，由一个 40 英尺高的钢罐进行泵装加氢，一次充氢列车可行驶 1000 公里。该列车可搭载 300 名乘客，最高时速为 140 km，运行平均速度不低于 100 km/h，用于短途通勤。该列车的固定加氢站建成后，阿尔斯通公司将再交付 14 辆 Coradia iLint 列车扩大燃料电池列车运营规模。

图 15.40　氢燃料电池驱动 Coradia iLint 列车

15.4　氢动力汽车生产状况和发展趋势

随着工业技术的迅猛发展，环境污染以及资源消耗问题日益严重，节能环保的氢动力汽车已成为世界各国汽车行业关注的焦点。目前，氢内燃机汽车尚存在自点燃、回火等造成的燃烧不稳定、燃烧效率下降以及热端部件使用寿命低等问题亟须解决 [53]，因此，氢燃料电池汽车成为各国政府和汽车公司大力发展的方向。在氢燃料电池汽车领域，世界领先的日本、德国、美国以及韩国汽车公司的业务范围主要集中在乘用车领域, 仍然处于示范运营阶段, 尚没有大规模化生产 [54]。根据前瞻产业研究院发布的《2018 年全球氢能源行业基础设施建设分析》和《2019—2024 年中国氢能源行业发展前景预测与投资战略规划》，到 2020 年全球氢燃料电池汽车销量将超过 8 万辆，加氢站数量超过 1000 座；预计到 2025 年全球氢燃料电池汽车的销量将会猛增到 600 万辆以上，加氢站数量也将突破 2000 座 [46,50]。2015 年发布的《中国制造 2025》对氢燃料电池汽车产业制定了发展规划，提出了燃料电池汽车的战略目标及研究方向。到 2020 年，我国逐步实现关键材料和零部件国产化、燃料电池堆和整车性能提升、燃料电池汽车运行规模扩大。通过对关键材料、电池堆系统及通用化技术等重点领域的研究，到 2020 年实现关键技术攻关，2025 年完成商业化产品全产业链的建设，并实现区域小规模运行，2025 年实现加氢站等氢能配套基础设施的完善，氢燃料电池汽车发展规模在 2020 年和 2025 年将分别达到 5000 辆和 10 万辆的规模，在 2030 年将会形成 100 万辆的保有量，配套加氢站数量达 4500 座以上。

目前，氢燃料电池使用贵金属作为电极，且质子交换膜耗资较大，其成本远高于传统内燃机 [2]；氢燃料电池汽车的加速性能与普通活塞式发动机相比还有一定差距 [42]；另外，制氢工艺的废料排放仍需进一步改进 [43]。因此，氢燃料电池在加速性能、生产成本以及制氢加氢工艺等方面仍需要突破瓶颈。为了实现氢燃料电池汽车的大规模推广使用，大力研发新型氢燃料电池电极材料、新型电池膜电极组件、低能耗制氢技术和新型高效储氢材料成为此领域未来的发展趋势 [42,44]。

(刘彤)

参 考 文 献

[1] 王丽君, 杨振中．氢燃料内燃机研究新进展．拖拉机与农用运输车, 2005, 32(4)：89-91.
[2] 张青, 李文兵．氢燃料内燃机的发展现状及趋势．四川兵工学报, 2008, 29(6)：105-108.
[3] 喻媛媛, 何耀华．燃料电池电动汽车技术．汽车工程师, 2009, (5)：47-49.
[4] 宋珂．燃料电池及燃料电池发动机研究．汽车与配件, 2006, (34)：38-41.
[5] Lanz A, Heffel J, Messer C．Hydrogen Fuel Engines and Related Technologies．College of the Desert, 2001.
[6] Leon A．Hydrogen Technology．Springer-Verlag Berlin Heidelberg, 2008.
[7] 刘福水, 郝利君, Heitz Peter Berg．氢燃料内燃机技术现状与发展展望．汽车工程, 2006, 28(7)：621-625.
[8] 王存磊, 朱磊, 袁银南, 等. 氢气在内燃机上的应用及特点. 拖拉机与农用运输车, 2007, 34(3)：1-3.
[9] 闫皓, 纪常伟, 邓福山．氢及混氢燃料发动机研究进展与发展趋势．小型内燃机与摩托车, 2008, 37(3)：89-92.
[10] 杨振中, 王丽君, 熊树生. 氢经济时代的车用 H_2 燃料发动机的研究与展望. 车用发动机, 2005, (2)：1-5.
[11] 刘艳, 刘建华．氢气燃料在车用内燃机上的应用．时代汽车, 2005, (12)：66-68.
[12] 王忠, 郑国兵, 张育华, 王洪．氢燃料发动机及其起动过程研究．车用发动机, 2007, (6)：1-4.
[13] 欧阳明高, 张育华, 辛军, 袁银南. 氢内燃机的改装设计与控制研究. 内燃机工程, 2006, 27(6)：1-5.
[14] 水素エネルギー协会．水素エネルギー读本．东京：株式会社オーム社, 2007.
[15] 毛宗强．氢能知识系列讲座 (3)——如何把氢储存起来？太阳能, 2007, (3)：17-19.
[16] White C M, Steeper R R, Lutz A E．The hydrogen-fueled internal combustion engine: a technical review．International Journal of Hydrogen Energy, 2005, 31(10)：1292-1305.
[17] Verhelst S, Wallner T．Hydrogen-fueled internal combustion engines．Progress in Energy and Combustion Science, 2009, 35(6)：490-527.
[18] Lee K J, Huynh T C, Lee J T．A study on realization of high performance without backfire in a hydrogen-fueled engine with external mixture．International Journal of Hydrogen Energy, 2010, 35(23)：13078-13087.
[19] 豪彦. 燃料电池是 21 世纪最有希望的一种新能源——国内、外汽车公司研制的燃料电池汽车. 汽车与配件, 2001, (45)：28-29.
[20] 石头．宝马新 7 系是氢动力．时代汽车, 2009, (3)：78-79.
[21] http: //www. hydrogencarsnow.com/.
[22] 明轩．马自达氢转子发动机混合动力车的开发．汽车与配件, 2009, (37)：42-43.
[23] 杨妙梁. 燃料电池车发展的艰难历程 (三)——通用的研发体制与福特 Focus 车的研发动态．汽车与配件, 2003, (28)：28-32.
[24] 邹得和．通用汽车公司的新能源研发．汽车与配件, 2004, (49)：32-34.
[25] 雷芳芳．我国新能源汽车的发展．汽车工程师, 2009, (5):12-15.
[26] 大角泰章．水素エネルギー利用技术．东京：株式会社アグネ技术ヒンタ, 2002.
[27] 毛宗强．氢能知识系列讲座 (8) 氢燃料电池汽车．太阳能, 2007, (8)：19-22.
[28] 付甜甜．电动汽车用氢燃料电池发展综述．电源技术, 2017, 41 (4)：651-653.
[29] 朱雅男, 张克金, 于力娜, 等．商用车燃料电池技术研究进展．汽车文摘, 2019, (7)：56-62.
[30] 张伟, 向洪坤．燃料电池汽车基本技术及发展综述．智慧电力, 2020,48(4)：36-41.

[31] 孙越．我国新能源汽车分类及发展现状浅析．汽车实用技术, 2020, (4)：13-15.
[32] http://www.mercedes-benz.com.cn/.
[33] http://www.gm.com/.
[34] http://www.honda.com.cn/.
[35] 张同林．日本新型氢燃料电池汽车及其产业发展前景．上海节能, 2016, (2)：86-91.
[36] http://www.toyota.com /.
[37] Durbin D J, Malardier-Jugroot C. Review of hydrogen storage techniques for on board vehicle applications. International Journal of Hydrogen Energy, 2013, 38(34)：14595-14617.
[38] 伍庆龙, 张天强．丰田燃料电池汽车 Mirai 技术分析. 汽车文摘, 2020, (4): 18-21.
[39] 俞庆华．丰田氢燃料电池汽车的现状及发展．汽车零部件, 2019, 130(4)：58.
[40] http://www.worldwide.hyundai.com /.
[41] Tanc B, Arat H T, Baltalloğlu E, et al. Overview of the next quarter century vision of hydrogen fuel cell electric vehicles. International Journal of Hydrogen Energy , 2019, 44(20):10120-10128.
[42] http://www.bmw.com /.
[43] http://www.saicgroup.com /.
[44] http://www.m.yutong.com /.
[45] http://www.foton.com.cn /.
[46] 张剑光. 氢能产业发展展望——氢燃料电池系统与氢燃料电池汽车和发电. 化工设计, 2020, 30(1)：1, 3-6, 12.
[47] http://www.zhongtongauto.com /.
[48] 储鑫, 周劲松, 刘东华, 等. 国内外氢燃料电池汽车发展状况与未来展望. 汽车实用技术, 2019, (4): 8-10.
[49] 邱晨曦．氢燃料电池汽车的发展与展望．汽车实用技术, 2019, (23)：25-27, 48.
[50] 中国氢能源及燃料电池产业白皮书 (中国氢能联盟, 2019). http://www.h2cn.org/publicati/215.html.
[51] 编辑部．中国首款燃料电池飞机试飞成功．粉末冶金工业, 2017, 27(1)：36.
[52] 汪培桢, 杨升．氢能有轨电车应用综述．装备制造技术, 2020, (2): 196-199.
[53] 赵斐, 张宏杰．氢动力内燃机应用前景分析．中国资源综合利用, 2020, 38(6): 72-74.
[54] 郜昊强, 宋业建．氢燃料电池汽车发展趋势分析．汽车零部件, 2018, (12)：75-77.

第 16 章　氢气的输运

氢气要在清洁、灵活的能源系统中发挥有意义的作用，很大程度上是因为它可以长期大量储存能源，并能将其输送到很远的地方。氢气通常以压缩气体或液体的形式储存和输送。氢气从制备地方开始，根据不同状况可能需要经过几十，几百，几千乃至上万公里的输运过程，也需要给用户提供快速高压充氢的加氢站，才能最后到达燃料电池车等终端用户，如图 16.1 所示。目前氢气大多数是在现场生产和消费，约占 85%，也可通过卡车或管道运输，约占 15%。随着氢能产业的发展，氢气用量的增大，氢气的输运量也会不断增大。

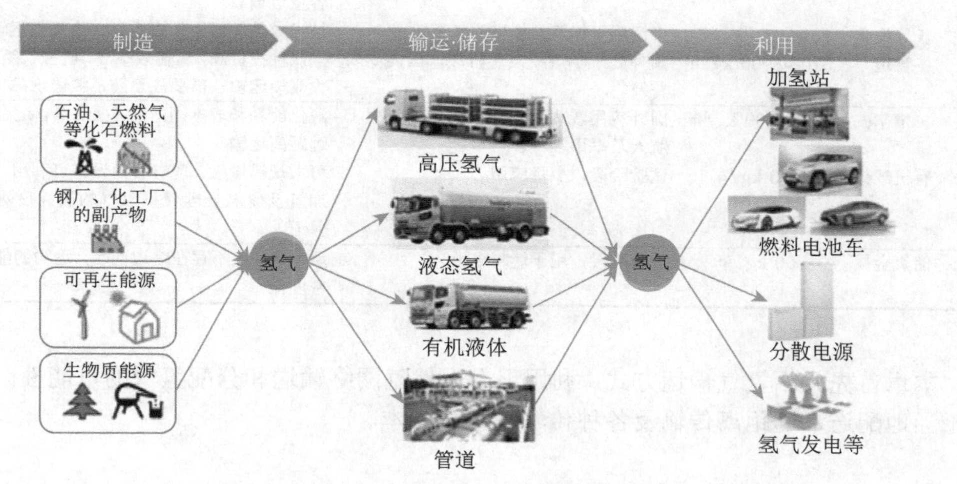

图 16.1　氢气的输送和储藏方法 [1]

此前氢能利用一直被认为是遥远的将来，最主要的原因是高额的氢气成本。降低氢气运输和储存成本将对氢能的竞争力提升发挥重要的作用。如果可以在接近制造地点的地方使用氢气，运输成本可能接近于零。然而，如果制氢和用氢地点相隔很长一段距离，那么其传输和分配成本可能是氢气生产成本的 2~3 倍。氢气的成本与用氢的规模相关。如果没有大量用氢产业的话，也不会形成廉价的制备氢气和输运氢气的产业。反过来，如果没有廉价的制氢和输运氢的话，大规模的氢气利用也是不可能的。在氢气制造、氢气储存运输和氢气利用三个领域中有一个环节被卡住的话，都有可能使氢能的真正使用无法实现。因此，为了实现氢能源利用社会，必须把氢的“制造”、“储藏、运输”、“利用”连贯起来进行开发。

氢的能量体积密度较低，很难实现远距离传输。压缩、液化或将氢并入有机大分子中都是克服这一障碍的可能选择。每个方案都有优缺点，最便宜的方案会随着地理位置、距离、规模和所需的最终用途不同而有所不同。大型和国际氢能利用项目能否顺利运行取决于是否有足够的储存容量和输运方式。如今有各种各样的储存方式，可以储存数万吨氢气的地下设施已经投入使用。究竟哪一种最佳仍需要进一步的研究，需要对未来可能所需的储存量、保存时间、价格和排放速度等因素进行评估，从而做出合适的选择。

氢气的运输方式可根据氢气状态不同分为气态氢气 (GH_2) 输送、液态氢气 (LH_2) 输送、有机载体氢气输送和固态氢气 (SH_2) 输送。选择何种运输方式，需基于以下四点综合考虑：运输过程的能量效率、氢的运输量、运输过程氢的损耗和运输里程。在用量小和用户分散的情况下，氢气通常通过储氢容器装在车、船等运输工具上进行输送，在用量大时一般采用管道输送。液氢和有机载体氢气运输多用车船等运输工具。各种输运的方式的特点如表 16.1 所示。

表 16.1　各种储运技术的优缺点 [2]

运氢方式		运输量	应用情况	优缺点
气态	集装格	5~10 kg/格	广泛用于实验室规模氢运输	技术成熟，运输量小，适用于短距离、小容量运输
	长管拖车	250~460 kg/车	广泛用于加氢站规模的氢运输	技术成熟，适用于短距离、小规模运输
	管道	310~8900 kg/h	国外处于小规模发展阶段，国内尚未普及	一次性投资高，运输效率高，适合长距离、大规模运输，需要注意防范氢脆现象
液态	槽车	360~4300 kg/车	国外应用较为广泛，国内目前仅用于航天及军事领域	液化能耗和成本高，设备要求高，适合中远距离运输
	有机载体	2600 kg/车	试验阶段，少量应用	可大规模输氢、现有石油设施可利用；但加氢及脱氢处理使得氢气的高纯度难以保证
固态	储氢金属	300 kg/车	试验阶段，用于燃料电池	运输容易，不存在逃逸问题，运输的能量密度低

本章首先介绍氢气输运方式、利用现有天然气网络输送和分配氢气的可能性，随后讨论当地配送、远距离传输及各种传输选项和成本。

16.1　高压气体输氢

16.1.1　氢气钢瓶和集装格输氢

氢气的输运最常见最简单的方法是气态方法。氢气是世界上已知的密度最小的气体，密度只有空气的 1/14，即在 1 标准大气压和 0 ℃，氢气的密度为 0.089 g/L。提高气体氢气密度的最简单方法是压缩氢气，通常经加压至一定压力后，填充到钢瓶中。氢气钢瓶根据内容积有 4 L(10 MPa)、8 L(10 MPa) 和 40 L(13~15 MPa) 等几种。最常见的氢气输运方法是 40 L(15 MPa) 的工业氢气瓶，单个气瓶的设计压力 16.7 MPa，试验压力 22 MPa，工作压力 15 MPa。钢瓶颜色是深绿色，字体是红字，钢瓶内容积为 40 L(水容积)，使用温度范围为 −5 ~60 ℃，环境温度 20 ℃，充装压力 15 MPa 时，填充的氢气为 6 Nm^3，填充质量为 0.49 kg，非常适合各种分散式小规模氢气使用场合。为了与非燃烧气体有所区别，接口螺纹与其他钢瓶的相反，需要向左旋转才能打开。表 16.2 是普通高压氢气钢瓶的特性。

表 16.2 标准工业氢气钢瓶的参数

工作压力	容积	工作温度	钢瓶净重	填充氢气量	重量储氢密度/%	体积储氢密度 /(g/L)
15 MPa	内容积 40 L	$-5 \sim 60\ ^\circ C$	50 kg	6 Nm^3(0.485 kg)	0.96	9.72

如果单个氢气钢瓶提供的氢气满足不了使用的容量要求，如图 16.2 所示，通常将多个高压氢气钢瓶组合起来 (10~30 个)，用一个铁框固定，组成一个集装格 (或称集束式高压氢气钢瓶)，常见的集装格可以由 10 个，20 个，30 个组成。多个氢气钢瓶的进出气口是相连的，各自也有独立的阀门。集装格运输灵活，对于需求量较小的用户，这是非常理想的运输方式。钢瓶的压力 15~20 MPa，一个集装格输运的氢气为 5~10 kg/格。

图 16.2 氢气钢瓶集装格输送氢气 (左为中国的，右为日本的)

集装格可以将数个钢瓶一起使用，有其方便的一面，但是钢瓶数量越多，集装格的体积和重量就会随之增加，如是 30 个钢瓶组合的话，重量为 1.5 t，集装格的装卸以及对存放的地点空间和防爆的要求也会提高。

16.1.2 长管拖车输氢

如果集装格输送的量还不够的话，就会用到长管拖车。长管拖车是最普遍的运氢方式，结构如图 16.3 所示。长管拖车由动力车头、整车拖盘和管状储存容器 3 部分组成，其中储存容器是将多只 (通常 6~10 只) 大容积无缝高压钢瓶通过瓶身两端的支撑板固定在框架中构成，用于存放高压氢气。国内标准规定长管拖车气瓶公称工作压力为 10~30 MPa，运输氢气的气瓶多为 20 MPa。以上海南亮公司生产的 TT11-2140-H2-20-I 型集装管束箱为例，其工作压力为 20 MPa，每次可充装体积为 4164 Nm^3、质量为 347 kg 的氢气，装载后总质量 33168 kg，运氢重量密度为 1.05%。除了长管拖车外，也有长度小一些的短管拖车，如图 16.3(c) 所示。国内生产长管拖车的主要厂商有中集安瑞科、鲁西化工、上海南亮、浦江气体、山东滨华氢能源等。表 16.3 给出了几种长管拖车技术指标。

为了提高输运能力，川崎重工业株式会社从 2015 年就开始开发并销售用于氢气输送、储藏、供给的高压氢气拖车。他们制造的高压氢气拖车容器不是以前的钢铁容器，而是轻量且耐压性优秀的 45 MPa 级复合容器，这也是日本首次将 45 MPa 级复合容器用在氢气拖车上。2016 年 3 月时的装车实际数目为 5 台。其性能如表 16.4 所示 [4]。

图 16.3 长管拖车送氢气 ((c) 日本川崎工程株式会社的 45MPa 短管高压氢气拖车)

表 16.3 长管拖车的几种规格 [3]

内容积 /m^3	充填压力 /MPaG	容积 (L)× 瓶数
2800	19.6	700×20
2300	19.6	580×20
1400	19.6	500×14
1400	19.6	400×18

表 16.4 日本川崎工程株式会社的 45MPa 高压氢气拖车及容器的特性

45 MPa 高压氢气长管拖车		单个容器	
全长 (不加牵引车)	9180 mm	全长	3020 mm
全宽	2490 mm	直径	436 mm
全高	3590 mm	重量	200 kg
重量 (除牵引车)	20260 kg	压力	45 MPa
容器载数	34 瓶	内容积	300 L
氢气载量	360 kg	容器种类	第三类

长管拖车运氢在技术上已经相当成熟。但由于氢气密度很小，而储氢容器自重大，所运输氢气的重量只占总运输重量的 1%~2%。因此长管拖车运氢只适用于运输距离较近 (运输半径 200 km) 和输送量较低的场景。其工作流程如图 16.4 所示：将净化后的产品氢气经过压缩机压缩至 20 MPa，通过装气柱装入长管拖车，运输至目的地后，装有氢气的管束与车头分离，经由卸气柱和调压站，将管束内的氢气卸入加氢站的高压、中压、低压储氢罐中分级储存。加氢机按照长管拖车、低压、中压、高压储氢罐的顺序先后取出氢气对燃料电池车进行加注。

16.1.3 长管拖车输氢成本

长管拖车的运输效率较低，运输成本随距离增加大幅上升。当运输距离为 50 km 时，氢气的运输成本 5.43 元/kg，随着运输距离的增加，长管拖车运输成本逐渐上升。距离 500 km 时运输成本达到 20.18 元/kg。考虑到经济性问题，长管拖车运氢一般适用于 200 km 内的短距离运输。

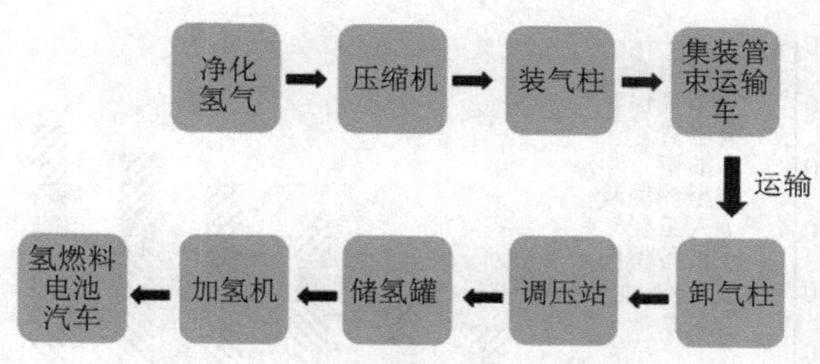

图 16.4 长管拖车工作流程 [2,5]

表 16.5 是长管拖车运氢成本测算，从拆分的成本结构来看，人工费与油费是推动成本上升的主要因素。固定成本占运输成本的 40%~70%，随着距离增加，其占比逐渐下降。图 16.5 是长管拖车运输成本随距离的变化，运输成本随着距离的增加显著增加，每百千米输运成本下降。为保证氢气供应量，加氢站所需拖车数量随着距离增加也相应增加：当距离小于 50 km 时，仅需 1 台拖车便可满足当日氢气供应，50~300 km 的距离需要 2 台拖车，超过 300 km 后则需要 3 台拖车。每增加一台拖车，折旧费与人工费会有明显提升。除此之外，油费也会随距离增加显著上升，占比由 20%上升至 40%，是推动成本上升的第二大因素，如图 16.6 所示 [2,5]。

表 16.5 长管拖车运氢成本测算 [2,5]

项目		数值/(元/kg)
固定成本	设备折旧	1.10
	人工费	3.29
	车辆保险	0.05
变动成本	油费	1.25
	压缩过程中的电费	0.60
	车辆保养	0.21
	过路费	0.43
合计成本		6.93
运输价格 (毛利率 20%)		8.66

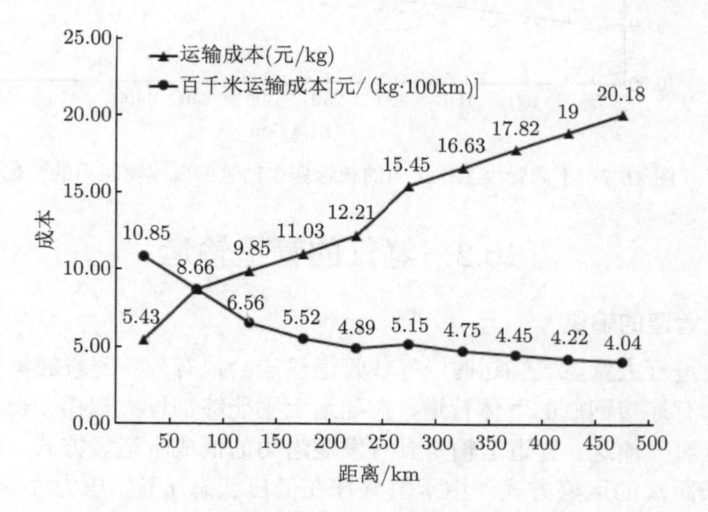

图 16.5 长管拖车运输成本随距离的变化

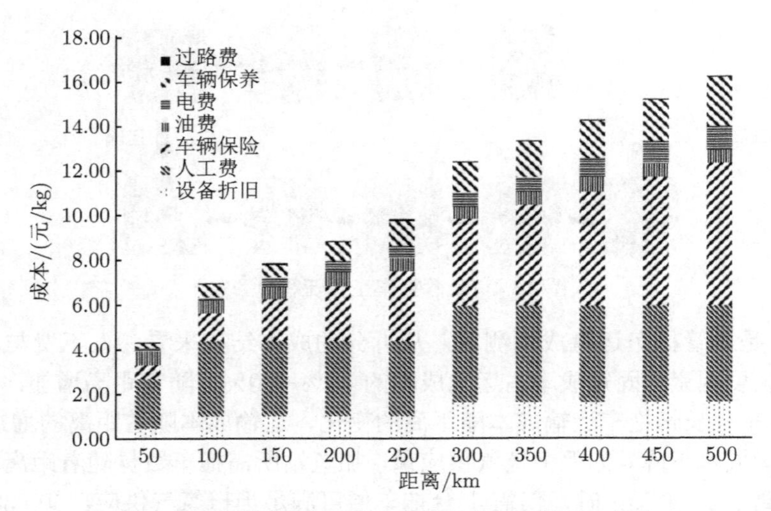

图 16.6　长管拖车运输成本的组成及随距离的变化

提高管束工作压力可降低运氢成本。由于国内标准约束，长管拖车的最高工作压力限制在 20 MPa，而国际上已经推出 50 MPa 的氢气长管拖车。若国内放宽对储运压力的标准，相同容积的管束可以容纳更多氢气，从而降低运输成本。当运输距离为 100 km 时，工作压力分别为 20 MPa、50 MPa 的长管拖车运输成本为 8.66 元/kg、5.60 元/kg，后者约为前者的 64.67%。图 16.7 是不同管束工作压力的长管拖车输氢的成本变化 [2,5]。

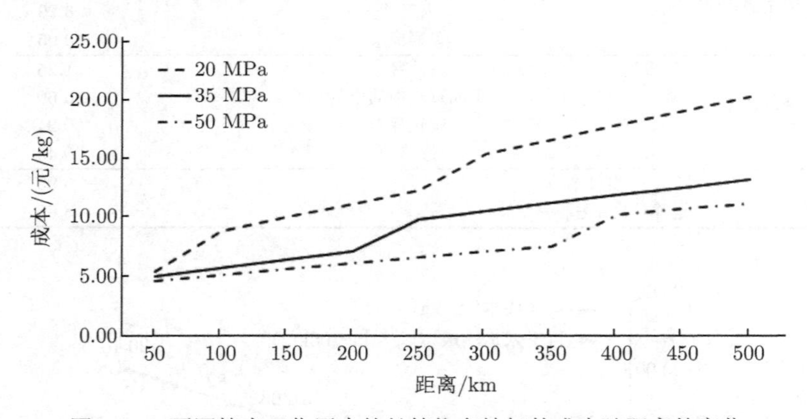

图 16.7　不同管束工作压力的长管拖车输氢的成本随距离的变化

16.2　氢气的管道输运

16.2.1　氢气管道的输氢

在陆地上进行大量氢气输送时，气体管道输送会很有效。一般的氢气集装格以及长管拖车中也都有连接钢瓶的气体管道，在陆地上则能够铺设大规模、长距离而且高压的氢气管道进行氢气输送。管道运输是具有发展潜力的低成本运氢方式。低压管道运氢适合大规模、长距离的运氢方式。由于氢气需在低压状态 (工作压力 1~4 MPa) 下运输，因此相比高压运氢能耗更低，但管道建设的初始投资较大。

美国和欧洲是世界上最早发展氢气管网的地区，已有约 70 年历史。欧美在管道输氢方面已经有了很大规模，如美国 Praxair 公司的分公司林德管道公司在得克萨斯州从蒙特贝尔维尤至阿瑟港和奥兰治之间铺设了 113 km 的氢气输送管道，耗资 3000 万美金。林德管道公司每天能够输送 283 万 Nm^3 以上的氢气，氢气纯度为 99.99%。管道埋设深度最浅处不小于 1.22 m，管道设计强度和水压试验强度分别为管道最大运行压力的 2.5 倍和 1.9 倍 [6]。美国加州 Torrance 的加氢站也在同区域内铺设氢气管道，直接给用户供氢。

法国的 Air Liquid 公司就在法国、比利时、荷兰的国界附近铺设了 830 km 的氢气管道，德国在北莱茵-威斯特法伦州铺设了 240 km 的氢气管道，如图 16.8 所示，压力为 50 MPa，给用户供氢。这些氢气管道主要是为工业用，但也有直接和加氢站相连的氢气管道。德国的 Frankfurt 加氢站和氯碱电解工厂的副产品氢气源相邻，两者之间就铺设了 1.7 km 的氢气管道，氢气压力为 90 MPa，可以免去压缩机直接供氢 [1]。

图 16.8 欧洲氢气管道网 [7]

日本 NEDO 在 2008~2009 年开展了气体氢气输送管道的信赖性评估技术的研究开发。日本北九州为了建设氢气小镇，将钢铁厂的副产氢气通过管道铺设到家庭和商铺供给磷酸型燃料电池，在公路下约 1 m 处，铺设了管道用碳铜管 (SGP) 的管道。为了防止管道因其他工程而损坏的事故，在距离碳铜管约 50 cm 的地方埋设了标识板，同时还平行埋设了检测工程振动的光纤。在供氢的同时也在进行碳钢钢管的耐久性评估。使用的管道是碳钢，总长 1.2 km(图 16.9)。

根据 PNNL 在 2016 年的统计数据，全球共有 4542 km 的氢气管道，其中美国有 2608 km 的输氢管道，欧洲有 1598 km 的输氢管道，如图 16.10 所示 [8]。表 16.6 是各地储氢管道的情况。

我国氢气管网发展不足，输氢管道主要分布在环渤海湾、长三角等地，目前已知最长的输氢管线为“巴陵—长岭”氢气管道，全长约 42 km、压力为 4 MPa，其次是济源—洛阳 (25 km)，两者的技术参数如表 16.7 所示 [2,5]。目前全国累计仅有 100 km，氢气管网布局有较大提升空间。随着氢能产业的快速发展，日益增加的氢气需求量将推动我国氢气管网建设。国内氢气管网建设正在提速，根据《中国氢能产业基础设施发展蓝皮书 (2016)》所制定的氢能产业基础设施发展路线，到 2030 年，我国燃料电池汽车将达 200 万辆，同时将建成 3000 km 以上的氢气长输管道。该目标将有效推进我国氢气管道建设。

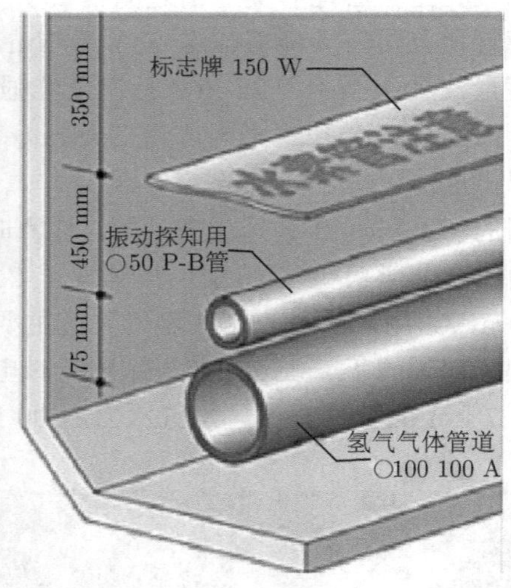

图 16.9　日本北九州铺设氢气输运管道 [3]

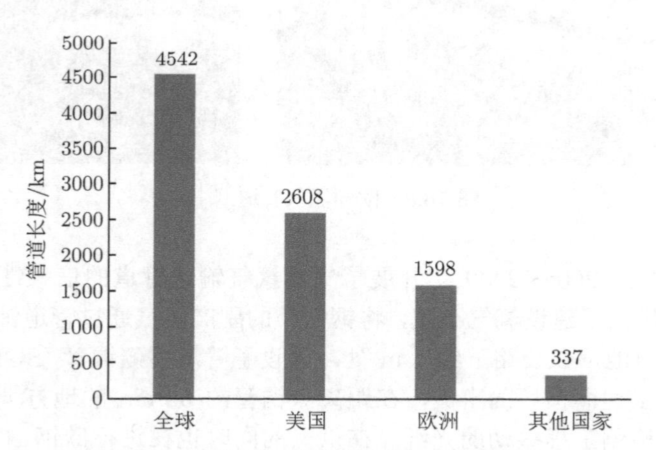

图 16.10　美国、欧洲等地的氢气管道长度

表 16.6　各地储氢管道的情况 [9,10]

所有，地域	材料	运行年数	口径/mm	距离/km	压力/MPa	纯度
AGEC 加拿大阿尔伯塔	Gr.290(5LXX42)	1987 年 ~	273	3.7	3.8	99.9%
Air Products 美国休斯敦	—	1969 年 ~	114~324	100	0.3~5.5	纯氢
Air Products 美国 Louisiana	ASTM 106	—	102~305	48.3	3.4	—
Air Products 美国得克萨斯	钢 (原天然气管道)	23 年以上	114	8	5.5	纯氢
Air Products 美国得克萨斯	钢	20 年以上	219	19	1.4	纯氢

续表

所有，地域	材料	运行年数	口径/mm	距离/km	压力/MPa	纯度
Air Liquide, 德国	钢 (SAE 1016)	1938 年 ~	168~273	240	~ 2.5	纯氢
Air Liquide 法国	碳钢	1966 年 ~	多种尺寸	290	6.5~10	纯氢
Air Liquide 美国得克萨斯	5LX42	1997 年 ~	273	45	3~4	纯氢
Gulf Petroleum Canada 加拿大蒙特利尔	碳钢	—	168	16		92.5%(氢) 7.5%(甲烷)
ICI,Billingham 英国	碳钢	—	—	15	30	纯氢
NASA-KSC 美国佛罗里达	316SS	28 年以上	50	1.6~2	42	—
Phillips Petroleum 美国得克萨斯	ASTM A524	1986 年 ~	203	20.9	12	—

表 16.7 国内两条氢气管道的参数对比

管道名称	巴陵—长岭	济源—洛阳
建成时间	2014 年 4 月 20 日	2015 年 8 月 31 日
全长/km	42	25
设计管径/mm	350	508
年输氢量/万吨	4.42	10.04
设计压力/MPa	4	4
投资额/亿元	1.90	1.46
单位投资额/(万元/km)	452.38	584.00

16.2.2 输氢管道材料

氢气管道还没有像天然气管道一样普及，目前世界各国还没有出台相关的标准，但是也在考虑此问题了。现在广泛使用的管道如表 16.7 所示，主要是碳钢管和不锈钢管。氢气有着和其他气体不同的物理化学性质，氢气对材料的影响也被广泛研究。氢气会渗入管道材料中，引起氢脆、延迟断裂等现象。473 K 以上温度会发生氢气渗入，323 K 以下温度会发生氢脆。管道的使用温度在 233~323 K，所以尤其要注意氢脆。氢气输送管道在技术上需要考虑氢脆引起的龟裂、断裂的发生和影响，需要进行相应的性能评估。

氢脆可以分成金属及合金在氢气气氛下塑性变形引起的环境氢脆，氢被金属中的缺陷吸收引起的内部氢脆，氢与金属或合金结合成为金属氢化物引起的反应性氢脆等三种类型。环境氢脆会引起表面裂纹、延展性下降和应力断裂性能下降，这些都从表面发生。内部氢脆是从内部缺陷开始形成裂纹，没有什么前兆就能发生，尤其危险。反应性氢脆是通过吸收氢气形成金属氢化物，分布到金属母体中而引起的。在温度高的时候容易产生，一般发生在焊接受热部位。

铁、低合金钢、Cr、Mo、Nb、Zn 等体心立方结构材料容易产生氢脆，而奥氏体不锈钢、Al、Cu 以及 Cu 合金等面心结构的材料则不易发生氢脆。NASA 1997 年整理了氢气利用条件下材料的实用性，白口铸铁、镍钢不合适，奥氏体不锈钢、铝及合金、铜及合金、钛基合金适合。高强钢对氢脆敏感性强，厚板低强度钢更合适一些 [11-13]。

16.2.3　管道输氢成本

由于压缩每公斤氢气所消耗的电量是一定的，管道运氢成本增长的驱动因素主要是与输送距离正相关的管材折旧及维护费用，如表 16.8 和图 16.11。氢气管网相比长管拖车具备成本优势。当输送距离为 100 km 时，运氢成本为 1.20 元/kg，仅为同等距离下氢气拖车成本的 1/5，通过管道运输氢气是一种降低成本的可靠方法。

表 16.8　天然气管道混合输氢的成本测算 [2,5]

项目		数值/(元/kg)
固定成本	管道折旧费	0.08
	管线配气站的直接与间接维护费用	0.01
变动成本	压缩消耗的电费	0.60
合计成本		0.69
运输价格 (毛利率 20%)		0.86

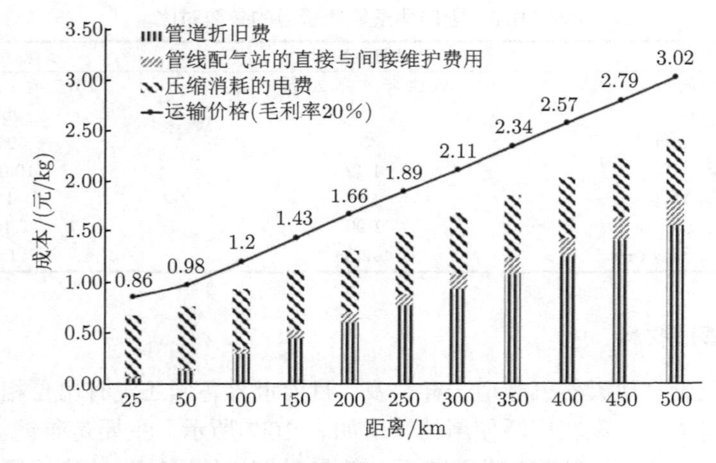

图 16.11　管道运氢成本与输运距离的关系

管道运氢成本很大程度上受到用户需求量的影响。虽然测算结果显示管道运氢成本较低，但获得该成本的前提是管道的输氢利用率达到 100%，即加氢站有足够的氢气需求。如图 16.12 所示，运氢成本随着利用率的下降而上升，当运能利用率仅为 20%时，管道运氢的成本已经接近长管拖车运氢。在当前加氢站尚未普及、站点较为分散的情况下，管道运氢的成本优势并不明显。但随着氢能产业逐步发展，氢气管网终将成为低成本运氢方式的最佳选择。

通过管道远距离运氢时，沿途需要用压缩机提高压力。氢气比天然气轻，压缩比只是天然气的 1/4，导致了输送效率低。另外与天然气显著不同的是，氢气不遵从常规的 Joule-Tomson 效应。天然气在传输时由于气体膨胀引起的 Joule-Tomson 吸热效应，气体温度有可能下降到 273 °C 以下，为了防止土壤冻结，需要铺设加热设施。氢气的 Joule-Tomson 效应在 230 K 发生反转，气体膨胀反而会引起温度升高，反而需要考虑防止温度上升的问题和措施。

氢气的管道输送成本大体高于天然气的 30%~50%，储存成本也大体同样。另外管道的维修费用也高于天然气的 50%~70%[14]。McAuliffe 估算了各种能源的输送成本 [15]，氢气的地下管道输送经济性比天然气以及石油管道的低，但比空中电力电缆输送的经济性高。

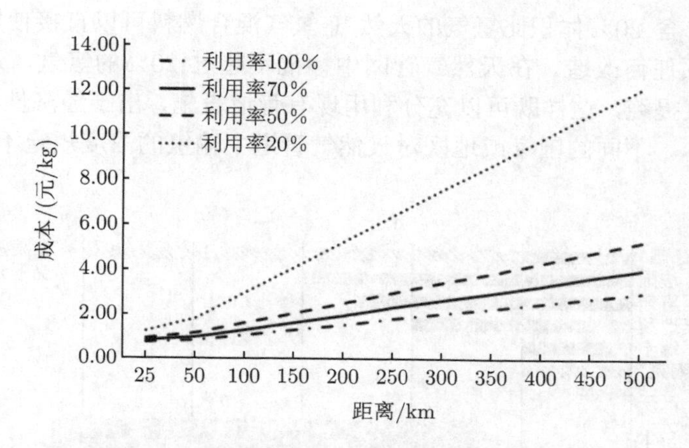

图 16.12 管道储氢成本与管道利用率的关系

16.2.4 利用天然气管道输氢

天然气管道相比氢气管道更为发达。天然气管道是世界上规模最大的管道，占世界管道总长度的一半以上，相比之下氢气管道数量很少。据国际能源署 (International Energy Agency，IEA) 报告，目前世界上有 300 万 km 的天然气管道，氢气管道仅有 5000 km，现有的氢气管道均由制氢企业运营，用于向化工和炼油设备运送成品氢气。

氢气管道发展缓慢的原因和管道输氢成本高有关。与天然气输送相比，氢气的输送成本高。表 16.9 是氢气与天然气的能量输运比较。虽然氢气在管道中的流速是天然气的 2.8 倍，但由于氢气的体积能量密度小，同体积氢气的能量密度仅为天然气的三分之一，因此用同一管道输送相同能量的氢气和天然气，用于押送氢气的泵站压缩机功率高于压送天然气的压缩机功率，导致氢气的输送成本偏高。另外，运氢管材的特殊性使氢气管道造价高于天然气管道。由于管材易发生氢脆现象 (即金属与氢气反应而引起韧性下降)，从而造成氢气逃逸，因此需选用含碳量低的材料作为运氢管道。美国氢气管道的造价为 31 万 ~94 万美元/km，而天然气管道的造价仅为 12.5 万 ~50 万美元/km，氢气管道的造价是天然气管道造价的两倍以上。

表 16.9 氢气与天然气的能量输运比较

气体种类	发热量/(MJ/Nm^3)	流量/(Nm^3/h)	能量搬运量/(MJ/h)
天然气	46.0	5.96×10^5	2.74×10^7
氢气	12.7	16.80×10^5	2.13×10^7

实验条件：管道长度 50 km，口径 600 mm，始端压 7 MPa，终端压 2 MPa。

氢气输运网络基础设施建设需要巨大的资本投入和较长的建设周期，管道的建设还涉及占地拆建问题，这些因素都阻碍了氢气管道的建设。然而全球有近 300 万 km 的天然气输送管道和近 4000 亿 m^3 的地下储存容量；还有一个国际液化天然气 (LNG) 运输的基础设施 (Snam、IGU 和 BCG，2018 年；Speirs 等人，2017 年)。在氢能发展初期，如果这些基础设施中的一部分能够被用来运输和使用氢，可以有效降低成本，它将为氢的发展提供一个巨大的推动。

研究表明，含 20%体积比氢气的天然气-氢气混合燃料可以直接使用目前的天然气输运管道，无须任何改造。在天然气管网中掺混不超过 20%的氢气，运输结束后对混合气体进行氢气提纯，这样既可以充分利用现有管道设施，出于经济性考虑，也能降低氢气的运送成本。不同的国家或地区对天然气管道中输氢的浓度规定不同，如图 16.13 所示。

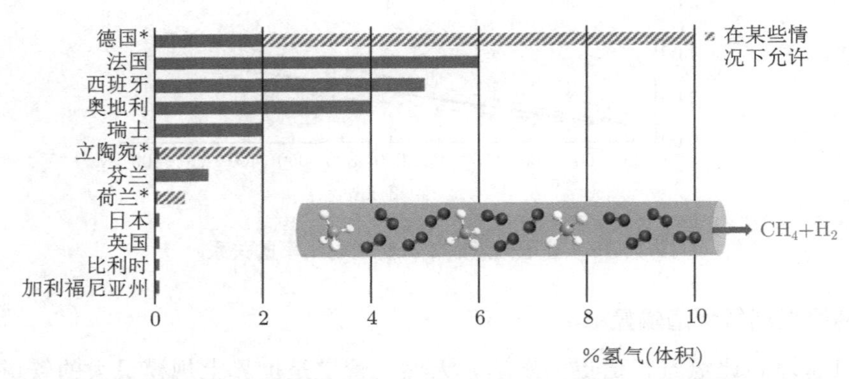

图 16.13　不同国家和地区天然气管网掺氢的现行规定 [16−18]

然而，氢气混合也面临许多挑战：

(1) 氢气的能量密度约为天然气的三分之一，因此混合物会降低输送气体的能量含量：天然气输送管道中 3%的氢气混合物会将管道输送的能量减少约 2%。最终用户需要使用更多的天然气来满足给定的能源需求。同样，依赖天然气含碳量的工业部门 (如用于处理金属) 也必须使用更多的天然气。

(2) 氢比甲烷燃烧快得多，这增加了火焰蔓延的风险。氢火焰燃烧时也不是很亮，新的火焰探测器可能需要高混合比。

(3) 混合到天然气流中的氢气体积的变化将对设计用于容纳狭窄范围气体混合物的设备的运行产生不利影响。它还可能影响一些工业过程的产品质量。

(4) 管道网中氢气混合的上限取决于与之相连的设备，这需要根据具体情况进行评估。氢混合比最低的设备将决定整个网络的氢混合比。

美国在天然气中加入氢气是考虑到可以减少 CO_2 排放，但是为了获得和天然气同样的燃烧性能，氢气的混入量不超过 10%。欧洲从 2004 年就开始了产官学合作的天然气管道输氢项目，从事天然气管道混氢的开发，不光是研究氢气添加在天然气中的输运的安全性、经济型、耐久性，而且也研究在使用现场进行氢气分离，把氢气的混入比例设定在 50%以内。

不同的管道、仪表或设备材质对混入的氢气量有不同的限制。聚乙烯配气管道可供给高达 100%的氢气。英国天然气管道输氢项目就是通过天然气网络提供氢气给家庭和企业使用。欧洲许多燃气加热和烹饪设备的燃料气体中氢含量都已达到 23%，目前已经使用了多年，尚未发现这么高的氢浓度有什么问题。

然而，在现有的天然气供给链中，还是有一些领域不能允许高浓度的混合氢。如图 16.14 所示，在管道、仪表或设备上往往对天然气中氢的浓度限制很严，混合气在很多地方的使用都需要事先得到认证或提交混合氢的影响详细评估。例如，现有燃气轮机的控制系统和密封件不是针对氢的特性而设计的，只能够承受小于 5%的混合氢 (ECS, 2015)。对于许多已安装的燃气发动机，也会出现类似的问题，其中建议的混合氢最高浓度为 2%。如果天然气中含氢量提高的话，以天然气为原料的化学品生产商可能需要与天然气供应商重新签订新的混氢天然气使用工艺和合同。虽然对现有涡轮机和发动机的小改动可以使它们能够在更高氢混合浓度下工作，或引进新设备时提高在更高混氢条件下工作的要求，但不论是哪一种都需要时间和资金。

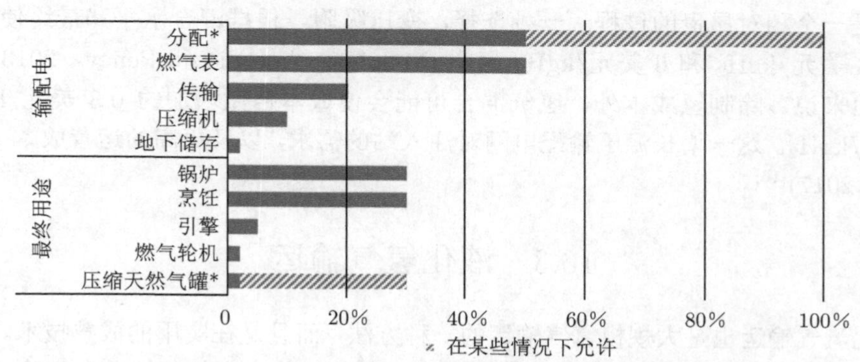

图 16.14 选定的天然气网络现有设施对氢混合份额的限制 (按体积计) (CNG= 压缩天然气)[16,19−23]

利用现有的天然气管道输氢时，需要考虑对输送和储存效率、管道材料、混合气体的升压降压装置、气体内燃机、气体蒸汽机、沸腾器、控制系统等现有的燃烧机器和设备的影响，有的地方也需要考虑氢气的分离。

氢气与天然气混输需要考虑安全性，以避免引发氢脆、氢致开裂等管道失效。国际上氢与天然气混合输送的应用较多。我国天然气长输管道和城市管道的设计压力、材质等差异大，需针对天然气管线情况开展“一线一策”的研究工作。

天然气储罐、涡轮机和发动机对氢气的允许浓度最低。现有天然气产业系统中混氢容量上限是由供给链上氢含量限制最严的环节决定的，许多区域规定最高含氢浓度为 2%，少数领域规定在 4%~6%，如图 16.14。德国规定最大值为 10%，但如果 CNG 加油站连接到网络，则小于 2%。某些设备的规格也可能受到限制。例如，欧洲标准规定，对于燃气轮机的控制系统和密封，天然气流的氢含量必须低于 1%。

由于天然气是国际贸易，协调跨境混合限制是支持部署的关键步骤。标准还应考虑氢混合水平随时间变化的可能性。在欧洲，一些技术委员会和行业工作组 (如 HyReady 和 HIPS Net) 正在审查氢气混合标准，而欧盟委员会也在审查天然气网络中可再生气体和氢气的标准和作用 (Eurogas，2018 年)。如今，大多数国家都限制了天然气网络中的氢浓度；修改这些法规对于刺激有意义的氢混合水平是必要的。

除了与天然气管网掺氢网本身有关的问题外，实现更高混合水平的政策还需要纳入在家庭、办公室和工厂更换设备的战略。转换可以逐区域逐步进行。实施这类政策将耗费时间和成本，但并非史无前例：英国、奥地利、德国和美国在 20 世纪 60 年代和 70 年代从城市燃气 (含 50%氢气) 转变为天然气。英国在 10 年内以 120 亿美元的成本更换了 4000 万台电器 (Dodds 和 Ekins，2013 年)。

目前有 37 个示范项目正在检查天然气网格中的氢混合。荷兰的 Ameland 项目没有发现混合高达 30%的氢气对家用设备，包括锅炉、燃气灶和烹饪用具等，会造成任何问题 (Kippers，De Laat 和 Hermkens，2011 年)。其他欧洲项目正在测试地下储存的技术和监测要求 (Hypos，2017 年)。

如果在最终使用地点分离，则可将氢气混合到天然气流中，以提供纯氢气流。要做到这一点，有很多选择，但这些技术的成本以及一旦提取氢气就需要重新压缩天然气，目前这是一个相对昂贵的过程。一种选择，变压吸附，根据混合水平和最终使用需求，成本在 3 美元/kgH_2 和 6 美元/kgH_2 之间 (Melaina、Antonia 和 Penev，2013 年)。

总地来说，除制氢成本外，氢气混合可能会使成本略微增加约 0.3 美元/kgH_2 至 0.4 美元/kgH_2。这一增长源于输配电网对注入站的需求，以及更高的运营成本 (Roland Berger，2017)[16]。

16.3　液化氢气输运

液化氢气输运也是大规模氢气输运的一种方法，而且是在实用的成熟技术。氢气在 −253 °C 下液化，体积减少至 1/845。与气态氢气相比作为高体积能量密度输运非常合适，但是需要 −253 °C 的超低温设备核设施。液化氢气输运以前主要以在航天领域应用为主，随着液化氢气需求增加，现在有一些企业也在积极开展液化氢气的输运。

16.3.1　液氢输运体系

液氢罐车运输是将氢气深度冷冻至 21 K 液化，再将液氢装在压力通常为 0.6 MPa 的圆筒形专用低温绝热槽罐内进行运输的方法。液氢的体积密度是 70.8 kg/m^3，体积能量密度达到 8.5 MJ/L，是气氢 15 MPa 运输压力下的 6.5 倍。因此将氢气深冷至 21 K 液化后，再利用槽罐车或者管道运输可大大提高运输效率。液氢罐车运输系统由动力车头、整车拖盘和液氢储罐 3 部分组成。液氢槽罐车的容量大约为 65 m^3，每次可净运输约 4000 kg 氢气，是气氢拖车单车运量的 10 倍多，大大提高了运输效率，适合大批量、远距离运输。

液体氢气是目前唯一既能获得高的体积密度，又能获得高的质量密度的氢气储运方法，如果从质量储氢、体积储氢密度角度分析，低温液态储氢是较理想的储氢技术。但是，容器的绝热问题、氢液化能耗是低温液态储氢面临的两大技术难点：①低温液态储氢必须使用特殊的超低温容器，若容器装料的绝热性能差，则容易加快液氢的蒸发损失；②在实际氢液化中，其能量耗费大、效率低。低温液态储氢技术存在成本高、易挥发、运行过程中安全隐患多等问题，商业化难度大。今后，低温液态储氢还需向着低成本、低挥发、质量稳定的方向发展。

图 16.15 是液氢储运槽罐车的照片。国外加氢站采用槽罐车液氢运输的方式要略多于气态氢气的运输方式。车上的液氢管道都采用真空夹套绝热，由内外两个等截面同心套管组成，两个套管之间抽成高度的真空。

图 16.15 北京特种工程研究院的 45 m^3 的液氢储运槽罐车 (上左) 和日本岩谷 (Iwatani) 公司的液氢储运槽罐车 (上右)，欧洲液氢输运槽车 (下)

除了槽罐车和管道，液氢还可以利用铁路和轮船进行长距离或跨洲际输送，如图 16.16。日本已经在推进利用澳大利亚的褐碳制氢然后液化，用船运的形式运到日本。深冷铁路槽车长距离运输液氢是一种既能满足较大输氢量又是比较快速、经济的运氢方法。这种铁路槽车常用水平放置的圆筒形杜瓦槽罐, 其储存液氢的容量可达到 100 m^3，特殊大容量的铁路槽车甚至可以运输 120~200 m^3 的液氢。目前仅有非常少量的氢气采用铁路运输。

(参照：HySolutions、The Real Music Stationホームページ)

图 16.16 氢气输运船 [16]

目前，低温液态储氢已应用于车载系统中，如 2000 年美国通用公司已在轿车上使用了长度为 1 m、直径为 0.5 m 的液体氢气储罐 (图 16.17)，其总质量为 90 kg，体积为 129 L，可储氢 4.6 kg，质量储氢密度和体积储氢密度分别为 5.1%和 36.6g/L。

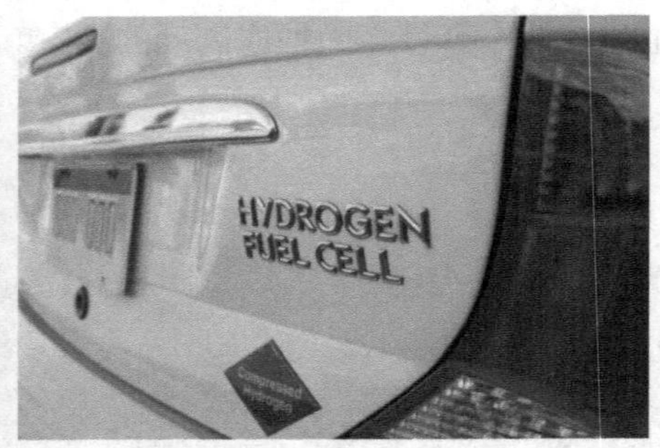

图 16.17　液氢在轿车上的使用

16.3.2　液氢利用的能源效率

由于液氢的运输温度需保持在 −253 °C 以下，与外部环境温差较大，为保证液氢储存的密封和隔热性能，对液氢储罐的材料和工艺有很高的要求，使其初始投资成本较高。液氢罐车运输具有更高的运输效率，但液化过程能耗大，并且液氢储存、输送过程均有一定的蒸发损耗。

氢气首先经过压缩或液化后再进行运输，这些过程都需要消耗能量。Bossel 等 [24] 深入地比较了压缩和液化的能耗以及氢气道路运输的能耗，可为氢气运输方式的选择提供参考。氢气的高热值为 142 MJ/kg，如果将氢气压缩到 20 MPa，大约消耗能量 14 MJ/kg，相当于氢气内能的 10%左右。液化能耗很高，且随制氢规模的大小有很大变化。当液化量很少时，液化能耗甚至高于氢气的热值，当液化量达到 10 t/h 时，液化能耗仍超过 40 MJ/kg, 是低热值的 30%以上 (理论计算为 25%)，且在储存时还会有进一步的损失。按照 10 t/h 的制氢规模估算，目前的液氢制造和储存技术消耗的电能实际将为氢能的 40%。火力发电的能源转换效率也大体在 40%，和氢气的液化和储存的效率相当 [3]。

对于一般规模的液化厂，氢气液化能耗大约为压缩能耗的 3 倍。氢气压缩的部分能量在加氢站内还可以加以回收利用，比如利用长管拖车与储氢罐的压差为储氢罐自然充气。但是氢气液化的能量在固定储氢容器和液氢运输管网上无法利用，被白白浪费了。

16.3.3　液氢输运成本

表 16.10 是液氢槽罐车运输成本测算，包含设备折旧、人工费、车辆保险、油费、电费、过路费、毛利等几项，合计是 13.57 元/kg。与长管拖车不同，液氢槽罐车成本变动对距离不敏感，变化幅度很小，如图 16.18 所示。当加氢站距离氢源点 50∼500 km 时，液氢槽罐车的运输价格在 13.51∼14.01 元/kg 范围内小幅提升，但提高的幅度并不大。这是因为成本中占比最大的一项——液化过程中消耗的电费 (约占 60%) 仅与载氢量有关，与距离无关。而与距离呈正相关的油费、路费等占比并不大，液氢罐车在长距离运输下更具成本优势。

表 16.10 液氢槽罐车运输成本测算

项目		数值/(元/kg)
固定成本	设备折旧	1.92
	人工费	1.32
	车辆保险	0.05
变动成本	油费	0.04
	液化过程中电费	6.60
	车辆保养	0.02
	过路费	0.03
合计成本		10.85
运输价格 (毛利率 20%)		13.57

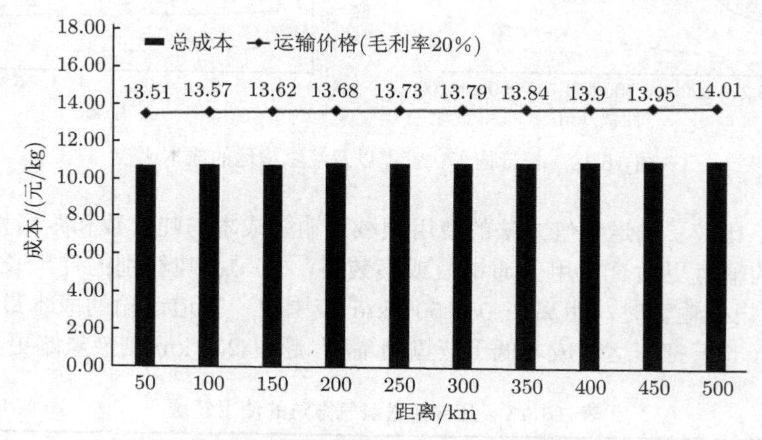

图 16.18 液氢槽罐车输运成本随距离的变化

国外已有广泛应用，国内标准缺失掣肘液氢发展。在国外尤其是欧、美、日等国家和地区，液氢技术发展已经相对较为成熟，液氢在储运等环节已进入规模化应用阶段，某些地区液氢槽罐车运输超过了气氢运输规模。而国内应用程度有限，目前仅用于航天及军事领域，这是由于液氢生产、运输、储存装置等标准均为军用标准，无民用标准，极大地限制了液氢罐罐车在民用领域的应用。国内相关企业已着手研发相应的液氢储罐、液氢槽罐车，如中集圣达因、富瑞氢能等公司已开发出国产液氢储运产品。

液氢标准出台指日可待，2019 年 6 月 26 日，全国氢能标准化技术委员会发布关于对《氢能汽车用燃料液氢》、《液氢生产系统技术规范》和《液氢贮存和运输安全技术要求》三项国家标准征求意见的函。液氢相关标准和政策规范形成后，储氢密度和传输效率都更高的低温液态储氢将是未来重要的发展方向。

《中国氢能源及燃料电池产业白皮书》提出了未来氢能运输环节的发展路径：在氢能市场渗入前期，氢的运输将以长管拖车、低温液氢、管道运输方式因地制宜、协同发展。中期 (即 2030 年)，氢的运输将以高压、液态氢罐和管道输运相结合，针对不同细分市场和区域同步发展。远期 (即 2050 年) 氢气管网将密布城市、乡村，成为主要运输方式 [5]。

16.3.4　输氢方法的比较

图 16.19 为长管拖车、管道以及液氢输运的成本比较。从图可知随着输运距离的增加，长管拖车的输氢优势逐渐下降，管道和液氢输送氢气更有优势。另外储氢的成本也随储氢量的增加会显著下降。

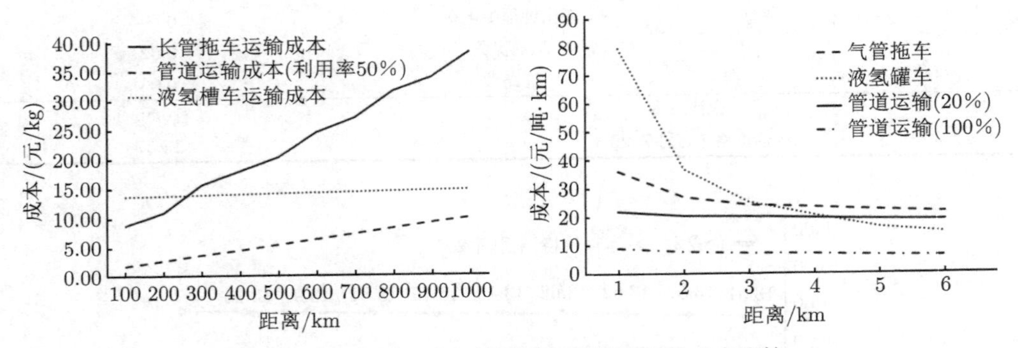

图 16.19　长管拖车、管道以及液氢输运的成本比较

表 16.11 比较了输送氢气方法的使用领域。输氢成本与吨位数和距离相关，在 0～50 kg 级别的输氢更适合使用普通钢瓶或集装格，50～10 吨级别的使用长管拖车；在 10 吨以上大规模输氢时，距离在 0～1500 km 范围内，管道运输的成本最低，距离在 250 km 内时，长管拖车运输成本低于液氢槽罐车，超过 250 km 则液氢罐更具成本优势。

表 16.11　几种输送氢气方法的使用领域

氢气重量或距离		输运方式变化		
0→ 10 kg		单个钢瓶 → 集装格		
10→ 50 kg		集装格 → 长管拖车		
50 kg→ 10 吨		长管拖车 → 管道、液体罐车		
10 吨以上大型	0～275 km	管道 (最低)	长管拖车 (低)	液体罐车 (高)
	275～1500 km	管道 (最低)	液体罐车 (低)	长管拖车 (高)
	1500 km 以上	液体罐车 (最低)	管道 (低)	长管拖车 (高)

如果有足够大的、持续的和本地化的需求，管道可能是本地氢气输运最具成本效益的长期选择。然而，当今的氢气输运通常还是依赖于输氢卡车，无论是作为气体还是液体，这很可能在未来十年内仍然是主要的输运方法。

16.4　液体有机氢化物输氢

液体有机氢载体 (liquid organic hydrogen carrier，LOHC) 是利用液体有机物在不破坏有机物主体结构的前提下通过加氢和脱氢可逆过程来实现氢气储运的技术。液体有机氢化物可以借助苯 (benzene, Bz)、甲苯 (toluene, TOL) 等储氢剂与氢载体环己烷 (cyclohexane, Cy)、甲基环己烷 (methyl cyclohexane, MCH) 和氢气的一对可逆反应来实现氢气的储放。常把环己烷-苯-氢气简称 CBH 系统，而甲基环己烷-甲苯-氢气简称 MTH 系统。这些液体有机加氢是发热反应、放氢是吸热反应。液体有机氢载体常压状态下体积下降到 1/500，同时如表 16.12 所示，通过这些芳香族有机化合物作为氢气载体进行氢气输运体积小、重量轻，而且可以直接利用装化学液体的卡车以及长管拖车进行大规模运输。

表 16.12 液体有机氢化物的储氢与其他几种方式的比较

储氢系统	密度/(g/L)	理论储氢量/wt%	储氢剂用量/(kg/kg)
气态氢 20 MPa	18.0	—	
液 H_2	70.0	—	
低温吸附储氢	16.9	4.76	20
TiH_2	150.0	3.80	25.0
$FeTiH_2$	45.5	1.30	77.0
$C_6H_6+3H_2 \rightleftharpoons C_6H_{12}$	56.0	7.19	12.9
$C_7H_8+3H_2 \rightleftharpoons C_7H_{14}$	47.4	6.16	15.2
$C_{10}H_8+5H_2 \rightleftharpoons C_{10}H_{18}$	65.3	7.29	12.7
$NaBH_4+4H_2O \longrightarrow 4H_2+NaB(OH)_4$	74	7(35%$NaBH_4$ 溶液)	13(35%$NaBH_4$ 溶液)

16.4.1 液体有机氢化物储氢原理及特点

液态有机氢化物储氢技术是借助某些烯烃、炔烃或芳香烃等储氢剂和氢气的一对可逆反应来实现加氢和脱氢的 [25]。早在 1975 年，Sultan 和 Shaw 提出了利用液体有机氢化物作为储氢载体的设想 [26]，开辟了液体有机储氢技术研究领域。液体有机氢化物储氢是借助某些不饱和的烃类 (苯、甲苯、萘等) 与氢气的一对可逆反应 (加氢反应和脱氢反应) 来实现的。加氢反应实现氢的储存 (化学键合)，脱氢反应实现氢的释放。研究发现，不饱和芳烃与对应氢化物等有机物可以在不破坏碳环的主体结构下加氢和脱氢，这是结构非敏感的反应，而且反应是可逆的。目前研究者们正在通过进一步提高其脱氢转化率和选择性以达到循环利用储氢介质的目的，实现可逆储氢。据与传统的加压气态储氢、低温液化储氢、金属合金储氢等储氢手段相比，液体有机氢化物储氢有以下特点:

(1) 催化过程可逆，反应物与产物可循环利用，储氢密度高 (都在 DOE 要求指标以上)。

(2) 氢载体储存、运输和维护安全方便，储存设备简单，尤其适合于长距离氢能输送。这对于中国西部与东部地区之间供求相对不平衡的地区，以液体有机形式用管道进行长途输送或可解决能源的地区分布不均匀问题。

(3) 储氢效率高。以苯储氢构成的封闭循环系统为例，如果苯加氢反应时放出的热量可以完全回收的话，整个循环过程的效率可以达到 98%。

(4) 原则上可同汽油一样在常温常压下储存和运输，现有的石油罐车、石油存储罐以及燃料输运、储存基础设施都可以利用，具有直接利用现有汽油输送方式和加油站构架的优势。

16.4.2 液体有机氢化物的研究现状

液体有机储氢材料最早由 Sultan 等于 1975 年提出，主要是利用液态芳香族化合物作为储氢载体，如苯 (理论储氢量 7.19%)、甲苯 (理论储氢量 6.18%)。目前文献中研究报道的比较多的储氢介质有环己烷、甲基环己烷、十氢化萘、四氢化萘等，原因在于这几种物质的熔沸点区间合适，而且原料易得，脱氢转化率较高。自从 Pez 等 [27]2004

年提出咔唑与乙基咔唑储氢体系以后，研究人员对其进行了更加深入的研究，这成为近几年液体有机氢化物新的研究热点。表 16.13 列举了目前所调研的文献中报道的用于液体有机氢化物储氢介质的储氢容量及其物性参数。

表 16.13　部分液体有机储氢介质的物理参数和储氢容量

储氢介质	吸放氢反应	熔点/℃	沸点/℃	理论储氢量/%
环己烷	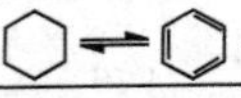 $+3H_2$	6.5	80.7	7.19
甲基环己烷	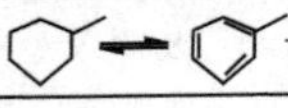 $+3H_2$	−126.6	101	6.18
四氢化萘	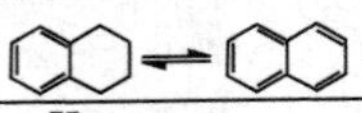 $+2H_2$	−35.8	207	3.0
顺式-十氢化萘	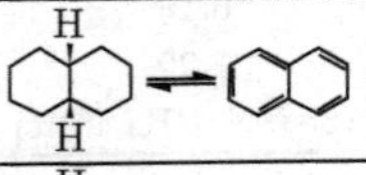 H H $+5H_2$	−43	193	7.29
反式-十氢化萘	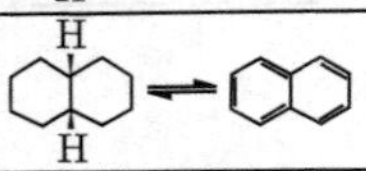 H H $+5H_2$	−30.4	185	7.29
环己基苯	 $+3H_2$	5	237	3.8
4-氨基哌啶	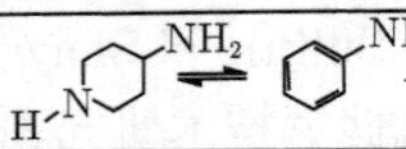 NH_2 H N NH_2 $+3H_2$	160	65(18 mn Hg)	5.9
咔唑	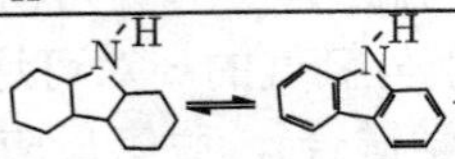 N H N H $+6H_2$	244.8	355	6.7
乙基咔唑	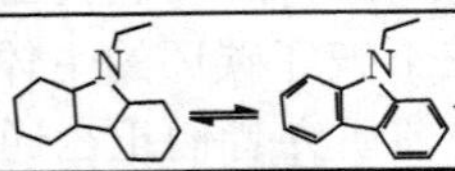 N N $+6H_2$	68	190(1.33 kPa)	5.8

Pez 等最早从理论计算上对新型液态有机分子进行了设计与预测。研究表明，在多环芳香族衍生物中将一个 C 原子以 N 原子取代可以有效降低脱氢焓，因而脱氢温度相应地得到了降低。同时又提出了一种新的热力学计算方法来确定有机分子脱氢的温度，想通过这种方法从理论上筛选出了一系列可能的新型有机储氢材料。乙基咔唑的熔点 68 ℃，脱氢反应焓约为 50 kJ/mol H_2，是最早发现的脱氢温度在 200 ℃ 以下的、可完全氢化/脱氢的液体有机储氢材料。其理论储氢密度可以达到 5.8%，达到了 DOE 的技术指标，脱氢反应得到的氢气纯度高达 99.9%，且没有 CO、NH_3 等气体生成，由此可见乙基咔唑是较为理想的液体有机储氢介质。乙基咔唑加氢/脱氢反应式以及具体路径如图 16.20 所示。

由于芳香族化合物的加氢反应是一个热力学放热过程，完全催化加氢反应相对容易，因此，关于催化剂的研究主要集中于脱氢步骤。但是近年来关于加氢过程的研究也相继报道，使用不同种类的催化剂催化加氢效果的比较见表 16.14。

由于吸/脱氢催化活性较好的 Ru、Pd 等金属价格昂贵，为了减少贵金属使用量，研究者考虑使用 Ni 基催化剂来替代 Pt、Pd、Ru 基催化剂。最近北京大学课题组发现了稀土氢化物催化剂，通过稀土氢化物提供了新的加氢和脱氢途径，获得了与贵金属催化剂相同的催化性能 [29]。

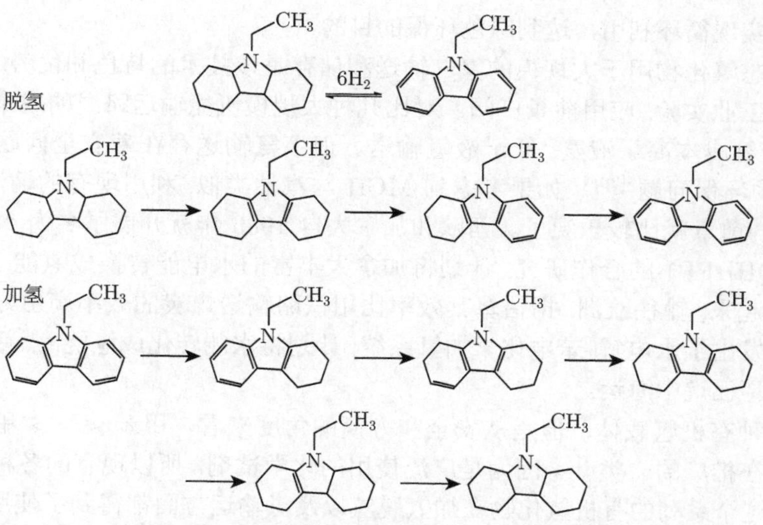

图 16.20 乙基咔唑加氢/脱氢反应以及路径 [28]

表 16.14 不同类型的催化剂加氢的活性及选择性比较

催化剂样品	催化活性/(mol/(g·s))	催化选择性[①](+12H)/%
5% Ru/Al_2O_3(CR)	8.2×10^6	98
5% Ru/TiO_2(CR)	7.9×10^6	96
5% Ru/Al_2O_3(COM)	7.8×10^6	92
5% Ru/SiO_2-Al_2O_3(CR)	7.5×10^6	96
5% Ru on zeolite(CR)	7.2×10^6	78
5% Ru on graphite (CR)	7.2×10^6	64
5% Ru/AC(CR)	6.8×10^6	53
5% Pd/AC(CR)	1.5×10^6	2
Ru black(COM)	0.4×10^6	77
Pd black(COM)	0.3×10^6	47
Pt black(COM)	0.18×10^6	89
65% Ni/SiO_2-Al_2O_3(COM)	0.3×10^6	93
5% Pt/AC(CR)	0.1×10^6	0.6
65% Ni/AC(CR)	0.05×10^6	33
Raney-Ni	5.74×10^6	79

① 完全氢化产物 (十二氢乙基咔唑) 在氢化总产物中的百分数。

16.4.3 有机氢化物储运氢的应用

液体有机氢化物储运氢气技术具有储氢量大，储存、运输、维护、保养安全方便，便于利用现有储油和运输设备，可多次循环使用等优点。液体有机储运氢在两个方向具有应用优势和前景。一是利用储氢实现能源的跨季节跨地区储存和运输。氢能丰富时，通过芳烃加氢储存氢气；氢能需求时，通过脱氢工厂脱氢。例如在夏季水电丰富的季节通过电解–加氢过程实现液体有机储能，在冬季水电缺乏的季节再利用氢能发电，实现能源的跨季节储存；中国东西部能源分布与需求不均衡的问题，可以通过液体有机形式进行安全的长途运输，解决能源地区分布不均的问题。另一个就是应用于氢燃料电池汽车，汽车在加油站加注环烷烃，在车内脱氢供给氢燃料电池，芳烃再返回加油站加氢生产环烷烃，实现循环利用，达到绿色环保的目的。

有机液态氢化物用于大规模的氢气输送和储存是该技术的特色和优势，目前已成功地进行了半工业实验，应用前景广阔。对比几种大规模氢能输运路线的成本，结果表明用 MCH 输氢成本高于液氨，低于液氢输送。但液氨输送存在着安全问题及如何减少 NOX 排放的环保问题 [30]。如果考虑到 MCH 与汽油类似，利用现有的输油设备，则用 MCH 输氢的前景就比较乐观了。西欧和加拿大自 1986 年就开展了名为“水力–氢气实验项目”(EQHHPP) 的合作研究，计划将加拿大丰富的水电能转换成氢能，以 MCH 为氢载体储存起来，输往欧洲，据估算其效率比用铁路输送煤炭的效率高出好几倍。最近日本人又开发出了水电解–苯电化学加氢系统，计划将水能转化成氢能，然后以化学能的形式储存在环己烷中海运。

有很多种有机氢载体，但是从安全和方便的角度来看，甲苯 <=> 甲基环己烷是用得最多并在推广的一类 [1]。因为是广泛使用的化学试剂，所以现有的各种基础设施都可以利用。这个系列的有机氢化物在加氢脱氢以及氢输运方面都得到了使用，但是脱氢过程中的转化效率以及循环寿命还有问题。通过耐久性高、选择性优异的脱氢催化剂的使用，能够获得很好的改善，实用化前景明朗。

有机氢化物输氢由储氢剂的加氢反应、氢载体的运输以及氢载体的脱氢反应 3 个过程组成。图 16.21 是甲苯 <=> 甲基环己烷系进行输氢的示意图。在制氢的地方让甲苯加氢反应，形成甲基环己烷，进行输运。在用氢的地方，让甲基环己烷脱氢反应形成甲苯，实现供氢，同时把甲苯运回制氢的地方。甲基环己烷和甲苯有机液体以前也没有作为输运氢气的载体考虑，所以需要建立相应的消防、建筑标准、高压气体安全法规等。

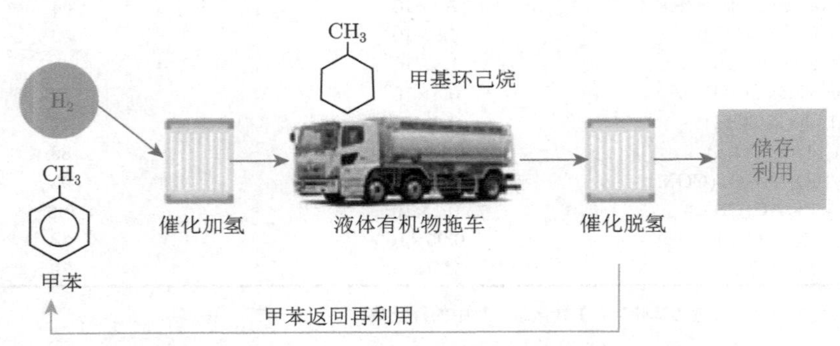

图 16.21 甲苯 <=> 甲基环己烷系有机液体氢化物进行输氢的示意图

将来会把甲基环己烷直接送到加氢站，在加氢站进行脱氢反应，为此需要考虑脱氢装置的小型化以及确保热源的提供和相应的规章制度建立。另外因为需要加氢设备和脱氢设备，会需要相应的设备投资。脱氢反应是吸热反应，需要 400 °C 左右的加热热源。

日本在这方面的发展比较快，例如，日本千代田化工建设株式会社开发出了循环使用性能优异的脱氢催化剂，在此基础上于 2013 年 4 月建立了甲苯 <=> 甲基环己烷系示范工厂，如图 16.22 所示。同样，日本日立制造所在日立市建立了 40 kW 级小型高效甲苯 <=> 甲基环己烷加氢和脱氢实验示范线，如图 16.23 所示。而且他们让甲苯的一部分进行催化燃烧来提供脱氢所需要的热能，提高系统的能源效率。此外，日本千代田化工建设与川崎市合作，从澳大利亚利用甲苯 <==> 甲基环己烷系把氢气运送到川崎市，用于 90 MW 的商用氢气发电站建设，而且进一步进行面向社会的氢气供给网的建设。

图 16.22 日本千代田建设株式会社的液体有机输氢示范 (左：装置能力为 50 Nm^3/h 的氢气储存和制备车间，右：氢气储存能力为 20 m^3-MCH 储罐中储存 10000 Nm^3-H_2)

与日本不同，德国 Hydrogenious 公司主要研究方向为二苄基甲苯，已进展到应用示范阶段。国内主要研究方向为 N-乙基咔唑、二甲基吲哚等，武汉氢阳能源控股有限公司已完成了千吨级 N-乙基咔唑装置的示范 [31,32]。

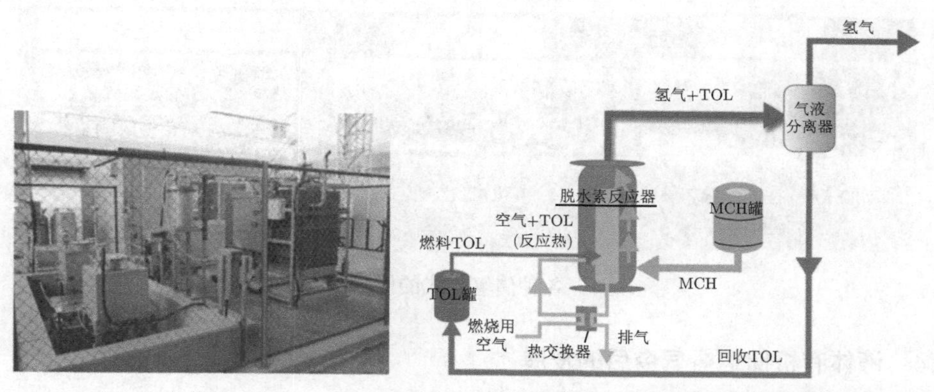

图 16.23 日立制造所在日立市建立的 40kW 有机氢化物设施和甲苯部分催化燃烧脱氢概念 [1]

有机液态氢化物储氢用于汽车燃料的研究也取得了较大进展。目前瑞士、加拿大和英国等国家正积极从事这方面的研究, 瑞士已经开发出两代实验型氢燃料汽车。MTH-2 型氢燃料车行车试验表明: 该储氢系统用于汽车燃料在技术上是完全可行的, 但也存在着在非临氢、非稳态操作下脱氢温度偏高、脱氢转化率偏低、催化剂容易失活的严重问题。MTH-3 原型车目前正在设计、建造之中, 据称其重量和体积大大减少, 约为 MTH-2 的 1/3。开发新型低温高效脱氢催化剂是 MTH 技术应用的前提, 而小型化的随车脱氢反应器是实现 MCH 随车脱氢应用的关键。

从氢动力车的发展方向来看, 氢燃料电池车由于具有无 NOX 排放、效率高 (是常规汽车的 3 倍)、使用寿命长 (是常规汽车 1.5 倍) 等优越性已成为研究的热点。目前, PEMFC 以其启动速度快、启动温度低 (约 100 °C)、低成本潜力等倍受关注, 但暂时还缺乏有效、成熟的随车产氢手段。利用有机氢载体为 PEMFC 随车供氢的可行性有待进一步研究 [30]。

将来给加氢站供氢的方法主要为高压气体、液态氢气、有机氢化物三种方法。如图 16.24 是三种不同运氢方法的比较，与高压气体相比、液态氢气和有机氢化物在储氢量上有明显的优势。液态氢气转变的整体系统能源效率目前还不高，而液体有机氢化物目前还没有实现小型脱氢设备的实用化，还需要面向将来的进一步技术开发。

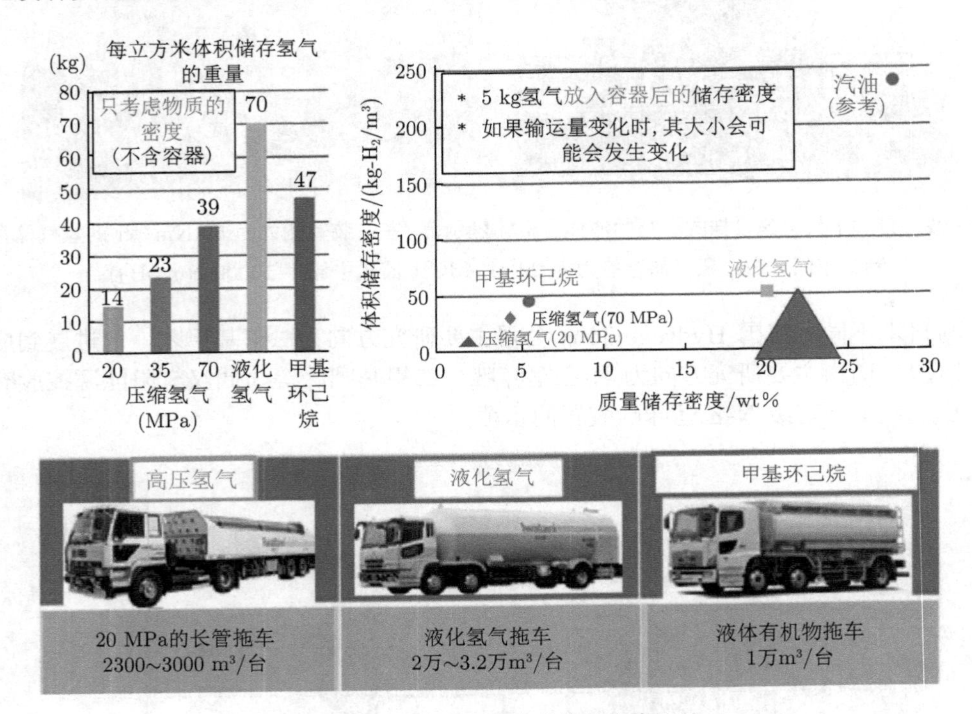

图 16.24　各种储氢方式的储氢密度比较

16.4.4　液体有机储运氢气今后的发展

液体有机氢化物储氢技术是一项很有前景的技术。目前该技术的瓶颈是如何开发高转化率、高选择性和稳定性的脱氢催化剂。同时，由于该反应是强吸热的非均相反应，受平衡限制，因而还需选择合适的反应模式，优化反应条件，以解决传热和传质问题。此外，还要解决此储氢技术整体过程的经济性问题，例如，如何降低催化剂中贵金属用量，如何提高随车脱氢的能量转换效率等问题。针对以上问题提出以下设想：

(1) 既然使用单金属催化剂无法满足各方面的要求，可以尝试使用双金属复合催化剂如 Pd-Ni、Ru-Ni 等，不仅可以减少贵金属的用量，同时第二种金属的加入可能会改变催化剂的活性和选择性，特别是能够改善催化剂的稳定性。

(2) 超临界流体具有高的溶解能力及扩散能力，具有普通液相或者气相反应无法比拟的优势，在加氢反应过程中已经有初步的应用。由于乙基咔唑常温下是固体，可以加入适当的超临界 CO_2 流体作为溶剂，将整个体系形成均匀反应相，在一定程度上提高催化活性与反应速率。

(3) 离子液体种类繁多，通过适当调变和修饰阴阳离子，使离子液体具有某些特定催化功能，因此选择合适的离子液体作为加氢、脱氢反应的催化剂，在提高反应速率及其选择性的同时，实现绿色催化与生产。Boxwell 等用离子液体催化系统芳香环的加氢反应，发现不仅催化剂的 TOF 值得到提高，而且循环次数大大增加。另一方面，由于离子液体具有以下独特的优势：饱和蒸汽压低；液相温度范围较宽；无可燃性；高的热稳定性及化学稳定性；热容量大。可作为助催化剂或者“绿色”溶剂用于乙基咔唑加氢 / 脱氢过程中。

(4) 常用的脱氢催化剂中，贵金属组分起着脱氢作用，而酸性载体是导致催化剂结焦、积炭的重要原因。因此，开发脱氢催化剂的关键在于强化脱氢活性中心的同时，弱化催化剂的表面酸性中心。乙基咔唑脱氢催化剂开发的另一种思路是在载体负载活性组分前对其表面进行改性，从而提高活性组分的分散度，改善催化剂的抗结焦性能。同时 Pd 及其合金膜对氢气有一定的选择透过性，脱氢过程可以考虑使用膜反应器。

(5) 脱氢过程的副产品主要是 4 氢乙基咔唑和 8 氢乙基咔唑，可以通过实验或者模拟重点研究这两种产物的脱氢过程，如果可以寻找到合适的催化剂对其催化脱氢，或可从根本上解决十二氢乙基咔唑的脱氢问题。

(6) 应用量子化学软件可以模拟计算出分子的能量与几何构型、化学反应过渡态的能量与几何结构、键能与化学反应能、化学反应途径等。

总而言之，利用环己烷和甲基环己烷等作为氢载体的有机液态氢化物可逆储放氢技术已被认为是长距离、大规模氢能输送的有效手段。如果上述各方面的问题能够得到有效解决，那么严峻的能源问题将在一定程度上得到缓解 [25]。

16.5 其他输氢方法

16.5.1 氨输运氢气

1) 氨的特征和储运氢气原理

氨 (NH_3) 含有 17.8 wt%的氢，并且易于液化 (室温下 1 MPa 以下液化)。液体氨的体积氢密度比液化氢大 50%。氨是基础化学品，作为肥料原料大量生产。世界的氨产量约为 2 亿吨/年，主要在中国、印度、俄罗斯、美国等地生产。通常情况下，氨是通过 F. Haber-M, Bosch 法 (氢和氮在铁触媒存在下在 10~25 MPa、570~820 ℃ 进行反应) 合成的。

$$N_2 + 3H_2 \longrightarrow 2NH_3 \quad (16.1)$$

虽然氨是稳定的物质，但是如果能够脱氢的话，可以将氨作为氢的载体来利用。按照目前的技术，为了直接脱氢，需要在 670 ℃ 以上的高温下使用钌系催化剂来实现。除此之外，还有如下的一些方法：

(1) 氨基化物分解 (脱氢)

$$LiH + NH_3 \longrightarrow LiNH_2 + H_2 \quad (16.2)$$

(加氢)

$$LiNH_2 + H_2 \longrightarrow LiH + NH_3 \quad (16.3)$$

(2) 氨的电分解

$$NH_3(l) \longrightarrow \frac{1}{2}N_2(g) + \frac{3}{2}H_2(g) \quad (16.4)$$

图 16.25 是氨的电解产氢示意图，通过电解含金属酰胺的液态氨，就可以获得氢气。以氨的到岸价格计算，所含氢的成本为 14~24 元/kg，是一种廉价的供氢方式。另外，氨具有可燃性，和氧反应会生成氮气和水。通过氨这种特殊的氢载体，可以实现高密度的氢气储运，构筑氢能社会，如图 16.26 所示。

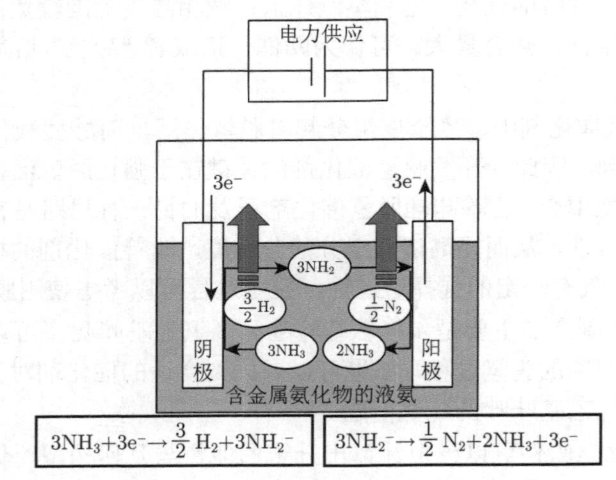

图 16.25　氨的电解放氢过程 [30,33,34]

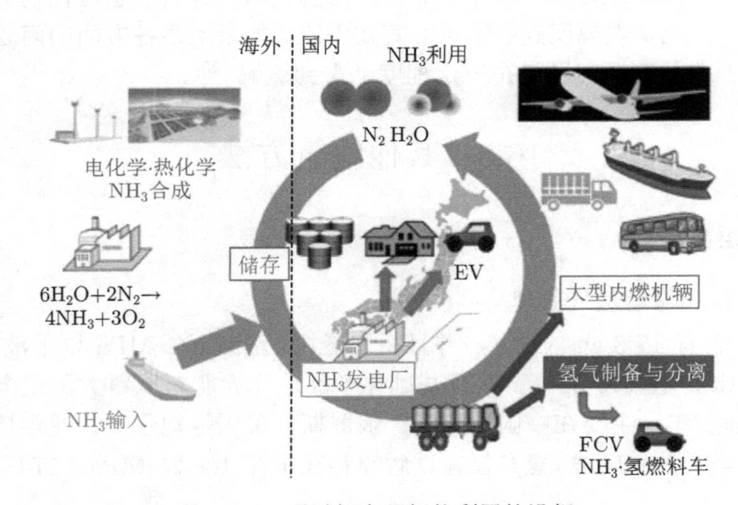

图 16.26　通过氨实现氢能利用的设想

如果氢需要运往海外，通常必须液化或以氨或液态有机氢载体 (LOHC) 的形式运输。对于 1500 km 以下的距离，通过管道将氢气作为天然气运输可能是最便宜的运输选择；而在 1500 km 以上，将氢气作为氨气或 LOHC 运输可能更具成本效益。这些替代品的运输成本较低，但出口前的转化成本和消费前的再转化成本都很高。此外它们有时也可能引起安全和公众接受问题。

2) 氨储运氢气的优势

(1) 氨作为储氢介质具备很高的能量密度。氨合成是放热，分解是吸热，但热焓为

30.6 kJ/mol H_2，比较低，储存能量损耗小[33]。

(2) 氨虽然是气体，但极易液化，便于储存和运输。在常压下冷却至 −33.5 °C 或在常温下加压至 0.7~0.8 MPa，气态氨就液化成无色液体，液氨的密度为 0.617 g/cm^3。

(3) 氨作为储氢材料，体积和重量储氢密度分别为 17.6 wt%和 108.6 g-H_2/L，与目前报道的储氢材料相比都有极大提高[35,36]。

(4) 氨作为储运氢的载体，一是氨有刺激性气味，泄漏极易被发现。

(5) 目前遍布全球众多的加油站经过改造，容易变成加氨站。方便大规模输氢，成本低，无论从经济角度还是风险角度考虑，此方法显然更可行。

(6) 从环保角度考虑，氨的分解产物是体积比为 3:1 的氢气和氮气；氨本身也可作为燃料，在纯氧中燃烧，其产物为氮气和水，都不会排放环境污染物。

3) 存在的问题

氨气的蒸气压力高，有刺激气味，需要注意处理。尤其是氨属于强碱，对人的皮肤和黏膜有刺激和腐蚀性。如果氢中含有 1ppm 的氨的话，也会引起燃料电池的劣化，所以必须把氢气中的剩余氨的浓度控制在微量水平。在氨燃烧过程中，要避免催化氧化，产生氮氧化物，引起环境污染。

4) 现有的开发

日本在大力推动氨的氢气储存和输运。日本文部科学省和经济产业省联合启动了氨的能源载体项目 (2013~2017 年)，开展氨制造和利用技术的研究开发，提出了以氨 (氮) 为核心的氢能利用氢想法，以及随着脱氢技术的突破带来的氢能社会的蓝图，如图 16.26 所示。

16.5.2 固态储氢材料输氢

轻质储氢材料 (如镁基储氢材料) 兼具高的体积储氢密度和重量储氢率，作为运氢装置具有较大潜力。固态储氢材料输氢容易，形式是多样，不存在逃逸问题、压力低、安全性好，但运输的能量密度低，规模小，成本高，目前还在试验阶段，规模已经达到 24000 kg/车。

将低压高密度固态储罐仅作为随车输氢容器使用，加热介质和装置固定放置于充氢和用氢现场，可同步实现氢的快速充装及高密度高安全输送，提高单车运氢量和运氢安全性。为了提高输运能力，储氢材料与高压气体结合的复合储氢罐也在开发中。

(李星国)

参考文献

[1] 独立行政法人新エネルギー. 産業技術総合開発機構編. NEDO 水素エネルギー白書. 東京: 日刊工業新聞社,2015.

[2] 加氢站氢气运输方案比选. 网络资料整理, 广证恒生.

[3] 水素・燃料電池ハンドブック編集委員会. 水素・燃料電池ハンドブック. 東京: 株式会社オーム社,2006.

[4] 圏分裕一. 高圧水素の輸送にかかわるコストとエネルギー効率. 水素エネルギーシステム, 2009,34(4):24-30.

[5] 集装束管运输车在氢气运输中的应用. 网络资料整理, 广证恒生.

[6] 贾志成. 美国得克萨斯州建成氢气管道. 油气储运, 1994, 13(2):11.
[7] DELIVERABLE 2.1 and 2.1a “European Hydrogen Infrastructure Atlas” and “Industrial Excess Hydrogen Analysis” PART III: Industrial distribution infrastructure.
[8] 瞿国华. 我国氢能产业发展和氢资源探讨. 当代石油化工, 2020, 28(4): 4-9.
[9] Mohitpour M, Golshan H, Murray A. Pipeline Design & Construction: A Practical Approach, 2nd ed. America:ASME Press, 2003.
[10] 大場氏市彦,1 世紀の主役. 水素ガスのパイプライン輸送の経済性について. 管時術, 2000, (5): 1-9.
[11] Mohitpour M. 越後湯佐助. 素ガスのパイプラインの材料選定に関する考察 (その 1). 配管時術, 2005,(2):27-37.
[12] NASA.Safety Standard for Hydrogen and Hydrogen Systems. NSS 1740.16, 1997.
[13] Jasionowski W J, Huang H D. Gas distribution in hydrogen service-phase II. J. Energy, 1981, 5(5):298-301.
[14] 津留義通. 水素ガスの形態での輸送. エネルギー. 資源, 1992,13(6):561-566.
[15] McAuliffe C A. Hydrogen and Energy. London :MacMillan Press, 1980 .
[16] The Future of Hydrogen, Report prepared by the IEA for the G20, Japan, Typeset in France by IEA-June 2019.
[17] Dolci F, Thomas D, Hilliard S, et al. Incentives and legal barriers for power-to-hydrogen pathways: an international snapshot. International Journal of Hydrogen Energy, 2019, 44(23): 11394-11401.
[18] Staffell I, Scamman D, Velazquez Abad A, et al. The role of hydrogen and fuel cells in the global energy system. Energy & Environmental Science, 2019, 12(2): 463-491.
[19] Altfeld K, Pinchbeck D. Admissible hydrogen concentrations in natural gas systems. Gas for Energy, 2013, (03).
[20] Lord A S, Kobos P H, Borns D J. Geologic storage of hydrogen: Scaling up to meet city transportation demands. International Journal of Hydrogen Energy, 2014, 39(28): 15570-15582.
[21] Kouchachvili L, Entchev E. Power to gas and H_2/NG blend in SMART energy networks concept. Renewable Energy, 2018, 125: 456-464.
[22] Melaina M W, Antonia O, Penev M. Blending hydrogen into natural gas pipeline networks: a review of key issues. National Renewable Energy Laboratory, 2013.
[23] Reitenbach V, Ganzer L, Albrecht D, et al. Influence of added hydrogen on underground gas storage: a review of key issues. Environmental Earth Sciences, 2015, 73(11):6927-6937.
[24] Bossel U, Eliasson B. The future of the hydrogen economy :bright or bleak? [2003-03-26]. http://www .fuelandfiber.com/ Athena/ hydrogen-economy .pdf.
[25] 姜召, 徐杰, 方涛. 新型有机液体储氢技术现状与展望. 化工进展, 2012,31:315-322.
[26] Sultan O, Shaw H. Study of Automotive Storage of hydrogen using recyclable liquid chemical carriers. NASA STI/Recon Technical Report, 1975, (76):33642-33645.
[27] Pez G, Scott A, Cooper A, et al. Hydrogen storage by reversible hydrogenated of Pi-conjugated substrates.US20040223907, 2004.
[28] 叶旭峰. 新型有机液体储氢体系研究. 杭州: 浙江大学, 2011.
[29] 陈进富, 蔡卫权, 俞英. 有机液态氢化物可逆储放氢技术的研究现状与展望. 太阳能学报, 2002, 23(4): 528-532.
[30] 小島由継監修. 水素貯蔵材料の開発と応用. 東京: 株式会社シーエムシー出版, 2016.

[31] 宋鹏飞, 侯建国, 穆祥宇, 等. 液体有机氢载体储氢体系筛选及应用场景分析. 天然气化工—C1 化学与化工, 2021, 46(1): 1-5, 33. https://kns.cnki.net/kcms/detail/51.1336.TQ.20210121.1608.006.html.

[32] Tcichmann D, Arlt W, Wasserscheid P. Liquid organic hydrogen carriers as an efficient vector for the transport and storage of renewable energy. Int J Hydrogen Energy, 2012, 37(23): 18118-18132.

[33] 小島由継監修. アンモニアを用いた水素エネルギーシステム. 東京: 株式会社シーエムシー出版,2015.

[34] Wijayanta A T, Oda T, Purnomo C W, et al. Liquid hydrogen, methylcyclohexane, and ammonia as potential hydrogen storage: Comparison review. Int J Hydrogen Energy, 2019, 44(29): 15026-15044.

[35] 小島由継. Hydrogen Storage Materials : Present and Future. 日本エネルギー学会誌, 2014, 93(1):7-14.

[36] Kojima Y, Miyaoka H, Ichikawa T. Hydrogen storage materials//Suib S L. New and Future Developments in Catalysis: Batteries, Hydrogen Storage and Fuel Cells. Amsterdam: Elsevier, 2013.

第 17 章 加 氢 站

加氢站是连接上游制氢、运氢，下游燃料电池汽车用氢的重要枢纽，加氢站网络化分布是氢燃料电池技术大规模商业化的基本保障。燃料电池汽车是目前利用氢能的有效方式之一，它以氢为燃料，将氢中化学能直接转化为电能并驱动汽车前进。现在许多国家已经研制出燃料电池汽车，并投入实验运行。要想燃料电池汽车真正得到普及，与之配套的氢的制造、运输、储藏、加注等设备的完善必不可少。加氢站与加气站类似，是为燃料电池汽车提供氢气的站点。一个完整的加氢站由氢气制造系统、氢气压缩系统、氢气储藏系统、氢气加注系统组成。

考虑到今后作为商业用加氢站的普及以及高性能化，有关长期可靠性、经济性以及安全性等很多问题还需要改进加强。此外，为使氢能汽车能够普及，加氢站网的建设非常重要，在美国、加拿大、欧洲有关构筑氢能高速公路的计划等工作正在如火如荼地进行 [1]。

17.1 加氢站的发展和现状

根据氢气的性质和用途能够安全地提供必要品质的氢气及压力，尤其是给燃料电池提供氢气的设施，通常称为加氢站，一般理解为给汽车提供氢气燃料的氢气供给基础设施。

世界各国在开发氢气燃料电池汽车的同时，也在开发加氢站。为了早期实用化，在市区里也做了示范性加氢站。加氢站的建设在世界各国往往都得到国家或地方政府的支持，常常和燃料电池公共汽车项目同时实施。氢气的来源可以是由制氢工厂运来的，可以是由站内天然气或甲醇重整以及电解水的形式制备的。

世界上已有或者在建加氢站的主流模式为高压气氢加注模式和液氢加注模式。世界上最早的加氢站可以追溯到 20 世纪 80 年代美国 Los Alamos，1999 年 5 月，德国人在慕尼黑国际机场建成了世界上第一座用于氢能汽车的加氢站。此后世界各国相继开始推动加氢站的建设，其中德国、英国、美国、日本等国家高度重视加氢站建设。据伊维经济研究院统计数据显示，截至 2019 年全球共有 369 个加氢站，其中欧洲为 152 个，亚洲为 136 个，北美为 78 个。图 17.1 是全球加氢站综合统计，欧洲和亚洲的增长更快一些。未来几年，全球主要国家将加快加氢站建设。到 2020 年，全球加氢站保有量将超过 435 座，2025 年有望超过 1000 座，日本、德国和美国分别有 320 座、400 座和 100 座 [2]。

为了推动燃料电池汽车的发展，我国也积极建设加氢站，北京永丰加氢站是第一座站内制氢加氢站，于 2006 年 6 月建成。我国氢燃料电池汽车，初期以公交及商用车为主，加氢站主要以 35 MPa 为主。2020 年后，氢燃料电池轿车开始推向市场，70 MPa

加氢能力的加氢站需求显著增加。同时随着加氢站数量的增加，加氢站与加油站/加气站/充电站混合形的能源站成为主要形式。截至 2017 年 8 月，我国已建成的加氢站有 12 座，在营加氢站有 6 座，分别位于北京、上海、郑州、大连、佛山和云浮。在建的加氢站为 24 座，位于上海等省市。我国在营加氢站概况见表 17.1[3,4]。

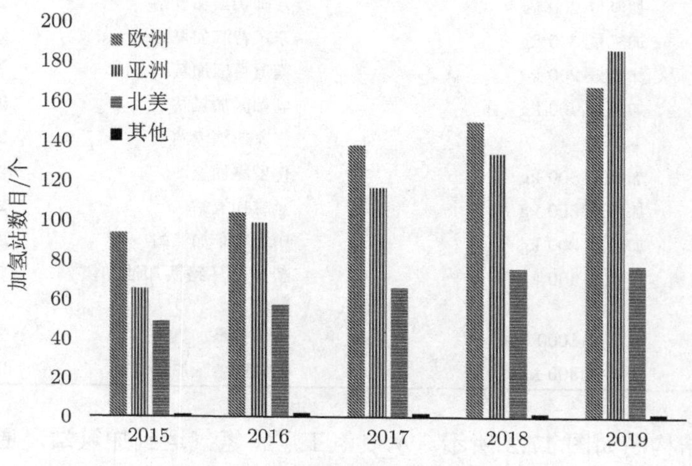

图 17.1 全球加氢站综合统计 (座)

资料来源：Trendbank、天风证券研究所

表 17.1 我国在营加氢站的情况

序号	城市	日加注量/kg	名称	建成年份	状态
1	北京	加氢量 200 kg，为站内电解水制氢，制氢能力约 1200 m^3/d，最高储存压力 54 MPa，加注压力 35 MPa	北京永丰加氢站	2006	建成
2	上海	加氢量 800 kg，为站外制氢站，最高储存压力为 43 MPa，加注压力为 35 MPa	上海安亭加氢站	2007	建成
3	上海	—	世博会加氢站	2010	已拆除
4	广州	—	亚运会加氢站	2010	已拆除
5	深圳	—	大运会加氢站	2011	已拆除
6	台湾台中	—	微生物制氢加氢站	2011	建成
7	上海	加氢量 500 kg	上海电驱动加氢站	—	建成
8	郑州	为站外制氢站，储氢量为 210 kg，最高储存压力为 45 MPa，加注压力为 35 MPa	郑州宇通加氢站	2015	建成
9	大连	加氢量 400 kg，为站内可再生能源制氢加氢站，最高储存压力为 90 MPa，加注压力为 70 MPa	同济-新源大连加氢站	2016	建成
10	佛山	加氢量 360 kg，为站外制氢加氢站，每日为 10 辆公交车和 20 辆轿车加注氢气	三水加氢站	2016	建成
11	中山	加氢量 1000 kg	中山沙朗加氢站	2017	建成
12	常熟	—	丰田加氢站	2017	建成

续表

序号	城市	日加注量/kg	名称	建成年份	状态
13	云浮	为站外制氢加氢站，主要以 20 MPa、45 MPa 储氢罐和压缩机为基础	云浮加氢站	2017	建成
14	佛山	加氢量 200 kg	瑞晖佛山加氢站	2017	建成
15	十堰	加氢量 500 kg	东风特汽加氢站	2018	建成
16	南通	加氢量 200 kg	南通百应加氢站	2018	建成
17	成都	加氢量 400 kg	郫都区加氢站	2018	建成
18	张家口	—	张家口加氢站	2018	建成
19	佛山	加氢量 500 kg	佛罗路加氢站	2018	建成
20	武汉	加氢量 500 kg	氢雄加氢站	2018	建成
21	聊城	加氢量 200 kg	中通客车加氢站	2018	建成
22	云浮	加氢量 400 kg	新型二环路西加油加氢站	2018	建成
23	如皋	加氢量 1000 kg	神华如皋加氢站	2018	建成
24	武汉	加氢量 300 kg	东湖高新区加氢站	2018	建成

加氢站的结构图如图 17.2 所示。从制氢工厂将氢气运到加氢站，通过压缩机升压，最后经注氢机向车辆提供氢气。加氢站中加氢量的测量包括重量测量法和流量测量法，也有两者结合在一起的测量方法，加氢量的准确测量很重要，精度希望能够达到 3%。与加氢站相关的装置有配管、蓄压器、压缩机、注氢机、喷头、高压软管等主要器件。

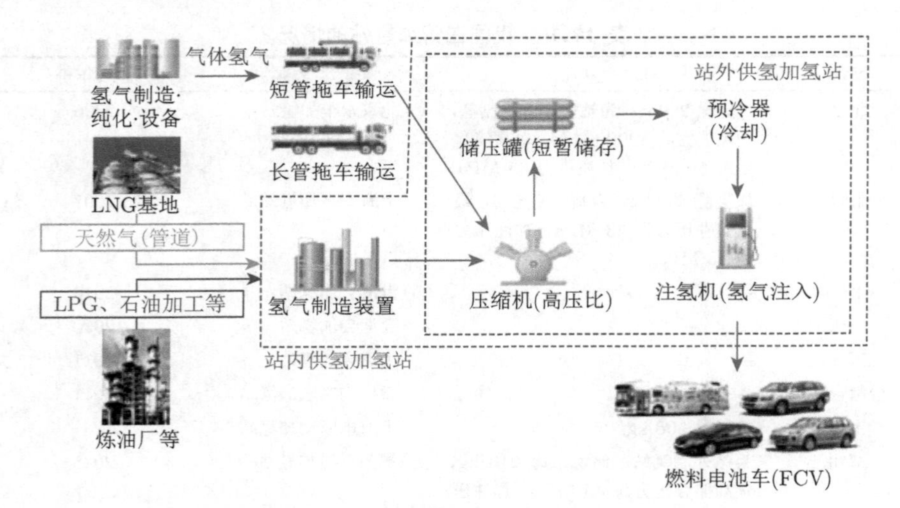

图 17.2　加氢站的构成示意图 [5]

17.2　加氢站的分类

17.2.1　加氢站的分类和基本构成

加氢站可以按照氢源的种类、供应的方式等分成不同的类型。目前哪种方式最方便，能源效率最高、经济效益最好还在讨论和实行摸索阶段，现在所有的加氢站大体上可以按照如下的方式分类。当然也可以进行组合，建设多种形式结合的加氢站。具体的分类如表 17.2 所示 [6]。

表 17.2 加氢站种类

分类方式		特点
氢气状态	气态氢气供氢 液态氢气供氢	压力 35，70 MPa 等高压加氢
制氢方式	含氢尾气副产氢回收	钢厂、化工厂、炼油厂、氯碱副产品、合成氨放氢
	电解水制氢	工业用电以及可再生能源发电制氢
	燃料重整制氢	石油、天然气、LPG、甲醇等燃料重整
	生物质制氢	生物质的发酵燃料重整制氢
制氢装置放置地方	内制氢加氢站 (Onside 类型)	制氢装置安置在加氢站内
	外供氢加氢站 (offside 类型)	制氢装置安置在加氢站以外的地方，通过车辆或管道将氢气运来
加氢站的设置方法	固定式加氢站	加氢设置固定，最常见的形式
	移动式加氢站	能够移动的小型加氢设施

1) 按氢气状态的分类

根据氢气储存方式的不同，又可进一步分为高压气氢站和液氢站。全球约 30%为液氢储运加氢站，主要分布在美国和日本，中国现阶段全部为高压气氢站。相比气氢储运，液氢储运加氢站占地面积更小，储存量更大，但是建设难度也相对更大，适合大规模加氢需求。

根据供氢压力等级不同，加氢站分为 35 MPa 和 70 MPa 两种压力供氢。国外市场大多采用 70 MPa，国内加氢站受现有压缩机和储氢瓶技术发展的限制，大部分采用 35 MPa。用 35 MPa 压力供氢时，氢气压缩机的工作压力为 45 MPa，高压储氢瓶工作压力为 45 MPa；用 70 MPa 压力供氢时，氢气压缩机的工作压力为 98 MPa，高压储氢瓶工作压力为 87.5 MPa。

2) 制氢方式的分类

含氢尾气副产氢回收：烧碱厂、钢铁厂、炼油厂、化工厂等获得氢气；

电解水制氢：利用商用电或者可再生能源发电进行电解水制氢；

燃料改性：石油、天然气、LPG、甲醇等燃料的重整制氢；

生物质制氢：各种生物质发酵制氢。

3) 按照制氢装置放置地方

加氢站根据氢气来源可分为外供氢加氢站和内制氢加氢站。外供氢加氢站内无制氢装置，氢气通过长管拖车、液氢槽车或者氢气管道由制氢厂运输至加氢站，由压缩机压缩并输送入高压储氢瓶内储存，最终通过氢气加气机加注到燃料电池汽车中使用，如图 17.3(a) 所示。

内制氢加氢站内建有制氢系统，制氢技术包括电解水制氢、天然气重整制氢、可再生能源制氢等，站内制备的氢气一般需经纯化、干燥后再进行压缩、储氢及加注等步骤，如图 17.3(b) 所示。其中，电解水制氢和天然气重整制氢技术由于设备便于安装、自动化程度较高，且天然气重整技术可依托天然气基础设施建设发展，因而在站内制氢加氢站中应用最多，欧洲内制氢加氢站主要采用这两种制氢方式。

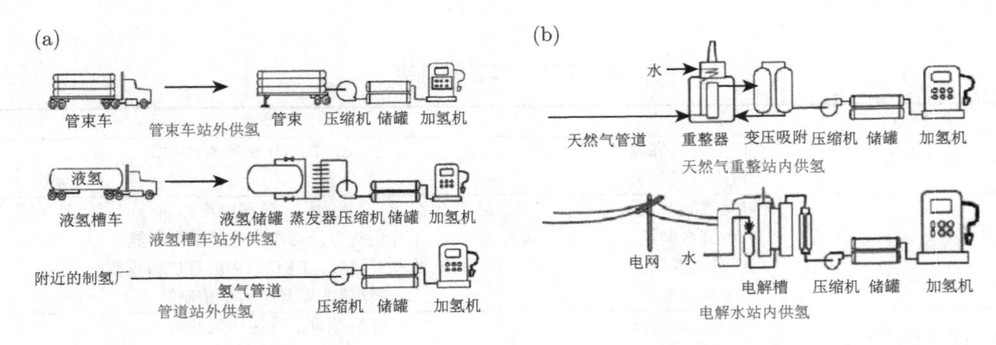

图 17.3　外供氢加氢站 (a) 和内制氢加氢站 (b) 技术路线

4) 按加氢站的设置方法分类

如表 17.3 所示，加氢站有固定式和移动式两种类型的加氢站，其中移动式加氢站还可以分成撬装式和小型移动式加氢站 [7]。固定式加氢站是一种广泛普及的加氢站，占地面积约为 2000~4000 m^2，需要在城市总体规划中详细地划定用地边界，在当下城市建设用地紧张、用地价值高、一级加氢站未来发展不确定性的情况下，寻找用于建设加氢站的独立用地存在一定困难，且有可能影响用地的开发价值。

表 17.3　加氢站类型、能力及用地面积需求

类型		储氢容量/kg	加氢能力	占地面积/m^2
固定式		1000	公交车 25 辆 (或乘用车 100 辆)	2000~4000
移动式	撬动式	400~500	公交车 12 辆 (或乘用车 50 辆)	200~600
	小型移动式	200~300	公交车 8 辆 (或乘用车 30 辆)	<50

而移动式加氢站是氢能源刚开始使用时或者是没有稳定氢气资源的地方最方便的加氢模式。移动式加氢站也属于高压气体设备，在安全管理上和固定式加氢站没有差别，但是因为是大体积和重物的运输，所以供氢能力上会小很多。但是在移动加氢站上也可以安置制氢机，这样也能提高加氢能力。移动式加氢站将压缩机、储氢装置、加氢机等设备进行集成化、规模化设置，设备的占地面积很小，可小于 600 m^2，一般不需要在城市规划中单独控制用地，较为适合与加气、加油站、环卫厂区、物流园区等合建。

17.2.2　气体氢气和液体氢气的供氢

燃料电池车一般以高压气体储氢罐为主，为了进一步延伸航行距离，液体储氢罐的氢能源车也在开发中。另外，不光是燃料电池车，氢气发动机汽车也如此，以前利用的都是液体氢气。在液体氢气加氢站，给液体氢气罐车充氢时，利用液体氢气泵可以低压充氢。气体高压储氢罐车充氢时，则利用液体氢气泵升压至高压进行充氢，也可以在液态氢气气化后再升压至高压进行充氢。气体充氢时，利用液氢泵先升压至高压再充氢时的能源效率会更高一些，但是液氢先转变成气体再升压和充氢的方式也在使用。

液体氢气加氢站不是站内制备液体氢气，而是通过液氢输运专车把液氢拖到加氢站，储存在超低温储存槽中保存。从液体储氢槽到充氢管道系统都是 20K 的超低温设施，从这些设施蒸发出来的氢气能够回收和再利用。有的加氢站，如日本 JHFC 有明加氢站就是利用储氢合金回收蒸发出来的氢气，再经过压缩机升压储存到需要的容器中。

17.3 加氢站中主要设施

加氢站工作方式、加氢能力虽然各有差异，大体上都包含有氢气制造系统、压缩系统、储藏系统、加注系统等。加氢站的主要设备有卸气柱、增压系统、储氢系统、加氢系统、氮气系统、放散系统、管道、控制系统、氮气吹扫装置及安全监控装置。其中压缩机、储氢罐和加氢机是一个加氢站的核心组成。一个典型的加氢站就是由这些基本系统组成的，其工作原理如图 17.4 所示。

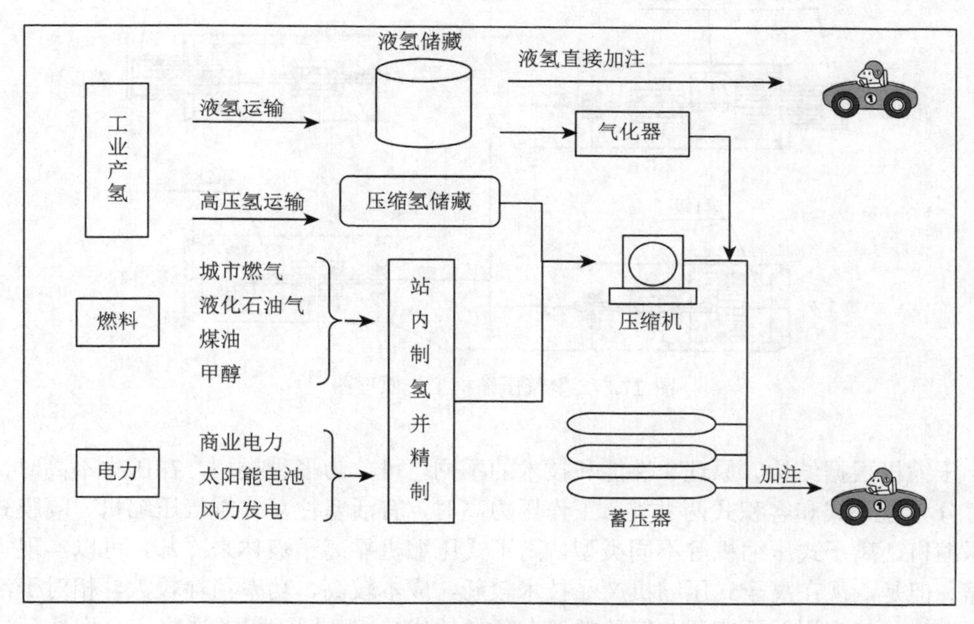

图 17.4 加氢站基本系统

目前我国从事核心设备研发的企业较少，加氢核心设备主要依赖进口，自主产品发展不成熟，导致了我国加氢站建设成本很高。最大问题是建设成本很高，关键是土地成本和核心零部件成本较高。

17.3.1 增压系统

氢气压缩机是加氢站的核心设备之一。氢气单位质量的能量密度虽然比其他燃料大，但氢气单位体积的能量密度却比其他燃料低。如果与常温下为气态的其他燃料相比，氢气所具有的体积能量密度约是天然气的 1/3。若与液体燃料汽油相比，则体积能量密度约是汽油的 1/3000。为使汽车加氢与加油有相同的行驶里程，氢气必须要被压缩到 35~70 MPa。在氢能源利用领域，压缩机作为氢气输送的核心部件，对整个系统运行的可靠性起到决定性作用，用户对氢气压缩机的安全性和可靠性要求极其严苛。

在石油产业领域，氢气压缩机大容量处理氢气的速度都在数千 Nm^3/h 以上，目前加氢站的压缩机的处理速度在 50~300 Nm^3/h，相对而言比较小。不过国内外也正在开发容量更大的压缩机。

氢气压缩机利用的是曲柄连杆机构的原理，利用电机作为驱动机，通过曲轴将电机的转动转化为连杆的摆动，带动十字头和活塞部件做往复运动，气缸部件和活塞部件组成机组的工作腔，实现气体的压缩，如图 17.5 所示。

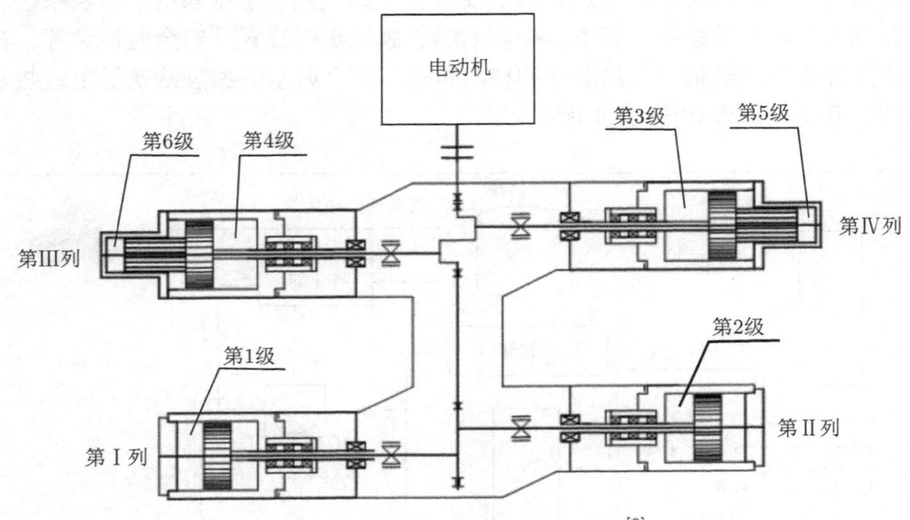

图 17.5　氢气压缩机工作原理图 [8]

压缩机根据结构、原理、性能和技术的不同，可分为多种类型，在压力不高时，一般可分为透平式和容积式两大类。工作压力高时，有活塞往复式氢气压缩机、隔膜式氢气压缩机、离子式压缩机等不同类型。离子式压缩机靠离子液体来冷却，可以实现等温压缩。但是，现在离子式压缩机产品技术较新，成本较高，功率消耗较大，相对于活塞式压缩机，其应用并不广泛。每种类型有各自的优缺点，压缩机的选择完全取决于应用特点、工艺过程参数，以及相关的技术要求，诸如容积排量、要达到的压力等等，具体标准如图 17.6 所示 [9]。氢气压缩机也可以按排气量范围进行分类，具体类别如表 17.4 所示 [10]。

增压系统由氢气压缩机和冷却机组两大部分组成。冷却机组有两种方式：风冷以及水冷。风冷系统设计比较简单，缺点为气缸寿命短、耗电量大等。所以，一般会选择水冷机组。冷却系统基本工艺如下：来自卸气柱的氢气进入增压系统，在压缩机内，氢气经过压缩、汇集后通过换热器冷却后排出。压缩机之前的管道会设置急切断阀，它的作用是在紧急情况可自行停机，并同时设置必要的联锁控制系统。

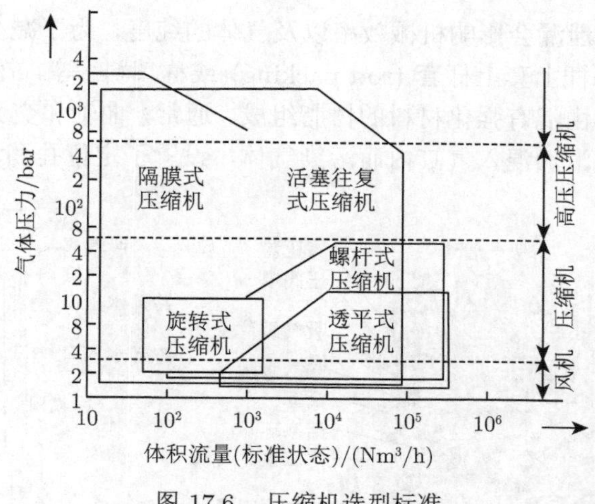

图 17.6 压缩机选型标准

表 17.4 氢气压缩机按照排气量和压力分类

分类方法	名称	参数
排气量/(m^3/min)	微型压缩机	⩽ 1
	小型压缩机	1~10
	中型压缩机	10~100
	大型压缩机	⩾ 100
排气压力范围/MPa	鼓风机	⩽ 0.2
	低压压缩机	0.2~1.0
	中压压缩机	1.0~10.0
	高压压缩机	10.0~100.0

17.3.1.1 不同类型的氢气压缩机

目前氢气压缩机大多作为加氢站内的核心配套设备，应用广泛。加氢站原理类似于天然气加气站，站内高压储氢瓶的分组沿用天然气加气站的分组模式。压缩机按照原理和结构形式的不同也可以分为速度型和容积型两大类。前者类似于分子泵是利用高速旋转的叶片给气体添加额外的运动能量，提高压力。这类压缩机对于氢气类的小分子气体的增压不太合适。后者是通过压缩机中气体容积的减小来压缩气体提高压力，更适合氢气的增压。尤其是在压缩室内不用润滑剂，不用油、不会污染气体而成为目前的加氢站用压缩机主流。

容积型压缩机又分为旋转式和往复式两大类，氢气压缩机一般采用容积型往复式机组，通常有活塞往复式和隔膜式两大类机型。活塞往复式压缩机具有排量大、排压高、适应范围广的特点，在各行各业中广泛应用。相较而言，隔膜式压缩机具有散热性能好，密封性能优，不污染压缩介质，适合压缩纯度极高、危险性大的气体等特点，在国内加氢站中的应用更为广泛。

(1) 活塞往复式压缩机： 是以数百 m^3/h(标准状态) 的速度给钢瓶或者以更大速度给中型或大型容器充氢的主流压缩机。结构如图 17.7 所示，曲轴的旋转运动后经过连杆和交叉头 (cross head) 变成活塞的往复运动，使气缸内的容积发生变化以实现对气体的压缩。内部的气体泄漏会影响机械效率以及气体的纯度，为了减少泄漏，可在活塞上套上活塞环、在活塞杆上套上杆套 (rod packing)(或称填料) 等。在无油式的压缩机中，活塞环和杆套一般都由混有强化材料的树脂组成。通常，曲轴和交叉头是通过润滑油而润滑的，为了不让润滑油混入气缸内而污染气体，设置了定位孔和油切环 [6,7,10]。

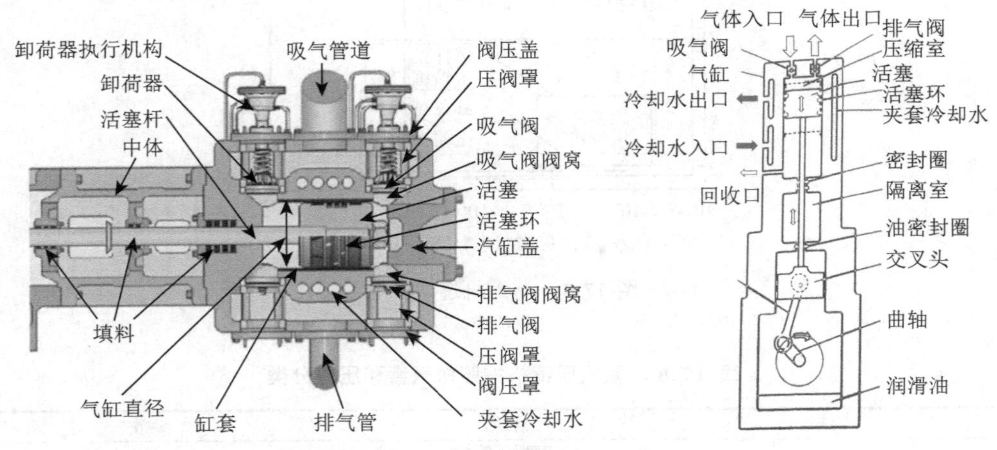

图 17.7　活塞往复式压缩机示意图 (左: 卧式，右: 立式)

(2) 柱塞式 (plunger type) 往复压缩机：40 MPa 以上的高压增压时，活塞环两侧的压差会变很大，会导致泄漏，同时树脂材料做的活塞环的强度也不够。为此，在气缸的内侧嵌上气缸环实现高密封状态，并通过多个气缸环来分散气体的压力，减少在一个环上的受力，如图 17.8 所示。

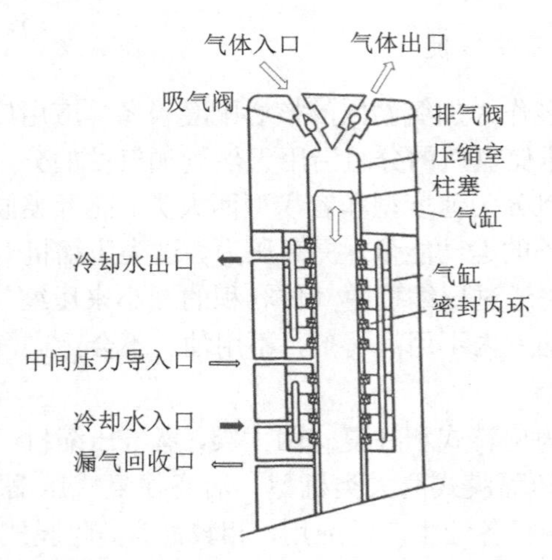

图 17.8　柱塞式 (plunger type) 往复压缩机

(3) 助推集成式压缩机：这类是活塞式的派生型，用连杆代替曲柄机构连接大口径驱动用活塞和压缩用活塞，对驱动用活塞施加空气或油压等进行驱动。这种方式结构简单，对于几十 m^3/h(标准状态气体) 以下的速度小容量实验装置比较合适。因为这种连接方式的转速只能是曲轴的 1/10 左右，大型化比较困难。

(4) 隔膜式压缩机：隔膜式压缩机是一种特殊结构的容积式压缩机，通过金属隔膜将被压缩介质与油液分开，也利用金属隔膜的弹性变形，通过反复弯曲隔膜进行气体的吸入和排出。它在高压力时密封可靠性很高，因为其气腔的密封结构是缸头和缸体间夹持的膜片，通过主螺栓紧固成为静密封形式，可以保证气体绝对不会逸漏，不与任何油滴、油雾以及其他杂质接触，能保证进入的气体在压缩时不受外界的污染。这对要求高纯净介质的场合，更显示出特殊的优越性，可以压缩纯度极高的气体，适合于压缩及输送稀有气体。另外，对于腐蚀性强，有放射性、有毒、易爆的气体，也特别适宜采用隔膜压缩机。隔膜压缩机气缸散热良好，可采用较高的压缩比，因而它的压力范围较广，可以达到 300 MPa，它主要用于食品工业、石油工业、化学工业、核电站、航空航天、军事装备、医院、科研、汽车加氢等领域。

隔膜压缩机主要由曲轴箱、曲轴连杆运动机构、缸体、补油泵、调压阀、传动部件以及一些附件组成。隔膜压缩机中的气缸职能是由一个膜腔来完成的，工作原理是电动机驱动曲轴转动，再经过连杆使油缸中的活塞做往复直线运动，推动油液，使膜片做往复振动，在吸、排气阀的控制下，膜片每振动一次，即完成一次吸、压缩、排气循环往复过程，如图 17.9 所示。

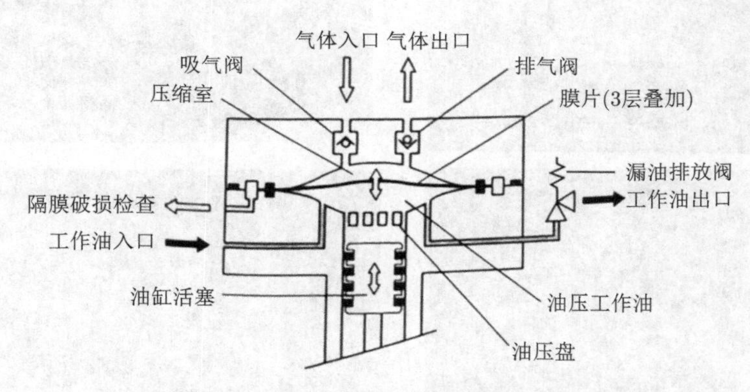

图 17.9 隔膜式压缩机的结构示意图

隔膜式压缩机工作时，油缸中少量油液会通过活塞环与缸壁及环槽的间隙泄漏到曲轴箱中。如图 17.9 所示，为了补偿这部分油量，使膜片在压缩行程终了时能紧贴缸盖曲面，排净压缩介质，补偿油泵在隔膜式压缩机的吸气行程中将油注入油缸，油量略多于泄漏量，多余油量在压缩行程终了时，通过控制油压的调压阀流回曲轴箱 [6,7,11]。

隔膜式压缩机密封性好，没有氢气泄漏，也没有油的混入和污染，但是耐久性比较差的问题比较突出。冷却方式有水冷和空冷两种。隔膜式压缩机的基本特点是气体在压缩、输送过程中不受任何污染；通过静密封件与外界做到完全密封，在压缩、输送过程中没有任何气体泄漏；排气压力高，适用于各排气压力，特别是高压状态；单级压缩比大，可适用于进、排气压力调整范围大的工况。氢气分子直径小、易泄漏、易燃易爆，使用时又需要其纯度高，基于隔膜式压缩机的特点，它特别适用于压缩高纯氢气。缺点是机组的容积流量小，不适合低压大排量进气的场所，适用于小排量高压的场所。

按照基础地平面与气缸中心线的相对位置，氢气压缩机还可分为卧式压缩机 (地平面与气缸中心线方向平行，主要有对置式、单侧式、对称平衡式)、立式压缩机 (地平面与气缸中心线方向垂直) 和角度式压缩机 (地平面与气缸中心线方向成一定角度)。立式压缩机和气缸在曲轴一侧的卧式压缩机适用小气量工况。在卧式压缩机中，对称平衡式压缩机应用非常广泛，是大中型往复式压缩机的最佳选择对象之一。该压缩机的多个气缸平均分布在曲轴两侧，与气缸中心线方向呈 180° 夹角。对置式压缩机适用于压缩高压气体的工况，而角度式压缩机适用于中小型压缩机，其中角度式压缩机根据夹角又可分为 W 型 (60° 夹角)、L 型 (90° 夹角)、扇型 (40° 夹角) 等多种类型。图 17.10 是不同类型隔膜压缩机的图片，表 17.5 是氢气压缩机的结构字母及其对应的含义 [10]。

图 17.10　不同类型隔膜压缩机的图片

(a) 隔膜压缩机；(b) V 型活塞压缩机；(c) W 型活塞压缩机；(d) D 型活塞压缩机

图 17.11 是 D 型两级隔膜式往复压缩机，由电机驱动，通过皮带带动飞轮及曲轴旋转，曲轴通过安装在偏心轴颈上的连杆提供往复运动，连杆另一端通过十字头销与十字头相连，十字头在中间滑道中运动，液压活塞安装在十字头上，活塞在液压缸内运动，并用活塞环密封，活塞使固定体积的液压油箱对膜片组前后脉动，液压油使膜片组压向气压缸头，使气体得到压缩 [12]。

表 17.5 氢气压缩机的结构字母及其对应的含义

字母	含义	字母	含义
V	V 型	M	M 型
W	W 型	H	H 型
L	L 型	D	两列对称平衡型
S	扇型	DZ	对置型
X	星型	ZH	自由活塞型
Z	立式	ZT	整体型摩托压缩机
P	卧式，且气缸位于曲轴同侧		

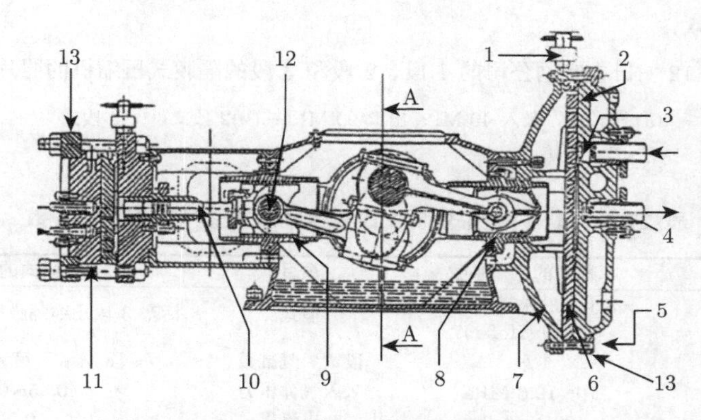

图 17.11 D 型两级隔膜式往复压缩机组成

1. 油压限制器；2. 气板；3. 吸入阀；4. 排出阀；5. 板螺栓；6. 穿孔板；7. 油板；8. 一段活塞；9. 十字头；10. 二段活塞；11. 螺栓导槽；12. 活塞销；13. 加紧环

17.3.1.2 加氢站中常用的压缩机

值得一提的是在产业上用的更多的是活塞式压缩机和隔膜式压缩机，它们各有特点，用在不同场合。活塞式压缩机流量大，单级压缩比一般为 3:1~4:1；隔膜式压缩机散热快，压缩过程接近于等温过程，可以有更高的压缩比，最高达 20:1，但是由于流量小，故常用于需求氢气压力较高且流量不大的场合。一般来说压力在 30MPa 以下的压缩机，较常用的是活塞式，而且经验证明其运转可靠程度较高，并可单独组成一台由多级构成的压缩机。由于活塞式氢气压缩机存在氢的清洁度问题，因此需要采用不使用润滑油的无给油式。现在除压缩室以外，曲柄部分也不使用润滑油的无给油式压缩机正在被开发中。

压力在 30 MPa 以上，容积流量较小时，隔膜式压缩机比较可取。要把气体压缩到足够的高压，靠一次压缩来实现存在压缩比大，气体温度上升显著，会导致零件变形、烧伤、能源消费增大等问题。一般都是分多段逐步压缩，每段之间可以把加热了的气体冷却，即多段压缩式压缩机。

为了充分利用活塞式压缩机与隔膜式压缩机的特点，也常常做成多段混合型压缩机，有 1 段、2 段、多段型等。即前段用活塞式压缩机将氢气压缩到一定压力，终段利用隔膜式压缩机加压到最终压力。图 17.12 是日本制钢公司的 1 段、2 段和 3 段的隔膜式压缩机的照片。表 17.6 是 1 段和 3 段隔膜式压缩机对应的参数。

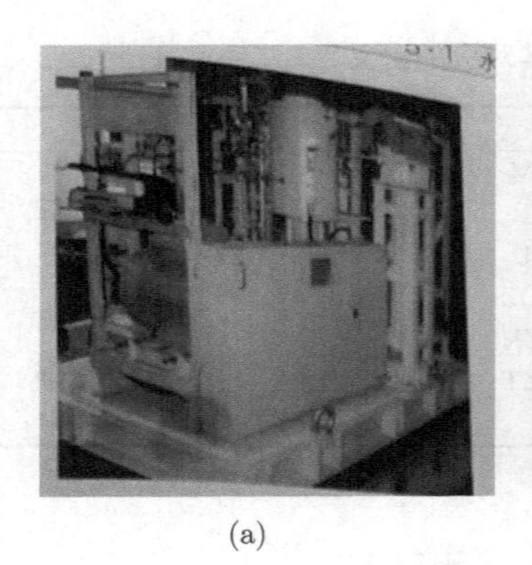
(a)

(b)

(c)

图 17.12 日本制钢公司的 1 段、2 段和 3 段的隔膜式压缩机的照片 [13]

(a) 一段式，吸入 40 MPa 出口 90 MPa；(b)2 段式；(c)3 段式

表 17.6 1 段隔膜式和 3 段复合隔膜式氢气压缩机的参数

项目	1 段式的工作参数	项目	3 段式的工作参数
型式	水平型隔膜式 MKZ 26040 (Hofer)	型式	活塞 3 段压缩隔膜型 (日本制钢所公司)
段数	1 段	段数 · 气缸数	4 段 ·4 缸 (第 4 段为隔膜压缩)
吸入气体压力	10~19.6 MPa	吸入气体压力	0.45~0.7 MPa
吸入容量	100 Nm^3/h	吐出流量	50 Nm^3/h
吐出气体压力	40.0 MPa	吐出气体压力	40.0 MPa
电动机功率	14 kW	电动机功率	22 kW
冷却水量	1.5 m^3/h	冷却水量、温度	2.5 m^3/h 15℃ 以下
飞轮 (fly wheel) 直径	900 mm	吸入气体露点温度	−60 ℃ 以下
隔膜平均寿命	4000 h	噪声	80 dB 以下，有外罩时 65 dB 以下

日本现在加氢站是汽车储氢罐供氢，压力为 70 MPa，国内目前还是 35 MPa，也在开发 70 MPa 的压缩机。为了拥有更长的行驶距离，势必要将其加注压力提高到 70 MPa。因此超高压压缩机亟待开发。日本 Kobe Steel 已经专门研制出 100 MPa 氢气压缩机用于加氢站，也是由活塞式和隔膜式压缩机串联构成，排气量 50 Nm^3/h。美国 PDC 公司的氢压缩机采用三层隔膜结构，能把氢气压缩到 85 MPa，已经被多个加氢站使用，最近又开发出了最高压力达 410 MPa，流量为 178.6 Nm^3/h 的隔膜式氢气压缩机。国内已经研制了 200 MPa，120 Nm^3/h 氢气压缩机组及供气系统，是为战略导弹及宇航飞行器气洞试验提高气源压力而研制的，已经在多个民用化工项目中移植使用，机组按三个压力段分设 3 台压缩机，将活塞式压缩机和膜片式压缩机串联操作，进气压力 0.102~0.104 MPa，排气压力最高可达 210 MPa。

17.3.1.3 压缩机的进气系统与出气系统

参考天然气站的压缩系统，加氢站压缩机的进气系统与出气系统主要部件包括气水分离器、缓冲器、减压阀等。氢气进入压缩机之前，必须分离水分，以免损坏下游部件。管道内氢气压力要受环境温度、沿途的流动阻力以及流量等影响，因而是不稳定的。缓冲器的用途是缓冲输气管道内的压力波动。压缩机工作时的活塞运动，会在进气管内引起压力脉动。缓冲器也用来阻断进气管内的压力脉动传入输气管。此外压缩机的卸载阀和安全阀排出的氢气，也送入缓冲器中，使之膨胀到进口压力。减压阀的用途是保持一定的压缩机进口压力。出口系统的主要部件有干燥器、过滤器、逆止阀等。假如压缩机出口的氢气含水量超过要求，出口系统必须有吸收式干燥器，彻底清除水分，以免下游部件诱蚀和在低温环境下造成水堵。氢气流过干燥器时，会夹带一部分干燥剂颗粒，所以在干燥器后有分子筛过滤器，用来清除干燥剂颗粒以及水滴和油滴。干燥器有两个，且交替使用，其中一个工作时，另一个进行恢复。在压缩机出口引出少量未经冷却的氢气，经减压后从反方向流过干燥器，使干燥器恢复吸收能力。逆止阀则允许氢气从出口流出，而不允许流入。

17.3.2 氢气储藏系统

目前用于加氢站的储藏系统主要有三种：高压气态储存、液氢储存和金属化合物储存，部分加氢站还采用多种方式联合储存氢气，如同时液氢和气氢储存，这多见于同时加注液氢和气态氢气的加氢站。高压氢气储存期限不受限制，不存在氢气蒸发现象，是加氢站内氢气储存的主要方式。采用金属氢化物储存的加氢站主要位于日本，这些加氢站同时也采用高压氢气储存为辅助。此外，对于拥有特殊地质构造的地区，地下储氢也是可能的。天然气的地下储藏十分常见，比氢扩散还要快的氦也在田纳西州实现了地下储藏。对于地下储氢，需要大的洞穴，并且洞穴四周不存在渗透层，一些废弃的天然气井和矿井可以储氢。地下储氢设备投资少，储量巨大，可达几千万立方米，但目前还没有地方用这种方式储藏氢气。表 17.7 列出了加氢站内各种储氢方式及特点。

表 17.7 加氢站内常见的氢储藏方法及其特点

储氢方式	单位质量储氢密度/wt%	单位体积储氢密度/(kg/m^3)	优点	缺点
高压储氢	>5.7	～40(70 MPa)	技术简单、设备机构简单、成本低	压力高、有潜在危险
液氢储存	>5.1	～71	接近实用化目标要求	液氢制取成本高，储藏设备结构复杂、有热漏
金属氢化物	1.0～2.6	30～50	单位体积储氢密度高、安全性好、可长期储藏	不能有效快速释放氢气、有待研究

17.3.3 高压储氢装置

高压储氢装置是把经过压缩机升压后的氢气储存起来的高压容器，配备在加氢站内，可以实现在短时间内给车辆加满氢气。高压储氢装置可以分成可移动式的和固定式的，都需要满足高压安全标准，此外即便是容量和材质相同，但是构造和安全检查标准也会不同。另外，储氢瓶组作为缓冲装置还可以避免压缩机的频繁启动，优化氢气加气站的操作。

储氢容器容量决定了加氢站的充氢能力和加氢站的占地大小，在储氢容器容量设计时需要多下工夫。通常是把几个几百升的容器合在一起装在一个集装箱中，用管道和阀门连接起来。可以把几个容器合在一起进行低压充氢、另外几个容器合在一起进行高压充氢，这样可以提高填充能力和储存氢的有效利用率。这种切换式的填充压力控制方法已在天然气加气站得到实际应用。加氢站要求在高压范围能够重复可控使用，所以容器内剩下的气体压力仍然很高，需要在气体有效利用以及安全操作方面多加重视。

高压储氢装置的设计，除了要考虑材料的强度以满足使用需要和安全需要外，还需要考虑材料疲劳性能和抗氢脆能力。目前国内加氢站高压储氢容器主要采用两种，一是 45 MPa 长管气瓶；二是大容积多层钢制高压储氢容器。

对于加氢站的储氢装置来说，储氢压力和储氢容积以及分级压力和容积比等是其主要技术指标。为了配合 35 MPa 和 70 MPa 车载储氢装置，加氢站的高压储氢装置压力分别至少为 45 MPa 和 87.5 MPa。

给高压气体钢瓶燃料电池车供氢的方式可以有两种，即先把外面送来的气体氢气经过压缩机升压至 40 MPa，储存在 40 MPa 蓄压容器中，然后可以利用通过差压填充方式或者直接填充方式给燃料电池车充氢，如图 17.13 所示。前者是利用 70 MPa 及压缩机将氢气升压到 80 MPa，储存在 80 MPa 的蓄压容器中，通过蓄压容器中的氢气给燃料电池车充氢。后者是利用 70~100 MPa 的压缩机直接给燃料电池车充氢。

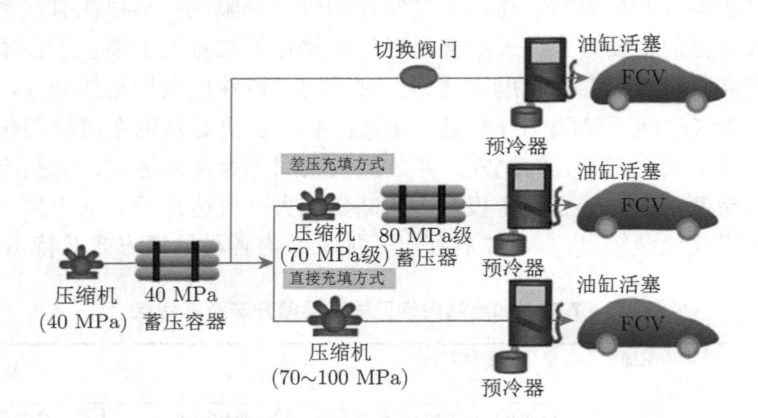

图 17.13　加氢站内的不同加氢方式

车辆的氢加注是依靠蓄压器和车载储氢罐的压力差来实现加注的，因此 35 MPa 车载储氢罐需要 40 MPa 的氢储藏压，70 MPa 车载储氢罐需要 80 MPa 的氢储藏压。通常把高压氢分开储藏在两三个储存罐里，加注时当蓄压容器的压力与车辆的储氢罐压力平衡后，就自动地切换到下一个蓄压容器继续对车辆的储氢罐进行加注。

17.3.4　加注系统

图 17.14 加氢站内的加氢机示意图。加氢机是往车辆高压储氢罐中快速填充所需要的氢气容量和压力的设备，是燃料电池汽车加注氢燃料的核心设备，加氢机上配备有加氢枪、压力传感器、温度传感器、计量装置、加注控制装置、安全装置、软管等。若机-车实现通信功能，则加氢枪还需配备红外数据接收模块。需要重点关注的是，加氢机的基本功能是安全、快速加氢和精确计量功能，即在保障对车载储氢罐进行安全、快速加注氢气的同时，要准确计量加氢量、金额等。加氢机内配备温度和压力传感器、软管防拉裂保护、控制系统以及过压保护等。同时，一般还具有防雷、防静电等安全保护的功能，紧急拉断等安全功能。

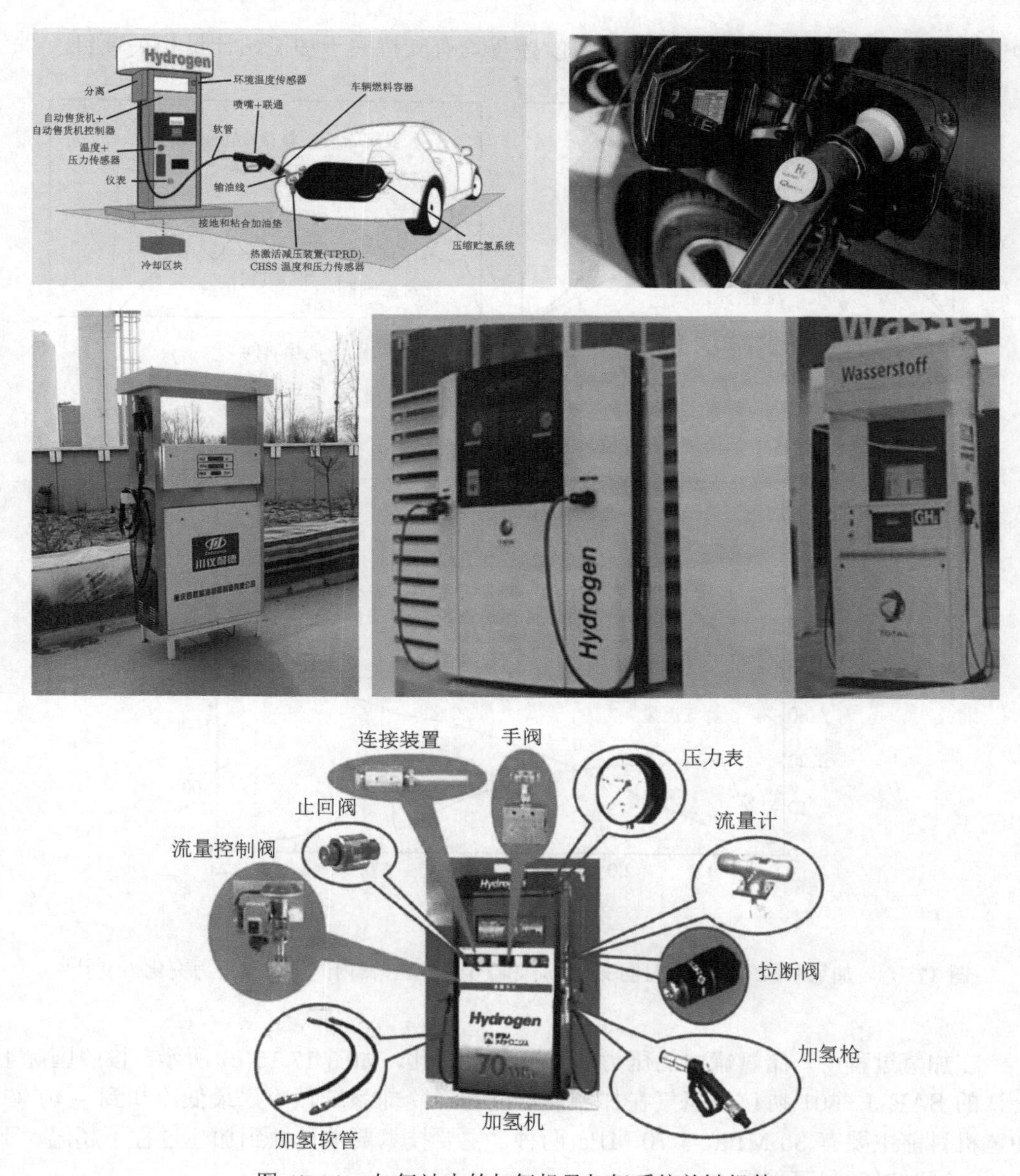

图 17.14 加氢站内的加氢机及加氢系统关键组件

加氢机要求对不同车辆高压瓶、不同的高压瓶内剩余氢气量都能够进行氢气填充的可控系统进行组合。控制系统由流量计、流量控制阀、压力表等构成，但目前还没有统一的标准控制系统。基本的流量控制方式如图 17.15(a) 和 (b) 所示，填充开始后的一段时间是恒定的流量，通过这时的压力上升量来计算储氢罐中的剩余压力和容量，然后进行流量的控制，这样的操作相对来说比较安全。加氢机的计量功能一般均采用科氏 (Coriolis) 质量流量计来完成，这种质量流量计可以不受压力变化、压缩吸收、温度变动等影响准确计量，计量的重复度不超过 0.2%，相对误差不超过 0.35%。加氢站显示的加氢量一般都是用克 (g) 来表示。由于氢气密度低，而加注压力又很高，实现加注过程中的精确计量并不容易。日本、德国、欧盟等均有支持关于加氢站计量相关项目。

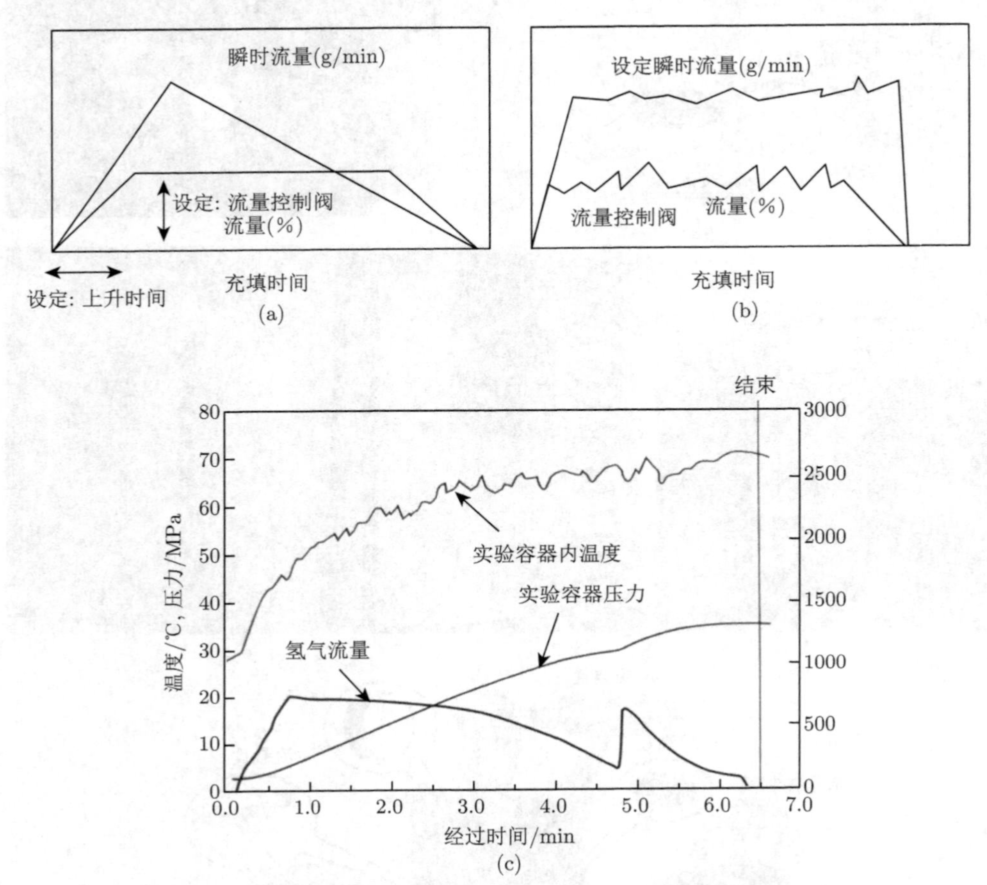

图 17.15　加氢时的气体流量时间变化 (a) 和 (b) 以及容器内的温度和压力变化 (c)[6,13]

在加氢过程中，储氢罐内的压力和温度都会变化，如图 17.15(c) 所示。按照国际上公认的 SAE J 2601 协议，氢气在加注前可能需经冷却系统预冷，最低冷却到 −40 ℃。加氢机目前主要有 35 MPa 与 70 MPa 两种。主要技术要求是做到加注过程不超温、不超压，同时时间尽可能短。

氢加气机实现的基本功能是加气和计量功能，即在实现对车载储罐加注介质的同时，要显示单价、加气量、金额等。同时，一般还具有防雷、防静电等安全保护的功能，最重要的是紧急拉断、防止过充的压力-温度补偿系统等安全功能。此外还具有一些附加功能，例如，掉电显示功能、手动控制功能、定量售气功能、账单打印功能、历史数据查询功能、结算功能、税控接口功能等。如图 17.14 所示，从外形上看，加气机一般由机架、显示面板、压力表、挂线夹、软管、加气枪组成。加气机的计量功能一般均采用质量流量计来完成，实现加气功能需要防爆电磁阀、气动球阀、安全阀、压力表、压力变送器、加气枪等，安全保护有拉断阀、泄漏报警器、防过充系统，控制系统有控制器、显示器等。其基本组成和控制系统如图 17.16 所示。

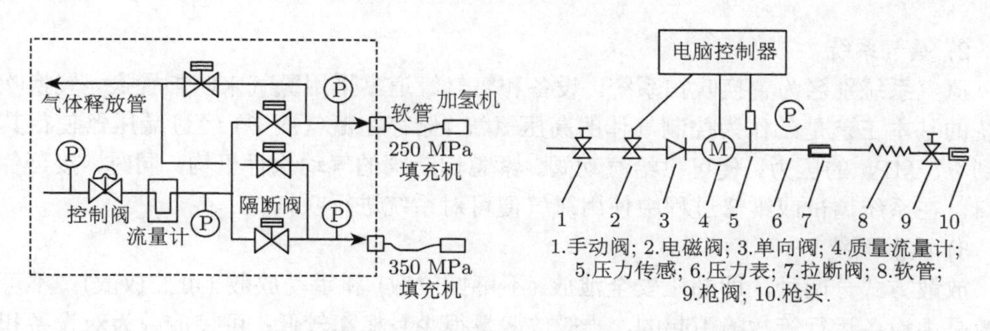

图 17.16 加注系统基本组成 (左) 和控制系统 (右)

当给车辆气瓶加气时，将加气枪加气嘴接入车辆储气瓶中，压力变送器检测到车辆储气瓶内的压力并将压力信号传递给电脑控制器进行运算，判断先从地面上的哪组气瓶取气。如果储气瓶压力较低，电脑控制器首先开启低压进气管线上的电磁阀，由地面瓶组中的低压气瓶为车辆充气。气源流经电磁阀、质量流量计、压力传感器、拉断阀，由加气枪的加气嘴充入车辆储气瓶中。随着车辆气瓶压力的升高和地面低压气瓶组压力的下降，充气速度逐渐减慢，当充气速度慢到一定程度时，电脑控制器便切断低压进气管线电磁阀，同时打开中压进气管线电磁阀，从地面中压瓶组为车辆充气。当中压瓶组的充气速度又降低到一定程度，而此时车辆气瓶还未充至设定压力时，则电脑控制器关闭中压进气管线电磁阀，打开高压进气管线电磁阀，从地面高压瓶组再给车辆气瓶补气，以达到设定的充气压力。然后高压进气管线电磁阀自动关闭，加气过程结束。

加注管分为树脂软管和金属弹性软管。树脂软管重量轻、有柔软性且容易使用，但是存在氢渗透、从连接部分轻微泄漏，劣化等问题。最近，随着不断改良，可靠性高的软管正在开发中。金属弹性软管不存在氢渗透及从连接部分轻微泄漏的情况，但需要注意由压力循环及反复弯曲应力引起的金属疲劳。因此，一般每六个月左右需要进行一次更换。

在氢加注时，由于绝热压缩使车辆的储氢罐温度上升，因此为把急速加注引起的温度上升控制在轻质复合材料容器耐热允许温度 85 ℃ 以下，需要控制加注速度。温度上升与加注时间有较大关系，但是通常在 5~6 min 的加注时间内，温度上升仅为 50 ℃ 左右。

17.3.5 其他系统

1) 卸氢系统

卸氢系统由氢气长管拖车和卸气柱组成。一般外供氢加氢站会有一主一辅两个长管拖车车位，其设计最大的工作压力大概为 25 MPa, 储氢量为 250~300 kg，通过泊位内的卸气柱将拖车上的氢气卸载。一般长管拖车内氢气压力降低至某一个数值时 (一般设定在 5 MPa)，卸气会停止，此时拖车驶出加氢站，继续去制氢厂运气。这时，第二个长管拖车车位的卸气柱将启动，并与拖车接入，从而实现继续卸气。这便是一个循环。当加氢站内急需使用氢气时，两个卸气柱一同启动，以加快氢气供给。

2) 氮气系统

氮气系统别名为置换吹扫系统。设备和氢气管道常采用氮气来吹扫置换。置换吹扫系统的基本工艺是：作为控制气体的高压氮气 (储存在氮气瓶中) 经过减压器使得其降低到 0.8 MPa 的压力，便可供给气动阀、紧急切断阀的气动执行机构。同时，接至各吹扫口，在系统调试或维修过程中使用氮气便可对系统进行吹扫。

3) 放散系统

放散方式分两种，即超压安全泄放 (不可控放散) 和手动放散 (可控放散)。不可控放散是由设备运行等故障引起的，一般放散量很少且概率较低；可控放散为对设备和氢气管道进行泄压后，用氮气吹扫置换，使储罐内的氢气彻底排出，以确保安全。一般加氢站卸气柱和正式加氢设备的放散统一汇至集中放散总管。

4) 技防系统

技防系统包括过程控制系统 (SCS)(用于实现对整个装置的集中监视和控制)、紧急停车系统 (用于事故状态下对加氢站的主要阀门进行切断)、视频监控 (用于重要部位图像监控和站内入侵检测)、泄漏报警系统 (用于氢气泄漏报警及联锁、火焰检测探头、可燃气体泄漏报警探测器和含氧量检测探头)、数据管理系统 (站内数据接入管理计算机进行统一管理)、防雷防静电系统、水喷淋降温、消防系统等。一个 1000 kg/d 三级加氢站所需要的主要设备清单如表 17.8 所示。

表 17.8　外供加氢站的主要设备 [14]

设备名称	数量	主要参数
氢气长管拖车	2 辆	最高工作压力 25 MPa，设计温度 −25 ～55 ℃，11 个储氢瓶，储氢瓶总名义水容积 26 m^3
氢气压缩机	2 台	隔膜式单极单缸压缩机，吸气压力 5～25 MPa, 排量 468 Nm^3，总功率 55 kW
加氢机	4 台	最大工作压力 43.8 MPa，加注压力 35 MPa，总功率 1 kW
固定储氢瓶组	2 套	9 瓶组，总水容积 8.055 m^3
氮气瓶集装格	1 组	含 16 个 40 L、15 MPa 的标准氮气钢瓶组
冷冻水机组	2 台	出水温度 0 ℃，回水温度 5 ℃
放空管	1 座	DN80，高度 6 m，壁厚 5 mm

17.4　各种类型加氢站

按照氢气制造系统是否在加氢站内以及制氢原料的差异，可把加氢站分为以下几类：压缩氢储藏型加氢站、燃料重整型加氢站，水电解型加氢站，液氢储藏型加氢站、移动加氢站，其特点如表 17.9 所示，但很多加氢站并非采用单一氢气来源，如北京加氢站，采用站外压缩氢、水电解和天然气重整并行供氢。

表 17.9 加氢站分类及其特点

类型	氢源和氢制造方法	特点
压缩氢储藏型	精制副产氢等，压缩并通过 拖车运输，加氢站储藏	设备便宜，系统简单，运行管理容易 适合汽车数量少的情况 运输距离长的场合，成本较高
燃料重整型	天然气、液化石油气、甲 醇、石油类燃料的水蒸气 重整和精制	利用城市燃气，液化石油气供给设施 氢成本比较低，高温运行下需要数小时启动， 不宜频繁开启，伴有 CO_2 的生成
水电解型	强碱水电解法 质子交换膜水电解法 固体氧化物水电解法	可利用可再生能源制造氢，清洁环保 可利用夜间电力，有利于电力负荷均衡化 可短时间启动，操作性良好 电价高的地方不利
液氢储藏型	精制副产氢等，液化并通过 油罐车运输，加氢站储藏	可同时供给压缩氢和液体氢，可大量储藏 气化产生尾气，需要回收
		-
移动加氢站	大型卡车随车携带高压副产氢或 自带制氢系统	方便灵活，加注能力较弱 适用于初期展示宣传用

17.4.1 压缩氢储藏型加氢站

压缩氢储藏型加氢站与液氢储藏型加氢站类似，只是氢储藏状态不一样而已。在制氢厂将氢气加压至 19.6 MPa，用储气罐、加载机或大容量拖车 (容量为 2300~3100 Nm^3) 输到加氢站。在加氢站内，把氢容器装载台车与牵引机车分开保管，并与压缩机连接，加压至 40 MPa 后，储藏在蓄压器内。这种方式有处理简单、易于维护、设备投资少等优点。不过在距工厂数百公里以外的地点，除成本高以外，在每天的加注台数达数百台的大规模加氢站，还存在运输次数增加导致经济性降低等问题。因此，这种方式适用于初期汽车数量较少的加氢站 [6]。除 JHFC 横滨鹤见加氢站、霞关加氢站、爱知世博会濑户北加氢站、广岛马自达加氢站以外，还有卢森堡、新加坡等诸多加氢站。北京加氢站初期也采用压缩氢储藏供氢，全景如图 17.17 所示，具体设备及性能如表 17.10 所示。

图 17.17 北京加氢站

表 17.10　北京加氢站压缩储氢设备

类型	多种供氢方式，初期压缩氢 (副产氢) 储藏型
氢气长管拖车	容量：298 kg/辆
压缩机	型号：美国 PDC-13-5800，流量 55 Nm^3/h，最高压力可达 40 MPa
氢气高压罐	压力：42 MPa，容器容量：1700 L, 65 kg
分配器	氢供给压力：35 MPa，加注时间 15 min(戴克染料电池客车)

17.4.2 燃料重整型加氢站

17.4.2.1 燃料重整原理与重整装置

工业上，氢的大规模制备一般由化石燃料的重整得到，其一般过程如图 17.18 所示，对于加氢站内重整制氢，天然气和甲醇被视为理想的重整原料。

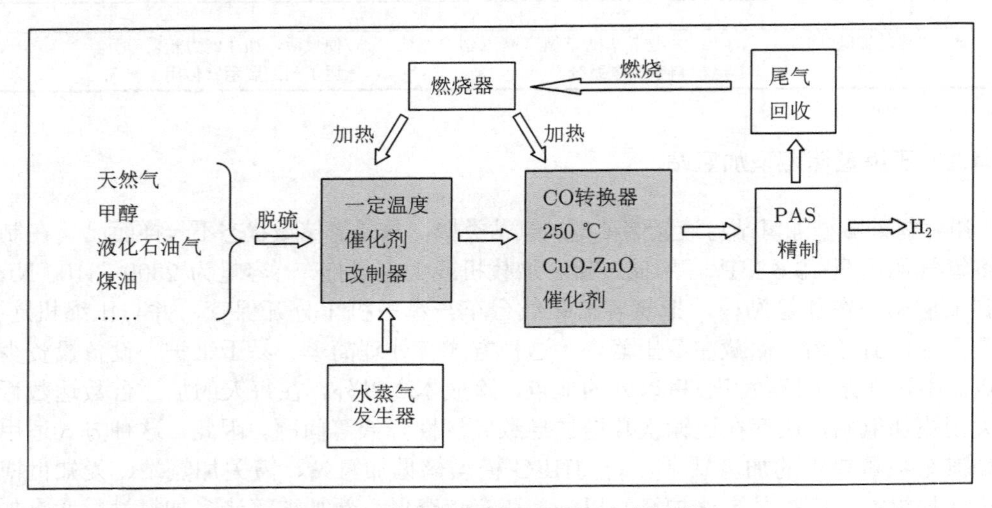

图 17.18　化石燃料重整制氢一般过程

现在天然气管道已经四通八达，若加氢站建在天然气管道旁，直接利用天然气在站内重整制氢，将会大大减少运输和设备成本。天然气重整制氢在工业上已经非常成熟。一般是将天然气脱硫处理，然后与水蒸气混合加热到 700~800 ℃，通过 Ni 催化剂，反应为

$$CH_4(g) + H_2O(g) \longrightarrow 3H_2(g) + CO(g) \tag{17.1}$$

这个反应是吸热反应，这份热量一般由重整尾气的燃烧来提供。气体产物中的 CO 可通过变换反应大部分转化为氢气和 CO_2：

$$CO(g) + H_2O(g) \longrightarrow H_2(g) + CO_2(g) \tag{17.2}$$

经过重整得到的气体组成为 H_2 73%~77%、CO_2 18%~25%、CO 0.5%~1.0%，其余为 CH_4、H_2O。由于重整气体中含有大量能导致燃料电池中毒的物质，因此需要纯化，氢气的浓度需达到 99.99%以上 (日本氢燃料电池扩大计划对燃料电池汽车的氢气质量规定为：氢气纯度 99.99%，一氧化碳 <0.1 ppm、二氧化碳 <1 ppm、氧 <2 ppm，

露点 −60 ℃)。氢纯化的方法有吸收法、低温分离法、变压吸附法 (PSA) 和膜分离法。比较常用的是 PSA 和膜分离法。

醇类物质既可以从化石燃料中获取也可以从生物燃料中得到，符合可持续发展的要求，因此被认为是近期乃至中长期最现实的加氢站氢源。对于利用甲醇重整制氢，其主要包括重整、水汽变换等过程，总反应为

$$CH_3OH\ (g) + H_2O\ (g) \longrightarrow CO_2\ (g) + 3H_2\ (g)$$

与烃类制氢相比，甲醇水蒸汽重整制氢具有相对低的水碳比，以及相对低的重整温度 (250~300 ℃)，而且不用脱硫，重整气体含杂质较少，氢气易于纯化，被认为是为燃料电池提供氢源的最可行路线。

以北京加氢站天然气重整制氢设备为例，其主要生产过程以天然气为原料，采用烃类水蒸汽转化造气工艺制取粗氢气。转化压力 2.0 MPa，合成气经变换和 PSA 分离杂质后得到合格的产品氢气，整个工艺分为原料脱硫、烃类的蒸气转化、一氧化碳变换、变压吸附氢气提纯四个主要工艺过程。

转化炉是天然气重整制氢中的关键设备，北京加氢站天然气重整制氢设备采用我国自行研制的 3.5 m 以下的转化炉，极大地减小了转化炉的尺寸，并专门开发了双壳层缠绕式换热器，解决了在 800 ℃、1.8 MPa 工况下，对原料混合气过热器高金属壁温、高应力和高传热强度的苛刻要求。

该装置于 2008 年 4 月底运抵北京加氢站现场，于 2008 年 6 月初完成调试，6 月底产出氢气并实现了安全可靠的连续运行。经多次采样分析，所生产的氢气完全符合燃料电池汽车的用氢品质要求，如表 17.11 所示 [15]。

表 17.11 北京加氢站天然气重整制氢装置产出气体成分

成分	浓度
H_2	平衡
CO	<1.0 ppm
CO_2	<1.0 ppmv
总碳烃	<1.0 ppmv
惰性气体	<200.0 ppmv
O_2	<5.0 ppmv
NH_3	<6.0 ppmv
H_2O	<50.0 ppmv
其他化合物	<1 ppmv
硫化物 (总硫)	<0.01 ppmv

由于燃料重整装置运行温度较高，并且由于频繁启动停止可能造成热应力损伤，因此，及时在加氢站休息日等待机情况下，也需要持续保温，对于汽车数量较少的初期，尽管重整器间断运行可能更好，但还是要在不制造氢的时候燃烧燃料保持温度。为此，为使重整器高效运行，设置燃料电池进行并联运行也正在被考虑。除拉斯维加斯的加氢站采用 50 kW 燃料电池并联运行以外，柏林 TOTAL 加氢站也预定安装 10 kW 燃料电池，国外已经正在进行各种示范试验。

17.4.2.2　燃料重整型加氢站实例

燃料重整型加氢站的实例很多，日本首座加氢站 WE-NET 大阪加氢站为天然气重整型，在 JHFC 示范试验计划中，建设了脱硫汽油、石脑油、煤油的石油系燃料重整型、LPG 重整型、天然气重整型、甲醇重整型等类型的加氢站。另外，在拉斯维加斯、奥克兰、多伦多、马德里、慕尼黑机场、台湾，都建有天然气重整型加氢站。图 17.19 是位于横滨的大黑加氢站，它是以脱硫汽油作为原料，加水重整制氢。表 17.12 简要介绍了其技术规格。另外日本千住加氢站 (图 17.20) 也是典型的燃料重整型加氢站，它利用天然气重整制氢，表 17.13 给出了相关的技术参数 [16]。

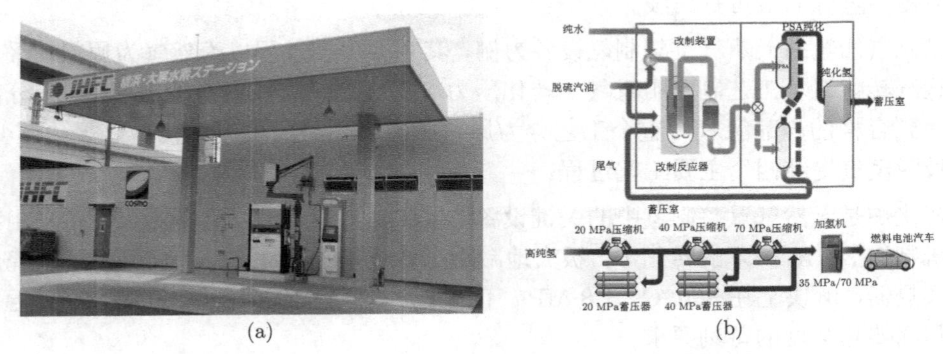

(a)　　　　(b)

图 17.19　横滨大黑加氢站 (a) 及脱硫汽油制氢系统 (b)

表 17.12　横滨大黑加氢站技术参数

建造者	Cosmo Oil Co., Ltd.
氢源	脱硫汽油重整制氢，PSA 纯化
氢制造能力	2.7 kg/h(100 Nm^3/h)
蓄压器	40 MPa，20 MPa
氢纯度	体积浓度 99.99%以上 (CO 体积浓度 1 ppm 以下)
加注能力	35 MPa, 70 MPa，能连续加注 3 辆大客车
特点	改制装置小巧紧凑、效率极高全自动控制

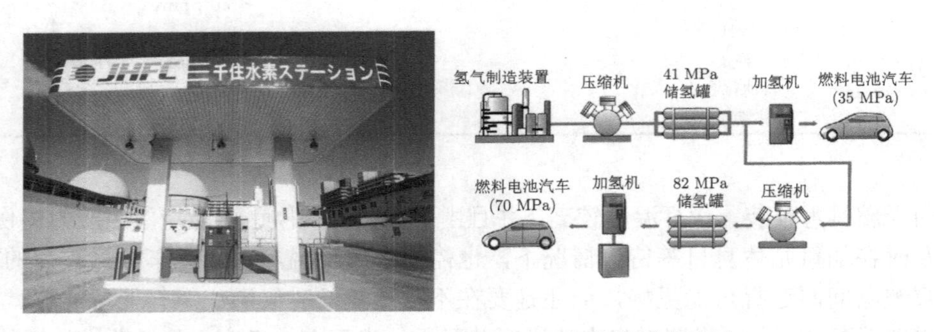

图 17.20　千住加氢站照片 (左) 及加氢站系统 (右)

表 17.13 千住加氢站技术参数

建造者	东京燃气株式会社、太阳日酸株式会社
氢源	天然气重整制氢，PSA 纯化
压缩能力	4.5 kg/h(50 Nm^3/h)
蓄压器	6,000 L(300 L×20 罐)，41 MPa 400L(100L×4 罐)，82 MPa
氢纯度	体积浓度 99.99%以上 (CO 体积浓度 1 ppm 以下)
加注能力	35 MPa 压力下，能连续加注 10 辆大客车和 2 辆公交车
特点	站内制氢，全新的改质和加注设计，更高的精度和可操作性 全自动控制，严格的安全措施

17.4.3 水电解型加氢站

17.4.3.1 水电解制氢装置简介

按电解质性质的不同，电解水制氢技术主要有三种：强碱、质子交换膜 (PEM) 和固体氧化物水电解技术。

采用碱液作为电解质的碱式电解器是历史最久、技术最成熟、成本最低的电解水制氢技术。强碱水电解装置如图 17.21 所示，它使用氢氧化钾溶液作为电解液，电极使用镍系催化剂，并从外部供给直流电力电解纯水。为了将阴极上放出的氢气与阳极上放出的氧气分开以取得纯净的气体，也为了避免氢气与氧气互相混合造成意外事故，阴极与阳极之间应用隔膜分开，分成为阴极室和阳极室，分别用导管并联，把发生的气体导出。隔膜常用以镍铬丝网为衬底的石棉布做成，此隔膜布的微孔允许 K^+ 和 OH^- 通过，但又使电解液在微孔处有足够大的表面张力，可以防止气体渗过。

图 17.21 碱式电解器实物图

电解器有两种形式，一种是槽式电解器，每个槽是独立的，各有自己的阴极和阳极、隔膜、电解液以及通电设备。然后许多电解槽并联起来。另一种电解器是压滤式电解器，它在外形上很像化工设备中的压滤机。这是一种串联式电解槽，是由许多平板式的电解池叠夹串联起来组成的。阴极、阴极室、隔膜、阳极室、阳极 …… 按此顺序构成了整套组装的一个夹层。一个电解池阳极的背面就是下一层电解池的阴极，电路是串联的。每一个薄层电解池有自己的碱液供应管路和氢气、氧气的导出管路，但不需电路连接。排气管路是分别并联的。许多这种电解池叠夹串联起来构成电解器总体。碱式电解的缺点是效率较低、工作电流密度较低，一般不高于 0.6 A/cm^2，水电解出 1 Nm^3 氢需要的电力为 5 kW·h 左右。加拿大的 Stuart 是目前世界上利用电解水制氢和开发氢能汽车最为有名的公司。他们开发的 HESfp 系统包括一个能日产氢 25 kg 的碱性电解槽，一个能储存 60 kg 氢的高压储氢罐和氢内燃机车。它们用于汽车的氢能系统能每小时产氢 3 kg，可以为 3 辆巴士提供能量 [17]。

固体氧化物水电解器一般采用氧化钇稳定的氧化锆作为电解质，工作温度在 600~1 000 ℃，在此温度下水的理论分解电压仅为 0.9 V。高温降低了电解反应的电压损失，同时加剧了电解器的腐蚀速度，增大了冷热膨胀量，给材料的选择、密封和运行控制带来困难，从而制约其部分应用。

PEM 水电解器最早由美国通用电器公司在 1966 年开发出来 [18]。其主要特征是使用一种离子交换膜作为电解质兼起隔膜作用，依靠此膜内的水合氢离子的迁移提供离子导电，水既是反应物又是冷却介质，此种电解槽的特点是设备体积小、电流密度高。完整的 PEM 水电解的系统主要包括 PEM 电解器、稳压电源、水供应系统、水循环泵、氢气和氧气的气水分离器、热交换器、包括安全措施的控制系统等。PEM 水电解器是整个水电解系统的核心。电解工作开始后，水由储水罐通过管道输送到电解器阳极，水在电场和阳极催化剂的作用下，分解成氢离子和氧气，氧气通过管道输送到储氧罐或排空，氢离子由阳极穿过质子交换膜迁移到阴极，在阴极催化剂表面与外电路输送过来的电子结合生成氢气，氢气通过氢气管道输送到储氢罐。以 PEM 作为电解质的水电解器能在 1~3 A/cm^2 的高电流密度下工作，体积小、效率高，生成的氢气纯度可高达到 99.999%，被认为是最有前景的水电解技术。

近年来加拿大的 Hydrogenics 公司、美国的 Hamilton Sundstrand 公司、Proton Energy Systems 公司、德国 H-Tec 公司等在 PEM 水电解器的研究与制造方面开展了较多工作。现在商业化出售 PEM 水电解器产气量大多在 1~10 m^3/h，压力为 0~3 MPa，功率从 1 kW 到数十千瓦，典型产品有 Proton Energy Systems 公司推出的 HOGEN 系列电解制氢系统，其技术参数如表 17.14 所示。更大规模的商用 PEM 水电解器目前只有少数几个研究单位有样机。Hamilton Sundstrand 开发出的制氢设备产氢量最大为 30 Nm^3/h，纯度为 99.999%。加拿大 Hydrogenics 公司研制了一系列不同压力和产氢量的水电解器，其中 H2X-701E 型电解器由 50 片活性面积为 750 cm^2 的电池组成，产氢量 30 Nm^3/h，效率 78%。PEM 小型水电解装置在全世界有数百台在使用，而全世界的加氢站有 10 座左右。在日本的 WE-NET 高松加氢站，30 Nm^3/h 的实验用设备正在运行。在燃料电池汽车引进初期的小容量加氢站的开发方面，有美国加利福尼亚伯班克市建立的 Proton Energy 制造的 6 Nm^3/h 的水电解装置，如果耐久性达到要求并且成本能降低的话，今后将会得到大规模普及。

表 17.14　国外 HOGEN 系列 PEM 电解器技术参数

生产系列	产氢速率/(kg/h)	氢气输送压力/MPa	能量需求/(kW·h/kg)	最大产氢量对应的峰值功率/kW	氢气纯度/%
Proton HOGEN H Series	6	1.50	70.1	38	99.999
Proton HOGEN 20	0.5	1.38	62.3	3	99.999
Proton HOGEN 40	1	1.38	62.3	6	99.999
Proton HOGEN 380	10	1.38	70.1	63	99.999

17.4.3.2 水电解型加氢站实例

水电解型加氢站操作简单，可用作小规模加氢站，另外，还有可利用夜间电力的优点。水电解型加氢站比较多，强碱水电解型加氢站在棕榈泉、里士满、洛杉矶机场、巴塞罗那、慕尼黑机场、汉堡、柏林亚拉 ARAL、马尔默、斯德哥尔摩、阿姆斯特丹、雷克雅未克、香港、安大略等地被采用。固体高分子电解质水电解型在高松、伯班克、里弗赛德、圣莫妮卡、托伦斯本田技术研究所、多伦多、印度等地被采用。如图 17.22 是九州大学加氢站实景图，其规格见表 17.15[16]。

图 17.22 九州大学加氢站

表 17.15 九州大学加氢站规格

建造者	九州大学、九州电力株式会社、太阳日酸株式会社
氢制造设备	PEM 水电解型装置，容量：12 Nm^3/h
蓄压器	压力：400 MPa，容器容量：300 L×18 罐
分配器	氢供给压力：35 MPa，连续加注 5 辆燃料电池汽车

加氢站是通过电解水制氢装置制备氢气，提纯干燥后的氢气通过一级压缩机升压至 20 MPa 存储在高压蓄能器组中，再通过二级压缩机升压至 45 MPa 输送给注氢器中。一个电解水制氢加氢站所需要的主要设备如表 17.16 所示。如果一个 30 MW 的风电场合理的制氢容量为 15~18 MW，其利用小时数为 323~360 h，可以供应日加氢量为 200 kg 加氢站 [19]。

表 17.16 电解水制氢加氢站所需要的主要设备

序号	设备名称	技术性能	设备配置
1	水电解制氢装置	氢气出口压力 1.5 MPa，单台产量 100 Nm^3/h	数量 24 台，集装箱式，产氢能力 200 kg/天
2	氢气一级压缩机	进气压力 1.5 MPa，排气压力 20 MPa，排气量 ⩾100 Nm^3/h	1 台流量为 100 Nm^3 压缩机配置，集装箱式，每小时压缩能力为 100 Nm^3
3	蓄能器	额定工作压力 20 MPa，单台水容积约 1.12 m^3	数量 6 个，存储压力为 20 MPa

续表

序号	设备名称	技术性能	设备配置
4	氢气二级压缩机	进气压力 20 MPa，排气压力 45 MPa，排气量 ⩾100 Nm^3/h	1 台流量为 100 Nm^3 压缩机配置，集装箱式，每小时压缩能力为 100 Nm^3
5	加氢机	额定工作压力 45 MPa，加注流量 21 kg/h	数量 1 台
6	纯水机	水流量为 500 L/h	数量 1 台
7	电源及供电系统	1 台制氢机用 10 kV 配电设备容量 630 kV·A	电源及供电系统使用 10 kV 交流供电设备和 380 V 配电设备

17.4.4 液氢储藏型加氢站

在食盐电解工厂和钢铁厂以及炼油厂的生产过程中，会产生很多副产氢。如果将这些副产氢液化后，用罐车运输到加氢站作为氢源，就构成了液氢储藏型加氢站。将油罐车内的液态氢转移到加氢站储氢设备中，由于热漏，至少会损失高达 10%的氢气，因此常常将油罐车罐子放置在加氢站内直接利用。当为燃料电池汽车加注时，要先用汽化器将液氢气化，然后通过压缩机压缩到规定压力，进行加注。当然，现在市面上已经出现了能够直接利用液氢的汽车，这种情况下就不需要气化压缩过程了，而只需要利用液态氢泵，将储氢罐内的液态氢直接加注到车载罐内。

液体氢可以大量储藏氢，且有运输频率较少的优点，但对于 −253 ℃ 的极低温环境，从外部侵入的热量会造成每天 1%左右的气化尾气产生。在示范加氢站内，也有把气化尾气排放到空气中的情况。为了能有效地利用气化尾气，需要相应的回收设备。液体氢储藏型加氢站具有既可以加注压缩氢搭载汽车又可以加注液体氢搭载汽车的优点。在液体工厂加多的国家，这种方式的加氢站运输成本便宜，因此被大量建设 [20]。日本只有 JHFC 有明加氢站，其他国家有萨克拉门托、UCLA 戴维斯、奥克斯纳德、迪尔伯恩、华盛顿、拉斯维加斯、慕尼黑机场、柏林亚拉、柏林道达尔、哥本哈根等加氢站。有明加氢站规格见表 17.17，全景如图 17.23 所示 [16]。

表 17.17 有明加氢站规格

加氢站形式	液体氢罐车供给，储藏型
液体氢储藏	内容积：10000 L，BOG:1%/天以下绝热构造：超级隔热材料
液体氢升压泵	容量：500 Nm^3/h，排气压力：40 MPa
液体氢蒸发器	蒸发能力：500 Nm^3/h，控温式铝散热片型
蓄压器单元	内容积：80 L×4 罐，压力：40 MPa
分配器	液体氢：0.5 MPa 以下，压缩氢：25/35 MPa

液氢加氢站的液氢可以是槽车运来的，可以是在加氢站制备的。图 17.24 是氢气液化的能耗随液氢制造规模的变化。氢气液化厂的液氢制造规模越小所对应的单位质量的液化能量越大。在加氢站制造液氢的规模一般都很小，所以从能量效率的角度来说是不利的。

图 17.23 有明加氢站 (左) 及刚到达的液氢罐车 (右)

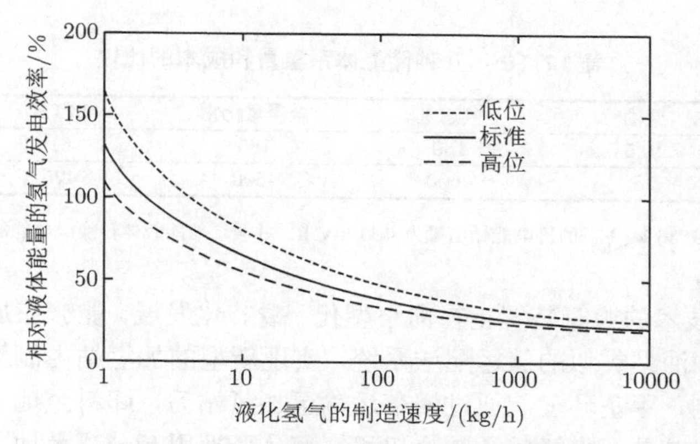

图 17.24 氢气液化的能耗随与液氢制备能力的关系

利用液氢来进行输氢时，氢气蒸发问题大。将液氢放入液氢罐中，即便具有高性能的绝热技术，氢气也会随时间气化。美国 GM 的液体氢气罐氢气气化量可以达到 4%/天。从安全的角度，气化了的氢气不回收再利用的话，会导致能源效率的严重浪费，而回收再利用会使系统复杂化。

17.4.5 液体有机氢载体 (LOHC) 加氢站

和液体氢气一样，有机液体也可以作为高容量储氢方式用在加氢站内。表 17.18 列出了几种典型的有机储氢液体的储氢性能，多种有机液体的质量储氢密度可在 5%以上，体积储氢密度可在 47 kg/m^3 以上，通过站内有机液体的放氢实现加氢。它的特点是储存密度高，而且可以与现有的加油站等石油系统兼容。

有机液态氢化物储氢用于大规模氢能输送和储存是该技术的特色和优势, 目前已成功地进行了半工业试验, 应用前景广阔。Newson 等 [26,27] 的研究表明, 有机液态氢化物更适合大规模、季节性 (~100 d) 的能量储存。由表 17.19 可知, 储存柴油仍具有最佳的经济性, 但 MTH 系统 (甲基环己烷-甲苯-氢系统) 储氢明显优于金属氢化物和压缩气态储氢系统, 其最大优点是在长期的储氢过程中不需要消耗能量, 并容易实现氢-电转换。

表 17.18　几种典型的有机储氢液体的储氢性能 [19−25]

储氢介质	化学组成	分子结构	常温状态	熔点/℃	沸点/℃	质量储氢能力/%	体积储氢能力/(kg/m³)	脱氢温度/℃	脱氢产物	产物化学组成	产物化学结构	产物常温状态	参考文献
环己烷	C_6H_{12}		液态	6.5	80.74	7.2	55.9	300~320	苯	C_6H_6		液态	[18]
甲基环己烷	C_7H_{14}		液态	−126.6	100.9	6.2	47.4	300~350	甲苯	C_7H_8		液态	[18]
十氢萘	$C_{10}H_{18}$		液态	−30.4 反式	185.5	7.2	65.4	320~340	萘	$C_{10}H_8$		固态	[22]
十二氢咔唑	$C_{12}H_{21}N$		固态	76	–	6.7		150~170	咔唑	$C_{12}H_9N$		固态	[19]
十二氢乙基咔唑	$C_{14}H_{25}N$		液态	−84.5 (T_G)	–	5.8		170~200	乙基咔唑	$C_{14}H_{13}N$		固态	[19]
十八氢二苄基甲苯	$C_{21}H_{38}$		液态	−34	395	6.2	57	260~310	二苄基甲苯	$C_{21}H_{20}$		液态	[20]
八氢-1,2-二甲基吲哚	$C_{10}H_{19}N$		液态	<−15	>260.5	5.76		170~200	1,2-二甲基吲哚	$C_{10}H_{11}N$		固态	[21]

表 17.19　几种储能体系重量和成本的比较

储氢系统	柴油	气态氢	金属氢化物	MTH	液态氢
系统重量/t	10.5	130	180	61	24
成本/×10³$	18	4600	4500	425	286

注：100 kg 柴油或 36 kg H_2 的日电能输出量为 400 kW·h，并假定储能载体转换成电能的效率为 33%。

LOHC 储氢技术的脱氢装置正在向小型化、橇装化发展，能够在加氢站内部实现脱氢，形成与传统加油站类似的储运配送系统，实现新型的加氢站内制氢模式。以甲基环己烷储氢介质为例，甲基环己烷通过槽车运输至加氢站后，卸料至地下储罐，经过泵增压后进入小型脱氢装置，脱氢后经过冷却和气液分离把甲苯分离至地下储罐中，通过槽车运输至加氢工厂循环加氢。分离出的氢气经过提纯精制至满足燃料电池汽车用氢标准后，经过增压后供应加氢站 (图 17.25)。

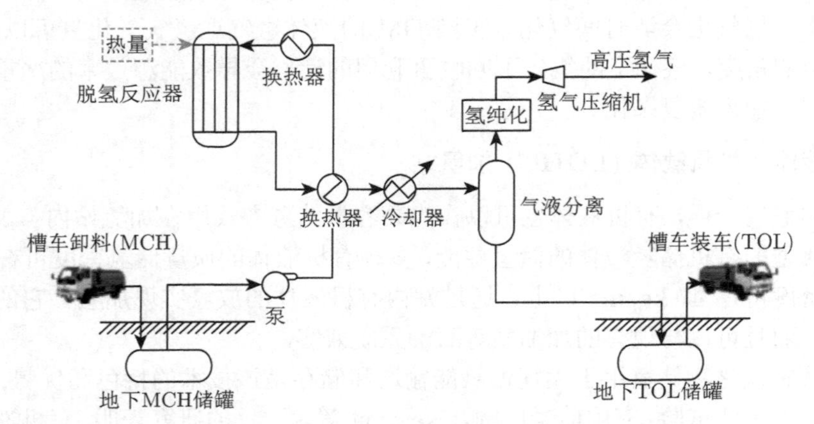

图 17.25　有机物储氢技术的站内制氢、加氢站工艺流程 [28,29]

17.4.6　移动加氢站

把制氢、压缩、储氢、加氢设备装到载重汽车上，就构成了移动加氢站。一座典型的移动加氢站由牵引车 (带液压泵系统)、半挂车 (承载撬装加氢系统)、撬装式加氢系

统 (由高压储氢瓶、氮气瓶、增压器、加气机、压力显示仪表、控制和调节阀门连接而成)、氢气集装格或者管束车组成。移动加氢站示意图如图 17.26 所示。

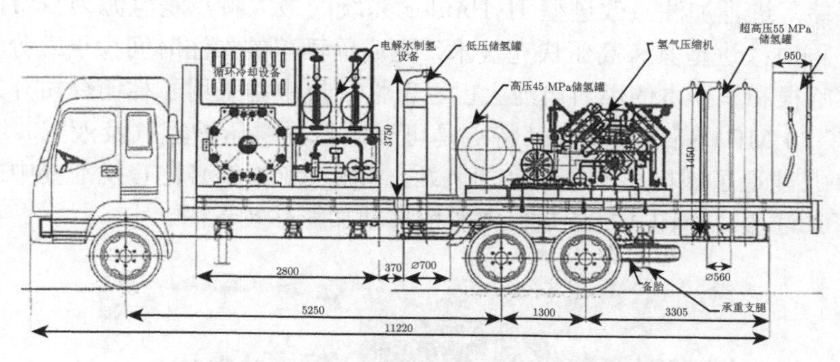

图 17.26 移动加氢站示意图

移动加氢站受半挂车的空间和载重限制，一般选用小容积轻质高压储氢瓶作为存储容器。轻质高压储氢容器，一般由内衬、纤维缠绕复合材料增强层和纤维缠绕复合材料保护层等三层组成，根据内衬材料的不同可分为两种不同类型：金属内衬纤维缠绕容器和塑料内衬纤维缠绕容器。目前移动加氢站多选用加拿大 Dynetek 公司生产的 Dynecell 系列高压储氢瓶。为燃料电池汽车加注时，以气源和车载瓶之间的压差为驱动力，高压氢气向车载瓶不断充装，直至达到目标加注质量，加注完毕。典型的移动加氢站的气源主要包括站内高压储氢瓶和管束车两部分。管束车既可以直接为加注量较小的车辆进行加注，也可以在低峰时段通过增压器为站内高压储氢瓶进行增压，以确保为燃料电池汽车加注到目标压力。根据燃料电池汽车的残余压力或目标加注量的不同，加注模式大致可分为以下三种：

(1) 燃料电池汽车残余压力较高或目标加注量较小时，可直接由管束车对其进行加注。

(2) 燃料电池汽车残余压力中等或目标加注量中等时，先由管束车对其进行加注，当两者压力达到平衡时，管束车无法继续为其加注，则启动增压器，将管束车内的氢气增压至车辆，直至达到目标加注量。

(3) 燃料电池汽车残余压力较低或目标加注量较大时，则由站内高压储氢瓶对其进行快速加注，若达到压力平衡后仍未达到目标加注量，则启动增压器对其补气至目标加注量。

较之固定加氢站，移动加氢站具有更机动灵活，服务半径更大，覆盖范围更广，示范效应更强等诸多优点，并且采用模块化设计，拆装方便，适合无电力供应的野外场合作业，正受到越来越多的研究和关注。国外的移动加氢站主要分布在日本、美国和欧洲几大城市。日本的移动加氢站主要以神奈川的青梅市和相模原市的两座加氢站为代表。青梅市移动加氢站采用站内天然气重整作为气源，产气速率为 30 Nm^3/h，氢气纯度 99.99%，可连续加注两辆小车。相模原市移动加氢站采用外供氢，存储压力 40 MPa，容积为 500 L，压缩机排量 4.5 kg/h，可连续加注两辆小车。大阳日酸于 2007 年 7 月宣布其成功研制了日本第一套 70 MPa 的移动加氢装置。美国 Quantum 公司与美国国防部合作，成功开发了移动加氢系统——HyHauler 系列，分为 HyHauler 普通型和改进型。普通型 HyHauler 系统的氢源为异地储氢罐输送至现场，加压至 35 MPa 或 70 MPa 存储，进行加注。改进型 HyHauler 系统的最大特点是氢源为自带电解装置电解水制氢，同时改进型具有高压快充技术，完成单辆车的加注时间少于三分钟。欧洲的柏林，哥本哈根和里斯本的燃料电池大巴示范性项目中均采用了林德公司开发的移动加氢站，具有 70 MPa 高压技术，其特点是可以同时提供压缩氢气及液氢。同济大学于 2004 年 10 月建造了国内第一座移动加氢站，并为 2004 年必比登挑战赛中的燃料电池汽车提供了加注服务。图 17.27 是日本船桥移动加氢站实景图。

图 17.27 日本船桥移动加氢站

17.5 加氢站的氢气标准和成本分析

17.5.1 氢气燃料标准化

气源的配送需要首先考虑氢气品质。氢气品质检测依据《质子交换膜燃料电池汽车用燃料氢气》GB/T 37244—2018 和氢燃料电池氢气品质团体标准《质子交换膜燃料电池汽车用燃料氢气》(T/CECA-G 0015—2017)。因为以前国内对燃料电池汽车品质认识不多，因此目前国内具备上述检测能力的机构很少。

燃料电池车的氢气燃料在推进标准化。JHFC 加氢站联盟给 ISO 提出的燃料标准如表 17.20 所示。给 ISO 的提案中，对影响燃料电池寿命的杂质浓度有严格的限制。将来的氢气制备装置的性能自然必须满足这些要求，同时向车辆注氢。

表 17.20 加氢站氢气的规格 [6]

项目	单位	JHFC 参数	ISO 14687 TypeI GradeB	ISO 燃料电池车用例	JISK 0512 工业用
氢气纯度	%	⩾ 99.99%	⩾ 99.99%	⩾ 99.99%	⩾ 99.99%
水分	ppm	10	NC	5	NC
露点	℃	⩽ −60		—	—
氧气	ppm	⩽ 2	⩽ 100	5	⩽ 400
氮气	ppm	⩽ 50	⩽ 400	100	—
一氧化碳	ppm	⩽ 1		⩽ 0.2	—
二氧化碳	ppm	⩽ 1		10	—
碳氢化物	ppm	⩽ 1	NC	2	NC

续表

项目	单位	JHFC 参数	ISO 14687 TypeI GradeB	ISO 燃料电池车用例	JISK 0512 工业用
硫化物	ppm	—	⩽ 10	⩽ 0.004	—
甲醛	ppm	—		⩽ 0.01	—
甲酸	ppm	—		⩽ 0.2	—
氨气	ppm	—		⩽ 0.1	—
卤化物	ppm	—		⩽ 0.05	—
微粒子 ⩾10μm		—		⩽ 10μg/L	—

17.5.2 加氢站成本分析

不论是美、日、欧，还是我国，加氢站建设最大的“拦路虎”就是成本问题，即便有政府补助，也难以掩饰一座加氢站高昂的建造和运营成本的事实。

燃料电池汽车到满氢为止的时间和汽油一样只需 3 分钟左右就可以了，实用性超过了电动汽车。如果车辆价格下降，氢站的数量增加的话，有可能比电动汽车更快普及。如果氢能在清洁、灵活的能源系统中发挥有意义的作用，很大程度上是因为它可以用来长期大量储存能源，并将其移动到很远的距离。因此，交付基础设施的选择和成本至关重要。

现在日本加氢站 (供氢能力 300 Nm^3/h 的固定型加氢站) 的建设费在 4 亿 ~5 亿日元，如图 17.28 所示，而一般的汽油等加油站的费用大体在 1 亿日元左右，相比之下加氢站的费用是非常高的。图 17.29 是氢气在制备、储存和输运过程中的成本结构，可以看出加氢站是氢气成本的主要来源部分，降低加氢站的成本对于氢能发展很重要。同样规模的供氢能力条件下，日本的加氢站成本是欧美的 1.5 倍，见表 17.21。

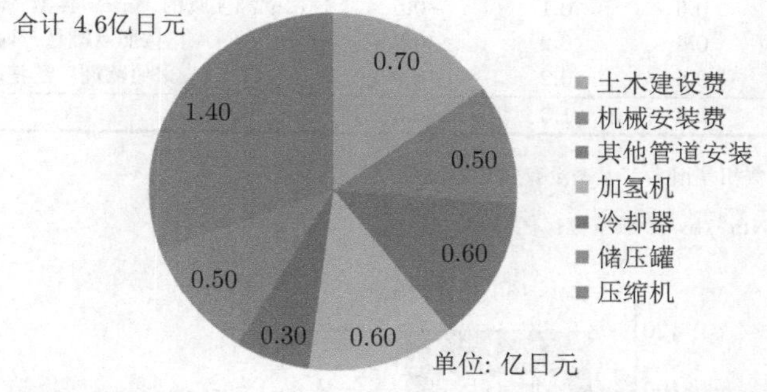

图 17.28 加氢站建设费的各成分所占比例 (2013 年度日本加氢站设备整辅助金申请的平均值)[7]
(扫描封底二维码可看彩图)

图 17.30 是日本加氢站目前的成本和将来目标。目前的氢气价格是 110~115 日元/Nm^3。将来的目标是原油价格为 100$/桶的状况下，同时考虑了 FCV 的高能源效率后，与汽油价格税 100 日元/L(税后加油站售价 153 日元/L) 等价的氢气成本为 80~90 日元/Nm^3。2015 年燃料电池汽车的市场投入时，除了燃料电池自身的性能和安全性的提高以及低成本化外，作为标的基础设施的加氢站也需要适当的调整。日本的加氢站的建设及其维护比其他国家价格高，为此采取了以下措施。

(1) 基础设备补贴；

(2) 标准等法规的修改；

(3) 构成设备设施的低成本化；

(4) 早期的民间融资。

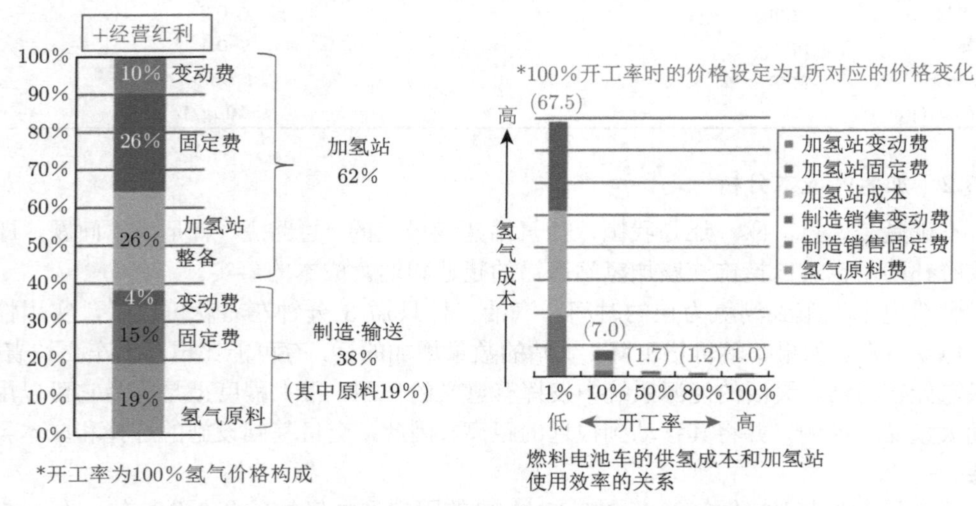

图 17.29　氢气在制备、储存和输运过程中的成本 [7](扫描封底二维码可看彩图)

表 17.21　日本和欧洲加氢站构成器件的比较 [7,30]

项目	日本	欧洲	相差	差异的原因
压缩机	1.3	0.8	−0.5	按照欧洲量产时的价格 使用材料和世纪标准的差别
蓄压机	0.6	0.1	−0.5	使用欧洲便宜的 type2 容器 采用欧洲广泛使用的材料
预冷器	0.4	0.2	−0.2	按照欧洲量产时的价格
注氢机	0.5	0.2	−0.3	采用欧洲广泛使用的材料
合计	2.8	1.3	−1.5	

注 1：各国的建设费相差很大，上表没有包含建设费；

2：供氢能力 340 Nm^3/h，金额单位：亿日元。

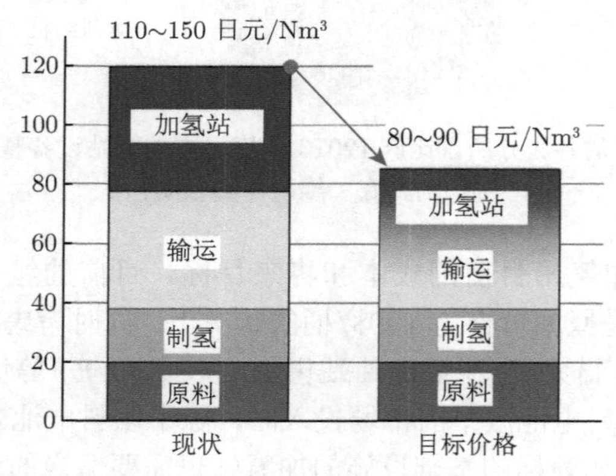

图 17.30　加氢站目前的成本和将来目标 [7]

我国加氢站建设需依据加氢站技术规范实施，表 17.22 给出了加氢站技术规范 (国标 GB50516—2010)。

表 17.22 加氢站技术规范 (国标 GB50516—2010)

加氢站等级	单独加氢站		加氢加气合建站		加氢加油合建站			
指标	总容量/kg	单罐容量/kg	总容量/kg	单罐容量/kg	加油站等级/120 m^3< 油管总容积 ≤ 180 m^3	加油站等级/120 m^3< 油管总容积 ≤ 180 m^3	加油站等级/120 m^3< 油管总容积 ≤ 180 m^3	加油站等级/120 m^3< 油管总容积 ≤ 180 m^3
一级	4000< 容量 ≤8000	容量 ≤2000	1000< 容量 ≤4000	容量 ≤1000	不允许合建	不允许合建	不允许合建	不允许合建
二级	1000< 容量 ≤4000	容量 ≤1000	容量 ≤1000	容量 ≤500	不允许合建	一级 (合建以后)	一级 (合建以后)	一级 (合建以后)
三级	容量 ≤1000	容量 ≤500			不允许合建	一级 (合建以后)	二级 (合建以后)	三级 (合建以后)
备注			管道供气的加气站储气设施 ≤12 m^3	加气站储气设施 ≤18 m^3				

表 17.23 由美国外供氢高压氢气加氢站建设成本构成，压缩机、储氢瓶、冷却系统、其他系统及建设费合计在 1309.8 万元。表 17.24 是外供液氢加氢站的建设成本，液氢用压缩机的成本远高于气体压缩机，使得总的建设成本提高到 1822.1 万元，比高压气体加氢站高出 28%。如表 17.25 是站内电解水在制氢加氢站的建设成本。加州能源局的研究数据表明，HyGen 电解水制氢加氢站总建设成本超过 2087.8 万元，远远超过外供氢高压氢气加氢站和液氢加氢站，其中电解水制氢装置成本约 850.9 万元，是提高成本的主要原因 [31]。

表 17.23 外供氢高压氢气加氢站建设成本

基本组成		费用/万元	备注
加氢及冷却系统	压缩机	175.5	40HP 活塞式压缩机
	储氢瓶	240.5	250 kg 储氢能力
	加氢	188.5	35/70 MPa 双压力
	冷却	97.5	
其他系统成本		342.6	包括加氢站建成所需的其他阀门、管路、材料、连接设备等
系统费用总计		1044.6	—
其他建成前的必须费用		265.2	包括调试费、设计施工费、工程管理费用、项目申请产生的费用等
总计		1309.8	—

表 17.24 外供液氢加氢站建设成本

基本组成	费用/万元	备注
压缩机	505.7	Linde IC90，离子液压缩机，低温型
	7.8	仪用空压机
储氢瓶	59.8	3000 加仑储氢能力
加氢及冷却系统	207.4	35/70 MPa 双压力
其他系统成本	473.9	包括加氢站建成所需的其他管路、材料、连接设备等
系统费用总计	1254.6	
其他建成前的必须费用	567.5	包括调试费、设计施工费、工程管理费用、项目申请产生的费用等
总计	1822.1	

表 17.25 站内电解水制氢加氢站建设成本组成

基本组成		费用/万元	备注
压缩机		98.2	提供 35 MPa 供氢压力
		72.8	提供 70 MPa 供氢压力
储氢瓶		141.1	45 MPa 压力存储 84.6 kg
加氢机及冷却系统	加氢	252.2	35/70 MPa 双压力
	冷却	12.4	
电解装置		850.9	1.5 MPa
其他系统成本		122.2	加氢站建成所需的其他材料、连接设备等
系统费用总计		1549.6	
其他建成前必须费用		538.2	包括调试费、设计施工费、工程管理费用、项目申请产生的费用等
总计		2087.8	

综合来看，现阶段外供氢高压氢气加氢站的建设成本最低，且随着生产规模的扩大，成本将有大幅降低的可能，所以目前加氢站的主流是外供高压氢气加氢站。对于外供高压氢气加氢站来讲，压缩机、储氢瓶以及加氢及冷却系统是最核心的成本构成部分，约占加氢站投资总量的 50%。进一步考虑氢气生产和运输费用后，氢气使用成本将会进一步增加。

与美国的相对照，表 17.26 是我国的一座日加氢能力 500 kg、加注压力为 35 MPa 的加氢站需要额外的外供高压加氢站建设费用，包括压缩机、储氢瓶、冷却系统，其他等系统及建设费合计在 1500 万元人民币，约相当于传统加油站的 3 倍。我国的加氢站成本比美国的还高，设备成本占据国内加氢站建设的 70%左右，最主要的成本在进口压缩机上，高达 30%。今后加氢站成本的降低取决于压缩机、注氢机等关键设备的国产化。

表 17.26 国内外供氢高压加氢站

成本构成	价格/万元	投资占比
压缩机	450	30%
土建施工费	225	15%
设备设置费	165	11%
其他各种配管	195	13%
自动售货机	195	13%
预冷机	105	7%
储压机	165	11%
总计	1500	100%

资料来源：国际氢能占燃料电池汽车大会、天风证券研究所。

表 17.27 是氢气、柴油和纯电三种不同类型能源的公交车百公里燃烧成本。目前氢气出售价格是 70 元/kg，一辆公交车跑 100 km，耗氢量约 8 kg，价格在 560 元左右。亿欧汽车公司对比了氢气、柴油和纯电动的消耗量及价格发现，使用氢燃料电池汽车的成本远高于其他两种燃料，目前看来，氢燃料的优势并不明显。

表 17.27 三种类型公交车百里燃料成本 [32]

类型	平均消耗量 (100 km)	平均单价	价格
氢气	8 kg	70 元	560 元
柴油	15 L	6.8 元	102 元
纯电	100 kW·h	1 元	100 元

引起成本升高的主要原因有 ① 国内建设加氢站所需的核心设备大多都依赖进口；② 目前加氢站没有实质营业，难以获利；③ 国内对加氢站建设审批缺乏标准体系；④ 氢气在我国被列位在《危险化学品目录》中。

17.5.3 加氢站相关标准

为加快推进加氢站建设与运营，通过政府和企业协作，我国近几年陆续出台了关于加氢站相关的标准和规范，包含技术要求和安全要求，推动了我国氢能工业发展。加氢站基础设施标准见表 17.28[33]。

表 17.28 加氢站基础设施相关的国家标准

编号	国内标准/规范	实施日期
GB50177—2005	《氢气站设计规范》	2005/10/1
GB 4962—2008	《氢气使用安全技术规程》	2009/10/1
QC/T 816—2009	《加氢车技术条件》	2010/4/1
GB 50516—2010	《加氢站技术规范》	2010/12/1
GB/T 29729—2013	《氢系统安全的基本要求》	2014/1/1
GB/T 30718—2014	《压缩氢气车辆加注连接装置》	2014/10/1
GB/T 30719—2014	《液氢车辆燃料加注系统接口》	2014/10/1
GB/T 31138—2014	《汽车用压缩氢气加气机》	2015/1/1
GB/T 31139—2014	《移动式加氢设施安全技术规范》	2015/1/1
GB/T 37244—2018	《质子交换膜燃料电池汽车用燃料氢气》	2019/7/1
GB/T 34584—2017	《加氢站安全技术规范》	2018/5/1
GB/T 34583—2017	《加氢站用储氢装置安全技术要求》	2018/5/1
GB/Z 34541—2017	《氢能车辆加氢设施安全运行管理规程》	2018/5/1
GB/T 34542.1—2017	《氢气储存输送系统第 1 部分：通用要求》	2018/5/1
GB/T 34583—2017	《加氢站用储氢装置安全技术要求》	2018/5/1
GB/T 34584—2017	《加氢站安全技术规范》	2018/5/1
GB/T 37244—2018	《质子交换膜燃料电池汽车用燃料氢气》	2019/7/1

17.6 加氢站安全

因为氢气容易泄漏，在物质管理上一般都视为危险物质处理，在加氢站建设时要高度重视安全设计。为了不让周围居民积极前来加氢的车辆感到不安，高压氢气处理时，要注意氢气的泄漏和防火，要采取切实的安全施工和管理措施。

17.6.1 储氢容量和安全距离控制

加氢站在安全距离控制方面也参照了传统加油站、加气站安全控制距离。在现行国家标准《氢气站设计规范》GB 50177—2005 中，对氢气罐是按其总容积 (m^3) 划分为小于或等于 1000、1001~10000、10001~50000、大于 50000 m^3 的四个等级作出了不同的规定。

在现行国家标准《汽车加油加气站设计与施工规范》GB 50156—2010 中，对加油站的等级划分见表 17.29[33]。

表 17.29 加油站的等级划分

级别	油罐溶剂/m^3	
	总容积 V	单罐容积
一级	$120<V \leqslant 180$	$V \leqslant 50$
二级	$60<V \leqslant 120$	$V \leqslant 50$
三级	$V \leqslant 60$	$V \leqslant 30$

加氢站等级主要是按储氢罐总容积划分，如表 17.30 所示，一级站为 4000 kg(不含 4000 kg)~8000 kg 氢气，折合气态氢气为 44000~88000 m^3；二级站为 1000 kg(不含 1000 kg)~4000 kg 氢气，折合气态氢气为 11000~44000 m^3；三级站为小于或等于 1000 kg 氢气，折合气态氢气为 11000 m^3。

表 17.30 加氢站的等级划分

等级	储氢罐容量/kg	
	总储量 G	单罐储量
一级	$4000<G \leqslant 8000$	$G \leqslant 2000$
二级	$1000<V \leqslant 4000$	$G \leqslant 1000$
三级	$G \leqslant 1000$	$G \leqslant 5000$

加氢站内的储气设施是用于储气和均衡地对氢能汽车充装氢气，氢气储罐的容量越大，其危险度和影响越大，为此在城市建成区内建设加氢站时，由于受到防火距离和安全因素的限制，将储氢罐总容量减少至小于 1000 kg，且储氢罐与相关建筑物、构筑物的防火间距应严格遵守规范规定。1000 kg 总储氢量以内为三级加氢站，通常此储氢量是高压储氢的容量和一个长管拖车容量之和 (加氢站内至少需要有一组长管用于和供氢长管拖车进行互换)。

由于加氢站的危险程度主要与站内储氢罐的总容量和储氢罐单罐容量有关；而加油站的危险程度主要与站内油罐总容量和油罐单罐容量有关，而加氢加油合建站的等级划分与加氢站、加油站的等级划分相对应，并考虑合建后危险程度的叠加因素和满足加氢、加油的安全运营需要，使某一等级的加氢站和加油站合建站的危险程度与同一级别的加氢站或加油站的危险程度基本相当，来确定合建站的等级。

氢气加氢站的站址选择应符合城镇规划、环境保护和节约能源、消防安全的要求，并应设置在交通方便的地方。在城市建成区内不应建立一级氢气加氢站、一级加氢加气合建站和一级加氢加油合建站。

如果是加氢加油合建站的等级划分，则应符合表 17.31 的规定。加氢加油站在按照 GB 50516—2010 加氢设计时，加油站标准要遵循 GB 50156—2010 汽车加油加气站设计与施工规范，而加氢站设计时可以在现有二级加油站、三级加油站中来选址考虑合建加氢站。

表 17.31 加氢加油合建站的等级划分

加油站 加氢站等级	一级 (120<V ⩽180)	二级 (60<V ⩽120)	三级 (30<V ⩽60)	三级 (V ⩽30)
一级	×	×	×	×
二级	×	一级	一级	一级
三级	×	一级	二级	二级

注: ① “V” 为油罐总容积 (m^3)。

② 柴油罐容积按现行国家标准《汽车加油加气站设计与施工规范》GB50156 的规定，可折半计入油罐总容积。

③ 当油罐总容积大于 60 m^3 时，油罐单罐容积不得大于 50 m^3；当油罐总容积小于或等于 60 m^3 时，油罐单罐容积不得大于 30 m^3。

④ 当储氢罐总容量大于 4000 kg 时，单罐容量不得大于 2000 kg；当储氢罐总容量大于 2000 kg 时，单罐容量不得大于 1000 kg。

⑤ “×” 表示不得合建。

关于高压气体安全法等的规定，需要重新修改管道、阀门等的设计系数、可使用钢材的限制等限制。例如，由于与作为国际基准的 70 MPa 燃料电池汽车对应的氢台灯相关的法律整备还没有进行，所以无法在市区建设 70 MPa 氢台灯，但是在 2012 年进行了高压气体安全法一般规则以及示例基准的修改后，市区地区的建设成为可能。

17.6.2 管道材质选择

加氢站加注压力分为 35 MPa 和 70 MPa 两种，而且高压氢气管道会有氢脆现象的产生，故对于管道材质比加气站要求更高。

目前，绝大多数加氢站使用的管道材质都为 316 L，316 L 是一种不锈钢材料牌号，AISI 316L 是对应的美国标号，SUS316L 是对应的日本标号。我国的统一数字代号为 S31603，标准牌号为 022Cr17Ni12Mo2(新标)，旧牌号为 00Cr17Ni14Mo2，表示主要含有 Cr、Ni、Mo，数字表示大概含有的百分比，国家标准为 GB/T 20878—2007。

氢脆是溶于钢中的氢，聚合为氢分子，造成应力集中，超过钢的强度极限，在钢内部形成细小的裂纹，又称白点。氢蚀的脆化机构是由于高温高压下的氢与钢中的碳作用而生成甲烷气泡所致。甲烷气泡的成核一般在夹杂物上。氢蚀潜伏期的结束也即变脆的开始，必须使甲烷气泡达到相当高的密度才能产生，而且这些气泡必须分布在晶界上才能使钢材脆化 (详细介绍见第 19 章)。由于加氢站管道输送压力较高，如果管道材质含碳量价高，在输送高压氢气的时候就易发生氢脆现象，造成管道应力集中，破损泄漏等安全事故。

17.6.3 氢气散逸

氢气的主要性能是气态氢的密度为 0.0898 g/L (101.3 kPa，0 ℃ 时)，约为空气密度的 1/14；无色、无嗅的可燃气体，在空气中的着火温度为 574 ℃，在氧气中的着火温度为 560 ℃；着火燃烧界限在空气中为 4%～75%(体积)，在氧气中为 4.5%～94%(体积)；爆轰界限在空气中为 18.3%～59%(体积)，在氧气中为 15%～90%(体积)；最小着火能在空气中为 0.19 mJ，在氧气中为 0.07 mJ；氢气易扩散、易泄漏，由于分子量小和自由度小，约比空气扩散快 3.8 倍，所以氢气既比空气轻，又易扩散，一旦泄漏到周围环境中，一般呈上升趋势。

氢气的爆炸范围很宽，在加氢站内泄漏的氢气如果得不到及时地释放，很容易造成安全事故。加氢站加氢罩棚是一个容易引起氢气聚集的装置，而且此区域人员活动较为密集，安全性更加重要。为此目前规范对于加氢站罩棚有明确的要求，即罩棚内表面应平整，坡向外侧不得积聚氢气，如图 17.31 所示。

图 17.31　加氢站中的罩棚以及地上铺设的氢气管道 [33]

另外一个容易造成氢气聚集的地方就是管沟，一般推荐明沟敷设，且管道支架、盖板应为不燃材料制作，不得与空气、汽水管道共沟敷设。当明沟设有盖板时，应保持沟内通风良好，并不得有聚集氢气的空间。

17.6.4　加氢站控制系统

加氢站控制系统主要功能是监测和控制站内的工艺设备、辅助系统设施，为全线优化管理提供监测和控制信息，主要功能包括对现场的工艺变量进行数据采集和处理、进而控制加氢站内主要设备的工作状态以及工作参数, 监控各种工艺设备、辅助系统设施的运行状态、逻辑控制及联锁保护、打印生产报表及报警和事件报告等。加氢站控系统与安防系统、气体与火焰探测及报警系统有连锁功能。

氢能源汽车加氢站安全保障的 5 个要点：氢气不泄漏、有泄漏早察知、泄漏的氢气不囤积、泄漏的氢气不引火、万一着火影响范围可控。表 17.32 给出加氢站安全保障的基本要点和具体措施。例如，“防止氢气泄漏的对策” 包括：在向 FCV 充氢时防止过充或过大充速的 “注氢机填充条件的控制”；发现异常时可手动停止充氢作业的 “紧急停止开关”；感知到地震时可自动确保所有设备的安全关机的 “地震计” 和 “自动停止机构 (联锁)”，在向 FCV 充氢出错时，能将充氢软管和 FCV 分开，防止充氢软管中氢泄漏的 “紧急脱离耦合器” 可以防止氢的逆流；为了防止车辆碰撞造成注氢机损坏，在周围设置了 “车辆碰撞防止保护”，另外，注氢机本身也设置在 “高度为 150 mm 以上的台阶上”，从而不会受到碰撞伤害。

表 17.32 加氢站安全保障的基本要点和具体措施 [34]

	安全对策	内容	(例) 对注氢机的安全对策
1	不泄漏氢气	在标准上限定采用耐氢脆的材料； 使用耐压试验合格的管道和容器； 出现异常时，可自动或手动停止 设备保护、避免受损	注氢条件的控制功能 紧急停止开关 地震仪 自动停止机构 (联锁) 紧急脱离耦合器 车辆冲撞防止栏 安置在高度为 150 mm 的眼线以上
2	泄漏后早期检测到，防止泄漏扩大	安置泄漏检测仪； 在少量泄漏检测到后，迅速地切断各设备的氢气供给	气体检测器 自动停止机构 (联锁)
3	泄漏的氢气不囤积	泄漏的氢气迅速地向上发扩、稀释氢气避免达到着火点； 采用不囤积氢气的结构； 压缩机外壳上配置换气器	氢气不囤积的屋顶
4	不让泄漏的氢气引火	电气设备采用防爆结构； 杜绝引火源； 采用防静电的措施	采用具有防爆构造的电器产品 接地线
5	万一着火，也不波及周围	注氢机、蓄压器上安置检测火灾检测器以及报警器； 设备运行自动停止功能； 万一泄漏的气体燃烧了，能快速切断泄漏气体，快速灭火； 确保高压气体设备周围的安全隔离地，安置防爆墙	火灾检测器 喷水消防器 防爆墙

(李星国)

参 考 文 献

[1] Sherif S A, Goswami D Y, Elias K. Stefanakos, Aldo Steinfeld. Handbook of Hydrogen Energy. New York: CRC Press, Taylor & Francis Group, 2014.

[2] The Future of Hydrogen, Report prepared by the IEA for the G20, Japan, Typeset in France by IEA - June, 2019, p.32.

[3] 刘海利. 氢燃料电池汽车加氢站的现状与前景. 石油库与加油站, 2019, 28(3): 21-24.

[4] 中国汽车工业协会. 2018 年汽车工业经济运行情况, 2019.

[5] 資源エネルギー庁燃料電池推進室「燃料電池自動車について」第 3 回水素 · 燃料電池戦略協議会 (2104 年 3 月 4 日)[参考資料 (3)].

[6] 水素 · 燃料電池ハンドブック編集委員会. 水素 · 燃料電池ハンドブック、株式会社オーム社. 東京: 2006.

[7] 独立行政法人新エネルギー · 産業技術総合開発機構編, NEDO 水素エネルギー白書, 東京: 日刊工業新聞社, 2015.

[8] 王世保. 橇装式高压大排量氢气压缩机研发. 广州：华南理工大学, 2018.

[9] 简建明, 陈如意. 压缩机技术, 2010, 2: 41.

[10] 庹林峰, 杜秀娟, 王梦瑶, 等. 氢气压缩机常见故障及分析. 生物化工, 2019, 5(6): 40-44.

[11] 吉永泰、加藤香. 小型高圧水素圧縮機と水素貯蔵システム. 化学装置, 2004, 46(10): 99.

[12] 张亮. 氢气压缩机的故障分析和维修探究. 当代化工, 2012, 41(12): 1372-1374.

[13] 日本水素エネルギー協会編. 水素エネルギー読み本. 東京: オーム社, 2007 年.

[14] 叶召阳. 外供氢加氢站工艺流程及设备研究. 北极星氢能网讯: http://chuneng.bjx.com.cn/news/20210218/1136384.shtml.

[15] 孟庆云, 何文, 盛云龙. 客车技术与研究, 2009, 02: 15.

[16] 资料来源 www.jhfc.jp.

[17] 毕胜利. 加氢站水电解制造氢装置控制系统设计. 天津大学硕士学位论文, 2008.

[18] 张军, 任丽彬, 李勇. 电源技术, 2008, 4: 261.

[19] 杨昌海，万志，刘正英，等. 氢综合利用经济性分析. 电器与能效管理技术, 2019, (21): 83-88.

[20] [日] 氢能协会. 氢能技术. 宋永臣等译. 北京: 科学出版社, 2009.

[21] Dong Y, Yang M, Li L, et al. Study on reversible hydrogen uptake and release of 1,2-dimethylindole as a new liquid organic hydrogen carrier. Int J Hydrogen Energy. 2019, 44(10): 4919-4929.

[22] Sreedhar I, Kamani K M, Kamani B M, et al. A bird's eye view on process and engineering aspects of hydrogen storage. Renewable Sustainable Energy Rev, 2018, 91: 838-860.

[23] Jiang Z, Pan Q, Xu J, et al. Current situation and prospect of hydrogen storage technology with new organic liquid. Int J Hydrogen Energy, 2014, 39(30): 17442-7451.

[24] Biniwale R B, Rayalu S, Devotta S, et al. Chemical hydrides: a solution to high capacity hydrogen storage and supply. Int J Hydrogen Energy, 2008, 33(1): 360-365.

[25] Bourane A, Elanany M, Pham T V, et al. An overview of organic liquid phase hydrogen carriers. Int J Hydrogen Energy, 2016, 41(48): 23075-23091.

[26] Newson E, Haueter T, Hottinger P, et al. Seasonal storage of hydrogen in stationary systems with liquid organic hydrides. Int J Hydrogen Energy, 1998, 239(10): 905-909.

[27] Scherer G W H, New son E, et al. Economic analysis of the seasonal storage of electricity with liquid hydrides. Int J Hydrogen Energy, 1999, 24(12): 1157-1169.

[28] 宋鹏飞，侯建国，穆祥宇，等. 液体有机氢载体储氢体系筛选及应用场景分析. 天然气化工, 2021, 46(1): 1-5,33.
网络首发地址：https://kns.cnki.net/kcms/detail/51.1336.TQ.20210121.1608.006.html.

[29] Nakayama J, Misono H, Sakamoto J, et al. Simulation-based safety investigation of a hydrogen fueling stationwith an on-site hydrogen production system involving methylcyclohexane. Int J Hydrogen Energy, 2017, 42(15): 10636-10644.

[30] 日経 BP クリーンテック研究所. 「世界水素インフラポロジエクト総覧」. 水素社会へのシナリオ分析と市場動向. 東京: 日経 BP 社発行, 2013.

[31] 资源来源:《Joint Agency Staff Report on Assembly Bill 8: Assessment of Time and Cost Neefed to Attain 100 Hydrogen Refueling Station in California》; Ahmad Mayyas et al.,《Manufacturing competitiveness analysis for hydrogen refueling station》.

[32] 来源: 网上公开资料查询 (2019.05，亿欧 (www.iyiou.com)).

[33] 戴建新，张永辉. 氢能源汽车加氢站设计中的安全分析. 中国设备工程, 2020. (14) (下): 238-240.

[34] 経済産業省　水素・燃料電池自動車関連規制に関する検討会，開催資料を基に ARC で作成; ARC リポート (RS - 1032) 2019 年 4 月.

第 18 章　氢气与材料制备和改性

氢气不仅作为能源载体发挥着重要的作用，也在复合结构、纳米颗粒、超细粉体、泡沫金属等材料制备方面以及材料改性方面发挥着重要的作用，另外，氢气对物质的磁学、电学、力学、光学等性质也有重要的影响，有的可以加以利用，有的则需要避免和防范。

18.1　钢铁的氢冶炼

在冶金热分解过程中，主要的气相产物一般包括氢、二氧化碳、一氧化碳、甲烷与轻质烃类气体。有很多因素影响着冶金热解气相产物的总量与分布，这些因素包括原料、加热条件 (热解终温与加热速率等)、反应器类型 (固定床与流化床等) 与操作参数 (系统压力与停留时间等) 等四个方面的因素。另外氢气也在冶金过程中起着重要的影响。

18.1.1　氢还原炼铁

1) CO_2 减排

全世界高炉炼铁的年产能已达 78 亿 t，还有进一步发展的趋势, 这无疑要求提供大量高质量的碳还原剂 (焦炭)。由于焦炭资源短缺, 所以焦炭的价格居高不下 (最高价达 450~500 美元/t)。同时炼焦过程中对环境造成了巨大污染。钢铁业虽然是重要的产业，但从高炉、转炉等上游工程到压延、热处理等下游工程，钢铁工艺全部排出 CO_2。特别是在还原原料铁矿石的高炉中，由于使用大量的焦炭进行碳的还原，所以在那个过程中产生的 CO_2 在整个钢铁业中也占有很大的比例。从能源起源的 CO_2 排放量的比例来看，钢铁业约占产业部门全体的 40%，比例非常高，是产业部门中比例最高的一个。其中炼铁工艺如图 18.1 所示，约占整个钢铁产业中的 80%，炼铁工艺整体能耗的比例约占 80%。如果在这一部分进行节能和 CO_2 削减的话，钢铁产业整体的 CO_2 排放量将会获得很大的改善 [1−6]。

2) 氢气直接还原

氢气作为一种优良的还原剂和清洁的燃料, 其大规模制备技术将有望在 21 世纪得以实现。氢冶金就是在还原冶炼过程中主要使用氢气作还原剂。用氢气还原氧化铁时，其主要产物是金属铁和水蒸气。而水蒸气是目前最容易实现气–固分离的气体种类 (降温脱水)。还原后的尾气对环境没有任何不利的影响，可以明显减轻对环境的负荷。用氢气取代碳作为还原剂的氢冶金技术的研究有望彻底改变钢铁行业的环境现状, 为钢铁工业的可持续发展带来了希望。所以氢气直接还原冶金越来越受到研究者的重视。

氢气直接还原是指在矿石尚未熔化的温度下，采用氢气对矿粉进行还原，直接将铁氧化物还原成金属铁的工艺方法，还原产品呈多孔低密度海绵状结构，被称为直接还原铁 (direct reduced iron，DRI)，也称直接还原海绵铁。全世界直接还原铁技术大致可分为两类: 一类是煤基回转窑和煤基熔融还原法，另一类则是气基竖炉法。前者生产量约占 DRI 总产量的 8%～10%，而后者则占总产量的 90%～92%。主要传统生产技术方法见表 18.1[6]。

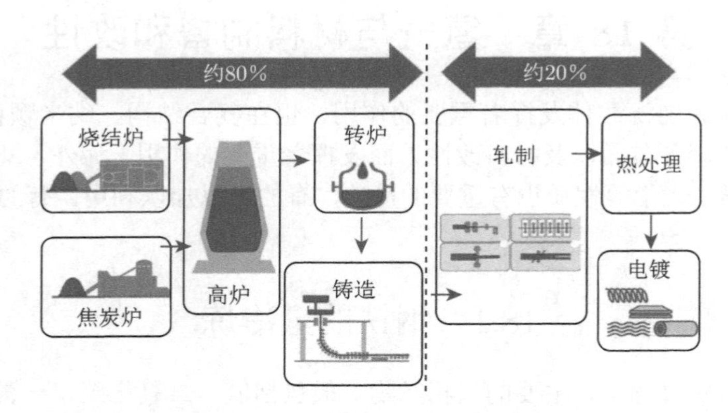

图 18.1　钢铁冶炼加工 CO_2 排放的比例

20 世纪是氧气的时代，伴随着大规模工业化制氧技术的成熟，开创了冶金工业大量使用纯氧的新时代。纯氧的使用显著提高了生产效率，改善了钢水质量，成为推动钢铁工业技术进步的主要基石。21 世纪将可能迎接大规模用氢气时代的来临，氢气还原得到的高纯铁将可能带动炼钢、连铸、轧钢工艺新的技术革命，形成 21 世纪钢铁生产新流程，可生产出高纯度、高强韧性和高耐蚀性的新一代钢铁材料。

表 18.1　直接还原铁生产工艺

生产方法	传统的生产技术	占总产量/%	氢制取原料
煤基法	回转窑法	78	煤
	COREX 法	23	煤
	HISMELT 法	工业试验中	煤
气基法	MID REX 法	70	天然气
	HYL 法	20	天然气
	HYL-IR 法	工业试验中	焦炉气

18.1.2　氢气直接还原冶金机理和特点

氢气直接还原冶金包含氢气混合气体直接还原法和纯氢气还原法两种工艺。氢气混合气体直接工艺分为天然气直接还原和煤焦化气直接还原两大类。直接还原铁生产大多以天然气为能源，其产量占总产量的 90%以上，煤基直接还原占 8%左右，虽然所占比例小，但由于中国气少且分布不均，煤炭资源丰富，为煤基直接还原提供了可持续发展的优势。

天然气直接还原工艺中，除了原来的碳还原反应外 (式 (18.1))，还新增加了氢气还原反应 (式 (18.2))，如图 18.2 所示。

$$Fe_2O_3 + 3CO \longrightarrow 2Fe + 3CO_2 \tag{18.1}$$

$$Fe_2O_3 + 3H_2 \longrightarrow 2Fe + 3H_2O \tag{18.2}$$

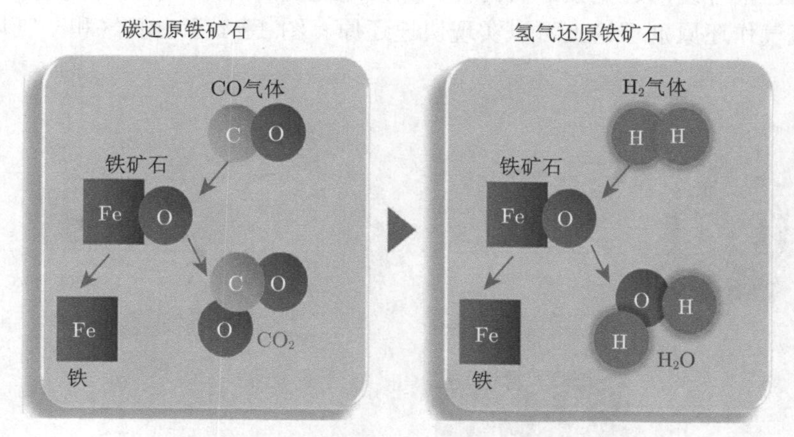

图 18.2 氢气直接还原铁矿石炼铁的开发

天然气直接还原铁矿石是氢气冶炼的第一步，容易实施，也可以降低 CO_2 的排放，但天然气中仍然有 CO 气体还原铁矿石，也会产生 CO_2 气体。如果用氢气直接还原铁矿石的话就只有式 (18.2) 的反应，只会产生 H_2O，不会产生 CO_2，是最终的绿色冶炼方法。因此，使用氢的铁矿石还原法可以说是对地球有益的炼铁法。

从动力学性质上来说，氢是最活泼的还原剂，原子半径小，传质阻力小，对铁氧化物具有良好的还原反应动力学潜质。在铁氧化物的气-固还原反应过程中, 提高气体还原剂中氢气的比例，可以明显提高其还原速率。根据热力学分析, 在一定温度条件下 (大于 810 ℃) , 用氢气还原铁氧化物所对应的氢气的平衡含量比用一氧化碳还原时所对应的一氧化碳的平衡含量低, 这意味着用氢气还原时可以降低还原剂的使用量, 从而减少化学能的消耗。与一氧化碳的还原潜能相比，氢气的还原潜能大大高于一氧化碳，前者是后者的 14.0 倍。

$$Fe_2O_3 + 3H_2 \longrightarrow 2Fe + 3H_2O \tag{18.3}$$

$$6 \longrightarrow 112(1{:}18.667)$$

$$Fe_2O_3 + 3CO \longrightarrow 2Fe + 3CO_2 \tag{18.4}$$

$$28 \times 3 \longrightarrow 112(1{:}1.333)$$

$$H_2/CO = 18.667/1.333 = 14.0$$

由此可见，大力开发和发展氢冶金，可以大大提高金属的还原效率，成倍地提高金属冶炼的生产能力和生产效率。同时, 可以大大减少金属冶炼过程中碳还原剂的消耗, 从而大大降低钢铁生产中的煤耗，确保钢铁工业可持续发展。

氢气反应是吸热反应，温度越高越有利于反应的进行，这就为反应提供了很好的热力学与动力学条件。传统的高炉炼铁法主要是利用一氧化碳气体作还原剂，去除铁矿石中的氧。如图 18.3 所示，一氧化碳气体的分子大，难以渗透到铁矿石内部。氢气气体的分子极小，很容易渗透到铁矿石内部，其渗透速度约是一氧化碳气体的 5 倍。因此，高炉使用氢气作还原剂理论上可以实现快速还原。图 18.4 示出氢气和一氧化碳还原率的比较。

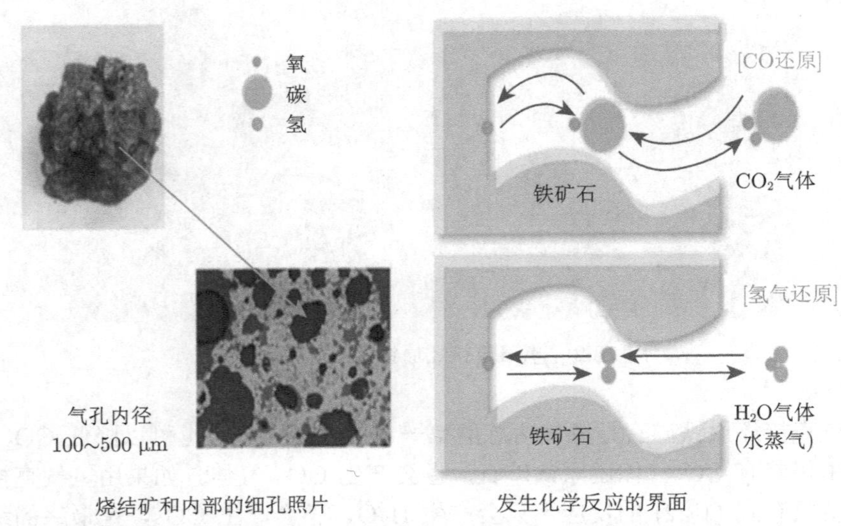

图 18.3　烧结矿求内部结构 (左) 和 CO 和 H_2 渗透模型 (右)

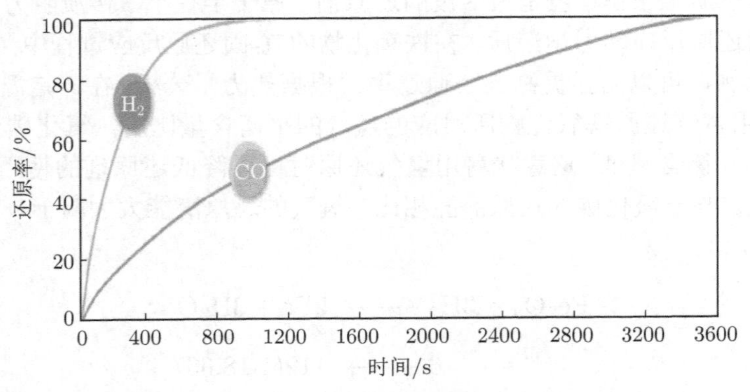

图 18.4　CO 和 H_2 还原铁矿石的速度比较

18.1.3　成品的性能分析

(1) 含碳量：由于是低温还原，得到的直接还原铁未能充分渗碳，含碳较低 (小于 2%)，一般波动在 1.0%～3.0%，分别与金属化率 95%和 85%相对应。

(2) 杂质：直接还原铁中磷、硫及有色金属杂质低；一般磷、硫分别为 0.01%~0.03%，0.01%以下，有色金属杂质铜、锌、铅、锡等只是痕量元素。

(3) 脉石：矿石中的脉石成分无法被还原也无法造渣脱除，因而直接还原铁中保留了矿石中原有的脉石杂质，炼钢时增大了渣量，影响电炉生产效率和经济指标，因此生产 DRI 时应当选择铁品位高、脉石含量少的铁精矿富矿。DRI 脉石含量一般不超过 4%。

(4) 密度：DRI 密度比液态渣大时有助于快速穿过渣层进入渣钢界面，参与化学反应和传热，因此，理想的 DRI 密度为 4.0~6.0 g/cm^3，介于渣钢之间。

(5) 二次氧化：因为 DRI 有很高的孔隙度 (45%~70%)，容易二次氧化。为减少二次氧化，可采取产品制造时钝化处理。钝化是指在 DRI 的所有内外表面形成一层薄的四氧化三铁覆盖的保护膜，大部分的钝化性是在最初几个小时内形成的，逐渐达到低的氧化性。

(6) 氢含量：铁矿石在含氢气氛下冶炼，氢气也会大量溶解到铁中，温度越高，含氢量也会越多，如果直接炼钢也会使钢中含氢量增加，影响钢的性质，严重时会导致氢脆现象，所以需要根据含氢量的情况考虑脱氢工艺。

18.1.4 氢冶金中的问题和发展趋势

纯氢冶金过程中只有水蒸气产生，CO_2 减排效果优于碳氢混合气体。即便如此，因为 95%的氢气体是以天然气和煤炭为原料生产的，在氢气体制造过程中不可避免地会产生 CO_2。初略估算生产 1 吨氢气，要排出了 10 吨左右的 CO_2。所以，真正的无 CO_2 排放冶金需要利用可再生能源进行电解水制氢，同时把直接还原铁矿石与炼钢结合起来，如图 18.5 所示 [7]。

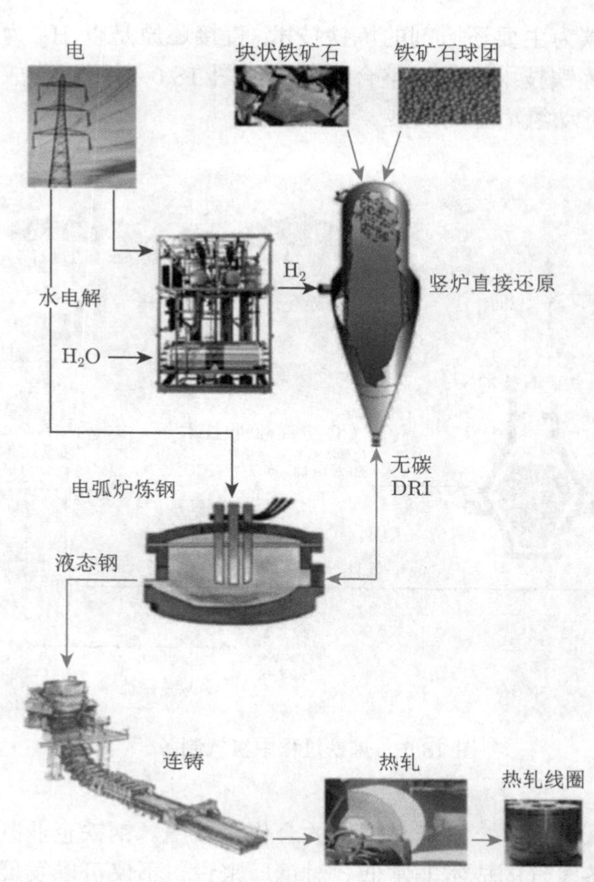

图 18.5 基于可再生能源制氢的直接还原铁矿石-炼钢相结合的示意图

氢冶金除了要进行与传统碳还原不同的技术开发外，降低成本也是一个关键的环节。氢是成本较高的二次能源，按目前的氢气价格进行竖炉氢还原冶炼很难盈利，也难以商业化，只有当制氢技术提高，能以 14 元/kg H_2 的价格供给氢的情况下，氢还原冶炼成本才会低于高炉冶炼成本，具有商业化的价值。另外电解水制氢在生产规模上有限制，成本会更高。为了在钢铁业向氢冶金转换，初期也需要政府在资金和基础设施上的援助。

在开发氢还原冶炼工艺上，要充分考虑到氢的燃烧特性。与传统的碳还原不同，氢还原是吸热反应，增加向高炉通入的氢量，会导致高炉内热量不足。如果还原气体全为 H_2，系统内部会无法实现热量互补，就需要外部提供热量。如何防止这个问题，优化反应温度和维持还原过程稳定是氢冶金工艺中的一个核心问题。

此外氢气比重过低，体积密度仅为 CO、CO_2、H_2O 的 1/20，进入竖炉后会急剧向炉顶逃逸，需要有相应的措施。氢气的配套设施以及安全问题也需要特别注意。另外，为了降低入炉矿成本，也可以将其他矿种 (包括天然矿) 与球团矿混合使用。目前，天然块矿的使用比例一般可在 20%～60%。

18.1.5　两种炼铁技术的结合

高炉炼铁是以碳为主要还原剂的炼铁技术, 直接还原是以 H_2 为主要还原剂的炼铁技术，如果将两种炼铁技术巧妙地整合起来，如图 18.6 所示，形成当代新的联合炼铁工艺，必然会大大推动氢冶金的发展。

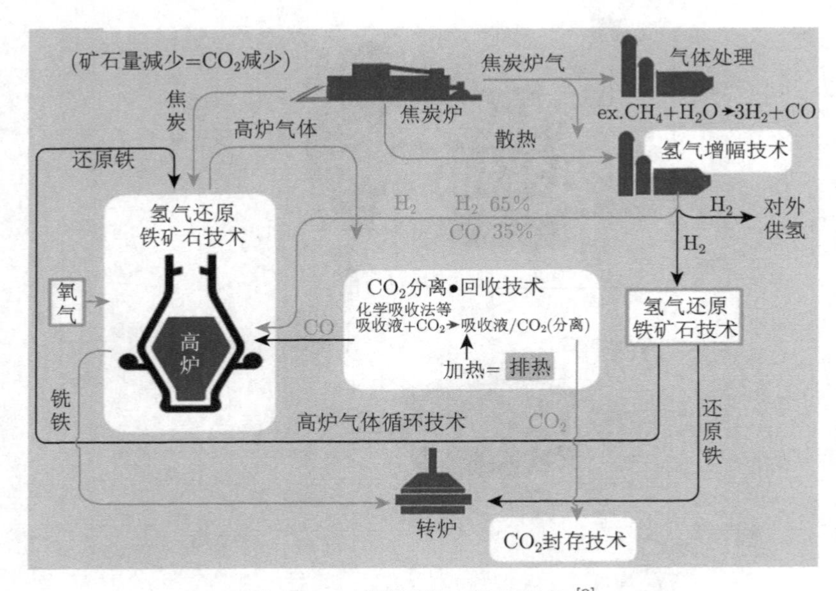

图 18.6　炼铁过程中氢气制备 [8]

钢铁与氢能有天然联系，氢能与钢铁的合作是双赢。钢铁企业既是产氢企业，也是用氢单位。钢厂制备氢气的成本非常低。对钢厂来说，不仅可以发展氢能，还可以同时发展低碳冶金技术，降低碳排放。

氢能与钢铁产业的合作是双赢的结果：氢能可以帮助钢铁企业节能减排、延伸业务、完成转型，钢铁企业为氢能提供了更多的落地应用，促进发展。氢能和钢铁是一个互相促进的产业组合。

钢铁行业是去产能、调结构、促转型的重点行业，而氢能行业是处于起步阶段的行业，氢能和钢铁的合作形成了互补，有着良好的示范效应，能够吸引更多行业涉足氢能。氢能产业处于发展的早期，不仅需要努力发展技术，也需要向社会提供更多的想象力，才能引来更多的资金和人才，才能更好地促进产业发展。

18.2 氢气还原制备金属粉末

在工业中，通过压实和烧结金属粉末制造的金属产品的应用变得越来越广泛，金属粉体是粉末冶金行业的基础原料之一。低成本高质量的生产具有各种大小和形状的金属粉末，具有重要价值。金属粉末制备方法有很多种，通过氢气还原金属氧化物是一个重要的方法，应用的范围宽，工艺简单，在产业上广泛应用。

18.2.1 铁粉的制备

金属铁粉是粉末冶金行业的基础原料之一[9]。还原铁粉的生产主要有两大工艺, 即碳还原和氢还原。其中氢还原工艺对铁粉的最终性能具有重要的影响。氢还原处理的目的在于减少粗还原铁粉颗粒内部与表面的氧化物, 降低 C、N 等杂质元素的含量, 以及为清除铁粉颗粒的畸变而进行退火等。其工艺过程对提高最终产品的化学纯度有重要影响, 更重要的是氢还原是调整铁粉物理性能的主要手段之一。氢还原过程一般是在纯 H_2 或 NH_3 分解气体中进行的。将粗还原的海绵铁中含的难还原的氧化物等用磁选除去, 然后粉碎到 < 0.154 mm, 于氨分解气氛或纯氢中, 在 800~1000 ℃ 的温度下进行氢还原, 即退火与脱碳。图 18.7 是以超纯铁精矿制取的氧化铁粉为原料, 包括赤铁矿铁粉和磁铁矿铁粉两类，在 850 ℃ 下纯氢还原 45 min, 始终保持还原炉内正压，经过球磨粉碎 10 min 后的扫描电镜照片。表 18.2 是氢还原后的粉体特性。经氢还原处理后获得轻微烧结的铁粉块，经粉碎、筛分调整粒度，即制成最终产品——铁粉。

图 18.7 氢还原铁粉的粉末状态

(a) 赤铁矿为原料；(b) 磁铁矿为原料

表 18.2　氢还原铁粉的物理性质

名称	流动性/$s(50g)^{-1}$	松装密度/(g/cm^3)	压缩性/(g/cm^3)
赤铁矿为原料	46.1	1.91	6.19
磁铁矿为原料	48.1	1.8	6.16

目前铁粉的主要生产工艺是采用隧道窑还原纯铁精矿粉得到海绵铁粉 [10]。海绵铁粉的残余氧含量约 1%，以 FeO 形态存在。海绵铁粉需要用氢气再次还原才能得到质量符合要求的金属铁粉。目前冶炼设备有钢带炉和推舟炉等。以钢带炉为例，将海绵铁粉放在钢带上，钢带在驱动力作用下进入加热马弗炉内，氢气通入马弗炉内还原海绵铁粉，还原后的铁粉冷却后经破碎、磁选处理，得到最终金属铁粉。未反应完的氢气在炉头点火燃烧。马弗炉的加热采用电加热或燃气加热。

氢还原炉生产工艺中铺料厚度一般只有 30 mm 左右，还原时间 1 h 左右。这种反应炉型存在的问题是设备产能低，一个还原炉年产量只 5000 吨或 1 万吨水平。另外还原炉氢气利用率低，只有 10%水平，大量未反应的氢气再利用比较困难，正常生产中燃烧排放。

因为在高温下进行氢气还原，铁粉颗粒会团聚长大，通过添加其他物质对铁原子进行阻隔，避免还原高温作用下铁粉颗粒发生烧结并长大，从而控制铁粉形貌和粒径，可为纳米铁粉的还原制备开辟一条新的途径 [11,12]。铁酸钙是一种含钙铁酸盐，主要有铁酸二钙 $2CaO{\cdot}Fe_2O_3$，铁酸一钙 $CaO{\cdot}Fe_2O_3$ 和铁酸半钙 $CaO{\cdot}2Fe_2O_3$，而不同的烧结工艺可以改变铁酸钙内部铁离子的价态，使三价铁离子转变为二价。这种新的固溶体称为 $CaO\text{-}FeO\text{-}Fe_2O_3$ 系固溶体，主要有 $3CaO{\cdot}FeO{\cdot}7\ Fe_2O_3$、$CaO{\cdot}FeO{\cdot}Fe_2O_3$、$4CaO{\cdot}FeO{\cdot}4\ Fe_2O_3$ 以及 $CaO{\cdot}3FeO{\cdot}Fe_2O_3$ 等。铁酸钙作为一种重要的熔剂型烧结矿，较硅酸盐烧结矿具有强度高、还原性能优良、节约能源的优点。

图 18.8 为不同前驱体制备的铁粉的 SEM 图。当采用 $Ca_2Fe_2O_5/CaO$ 混合体作为前驱体时，通过完全还原以及 CaO 清洗后、获得的还原铁粉呈规则的球形或颗粒状，平均粒径约为 34 nm，且粒度分布均匀，分散性较好。

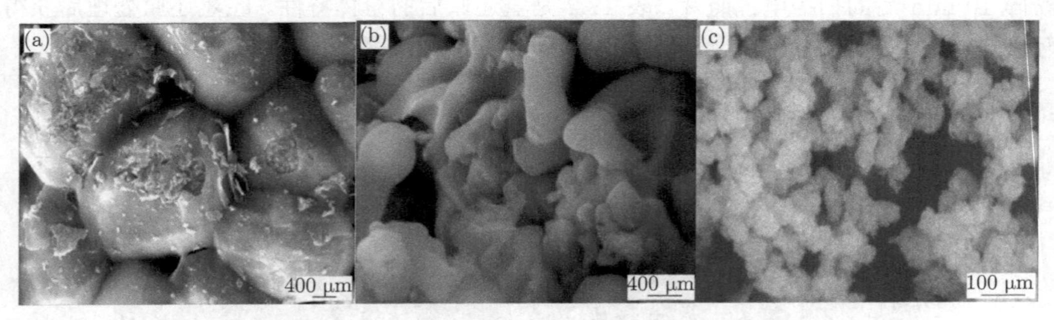

图 18.8　不同前驱体制备的铁粉的 SEM 图

(a) $CaFe_2O_4$; (b) $Ca_2Fe_2O_5$; (c) $Ca_2Fe_2O_5/CaO$

金属钴一直是使用电解法生产的。自从 1954 年加拿大舍瑞特高尔顿矿业公司在工业上实现用加压氢还原技术生产镍钴以来, 才逐步为一些国家所采用。用氢还原钴的化

学反应为 $Co^{2+} + H_2 \Longrightarrow Co+2H^+$。其他过渡金属，如 Ni,Mn,Cr 等很多金属粉体都可以通过类似的方法制备。

18.2.2 铜粉的制备

1865 年, H. H. eketob 就曾从硫酸铜酸性溶液中采用氢还原法制得金属铜粉，但在工业上经济而有效地大量生产金属才只有 20～30 年的历史。美国 Whitaker 公司采用氢还原法从废铜屑氨浸液中制取铜粉和分离铜锌。菲律宾建成一座处理铜-锌精矿的湿法冶金工厂，并用氢还原代替了电解过程。苏联工程师在半工业规模研究了高压氢还原制取铜粉工艺，如图 18.9 所示。Evans 等对从黄铜矿精矿制取铜粉和分离铜镍的工艺进行过研究。Schaufclberger 等探索了高压氢还原分离铜和镍、钴的条件。这些报道表明氢还原是从溶液中提取铜的有效方法，在制取铜粉的同时能够分离镍、钴、锌等负电位共生元素。但是，目前采用的高氨铜克分子比溶液体系，由于还原过程中生成稳定的一价铜氨络离子，进一步还原成金属铜需要高温、高压。这在一定程度上影响了工业推广。硫酸铜酸性溶液体系由于设备腐蚀和还原不彻底等原因，其实用价值很小。而利用氨铜克分子比小于 2 的溶液体系的氢还原，可以在较低的温度和压力下制得纯度高、分散性良好的铜粉 [13]。

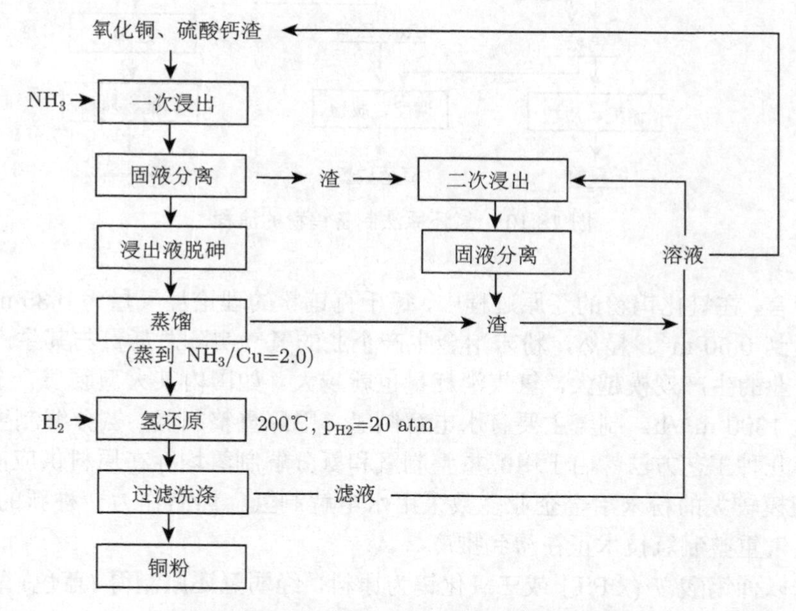

图 18.9 氧化铜氢还原制备铜粉流程图

18.2.3 钨粉和钼粉的制备

现代工业最通用的是一次或二次氢还原三氧化钨或蓝色氧化钨的氢还原法。此法能精确地控制钨粉的粒形、粒度及粒度组成。其反应为

$$4WO_3 + H_2 \Longrightarrow W_4O_{11} + H_2O$$

$$W_4O_{11} + 3H_2 \Longrightarrow 4WO_2 + 3H_2O$$

$$WO_2 + 2H_2 \xlongequal{\quad} W + 2H_2O$$

一次还原法比二次还原法节省电、氢气和冷却水，钨粉成本低，但生产难度较大。图 18.10 是氢还原法制备钨粉的流程。第一步还原：把 WO_3 或 $WO_{2.9}$ 还原成 WO_2；第二步还原：把 WO_2 换成 W 粉。左边是做 W 粉，中间是做合金钨粉，右边是做掺杂钨粉 [14]。

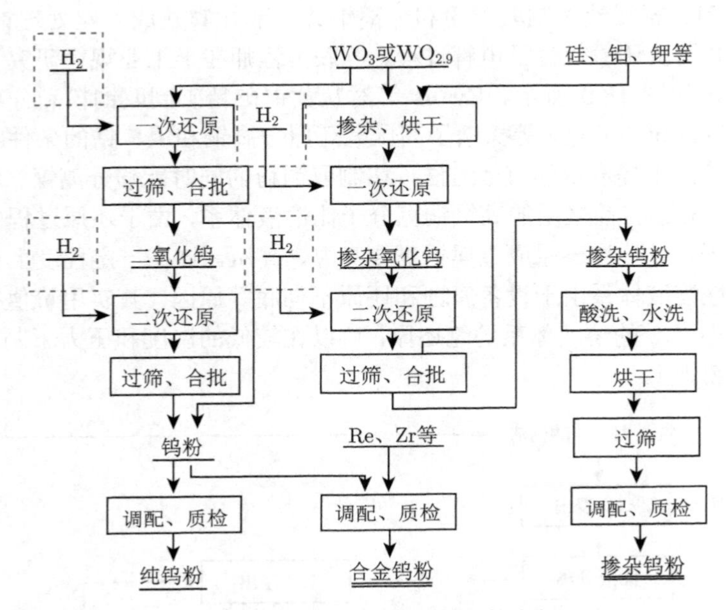

图 18.10　氢还原法制备钨粉的流程

一般而言，在氧化钨粉的还原过程中，每千克钨粉的理论耗气量为 0.35 m^3，而实际消耗量则达到 0.50 m^3。显然，粉末冶金生产企业的氢气实际总耗量与其生产的规模密切相关。企业的生产规模越大，氢气消耗量也就越大。如国内某大型硬质合金企业，其氢气耗量达 1300 m^3/h。制氢主要有水电解制氢、甲醇重整制氢、氨分解制氢及天然气重整制氢等几种工艺方法。由于甲醇重整制氢和氨分解制氢均存在原料供应问题，所以目前国内规模较大的粉末冶金企业多数采用水电解制氢。然而作为一种新的制氢方法，近年来天然气重整制氢技术正在得到推广。

也可以以仲钨酸铵 (APT) 或三氧化钨为原料，经弱氢还原制得 (蓝色) 氧化钨，再将 (蓝色) 氧化钨置于还原炉中，通以氢气，进行氢还原，调整工艺参数，可制得各种类型的还原钨粉。该法生产工艺成熟，效率高，成本低，有工业生产规模，粒度可达 1.00 μm 左右，钨粉的质量也有保证。

利用 $W_{18}O_{49}$ 为原料进行氢还原可以制备细钨粉粉体。该工艺采用仲钨酸铵为原料，将仲钨酸铵置于回转炉内，在一定温度和弱还原气氛中热分解和预还原连续制得单相 $W_{18}O_{49}$。$W_{18}O_{49}$ 氢还原制取钨粉在电热四管还原炉中进行，由于 $W_{18}O_{49}$ 氢还原可以直接生成钨粉，避免了氧化钨水合物—$WO_2(OH)$ 形成所导致的钨颗粒增粗，该工艺制得了 BET 粒径为 80~90 nm 的超细钨粉。

钼和钨性质很接近，利用同样的方法也可以制备钼粉。以工业级氧化钼为原料，在高温下加入氢气还原成钼粉。图 18.11 是钼粉末及其他钼产品的生产链示意图。这个过程中核心的步骤是把从原料经纯化获得的 MoO_3 氧化物通过氢气还原获得金属的钼粉。

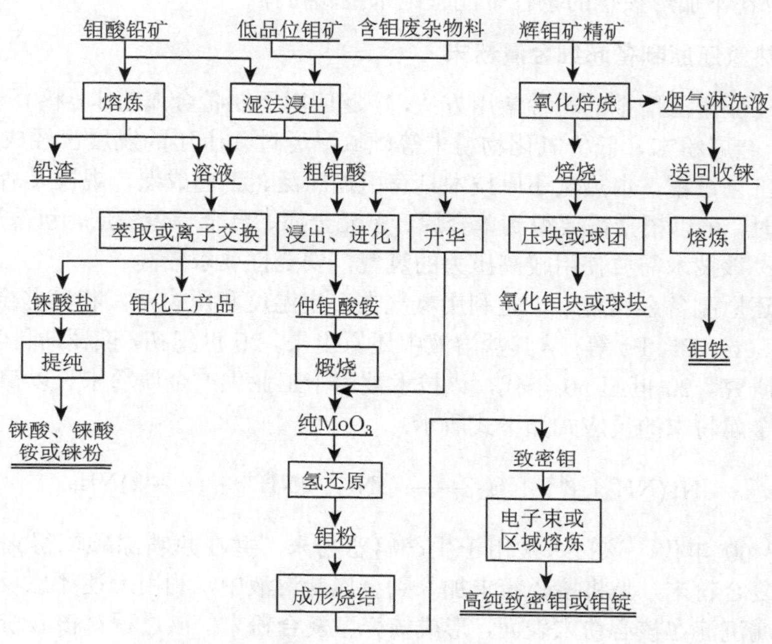

图 18.11 是钼粉末及其他钼产品的生产链示意图

18.2.4 浆料加压氢还原制备金属粉末

以金属盐溶液为原料采用加压氢还原法制备金属粉末的工艺已有 100 多年的发展历史。20 世纪 50 年代, 加拿大、美国等国家首先实现了此工艺的工业化应用。从工业的运行实践来看, 高压氢还原工艺处理浸出液制备金属粉末的工艺已经较为成熟。加压氢还原制备金属粉末的工艺是以氢气作为还原剂, 将溶液中的金属离子还原成金属粉末的过程。

用高压氢气在一定的催化剂、温度、搅拌速度等条件下还原可溶性盐溶液 (包括水溶液和以有机溶剂为溶剂的溶液), 可以制备诸如 Ni、Co、Cu、Ag、Pt 等重金属和贵金属粉末。在以这种工艺制备金属粉末的过程中, 首先需将金属变为可溶性的盐溶液, 经过去除杂质等工序, 然后将纯净的盐溶液在加热的条件下以氢气作为还原剂把金属离子从溶液中还原出来形成金属粉末。但是在冶金工业中, 金属常常以难溶盐的方式存在于矿石中, 而且其溶解度和溶度积常数通常很小。若按照上述工艺从矿石中提取金属, 中间必须增加将难溶化合物转化为金属盐溶液的工序 (如浸出等), 增加了制备流程。若将金属难溶化合物水浆作为起始原料直接加氢还原制备金属粉末, 将会大大缩短湿法冶金的中间流程, 因此具有较大的发展前景。后来一些学者对金属难溶化合物浆料用加氢还原的工艺进行研究, 发现在一定条件下反应仍然可以在较短的时间内完成, 这为氢还原工艺提供了一条新的发展道路, 也为加氢还原工艺直接从矿物中提取金属提供了良好的开端。

浆料加压氢还原制备金属粉末相对于从金属盐溶液中沉积金属粉末的工艺具有许多优点, 可以在不加形核剂的条件下制备纳米金属粉体。

18.2.5　水热氢还原制备超细金属粉末

水热氢还原湿法冶金的一种常用方法，广泛应用于制备金属粉末、核壳型复合粉末、纳米 (超细) 金属粉末、低价氧化物粉末等领域，经过几十年的发展已经成为一种十分成熟可靠的工艺过程。水热氢还原技术具有用途广泛、工艺成熟、规模灵活等优点。生产复合粉末时，可以根据需要得到单金属、多元金属、合金等包覆层，包覆层准确可控，包覆效果好；该技术需要使用较高压力的氢气，安全性要求较高。

水热氢还原制备金属粉末，是利用氢气在一定温度和压力下，将某些金属 (如 Cu、Ni、Co、Pd、As、Bi、Pt 等) 从其盐溶液中还原出来。20 世纪初，俄罗斯科学家 Ipatieff 开展了系统研究。20 世纪 50 年代，该技术被用于工业生产金属粉末。以镍为例，水热氢还原制备金属粉末的反应式如下式所示:

$$[\mathrm{Ni}\,(\mathrm{NH_3})_n]^{2+} + \mathrm{H_2} \longrightarrow \mathrm{Ni} + 2\mathrm{NH_4^+} + (n-2)\mathrm{NH_3} \tag{18.5}$$

20 世纪 60 年代，该技术被用于生产腐恶粉末，并在热喷涂领域得到应用。水热氢还原制备复合粉末，是将核心粉末加入到金属盐溶液中，利用上述还原反应，使被还原出来的金属沉淀在核心粉末表面，形成核壳型复合粉末。该过程对核心粉末有以下要求：不溶解且与溶液体系不发生化学反应，与溶液有良好的浸润性，借助搅拌能均匀分散在液相中，具有适度的颗粒。只要核心粉末满足以上要求，均可以采用水热氢还原法制备核壳型复合粉末。

在制得上述单金属壳复合粉末的基础上，通过固相热扩散的方法可以获得合金壳复合粉末，进而提升其性能。以 NiCrAl 包覆硅藻土为例，首先利用水热氢还原的方法制备镍包硅藻土，然后在还原性气体保护下，将镍包硅藻土、Cr 粉、Al 粉以及活化剂卤化物 (如 NH_4Cl、$CrCl_3$) 混合均匀，加热到一定温度保温一定时间，即得到以镍铬铝合金为包覆层、硅藻土为核心的复合粉末。

水热氢还原制备纳米 (超细) 金属粉末，是将一些难溶的金属氢氧化物、氧化物、碱式碳酸盐、草酸盐等加入溶液制成浆料，在反应釜内直接用氢气还原成金属粉末。反应过程可用下列方程式表示：

$$\mathrm{M(OH)_2 \cdot MCO_3} \cdot x\mathrm{H_2O} + 2\mathrm{H_2} \longrightarrow 2\mathrm{M} + \mathrm{CO_2} + (x+3)\mathrm{H_2O} \tag{18.6}$$

$$\mathrm{M(OH)_2} + \mathrm{H_2} \longrightarrow \mathrm{M} + 2\mathrm{H_2O} \tag{18.7}$$

(M=Ni，Co，Cu，Ag，Au，Pt，Pd 等)

与水溶液氢还原相比，浆料氢还原高度分散的胶体体系反映面大，有利于晶核生成；同时体系中金属离子浓度极低，抑制了晶核长大。这两方面的因素使得浆液氢还原可以有效控制粉末粒度，适当控制反应条件，可以得到纳米金属粉末。

金属磁记录粉因其高矫顽力和高饱和磁化强度等磁性能，在高记录密度领域获得广泛应用。工业上采取铁黄经脱水煅烧和加氢还原的工艺过程制备金属磁记录粉。该反应过程主要包括：铁黄 α-FeOOH 经脱水煅烧制备 α-Fe_2O_3；α-Fe_3O_4 加氢还原生成 Fe_3O_4；Fe_3O_4 加氢还原生成 α-Fe；表面钝化处理。金属磁记录粉粒子由更小的粒径 10~30 nm 的晶粒呈链状组成。控制粒子中链状晶粒之间连接界面，可以有效地提高金属磁记录粉的矫顽力。α-F_2O_3 还原反应因水蒸气的存在，将影响产物的表面和界面结构。最近 EidiHlmawana 等研究表明，通过控制水蒸气的浓度和还原反应时间及温度等工艺参数可以提高金属磁记录粉的矫顽力。利用水蒸气或水参与钝化处理，最终制得的金属磁记录粉的表面性质得到改善，从而改善金属磁粉的分散性，可以明显提高磁粉涂布制带的光泽度。采取高低温配合的台阶式还原工艺，可以较好地避免微粒间的烧结[15]。

由图 18.12 所示的铁氧化物还原相图可知，<570 ℃ 铁红还原制备超细金属磁粉的化学反应为

$$3\alpha\text{-Fe}_2\text{O}_3 + \text{H}_2 = 2\text{Fe}_3\text{O}_4 + \text{H}_2\text{O} \tag{18.8}$$

$$\frac{1}{4}\text{Fe}_3\text{O}_4 + \text{H}_2 = \frac{3}{4}\alpha\text{-Fe} + \text{H}_2\text{O} \tag{18.9}$$

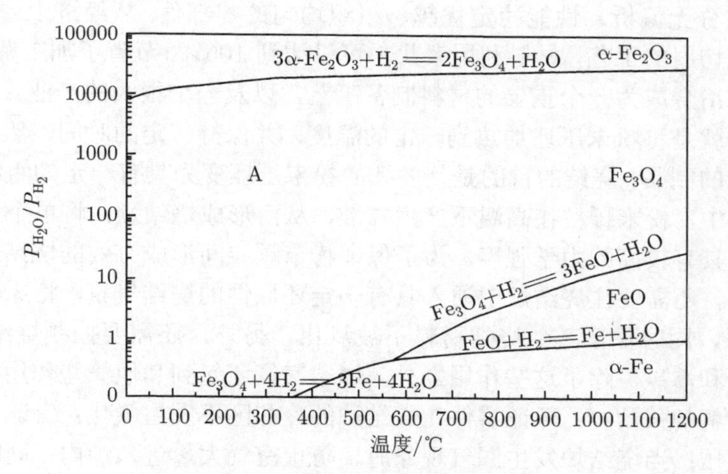

图 18.12 铁氧化物还原相图 [9]

通过控制水蒸气与氢气的压力比 P_{H_2O}/P_{H_2}，改变反应体系的化学能；从而影响粒子的表面能。当 P_{H_2O}/P_{H_2} 保持在图 18.12 的区域 A 时 H_2+H_2O 还原 α-Fe_2O_3 的产物为 Fe_3O_4，而不存在 FeO 和 Fe。Fe_3O_4 经过反应 (18.9) 而直接制得金属磁粉，如图 18.13 所示。

采用水热氢还原技术可以生产的超细金属镍粉、铜粉、钴粉，其最显著的特点是粒度细达 1 μm，甚至 0.1 μm 以下，并可按照用户的需要在 0.1~10 μm 范围变动其粒度。上述超细金属粉末可广泛用于制备镍-镉电池、导电胶、催化剂、硬质合金、磁性材料等领域，是具有良好市场前景的新型功能材料。

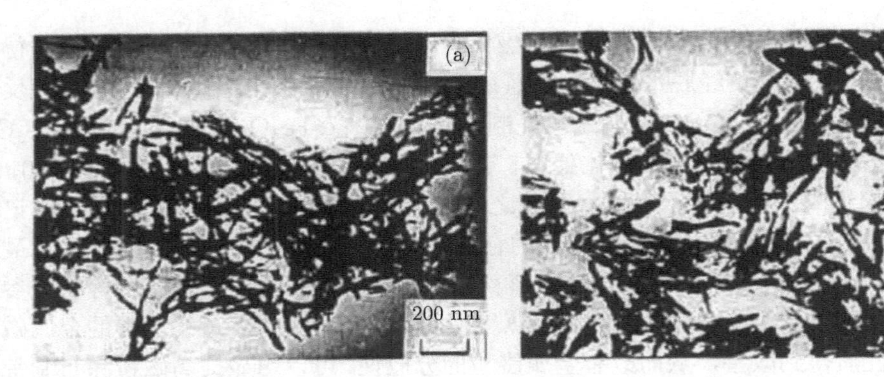

图 18.13 由 H_2 还原 (a) 和 H_2+H_2O 还原 (b) 制备的金属铁粉 TEM 图片

18.3 氢气气氛下材料处理及其氢气燃烧应用

18.3.1 粉末烧结

1) 粉末冶金烧结

粉末冶金技术是一种由粉末直接成形，生产零部件的工艺方法。从技术上看, 用该方法可获得成分无偏析、性能稳定优越、组织均匀的零部件; 从经济上看, 该方法是一种少切屑或无切屑的工艺，材料利用率几乎可以达到 100%, 节省了加工费, 提高了生产率。所以粉末冶金成为一个重要的材料制备工艺，以及一个很大的产业。

所谓烧结就是将粉末压坯加热到一定的温度，并保持一定的时间，然后冷却，从而得到所需性能的制品。烧结的目的是使多孔的粉末压坯变为具有一定的组织和性能的合金。烧结过程中，粉末颗粒在高温下产生扩散，从而形成烧结颈，将单个金属颗粒连接起来，使零件具有较高的力学强度。为了保证粉末颗粒间形成有效的烧结颈，除了加热到一定温度外，还需要往烧结炉中通入具有一定还原性的烧结气氛，将原金属颗粒表面的氧化层还原，同时保证其他烧结材料不被氧化。另外，还需要控制烧结气氛的碳势，避免意外脱碳和渗碳。除了这些作用之外，烧结气氛还起到其他一些作用，如在脱蜡区去除润滑剂分解的残留物；保证零件在烧结炉的冷却区不发生氧化；保证烧结炉内的气压高于炉外气压；当烧结炉发生漏气现象时，防止空气大量进入炉内；同时保证生产过程稳定 [16]。

2) 烧结气氛的影响

图 18.14 是烧结炉气氛和温度分析设置。烧结气氛的正确选择及其控制对烧结后部件的性能至关重要。这里所谓的控制主要是指对气氛中氧及碳浓度 (含量) 的控制, 因为两者均对烧结的质量及其后部件的力学性能、烧结表面质量等具有决定性的作用。

如果仅考虑含碳钢的烧结, 粉末冶金工业中所使用的烧结气氛为氢气、氮气、氮气 + 氢气 (有碳势或无碳势)、分解氨、吸热煤气 (endogas)、吸热煤气 + 氮气、合成煤气以及真空等。正确选择烧结气氛, 需了解各种烧结气氛的特点及其性能, 按照保证质量, 降低成本的原则进行选取。对于粉末冶金碳钢来说，使用较为普遍的为氮气+氢气和吸热煤气。虽然吸热煤气具有经济成本低等优势，但是由于其含氧量较高，在炉膛中容易积碳，不容易控制碳势，因此应用受到限制 [17]。

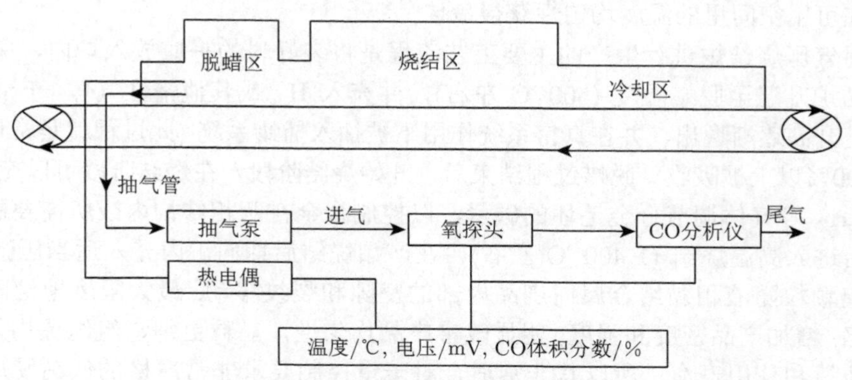

图 18.14 烧结炉气氛和温度分析设置 [16]

氢气按其用途不同可分为保护气和还原气。作为保护气体，氢气的主要作用是防止加工件在高温过程中发生氧化，如钨、钼坯料的垂熔、烧结等过程就需采用氢气保护。氢气是一种很强的还原性气氛, 很多人认为氢气具有一定的脱碳作用, 但这在很大程度上取决于所使用的氢气的纯度而不是氢气本身。一般经过电解或催化转化的氢气都含有一定量的杂质气体, 如 H_2O,O_2,CO 及 CH_4 等, 有时总量可达 0.5%左右。因此, 使用前最好能对其进行干燥及纯化处理, 使其含氧量及露点降低。但是因氢气的价格较高, 除非有特殊理由, 一般情况下很少使用纯氢作烧结气氛。

氮气是一种安全而廉价的惰性气体, 但因纯氮气在烧结温度下不具备还原性, 所以在传统粉末冶金钢的生产中很少用纯氮气作烧结气氛。近年来, 随着氮气纯化成本的降低及烧结炉密闭性的提高, 氮气亦开始被用作烧结气氛烧结含碳钢。

氮氢混合气近年来被越来越多地用于含碳钢的烧结中，氮/氢通常 95/5~50/50。这种混合气具有一定的还原性, 露点可以达到 −60 ℃ 以下。一般来说，使用这种气体在 1050~1150 ℃ 时需要加入一定量的 CH_4 或 C_3H_8 以保持一定的碳势，而在 1250 ℃ 以上烧结含碳钢, 无须控制碳势。这种混合气可以用来在 1120 ℃ 下烧结含铬的铁基合金 (如 Astaloy CrM) 而不发生氧化。

3) 硬质合金烧结

烧结工序是硬质合金生产过程中最后一道主要工序，也是一道关键工序。自硬质合金产品问世以来，烧结作为硬质合金生产过程中最重要的工序，一直是人们研究的重点，各种促进烧结的方法和设备不断涌现，对改进烧结工艺，提高硬质合金产品的性能，降低能源消耗，起了积极的作用。烧结设备和烧结工艺有着紧密联系，根据硬质合金烧结工艺的发展，烧结设备主要经历了以下几个阶段。

在硬质合金烧结中，气压烧结是常常使用的一种方法。气压烧结炉是将硬质合金的脱蜡、烧结、热等静压功能集中于一台设备、生产时一次完成的烧结设备，是目前硬质合金生产中最先进的烧结设备。压力烧结炉的技术特性：工作温度，最高炉温 1 600 ℃; 冷态真空度 0.5 Pa; 泄漏率 <13 Pa/24 h; 功率 50~710 kV·A; 工作压力 6 MPa/10 MPa。气压烧结炉主要包括炉体、真空系统、脱蜡系统、加热系统、加压系统和控制

系统。这种烧结炉的特点是加热体用石墨制造，采用非常精确的测量与控制系统，可以使炉子在可用空间里的温度均匀性获得最佳 [18]。

采用气压烧结炉进行生产的主要工艺流程是将装好料的舟皿放入炉内，关好炉门，压力烧结炉升温至脱蜡温度 (500 ℃ 左右)，并充入 H_2 或其他惰性气体。产品成型剂随着温度升高逐渐逸出，并在真空系统作用下被抽入捕蜡系统 (此过程就是常说的脱蜡工序)，90%以上被吸收。脱蜡过程结束后，开始烧结阶段，在烧结阶段可以充入 CH_4、CO_2 或 H_2 等气体调节合金毛坯的碳量，以控制合金在两相结构内或所需要的组织结构，然后进入高温烧结 (1 400 ℃ 左右)，在产品烧结后期向炉内充入适当压强的氩气，使碳化钨颗粒随液相黏结金属向产品内部的空隙和裂纹移动, 最大限度地消除产品孔隙和缺陷, 增加产品密度和强度, 明显改善产品均匀性，晶粒更细，组织更均匀，能提升产品质量和使用寿命。所以其非常适合对碳量控制要求非常严格的低钴硬质合金的烧结。

WC-20%硬质合金的物理机械性能见表 18.3。从表可以看出，采用气压烧结炉生产出的低钴硬质合金产品比真空烧结炉生产出的产品，不论硬度还是强度都有明显的提高，而且孔隙缺陷得到非常大的改善，密度显著增加，烧结晶粒细了很多，组织更为均匀，各项性能都有较大改善。

表 18.3　是真空烧结炉和压力烧结炉生产的产品物理机械性能

名称	硬度/HRA	晶粒度/μm	孔隙度/%	抗弯强度/MPa	密度/(g/cm^3)
真空烧结炉	85.5	3.0	0.1	2900	13.5
压力烧结炉	87.4	1.8	<0.1	3200	14.07

4) 非金属材料的烧结

集成电路所使用的管壳封装制作过程中有一道关键工艺是玻璃绝缘子的烧结。当未烧的绝缘子要进入 960 ℃ 左右的高温烧结炉烧结成形，为防止合金管壳在炉内的氧化，必须通入可控气氛进行保护。这一工序过去是由充满高纯度 (99.999%) 氮气的密封石英管式烧结炉来完成，这种方式不适于批量生产，应电子信息产业部门的要求，氮氢链式烧结的方法被开发出来了。在充满氮气和氢气的炉芯管中，如果氮气与氢气的体积比为 4:1~13:1，若这时混入的氧气体积达到整个炉芯管体积的 4.5%左右，而且炉温在 560 ℃ 左右时，就会随即发生爆炸。因此，内炉膛的密封、气氛的隔离、防爆措施就成为总体结构设计首先应考虑的问题 [19]。

18.3.2　气氛保护材料热处理和加工

随着钢铁工业的发展, 金属, 特别是带钢热处理工艺和技术在不断进步。为了满足产品质量要求, 热处理中也越来越多地采用了保护气体, 在各种特定的控制气氛下进行常化、退火、淬火、渗碳、脱碳及渗氮等热处理工艺。在所应用的保护气体中, 氢往往是不可缺少的气体成分, 甚至有些热处理工艺是在纯氢气氛下进行的 [20]。

1) 罩式退火氢气吹扫

随着市场的发展，冷轧带钢用户不仅关注产品的尺寸精度和机械性能，而且对冷轧钢板表面清洁度提出了越来越高的要求。国内外各冷轧薄板厂针对钢板表面清洁度进行了系列探索，主要是对轧制工序和退火工序进行研究。

罩式炉退火的目的是获得退火后良好的组织与材料性能，其表面质量主要依靠后续热酸机组的机械破鳞及化学酸洗除去带钢表面的氧化铁皮。罩式退火后钢板表面清洁度受退火后的残碳影响，主要是因为钢卷内部钢板表面残留的乳化液产生热解反应，裂解的残碳没有及时吹净，在冷却过程中沉积在钢带表面，造成钢板表面清洁度较差。因此要保证钢板表面的清洁度，需保证尽量使氢气吹扫量、氢气吹扫时间和轧制油的挥发速度相配。

为了去除钢带表面乳化液中的轧制油，通常加热使其受热挥发，并通过循环气体将其带走。随着温度的升高，轧钢残留乳液中的水分开始蒸发 (约 100 ℃，钢板表面残留乳液开始发生挥发和分解反应 (约 310 ℃)。碳氢化合物首先与水蒸气中的氧 (或气氛中氧) 发生反应，在钢带的圈与圈之间形成 CO，随着温度的升高，长链开始裂解，形成原子团:

$$C_nH_m + O_2 \longrightarrow CO + H_2O \tag{18.10}$$

$$C_nH_m \longrightarrow C_mH_m + C \tag{18.11}$$

小的氢分子在钢带之间极易扩散，这些原子团的开口端处于氢饱和阶段，形成容易挥发的轻烃 (约 420 ℃)。这时氢气有助于还原积碳，但有些碳仍然留在钢板表面。在 700 ℃时，氢气直接与积碳发生反应，生成甲烷:

$$C + 2H_2 \longrightarrow CH_4 \tag{18.12}$$

生成的 CH_4 被循环气体带走，当温度达到 700 ℃ 时吹扫已停止。若轧制油裂解形成的碳单质通过反应 (18.12) 不能完全消耗，吹扫时间不足，残余的碳附着在带钢表面，冷却结束后表面出现炭黑缺陷。退火温度和吹扫的循环气体的控制很重要。采用的炉内保护气氛从最初的氮气气氛，逐步发展为氮氢混合气氛，最后发展成为目前的强对流全氢保护气氛，如图 18.15 所示。罩式退火炉最初应用于铜基合金材料的退火，后来才被用于冷轧板带的退火。

表 18.4 是在氢气气氛下退火前后带钢反射率对比结果，由此表可见通过吹氢退火处理，带钢表面反射率得到了显著提高 [21]。

氢气伴随着退火温控过程的始终，在加热、保温和冷却时，分别设定了不同的吹氢流量，以满足用户要求的产品表面光洁度。通过对氢气退火用量、应用的环节及所占比例的分析，决定从吹氢制度的选择、装炉量的提高、设备发生紧急吹扫次数的控制三个环节，进行优化氢气用量，如图 18.16 所示。

氢气吹扫的主要目的是吹走加热过程中炉内钢卷表面的残留物。轧后钢卷由于未经脱脂清洗处理，带钢表面光洁度差，反射率较低，吹氢 1 段和 2 段是钢卷表面轧制油和杂质挥发排放的重要阶段，可以有效提高带钢表面清洁性。

带钢表面光洁度是表面质量的重要指标之一。采用低温恒温退火吹氢工艺试验, 使带钢表面残留轧制油尽可能在低温挥发掉, 使卷芯和卷外部同时达到轧制油挥发最佳温度, 避免出现第二个甲烷峰值, 提高带钢表面光洁度。

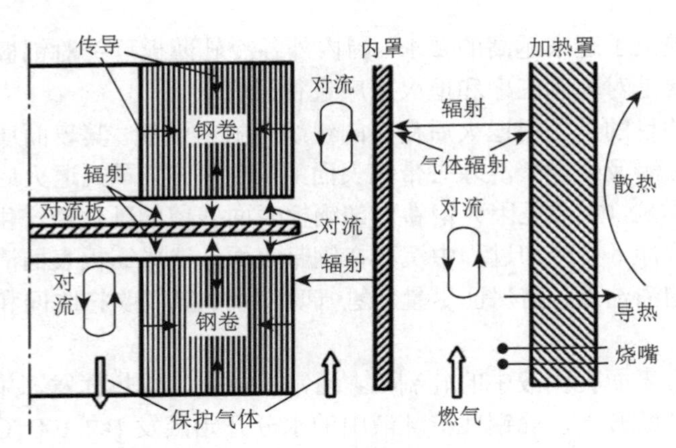

图 18.15　罩式炉内氢气循环及炉内传热示意图

表 18.4　退火前后带钢反射率对比结果

炉台	冷轧号	退火前反射率	退火后反射率
27#	231660	30%	75%
	231661	30%	75%
	231659	40%	80%
	231658	30%	80%
31#	231644	40%	90%
	231645	30%	90%
	231655	30%	80%
	231656	30%	80%

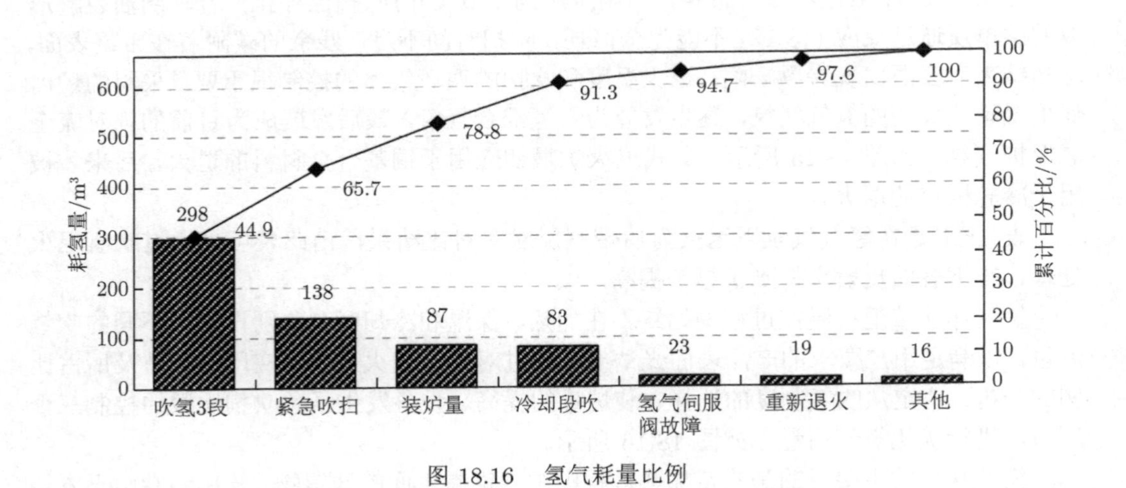

图 18.16　氢气耗量比例

2) 磁性材料氢气保护热处理

磁性材料的热处理主要有消除应力退火和净化退火两种。在普通电炉内进行消除应力退火必须对工件进行装箱密封，以防止工件增碳而降低磁性，同时对温度的要求亦较严格，如电工纯铁加热温度高于 A3 点，则纯铁中的 Fe_3C 固溶到铁中，在冷却过程中变

为 α-Fe 与 Fe_3C, 这种组织老化磁性。而在真空或在氢气保护条件下加热时, 由于扩散和还原反应的作用, 消除了纯铁中的碳和其他杂质, 有利于工件的磁性能。但由于真空设备比较复杂, 造价亦比较昂贵, 而连续式氢气保护磁性退火炉具有结构新颖、简单、操作方便、造价比真空炉低, 同时具有连续生产、生产率高、劳动强度低等优点。因而在磁性材料热处理方面推广应用连续式氢气保护磁性退火炉显得尤为必要。

18.3.3 氢气燃烧高温的利用

氢气与氧气燃烧可以产生很高的温度，利用这个特点可以在材料制备和加工中获得重要应用。

1) 氢氧燃烧切割和焊接

火焰切割是金属加工过程中的一种热切割工艺，是利用预热氧和可燃气如丙烷、天然气、乙炔、焦炉煤气、氢气等混合燃烧的火焰，将切割材料进行局部加热至燃点，使切割材料在高压氧流中连续燃烧，燃烧所产生的熔渣被切割氧流吹掉，从而形成割缝的一种切割工艺。

燃气的实用性受其燃烧特性的影响，燃烧特性包括燃烧热值、燃烧速度和燃烧温度。氢氧混合气与其他燃气的主要参数见表 18.5。从表中可以看出，氢的燃烧热值比其他燃料得的多、火焰温度也比乙炔低得多，但其燃烧速度比其他燃料快得多，可以部分弥补其燃烧热值低、火焰温度低的不足。

表 18.5 氢氧混合气与其他燃气的主要参数对比表

特性		乙炔	甲烷	丙烷	丙烯	丁烷	氢
分子式		C_2H_2	CH_4	C_3H_8	C_3H_6	C_3H_{10}	H_2
沸点/°C		−81.6	−161.5	−42	−47	−0.5	−252
密度/(kg/m^3)		1.16	0.71	1.96	1.87	2.58	0.089
燃烧值/(kJ/m^3)		54714	39000	93100			12800
燃烧速度/(m/s)		8.1	1.25	3.9			11.2
燃烧温度/°C		3088	2538	2527			2660
自然温度/°C	空气中	335	645	510		490	510
	氧气中	300	550	490	459	238	450
耗氧量/(m^3/m^3)		2.5	2	5	4.5	6.5	0.5
低位发热量/(kJ/m^3)		52800	29700	98000	15645	11300	17000
火焰温度/°C		3300	2000	2700	2960	2600	2600
爆炸极限/%(与空气体积比)		2.2～80.5	6.5～12	2.17～9.5	2.4～11	1.5～8.5	18.3～59

长期以来，金属的气焊与气割主要采用乙炔作为燃料，生产乙炔的主要原料是电石，其生产工艺复杂，消耗大量的煤和电能，乙炔气易燃、易爆，储存和运输不方便，燃烧时对环境造成污染。开发多种能源的热切割设备，广泛利用各种可燃气体，减少或禁止使用高价燃气，特别是乙炔，很有必要。

相比之下，氢氧火焰在进行高温切割时，具有预热时间短，切割速度快，穿透度强，切缝小，减少材料损耗，降低生产成本等优点。使用氢氧火焰进行金属板材切割后，其切口平滑，不像乙炔切割会结渣。氢氧气在切割过程中不会像传统切割燃料那样产生刺激性气味，不产生有毒气体，减少了空气污染。通过氢氧火焰在高温切割领域中的应用，并对氢氧火焰与乙炔、丙烷火焰在切割试验中进行对比，进一步证明氢氧气不仅缩短了作业时间，还极大地降低了生产成本，如图 18.17 和图 18.18 所示。经过上述对比可知采用氢氧气应用于连铸坯火焰切割，可以为企业带来显著的经济、社会效益。

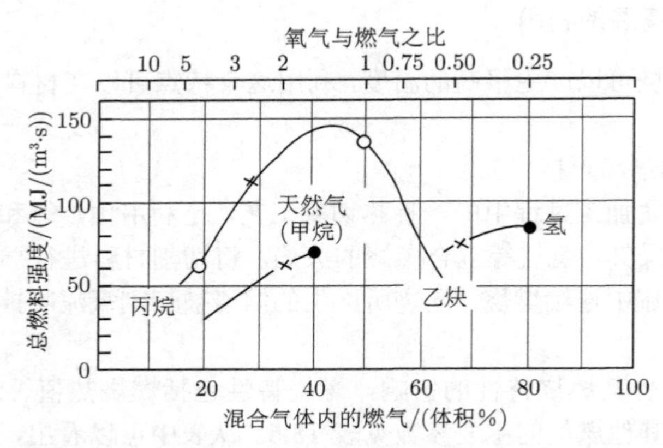

图 18.17　各种燃气-氧混合气的总燃烧强度 (×-化学计量的混合气体；○-中性混合气体)

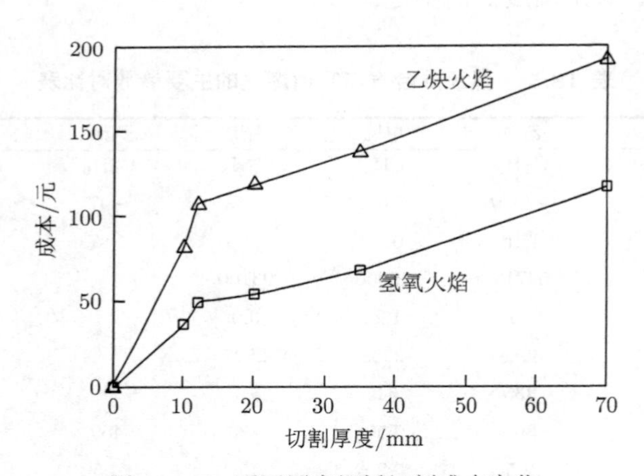

图 18.18　不同厚度钢板切割成本变化

氢氧火焰切割有如下特点：

(1) 割缝。连铸机采用天然气切割时，割缝一般在 8~12 mm，而采用氢氧气切割的过程，经多次测量割缝，均在 4~6 mm，降低连铸坯切割损耗；若按每块连铸坯切割缝隙减少 3 mm 计算，一年可减少切损 180 t 以上。

(2) 切割面。氢氧切割与天然气切割速度基本相当，但氢氧切割的切面平整度较好，毛刺量较少，减少了去毛刺机垂刀的消耗。同时，挂渣量较少且易于清理，降低了工人的劳动强度。图 18.19 为氢氧以及天然气切割冷态铸坯情况。

(3) 氢氧气和天然气切割消耗能源成本对比。图 18.20 是氢氧火焰应用在钢板切割上的照片。天然气切割过程主要需要消耗能源为天然气，而氢氧切割过程主要消耗能源为水、电，同时氢氧切割过程自带氧气，可减少预热氧的消耗。

(4) 氢氧切割技术安全性和环保性。氢气的密度小，浮力大，氢在通风排气条件下能快速上升，不像丙烷气一旦泄漏都在地面处聚集，易于达到爆燃浓度的危险，且扩散系数大，泄漏扩散速度快，即泄漏的氢气能快速向各个方向扩散，使其泄漏区域的氢浓度能快速降低，这为安全特性带来了有利的一方面，因此在建设氢氧发生器机房时，宜用单层建筑，且房间高度不宜低于 4 m，房间顶部应设置通风和排风装置，一般有条件的都应设置氢浓度检测装置，且将氢浓度检测装置与强制排风联锁，另外在氢氧发生器工作间应严格控制明火火源。

图 18.19　氢氧 (左) 和天然气 (右) 切割冷态铸坯

图 18.20　氢氧火焰应用在钢板切割上的照片; (左、中) 氢氧气在连铸切割中的应用，(右) 氢氧气和丙烷割缝对比

另外如果氢氧切割过程中，氢氧气通过水电解来制备，则火焰集中不分散，没有任何污染，并且即产即用，设备工作压力低 ($\leqslant$0.1 MPa)，无储存，管路内残余少，并且设置防回火装置安全可靠。氢氧气来源于水，燃烧后又还原成水，整个过程环保无污染。而天然气、焦炉煤气、丙烷等作为燃气进行切割，可能生成 CO、硫化物等有毒气体，如操作不当，易对人身健康造成危害，因此使用氢氧切割技术，可有效减少切割过程的烟气排放，有利于环境保护 [22]。

2) 焰熔法合成晶体生产过程中

因为氢氧火焰可以产生高温，就可以应用到宝石晶体生长上，最常见的是氢气焰熔法，又叫做“维尔纳叶法”。焰熔法生长宝石装置一般由气体燃料供给系统、气体燃料器、结晶炉、供料装置及下降机构所组成，如图 18.21 所示。将随着频锤振动所抖落的粉料加热溶化于装在支持架上的结晶杆顶端的籽晶上。由于火焰在结晶炉内造成一定的温度分布和籽晶托杆的散热作用，以及结晶杆的缓慢下降，使得逐渐长成的梨状晶体(简称梨晶)(图 18.22) 下部稍冷而呈固态，并逐渐结晶成宝石晶体。结晶杆以与梨晶生长相同的速度下降，保证宝石晶体生长出一定的长度。

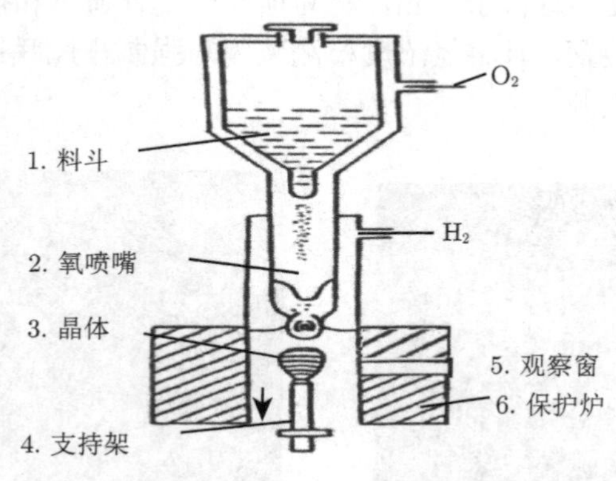

图 18.21 焰熔法装置示意图

图 18.22 焰熔法合成宝石车间 (左) 和蓝宝石梨晶 (右)

这种方法首先应用到了红宝石和蓝宝石的生产上。1891 年瑞士维纳尔 (Verneull) 以纯净的氧化铝为原料, 用氢氧焰熔化技术成功地制成大颗红宝石晶体山, 此法后来用于工业上大批量生产红宝石, 目前欧美各国用焰熔法合成宝石的产量估计为 200~300 t。图 18.23 是焰熔法合成宝石的工艺流程，图 18.24 是焰熔法合成红宝石和蓝宝石的车间及产品照片。

焰熔法合成宝石的优点：整个生长过程都不需要坩埚；可以生长熔点高的宝石晶体，熔点大于 2600 ℃ 的宝石均可采用该合成方法生长；在短暂的时间内可以生长出尺寸很大的晶体，该方法生长晶体的速度较其他合成方法生长晶体的速度快；生长设备简单，成本低廉，生产效率颇高，适用于工业化的大批量生产；由于该方法的生长设备具有可供观察的云母窗，所以能对合成宝石晶体生长的整个过程进行一个观察和监测。

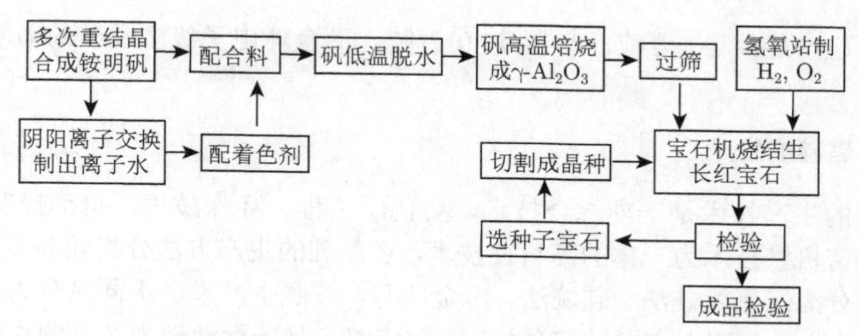

图 18.23 焰熔法合成宝石的工艺流程

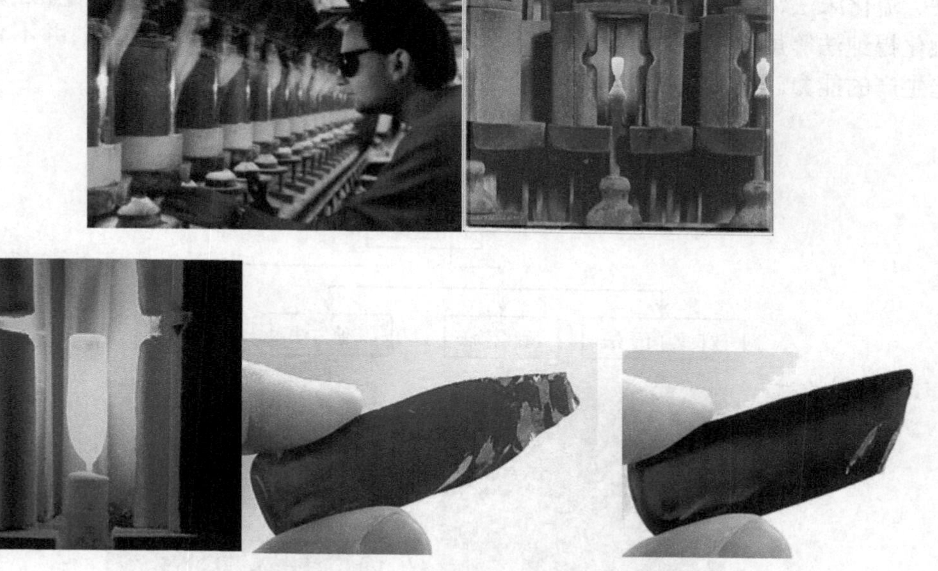

图 18.24 焰熔法合成红宝石和蓝宝石的车间及产品照片

18.4 超高纯多晶硅的制备

多晶硅是硅产品产业链中的一个极为重要的中间产品，是发展制备单晶硅和太阳能光伏产业的基础材料，高纯度的多晶硅材料更是被许多发达国家列为战略性材料。由于电子信息技术和太阳能的发展，国内外对多晶硅的需求迅速增长，市场供不应求。

按纯度要求及用途不同，多晶硅分为太阳能级硅 (6 N) 和电子级多晶硅 (11 N)，太阳能级硅主要用于太阳能电的生产制造，而电子级多晶硅作为主要的半导体电子材料，广泛应用于电子信息领域。目前来看，随着光伏产业的迅猛发展，太阳能电池对多晶硅的需求量的增长速度高于半导体多晶硅的发展 [23]。电子级多晶硅纯度要求达到 9 N~11 N，是半导体工业最重要的功能材料，其中硅材料更是第一大电子功能材料，电子级多晶硅广泛应用于微电子、晶体管及集成电路、半导体器件等半导体工业中。国际上，集成电路芯片及各类半导体器件的 95%以上也是用硅材料制造。据硅业分会统计，2017

年全球多晶硅产能约 50 万吨，产量 43.9 万吨，而全球电子级多晶硅的需求量为 3 万吨左右 [24]。

18.4.1　多晶硅的生产

多晶硅的生产技术是一项综合技术，集化学工程、环保技术、自动控制、新材料、半导体及精密机械技术为一体的高科技技术。多晶硅的生产方法分类较为复杂，按照制备原料不同分为三氯氢硅法、硅烷法、冶金法等，按照生产设备不同又分为改良西门子法 (三氯氢硅法)、流化床法 (硅烷分解) 等。按照多晶硅行业较为统一的说法，多晶硅的生产方法可以划分为两大类，即物理法和化学法，其中物理法又称为冶金法，化学法包括改良西门子法、流化床法、气液沉积法等。目前工业化生产中主要采用改良西门子法、流化床法、冶金法这三种技术工艺生产制备多晶硅，其他方法诸如铝热还原法、区融化提纯法等虽然也可以得到多晶硅产品，但只是小规模的实验性方法，并不具备工业化生产的能力。多晶硅生产方法如图 18.25 所示 [23]。

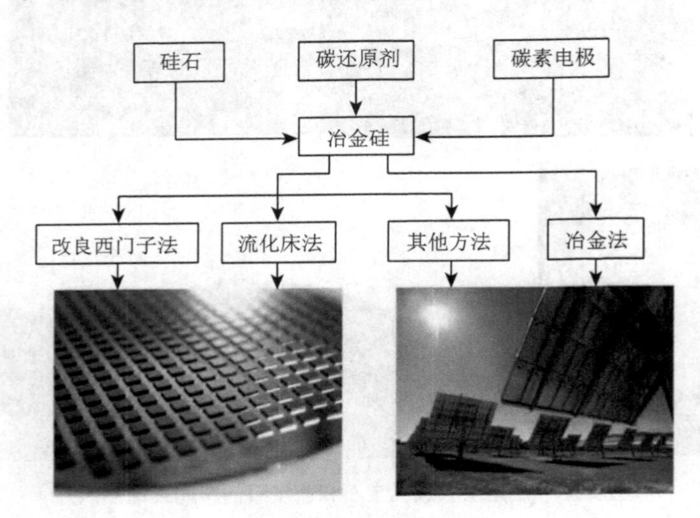

图 18.25　多晶硅生产方法

三种主要生产工艺中，冶金法产品主要为冶金硅，具有生产成本低、工艺流程简单、环境友好等优点，但是该方法提纯得到的产品存在纯度较低、材质结构不均匀等问题。以硅烷为原料的流化床法在业内发展已有几十年的历史，主要以生产粒状多晶硅为主。流化床法具有转化率高、分解速度快、能耗低等众多优点，但同时缺点也非常突出，硅烷分解时容易在气相形成晶核，从而在气相中生成无定形的硅微粉，降低沉积效率。硅烷结构也较不稳定，容易发生爆炸事故。改良西门子法主要以生产棒状多晶硅为主，具有工艺成熟、沉积速率高、原料相对安全等优点，能够兼容太阳能级和电子级多晶硅的工业化生产。表 18.6 为当前生产多晶硅的 3 种主要工艺生产指标。综合比较各种方法，采用流化床法和冶金法制备太阳能级多晶硅的生产工艺生产太阳能级多晶硅有着建设周期短、投资少、能耗低、工艺流程简易等优势。但是随着光伏市场的竞争日趋激烈，对于多晶硅质量的要求日益严苛，由于硅烷法和冶金法受产品质量稳定性和实际成本竞争力所限，未能大批量供应，加之当前改良西门子法生产多晶硅的成本也在逐渐降低，从多晶硅主要生产工艺现状和发展趋势来看，在相当长一段时间内改良西门子法依然是生产多晶硅的主流技术。

表 18.6 多晶硅主要生产工艺比较

工艺	改良西门子法	流化床法	冶金法
成本/(美元/kg)	15~20	10~15	15~20
能耗/(kW·h/kg)	60~70	25~40	20~30
产品质量/N	9~12	6~9	6~9
2014 年产能/(万 t/a)	29.2	9.6	0.8
环保方面	全循环，污染较小	全封闭，污染较小	污染很小

18.4.2 改良西门子法

西门子法是由德国 Sicmens 公司于 1954 年开发的一项技术，该技术从发明到产业化用了近 10 年的时间，给超高纯硅制备技术带来了技术变革。西门子早期的技术方法是采用 $SiHCl_3$ 与 H_2 发生氧化还原反应，最终在硅芯上沉淀 Si。西门子技术经过了 3 代技术革新，通常将第 3 代西门子生产多晶工艺称为改良西门子方法。该法的主要特点是，在以往的技术上增加了 $SiCl_4$ 氢化工艺和对尾气回收装置系统。

改良西门子法首先利用冶金硅 (纯度要求在 99.5%以上) 与氯化氢 (HCl) 合成产生便于提纯的三氯氢硅气体 ($SiHCl_3$)，然后将 $SiHCl_3$ 精馏提纯，最后通过还原反应和化学气相沉积将高纯度的 $SiHCl_3$ 转化为高纯度的多晶硅，还原后产生的尾气进行干法回收，实现了氢气和氯硅烷闭路循环利用 [25]。改良西门子法包括五个主要环节：即 $SiHCl_3$ 合成、$SiHCl_3$ 精馏提纯、$SiHCl_3$ 的氢还原、尾气的回收和 $SiCl_4$ 的氢化分离。其核心过程是采用化学气相沉积法，在电加热还原炉内，用 H_2 还原 $SiHCl_3$ 产生 Si，在硅芯上不断沉积，长成一定直径的硅棒。具体反应式如下：

主反应：
$$\mathrm{Si + 3HCl \longrightarrow SiHCl_3 + H_2\uparrow} \tag{18.13}$$

$$\mathrm{SiHCl_3 + H_2 \longrightarrow Si + 3HCl\uparrow} \tag{18.14}$$

副反应：
$$\mathrm{4SiHCl_3 \longrightarrow Si + 3SiCl_4 + 2H_2\uparrow} \tag{18.15}$$

$$\mathrm{SiCl_4 + 2H_2 \longrightarrow Si + 4HCl\uparrow} \tag{18.16}$$

$$\mathrm{2SiHCl_3 \longrightarrow Si + SiCl_4 + 2HCl\uparrow} \tag{18.17}$$

$$\mathrm{SiHCl_3 \longrightarrow SiCl_2 + HCl\uparrow} \tag{18.18}$$

$$\mathrm{2BCl_3 + 3H_2 \longrightarrow 2\,B + 6HCl\uparrow} \tag{18.19}$$

$$\mathrm{2PCl_3 + 3H_2 \longrightarrow 2P + 6HCl\uparrow} \tag{18.20}$$

图 18.26 为改良西门子工艺流程简图。尾气的回收是尾气经过低温氯硅烷鼓泡喷淋回收多晶硅尾气中大部分 $SiCl_4$ 和 $SiHCl_3$ 后，然后将 $SiCl_4$ 和 $SiHCl_3$ 经精馏分离提纯

后分别送至还原和氢化装置，从喷淋塔出来的不凝气体 (H_2、HCl、少量 $SiCl_4$) 经气液分离器除去夹带的液滴后加压得到 H_2。吸收 HCl 的 $SiCl_4$ 混合液在解吸塔解吸 HCl 后循环使用。回收的 H_2 中含有微量的 HCl、$SiCl_4$，再通过活性炭吸附塔净化后送至还原和氢化装置，含 HCl、$SiCl_4$ 气体的 H_2 返回干法回收系统。图 18.27 为尾气干法回收流程图。

改良西门子法所生产的多晶硅产量占全球总产量的 85%。改良西门子法通过采用大型还原炉，降低了单位产品的能耗。通过采用 $SiCl_4$ 的氢化和尾气干法回收工艺，实现了闭路循环利用，减少了废气的处理及排放，明显降低了原辅材料的消耗。

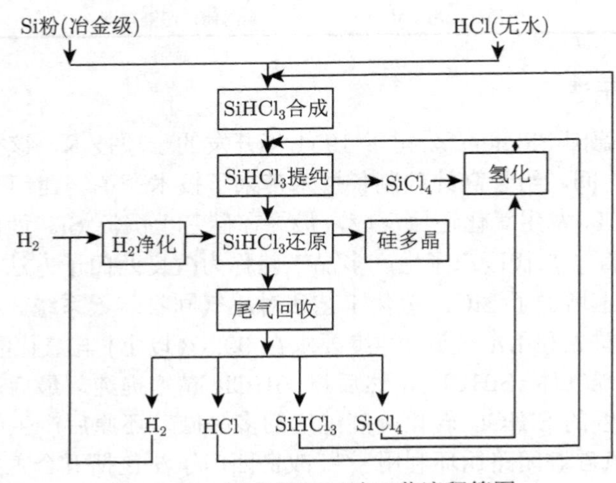

图 18.26　改良西门子法工艺流程简图

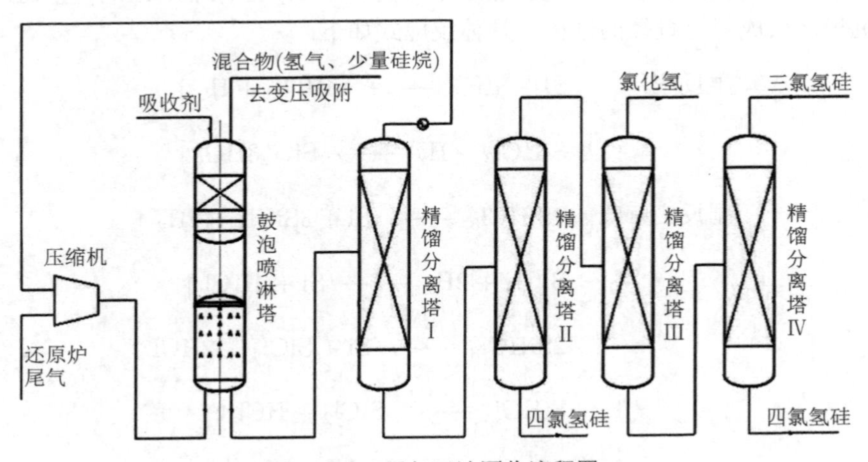

图 18.27　尾气干法回收流程图

18.4.3　氢气的使用和回收

在改良西门子法中会大量地使用氢气，氢气起着重要的作用。首先在改良西门子法中，需要大量的原料 $SiHCl_3$(TCS)。同时，西门子法制备 1 kg 多晶硅，会产生 15~

18 kg $SiCl_4$(STC)，如果不能有效利用，不仅会造成浪费，降低硅的实收率，增加生产成本，且易危害人体健康和环境。因此，多晶硅行业对 $SiCl_4$ 的利用进行了大量研究。从 $SiCl_4$ 用途看主要有: 生产气相白炭黑、有机硅、光纤、钡盐等，另外一种方法就是利用氢化的方法生成 $SiHCl_3$ 供还原反应使用 [26]。

多晶硅生产中 $SiHCl_3$ 的来源有两个: 一是采用氢化尾气干法回收 (CDI) 技术来回收尾气中的 $SiHCl_3$; 二是利用 $SiCl_4$ 氢化技术，将 $SiCl_4$ 氢化反应生成 $SiHCl_3$。前些年，氢化工序普遍采用热氢化技术，使 $SiCl_4$ 和 H_2 在 0.2 MPa、1250 ℃ 的条件下反应，生成 $SiHCl_3$，经过 CDI 分离提纯，重新用于还原反应。由于热氢化的反应温度高，一次转化率低，需多次循环，因此能耗较高。随着氢化技术进步，催化氢化技术有了突破，降低了氢化反应温度，提高了 $SiCl_4$ 转化率，成为多晶硅生产中节能降耗的关键技术。

18.4.4 氢气的纯度要求

多晶硅质量受如下几个因素的影响：① $SiHCl_3$ 中的杂质 P、B 含量高，将严重影响多晶硅的电阻率；② H_2 中混有水蒸气和氧，含氧大于 2.0×10^{-3}%时，在还原炉内形成二氯化硅氧化夹层；③ 反应温度在 900~1000 ℃，$SiHCl_3$ 以热分解为主；反应温度在 1080~1200 ℃，$SiHCl_3$ 以还原反应为主；反应温度在 1200 ℃ 以上，副反应逆反应同时发生；④ H_2:$SiHCl_3$=5:1 时较为经济；小于 5:1 时多晶硅生长速度慢，转化率降低；⑤ 超高纯产品 (硼含量小于 0.03 mg/g) 难以获得。

H_2 是进入还原炉的一种关键物料，H_2 的纯度对于多晶硅的质量影响很大。目前绝大多数厂家使用电解制氢工艺生产高纯氢气。经过还原后回收的 H_2 往往由于操作控制达不到制备高品质电子级多晶硅的要求，这就需要增加专门的氢气净化装置来保证。电子级原料 H_2 中 CH_4、N 含量都要达到 ppb 级，H_2 露点要 < -70 ℃，含氧量 $\leqslant 1$ ppm[24]。

18.5 非晶硅薄膜太阳能电池

太阳能作为一种取之不尽用之不竭的清洁无污染能源受到人们的青睐，太阳能电池研究受到全世界广泛的重视。在过去的几十年里，太阳能电池研究取得了巨大的进展，并且全世界太阳能电池年产量以每年平均 35%的速度逐年增加，目前太阳能电池主要应用于航天、通信及微功耗电子产品等领域，也有一些并网太阳能电站建立，但是由于价格昂贵，限制了其大规模应用，太阳能电池作为社会整体能源结构的组成部分所占的比例不足 1%。

18.5.1 薄膜太阳能电池

薄膜太阳能电池以其低廉的成本优势受到世界各国研究者的关注。目前国际上研究较多的薄膜太阳能电池主要有 3 种: 硅基薄膜太阳能电池、碲化镉薄膜太阳能电池 (CdTe)、铜铟镓硒薄膜太阳能电池 (CIGS)，各自特点如表 18.7 所示。

在三种薄膜太阳能电池中，硅基薄膜太阳能电池以其特有的优势快速发展。硅基薄膜太阳能电池又分为: 非晶硅 (a-Si) 薄膜太阳电池、微晶硅 (μc-Si) 薄膜太阳能电池、纳

米硅 (nc-Si) 薄膜太阳能电池，以及它们相互合成的叠层电池。同晶体硅太阳能电池相比，非晶硅太阳能电池具有良好的弱光效应。非晶硅材料的吸光系数在整个可见光范围内，几乎都比晶体硅大一个数量级，其本征吸收系数高达 10^5 cm^{-1}，使得非晶硅太阳能电池对低光强有较好的响应，实验证明非晶硅薄膜电池比同样标称的晶体硅电池的发电量多 10%～30%。

表 18.7　三种主要薄膜太阳能电池

硅基薄膜太阳能电池	碲化镉薄膜太阳能电池	铜铟镓硒薄膜太阳能电池
1. 转化率：非晶为 6%～7%，非晶/微晶为 8.5%～11%	1. 量产转换率 10%	1. 量产转化率 10%以上
2. 在产品商业化方面，技术最成熟	2. 镉具有毒性	2. 需要突破一些关键技术才能达到批量生产水平
3. 原材料；来源丰富，主要原料为玻璃和硅烷气体	3. 一些主流市场较难进入 (屋顶系统)	3. 铟的短缺可能成为该技术发展的瓶颈
4. 具有最成熟、最具规模化的生产设备	4. 碲产量较少，将会成为瓶颈	4. 不具备成形的大规模生产设备
	5. 没有工业化的生产设备	

同时由于晶体硅太阳能电池所用材料是间接带隙半导体——吸收太阳能时需要一定的厚度，pn 结比较厚 (晶体硅太阳电池的基本厚度为 240～270 μm)，所以其硅原料消耗较多，成本相应较高，电池板的价格居高不下，其所造成的硅浪费也比较大，而硅是十分多用途的重要半导体。非晶硅为直接带隙半导体，光辐射吸收范围广，所需厚度薄，故此非晶硅薄膜太阳能电池可以做得很薄，相差 200 多倍，光吸收薄膜总厚度大约 1 μm，如图 18.28 所示，非晶硅以其原料消耗少，低成本以及较好的性能而受到市场的青睐。晶体硅太阳电池大规模生产需极大量的半导体级，仅硅片的成本就占整个太阳电池成本的 65%～70%，在中国 1 W 晶体硅太阳电池的硅材料成本已上升到 22 元以上。此外，由于非晶硅没有晶体所要求的周期性原子排列，可以不考虑制备晶体所必须考虑的材料与衬底间的晶格失配问题。因而它几乎可以淀积在任何衬底上，包括廉价的玻璃衬底，并且易于实现大面积化。从原材料供应角度分析，人类大规模使用阳光发电，最终的选择只能是非晶硅太阳电池及其他薄膜太阳电池，别无他法!

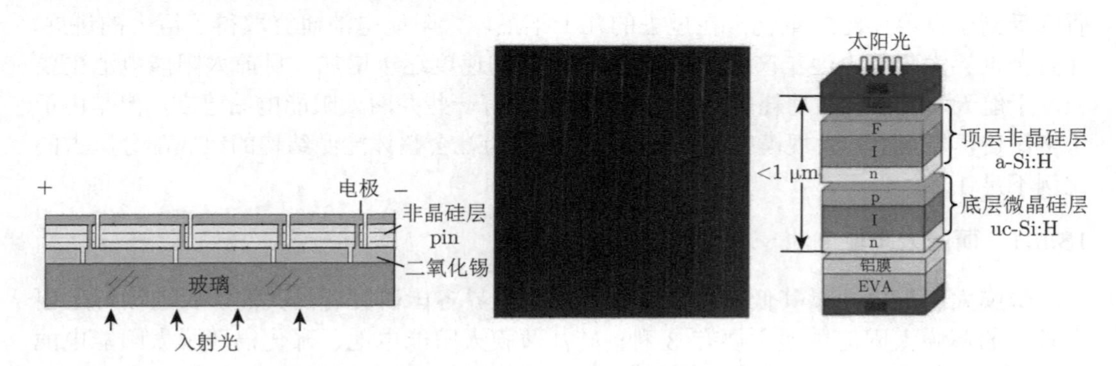

图 18.28　非晶硅太阳能电池结构示意图

18.5.2 非晶硅薄膜太阳电池

1) 悬挂键

非晶硅薄膜太阳电池的生产线主要包括如下设备：导电玻璃磨边设备，导电玻璃清洗设备，大型非晶硅薄膜 PECVD 生产设备 (包括辅助设备)，红外激光、绿激光刻线设备，大型磁控溅射生产设备，组件测试设备。

非晶硅太阳能电池的结构最常采用的是 p-i-n 结构，而不是单晶硅太阳能电池的 p-n 结构。这是因为：轻掺杂的非晶硅的费米能级移动较小，如果用两边都是轻掺杂的或一边是轻掺杂的另一边用重掺杂的材料，则能带弯曲较小，电池的开路电压受到限制；如果直接用重掺杂的 p^+ 和 n^+ 材料形成 p^+-n^+ 结，那么，由于重掺杂非晶硅材料中缺陷态密度较高，少子寿命低，电池的性能会很差。因此，通常在两个重掺杂层当中淀积一层未掺杂的非晶硅层作为有源集电区。

由于非晶硅半导体材料 (a-Si) 最基本的特征是组成原子的排列 64 为长程无序、短程有序，原子之间的键合类似晶体硅，都是形成一种共价无规则的网络结构，拥有一定数量的悬挂键、结构缺陷、断键等。尤其是悬挂键，通常无掺杂的非晶硅薄膜悬挂键密度可达到 10^{18} cm^{-3} 或更高，高缺陷态密度导致薄膜载流子扩散长度小、迁移率低、寿命短，所以这种材料是不适合直接做成半导体器件的。即光照使 a-Si:H 材料产生中性悬挂键等亚稳态缺陷。这些缺陷起复合中心作用，从而降低制了材料和电池的性能。

2) H 的引入及其问题

H 的引入解决了这一问题，H 有效饱和了非晶硅薄膜中存在的悬挂键 (DB) 缺陷态, 研究表明, H 的引入可使薄膜的 DB 密度大大下降 (可以降低到 $(1\sim5)\times10^{15}cm^{-3}$), 从而减少了带隙中的非辐射复合中心, 使 a-Si:H 薄膜成为一种十分重要的光电材料 [27]。

然而, 掺入薄膜中的 H 的利用率非常低, 通常掺入薄膜中的 H 密度比薄膜的 DB 密度要大几个数量级, 因而薄膜中存在大量的游离 H。大量可移动的 H 带来了一系列不利的影响, 如 H 原子在薄膜中的移动，容易引起弱 Si—Si 键的断裂和 H 的聚集, 从而导致悬挂键的移动和薄膜局部悬挂键密度重新增加, 使得薄膜的光电特性恶化。另外过多的 H 也会在光照后发生扩散、溢出等现象, 从而使薄膜产生新的复合中心和陷阱中心, 这样就改变了薄膜淀积初期稳定的结构, 使薄膜的光电特性变差, 光电转换效率急剧降低。

此外, H 在 a-Si 薄膜中以多种组态形式存在，除稳定的 SiH 组态外, 同时还有弱键能组成的 SiH_2、$(SiHHSi)_n$、分子氢 (H_2) 及双原子氢化合物等形式。由于不同的氢组态具有不同的结合能 (E), 因而它们在 Si 中起着不同的作用, 但只有 Si—H 键合方式对薄膜增强红外吸收起着重要作用。

正因为如此，在不影响薄膜 DB 密度的前提下尽量减少薄膜中的 H 含量，同时使薄膜中的 H 应以 Si—H 键组态为主要存在形式，尽量减少不稳定的 SiH_2 或 $(SiHHSi)_n$ 等组态是一个 H 引入的关键。在理想状态下应该把薄膜中的 H 含量 (原子数分数) 控制在 5%以下, 这样才能大大降低非晶硅薄膜太阳电池的光致衰减。

3) H 含量的检验方法

目前有多种研究 a-Si:H 薄膜中 H 含量及 Si—H 键合方式的技术, 而红外光谱法仍是最有效的技术之一。相对于核反应技术、α 粒子散射、二次离子质谱法、H 演化和核弹性散射等众多实验测试手段而言，红外光谱法具有检测过程中不需对 IR 光探针进行精确的角对齐、操作简单、对薄膜结构无损伤、分析结果不需要修正等，所以红外光谱法是目前最常用来对氢化非晶硅薄膜进行 H 分析的技术手段。红外光谱法可以较精确地分析得出薄膜中的 H 含量及 Si—H 键各种组态的存在比例。

表 18.8 给出了氢化非晶硅中各种 Si—H 键合组态的振动模式及其对应的吸收波数。由表可见，SiH，SiH_2 和 $(SiH_2)_n$ 的伸展振动模对应红外吸收峰中心分别在 2000，2090 和 2090~2100，它们的摇摆振动模对应红外吸收峰都在 630~640 cm^{-1}。

并非任何一种组态都有全部的振动模式，组态越复杂，振动模式越全。所有这些振动都有其确定的频率，但并非每一种振动模式都有不同于其他模式的频率。因此，组态的区分往往只是利用各自最有特征的振动模式。

表 18.8　a-Si:H 各种组态的振动模式及其频率

组态	吸收峰/cm^{-1}	振动模式
Si—H	2000	伸缩
	630	摇摆
Si—H_2	2090	伸缩
	630	摇摆
$(Si—H_2)_n$	2100	伸缩
	630	摇摆

18.6　金属间化合物氢致非晶化

非晶态物质是一种具有原子排列短程有序、长程无序的亚稳态结构，并在一定温度范围内保持这种状态相对稳定的物质。这是一种传统的物质，早已经被人类认识，但是都是集中在玻璃材料上，最早成功制备出非晶态合金的报道是 1934 年，由 Kramen 采用蒸发沉积法获得了非晶硅薄膜，气相快速冷却是当时的主流；1960 年 Duwez 等采用金属液体快速冷却制备了 Au-Si 非晶合金薄带，标志着非晶合金这一新材料研究领域的启动，液相快速冷却推动了非晶态材料的发展，20 世纪 80 年代进入了快速发展，并逐步发展成为一种重要的新材料。

目前制备非晶态金属的方法主要是将金属熔化并快速喷到冷的金属基板达到快速凝固的效果，为了实现非晶化，冷却速度往往要求在 10^6 ℃/s，是一种比较苛刻的工艺，所以仅能制备尺寸比较小的样品，如粉体、线或带，另外对于金属间化合物由于熔点高、与坩埚反应强、氧化性强等问题，制备更为困难。所以金属间化合物的非晶态制备是一个比较困难的事情。1983 年以后，固相反应制备非晶态材料的研究开始受到关注，主要有机械合金化法、多层膜互扩散法、电子线照射以及氢气吸收非晶态化法，上述方法为解决这些问题提供了一个新的途径。

18.6.1　金属间化合物的氢气吸收和非晶态化

氢气吸收引起的非晶态化方法是让 AB, AB_2, AB_3 等类型的金属间化合物在常温或在常温以上的合适温度下通过金属间化合物吸收氢气使其变成非晶态结构，这种方法不需要熔解金属、不需要快速冷却、不需要特殊的设备，具有耗能少、容易控制、没有合成样品的尺寸限制的特点 [28−31]，简称氢致非晶态化。

早期知道的氢致非晶态化化合物有 C15 型 Laves 化合物 [32] 和 Zr_3Rh、Zr_3Al。金属间化合物吸收氢气过程中会发生相变，图 18.29 是 $GdFe_2$ 不同温度下在 50 bar 的氢气压力下反应后的产物 XRD。反应前样品是单一的 Laves 相，在 300 K 反应后，XRD 衍射峰整体朝着低角度偏移，但形态不变化，仅仅是晶体点阵常数随氢气吸收而增大，是一个氢原子在金属间化合物的晶格中固溶的过程。423 K 时，晶体的衍射峰消失，这是一个非晶相形成过程。在 523 K 反应后，新的结晶峰出现，样品和氢气反应后分解成 GdH_2 和 α-Fe 两相，这是一个新结晶相的形成过程。进一步加热到 675 K，新结晶相的衍射峰尖化，这是一个晶粒长大的过程。$GdFe_2$ 在吸收氢气时随着温度不同会发生氢气固溶、非晶态形成、新结晶相形成和晶粒长大过程，这种现象在金属间化合物吸氢过程中常常出现。

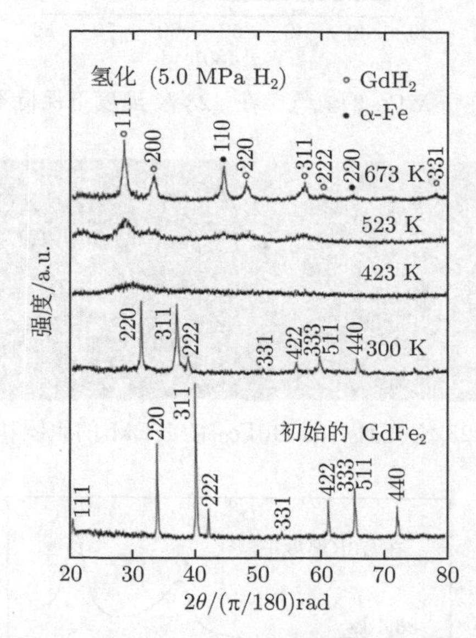

图 18.29 $GdFe_2$ 在 5 MPa 的氢气中在不同温度下保持 86 ks 后的 XRD

图 18.30 是 $GdFe_2$ 在 423 K 吸氢后结构随吸氢量的变化。最初 $GdFe_2$ 以氢固溶的形式吸收氢气，发生晶格膨胀，随后随着吸氢量的增加逐步转变成非晶态结构。氢气的固溶极限含量是 1.0H/M (hydrogen atom per metal atom)，超过了这个极限就开始形成非晶态，当吸氢量达到 1.2H/M 时样品完全非晶态化。图 18.31 是非晶态化后样品的透射电子显微镜明场像和电子衍射像，显示了样品的非晶态状态。图 18.32 是与氢反应不同时间的样品 DSC 曲线，吸氢 900 s 的样品显示两个清楚的吸热峰，只是样品中氢溢出时的吸热反应。两个吸热峰对应着氢原子占住两种不同的间隙，温度高端的峰对应着氢在样品中更稳定。随着吸氢的增加，稳定位置的放氢越来越少，说明非晶态化是以高稳定位置为中心进行的，变得越来越稳定，越来越不容易放出，暗示非晶态形成的机理。

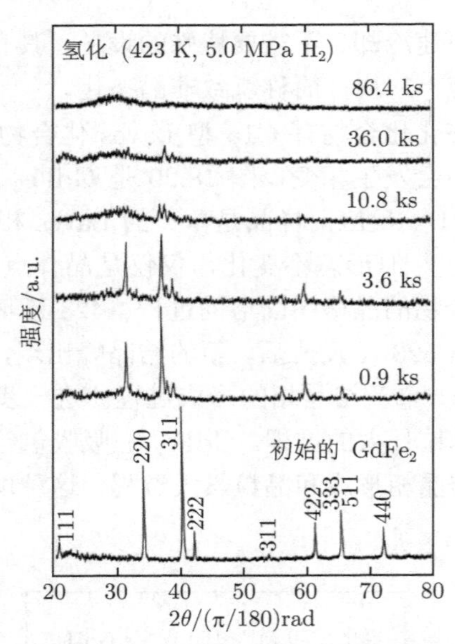

图 18.30　$GdFe_2$ 在 5 MPa 的氢气中在 423 K 温度下保持不同时间后的 XRD

图 18.31　在 423 K 充氢后的 $GdFe_2$ 的 TEM 的组织和电子衍射结果

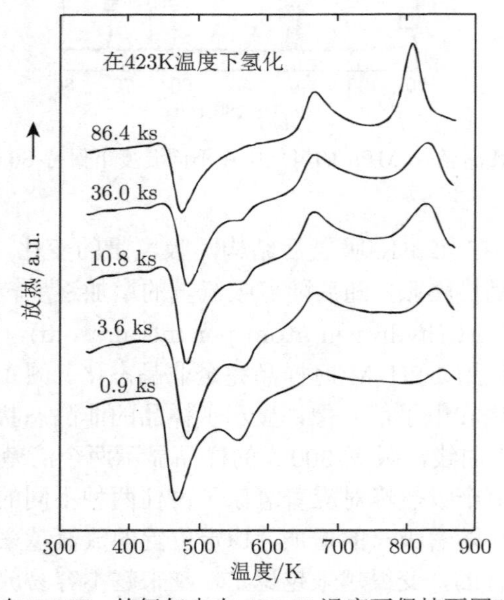

图 18.32　$GdFe_2$ 在 5 MPa 的氢气中在 423 K 温度下保持不同时间后的 DSC 结果

18.6.2 氢气吸收非晶态化的金属间化合物种类

表 18.9 为目前已经报道的可以通过氢气吸收而非晶化的金属间化合物。表中 A 是氢化物形成元素 (Ti、Zr、R= 稀土元素等)，B 是非氢化物形成元素 (Fe、Co、Ni、Al、Ga、Sn 等)。氢气吸收非晶化的金属间化合物有 A_3B、A_2B 和 AB_2 类的成分，而有名的 $LaNi_5$ 型 AB_5 和 FeTi 型 AB 成分化合物都没有观察到氢气吸收非晶态化。从晶体结构来看有 $L1_2$(fcc)、$D0_{19}$、C23、$B8_2$ 以及 C15 型结构。机械合金化等其他固相反应法与晶体的结构没有太大关系，这一点与氢气吸收非晶态化有很大不同。其原因是氢原子要占住晶体中的特殊位置，使在非晶态热力学上稳定，动力学进行容易。

表 18.9 氢致非晶化的金属间化合物种类和晶体结构

组成	晶体结构	金属间化合物
A_3B	$L1_2$ (fcc)	Zr_3In, Zr_3Al, Zr_3Rh, R_3In(R=Ce,Pr,Nd,Sm)
	$D0_{19}$	R_3Ga (R=La, Pr, Nd, Sm)
		R_3Al (R=La, Pr, Nd, Sm)
		Ti_3Ga, Ti_3In
		$(Ti_2Zr)Al$, $(Ti_2Hf)Al$
A_2B	C23	R_2Al (R=Y, Pr, Nd, Sm, Gd, Tb, Dy, Ho)
	$B8_2$	R_2In (R=La, Ce, Nd, Sm, Gd, Tb, Dy, Ho, Er)
		Zr_2Al
AB		CeAl
AB_2	C15	RFe_2 (R=Y, Ce, Sm, Gd, Tb, Dy, Ho, Er)
		RCo_2 (R=Y, Ce, Pr, Nd, Sm, Gd, Tb, Dy, Ho, Er)
		RNi_2 (R=Y, La, Ce, Pr, Nd, Sm, Gd, Tb, Dy, Ho, Er)

C15 型 Laves 化合物中很多都可以氢致非晶态化，但是也有一些是形成氢致非晶态化的。图 18.33 给出了氢致非晶态化与 C15 型 Laves 化合物的熔点和点阵常数的相关性。从此图可以看到 C15 型 Laves 化合物的氢致非晶态化需要满足以下条件：同时含有与氢亲和力强的元素以及不强的元素；化合物热稳定性差 (即熔点或分解温度低于 1600 K)；晶格点阵常数在 0.71~0.78 nm。

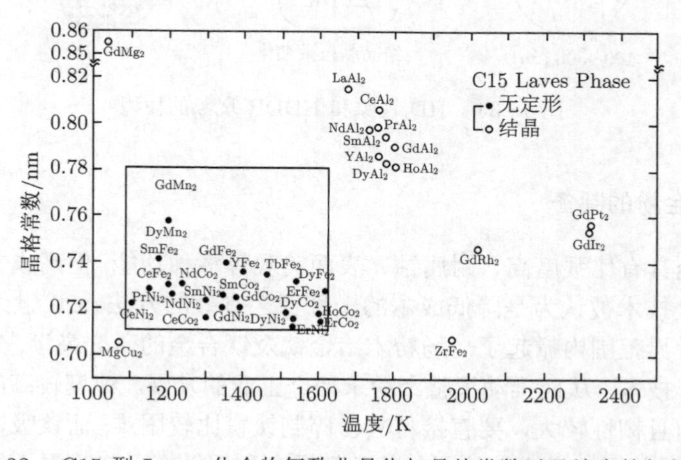

图 18.33 C15 型 Laves 化合物氢致非晶化与晶体常数以及熔点的相关关系

18.7　HD 和 HDDR 以及微观组织调控

金属吸收氢气引起晶格常数变化、晶粒的细化、微孔形成等现象，这些现象有些是有害的，有些是可以利用的。

氢爆 (hydrogen decreption，HD) 现象是氢气吸收引起的微粉化现象。合金吸收氢气时伴随体积膨胀，从而导致裂纹形成，并沿着晶界和晶粒内扩散，从而引起微粉化。HD 现象导致储氢材料以及镍氢电池电极材料寿命下降，需要有效抑制，但是却可以用来制备细化难以粉碎的块状体得到微粉，而且得到的微粉中的氧成分也很低，HD 现象在 Nb_3M(M= Al,Si,Ge,In) 粉体的制备和稀土磁性粉体的制备。

氢化-歧化-吸氢-再复合 (hydrogenation disproportionation (or decomposition) desorption recombination，HDDR) 现象是化合物在吸氢和放氢过程中引起的组织微细化现象。图 18.34 是 HD 现象和 HDDR 现象的模型图。HDDR 被广泛应用在稀土永磁材料、镍氢电池电极材料的制备上。

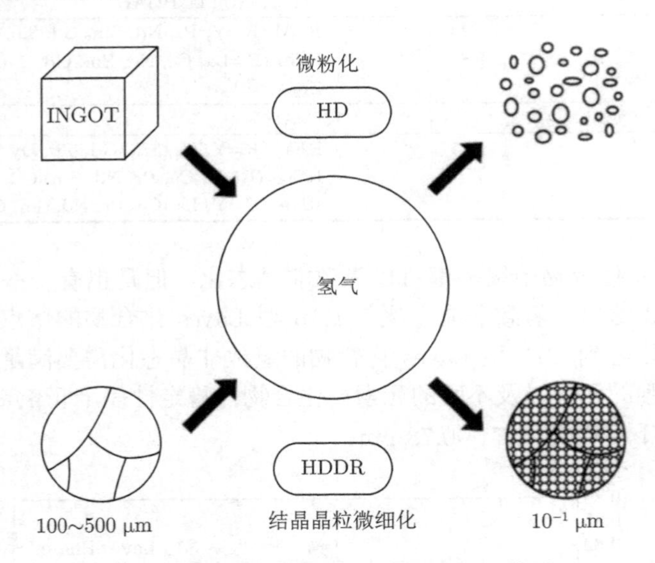

图 18.34　HD 现象和 HDDR 现象的模型

18.7.1　Ti 合金粉的制备

钛及钛合金具有比强度高、耐腐蚀、表面美观等多种功能, 但高成本影响着其广泛应用。粉末冶金技术被认为是降低成本的一种行之有效的方法。20 世纪 70 年代至 80 年代末曾在全世界范围内掀起了一场粉末冶金钛及钛合金的研究高潮, 先后开发了多种制粉技术和成形技术，从而推动了整个粉末冶金工业的发展。纯度较高的海绵钛在常温常压下比较软而且韧性较大，要直接将其粉碎制钛粉比较困难; 而钛吸氢后形成的氢化物容易破碎, 因此美国、日本、德国、荷兰等国家利用钛在一定高温下能快速地吸收大量氢气生产氢化钛，使具有韧性的海绵钛变脆的特性，经破碎后的真空高温下脱氢制得钛粉, 这种方法就是氢化-脱氢法。在开发高质量低成本钛粉末方面，氢化-脱氢工艺制备钛粉末有明显的优越性 [33]。

钛合金粉末冶金属于钛合金扩散加工，扩散加工是在加热加压条件下，利用被连接表面微塑性变形和原子扩散实现固结与连接的工艺，钛合金扩散加工温度相对较高, 扩散加工压力大、时间长、效率低。随着钛合金氢处理技术的发展，国外学者将钛合金氢处理技术和粉末成形技术相结合, 用含氢钛粉直接烧结成形，来制备高性能制件。

Froes 提出了两种路线下含氢钛粉的固结工艺，工艺路线如图 18.35 所示。可以看出，图 18.35(b) 工艺路线除氢和烧结同时进行，与图 18.35 (a) 相比减少了脱氢工序、节省了设备和时间、降低了生产成本。与此同时, 由于钛对碳、氮、氧等元素都很敏感, 生产 HDH 钛粉时需将氢化钛破碎而后脱氢, 此过程容易将钛粉污染，而采用氢化钛粉直接生产钛合金, 减少了可能被污染粉末的程序, 可降低最终产品的杂质含量。

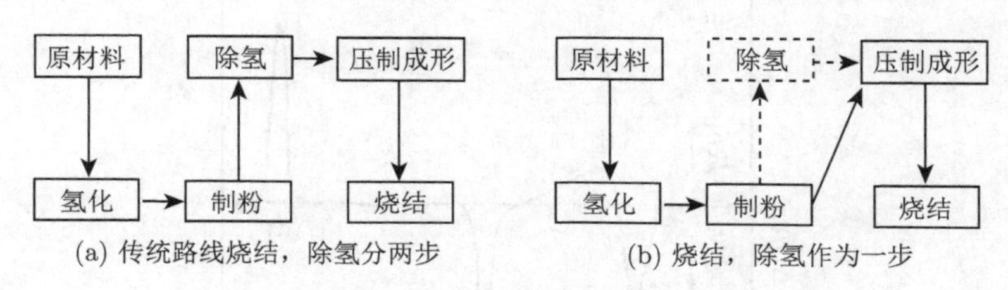

(a) 传统路线烧结，除氢分两步　　(b) 烧结，除氢作为一步

图 18.35　两种钛合金粉体制备工艺

Azevedo 对两种工艺进行了研究，图 18.36 是两种工艺路线下得到的 Ti-6Al-4V 粉末烧结试样的微观组织。从图中可以看出试样都含有 α 相和 β 相，并且其含量相当。此外，含氢钛粉烧结除氢后得到的试样的孔隙率 ((a) 和 (b)) 低于除氢后钛粉烧结得到的试样的孔隙率 ((c) 和 (d))。

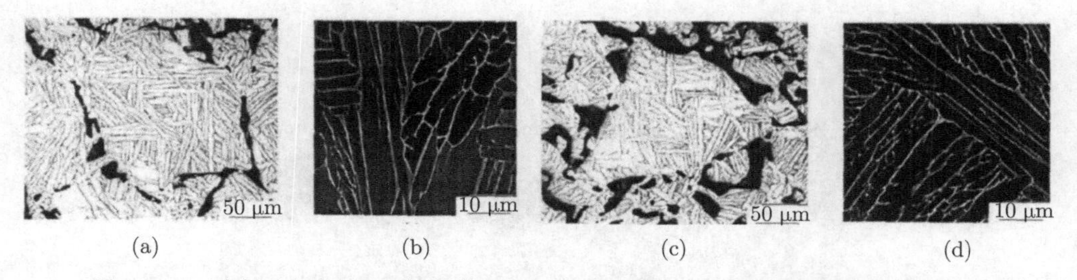

(a)　(b)　(c)　(d)

图 18.36　含氢 (a) 和 (b) 以及脱氢 (c) 和 (d)Ti-6Al-4V 粉末烧结后的微观组织

18.7.2　稀土永磁材料的 HD 现象

1) Sm_2Fe_{17} 化合物的 HD 现象

Sm_2Fe_{17} 化合物经过氮化形成 $Sm_2Fe_{17}N_x$ 化合物，具有很好的永磁特性，是重要的永磁材料。与 $Nd_2Fe_{14}B$ 化合物相比各向异性矫顽力很大，$Sm_2Fe_{17}N_x$ 化合物在几个微米的粉体也具有强的矫顽力。但是 $Sm_2Fe_{17}N_x$ 化合物在 873K 以上温度分解成 SmN 和 α-Fe，所以主要用在粘接磁体上。

$Sm_2Fe_{17}N_x$ 粉体的制备主要是通过粉碎 Sm_2Fe1_7 合金，然后进行氮化处理来获得。图 18.37 是利用热分析方法测得的 Sm_2Fe_{17} 合金的氢气吸收特性，在加热过程中具有 2 个吸热和 2 个放热峰，即在 523 K 附近的放热、在 623~823 K 的缓慢吸热、在 873 K 附近的迅速放热和在 1373 K 附近的吸热。XRD 和氢含量变化结果表明第一个是氢气在 Sm_2Fe_{17} 晶格中的固溶，形成 $Sm_2Fe_{17}N_x$ 化合物，第二个反应是氢从 $Sm_2Fe_{17}N_x$ 晶格中放出形成 Sm_2Fe_{17}，第三个反应是 Sm_2Fe_{17} 大量吸收氢气，分解成 SmH_2 和 Fe 两相；第四个反应是 SmH_2 的脱氢，并和 Fe 反应重新形成 Sm_2Fe_{17} 合金。在第一个反应中，Sm_2Fe_{17} 由于氢气的吸收产生的体积膨胀为 3.4%，所产生的应力还不至于使 Sm_2Fe_{17} 形成粉体。杉木谕等通过少量地增加 Sm 浓度，从而能够增加氢气吸收时的应力，使合金粉碎。如图 18.38 所示。

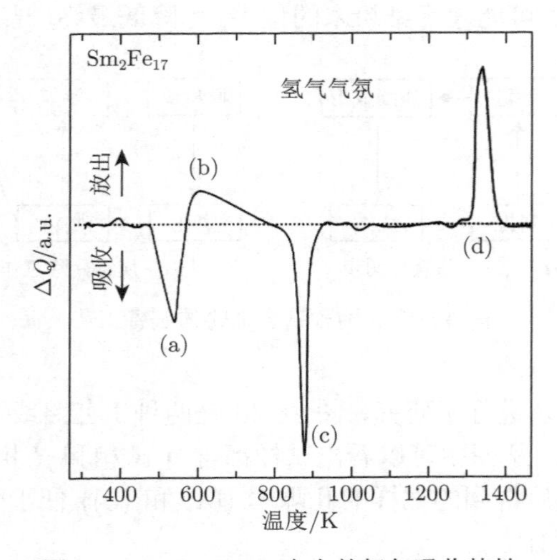

图 18.37　Sm_2Fe_{17} 合金的氢气吸收特性

图 18.38　不同成分 $Sm_{2+x}Fe_{17}$ 合金的 HD 结果

2) Nd-Fe-B 系永磁体的 HD 现象

氢粉碎处理 HD 工艺是利用 $Nd_2Fe_{14}B$ 相和 Nd 相吸收 H_2 速度不同，从而在 $Nd_2Fe_{14}B$ 相和富 Nd 相交界处产生应力并形成微裂纹，在接下来的气流磨工程中很容易沿 Nd 相裂开，主相晶粒完整，形成单晶粉末，有效克服了传统制备工艺中的缺陷。正是由于单晶粉末均匀细小，保证了在磁场取向成型磁体具有高取向度。

Nd-Fe-B 系永磁体不用加热，在室温下就可以产生 HD 现象，可以从块状合金直接变成微粉，所以在烧结永磁体制备过程中，HD 现象被作为粉碎的前处理过程利用。这类化合物的 HD 现象并非由 $Nd_2Fe_{14}B$ 相的吸氢而引起，而是由晶粒间分布的富 Nd 相吸氢所引起的 [34]。这种判断的理由是 $Nd_2Fe_{14}B$ 相不加热到 473K 进行处理的话是不吸收氢气的，但是富 Nd 相却可以在室温下吸收氢气。因为富 Nd 相吸氢是一个放热过程，可以使周围的 $Nd_2Fe_{14}B$ 相得到加热而吸氢，从而使整个样品发生连锁的 HD 现象。

18.7.3 稀土永磁材料的 HDDR 现象

Nd-Fe-B 系永磁体是目前最强的永磁体，是计算机、通信设备、航天航空、交通运输 (汽车)、办公自动化、家电等现代科学技术领域重要的功能材料，钕铁硼材料是已经产业化生产的磁性能最高、应用最广、发展最快的新一代永磁体材料，市场对高性能钕铁硼材料的需求越来越大。

NdFeB 永磁从制备方法上分为烧结与黏结两种，其中各向异性黏结磁体的磁能积从理论上来说是相应的各向同性磁体磁能积的 4 倍，不仅具有更大的磁性能潜力, 而且结合了黏结磁体低成本、大形状自由度等优势，符合近终形尺寸的加工方向，近年来得到了很快的发展。黏接磁体用的 $Nd_2Fe_{14}B$ 合金粉体通过机械粉碎的方法获得，随着粉体的尺寸变小其矫顽力也会有变小的趋势，不利于使用。1989 年 Takeshita 等成功发明了 HDDR 工艺制备高矫顽力各向异性磁粉，其主要包括氢化 (hydrogenation)、歧化 (decomposition)、脱氢 (desorption) 及再化合 (recombination)4 个步骤，可以形成晶粒大小在亚微米级的 $Nd_2Fe_{14}B$ 相，从而显著地提高磁粉的矫顽力。经过近 20 年的发展, HDDR 工艺已经成为金属液体快淬方法以外的唯一一种制备高性能各向异性 $Nd_2Fe_{14}B$ 磁粉的最有效、最经济的方法。

HDDR 法制备 Nd-Fe-B 系微粉的过程如图 18.39 所示，基本过程可以描述为：Nd-Fe-B 合金在 650~900 ℃ 和 101325 Pa 的 H_2 气氛中保温 1~3 h，富钕相和粗大的 $Nd_2Fe_{14}B$ 母相 (晶粒尺寸约为 0.1 mm) 吸氢，$Nd_2Fe_{14}B$ 歧化分解成细小的歧化产物 Fe_2B、α-Fe 和 NdH_{2+x} 的混合物 (晶粒尺寸为 100~300 nm)，然后在相同的温度范围，降低氢压使 NdH_{2+x} 脱氢，并和 Fe_2B, α-Fe 相再结合成细小晶粒的 $Nd_2Fe_{14}B$ 相 (晶粒大小为 300 nm)。此过程可以用以下 3 式表示

加氢过程中：
$$\mathrm{Nd} + \mathrm{H_2} \longrightarrow \mathrm{NdH_{2+x}} \tag{18.21}$$

$$\mathrm{Nd_2Fe_{14}\,B} + \mathrm{H_2} \longrightarrow \mathrm{Fe_2\,B} + \alpha - \mathrm{Fe} + \mathrm{NdH_{2+x}} \tag{18.22}$$

减压过程中：
$$\mathrm{Fe_2\,B} + \alpha - \mathrm{Fe} + \mathrm{NdH_{2+x}} \longrightarrow \mathrm{Nd_2Fe_{14}\,B} \tag{18.23}$$

由 HDDR 法制备的粉体晶粒大小在液态快速冷却法和烧结法的晶体尺寸之间，晶粒之间没有富 Nd 的杂相存在。图 18.40 是 Nd-Fe-B 永磁粉体制备方法与微细组织。HDDR 法产生的强矫顽力的机理虽然还没有完全清楚，HDDR 在不改变巨大晶粒的外形下，使其内部变成了很多微小晶粒的聚集，$Nd_2Fe_{14}B$ 微小晶粒的尺寸在 0.2~0.5μm，虽然这种晶粒比溶液快速冷却薄带的微结晶尺寸要大一个数量级，但是已经达到了单磁

畴的大小，所以表现出很大的矫顽力。生成的微小晶粒的取向与原来母体晶体的结晶取向无关，是一个各向同性的分布，所对应的磁体也是各向同性的磁体 [35]。

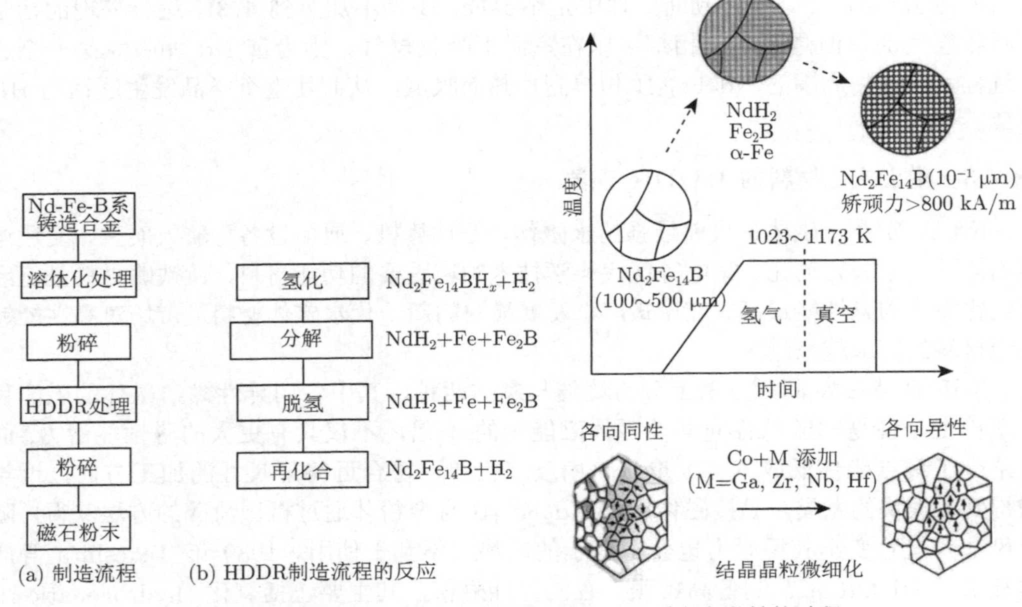

图 18.39 利用 HDDR 方法制备 Nd-Fe-B 系合金微粉的过程

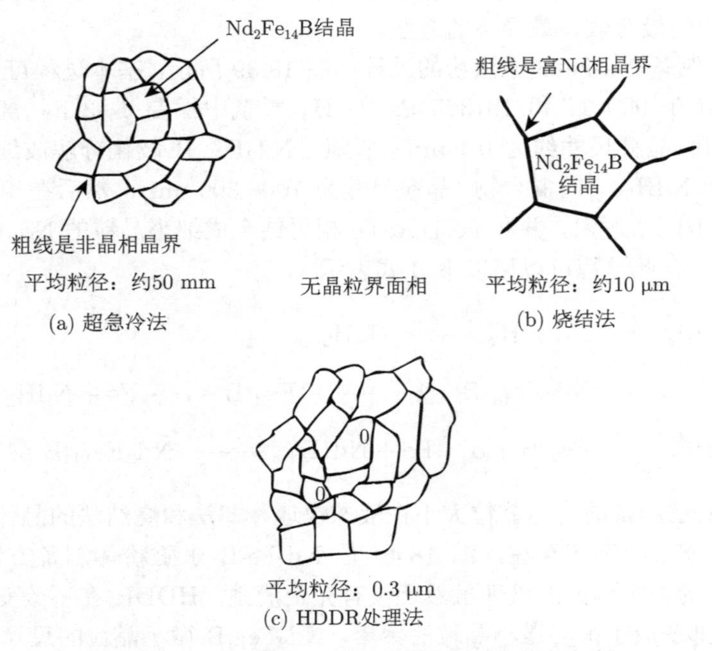

图 18.40 Nd-Fe-B 永磁粉体制备方法与微细组织

对于 $Nd_2Fe_{14}B$ 合金来说，获得大的矫顽力需要晶粒的微细化和强磁各向异性。目前的 Nd-Fe-B 粘接永磁的制备方法基本上是液相快速冷却的薄带加压成形，所获得的是各向同性的永磁体，不利于获得强的永磁特性。如果在 HDDR 过程中利用 Co 取代一部分 Fe，同时添加 Ga, Zr, Nb, Hf, Ta 等多种元素，可以获得磁性晶体的易磁化轴沿一个方向排列的磁各向异性效果，这一点是液体快淬难以获得的效果，从而成了粘接永磁制备中的一个重要方法 [36]。图 18.41 给出了在 Nd-Fe-B 合金中添加不同的元素，通过 HDDR 法制备的粉体粘接磁体特性 [37]。从图可知添加元素对 B_r 都有一定的影响，其中 3 族的 Al 和 Ga,5d 过渡金属元素 Zr、Nb、Hf、Mo、Ta、W 的影响更大一些，3d 过渡金属元素影响居中。

HDDR 中的结晶方向的记忆是一个有趣的问题, 从组织学上探索 HDDR 过程中的各向异性粉体形成机理成为一个热门研究。目前有多种解释，如不均匀反应时的 NdH_2 和 α-Fe 之间存在晶体相位关系，再结合反应过程中，分解相 NdH_2 周围开始形成的 $Nd_2Fe_{14}B$ 相，从而产生结晶相的方向记忆效应，一种是 2-14-1 相分解的时候，未分解的 2-14-1 相结晶再在结晶中成为核所引起的，另一种是原 $Nd_2Fe_{14}B$ 与分解的新相之间存在相干性。又如：添加元素抑制了 Nd-Fe-B 型合金在氢化处理过程中的歧化反应，使歧化反应结束时还残留着 $Nd_2Fe_{14}B$ 的细小晶核，它作为再复合反应的形核中心，因而保持了铸锭合金的晶体取向 [38]。

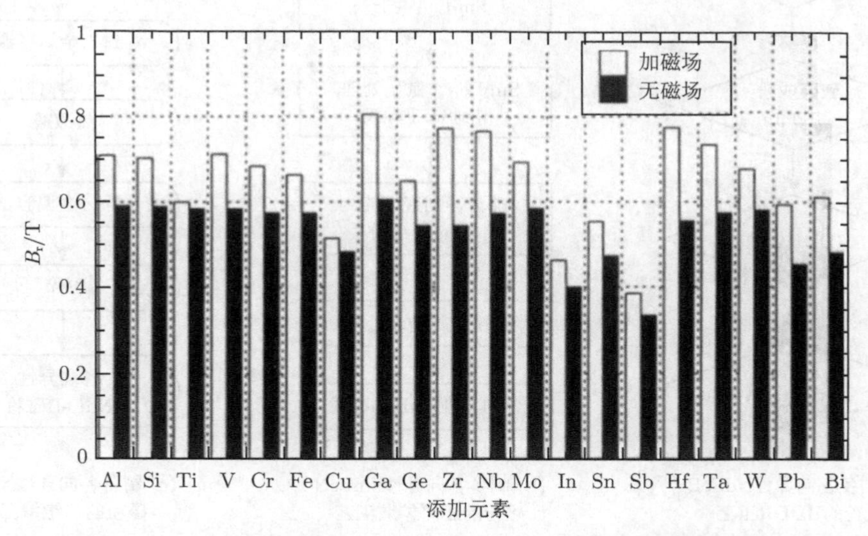

图 18.41 添加了不同元素后的 $Nd_2Fe_{14}B$ 的 HDDR 粉体的粘接磁体性质

HDDR 粉生产的主要步骤是：合金铸造、合金均匀化处理、氢化和再结合、粉碎及粒度测定。通过提高氢化过程中的温度和压力，可以加速氢化的渗透速率使晶粒再结晶最佳化，最终可使磁体矫顽力明显提高。要使 HDDR 粘接磁体达到完全磁化，所需磁化场场强增大约其矫顽力的两倍。钕铁硼磁体的理论能积是 509.44 kJ/m^3，用于模压粘接磁体的粉体的理论磁能积一般是 238 kJ/m^3，实验室水平的 $(BH)_{max}$ 达到 342.28 kJ/m^3，粘接磁体达到 175.12 kJ/m^3。利用改进的粉体生产的粘接磁体的 $(BH)_{max}$

达到 159.2 kJ/m^3。目前该工艺制备的磁粉和压缩成型磁体的最佳磁性能分别达到了 358 kJ/m^3(4418 MGOe) 和 213 kJ/m^3 (2616 MGOe) [39]。

一般来说，HDDR 粉的颗粒大小对粉体的磁性能有较大影响。利用 150~212 μm 范围的 HDDR 磁粉生产粘接磁体可以有效地提高磁体磁能积 [40]。

如图 18.42 所示，HDDR 法不单是适合 Nd-F-B 系列合金，对于 SmCo、Sm_2Fe_{17} 系列和 $NdTiFe_{11}$ 系列的合金也适用。对于 SmFeN、$Nd(Fe,M)_{12}N$ 等稀土氮化物永磁材料，也可以先通过 HDDR 法使合金的组织微细化，然后进行氮化，可以有效地提高矫顽力。

HDDR 方法是一种有效地进行稀土永磁材料金相组织微细化的手段，可以在稀土永磁材料中获得重要应用。此外也可以用在 Mg-Al，Ti-Al 等合金的组织细化上。

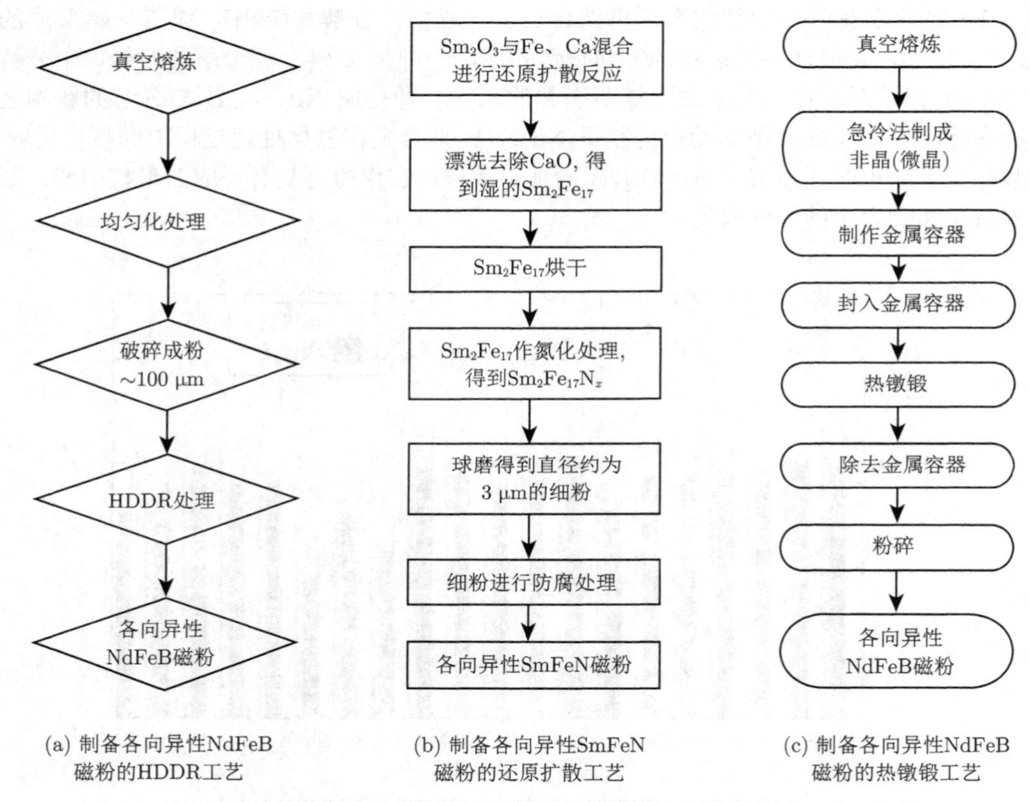

(a) 制备各向异性NdFeB磁粉的HDDR工艺　(b) 制备各向异性SmFeN磁粉的还原扩散工艺　(c) 制备各向异性NdFeB磁粉的热镦锻工艺

图 18.42　各向异性粘接稀土永磁粉材的制备工艺图

18.7.4　HDDR 引起的钛基材料的晶粒微细化

除了稀土合金的金相组织调控外，HDDR 方法也可以利用在 Mg, Ti, Nb 等其他合金的组织调控上，能够获得其他方法难以获得的微细金相组织 [41]。如 Ti 合金是一个轻质金属材料，在很多领域都得到了广泛应用，为了提高钛合金的综合性能，需要制备晶粒尺寸细小的钛合金，然而利用传统的机械加工法、热处理法等难以获得晶粒尺寸在

1 μm 以下的金相组织，这是因为要想使这么细小的再结晶核均匀地分散极为困难，几乎不可能。

然而从 Ti-H 相图可知，Ti 中氢的固溶度大，而且可以形成氢化物，每个钛原子吸收 1 个以上的氢原子，其重量浓度可达 1 wt%。钛合金大量吸收氢后相变温度下降、高温下的形变应力减小，同时可以析出微小的 TiH_x 相，通过脱氢就可以获得与析出物同样大小的微晶组织。为了使钛合金基体微细化，需要很好地调控氢固溶相和氢化物相。如图 18.43 所示，首先让 α + β 型的 Ti 合金吸收适量的氢气，可以使 α 相中的氢气达到过饱和固溶，并获得晶粒细小的 β 相 (图 18.43(a))；通过变形加工处理使得合金形成位错 cell 组织 (图 18.43(b))；在比较低的温度下进行时效处理使得氢化物从过饱和的 α 相中析出 (图 18.43(c))，并分布在均匀的高密度位错中，成为后续的再结晶核；最后通过脱氢处理以及相伴的再结晶获得同氢化物同样大小的直径在 1 μm 以下的晶粒组织 (图 18.43(d))。

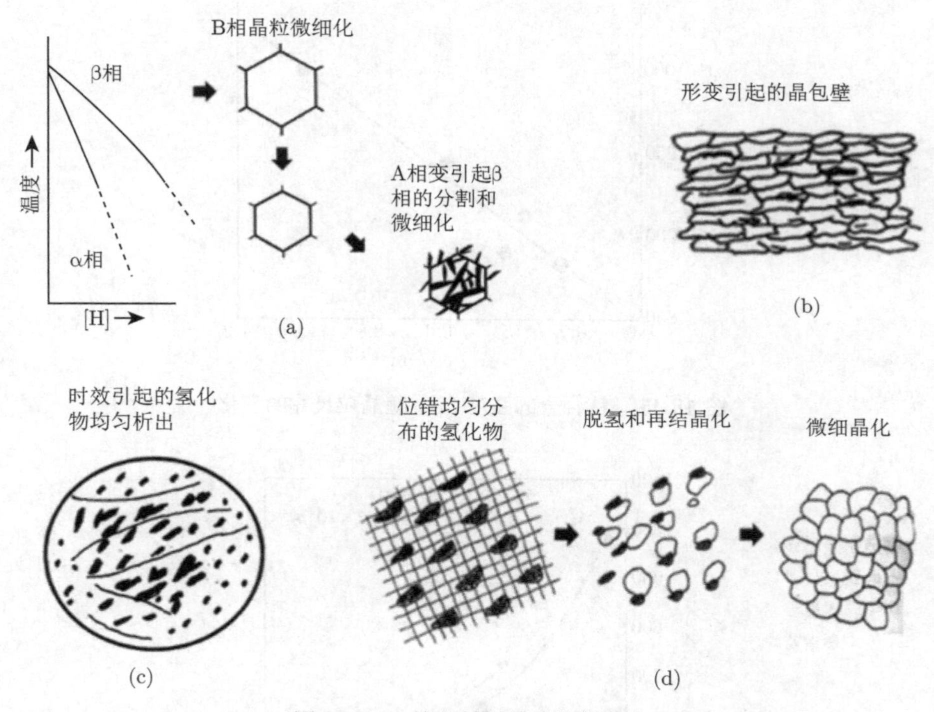

图 18.43 钛基材料的晶粒微细化

图 18.44 是经过氢气处理后的钛合金光学和 SEM 显微组织，处理后的钛合金晶粒大小的确在 1 μm 以下。图 18.45 是钛合金的强度 $\sigma_{0.2}$ 随晶粒尺寸的变化，与通常的钛合金 (晶粒大小为 16 μm) 相比提高了约 1.5 倍。图 18.46 是钛合金在 1123 K 的延展性随晶粒尺寸的变化，处理后的钛合金伸长达到了 1000%，显示了很好的超塑性。

图 18.44　充氢后的 Ti6Al4V 合金的微细组织 (光学金相照片和 SEM 照片)

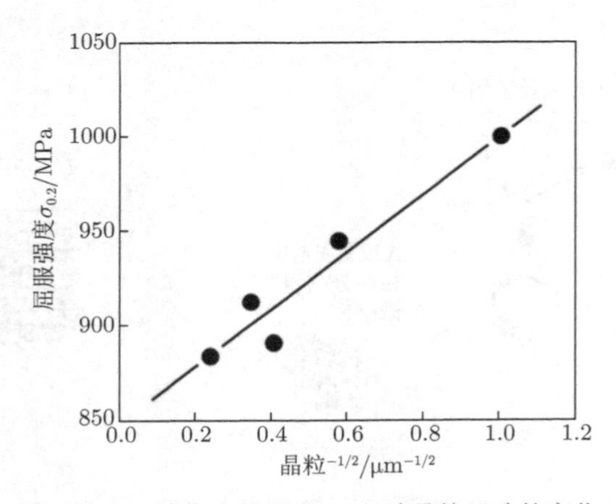

图 18.45　钛合金的强度 $\sigma_{0.2}$ 随晶粒尺寸的变化

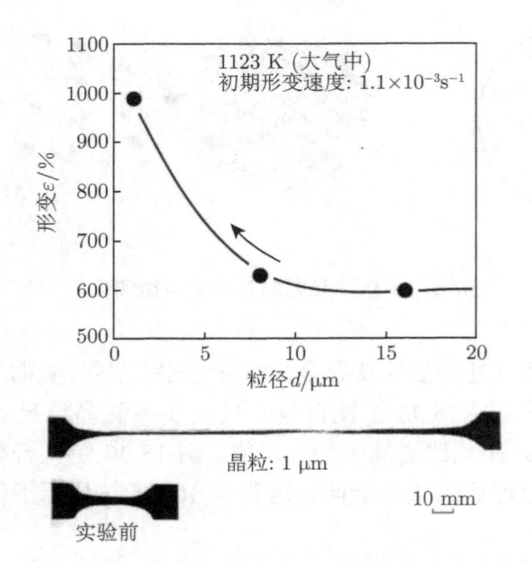

图 18.46　钛合金在 1123K 的延展性随晶粒尺寸的变化

18.7.5 Nb_3M(M=Al,Si,Ge,In) 粉体的制备

Nb_3M(M=Al、Si、Ge、In) 是重要的金属超导材料，目前在工业上得以使用的超导材料也只有 Nb 基合金以及金属间化合物。相对其他超导材料来说，Nb-Ti, Nb_3M(M=Al, Sn, Ge, Si) 的临界温度 T_c、临界磁场强度 H_c、临界电流密度 J_c 均比较高。此外 Nb_3M 金属间化合物也是重要的超高温材料，如 Nb_3Al 的熔点为 1960 ℃，密度与钨钼基材料相比较小，可以在需要耐热 1800 ℃ 以上的航空、宇宙飞行器的构造材料中得到使用，可望成为 21 世纪的新型高温结构材料，已受到极大关注。然而，Nb_3M 具有 A15 型复杂晶体构造，虽然具有优越的高温强度，但约 1000 ℃ 以下脆性大，难以机械加工，难以做成线状材料，或难以加工成所需要的形状，从而极大地限制了它的应用。

近些年来，先进推进技术的发展迫切需要能在 1100 ℃ 以上高温和复杂负荷条件下保持刚度和强度的质轻耐久的发动机热端关键部件用材料。这些材料不仅在高温强度、抗蠕变性能、环境的稳定性以及室温韧性等方面都有更加苛刻的要求，而且它们的可加工性、密度、成本和材料的可供性等方面也都是至关重要的条件。由于金属铌所具有的优良的综合性能，铌基合金材料受到研究者的重视并被寄予厚望 [42,43]。

目前 Nb_3M 产品是通过粉体加工的性质制备的，制备优质的 Nb_3M 的粉体成为一个重要的课题。如为了解决制备超导线，人们发展了多种铌基合金和金属间化合物线状材料的制备方法，如青铜法、铌管法、包卷法等。这些方法的普遍问题是工艺流程太长和复杂，均匀性不好，影响导电性，重要的原因是难以获得颗粒小、氧化少、成分均匀的 Nb 合金或金属间化合物粉体。目前制备 Nb_3M 粉体的方法有机械合金化法、固相反应法、喷雾法等，然后成分的可控性、相的单一性、颗粒尺寸的均匀性、成本等方面都难以满足使用的需求。如日本三菱公司利用喷雾法制备 Nb_3Al，需要将原料加热到 2000 ℃ 以上，能量消耗大，同时喷雾的产率不高，相不纯。

因为 Nb 是一个吸氢元素，Nb_3M 可以吸收大量的氢气，同时可以出现 HD 现象，这为 Nb_3M 粉体的制备提供了一个途径：Nb+Al→ 电弧溶解 →Nb_3Al→ 吸氢反应 →Nb_3AlH_x 粉体 → 脱氢反应 →Nb_3Al 粉体 [44−47]。

通过 HD 法所获得的粉体是 Nb_3Al 氢化物粉体，图 18.47 给出了此粉体在加热过

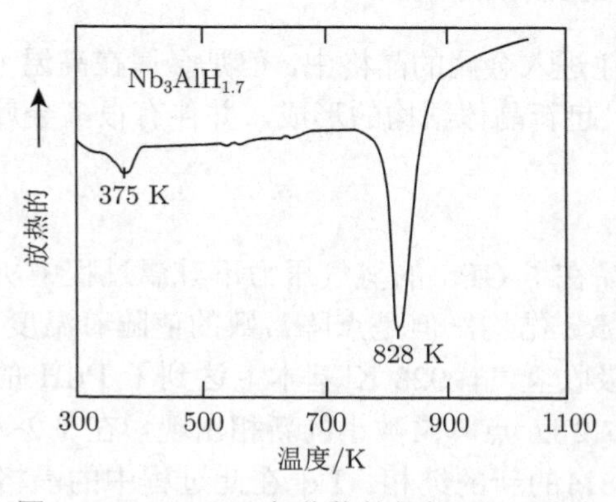

图 18.47 Nb_3Al 氢化物的加热 DSC 曲线

程中的脱氢行为，在 375 K 有一个小的脱氢峰，在 828 K 有一个大的脱氢峰，在 828 K 以上真空加热可以使其完全脱氢，变成 Nb_3Al 粉体。图 18.48 分别是利用 HD 法制备的 Nb_3Al 粉体的光学和电镜照片，利用 HD 法可以获得颗粒更小的 Nb_3Al 粉体。

图 18.48 HD 法制备的 Nb_3Al 粉体的光学和电镜照片

18.7.6 镍氢电池合金粉体的制备

$Nd_2Fe_{14}B$ 的 HDDR 工艺也被引入到了镍氢电池储氢合金制备中，利用 HDDR 技术，对 AB5 型的 $LaNi_5$ 型的合金进行了处理, $LaNi_5$ 在氢气氛下，金属原子能充分扩散的温度范围内发生歧化分解, 在高温下抽真空又会重组为 $LaNi_5$, 此反应过程表示为

$$LaNi_5 + H_2 \xrightarrow{P_{H_2},T} LaH_{2.7} + Ni + \triangle Q \quad (\text{氢化歧化}) \tag{18.24}$$

$$LaH_{2.7} + Ni \xrightarrow{\text{真空},T} LaNi_5 + H_2 - \triangle Q \quad (\text{脱氢重组}) \tag{18.25}$$

镍氢电池合金粉体的制备是通过高频或电弧熔炼、热处理、粉碎、表面处理等工艺来获得 [36-38]。经过处理的合金活性好, 平台压力低 (0.1~0.2 atm)。同时 H. Oesterricher 对 $LaNi_{4.5}Al_{0.5}$ 合金也进行了 HDDR 实验, 发现此合金在 500~800 ℃, 100 atm 条件下观察不到歧化反应的发生, 说明并不是所有的 AB_5 型合金均能实现 HDDR 反应过程。

18.7.7 氢气吸收与多孔金属的形成

氢在通常条件下往往进入金属的晶格中，但是金属在高温 (~1100 K) 高压氢气 (数 GPa) 下放置时，可以引起新晶体结构的形成，并伴有很多金属原子空位，进一步脱氢处理多孔金属 [48]。

1) 面心结构金属

图 18.49 是 Pd 样品在 5 GPa 的氢气压力下升温过程中所测得的晶体晶格常数变化。晶体虽然一直保持 fcc 结构，但是点阵常数的值随着温度、压力变化而发生变化。Pd 在 700 K 左右开始吸收氢气，923 K 基本上达到了 PdH 的成分。值得注意的是在 973 K 下保持时，经过 7.2 ks 点阵常数小的新相出现，在 7.2~10.8 ks 又逐步消失，最后形成点阵常数减小 0.8%的新的纯相。Pd 在此过程中的晶格常数收缩在随后冷却降压回到常温常压下时也保持不变，在 573 K 短时间脱氢也不发生变化，这样就可以获得

点阵常数比通常样品小的 Pd。只有在常压下 1073 K 加热处理后，样品才能恢复到通常的 Pd。

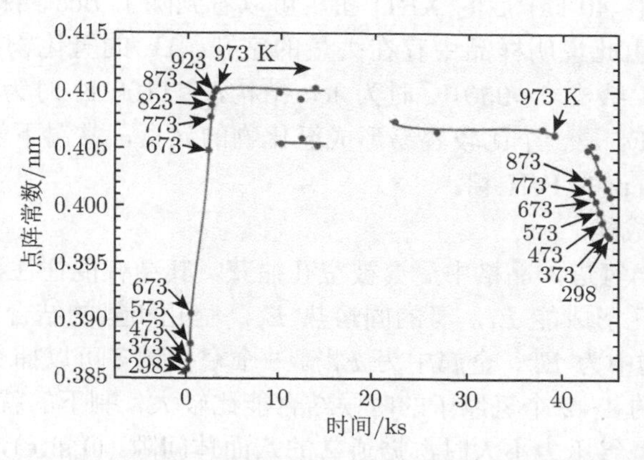

图 18.49 Pd 充氢过程中点阵常数的时间变化 (图中数据为充氢温度)

一般来说，面心立方结构的过渡金属以及贵金属中，一个空位的形成所引起的体积的增加比一个原子的体积要小，此差别的 20%~40%是由晶格整体的收缩而引起的。由此可以推算出点阵常数减小了 8%的 Pd 的空孔浓度为 3×0.8/(0.2~0.4)%=6%~12%。

与 Pd 同样，Ni 在 5GPa 的氢气压力和 1027~1073 K 加氢处理后，同样可以获得点阵常数减小 1.4%的 Ni 新相，而且这种新相即便在 1323 K 的温度下加热也不会发生变化，非常稳定。将此样品在 1073 K 温度下真空热处理，如图 18.50 所示将形成很多大小为 20~200 nm 的空孔，空孔的体积随高温高压下保持的时间增加而增加，保持 10.8 ks 后空孔体积可达 5%。同样的点阵收缩也在其他面心金属氢化物中出现，如在 $TiH_2+\alpha$ 以及 Mn, Au, Pd-Rh 合金和 Pt-Pd 合金的氢化物中出现。

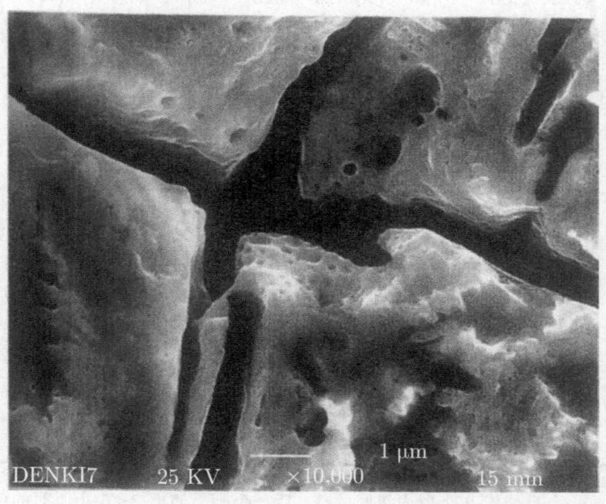

图 18.50 在 5 GPa 的氢气中在 1073 K 温度下保持 20 ks 后，在真空和 1073 K 的条件下热处理 900 s 后的 Ni 中形成的空孔

2) 体心结构金属

在 bcc 结构中，也有因空孔的有序组合形成的超晶格相。图 18.51 是 Fe 在 6 GPa 的氢气下长期加热 (~40 ks) 后的 XRD 图，可以看到除了 bcc 结构的衍射外还有简单立方相的衍射峰，由此说明样品中存在大量的空孔。Fe 的氢化物在 6 GPa 的氢气压力，常温时为 dhcp 结构，~950 K 时为 fcc 结构，~1100 K 时为空孔有序 bcc 结构，~1500 K 时融化。Fe 是一个比较容易形成氢化物的元素，常温下氢气压力在 2.7 GPa 以上都可以形成 dhcp 的 FeH 相。

3) 金属空孔形成能

有很多金属，当氢进入晶格中后会被空孔捕获，其结合能往往很大。表 18.10 是不同金属中金属的空孔形成能 E_f，氢的固溶热 E_s，空孔和氢的结合能 E_b，$\mathrm{VacH_6}$ 复合体的生成能 (氢化物中为 E_f^h，金属中为 E_f^0)。1 个空孔最多可以捕获 6 个氢原子，大多情况下在捕获最初的 1~2 个氢原子的时候结合能比较大，剩下的就比较小。Pd 的实验结果表明氢原子在氢气压力不大时占据通常的八面体间隙 (O site)，在高压下其位置会向 Pd 空孔位置有稍许的偏斜，这一点点偏斜可以产生很大的结合能。

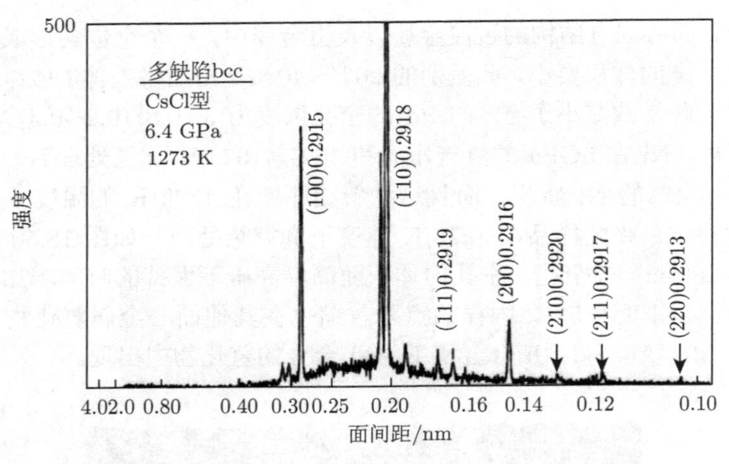

图 18.51　Fe 氢化物中空孔有序排列后的 XRD

表 18.10　不同金属中空孔形成对应的一些能量　(单位: kJ/mol)

金属	E_i	E_s	E_b	E_f^h	E_f^0
Al	64	68	50	−236	172
Ni	150	16	42, 27	−40	56
Cu	126	42	41, 21	−40	212
Pd	164	−10	22, 14	64	4
Fe	154	24	61, 41	−132	12
Zr	190	−64	27	24	−360
Mo	300	52	104	−324	−12
Ta	300	−38	41	54	−174

注：E_b 值有两个时，前一个是捕捉 2 个以内氢时的值，后一个则是捕捉 3~6 个氢时的值；E_b 值只有一个时则为平均值。

18.8 氢等离子体法制备纳米材料

18.8.1 等离子体合成

尺寸为几个纳米到几十纳米的颗粒，即常称的纳米颗粒具有许多块状材料不具备的优良性质。这些性质具有很强的尺寸、形状以及表面状态的依赖性。纳米颗粒可以通过多种物理或化学方法进行合成，如沉淀法、溶胶凝胶法、化学气相沉积、氯化物还原、沉积碱焙烧、机械球磨、气相法等。前 5 种方法生产成本低廉，但是在纯度、活性等方面有严重的问题。气相蒸发等气相法是一种很清洁的方法，生产的纳米颗粒纯度高、结晶性好、活性高，非常适合于金属纳米颗粒的制备。这类方法中，在真空或惰性气体中的气相蒸发-冷凝是最广泛使用的一种，但是生产速率低、成本高、设备复杂，从而在实际中受到了很大限制。

热等离子体具有强的反应活性，可以让蒸发在一个活性的气氛下进行，具有强的氧化或还原特性，是一种能够很好解决这些问题的方法，尤其是非常适合金属纳米颗粒的制备，具有快速冷却效果，适合制备亚稳态的物质。以前在电弧熔解的时候实际观察到的物质蒸发并不大，等离子体方法没能在纳米材料制备中获得应用。后来发现在氩气中通入氢气后能够显著提高物质的蒸发，从而被用于纳米颗粒的制备上来。Wata 小组早期在氩气等离子体中引入 15%的氢气时，发现氢气具有很强的促进金属蒸发的效果。宇田雅广和他的助手发展了这种技术，他们采用一个电极取代了等离子体炬，同时利用 50%Ar+50%H_2 取代氦气和氢气的混合气，使这种工艺变得更简单，成本更低，产量更大，他们命名为氢等离子体金属反应法，之后等离子体制备纳米颗粒就逐步得到普及 [49,50]。

等离子体作用后出现纳米颗粒的现象最初是由美国学者早在 20 世纪 50 年代就注意到和提出来的，而宇田雅广等从 20 世纪 80 年代起则系统地对其进行了大量的研究工作。金属纳米颗粒除了金属的加热引起直接热蒸发而形成外，更重要的是因氢气等不同活性气体等离子体的作用而引起的，这种作用使纳米颗粒的合成速度提高十倍乃至数十倍 [51,52]。

18.8.2 设备及其工艺

图 18.52 是直流电弧等离子体纳米颗粒合成设备图，由颗粒生成、颗粒冷却、回收系统、真空系统、气体供给系统组成。原料放在水冷的铜板 (阳极) 上，在 Ar 气氛下先进行熔化，排去杂质，然后通入所需的氢气即可合成金属及各类化合物的纳米颗粒。纳米颗粒可以通过离心收集器、过滤式收集器与气体分离，从而回收 [53-56]。图 18.53 是直流电弧等离子体制备的几种金属粉体的 TEM 照片。

18.8.3 纳米颗粒形成机理和长大过程

宇田雅广和他的助手深入研究了氢气等离子体条件下的纳米颗粒形成的机理，认为它是由氢气从合金中逸出而带出来的，但对其原因没能加以解释。对此我们用 5 个步骤来说明：① 氢原子或离子进入熔融金属，在等离子体状态下，氢气分解成氢原子或离子，温度达 10000~20000 ℃，可大量溶入熔融金属中，理论估算为气态状态下的 10^5 ~10^8 倍；② 分子氢的形成，当氢原子或离子进入熔融金属后温度迅速降低到 1500 ℃ 左右，氢原子的固溶达到过度饱和，从而结合成氢分子；③ 气泡的形成，当氢分子浓度进一步增加达到饱和时就会形成氢气气泡；④ 金属蒸气的形成，当氢分子气泡形成后，金属原子也会蒸发到气泡中形成金属蒸气，由于此时的蒸发面积大、压力小，所以会有大量金属蒸气形成；⑤ 气泡的逸出，当气泡长大到一定程度就会离开熔融金属，将金属蒸气带出。被带出的金属气体离开等离子体区冷却后就会形成纳米颗粒，如图 18.54 所示。如果使用的气体是活性气体，如 N_2 和 O_2，在第④步中金属蒸气就会与活性气体发生反应形成化合物，这样得到的颗粒将是陶瓷纳米颗粒。

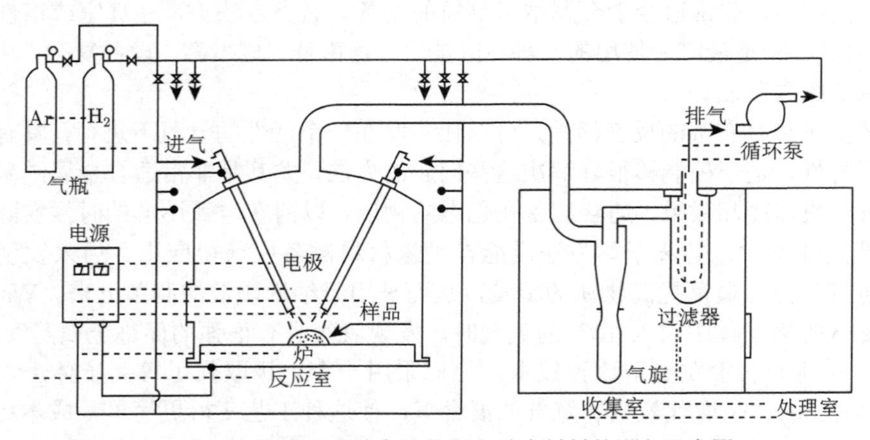

图 18.52 直流电弧等离子体制备纳米材料的设备示意图

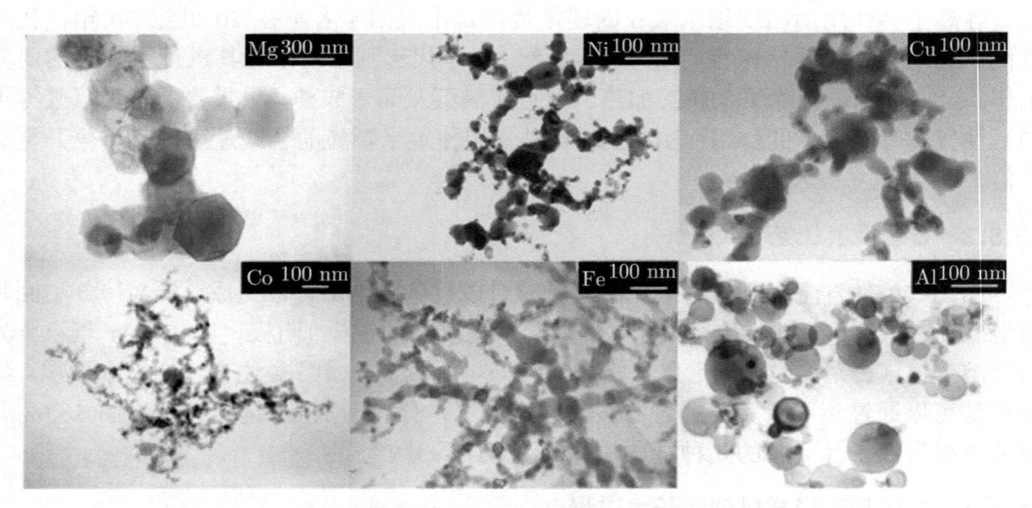

图 18.53 直流电弧等离子体制备的几种金属粉体的 TEM 照片

除了金属以及合金纳米颗粒外，通过改变气氛或使用化合物原料还可以合成多种化合物的纳米颗粒。表 18.11 给出了用电弧等离子体法合成的纳米颗粒的种类和条件。一般来说，化合物的纳米颗粒可以不经钝化处理就拿到大气中，但有些化合物纳米颗粒也会出现自燃现象。所以在制备新的化合物纳米颗粒时仍然要注意制备的安全问题，尤其是合成量比较大时更是如此。另外使用活性气体时，原料与气体的亲和力不同也会对形成的颗粒有很大影响。如在 N_2 气氛下，与氮亲和力大的 Ti、Zr 会生成纯的 TiN 和 ZrN 纳米颗粒；与氮亲和力中等的 Al 则生成 AlN 和 Al 纳米颗粒的混合物；与氮亲和力小的 Si 则生成纯 Si 纳米颗粒；原料为与氮亲和性差的 Mo、Fe、Co、Ni 时，等离子体稳定性差对试料有强的溅射作用，生成物则是粗大的颗粒。

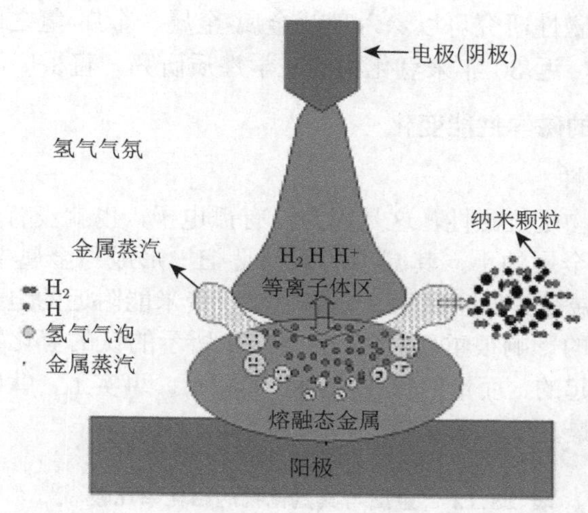

图 18.54 氢电弧等离子体制备纳米颗粒的机制

表 18.11 等离子体法合成的各类纳米颗粒

等离子体气体	原料	产物
H_2	Ag, Al, Co, Cr, Cu, Fe, Mg, Mn, Mo, Ni, Pd, Si, W	纯金属纳米颗粒
	Sc, Ta, Ti, V	金属氢化物纳米颗粒
	CaO	CaO (石灰石), [Ca(OH)$_2$]
	MgO	MoO (方镁石)
	Al_2O_3	α-Al_2O_3 (corundum)
	TiO_2	TiO_2 (金红石)
	ZrO_2	ZrO_2 (四方 > 立方 > 辉绿岩)
	SiC	β-SiC (立方)≫ α-SiC (六边形)
	Ti+C	TiC (NaCl 类型)
	W+C	WC (六方)>β-WC(立方)>α-W_2C
	WO_3+C	WC (六方)>α-W_2C
	WC	WC>β-WC
O_2	W	WO_3 (单斜)
	Mo	MoO_3 (正交晶系)
	Nb	Nb_2O_5 (单斜) 或 NbO_2 (单斜)
N_2	Ti, TiN	TiN (NaCl 类型)
	Zr	ZrN (NaCl 类型)
	Al, AlN	Al+AlN (纤锌矿型)
	Si, Si_3N_4	Si (金刚石型)
NH_3	Fe(CO)$_5$	Fe_xN

18.9　氢与材料磁学、超导及电化学性能

对于含有过渡金属元素的材料来说，氢对于磁性能的影响尤为显著。首先从能带结构来说，氢有两个状态但只提供一个电子，这自然会影响费米能级和过渡金属元素的磁矩大小。另外氢吸收会引起晶体点阵常数的增加，这自然会影响离子之间的库仑相互作用和磁相互作用，这一点对于含有稀土元素的储氢材料来说也有同样规律。一个最典型的例子就是金属间化合物 $ThFe_3H_{30}$，吸氢前是一个超导体，吸氢后则变成了磁有序体了。通过对氢化物的磁性研究可以深入理解金属-金属、金属-氢之间的结合，有利于对新型储氢材料的研究，近 30 年来氢化物的磁学性质研究一直很广泛。

18.9.1　吸氢所引起的磁学性能变化

1) 过渡金属的磁性

离子结合的氢化物是抗磁性，这是因为没有孤电子，也就没有原子磁矩。一般金属氢化物的磁化率比纯金属的小，其减小的原因是 H^- 形成与金属中的 d 能带中的孤电子形成电子对，从而减少了原子磁矩。金属吸氢后费米能附近的电子浓度变化以及状态密度的变化对于磁性的影响很重要 [57]。表 18.12 所示的钛的氢化物磁化率的增加是由状态密度的增加所引起的，而锆的氢化物则与其相反。事实上，钛的氢化物的磁化率与氢含量的相关曲线有最大值和最小值。

表 18.12　金属与其氢化物的磁化率比较 [59]

氢化物	摩尔磁化率 cgs/ $\times 10^6$	
	氢化物	纯金属
$TiH_{1.98}$	228	152
ZrH_2	92	122
$VH_{0.7}$	210	300
$NbH_{0.86}$	66	202
$TaH_{0.75}$	77	153
$PdH_{0.65}$	0	567
LiH		−4.6

过渡金属的磁矩是由 3d 能带中正旋和反旋电子数的差所决定的，不同的元素吸氢后磁学性质变化不同，如表 18.13 和表 18.14 所示。大体来说，Ni 和 Co 的磁矩随着氢

表 18.13　3d 迁移金属的磁性

金属	相	结晶构造	磁性	转变温度/K	磁矩/(μ/μ_B)
Cr		bcc	AF(SDW)	312	0.6(最大)
Mn	α	复杂立方	AF	100	2.5,1.7*
	γ	fcc	AF	~ 480	~ 2.1
Fe	α	bcc	F	1043	2.22
	γ	fcc	AF	~ 50	~ 0.4
	ε^{**}	hcp	P	—	—
Co		hcp	F	1393	1.72
Ni		fcc	F	627	0.61

* 可能是 1.54, 3.08，** 为高压相。

表 18.14 3d 迁移金属氢化物的磁性

氢化物	结晶构造	磁性	转变温度/K	磁矩/(μ/μ_B)
$CrH_{0.9}$	六方 *	P	—**	—
$MnH_{0.94}$	六方 *	WF	~ 300	~ 0.05
$FeH_{0.81}$	六方 *	F	»80	2.2
$CoH_{x<0.5}$	六方 *	F	»220	~ 1.8
$NiH_{x>0.7}$	fcc	P	—***	—

* 为 NiAs 型；** 为 $T > 1.4K$ 时；*** 为 $T > 4.2K$ 时。

的吸收而减小，Fe 的磁矩则稍稍增加。这种规律一般利用电荷移动模型进行说明。即氢元素给 Ni 和 Co 的 3d 能带提供电子，而从 Fe 的 3d 能带中获取电子。这种模型在 YCo_3H_x 的 100T 超强磁场实验中则出现了矛盾 [58]。

2) 稀土金属的磁性

稀土元素的磁矩是由 4f 轨道的电子所产生的。4f 轨道处在原子的内层，除了 Ce,Eu 外，其他元素不参入化学结合。所以氢气吸收所引起的电子结构变化不影响到 4f 电子层，稀土元素的磁矩大小不会随着氢化而变化。Ce 和 Eu 元素的 4f 电子是价电子，氢化使得它们的离子价态变化，即 Ce^{4+}(实际上近似为 $Ce^{3.3+}$) 变为 Ce^{3+}，Eu^{3+} 变为 Eu^{2+}，从而引起磁矩大小的变化。

表 18.15 给出了主要的稀土金属和稀土氢化物的磁性比较。与过渡金属表现出来的氢化导致磁化率下降不同，稀土元素 Y 以及从 Gd 到 Tm 元素吸氢后磁化率下降，但是氢稀土元素 Ce、Pr、Nd、Sm 等形成氢化物后磁化率几乎没有实质变化。氢化物的磁矩不发生变化说明稀土元素的 f 电子与氢不发生化学结合，这也进一步说明氢化物的磁化率减少是导带电子与氢的结合所引起的。

表 18.15 稀土元素和氢化物的磁学性质 [60]

金属氢化物	摩尔磁化率 (室温)/($\times 10^4$/emu/摩尔)	磁矩/μ_B
La	0.95	
LaH_2	0.59	
LaH_3	−0.20	
Ce	25	2.54
CeH_2	25	2.50
$CeH_{2.9}$	23	2.44
Pr	49	3.41
$PrH_{2.0}$	51	3.69
$PrH_{2.7}$	48	3.36
Nd	44	3.33
$NdH_{2.0}$	50	3.38
$NdH_{2.7}$	45	3.41
Sm	11	
$SmH_{2.0}$	11	
$SmH_{2.9}$	9	

续表

金属氢化物	摩尔磁化率 (室温)/($\times 10^4$/emu/摩尔)	磁矩/μ_B
Eu	330	7.94
$EuH_{1.9}$	240	7.0
Gd	2500	7.94
GdH_2	250	7.7
GdH_3	215	7.3
Tb	1380	9.85
$TbH_{2.0}$	350	9.8
$TbH_{3.0}$		9.7
Dy	910	9.9
$DyH_{2.0}$	465	10.8
$DyH_{3.0}$	390	9.5
Ho	650	10.4
$HoH_{2.0}$	395	9.9
$HoH_{3.0}$	425	10.1
Er	510	9.9
$ErH_{2.0}$	360	9.8
ErH_3	350	9.5
Tm	365	7.5
$TmH_{2.0}$	220	7.6
$TmH_{3.0}$	210	7.5
YbH_2	~ 3	
$YbH_{2.55}$	40	
Y	165	
$YH_{2.1}$	95	
$YH_{2.8}$	55	

EuH_2 以外的稀土金属氢化物几乎都是反铁磁性。Eu 金属 87 K 时是反铁磁性，吸氢成为 EuH_2 后在 25 K 以下变为铁磁性，磁矩为 6 玻尔磁子，这个值接近 Eu^{2+} 离子的大小。Eu 和 Yb 的氢化物与其他稀土金属氢化物的电子构造不同，所显示的磁性也完全不同。Eu 金属的反铁磁性变成氢化物的铁磁性说明 EuH_2 氢化物中的 Eu-Eu 间的距离比金属状态时的还要小。Yb 金属是很弱的顺磁性，而 YbH_2 则是抗磁。

从磁学上来说，氢元素的作用可以认为是一种隔离或屏蔽效应。R-T 化合物中 T 原子的 3d 状态和 R 原子的 5d 以及 4d 状态杂化，T 原子内的实际电子排斥力减弱，使得 3d 能带产生的磁矩减小。这种情况下氢进入后，可以使 3d 能带变窄，同时减少 R 和 T 原子间的接触，T 原子的磁矩可以更接近于独立状态时的值，这就是为什么 Fe 的磁矩会出现增加。然而 Co 和 Ni 元素中 3d 电子更适合晶体共有模型，由于强大的交换相互作用使得自旋能带产生分裂。这时候氢的进入会对交换相互作用产生修饰效果，从而引起磁矩的变化。如图 18.55 所示的 YCo_3H_x 的磁矩随氢成分的变化可以反映这一规律。

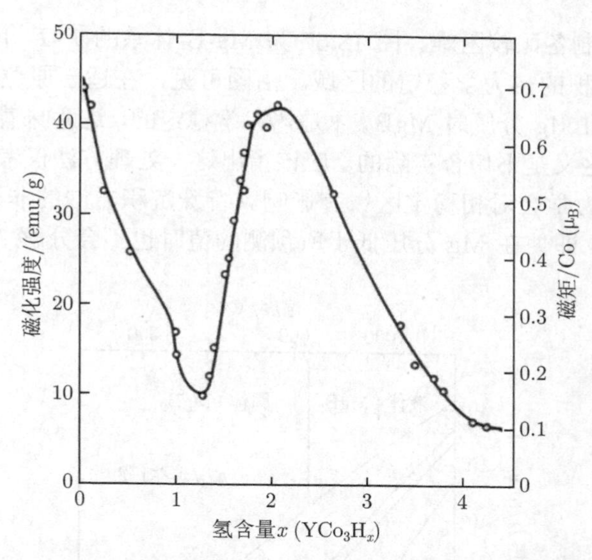

图 18.55 金属氢化物 YCo_3H_x 在 1.4 T 的磁场下的磁化与氢浓度的关系

18.9.2 超导 MgB_2 的制备

1) MgB_2 超导化合物

2001 年 1 月，日本青山学院的秋光纯 (Jun Akimitsu) 教授宣布，他的研究小组发现金属化合物 MgB_2 具有超导电性，其超导转变温度 T_c 达 39 K，是迄今为止金属超导体中超导临界转变温度最高的。他们将纯度为 99.9%的镁粉和纯度为 99%的非晶硼粉按照 Mg:B=1:2 的比例研磨并压成片，然后将该片在 973 K 和 196 MPa 的氩气压力条件下烧结 10 h。通过对烧结样品的 XRD 分析，证实了他们得到了单相 MgB_2，属六方晶系的晶体结构见图 18.56，晶格参数为 a=0.3086 nm，c=0.3524 nm，空间群为 P6/mmm。MgB_2 是一种金属间化合物，只有两种元素组合，体系简单，接近于合金，和传统超导体比，易于加工，电导率高，有着广阔的应用前景。

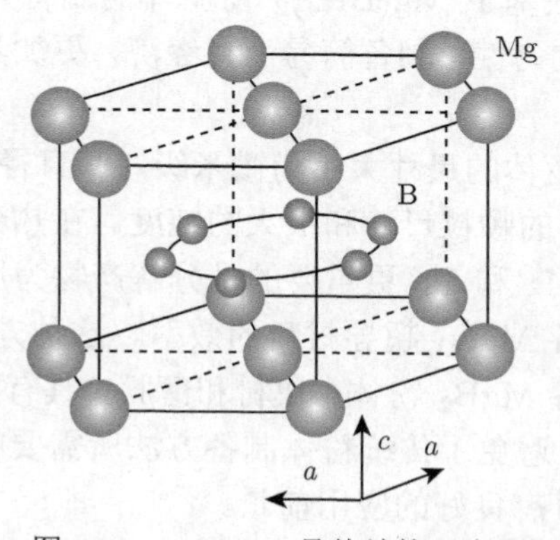

图 18.56 MgB_2 晶体结构示意图

高质量 MgB_2 薄膜是超导电子学应用所必需的。但是，由于 Mg 具有较高的挥发性，

使得 MgB_2 薄膜的制备比较困难。图 18.57 为 Mg-B 体系的 P-T 相图。“Gas+MgB_2”代表 MgB_2 薄膜沉积的热力学稳定的区域。由图可见，在适于原位外延生长的温度范围，只有在相当高的 Mg 分压时 MgB_2 才是热力学稳定的，这意味着必须由沉积源提供大的 Mg 通量，而这又是不切合实际的。应该指出这一处理方法仅考虑了平衡热力学条件，薄膜生长的动力学会对相稳定区域有影响。特殊沉积方法的非平衡本质更为重要，MgB_2 相一旦形成，即使在 Mg 分压低于所预测的值时也不会分解 [61,62]。

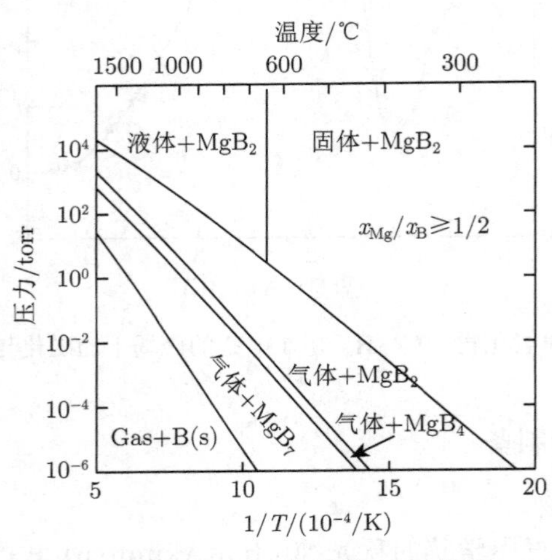

图 18.57　Mg-B 体系的 P-T 相图

2) $Mg(BH_4)_2$ 分解制备 MgB_2 超导薄膜

采用前驱体原位分解使高活性的 Mg 和 B 在原子级均匀混合可以克服现有制备方法的不足，但是前驱体的获得又是世界范围内的难题。$Mg(BH_4)_2$ 中 Mg、B 的原子比即为 1:2，分解产物只有氢气容易从体系中逸散，经过适当温度 (低于 500 ℃) 的加热处理即可得到 MgB_2。图 18.58 是不同温度下加热得到的 MgB_2 的形貌。因为 MgB_2 超导材料有重要的应用意义，故基于 $Mg(BH_4)_2$ 前驱体的制备方法由于避免了传统粉体制备方法所需要的高温和不均匀性，制备简易而且经济，更加具有深远的科研前景和实际应用潜力。

制备的 $Mg(BH_4)_2$ 前驱体的尺寸大小为微米级，其直径分布范围在 0.5~2 μm，多数为 1 μm 左右，具有较小的颗粒尺寸和很大的纯度。在热分解过程中能够以较低温度分解得到原子比为 1:2 的 Mg 和 B，更重要的是分解产物为原子级别的混合且反应活性较大，从而大大提高了制备 MgB_2 超导材料的效率。这种方法制备 $Mg(BH_4)_2$ 前驱体，可以在低温和短时间内制备 MgB_2 粉体、块材和薄膜，具有设备简单，合成速度快，成本低，产品超导性质优异，避免了传统粉体制备方法所需要的高温和不均匀性，比较容易实现工业化批量生产，具有良好的应用前景。

测量非饱和状态下 MgB_2 粉体的磁化强度、剩余磁化强度、矫顽场强、矩形比、居里点等参数，以及描绘磁化强度 (M) 与温度 (T) 的关系曲线。由图 18.59 可见，Long moment 参数在 35 K 左右从 0.000 变为负值，在 5 K 左右的温度范围有一个明显的突降。该曲线显示基于 $Mg(BH_4)_2$ 前驱体的 MgB_2 超导材料在 35 K 左右显示出超导抗磁性，即转变为超导相。另外，如果进一步控制 $Mg(BH_4)_2$ 前驱体中的 O、Na、Cl 杂质的含量，增加制备 MgB_2 过程中的反应温度和反应时间，那么 MgB_2 超导材料的超导性质还会进一步提高。

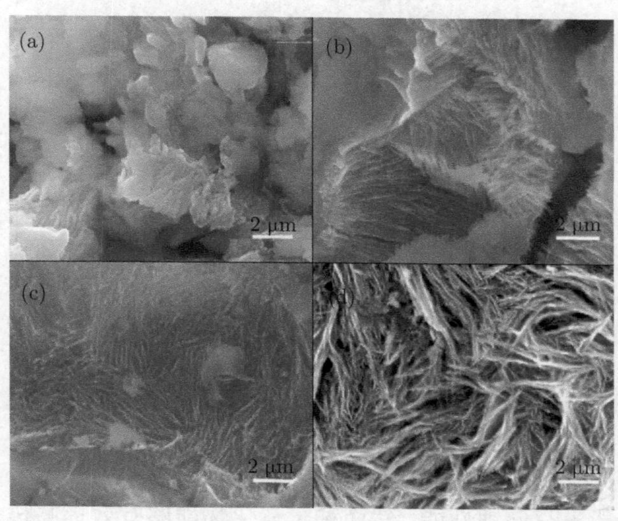

图 18.58 (a)~(d) 依次为 380 ℃、420 ℃、460 ℃、500 ℃ 退火 1 h 后得到的 MgB_2 超导纳米纤维的扫描电镜照片

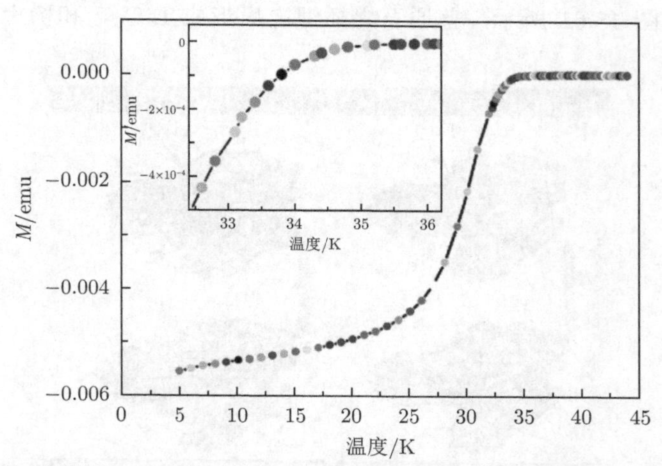

图 18.59 460℃ 温度下退火 1h 后得到的 MgB_2 超导纳米纤维的 M-T 曲线测试 (扫描封底二维码可看彩图)

18.9.3 电化学性能变化

前面提到镍氢电池因为容量不如锂离子电池而在市场竞争中处于劣势，为了提高稀土氢化物电极的容量，北京大学利用 Mg-Y 薄膜型稀土合金氢化物作为负极材料，通过薄膜中 MgH_2 和 YH_2 协同放氢能够重新转化为合金而不是像传统 Mg-Y 合金氢化物那

样分相转化为 Mg 和 Y 的特性，在合金组成为 $Mg_{24}Y_5$ 时获得了 1500 mA·h/g 的超高比容量 (图 18.60)。虽然薄膜电极实际应用比较困难，但这充分说明了尺寸足够小的纳米 Mg-Y 合金有实现超高比容量的潜力 [63]。

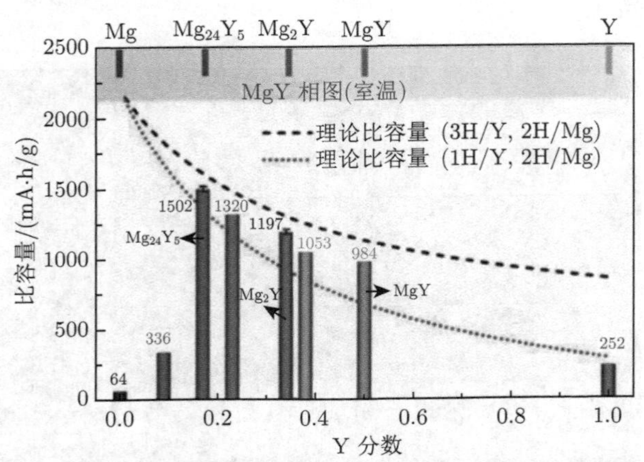

图 18.60　不同组成的 Mg-Y 薄膜电极的比容量和 $Mg_{24}Y_5$ 电极充放电过程示意图 (扫描封底二维码可看彩图)

稀土氢化物一般没有储锂性能，然而稀土氢化物能够有效提高传统锂离子电池负极材料石墨的处理比容量，在和 YH_3 球磨复合之后，石墨的比容量由原本的 372 mA·h/g 提升到 720 mA·h/g，机理研究表明这是因为稀土氢化物中的活性氢使得石墨能够结合更多的锂，即如图 18.61 所示，普通石墨插锂之后形成 LiC_6，和稀土氢化物复合之后

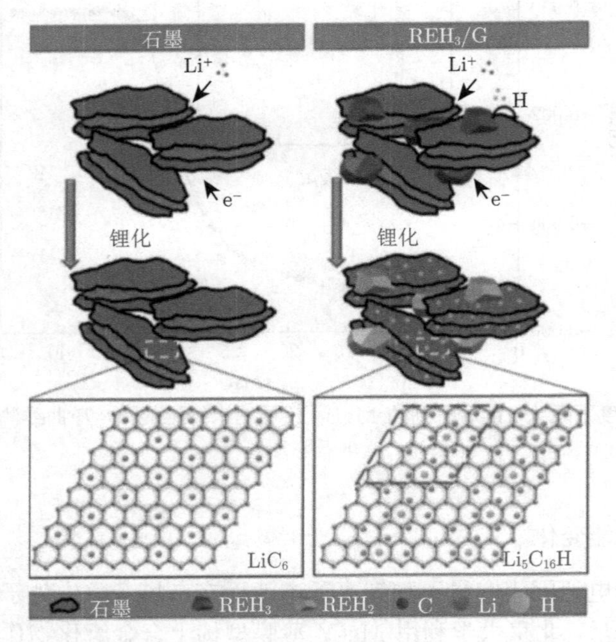

图 18.61　稀土氢化物提高石墨负极储锂性能的机理示意图 (扫描封底二维码可看彩图)

的石墨插锂之后形成 $Li_5C_{16}H$[64]。另外，利用稀土氢化物吸放氢过程容易发生氢脆使得颗粒尺寸变小的特性，在氢气气氛下球磨 YSn_2 合金得到分散在无定形钇氢化物中的 Sn 纳米颗粒，其中 Sn 的尺寸仅有 30 nm，该材料作为锂离子电池的负极材料也有 500 mA·h/g 的稳定比容量 [65]。

直接硼氢化钠燃料电池中，硼氢化钠氧化过程中的氢析出反应是抑制其效率的主要副反应。北京大学使用 YH_x-Pd 储氢/催化复合薄膜电极作为硼氢化钠的氧化电极，利用稀土氢化物能够可逆吸放氢的性质，稀土氢化物可以暂时储存硼氢化钠氧化过程中产生的吸附氢，有效抑制了氢析出的副反应，稀土氢化物中吸收的氢可以进一步被氧化 (图 18.62)，从而使直接硼氢化钠燃料电池的电子利用率提高了 40 %[66,67]。此外，利用 YH_x-Pd 复合薄膜电极，还构建了一个铝水解电池 (如图 18.63)。电极反应为

阴极：$Al + 4OH^- \longrightarrow Al(OH)^{4-} + 3e^-$

阳极：$YH_2 + xH_2O + xe^- \longrightarrow YH_{2+x} + xOH^-$

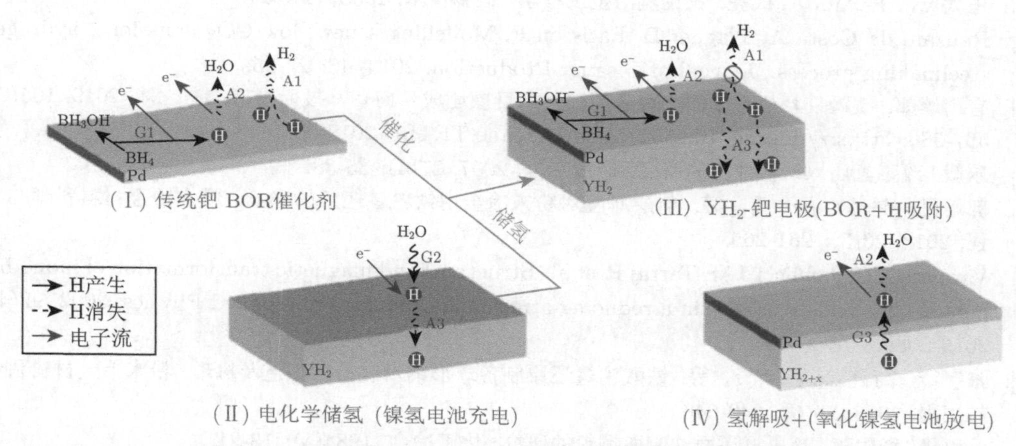

图 18.62 YH_x-Pd 薄膜电极抑制直接硼氢化钠燃料电池中的氢析出反应的机理示意图

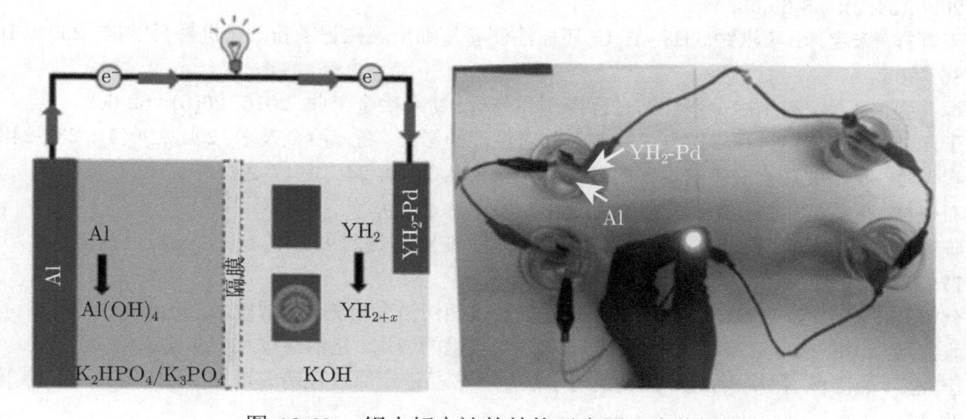

图 18.63 铝水解电池的结构示意图和实物图

其中稀土氢化物吸收的氢又能够通过镍氢电池放电转化为电能。通过该铝水解电

池，能够将铝水解反应放出热量的 8%~15%转为可利用的电能，有效提高铝水解反应的能量利用效率 [68]。

(李星国，徐丽)

参 考 文 献

[1] European Commission: A Roadmap for moving to a low carbon economy in 2050, 2011.

[2] EUROFER: A Steel Roadmap for a Low Carbon Europe 2050, 2013.

[3] International Energy Agency: Energy Technology Transactions for Industry, OECD/IEA, Paris, 2009: 59.

[4] 有山達郎. 鉄鋼における二酸化炭素削減長期目標達成に向けた技術展望. 鉄と鋼，2019, 105 (6): 567-586.

[5] 山口良祐. COURSE50 環境調和型製鉄プロセス技術開発鉄鉱石還元への水素活用技術開発. 水素エネルギーシステム, 2012, 37(1): 63-66.

[6] 王太炎，王少立，高成亮. 试论氢冶金工程学. 鞍钢技术, 2005, (1): 4-8.

[7] Ranzani da Costa A, Wagner D, Patisson F. Modelling a new, low CO_2 emissions, hydrogen steelmaking process. Journal of Cleaner Production, 2013, 46: 27-35.

[8] 有山達郎. 鉄鋼における二酸化炭素削減長期目標達成に向けた技術展望. 鉄と鋼，2019, 105(6): 567-586; https://doi.org/10.2355/tetsutohagane.TETSU-2019-008.

[9] 乐毅. 改善氢还原铁粉性能的研究. 矿冶工程, 2007, 27(4): 35-38.

[10] 郭培民，赵沛，孔令兵，等. 料层厚度对粉末冶金用铁粉氢还原的影响. 粉末冶金材料科学与工程, 2018, 23(3): 261-265.

[11] Varanda L C, Jafelicci J M, Tartaj P, et al. Structural and magnetic transformation of monodispersed iron oxide particles in a reducing atmosphere. Journal of Applied Physics, 2002, 92(4): 2079-2085.

[12] 张宇奇，高自立，陈新贵，等. 铁酸钙氢还原制备球形纳米铁粉的工艺及机理. 粉末冶金材料科学与工程, 2018, 23(6): 640-646.

[13] 毛铭华, 舒代萱. 高压氢还原法制取铜粉的研究. 化工冶金, 1984(1): 13-21.

[14] 匡社颖. 天然气重整制氢工艺在大型粉末冶金企业中的应用及前景分析. 稀有金属与硬质合金, 2006, 34(2): 58-60,63.

[15] 王其祥, 宋宝珍, 李洪钟. H_2+H_2O 还原法制备超细金属磁记录粉. 无机材料学报, 2001, 16(5): 861-866.

[16] 谭兆强，王辉. 粉末冶金钢烧结过程控制和分析. 粉末冶金工业, 2016, 26(6): 62-66.

[17] 于洋. 烧结钢烧结过程中的气氛控制及其对性能的影响. 粉末冶金技术, 2002, 20(4): 239-243.

[18] 崔佳娜. 我国硬质合金烧结设备的发展. 中国钨业, 2009, 24(6): 47-49.

[19] 石金林. 保护气氛烧结炉. 工业加热, 2002, 31(6): 46-49.

[20] 陈留根. 100%氢保护气氛退火炉的设备与特性. 工业加热, 1992 年 4 月，p31;《铁と钢》, 1991, 77: 76-83.

[21] 蔡恒君，胡洪旭，孙荣生，等. 提高冷轧钢板表面清洁度措施. 鞍钢技术, 2011(4): 59-62.

[22] 张立通，谭晓东，王海明. 连铸坯氢氧切割在包钢的应用. 包钢科技, 2019, 45(2): 26-29.

[23] 李亚广，聂陟枫，周扬民，等. 改良西门子法制备多晶硅还原过程研究进展. 现代化工, 2018, 38(5): 38-42.

[24] 马启坤，赵桂洁，张健雄. 电子级多晶硅生产关键工艺控制. 云南冶金, 2019, 48(4): 76-78.

[25] 佟宝山. 多晶硅生产方法探讨及展望. 天津化工, 2017, 31(3): 6-9.

[26] 贾曦，梅艳，邓茹. 多晶硅生产中 $SiCl_4$ 氢化工艺进展. 广州化工, 2018, 46(8): 8-12.

[27] 张伟, 周建伟, 刘玉岭, 等. 氢化非晶硅薄膜 H 含量控制研究进展. 微纳电子技术, 2009, 46(11): 667-672.

[28] Li X G, Aoki K, Yanagitani A, et al. Hydrogen-Induced Amorphization of Ce_3Al Compound with D019 Structure Trans. JIM, 1988, 29: 105-108.

[29] Li X G, Aoki K, Masumoto T. Hydrogen Induced Amorphization in Zr_3Al Compound with L12 Structure. Sci. Rep. RITU, 1990, 35A: 84-91.

[30] Aoki K, Li X G, Yanagitani A. et al. Amorphization of RFe_2 laves phases by hydrogen absorption Trans. JIM, 1988, 29: 101-104.

[31] Aoki K, Masumot T. Hydrogen-induced amorphization of intermatallic compounds. Materia Japan, 1995, 34: 126-133.

[32] Beck R L. Report, Denver Research Institute. 1962.

[33] 张伟福, 李云龙, 王长安, 等. 氢处理技术在钛合金粉末冶金中的应用及影响. 轻金属, 2009 (9): 50-52.

[34] Harris I R, McGuiness P J. Less-Common Met J, 1991, 172-174: 1273.

[35] Takeshita T, Nakayama R. 11th Int Workshop on Rare-Earth Magnets and Their application at Pittsburgh, 1990, 1: 49.

[36] 俵好夫, 大橋健. 希土類永久磁石. 森北出版会社, 1999: 119.

[37] Takeshita T, Nakayama R. 11th Int. Workshop on Rare-Earth Magnets and Their Application, at Pittsburgh, 1990, 1: 49.

[38] Harris I R. The use of hydrogen in the production of NdFeB type magnets and in the assessement of NdFeB alloys and permanent magnets-an update Pro. 12th Int Workshop on RE Magnet and their Appl Canberra, 1992: 347.

[39] Takeshita T. J Alloys Compd, 1993, 193: 231-2341.

[40] 孙爱芝，仝成利，苏广春，等. 各向异性粘结稀土永磁材料的研究和开发状况. 磁性材料及器件, 2005, 36(6): 7-12.

[41] Yoshimura H. Ultrafine grain refinement and improvement of Titanium materials. Materia Japan, 1995, 34(2): 141-145.

[42] Laveik C, J. Niobium demand and superconductor application: an overview, Less-Common Metals, 1988, 139:107.

[43] Barmak K, Coffer K R, Rudman D A, et al. J. Appl. Phys, 1990, 67: 7313.

[44] Li X G, Ohsaki K, Molita Y, et al. Proparation of fine Nb_3Al powder by hydriding and dehydriding of bulk material. J. Allys and Compounds, 1995, 227(2): 141-144.

[45] Li X G, Chiba A, Takahashi S. Disintegration and fine powder preparation of $Nb_{75}Si_{25}$ via hydrogenation. J. Alloys and Comp, 1997, 260(1-2): 153-156.

[46] Li X G, Kikuchi K, Sato M, et al. Fabrication of Nb-Si fine powders by hydriding bulk alloys directly in an arc-melting chamber. J. Alloys and Compounds, 1999, 282(1-2): 291-296.

[47] Li X G, Ohsaki K, Chiba A, et al. Disintegration and powder formation of $Nb_{75}M_{25}$ (M=Al, Si, Ga, Ge and Sn) due to hydrogenation in an arc-melting chamber. J. Materials Research, 1998, 13 (9): 2526-2532.

[48] Yuh F. Superabundant vacancy formation in metal hydrides. Materia Japan, 1995, 34(2): 121-125.

[49] Wada N. Jpn. J. Appl. Phys. 1967, 6: 553.

[50] Oya H, Ichihashi T, Wada N. Jpn. J. Appl. Phys, 1982, 21: 554.

[51] 宇田雅広. 新しい金属超微粒子の製造法. 日本金属学会会報, 1983, 22 (5): 412-420.

[52] Ohno S, Uda M. Preparation for ultrafine particles of Fe-Ni, Fe-Cu and Fe-Si alloys by hydrogen plasma-metal reaction. Jpn. Inst. Metals, 1989, 53(9): 946-952.

[53] Li X G, Chiba A, Takahashi S. Preparation and magnetic properties of ultrafine particles of Fe-Ni alloys. J. of Magn. and Magn. Mater., 1997, 170(3): 339-345.

[54] Li X G, Chiba A, Takahashi S, et al. Preparation, oxidation and magnetic properties of Fe-Cr ultrafine powders by hydrogen plasma-metal reaction. J. Magn. and Magn. Mater., 1997, 173(1-2): 101-108.

[55] Li X G, Murai T, Saito T, et al. Thermal stability, oxidation behavior and magnetic properties of Fe-Co ultrafine particles prepared by hydrogen plasma-metal reaction. J. Magn. and Magn. Mater., 1998, 190(31): 277-288.

[56] Li X G, Murai T, Chiba A. et al. Particle features, oxidation behaviors and magnetic properties of ultrafine particles of Ni-Co alllys prepared by hydrogen plasma-metal reaction. J. Applied Physics, 1999, 86(4): 1867-1873.

[57] 田村英雄編集. 水素吸収合金ハンドブック. エヌティーエス出版社, 1998.

[58] Yamaguchi M, Yamamoto I, Bartashevich M I, et al. J. Alloys and Comp., 1995, 231: 195-163.

[59] Libowitz G G. The Solid State Chemistry of Binary Metal Hydrides. New York: W.A.Benjamin, Inc., 1965.

[60] Gschneider K A, Eyring Jr L R. Handbook on the Physics and Chemistry of Rare Earth, Vol. 3, North-Holland Publishing CoMPany (1979).

[61] Liu Z K, Schlom G, Li Q, et al. Appl. Phys. Lett., 2001, 78: 3678.

[62] Fan Z Y, Hinks D G, Newman N, et al. Appl. Phys. Lett., 2001, 79: 87.

[63] Fu K, Chen J, Xiao R, et al. Synergism induced exceptional capacity and complete reversibility in Mg-Y thin films: enabling next generation metal hydride electrodes. Energy Environ. Sci., 2018, 11(6): 1563-1570.

[64] Zheng X, Yang C, Chang X, et al. Synergism of rare earth trihydrides and graphite in lithium storage: evidence of hydrogen-enhanced lithiation. Adv. Mater., 2018, 30(3): 1704353.

[65] Zheng X, Yang C, Chang X, et al. A high capacity nanocrystalline Sn anode for lithium ion batteries from hydrogenation induced phase segregation of bulk YSn_2. J. Mater. Chem. A. 2018, 6(43): 21266-21273.

[66] Chen J, Fu J, Fu K, et al. Combining catalysis and hydrogen storage in direct borohydride fuel cells: towards more efficient energy utilization. J. Mater. Chem. A. 2017, 5(27): 14310.

[67] Chen J, Xiao R, Fu K, et al. Metal hydride mediated water splitting: Electrical energy saving and decoupled H_2/O_2 generation. Materials Today, 2021, https://authors.elsevier.com/c/1corE4tRoWNixZ.

[68] Xiao R, Chen J, Fu K, et al. Hydrolysis batteries: generating electrical energy during hydrogen absorption. Angew. Chem. Int. Ed., 2018, 57(8): 2219-2223.

第 19 章　氢能技术在电网中的应用

19.1　氢能技术在电力系统的应用需求及场景

19.1.1　应用需求及前景

2016 年 12 月，国家发展改革委、国家能源局印发的《能源生产和消费革命战略(2016—2030)》中明确提出我国能源转型的战略目标，到 2030 年，非化石能源发电量占全部发电量的比重力争达到 50%。2020 年 9 月，习近平主席在第七十五届联合国大会上表示中国将提高国家自主贡献力度，采取更加有力的政策和措施，二氧化碳排放力争于 2030 年前达到峰值，努力争取 2060 年前实现碳中和。

在能源碳排放中，电力系统排放约占四成，未来电力将扮演越来越重要的角色。在碳达峰目标的驱动下，预计 2030 年新能源装机达 12 亿千瓦，此时电力系统与能源系统同步达峰，峰值 100 亿~105 亿吨，其中电力系统碳排放峰值约为 50 亿吨，约占全部能源燃烧二氧化碳排放的 50%，见图 19.1。2060 年新能源装机将达到 40 亿 ~60 亿千瓦，装机占比也将提升至 67%，发电量占比提升至 60%。然而，新能源发电具有很强的波动性和随机性，与之伴随的转动惯量、电压支撑、波动性、电力电子化等问题日益凸显，对保障电网安全稳定运行带来了重大挑战，也对电力系统运行灵活性提出了更高要求 [1]。

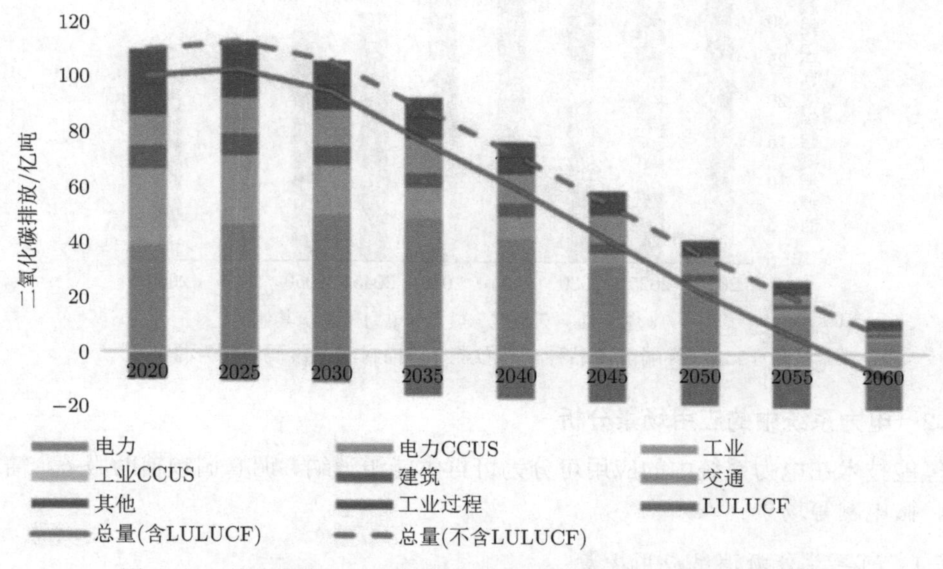

图 19.1　基准情境下二氧化碳排放预测 (扫描封底二维码可看彩图)

利用分布式可再生能源制取“绿氢”，可实现清洁电力和氢能的融合，有效平抑可再生能源波动、提高消纳水平，提升可再生能源的消费占比，推进能源清洁化替代，也是国内外实现能源转型的重要方向；电–氢转化作为灵活可调的电力负荷，可支撑供需双侧动态匹配，促进新能源有效利用；氢–电转化可作为灵活的调峰调频电源，提升电网调峰能力；电–氢–电转化可作为长周期蓄能电站，保障偏远地区、孤岛、微电网长周期供电。此外，考虑**氢能具有清洁高效、安全可持续的特点，可再生能源制取的“绿氢”可直接应用于工业、交通、建筑等多种脱碳领域，为实现深度碳减排提供有效途径。与此同时，氢气本身需求量巨大，**由图 19.2 和图 19.3 可知，预计 2050 年我国氢气需求量接近 6000 万吨 [2]，氢能在终端能源体系占比将达 10%，2060 年将达 15%，**将成为未来能源变革的重要组成部分。**

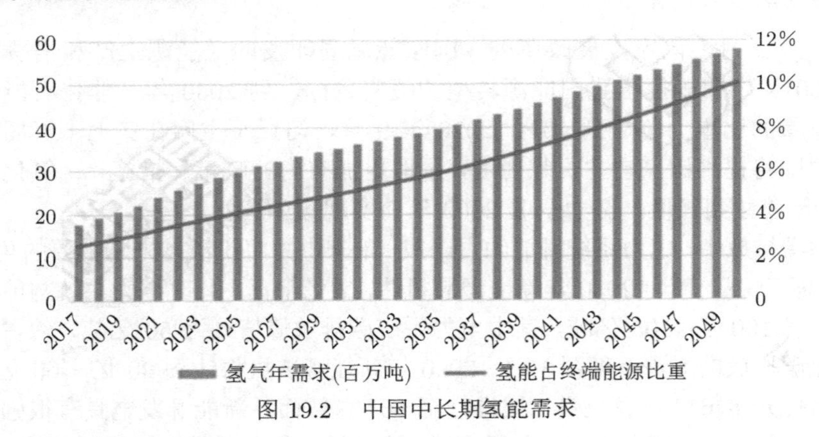

图 19.2 中国中长期氢能需求

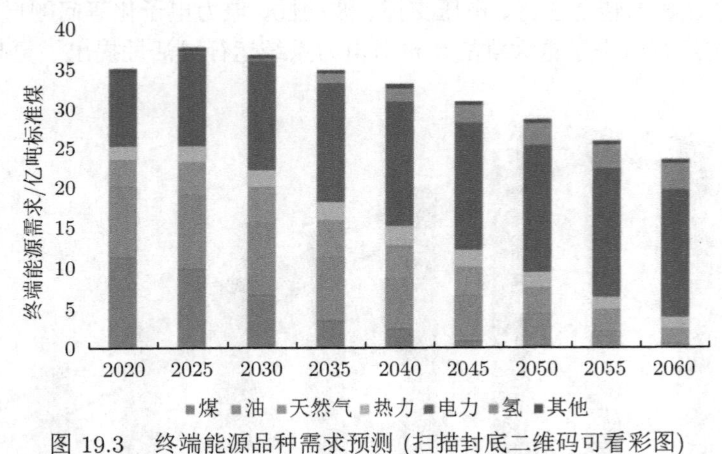

图 19.3 终端能源品种需求预测 (扫描封底二维码可看彩图)

19.1.2 电力系统中的应用场景分析

氢能技术在电力系统中的应用可分为可再生能源消纳、调峰调频辅助服务、需求侧响应、微电网等场景。

19.1.2.1 可再生能源消纳应用场景

可再生能源发电端应用电解制氢系统，提升可再生能源场站绿电的消纳率、减少弃风弃光现象的同时，还能够优化风电/光伏场群的出线容量，从而**降低电网对外送输电容量的投资，提高输电线路的利用率。**

对于大规模光伏电站和风电场 (或只有光伏电站，或只有风电场)，可将光伏出力通过 DC/AC 变换汇聚到交流母线、风电出力通过 AC/AC 变换汇聚到交流母线。对于完全消纳的情形，通过交流母线控制系统，将可再生能源电力通过 AC/DC 全部输送到电解制氢装置；对于可再生能源部分消纳的情形，通过交流母线控制系统，将富余的可再生能源电力 (超出电网承载能力的部分) 通过 AC/DC 全部输送到电解制氢装置。制取的氢气通过压缩机压缩到储氢罐之中，可供给近端用氢侧；也可通过长拖车、液氢等常规氢气运输方式输送至远端用氢侧，销售到远端化工、炼钢等传统用氢市场；或以一定比例掺入天然气管道中，直接送入居民区，作为燃气使用，可多方面拓展电能利用途径，如图 19.4 所示。

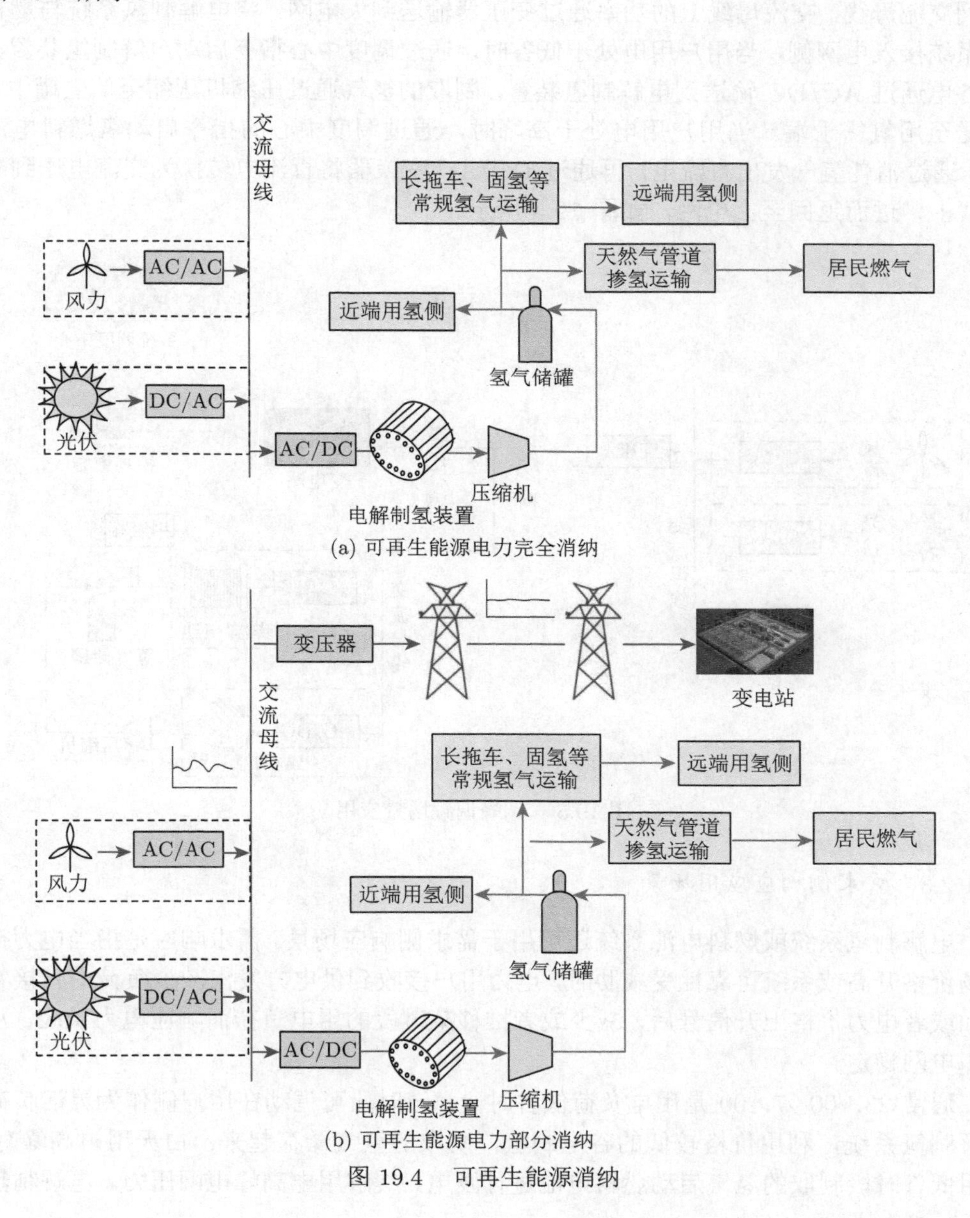

(a) 可再生能源电力完全消纳

(b) 可再生能源电力部分消纳

图 19.4 可再生能源消纳

19.1.2.2　调峰调频应用场景

电解制氢与燃料电池耦合系统可应用于电网侧，应用于调峰调频场景。根据电网运行负荷状况，在用电低谷时，可利用电解制氢系统消耗来电力，将制取的氢气储存起来；在用电高峰时，利用储存的氢气，启动部分或全部燃料电池装置发电。此外，电解制氢系统的快速响应与快速启停能力也可跟随电网频率的快速变化。因此，电解制氢与燃料电池耦合系统可提供灵活调控的负荷与电力，在电网调峰调频场景具有较好的适应性，可提升电力系统灵活性。

具体过程如下：将可再生能源电力 (风电或光伏) 通过 AC/AC 或 DC/AC 变换汇聚到交流母线，交流母线上的功率通过变压器输送到大电网。将电解制氢系统与燃料电池系统接入电网侧，当用户用电处于低谷时，通过调度中心指令启动电解制氢装置，将低谷电通过 AC/DC 输送到电解制氢装置，制取的氢气通过压缩机压缩至储氢罐中，可输送至用氢需求端。当用户用电处于高峰时，通过调度中心的指令启动氢燃料电池装置，通过消耗氢气发出直流电，再通过 DC/AC 变换器将直流电转换为交流电送到交流母线上，进而返回至大电网，如图 19.5 所示。

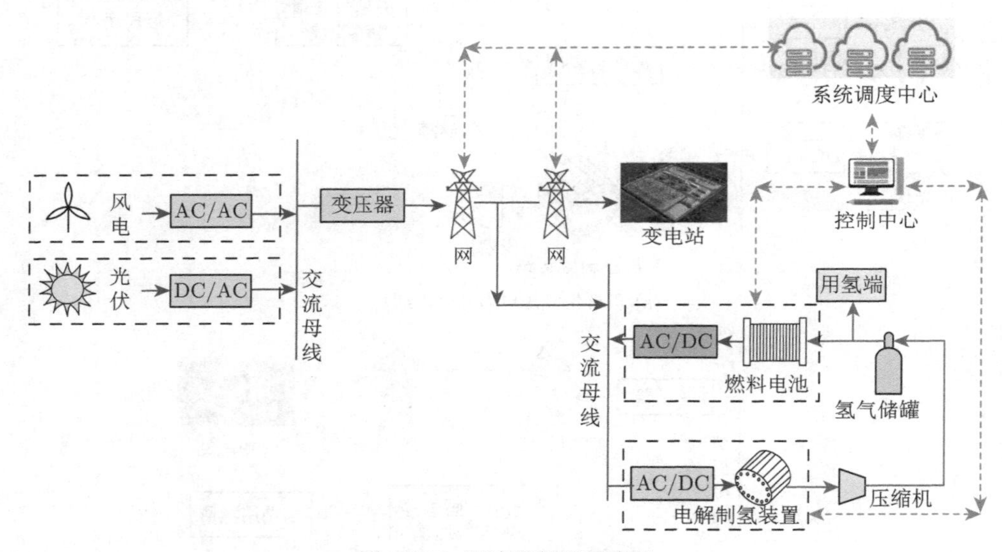

图 19.5　调峰调频场景应用

19.1.2.3　需求侧响应应用场景

电解制氢系统或燃料电池系统还可用于需求侧响应场景。需求响应是指当电力批发市场价格升高或系统可靠性受威胁时，电力用户接收到供电方发出减少负荷的直接补偿通知或者电力价格上升信号后，减少或者推移某时段的用电负荷而响应电力供应，从而保障电网稳定。

通常 23：00~7：00 是用电负荷低谷时段，该时段可调动在用户侧作为灵活负荷的电解制氢系统，利用价格较低的谷电制氢，制取的氢气储存起来；白天用电高峰时段，利用低谷时段制取的氢气启动燃料电池进行发电，缓解用电高峰电网压力。电解制氢与燃料电池系统通过参与需求侧响应的方式，利用谷峰电价用电高峰期放电、低谷期充电，这样既能“削峰填谷”，缓解电网运行压力，又能减少对发电场的投资建设，减轻经济负担。同时，制氢与发电过程中产生的热能也可用于满足用户侧的热负荷，实现用户侧热电联供；还可辅助电网侧进行调峰调频服务。该场景的具体实施过程与调峰调频应用场景类似，如图 19.6 所示，但需求侧响应主要应用于用户端，通过电力需求侧实时管理系统进行调控。

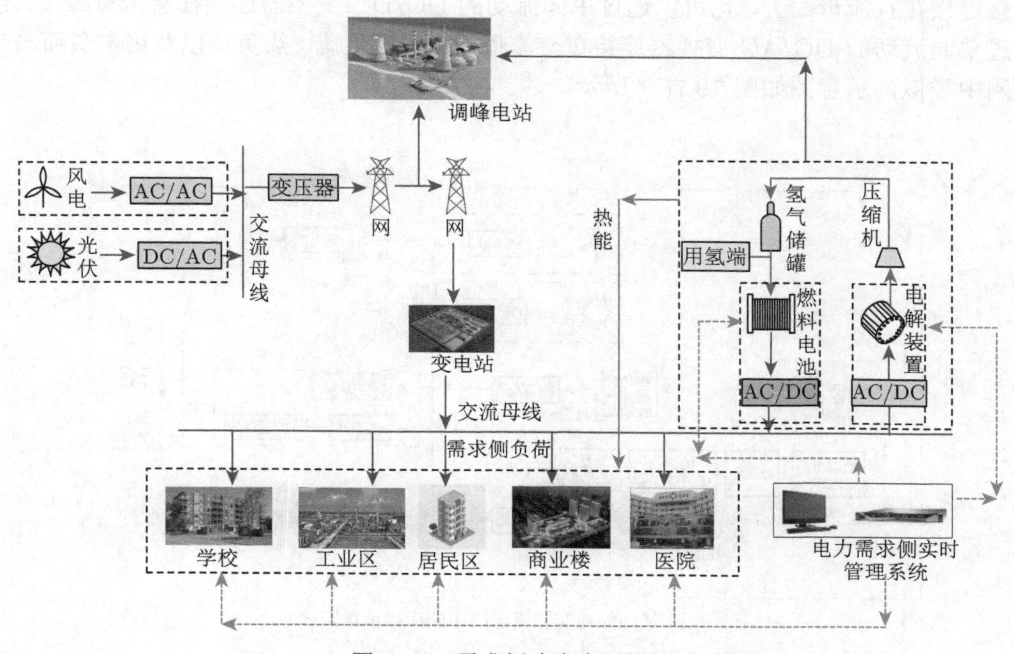

图 19.6 需求侧响应应用场景

19.1.2.4 微电网应用场景

电解制氢耦合燃料电池发电的氢储能技术具有无污染、能量密度高、存储长时无损耗、环境适应性强、利用形式多样，是用于极长时间供电能量储备技术方式之一。同时，在电解制氢与燃料电池发电过程中，均伴随着产热，将热量用于需要较多热量的宾馆、医院、学校和工厂等。氢燃料电池还可作为变电站备用电源，尤其适用于高海拔、高寒、孤岛、边无等特殊条件下的高可靠、定制供电，替代传统铅酸电池，向低碳、绿色、环保发展。因而，电解制氢耦合燃料电池发电技术可用于微电网应用场景中。

氢储能技术在交流、直流、交直流微电网系统中均适用。图 19.7(a) 为氢储能在交流微网中的应用示意图，光伏、风电、电解制氢和氢燃料电池发电单元通过单向流动的 DC/AC 或 AC/AC 变换器与交流母线相连，电池储能单元通过双向流动的 DC/AC 变换器与交流母线相连。交流负荷直接与交流母线相连，直流负荷通过单向流动的 AC/DC 变换器与交流母线相连。交流微电网经升压变压器升压后再接入大电网，通过控制 PCC 端口处的静态开关 SB 实现微电网并网运行与孤岛运行模式的转换。制取的氢气可用于燃料电池汽车、加氢站、工业、天然气管道掺氢等多类用氢端，同时制氢与发电过程中的热量以及可再生能源的电力可供给周边居民住宅、工业等多种热负荷与用电负荷，实现区域内热电联供。氢储能在直流微网中的应用示意图如图 19.7(b) 所示，交流母线换成直流母线，与母线相连的变换器也做相应变化。而氢储能在交直流微网中应用既有交流母线又有直流母线，直流母线通过双向流动的 DC/AC 变换器与交流母线相连，交流母线通过 PCC 与大电网相连。交流负荷既可以直接连接在交流母线上，也可以通过单向流动的 DC/AC 变换器连接在直流母线上；根据直流供电电压大小，直流负荷既可以直接连接在直流母线上，也可以通过单向流动的 DC/DC 变换器连接在直流母线上，或通过单向流动的 DC/AC 变换器连接在交流母线上。氢负荷、热负荷以及用电负荷与交流网中类似，示意图如图 19.7(c) 所示。

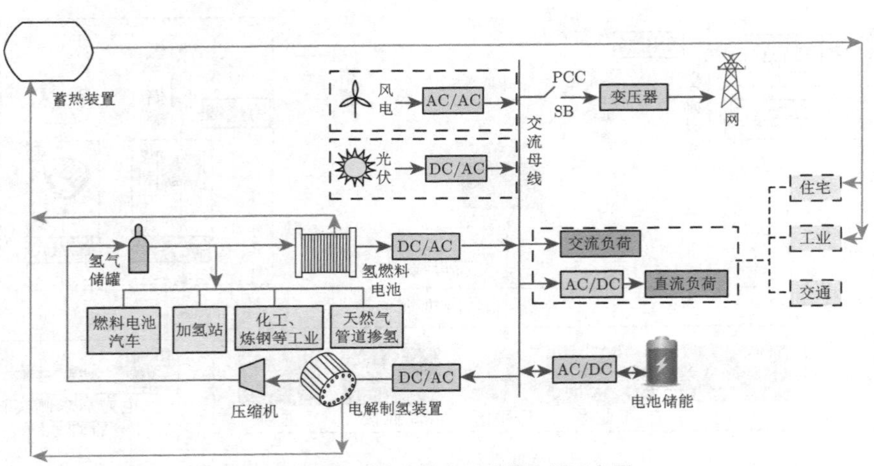

(a) 氢储能在交流微电网中的应用示意图

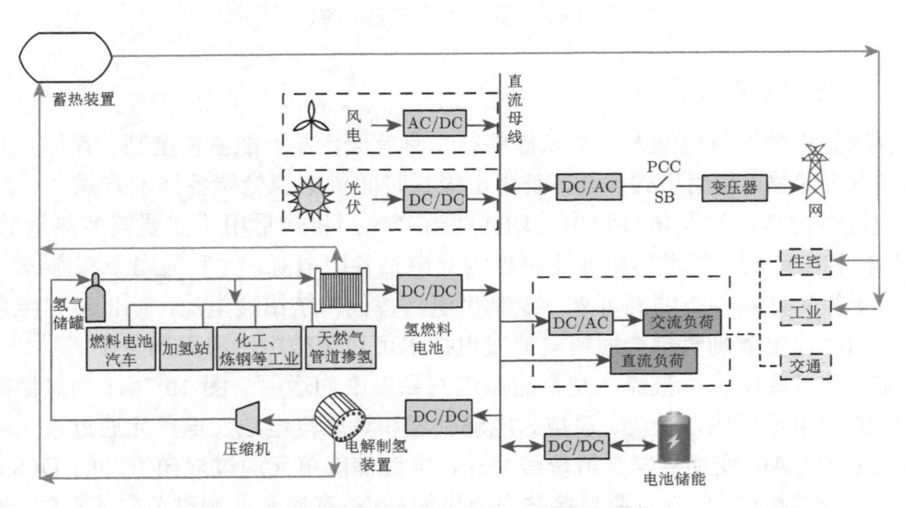

(b) 氢储能在直流微电网中的应用示意图

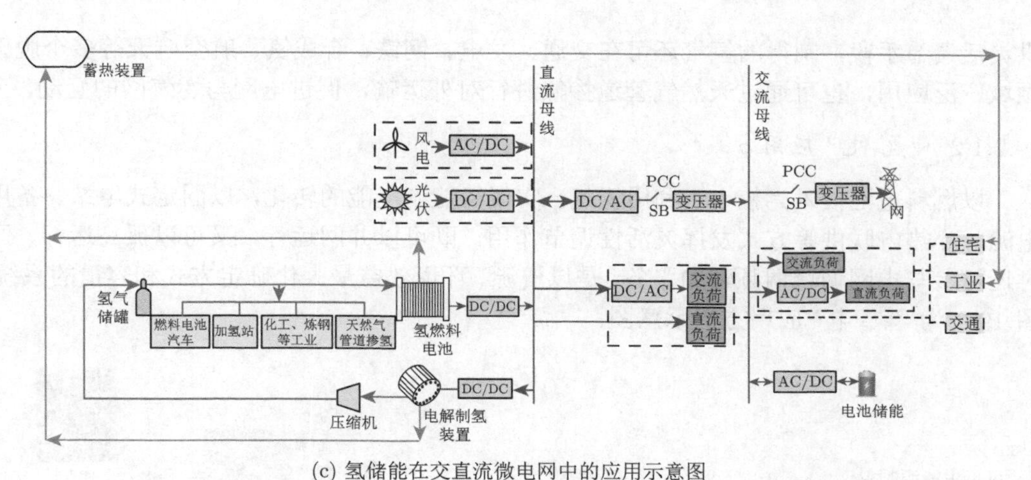

(c) 氢储能在交直流微电网中的应用示意图

图 19.7 氢储能在综合能源系统中的应用示意图

19.2 氢能制取与利用技术发展现状

19.2.1 氢能制取与利用技术型式及核心技术

氢能利用可分为“电–氢”、“氢–电”以及“电–氢–电”三种应用方式。

19.2.1.1 “电–氢”应用方式

“电–氢”应用方式即以电解制氢技术为核心，通过谷电/可再生电力制氢，氢气作为中间桥梁协调可再生能源发电和负荷之间的供应关系，将富余可再生电转化为氢气，使可再生电得到高效利用，提高可再生能源的利用率，满足当地用能需求，图 19.8 为“电–氢”应用方式示意图。“电–氢”应用可促进可再生能源消纳，还可作为可控负荷，提

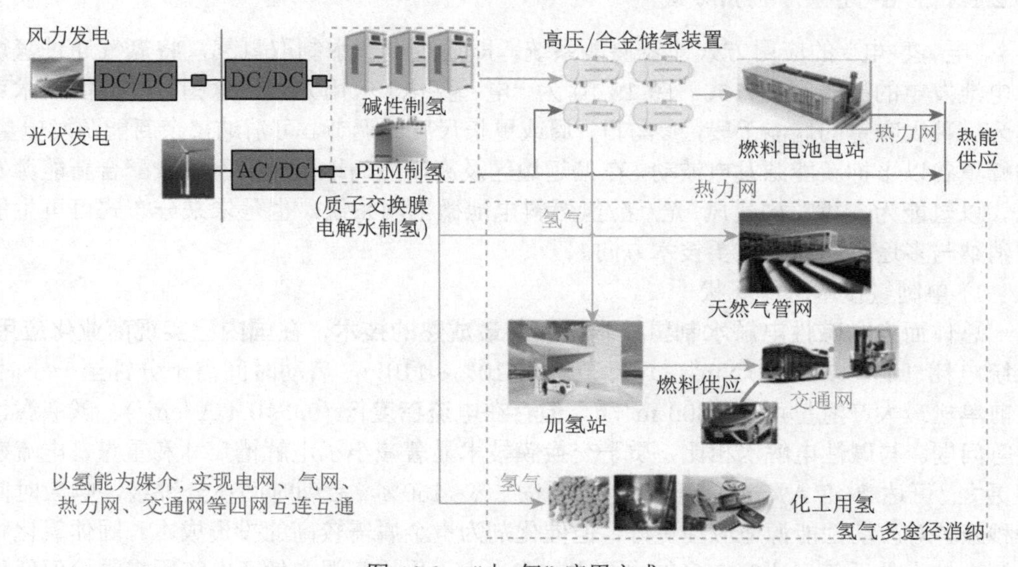

图 19.8 “电–氢”应用方式

供灵活调节手段，制得的氢气还可在交通、发电、钢铁、合成氨、航空航天等多个脱碳领域广泛应用，也可通过天然气管道掺氢进行对外运输，促进电网与燃气网的互动。

19.2.1.2 “氢–电” 应用方式

以燃料电池技术为核心，利用氢气，实现氢能到电能的转化，以固定式电站、备用电源、冷热电联供等方式发挥灵活性调节作用，既可以并网运行，又可以孤岛运行，同时还可参与电网调峰调频辅助服务，是以资源、环境效益最大化确定方式和容量的系统，图 19.9 为“氢–电”应用方式示意图。

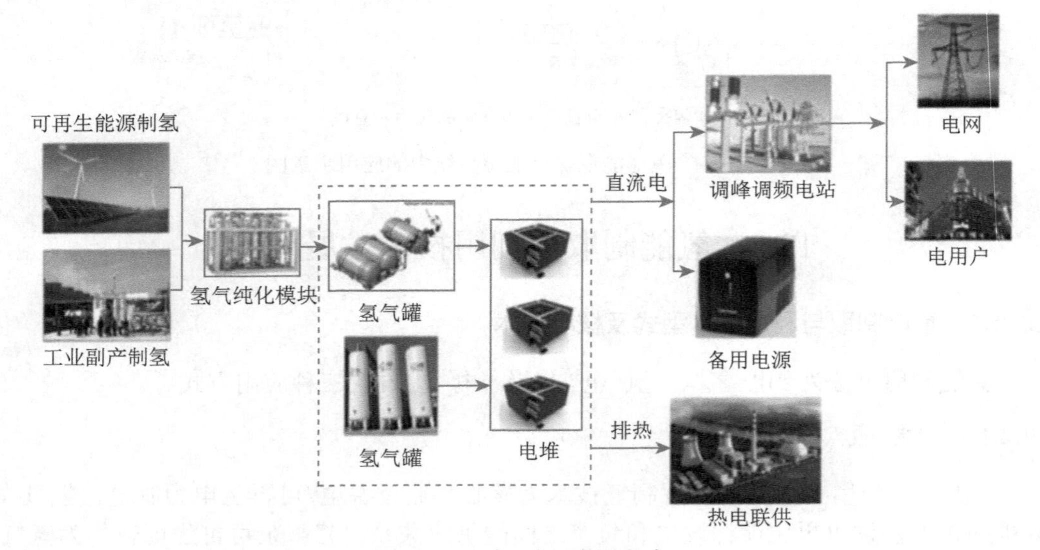

图 19.9 “氢–电” 应用方式

19.2.1.3 “电–氢–电” 应用方式

“电–氢–电” 的应用方式即氢储能系统，即通过电解水制取氢气，将氢气通过氢燃料电池发电的能源利用方式，图 19.10 为“电–氢–电” 应用方式示意图。氢储能技术可作为一种大容量的储能手段，参与日、周或更长尺度的调节。可消纳富余新能源发电量，削峰填谷以平抑新能源发电波动，在偏远边区及离岸海岛地区等离网场景配合新能源发电。以氢能为支撑，构建风/光/储/氢燃料电池微电网系统，也是未来分布式可再生能源消纳与多途径利用的重要技术方向。

1) 电制氢技术总体现状

总体而言，**碱性电解水制氢技术是目前最成熟的技术，在国内已实现商业化应用，**系统电耗 4.1~6.7 kWh/$\mathrm{Nm^3}$，运行范围为 10%~110%，启动时间需十分钟至一小时。目前单槽最大产氢量可达 1300 $\mathrm{m^3/h}$。但存在**电流密度低** (0.2~0.4 $\mathrm{A/cm^2}$)、碱液腐蚀性等问题。与碱性电解水相比，质子交换膜技术显著减小了电解槽尺寸和重量，电流密度更大 (可达 2~3 $\mathrm{A/cm^2}$)，运行范围更宽 5%~150%，启动时间在分钟级，响应时间为秒级，对波动性能源适应性更好，但催化剂为贵金属需较高的投资成本。固体氧化物电解水技术是近年来研究较多的电解水技术，由于采用高温电解，电解所需的焓便低于低温电解技术，因此效率高于质子交换膜电解，且具有可逆的潜力，但固体氧化物电解水技术尚处于实验室研发阶段。

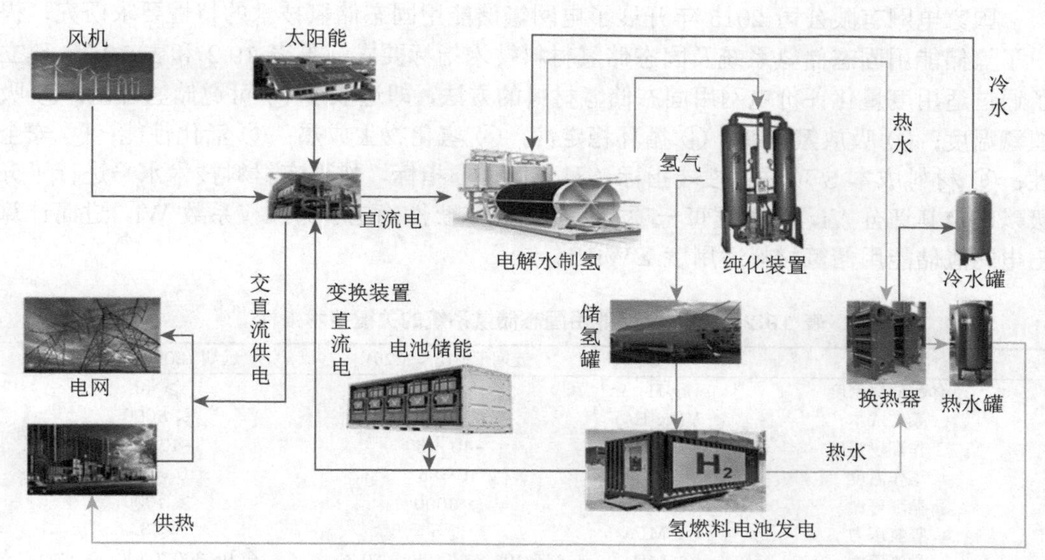

图 19.10 “电–氢–电”的利用方式技术图

碱性电解水制氢、质子交换膜电解水制氢和固体氧化物电解水制氢技术的性能参数见表 19.1[3–5]。

表 19.1 三种电解水制氢技术的性能参数

项目	碱性电解水制氢	质子交换膜电解水制氢	固体氧化物电解水制氢
技术成熟度	充分产业化	逐步商业化	实验室阶段
运行温度/℃	60～80	50～80	600～1000
运行压力/bar	1～30	30～80	1～30
电流密度/(A·cm^{-2})	0.2～0.4	0.6～3.0	0.3～1.0
系统能耗/(kWh·Nm^3)	4.3～6.7	4.7～7	3.7～4
运行范围/%(相对于额定功率)	10～110	5～150	20～100
单机规模/(Nm^3·H$_2$·h^{-1})	⩽ 1300	⩽ 800	⩽ 40
优点	技术成熟，成本低	电流密度高、同体积下重量轻、无碱液带来的腐蚀性、产品气体纯度高	能量转化效率高
缺点	电流密度低、体积和重量大、碱液有腐蚀性	成本高，原料水的水质要求高	高温条件下工作，对材料要求高，成本高

2) 氢气存储技术总体现状

高压气态储氢技术目前最为成熟，应用也最广，但是体积储氢密度和安全性方面存在瓶颈，未来将朝着更高压力、更轻质的方向发展；固体储氢则有着巨大潜力，安全性高，尤其是在对质量储氢密度不敏感的固定式储氢应用场景，但是目前仍存在成本高，技术成熟度不高等问题，亟待相关技术攻关以降低其成本。低温液态存储技术具有单位质量和单位体积储氢密度大的绝对优势，但由于氢液化耗能巨大，且对低温绝热容器性能要求极高，导致其储氢成本昂贵，目前多用于航天方面；有机液态储氢由于成本和技术问题还未能大规模商业化应用。

国家电网有限公司 2015 年开展了电网氢储能用固态储氢技术的特性要求研究，提出了氢储能用固态储氢系统及固态储氢材料技术指标要求，见表 19.2 和表 19.3。建立了通过适用度量化评价电网用固态储氢材料的方法，即选取了 ① 可逆储氢容量；② 吸放氢温度；③ 吸放氢速率；④ 循环稳定性；⑤ 氢化物生成热；⑥ 活化性能；⑦ 安全性；⑧ 材料成本 8 项关键性能指标，对于每一项指标，按现有材料技术水平进行了分级以确定其评分 Vi，并根据每一项指标的相对重要性确定了其加权系数 Wi，进而计算出电网氢储能用储氢材料适用度 ΣWiVi。

表 19.2　电网氢储能用固态储氢系统的关键技术指标 [6]

技术参数	单位	近期 (2015～2025)	远期 (2025～2035)
体积储氢密度	$kg{\cdot}H_2/m^3$	⩾ 20	⩾ 40
系统成本	$¥(kg{\cdot}H_2)^{-1}$	⩽ 12000	⩽ 8000
工作环境温度	℃	−40 ～60	−40 ～60
工作温度	℃	10～85	0～300
循环寿命	次	⩾ 3000	⩾ 4000
吸氢压力	MPa	⩽ 5	⩽ 3
供氢压力	MPa	在 10～85 ℃ 下，⩾0.3	在 0～300 ℃ 下，⩾0.3
储氢效率	%	⩾ 90	⩾ 95
充氢速率	kWh/Nm^3	⩾ 0.2	⩾ 0.3
供氢速率	kWh/Nm^3	⩾ 0.9	⩾ 1.2
燃料质量 (从储氢系统出来的 H_2)	$\%H_2$	满足 SAE J2719 和 ISO/PDTS 14687-2 标准 (99.97%干基)	

表 19.3　电网氢储能用固态储氢材料的关键技术指标 [6]

技术参数	单位	近期 (2015～2025)	长期 (2025～2035)
活化性能	脱氢温度/℃	⩽ 90	⩽ 80
	吸氢压力/MPa	⩽ 5	⩽ 3
	次数	⩽ 3	⩽ 1
重量储氢密度	wt%	⩾ 1.5	⩾ 5
体积储氢密度	$kg\ H_2/m^3$	⩾ 80	⩾ 100
吸放氢温度	℃	⩽ 85	⩽ 65
平均吸放氢速率	%/min	⩾ 10	⩾ 15
循环寿命	次	⩾ 4000	⩾ 5000
氢化物生成焓	H_D/H_C 值	⩽ 0.16	⩽ 0.12
吸氢压力	MPa	⩽ 5	⩽ 3
储氢材料成本	元/($kg\ H_2$)	⩽ 10000	⩽ 6000

国际上部分氢能示范性项目采用的储氢方式如表 19.4 所示，可见目前在氢能示范项目中所使用的储氢方式一般为高压气态储氢和金属氢化物固态储氢，这两种储氢方式也是目前得以实际应用的主要储氢技术。长期来看，高压气态储氢还是国内发展的主流。

典型储氢技术的性能对比见表 19.5。

3) 氢发电技术总体现状

质子交换膜燃料电池具有低温操作、启动快、比功率高、结构简单、模块化特性强等优点，处于商业化的最前沿；固体氧化物燃料电池运行温度过高，材料热稳定及系统长期性能较差，现今技术的开发仍处于初期探索阶段，离商业化应用还有一定距离，氢发电技术对比见表 19.6。

表 19.4 部分氢能示范项目采用的储氢方式 [6]

项目名称	国家	储氢方式
勃兰登堡州普伦茨劳市的 ENERTRAG 综合发电厂	德国	5 个 3 MPa 气态罐，每个罐储存 1.35 kg H_2
普利亚地区的 INGRID 项目	意大利	储氢容量为 1 t 的固态储氢系统，Mg 基储氢材料
氢能源和可再生能源综合工程 (HARI)	英国	48 个 13.7 MPa 的高压储氢罐 (0.475 m^3)，可储存 2856 Nm^3
福西纳氢能发电站	意大利	镁基材料 (1500 g)，储 90 gH_2
新勃兰登堡国际机场公共碳平衡加氢站	德国	金属氢化物储氢罐，100 kg 材料
尤兹拉岛氢能电站	挪威	20 MPa 气态罐，罐容积 12 m^3，储氢容量 2400 Nm^3
东芝 H_2One 商业社区版	日本	0.8 MPa 的氢气储罐，罐容积 35 m^3，储氢容量 270 Nm^3
东芝 H_2Omega 大容量氢储能系统	日本	20 MPa 的氢气储罐，罐容积 60 m^3，储氢容量 12000 Nm^3
长崎豪斯登堡主题公园的佐世保市酒店的 H_2One 氢储能系统	日本	合金储氢罐，罐容积 35 m^3，储存压力 0.8 MPa

表 19.5 不同储氢技术的储氢性能 [8]

储氢技术	举例	储氢能力	优点	缺点
高压气态	20 MPa 70 MPa	11 kg H_2/m^3 39 kg H_2/m^3	技术成熟	体积能量密度有限，安全隐患，运输成本高
低温液态	—	70.8 kg H_2/m^3	质量能量密度和体积能量密度都较高	液化能耗高
固态	MgH_2 LiH	$w_{H_2}=7.65\%$ $w_{H_2}=12.5\%$	安全性高	抗杂质气体能力差
有机液态	甲基环己烷 (MCH)	$w_{H_2}=12.5\%$ 47.4 kg H_2/m^3	储氢密度高	脱氢能耗高，多次循环后性能下降

表 19.6 氢发电技术汇总

项目	质子交换膜燃料电池	固体氧化物燃料电池
技术成熟度	已应用	研发中
运行温度/℃	$\leqslant 80$	700～1000
启动时间	5 min	$>$ 10 h
功率密度/(mW/cm^2)	500～2500	250～2000
能量效率/%	40～50	50～60
优点	能量转化效率高、燃料多样性、可靠性高、室温快速启动、无电解液流失、水易排出、寿命长	较高的电流密度及功率密度、燃料综合利用率高、清洁高效、无腐蚀及封接问题、催化剂成本低
缺点	对燃料净化程度要求高、余热回收温度低、对温度及湿度比较敏感	对陶瓷材料的性能要求高、组装困难、预热和冷却系统复杂、成本高、不易建立

19.2.2 国外发展现状及典型应用

当前，美国、欧盟、日本、韩国、澳大利亚等世界主要发达国家和地区，已依据本国实际情况大力培育各自的氢能产业，制定了详细的发展路线图，发布了氢能相关的产业政策，明确未来的发展方向。

19.2.2.1　国外典型工程应用

国际上开展了**各类可再生能源制氢及氢利用创新示范工程**，全球最大单电解槽为 10 MW(日本福岛、碱性)。PEM 制氢示范也逐渐增多，如德国美因茨、加拿大魁北克等，PEM 单堆最大 5 MW (加拿大 4×5 MW PEM 制氢)。在消纳及利用方面，如天然气管网、燃料电池热电联供等均开展了相关示范 [9–11]。

1) 日本福岛 10 MW 光伏制氢项目

2018 年 7 月 FH2R 项目在南江 (Namie) 启动，配备 20 MW 的光伏发电系统以及 10 MW 的电解槽装置，产氢量可达 1200 Nm^3/h(额定功率运行)，是世界上最大的单堆制氢系统。项目占地 220000 m^2，其中光伏电场占地 180000 m^2，研发以及制氢设施占地 40000 m^2，如图 19.11 所示。2020 年 2 月底完成 10 MW 级制氢装置建设并试运营，2020 年 3 月已对外供应氢气，产生的氢气将为固定式氢燃料电池系统以及燃料电池汽车和公共汽车等提供动力。

图 19.11　日本福岛全球最大光伏制氢项目

2) 英国 Hydrogen Mini Grid 项目

Hydrogen Mini Grid 项目于 2015 年 9 月完成，该项目位于谢菲尔德，包括风能制氢、高压储氢、加氢站及燃料电池汽车。如图 19.12 所示，风力发电机 225 kW、集装箱式 PEM 电解槽 180 kW、产氢量 37 Nm^3/h、高压储氢容量 2247 Nm^3，加氢站氢气

图 19.12　英国 Hydrogen Mini Grid 风电制氢项目

压力 350 bar、燃料电池汽车 15 辆，示范了从新能源制氢到氢能利用的产业链，验证了 PEM 电解槽快速响应波动性新能源发电技术。

3) 加拿大 Hydrogenics 20 MW PEM 制氢项目

康明斯 Hydrogenics 公司于 2019 年在加拿大魁北克省建造该省首个现场制氢加氢站，制氢系统采用 20 MW 质子交换膜电解制氢装置，如图 19.13 所示，由 4 个 HyLYZER®-1000 电解槽组成，产氢量可达 5000 Nm^3/h，占地 500 m^2。该项目与当地电网合作，用于电网调频，产生的氢气也可用于工业用氢。

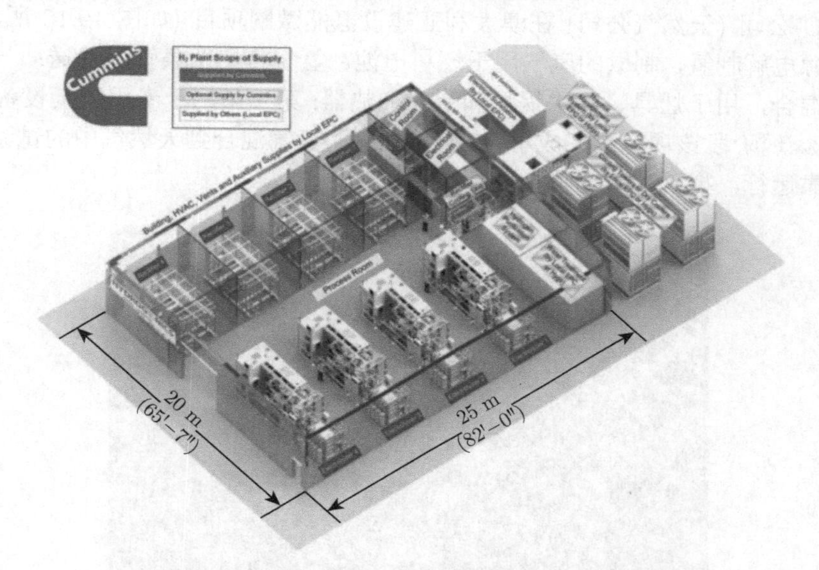

图 19.13 加拿大魁北克 20 MW PEM 制氢系统

4) 美因茨风电制氢-加氢站及天然气管网示范项目

美因茨项目是德国运行成熟的清洁氢能示范项目 (如图 19.14 所示)，涵盖风电制氢-加氢站/天然气管网全产业链示范，涉及前端电氢平衡、后端交通与工业平衡两大核心问题，实现以氢为媒介打通电网和天然气管网实现可再生能源的充分利用。该项目于

图 19.14 德国美因茨能源公园项目

2012 年启动，2015 年建成投运，2017 年正式进入商业化运营阶段，总投资额为 1700 万欧元，由林德集团与德国西门子、美因茨市政公司、莱茵应用技术大学合作开发。

该项目前端连接了市政公司的中压电网及其所属的 4 个风电场，利用“过剩”风电通过 PEM 电解槽 (3 台 Silyzer200 电解槽，额定功率 3.75 MW，峰值功率 6 MW) 将水分解成氢气与氧气，并把氢气储存起来，其中一部分由长管拖车运送至加氢站，另一部分会注入天然气管网用于供暖或发电。

5) 澳大利亚氢能微网应用

ATCO 公司 (天然气公司) 在澳大利亚建设氢能微网项目 (如图 19.15 所示)，利用可再生能源电解制氢，制取的氢气用于燃料电池。氢气将用两条管道输送：一条用低浓度天然气混合，用于灶具、热水锅炉和空间加热器; 第二条用于专用氢气设备，氢气浓度为 100%。现阶段该项目已完成了将 5%～25%的氢气混合到天然气中的试验，10%燃气装置可靠运行，拟 3%～5%商业化运作。

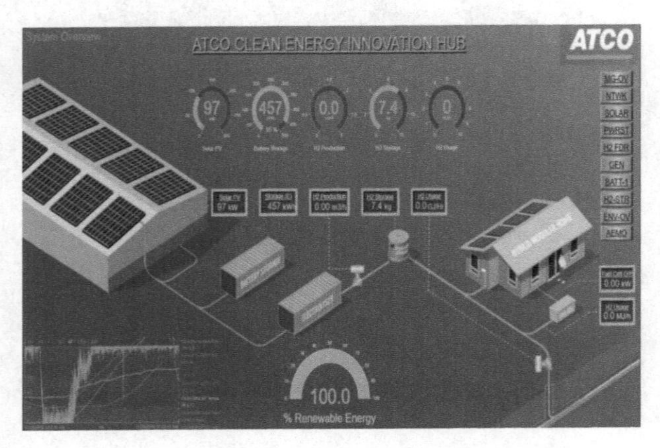

图 19.15　ATCO 公司澳大利亚氢能微网项目

6) 日本 ENE-FARM

日本是世界上最接近氢社会的国家。这不仅因为日本丰田公司最先发售了燃料电池汽车 (FCV)，还因为燃料电池已经进入日本的千家万户。2009 年，日本首先发售了家用燃料电池“ENE-FARM”。这种电池利用城市煤气和煤油提取氢气，注入燃料电池中发电，发电时产生的废热用来加热水，供泡澡和取暖使用，能源利用效率超过 9 成。截至 2019 年 4 月初，ENE-FARM 部署量达 30 余万套。表 19.7 展示了 ENE-FARM 系列参数对比。

表 19.7　ENE-FARM 系列

制造商	爱信精机	松下	东芝
燃料电池类型	固体氧化物	质子交换膜	质子交换膜
燃料	天然气	天然气	天然气
输出功率/W	700	700	700
热水储存量/L	90 (70 ℃)	140 (60 ℃)	200 (60 ℃)
效率 (发电效率)/%	46.5	39	39
耐久性/a	10	10	10

19.2.2.2 国内典型工程应用

我国在逐步重视氢能综合利用技术的研究，出台了系列有利于氢能发展的相关产业政策，开展了**部分可再生能源制氢及氢利用创新示范工程**，河北、内蒙古等都正在/计划开展大规模的可再生能源制氢示范 [7]。对天然气管网、燃料电池热电联供进行了初步探索与示范，**国家电网有限公司正在开展安徽兆瓦级制氢及氢发电示范、浙江海岛氢利用示范及氢能微网示范。**

1) 沽源风电制氢综合利用示范项目

河北沽源可再生能源制氢示范。总投资 20.3 亿元，与德国 McPhy、Encon 等公司进行技术合作，如图 19.16 所示，河北建投沽源风电制氢综合利用示范工程包括 200 MW 容量风电场、10 MW 电解水制氢系统 (一期 4 MW 制氢，二期 6 MW 制氢) 以及氢气综合利用系统三部分，目前已全部并网发电。

图 19.16 沽源风电制氢综合利用示范项目

本项目具有年制氢量 1752 万 Nm^3 的生产能力，依照河北省总体氢能产业规划进行建设，一部分氢气用于工业生产，降低煤炭、天然气等化石能源的消耗量；另一部分用于建设配套加氢站网络，支持河北省清洁能源动力汽车的发展。

2) 内蒙古风电制氢项目

2020 年 3 月，河北建投 500 MW 风电制氢示范项目签署，拟在内蒙古乌兰察布化德县长顺工业园区建设 500 MW 风电制氢及“源-网-荷-储” 综合应用示范。北京京能电力股份有限公司也宣布将在鄂托克前旗开展 5000 MW 风光氢储一体化项目，建设 2 万 m^3/h 水制氢及制氧，20 万 m^3/h 制氮，通过管网或车辆运输，为宁东煤化工园区等企业供应 N_2，H_2，压缩空气。计划 2020 年开工建设。

3) 营口 2 MW 燃料电池发电项目

荷兰氢电 (Nedstack) 公司 2016 年 10 月顺利安装完成世界上首个 2 MW 级质子交换膜氢气燃料电池电站。此电站安装在中国辽宁营口的营创三征精细化工有限公司。将利用氯碱工业副产氢气产生 2 MW 的清洁电力及 900 kW 供热。如图 19.17 所示，该系统由工艺集装箱、燃料电池集装箱和变电集装箱组成。项目总投资约 600 万欧元。

图 19.17　营口燃料电池电站

4) 国网安徽兆瓦级氢能综合利用站示范工程

2019 年 8 月 16 日，安徽六安成功签约 1 WM 分布式氢能综合利用站电网调峰示范项目。该项目由国网安徽综合能源服务有限公司投资建设，主要建设 1 MW 分布式氢能综合利用站，示范建成后将是国内第一个兆瓦级氢能源储能电站。项目由 PEM 电解制氢系统、PEM 燃料电池发电系统、水热管理系统和电气及自动控制系统等组成。该工程电解制氢和燃料电池发电功率均不低于 1 MW，该工程于 2021 年 9 月 29 日已实现电解制氢满功率运行，额定产氢 220 Nm^3/h，峰值产氢达 275 Nm^3/h。2021 年 12 月 28 日，兆瓦级燃料电池发电机组成功并网发电，标志着国内首座兆瓦级电解纯水制氢、储氢及氢燃料电池发电系统，首次实现全链条贯通，整站技术验证工作取得圆满成功。

5) 国网浙江风光海岛氢利用工程示范

浙江大陈岛氢能示范工程是国内首个针对海岛的“绿氢”能源工程，也是国内首次直接利用可再生能源电解水制氢的示范，该示范预计制氢与发电功率均不低于 100 kW，储氢容量不低于 200 Nm^3，供电时长不小于 2 h，综合能效不低于 72%，预计 2021 年底完工。如图 19.18 所示，本工程通过可再生能源制/储氢-燃料电池热电联供实现调峰储能与可靠备电，同时为用户供热、供氢，降低海岛碳排放，以零碳“绿氢”构建“绿岛”，促进海岛清洁能源消纳、优化海岛电网潮流，打造源荷高效安全互动的先进能源工程样本。

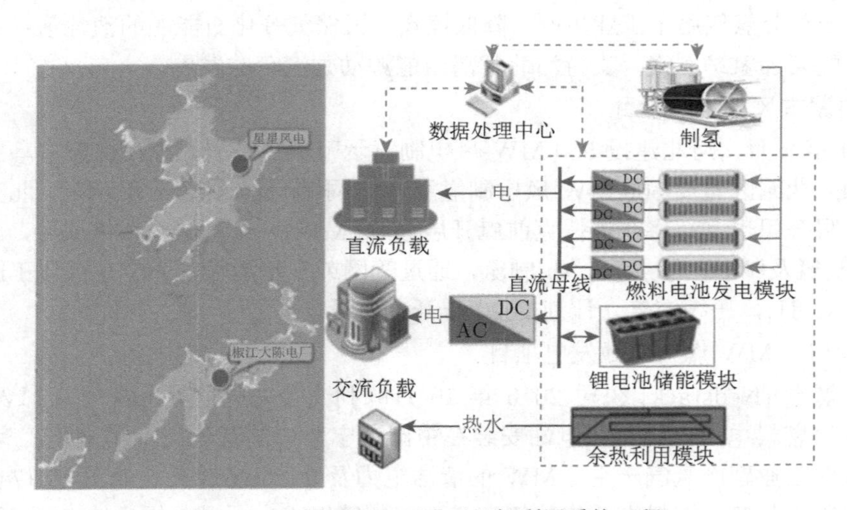

图 19.18　国网浙江百千瓦级氢利用系统工程

6) 宁波氢能支撑直流微网总体技术验证及工程示范平台

依托国家重点研发计划，国家电网有限公司联合国内优势团队在浙江宁波建设国际领先的总体技术验证及工程示范平台，项目将在宁波建成“氢电耦合直流微网示范工程”，完全实现关键设备国产化，打造“绿电”造“绿氢”、“绿氢”再发电的能源互补体系，计划在 2022 年 6 月前建设成为拥有国际领先水平的氢能直流微网示范基地，提供氢能关键设备国产化的技术验证。该工程突破氢电耦合直流微网在安全、稳定、经济运行方面关键技术，自主研发高效电解制氢系统、燃料电池热电联供系统、氢能与电池混合储能、多端口直流换流器等核心装备，将电、氢、热等能源网络中的生产、存储、消费等环节互联互通，实现绿电制氢、电热氢高效联供、车网灵活互动、离网长周期运行等多功能协同转化与调配，形成以电为中心的电氢热耦合能源互联网示范，如图 19.19 所示。

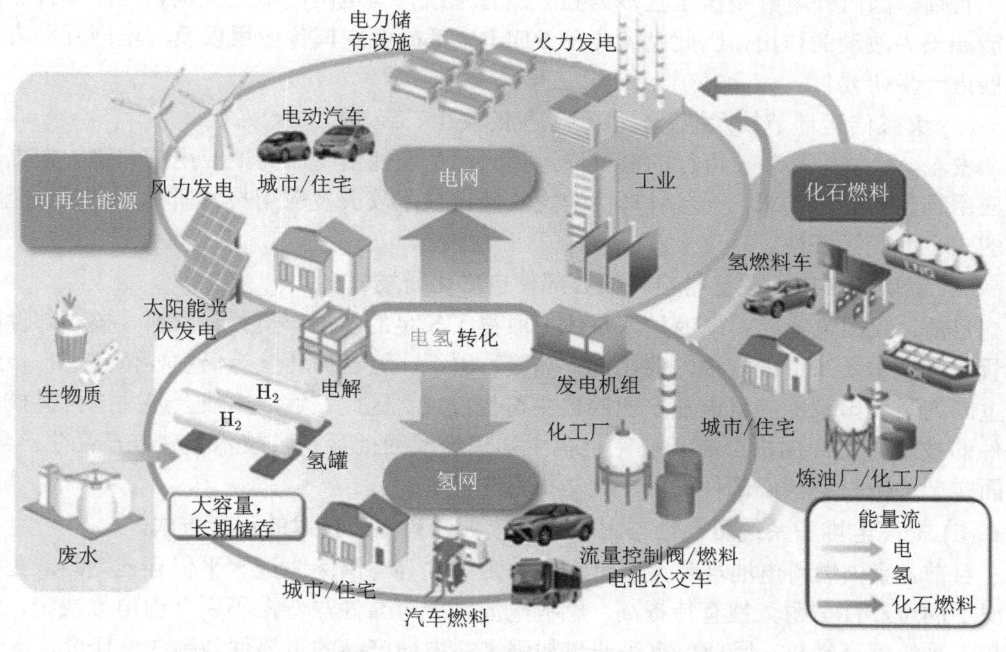

图 19.19 宁波氢电耦合直流微网示范工程

据悉，该工程每日制氢规模可超 100 kg、供热能力超 120 kW，满足 10 辆氢能燃料电池汽车加氢、50 辆纯电动汽车直流快充对电网的冲击需求，在制氢、储氢、用氢等环节的规模均位于省内氢能示范工程首位，装备性能达到国际领先水平，且是完完全全的中国“智”造。

19.3 展 望

展望未来，氢能有望打通可再生电力在交通、工业和建筑领域终端应用的渗透路径，逐步降低化石能源在这些终端领域的消费比重。随着材料和部件制备、系统集成等技术的突破，氢能制取与利用技术将朝着延长运行寿命、提升单体功率、降低安全风险和成本等方面发展，关键部件材料实现国产化，制氢单体功率将提升至十兆瓦级，系统单位能耗不高于 4 kWh/($Nm^3 \cdot H_2$)，基于燃料电池的热电联供系统效率不低于 90%。

若想实现氢能在电力系统中的规模化应用，还需在以下方面进行深入研究。

(1) 研究新能源输入对电解槽及制氢系统的影响，解决可再生能源高比例并网问题。

在新能源随机性、波动性输入下，制氢系统变工况及频繁启停运行特性引起的氢氧浓度、压力变化，对设备安全、稳定运行提出新要求。目前国内外对以上方面研究较少，新能源输入对电解槽及制氢系统影响的微观分析和实验研究数据尚且不足，电解设备与波动电源之间的匹配性与兼容性有待提高。因此，对新能源输入对电解槽及制氢系统的影响进行深入研究。

(2) 实现 PEM 电解制氢的规模化应用，以满足电网级应用需求。

目前，国内外电解制氢工程多为独立运行系统，与电网间缺乏互动，难以发挥平抑新能源出力波动的作用。因此，需要在 PEM 电解制氢规模化应用以及与电网互动方面开展进一步研究。

(3) 突破储运环节技术瓶颈，实现氢气的安全、经济、高效储运。

安全、经济、高效、可行的氢气储运模式，是氢能全生命周期应用的关键。根据不同应用场景的储运要求，开展针对性的氢气储运技术攻关及应用技术研究，提高氢能利用的安全性和经济性。

(4) 实现燃料电池关键材料与核心部件自主化研发。

目前，我国氢能燃料电池技术整体上取得了长足的发展，但关键材料、核心部件的批量生产技术还未形成规模，催化剂、隔膜、碳纸、氢气循环泵等仍主要依靠进口，这严重制约了我国氢能燃料电池产业的自主可控发展。因此，亟待加强上述关键材料核心部件的技术转化，加快形成具有完全自主知识产权的批量制备技术和建立产品生产线，全面实现关键材料核心部件的国产化与批量生产。

(5) 提高电堆和系统可靠性与耐久性，改善燃料电池技术的运行方式。

目前，我国燃料电池堆和系统可靠性与耐久性等与国际先进水平仍存在差距，在全工况下的可靠性与耐久性有待提高。燃料电池系统可靠性与寿命不完全由电堆决定，还依赖于系统配套辅机。因此，需进一步加强燃料电池产品的可靠性与耐久性研究，促进燃料电池技术参与电网调峰调频，增加与电网互动。

(徐桂芝, 徐丽, 宋洁)

参考文献

[1] 国家发展改革委员会. 可再生能源发展“十三五”规划. 上海建材, 2017(1): 1-13.

[2] 米树华, 余卓平, 张文建, 等. 中国氢能源及燃料电池产业白皮书. 北京: 中国氢能联盟, 2019: 24-33.

[3] 俞红梅, 衣宝廉. 电解制氢与氢储能. 中国工程科学, 2018, 20(3): 58-65.

[4] Hydrogen from renewable power: Technology outlook for the energy transition. Abu Dhabi: The International Renewable Energy Agency, 2018: 3-25.

[5] Sartory M, Wallnöfer-Ogris E, Salman P, et al. Theoretical and experimental analysis of an asymmetric high pressure PEM water electrolyser up to 155 bar. International Journal of Hydrogen Energy, 2017, 42(52): 30493-30508.

[6] 刘海镇, 徐丽, 王新华, 等. 电网氢储能场景下的固态储氢系统及储氢材料的技术指标研究. 电网技术, 2017, 41(10): 3376-3384.

[7] 周鹏, 刘启斌, 隋军, 等. 化学储氢研究进展. 化工进展, 2014, 33(8): 2004-2011.

[8] 宋鹏飞, 侯建国, 穆祥宇, 等. 液体有机氢载体储氢体系筛选及应用场景分析. 天然气化工 (C1 化学与化工), 2021, 46(1): 1-5, 33.

[9] Green Hydrogen Cost Reduction: Scaling up Electrolysers to Meet the 1.5℃ Climate Goal. Abu Dhabi: The International Renewable Energy Agency, 2020: 12-54.

[10] Hydrogen: A Renewable Energy Perspective. Abu Dhabi: The International Renewable Energy Agency, 2019: 13-36.

[11] 高慧, 杨艳, 赵旭, 等. 国内外氢能产业发展现状与思考. 国际石油经济, 2019, 27(4): 9-17.

第 20 章　氢能与其他领域的相关性和应用

20.1　概　　述

国际能源机构公布的数据显示，数十年来全世界对氢气的需求量逐年增长，2020 年的需求量已达到每年 90 Mt (百万吨)。如图 20.1 所示，其中 70 Mt 氢气被单独利用，约 20 Mt 氢气需要与一氧化碳等气体混合后用于生产甲醇或冶金。这些氢气中有 76%产自天然气，制氢占全世界天然气消费量的 6%，其余 23%的氢气产自煤炭，占全世界煤炭消费量的 2%，而电解水只占氢气产量的 2%。氢气被广泛应用得益于其质量小，可储存，化学反应性高，能量密度高和可大规模工业生产等特性。石油精炼是消费氢气最多的用途，2020 年石油精炼所需的氢气约为 40 Mt。其次是化学品的合成，氨合成约使用 35 Mt 氢气，合成甲醇消耗约 11 Mt，钢铁冶炼需要约 5 Mt 氢气。氢气的其他用途还包括作为有色金属、电子及玻璃工业中的反应气氛。随着医疗与工程技术的进步，氢气的一些潜在应用也得到发展，例如氢气疗法、质子放疗、可控核聚变、与生物能和核能等其他可再生能源的转换等。虽然有三分之一的氢被用于运输行业的说法，但这只是一个泛泛的概念，并非指氢气直接作为燃料，而是将甲醇和生产过程中利用了氢气的汽油也计算在内了。实际上每年只有一万吨左右的氢气被直接用做车载燃料电池的燃料 [1]。

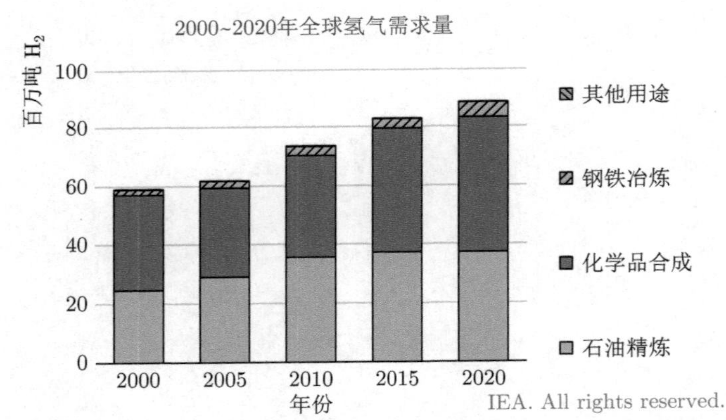

图 20.1　国际能源机构公布的氢气消费量的数据 (其他用途指的是小规模的工业应用，交通运输，与天然气混合以及发电等)

氢气的消费量主要取决于世界经济形势以及人们的生活方式。对于下游产品的需求和要求更多，则氢气的消费量也增长。例如，随着对空气污染的规制升级，汽油中硫含量的限制更严格，因此到 2030 年左右石油精炼所需的氢气将增长 7%。随着经济的发展和人口的增长，氨合成和甲醇合成的短期需求预期会增长 30%。若直接还原技术 (DRI) 能够实现量产，则在钢铁冶炼中使用的氢气将成倍增长。

图 20.2 展示了氢气从生产到消费的过程，数据基于 2018 年的统计结果。绝大部分的氢气产自化石燃料，只有 0.7%的氢来自可再生能源，或是装备了碳捕集，利用与封存装置 (CCUS) 的炼厂。三分之二的氢气是作为目标产物被制造的。另外有三分之一的氢气是其他过程的副产物，这部分氢气通常含有杂质，在利用之前需要经过干燥和过滤等预处理工程。大部分的氢气是现地制造，现地使用，制造氢气的原料多来自于本国，这是由氢气特殊的物理化学性质，以及输送技术的限制而决定的。因此，制造氢气的成本会因当地原料的多寡有着天壤之别，并直接导致价格和氢气利用的普及难度的差异。

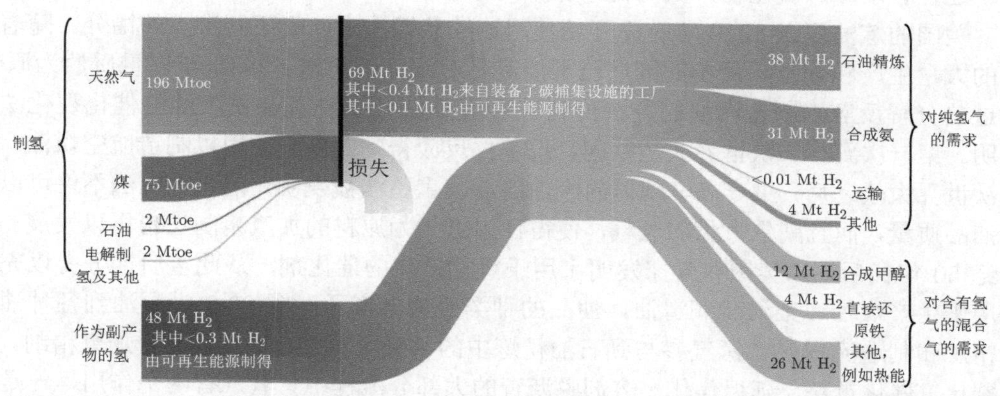

图 20.2　氢气从制造到消费的过程 (图中单位：百万吨，Mt，百万吨标准油，Mtoe)(扫描封底二维码可看彩图)

历史上研发和利用氢气的热潮都是由运输业的需求而触发的，例如原油的短缺，燃料价格的飙升和对环境污染的重视。1973 和 1979 年爆发的石油危机，严重的空气污染和酸雨等环境问题，使得利用煤炭和核能制造氢气的提案备受关注。国际氢能杂志 (The international Journal of Hydrogen Energy) 于 1976 年创刊，国际能源机构 (IEA) 于 1977 年成立。20 世纪 80 年代油价回落，大规模的抵制核能的运动爆发，对氢气的研究热情就冷却了下来。到了 20 世纪 90 年代至 21 世纪 00 年代，随着气候变化的问题再次被提及，碳回收及储存的技术有了突破性的进展，社会对可再生能源的研究再次升温。1993 年日本宣布投资 4.5 亿日元用于 WE-NET 项目，这是一项对以氢气为首的可再生能源的研究和国际贸易的推进计划。同一时期，魁北克政府投资 0.33 亿加元用于氢气的储存、应用、国际运输的研究。2003 年，包括中美日等 18 国参与的国际氢能与燃料电池合作伙伴组织成立。汽车公司也开始了对燃料电池的投资。21 世纪 10 年代，由于锂离子电池技术的突破，石油价格的再次回落，以及气候政策的可行性受到质疑，对氢相关项目的投资和研发热情再次降温。但同时，各国政府以及大型企业都认可了氢气和氢能的战略性地位，以及长期投资的重要性，因此对氢的开发、储存、运输和利用等各个环节开始制定更多的政策，开展起了广泛的合作。在 2017 年的达沃斯世界经济论坛上，国际氢能委员会成立。这是一个由 92 家世界领先的能源、运输、工业和投资公司参加的组织，用以开展氢经济的长期共同合作和讨论。

20.2　氢气在石油精炼、煤炭、天然气工业中的应用

20.2.1　石油精炼

石油既是工业与民生中主要的热源和燃料，也是合成各种塑料、纤维、药品的原料。未经处理的石油称为原油，密度为 0.85~1.02 g/cm^3，主要成分为直链或带支链的烷烃，环烷烃，芳烃，气体等，碳链从 C1 到 C50，分子量的分布极广。除了有机物以外，原油中还含有水分、硫化物、氮化物、镍和钒等金属，以及灰质和盐分。

美国的炼油厂在 1910 年首先开始使用连续蒸馏法来回收不同沸点的馏分。随着汽车的大量生产和普及，简单的蒸馏已不能满足对汽油的需求。1913 年以重质油为原料，通过热分解反应来制造汽油的方法得到应用，1930 年制造高品质汽油的催化裂化法被发明。第一次到第二次世界大战期间，烷基化反应得到发展，被用以制造航空煤油。第二次世界大战之后，生产高辛烷值的汽油的催化重整法被发明。催化重整法不仅可以提高油品质量，而且副生大量的氢气，使得使用氢气为原料的加氢精制法也得以发展。20 世纪 50 年代后期，美国科学家发明了用于氢化裂化的催化剂，从此重质馏分得以充分利用来生产煤油、柴油和润滑油，油品的种类更加丰富了。图 20.3 为原油到各种油品的精炼和制造流程 [2]。氢气参与到石油精炼中的常减压蒸馏，催化裂化，加氢精制，加氢裂化，催化重整，延迟焦化，溶剂脱沥青的大部分流程中。氢气有两个作用，一是作为反应物，生成氢化物或参与加成反应，另一个是提供还原性气氛，防止催化剂中毒或结焦。石油精炼中使用的氢气来自石脑油的催化重整，催化裂化的副产物，天然气蒸汽

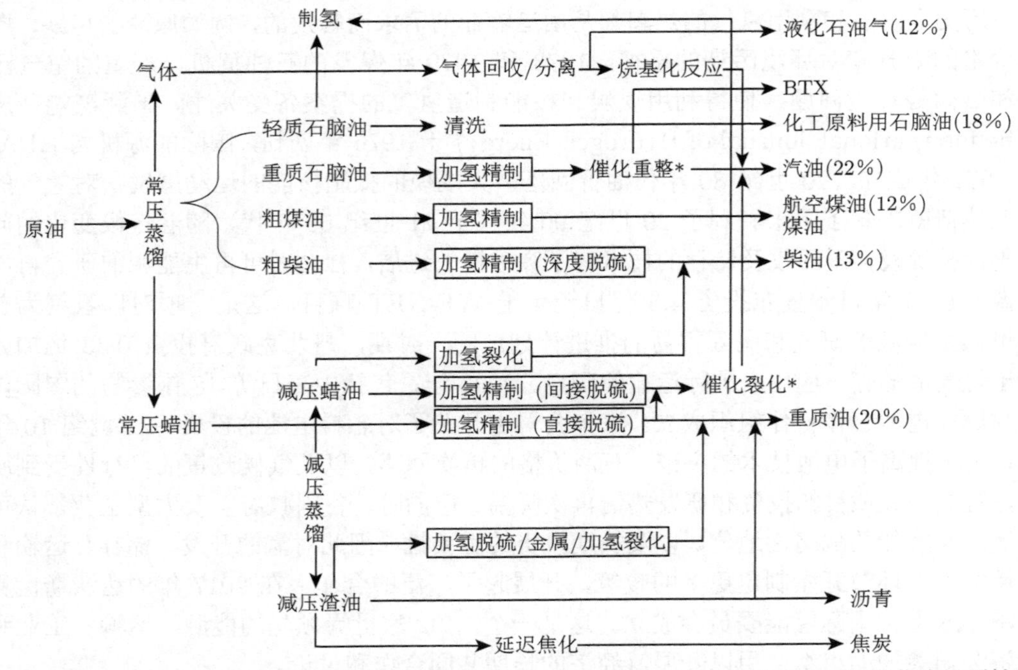

图 20.3　石油精炼的流程图。加边框的反应使用氢气作为原料，加 * 的反应中，氢气作为还原性气氛。%为所得产品的百分比。BTX: 苯，甲苯，二甲苯

重整 (SMR) 以及从其他渠道购买。由于我国的天然气资源不足，一部分的氢气也来自于煤炭的气化反应。

原油首先经过常压与减压蒸馏得到不同沸点的馏分。常压蒸馏温度在 350 ℃ 左右。馏分以碳链长度和沸点区分，液化石油气为 C4 以下，沸点在 35 ℃ 以下；石脑油 C5~C11，沸点为 35~180 ℃；煤油 C9~C15，沸点在 170~250 ℃；蜡油 C22 以下，沸点为 240~350 ℃；渣油的沸点在 350 ℃ 以上。馏分中含有多种杂质，如硫化物、氮化物、水、芳香烃、炔烃、烯烃、酚类、环烷酸、金属和准金属等。这些杂质在石油精炼的过程中，可能对反应器造成腐蚀，使催化剂中毒，以及影响油品的质量。含有硫化物和氮化物的燃料还会造成严重的大气污染。

通常蒸馏得到的馏分中含有 0.5~3.0 wt%的硫化物，而很多国家规定汽油中的总硫量要低于 10 ppm。国际海洋组织在 2020 年也推出了新的法案，规定轮船使用的燃料中含硫量必须低于 0.5 wt%。图 20.4 是油品含硫量的限制随年份的变化。加氢精制可以选择性地将这些非烃分子和原子转变为气态或固态物质，使其与液态的烃馏分分离。同时，这些气态或固态物质可再加工成有经济价值的产品。例如，可将硫化物转化为硫化氢气体，再经过克劳斯反应，制得硫磺或硫酸。加氢精制也是硫的重要来源，根据美国地质勘探局的统计，美国国内生产的硫中，有一半以上来自石油精炼的副产物 [3]。精制过程中生成的甲烷、乙烷等气体还可作为其他反应过程的燃料。

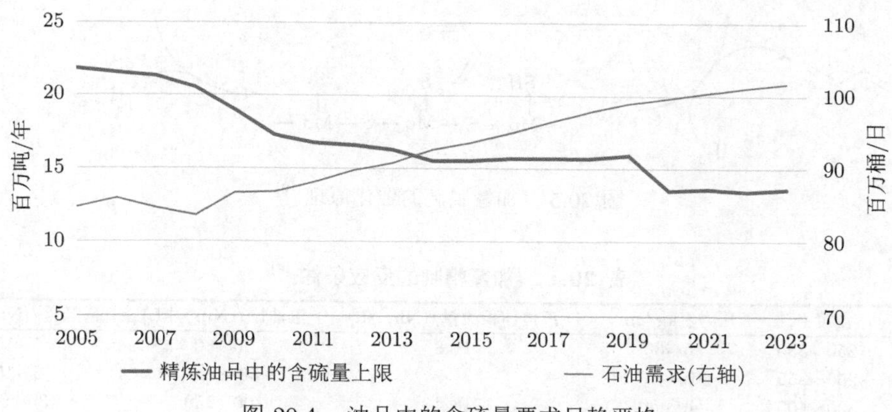

图 20.4 油品中的含硫量要求日趋严格

馏分中的硫化物以硫醇、二甲硫醚、噻吩等形式存在。其中，链状硫醇最易除去，而空间位阻大的噻吩反应条件最苛刻。氮化物为吡啶、喹啉、吡咯、吲哚等五环或六环的环状化合物，都很难除去。图 20.5 展示了一种催化原理，即硫化物结合在硫化钼 MoS_2 的点缺陷上，与氢气反应，生成硫化氢和不含硫的烃类。

脱硫脱氮反应使用的催化剂为负载型，活性组分是钼、钨，助催化剂为钴、镍等金属，载体选氧化铝为载体，或氧化铝-氧化硅复合物。对于三元金属组成的催化剂，例如钼-钴-镍催化剂，适当的配比可以使其获得更好的性能。表 20.1 为各种馏分的加氢精制的反应条件。

加氢裂化的反应中，烃类分子发生加氢反应，碳链断裂，各种轻中重质馏分转化为高辛烷值的汽油，低硫，低氮，低杂质的柴油，以及液化气。在第二次世界大战期间，德国和英国首先开始使用加氢裂化的方法来制造汽油。但当时，此反应需要高温高压的苛刻条件以及价格高昂的氢气，对原料的品质要求严格，因此逐渐被更加廉价的热分解法和催化裂化法所取代。催化裂化并不能充分利用蜡油和渣油等馏分，因此待催化重整技术普及，可以提供廉价的副生氢气时，氢化裂化再次得到发展。目前应用的反应条件为 260~450 ℃，氢压 3.5~20 MPa，催化剂使用酸性载体附着金属的双功能催化剂，加氢和裂化两反应同时进行。载体为有较大比表面积的沸石型的催化剂，其酸性位点也可使大分子裂化；金属通常为过渡金属，包括贵金属如 Pd、Pt 以及 Mo、W、Ni 等。加氢裂化的特点是，裂化反应的同时，硫、氮等油品中对环境有害的杂质含量会同时脱除，通过选用合适的催化剂及反应条件，可得到分子量不同的裂化产物。

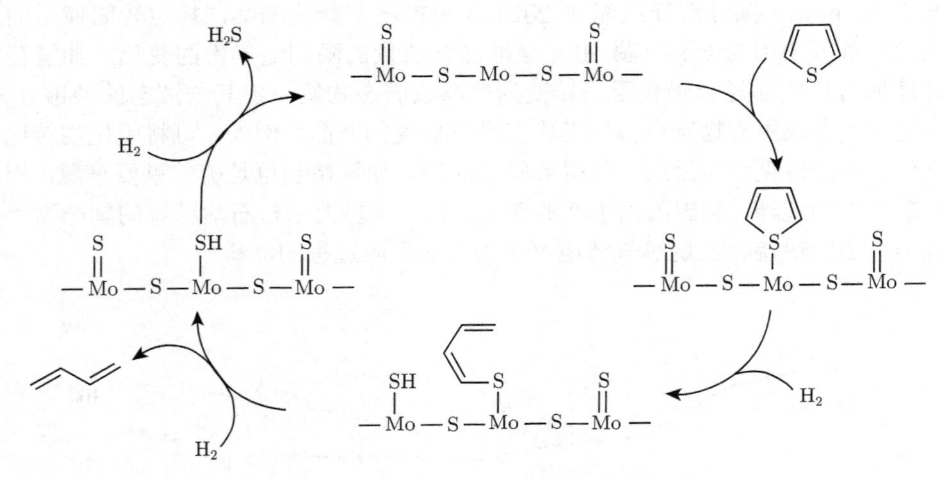

图 20.5　加氢脱硫的催化原理 [2]

表 20.1　加氢精制的反应条件 [4]

馏分	温度/℃	压力/(kg/cm^3)	液体体积流量/(Nm^3/h)	氢油比/(Nm^3/kL)	需氢量/(Nm^3/kL)
石脑油	250~330	5~30	1~8	30~80	5~10
煤油	250~350	10~40	3~8	50~120	5~15
轻质油	300~400	40~80	1~4	100~250	30~60
瓦斯油	330~430	50~100	1~2	300~600	50~100
渣油	350~430	140~250	0.1~0.5	600~1500	100~250

催化重整的目的是使链状烷烃、环状烷烃发生分子结构重排，生产高辛烷值的汽油以及苯、甲苯、对二甲苯 (BTX) 等重要的化工原料。辛烷值是衡量汽油抗爆燃性能的指标。汽油中烃的碳链越长，支链越多，芳香烃的含量越高，则辛烷值越高，抗爆燃性能更好。BTX 在纤维、橡胶、塑料和精细化工中应用甚广，而全世界所需的 BTX 有一半以上来自催化重整反应。此外，催化重整还能为炼厂提供大量廉价的高纯度氢气。

催化重整的原料为加氢精制后的沸点在 80~200 ℃ 的馏分。虽然氢气本身就是催化重整的产物，但实际上要加 0.5~4 MPa 的氢压，以防止结焦和催化剂失活。氢气用量为原料的 1~10 倍，反应温度在 500 ℃ 左右，催化剂使用添加卤素的氧化铝为载体，以 0.2%~0.8%的 Pt 作为主要活性物质，以 Re, Ir, Sr 为助催化剂的二元金属催化剂。其中，Pt 的作用是加氢与脱氢，氧化铝则帮助异构化反应。代表性的反应有以下三种。

(1) 环己烷的脱氢反应：

$$\text{C}_6\text{H}_{12} \longrightarrow \text{C}_6\text{H}_6 + 3\text{H}_2 \tag{20.1}$$

(2) 直链烷烃的环化和脱氢反应：

$$\text{CH}_3(\text{CH}_2)_3\text{CH}_3 \longrightarrow \text{C}_6\text{H}_6 + 4\text{H}_2 \tag{20.2}$$

(3) 直链烷烃的异构化：

$$\text{CH}_3(\text{CH}_2)_3\text{CH}_3 \longrightarrow \text{CH}_3\text{CH}(\text{CH}_3)(\text{CH}_2)_3\text{CH}_3 \tag{20.3}$$

20.2.2 煤炭的液化

煤炭与石油相比，C/H 元素比的比值大，含硫量高。石油的含氢量为 11%~14%，而煤炭只有 5%~8%。我国能源结构的特点是富煤少油。截至 2015 年年底，全国煤炭保有资源储量超过 1.5 万亿吨，2019 年原煤产量达 37.5 亿吨，消费 48.6 亿吨，占能源消费总量的 57.7%。而石油只占能源消费总量的 19%，天然气占 7%，非化石能源占 14%[5,6]。在各种发电方式中，煤炭发电的成本最低，2017 年的数据为 0.3 元/(kW·h)。然而煤炭的结构十分复杂，并非所有煤炭在直接燃烧时都能得到高的热量和效率。根据碳化程度由高到低，可将煤炭分为无烟煤、烟煤、亚烟煤、褐煤等。无烟煤的含碳量高达 85%，而褐煤仅为 25%~35%。碳化程度越低，燃烧热越低。煤炭直接燃烧时的污染很严重，表 20.2 对比了几种化石燃料在燃烧时释放污染物的情况。若通过化学反应将无法直接作为燃料的煤炭液化，转化为汽油、柴油等液体燃料，或制造化工产品，可以更有效地利用煤炭资源，缓解能源结构导致的石油资源紧缺，减轻环境污染。

表 20.2 煤炭、石油、天然气直接燃烧时所释放的污染物 [7]

空气污染物/(kg/t 石油)	煤炭 (含 1%硫, 10%灰分)	石油 (含 1%硫)	天然气
PM 颗粒物	100	1.8	0.1~0.3
SO_x	29.2	20.0	0
CO	1.5	0.7	0.3
NO_x	11.5	8.2	2.3~4.3

煤炭的液化有两种方式，一是直接液化，使用氢气或者液态的氢供体进行加氢裂化，直接得到所需产物。另一种是间接液化，煤完全分解为一氧化碳和氢气的混合气体，即合成气，再在后续反应中重新生成液态烃分子。图 20.6 对比了这两种液化方法 [8]。

最早得到商业应用的煤直接液化法是德国化学家贝吉乌斯在 1913 年发明的。第二次世界大战期间，直接液化技术为德国提供了 2/3 的航空燃料和 1/2 的汽油，生产的油品达到 423 万吨/年。第二次世界大战结束后，德国的煤直接液化工厂被关闭。20 世纪 70

年代爆发的石油危机使得煤直接液化技术再次得到重视。此时的新技术着眼于降低反应所需温度与压力，从而降低生产成本。第二次世界大战时期使用的反应条件为 480 ℃，氢压 70 MPa，而 20 世纪 80 年代美国的 H-COAL 工艺，德国的 IGOR+，90 年代日本的 NEDOL 工艺，则将反应所需氢压降低至 17~30 MPa。我国的神华集团有限责任公司也有自主研发的煤直接液化技术，并于 2006 年取得专利，2008 年建成世界首套百万吨级的工业化煤制油示范装置。该技术使用强制循环悬浮床反应器，反应温度为 430~465 ℃，氢压为 15~19 MPa，气液比 600~1000 NL/kg。使用的催化剂为加硫的纳米级 γ-FeOOH，S:Fe=2:1。硫与铁系催化剂的前驱体反应生成磁黄铁矿相 $Fe_{1-x}S$，从而产生催化活性 [9]。

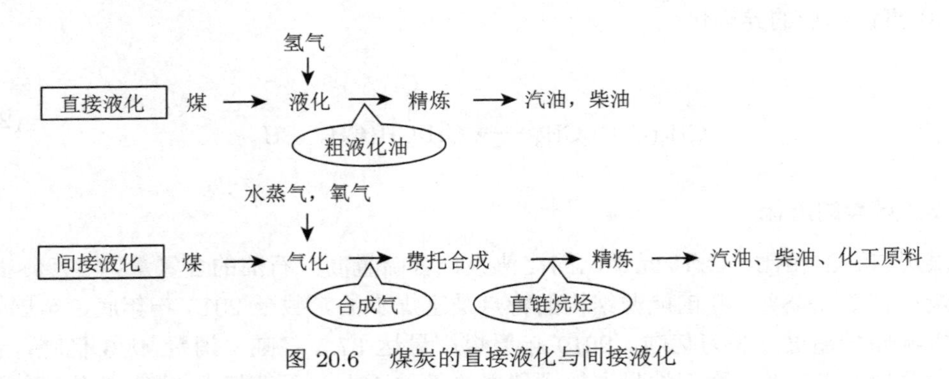

图 20.6　煤炭的直接液化与间接液化

煤直接液化属于大分子烃的加氢裂化过程。通常使用褐煤、年轻烟煤等氢含量高的煤。这类煤的基本结构单元为 1~3 个芳环或氢化芳环，芳环或氢化芳环上有较丰富的桥键相互连接。桥键在 360~500 ℃ 热解，形成许多 1~3 个芳环或氢化芳环的自由基。通过加氢饱和，这些芳环或氢化芳烃稳定下来，形成液化产物。关于催化原理的解释主要有两种，一种是在硫催化剂表面氢气与硫形成了硫化氢，而硫化氢在催化剂表面分解形成活性氢，活性氢与煤热解形成的自由基结合；另一种认为溶剂具有供氢作用，即煤热解形成的自由基从烃类，特别是芳香烃，氢化芳烃获得氢，而烃类在催化剂作用下从氢气中捕获氢。供氢性循环溶剂为煤直接液化油经过加氢得到的馏程为 220~450 ℃ 的稠环芳族产物。直接液化得到的产品比较单一，如汽油、柴油、石脑油。

费托合成是第一代间接液化工艺，由德国化学家费歇尔和托罗普施于 1925 年发明。费托合成的基本原理可看作 ($—CH_2—$) 碳链不断增长的过程。煤炭完全气化成的 CO 和 H_2 在金属催化剂的表面缔和或解离吸附，反应生成一个 ($—CH_2—$) 单元，此结构单元间不断反应，生成长链的烃类。

$$CO + 2H_2 \longrightarrow —CH_2— + H_2O \tag{20.4}$$

$$\begin{array}{c} \qquad\qquad C_nH_{2n} \\ \qquad\qquad 1-\alpha \uparrow -H \\ CH_2 \longrightarrow\longrightarrow C_nH_{2n+1} \xrightarrow[+CH_2]{\alpha} C_{n+1}H_{2n+3} \end{array} \tag{20.5}$$

若碳链增长的概率为 α，脱一个氢原子生成烯烃的概率为 $1-\alpha$，则费托合成形成的烃产物的碳链长度遵循安德森-舒尔茨-弗洛里分布 (ASF 分布): $W_n = n(1-\alpha)^2\alpha^{n-1}$。

反应通常在 200~350 ℃，氢压 2MPa 的条件下进行。链增长因子 α 决定了产物分布，链增长因子数值越大则产物中长链的分子越多。理论上 C2~C4 化合物占 56.7%，甲烷占 29.2%，甲烷的生成严重降低了所需要的烯烃的总产率。因此要通过选择担载催化剂，增加前驱体，改善工艺条件来调节 α，提高烯烃的产率。例如，中国科学院上海高等研究院研发的棱柱状碳化钴纳米催化剂可在温和的反应条件下，使甲烷选择性降低至 5%，短碳链烯烃选择性提高到 60.8%，总烯烃选择性高达 80%以上，烯/烷比可高达 30 以上，同时产物碳数呈现显著的窄区间高选择性分布，C2~C15 选择性为 90%以上 [10]。另外，由于费托合成得到的碳氢化合物的分子量分布很广，需要经过后续的加氢裂化以及蒸馏来分离出有用成分。

如果更加细分，则根据目标产物，催化，反应器与反应条件的不同，分为高温费托和低温费托两种方式。低温费托 (250 ℃) 的产品种类单一，以柴油为主，占产品总量的 75%左右，其余的产品有石脑油、液化气、高品质石蜡等。高温费托 (350 ℃) 的产品种类更丰富，既有汽油、柴油、溶剂油，也有烯烃、烷烃、含氧化合物等，其中烯烃在产品中占 40%左右，且大部分是直链烯烃。

20.2.3 一碳化学

一碳化学是指以甲烷、甲醇、合成气等只含一个碳原子的化合物为起点，制造液体燃料和重要的化工原料的反应。其目的是充分利用石油以外的含碳能源，如煤、天然气、生物质资源。以天然气为原料通过费托合成制造煤油的反应称为 GTL(gas to liquid)。GTL 制造的液体燃料非常纯净，不含硫或者芳香族化合物等杂质。以甲醇为原料，制取柴油或烯烃的 MTG(methanol to gasoline)，MTO(methanol to olefin) 反应是解决能源短缺问题的热门研究领域。一碳化学涉及一系列的催化氢化和氧化等过程，研究重点开发合适的催化剂。图 20.7 为一碳化学的各种原料和产物的关系，以及合成反应的流程。

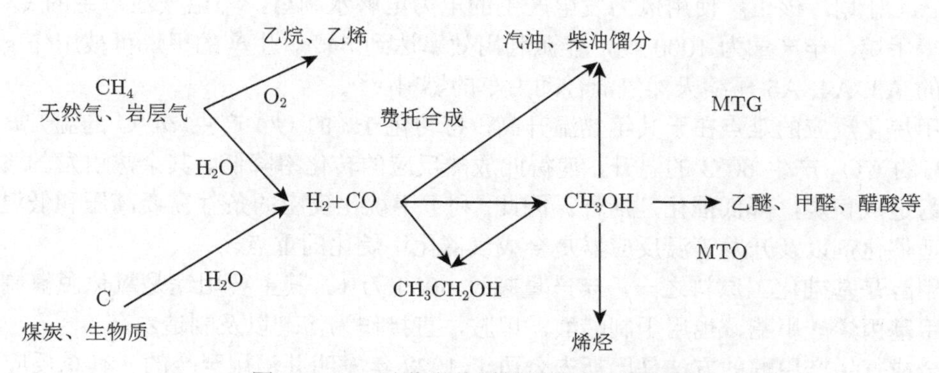

图 20.7 一碳化学从原料到产物的流程图

原料中的合成气可由水蒸气重整，烃类的氧化分解或水煤气反应制得

$$C_nH_m + nH_2O \longrightarrow nCO + (n+m/2)H_2 \tag{20.6}$$

$$C_nH_m + n/2O_2 \longrightarrow nCO + m/2H_2 \tag{20.7}$$

$$C + H_2O \longrightarrow CO + H_2 \tag{20.8}$$

由于原料中的 H/C 摩尔比的差异：煤约为 1:1，石脑油约为 2.4:1，天然气为 4:1，制得的合成气中 CO 与 H_2 的比例不同，通常不能直接匹配反应中需要的原料比。例如，生产甲醇的合成气要求 $H_2/CO \approx 2$，羰基合成法生产醇类时，则要求 $H_2/CO \approx 1$，生产甲酸、草酸、醋酸和光气等则仅需要 CO。因此在制得合成气后，需调整其组成，以满足各种反应所需的原料气的比例。调整的主要方法是利用水煤气反应，以降低一氧化碳，提高氢气的含量。

催化甲烷化将煤炭转化为气态燃料，可以提高运输经济性和利用效能。若直接气化煤炭，得到的煤气中含有大量的一氧化碳。这种煤气热值低，一氧化碳毒性强，不能直接作为燃气，而合成气催化甲烷化既可以消除一氧化碳的毒性，又能提高热值。其反应式如下：

$$CO + 3H_2 \rightleftharpoons CH_4 + H_2O,\ \Delta H^\theta = -206\ \text{kJ/mol} \tag{20.9}$$

甲烷的低位发热值为 35.88 kJ/m^3，是 H_2 热值的 3.3 倍，CO 热值的 2.8 倍。因此，合成气催化甲烷化提高了发热密度。且反应为体积缩小反应，有助于减少运输动力消耗和成本 [11]。

早在 1994 年，K. Hashimoto 等就提出了将可再生能源和二氧化碳转化为甲烷的 Power to Gas(PtG) 的概念。利用可再生能源产生的电力电解水制氢，与 CO_2 反应制取甲烷，不仅可以解决电力储存与氢气的运输难题，还可以捕获二氧化碳，其反应式如下：

$$CO_2 + 4H_2 \rightleftharpoons CH_4 + 2H_2O,\ \Delta H^\theta = -165\ \text{kJ/mol} \tag{20.10}$$

奥迪公司于 2013 年在德国威尔特建立了当今世界上最大的工业化 PtG 设施，称为 e-gas 计划。该工厂使用风力发电产生的电力电解水制氢，与沼气池产生的 CO_2 反应制得甲烷，年产量为 1000 吨，能源利用效率达到 54%。生产的甲烷可被用作 g-tron 型号的 A3, A4, A5 压缩天然气混合动力车的燃料 [12]。

甲烷化反应的难点在于其绝热温升高，每转化 1%的 CO 产生 74 ℃ 的温升，每转化 1%的 CO_2 产生 60℃ 的温升，使得此放热反应的转化率降低。其余热引发的飞温反应，易造成积炭，降低催化剂活性。因此, 利于甲烷化反应的条件需要高压和低温，研究合适催化剂以及开发等温反应器是合成气催化甲烷化的重点。

甲醇是基础化工原料之一，年产量超过 4000 万 t。其主要用途是氧化脱氢制造甲醛和甲基丙烯酸甲酯，也用于制醋酸，甲胺，直接作为溶剂以及制造农药。

合成气生产甲醇的方法是巴斯夫公司于 1923 年发明并沿用至今的，其总反应式为

$$CO + 2H_2 \longrightarrow CH_3OH,\quad \Delta H^\theta = -90.4\ \text{kJ/mol} \tag{20.11}$$

合成气主要来自天然气。催化剂为 Cu 与 ZnO 的固溶物，担载在 Al_2O_3 或 Cr_2O_3 上，Cu/Zn=30/70 左右。反应条件为氢压 5～10 MPa，250 ℃ 左右。由甲醇脱水生产

的乙醚，同样是重要的化工原料。乙醚的物理性质与液化石油气相近，燃料特性又与煤油相近，因此可以作为民生和工业用的燃料，在国内已经得到实用化生产。另外，以甲醇为原料制造燃料的反应称为 MTG，制造烃类化工原料的反应称为 MTO。这些应用可使拥有丰富的天然气及煤炭资源，而缺乏原油的地域和国家充分利用自身优势，降低能源利用的成本。MTO 在国内已经被商品化，产能达到每年 900 万 t。

20.3 氢化反应在化工和农业中的应用

化工中的氢化反应一般指催化剂存在下，加氢压的合成反应或不饱和键的加成反应。在农业中，氢气的最主要应用是合成氨。哈伯-博世 (Haber-Bosch) 法自 1913 年首次得到工业化生产以来，至今仍是合成氨的最具经济性的生产法。而氢化反应生产油脂在历史上曾为解决黄油不足的危机起到过重要贡献，至今仍然被用来制造食品和食品添加剂。

氢化反应的条件取决于反应物和催化剂活性。例如，加成反应的反应物为含有碳-碳，碳-氧，碳-氮不饱和键的烃类。氢源主要使用氢气，也可由甲酸、异丙醇、二氢蒽等供体分子的脱氢反应提供。催化剂一般为高活性的贵金属，Pd,Pt,Rh,Ru,Ir 等，但也常配合 Ni,Co,Cu 等过渡金属。催化剂呈金属 0 价态，尺寸为数纳米，按照目标产物的要求选择金属、助剂、催化剂载体以实现选择性的氢化。氢化反应在石油化工和精细化工中有着广泛的应用，以制造各种塑料、橡胶、医药品、染料、化妆品和香料，影响着衣食住行的各个领域。

20.3.1 石油化工中的氢化反应

原油经过蒸馏、精炼得到的石脑油中，沸点在 35~220 ℃ 的 C5~C11 的烷烃，BTX 和少量烯烃是各种塑料、合成纤维、合成橡胶、化学制品的原料。图 20.8 展示了以石脑油为原料的石油化工中的主要产品和它们之间的关系。首先，石脑油经过蒸汽裂解过程得到乙烯、丙烯等烯烃。这些烯烃和 BTX，再经过复杂的氧化、氢化反应制得化工产品。例如尼龙纤维的原材料己内酰胺是由苯氢化成为环己烷，或者先氧化成为苯酚再氢化成为环己醇、环己酮而制得的。图 20.9 是反应的示意图。苯的氢化反应条件为 170~220 ℃，氢压 2~4 MPa，催化剂为 Rh, Ru, Pt 等 8~10 族的过渡金属。若使用碳担载的直径在 2~5 nm 的 Pd 催化剂，则烯烃和炔烃的氢化反应可在室温、常压等温和条件下进行。但 Pd 的活性过高，炔烃会发生连续的加成反应生成烷烃。为了得到丰富多彩的产品，需要甄选催化剂和添加剂，实现部分氢化或不对称氢化。例如可以用碳酸钙、醋酸铅担载的林德拉催化剂，$Pd/CaCO_3$-$Pb(OAc)_2$，则炔烃只加成生成烯烃。用 CeO_2 担载 Ag 的催化剂，可保护碳碳双键，而氢化醛基和硝基。由于很多药物和天然物质的活性取决于手性结构，可利用不对称氢化反应引入不对称中心。如图 20.10 所示，林德拉催化剂可以使炔烃氢化成为顺式烯烃，用于合成维生素 D 和与天然油酸构型相同的硬脂烯酸。2001 年，在不对称氢化反应领域作出重要贡献的两位科学家野依良治与 W. S. Knowles 获得诺贝尔化学奖。野依教授发现的 BINAP 错体，含有不对称轴，当与 Ru 等金属配合时，对醛、酮的不对称氢化反应选择性极高。其重要应用是制造人造 L 薄

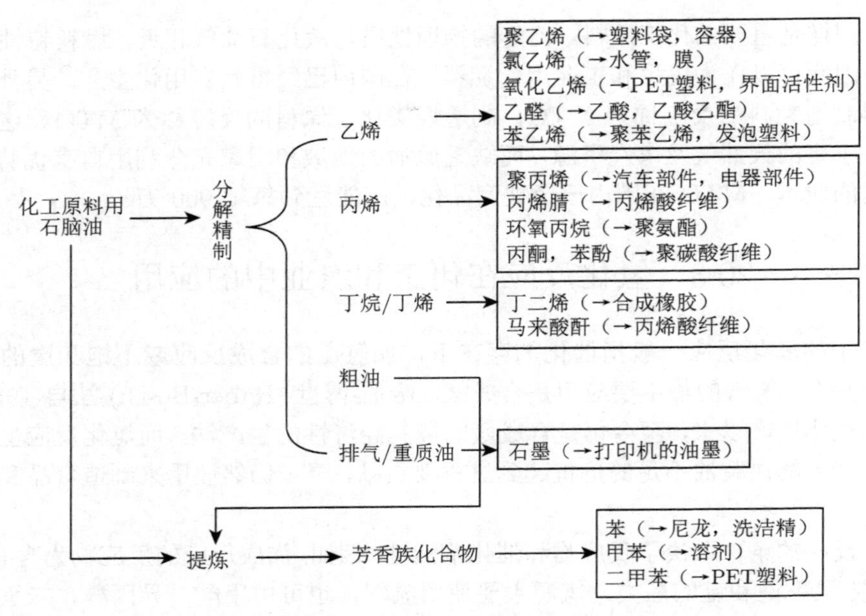

图 20.8　主要的石油化工产品的原料和加工过程

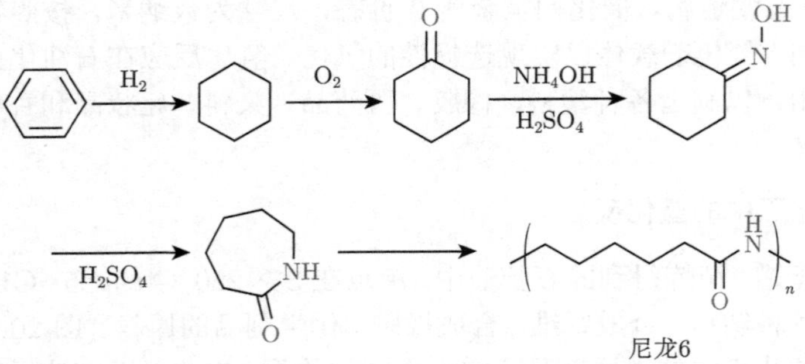

H_2　O_2　NH_4OH　H_2SO_4　O　OH　N

H_2SO_4　NH　O　H　N　O　n

尼龙6

图 20.9　尼龙纤维的合成途径

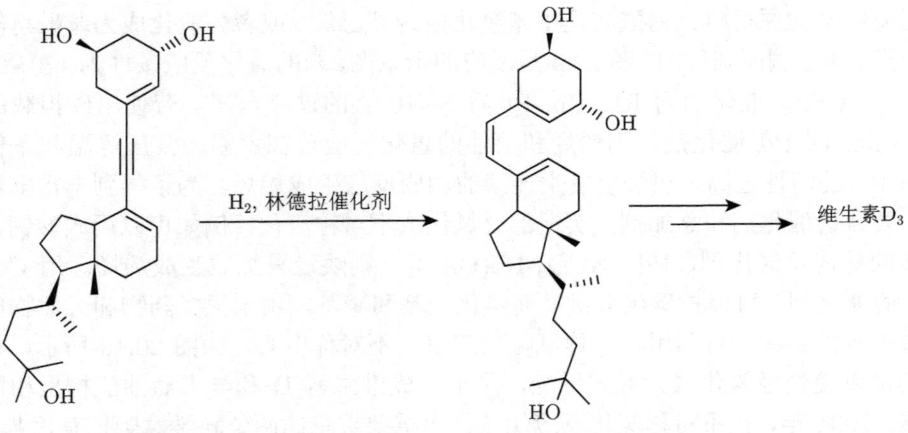

HO　OH

H_2, 林德拉催化剂

OH　OH　OH　HO

维生素D_3

图 20.10　利用林德拉催化剂的不对称氢化反应合成维生素 D_3 [2]

荷醇，每年的产量高达 40 万 t。而 W. S. Knowles 利用 DIPAMP 错体，通过不对称氢化反应合成的左旋多巴是治疗帕金森病的药物的重要原料。另外，高分子聚合物的耐热性、弹性、溶解性、玻璃化温度可以通过氢化碳碳双键而改善。

20.3.2 合成氨

氨是最基础的氮氢化合物，也是最重要的基础化学品之一。90%左右的合成氨用于制造肥料，包括氨水、尿素、各种铵盐、复合肥料。其他的用途还有制造硝酸、合成纤维、染料、炸药等化学品。氨具有很高的蒸发能，不含氯，相对其他冷媒，其温室效应低，因此液氨也被当作环保且廉价的制冷剂。合成氨的世界年产量高达 1.8 亿吨以上，而我国是最大生产国，目前年产量约为 0.5 亿吨。据计算，世界人口每增加 1%，氨的需求量上涨 3%。每年生产的氢气中约有 40%被用来合成氨。

哈伯-博世 (Haber-Bosch) 法的流程如图 20.11 所示。合成氨反应中的氮气来自空气，氢气来自天然气的蒸气重整反应得到的合成气。哈伯-博世法的反应式为：

$$N_2\ (g) + 3H_2\ (g) =\!=\!=\!= 2NH_3\ (g),\quad \Delta H^{\theta} = -46.1\text{kJ/mol} \tag{20.12}$$

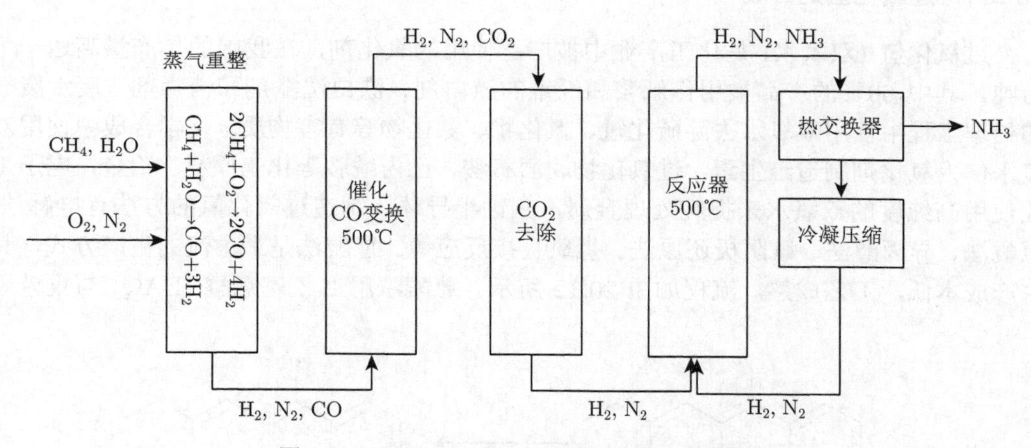

图 20.11 Haber-Bosch 法合成氨流程示意图

此反应为放热熵减过程，高压低温有利于反应的进行。由于 N_2 的共价键的结合能高达 941 kJ/mol，N_2 在催化剂表面的解离吸附过程是决速步。因此，催化剂选用铁等容易形成氮化物的元素。在各种铁的矿物质中，含有微量 Al_2O_3(0.6%~2%) 和 K_2O(0.3%~1.5%) 的磁铁矿的催化效果最佳。其中 Al_2O_3 中的 Al^{3+} 与 Fe_3O_4 中的 Fe^{3+} 进行离子交换，抑制表面铁的烧结与比表面积的减少。而 K 向 Fe 提供电子，有利于 Fe 向 N_2 的反键轨道 1πg* 提供电子，促进 N_2 的解离。反应温度在 300~550℃。提高压力有利于反应，通常使用 10~25MPa 的氢压，反应后剩余的氢气和氮气会被循环使用以提高收率。合成氨的核心课题是开发在低温低压条件下使用的催化剂，降低制造成本和能源的消耗。目前工业中使用的催化剂仍是 1909 年就已经开始利用的 Fe_3O_4。近几年研发的新催化剂包括具有钙钛矿结构的高催化活性的 $BaCeO_3$，降低氢分子的吸附解离活化能使反应有可能在室温附近进行的 CaFH 等等。此外，研究利用可再生能源产生的电力来合成氨的电化学催化过程及酶催化也是当今热门的方向。

20.3.3　油脂的还原反应

不饱和脂肪酸的非均相氢化反应是英国的 Crosfield & Sons 公司在 1911 年发明的。最开始的目的是为了利用鱼油来制造肥皂。在第一次世界大战中，欧洲由于黄油供应不足，此反应又被用来生产人造黄油和其他固体油脂产品。其使用的原料为碳链长度为 16 或 18 的脂肪酸与甘油反应生成的甘油三酯。动物油含有的软脂酸 (C16)、硬脂酸 (C18) 都是饱和酸，而植物或者鱼油中含有的油酸、亚油酸、亚麻酸 (C18：在 9，12，15 位置有碳碳双键) 则是不饱和脂肪酸。不饱和度越高，对应的脂的熔点就越低，也更容易被氧化。不饱和酸的还原反应一般在氢压 0.1~1 MPa，80~150 ℃ 的条件下进行，催化剂为兰尼镍。也可以控制反应过程，实现以亚麻酸为出发原料，亚油酸和油酸为中间产物，硬脂酸为最终产物的分步氢化反应。最终生成的硬脂酸被用作蜡烛和肥皂的原料。部分氢化反应会生成反式脂肪胆固醇，有一些研究认为对心脏有影响，因此近年来关于胆固醇有选择性的 Pt/MEI 型分子筛催化剂的研究比较盛行。

20.3.4　过氧化氢的合成

过氧化氢 (双氧水) 是化工产业中被广泛使用的氧化剂，在我国的年产量高达一千万吨。其中 60%的产品被用作纸浆和纤维的漂白剂、漂白洗涤剂和消毒剂。废水废气的处理工程中使用双氧水去除硫化氢、氰化物、氮化物等有害物质。化学合成中使用双氧水作为氧化剂制造维生素，过氧化物、酒石酸、己内酰胺等化工原料。冶金，电子工业使用高纯度的双氧水来提纯处理金属，刻蚀半导体。制造过氧化氢的方法有电解法、蒽醌法、异丙醇法、氧阴极还原法、氢氧直接反应等。蒽醌法是最主流的生产方式，其生产成本低，工艺成熟，流程如图 20.12 所示。蒽醌法用 2-乙基蒽醌 (EAQ) 与重芳烃

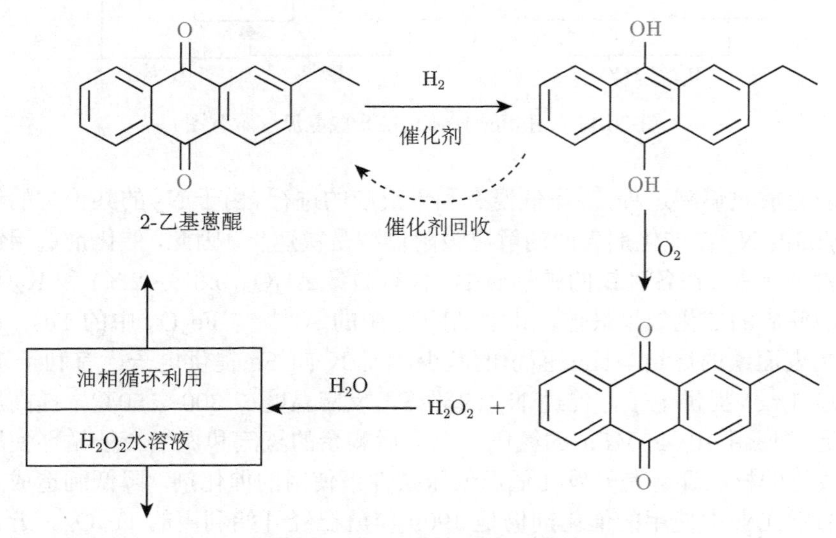

图 20.12　蒽醌法合成双氧水

(Ar)，磷酸三辛酯 (TOP) 配制成工作液，氢压 0.15~0.30 MPa，温度 55~65 ℃，使用 Al_2O_3 作为载体的 Pd 催化剂。2-乙基蒽醌还原成为 2-乙基氢醌，再在 30~40 ℃，空气或氧气的气氛中，进行自发氧化，合成过氧化氢。后经萃取，制得质量百分比为 27.5%的过氧化氢水溶液产品。其中，2-乙基蒽醌的工作液经处理可循环使用。

20.3.5 生物质炼制工程

生物质炼制是指将生物质转化为生物基产品 (如食品，饲料，化工产品和原材料) 和生物能源 (如燃料、电力、热能等) 的技术。利用的方法有直接燃烧，即与石油燃料混合使用，或压制成固体燃料；热分解，即高温高压分解制合成气，或骤冷制油类，制成泥浆燃料；转化为甲酯用作燃料和通过生化反应转化为醇类等小分子化合物。生物质炼制利用了可再生能源的生物能，并将其转化为高经济效益的化工产品，不仅缓解了石油资源紧缺的问题，也可充分利用农业，产业废物，因此受到政府和能源行业的大力支持和投入。第一代生物炼制技术使用油菜籽、大豆、棕榈、玉米等农作物作为原料，例如，利用菜籽油等黏度高的植物油与甲醇进行酯交换反应得到的生物质柴油，脂肪酸甲酯 (FAME)。第一代生物质柴油在 20 世纪 90 年代到 2010 年之间已经形成成熟的制造技术，实现了大规模的生产。2019 年，生物质柴油在全世界的生产量已达 1400 万吨，欧洲为应用最广泛的地域，印尼是最大出口国。2003 年欧盟已经颁布了车用生物质柴油标准 EN14214。生物质柴油并不是单一成分，而是与普通的柴油按比例掺杂的混合物，一般掺杂量约为 4%。但由于脂肪酸脂与普通的柴油有本质的区别，酯类易氧化，有对油箱和配管腐蚀的风险，因此在第二代的技术中加入了加氢脱氧处理和异构化的反应，制得氢化衍生可再生柴油 (hydrogenation derived renewable diesel, HDRD)，或氢化植物油 (hydrogenated vegetable oil, HVO) 加以利用。它们的主要成分的化学结构与普通柴油基本相同，具有与柴油相似的黏度和发热值，密度较低，十六烷值较高，含硫量较低，稳定性好。相较于第一代生物质柴油，第二代可按照任何比例与普通柴油进行混合，经过加工后甚至可替代航空煤油使用。目前第二代生物质柴油在美国、欧洲的发展较快，根据 REN21 发布的《2020 全球可再生能源报告》，2019 年欧洲及美国的第二代生物质柴油占全球消费量的 44.6%和 38.5%。

因种植能源作物比生产粮食更有利可图，利用粮食作为生物质柴油的原料会引发农民生产粮食的热情降低，农作物多样性减少，病虫害增加等问题。因此，第三代生物质炼制会使用秸秆等木质纤维、地沟油等废弃油脂作为原料。用废弃油脂作原料可通过费托合成将生物质转化为合成气，再制取柴油，与一般的合成气制造的柴油 (GTL) 有同样的高品质，并且因植物在生长过程中吸收二氧化碳，从碳循环的观点看，其碳排放量更低。

木糖醇 $C_5H_{12}O_5$ 是一种天然甜味剂，其代谢不受胰岛素调节，热值仅为 10 kJ/g，被用作糖类替代品。其在口中有清凉感，且不会被细菌发酵生成乳酸，不会引发龋齿，因此被用于口香糖的添加剂。口香糖也是木糖醇的最主要应用。同时，木糖醇也被用于合成化妆品、医药、涂料等产品。2020 年，木糖醇的全球年消费量高达 20 万吨。目前工业上应用最广泛的制取方法是烯酸催化水解木聚糖，再催化氢化木聚糖制得木糖醇。其中氢化反应使用兰尼镍催化剂，温度在 115~135 ℃，氢压 65 MPa[13]。主要反应式为

$$[C_5H_8O_4]_n + nH_2O \longrightarrow [C_5H_{10}O_5]_n \tag{20.13}$$

$$C_5H_{10}O_5 + 5H_2 \longrightarrow C_5H_{12}O_5 \tag{20.14}$$

生物质炼制赋予了木糖醇新的用途。秸秆等木质纤维经过水解和催化氢化得到木糖醇或山梨糖醇之后，再进行氢化分解可得到丙三醇、丙二醇等具有高附加价值的化工原料，如图 20.13 所示。

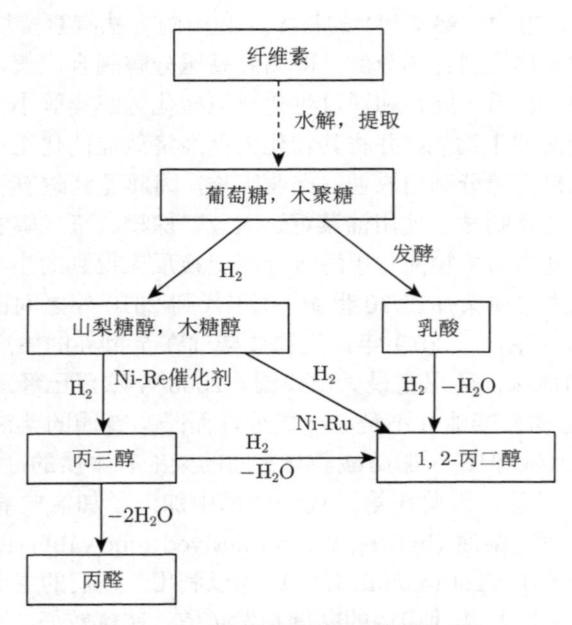

图 20.13　纤维素的生物质炼制工程

20.4　液氢及燃料

化学火箭通过自身携带的氧化剂与燃料的燃烧反应产生推力。氧化剂与燃料合称火箭推进剂，一般同为液体，或者同为固体。固体火箭的特点是推力大，系统简单，但比冲小，燃烧时间过短，构造性能低，不具有再点火性能。液体火箭则相反，虽然推力略小，系统复杂，但比冲大，燃烧时间长，可以再点火，调整运动方向，且越是大型的液体火箭，构造性能越高，在发射卫星进入特定轨道等任务中发挥着不可替代的作用。

如图 20.14 所示，对于火箭而言，推进剂占整体重量的 80%以上，且燃烧时间只有数分钟，与其他运输工具相比，推进剂的重要性不言而喻。对于液体火箭的推进剂的热化学性质，燃烧的性能和安全性等有很多要求，主要有以下几点：

(1) 体积密度大，燃料箱就可小型化，可节省机体重量。

(2) 高沸点，低凝固点，高热导率，低蒸气压。物理特性随温度的变化小。

(3) 化学反应放热大，燃烧温度高，产物分子的质量小，有助于提高引擎的性能。

(4) 无毒，防爆，无腐蚀，易储存。

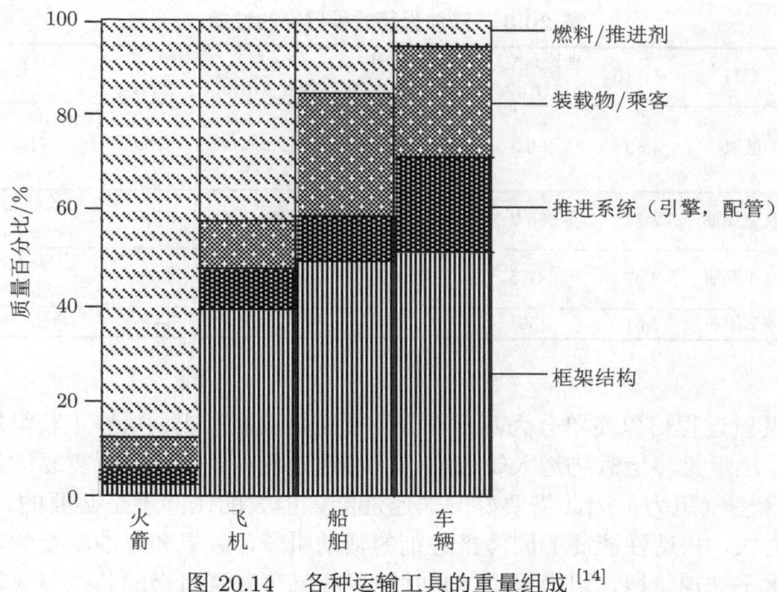

图 20.14 各种运输工具的重量组成 [14]

但实际上并没有完美的推进剂，在选用推进剂的组合时需要综合考虑燃烧性能、储存特性、物理性质、安全性、成本和可靠性、运输任务以及该国家和公司的技术力。

加速度与总推力是衡量火箭性能的重要参数。加速度是质量损失与比冲的乘积，

$$\Delta \mathrm{V} = I_{\mathrm{sp}} \cdot \mathrm{g}_0 \log M_R \tag{20.15}$$

M_R 为火箭点火前后的质量比，表示了火箭的构造性能。而 I_{sp} 为比冲，表示了火箭的引擎性能。

比冲的计算公式为

$$I_{\mathrm{sp}} = F/\ mg_0\ (\mathrm{s}) \tag{20.16}$$

其中 F 是引擎推力，单位为 kN；g_0 是标准重力加速度，单位为 $\mathrm{m/s^2}$；m 是消耗的推进剂的质量，单位为 kg/s。

比冲受到推进剂组合、混合比、燃烧压力、喷嘴膨胀比等因素的影响。比冲对运载能力的影响很大，比冲相差 10%，则运载能力相差约 30%。得益于极低密度，在各种火箭推进剂的组合中，液氢与液氧的组合 ($\mathrm{LOX/LH_2}$) 拥有最大比冲。表 20.3 总结了常用的几种燃料与氧化剂组合的真空比冲 [15]。除了高比冲，$\mathrm{LOX/LH_2}$ 的燃烧产物仅为水，无毒无害，不产生积碳。煤油燃料就会造成严重的积碳结焦问题，从而减少发动机的寿命。同时，通过引擎的特殊结构设计，液氢在气化过程中也发挥着冷却剂的作用。液氢的缺点是其沸点低，需要昂贵的保温层，在使用时不能密封，需要不断地蒸发，从而消耗了其效率。并且因其与液氧的沸点相差大，为了不使液氧冻结，燃料箱与氧化剂箱有时需做成非共壁结构，工艺复杂。由于液氢的密度低，$\mathrm{LOX/LH_2}$ 火箭的构造性能也比较差。

表 20.3　液体火箭的推进剂的性能

氧化剂	燃料	混合比	理论真空比冲 I_{sp}/s	容积密度/(kg/m^3)	特征排气速度/(m/s)	燃烧温度/K	代表引擎
液氧	液氢	4.83	455.3	320	2385	3250	长征五号 RS68 主引擎，日本 LE-7A，Space Shuttle
液氧	航空煤油	2.77	358.2	1030	1780	3700	长征五号第一级，space-x falcon 9
四氧化二氮	单甲基肼	2.37	341.5	1200	1720	4100	Dragon (Draco, Super Draco)
四氧化二氮	偏二甲肼	2.61	333	1180	1720	3415	长征三号一二三级

火箭的发射过程可以简单分为两个部分，首先是地面点火，从静止获得加速度的垂直上升过程，之后是将运载物送入轨道的平行加速过程。点火升空时需要大的推力以抵抗自身重力和空气阻力，因此需要好的加速性能，但大的比冲不是必要的。在此阶段，密度大，推力大，构造性能高的固体推进剂的辅助引擎，液氧和煤油组合的芯一级火箭最合适。在水平加速阶段，阻力很小，此时使用液氧和液氢组合的芯二级火箭可以充分发挥其比冲大的优势。表 20.4 比较了几种液体火箭的结构和其使用的推进剂，可见现代的运载火箭很多为多级火箭，并非都使用单一的推进剂。辅助引擎或者芯一级火箭使用成本低，密度大，推力大的固体推进剂，可弥补液氢液氧推进剂的缺点。

表 20.4　几种液体火箭的结构和推进剂

名称		Delta IV Heavy	长征五号 CZ-5	H-2A	猎鹰 9 FT
全长/m		52	56.97	53	68.4
芯，整体直径/m		5，15	5	4.0，4.1～5.1	3.7，5.2
国家		美国	中国	日本	美国
发射时重量/t		733	859～879	289	549
发射能力 LEO，GTO/t		28.8，14.2	25(CZ-5B)，14(CZ5)	10.0，4.0	22.8，8.3
初次任务时间		2004 年	2016 年	2001 年	2015 年
推进剂	燃料组合真空比冲/s	液氧/液氢 242	4 基液氧/煤油 335	2 基/4 基固体复合材料 BP-207J 280	—
	芯一级真空比冲/s	液氧/液氢 328	液氧/液氢 430	液氧/液氢 390	液氧/RP-1 煤油 311
	芯二级真空比冲/s	液氧/液氢 462	液氧/液氢 442	液氧/液氢 447	液氧/RP-1 煤油 348

示意图

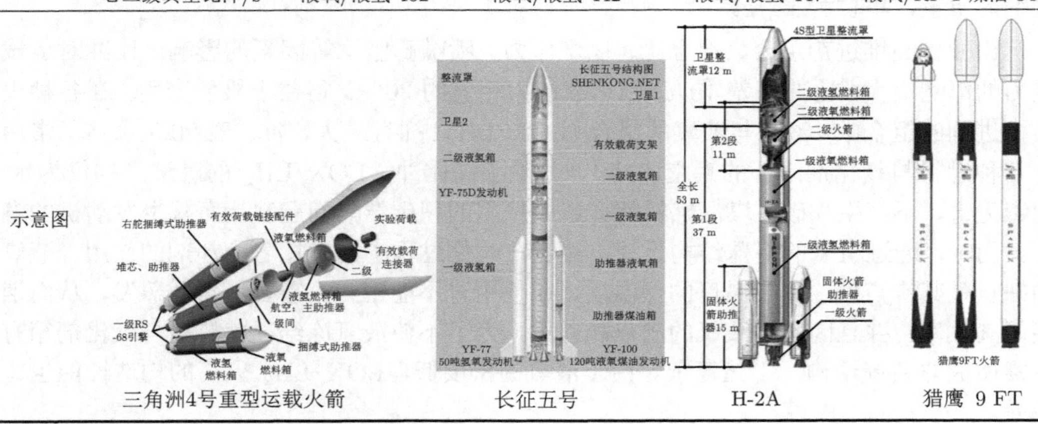

三角洲4号重型运载火箭　　长征五号　　H-2A　　猎鹰 9 FT

另外，日本等国的研究者提出了使用泥浆氢作为火箭燃料以弥补液氢低密度的缺点的观点。泥浆氢是指液氢与固态氢的混合物，有两种制造方法，一是冻融法，在大气压下使用真空泵减压 (55 torr)，使液氢沸腾，由于氢的汽化潜热大，温度下降到达三相点的液氢表面生成固态氢。此时停止真空减压，则固态氢沉入液氢中，最终通过搅拌形成均匀的泥浆氢。另一种是螺旋钻机法，利用液氦与液氢的热交换，在热传导界面产生固态氢，再将固态氢铲下加入液氢。冻融法适合实验室的实验，而 auger 法则适合连续生产。在大气压下，含有 50%固体氢的泥浆氢，与液氢相比，密度可增加 15%。泥浆氢并不是新的概念，早在 1979 年的阿波罗计划时期，就曾有过泥浆氢和泥浆氧的实验报道，但并没有得到实际应用。而近几年，日本东北大学再次有相关的工作出现 [16,17]。

20.5 低温应用

在中子源和涡轮发电机中，氢气都被用作冷却剂，其实原理不同。中子源中，氢气和速度过快的中子碰撞，吸收中子能量使中子减速，能量降低到实验所需的范围。在涡轮发电机中，氢气作为冷媒传递发动机工作时产生的热能。虽然原理不同，但使用氢气作为冷却剂的领域都是未来的工业和科研领域的重点。氢气的特殊性质和不可替代性在今后会得到进一步的发展和应用。

20.5.1 中子源的液氢慢化器

中子散射是在凝聚态物理、氢化物、蛋白质、微生物的研究中被广泛使用的分子结构解析方法。中子散射是在 X 射线实验方法的基础上发展而来的。相较于 X 射线分析，中子散射的特点有对轻重元素的灵敏度差别不大，可以分辨原子序数相近的元素，区别同位素，可研究磁性质等。中子散射实验中所需中子的能量与实验对象的关于参见图 20.15。实验中所用的中子由中子源产生。根据产生中子的原理不同，分为反应堆中子源和散裂中子源等。以散裂中子源为例，质子加速器产生能量在 1 GeV 以上，强度在 0.1~1 MW 的质子束来轰击重元素靶材的原子核 (钯、铀、汞等)，靶材的原子发生核内级联和核外级联等核反应，产生大量中子。此时产生的中子的能量在 MeV 级别，但中子弹性散射和非弹性散射实验所需要的中子的波长要与研究对象的尺寸匹配，能量应在数 meV 至 100 eV 级别。

为满足散射实验的要求，这些过热的中子需要在慢化器反射系统中减速，降低能量。中子慢化器包括慢化工质、工质容器和冷却系统。中子与慢化工质的元素的原子核多次碰撞，以降低能量。最终，中子与慢化工质达到热平衡状态，其能量为 $E_{\mathrm{M}}=k_{\mathrm{B}}T_{\mathrm{M}}$，其中 T_{M} 为慢化工质的温度。慢化后的中子能谱呈现麦克斯韦分布。根据所要得到的中子能谱的能量范围，选择合适的慢化工质。如果想要得到波长为 0.1 nm 的热中子，则使用水作为慢化工质就足够了 (T_{M} 约为 300 K)，而想要得到波长更长的冷中子，则需要温度更低的慢化工质，如液氢 (T_{M} 约为 20 K)。事实上，只有液氢可以作为冷中子的慢化工质。而在其他温度与能量范围，也使用富含氢元素的物质作为慢化工质，因为氢的减速效率比其他元素更高。慢化工质的性能可以用减速比来定义：

$$\text{减速比}=\xi\sum s/\sum a \tag{20.17}$$

$$\xi = 1 + [(A-1)^2/2A]\ln[(A-1)/(A+1)] \tag{20.18}$$

其中，$\sum s$ 为元素在一定体积内的总散射截面 (cm^{-1})，$\sum a$ 为元素在一定体积内的总吸收截面，ξ 为一次碰撞前后，中子的能量变化的自然对数的平均值，称为平均对数能量衰减率，与被碰撞的元素的原子序数 A 有关。原子序数越小，ξ 的值越大，意味着减少相同的能量，需要碰撞的次数更少。表 20.5 为几种代表元素的平均对数能量衰减率，可看出氢的 ξ 值最大。

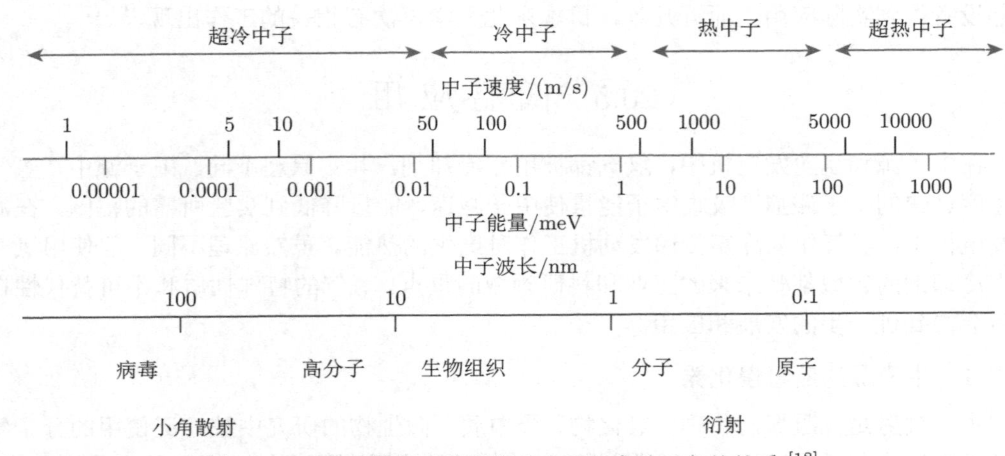

图 20.15　中子散射实验所需的中子与实验对象的关系 [18]

表 20.5　慢化工质的物理性质的比较 [19]

	ξ
H	1.00
D	0.725
H_2O	0.925
甲烷	0.308
Be	0.209
石墨	0.158

因此，慢化工质常选用液态或固态的甲烷、氨，以及液氢、超临界氢。甲烷和氨具有单位体积含氢密度高的特点，但在 MW 级别的高能中子源中，会造成严重的放射损伤，需要频繁更换部件。而液氢，超临界氢的放射损伤小，液态容易循环，使用方便。例如，日本 J-PARC 使用的是超临界氢，英国的卢瑟福实验室的 ISIS 散列脉冲中子源使用液氢 (重氢) 慢化器。为了提高中子慢化的效率，还会在液氢慢化器以外加装用水做慢化工质的预慢化器、中子反射体，以及使用多种慢化器的组合。例如，北京散裂中子源 BSNS 使用了水、液态甲烷和液氢三种慢化器的组合。根据实验所需的中子通量与分辨率的要求，不仅要合理选择慢化工质，慢化器和反射体等中子源各部件的精细设计也是不可或缺的。图 20.16 为散裂中子源的示意图。

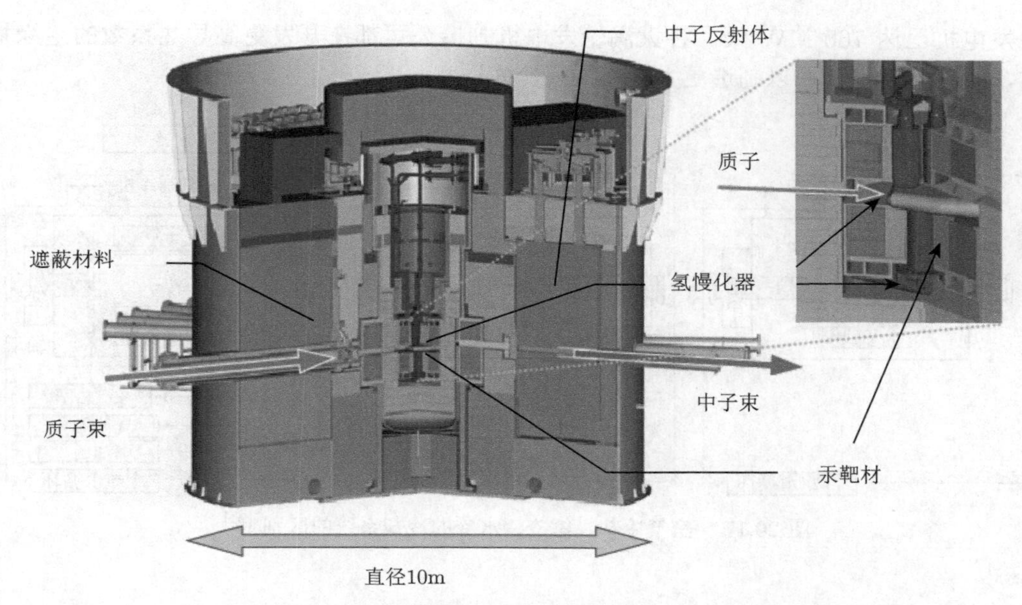

图 20.16 日本 J-PARC 散裂中子源的示意图 [20]

20.5.2 氢冷涡轮发电机

在火力发电站和核发电站使用的涡轮发电机，功率高达百万千瓦。发电的同时产生大量的热，需要采用合适的冷却方式来使热量转移，控制电机的温度，保证安全运行。随着对电力需求的增长，发电机大型化的趋势仍将持续，而发电机的单机容量的增长与冷却技术以及新材料的研发密不可分。发电机的容量可以表示成

$$P \propto D^2 \cdot L \cdot B \cdot A \cdot n \tag{20.19}$$

P 为容量 (MV·A)，D 为定子的内径或转子的直径 (m)，L 为铁芯的长度 (m)，B 为磁场强度 (T)，A 为电流密度 (A/m)，n 为转速 (r/min)。若想增大定子和转子的直径，就需要考虑离心力和震动的影响，若想增强磁场强度，就会被铁芯的饱和磁化度所限制。如果增大电流，则需要强大的冷却技术。目前成熟的冷却方式有空气冷却、氢冷、水冷等。图 20.17 与表 20.6 比较了不同冷却方式的特点。氢气的导热系数为空气的 7 倍，散热系数为空气的 1.5 倍，比热容为空气的 14 倍，散热效果优于空冷。火电站的汽轮发电机转速可达 3600 min^{-1} (60Hz)，铜线的损耗极大，风损造成的效率低下明显。氢的密度小，流动阻力低，在相同气压下，氢气冷却的通风损耗、风磨耗均为空气的 1/10，可使发电效率提高 1%～2%。并且氢气为还原性气氛，可以保护绝缘层，减少腐蚀。相较于水冷的方式，氢冷不需要冷却水处理用的配管和附带设备，构造简单，易于施工和维护。也不需要在导体线圈中设置通水孔，使得铜线的体积比更高，发电效率也高。使用氢气冷却需要注意爆炸极限，需要保持氢气的纯度在 90%以上，并安装报警系统。氢冷在 1937 年美国的 Dayton Power and Light Co. 公司首次被采用，已有将近一百年的历史。当时的发电机只有 25000 kW，而日本的三菱重工公司最新的氢冷涡

轮发电机已达 700 MW 级。各大涡轮发电机制造公司都在开发更高导热系数的绝缘材料，改善气路设计，以制造更大功率的氢冷发电机。

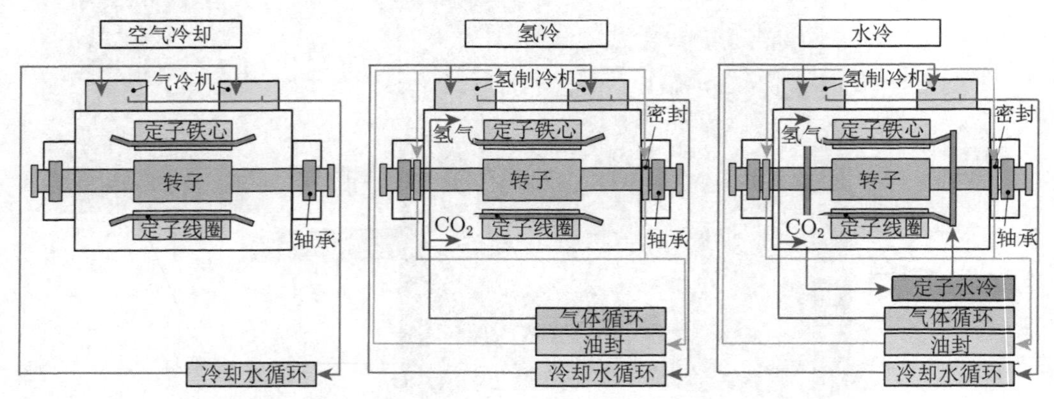

图 20.17 空气冷却、氢冷、水冷的冷却系统的区别 [21]

表 20.6 涡轮发电机的容量与冷却方式的关系 [22]

发电机容量/(MV·A)		~ 50	~ 200	~ 300	~ 800	~ 1500	~ 2000	~ 3000
冷却方式	转子	空气	氢间接	氢直接	氢直接	氢直接	水冷	超导
	定子	空气	氢间接	氢直接/间接	氢直接/水冷	水冷	水冷	液体冷却

20.6 生 物 医 学

20.6.1 氢气疗法

关于氢气的医疗效果的理论，可以追溯到 1975 年在美国 *Science* 杂志发表的一篇名为 *Hyperbaric hydrogen therapy: a possible treatment for cancer* 的论文 [23]。作者使患有鳞状细胞癌的大鼠暴露在含有 97.5%氢与 2.5%氧的压力为 8 个大气压的高压氢气气氛中，10 天后发现相较于对照组，暴露于高压氢气气氛中的小白鼠的肿瘤有缩小的倾向。因此认为高压氢气对肿瘤有治疗效果。该论文虽未对机理进行深入研究，但给出了一个假说，即氢气与氢氧自由基反应，抑制过氧离子与过氧化氢反应生成羟基自由基的反应，减少羟基自由基对细胞组织的破坏。

$$H_2 + \cdot OH \longrightarrow H_2O + H\cdot, \Delta E = 50.2\text{kJ/mol} \tag{20.20}$$

$$H \cdot + O^{2-} \longrightarrow HO^{2-} \tag{20.21}$$

此后虽断断续续有关于氢气治疗效果的文章问世，但最为著名的是在 2007 年，日本医科大学的太田成男教授在 *Nature Medicine* 杂志发表的一篇关于氢的抗氧化性效果的文章。这篇论文中提到，超氧化物、过氧自由基、过氧化氢、羟基自由基和亚硝酸盐自由基是人体内存在的活性氧 (ROS)。氧化应激反应会产生一些过量的活性氧，如过氧自由基、羟基自由基等。这些过量的活性氧会导致 DNA 和脂质的损伤，从而使细胞凋亡。特别是羟基自由基对细胞膜、线粒体和不饱和脂肪酸 (PUFA) 都有破坏性。氧化应激可以通过使核酸变形而破坏细胞功能。氧化应激会促进炎症的加剧，从而进一步增强氧化应激。由缺血再灌注或炎症引起的急性氧化应激会严重破坏细胞组织，而持续的氧化应激被认为是包括癌症在内的许多常见疾病的原因之一。氢气分子可以选择性地中和氧化应激产生的过量羟基自由基，同时不影响对体内正常生化反应有益的其他自由基，如过氧化氢和超氧自由基。论文中，在诱导大鼠脑动脉闭塞 90 min 引起脑缺血之后，再灌注血液 30 min，对大鼠的大脑诱导产生氧化应激损伤。之后让大鼠吸入氢气、氧气、一氧化二氮的混合气体 120 min，其中氢气的体积比在 2%～4%。结果如图 20.18 所示，吸入氢气的大鼠，大脑切片中的坏死面积更小。文中还对比了氢气与两种已经被用于氧化应激损伤的治疗药物的效果，实验结果显示氢气的效果比其中一种名为 Edaravone 的药物更好，与名为 FK506 的药物相当。并且发现，氢气只是选择性地和·OH，ONOO—反应，而不影响其他自由基。这使得利用氢气治疗，比利用抗氧化剂治疗的副作用更小。由于氢气具有快速穿透生物膜的扩散能力，因此可以准确地到达细胞质、线粒体和核酸，并与有细胞毒性的氧自由基发生反应，从而防止氧化损伤 [24]。

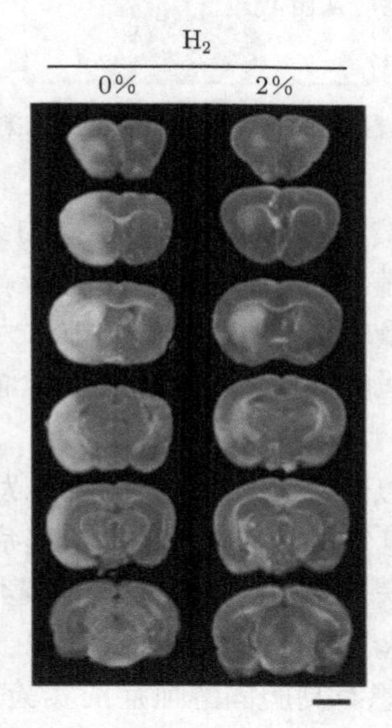

图 20.18 未吸氢 0%与吸氢 2%的大鼠的脑部切片。吸氢的大鼠的脑部白色区域小，即损伤小

此后的数年中，对氢气治疗效果的研究逐渐增多，至今为止已有一千多篇论文和书籍出版。内容主要分为三大方向，分别是研究氢气的摄取和在体内释放的方法，验证氢气对各种病症的治疗效果，以及病理学研究，即阐明氢气的作用机理。

氢气的摄取方式有注射富氢生理盐水、富氢水、富氢溶液，直接吸入 1%～4%的氢气、肠气和透析等。最近还有利用各种微米、纳米级的材料实现氢的原位释放的研究被发表。例如 $PdH_{0.2}$ 纳米晶体在光照条件下释放氢气，MgB_2 与胃酸的反应，将叶绿素 a/1-抗坏血酸/金纳米颗粒包裹在脂质体微泡内，在光照条件下生产氢气等。利用微米、纳米级的氢化物或者载体的优势在于其氢含量更高，而且可以控制氢释放的速度。图 20.19 所示的是 Sung 等利用聚乳酸-羟基乙酸共聚物包裹 Mg 颗粒作为氢气来源的研究。Mg 与体液中的水反应释放氢气，来治疗小鼠的骨关节炎，对减轻炎症和阻止软骨组织坏死有效果 [25,26]。

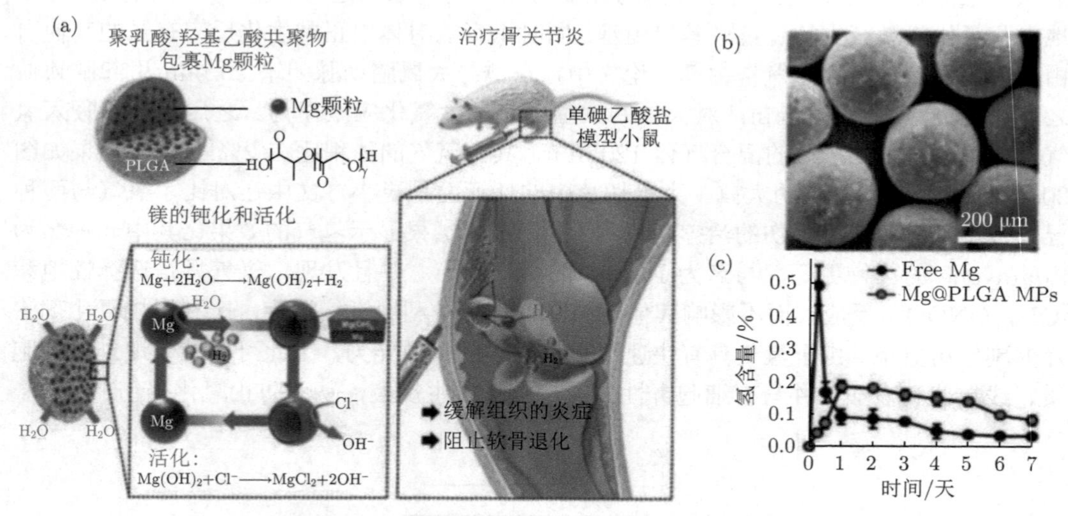

图 20.19　聚乳酸-羟基乙酸共聚物包裹 Mg 颗粒作为氢气来源 [27]

关于哪种摄取氢气的方式最好的问题还没有明确的结论。例如，有研究认为吸入氢气对缺血再灌注损伤和器官移植损伤等急性病症有效果，并且认为注射富氢生理盐水与吸入氢气的效果相似。而含氢量较低的富氢水，则被认为对减少氧化应激和炎症反应更有效。对于不同的病症，最合适的摄取方式可能不同。而对于不同的摄取方式，氢的作用原理也可能不同。

氢气疗法的研究大部分是以动物为对象进行的，已发表的实验结果几乎囊括了所有的器官和生体组织，研究认为氢气对人们熟知的很多病症有疗效。例如，癌症、糖尿病、中风、动脉粥状硬化、帕金森病、阿尔茨海默病、关节炎、皮炎、结肠炎、肝炎、胰腺炎、心肌梗死等。以人类为实验对象的研究较少，其中一些研究结果强调了抗氧化和抑制炎症发生的效果。例如，使患有高胆固醇血症的实验人员饮用含有 0.5~0.6 ppm 的富氢水后，氢激活了 ABC 转运蛋白，提高了高密度脂蛋白机能，对病症产生了缓解作用 [28]。另有一些临床试验认为氢对于缓解关节炎、糖尿病和牙周炎也有效。总体来说，对人体的各种研究结果具有统计意义，但并不如在啮齿类动物实验中的结果那么明显。有一些研究解释为由于物种不同，或者由于难以使人类保证持续的、高浓度的氢气的摄入，又或是因为病症的轻重缓急的不同而造成了这些差异。

最初提出的机理有氢与羟基自由基反应以抑制氧化应激的损伤和炎症。氢分子能穿过细胞膜进入细胞，保护 DNA、减轻蛋白质变性，脂质的氧化，维持正常的线粒体功能，从而阻止细胞凋亡。但最近的研究还认为，氢有消除自由基的直接作用和很多其他的间接作用。例如氢可以增强内源性抗氧化酶的表达，以抑制氧化应激。Nrf2 是一种对氧化还原敏感的转录因子，可以调节抗氧化物质，应对氧化损伤。一些研究发现在氧化应激下，氢气激活了 Nrf2 的转录途径并诱导抗氧化反应 (ARE) 途径，从而产生多种细胞保护蛋白，例如谷胱甘肽、过氧化氢酶、超氧化物歧化酶、谷胱甘肽过氧化物酶、血红素加氧酶等。氢分子可以调节 miRNA 的表达，抑制细胞凋亡。氢分子可能具有信号分子的功能，影响细胞内的信号传导，并调节下游基因的表达。例如抑制蛋白激酶 (MAPK) 的激活，抑制 Wnt/β-catenin 的异常表达等，这些可能对抗癌都有作用。氢气还可调节分子自噬功能等。图 20.20 总结了这些机理 [29,30]。

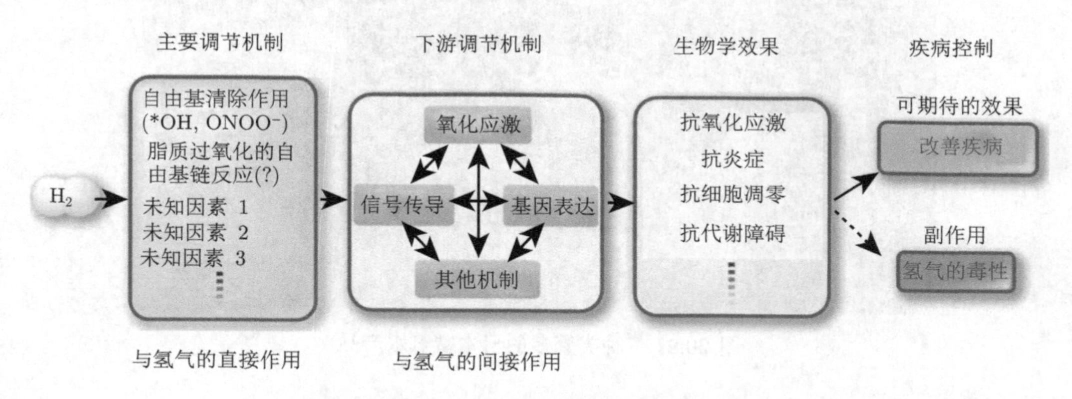

图 20.20 氢气在生物体内的作用机理

目前氢气疗法的临床试验大多是在日本和中国进行的。研究的病症包括二型糖尿病、视网膜动脉阻塞、肺病、帕金森病、代谢综合征等等。其中比较有名的临床试验项目是庆应义塾大学医院首创的氢气吸入疗法。该方法针对心肺机能停止后出现脑损伤的患者，使其连续吸入 18 个小时添加了 2%氢气的氧气。氢气吸入疗法在 2016 年被日本厚生劳动省列为先进医疗 B 的项目之一 (jRCTs031180352)。先进医疗 B 是指一些效果还未得到充分认证的治疗手段或者药物。患有特定疾病的患者可以选择性地接受此疗法或者服用此药物，以求对其病症产生一些辅助性的效果。而通过临床实践，也可以收集相关数据用来进一步证明这些治疗手段或者药物的有效性 [31]。

除了治疗作用，氢的保健作用也被大力宣传。其中一种产品就是富氢水。“水素” 在日语里是氢元素的意思，富氢水最先出现在日本，所以有时会直接使用日语称其为 “水素水”。制造富氢水的方法有三种，① 加压填充；② 由镁、铝、氧化钙与水进行化学反应；③电解水制氢。表 20.7 总结了各种制作富氢水的方法、常见的产品及其特征值。图 20.21 是日本国民生活中心展示的比较常见的富氢水产品。目前对于富氢水的效果还存在争议，首先是因为关于氢的研究基本是以动物为对象，并且绝大部分是针对疾病的治疗效果的，而没有充分的研究数据支持富氢水对健康的人体产生的保健美容作用。而近年来出现了更多针对健康人群的研究。例如，M. Sim 等使身体健康的试验者连续四周饮用含有 0.7 ppm 的富氢水，发现 30 岁以上的试验者的抗氧化能力增强，认为氢抑制了诱发炎症的细胞因子，减少了 DNA 的氧化损伤。但其结果也显示对 30 岁以下的试验者，效果不明显 [32]。另一个争议是由于人体肠道中的菌群本来就可以产生氢气，且摄入的食物纤维越多产生的量越多，因此对于富氢水效果的验证应考虑这些因素的影响。在日本，有保健机能的食品饮料都会取得特定保健用食品/机能性食品的认证。很多富氢水产品虽然没有获得资格，却大量使用了认证产品的专用宣传语。因此日本国民

图 20.21 种类繁多的日本富氢水产品

表 20.7 各种富氢水产品的制氢方法及其特征

制氢的方法	代表产品	公司	特征
氢气加压填充	H+ Water	Jwater	铝袋； 出厂氢气浓度 1.6 ppm
	水素水 H_2	伊藤园	铝罐； 出厂氢气浓度 0.3～0.8 ppm
	逃不掉的氢 (逃げない水素)	奥长良川名水股份有限公司	PET 瓶； 氢气浓度 400～600 ppb； 综合了镁与水的反应及电解水等过程
镁等金属或非金属氧化物与水反应制氢 $Mg + 2H_2O \longrightarrow Mg^{2+} + 2OH^- + H_2$	高浓度氢水生成器 santé émue	San-A Trading Co., LTD.	倒入水的同时开始制氢； 饮用的同时摄入镁离子； 去除水中的氯气
	HYDROGEN-STICK	Nagano Ceramics Corporation Omco Higashinihon Co., LTD.	专利 JP5664952B2
电解水制氢阳极：$4OH^- \longrightarrow 2H_2O + O_2 + 4e^-$ 阴极：$4H_2O + 4e^- \longrightarrow 2H_2 + 4OH^-$	Anyti-H_2	富士计器股份有限公司	专利 CN205035125U； 同时产生氢气与氧气，并且阴极与阳极无阻隔； 碱性水具有改善肠道功能的效果
	充电式携带型水素杯 GymSilky	江田水处理技术集团公司	水温 25 ℃ 时，氢气浓度为 0.9 ppm； 可生成臭氧
	高浓度富氢水生成器 Lourdes	Victory Japan 株式会社	饮用时氢浓度为 1.2 ppm 吸入时，30 分钟产生 0.8～1.2 ppm 的氢气； 可生成臭氧
	连续生成电解富氢水整水器 Trim Ion Hyper	Nihon Trim Co., LTD.	可选择排出富氢水，或者净水、弱酸水
	还原水素水生成器	松下电器公司	可选择排出富氢水，或者净水、弱酸水
	各种电解水制氢装置	https://www.h2lifech.com/	

生活中心对富氢水产品进行了调查，认为诸多产品中所谓的“(富氢水) 可使导致各种疾病的氧自由基无害化”“可预防癌症”“对减肥有效果”等宣传语违反了医药品及医疗器械法。此外在研究中使用的富氢水，氢浓度是保持一定的，这是富氢水产生治疗效果的关键因素。但根据日本国民生活中心的调查结果，在贩卖的富氢水商品中，氢的含量并不能维持其出厂时的饱和浓度 [33]。

20.6.2 氢在农业中的应用

H. Gaffron 和 J. Rubin 在 1942 年就发现了单细胞绿藻在厌氧条件下产生氢气的现象 [34]。D. Das 等发现植物细胞通过直接或间接的光合作用，在光发酵和暗发酵等过程产生氢气。虽然植物产生氢气的现象已被证实，但在这个时期还没有氢气对植物的作用的研究 [35]。近年来，逐渐有国内的研究成果讨论了氢气对植物的影响。例如，认为富氢水可以促进种子的发芽，通过提高光合效率来促进幼苗的生长；氢气可以延迟果实的成熟过程，保持更久的新鲜度，也可促进花青素的合成。还有研究指出，氢气可以通过增强抗氧化防御系统来对抗共生植物，重金属，环境变化的影响；氢气参与到一氧化氮、一氧化碳等其他信号分子的传播途径中以干预代谢过程；氢气控制在非生物因素的刺激下的基因表达。表 20.8 总结了这些研究成果 [36]。

表 20.8 氢对植物的影响及其原理

影响的类型	效果	原理
介入植物的生长过程	促进种子发芽； 促进幼苗生长； 诱导不定根的形成； 促进根部生长； 延长果实的成熟时间； 促进花青素的合成	提高光合作用的效率； 抑制脂质氧化； 促进抗氧化酶的转录； 维持细胞内的离子的电离平衡； 控制 miRNA 表达，重建氧化还原稳态； 与 NO、CO 等信号分子协同作用； 与过氧化物、氧自由基的反应
抵抗外界环境的刺激	渗透压的影响； 控制气孔闭合抗干旱； 镉、汞、铝等重金属的影响； 抗高温及严寒； 抗紫外线	

20.6.3 氘代药物

氘代药物是指用氘取代一部分氢原子 (氕) 的小分子药物。虽然氘只比氕多了一个中子，但质量几乎是氕的两倍。因此，氘-碳键的振动频率低，零点能低，键能更强。根据同位素效应，氘-碳键断裂的速度慢，在化合物的结构没有很大改变的情况下，改变了化合物的反应性。因为很多药物的代谢过程是从碳氢键的断裂开始的，如果将氘引入这些代谢位点，就可使药物代谢过程变慢，延长药物的半衰期。此外，氘代有可能封闭一些代谢位点，减少有毒代谢物。2017 年，Teva 公司用于治疗亨廷顿病的 Austedo(氘代丁苯奈嗪) 获得美国食品药品监督管理局的认证，成为第一个上市的氘代药物。2020 年，Austedo 也被获准在中国使用。氘代丁苯奈嗪 (图 20.22) 的半衰期是未氘代化合物的两倍 [37]。

目前已有 20 多种氘代药物处于研发阶段，其中 BMS-986165、AVP-786、RT001、

ALK-001、donafenib、HC-1119 已经进入了三期临床试验阶段。用于治疗去势抵抗性前列腺癌（mCRPC）的 HC-1119 是我国医药企业的项目。HC-1119 是恩扎鲁胺（enzalutamide）的氘代化合物。恩扎鲁胺有诱发癫痫的副作用，且有剂量依赖性。用氘代的方法，可以改善恩扎鲁胺的 PK 特性并可能抑制副作用。

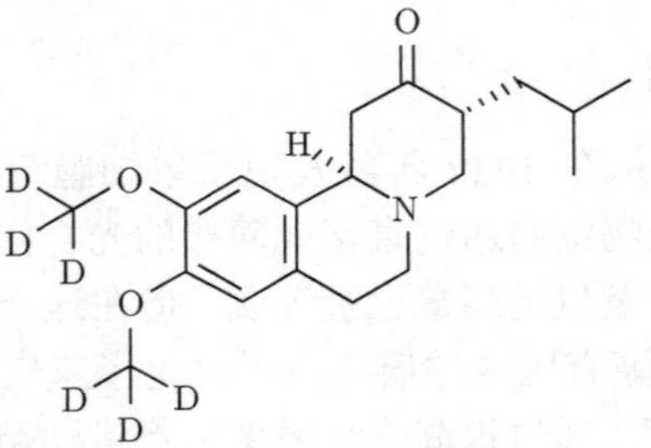

图 20.22　氘代丁苯奈嗪的分子结构

Vertex 公司的 VX-984 图 (20.23(a)) 是一个 DNA 依赖性蛋白激酶（DNA-PK）抑制剂的先导化合物，研究却发现该化合物的代谢非常快，化合物分子中的一个嘧啶环容易被醛基氧化酶攻击而被代谢。早期实验中尝试的方法如在该嘧啶环引入取代基增加位阻，修饰嘧啶环的亲电取代反应活性，或者取代去掉参与代谢过程的这两个氢原子等都无法保持药物的活性。但将两个代谢过程位点的氢原子替换为氘之后，减慢了醛基氧化酶的代谢，使得该化合物的代谢速度降低至合理的水平。

氘代还可以阻止药物的异构化失活。例如，沙利度胺是两种对映异构体的混合物，其中 R 型异构体能够缓解孕妇的晨吐，而 S 型异构体能够导致严重的先天畸形。即使只服用 R 型的沙利度胺也无法解决沙利度胺的毒副作用问题，因为沙利度胺结构中的手性中心与羰基相邻，该手性中心容易在人体内消旋化，使单一构型的化合物重新形成具有 R 构型和 S 构型的消旋体。但将手性中心中的氕替换为氘，有可能减慢消旋化过程。DeuteRx 是一家专注于通过氘代来抑制消旋化的公司，该公司正在进行氘代版沙利度胺类似物的研究。该公司的另一个化合物 DRX-065 (图 20.23(b)) 是氘代的 R 构型吡格列酮。吡格列酮是一种常用的糖尿病治疗药物，但该药有时会引起患者体重增加或者水肿。而研究人员怀疑只有 S 构型的吡格列酮才能够引起这些副作用。目前 DRX-065 正处于临床 I 期。

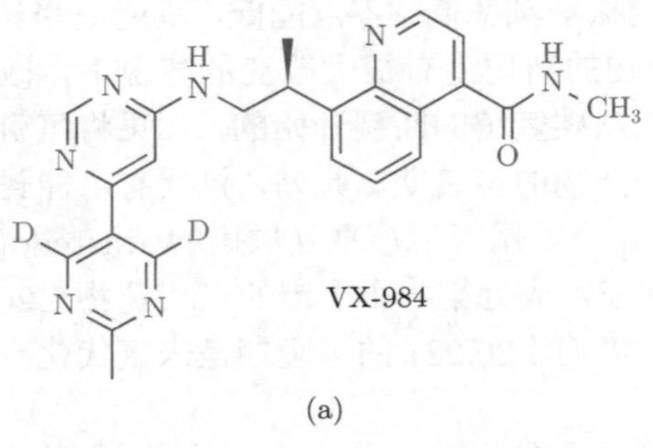

VX-984

(a)

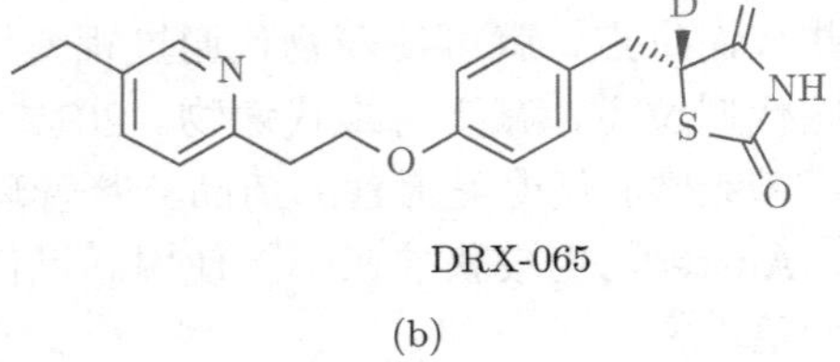

DRX-065

(b)

图 20.23　两种氘代药物的分子结构

新药研发耗时长，费用高，失败率也高。利用氘代增强已知药物效用的方法，可以提高研发效率。氘代一般不改变药物的活性，但在少数情况下，可能引起化合物的疏水性及酸碱性的变化，从而影响药物活性。氘代的位置也对效果有很大影响。由于化学结构和同位素动力学作用效果强弱的差异，FDA 批准的药物中只有不到 10%的药物适宜氘代。氘代药物能够改变药物的代谢过程，但这种改变是否对患者有益，能否改变半衰期与抑制毒性代谢，则需要具体分析 [38]。

20.6.4 药物运输

携带药物和修饰分子，并通过自身含有的化学物质产生推力的微纳米火箭是近十几年来的新研究热点。微纳米火箭每秒可以运动到自身长度 1000 倍的距离，表面可用各种纳米材料和生物分子来修饰。微纳米火箭含有的化学物质称为燃料，与周围环境发生化学反应，产生气泡来推动其前进。而磁场，光热，超声波等外部刺激则能控制及引导微型火箭的运动方向。微纳米火箭在生物医学领域的应用前景甚广。通常药物运输依赖于被动的扩散作用到达靶点位置，而由于很多药物具有毒性，在到达病灶的途中对健康的生体组织也有损害。但利用微型火箭，可以主动并高效地将药物送至靶点，减轻药物的毒性。

微纳米火箭本体的结构多为管状、螺旋状、球状，可通过应力引发的蜷曲和电沉积等方法制得。与大型火箭相同，本体结构影响了微纳米火箭的性能，比如，圆锥形状有助于产生稳定的气泡，而火箭的长度和端口的直径影响速度。表层的材料可减少周围环境的黏度对微纳米火箭的拖拽。而燃料的选择也至关重要。最常见的微纳米火箭燃料是过氧化氢，担载在微纳米火箭内层的铂催化过氧化氢分解产生氧气气泡。过氧化氢的浓度越高，产生的推力越大。例如，10%w/v 浓度的过氧化氢可产生 3 mm/s 的速度。利用过氧化氢的微纳米火箭具有速度快的优势，但因其强氧化性，不适用于生体环境，添加的贵金属催化剂也容易中毒。此时，利用金属与水的反应产生氢气的微纳米火箭则可发挥其优势。Gao 等研制的锌与酸反应产生氢气气泡的微纳米火箭，速度可达 92 μm/s，生成的 Zn^{2+} 对人体无害，类似的还有 Al, Mg 与水反应产生氢气气泡的研究。由于金属氧化物的产物会使反应速度不断降低，可以通过使用 Al-Ga 或者 Mg-Ga 合金来穿透并移除氧化物层。这类产生氢气的微纳米火箭，可利用金属反应物直接作为本体材料，不需要像过氧化氢微纳米火箭那样额外添加 “燃料”[39,40]。图 20.24 为几种使用了氢气气泡的微纳米火箭的示意图。表 20.9 总结了文中提到的几种微纳米火箭的特点。

为了实现药物运输及纳米组装等任务，需要对微纳米火箭进行精确定位和速度控制。通过本体结构的不对称设计，可使放出的气泡产生直线、圆圈以及螺旋形的轨迹。通过电化学沉积或增加铁磁性金属层，则能以外部磁场来控制微纳米火箭的方向。另外，气泡产生的速度受温度与催化剂的形貌影响较大。

由于这类微纳米火箭的 “燃料” 位于本体的内部，所以可以自由地修饰外表面以实现不同的功能。如果在表面增加受体，则可以标示特定的生体组织，用于研究生物反应过程和识别特定的疾病。例如，以 Ti/Ni/Pt 为本体材料的层状微纳米火箭则被用来捕获和运输神经 CAD 动物细胞。Balasubramanian 等利用抗体修饰过的微纳米火箭来识别并孤立癌细胞。今后的研究方向为使用更多种的燃料和火箭本体的材料以实现新的功能应用。图 20.25 为几种具有代表性的修饰方法 [41]。

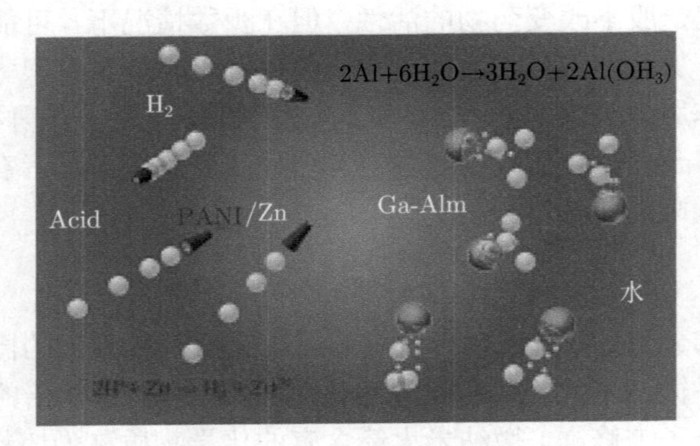

图 20.24　微纳米火箭推进的示意图

表 20.9　几种微纳米火箭的特点的比较

燃料	微纳米火箭材料	反应式	气泡类型	速度/(mm/s)
过氧化氢	Pt 等催化剂	$2H_2O_2 \longrightarrow 2H_2O+O_2$	O_2	3
酸	Zn	$Zn + 2H^+ \longrightarrow Zn^{2+} + H_2$	H_2	0.06
水	Al-Ga	$2Al + 6H_2O \longrightarrow 2Al(OH)_3 + 3H_2$	H_2	3
水	Mg	$Mg + 2H^+ \longrightarrow Mg^{2+} + H_2$	H_2	0.076

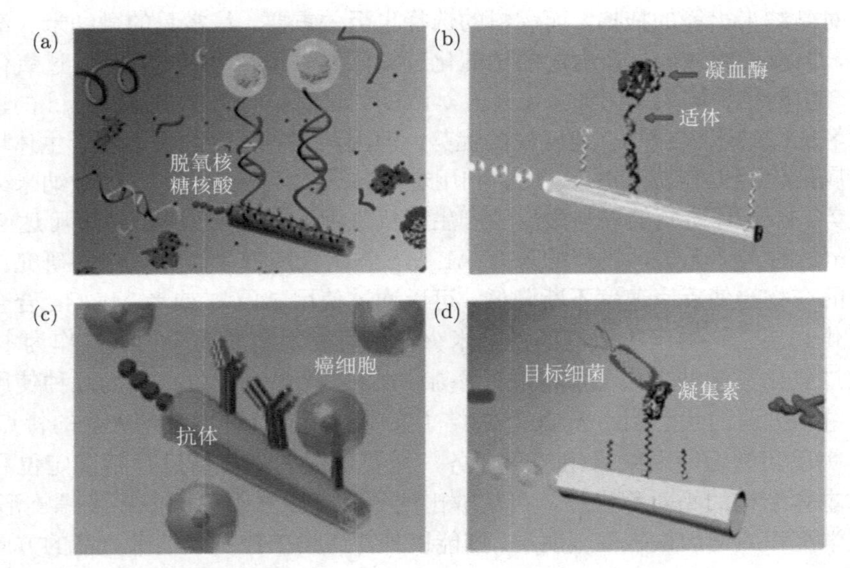

图 20.25　具有表面修饰的微纳米火箭：(a) DNA，(b) 蛋白质，(c) 抗体，(d) 凝集素

20.6.5　质子放疗

质子放疗是以高能质子流轰击癌细胞的放射性疗法。带正电荷的质子在轨道电子附近通过时，原子的外层电子被电离，原子与分子的特性改变，破坏细胞的 DNA，抑制其分裂和增殖。正常细胞和癌细胞都会受到破坏，也有自我修复的能力，但癌细胞的分

子修复能力较差以至于会造成永久性损伤和细胞的死亡。相较于 X 线放疗，质子放疗具有靶向能力强，对癌细胞周围的健康组织的损害小等特点。X 射线不带电，穿透来自于电离产生的二次电子，剂量分布通常在最浅的位置达到峰值，之后呈指数型衰减。因电子散射能力强，剂量分布很广。因此，X 射线在接近人体组织时即释放能量，从而导致皮肤黏膜损伤，消化道损伤等副作用，而且在轰击肿瘤组织后，仍将继续穿过健康组织，将不必要的辐射传递到健康的组织和器官。而质子是带电粒子，具有独特的布拉格峰剂量分布，质子摄入人体组织时，质子流只在最后几毫米释放大部分放射剂量，并沉积在肿瘤组织里，在表 20.10 中对比了 X 线放疗与质子放疗的特性，图 20.26 中对比了 X 线与质子线的剂量分布。由于质子的质量大，在物质内散射少，形成柱状的照射通路，对周围的正常组织的照射剂量也少。质子流的穿透距离与质子的能量正相关，可以通过改变入射离子束的能量来调节。例如，若要穿透人体 25 cm 左右的距离，需要 235 MeV 能量的质子流，质子的速度约为 0.6 倍光速。治疗实际肿瘤时，根据肿瘤的厚度，可将不同能量离子束叠加。

表 20.10　X 线放疗与质子放疗的对比

种类	代表	发生源	作用力	特征	能量传递的方式	照射的特点
光子	X 线	X 线管加速器	光电效应	• 一次冲突即消亡或者改变运动方向和能量 • 产生能量较高的二次电子 • 产生俄歇电子	当物质的厚度为 x 时，光子束的能量按 e^{-ux} 指数衰减，即通过 0.69/u 的厚度时能量减半	点状分布
带电粒子	质子	线性加速器	库仑力	• 直线前进 • 冲突后仍继续前进 • 二次电子的能量低 • 离子质量越大则电离概率越大	线性能量传递 (LET) 能量逐渐降低 $\mathrm{d}E/\mathrm{d}x$	柱状 布拉格峰分布

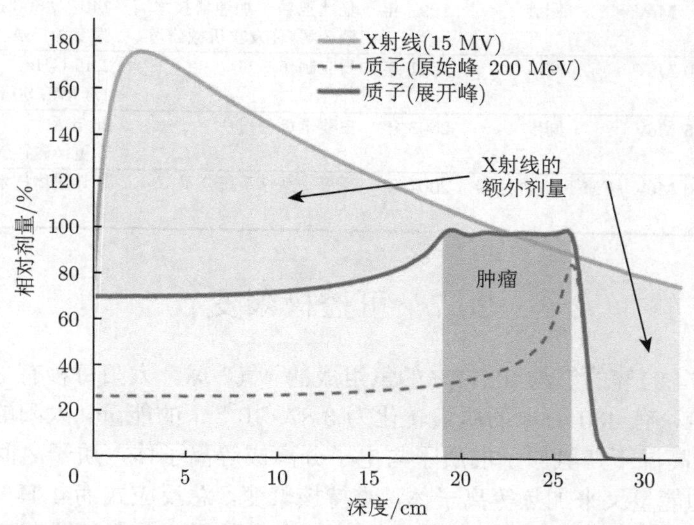

图 20.26　质子的布拉格峰特性，与 X 射线的剂量分布的对比。蓝色虚线为单一能量的质子线的布拉格峰，蓝色实线为不同能量的质子线的布拉格峰的叠加 [42]

质子的这种性质在治疗小儿肿瘤中优势明显，可以减少对正在成长期的器官的损害。对质子治疗也存在争议，例如，并没有明确的数据显示质子治疗的生存率更高，并且全身性转移的癌症，如白血病等血液肿瘤，胃癌都不适用。

利用质子治疗癌症的概念最早于 1946 年由 Robert Wilson 提出，并于 1954 年在劳伦斯伯克利国家实验室首次得到应用。美国 FDA 于 1988 年批准了质子放疗方法，日本厚生劳动省在 2016 年将其列为先进医疗 A 项目。近二十年来质子放疗发展迅速，截止到 2019 年，已有超过 20 万名患者接受了质子放疗。

质子放疗中使用的质子大部分来自于氢气质子源（离子源）。离子源分为气体离子源和固体离子源。气体离子源若选用氢气，则只能产生质子和氢负离子。选用 C_xH_y 气体，可产生氢离子与碳离子的新型离子源也在研发中。在离子源中，氢气被电离后形成质子和电子的等离子体。质子被分离后，通过真空管注入线性加速器产生能量为 $70 \sim 250$ MeV/u 的质子束。相较于 X 射线放疗，质子放疗用的线性加速器设备的尺寸更大，成本更高。质子加速器因体型巨大而必须单独放置，通过很长的磁体将粒子束引导到多个治疗室。X 射线放疗使用的 LINACS 则可以轻易地将各种粒子束调制和监控系统放进一个房间。质子加速用的线性加速器主要有回旋加速器和同步加速器两种。回旋加速器尺寸小，但只能产生固定能量的离子束，因此需在出口放置多种吸收材料。同步加速器的离子束更细，可调节离子束的强度，但其间断性的粒子供给不利于调制技术。目前有 6 家公司生产的 5 种加速器占据全世界的市场。表 20.11 总结了这几家公司的质子放疗装置的特点。质子放疗的发展离不开线性加速器的小型化，低成本化的研究。

表 20.11　质子放疗装置的比较 [43]

离子源	最高能量	加速器	发明时间	生产厂家	特点
RFQ 直线加速器，双等离子源	250 MeV	同步	1991 年	洛马林达大学	30 kV, 70 mA, 脉冲 50 us, 周波 2 s
利文斯顿彭宁离子源	230 MeV	回旋	1998 年	亿比亚粒子加速器技术有限公司/住友重机械公司	140 V, 500 mA, 强度 10 uA
微波	250 MeV	同步	2001 年	日立制作所	2.45 GHz, 1.3 kW, 30 mA, 6 MeV
2.45GHz 电子回旋共振	235 MeV	同步	2003 年	三菱电机公司	25 mA, 除更换磁控管和氢气外无须维护
冷阴极彭宁离子源	250 MeV	FM 回旋加速器	2007 年	瓦里安医疗系统公司	超导磁体技术

20.7　可控核聚变

太阳是由 74.91%的氢与 23.77%的氦组成的“气”球。太阳每秒有 3.6×10^{38} 个质子发生核聚反应，有 430 万 t 的质量转化为 3.87×10^{26} J 的能量。太阳的中心温度高达 1500 万 ℃。在高温下，氢原子的质子与电子分离成等离子体，质子之间发生质子链反应，反应产生的能量又来加热等离子体，维持核聚变。总反应式为 $4{}_1H^+ \longrightarrow 2He^4 + 2e^+ + \gamma$ 线 $+ 2\nu e + 24.68$ MeV。核聚变反应放出的能量高，是因为其质量亏损大，根据爱因斯坦方程 $\Delta E = \Delta mc^2$，Δm 是化学反应中的质量亏损。核聚变反应的质量亏损约为 1/1000，而燃烧等化学反应的质量亏损则在一亿分之一左右，可见核聚变反应产生的能量之高。如果实现可控核聚变发电，将极大地满足人类对能源的需求。正如太阳的能量取之不尽用之不竭，可控核聚变工程又被称为人造太阳。

20 世纪 50 年代，俄罗斯、英国和美国等国家开始研究可控核聚变的可能性，20 世纪 60 年代提出了控制高温等离子体的托克马克技术，20 世纪 70 年代开始，可控核聚变设施的设计和建设逐渐得到发展。由于核聚变反应是带正电荷的原子核之间的反应，利用原子核之间的排斥力小的轻量元素效率更高。如图 20.27 所示，在比 ^{12}C 更轻的原子中，^{4}He 的结合能最大，因此可控核聚变使用氢的同位素聚变产生 ^{4}He。

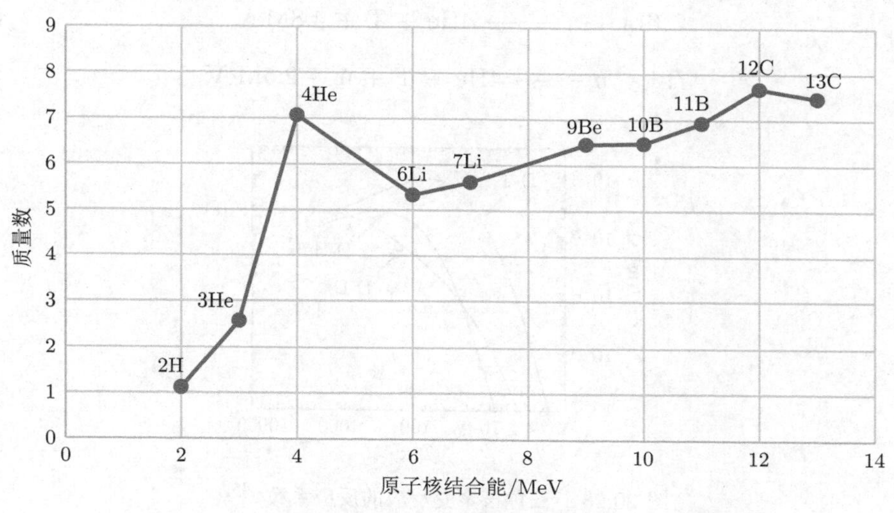

图 20.27　原子核的结合能 [44]

氢的同位素氘 (deuterium) 与氚 (tritium) 的反应，称为 DT 反应，氘 (deuterium) 之间的反应，称为 DD 反应。反应式如下：

$$\mathrm{D} + \mathrm{T} \longrightarrow {}^{4}\mathrm{He} + \mathrm{n} + 17.58\mathrm{MeV} \tag{20.22}$$

$$\mathrm{D} + {}^{3}\mathrm{He} \longrightarrow {}^{4}\mathrm{He} + \mathrm{p} + 18.34\mathrm{MeV} \tag{20.23}$$

$$3\mathrm{D} \longrightarrow {}^{4}\mathrm{He} + \mathrm{p} + \mathrm{n} + 21.6\mathrm{MeV} \tag{20.24}$$

图 20.28 对比了这三种反应。在热平衡状态下，10 keV 或者 1 亿 ℃ 左右，DT 核聚变的反应系数最高，最容易实现。并且 DT 反应具有产生的放射性废物的放射性水平低的优点。D^{3}He 反应虽然不产生放射性废物，但 D 和 He 同时存在于反应炉里会发生 DD 反应，还是会产生放射性物质的中子，并且地球上没有 ^{3}He 资源。DD 反应的优势是其原料只有氘，在地球上的丰度高，但是因其反应系数很低，需要更高温度、更先进的技术才能实现，DD 反应被视为下一代可控核聚变反应。

目前的可控核聚变技术主要利用了 DT 反应，考虑到等离子体密度和热耗散的平衡，反应温度选择在 3 亿 ℃ 左右。核聚变反应须在如此高温下进行，既不能使等离子体被容器壁冷却，又不能使容器壁被过度加热而融化，同时要保持等离子体的高密度，因此需要等离子体的约束技术。太阳是通过引力约束使等离子体维持稳定的，而可控核聚变利用了磁约束。托克马克装置就是一种磁约束装置。图 20.29 为托克马克装置的示意图，它是由巨型的超导磁体线圈、环状真空反应室、高周波等离子体加热装置、包层系统、氚循环和热交换装置等组成的。在环状真空反应室内，由氘与氚的离子、电子构成的等离子体受洛伦兹力，沿磁场运动，反应产物 He 的能量用于加热等离子体，过量的 He 被分离排出，而中子则被包层吸收，与 Li 反应再次生成氚，经过精制，回流到真空室中。另外，反应放出的热量进入包层中的热交换系统，核聚变发电能量的 80%就来自于中子与包层进行的热交换 [46]。

$$6\text{Li} + \text{n} \longrightarrow 4\text{He} + \text{T} + 4.8\text{MeV} \tag{20.25}$$

$$7\text{Li} + \text{n} \longrightarrow 4\text{He} + \text{T} + \text{n} - 2.5\text{MeV} \tag{20.26}$$

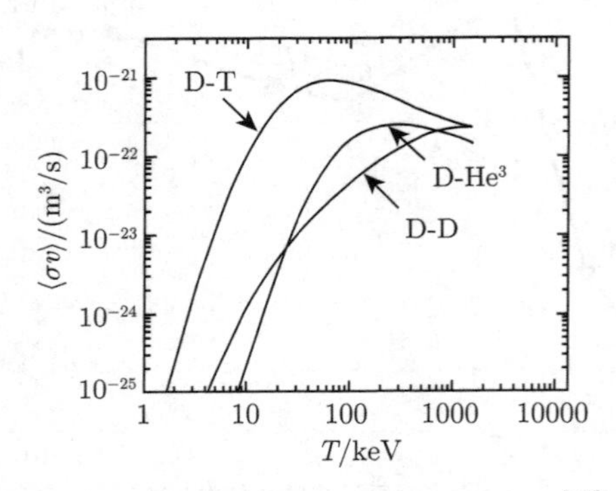

图 20.28　三种核聚变反应的反应系数 [45]

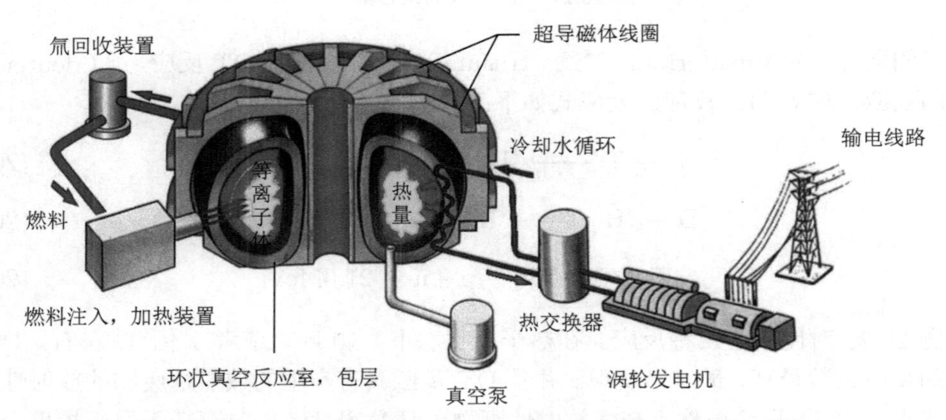

图 20.29　利用托克马克装置的核融合炉和发电站的概念图 [47]

氘在海水中的含量是 33 g/m^3，共有 4.5×10^{13} t，而氚的丰度极低，只能通过中子与锂的反应产生。锂目前的埋藏量为 940 万 t。装机容量为 100 kW 的发电站，每年消耗的氘为 0.1 t，锂为 10 t。因此，DT 反应所需的原料都很充足。

能量倍增因子是可控核聚变反应的重要标准。若加热核融合炉所需的电能为 P，所放出的能量为 Q 倍的 P，则能量倍增因子为 Q。当 $Q > 1$ 时，输出的能量大于输入的能量，而只有当 $Q > 50$ 时，核聚变发电才有经济上的可行性，而当 Q 趋于无限大时，称为自发点火状态，此时不需要外部加热，等离子体也可实现自持。目前，日本的 JT-60U 是世界上 Q 值最高的托卡马克装置，达到了 1.25。

世界上最大的托卡马克装置是位于法国卡达拉舍的国际热核聚变实验堆 (ITER)，见图 20.30。ITER 聚集了中国、欧盟、印度、日本、韩国、俄罗斯和美国七方的财力与科技资源，耗资数十亿欧元的国际科技合作项目，其目标是证实核聚变发电的可能性，证明其不产生负面影响。2020 年 7 月，装置安装工程启动，有望于 2025 年首次开机产生第一炮等离子体，并于 2035 年开始 DT 反应的试验。ITER 的目标是，产生能量增益因子 $Q = 10$ 的等离子体；维持 480 s 的稳态聚变脉冲；产生 $Q > 5$ 的稳态等离子体；实现聚变等离子体自持；验证氚增殖的概念；完善中子屏蔽/热转换技术等。

图 20.30 位于法国的 ITER 是第一座可控核聚变反应装置

20.8 小结和展望

氢由于其特殊的物理和化学性质，自 200 多年前被发现以来，一直在产业界发挥其不可替代的作用。迄今为止对氢气的需求集中在炼油、合成氨、化工、冶金等传统领域。过去的一个世纪里，氢气的消费量随着人口的增加和经济的发展而逐年增长，但是应用的领域和在各领域的配比却没有很大变化。近几年来，随着医疗和工程技术的进步，氢的一些潜在的性质受到了关注，利用这些性质变得具有可行性，例如，氢气疗法、质子放疗和可控核聚变。氢作为清洁和可再生能源，各种可再生能源的载体的特质逐渐受到重视，随着氢能的利用成本逐渐降低，氢的生产和消费模式将在未来的几十年里发生极大的改变。

2015 年，《巴黎协定》制定了在未来一个世纪内抑制全球变暖在 2 ℃ 以内的目标。到 2100 年，每年因能源消费而产生的二氧化碳的总排放量要减少 900 Gt。这意味着到 2050 年，每年二氧化碳的总排放量需要减少 60%。为达到这一目标，各种运输工具都必须使用清洁能源作为燃料。根据国际氢能源委员会的报告，如果到 2050 年，全球将有超过 4 亿辆轿车，1500 万到 2000 万辆卡车和 500 万辆公交车使用氢作为燃料，即氢燃料车将占总车辆的 20%～25%，可以贡献 1/3 的二氧化碳的减排目标。在钢铁冶炼领域，目前利用 DRI 技术制造的粗钢只占 4%，到 2050 年将会增长到 10%。将氢气作为工业生产的热源，与天然气混合作为一般家庭用的燃料都会极大地加强二氧化碳的减排效果。仅仅增加对氢能的利用并不足以完成减排目标。目前氢气的主要来源为天然气，石油炼制过程的副产物和煤的气化，制造氢气每年就会产生 350～400 Mt 的二氧化碳。这些二氧化碳需要通过捕集-封存 (CCUS) 来实现碳中和。利用可再生能源产生的电力和剩余电力电解水制氢也需要扩大规模。目前，CCUS 技术和电解水制造“绿色氢气”的成本过高，而随着投资的扩大和研究的深入，IEA 预计到 2030 年，碳捕集能力将达到 0.5 Gt，而到 2050 年，碳捕集能力达到 1.4 Gt。2030 年会建成首座使用“绿色氢气”的炼油厂和合成氨工厂。到 2050 年，CCUS 技术得到的 3.6 亿 t 二氧化碳和电解水制得的 5000 万吨“绿色氢气”将会用以制造 30%的甲醇，烃类，芳香族化合物和 2.6 亿吨的化工产品。

基于对作为清洁能源的氢能和“绿色氢气”的需求，国际氢能源委员会的报告预测从 2015 年到 2050 年，氢气的需求量将增长约 10 倍，增长点不再是传统的炼油和合成氨、化工等传统工业，而主要是以氢为燃料的运输领域；将可再生能源产生的电力作为氢能储存的储能领域；民生和工业的热源的供能事业；以及利用 CCUS 技术的工业生产等新兴领域。图 20.31 是其示意图。到 2050 年，氢能将占能源消费量的 18%，帮助每年减排 6 Gt 的二氧化碳，产生 2.5 兆美元的经济效益，提供 3000 万的就业机会。

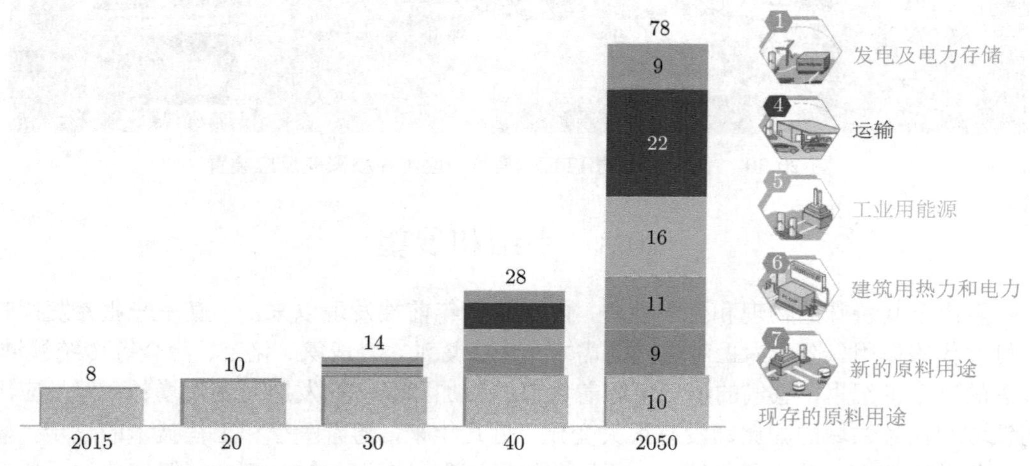

图 20.31 从 2015 年到 2050 年，对氢的需求量将增长 10 倍 [48] (扫描封底二维码可看彩图)

加强对氢气的应用需要通过大量的投资、学术研究、产业的布局和政策的完善来降低氢气的使用成本，实现“绿色氢气”的生产以及丰富氢的用途。国际能源机构给出的建议有：将氢能纳入长期能源战略；加强加氢站、运送管道等基础设置的建设以降低使用氢的成本；研发氢能燃料的大型运输车与船只来提高氢的竞争力；建立氢的国际运输航线；开展国际合作，拓展氢气的用途，加速清洁氢气的使用；公司机构投资更多的制氢工厂与基础设施以降低成本；政府机构设立完善的国际标准，从制氢、储氢、运输到利用的丰富并且完整的氢产业链等。

(李关乔)

参 考 文 献

[1] IEA. The Future of Hydrogen. International Energy Agency. Global Hydrogen Review 2021 and The Future of Hydrogen. https://www.iea.org/reports/hydrogen.
[2] 田中庸裕. 触媒化学ー基礎から応用まで. 日本: 講談社, 2017.
[3] United States Geological Survey. Sulfur Data Sheet. https://pubs.usgs.gov/periodicals/mcs2020/mcs2020-sulfur.pdf.
[4] 石油通信社. 平成 20 年石油資料. 日本: 石油通信社, 2008.
[5] 方圆, 张万益, 曹佳文, 等. 我国能源资源现状与发展趋势. 矿产保护与利用, 2018, (4): 34-42, 47.
[6] 中国地质调查局. 中国资源能源调查报告. 2016. https://www.cgs.gov.cn/ddztt/cgs100/bxcg/fwgj/201611/P020161125577066113658.pdf.
[7] 天然ガス部会日本エネルギー学会. 天然ガスのすべてーその資源開発から利用技術まで. 日本: コロナ社, 2008.
[8] 藤田和男. トコトンやさしい石炭の本. 日本: 日刊工業新聞, 2009.
[9] 朱豫飞. 一种煤与石油共同加工工艺. CN101220286B, 2007.
[10] Zhong L, Yu F, An Y, et al. Cobalt carbide nanoprisms for direct production of lower olefins from syngas. Nature, 2016, 538(7623): 84-87.
[11] 许光文, 李强, 王莹利, 等. 合成气催化甲烷化的方法及装置. CN101817716B, 2010.
[12] Bailera M, Lisbona P, Romeo L M, et al. Power to Gas projects review: Lab, pilot and demo plants for storing renewable energy and CO_2. Renewable and Sustainable Energy Reviews. 2017, 69: 292-312.
[13] 刘春, 房桂干, 施英乔, 等. 木糖醇的生产技术及应用研究进展. 林业化学与工业, 2010, 30(6): 113-118.
[14] 鈴木弘一. はじめての宇宙工学. 日本: 森北出版社株式会社, 2007.
[15] 政文宮澤. 宇宙ロケット工学入門. 日本: 朝倉書店, 2016.
[16] Ohira K. Liquid and slush hydrogen: its application and technology development. Journal of Cryogenics and Superconductivity Society of Japan. 2006, 41(2): 61-72.
[17] Voth R, Ludtke P R. Producing slush oxygen with an auger and measuring the storage characteristics of slush hydrogen. STIN., 1979, 80: 16256.
[18] Kato T, Aso T, Tatsumoto H, et al. Spallation neutron source at J-PARC and its cryogenic hydrogen system. TEION KOGAKU (Journal of Cryogenics and Superconductivity Society of Japan). 2007, 42(8): 244-254.
[19] Inoue K, Watanabe N. 冷中性子の発生と応用. Journal of the Atomic Energy Society of Japan / Atomic Energy Society of Japan, 1976, 18(3): 129-136.
[20] J-PARC センター. J-PARC で世界最大のパルス中性子ビーム強度を達成. 大学共同利用機関法人高エネルギー加速器研究機構. 2013. https://www.kek.jp/ja/newsroom/2013/03/21/1400/.
[21] 章臣仙波. タービン発電機の構造と近年の技術動向. 2016.
[22] 明埴田, 忠男甘粕. III. 各電気機器における冷却技術. The Journal of the Institute of Electrical Engineers of Japan. 1979, 99(5): 403-408.
[23] Dole M, Wilson F R, Fife W P. Hyperbaric hydrogen therapy: a possible treatment for cancer. Science. 1975, 190(4210): 152-154.

[24] Ohsawa I, Ishikawa M, Takahashi K, et al. Hydrogen Acts as a therapeutic antioxidant by selectively reducing cytotoxic oxygen radicals. Nature Medicine, 2007, 13(6): 688-694.

[25] Zhao P, Jin Z, Chen Q, et al. Local generation of hydrogen for enhanced photothermal therapy. Nature Communications, 2018, 9(1): 4241.

[26] Fan M, Wen Y Y, Ye D E, et al. Hydrogen therapy: acid-responsive H_2 -Releasing 2D MgB_2 nanosheet for therapeutic synergy and side effect attenuation of gastric cancer chemotherapy. Advanced Healthcare Materials, 2019, 8(13): 1970054.

[27] Zhou G, Goshi E, He Q. Micro/nanomaterials-augmented hydrogen therapy. Advanced Healthcare Materials, 2019, 8(16): 1900463.

[28] Song G, Lin Q, Zhao H, et al. Hydrogen activates ATP-binding cassette transporter A1-dependent efflux ex vivo and improves high-density lipoprotein function in patients with hypercholesterolemia: a double-blinded, randomized, and placebo-controlled trial. The Journal of Clinical Endocrinology & Metabolism, 2015, 100(7): 2724-2733.

[29] Tao G, Song G, Qin S. Molecular hydrogen: current knowledge on mechanism in alleviating free radical damage and diseases. Acta Biochimica et Biophysica Sinica, 2019, 51(12): 1189-1197.

[30] Ichihara M, Sobue S, Ito M, et al. Beneficial biological effects and the underlying mechanisms of molecular hydrogen - comprehensive review of 321 original articles. Medical Gas Research, 2015, 5: 12.

[31] 日本厚生労働省. 先進医療の各技術の概要. 日本厚生労働省, 2021.

[32] Sim M, Kim C S, Shon W J, et al. Hydrogen-rich water reduces inflammatory responses and prevents apoptosis of peripheral blood cells in healthy adults: a randomized, double-blind, controlled trial. Scientific Reports, 2020, 10(1): 12130.

[33] 独立行政法人国民生活センター. 容器入り及び生成器で作る､飲む｢水素水｣, 2016. http://www.kokusen.go.jp/pdf/n-20161215_2.pdf.

[34] Gaffron H, Rubin J. Fermentative and photochemical production of hydrogen in algae. Journal of General Physiology, 1942, 26(2): 219-240.

[35] Das D, Khanna N, Nejat Veziroğlu T. Recent developments in biological hydrogen production processes. Chemical Industry and Chemical Engineering Quarterly, 2008, 14(2): 57-67.

[36] Li C, Gong T, Bian B, et al. Roles of hydrogen gas in plants: a review. Functional Plant Biology, 2018, 45(8): 783.

[37] Drug Approval Package: Austedo (deutetrabenazine) Tablets. U.S. Food & Drug Administration, 2017.

[38] Cargnin S, Serafini M, Pirali T. A primer of deuterium in drug design. Future medicinal chemistry, 2019, 11(16): 2039-2042.

[39] Gao W, Uygun A, Wang J. Hydrogen-bubble-propelled zinc-based microrockets in strongly acidic media. Journal of the American Chemical Society, 2012, 134(2): 897-900.

[40] Gao W, Pei A, Wang J. Water-driven micromotors. ACS Nano, 2012, 6(9): 8432-8438.

[41] Li J, Rozen I, Wang J. Rocket science at the nanoscale. ACS Nano, 2016, 10(6): 5619-5634.

[42] Mitin T, Zietman A L. Promise and pitfalls of heavy-particles therapy. Journal of Clinical Oncology, 2014, 32(26): 2855-2863.

[43] Muramatsu M, Kitagawa A. A review of ion sources for medical accelerators. Review of Scientific Instruments, 2012, 83(2): 02B909.

[44] Table of isotopes. WorldCat.org, 1978. https://www.worldcat.org/title/table-of-isotopes/oclc/4114671.

[45] I.M.M. Duran. Application of a 3D Monte Carlo PIC code for modeling the particle extraction from negative ion sources. 德国: Universität Augsburg, 2020.

[46] Kamada Y. Intelligible seminor on fusion reactors (2) introduction of plasma characteristics for fusion reactor design. Journal of the Atomic Energy Society of Japan / Atomic Energy Society of Japan, 2005, 47(1): 45-52.

[47] 日本原子力研究所核融合計画室・那珂研究所. 核融合をめざして – 核融合研究開発の現状. 日本：日本原子力研究所, 1997.

[48] Hydrogen Council. Hydrogen, Scaling Up. 2019. https://hydrogencouncil.com/ja/hydrogen-scaling-up/.

第 21 章 氢气的安全性

21.1 氢气事故和氢气特性

21.1.1 氢气事故

氢气是无色、无味、无毒的, 在常温下基本无腐蚀性, 只有在较高温 (大于 260 ℃) 高压状态下, 将侵蚀碳钢一类的金属, 与这些金属中的碳起作用, 使金属材料变脆, 称为“氢脆”现象，这会使管道及设备的塑性和强度急剧下降，后期更易引起泄漏。氢气高压存储以及液态存储具有高压和低温的危险。

氢气属于甲类易燃、易爆物质，是高能量可燃性气体，与空气和氧气混合在很大范围易燃易爆，而且是低自燃温度、爆炸范围广、无气味 (不像汽油) 难以察觉、容易扩散泄漏、容易在高空处富集。与氧化剂结合，也会发生剧烈反应。

除此之外，氢气因高压作用而从管口、缝隙处泄漏，会产生静电，静电荷的大小与流速成正比，当达到一定值时，就会引起着火爆炸。氢气具有带电性质，这也会使输气管道处、储罐出口处较容易产生静电积聚放电现象，这将是氢气安全事故的导火线，而接地装置有故障时，甚至会有火灾或爆炸出现。

1) 兴登堡号飞艇空难

飞艇是一种轻于空气的航空器，它与热气球最大的区别在于具有推进和控制飞行状态的装置。早期的飞艇都是氢气飞艇，出现过很多飞艇燃烧和爆炸。最惨痛的是德国的兴登堡号飞艇空难。此飞艇于 1935 年开始打造，1936 年 3 月 4 日展开首航，在德国升空，开始第一次跨越北大西洋的商业飞行，由于采用四具各 1200 匹马力的戴姆勒-奔驰 (Daimler-Benz) 柴油引擎推动，使得它的时速可以高达 135 km，内部一流的设备有如豪华的空中游轮，其高贵与快速的特色，吸引了许多社会上流人士的搭乘，先后完成了 10 次成功的往返飞行，共载客 1002 人次。兴登堡号飞船在启航的第二年，即 1937 年 5 月 6 日，在一次例行载客飞行中从德国法兰克福飞往美国新泽西州的雷克霍斯特海军航空站。如图 21.1 所示，准备着陆的飞船在离地面 300 ft 的空中起火，船体内的氢气和易燃的蒙皮导致大火迅速蔓延，飞船在 34 秒内被焚毁，造成飞船上的 35 人及地面上的 1 人死亡，这成为当时航空界最惨重的灾难之一。人们提出了多种理论来解释飞船起火的原因，包括静电、雷击和引擎故障等，也有人认为飞船是因遭到蓄意破坏而起火，但至今仍无定论。

2) 3.11 日本大地震

2011 年 3 月 11 日在日本东北部太平洋海域发生了强烈地震，也称东日本大地震。此次地震的震级 Mw 达到 9.0 级，为历史第五大地震。震中位于日本宫城县以东太平洋海域，距仙台约 130 km，震源深度 20 km。此次地震引发的巨大海啸对日本东北部岩手县、宫城县、福岛县等地造成毁灭性破坏，并引发福岛第一核电站氢气爆炸，产生核泄漏。其原因是大地震引起的海啸破坏了原子炉的冷却系统，原子炉炉芯本来浸泡在水中的核燃料棒露出水面，被核反应的热加热至高温。如图 21.2 所示，核燃料棒是 Zr 合金管内填充核燃料芯块组成的，碰到水蒸气后外侧的 Zr 合金管会发生下面的反应产生氢气：

$$Zr+2H_2O = ZrO_2+2H_2 \tag{21.1}$$

图 21.1 德国的兴登堡号飞船爆炸

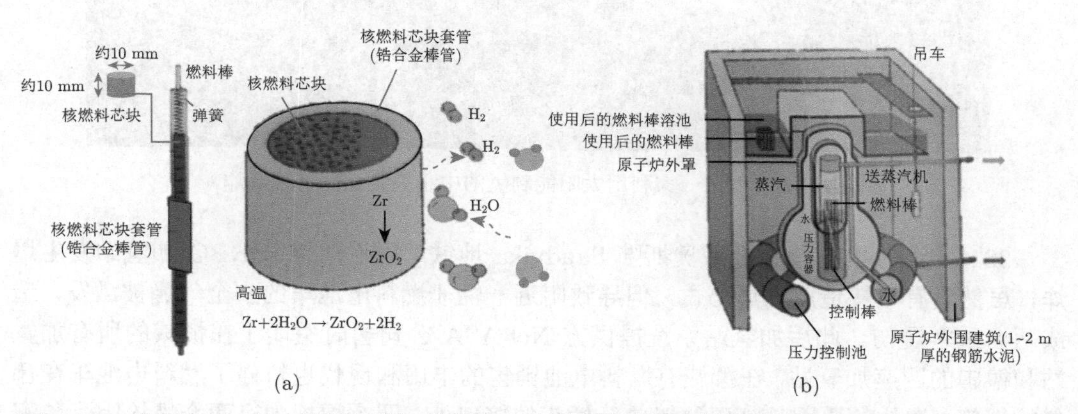

图 21.2 发福岛第一核电站氢气爆炸示意图，(a) 核燃料芯块和燃料棒结构，(b) 原子炉建筑结构

通过此反应，原来的水蒸气就会变成 H_2 气体，会从原子炉炉芯渗透穿过到原子能反应炉罩内，进一步也会渗透穿过到整个建筑屋内部。积累到一定程度的氢气就会和空气反应发生爆炸。福岛第一原子能发电站的爆炸是继苏联切尔诺贝利核事故之后的最大核事故，是近年来代价最“昂贵”的灾难事件，直至今天爆炸现场的清除还没有完成。今后碰到类似状况如何防止氢气爆炸也成为一个课题，目前已提出来的解决方案有两个，一个是设置让氢气与氧再结合形成水的催化式反应装置，一个是让氢气燃烧的燃烧装置。

3) 最近的氢气爆炸

从 2019 年 5 月开始，韩国、挪威、美国接连发生氢气爆炸事件。2019 年 5 月 23 日在韩国江原道江陵市大田洞科技园区的一家利用太阳能制氢的中小型企业里，存放光解水产生氢气的一个 400 m^3，10bar 储氢罐发生爆炸，总共造成 2 人死亡，6 人受伤。爆炸时该罐碎屑扩散到 100 m 外，没有引发火灾。由于爆炸，该机构的太阳能电池板剥落，邻近工厂的玻璃窗被打破。事故导致了工厂和管理洞等 3 栋楼的破损，建筑物上方的玻璃窗破碎并倾泻而下，附近建筑物也出现了玻璃窗破碎等大大小小的损失，附近一处建筑物倒塌，钢筋像麦芽糖一样弯曲，不仅是工业园，附近的商店也成了一片废墟。据称，爆炸的氢气罐的残骸从事故点起飞到距离 300 m 远的地方。爆炸声很大，以至于可以在爆炸点外 10 km 处听到。图 21.3 是该公司爆炸的现场照片。

图 21.3　韩国一家利用太阳能制氢的中小型企业储氢罐爆炸

2019 年 6 月 10 日在挪威奥斯陆 Sandvika 地铁站附近的 KJØRBO 加氢站发生爆炸，虽然没有直接造成人员伤亡，但导致附近一辆非燃料电池车的安全气囊被激发，造成两名乘客震伤。此后加氢站系统提供方 Nel ASA 公司暂时关闭了在挪威的所有加氢站和德国的四座加氢站，在挪威有燃料电池销售的丰田和现代也暂停了燃料电池车在挪威的销售。爆炸的原因是高压储氢单元插头的接口处，四个螺栓中有两个螺栓因为装配误差造成扭力不足，导致氢气从密封区域逐渐泄漏，随着漏气加剧，泄漏的氢气量超过了泄气孔的容量，造成内部密封区域气压增大；压力增大而螺栓的预紧扭力不足，造成了螺栓塞翘起，最终导致密封失效，氢气大量扩散泄漏并着火爆炸。图 21.4 是此次爆炸的现场照片。

2019 年 6 月 1 日在美国加州圣塔克拉拉硅谷空气产品化工厂发生氢气爆炸，爆炸没有导致人员伤亡，但造成工厂建筑和附近 60 处房屋受损，整体受损较轻，大部分为门窗受损，仅有 1 所房屋受损严重，无法居住。几英里 (1 mil=1.609344 km) 外有震感。爆炸的原因是在氢气配送拖车的填充期，高压气态氢气泄漏泄放过程中引发自燃，然后连锁爆炸。图 21.5 是此次爆炸的现场照片。

图 21.4　挪威奥斯陆 Sandvika 地铁站附近的 KJØRBO 加氢站爆炸现场照片

图 21.5　美国加州圣塔克拉拉硅谷空气产品化工厂发生氢气爆炸的现场照片

对于氢能的未来广泛使用的一个重要挑战就是氢能系统的安全问题，如燃烧、压力、氢脆、高温或低温、身体健康等方面的危害。氢作为一种能源载体，其广泛使用会使人们接触大量的氢气，在社会能一致接受氢能源之前必须解决氢气的安全问题。这些问题伴随着氢气制造、操作、运输、存储和使用的每个环节，必须在技术上保证万无一失，也包括完善标准、经营规章、安全设施等要求 [1]。氢气使用的成本中也需要包括安全对策以及使用寿命，需要综合考虑性能、成本、安全性和循环使用特性。

氢气球、氢气飞船、氢气容器、氢气热处理炉的爆炸事故是我们常常熟知的，在锂金属提纯、氨气合成、半导体加工、氢燃料电池汽车等领域也常常发生氢气的各种事故。图 21.6 给出了工业和半导体产业领域与氢相关的事故统计，只有 13%是由于氢能源系统的问题，而 87%是由计划、设计、过程、操作方面的过失引起的 [2]。

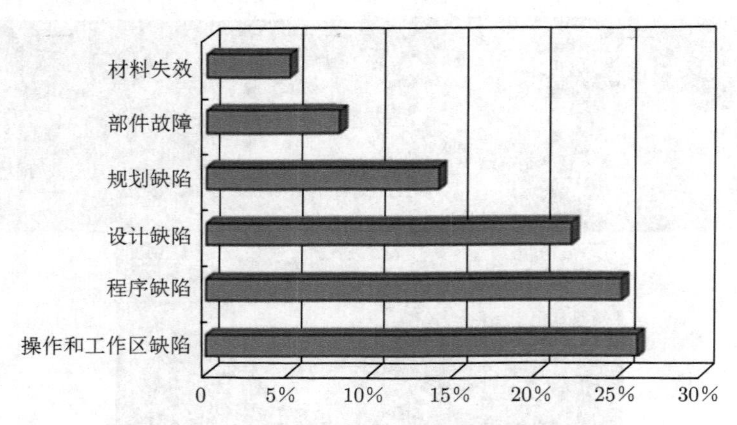

图 21.6　载氢系统主要的几种事故所占比例

综合这次事故来看，氢安全问题已经充斥在氢气的制、储、运和加氢站、用氢等各个环节，氢安全问题已经到了必须重视的程度。为了减少实际操作中的操作失误、设备的异常、误动作、老化等问题，还必须加强安全的学习和管理，这要求：

(1) 对氢气、高压氢气、液态氢气的特点和性质要很好地理解；

(2) 设备或设施需要符合氢气系统要求；

(3) 需要有对人体保护的对策以及备有防护器材和工具；

(4) 根据氢气的存储量和状态设置安全隔离距离以及防护墙等措施；

(5) 加强对其操作使用的安全教育，制定安全操作手册；

(6) 完善氢气引起的事故或灾害放生后的处理对策，以及防治灾害扩大的措施。

21.1.2　氢气基本特性

表 21.1 给出了气态氢气和液化氢气的基本性质以及需要注意的事项，表 21.2 给出了氢气与甲烷、丙烷以及汽油的基本特性比较。氢气的比重、发热量、泄漏、扩撒和热传导方面与其他气体或燃料有很大差别，其中既有不利于安全的属性，也有有利于安全的属性。不利于安全的属性有：更宽的着火范围、更低的着火能、更容易泄漏、更高的火焰传播速度、更容易爆炸。有利于安全的属性有：更大的扩散速度和浮力、单位体积或单位能量的爆炸能更低，很难自然发火，热辐射造成的受害和灼烧少等。与汽油、天然气一样，氢气也有必要根据其性质、特征，确立安全运用自如的技术和社会制度。

表 21.1　气态氢气和液化氢气的性质 [3–6]

特征	物性等	与其他气体相比较或要注意的事项
无色、无味、无臭		人体不容易感知，液态氢气也是透明的
无毒性		过量的氢气环境下会导致缺氧
液态氢气低温	20.28K 的温度，可以使周围接触的空气液化	空气液化会导致氧气富集的危险
LH_2 液体汽化后体积剧增	0 ℃ 时 782 倍，27 ℃ 时 865 倍	狭小的房间很容易达到爆炸极限或缺氧状态

续表

特征	物性等	与其他气体相比较或要注意的事项
轻	以空气 (0 ℃, 1 atm) 质量为 1 的话，氢气 (0 ℃, 1 atm) 则为 0.0695	氢气是最轻的气体
轻	H_2 (0 ℃, 1 atm) 0.08989g/L H_2, 1 g(0 ℃, 1 atm)=11.1247L	比重是空气的 1/14 1 g 氢气是 1 g 空气 14.38 的容积
冷却的 LH_2 比空气重	LH_2 1.3404 g/L (20.28K) 空气 1.2928 g/L (0 ℃, 1 atm)	泄漏到地面的液氢会暂时停留在地面附近
LH_2 与水相比很轻	LH_2 (正氢) 70.973 g/L LH_2 (仲氢) 70.779 g/L	1 g 的液氢的体积大约是水的 14 倍，相差巨大
容易泄漏	H_2(正氢) 分子量 2.016 g/mol H_2(仲氢) 分子量 3.0159 g/mol	因为分子小，很容易泄漏和扩散
容易气化	LH_2(仲氢) 的气化热：7.5 kcal/L	水的气化热是 517 kcal/L，是 LH_2 的 68.9 倍 LO_2 的是 57.99 kcal/L，LN_2 的是 36.4 kcal/L
火焰无色		难以被观察到
着火温度高	空气中 570 ℃，氧气中 560 ℃	汽油空气中为 380 ℃，甲烷为 580 ℃，丙烷为 480 ℃，相比之下氢气安全一点，但是也在 600 ℃ 之下，不能大意
最小着火能量	空气中 0.02 mJ 氧气中 0.007 mJ	甲烷和丙烷为 0.28 mg，氢的小很多； 人体的静电能为 15 mJ，防静电很重要； 在氧气中更容易着火，也要注意
可燃范围	4%～75%(20 ℃, 1 atm, 空气中) 4%～94%(20 ℃, 1 atm, 氧气中)	丙烷 (20 ℃, 1 atm, 空气中) 2.25%～9.5% 甲烷 (20 ℃, 1 atm, 空气中) 5%～15% 丙烷 (20 ℃, 1 atm, 氧气中) 2.2%～45% 甲烷 (20 ℃, 1 atm, 氧气中) 5%～60%
爆轰范围	18.3%～59%(air), 15%～90%(O_2)	万一出现事故，危害会很大
火焰温度	2405 ℃ (H_2 31.6%)	同一条件下甲烷 1875 ℃，丙烷为 1925 ℃，都很高
火焰传播速度	2.65 m/s (空气中) 14.36 m/s (O_2)	丙烷 0.15 m/s (空气)，3.31 m/s (空气中)， 甲烷 0.4 m/s (空气)，3.9 m/s (空气中)
消焰长度	H_2 为 0.6 mm 以下	丙烷为 2 mm, 甲烷为 2.5 mm。氢的火焰很短，看不见后还要确认是否完全消失
单位体积的发热量小	自发热量 2570 kcal/m^3 总发热量 3050 kcal/m^3	甲烷 8570～9530 kcal/m^3, 丙烷 22380～24350 kcal/m^3 不利于热的利用和输运
液体的热膨胀大	800 L 的 LH_2 (1 atm abs) 变成 (4 atm abs) 时容积为 902 L	1000 L 的容器中放入 800 L 的 LH_2 变成 4 atm abs 后，最初的 20%空间变成了 10%。在灌 LH_2 时要注意溢出

表 21.2 氢气与甲烷、丙烷以及汽油的基本特性比较 [2,3,7]

物性	氢气	甲烷 (天然气的主成分)	丙烷	汽油 (正辛烷)
化学式	H_2	CH_4	C_3H_8	C_8H_{18}
分子量	2.0158	16.043	44.096	
比重 (空气 =1)	0.0695	0.55	1.52	
气体密度 (常压、20 ℃)/(kg/m^3)	0.0838	0.651	1.87	
液体密度 (常压、沸点)/(kg/m^3)	70.8	422.4	582	
沸点/K	20.28	111.67	231.0	
临界温度/K	32.97	190.53	369.85	
临界压力/MPa	12.293	4.604	4.250	
临界密度/(kg/m^3)	30.1	162.8	217.0	
熔点/K	13.81	90.69	85.46	
三重点温度/K	13.8	90.694	85.5	
蒸发潜热 (沸点)/(kJ/kg)	445	510.83	426	
融解潜热 (三重点)/(kJ/kg)	58.2	58.5	95.0	

续表

物性	氢气	甲烷 (天然气的主成分)	丙烷	汽油 (正辛烷)
定压比热 (常压、25 ℃)/(kJ/kg·K)	14.4	2.31	1.67	
定容比热 (常压、25 ℃)/(kJ/kg·K)	10.2	1.72	1.46	
黏度 (常压、20 ℃)/(Pa·s)	8.8×10^{-6}	10.8×10^{-6}	8.1×10^{-6}	
空气中的扩散系数/(cm^2/s) (1 atm, 20 ℃)	0.61	0.16	0.10	0.05
浮力 (与空气密度比)	0.07	0.55	1.52	3.4～4.0
相对泄漏　扩散	3.8	1	0.63	
层流	1.26	1	1.38	
湍流	2.83	1	0.6	
热传导率 (常压、20 ℃)/(W/mK)	0.182	0.34	0.021(50°)	
高发热量 (HHV)/(MJ/m^3)	12.8	40.0	101.9	
/(MJ/kg)	142	55.9	51.8	
低发热量 (LHV)/(MJ/m^3)	10.8	35.9	93.6	
/(MJ/kg)	120.0	50.1	47.6	
着火温度 (点)/℃	572(空气) 450 (O_2)	580(空气)	460(空气)	228～470
燃烧范围 /Vol%	4.0～75.0(空气) 4.5～94.0(O_2)	5.3～17(空气) 5～60(O_2)	1.7～10.9(空气) 2～53(O_2)	1～7.8
爆轰范围 /Vol%	18.3～59(空气) 15～90(O_2)	6.5～12(空气)	2.6～7.4(空气)	1.1～1.3
最小着火能量 /mJ	0.019(空气) 0.007(O_2)	0.28(空气)	0.25(空气)	0.24(空气)
火焰温度/℃	2045(空气) 2660(O_2)	1875(空气)		
消焰距离 /cm	0.064	0.22	0.24	
火焰辐射	0.10			
最大燃烧速度/(m/s)	2.70(空气) 14.36(O_2)	0.4(空气) 3.9(O_2)	0.43(空气) 3.9(O_2)	3.0(空气)
爆炸能　单位能量/(gTNT/kJ)	0.17	0.19		0.21
单位体积/(gTNT/m^3)	2.02	7.03		44.22
最大试验安全间隙/cm	0.008	0.120		0.074
化学当量混合/%(体积百分比)	29.6	9.5	4.0	1.9
最高火焰温度/K (F/A 比：0.462 vol., 0.0313 wt, 且 31.6 GH, vol.%)	2403			
最大爆炸力	740 kPa			
产生最大爆炸力时的浓度	32.3%			
最小着火压力 /Torr	50			
扩散系数 (空气中)/(cm^2/s)(1 atm, 20 ℃)	0.61	0.16	0.12	0.05 (气体状态)
热辐射率	0.04～0.25	0.15～0.35	0.3～0.4	0.3～0.4
水溶解度 (1 atm, 20 ℃)/Ml(g)/l	18.2	33		
金属材料脆性	有	无	无	无

1) 比重

氢气的比重在常温下是甲烷的 1/8，丙烷的 1/22，非常轻，所以在室内泄漏后很容易在房间顶部富集，需要很好的排气系统。液态氢气蒸发后在 25 K 以下的低温气体比空气重，所以大量的液氢泄漏后，在地面也会有富集的现象，需要注意。

2) 发热量

量子比下的氢气–空气混合 (F/A 比：0.418 vol., 0.029 wt., 或者 29.5GH_2, vol%) 燃烧热为 734 kcal/m^3，1m^3 氢气燃烧需要的空气量为 2.382 m^3，1 kg 氢气燃烧需要的空气量为 34.226 kg。如表 21.2 所示，单位质量氢气的燃烧热约比其他燃料大 150%, 然而，由于氢气的密度小，氢气的单位体积热量只相当于甲烷的 1/3，丙烷的 1/8，为了提高氢能燃料汽车行驶距离，必须提高压力或利用液态及固态储氢。因为氢单位重量的发热量是甲烷和丙烷的 3 倍，所以在宇航中，液态的氢气作燃料最合适。

要根据燃料的燃烧热的大小来判断燃烧或爆炸的危害性。因为氢气的密度即便在液体状态也比液化天然气 (Liquefied Natural Gas, LNG) 以及液化石油气 (liquefied petroleum gas, LPG) 的小很多，同样体积的氢气燃烧热会小很多。尽管氢气有燃烧和爆炸的危险性，但是并不比普通燃料 (例如 LNG 或 LPG) 更危险，不像社会上认为的那样不可接受。

3) 泄漏性

氢是最轻的元素, 比液体燃料和其他气体燃料更容易从小孔中泄漏。表 18.2 列出了氢气和丙烷相对于天然气的泄漏特性。从表中可以看出, 在层流情况下, 氢气的泄漏率比天然气高 26%, 丙烷泄漏的更快, 比天然气快 38%。而在湍流的情况下, 氢气的泄漏率是天然气的 2.8 倍。燃料电池汽车 (FCV) 气罐的压力一般是 34.5 MPa, 如果发生泄漏的话一定是以湍流的形式, 靠近氢气罐的地方装有压力调节阀, 可以将压力降到 6.7 MPa; 给燃料电池提供的氢的压力约为 200 kPa，如果发生泄漏就应该是以层流的形式。所以, 根据 FCV 中氢气泄漏的大小和位置的不同, 泄漏的状态是不同的。

从高压储气罐中大量泄漏，氢气和天然气都会达到声速。但是氢气的声速 (1308 m/s) 几乎是天然气声速 (449 m/s) 的 3 倍, 所以氢气的泄漏要比天然气快。不过天然气的容积能量密度是氢气的 3 倍多，泄漏的氢气包含的总能量比天然气要小。

4) 氢的扩散

如果发生泄漏, 氢气就会迅速扩散。与汽油、丙烷和天然气相比, 氢气具有更大的浮力 (快速上升) 和更大的扩散性 (横向移动) 。由表 21.2 可以看出 [8], 氢的密度仅为空气的 7%，而天然气的密度是空气的 55%。所以即使在没有风或不通风的情况下, 它们也会向上升, 而且氢气会上升得更快一些。而丙烷和汽油气都比空气重, 所以它们会停留在地面, 扩散得很慢。氢的扩散系数是天然气的 3.8 倍，丙烷的 6.1 倍，汽油气的 12 倍。这么高的扩散系数表明，在发生泄漏的情况下, 氢在空气中可以向各个方向快速扩散, 迅速降低浓度。

在室外, 氢的快速扩散对安全是有利的，虽然氢的燃烧范围很宽, 但由于氢气很轻, 扩散很快，氢气的泄漏很少出现非常严重的麻烦。在室内, 氢的扩散可能有利也可能有害。如果泄漏很小, 氢气会快速与空气混合, 保持在着火下限之下; 如果泄漏很大, 快速扩散会使得混合气很容易达到着火点, 不利于安全。

氢气分子非常小，扩散速度快，很容易穿透很小的缝隙和薄膜，而且因为无味无色不易被人察觉。根据美国的事故统计，在工厂里事故都是起因于氢气的泄漏或人为失误放氢，如氨合成工厂的事故多半是法兰垫片或阀门密封圈的氢气泄漏引起的。

5) 热传导性

氢气的导热率比空气大 7 倍。相对日常使用的其他气体来说，压缩氢气经过节流膨胀时, 其温度不是降低, 而是升高 (当压缩氢气处在它的转化点上时)。

21.2　氢气的燃烧和爆炸性能

21.2.1　着火性

氢气引起火灾的另一个重要原因是点火所需要的能量非常小。可燃性气体的着火性测量如图 21.7 所示，在两个圆盘之间安装电火花塞，改变圆盘的距离和电火花塞的点火能量，可以测出点火能量随距离的变化。在不同的距离下，点火能量不同，对应的最小能量为最小点火能量。另外当圆盘距离小到一定值后，不论点火能量多大氢气都不会燃烧，这个距离即为消焰距离，在此距离之下燃烧相关的活性基会失活。

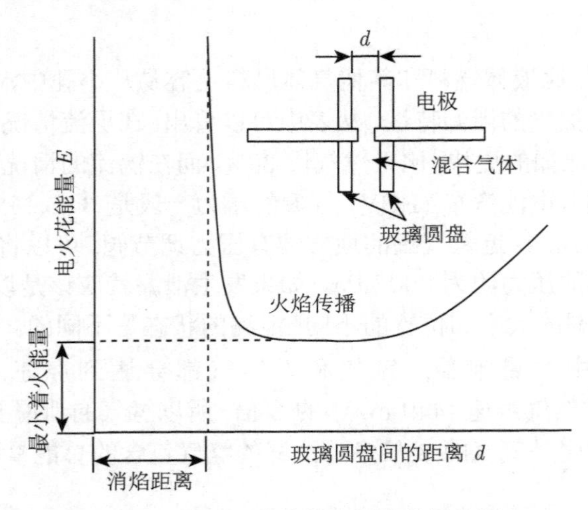

图 21.7　消焰距离和最小着火能量的测定

在常压空气中，甲烷和丙烷的最小点火能量是 0.25 mJ 左右，消焰距离是 2 mm，氢气的则分别为 0.02 mJ 和 0.6 mm, 比甲烷和丙烷的要小很多，相比之下氢的着火性要强很多，非常微弱的静电火花也可以点燃氢气，而且有强的穿过能力 [7]。

1) 点燃能量

点燃能量是点燃燃料与空气混合气体所需的外加能量，常见的外加能量源是火焰和火花。点燃能量主要由点燃所需的温度和持续的时间决定。虽然氢气的自燃温度高，但点燃能量仅为 0.02 mJ，大约比其他常见燃料低一个数量级。氢气和空气的混合物非常容易被点燃，即使是几乎不可见的火花，甚至是干燥天气下人体所释放的静电都有可能使之点燃。此外，H_2 的电导率很低，容易积累电荷而导致火花，因此所有运送氢气的容器都必须可靠的接地。

2) 闪点

通常燃料需要与空气形成一定程度的混合才能被点燃，如氢气、甲烷等燃料本身就是气体，而对于汽油、甲醇等液体燃料需要在一定的温度下才能挥发形成足以被点燃的蒸气。闪点就反映了一种燃料形成可燃蒸气的能力，其定义为一个大气压下形成能被点燃的燃料——空气混合物的最低温度。该温度总是低于液体的沸点，对于液体燃料来说是其可燃温度的下限。表 21.3 是一些常见燃料的闪点，可见氢气的闪点非常低，即使是液态氢气也非常容易燃烧。

表 21.3　氢气与几种常见燃料的闪点、自燃温度和辛烷值

燃料	闪点/℃	自燃温度/℃	辛烷值
氢气	< −253	585	130 +
甲烷	−188	540	125
丙烷	−104	490	105
汽油	−43	230 ~ 480	87
甲醇	−11	385	

3) 自燃温度、辛烷值

自燃温度是指不存在外加点燃源时燃料——空气混合物形成自发燃烧的最低温度。辛烷值描述了一种燃料对撞击的稳定程度。在常见燃料中氢气的自燃温度和辛烷值均较高 (表 21.3)，主要是由于氢气中共价键较稳定。

21.2.2　可燃烧范围

1) 氢气的燃烧特性

氢气燃烧不产生任何烟尘，火焰为很淡的蓝白色，在日光下几乎不可见。氢气燃烧速率约为 2.65 ~ 3.25 m/s，液态氢的燃烧速率为 3 ~ 6 cm/min，均比甲烷和汽油高近一个数量级，因此氢气的火焰燃烧剧烈，存活时间较短。尽管氢气燃烧猛烈，然而氢气作为燃料从很多角度都比传统燃料 (如汽油等) 要安全。以汽车为例，若氢气罐破裂导致燃烧，由于氢气密度小、扩散迅速，燃烧产生的火焰形成垂直向上喷射的炬状，且集中于氢气罐的裂口处，车内乘客所受影响相对较小；汽油燃烧时火焰随液体和蒸气横向扩展面积很大，会使整辆车的温度迅速升高，甚至会波及周围，引起二次的燃烧或爆炸。汽车氢气气罐破裂导致的燃烧照片如图 21.8 所示，可见车的乘坐区并未受太大影响。

图 21.8　车载高压氢气罐破裂导致的燃烧照片

2) 燃烧和爆炸极限

燃料气与空气的混合物被点燃后要发生燃烧或爆炸需要两者之间存在一个合适的比例，燃料气不足或空气不足均不能形成自我维持的一个燃烧过程。能发生燃烧 (或爆炸) 的燃料气的比例范围的上下限称为燃烧 (爆炸) 极限。氢气在不同温度下的燃烧极限由图 21.9 给出。

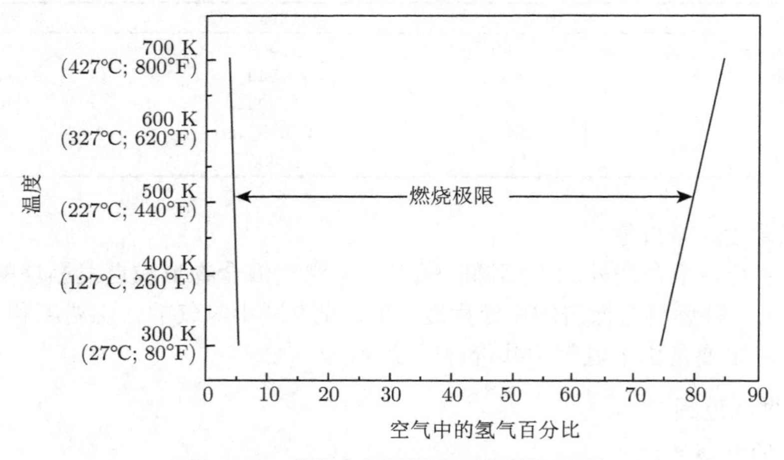

图 21.9　氢气在不同温度下的燃烧极限

与其他大多数常见燃料相比，氢气的燃烧范围要宽得多，如图 21.10 所示。常温常压干燥空气中，氢气燃烧的下限浓度为 4%，和其他可燃性气体没有什么大的差别，但是上限浓度为 75%，与甲烷的 15%以及丙烷的 10.5%相比就要大很多。如果在氧气中，其范围是 4.1%~94%，几乎任何比例的混合都可以燃烧。燃烧范围也随压力、温度、混合气体的种类、点火能量大小不同而不同，如低压下可燃范围变窄，但是如果用很强的点火塞点火的话，即便在燃烧范围以下的浓度也可以燃烧。也就是说，如果提供容易燃烧的条件，燃烧范围会进一步加宽。氢气的燃烧下限浓度虽然为 4%，但这并不意味着 4%以下就绝对安全，因为即便平均为 4%，但是局部或瞬间会大于 4%，也会有危险的隐患。

氢气的着火上限很高, 在有些情况下是有害的。例如, 在车库中发生氢气泄漏, 超过了着火下限而又没有点燃的话, 这时落在着火范围之内的空气的体积就很大, 车库中任何地方的着火源都可以点燃氢气，因此危险性就要大得多。

氢气燃烧时的火焰几乎看不见，如液体氢气内燃机推动的火箭的火焰几乎看不到燃烧的火焰，看到的是大量的水蒸气冷却后长长的白色云雾。而碳水化合物气体燃烧时，观察到的是橘黄色的或青蓝色火焰。这是因为氢气燃烧的火焰中仅含有氢、氧、水以及不稳定的 OH 类中间产物，不会出现微小的固态碳化物颗粒，不会形成黑体辐射而被电磁波捕获，同时燃烧温度高，不会出现红色或橘黄色颜色。另外氢气火焰的温度又不会引起氢或氧的电子激发，从而产生可见光。这就是为什么氢气燃烧的火焰不易看见的原因。

因此接近氢气火焰的人可能会不知道火焰的存在, 这就增加了危险性。但这也有有利的一面。由于氢火焰的辐射能力较低, 所以附近的物体 (包括人) 不容易通过辐射热传递而被点燃。相反, 汽油火焰的蔓延一方面通过液体汽油的流动, 一方面通过汽油火焰的辐射。因此, 汽油比氢气更容易发生二次着火。另外, 汽油燃烧产生的烟和灰会增加对人的伤害, 而氢燃烧只产生水蒸气。

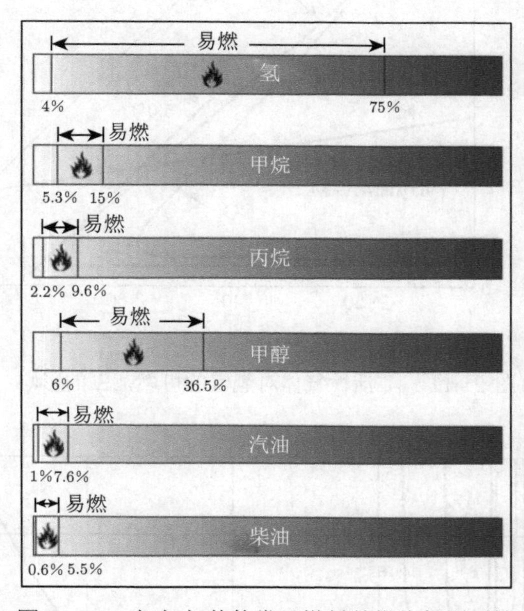

图 21.10　氢气与其他常见燃料的燃烧极限对比

如果空气中 CO_2 等不可燃气体混入的话，氢气的燃烧浓度区间会减小。图 21.11 是添加不可燃气体对氢气的可燃浓度范围的影响，不可燃气体的引入可以有效防止氢气的燃烧和爆炸。CH_2Br，$CBrF_3$ 等碳卤化合物的混入可以使燃烧范围大幅度变窄，火灾时灭火非常有效，所以在这些物质环境中氢的放出要特别注意 [9]。

“氢气容易爆炸，非常危险可怕” 这是接触氢气时常常被提到或感觉到的。的确氢气是有危险，需要多加注意，但绝非是可怕的。

一是氢气爆炸浓度下限与燃烧浓度下限差值远高于汽油和天然气。如汽油和天然气的燃烧浓度范围下限与爆炸浓度下限差值较小，汽油为 0.1 v%，天然气为 1.0 v%。氢气的爆炸浓度范围是 18.3 v%～59.0 v%，燃烧浓度范围是 4.0 v%～75.0 v%，两者之间是有明显差异的，如果将氢气的燃烧浓度范围 (4.0 v%～75.0 v%) 当作爆炸浓度范围，就放大了氢气的易爆性。

二是氢气燃烧时单位体积发热量和单位体积爆炸能相对较低。氢气燃烧时单位体积发热量仅为汽油的 0.053%，单位体积的爆炸能量为汽油的 4.57%。

三是氢的最小点火能量虽然很小，但是如图 21.12 所示，在含有 5%H_2 左右的混合气体，其最小点火能量与甲烷和丙烷的相差不大。而且浓度为 4%的氢气火焰只是向前传播, 如果火焰向后传播, 氢气浓度至少为 9%。所以如果着火源的浓度低于 9%，氢气就不会被点燃。而对于天然气, 火焰向后传播的着火下限仅为 5.6%。

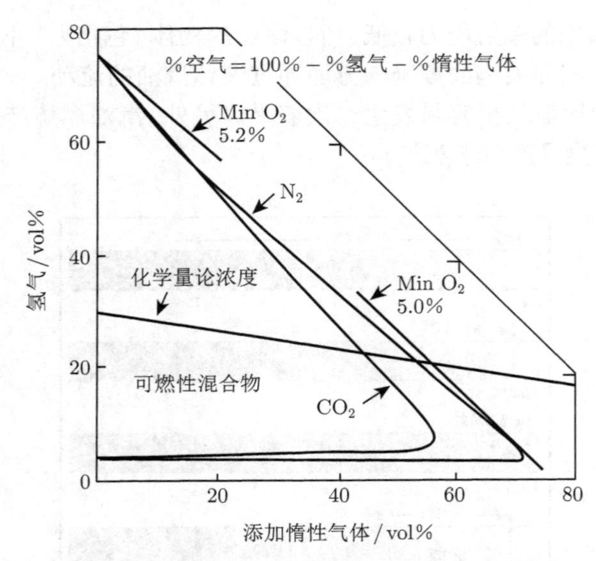

图 21.11　非活性气体对氢气的可燃范围的影响

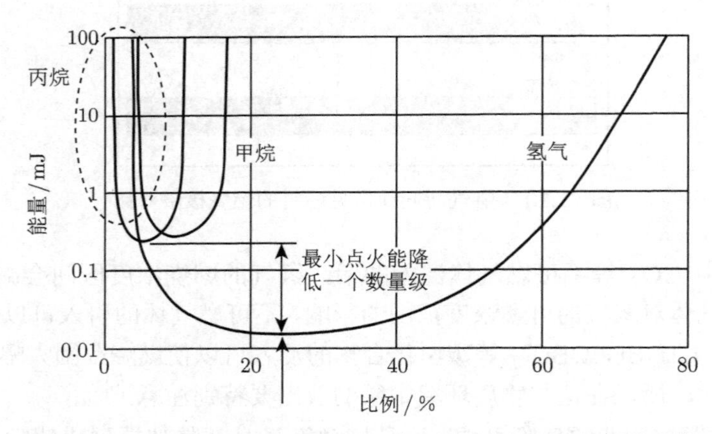

图 21.12　氢气、甲烷和丙烷最小着火能随空气混合比例的变化

因为氢气轻扩散快，空气中能混入 30%的氢气的状况非常少，更多的情况是含氢浓度比较低的混合气体，这时的燃烧爆炸与其他气体差别并不大，并没有想象那样可怕。氢气扩散快使得氢气容易散去，可以短缩危险时间，所以氢能源车辆火灾危险并没有汽油以及天然气的大，这一点也被实验证实了。

另外，最小着火能的实际影响也不像数字所表明的那样可怕。氢气的最小着火能是在浓度为 25%～30%的情况下得到的。在较高或较低的燃料空气比的情况下，点燃氢气所需的着火能会迅速增加，如图 21.12 所示。事实上，在着火下限附近，燃料浓度为 4%～5%，点燃氢气-空气混合物所需要的能量与点燃天然气-空气混合物所需的能量基本相同 [9]。

氢气是一个单一物质，而且反应性并不太强，纯的氢气放入合适材质的容器中，不会劣化也不会发生反应。汽油内部有电火花时可以着火，相比之下氢气即便内部有静电火花也不会燃烧，更安全。

图 21.13 列出了氢气、甲烷、丙烷和汽油在少量泄漏情况下的可燃性 (扩散、浮力和着火下限) 。该图表明, 氢是最安全的燃料, 因为它的浮力和扩散性很好, 而且着火下限第二高 [8,10]。

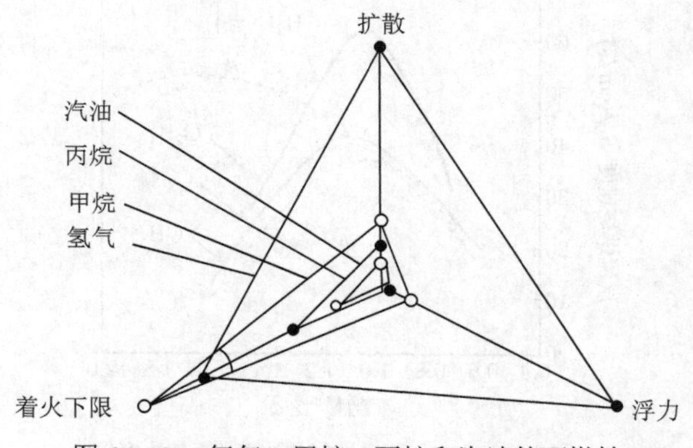

图 21.13 氢气、甲烷、丙烷和汽油的可燃性

氢气的比重最低。当空气的比重为 1 时，汽油蒸气的比重在 3.4~4.0，氢气仅为 0.0695。汽油和丙烷等燃料在空气中泄漏时会积聚在地面上扩散，在远离释放点的地方也可以发生事故。由于氢气密度比空气小，泄漏至空气中很容易向上扩散，远离点火源的方向，也不太可能形成气雾在地面上扩散。在受限空间内会集聚在上部，如果受限空间的上部有良好的通风措施，氢气就不容易集聚。

21.2.3 燃烧速度和火焰传播速度

气体燃烧的速度可分为层状燃烧速度和乱流燃烧速度，后者比较复杂，往往比前者大很多。一般来说，如图 21.14 所示，气体的燃烧速度在量子浓度 (当量比 =1) 处为最大，氢气的当量比约为 1.8(体积浓度约为 43%)，氢气的最大燃烧速度为 2.65 m/s,

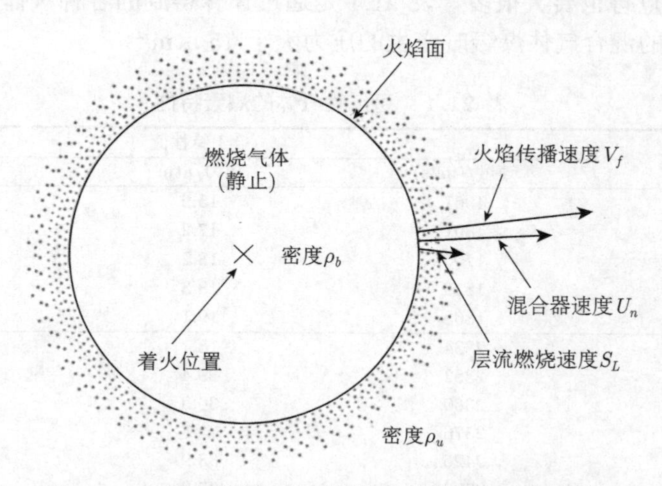

图 21.14 静止的预混合可燃性气体的着火及火焰传播

是甲烷和丙烷的 6 倍以上。燃料气体的火焰传播速度 V_f 与气体的层流燃烧速度 S_L、已经燃烧的气体密度 ρ_b、未燃烧的气体密度 ρ_u 相关，如图 21.15 所示 [7]。

$$V_f = (\rho_u/\rho_b)S_L \tag{21.2}$$

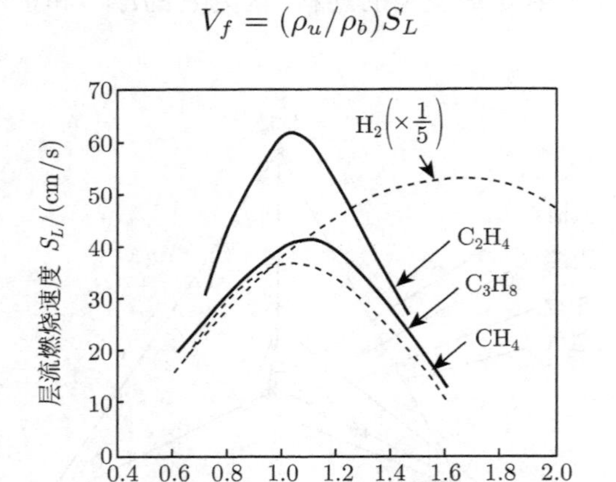

当量比 $\phi = \dfrac{\text{可燃性气体浓度 / 氧气浓度}}{(\text{可燃性气体浓度 / 氧气浓度})_{\text{理论混合比}}}$

图 21.15　可燃气体与空气混合气的层流燃烧速度

如果以 30%浓度 (当量比 = 1) 的代表值 S_L 2 m/s，$\rho_u/\rho_b = 10$ 来计算，氢气即便是以层状燃烧状态，火焰的传播速度也会超过 20 m/s。

21.2.4　爆燃和爆轰

氢气在空气中的燃烧有两种方式。通常的燃烧为爆燃 (deflagration), 火焰以亚音速沿混合气体传播，届时气体受热而迅速膨胀, 并产生冲击波, 其压力可能足以破坏附近的建筑物。另一种燃烧为爆轰 (detonation), 火焰传播加速使爆燃发展到爆轰时，火焰传播和由此产生的冲击波合为一体以超音速沿混合气体传播，温度、压力都会大幅度增加，由此产生的危害也要大很多。表 21.4 是通过计算得到的各种气体爆轰的特性，约 30%氢气与空气的混合气体爆轰时产生的压力大于 15 atm[11]。

表 21.4　可燃性气体的爆轰特性

可燃性混合气体	C-J 特性值		
	速度/(m/s)	压力/atm	温度/K
29.5%H_2-Air	1967	15.6	2951
9.5%CH_4-Air	1801	17.2	2783
4.0%C_3H_8-Air	1795	18.2	2819
6.5%C_2H_4-Air	1819	18.3	2922
7.7%C_2H_2-Air	1863	19.1	3111
$2H_2+O_2$	2834	18.1	3682
CH_4+2O_2	2392	29.4	3727
$C_3H_5+5O_2$	2360	36.3	3830
$C_2H_4+3O_2$	2376	33.5	3938
$C_2H_2+2.5O_2$	2426	33.9	4215
$C_2H_2+O_2$	2936	45.8	4512

引发爆轰的能量与可燃性气体的浓度有关，图 21.16 给出了可燃气体浓度与爆轰引发界限能量的关系。从中可知乙炔-氧气混合气体的爆轰引发界限能量最低，氢气不是很容易引发爆轰的气体 [12]。

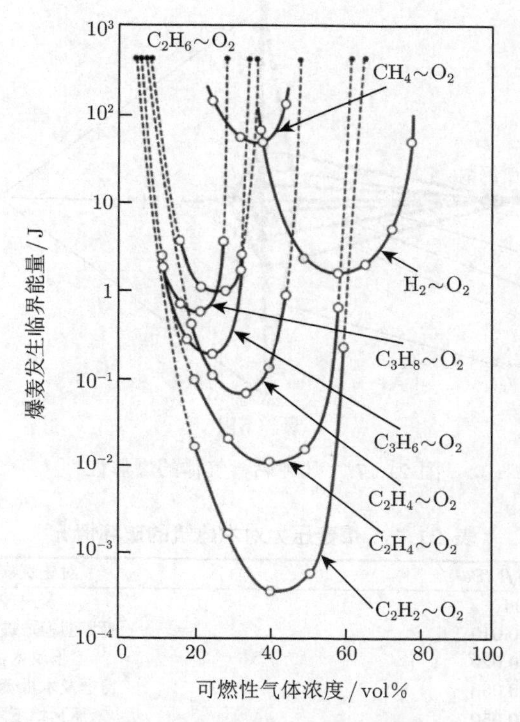

图 21.16 可燃性气体浓度与爆轰发生能量的关系

在户外, 燃烧速度很低, 氢气爆炸的可能性很小, 除非有闪电、化学爆炸等这样大的能量才能引爆氢气雾。但是在密闭的空间内, 燃烧速度可能会快速增加, 发生爆炸。

如表 21.2 所示, 氢气的燃烧速度是天然气和汽油的 7 倍。在其他条件相同的情况下, 氢气比其他燃料更容易发生爆燃甚至爆炸。但是，爆炸受很多因素的影响, 比如精确的燃料空气比、温度、密闭空间的几何形状等，并且影响的方式很复杂。氢气燃料空气比的爆炸下限是天然气的 2 倍，是汽油的 12 倍。如果氢气泄漏到一个离着火源很近的空间内，氢气会燃烧，发生爆炸的可能性很小。如果要氢气发生爆炸，氢气必须在没有点火的情况下累积到至少 13%的浓度，然后再接触着火源才发生爆炸。而在工程上，氢气的浓度要保持在 4%的着火下限以下，或者要安装探测器报警或启动排风扇来控制氢气浓度，如果氢气浓度累积到 13%还没有报警，那安全保护系统已经发生了很大的问题了，而出现这种情况的概率是很小的。如果发生爆炸，氢的单位能量的最低爆炸能是最低的。而就单位体积而言，氢气爆炸能仅为汽油的 1/22。

图 21.17 是氢气的爆炸性和其他燃料的对比。4 个坐标分别是扩散、浮力、爆炸下限和燃烧速度的倒数, 越靠近坐标原点越危险。从图中可以看出, 就扩散、浮力和爆炸下限而言, 氢气都远比其他燃料安全, 但氢气的燃烧速度指标是最坏的。因此氢气的爆炸

特性可以描述为: 氢气是最不容易形成可爆炸气雾的燃料, 但一旦达到了爆炸下限, 氢气是最容易发生爆燃、爆炸的燃料 [9]。氢爆炸的威力见表 21.5 和表 21.6[13]。

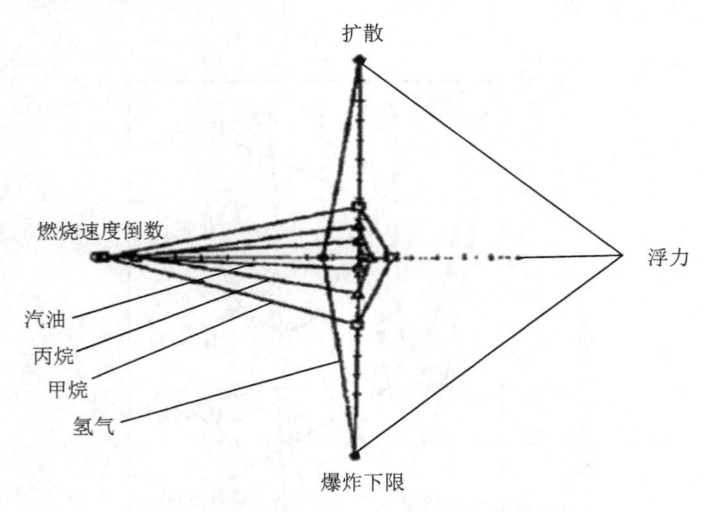

图 21.17　几种燃料气体的爆炸性

表 21.5　爆轰压力对木建筑的破坏情况

最大超压/MPa	对建筑物破坏情况
0.006	窗户玻璃损坏
0.008~0.010	受压面窗户玻璃大部分损坏
0.015~0.020	窗框及木板套窗受损
0.025~0.030	窗框及木板套窗大部分受损
0.040~0.050	屋瓦掉下隔板墙破坏
0.060~0.070	屋架松动柱梁折断
0.15	建筑面积 $60m^2$ 的房屋倒塌

表 21.6　氢爆轰压力对人体的影响

最大超压/MPa	对建筑物破坏情况
0.007	把人打倒
0.035	耳膜损伤
0.105	肺部损伤
0.245	开始有死亡
0.350	50%死亡
0.420	99%死亡

21.2.5　氢气和空气混合气的爆炸特性

开放空间的氢气和空气的混合爆炸主要发生在容器顶部或者是房屋顶部的氢气富集区域，爆炸的特性随爆炸前的氢气浓度、区间大小、流动状态、障碍物有无等相差很大。封闭容器中的氢气爆炸容易计算和测试，爆炸产生的最大压力与爆炸前后绝对温度比和摩尔数比的乘积 (膨胀比) 成比例，与容器的大小基本上没有关系 (除特殊复杂结构外)。表 21.7 是 10 L 球形封闭容器内氢气爆炸的特性。最大压力在 7 atm 左右，大体与理论计算值相当 [7]。

表 21.7 10L 球形密封容器内的爆炸特性

氢气浓度/%	15	20	25	30	35	40
最大压力/(kg/cm^2)	4.3	4.6	4.8	7.0	7.1	7.0
最大压力到达时间/s	0.029	0.028	0.025	0.010	0.010	0.0112
压力上升最大速度/(kg/(cm^2·s))	193.3	210.9	218.0	696.1	773.4	703.1
压力上升平均速度/(kg/(cm^2·s))	147.7	161.7	189.8	632.8	696.1	618.7

21.2.6 氢气燃烧火焰及辐射热

氢气燃烧反应时间要比氢气在空气中的混合时间快很多，氢气的燃烧决速步是氢气的扩散，所以氢气的燃烧火焰也称为扩散火焰。火焰的长度与喷口的直径、压力有一定关系。图 21.18 是喷口直径为 1.17 mm 时的氢气的喷口压力与火焰长度的关系。从图可见火焰长度与亚音速转变为超音速的压力 (0.3 MPa) 附近有明显的变化 [14]。

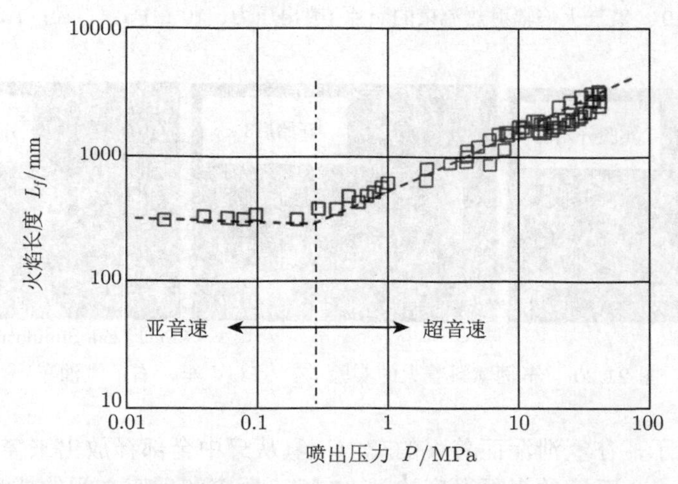

图 21.18 氢气喷出压力与火焰长度的关系 (口径：1.17 mm)

图 21.19 是由口径为 1.2 mm，10 MPa 的氢气产生的扩散火焰的辐射热流束分布图。辐射热流束的最大值在火焰轴向为 23000 W/m^2，垂直于轴向方向上为 8500 W/m^2，氢焰辐射的热量比其他可燃物质低得多。火焰的平均温度大体为 1500 ℃，火焰的辐射率 ε 在 0.015~0.04。而油、天然气、碳微粉燃烧时，同样大小的火焰产生的辐射率则在 0.4~0.8，比氢气火焰的要大一个数量级。这是由于油、碳粉、天然气燃烧时会有微颗粒形成，并产生强的红外线辐射，而氢气燃烧时仅靠唯一的生成物 H_2O 产生热辐射。不过在氢气与空气的混合气体中如果含有粉尘微粒或盐分的话，热辐射率会提高 [7]。

万一储氢罐破损导致氢泄漏的情况下，可能会起氢气引火燃烧。美国迈阿密大学的 Michael R.Swain 博士根据 Full Leak Simulation 的报告，在实验中搭载了储氢罐的车和汽油罐的车，比较了燃料泄漏起火时车辆受害状况。

图 21.20 给出了测试中车辆受害情况的时间变化。3 张照片从左到右分别是测试开始前，测试开始 3 s 后，测试开始 1 min 后的状况，其中左侧是氢燃料车，右侧是汽油燃料车。在测试中，设定全部的安全功能不起作用，从储氢罐储存约 1.5 kg 氢泄漏而起火的情况，以及从车体下部中央的燃料管道中约 2.4 L 汽油泄漏而起火的情况。

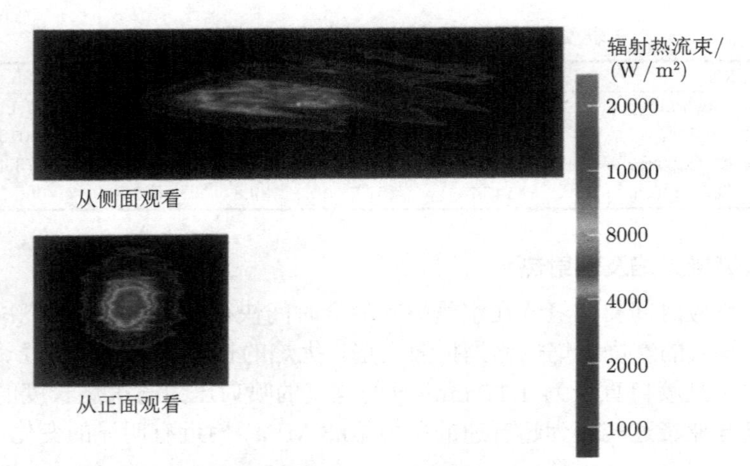

图 21.19　氢气火焰辐射热流束的照片 (喷出压力：10 MPa；口径：1.2 mm)

图 21.20　车辆燃料着火的实验 (左：FCV 车，右：汽油车)

测试结果显示，在氢泄漏而着火的车中，氢从罐中全部释放出来需要 100 s，这期间从后部开始起火，后窗的表面温度达到 47 ℃，后窗和后座之间的托盘温度只上升到 19 ℃，而汽车没有发现造成巨大损失，这也因为氢火焰辐射热少的原因。另一方面，因汽油泄漏而着火的汽车，地板下的火焰蔓延到车内空间和行李箱，车的轮胎爆胎等，受害严重。

FCV 车设置了与其他车辆碰撞引起 FCV 燃烧，储氢罐遭遇高温高压时的对策。即在储氢罐内设置融化式的安全阀，保证在燃烧温度升高罐内压力上升罐体爆炸前，可以将罐内的氢气通过开瓶式安全阀释放到外部。丰田 MIRAI 车的溶栓式安全阀的工作温度约为 110 ℃。

21.3　高压氢气的危险性

高压储氢是目前较为广泛使用的一种氢气存储方式，氢气设施的安全性与氢气的压力和温度等因素密切相关，不同国家管理方法不一样。对于压力在 10 kg/cm^2 以上的氢气、装入容器中的液态氢气和大气压下的低温氢气气体温度达到 35 ℃ 的都视为是高压气体，操作人需要培训取得高压气体操作执照才能进行操作。同时根据需要对使用场所有所改造，安装相应的标识和设施，排气和控温、禁火禁引火电器。

传统钢制压力容器设计制造技术成熟、成本低、灌装速度快、能耗也较低, 但是单位质量储氢密度较小，已经不能满足技术要求。轻质高压储氢容器技术是伴随着复合材料压力容器技术发展的新兴技术; 高性能的复合材料具有高比强度、高比模量的优点, 可以在保证容器承压能力的前提下, 大幅度降低容器的质量。车载高压供氢系统包含的铝合金内胆碳纤维缠绕气瓶、加注接口系统、供氢控制系统、减压系统、氢气泄漏监测报警等。轻质高压储氢容器的设计，首先要解决材料问题。轻质高压储氢容器的不同分层要求使用相应的功能材料，完成多功能的复合作用。内衬材料要有很好的阻隔性能。储氢容器进行充气的周期可能较长, 而氢气在高压下又具有很强的渗透性能, 所以氢气储罐必须具有良好的阻隔功能，保证大部分的气体能够存储于容器中。过渡层的材料需要有较好的黏合作用以及抗剪切作用。容器缠绕过程中的剪切作用有限, 所以使用高剪切模量的黏连剂作为过渡层，也可以满足要求。外层保护层材料在受到冲击时要吸收大部分的能量, 可以选择特定的玻璃纤维材料进行缠绕。缓冲层材料需要具有很好的抗点冲击能力，一般采用泡沫类材料，如聚氨酯和聚丙烯等材料 [15]。

在储氢容器制备中，除了设计优化外，还必须对储氢容器进行试验检测，保证在可能出现事故的情况下, 储氢容器仍能保证一定的安全性。试验项目应包括：容器外观检查、制造纤维的性能试验、水压试验、爆破试验、循环试验、渗漏性检测试验、冲击试验、枪击试验、焚烧试验等。

高压检测尤为重要。图 21.21 是对氢气部件进行检测的高压氢气实验室，建筑物的墙壁为 250 mm 的钢筋水泥墙，屋顶是爆炸时可以掀开，实验室内安有监控，并每小时外气引入式换气 30 次，监视窗口由防弹防火双侧玻璃组成，试验件放入安有防爆罩的里面，氢气压缩机和蓄压器都放在隔壁房间，电器件都采用防爆标准。

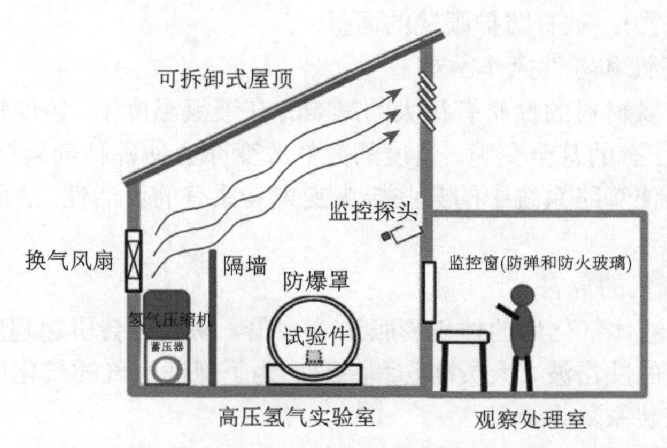

图 21.21　对氢气部件进行检测的高压氢气实验室

在高压状态，氢气的泄漏也会不同。常压下的氢气泄漏到开放空间，由于空气的浮力会使氢气很快扩散到远离地面的地方，但是从高压容器中泄漏的氢气浓度与泄漏处的距离成反比，受空气浮力影响很小，在泄漏口附近容易达到氢气爆炸的下限浓度，更需要对氢气泄漏进行监控。另外高压容器内部压力快速上升时，为了防止容器爆炸，需要能够自动释放氢气，降低容器中的压力。为了保险，一般在容器上装有爆破板 (一定压力以上时会自动破裂的薄板) 或装有弹簧的安全阀门。不过需要防止微粉堵塞阀门。

从高压处的氢气泄漏可以是瞬间的 (如压缩机、加氢设备)，也可以是连续的 (如管道裂缝)，瞬间泄漏的氢气燃烧可以产生一个火团，连续泄漏导致的危害取决于燃烧的时间、火焰的方向。如果氢气的泄漏发生在一个封闭空间或者有很多管道裂缝时，爆炸就有可能发生。滞后燃烧导致爆炸的概率为 40%，火花燃烧导致爆炸的概率为 60%。对应这样距离的爆炸概率是 1%。

由氢气爆炸产生的压力波的振幅与氢在空气中的扩散以及氢的浓度分布相关。压力波会随着氢的总量增加而增加，爆炸的效果随着火焰传播速度的增加而增强 [16]。如果涉及大量存储氢气的基础设施，需要在储氢设施之间或与其他设施之间设置相当的距离，称为安全距离，避免二次危害。也需要设置远离热源的距离，把远离热源为 9.8 kW/m^2 的距离称为有效距离 [17]。

21.4 液态氢气的危险性

21.4.1 液氢的低温危险

1) 冻伤危险

液氢溅到皮肤上或裸露皮肤或身穿较薄的衣服与装有液氢的输送管道、阀门接触时, 都会发生严重的冻伤。需要指出的是, 液氢的低温蒸气同样会冻伤操作人员的皮肤。在实际使用中, 凡操作液氢设备的人员, 均必须穿戴棉织的防护衣物, 尽可能减少皮肤的裸露部位。一旦被液氢冻伤, 可用 40 ℃ 左右的温水浸泡, 然后就医, 切勿揉擦。[18]

操作使用时应该注意：戴棉质或石棉手套；穿棉质长袖衣服、长裤和棉靴 (严禁穿合成纤维和毛类衣物)；戴有防护眼镜的面具。

2) 材料低温脆性和零件操作困难

低温对各种金属材料的性质有很大的影响。在液氢温度下, 各种软钢会或多或少地失去它原有的延性, 有的甚至变脆。温度的突然改变亦会使各种金属材料产生应力集中。此外液氢的低温会使管路系统中的某些接头丧夫其原有的灵活性, 从而将增加这些接头泄漏液氢的危险。

3) 大量液氢气化的危害

液氢沸点低、液体气化后的体积膨胀 780 多倍，易气化会引起超压危险。需要防范大量液氢溢出产生的冲击波、人员冻伤和窒息。为了保证氢气的气化压力引起的液氢溢出，液氢贮箱的充装系数为 0.9。

由于液氢的温度很低, 所以外界物质对液氢而言均是热源, 在转注或贮存过程中, 凡液氢可能到达 (渗漏或意外情况) 的 “盲区”, 如管道、夹层、阀腔等部位, 若绝热不当或未采取有效的绝热措施, 都可能使液氢气化, 随之造成系统压力升高, 严重时会发生爆炸。在设计和使用设备时, 应严格注意 “盲区” 的安全；必要时, 可在这些部位增设安全阀或爆破薄膜装置。

4) 固态氧和空气

液氢中的固态气体杂质会破坏有关设备的正常工作 (如阀门卡住、管路堵塞)。空气或杂质混入液氢中, 会产生固态氧或固态空气, 形成类似炸药的易爆混合物, 因此, 要求液氢贮存容器, 每年至少要升温 (正常温度) 一次, 把固态氧或固态空气排空。

21.4.2 液氢的泄漏、火灾和爆炸危险

液氢有较低的分子量和黏度 (比水的黏度小两个数量级), 而泄漏速度又与黏度成反比，故液氢很容易泄漏。若只考虑黏度对泄漏速度的影响，其泄漏速度比烃类燃料大 100 倍, 比水大 50 倍, 比液氮大 10 倍。漏出的液氢会很快蒸发形成易燃易爆的混合物。与此同时这种易燃易爆混合物消散得也很快, 例如, 溢出 1.89 m^3 液氢, 1 min 后就扩散成为不可燃的混合物。

少量液氢的泄漏虽有但不常见, 因为液氢的沸点很低, 临界温度与沸点温度区间也很窄。因此, 小量液氢在系统中溢出之前很容易发生液-气两相转化, 由系统中溢出时, 可能已经气化了。但是, 当设备破裂或加、排液管的阀件等部位损坏时, 大量的液氢就会泄漏出来。这种情况多属于突然发生，流出液体的一部分会很快地蒸发, 而另一部分则在地面形成一个 “液氢塘”。在其周围空气 (可视为一个重要热源) 的作用下, “液氢塘” 将以 30~17 0mm/min(“液氢塘” 深度) 的蒸发速率而趋于干涸 [19,20]。

当液氢泄出并着火时, 主要的危险是燃烧释放出来的热量使有关设备随之被破坏。如果液氢贮槽或管路破裂, 则整个装置均可能毁坏。在宇航动力系统中, 液氢从储箱向仪器舱及动力系统试验现场的泄漏, 严重地威胁着宇航动力系统在研制试验阶段和发射初期的安全。因而, 氢气的检漏、监测是亟待解决的问题。它关系到氢的生产、使用与人身、设备的安全。所以往往会安装多路氢气浓度监测与自动报警系统。

液化石油气通常贮存在室温、高压下 (在室温下 C_3H_8 的蒸气压约为 0.8 MPa)，而液氢和液化天然气贮存在接近环境压力的低温下。无论是液相还是气相，氢气的密度均较低。当液氢从储罐中逸出、蒸发并与空气混合时，极易发生爆炸。当然，这适用于任何可燃性气体。图 21.22 示出了随时与空气产生爆炸混合物的地面面积极限，以及此面积的尺寸。假设每 3 m^3 的液氢、甲烷或丙烷分别溅到地面上并蒸发，假定周围好似平坦的，风速为 4 m/s，由于密度的原因，氢气的爆炸极限内的面积最小。

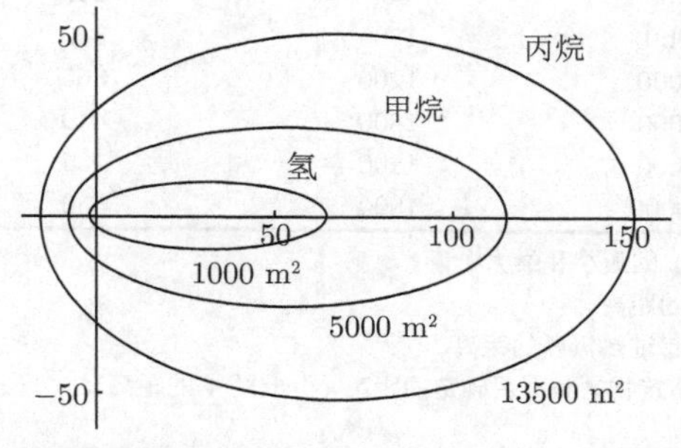

图 21.22 每 3 m^3 液化燃料溅出后在风速为 4 m/s 条件下产生可燃气体混合物的面积

液氢密度比液态甲烷和丙烷低得多，这就意味着同等燃料体积对应较小的氢气质量和较小的燃烧面积。另外，由于氢气密度比空气小，因而一加热就会迅速向上消散，通常是向远离点火源的方向，扰动对流进一步促进了此效应。因而，氢气不太可能形成气

雾在地面上扩散。而丙烷比空气重，不易向上扩散，反而沿着地面扩散。曾出现过多起远离泄露源的严重事故，甚至死亡事故。

液氢尽管肯定具有各种危险，但并不像社会上认为的那样不可接受。液氢作为一种氢的储藏方式，和气态氢相比，并没有特别的危险性。只要不断开发安全技术，注意操作，可以避免危险的发生。

21.4.3　其他危险性

液氢在氢内燃机的危险性更加表现在低温造成了摩擦上。所有类型的推进电动机和发动机都含有滚动部件或滑动部件，这些部件具有相对的高速度。在 Ariane 5 主级发动机的液氢泵中，速度值可能是 500 m/s，可导致相当严重的摩擦问题。在温度 20 K 时，要进行充分润滑很困难，这是因为气体的黏度接近于零。应将发动机设计成，在所有正常操作的情况摩擦力都低于危险值，且在增加摩擦的情况下具有某种控制开关，这样，若发生某种故障，发动机就不会立即损坏。目前，低温摩擦计等相关技术还在开发过程中。

21.4.4　液氢的贮存量和安全距离

大量的液氢溢出或气化会产生超压现象，所以液氢存储需要考虑安全距离。表 21.8 是关于液氢贮存区和液氢-液体氧化剂一起贮存 (试验区) 的安全距离数据。这些表格数据全是美国采用的参考数据。安全存储距离与环境以及有无保护墙有关系，如果有液体氧化剂的话，也要和液体氧化剂保持一定的安全距离 (表略)[21]。

表 21.8　存储液体氢气的安全距离

LH_2 量/Lb		与居住建筑、公路、铁路及其他不相容贮存区的距离/ft		与另一个液氢贮存区的距离/ft
超过	不超过	无防护	有防护	
1	2	3	4	5
	100	600	80	30
100	500	600	130	50
500	1000	600	150	60
1000	10000	600	240	90
10000	50000	1200	320	120
50000	100000	1200	365	135
100000	300000	1800	440	165
300000	500000	1800	465	180
500000	1000000	1800	550	205

注：栏 1 和栏 2：分别为 LH_2 的最小和最大贮量。
栏 3：防护爆炸碎片需要的距离。
栏 4：防止因红外辐射引起过热需要的距离。
栏 5：考虑 LH_2 贮存区建筑物的类型后确定的距离 (小于栏 4 的距离)。

21.5　材料的氢脆

氢与材料的相容性问题是高压氢气系统选择金属材料时必须十分重视的问题，与储氢瓶、管线、阀门、仪表、管件使用中的安全性密切相关。氢脆 (hydrogen embrittlement)

是金属中存在过量的氢, 并在张应力协同作用下造成的一种脆断。氢气在达到一定温度和压力时，会解离成直径很小的氢原子向金属材料中渗透，进入材料的氢原子又会在材料内部转化为氢分子，还会和材料中的碳发生反应造成脱碳并生成甲烷，从而在材料内部产生很大的应力，使材料的塑性和屈服强度下降而造成材料发生裂纹与断裂。金属的劣化除了氧化、硫化、酸化、生锈等因素外，就是氢脆。

氢可能是零件使用前就存在, 也可能是在使用中从含氢介质环境中渗入的。根据氢的来源, 氢脆可分为内部氢脆和环境氢脆, 前者是指金属材料在冶炼和加工过程 (如熔炼、酸洗、电镀、热处理、焊接等) 中吸收了过量氢，后者是指金属在硫化氢、氢气、水汽等环境中长期静置时吸收了过量的氢。金属材料长期在氢环境中使用，可能出现氢脆现象, 进而引发脆性破坏事故。要确保制氢、储氢和氢运输系统长期、稳定、可靠地运行, 就必须考虑金属材料氢脆问题，这是氢能推向实用化、产业化的关键技术之一。高温高压下金属材料的氢脆现象和机理已有深入研究, 但对常温高压或常温常压下的氢脆研究还不成熟。近年来, 随着加氢站建设和燃料电池技术的发展，常温高压以及常温常压下的氢脆问题也开始受到重视。

氢脆效应即便是在氢的浓度非常微量时也会很显著，同时也与外加应力、内部应力以及材料中的微观组织密切相关。钢铁以及有色金属中出现的延迟断裂 (delayed fracture)、应力腐蚀开裂 (stress corrosion cracking) 都侧面地反映了氢脆作用和影响。

21.5.1 氢在钢铁中的固溶和性能

为了理解钢铁的氢脆，需要对金属中的氢固溶性质有所了解。首先考虑热平衡金属中的氢浓度。如前所述 H_2 分子首先在金属表面物理吸附，解离成两个氢原子并稳定地化学吸附在金属表面，然后通过热活性化过程进入金属格点中。这个过程是可逆的，其反应可以用如式 (21.3) 表示：

$$H_2(g) \rightleftharpoons H_2(a) \rightleftharpoons 2H(a) \rightleftharpoons 2H(s) \tag{21.3}$$

这里 g、a、s 分别表示气体氢、吸附氢以及固溶氢。

压力对于固相和液相平衡的影响极小，而对于含气相的反应来说则是重要因素。例如在一定温度下，气体在金属中的最大溶解度将随气体的压力升高而显著增大，所以压力的变化使气体-金属二元相图形状发生一重大变化。热平衡状态下氢气的压力 p 与氢在金属中的最大溶解度 $C([\mathrm{H}]/[\mathrm{M}])$ 的关系服从 Sieverts 定律 (指双原子气体):

$$C = \left(\frac{p}{p_0}\right)^{1/2} \exp\left(-\frac{\Delta H}{RT} + \frac{\Delta S}{R}\right) = K\sqrt{p} \tag{21.4}$$

式中，K 为常数，取决于温度和晶体结构。

图 17-1 是几种重要金属中的气体溶解度随压力的变化情况。

当压力一定时，温度对溶解度的影响如下式所定：

$$C = \left(\frac{p}{p_0}\right)^{1/2} \exp\left(-\frac{\Delta H}{RT} + \frac{\Delta S}{R}\right) = \left(\frac{p}{p_0}\right)^{1/2} \mathrm{e}^{\Delta S/R}\mathrm{e}^{-\Delta H/(RT)} = A\mathrm{e}^{-\Delta H/(RT)} \tag{21.5}$$

式中，A 为常数，R 为气体常数，T 为温度。因为 ΔH 和 ΔS 值可以从表 21.9 中获得 [22]，由此可以计算出在室温附近 0.1MPa 氢气压力下的平衡氢固溶浓度为 $C \approx 5 \times 10^{-8}$，非常微量，不足以引起氢脆。

表 21.9　氢在金属中的固溶热和固溶焓

金属	$\Delta H/(\mathrm{kJ/mol{\cdot}H_2})$	$\Delta S/R/(\mathrm{mol{\cdot}H_2})^{-1}$	温度范围/°C
Li(液相)	−52	−7	200～700
Na(液相)	2	#	100～400
K(液相)	～0	#	#
Mg	21	−4	100～670
Mg(液相)	27	#	700～900
Al	67	−6	500
Al(液相)	59	#	730～1730
Sc	−90	−7	#
Y	−82	−6	#
La(fcc)	−80	−8	#
Ce(fcc)	−74	−7	#
Ti(hcp)	−53	−7	500～800
Ti(bcc)	−60	−6	900～1100
Zr(hcp)	−63	−6	500～800
Zr(bcc)	−64	−6	860～950
Hf(hcp)	−36	−5	300～800
V	−27	−8	150～500
Nb	−34	−8	>0
Ta	−37	−8	>0
Cr	58	−5	730～1130
Mo	50	−5	900～1500
W	106	−5	900～1750
Fe(bcc)	29	−6	7～911
Fe(fcc)	28		911～1394
Fe(bcc)	29		1394～1538
Fe(液相)	33		1538～1820
Ru	54	−5	1000～1500
Co(fcc)	32	−6	1000～1492
Rh	27	−6	800～1600
Ir	73	−5	1400～1600
Ni	16	−6	350～1400
Ni(液相)	24	—	1490～1700
Pd	−10	−7	−78 ～ 75
Pt	46	−7	—
Cu	42	−6	<1080
Ag	68	−5	550～961
Au	36	−9	700～900
U	10	−6	<668
Mg_2Ni	−13		
TiFe	10		
TaV_2	−58		

与气体状态加氢不同，在电镀或酸洗过程中会直接产生活性的氢原子，其中一部分以氢气的形式逸出，另一部分直接进入样品内部。由于不需要氢分子解离过程，而且活性的氢原子浓度远大于气体状态氢分子吸附和解离成原子的浓度，所以充氢速率要快很

多。在一些氢气加热加压难以充氢的情况下，在电解或酸洗过程中却很容易充氢，这也是为什么研究氢脆行为时充氢往往都是通过电解方法的原因。

图 21.23 是不同金属中固溶氢与压力的关系 [23]。图 21.24 为氢的固容量与温度的变化关系，从图中可知金属发生相变时，氢的溶解度将发生显著的变化。氢在液体金属中的溶解度要比固体中的溶解度大很多。如果溶有大量氢的金属液体进行结晶，将有大量氢气被析出，析出的氢气将成为气泡逃逸出金属或被保留在金属内部成为气泡。

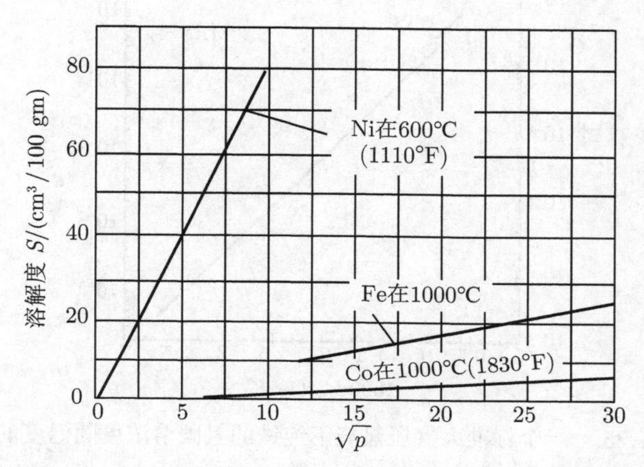

图 21.23 压力对 H_2 在固态金属中最大溶解度的影响

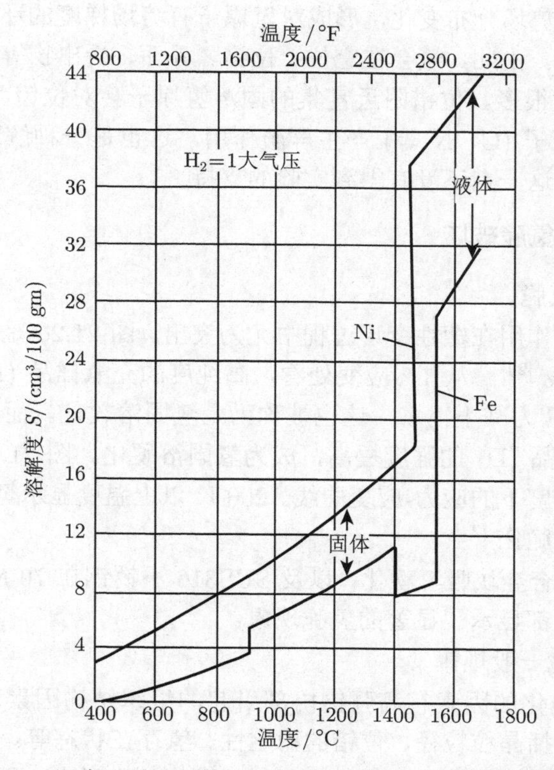

图 21.24 温度对 H_2 在固态与液态 Ni 和 Fe 中的溶解度的影响

图 21.25 是一个标准大气压氢气下的纯铁的氢固溶浓度随温度的变化。一般认为 α-Fe 中固溶的氢原子占据 bcc 晶格中四面体间隙中 (T site)，从而引起周围的铁点阵变形和体积膨胀。体积膨胀为 2.0×10^{-6} m^3/mol 氢或 3.3×10^{-6} nm^3/氢原子，大体与其他金属中的氢固溶引起的膨胀相当。

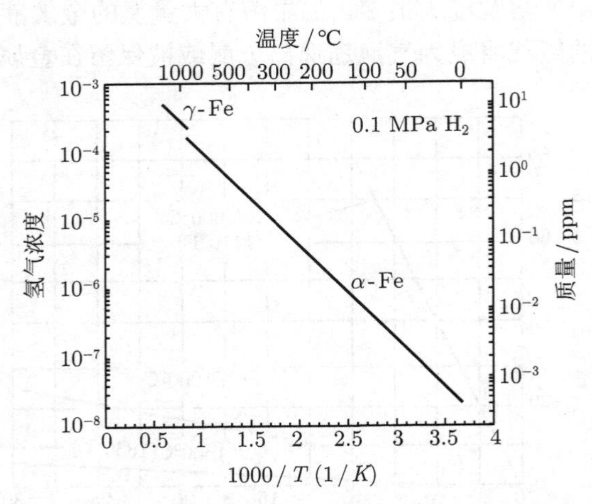

图 21.25　一个标准大气压氢气下纯铁的氢固溶浓度随温度的变化

如果晶体受外力或内应力的作用，应力场将与固溶氢原子引起的局部应变发生弹性相互作用，从而产生势场分布变化，形成对氢原子有势场梯度的环境，从而引起氢原子在晶体中的重新分布。由此，氢会在空位、位错、界面、析出物等地方偏析，其浓度往往比平衡时的浓度大很多。位错附近富集的固溶氢原子会对位错-位错之间以及位错与其他类型固溶杂质原子 (C、N 等) 产生屏蔽作用，这也是一种解释铁的强度因氢的固溶而下降的原因，但这一点还没有得到实验的支持。

21.5.2　不同材料的氢脆破坏

1) 钢铁材料的氢脆

氢与位错的相互作用在塑性变形过程中尤为突出。图 21.26 是不同纯度的铁在充氢前后的应力-应变曲线 [24]。从 1%应变处看，高纯度的充氢样品 (A、B) 比没有充氢的样品 (A′、B′) 形变应力减小很多，这也被称为是氢固溶软化。而纯度低的充氢的样品 (D) 比没有充氢的样品 (D) 的强度提高，成为氢固溶硬化。图 21.27 是高纯度 Fe 吸放氢前后样品在不同温度下的应力-应变曲线。200 K 以上温度显示氢固溶软化，190 K 以下显示氢固溶硬化和脆化 [24]。

图 21.28 是储氢合金块吸氢粉化，以及 SUS316 不锈钢在 70 MPa 的氢气和氩气中的拉伸断裂样品照片都显示了显著的氢脆现象。

2) 钢铁材料氢脆一般规律

高强钢产生氢脆化的因素有高强钢内部引起的组织结构因素和外部引起的环境因素。组织结构因素包括晶粒粒径、位错的稳定性、氢存在状态等。另一方面，环境因素则包括温度、应变速度、氢含量等。钢铁材料氢脆大体来说有如下特点。

(1) 钢铁材料放在氢气分子的环境中，并不会引起氢脆。然而在酸洗、电镀、酸性腐蚀等氢原子 (H) 发生的状态下，H 很容易与钢铁材料相结合，导致脆弱的组织。

(2) 和钢材中的 Fe 原子相比，H 更容易与碳元素 (C) 相结合，所以与软质钢材相比，含碳多的弹簧钢、工具钢等更容易产生氢脆现象。

(3) 轧压、冲压等冷加工引起材料变硬，冷压加工度越大，与 H 结合越容易。

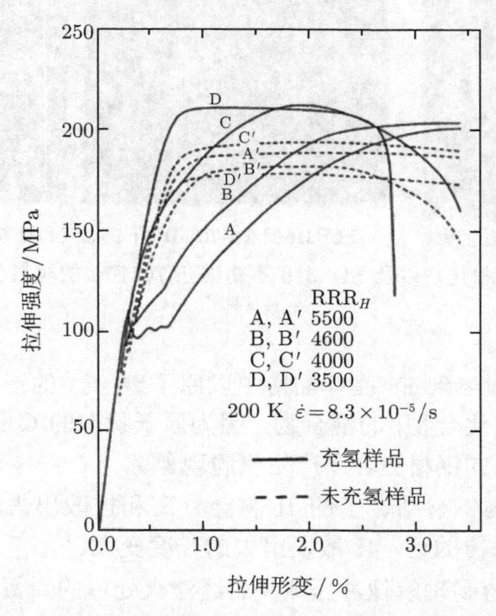

图 21.26　不同纯度 Fe 在 200 K 温度下的拉伸性质以及充氢的影响

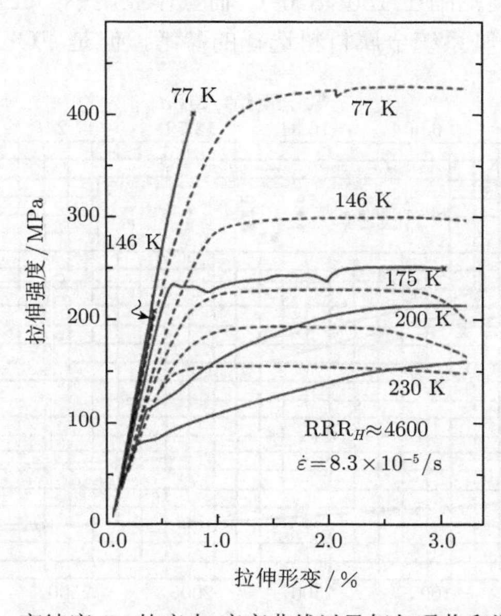

图 21.27　高纯度 Fe 的应力-应变曲线以及氢气吸收和温度的影响

储氢合金吸氢的粉化过程

SUS316钢室温70 MPa下在氢气和氩气中的拉伸断裂状况

图 21.28　储氢合金块吸氢粉化，以及 SUS316 不锈钢在 70MPa 的氢气和氩气中的拉伸断裂样品照片 [25]

(4) 淬火钢中碳会固溶到 Fe 晶体晶格中以原子碳 (C) 的形式存在，而没有淬火的钢中，则是 Fe 和 Fe_3C(化合物) 的混合物。因为原子状态的 C 比化合物中的 C 更容易与 H 结合，所以淬火后的钢材更容易产生氢脆现象。

(5) 温度升高时，与钢材结合了的 H 将会分离和扩散出去。像镀锌铁板上涂层了 Zn 一样，如果有表面涂覆的话，H 散发出去的难度变大。

根据以上规律，很容易理解像冲压成型、经淬火处理的弹簧钢材再经过电镀锌表面处理后所制备的产品就非常容易产生氢脆。

图 21.29 显示了温度范围在 150~820 ℃ 临氢作业用钢防止脱碳和微裂的操作极限，可以作为目前 FCEV 供氢系统金属材料选择的参考，但是 FCEV 供氢系统压力高，温

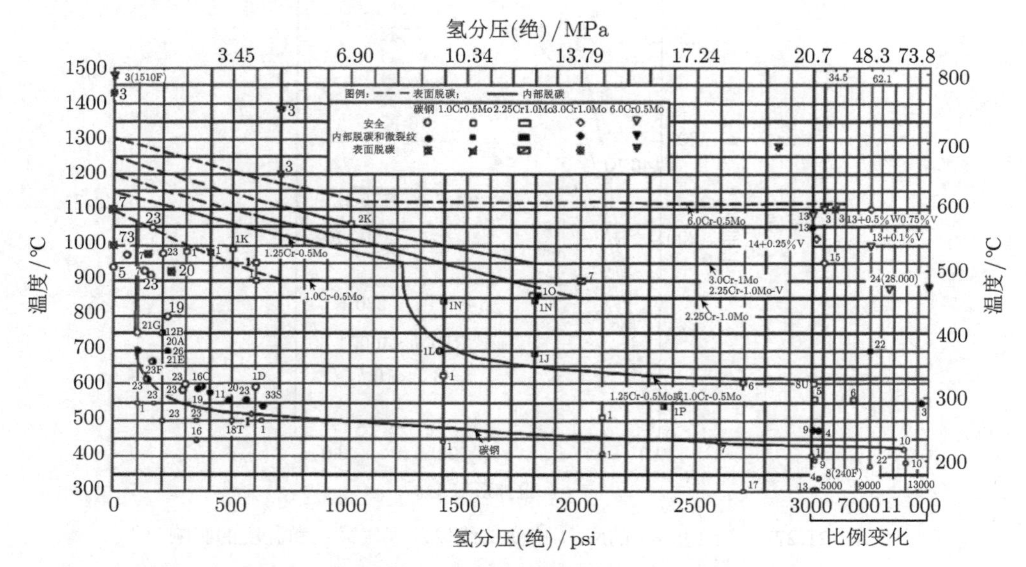

图 21.29　临氢作业用钢防止脱碳和微裂纹的操作极限

度不高，部分环节是低温环境，使用的氢气纯度高，如何选择材料防止氢脆，提高氢气与材料的相容性应进行必要的研究，而且 FCEV 供氢系统要在升压降压反复循环条件下长期运行，材料选择时还必须十分关注材料的抗疲劳性能 [26]。

3) 其他金属的氢脆

表 21.10 是 NASA 在室温下测量的 70 MPa 高压氢气中各种材料的氢脆结果。除了钢铁材料外，Al，Cu，Ti，不锈钢等材料也都显示一定的氢脆。正因为氢气可以改变钢铁、钛合金、铝合金等一些材料的性质，所以用于氢气系统的材料需要经过认真的评估。

表 21.10 NASA 测量的 70 MPa 高压氢气中各种材料的氢脆结果 [27,28]

氢脆度	材料	切口材料强度比 H_2/He	平滑拉深		
			He/%	H_2/%	H_2/He
极严重氢脆	18Ni-250 马氏体时效钢	0.12	55	2.5	0.05
	410 不锈钢	0.22	60	12	0.20
	1042 钢 (淬火和回火)	0.22	—	—	—
	17-7 pH 不锈钢	0.23	45	2.5	0.06
	Fe-9Ni-4Co-0.20C	0.24	67	15	0.22
	H-11	0.25	30	0.0	0.00
	RENE 41 钢	0.27	29	11	0.38
	电铸镍	0.31	—	—	—
	4140	0.40	48	9.0	0.19
	铬镍铁合金 718	0.46	26	1.0	0.04
	440C	0.50	3.2	0.0	0.00
严重氢脆	Ti-6Al-4V (STA)	0.58	—	—	—
	430F	0.68	37	37	0.58
	镍 270	0.70	67	67	0.75
	A515	0.73	35	35	0.52
	HY-100	0.73	63	63	0.83
	A372(第四类)	0.74	18	18	0.34
	1042 (正火)	0.75	27	27	0.46
	A533-B	0.78	33	33	0.50
	Ti-6Al-4V(退火)	0.79	—	—	—
	AISI 1020	0.79	45	45	0.66
	HY-50	0.80	60	60	0.86
	Ti-5Al-2.5Sn (ELI)	0.81	39	39	0.87
	阿莫铁	0.86	50	50	0.60
轻微氢脆	304 ELC 不锈钢	0.87	78	71	0.91
	305 不锈钢	0.89	78	75	0.96
	铍钙合金 25	0.93	72	71	0.99
	钛	0.95	61	61	1.00
可忽略不计	310 不锈钢	0.93	64	62	0.97
	A286	0.97	44	43	0.98
	7075-T73 铝合金	0.98	37	35	0.95
	316 不锈钢	1.00	72	75	1.04
	OFHC 铜	1.00	94	94	1.00
	NARloy-Z^c	1.00	24	22	0.92
	6061-T6 铝合金	1.00	61	66	1.08
	1100 铝	1.40	93	93	1.00

4) 陶瓷材料的氢脆

除了金属材料存在氢脆问题外，陶瓷材料也会出现氢脆。由于原子氢能进入陶瓷，加热时能扩散逸出试样阵，因此，如存在恒定的外载荷，则氢能通过应力诱导扩散而富集在最大应力处。另一方面，氢能降低金属或金属间化合物的原子键合力，而且氢浓度愈高，含氢试样的原子键合力就愈小。因此，当局部地区的氢富集达到临界浓度时，该局部区域的原子键合力将被大大降低，当局部地区的集中应力等于被氢降低了的原子键合力后就会导致裂纹形核。对于 Al_2O_3 陶瓷，研究表明在恒载荷下动态充氢时能发生氢致滞后断裂，这就间接地证明，氢能降低 Al_2O_3 陶瓷的原子键合力，对 PZT 陶瓷的情况也应如此。由此可知 PZT 陶瓷也会发生氢致滞后断裂，即存在氢脆敏感性。

21.5.3　氢脆的机制

图 21.30 给出了氢从侵入金属到引起破坏过程中的势能变化以及对应的材料破坏过程。在氢气体中，氢分子物理吸附在金属表面，其一部分会解离成氢原子形成化学吸附，原子氢能量高的一部分能够越过固溶热 (E_S) 势垒侵入金属内部形成固溶状态。固溶的氢通过晶格间隙扩散，借助热活化过程的帮助，越过扩散活化能 (E_D) 势垒向晶体内部扩散。由于实用金属材料含有很多原子排列紊乱的地方 (格子缺陷、位错、析出物、夹杂物等)，它们容易与氢结合，形成具有各种结合能 (E_B) 势井，氢在扩散过程中会被被捕到该位置。由于氢在这些部位中富集，会产生应力集中或产生微小的裂纹，当受到外部加载应力时，即使是低应力或小应变也会导致破坏 [29,30]

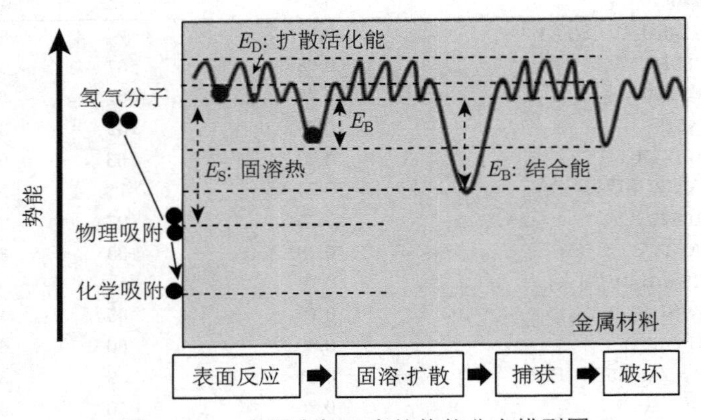

图 21.30　金属中氢元素的势能分布模型图

氢导致氢脆必有三个步骤：① 氢的进入。氢必须进入金属点阵中方可造成氢脆，单纯的表面吸附是不致催化的。②氢在金属中的迁移。氢进入金属中后，必须通过输送过程，方可把氢集中到某一局部区域。氢的迁移一般有两种途径：即氢在晶体点阵中沿缺陷 (如位错、晶界) 的扩散。在 bcc 结构的铁或钢中，常温下扩散速率比较高，故氢的迁移以点阵扩散为主，而在 fcc 结构的奥氏体钢和铝合金等低扩散率的合金中，则是以位错输送为主。③ 氢的局部化。少量的氢如果均匀分布在金属中，则不造成显著的危害。实际上，氢在金属中总是偏聚于局部的，特别是应力集中区或各种微观结构非均匀区，如裂纹尖端、气孔和微孔、位错、晶界、沉淀或析出相、层晶面等地方，如图 21.31

所示。

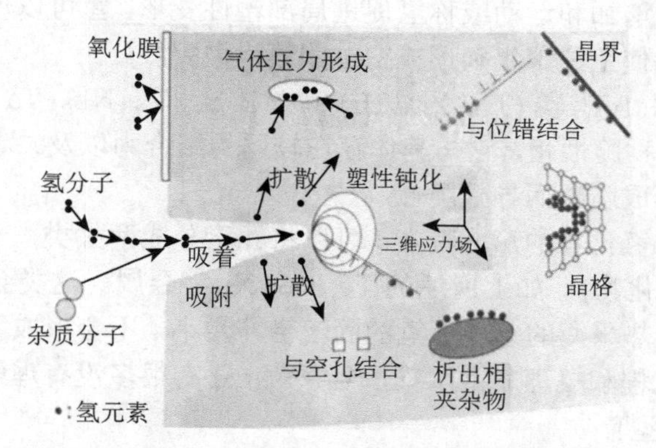

图 21.31 氢在晶体中的吸附聚集模型

迄今为止，提出了很多关于氢脆的机制，目前尚无统一认识，但较为流行的说法有如图 21.32 所示的四种。

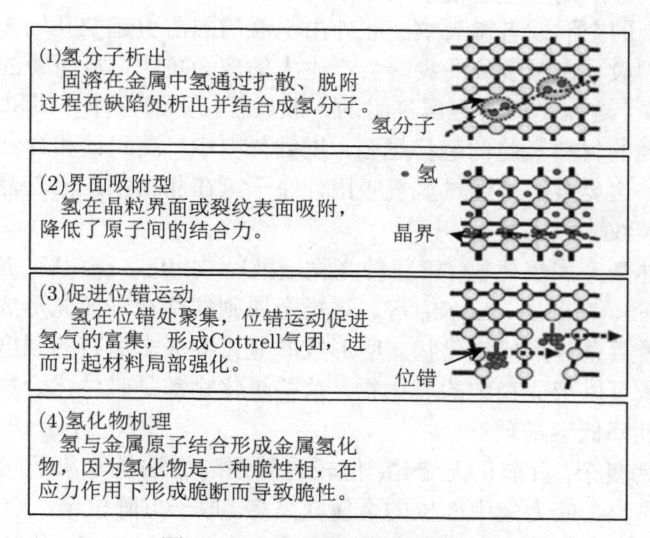

图 21.32 氢脆的四种机制模型

(1) 氢分子析出 (内压模型)。当金属中有缺陷存在时，如气孔、夹杂、微裂纹等，固溶在金属中氢通过扩散、脱附过程在缺陷处析出并结合成氢分子。氢以分子态析出，产生的压力使金属在内部缺陷处发生弱化导致氢脆。以这种方式存在的氢是目前公认的引起金属氢脆的机制之一。此模型在解释某些合金钢中的白点和焊接冷裂等现象较成功，但不能解释氢致塑性损失和氢能滞后断裂的可逆性。

(2) 界面吸附模型 (晶格脆化理论)。固溶在晶格间的氢容易在晶粒界面或裂纹表面富集，降低了原子间的结合力。与 Griffith 断裂模型有相似之处，吸附氢原子在开裂过程中起作用，开裂界面的界面能被吸附氢降低，从而降低了裂纹扩展时的阻力。

(3) 促进位错运动 (氢促进局部变形理论)。氢在位错处聚集，位错运动促进氢气的富集并在一定条件下形成 Cottrell 气团，气团钉扎位错引起材料局部强化。氢气团的存在也可以促进位错的增加和运动或称氢促进局部塑性变形。氢可以使塑性变形产生的原子空位稳定、同时促使空位聚集和形成空位团簇或微裂纹。

(4) 氢化物机理。ⅣB 族 (Ti、Zr、Hf) 和 VB 族 (V、Nb、Ta) 金属极易生成氢化物，因为氢化物是一种脆性相，它与基体存在较弱的结合力以及二者间弹性和塑性的不同，在应力作用下形成脆断而导致脆性。

另外也可以根据氢化物的形成特点，可以将元素分成两大类，一类是吸热型金属氢化物 (高温型金属氢化物)，如上所述的 Fe, Co, Ni 等金属。这类金属及其合金的氢化反应是吸热反应，在热平衡的条件下氢的固溶会非常小，不会形成氢化物，所以研究这类金属材料氢脆的过程和机理非常困难，至今为止还有很多没有理解的地方，其理论尚不成熟 (既前三种模型)。

一般来说，这类材料在气相反应、电化学反应过程中由外界环境进入金属中的氢以及制备过程中引入的固有氢会在晶体中扩散，此外塑性变形中位错移动促进氢的输送，从而使得氢在晶粒界面、析出物、非金属杂质、位错 cell 界面等地方富集以及被紧紧地钉锚。在这些地方浓缩的氢会使金属原子间的结合力下降，在外力或内部应力的作用下，容易形成微小的空洞或者微裂纹。此外由于氢的固溶引起空孔增多，空孔的聚集也会形成空洞或微裂纹。在微裂纹的尖端会产生大的应力集中，从而新的微裂纹形成和扩展，最后形成裂纹。这就是此类金属氢脆的一般过程，受到各种外部和内部因素的影响，一般来说强度越高的材料氢脆的趋势越强。钢铁材料中，高碳钢和合金钢的氢脆比纯铁以及软钢的严重。这类金属是通过氢气吸附，原子氢在晶格中或沿着晶界、位错等扩散和富集，形成微裂纹。

第二类是发热型金属氢化物 (第四种氢脆模型)，如 Ti、Zr、V、Nb、Mg，稀土以及它们的合金 TiFe、$MgNi_2$、$LaNi_5$ 等。这类金属则往往在表面先形成氢化物，然后向内部不断渗透，最后整体形成氢化物，所形成的氢化物失去原有的强度、刚度等力学性能。因为金属元素可以形成稳定的氢化物，这些氢化物都是脆性化合物，所以这类金属吸收氢气导致韧性降低容易理解。

氢脆机理较为复杂, 目前仍无定论, 但较为普遍的看法是氢原子向零件内部应力集中的部位扩散而聚集，应力集中部位的金属缺陷多 (原子点阵位错、空穴等)，氢扩散到这些缺陷处后，聚集的氢原子会变成氢分子，产生巨大的氢气压，当压力超过材料的破坏应力时就会产生裂纹, 导致脆性开裂。

氢脆也可以有因为环境而引起的，如长期处于氢环境中工作的金属构件，通过氢分子在金属界面的碰撞、表面吸附并分解为原子氢、随即溶解于金属表层，使金属表层的氢浓度达到与环境氢压相平衡的浓度 C_0，并通过扩散使金属内部的氢浓度逐步提高。当存在应力差时，通过应力诱导扩散，氢还将向局部高三轴应力区富集，产生氢致滞后裂纹。随着氢的不断提供，裂纹将缓慢扩展，直至断裂。氢致滞后开裂的下临界断裂韧性值 K_{IH} 或 J_{IH} 低于无氢材料的断裂韧性值 K_{IC} 或 J_{IC}, 且其降低量与材料中的氢含量密切相关。

21.5.4 材料加氢的方法

为了评价材料的氢脆性能需要让材料氢化，常见的方法有：① 酸浸渍加氢；② FIP 盐浴加氢 (Federation Internationale Precentrate)，常用来对 PC(Pre-stressed Concert) 钢棒进行评价；③ 周期腐蚀加氢，在实验室内模拟大气腐蚀环境加氢；④ 阴极电解加氢，是在不腐蚀钢材的情况下添加氢，是被广泛使用的方法；⑤ 高压氢气体加氢，近年来，燃料电池汽车和加氢站用的金属材料被暴露在氢气中，在高压环境下的渗氢和材料脆化特性检测变得尤为重要。如何准确地反映材料实际使用环境进行加氢对于氢脆的评价非常重要 [29,30]。

图 21.33 是对 SCM435 钢、变形后的 SCM435 钢以及添加 V 的回火马氏体钢 (0.41%C，0.20%Si，0.70%Mn，0.30%V) 三种钢材采用不同方式的加氢所获得的氢的吸收和扩散的氢含量变化。从图中可以看出，盐酸浸渍法的加氢量相对比较小，阴极电解加氢以及高压加氢量较大、阴极电解的加氢量可以通过控制阴极电流密度和电位，可以吸收带中任意浓度的氢。另外，在 FIP 浴中，通过使 NH_4SCN 的浓度变化，也可以人为地改变所吸收的氢浓度。

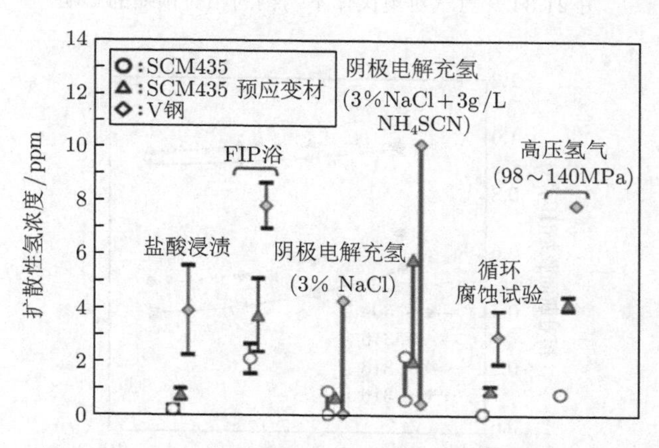

图 21.33 不同加氢法所产生的扩散性氢含量的对比

21.5.5 氢脆引起的设备安全问题

通常情况下，氢气没有腐蚀性，也不与典型的容器材料发生反应，但却会引起材料的脆性化。为了避免这个问题，必须选择适当材料来制备储氢的容器或钢瓶，保证灌氢后 100 年都不会发生泄漏或劣化。

目前用在氢气系统中比较多的是奥氏体不锈钢以及铝合金钢。图 21.34 是各种奥氏体不锈钢在氢气环境下使用时颈缩的温度变化，SUS316L, SUS316NG 和 SUS310S 受氢气环境影响比较小。此外如图 21.35 所示，各种不锈钢中，含镍成分高的不锈钢受氢气的影响小 [31]。

除了母材材质外，其加工处理的工艺，尤其是焊接工艺也会对氢脆产生影响。常见的焊接有 TIG(Tungsten Inert Gas) 焊接、MIG(Metal Inert Gas) 焊接、SAW (Submerged Arc Welding)、减压电子束 (Reduced Pressure Electron Beam) 焊接、摩擦搅拌 (Friction

Stir) 焊接、CO_2 激光焊接等方式。TIG、MIG、SAW 方法可以改变奥氏体不锈钢来的低温韧性，而 FSW 和 RPEB 则对铝合金焊接更适合 [7]。

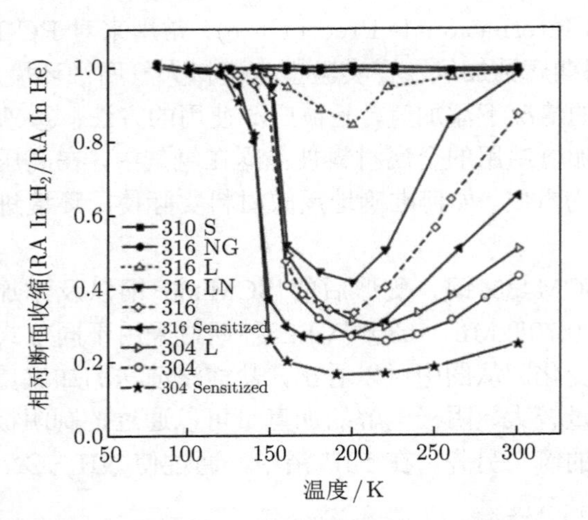

图 21.34　氢气对奥氏体不锈钢的相对颈缩的影响

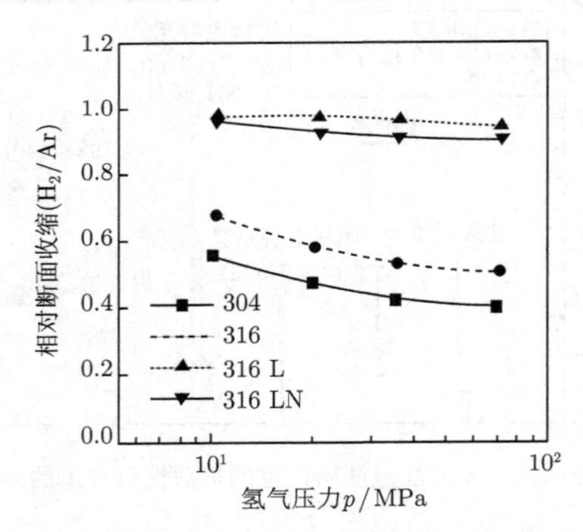

图 21.35　氢气压力对奥氏体不锈钢的相对颈缩的影响

除了铁基金属外，其他金属也存在相同的问题，尤其是钛合金。在石油化工装置中，如醋酸、乙醛、精对苯二甲酸、尿素等产业有较多引进的或国产的钛设备，乙烯生产与发电装置中也用钛制海水冷却器及冷凝器。钛设备多是关键的心脏设备, 常常是压力容器, 对保证生产有举足轻重的作用。钛设备在高温高压, 接触强腐蚀介质环境下运行时, 甚至易燃易爆, 使用条件苛刻, 尽管大部分钛设备使用良好, 而且预期寿命较长, 但某些钛设备及零部件在使用短至 3~5 年, 长至 10 余年后逐步更换, 个别的仅 1~2 年就失效报废, 甚至发生突然事故。钛设备失效大多是腐蚀与开裂, 而腐蚀与开裂大多是吸氢与氢脆造成的。因而对在役钛设备进行定期开放检测中, 腐蚀吸氢与氢脆检测对钛设备安全评定至关重要。

对于天然气、石油输送以及氢气管道运输来说，一个很重要的安全问题就是氢脆。

氢溶入引起管道的机械强度和韧性变化方面的研究比较多。锰钢、镍钢以及其他高强度钢, 若长期暴露在氢气中, 尤其在高温高压下, 其强度会大大降低, 导致失效。如 0.1C、0.7Mn、0.2Si 等成分的软钢，是由铁素体和贝氏体组织所组成，通过阴极电解法以及高压气体反应法进行充氢，实验结果表明充氢前屈服强度为 σys(yield stress)≈280 MPa，断裂强度 (ultimate tensile strength) σ ≈415 MPa，断面积减少率 (reduction in area)RA≈56%，充氢后，σ_{ys} ≈294 MPa，σ ≈424 MPa，充氢几乎没有引起强度的变化，但是 RA 却随着充氢电流和电压的增加而显著减小，最低达到 11%。样品的断面扫描电子显微镜观察表明充氢前是软钢特有的蜂窝组织的韧性断裂，而随着充氢电流密度的增大，断口显示劈开型组织的脆性断裂特征。软钢被认为是不容易产生氢脆的材料，即便如此也观察到了氢脆现象，充氢对 RA 和断口组织的影响很大。

21.5.6 氢脆的防止

(1) 首先需要减少材料在制备过程中氢的溶入。为了减少液体金属中的氢可以将其冷却到结晶温度以下令大量气体析出后，再将金属快速熔化成液体，此时不使液体在高温下长期停留，即不给大量氢气重新溶入液体的机会。这样液体再凝固后的铸件中就不会形成大量气泡了。

(2) 抑制环境中氢的形成和浓度，减少与氢环境中保持的时间。降低水蒸气、H_2S 等气体的压力，减少产生氢气的源泉；减少气体状态的压力可以降低环境中的氢气自由能，减少氢溶入样品的驱动力；电解过程中在条件允许的情况下采用高电流效率的镀液，尽量减小充电密度从而减少原子氢的生成速率和浓度。

(3) 抑制氢在样品中的扩散速度，选择适当的样品加工温度、加载应力和形变速度。

(4) 对样品进行表层钝化处理或表层镀膜处理，通过氧化层、氮化层以及其他致密薄膜阻碍氢往样品中的渗透。

(5) 适当的合金化和热处理，获得抗氢脆强的微观金相组织。

(6) 减少应力集中源。应力集中源是氢脆发生的条件之一，对于机械加工以及热处理后存在内应力的样品要进行充分的回火处理。

(7) 对于可能存在氢脆的样品进行及时去氢处理，以减少发生严重渗氢的隐患。

21.6 储氢合金的安全问题

储氢合金在使用过程中也要注意安全问题，主要有如下几个方面。

21.6.1 金属氢化物的着火和燃烧

目前实际使用的储氢材料都是金属氢化物，但是金属氢化物活性比较大，而且往往是以粉体形式使用，容易着火和燃烧 [32]。表 21.11 是 $LaNi_5$ 和 TiFe 的氢化物着火性和燃烧性特性，并和反应性强的 Ce 进行了比较 [33,34]。金属氢化物在比较低的温度下可以着火，燃烧性比较大，但是不及 Ce。$LaNi_5$ 系列的氢化物可以和氧进行缓慢的反应，而 TiFe 与氧反应会在表面覆盖一层氧化膜，不会着火。

表 21.11　$LaNi_5$ 氢化物，TiFe 氢化物的着火性和燃烧特性

气氛	金属或合金	相对燃烧能量/(area/gm)	着火温度/℃
O_2	Ce	90	149
O_2	La	13	376
O_2	Ni	#	#
O_2	$LaNi_5$	28	323
O_2	$LaNi_5$ 氢化物	38	228
空气	$LaNi_5$	4	360
空气	$LaNi_5$ 氢化物	17	192
O_2	Fe	<5	#
O_2	Ti	49.5	628
O_2	TiFe	<5	#
O_2	TiFe 氢化物	45	199
空气	TiFe	<5	#
空气	TiFe 氢化物	17	188

表 21.12 是储氢合金及其氢化物粉体着火温度的比较 [35,36]。稀土合金的着火温度最低，TiFe 类其次，Mg 类合金最高，变成氢化物后比原料合金相比下降 70~300℃。

表 21.12　储氢合金及其氢化物粉体着火温度的比较

	粉尘云着火温度/℃	粉尘层着火温度/℃	燃烧热量/(cal/g)
MgNi 原料	607	482	3600
MgNi	546	409	3500
MgNi 氢化物	569	409	3400
TiFe 原料	494	439	1200
TiFe	315	369	1400
TiFe 氢化物	357	147	1400
MmNiCo 原料	272	205	1200
MmNiCo	257	153	1000
MmNiCo 氢化物	160	129	1000

冲撞、摩擦或静电火花也可以引起储氢合金及其氢化物着火，表 21.13 给出了各合金属及氢化物的最小着火能。

表 21.13　金属及氢化物的最小着火能

物质	最小着火能量/J
TiFe	0.08
$TiFeH_x$	0.56
$LaNi_5$	0.04
$LaNi_5H_x$	0.16
U	0.000004
UH_3	0.000032
Th	0.000004
ThH_2	0.000006
Ti	0.000024
TiH_2	0.024
Zr	0.000006
ZrH_2	0.00032

21.6.2 粉尘爆炸的危险性

储氢合金反复吸放氢会微粉化，这样的微粉暴露到大气中时有粉尘爆炸的危险。根据粉体爆炸的实验也可以测得储氢合金及其氢化物的爆炸临界浓度和爆炸压力。如图 21.36 和图 21.37 所示 [37]，粉体粒径越小爆炸的趋势越强，爆炸压力越大，不过与碳粉相比，要安全很多。

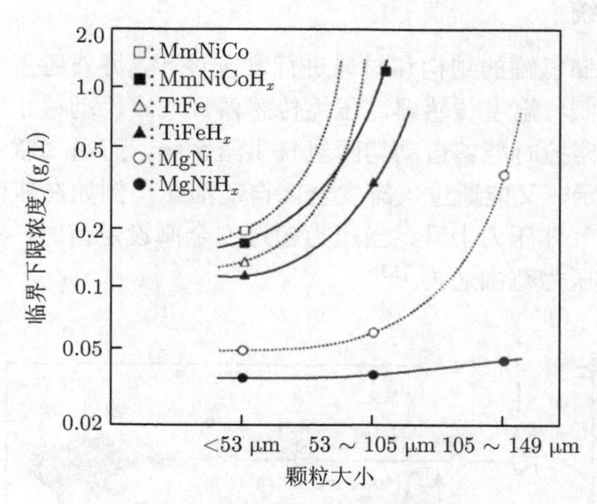

图 21.36 粉尘爆炸下限浓度

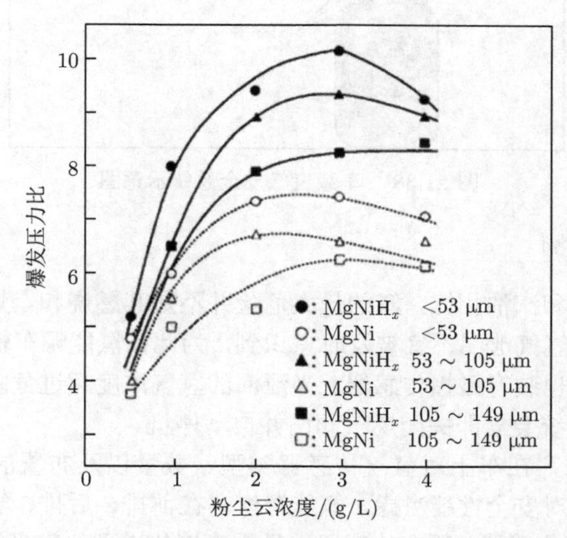

图 21.37 $MgNiH_x$ 以及 MgNi 的粉尘爆炸压力比

21.6.3 高温引起的热稳定性

储氢合金的容器加热到一定的温度 (大体在 400 ℃)，储藏在储氢合金中的氢气会被释放出来，使容器的压力增大，导致高压的危险性。

21.7 氢燃料电池汽车的安全问题

氢燃料电池汽车目前都是高压储氢，在运行时可能出现的安全性问题是高压储氢灌的内部压力升高引起的爆炸和氢气大量泄漏或氢气缓慢泄漏引发的氢气燃烧和爆炸 [25,38]。

21.7.1 高压保护系统

为此需要对高压储氢罐的结构和材料进行安全设计，另外还需要在上面安装各种安全设施，如气罐安全阀、温度传感器、压力传感器、气罐手动截止阀、气罐电磁阀、碰撞传感器等。当发生碰撞时能够自动切断氢气供给系统，而当气瓶中氢气压力超过设定值后，如图 21.38 所示，又能通过气罐安全阀自动泄压，例如在瓶体温度由于某种原因突然升高造成气瓶内气体压力上升，当压力超过安全阀设定值时，安全阀自动泄压，保证气瓶在安全的工作压力范围之内 [13]。

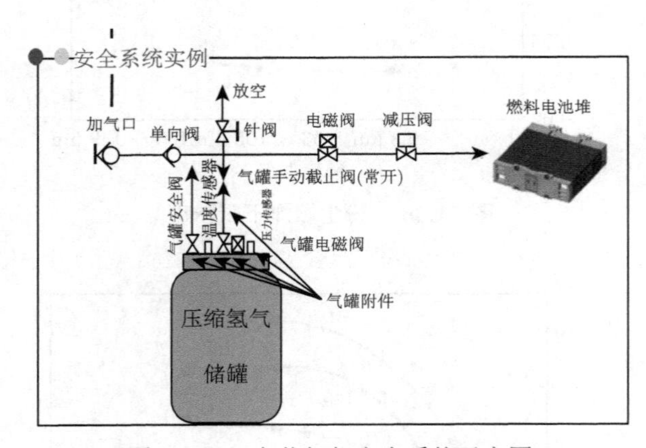

图 21.38 车载氢气安全系统示意图

21.7.2 氢气泄漏检测

与天然气、丙烷和汽油相比，氢的最大危险并不是其燃烧和爆炸范围宽，着火能量小，而是没有气味，氢气泄漏不宜被及时意识到，为此在氢能源车辆上安装了氢气泄漏传感器来探测，同时也装有碰撞传感器。当泄漏的氢气浓度超过危险值，或发生剧烈的碰撞时，燃料电池系统会立即关闭燃气阀门并自动停机。

根据不同的要求，在车上对氢气传感器类型、数量以及布置的位置均有一定的要求。一般来说，出于对安全性能考虑，氢能源汽车在前排、后排、氢气瓶舱内上方和车底部会安装 4 个氢气传感器，所有传感器信号需直接传送到仪表盘的醒目位置，及时通知驾驶员。每个氢气传感器，设置 2 个报警浓度点，第 1 点为 0.4%浓度, 当车厢内氢气浓度达到此值探测器发出声光报警，同时传输电信号将汽车天窗自动打开，将氢气排出。第 2 点为 2. 5%浓度，当车厢内氢气浓度达到此值探测器会发出急促声光报警，同时切断电磁阀电源，关闭电磁阀，从而切断供气系统，保障人员安全。氢气密度比空气小, 易于上升和扩散, 被动安全系统即为上升和扩散创造有利条件 [39]。

21.7.3 氢燃料电池汽车的相对安全性

汽车的碰撞往往是最大的危险。不过氢燃料电池汽车在开放空间的碰撞，其安全性要好于天然气汽车或汽油汽车。这是因为: 第一, 由纤维缠绕的复合材料存储罐在不破裂的情况下能承受比汽车本身更高的压力, 这样就降低了由于碰撞导致氢气大量泄漏的风险; 第二, 由于氢气扩散很快, 浮力很大, 一旦泄漏可以很快扩散, 减少了碰撞后着火的风险; 第三, 由于燃料电池比内燃机的效率高, 所以对于给定的车辆行驶里程, 氢燃料电池汽车只需装载 40%的燃料; 第四, 在氢燃料电池汽车的设计中, 每辆车推荐安装一个惯性开关, 在发生碰撞的情况下, 电磁阀会同时切断氢气供应和蓄电池的电流 [9]。

在隧道中发生碰撞, 氢燃料电池汽车和天然气汽车一样安全, 比汽油和丙烷汽车更安全。这是根据计算机模拟实验得到的结果。氢气的浮力是汽油的 52 倍, 扩散系数是汽油的 5.3 倍, 这样氢气扩散很快。同时, 氢的着火下限是汽油的 4 倍, 另一方面, 氢气从破裂的高压储罐中逃逸的速度比天然气快, 会形成比较大的可燃雾, 增加了被隧道内的风扇、灯等点燃的可能性。对于隧道内氢气泄漏的主要风险还需要进一步的计算机分析。

最大的潜在风险是在密闭的车库内氢气发生缓慢泄漏, 逐渐累积导致着火或爆炸。在氢燃料电池车辆停运后，尤其是停驻在地下车库不受人们注意之处的情况下, 氢燃料缓慢泄漏进入车辆排气系统。逸出的氢气也有可能会聚集在车体底下的某些凹洼处。需要通过氢气泄漏传感器系统来进行检测和预防。

现在的车辆主要是靠汽油行驶，如果氢气的风险等于或小于汽油的风险, 氢燃料电池汽车就是可以接受的。一般来说，在正常运行中, 设计良好的燃料电池汽车具有与汽油汽车、天然气汽车及甲烷汽车同等的安全性。

21.7.4 氢气运输安全性

对于长管拖车，主要的危险特征是高压爆炸。美国的长管拖车根据 DOT-3AA/3AAX 压缩气体运输标准设计，安全系数达到 2.48; 很多厂家生产的长管拖车还符合美国 E-8009 特殊标准，采取限定气瓶操作压力和限制钢种及控制杂质含量等措施，提高气瓶运输安全性 [40,41]。从运输压力上来说，长管拖车运输压力一般不超过 20 MPa，且都装有卸压阀，充分保证运输的安全性。从法规上说，上海危险气体运输法规规定在气温大于 30 ℃ 时，仅能在夜间运输，这都降低了长管拖车运输的危险性。因此，尽管长管拖车存在危险特征，但可通过合理方式降低风险。对于液氢运输，由于容器不能完全绝热和氢气自身的正氢/仲氢转化放热，液氢会不断蒸发，使容器内压力越来越高，形成危险隐患。但是槽车系统上安装卸压阀，保证容器内压力不超过极限值。同时由于氢气良好的逃逸性，泄漏出的氢气在户外则不会构成任何危险。

集装格或长管拖车出厂前，采用氮气 (0.1~0.2 MPa) 保压，并控制气瓶和管路内的氧含量 ⩽3%。故在首次使用前，应对气瓶内氮气进行置换处理，校验压力表、温度计，并测量含氧量不大于 3%。首先在置换前，应制定置换作业指导书。利用制造单位出厂时的保压气体，开展“气密”检验，满足要求才置换作业。静电端务必接地，按要求缓慢充入氢气至工作压力 3 成之后停止，期间注意气瓶压力变化，在螺纹和焊接等接口处检漏液检漏，无漏点则可开启放空直至 0.35 MPa，然后重复上述步骤 3 次即完成置换。

也可以通过抽真空方式进行置换，但相对耗时较长。首次商用充装时，以管束箱公称工作压力的 80%充装为宜[42]。

集装格或长管拖车充卸气前应检查相关设备和附属设施，如压缩机是否正常工作；加气站各仪表指示参数是否正常；管路连接是否紧固无泄漏；装卸软管与充气柱连接紧密可靠，管束箱主控阀、瓶阀、排污阀是否正常等。此外，站内的停靠位置应能与装卸软管直接连接，避免软管歪曲；装卸软管应水平从加气管上接出，高度与主控阀高度相当。

充气前须确认气瓶内有剩余压力，无压力时严禁充装。进入作业区指定地点，停稳车辆打开操作箱门，将静电接地装置与站内接地装置连接；检查防意外启动联锁装置是否起作用；及时确认连接是否可靠。

卸气时，进入作业区指定地点，停稳车辆打开操作箱门，首先将静电接地装置与站内接地装置连接；检查联锁装置是否起作用，及时确认连接是否可靠。检查各阀门的情况，缓慢开启卸气，温度不低于服役温度下限。卸气完毕后，卸掉软管压力，解除静电接地装置与站内接地装置连接。

在进行充卸氢气作业时，操作人员不得离开现场，司机不得启动车辆；充卸现场环境必须符合作业要求。需检修时必须是空车，不得装有介质。凡出现雷电、火灾、气体泄漏、压力异常等不安全因素时，应立即停止作业并妥善处理。严禁采用温度超 40 ℃的热源对气瓶直接加热方法卸气。

21.8　氢气泄漏检测方法和氢气检测器

氢气的检测不论是在氢气的制备、存储、运输、应用和性能分析上都非常重要，为了保证安全以及设备的精密性，需要有对泄漏的氢气进行高精度检测的技术。现在已经开发出了各种各样的氢气浓度检测器，表 21.14 给出了目前的一些氢检测器的种类和原理。

表 21.14　氢气检测器种类和原理

方式	原理	检测范围
接触燃烧型检测器 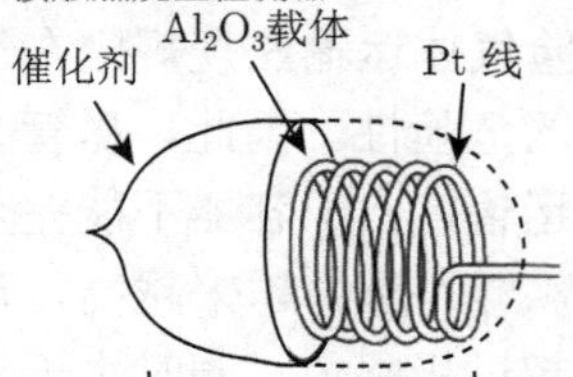 催化剂　Al_2O_3载体　Pt 线 0.5 mm	在 Al_2O_3 的载体上涂上白金系列的催化剂催化 H_2 的接触燃烧 (氧化反应)，此反应的发热引起 Pt 线圈的温度升高和电阻变化，从而可以检测 H_2 的浓度，不过零点漂移会发生	2000 ppm～4%
接触燃烧/热电转换型检测器 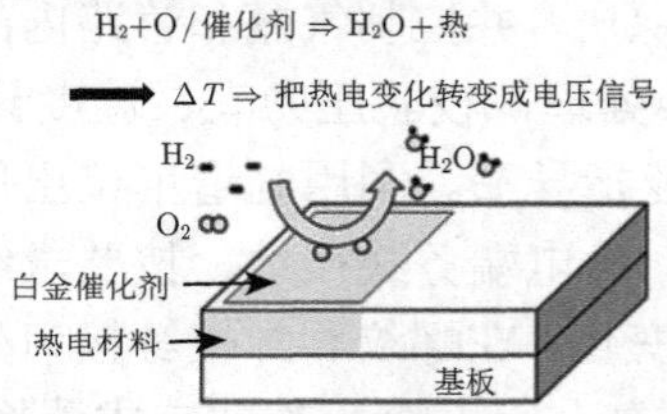 H_2+O / 催化剂 ⇒ H_2O+热 ΔT ⇒ 把热电变化转变成电压信号 H_2　H_2O　O_2　白金催化剂　热电材料　基板	将白金催化剂涂敷在热电材料膜上，将白金催化剂催化的 H_2 的接触燃烧热通过热电效应直接转变成电压检测氢气含量	250 ppm～10%

续表

方式	原理	检测范围
气体热传导型检测器 镀玻璃层的材料 白金线	氢气的快速热传导特性可以散去白金线圈加热器热量，从而引起加热器的温度降低和电阻变化，通过电阻的变化可以检测氢的浓度	高浓度区域：1～100%
半导体型检测器 0.4 mm 白金线圈 金属氧化物半导体	金属氧化物半导体 (SnO_2) 烧结体表面会吸附空气中的带负电的氧离子，导致电子缺乏层和半导体电阻增加。氢气混入后会与氧离子发生氧化反应消耗氧离子，增加半导体的自由电子，引起电阻下降。有零点漂移问题	低浓度区域：2000 ppm 以下
半导体 PET 型检测器 H_2 栅极 H_2 Pd薄膜 HHHH 漏 极 半导体 源 极 漏极电流 绝缘体	利用具有氢选择吸收特性的 Pd 做成薄膜状的栅极，并组合成 MIS(Metal-Insulator-Semiconductor)，通过场效应晶体管的作用将 Pd 吸附氢气产生的电压放大来检测栅极上的氢含量	10 ppm～1%
电阻型检测器 H_2 H_2 H_2 Pd薄膜 H H H H H H H H 电流	氢气通过 PdNi 合金的吸收变成原子状态的氢，扩散到合金的内部，形成对电子散射的中心，引起电阻的增加，利用这种电阻的变化检测氢气浓度	高浓度区域：1～100%
光学型检测器 Pd膜 光纤 透镜	Pd 薄膜吸收氢气后可见光的透光率和反射率都会发生变化，根据这种光学性质的变化可以检测氢气的浓度	

除此之外还开发了其他一些类型的氢气检测器，如电阻与半导体 PET 复合型，应力变化型的镀 PdNi 膜水晶球、在 Al_2O_3 基板上固定的 ITO/YSZ/Ag 复合体的电化学型等多种新型氢气传感器。此外连续监控氢气浓度变化，提高检测器的反应速度是目前氢气检测器一个新的发展方向，另外将眼睛看不见的氢燃烧火焰可视化也是一个发展方

向 [43]。尽管如此，氢气检测器还需在检测浓度范围、反应速度、小型化、低耗电、低成本方面提高 [44−49]。

除了载氢系统安全外，在金属的腐蚀防护上，氢气检测器也能发挥重要的作用。氢损伤对石油设备的破坏变得越来越严重，为了预防重大恶性事故的发生，炼油设备腐蚀的在线无损渗氢监/检测很重要, 氢渗透传感器能用来监/检测腐蚀反应产生的氢的含量及对设备的腐蚀程度。在此背景情况下, 研究氢渗透传感器监测设备的运行状况, 采取有效的防护措施来解决腐蚀问题, 实现生产安全与长周期运行, 具有重要的实践意义。目前，监/检测氢使用的电化学传感方法主要有电流型、电位型、电导型 3 类传感器。

21.9　安全的一般对策

人们在加氢站设计、建设、运营中应注意以下问题：加氢设备、输送管道等应采取可靠的防泄漏措施处理；加氢站内配置的电气元件应为防爆器件，同时采取可靠的防静电措施；加氢站内应设置排风排气装置，及时排除泄漏的氢气；加氢站中的加注模块应具备安全联锁功能和过压保护功能，还要防止高速氢流与储氢瓶之间摩擦导致的高电位氢流等 [50]。

根据 NASA 的资料，氢气事故引发燃烧和爆炸的原因可分为 3 大类：高热源 (香烟、火、焊接、内燃机排气)；机械因素 (容器或钢瓶等的破坏产生的冲击波、容器等的破碎片、摩擦、机械振动或流体系统的共鸣振动)；电气因素 (电气回路的短路、粉体或二相流中的静电、雷电)。为了避免这些危害，在氢气的制备、输运、存储、使用环节中必须遵守“防漏、通风、消除火源”用氢安全三原则。表 21.15 给出了氢气安全使用的一些最基本措施。

阻止反应容器、管道、密闭空间中氢气与氧气混合在一起是防止氢气爆炸最重要的对策。为了降低爆炸的压力，可以在容器上安置预置开口或是设置爆炸排气口，对于减少容器的破损以及爆炸碎片的危害非常有效。在容器表面开口面积达 10%的话，可以将最大压力减少 1/5~1/10。

对于常压氢气容器或系统，减少氢气泄漏造成的危害的有效措施是尽可能将其顶部敞开，通过空气浮力可使氢气浓度稀薄化。如果是非敞开体系，则需要通过换气设备将氢气排出。高压容器中泄漏出来的氢气很难靠空气的浮力稀薄化，必须采用换气，同时在泄漏口处设置屏障减少气体流速。

氢气钢瓶、集装格、长管拖车、储氢罐、蓄压罐等高压容器需由持特种设备制造许可资质单位制造，无监检证书或超期未检的氢气容器，不能注册登记或使用；正式使用前应进行安全状况检查。禁止在容器上电焊引弧，不得对容器进行挖补、焊接修理。容器气体不得用尽，必须留有 0.1 MPa 压力，严禁擅自更改气瓶钢印标记。

此外控制氢气的使用量，保证氢气全部泄漏出来也不能使空间的氢浓度达到爆炸浓度下限。

保证氢气安全使用的要点是不泄漏 (防氢气泄漏)、不囤积 (让泄漏的氢气扩散到开放空间)、不混合 (不与空气混合)、不近火源 (防火防热防雷电防静电)，氢浓度检测报警系统早发现以及操作人员的培训管理。

表 21.15　氢气安全使用的基本措施

关注事项	基本措施
防漏	建立氢气安全系统的主要焦点是使泄漏降低到最低程度，需要定期进行载氢系统的气密性检测，对管路进行定期的保压特性实验； 氢气制造、分离和提纯装置内的管道和反应容器使用前需要进行强制性的换气，防止空气混入； 因为氢气比空气轻很多，扩散很快，所以容易通过氢气检测器检测到，是防止氢气泄漏的一个有效途径； 氢气制造、分离、提纯和存储装置的温度、压力的监控、机械运动或地震等引起的振动监测系统
通风	氢作业区尽可能设在空旷地区为宜, 加强通风, 不使氢气积聚，液氢贮存场地尽量建在开阔场地, 避免在封闭或房间内贮存或排放液氢, 并要远离居民区； 在室内操作时，屋顶尽可能采用轻型或活动屋顶, 操作时屋顶打开或升起； 安装足够量的通风系统； 在大量排放氢气时, 采用高管 (高出建筑物 5~8 m) 排放, 排放速度要小。 防止氢气爆炸和氢的窒息作用
防高热源	禁止香烟、灯笼、加热明火、焊接、内燃机排气； 金属物体搔撞发生的火花； 氢作业区地面采用不发火材料制成, 如水泥地面、铝板铺设等； 给汽车加氢时需要让车子熄火，拔出钥匙
静电	氢作业区容器、车辆、设备和相关系统必须接地，防止静电的产生和积聚，电器开关产生的电火花； 液氢和气氢的操作人员必须穿棉布或防静电工作服, 防静电工作鞋, 禁止穿柞丝、呢子、皮毛、尼龙、腈纶等工作服； 严禁穿脱衣服、梳头发。严禁携带皮毛动物进入； 操作场所及库房必须设有避雷设施，并要避免在高压线下排放氢气； 雷雨天禁止加氢
灭火措施	为防万一，氢作业区需要备有足够的消防器材，如消防栓、灭火机等。氢气使用场所可装设干粉灭火机、氮气灭火系统、局部水消防系统, 存储场所可装设水喷淋消防系统，一旦失火，用干粉、水和氮气进行消防，效果良好。大型储氢站或燃料电池车试车台应备有充足的水源，一般可建一个 100~200 m^3 水池，专供消防之用
自动保护系统	报警和紧急停止系统的安装； 加氢设施的联锁系统； 火警、安全阀、紧急停止开关的安装
安全距离	高压储氢设施之间、液体储氢设施之间的距离 防爆墙的设置
安全培训	对操作人员进行安全培训教育，对使用高压或液氢的操作人员进行业务培训, 熟知高压或液氢的性质与特点, 急救与自救的基本知识以及操作安全细则, 掌握事故处理措施, 熟悉设备的安装和使用技术，各种安全装置的使用方法，经过考核合格后, 才能独立上岗操作

(李星国)

参考文献

[1] MacIntyrea A V, Tchouvelevb D R, Hayc J, Wongd J, Grante P, Benardf. Canadian hydrogen safety program. International Journal of Hydrogen Energy, 2007, 32: 2134-2143.

[2] Luis Aprea J. New standard on safety for hydrogen systems in spanish keys for understanding and use. International Journal of Hydrogen Energy, 2008, 33: 3526-3530.

[3] 太田時男監修. 水素エネルギー最先端技術. (株) アート · ワタナベ, 1995: 692.

[4] NASA Technical memorandam. TM X-5254, 1968.

[5] Encyclopedie de Gaz L'aie Liquide, 1976.

[6] 花田卓爾. 低温工学, 1980, 15: 2.

[7] 水素エネルギー. 水素エネルギー読本. オーム社出版, 2007.

[8] Thomas C E. Direct-hydrogen-fueled proton-exchange-membrane fuel cell system for transportation applications: hydrogen vehicle safety report (DE-AC02- 94CE50389) [R]. U.S. Department of Energy, 1997.
[9] 小波秀雄. 水素が分かる本. 东京：工業調査会, 2005, 138.
[10] 冯文, 王淑娟, 倪维斗, 等. 氢能的安全性和燃料电池汽车的氢安全问题. 太阳能学报, 2003, 24(5): 677-682.
[11] 松井英憲. 安全工学, 1980, 19: 6.
[12] Matsui H, Lee J H. Seventeenth Symposium (int.) on Combustion, 1979.
[13] 王晓蕾, 马建新, 邬敏忠, 等. 燃料电池汽车的氢安全问题. 中国科技论文在线, 2008, 3(5): 365-369.
[14] 武野計二, 岡林一木, 橋口和明, 等. 40MPa 高圧水素ガスの噴出火炎に関する実験的研究. 環境管理, 2005, 40(10).
[15] 郑津洋，开方明，刘仲强，等. 轻质高压储氢容器. 化工学报, 2004, 55(增刊), 130-133.
[16] Dorofeev S B. Evaluation of safety distances related to unconfined hydrogen explosions. International Journal of Hydrogen Energy, 2007, 32(13): 2118-2124.
[17] Matthijsen A J C M, Kooi E S. Safety distances for hydrogen filling stations. Journal of Loss Prevention in the Process Industries, 2006, 19(6): 719-723.
[18] 赵瑞兴，夏广暄，柳念芦. 液氢的安全控制. 国外导弹技术, 1981(2): 10-28.
[19] U Schmidtchen Th Gradt G Wursig, Cryogenics, 1993, 33(8): 813-817.
[20] 梁玉译，李光文. 大量储氢的安全储运. 低温与特气, 1995, 11: 46-51.
[21] Roger E Lo, 符锡理. 液氢的贮存、输送、检测和安全. 国外航天运载与导弹技术, 1986, 5(4): 28-41.
[22] 深井有, 田中一英, 内田裕久. 水素と金属. 内田老鶴圃, 1998: 29.
[23] 刘国勋. 金属原理. 北京: 冶金出版社, 1973.
[24] Moriya S, Matsui H, Kimura H. Mater. Sci. Eng., 1979, 40: 217.
[25] 水素 • 燃料電池ハンドブック. 水素 · 燃料電池ハンドブック. 東京: 株式会社オーム社, 平成 18 年 9 月 20 日.
[26] 曹湘洪, 魏志强. 氢能利用安全技术研究与标准体系建设思考. 中国工程科学, 2020, 22(5): 144-151.
[27] NASA: Safety Standard for Hydrogen and Hydrogen Systems. NSS 1740.16, Table A5.8, p.93, 1997.
[28] Chandler W T, Walter R J. Testing to determine the effect of high-pressure hydrogen environments on the mechanical properties of metals. Hydrogen Embrittlement Testing, American Society for Testing and Materials, ASTM STP 543, ASTM, 1972: 152-169.
[29] 高井健一. 鉄鋼材料の水素脆化研究における基盤構築と最近の展開. Sanyo Technical Report, 2015, 22(1): 14-20.
[30] 高井健一. 金属材料の水素脆性克服に向けた分析技術の重要性 · 新展開. SCAS NEWS, 2009-II: 3-6.
[31] 秋葉悦男監修. 水素エネルギーと材料技術. シーエムシー, 2005: 204.
[32] 大角泰章. 水素吸蔵合金—その物性と応用—. アグネ技術センター出版, 1993.
[33] Lundin C E, Sullivan R W. Proc. of the THEME Conference, 1974, 645.
[34] Lundin C E, Lynch F E. University of Denver, contract No.1974, 332931-S.
[35] 堀口貞慈, 岩坂雅二, 浦野洋吉, 橋口幸雄. 高圧ガス, 1980, 17: 297.
[36] 橋口幸雄. 水素製造利用技術の現状と将来、水素—その性質と安全性. 1984 年, 化学工学協会関西支部編.

[37] 橋口幸雄. 高圧ガス, 1983, 20: 491.
[38] Sherif S A, D. GoswamiElias D Y, Stefanakos K, Aldo Steinfeld. Handbook of Hydrogen Energy. New York: CRC Press, the Taylor & Francis Group, 2014.
[39] 张青, 李文兵. 氢内燃机汽车供氢及安全系统. 四川兵工学报, 2008, 29(5): 97-98, 113.
[40] 马建新, 刘绍军, 周伟, 等. 加氢站氢气运输方案比选. 同济大学学报 (自然科学版), 2008, 36(5): 615-619.
[41] 王洪海. 关于氢气气瓶安全性的讨论. 压力容器, 2003, 20(9): 29-31, 45.
[42] Martin L P, Pham A Q, Glass R S. Electrochemical hydrogen sensor for safety monitoring. Solid State Ionics, 2004, 175: 527-530.
[43] Glass R S, Milliken J, Howden K, et al. Sensor needs and requirements for proton-exchange membrane fuel cell systems and direct-injection engines. 美国 DOE 报告，2000: 7-15. DOE, UCRL-ID-137767.
[44] Ges I A, Budkevich B A. Proceedings of the 1999 Joint Meeting of the European Frequency and Time Forum and the IEEE International Frequency Control Symposium, 1999: 1070-1073.
[45] Gopal Reddy C V, Manorama S V. Journal of the Electrochemical Society, 2000, 147: 390-393.
[46] Sekimoto S, Nakagawa H, Okazaki S, et al. Sensors and Actuators B, 2000, 66: 142-145.
[47] Lu G, Miura N, Yamazoe N. Sensors and Actuators B, 1996, 35: 130-135.
[48] Lu G, Miura N, Yamazoe N. High-temperature hydrogen sensor based on stabilized zirconia and a metal oxide electrode. Sensors and Actuators B, Chemical B35, 1996, 35(1-3): 130-135.
[49] 叶召阳. 外供氢加氢站工艺流程及设备研究. 中国资源综合利用, 2020, 38(12): 92-95.
[50] 汤杰，曹文红，黄国明. 加氢站氢气管束式集装箱安全使用与操作探讨. 化工管理, 2019, (34): 195-196.

索　引

Y

Z

其　他